TABELLENBUCH DER ELEKTRONIK UND NACHRICHTENTECHNIK

von

Wilhelm Benz
Peter Heinks
Lothar Starke

unter Mitarbeit
von Dr. Josef Erber

4. Auflage

1983

FRANKFURTER FACHVERLAG
KOHL + NOLTEMEYER VERLAG GMBH

ISBN: 3-87234-093-x
3-88173-038-9

Umschlagentwurf: Horst Schipull
Zeichnungen: Lieselotte Kraus
Satz und Druck: Krebs-Gehlen Druckerei, 6944 Hemsbach/Bergstr.

Vorwort zur 1. und 2. Auflage

Das nach Jahren sorgfältigster Vorbereitung hiermit der Fachwelt übergebene Tabellenwerk ist die Addition der in zwei Verlagen unabhängig entwickelten Konzepte. In beiden Fällen sollten zwei Fachbuchreihen durch ein Basiswerk ergänzt werden. Tabellenbücher sind nach wie vor das Fundament für die rechnerische Durchdringung und Erfassung fachlicher Stoffe. Sie haben ihre Bedeutung auch im Zeitalter der Taschenrechner nicht verloren. Im Gegenteil, sie sind die „Software" für die Kleincomputer des schulischen und beruflichen Alltags. Diese Tatsache erforderte besondere didaktische und gestalterische Maßnahmen, die im vorliegenden Band optimal gelöst wurden.

Das ursprüngliche Konzept, für das Elektronik-Programm des Frankfurter Fachverlages und das nachrichtentechnische, speziell für die Fernmeldetechnik entwickelte Programm des Kohl + Noltemeyer Verlages getrennte Ausgaben herauszubringen, wurde aus sachlichen Erwägungen und Rationalisierungsgründen aufgegeben. Es ging letztlich auch darum, den sich zum Teil überschneidenden Benutzerkreisen finanzielle Doppelbelastung zu ersparen. Zwei Drittel des Inhalts sind, unabhängig vom Grundwissen, für alle Berufe im Gesamtbereich der Nachrichtentechnik identisch. Die Bedürfnisse der Fernmeldetechnik mit ihren speziellen Aufgabenstellungen konnten ohne besondere Belastung für die allgemeinen Benutzer eingearbeitet werden. Gleichzeitig wird hiermit die berufliche Flexibilität gefördert, die unsere Zeit besonders erfordert. Der Benutzer findet deshalb von den Grundlagen des mathematischen, physikalischen und allgemeinen technischen Wissens über den Gesamtbereich der allgemeinen Nachrichtentechnik bis zu den Spezialthemen alles, was Schul- und Berufsalltag abfordern. Die Gestaltung der einzelnen Seiten erforderte von den Autoren eine stoffliche Konzentration bisher ungewohnten Ausmaßes. Geschlossene Stoffgebiete mußten aus Gründen der Übersichtlichkeit auf einer Seite untergebracht werden. Diese Vorgaben konnten in einigen Fällen nur durch komplette zeichnerische Gestaltung ganzer Seiten gelöst werden.

Anzumerken bleibt noch, daß das Buch, obwohl voll in die erwähnten Reihen integriert, auch für den brauchbar ist, der mit anderen Lehrmedien konfrontiert wurde.

In der vorliegenden Form ist das Werk nahezu ohne Vorbild. Autoren und Verleger sind deshalb für Anregungen und konstruktive Kritik dankbar.

Die Verlage

Vorwort zur 4. Auflage

Bewährtes soll man nicht oder nur behutsam verändern. Erkannte Fehler und Veränderungen der Normen müssen aber sofort berichtigt und berücksichtigt werden. Unter diesen Gesichtspunkten haben Autoren und Verlag die 4. Auflage des Tabellenbuches vorbereitet und auf den Weg gebracht. Besonders im Bereich der Normung wurde der letzterreichbare Stand eingearbeitet. Es sollte dabei aber stets bedacht werden, daß jeweils nur die DIN-Blätter und VDE-Bestimmungen selbst bei Entscheidungen verbindlich sind.

Im übrigen sind die Ausführungen zur 1. Auflage voll gültig; auch unsere Bitte um Anregungen und konstruktive Kritik. Aus dem Wechselspiel Autor – Verlag – Benutzer beziehen Bücher ihre Vitalität. In diesem Sinne danken wir zahllosen Benutzern für Hinweise und Vorschläge, die für künftige Bearbeitungen sorgfältig vorgemerkt wurden.

Der Verlag

Inhaltsverzeichnis

Verbindungstechnik

Werkstoffkunde

Zeichnen und Zeichennormen

Technisches Rechnen	TR
Meßtechnik	ME
Grundschaltungen der Elektronik	GS
Elektroakustik	Ela
Hochfrequenztechnik	HF
Antennen und Blitzschutz	Ant
Digitaltechnik	DIG
Datenverarbeitung	DV
Steuerungs- u. Regelungstechnik	SRT
Stromversorgung	STV
Funkentstörung	FU
Bauelemente	Bau
Verbindungstechnik	VB
Werkstoffkunde	WK
Zeichnen und Zeichennormen	Fz

SI-Einheiten (DIN 1301 Teil 1)

Basisgrößen	Formelzeichen	Basiseinheit	Kurzzeichen
Länge	*l*	Meter	m
Masse	*m*	Kilogramm	kg
Zeit	*t*	Sekunde	s
Elektrische Stromstärke	*I*	Ampere	A
Thermodynamische Temperatur	*T*	Kelvin	K
Lichtstärke	*I*	Candela	cd
Stoffmenge	*n*	Mol	mol

Die Basiseinheit *1 Meter* ist das 1650763,73-fache der Wellenlänge der von Atomen des Nuklids ^{86}Kr beim Übergang vom Zustand 5 d_5 zum Zustand 2 p_{10} ausgesandten, sich im Vakuum ausbreitenden Strahlung.
Die Basiseinheit *1 Kilogramm* ist die Masse des Internationalen Kilogrammprototyps.
Die Basiseinheit *1 Sekunde* ist das 9192631770-fache der Periodendauer der dem Übergang zwischen den beiden Hyperfeinstrukturniveaus des Grundzustandes von Atomen des Nukleids ^{133}Cs entsprechenden Strahlung.
Die Basiseinheit *1 Ampere* ist die Stärke eines zeitlich unveränderlichen elektrischen Stromes, der durch zwei im Vakuum parallel im Abstand 1 Meter voneinander angeordnete, gradlinige, unendlich lange Leiter von vernachlässigbar kleinem, kreisförmigem Querschnitt fließend, zwischen diesen Leitern je 1 Meter Leiterlänge elektrodynamisch die Kraft $2 \cdot 10^{-7}$ Kilogrammeter durch Sekundequadrat hervorrufen würde.
Die Basiseinheit *1 Kelvin* ist der 273,16te Teil der thermodynamischen Temperatur des Tripelpunktes des Wassers.
Die Basiseinheit *1 Candela* ist die Lichtstärke, mit der $0{,}16 \cdot 10^{-5}$ Quadratmeter der Oberfläche eines Schwarzen Strahlers bei der Temperatur des beim Druck 101 325 Kilogramm durch Meter und durch Sekundequadrat erstarrenden Platins senkrecht zu seiner Oberfläche leuchtet.
Die Basiseinheit *1 Mol* ist die Stoffmenge eines Systems, das aus ebensoviel Einzelteilchen besteht, wie Atome in 0,012 Kilogramm des Kohlenstoffnuklids ^{12}C enthalten sind. Bei Verwendung des *Mol* müssen die Einzelteilchen des Systems spezifiziert sein und können Atome, Moleküle, Ionen, Elektronen sowie andere Teilchen oder Gruppen solcher Teilchen genau angegebener Zusammensetzung sein.

Gesetzliche abgeleitete Einheiten (Auswahl)

Elektrische Spannung, elektrische Potentialdifferenz:
1 Volt ist gleich der elektrischen Spannung oder elektrischen Potentialdifferenz zwischen zwei Punkten eines fadenförmigen, homogenen und gleichmäßig temperierten metallischen Leiters, in dem bei einem zeitlich unveränderlichen elektrischen Strom der Stärke 1 A zwischen den beiden Punkten die Leistung 1 W umgesetzt wird.

Elektrischer Widerstand:
1 Ohm ist gleich dem elektrischen Widerstand zwischen zwei Punkten eines fadenförmigen, homogenen und gleichmäßig temperierten metallischen Leiters, durch den bei der elektrischen Spannung 1 V zwischen den beiden Punkten ein zeitlich unveränderlicher elektrischer Strom der Stärke 1 A fließt.

Frequenz: 1 Hertz ist gleich der Frequenz eines periodischen Vorganges der Periodendauer 1 s.

Leistung, Energiestrom und Wärmestrom:
1 Watt ist gleich der Leistung, bei der während der Zeit 1 s die Energie 1 J umgesetzt wird.
Bei der Angabe von elektrischen Scheinleistungen darf das Watt auch als Voltampere (Einheitenzeichen: VA) bezeichnet werden. Bei der Angabe von elektrischen Blindleistungen darf das Watt auch als Var (Einheitenzeichen: var) bezeichnet werden.

Dezimale Vielfache und Teile von Einheiten (DIN 1301)

Deka-	da	10	zehn	10^1
Hekto-	h	100	hundert	10^2
Kilo-	k	1000	tausend	10^3
Mega	M	1000000	eine Million	10^6
Giga	G	1000000000	eine Milliarde	10^9
Tera	T	1000000000000	eine Billion	10^{12}
Peta	P	1000000000000000	eine Billiarde	10^{15}
Exa	E	1000000000000000000	eine Trillion	10^{18}
Dezi-	d	0,1	ein zehntel	10^{-1}
Zenti-	c	0,01	ein hundertstel	10^{-2}
Milli-	m	0,001	ein tausendstel	10^{-3}
Mikro-	µ	0,000001	ein millionstel	10^{-6}
Nano-	n	0,000000001	ein milliardstel	10^{-9}
Piko-	p	0,000000000001	ein billionstel	10^{-12}
Femto-	f	0,000000000000001	ein billiardstel	10^{-15}
Atto-	a	0,000000000000000001	ein trillionstel	10^{-18}

SI-Einheiten und die wichtigsten abgeleiteten Einheiten				**TR 2**
Physikalische Größen	Einheiten	Formelzeichen	Einheitenzeichen	Bemerkungen
Länge	Meter	l, s	m	Seemeile 1 sm = 1852 m
Fläche	Quadratmeter	A, S	m^2	1 Hektar = 10000 m^2, 1 Ar = 100 m^2
Volumen	Kubikmeter	V	m^3	Liter 1 l = 1 dm^3
Ebener Winkel (Winkel)	Radiant	$\alpha, \beta, \gamma, \delta$	rad	1 Vollwinkel = 2π rad
			L	$1 L = \frac{\pi}{2} \text{ rad} = 90°$
			°	$1° = \frac{\pi}{180} \text{ rad} = \frac{1}{360}$ Vollwinkel
			′	$1' = \frac{1°}{60} = \frac{\pi}{10800} \text{ rad}$
			″	$1'' = \frac{1'}{60} = \frac{\pi}{648000} \text{ rad}$
			gon	$1 \text{ gon} = \frac{90°}{100} = \frac{\pi}{200}$
Raumwinkel	Steradiant	ω	sr	
Masse	Kilogramm	m	kg	Tonne 1 T = 1000 kg = 1 Mg
Längenbezogene Masse	Kilogramm pro Meter	m_L	$\frac{kg}{m}$	
Flächenbezogene Masse	Kilogramm pro Quadratmeter	m_A	$\frac{kg}{m^2}$	
Dichte	Kilogramm pro Kubikmeter	ρ	$\frac{kg}{m^3}$	
spez. Volumen	Kubikmeter pro Kilogramm		$\frac{m^3}{kg}$	Kehrwert der Dichte
Zeit (Zeitspanne)	Sekunde	$t, (\Delta t)$	s	
			min	1 min = 60 s
			h	1 h = 60 min = 3600 s
			d	1 d = 24 h = 86400 s
Frequenz	Hertz	f, ν	Hz	1 Hz = 1/s
Periodendauer	Sekunde	T	s	
Zeitkonstante	Sekunde	T, τ	s	
Drehfrequenz	1 pro Sekunde	n	$\frac{1}{s}$	
Geschwindigkeit	Meter je Sekunde	v	$\frac{m}{s}$	Knoten $1 \text{ kn} = \frac{1 \text{ sm}}{h}$
Beschleunigung	Meter pro Sekundequadrat	a	$\frac{m}{s^2}$	
Winkelgeschwindigkeit	Radiant pro Sekunde	ω	$\frac{rad}{s}$	
Winkelbeschleunigung	Radiant pro Sekundequadrat	α	$\frac{rad}{s^2}$	
Kraft	Newton	$F(G)$	N	$1 \text{ N} = 1 \text{ kgm s}^{-2}$
Drehmoment	Newtonmeter	M	Nm	
Druck, mechanische Spannung	Pascal	p	Pa	$1 \text{ Pa} = 1 \text{ N} \cdot \text{m}^{-2}$; 1 bar = 10^5 Pa*) 1 at = 0,980665 bar*) 1 atm = 1,01325 bar*) 1 Torr = $1{,}333224 \cdot 10^{-3}$ bar*)
dynamische Viskosität	Poise	η	Pa · s	$\text{Pa} \cdot \text{s} = \frac{\text{N} \cdot \text{s}}{\text{m}^2} = \frac{1 \text{ kg}}{\text{s} \cdot \text{m}} = \frac{1 \text{ J} \cdot \text{s}}{\text{m}^3}$
kinematische Viskosität	Stokes		$\frac{1 \text{ m}^2}{\text{s}}$	$= \frac{1 \text{ Pa} \cdot \text{s} \cdot \text{m}^3}{\text{kg}} = \frac{1 \text{ N} \cdot \text{m} \cdot \text{s}}{\text{kg}} = \frac{1 \text{ J} \cdot \text{s}}{\text{kg}}$
Energie, Arbeit und Wärme	Joule	W, A, E Q	J	1 J = 1 Nm = 1 Ws 1 kpm = 9,81 J = 9,71 Nm*) 1 kcal = 4186,8 J*) 1 kWh = 860 kcal*)
Leistung, Energiestrom, Wärmestrom	Watt	P		$1 \text{ W} = 1 \frac{\text{J}}{\text{s}} = 1 \frac{\text{Nm}}{\text{s}} = 1 \frac{\text{kg} \cdot \text{m}^2}{\text{s}^3}$ el. Scheinleistung VA el. Blindleistung var 1 Ps = 735,499 W*)
Elektrische Stromstärke	Ampere	I	A	

*) seit 1. 1. 78 nicht mehr gesetzliche Einheiten

SI-Einheiten und die wichtigsten abgeleiteten Einheiten — TR 3

Physikalische Größen	Einheiten	Formelzeichen	Einheitenzeichen	Bemerkungen
Elektrische Spannung, elektrische Potentialdifferenz	Volt	U	V	$1\ \text{V} = \frac{1\ \text{W}}{1\ \text{A}}$
Elektrischer Widerstand	Ohm	R	Ω	$1\ \Omega = \frac{1\ \text{V}}{1\ \text{A}}$
Elektrischer Leitwert	Siemens	G	S	$1\ \text{S} = 1/\Omega$
Stromdichte	Ampere pro Quadratmeter	S	$\frac{\text{A}}{\text{m}^2}$	
Spezifischer elektr. Widerstand	Ohm mal Meter	ρ	$\Omega \cdot \text{m}$	
Elektrizitätsmenge, elektrische Ladung	Coulomb	Q	C	Amperesekunde 1 As = 1 C
Elektrische Kapazität	Farad	C	F	$1\ \text{F} = \frac{1\ \text{C}}{1\ \text{V}} = \frac{1\ \text{As}}{1\ \text{V}} = 1 \frac{\text{s}}{\Omega}$
Elektrische Flußdichte, Verschiebung	Coulomb pro Quadratmeter	D	$\frac{\text{C}}{\text{m}^2}$	
Elektrische Feldstärke	Volt pro Meter	E	$\frac{\text{V}}{\text{m}}$	
Magnetischer Fluß	Weber	Φ	Wb	Voltsekunde 1 Vs = 1 Wb
Magnetische Flußdichte, Induktion	Tesla	B	T	$1\ \text{T} = \frac{1\ \text{Wb}}{1\ \text{m}^2} = \frac{1\ \text{Vs}}{1\ \text{m}^2}$
Induktivität	Henry	L	H	$1\ \text{H} = \frac{1\ \text{Wb}}{1\ \text{A}} = \frac{1\ \text{Vs}}{1\ \text{A}} = 1\ \Omega\text{s}$
Magnetische Feldstärke	Ampere pro Meter	H	$\frac{\text{A}}{\text{m}}$	
Magnetische Durchflutung	Ampere	Θ	A	
Thermodynamische Temperatur	Kelvin	T	K	
Celsiustemperatur	Grad Celsius (°C)	ϑ	°C	
Temperaturdifferenz	Kelvin	ΔT	K	
Lichtstärke	Candela	I_V	cd	
Leuchtdichte	Candela pro Quadratmeter	L_V	$\frac{\text{cd}}{\text{m}^2}$	
Lichtstrom	Lumen	Φ_V	lm	1 lm = 1 cd/1 sr 1 sr Steradiant
Beleuchtungsstärke	Lux	E_V	lx	$1\ \text{lx} = 1\ \text{lm}/1\ \text{m}^2$

Umwandlung von elektrischen Einheiten

$$1\ \text{Volt} = 1\ \frac{\text{Watt}}{\text{Ampere}} = 1\ \frac{\text{J}}{\text{A}\cdot\text{s}} = 1\ \frac{\text{N}\cdot\text{m}}{\text{A}\cdot\text{s}} = 1\ \frac{\text{kg}\cdot\text{m}^2}{\text{A}\cdot\text{s}^3}$$

$$1\ \text{Ampere} = 1\ \frac{\text{Watt}}{\text{Volt}} = 1\ \frac{\text{J}}{\text{V}\cdot\text{s}} = 1\ \frac{\text{N}\cdot\text{m}}{\text{V}\cdot\text{s}} = 1\ \frac{\text{kg}\cdot\text{m}^2}{\text{V}\cdot\text{s}^3}$$

$$1\ \text{Ohm} = 1\ \frac{\text{Volt}}{\text{Ampere}}$$

$$1\ \text{Watt} = 1\ \text{Volt}\cdot\text{Ampere} = 1\ \frac{\text{J}}{\text{s}} = 1\ \frac{\text{N}\cdot\text{m}}{\text{s}} = 1\ \frac{\text{kg}\cdot\text{m}^2}{\text{s}^3}$$

$$1\ \text{Farad} = 1\ \frac{\text{Coulomb}}{\text{Volt}} = 1\ \frac{\text{A}\cdot\text{s}}{\text{V}} = 1\ \frac{\text{s}}{\Omega} = 1\ \frac{\text{N}\cdot\text{m}}{\text{V}^2} = 1\ \frac{\text{kg}\cdot\text{m}^2}{\text{V}^2\cdot\text{s}^2}$$

$$1\ \text{Henry} = \frac{1\ \text{Weber}}{1\ \text{Ampere}} = 1\ \Omega\text{s} = \frac{1\ \text{Vs}}{1\ \text{A}} = 1\ \frac{\text{Nm}}{\text{A}^2} = 1\ \frac{\text{kg}\cdot\text{m}^2}{\text{A}^2\cdot\text{s}^2}$$

$$1\ \text{Weber} = 1\ \text{Voltsekunde} = 1\ \frac{\text{Nm}}{\text{A}} = 1\ \frac{\text{kg}\cdot\text{m}^2}{\text{A}\cdot\text{s}^2} = 10^8\ \text{Maxwell}$$

$$1\ \text{Tesla} = 1\ \frac{\text{Wb}}{\text{m}^2} = 1\ \frac{\text{Vs}}{\text{m}^2} = \frac{1\ \text{N}}{\text{A}\cdot\text{m}} = 1\ \frac{\text{kg}}{\text{A}\cdot\text{s}^2} = 10^4\ \text{Gauß}$$

$$1\ \text{Coulomb} = 1\ \text{Amperesekunde} = 1\ \frac{\text{W}\cdot\text{s}}{\text{V}} = 1\ \frac{\text{N}\cdot\text{m}}{\text{V}} = 1\ \frac{\text{kg}\cdot\text{m}^2}{\text{V}\cdot\text{s}^2}$$

*) seit 1. 1. 78 nicht mehr gesetzliche Einheiten

Wichtige elektrische und physikalische Konstanten — TR 4

Konstante	Formelzeichen	Zahlenwert	Einheit
Elektrische Feldkonstante	ε_0	$\frac{1}{\mu_0 \cdot c^2} \approx \frac{10^7}{4\pi \cdot c^2} \approx 0{,}885 \cdot 10^{-11}$	$\frac{F}{m}$; $\frac{As}{Vm}$
Magnetische Feldkonstante	μ_0	$\frac{4\pi}{10^7} = 1{,}256 \cdot 10^{-6}$	$\frac{H}{m}$; $\frac{Vs}{Am}$;
Lichtgeschwindigkeit im Vakuum	c	$2{,}99792 \cdot 10^8$	$\frac{m}{s}$
Wellenwiderstand des leeren Raumes	Γ_0	$\sqrt{\frac{\mu_0}{\varepsilon_0}} = \mu_0 \cdot c_0 = \frac{1}{\varepsilon_0 c_0} \approx 376{,}73$	Ω
Atomare Masseneinheit	μ	$1{,}660277 \cdot 10^{-24}$	g
Ruhemasse des Elektrons	m_e	$0{,}9109 \cdot 10^{-27}$	g
Ruhemasse des Protons	m_p	$1{,}6725 \cdot 10^{-24}$	g
Ruhemasse des Neutrons	m_n	$1{,}6748 \cdot 10^{-24}$	g
Massenverhältnis Proton:Elektron	$\frac{m_p}{m_e}$	1836,1	
Elektrische Elementarladung	e	$1{,}6021 \cdot 10^{-19}$	Coulomb = As
Ruheenergie des Elektrons	$(W_e)_0$	$5{,}11 \cdot 10^5$	Elektronenvolt eV
Ruheenergie des Protons	$(W_p)_0$	$9{,}38 \cdot 10^8$	eV
Ruhemasse des H-Atoms	m_H	$1{,}6734 \cdot 10^{-24}$	g
Ruhemasse des Deuterons	m_D	$3{,}3429 \cdot 10^{-24}$	g
spezifische Ladung des Elektrons	$\frac{e}{m_e}$	$1{,}75888 \cdot 10^8$	$\frac{As}{g}$
spezifische Ladung des Protons	$\frac{e}{m_\rho}$	$9{,}57929 \cdot 10^4$	$\frac{As}{g}$
Elektronenradius (klassisch)	r_0	$2{,}82 \cdot 10^{-15}$	m
Bohrscher Bahnradius des Wasserstoffatoms	r	$5{,}292 \cdot 10^{-11}$	m
Radius eines Atomkernes	r	$1{,}2 \cdot 10^{-13} \cdot \sqrt[3]{\text{Atomgew.}}$	cm
Faraday-Konstante	F	$9{,}6487 \cdot 10^4$	$\frac{As}{mol}$
Boltzmann-Konstante	k	$1{,}380 \cdot 10^{-23}$	$\frac{W \cdot s}{K}$
Stefan-Boltzmann-Konstante	σ	$5{,}667 \cdot 10^{-8}$	$\frac{W}{m^2 K^4}$
Compton-Wellenlänge des Elektrons	λ_c	$0{,}2426 \cdot 10^{-9}$	m
Plancksches Wirkungsquantum	h	$6{,}625 \cdot 10^{-34}$	$W \cdot s^2 = J \cdot s$
Gravitationskonstante	j	$6{,}67 \cdot 10^{-14}$	$\frac{m^3}{g \cdot s^2}$
Fallbeschleunigung	g	9,80665	$\frac{m}{s^2}$
Absoluter Nullpunkt der thermodynamischen Temperatur	t_0	−273,15	°C
Molvolumen idealer Gase	V_0	22,413	$\frac{dm^3}{mol}$
Universelle Gaskonstante	R	8,3143	$\frac{W \cdot s}{mol \cdot K}$
Loschmidtsche Zahl	L	$6{,}025 \cdot 10^{23}$	Moleküle/mol
Rydberg-Frequenz	Ry	$3{,}2899 \cdot 10^{15}$	$\frac{1}{s}$
Avogadro-Konstante	$\frac{L}{V_0}$	$2{,}6873 \cdot 10^{19}$	$\frac{1}{cm^3}$
Avogadrosche Zahl	Na	$6{,}022 \cdot 10^{23}$	$\frac{1}{mol}$

Mathematische Zeichen (Auszug aus DIN 1302) — TR 5.1

Zeichen	Bedeutung	Zeichen	Bedeutung	Zeichen	Bedeutung
1.	erstens	+	plus	△	Dreieck
...	bis, z. B. 5 ... 9	−	minus	≅	kongruent
a_1, a_2...	a eins, a zwei ...	· ×	mal, z. B. 2·3	~	ähnlich
a′, a″...	a Strich, a zwei Strich	: / −	durch; geteilt durch; zu;	$\overline{AB}$	Strecke AB
$a^{(n)}$	... a n Strich		je; pro	$\overset{\frown}{AB}$	Bogen AB
=	gleich	%	Prozent, vom Hundert	log	Logarithmus (allgemein)
≠	nicht gleich, ungleich	‰	Promille, vom Tausend	$\log_a$	Logarithmus zur Basis a
≈	angenähert, rund,	( ) [ ]	runde, eckige,	lg	Zehnerlogarithmus
	nahezu gleich	{ } ⟨ ⟩	geschweifte und spitze	ln	natürlicher Logarithmus
≙	entspricht		Klammern		zur Basis e (e = 2,718...)
	z. B. 1 cm ≙ 80 V				
~	proportional,	$\sqrt{\ }$	Quadratwurzel aus,	ld	Zweierlogarithmus
	z. B. $I \sim U$				
>	größer als	$\sqrt[n]{\ }$	n-te Wurzel aus	sin	Sinus
<	kleiner als	Δ	Differenz,		
			z. B. $\Delta i = i_2 - i_1$	cos	Cosinus
≧	größer oder gleich,	Σ	Summe		
			z. B. $\Sigma R = R_1 + R_2 + \ldots$	tan	Tangens
	mindestens gleich	∥	parallel	cot	Cotangens
≦	kleiner oder gleich,	∦	nicht parallel	arc z	Arcus z
	höchstens gleich	↑↑	gleichsinnig parallel	$\lvert z \rvert$	Betrag von z
≫	wesentlich größer als	↑↓	gegensinnig parallel		
≪	wesentlich kleiner als	⊥	rechtwinklig zu,		
∞	unendlich		senkrecht		
		∡	Winkel, z. B. ∡ α		

Umrechnung von Millimeter in Zoll und umgekehrt — TR 5.2

Umrechnung von Millimeter in Zoll — Auszug aus DIN 4893

mm → ↓	0	1	2	3	4	5	6	7	8	9
0	0	0,03937	0,07874	0,11811	0,15748	0,19685	0,23622	0,27559	0,31496	0,35433
10	0,39370	0,43307	0,47244	0,51181	0,55118	0,59055	0,62992	0,66929	0,70866	0,74803
20	0,78740	0,82677	0,86614	0,90551	0,94488	0,98425	1,02362	1,06299	1,10236	1,14173
30	1,18110	1,22047	1,25984	1,29921	1,33858	1,37795	1,41732	1,45669	1,49606	1,53543
40	1,57480	1,61417	1,65354	1,69291	1,73228	1,77165	1,81102	1,85039	1,88976	1,92913
50	1,96850	2,00787	2,04724	2,08661	2,12598	2,16535	2,20472	2,24409	2,28347	2,32284
60	2,36221	2,40158	2,44095	2,48032	2,51969	2,55906	2,59843	2,63780	2,67717	2,71654
70	2,75591	2,79528	2,83465	2,87402	2,91339	2,95276	2,99213	3,03150	3,07087	3,11024
80	3,14961	3,18898	3,22835	3,26772	3,30709	3,34646	3,38583	3,42520	3,46457	3,50394
90	3,54331	3,58268	3,62205	3,66142	3,70079	3,74016	3,77953	3,81890	3,85827	3,89764

Umrechnung von Zoll in Millimeter — Auszug aus DIN 4890

Zoll → ↓	0	1/8	1/4	3/8	1/2	5/8	3/4	7/8
0	0	3,175	6,350	9,525	12,700	15,875	19,050	22,225
1	25,400	28,575	31,750	34,925	38,100	41,275	44,450	47,625
2	50,800	53,975	57,150	60,325	63,500	66,675	69,850	73,025
3	76,200	79,375	82,550	85,725	88,900	92,075	95,250	98,425
4	101,600	104,775	107,950	111,125	114,300	117,475	120,650	123,825
5	127,000	130,175	133,350	136,525	139,700	142,875	146,050	149,225
6	152,400	155,575	158,750	161,925	165,100	168,275	171,450	174,625
7	177,800	180,975	184,150	187,325	190,500	193,675	196,850	200,025
8	203,200	206,375	209,550	212,725	215,900	219,075	222,250	225,425
9	228,600	231,775	234,950	238,125	241,300	244,475	247,650	250,825
10	254,000	257,175	260,350	263,525	266,700	269,875	273,050	276,225

Beispiel: 24 1/4″ = ? mm

20″ = 2″·10 = 50,8 mm·10 = 508 mm
4 1/4″ = ... = 107,950 mm

24 1/4″ = ... = 615,950 mm

Rechenregeln — TR 6

Beispiele	allgemein	Bemerkungen
Addition		
$3 + 6 = 9$	$a + b = c$	Summand + Summand = Summe
Subtraktion		
$10 - 4 = 6$	$a - b = c$	Minuend − Subtrahend = Differenz
Multiplikation		
$3 \cdot 6 = 18$	$a \cdot b = c$	Faktor · Faktor = Produkt
Division		
$12:3 = \frac{12}{3} = 4$	$a:b = c$	Dividend : Divisor = Quotient
Klammer-Regeln		
$12 + (3 - 2) = 12 + 3 - 2$	$a + (b - c) = a + b - c$	Pluszeichen vor der Klammer – Klammer kann entfallen
$12 - (3 - 2) = 12 - 3 + 2$	$a - (b - c) = a - b + c$	Minuszeichen vor der Klammer – Klammer kann weggelassen werden, nachdem alle Vorzeichen in der Klammer umgedreht worden sind
$(+4)\cdot(+3) = +12$	$(+a)\cdot(+b) = +ab$	
$(-4)\cdot(-3) = +12$	$(-a)(-b) = +ab$	gleiche Vorzeichen – Plus
$(+4)\cdot(-3) = -12$	$(+a)\cdot(-b) = -ab$	
$(-4)\cdot(+3) = -12$	$(-a)(+b) = -a\cdot b$	ungleiche Vorzeichen – Minus
$4(7 - 4) = 12$	$a(b - c) = ab - ac$	Faktor mit jedem Glied der Klammer multiplizieren
$(3 + 7)(7 - 4) = 30$	$(a + b)(c - d)$ $= ac - ad + bc - b\cdot d$	Jedes Glied der 1. Klammer mit jedem Glied der 2. Klammer multiplizieren
$20 - \{10 + 3[2 - (3 - 2)]\}$ $= 20 - \{10 + 3[2 - 1]\}$ $= 20 - \{10 + 3\}$ $= 20 - 13 = 7$	$a - \{b + c[d - (e - f)]\}$ $a - \{b + c[d - e + f]\}$ $a - \{b + cd - ce + cf\}$ $a - b - cd + ce - cf$	Mehrere Klammern – von innen nach außen auflösen
Bruchrechnung		
$\frac{2}{4} + \frac{3}{5} = \frac{2\cdot 5 + 3\cdot 4}{20} = \frac{22}{20}$	$\frac{a}{b} + \frac{c}{d} = \frac{a\cdot d + b\cdot c}{b\cdot d}$	Hauptnenner suchen, erweitern, Zähler addieren
$\frac{2}{4} - \frac{3}{5}$ $= \frac{2\cdot 5 - 3\cdot 4}{20} = -\frac{2}{20}$	$\frac{a}{b} - \frac{c}{d} = \frac{a\cdot d - b\cdot c}{b\cdot d}$	Hauptnenner suchen, erweitern, Zähler subtrahieren
$\frac{3}{5} \cdot \frac{4}{7} = \frac{3\cdot 4}{5\cdot 7} = \frac{12}{35}$	$\frac{a}{b} \cdot \frac{c}{d} = \frac{a\cdot c}{b\cdot d}$	Zähler mit Zähler, Nenner mit Nenner multiplizieren
$\frac{3}{5} : \frac{4}{7} = \frac{3}{5} \cdot \frac{7}{4} = \frac{21}{20}$	$\frac{a}{b} : \frac{c}{d} = \frac{a\cdot d}{b\cdot c}$	Multiplizieren mit dem Kehrwert des zweiten Bruches
Potenzen		
$3^4 = 81$	$a^n = b$	a ... Basis, n ... Exponent, b ... Potenzwert
$3^2 \cdot 3^3 = 3^{2+3} = 3^5$	$a^n \cdot a^m = a^{m+n}$	Potenzen mit gleicher Basis – Basis beibehalten, Exponenten addieren
$3^3 : 3^2 = 3^{3-2} = 3^1$	$a^m : a^n = a^{m-n}$	Potenzen mit gleicher Basis – Basis beibehalten, Exponenten subtrahieren

Rechenregeln

Beispiele	allgemein	Bemerkungen
$3^3 \cdot 4^3 = (3 \cdot 4)^3 = 12^3$	$a^n \cdot b^n = (a \cdot b)^n$	Potenzen mit gleichem Exponenten – Hochzahl beibehalten, Basis multiplizieren
$3^3 : 4^3 = (3:4)^3 = 0{,}75^3$	$a^n : b^n = (a:b)^n$	Potenzen mit gleichem Exponenten – Hochzahl beibehalten, Basiszahlen dividieren
$(5^2)^3 = 5^{2 \cdot 3} = 5^6$	$(a^n)^m = a^{n \cdot m}$	Potenzen potenzieren – Exponenten multiplizieren
$\frac{1}{3^2} = 3^{-2};\ 5^0 = 1$	$\frac{1}{a^m} = a^{-m};\ a^0 = 1$	
$(3 + 5)^2 = 8^2 = 64$ oder	$(a + b)^2 = a^2 + 2\,a \cdot b + b^2$	Zahlenausdruck mit zwei Gliedern=Binom
$(3 + 5)(3 + 5) = 9 + 15 + 15 + 25$	$(a + b)^n \quad n = 0, 1, 2, 3, 4 \ldots$	Pascalsches Dreieck

$$a^2 - b^2 = (a + b)(a - b)$$
$$a^3 + b^3 = (a^2 - ab + b^2)(a + b)$$
$$a^3 - b^3 = (a^2 + ab + b^2)(a - b)$$
$$a^n - b^n = (a - b)(a^{n-1} + a^{n-2} \cdot b + a^{n-3} \cdot b^2 + \ldots + ab^{n-2} + b^{n-1})$$

Zerlegen in Faktoren

Radizieren (Wurzelziehen)

Beispiele	allgemein	Bemerkungen
$\sqrt[3]{27} = 3$	$\sqrt[m]{a} = b$	m ... Wurzelexponent; a ... Radikand; b ... Wurzelwert
$\sqrt{8} \cdot \sqrt{2} = \sqrt{8 \cdot 2} = \sqrt{16} = 4$	$\sqrt[n]{a} \cdot \sqrt[n]{b} = \sqrt[n]{a \cdot b}$	Gleiche Wurzelexponenten – Radikanden multiplizieren
$\frac{\sqrt{8}}{\sqrt{2}} = \sqrt{\frac{8}{2}} = \sqrt{4} = 2$	$\frac{\sqrt[n]{a}}{\sqrt[n]{b}} = \sqrt[n]{\frac{a}{b}}$	Gleiche Wurzelexponenten – Radikanden dividieren
$\sqrt[2]{\sqrt[3]{64}} = \sqrt[2 \cdot 3]{64} = \sqrt[6]{64} = 2$	$\sqrt[n]{\sqrt[m]{a}} = \sqrt[n \cdot m]{a}$	Radizieren einer Wurzel – Wurzelexponenten multiplizieren, dann radizieren
$\sqrt[2]{6} = \sqrt{6};\ \sqrt[2]{6} = 6^{\frac{1}{2}}$	$\sqrt[2]{a} \to \sqrt{a};\quad \sqrt[2]{a} = a^{\frac{1}{2}};$	
$\sqrt[5]{6} = 6^{\frac{1}{5}};\ \left(\sqrt[5]{6}\right)^5 = 6$	$\sqrt[n]{a} = a^{\frac{1}{n}};\ \sqrt[n]{a^n} = \left(\sqrt[n]{a}\right)^n = a$	
$\sqrt[1]{6} = 6;\ \sqrt[5]{0} = 0$	$\sqrt[1]{a} = a;\ \sqrt[n]{0} = 0$	

Lösung einer quadratischen Gleichung

$$\begin{aligned} x^2 - 6x + 8 &= 0 \\ x^2 - 6x &= -8 \\ x^2 - 6x + 9 &= -8 + 9 \\ (x - 3)^2 &= 1 \\ x - 3 &= \pm 1 \\ x_1 &= 4 \\ x_2 &= 2 \end{aligned}$$

$$\begin{aligned} x^2 + ax + b &= 0 \\ x^2 + ax &= -b \\ x^2 + ax + \frac{a^2}{4} &= \frac{a^2}{4} - b \\ \left(x + \frac{a}{2}\right)^2 &= \frac{a^2}{4} - b \\ x + \frac{a}{2} &= \pm\sqrt{\frac{a^2}{4} - b} \\ x_{1,\,2} &= -\frac{a}{2} \pm \sqrt{\frac{a^2}{4} - b} \end{aligned}$$

x^2 ... das quadratische Glied
ax ... das lineare Glied
b ... das konstante Glied

Griechisches Alphabet

Alpha	A	α	Jota	I	ι	Rho	P	ρ
Beta	B	β	Kappa	K	$\varkappa$	Sigma	Σ	σ
Gamma	Γ	γ	Lambda	Λ	λ	Tau	T	τ
Delta	Δ	δ	My	M	μ	Ypsilon	Y	υ
Epsilon	E	ε	Ny	N	ν	Phi	Φ	φ
Zeta	Z	ζ	Xi	Ξ	ξ	Chi	X	χ
Eta	H	η	Omikron	O	o	Psi	Ψ	ψ
Theta	Θ	ϑ	Pi	Π	π	Omega	Ω	ω

Logarithmenrechnung — TR 8

Jede Zahl läßt sich als Potenz angeben. Als Grundzahl (Basis) kann jede beliebige Zahl verwendet werden. Die Hochzahl (Exponent) bezeichnet man als Logarithmus der entsprechenden Zahl. Ist diese Basis die Zahl 10, so bezeichnet man diese Logarithmen als die dekadischen oder Zehnerlogarithmen. Ist $e = 2{,}71828\ ...$ die Basis, so spricht man von natürlichen Logarithmen

Beispiel: Basis 10

$\lg 1000 = 3{,}0000$, weil $10^{3{,}0000} = 1000$
$\lg 30 = 1{,}4771$, weil $10^{1{,}4771} = 30$
$\lg 2 = 0{,}3010$, weil $10^{0{,}3010} = 2$

Basis $e = 2{,}71828$

$\ln 2{,}7183 = 1{,}0000$, weil $e^1 = 2{,}7183$
$\ln 20{,}0855 = 3{,}0000$, weil $e^3 = 20{,}0855$
$\ln 10 = 2{,}3062$, weil $e^{2{,}3062} = 10$

Das Rechnen mit Logarithmen

Multiplikation

$$x = 10 \cdot 2 \cdot 3$$
$$\lg x = \lg 10 + \lg 2 + \lg 3$$
$$\lg 10 = 1{,}0000$$
$$+\lg 2 = 0{,}3010$$
$$\lg 3 = 0{,}4771$$
$$\lg x = 1{,}7781$$
$$x^* = 60$$

Division

$$x = 264 : 12$$
$$\lg x = \lg 264 - \lg 12$$
$$\lg 264 = 2{,}4216$$
$$-\lg 12 = 1{,}0792$$
$$\lg x = 1{,}3424$$
$$x^* = 22$$

Potenzieren

$$x = 3^5$$
$$\lg x = 5 \cdot \lg 3$$
$$= 5 \cdot 0{,}4771$$
$$= 2{,}3855$$
$$x^* = 243$$

Radizieren

$$x = \sqrt[5]{243}$$
$$\lg x = \frac{1}{5} \lg 143$$
$$= \frac{1}{5} \cdot 2{,}3855$$
$$= 0{,}4771$$
$$x^* = 3$$

* x erhält man durch Rückwärtstabellieren (siehe TR 9)

Diese Regeln gelten sowohl für den dekadischen wie auch für den natürlichen Logarithmus.

Bei Rechnungen obiger Art wird vorwiegend der dekadische Logarithmus verwendet, weil man die Tabellen unbegrenzt erweitern kann:

Beispiel:
$\lg 100 = 2$, da $100 = 10^2$
$\lg 10 = 1$, da $10 = 10^1$
$\lg 1 = 0$, da $1 = 10^0$
$\lg 0{,}1 = -1$, da $0{,}1 = 10^{-1}$
$\lg 0{,}01 = -2$, da $0{,}01 = 10^{-2}$

$\lg 200 = \lg 100 + \lg 2 = 2{,}3010$
$\lg 20 = \lg 10 + \lg 2 = 1{,}3010$
$\lg 2 = 0{,}3010$
$\lg 0{,}2 = \lg 0{,}1 + \lg 2 = 0{,}3010 - 1$
$\lg 0{,}02 = \lg 0{,}01 + \lg 2 = 0{,}3010 - 2$

Bei den Logarithmen bezeichnet man die Zahl vor dem Komma als Kennziffer, die Zahlenfolge nach dem Komma als Mantisse.
Für Zahlen größer als 1 ist die Kennziffer stets um 1 kleiner als die Stellenzahl vor dem Komma der entsprechenden Zahl.
Für Zahlen kleiner als 1 ist die negative Kennziffer stets so groß, wie die Anzahl der Nullen vor der entsprechenden Zahl.

Beispiele:	lg 179 = ?	lg 87600 = ?	lg 0,0457 = ?
1. Numerus aufsuchen (n = 100 – 1000)	,2529	,9425	,6599
2. Kennziffer bestimmen	2.	4.	– 2
3. Ergebnis	lg 179 = 2,2529	lg 87600 = 4,9425	lg 0,0457 = 0,6599 – 2

Rückwärtstabellieren:

Beispiel:	lg x = 0,2504	lg x = 3,9513	lg x = 0,4742 – 2
1. Mantisse in der Spalte lg n (n = 100 ... 1000) aufsuchen	,2504 178	,9513 894	,4742 298
2. Zahlenfolge ablesen	0 + 1	3 + 1	–2
4. Ergebnis	x = 1,78	x = 8940	x = 0,0298

Wichtige dekadische und natürliche Logarithmen

$\lg 1 = 0{,}00000$	$\lg\frac{1}{2} = 0{,}69897 - 1$	$\ln 1 = 0{,}00000$	$\ln\frac{1}{2} = -0{,}69315$
$\lg 2 = 0{,}30103$	$\lg\frac{1}{3} = 0{,}52288 - 1$	$\ln 2 = 0{,}69315$	$\ln\frac{1}{3} = -1{,}09861$
$\lg 3 = 0{,}47712$	$\lg\frac{1}{4} = 0{,}39794 - 1$	$\ln 3 = 1{,}09861$	$\ln\frac{1}{4} = -1{,}38629$
$\lg 7 = 0{,}84510$	$\lg\frac{1}{10} = 0{,}00000 - 1$	$\ln 7 = 1{,}94591$	$\ln\frac{1}{10} = -2{,}30259$
$\lg 10 = 1{,}00000$	$\lg\frac{1}{e} = 0{,}56571 - 1$	$\ln 10 = 2{,}30259$	$\ln\frac{1}{e} = -1{,}00000$
$\lg e = 0{,}43429$	$\lg\frac{1}{\pi} = 0{,}50285 - 1$	$\ln e = 1{,}00000$	$\ln\frac{1}{\pi} = -1{,}14473$
$\lg \pi = 0{,}49715$		$\ln \pi = 1{,}14473$	

Umrechnung dekadische – natürliche Logarithmen:
$\lg x = \lg e \cdot \ln x = 0{,}43429 \cdot \ln x$; $\ln x = \ln 10 \cdot \lg x = 2{,}30259 \cdot \lg x$

Anleitung zum Gebrauch von Zahlentafeln — TR 9

Auszug aus einer Tabelle

n	$\frac{1}{n}$	n^2	$\sqrt{n}$	n^3	$\sqrt[3]{n}$	$\ln n$	$\lg n$	$d \cdot \pi$	$\frac{d^2 \cdot \pi}{4}$
161	0,00621	25921	12,6886	4173281	5,4401	5,0814	2,2068	505,80	20358,3
162	0,00617	26244	12,7279	4251528	5,4514	5,0876	2,2095	508,94	20612,0
163	0,00613	26569	12,7671	4330747	5,4626	5,0938	2,2122	512,08	20867,2
164	0,00610	26896	12,8062	4410944	5,4737	5,0999	2,2148	515,22	21124,1
165	0,00606	27225	12,8452	4492125	5.4848	5,1059	2,2175	518,36	21382,5

In den Zahlentafeln bedeuten:

n — eine beliebige Zahl
d — ein beliebiger Kreisdurchmesser
$\frac{1}{n}$ — der Kehrwert der Zahl n
n^2 — die Potenz der Zahl n
$\sqrt{n}$ — die Quadratwurzel aus der Zahl n

Vorwärtstabellieren

Tabelle $\frac{1}{n}$ Beispiel: $\frac{1}{163} = ?$
Lösung: I. Zahl 163 in der Spalte n aufsuchen
II. Ergebnis in der Spalte $\frac{1}{n}$ ablesen
Ergebnis: $\frac{1}{163} = 0{,}00613$

Tabelle n^2 Beispiel: $163^2 = ?$
Lösung: I. Zahl 163 in der Spalte n aufsuchen
II. Ergebnis in der Spalte n^2 ablesen
Ergebnis: $163^2 = 26569$

Tabelle $\sqrt{n}$ Beispiel: $\sqrt{163}$
Lösung: I. Zahl 163 in der Spalte n aufsuchen
II. Ergebnis in der Spalte $\sqrt{n}$ ablesen
Ergebnis: $\sqrt{163} = 12{,}7671$

Tabelle lg n Beispiel: lg 163 = ?
Lösung: I. Zahl 163 in der Spalte n aufsuchen
II. Ergebnis in der Spalte lg n ablesen
Ergebnis: lg 163 = 2,2122

Tabelle $\pi \cdot d$ Beispiel: d = 163 mm; U = ?
Lösung: I. Zahl 163 in der Spalte d aufsuchen
II. Ergebnis in der Spalte $\pi \cdot d$ ablesen
Ergebnis: U = 512,08 mm

Tabelle n^3 Beispiel: $163^3 = ?$
Lösung: I. Zahl 163 in der Spalte n aufsuchen
II. Ergebnis in der Spalte n^3 ablesen
Ergebnis: $163^3 = 4330747$

Tabelle $\sqrt[3]{n}$ Beispiel: $\sqrt[3]{163} = ?$
Lösung: I. Zahl 163 in der Spalte n aufsuchen
II. Ergebnis in der Spalte $\sqrt[3]{n}$ ablesen
Ergebnis: $\sqrt[3]{163} = 5{,}4626$

Tabelle ln n Beispiel: ln 163
Lösung: I. Zahl 163 in der Spalte n aufsuchen
II. Ergebnis in der Spalte ln n ablesen
Ergebnis: ln 163 = 5,0938

Tabelle $\frac{\pi \cdot d^2}{4}$ Beispiel: d = 163 mm; A = ?
Lösung: I. Zahl 163 in der Spalte d aufsuchen
II. Ergebnis in der Spalte $\frac{\pi \cdot d^2}{4}$ ablesen
Ergebnis: $A = 20867{,}2\ mm^2$

Rückwärtstabellieren

Beim Rückwärtstabellieren sind Tafelwerte gegeben. Das Ergebnis kann dann in der Grundspalte n bzw. d abgelesen werden.

Beispiel: $\frac{1}{0{,}00613} = ?$
Lösung: I. Nenner 0,00613 in der Spalte $\frac{1}{n}$ aufsuchen
II. Kehrwert in der Grundspalte n ablesen
Ergebnis: $\frac{1}{0{,}00613} = 163$

Beispiel: lg 2,2175 = ?
Lösung: I. Mantisse 0,2175 aufsuchen, Zahlenfolge ermitteln
II. Stellenzahl bestimmen
x = 165

Beispiel: Umfang eines Kreises U = 512,08 mm
Kreisdurchmesser d = ?
Lösung: I. Umfang des Kreises in der $\pi \cdot d$ aufsuchen
II. Kreisdurchmesser in der Grundspalte d ablesen
Ergebnis: d = 163 mm

Fortsetzung Rückwärtstabellieren

Beispiel: $\sqrt{26569}$

Lösung: I. Radikand 26569 in der Spalte n^2 aufsuchen
II. Wurzelwert in der Grundspalte n ablesen

Ergebnis: $\sqrt{26569} = 163$

Beispiel: Fläche eines Kreises $A = 20867{,}2\ mm^2$
Kreisdurchmesser $d = ?$

Lösung: I. Kreisfläche in der Spalte $\frac{\pi \cdot d^2}{4}$ aufsuchen
II. Kreisdurchmesser in der Grundspalte d ablesen

Ergebnis: $d = 163$ mm

Lineare Interpolation – Berechnung von Zwischenwerten

Ist die gegebene Zahlenfolge um eine Stelle größer als die in der Tabelle aufgeführten Zahlen, so kann sie angenähert durch lineare Interpolation berechnet werden.

Beispiel: $163{,}5^2 = ?$

Tafelwerte: $163^2 = 26569$
$164^2 = 26896$

Differenz → 327

$0{,}1 \mathrel{\hat=} \frac{327}{10} = 32{,}7$

$0{,}5 \mathrel{\hat=} 32{,}7 \cdot 5 = 163{,}5$

Ergebnis: $163{,}5^2 = 26569 + 163{,}5 = 26732{,}5$

Beispiel: $\sqrt{163{,}7} = ?$

Tafelwerte: $\sqrt{163} = 12{,}7671$
$\sqrt{164} = 12{,}8062$

Differenz → 0,0391

$0{,}1 \mathrel{\hat=} \frac{0{,}0391}{10} = 0{,}00391$

$0{,}7 \mathrel{\hat=} 0{,}00391 \cdot 7 = 0{,}02737$

Ergebnis: $\sqrt{163{,}7} = 12{,}7671 + 0{,}02737 = 12{,}79447$

Runden von Zahlen

Sind Zahlenfolgen gegeben, die auch durch Interpolation nicht mehr bestimmt werden können, so müssen die letzten Stellen auf- bzw. abgerundet werden

allgemein gilt: (Nach DIN 1333) Soll eine Dezimalzahl mit weniger Stellen oder nur angenähert angegeben werden, so wird gerundet. Z. B.: $\sqrt{2} = 1{,}414213 \ldots \approx 1{,}414$; $\pi = 3{,}14159 \ldots \approx 3{,}142$

Abrunden:
Folgt auf die noch anzugebende letzte Stelle eine 0, 1, 2, 3 oder 4, so wird abgerundet

Beispiel:
$8{,}2734 \approx 8{,}273 \approx 8{,}27$

Aufrunden:
Folgt auf die noch anzugebende letzte Stelle eine 9, 8, 7 oder 6, so wird aufgerundet

Beispiel:
$6{,}369 \approx 6{,}37 \approx 6{,}4$

Folgt auf die noch anzugebende letzte Stelle eine 5, so entscheidet die nachfolgende Zahl bzw. die Herkunft der gerundeten 5, ob auf- oder abgerundet wird

Beispiele:
$6{,}3151 \approx 6{,}32$
$6{,}3149 \approx 6{,}315 \approx 6{,}31$

Wichtige Zahlenwerte

$\sqrt{0{,}5} = 0{,}70711$
$\sqrt{2} = 1{,}4142$
$\sqrt{3} = 1{,}73205$
$\sqrt{10} = 3{,}1623$
$\sqrt{20} = 4{,}4721$
$\sqrt{1000} = 31{,}623$
$\frac{1}{\sqrt{2}} = 0{,}70711$
$\frac{1}{\sqrt{3}} = 0{,}57735$
$\frac{1}{\sqrt{10}} = 0{,}31623$
$\frac{1}{\sqrt{20}} = 0{,}22361$
$\frac{1}{\sqrt{1000}} = 0{,}031623$

$e = 2{,}71828$
$2e = 5{,}43656$
$e^2 = 7{,}38906$
$e^3 = 20{,}08554$
$\sqrt{e} = 1{,}64872$
$\lg e = 0{,}43429$
$\frac{1}{e} = 0{,}36788$
$\frac{1}{2e} = 0{,}18394$
$\frac{1}{e^2} = 0{,}135335$
$\frac{1}{e^3} = 0{,}049787$
$\frac{1}{\sqrt{e}} = 0{,}60653$

$\pi = 3{,}141593$
$2\pi = 6{,}283185$
$3\pi = 9{,}424778$
$\frac{\pi}{2} = 1{,}570790$
$\frac{\pi}{3} = 1{,}047189$
$\frac{\pi}{4} = 0{,}785398$
$\pi^2 = 9{,}869604$
$(2\pi)^2 = 39{,}478418$
$\sqrt{\pi} = 1{,}7724539$
$\sqrt{2\pi} = 2{,}506628$
$\sqrt{\frac{\pi}{4}} = 0{,}8862269$

$\frac{90}{\pi} = 28{,}64789$
$\frac{180}{\pi} = 57{,}29578$
$\frac{360}{\pi} = 114{,}591559$
$\frac{1}{\pi} = 0{,}318310$
$\frac{1}{\pi^2} = 0{,}101321$
$\frac{1}{\pi^4} = 0{,}010266$
$\sqrt[3]{\pi} = 1{,}4645919$
$\sqrt[3]{2\pi} = 1{,}845261$

Anleitung zum Gebrauch von Zahlentafeln

Kommaverschiebung

In der *n* bzw. *d* Spalte erscheinen nur ganze Zahlen. Treten jetzt Zahlen auf, die hier nicht aufgeführt sind, z. B. 1,63 oder 0,163, so erhält man durch entsprechende Kommaverschiebung wieder Zahlen, die in der *n* bzw. *d* Spalte zu finden sind. Z. B. wird aus 1,63 die aufgeführte Zahl 163.

Die Zahl nach der Kommaverschiebung wird Hilfszahl genannt, das zugehörige Ergebnis Tabellenwert

Tabelle	Grundzahl	Hilfszahl	Tabellenwert	Ergebnis	Regel Die Kommaverschiebung bei der Grundzahl erfordert beim Tabellenwert ...
$\frac{1}{n}$	16,3	163	0,00613	0,0613	... eine Verschiebung mit gleicher Stellenzahl und gleicher Richtung
	1,63	163	0,00613	0,613	
	0,163	163	0,00613	6,13	
	1630	163	0,00613	0,000613	
n^2	16,3	163	26569	265,69	... eine Verschiebung um doppelt so viele Stellen und in entgegengesetzter Richtung
	1,63	163	26569	2,6569	
	0,163	163	26569	0,026569	
	1630	163	26569	2656900	
n^3	16,3	163	4330747	4330,747	... eine Verschiebung mit dreifacher Stellenzahl und in entgegengesetzter Richtung
	1,63	163	4330747	4,330747	
	0,163	163	4330747	0,0043307	
	1630	163	4330747	4330747000	
$\sqrt{n}$	16300	163	12,7671	127,671	Das Komma muß bei der Grundzahl einmal oder mehrmals um 2 Stellen verschoben werden. Dies erfordert beim Tabellenwert eine Verschiebung um halb so viele Stellen und in entgegengesetzter Richtung
	1,63	163	12,7671	1,27671	
	0,0163	163	12,7671	0,121761	
$\sqrt[3]{n}$	163000	163	5,4626	54,626	Das Komma muß bei der Grundzahl einmal oder mehrmals um 3 Stellen verschoben werden. Dies erfordert beim Tabellenwert eine Verschiebung um ein Drittel der Stellen und in entgegengesetzter Richtung
	0,163	163	5,4626	0,54626	
	0,000163	163	5,4626	0,054626	
$\pi \cdot d$	16,3	163	512,08	51,208	... eine Verschiebung mit gleicher Stellenzahl und entgegengesetzter Richtung
	1,63	163	512,08	5,1208	
	0,163	163	512,08	0,51208	
	1630	163	512,08	512,08	
$\frac{\pi \cdot d^2}{4}$	16,3	163	20867,2	208672	... eine Verschiebung mit doppelter Stellenzahl und entgegengesetzter Richtung
	1,63	163	20867,2	2,08672	
	0,163	163	20867,2	0,020867	
	1630	163	20867,2	2086720	

Beziehungen zwischen Funktionen eines Winkels:

$$\sin\varphi = \sqrt{1-\cos^2\varphi} = \frac{\tan\varphi}{\sqrt{1+\tan^2\varphi}} = \frac{1}{\sqrt{1+\cot^2\varphi}}$$

$$\cos\varphi = \sqrt{1-\sin^2\varphi} = \frac{1}{\sqrt{1+\tan^2\varphi}} = \frac{\cot\varphi}{\sqrt{1+\cot^2\varphi}}$$

$$\tan\varphi = \frac{\sin\varphi}{\sqrt{1-\sin^2\varphi}} = \frac{\sqrt{1-\cos^2\varphi}}{\cos\varphi} = \frac{1}{\cot\varphi}$$

$$\cot\varphi = \frac{\sqrt{1-\sin^2\varphi}}{\sin\varphi} = \frac{\cos\varphi}{\sqrt{1-\cos^2\varphi}} = \frac{1}{\tan\varphi}$$

$\sin^2\alpha + \cos^2\alpha = 1$ — $\mathrm{tg}\,\alpha = \sin\alpha / \cos\alpha$

$\sin 2\alpha = 2\sin\alpha \cdot \cos\alpha$ — $\mathrm{ctg}\,\alpha = \cos\alpha / \sin\alpha$

$\cos 2\alpha = 1 - 2\sin^2\alpha$ — $\mathrm{tg}\,\alpha \cdot \mathrm{ctg}\,\alpha = 1$

Auswahl wichtiger Reihen

$$e^x = 1 + \frac{x}{1!} + \frac{x^2}{2!} + \frac{x^3}{3!} + \frac{x^4}{4!} \ldots$$

$$e = 1 + \frac{1}{1!} + \frac{1}{2!} + \frac{1}{3!} + \frac{1}{4!} + \ldots$$

$$\sin x = \frac{x}{1!} - \frac{x^3}{3!} + \frac{x^5}{5!} - \frac{x^7}{7!} + \ldots$$

$$\cos x = 1 - \frac{x^2}{2!} + \frac{x^4}{4!} - \frac{x^6}{6!} + - \ldots$$

$$\tan x = x + \frac{x^3}{3} + \frac{2x^5}{3\cdot 5} + \frac{17x^7}{3^2\cdot 5\cdot 7} + \ldots$$

$$\cot x = \frac{1}{x} - \frac{x}{3} - \frac{x^3}{3^2\cdot 5} - \frac{2x^5}{3^3\cdot 5\cdot 7} - \ldots$$

Sinus 0° bis 45°

Min.	0	6	12	18	24	30	36	42	48	54	60	
Grad	,0°	,1°	,2°	,3°	,4°	,5°	,6°	,7°	,8°	,9°	1,0°	
0	0,0000	0,0017	0,0035	0,0052	0,0070	0,0087	0,0105	0,0122	0,0140	0,0157	0,0175	89
1	0,0175	0,0192	0,0209	0,0227	0,0244	0,0262	0,0279	0,0297	0,0314	0,0332	0,0349	88
2	0,0349	0,0366	0,0384	0,0401	0,0419	0,0436	0,0454	0,0471	0,0488	0,0506	0,0523	87
3	0,0523	0,0541	0,0558	0,0576	0,0593	0,0610	0,0628	0,0645	0,0663	0,0680	0,0698	86
4	0,0698	0,0715	0,0732	0,0750	0,0767	0,0785	0,0802	0,0819	0,0837	0,0854	0,0872	85
5	0,0872	0,0889	0,0906	0,0924	0,0941	0,0958	0,0976	0,0993	0,1011	0,1028	0,1045	84
6	0,1045	0,1063	0,1080	0,1097	0,1115	0,1132	0,1149	0,1167	0,1184	0,1201	0,1219	83
7	0,1219	0,1236	0,1253	0,1271	0,1288	0,1305	0,1323	0,1340	0,1357	0,1374	0,1392	82
8	0,1392	0,1409	0,1426	0,1444	0,1461	0,1478	0,1495	0,1513	0,1530	0,1547	0,1564	81
9	0,1564	0,1582	0,1599	0,1616	0,1633	0,1650	0,1668	0,1685	0,1702	0,1719	0,1736	80
10	0,1736	0,1754	0,1771	0,1788	0,1805	0,1822	0,1840	0,1857	0,1874	0,1891	0,1908	79
11	0,1908	0,1925	0,1942	0,1959	0,1977	0,1994	0,2011	0,2028	0,2045	0,2062	0,2079	78
12	0,2079	0,2096	0,2113	0,2130	0,2147	0,2164	0,2181	0,2198	0,2215	0,2232	0,2250	77
13	0,2250	0,2267	0,2284	0,2300	0,2317	0,2334	0,2351	0,2368	0,2385	0,2402	0,2419	76
14	0,2419	0,2436	0,2453	0,2470	0,2487	0,2504	0,2521	0,2538	0,2554	0,2571	0,2588	75
15	0,2588	0,2605	0,2622	0,2639	0,2656	0,2672	0,2689	0,2706	0,2723	0,2740	0,2756	74
16	0,2756	0,2773	0,2790	0,2807	0,2823	0,2840	0,2857	0,2874	0,2890	0,2907	0,2924	73
17	0,2924	0,2940	0,2957	0,2974	0,2990	0,3007	0,3024	0,3040	0,3057	0,3074	0,3090	72
18	0,3090	0,3107	0,3123	0,3140	0,3156	0,3173	0,3190	0,3206	0,3223	0,3239	0,3256	71
19	0,3256	0,3272	0,3289	0,3305	0,3322	0,3338	0,3355	0,3371	0,3387	0,3404	0,3420	70
20	0,3420	0,3437	0,3453	0,3469	0,3486	0,3502	0,3518	0,3535	0,3551	0,3567	0,3584	69
21	0,3584	0,3600	0,3616	0,3633	0,3649	0,3665	0,3681	0,3697	0,3714	0,3730	0,3746	68
22	0,3746	0,3762	0,3778	0,3795	0,3811	0,3827	0,3843	0,3859	0,3875	0,3891	0,3907	67
23	0,3907	0,3923	0,3939	0,3955	0,3971	0,3987	0,4003	0,4019	0,4035	0,4051	0,4067	66
24	0,4067	0,4083	0,4099	0,4115	0,4131	0,4147	0,4163	0,4179	0,4195	0,4210	0,4226	65
25	0,4226	0,4242	0,4258	0,4274	0,4289	0,4305	0,4321	0,4337	0,4352	0,4368	0,4384	64
26	0,4384	0,4399	0,4415	0,4431	0,4446	0,4462	0,4478	0,4493	0,4509	0,4524	0,4540	63
27	0,4540	0,4555	0,4571	0,4586	0,4602	0,4617	0,4633	0,4648	0,4664	0,4679	0,4695	62
28	0,4695	0,4710	0,4726	0,4741	0,4756	0,4772	0,4787	0,4802	0,4818	0,4833	0,4848	61
29	0,4848	0,4863	0,4879	0,4894	0,4909	0,4924	0,4939	0,4955	0,4970	0,4985	0,5000	60
30	0,5000	0,5015	0,5030	0,5045	0,5060	0,5075	0,5090	0,5105	0,5120	0,5135	0,5150	59
31	0,5150	0,5165	0,5180	0,5195	0,5210	0,5225	0,5240	0,5255	0,5270	0,5284	0,5299	58
32	0,5299	0,5314	0,5329	0,5344	0,5358	0,5373	0,5388	0,5402	0,5417	0,5432	0,5446	57
33	0,5446	0,5461	0,5476	0,5490	0,5505	0,5519	0,5534	0,5548	0,5563	0,5577	0,5592	56
34	0,5592	0,5606	0,5621	0,5635	0,5650	0,5664	0,5678	0,5693	0,5707	0,5721	0,5736	55
35	0,5736	0,5750	0,5764	0,5779	0,5793	0,5807	0,5821	0,5835	0,5850	0,5864	0,5878	54
36	0,5878	0,5892	0,5906	0,5920	0,5934	0,5948	0,5962	0,5976	0,5990	0,6004	0,6018	53
37	0,6018	0,6032	0,6046	0,6060	0,6074	0,6088	0,6101	0,6115	0,6129	0,6143	0,6157	52
38	0,6157	0,6170	0,6184	0,6198	0,6211	0,6225	0,6239	0,6252	0,6266	0,6280	0,6293	51
39	0,6293	0,6307	0,6320	0,6334	0,6347	0,6361	0,6374	0,6388	0,6401	0,6414	0,6428	50
40	0,6428	0,6411	0,6455	0,6468	0,6481	0,6494	0,6508	0,6521	0,6534	0,6547	0,6561	49
41	0,6561	0,6574	0,8587	0,6600	0,6613	0,6626	0,6639	0,6652	0,6665	0,6678	0,6691	48
42	0,6691	0,6704	0,6717	0,6730	0,6743	0,6756	0,6769	0,6782	0,6794	0,6807	0,6820	47
43	0,6820	0,6833	0,6845	0,6858	0,6871	0,6884	0,6896	0,6909	0,6921	0,6934	0,6947	46
44	0,6947	0,6959	0,6972	0,6984	0,6997	0,7009	0,7022	0,7034	0,7046	0,7059	0,7071	45
	1,0°	,9°	,8°	,7°	,6°	,5°	,4°	,3°	,2°	,1°	,0°	Grad
	60	54	48	42	36	30	24	18	12	6	0	Min.

Cosinus 45° bis 90°

Bezeichnungen im rechtwinkligen Dreieck:

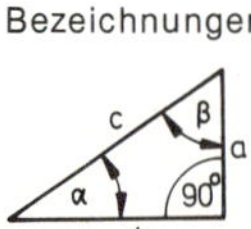

Seite a: Gegenkathete, liegt dem Winkel α gegenüber.
Seite b: Ankathete, bildet einen Schenkel des Winkels α.
Seite c: Hypotenuse, längste Seite im Dreieck, liegt dem rechten Winkel gegenüber.

Die Seitenlängen bilden bei jeder Winkelgröße von α bestimmte Verhältniswerte. Diese bezeichnet man als Winkelfunktionen. Siehe auch TR 11.

Winkelfunktionen

→ Sinus 45° bis 90°

Min.	0	6	12	18	24	30	36	42	48	54	60	
Grad	,0°	,1°	,2°	,3°	,4°	,5°	,6°	,7°	,8°	,9°	1,0°	
45	0,7071	0,7083	0,7096	0,7108	0,7120	0,7133	0,7145	0,7157	0,7169	0,7181	0,7193	44
46	0,7193	0,7206	0,7218	0,7230	0,7242	0,7254	0,7266	0,7278	0,7290	0,7302	0,7314	43
47	0,7314	0,7325	0,7337	0,7349	0,7361	0,7373	0,7385	0,7396	0,7408	0,7420	0,7431	42
48	0,7431	0,7443	0,7455	0,7466	0,7478	0,7490	0,7501	0,7513	0,7524	0,7536	0,7547	41
49	0,7547	0,7559	0,7570	0,7581	0,7593	0,7604	0,7615	0,7627	0,7638	0,7649	0,7660	40
50	0,7660	0,7672	0,7683	0,7694	0,7705	0,7716	0,7727	0,7738	0,7749	0,7760	0,7771	39
51	0,7771	0,7782	0,7793	0,7804	0,7815	0,7826	0,7837	0,7848	0,7859	0,7869	0,7880	38
52	0,7880	0,7891	0,7902	0,7912	0,7923	0,7934	0,7944	0,7955	0,7965	0,7976	0,7986	37
53	0,7986	0,7997	0,8007	0,8018	0,8028	0,8039	0,8049	0,8059	0,8070	0,8080	0,8090	36
54	0,8090	0,8100	0,8111	0,8121	0,8131	0,8141	0,8151	0,8161	0,8171	0,8181	0,8192	35
55	0,8192	0,8202	0,8211	0,8221	0,8231	0,8241	0,8251	0,8261	0,8271	0,8281	0,8290	34
56	0,8290	0,8300	0,8310	0,8320	0,8329	0,8339	0,8348	0,8358	0,8368	0,8377	0,8387	33
57	0,8387	0,8396	0,8406	0,8415	0,8425	0,8434	0,8443	0,8453	0,8462	0,8471	0,8480	32
58	0,8480	0,8490	0,8499	0,8508	0,8517	0,8526	0,8536	0,8545	0,8554	0,8563	0,8572	31
59	0,8572	0,8581	0,8590	0,8599	0,8607	0,8616	0,8625	0,8634	0,8643	0,8652	0,8660	30
60	0,8660	0,8669	0,8678	0,8686	0,8695	0,8704	0,8712	0,8721	0,8729	0,8738	0,8746	29
61	0,8746	0,8755	0,8763	0,8771	0,8780	0,8788	0,8796	0,8805	0,8813	0,8821	0,8829	28
62	0,8829	0,8838	0,8846	0,8854	0,8862	0,8870	0,8878	0,8886	0,8894	0,8902	0,8910	27
63	0,8910	0,8918	0,8926	0,8934	0,8942	0,8949	0,8957	0,8965	0,8973	0,8980	0,8988	26
64	0,8988	0,8996	0,9003	0,9011	0,9018	0,9026	0,9033	0,9041	0,9048	0,9056	0,9063	25
65	0,9063	0,9070	0,9078	0,9085	0,9092	0,9100	0,9107	0,9114	0,9121	0,9128	0,9135	24
66	0,9135	0,9143	0,9150	0,9157	0,9164	0,9171	0,9178	0,9184	0,9191	0,9198	0,9205	23
67	0,9205	0,9212	0,9219	0,9225	0,9232	0,9239	0,9245	0,9252	0,9259	0,9265	0,9272	22
68	0,9272	0,9278	0,9285	0,9291	0,9298	0,9304	0,9311	0,9317	0,9323	0,9330	0,9336	21
69	0,9336	0,9342	0,9348	0,9354	0,9361	0,9367	0,9373	0,9379	0,9385	0,9391	0,9397	20
70	0,9397	0,9403	0,9409	0,9415	0,9421	0,9426	0,9432	0,9438	0,9444	0,9449	0,9455	19
71	0,9455	0,9461	0,9466	0,9472	0,9478	0,9483	0,9489	0,9494	0,9500	0,9505	0,9511	18
72	0,9511	0,9516	0,9521	0,9527	0,9532	0,9537	0,9542	0,9548	0,9553	0,9558	0,9563	17
73	0,9563	0,9568	0,9573	0,9578	0,9583	0,9588	0,9593	0,9598	0,9603	0,9608	0,9613	16
74	0,9613	0,9617	0,9622	0,9627	0,9632	0,9636	0,9641	0,9646	0,9650	0,9655	0,9659	15
75	0,9659	0,9664	0,9668	0,9673	0,9677	0,9681	0,9686	0,9690	0,9694	0,9699	0,9703	14
76	0,9703	0,9707	0,9711	0,9715	0,9720	0,9724	0,9728	0,9732	0,9736	0,9740	0,9744	13
77	0,9744	0,9748	0,9751	0,9755	0,9759	0,9763	0,9767	0,9770	0,9774	0,9778	0,9781	12
78	0,9781	0,9785	0,9789	0,9792	0,9796	0,9799	0,9803	0,9806	0,9810	0,9813	0,9816	11
79	0,9816	0,9820	0,9823	0,9826	0,9829	0,9833	0,9836	0,9839	0,9842	0,9845	0,9848	10
80	0,9848	0,9851	0,9854	0,9857	0,9860	0,9863	0,9866	0,9869	0,9871	0,9874	0,9877	9
81	0,9877	0,9880	0,9882	0,9885	0,9888	0,9890	0,9893	0,9895	0,9898	0,9900	0,9903	8
82	0,9903	0,9905	0,9907	0,9910	0,9912	0,9914	0,9917	0,9919	0,9921	0,9923	0,9925	7
83	0,9925	0,9928	0,9930	0,9932	0,9934	0,9936	0,9938	0,9940	0,9942	0,9943	0,9945	6
84	0,9945	0,9947	0,9949	0,9951	0,9952	0,9954	0,9956	0,9957	0,9959	0,9960	0,9962	5
85	0,9962	0,9963	0,9965	0,9966	0,9968	0,9969	0,9971	0,9972	0,9973	0,9971	0,9976	4
86	0,9976	0,9977	0,9978	0,9979	0,9980	0,9981	0,9982	0,9983	0,9984	0,9985	0,9986	3
87	0,9986	0,9987	0,9988	0,9989	0,9990	0,9990	0,9991	0,9992	0,9993	0,9994	0,9994	2
88	0,9994	0,9995	0,9995	0,9996	0,9996	0,9997	0,9997	0,9997	0,9998	0,9998	0,9998	1
89	0,9998	0,9999	0,9999	0,9999	0,9999	1,0000	1,0000	1,0000	1,0000	1,0000	1,0000	0
	1,0°	,9°	,8°	,7°	,6°	,5°	,4°	,3°	,2°	,1°	,0°	Grad
	60	54	48	42	36	30	24	18	12	6	0	Min.

Cosinus 0° bis 45° ←

$$\frac{\text{Gegenkathete}}{\text{Hypotenuse}} = \text{Sinus} = \sin$$

$$\sin \alpha = \frac{a}{c}$$

$$\frac{\text{Ankathete}}{\text{Hypotenuse}} = \text{Cosinus} = \cos$$

$$\cos \alpha = \frac{b}{c}$$

Beispiele:

a = 5 cm, c = 8 cm

$$\sin \alpha = \frac{5\ \text{cm}}{8\ \text{cm}} = 0{,}625$$

$\alpha = 38{,}7°$

b = 5 cm; c = 8 cm

$$\cos \alpha = \frac{5\ \text{cm}}{8\ \text{cm}} = 0{,}625$$

$\alpha = 51{,}3°$

Beispiel:

$\alpha = 60{,}7°$

$\sin \alpha = 0{,}8721$

Winkelfunktionen

TR 14

→ Tangens 0° bis 45°

Min.	0	6	12	18	24	30	36	42	48	54	60	
Grad	,0°	,1°	,2°	,3°	,4°	,5°	,6°	,7°	,8°	,9°	1,0°	
0	0,0000	0,0017	0,0035	0,0052	0,0070	0,0087	0,0105	0,0122	0,0140	0,0157	0,0175	89
1	0,0175	0,0192	0,0209	0,0227	0,0244	0,0262	0,0279	0,0297	0,0314	0,0332	0,0349	88
2	0,0349	0,0367	0,0384	0,0402	0,0419	0,0437	0,0454	0,0472	0,0489	0,0507	0,0524	87
3	0,0524	0,0542	0,0559	0,0577	0,0594	0,0612	0,0629	0,0647	0,0664	0,0682	0,0699	86
4	0,0699	0,0717	0,0734	0,0752	0,0769	0,0787	0,0805	0,0822	0,0840	0,0857	0,0875	85
5	0,0875	0,0892	0,0910	0,0928	0,0945	0,0963	0,0981	0,0998	0,1016	0,1033	0,1051	84
6	0,1051	0,1069	0,1086	0,1104	0,1122	0,1139	0,1157	0,1175	0,1192	0,1210	0,1228	83
7	0,1228	0,1246	0,1263	0,1281	0,1299	0,1317	0,1334	0,1352	0,1370	0,1388	0,1405	82
8	0,1405	0,1423	0,1441	0,1459	0,1477	0,1495	0,1512	0,1530	0,1548	0,1566	0,1584	81
9	0,1584	0,1602	0,1620	0,1638	0,1655	0,1673	0,1691	0,1709	0,1727	0,1745	0,1763	80
10	0,1763	0,1781	0,1799	0,1817	0,1835	0,1853	0,1871	0,1890	0,1908	0,1926	0,1944	79
11	0,1944	0,1962	0,1980	0,1998	0,2016	0,2035	0,2053	0,2071	0,2089	0,2107	0,2126	78
12	0,2126	0,2144	0,2162	0,2180	0,2199	0,2217	0,2235	0,2254	0,2272	0,2290	0,2309	77
13	0,2309	0,2327	0,2345	0,2364	0,2382	0,2401	0,2419	0,2438	0,2456	0,2475	0,2493	76
14	0,2493	0,2512	0,2530	0,2549	0,2568	0,2586	0,2605	0,2623	0,2642	0,2661	0,2679	75
15	0,2679	0,2698	0,2717	0,2736	0,2754	0,2773	0,2792	0,2811	0,2830	0,2849	0,2867	74
16	0,2867	0,2886	0,2905	0,2924	0,2943	0,2962	0,2981	0,3000	0,3019	0,3038	0,3057	73
17	0,3057	0,3076	0,3096	0,3115	0,3134	0,3153	0,3172	0,3191	0,3211	0,3230	0,3249	72
18	0,3249	0,3269	0,3288	0,3307	0,3327	0,3346	0,3365	0,3385	0,3404	0,3424	0,3443	71
19	0,3443	0,3463	0,3482	0,3502	0,3522	0,3541	0,3561	0,3581	0,3600	0,3620	0,3640	70
20	0,3640	0,3659	0,3679	0,3699	0,3719	0,3739	0,3759	0,3779	0,3799	0,3819	0,3839	69
21	0,3839	0,3859	0,3879	0,3899	0,3919	0,3939	0,3959	0,3979	0,4000	0,4020	0,4040	68
22	0,4040	0,4061	0,4081	0,4101	0,4122	0,4142	0,4163	0,4183	0,4204	0,4224	0,4245	67
23	0,4245	0,4265	0,4286	0,4307	0,4327	0,4348	0,4369	0,4390	0,4411	0,4431	0,4452	66
24	0,4452	0,4473	0,4494	0,4515	0,4536	0,4557	0,4578	0,4599	0,4621	0,4642	0,4663	65
25	0,4663	0,4684	0,4706	0,4727	0,4748	0,4770	0,4791	0,4813	0,4834	0,4856	0,4877	64
26	0,4877	0,4899	0,4921	0,4942	0,4964	0,4986	0,5008	0,5029	0,5051	0,5073	0,5095	63
27	0,5095	0,5117	0,5139	0,5161	0,5184	0,5206	0,5228	0,5250	0,5272	0,5295	0,5317	62
28	0,5317	0,5340	0,5362	0,5384	0,5407	0,5430	0,5452	0,5475	0,5498	0,5520	0,5543	61
29	0,5543	0,5566	0,5589	0,5612	0,5635	0,5658	0,5681	0,5704	0,5727	0,5750	0,5774	60
30	0,5774	0,5797	0,5820	0,5844	0,5867	0,5890	0,5914	0,5938	0,5961	0,5985	0,6009	59
31	0,6009	0,6032	0,6056	0,6080	0,6104	0,6128	0,6152	0,6176	0,6200	0,6224	0,6249	58
32	0,6249	0,6273	0,6297	0,6322	0,6346	0,6371	0,6395	0,6420	0,6445	0,6469	0,6494	57
33	0,6494	0,6519	0,6544	0,6569	0,6594	0,6619	0,6644	0,6669	0,6694	0,6720	0,6745	56
34	0,6745	0,6771	0,6795	0,6822	0,6847	0,6873	0,6899	0,6924	0,6950	0,6976	0,7002	55
35	0,7002	0,7028	0,7054	0,7080	0,7107	0,7133	0,7159	0,7186	0,7212	0,7239	0,7265	54
36	0,7265	0,7292	0,7319	0,7346	0,7373	0,7400	0,7427	0,7454	0,7481	0,7508	0,7536	53
37	0,7536	0,7563	0,7590	0,7618	0,7646	0,7673	0,7701	0,7729	0,7757	0,7785	0,7813	52
38	0,7813	0,7841	0,7869	0,7898	0,7926	0,7954	0,7983	0,8012	0,8040	0,8069	0,8098	51
39	0,8098	0,8127	0,8156	0,8185	0,8214	0,8243	0,8273	0,8302	0,8332	0,8361	0,8391	50
40	0,8391	0,8421	0,8451	0,8481	0,8511	0,8541	0,8571	0,8601	0,8632	0,8662	0,8693	49
41	0,8693	0,8724	0,8754	0,8785	0,8816	0,8847	0,8878	0,8910	0,8941	0,8972	0,9004	48
42	0,9004	0,9036	0,9067	0,9099	0,9131	0,9163	0,9195	0,9228	0,9260	0,9293	0,9325	47
43	0,9325	0,9358	0,9391	0,9424	0,9457	0,9490	0,9523	0,9556	0,9590	0,9623	0,9657	46
44	0,9657	0,9691	0,9725	0,9759	0,9793	0,9827	0,9861	0,9896	0,9930	0,9965	1,0000	45
	1,0°	,9°	,8°	,7°	,6°	,5°	,4°	,3°	,2°	,1°	,0°	Grad
	60	54	48	42	36	30	24	18	12	6	0	Min.

Cotangens 45° bis 90° ←

$$\frac{\text{Gegenkathete}}{\text{Ankathete}} = \text{Tangens} = \tan$$

$$\tan \alpha = \frac{a}{b}$$

$$\frac{\text{Ankathete}}{\text{Gegenkathete}} = \text{Cotangens} = \cot$$

$$\cot \alpha = \frac{b}{a}$$

Beispiele:

a = 3 cm, b = 6 cm

$$\tan \alpha = \frac{3\text{ cm}}{6\text{ cm}} = 0{,}5$$

$\alpha = 26{,}6°$

b = 4 cm; a = 4 cm

$$\cot \alpha = \frac{4\text{ cm}}{4\text{ cm}} = 1$$

$\alpha = 45°$

Beispiel:
$\alpha = 35{,}9°$
$\tan \alpha = 0{,}7239$

Winkelfunktionen

→ Tangens 45° bis 90°

Min.	0	6	12	18	24	30	36	42	48	54	60	
Grad	,0°	,1°	,2°	,3°	,4°	,5°	,6°	,7°	,8°	,9°	1,0°	
45	1,0000	1,0035	1,0070	1,0105	1,0141	1,0176	1,0212	1,0247	1,0283	1,0319	1,0355	44
46	1,0355	1,0392	1,0428	1,0464	1,0501	1,0538	1,0575	1,0612	1,0649	1,0686	1,0724	43
47	1,0724	1,0761	1,0799	1,0837	1,0875	1,0913	1,0951	1,0990	1,1028	1,1067	1,1106	42
48	1,1106	1,1145	1,1184	1,1224	1,1263	1,1303	1,1343	1,1383	1,1423	1,1463	1,1504	41
49	1,1504	1,1544	1,1585	1,1626	1,1667	1,1708	1,1750	1,1792	1,1833	1,1875	1,1918	40
50	1,1918	1,1960	1,2002	1,2045	1,2088	1.2131	1,2174	1,2218	1,2261	1,2305	1,2349	39
51	1,2349	1,2393	1,2437	1,2482	1,2527	1,2572	1,2617	1,2662	1,2708	1,2753	1,2799	38
52	1,2799	1,2846	1,2892	1,2938	1,2985	1,3032	1,3079	1,3127	1,3175	1,3222	1,3270	37
53	1,3270	1,3319	1,3367	1,3416	1,3465	1,3514	1,3564	1,3613	1,3663	1,3713	1,3764	36
54	1,3764	1,3814	1,3865	1,3916	1,3968	1,4019	1,4071	1,4124	1,4176	1,4229	1,4281	35
55	1,4281	1,4335	1,4388	1,4442	1,4496	1,4550	1,4605	1,4659	1,4715	1,4770	1,4826	34
56	1,4826	1,4882	1,4938	1,4994	1,5051	1,5108	1,5166	1,5224	1,5282	1,5340	1,5399	33
57	1,5399	1,5458	1,5517	1,5577	1,5637	1,5697	1,5757	1,5818	1,5880	1,5941	1,6003	32
58	1,6003	1,6066	1,6128	1,6191	1,6255	1,6319	1,6383	1,6447	1,6512	1,6577	1,6643	31
59	1,6643	1,6709	1,6775	1,6842	1,6909	1,6977	1,7045	1,7113	1,7182	1,7251	1,7321	30
60	1,7321	1,7391	1,7461	1,7532	1,7603	1,7675	1,7747	1,7820	1,7893	1,7966	1,8040	29
61	1,8040	1,8115	1,8190	1,8265	1,8341	1,8418	1,8495	1,8572	1,8650	1,8728	1,8807	28
62	1,8807	1,8887	1,8967	1,9047	1,9128	1,9210	1,9292	1,9375	1,9458	1,9542	1,9626	27
63	1,9626	1,9711	1,9797	1,9883	1,9970	2,0057	2,0145	2,0233	2,0323	2,0413	2,0503	26
64	2,0503	2,0594	2,0686	2,0778	2,0872	2,0965	2,1060	2,1155	2,1251	2,1348	2,1445	25
65	2,1445	2,1543	2,1642	2,1742	2,1842	2,1943	2,2045	2,2148	2,2251	2,2355	2,2460	24
66	2,2460	2,2566	2,2673	2,2781	2,2889	2,2998	2,3109	2,3220	2,3332	2,3445	2,3559	23
67	2,3559	2,3673	2,3789	2,3906	2,4023	2,4142	2,4262	2,4383	2,4504	2,4627	2,4751	22
68	2,4751	2,4876	2,5002	2,5129	2,5257	2,5386	2,5517	2,5649	2,5782	2,5916	2,6051	21
69	2,6051	2,6187	2,6325	2,6464	2,6605	2,6746	2,6889	2,7034	2,7179	2,7326	2,7475	20
70	2,7475	2,7625	2,7776	2,7929	2,8083	2,8239	2,8397	2,8556	2,8716	2,8878	2,9042	19
71	2,9042	2,9208	2,9375	2,9544	2,9714	2,9887	3,0061	3,0237	3,0415	3,0595	3,0777	19
72	3,0777	3,0961	3,1146	3,1334	3,1524	3,1716	3,1910	3,2106	3,2305	3,2506	3,2709	17
73	3,2709	3,2914	3,3122	3,3332	3,3544	3,3759	3,3977	3,4197	3,4420	3,4646	3,4874	16
74	3,4874	3,5105	3,5339	3,5576	3,5816	3,6059	3,6305	3,6554	3,6806	3,7062	3,7321	15
75	3,7321	3,7583	3,7848	3,8118	3,8391	3,8667	3,8947	3,9232	3,9520	3,9812	4,0108	14
76	4,0108	4,0408	4,0713	4,1022	4,1335	4,1653	4,1976	4,2303	4,2635	4,2972	4,3315	13
77	4,3315	4,3662	4,4015	4,4374	4,4737	4,5107	4,5483	4,5864	4,6252	4,6646	4,7046	12
78	4,7046	4,7453	4,7867	4,8288	4,8716	4,9152	4,9594	5,0045	5,0504	5,0970	5,1446	11
79	5,1446	5,1929	5,2422	5,2924	5,3435	5,3955	5,4486	5,5026	5,5578	5,6140	5,6713	10
80	5,6713	5,7297	5,7894	5,8502	5,9124	5,9758	6,0405	6,1066	6,1742	6,2433	6,3138	9
81	6,3138	6,3859	6,4596	6,5350	6,6122	6,6912	6,7720	6,8546	6,9395	7,0264	7,1154	8
82	7,1154	7,2066	7,3002	7,3962	7,4947	7,5958	7,6996	7,8062	7,9158	8,0285	8,1443	7
83	8,1443	8,2636	8,3863	8,5126	8,6427	8,7769	8,9152	9,0579	9,2052	9,3572	9,5144	6
84	9,5144	9,6768	9,8448	10,019	10,199	10,385	10,579	10,780	10,988	11,205	11,430	5
85	11,430	11,664	11,909	12,163	12,429	12,706	12,996	13,300	13,617	13,951	14,301	4
86	14,301	14,669	15,056	15,464	15,895	16,350	16,832	17,343	17,886	18,464	19,081	3
87	19,081	19,740	20,446	21,205	22,022	22,904	23,859	24,898	26,031	27,271	28,646	2
88	28,636	30,145	31,821	33,694	35,801	38,188	40,917	44,066	47,740	52,081	57,290	1
89	57,290	63,657	71,615	81,857	95,489	114,50	143,24	190,98	286,48	572,96	+ ∞	0
	1,0°	,9°	,8°	,7°	,6°	,5°	,4°	,3°	,2°	,1°	,0°	Grad
	60	54	48	42	36	30	24	18	12	6	0	Min.

Cotangens 0° bis 45° ←

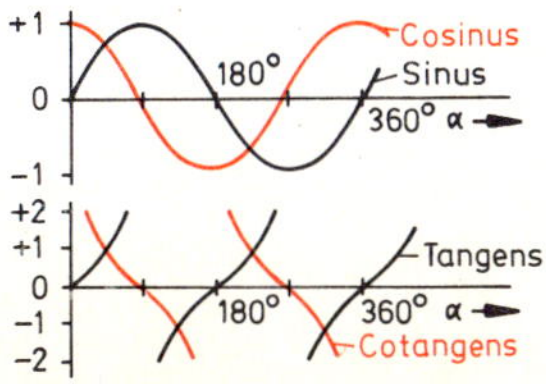

Vorzeichenregeln				
	0 – 90°	90° – 180°	180° – 270°	270° – 360°
sin	+	+	–	–
cos	+	–	–	+
tan	+	–	+	–
cot	+	–	+	–

Siehe auch TR 11.

Stromdichte

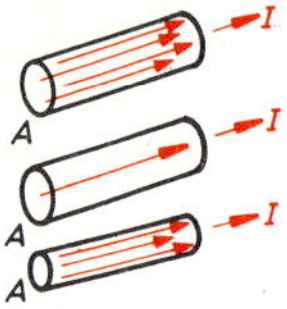

$$S = \frac{I}{A}$$

$$1\,\frac{A}{mm^2} = \frac{1\,A}{1\,mm^2}$$

S Stromdichte
I Strom
A Leiterquerschnitt

Beispiel:

$I = 4\,A$, $A = 2\,mm^2$; $S = ?\,\frac{A}{mm^2}$

Lösung:

$$S = \frac{I}{A} = \frac{4\,A}{2\,mm^2} = 2\,\frac{A}{mm^2}$$

Elektrizitätsmenge

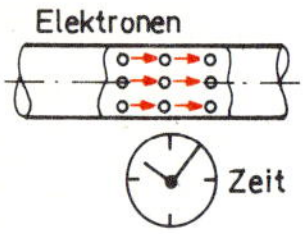

$$Q = I \cdot t$$

$$1\,C = 1\,As = 1\,A \cdot 1\,s$$

Q Elektrizitätsmenge
I Strom
t Zeit

Beispiel:

$I = 50\,mA$; $t = 5\,min$; $Q = ?\,As$

Lösung:

$Q = I \cdot t = 50 \cdot 10^{-3}\,A \cdot 5 \cdot 60\,s$
$Q = 15\,As$

Leitwert und Widerstand

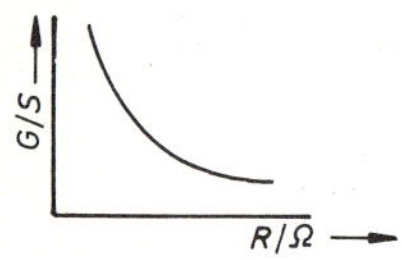

$$G = \frac{1}{R}$$

$$1\,S = \frac{1}{1\,\Omega}$$

G elektrischer Leitwert
R elektrischer Widerstand

Beispiel:

$R = 100\,\Omega \quad G = ?$

Lösung:

$$G = \frac{1}{R} = \frac{1}{100\,\Omega} = 10\,mS$$

Leiterwiderstand

Werkstoff	spezifischer Widerstand $\frac{\Omega \cdot mm^2}{m}$	Leitfähigkeit $\frac{m}{\Omega \cdot mm^2}$
Silber	0.0161	62
Kupfer	0,01786	56
Aluminium	0,0303	33
Eisen	0,13	7,7
Konstantan	0,50	2,00

weitere Werte siehe Seite WK 9

$$R = \frac{\rho \cdot l}{A}$$

$$R = \frac{l}{\kappa \cdot A}$$

$$\rho = \frac{1}{\kappa}$$

R elektrischer Widerstand
l Leiterlänge
ρ spezifischer Widerstand
A Leiterquerschnitt
κ Leitfähigkeit

Beispiel:

$l = 28\,m$; $\kappa = 56\,\frac{m}{\Omega \cdot mm^2}$
$A = 2\,mm^2$; $R = ?\,\Omega$

Lösung:

$$R = \frac{l}{\kappa \cdot A} = \frac{28\,m}{56\,\frac{m}{\Omega \cdot mm^2} \cdot 2\,mm^2}$$

$R = 0{,}25\,\Omega$

Ohmsches Gesetz

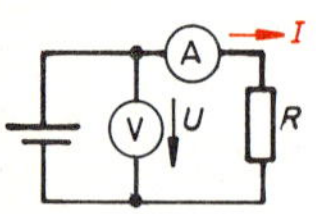

$$I = \frac{U}{R}$$

$$1\,A = \frac{1\,V}{1\,\Omega}$$

I elektrischer Strom
U elektrische Spannung
R elektrischer Widerstand

Beispiel:

$U = 150\,V$, $R = 300\,\Omega$
$I = ?\,A$

Lösung:

$$I = \frac{U}{R} = \frac{150\,V}{300\,\Omega} = 0{,}5\,A$$

Formeln zur Elektrotechnik — TR 17

Widerstand und Temperatur

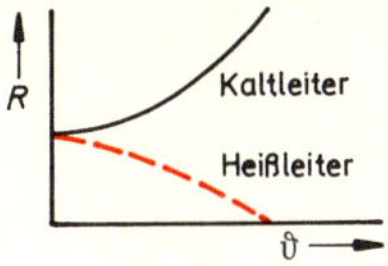

$$\Delta R = \alpha \cdot R_k \cdot \Delta\vartheta$$

$$R_w = R_k + \Delta R$$

$$R_w = R_k(1 + \alpha \cdot \Delta\vartheta)$$

$$\Delta\vartheta = \frac{R_w - R_k}{R_k \cdot \alpha}$$

$\alpha \approx 0{,}004\ \frac{1}{K}$ bei allen reinen Metallen,

Genaue Werte für α siehe Seite WK 9

ΔR Widerstandsänderung
R_k Kaltwiderstand bei 20 °C
$\Delta\vartheta$ Temperaturänderung
α Temperaturbeiwert
R_W Warmwiderstand

Beispiel:
$R_k = 100\ \Omega$; $\Delta\vartheta = 50$ K
$\alpha = 0{,}004\ \frac{1}{K}$; $R_W = ?\ \Omega$

Lösung:
$R_W = R_k\,(1 + \alpha \cdot \Delta\vartheta)$
$= 100\ \Omega\,(1 + 0{,}004\ \frac{1}{K} \cdot 50\ K)$
$= 100\ \Omega \cdot 1{,}2$
$= 120\ \Omega$

Reihenschaltung von Widerständen

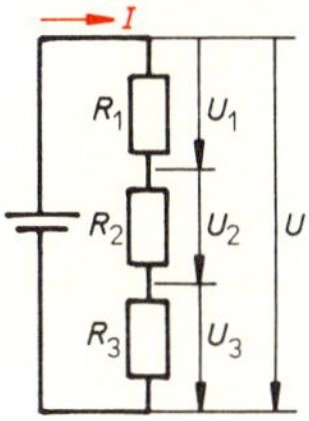

$$I = I_1 = I_2 = I_3 = \ldots$$

$$U = U_1 + U_2 + U_3 + \ldots$$

$$R = R_1 + R_2 + R_3 + \ldots$$

$$\frac{U_1}{U_2} = \frac{R_1}{R_2}$$

I Strom der Reihenschaltung
I_1, I_2, I_3 Ströme durch die Einzelwiderstände
U Gesamtspannung
U_1, U_2, U_3 Teilspannungen
R_1, R_2, R_3 Einzelwiderstände

Beispiel:
$U_1 = 10$ V; $U_2 = 20$ V; $U_3 = 30$ V
$R_1 = 20\ \Omega$; $R_2 = 40\ \Omega$; $R_3 = 60\ \Omega$
$U = ?$ V; $R = ?\ \Omega$

Lösung:
$U = U_1 + U_2 + U_3$
$= 10\ V + 20\ V + 30\ V = 60\ V$
$R = R_1 + R_2 + R_3$
$= 20\ \Omega + 40\ \Omega + 60\ \Omega = 120\ \Omega$

Parallelschaltung von Widerständen

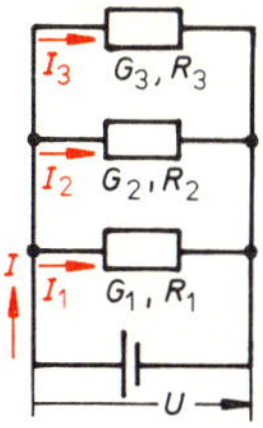

$$I = I_1 + I_2 + I_3 + \ldots$$

$$G = G_1 + G_2 + G_3 + \ldots$$

$$\frac{1}{R} = \frac{1}{R_1} + \frac{1}{R_2} + \frac{1}{R_3} + \ldots$$

$$\frac{I_1}{I_2} = \frac{G_1}{G_2}$$

$$\frac{I_1}{I_2} = \frac{R_2}{R_1}$$

I Gesamtstrom
I_1, I_2, I_3 Teilströme
G Gesamtleitwert
G_1, G_2, G_3 Einzelleitwerte
R Gesamtwiderstand
R_1, R_2, R_3 Einzelwiderstände

Beispiel:
$U = 10$ V; $R_1 = 10\ \Omega$; $R_2 = 20\ \Omega$;
$R_3 = 40\ \Omega$
$G = ?$ S; $R = ?\ \Omega$; $I = ?$ A

Lösung:
$G = G_1 + G_2 + G_3$
$= \frac{1}{10\ \Omega} + \frac{1}{20\ \Omega} + \frac{1}{40\ \Omega}$
$= \frac{4 + 2 + 1}{40}\ S = \frac{7}{40}\ S = 0{,}175\ S$

$\frac{1}{R} = \frac{1}{R_1} + \frac{1}{R_2} + \frac{1}{R_3}$
$= \frac{1}{10\ \Omega} + \frac{1}{20\ \Omega} + \frac{1}{40\ \Omega}$

$\frac{1}{R} = \frac{7}{40\ \Omega}$ $R = 5{,}7\ \Omega$

$I = \frac{U}{R} = \frac{10\ V}{5{,}7\ \Omega} = 1{,}75\ A$

Bei 2 Widerständen

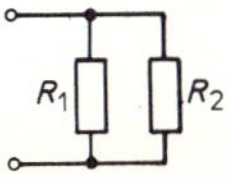

$$R = \frac{R_1 \cdot R_2}{R_1 + R_2}$$

$$R_1 = \frac{R_2 \cdot R}{R_2 - R}$$

Bei mehreren gleichen Widerständen

$$R = \frac{R_1}{n}$$

n Zahl der gleichen Widerstände

Meßbereichserweiterung beim Spannungsmesser

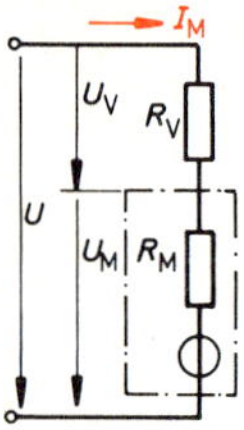

$$R_V = \frac{U - U_M}{I_M}$$

$$R_V = (n - 1) \cdot R_M$$

$$R_V = \frac{(U - U_M)\,R_M}{U_M}$$

$$n = \frac{U}{U_M}$$

R_V Vorwiderstand
U Meßspannung
U_M Eigenmeßbereich
I_M Meßwerkstrom für Vollausschlag
n Faktor der Meßbereichserweiterung
R_M Meßwerkwiderstand

Beispiel:
$U_M = 3\ V$; $R_i = 3000\ \Omega$; $U = 30\ V$
$R_V = ?\ \Omega$

Lösung:

$$n = \frac{U}{U_M} = \frac{30\ V}{3\ V} = 10$$

$$R_V = (n - 1) \cdot R_M = (10 - 1) \cdot 3000\ \Omega =$$
$$R_V = 27000\ \Omega = 27\ k\Omega$$

Meßbereichserweiterung beim Strommesser

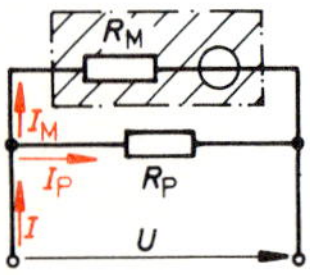

$$R_P = \frac{U}{I - I_M}$$

$$R_P = \frac{R_M}{(n - 1)}$$

$$n = \frac{I}{I_M}$$

R_p Nebenwiderstand
U Spannung am Meßinstrument
I Meßstrom
I_M Eigenmeßbereich
R_M Meßwerkwiderstand
n Faktor der Meßbereichserweiterung

Beispiel:
$I_M = 0{,}3\ A$; $R_M = 6\ \Omega$, $I = 3\ A$
$R_P = ?\ \Omega$

Lösung:

$$n = \frac{I}{I_M} = \frac{3\ A}{0{,}3\ A} = 10$$

$$R_P = \frac{R_M}{(n - 1)} = \frac{6\ \Omega}{10 - 1} = 0{,}66\ \Omega$$

Unbelasteter Spannungsteiler

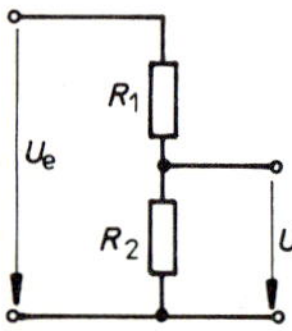

$$U_a = U_e \frac{R_2}{R_1 + R_2}$$

$$R_1 = R_2 \left(\frac{U_e}{U_a} - 1\right)$$

U_e Eingangsspannung
U_a Ausgangsspannung
R_1, R_2 Teilwiderstände

Beispiel:
$U_e = 100\ V$; $R_1 = 30\ \Omega$; $R_2 = 70\ \Omega$
$U_a = ?\ V$

Lösung:

$$U_a = U_e \frac{R_2}{R_1 + R_2} = 100\ V \frac{70\ \Omega}{30\ \Omega + 70\ \Omega}$$

$$U_a = 70\ V$$

Belasteter Spannungsteiler

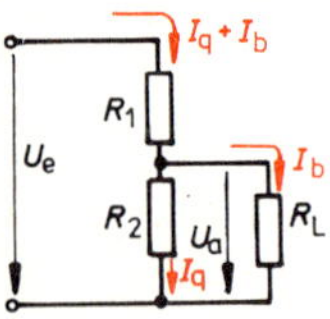

$$U_a = U_e \frac{R_{Ers}}{R_1 + R_{Ers}}$$

$$R_{Ers} = \frac{R_2 \cdot R_L}{R_2 + R_L}$$

für lineares Spannungsverhalten

$$I_q \geqq 5 \ldots 10\ I_b$$

R_{Ers} Ersatzwiderstand
R_L Lastwiderstand

Beispiel:
$R_1 = 50\ \Omega$; $R_2 = 10\ \Omega$; $R_L = 50\ \Omega$
$U_e = 100\ V$; $U_a = ?\ V$

Lösung:

$$R_{Ers} = \frac{R_2 \cdot R_L}{R_2 + R_L} = \frac{10\ \Omega \cdot 50\ \Omega}{10\ \Omega + 50\ \Omega}$$

$$R_{Ers} = 8{,}33\ \Omega$$

$$U_a = U_e \frac{R_{Ers}}{R_1 + R_{Ers}} = 100\ V \frac{8{,}33\ \Omega}{58{,}33\ \Omega}$$

$$U_a = 14{,}3\ V$$

Brückenschaltung (Wheatstonesche Brücke)

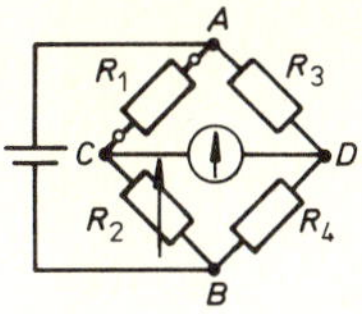

$$\frac{R_1}{R_2} = \frac{R_3}{R_4}$$

gilt für die abgeglichene Brückenschaltung

$$R_1 = \frac{R_2 \cdot R_3}{R_4}$$

R_1, R_2, R_3, R_4 Brückenwiderstände

Beispiel:

$R_3 = 20\ \Omega$; $R_4 = 40\ \Omega$, $R_2 = 80\ \Omega$

$R_1 = ?\ \Omega$

Lösung:

$$R_1 = \frac{R_2 \cdot R_3}{R_4} = \frac{80\ \Omega \cdot 20\ \Omega}{40\ \Omega}$$

$R_1 = 40\ \Omega$

Dreieck-Stern-Umwandlung

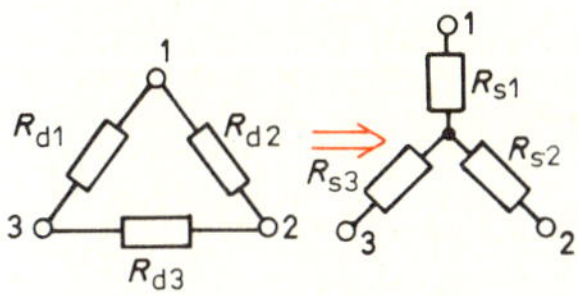

$$R_{s1} = \frac{R_{d1} \cdot R_{d2}}{R_{d1} + R_{d2} + R_{d3}}$$

$$R_{s2} = \frac{R_{d2} \cdot R_{d3}}{R_{d1} + R_{d2} + R_{d3}}$$

$$R_{s3} = \frac{R_{d1} \cdot R_{d3}}{R_{d1} + R_{d2} + R_{d3}}$$

R_{d1}, R_{d2}, R_{d3} Widerstände in Dreieck-Schaltung

R_{s1}, R_{s2}, R_{s3} Widerstände der umgerechneten Stern-Schaltung

Stern-Dreieck-Umwandlung

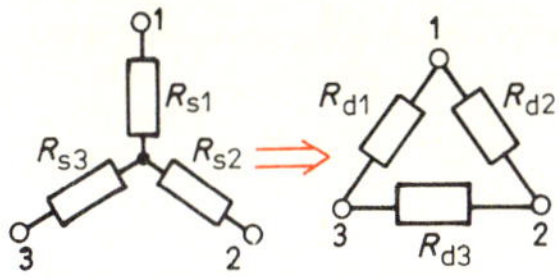

$$R_{d1} = \frac{R_{s1} \cdot R_{s3}}{R_{s2}} + R_{s1} + R_{s3}$$

$$R_{d2} = \frac{R_{s1} \cdot R_{s2}}{R_{s3}} + R_{s1} + R_{s2}$$

$$R_{d3} = \frac{R_{s2} \cdot R_{s3}}{R_{s1}} + R_{s2} + R_{s3}$$

R_{s1}, R_{s2}, R_{s3} Widerstände in Stern-Schaltung

R_{d1}, R_{d2}, R_{d3} Widerstände der umgerechneten Dreieck-Schaltung

Beispiel:

Lösung:

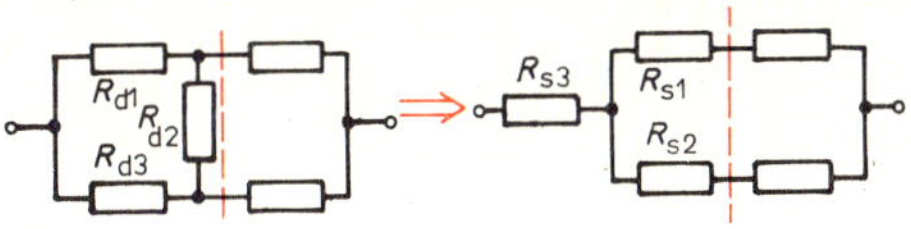

Berechnung nach obigen Formeln

Knotenregel

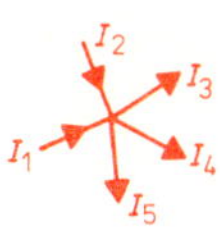

In einem Stromknoten sind:

Summe der zufließ. Ströme = Summe der abfl. Ströme

1. Kirchhoffsche Regel

$$\sum I_{zu} = \sum I_{ab}$$

Beispiel:

$I_1 = 3$ A, $I_2 = 1$ A; $I_3 = 0{,}5$ A

$I_4 = 1{,}5$ A; $I_5 = ?$

Lösung:

$\sum I_{zu} = \sum I_{ab}$

$I_1 + I_2 = I_3 + I_4 + I_5$

$I_5 = I_1 + I_2 - I_3 - I_4$

$= 3\ \text{A} + 1\ \text{A} - 0{,}5\ \text{A} - 1{,}5\ \text{A}$

$I_5 = 2$ A

Maschenregel

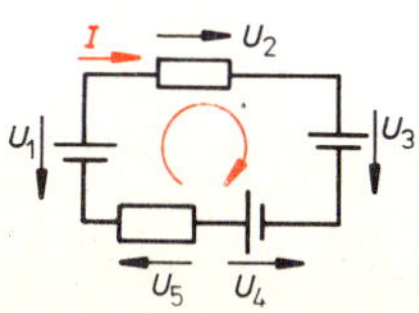

Bei festgelegtem Umlaufsinn ist in einem geschlossenen Stromkreis die Summe der Erzeuger- und Verbraucherspg. gleich Null

2. Kirchhoffsche Regel

$$\sum U = 0$$

Beispiel:

$U_1 = 3$ V; $U_2 = 1$ V; $U_3 = 2$ V

$U_4 = 2$ V, $U_5 = ?$ V

Lösung:

$\sum U = 0$

$-U_1 + U_2 + U_3 - U_4 + U_5 = 0$

$U_5 = U_1 - U_2 - U_3 + U_4$

$= 3\ \text{V} - 1\ \text{V} - 2\ \text{V} + 2\ \text{V}$

$U_5 = 2$ V

Formeln zur Elektrotechnik

Elektrische Leistung

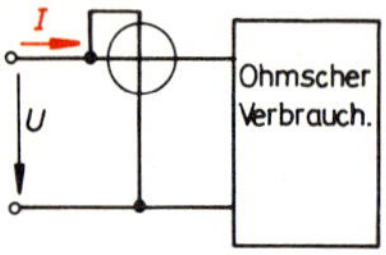

$$P = U \cdot I$$

$$1\,\text{W} = 1\,\text{V} \cdot 1\,\text{A} = 1\,\frac{\text{J}}{\text{s}} = \frac{1\,\text{Nm}}{\text{s}} = \frac{1\,\text{kg m}^2}{\text{s}^3}$$

$$P = I^2 \cdot R$$

$$P = \frac{U^2}{R}$$

P Elektrische Leistung
U Elektrische Spannung
I Elektrischer Strom
R Verbraucherwiderstand

Beispiel:
$U = 6\,\text{V}$; $I = 0{,}5\,\text{A}$
$P = ?\,\text{W}$

Lösung:
$P = U \cdot I = 6\,\text{V} \cdot 0{,}5\,\text{A} = 3\,\text{W}$

Elektrische Arbeit

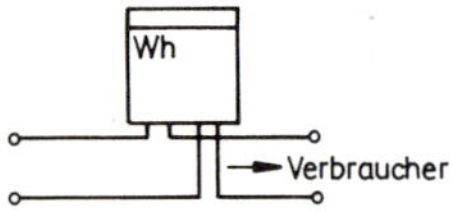

$$W = P \cdot t$$

$$1\,\text{Ws} = 1\,\text{V} \cdot 1\,\text{A} \cdot 1\,\text{s} = 1\,\text{J} = 1\,\text{Nm} = \frac{1\,\text{kg m}^2}{\text{s}^2}$$

W Elektrische Arbeit
P Leistung
t Zeit
U Spannung
I Strom

Beispiel:
$P = 60\,\text{W}$; $t = 2\,\text{h}$; $W = ?\,\text{Wh}$

Lösung:
$W = P \cdot t = 60\,\text{W} \cdot 2\,\text{h} = 120\,\text{Wh}$

Wirkungsgrad

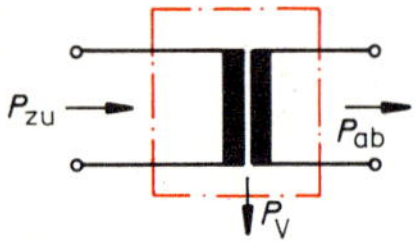

$$\eta = \frac{P_{ab}}{P_{zu}}$$

$$P_V = P_{zu} - P_{ab}$$

η Wirkungsgrad
P_{ab} abgegebene Leistung
P_{zu} zugeführte Leistung
P_V Verluste

Beispiel:
$P_{ab} = 100\,\text{W}$, $P_{zu} = 150\,\text{W}$; $\eta = ?$

Lösung:
$$\eta = \frac{P_{ab}}{P_{zu}} = \frac{100\,\text{W}}{150\,\text{W}} = 0{,}66$$

Elektrowärme

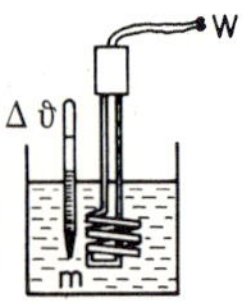

$$W = Q_S$$

$$\eta_W = \frac{Q_N}{Q_S}$$

$$Q_N = m \cdot c \cdot \Delta\vartheta$$

$$Q_S = \frac{m \cdot c \cdot \Delta\vartheta}{\eta_W}$$

W elektr. Arbeit
Q_S Stromwärme in J
Q_N Nutzwärme in J
m Stoffmenge in kg
c spezifische Wärmekapazität in $\frac{\text{J}}{\text{kg K}}$
$\Delta\vartheta$ Temperaturzunahme
η_W Wärmewirkungsgrad

Beispiel:
$m = 3\,\text{kg}$, $c = 4{,}19\,\frac{\text{kJ}}{\text{kg K}}$, $\Delta\vartheta = 50\,\text{K}$
$\eta_W = 0{,}8 \cdot Q_S = ?\,\text{kJ}$

Lösung:
$$Q_S = \frac{m \cdot c \cdot \Delta\vartheta}{\eta_W} = \frac{3\,\text{kg} \cdot 4{,}19\,\frac{\text{kJ}}{\text{kg K}} \cdot 50\,\text{K}}{0{,}8}$$
$Q_S = 786\,\text{kJ}$

Leistungsmessung mit dem Zähler

$$P = \frac{n \cdot 60}{c_Z}$$

P elektrische Leistung in kW
n Umdrehungen pro min
c_Z Zählerkonstante in Umdr/kWh

Galvanische Elemente

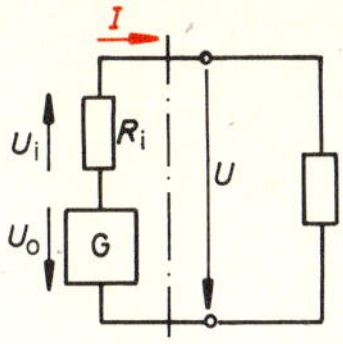

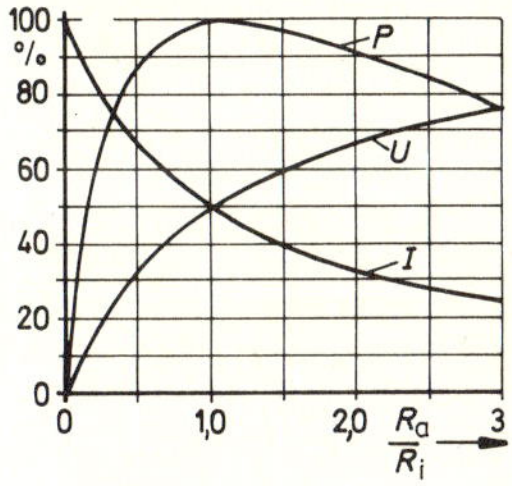

$$U = U_0 - I R_i$$

$$I = \frac{U_0}{R_i + R_L}$$

$$I_k = \frac{U_0}{R_i}$$

Leistungsanpassung:

$$R_L = R_i$$

$$P_{max} = \frac{U_0^2}{4 \cdot R_i}$$

Stromanpassung:

$$R_L \ll R_i$$

Spannungsanpassung

$$R_L \gg R_i$$

U Klemmenspannung
U_0 Urspannung, Quellenspg.
I Strom
R_i Innenwiderstand
R_L Lastwiderstand
I_k Kurzschlußstrom
P_{max} größte abgebbare Leistung

Beispiel:
$U_0 = 1{,}5$ V, $R_i = 0{,}5\ \Omega$
$R_L = 1{,}5\ \Omega$
$I = ?$ A; $I_k = ?$ A; $P_{max} = ?$ W

Lösung

$$I = \frac{U_0}{R_i + R_L} = \frac{1{,}5\ \text{V}}{0{,}5\ \Omega + 1{,}5\ \Omega} = 0{,}75\ \text{A}$$

$$I_k = \frac{U_0}{R_i} = \frac{1{,}5\ \text{V}}{0{,}5\ \Omega} = 3\ \text{A}$$

$$P_{max} = \frac{U_0^2}{4 \cdot R_i} = \frac{1{,}5^2\ \text{V}^2}{4 \cdot 0{,}5\ \Omega} = 1{,}125\ \text{W}$$

Reihenschaltung von Elementen

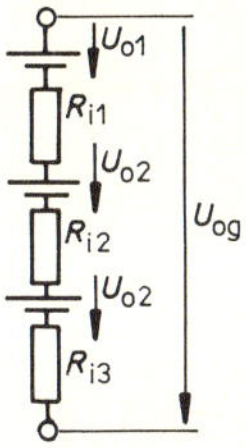

$$U_{0g} = U_{01} + U_{02} + U_{03} + \ldots$$

$$R_{ig} = R_{i1} + R_{i2} + R_{i3} + \ldots$$

$$I = \frac{U_{0g}}{R_{ig} + R_L}$$

U_{0g} Gesamturspannung
U_{01}, U_{02}, U_{03} Einzelurspannungen
R_{ig} Gesamtinnenwiderstand
R_{i1}, R_{i2}, R_{i3} Einzelinnenwiderstände

Beispiel:
$U_{01} = 2$ V, $R_{i1} = 0{,}3\ \Omega$;
$U_{02} = 5$ V, $R_{i2} = 0{,}5\ \Omega$
$U_{0g} = ?$ V, $R_{ig} = ?\ \Omega$

Lösung:
$U_{0g} = U_{01} + U_{02} = 2\ \text{V} + 5\ \text{V} = 7\ \text{V}$
$R_{ig} = R_{i1} + R_{i2} = 0{,}3\ \Omega + 0{,}5\ \Omega = 0{,}8\ \Omega$

Parallelschaltung von Elementen gleicher Urspannung

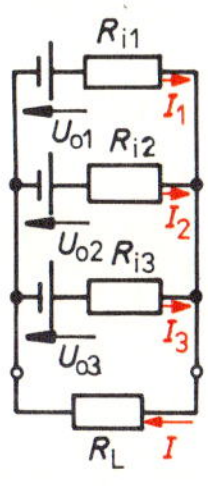

$$U_{0g} = U_{01} = U_{02} = U_{03}$$

$$I = I_1 + I_2 + \ldots$$

$$\frac{1}{R_{ig}} = \frac{1}{R_{i1}} + \frac{1}{R_{i2}} + \ldots$$

Bei gleichem R_i

$$R_{ig} = \frac{R_{i1}}{n}$$

U_{0g} Gesamturspannung
U_{01}, U_{02}, U_{03} Einzelurspannungen
I Gesamtstrom
R_{ig} Gesamtinnenwiderstand
R_{i1}, R_{i2}, R_{i3} Einzelinnenwiderstände
n Anzahl der gleichen Elemente

Beispiel:
$U_{01} = 1{,}5$ V, $R_{i1} = 0{,}5\ \Omega$
$U_{02} = 1{,}5$ V, $R_{i2} = 0{,}8\ \Omega$
$U_{0g} = ?$ V, $R_{ig} = ?\ \Omega$

Lösung:
$U_{0g} = U_{01} = U_{02} = 1{,}5$ V

$$R_{ig} = \frac{R_{i1} \cdot R_{i2}}{R_{i1} + R_{i2}} = \frac{0{,}5\ \Omega \cdot 0{,}8\ \Omega}{0{,}5\ \Omega + 0{,}8\ \Omega}$$

$R_{ig} = 0{,}31\ \Omega$

Faradaysches Gesetz

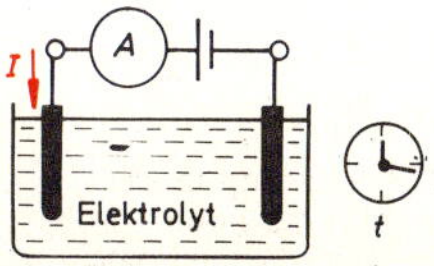

$$m = I \cdot t \cdot c$$

m Stoffmenge
I Strom
t Zeit
c elektrochem. Äquivalent

Beispiel:

$I = 0{,}5$ A; $t = 100$ s; $c = 1{,}118\ \frac{\text{mg}}{\text{As}}$

$m = ?$ mg

Lösung:

$m = I \cdot t \cdot c = 0{,}5\ \text{A} \cdot 100\ \text{s} \cdot 1{,}118\ \frac{\text{mg}}{\text{As}}$

$m = 55{,}9$ mg

Akkumulatoren

	Bleiakku	Stahlakku
Zellen-Nenn-Spg	2,0 V	1,2 V
Säureart	H_2SO_4	KCl
Säuredichte	1,28...1,18 $\frac{\text{g}}{\text{cm}^3}$	1,2 $\frac{\text{g}}{\text{cm}^3}$
Ladespannung	2,1...2,75 V	1,35...1,8 V
Entladespg	1,83 V	1,0 V
η_{Ah}	83...90%	72%
η_{Wh}	70...75%	55%

$$Q = I_E \cdot t_E$$

1 Ah = 1 A · 1 h

Q Entladekapazität
I_E Entladestrom
t_E Entladedauer
η_{Ah} Amperestunden-Wirkungsgrad
I_L Ladestrom
t_L Ladedauer
η_{Wh} Wattstunden-Wirkungsgrad
U_E Entladespannung
U_L Ladespannung

$$\eta_{Ah} = \frac{I_E \cdot t_E}{I_L \cdot t_L}$$

$$\eta_{Wh} = \frac{U_E \cdot I_E \cdot t_E}{U_L \cdot I_L \cdot t_L}$$

Beispiel:

$I_E = 5$ A; $t_E = 10$ h; $U_E = 2$ V,
$I_L = 8$ A; $t_L = 7$ h; $U_L = 2{,}5$ V
$Q = ?$ Ah; $\eta_{Ah} = ?$; $\eta_{Wh} = ?$

Lösung:

$Q = I_E \cdot t_E = 5\ \text{A} \cdot 10\ \text{h} = 50$ Ah

$\eta_{Ah} = \frac{I_E \cdot t_E}{I_L \cdot t_L} = \frac{5\ \text{A} \cdot 10\ \text{h}}{8\ \text{A} \cdot 7\ \text{h}} = 0{,}89$

$\eta_{Wh} = \frac{U_E \cdot I_E \cdot t_E}{U_L \cdot I_L \cdot t_L} = \frac{2\ \text{V} \cdot 5\ \text{A} \cdot 10\ \text{h}}{2{,}5\ \text{V} \cdot 8\ \text{A} \cdot 7\ \text{h}}$

$\eta_{Wh} = 0{,}71$

Ersatzspannungsquelle

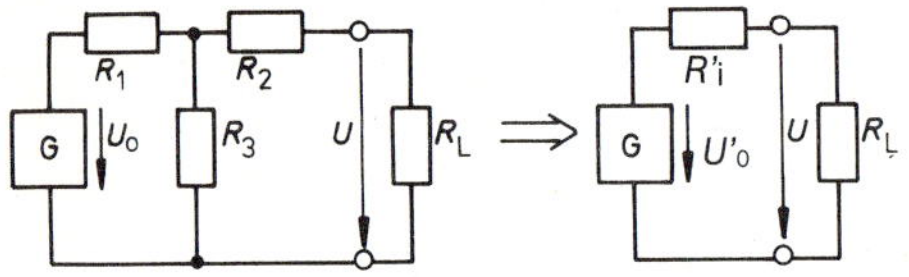

Berechnung von R'_i: Widerstand der Schaltung an den Klemmen ohne Lastwiderstand bei kurzgeschlossenen Spannungserzeugern

Berechnung von U'_0: Spannung an den Klemmen ohne Lastwiderstand

R_1, R_2, R_3 Widerstände
R_L Lastwiderstand
U Spannung am Lastwiderstand
R'_i Ersatzinnenwiderstand
U_0 Quellenspannung
U'_0 Ersatzquellenspannung

Beispiel:
nebenstehende Schaltung

$R'_i = R_2 + \frac{R_1 \cdot R_3}{R_1 + R_3}$

$U'_0 = U_0 \cdot \frac{R_3}{R_1 + R_3}$

Ersatzstromquelle

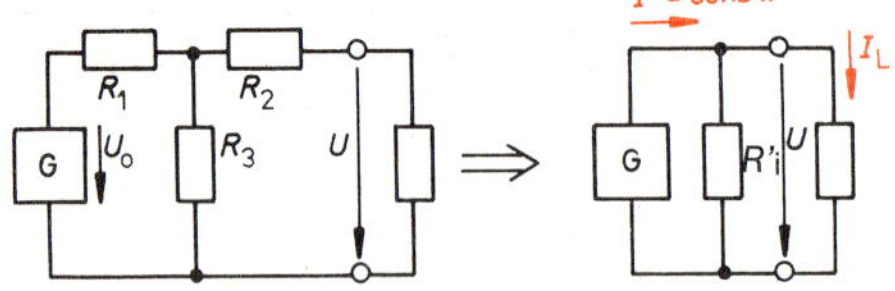

Berechnung von R'_i: wie bei der Ersatzspannungsquelle

Berechnung von I': Ausgangsklemmen kurzschließen und Strom im Kurzschlußzweig bestimmen

I_L Laststrom
I' Ersatzstrom
R'_i Ersatzinnenwiderstand

$$\frac{I_L}{I'} = \frac{R'_i}{R'_i + R_L}$$

Beispiel:
nebenstehende Schaltung

$R'_i = R_2 + \frac{R_1 \cdot R_3}{R_1 + R_3}$

$I' = U_0 \frac{R_3}{R_1 \cdot R_2 + R_1 \cdot R_3 + R_2 \cdot R_3}$

(nach Umformung)

Durchflutung
(magn. Spannung)

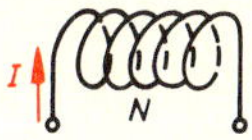

$$\Theta = I \cdot N$$

1 A = 1 A · 1

Θ Durchflutung oder magn. Spannung
I elektrischer Strom
N Windungszahl

Beispiel:
I = 0,5 A; N = 1250; Θ = ? A

Lösung:
$\Theta = I \cdot N = 0{,}5\ \text{A} \cdot 1250 = 625\ \text{A}$

Magnetische Feldstärke

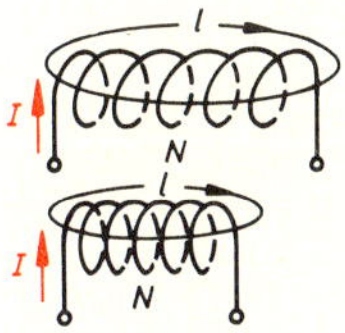

$$H = \frac{\Theta}{l}$$

$$1\ \frac{\text{A}}{\text{m}} = \frac{1\ \text{A}}{1\ \text{m}} = \frac{10^{-2}\ \text{A}}{\text{cm}}$$

$$1\ \text{Oersted}^{*} = \frac{10}{4\pi}\ \frac{\text{A}}{\text{cm}}$$

$$H = \frac{I \cdot N}{l}$$

H magnetische Feldstärke
l mittlere Feldlinien-Länge

Beispiel:
I = 0,5 A; N = 2000; l = 10 cm

Lösung

$$H = \frac{I \cdot N}{l} = \frac{0{,}5\ \text{A} \cdot 2000}{0{,}1\ \text{m}}$$

$$H = 10000\ \frac{\text{A}}{\text{m}} = 100\ \frac{\text{A}}{\text{cm}}$$

Magnetische Flußdichte; magnetischer Fluß

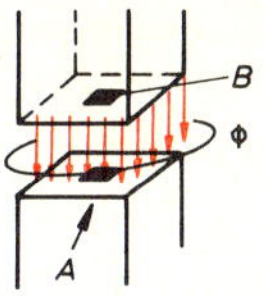

$$B = \mu_0 \cdot \mu_r \cdot H$$

$$1\ \text{T} = \frac{1\ \text{Vs}}{\text{m}^2} = \frac{1\ \text{Wb}}{\text{m}^2} = 10^4\ \text{G}^{*}$$

$$\mu_0 = 1{,}257 \cdot 10^{-6}\ \frac{\text{Vs}}{\text{A m}} = 4\pi \cdot 10^{-9}\ \frac{\text{Vs}}{\text{A cm}}$$

$$\Phi = B \cdot A$$

1 Wb = 1 Vs = 10^8 M*

Permeabilitätszahlen

Werkstoff	μ_r
Luft	1
Fe	6000
Fe – Co	6000
Fe – Si	20000
Fe – Ni	300000

B magn. Flußdichte
μ_0 magn. Feldkonstante
μ_r Permeabilitätszahl
Φ magnetischer Fluß
A Austrittsfläche

Beispiel:
$H = 10\ \frac{\text{A}}{\text{cm}}$; μ_r = 500; A = 5 cm²
B = ? T; Φ = ? Wb

Lösung:
$B = \mu_0 \cdot \mu_r \cdot H$

$$= 1{,}26 \cdot 10^{-6}\ \frac{\text{Vs}}{\text{Am}} \cdot 500 \cdot 1000\ \frac{\text{A}}{\text{m}}$$

$$= 0{,}63\ \frac{\text{Vs}}{\text{m}^2} = 0{,}63\ \text{T}$$

$$\Phi = B \cdot A = 0{,}63\ \frac{\text{Vs}}{\text{m}^2} \cdot 5 \cdot 10^{-4}\ \text{m}^2$$

$$\Phi = 3{,}15 \cdot 10^{-4}\ \text{Vs}$$

Ohmsches Gesetz des Magnetismus

magnetischer Widerstand

$$R_m = \frac{l}{\mu_0 \cdot \mu_r \cdot A}$$

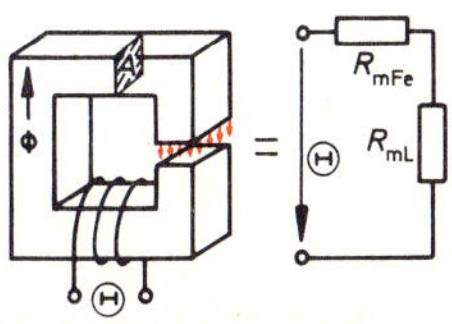

$$\Phi = \frac{\Theta}{R_m}$$

$$R_m = R_{mFe} + R_{mL}$$

magnetischer Leitwert

$$\Lambda = \frac{1}{R_m}$$

R_m magnetischer Widerstand
R_{mFe} magn. Widerstand des Eisens
R_{mL} magn. Widerstand der Luft
Λ magn. Leitwert

Beispiel:
Kern wie nebenstehend
A = 1 cm²; l_{Fe} = 10 cm; l_L = 0,1 cm
$B = 1{,}257 \cdot 10^{-4}\ \frac{\text{Vs}}{\text{cm}^2}$; Θ = ? A
Kern legiertes Blech

Die mit * gekennzeichneten Größen sind nicht mehr in den SI-Einheiten enthalten.

Magnetische Spannung

$$\Theta = H_1 \cdot l_1 + H_2 \cdot l_2 + \ldots$$

$$\Theta = \Sigma H \cdot l$$

Lösung:

H_{Fe} aus Kennlinie $= 8{,}5\ \frac{A}{cm}$

$$H_L = \frac{B}{\mu_0} = \frac{1{,}257 \cdot 10^{-4}\ \frac{Vs}{cm^2}}{1{,}257 \cdot 10^{-8}\ \frac{Vs}{A \cdot cm}}$$

$$H_L = 10^4\ \frac{A}{cm^2}$$

$$\Theta = 8{,}5\ \frac{A}{cm} \cdot 10\ cm + 10^4\ \frac{A}{cm^2} \cdot 0{,}1\ cm$$

$$\Theta = 1085\ A$$

Magnetische Kraftwirkung auf parallele Stromleiter

$$F = F_1 = F_2 = \frac{\mu_0}{2\pi} \cdot \frac{l}{r} \cdot I_1 \cdot I_2$$

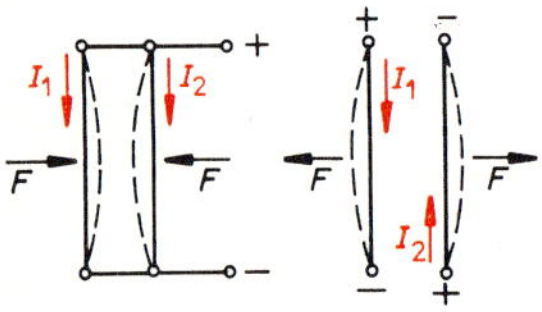

F, F_1, F_2 Kraft in N
μ_0 magn. Feldkonstante
l Leiterlänge
r Leiterabstand
I_1, I_2 Leiterstrom

Beispiel:
$l = 20\ m;\ r = 0{,}5\ cm;$
$I_1 = I_2 = 50\ A$

Lösung:

$$F = \frac{\mu_0}{2\pi} \cdot \frac{l}{r} \cdot I_1 \cdot I_2$$

$$F = \frac{4\pi \cdot 10^{-7}\ \frac{Vs}{Am}}{2\pi} \cdot \frac{20\ m}{5 \cdot 10^{-3}\ m} \cdot 50^2\ A^2$$

$$F = 2\ N$$

Tragkraft eines Magneten

$$F = 4 \cdot 10^5\ \frac{A \cdot m}{V \cdot s} \cdot B^2 \cdot A$$

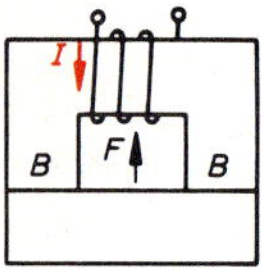

$$1\ N = 1\ \frac{A \cdot V \cdot s}{m}$$

F Tragkraft in N
B magnetische Flußdichte in $\frac{Vs}{m^2}$
A wirksame Polfläche in m^2

Beispiel:
$B = 1{,}5\ T;\ A = 0{,}1\ m^2$
$F = ?\ N$

Lösung:

$$F = 4 \cdot 10^5 \cdot B^2 \cdot A$$

$$F = 4 \cdot 10^5\ \frac{A \cdot m}{V \cdot s} \cdot 2{,}25 \left(\frac{Vs}{m^2}\right)^2 \cdot 0{,}1\ m^2$$

$$F = 90000\ N$$

Kraftwirkung im Magnetfeld

$$F = B \cdot l \cdot I \cdot z$$

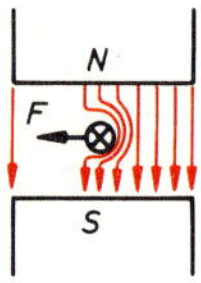

$$1\ N = 1\ \frac{Vs}{m^2} \cdot 1\ A \cdot 1\ m = 1\ \frac{Ws}{m}$$

F Ablenkkraft
I Strom im Leiter
l wirksame Breite des Magnetfeldes (senkrecht zum Strom)
z Leiterzahl

Beispiel:
$B = 1\ T;\ I = 5\ A;\ l = 0{,}2\ m$
$z = 500;\ F = ?\ N$

Lösung:

$$F = B \cdot l \cdot I \cdot z$$

$$F = \frac{1\ Vs}{m^2} \cdot 5\ A \cdot 0{,}2\ m \cdot 500$$

$$F = 500\ N$$

Halleffekt

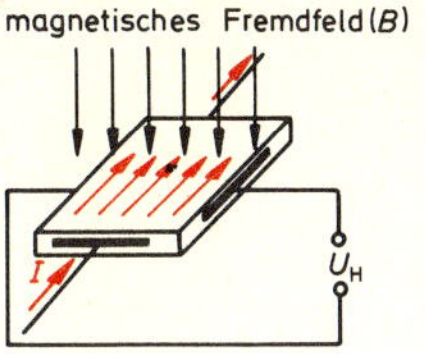

$$U_H = B \cdot I \cdot k$$

k in $\frac{V}{A \cdot T}$

U_H Hallspannung
k Hallkonstante
I Längsstrom im Hallplättchen
B Flußdichte senkrecht durch das Plättchen

Induktion

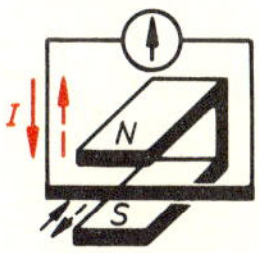

$$U_0 = -N \frac{\Delta \Phi}{\Delta t}$$

$$U_0 = B \cdot l \cdot v \cdot z$$

$$1\ V = 1 \frac{Vs}{m^2} \cdot 1\ m \cdot \frac{1\ m}{s} \cdot 1$$

U_0 induzierte Spannung
N Windungszahl
$\Delta\Phi$ Flußänderung
Δt Zeitdauer der Änderung
B magnetische Flußdichte
l wirksame Leiterlänge
v Geschwindigkeit
z Leiterzahl

Beispiel:

$B = 0{,}5\ T$; $l = 0{,}1\ m$; $v = \frac{10\ m}{s}$
$z = 1000$

Lösung:

$U_0 = B \cdot l \cdot v \cdot z$
$= 0{,}5 \frac{Vs}{m^2} \cdot 0{,}1\ m \cdot \frac{10\ m}{s} \cdot 1000$
$U_0 = 500\ V$

Induktivität

Eine Spule hat eine Induktivität von 1 Henry, wenn bei gleichmäßiger Änderung des Spulenstromes von 1 A in 1 Sekunde eine Selbstinduktionsspannung von 1 V induziert wird

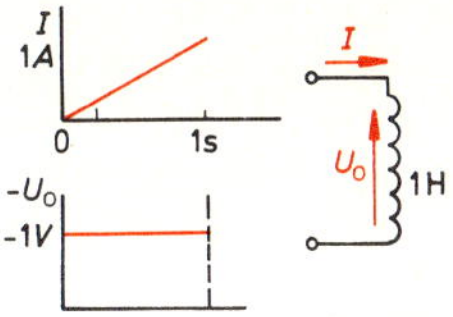

$$U_0 = -L \frac{\Delta I}{\Delta t}$$

$$L = N^2 \cdot \frac{\mu_0 \cdot \mu_r \cdot A_{Fe}}{l_m}$$

$$L = N^2 \cdot A_L$$

$$1\ H = 1 \frac{Vs}{A} = 1\ \Omega s$$

$$A_L = \Lambda$$

U_0 induzierte Spannung
ΔI Stromänderung
Δt Zeitdauer der Stromänderung
L Induktivität
N Windungszahl
μ_0 magnet. Feldkonstante
μ_r Permeabilitätszahl
A_{Fe} Eisenkernquerschnitt
l_m mittlere Länge der Feldlinien
A_L Spulenkonstante
Λ magn. Leitwert

Beispiel:

$N = 1000$ Wdg.; $\mu_r = 500$; $A_{Fe} = 5\ cm^2$
$l_m = 10\ cm$; $L = ?\ H$

Lösung:

$L = N^2 \frac{\mu_0 \cdot \mu_r \cdot A_{Fe}}{l_m}$

$L = 1000^2 \cdot \frac{1{,}257 \cdot 10^{-8}\ Vs \cdot 500 \cdot 5\ cm^2}{10\ cm \cdot Acm}$

$L = 3{,}14\ H$

Konzentrisches Kabel

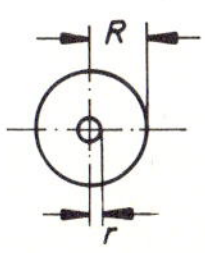

$$L = \left[0{,}2 \cdot l_L \cdot \ln \cdot \left(\frac{R}{r}\right)\right] \cdot 10^{-6}$$

für R und r $\ll l_L$

Radius R bzw. r in mm

L Induktivität in µH
l_L Länge des Kabels in m

Beispiel:

Koaxialkabel; $D:d = 2{,}92$
$l = 50\ m$; $L = ?\ H$

Lösung:

$L = \left[0{,}2 \cdot l_L \cdot \ln\left(\frac{R}{r}\right)\right] 10^{-6}$

$= [0{,}2 \cdot 50\ m \cdot \ln 2{,}92] \cdot 10^{-6}$
$L = 10{,}7\ \mu H$

Doppelleitung

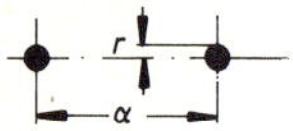

$$L = \left[0{,}4 \cdot l_L \cdot \ln\left(\frac{a}{r}\right)\right] \cdot 10^{-6}$$

L Induktivität in µH
l_L Länge des Kabels in m

Beispiel:
Flachkabel; l = 50 m
a = 5 mm; r = 0,5 mm; L = ? µH

Leiter gegen Masse

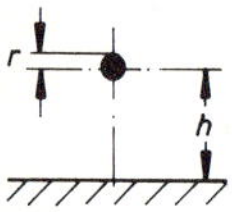

$$L = \left[0{,}2 \cdot l_L \cdot \ln\left(\frac{2\,h}{r}\right)\right] \cdot 10^{-6}$$

Lösung:

$$L = \left[0{,}4\ l_L \cdot \ln\left(\frac{a}{r}\right)\right] \cdot 10^{-6}$$

$$= \left[0{,}4 \cdot 50\ \text{m} \cdot \ln \frac{0{,}5}{5}\right] \cdot 10^{-6}$$

$$= 46\ \mu\text{H}$$

Einlagige Zylinderspule

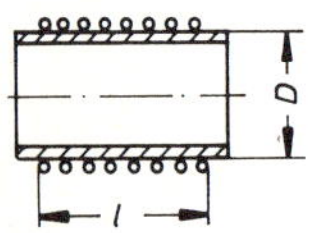

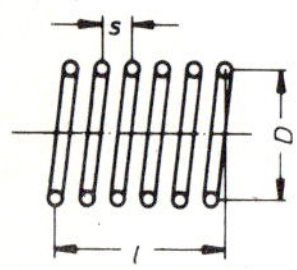

$$L = \frac{\pi^2 \cdot D^2 \cdot N^2}{l} \cdot k \cdot 10^{-7}$$

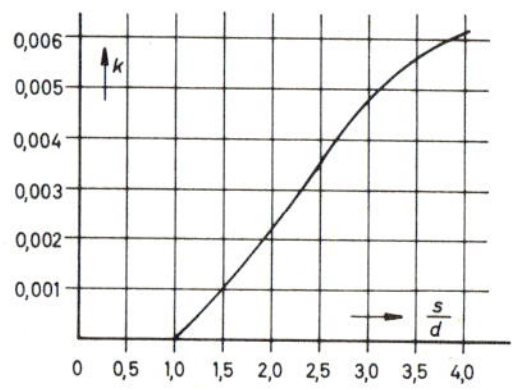

D Windungsdurchmesser in m
l Windungslänge in m
N Windungszahl
k Spulenkonstante Formfaktor

Beispiel:
D = 3 cm; N = 1000 Wdg.
l = 5 cm; k = 2; L = ? mH

Lösung:

$$L = \frac{\pi^2 \cdot D^2 \cdot N^2}{l} \cdot k \cdot 10^{-7}$$

$$= \frac{\pi^2 \cdot (3 \cdot 10^{-2}\ \text{m})^2 \cdot 1000^2}{5 \cdot 10^{-2}\ \text{m}} \cdot 2 \cdot 10^{-7}$$

$$L = 36\ \text{mH}$$

Reihenschaltung von Induktivitäten

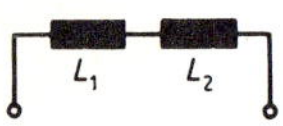

$$L = L_1 + L_2 + \ldots$$

ohne gegenseitige magn. Kopplung

L Gesamtinduktivität
L_1 Induktivität der Spule 1
L_2 Induktivität der Spule 2
M Gegeninduktivität
k Kopplungsfaktor
$k = 0 \rightarrow$ keine Kopplung
$k = 1 \rightarrow$ ideal feste Kopplung

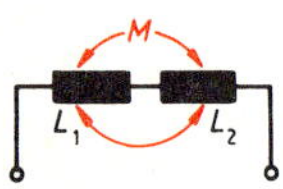

$$L = L_1 + L_2 + 2M$$

Kopplung mit gleichem Wickelsinn beider Spulen

Beispiel 1:
L_1 = 2 H; L_2 = 3 H
L für Reihenschaltung?

Lösung:
$L = L_1 + L_2 = 2\ \text{H} + 3\ \text{H} = 5\ \text{H}$

$$L = L_1 + L_2 - 2M$$

Kopplung mit entgegengesetztem Wickelsinn der Spulen

Beispiel 2:
L_1 = 2 H; L_2 = 3 H; k = 0,5
L für Reihenschaltung mit gleichem und ungleichem Wickelsinn

Lösung:
$M = k \cdot \sqrt{L_1 \cdot L_2}$
$M = 0{,}5 \sqrt{2\ \text{H} \cdot 3\ \text{H}}$
$M = 1{,}22\ \text{H}$

$$M = k \cdot \sqrt{L_1 \cdot L_2}$$

$L = L_1 + L_2 + 2M$
$L = 2\ \text{H} + 3\ \text{H} + 2{,}44\ \text{H} = 7{,}44\ \text{H}$
$L = L_1 + L_2 - 2M$
$L = 2\ \text{H} + 3\ \text{H} - 2{,}44\ \text{H} = 2{,}56\ \text{H}$

Parallelschaltung von Induktivitäten

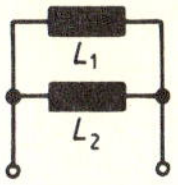

$$\frac{1}{L} = \frac{1}{L_1} + \frac{1}{L_2} + \ldots$$

ohne gegenseitige magn. Kopplung

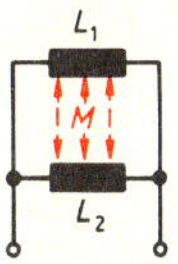

$$L = \frac{L_1 \cdot L_2 - M^2}{L_1 + L_2 - 2\,M}$$

Kopplung mit gleichem Wickelsinn

$$L = \frac{L_1 \cdot L_2 - M^2}{L_1 + L_2 + 2\,M}$$

Kopplung mit entgegengesetztem Wickelsinn

Beispiel 3:
$L_1 = 2$ H; $L_2 = 4$ H
L für Parallelschaltung?

Lösung:

$$L = \frac{L_1 \cdot L_2}{L_1 + L_2} = \frac{2\text{ H} \cdot 4\text{ H}}{6\text{ H}}$$

$L = 1{,}33$ H

Beispiel 4:
$L_1 = 2$ H; $L_2 = 4$ H; $k = 0{,}5$
L für Parallelschaltung entgegengesetzter Wickelsinn?

Lösung:

$M = k \cdot \sqrt{L_1 \cdot L_2} = 0{,}5\,\sqrt{2\text{ H} \cdot 4\text{ H}}$

$M = 1{,}41$ H

$$L = \frac{L_1 \cdot L_2 - M^2}{L_1 + L_2 + 2\,M}$$

$$= \frac{2\text{ H} \cdot 4\text{ H} - 2\text{ H}^2}{2\text{ H} + 4\text{ H} + 2{,}82\text{ H}} = 0{,}68\text{ H}$$

Transformator und Übertrager

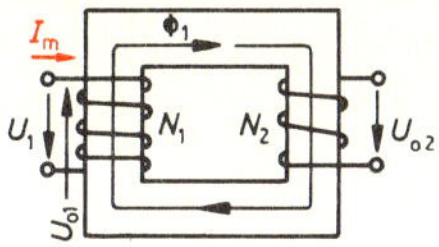

$$U_{01} = 4{,}44 \cdot \hat{B} \cdot A_{Fe} \cdot f \cdot N_1$$

$$U_{02} = 4{,}44 \cdot \hat{B} \cdot A_{Fe} \cdot f \cdot N_2$$

= Transformatorhauptgleichung

$$A_{Fe} = A_k \cdot f_{Fe}$$

U_{01}	Induktionsspannung (eff.) in Wicklung 1
U_{02}	Induktionsspannung (eff.) in Wicklung 2
$\hat{B}$	Scheitelwert der magn. Induktion
A_{Fe}	wirksamer Eisenquerschnitt in m²
A_k	Eisenquerschnitt in m²
f_{Fe}	Eisenfüllfaktor
f	Frequenz
N_1, N_2	Windungszahlen

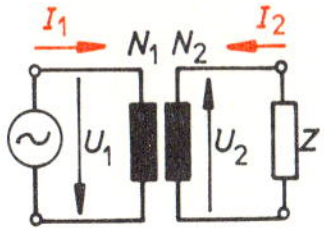

$$\frac{U_1}{U_2} = \frac{N_1}{N_2} \cdot \frac{1}{k}$$

$k \sim 1$ bei Netztrafo

somit

$$\frac{U_1}{U_2} = \frac{N_1}{N_2}$$

$$\frac{I_1}{I_2} = \frac{N_2}{N_1}$$

$$\ddot{u} = \frac{N_1}{N_2} = \frac{U_1}{U_2} = \frac{I_2}{I_1}$$

U_1	Eingangsspannung
U_2	Ausgangsspannung
I_1	Eingangsstrom
I_2	Ausgangsstrom
N_1	Eingangswindungszahl
N_2	Ausgangswindungszahl
k	Kopplungsfaktor
$\ddot{u}$	Übersetzungsverhältnis

Beispiel:
Netztrafo; $U_1 = 220$ V; $I_1 = 0{,}5$ A
$N_1 = 500$; $N_2 = 50$; $U_2 = ?$ V; $I_2 = ?$ A

Lösung:

$$U_2 = \frac{N_2}{N_1} \cdot U_1 = \frac{50}{500} \cdot 220\text{ V} = 22\text{ V}$$

$$\frac{I_1}{I_2} = \frac{N_2}{N_1}$$

$$I_2 = I_1 \cdot \frac{N_1}{N_2} = 0{,}5\text{ A}\,\frac{500}{50} = 5\text{ A}$$

Ausführliche Berechnung eines Netztransformators siehe STV 1.1

Transformator und Übertrager

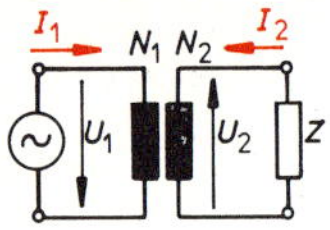

$$\frac{N_1}{N_2} = \sqrt{\frac{Z_1}{Z_2}}$$

$$Z_1 = ü^2 \cdot Z_2$$

Z_1 Wechselstrom-Eingangswiderstand
Z_2 Wechselstrom-Ausgangswiderstand

Beispiel:
$Z_2 = 4\ \Omega$; $N_1 = 1000$; $N_2 = 100$
$Z_1 = ?\ \Omega$

Lösung:
$$Z_1 = \left(\frac{N_1}{N_2}\right)^2 \cdot Z_2 = \left(\frac{1000}{100}\right)^2 \cdot 4\ \Omega$$
$Z_2 = 400\ \Omega$

Leistung beim Transformator

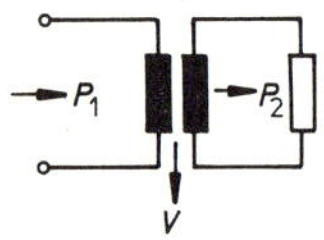

$$P_1 = P_2$$

verlustlos

mit Verlusten:

$$P_1 = P_2 + V_{Fe} + V_{Cu}$$

$$\eta = \frac{P_2}{P_1}$$

$$\eta = \frac{P_2}{P_2 + V_{Fe} + V_{Cu}}$$

$$V = V_{Fe} + V_{Cu}$$

S_1 Eingangsscheinleistung
S_2 Ausgangsscheinleistung
P_1 Eingangsleistung
P_2 Ausgangsleistung
V_{Fe} Eisenverluste
V_{Cu} Kupferverluste

Beispiel:
Trafo 220/24 V; $P_2 = 200$ W
$\eta = 0{,}95$; $I_1 = ?$ A, $V = ?$ W

Lösung:
$$P_1 = \frac{P_2}{\eta} = \frac{200\ \text{W}}{0{,}95} = 210{,}5\ \text{W}$$
$$V = P_1 - P_2 = 210{,}5 - 200\ \text{W} = 10{,}5\ \text{W}$$
$$I_1 = \frac{P_1}{U_1} = \frac{210{,}5\ \text{W}}{220\ \text{V}} = 0{,}96\ \text{A}$$

Kurzschlußspannung

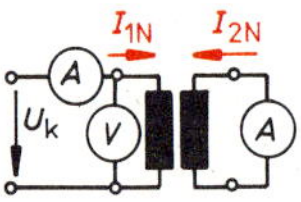

$$u_k = 100\% \cdot \frac{U_k}{U}$$

$$I_{kD} = 100\% \cdot \frac{I_N}{U_k}$$

u_k rel. Kurzschlußspannung in %
U_k Kurzschlußspannung in V
U Nennspannung
I_{1N} Eingangsnennstrom
I_{2N} Ausgangsnennstrom
I_{kD} Dauerkurzschlußstrom

Beispiel:
$U_k = 10$ V; $U = 220$ V; $u_k = ?$ %

Beispiel:
$$u_k = 100\% \cdot \frac{U_k}{U} = 100\% \cdot \frac{10\ \text{V}}{220\ \text{V}} = 4{,}5\%$$

Elektrisches Feld

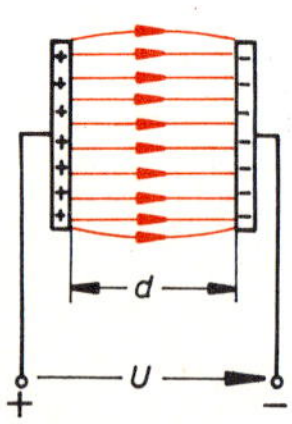

$$E = \frac{U}{d}$$

$$1\ \frac{\text{V}}{\text{m}} = \frac{1\ \text{V}}{1\ \text{m}}$$

E elektrische Feldstärke
U angelegte Spannung
d Abstand der Platten

Beispiel
$U = 1000$ V; $d = 1$ cm; $E = ?\ \frac{\text{V}}{\text{m}}$

Lösung:
$$E = \frac{U}{d} = \frac{1000\ \text{V}}{0{,}01\ \text{m}} = 10^5\ \frac{\text{V}}{\text{m}}$$

Der Kondensator

$$C = \frac{Q}{U}$$

$$1\,\frac{\text{As}}{\text{V}} = \frac{1\,\text{As}}{1\,\text{V}} = 1\,\text{F}$$

C Kapazität
Q Elektrizitätsmenge
U Spannung
ε_0 elektrische Feldkonstante
ε_r Permitivitätszahl
A Plattenfläche
s Plattenabstand

Permitivitätszahl ε_r

Stoff	ε_r
Luft, Vakuum	1
Papier	1.8...2,6
Glas	2,0...16
Glimmer	4,0...8,0
Pertinax	4,8
Condensa	40...80
Titanoxid	110
Ferroxcube	1000000

$$C = \varepsilon_0 \cdot \varepsilon_r \cdot \frac{A}{s}$$

$$\varepsilon_0 = 8{,}85 \cdot 10^{-12}\,\frac{\text{As}}{\text{Vm}}$$

Beispiel

$\varepsilon_r = 8$; $A = 5\,\text{cm}^2$; $s = 1\,\text{mm}$
$C = ?\,\text{F}$

Lösung:

$$C = \varepsilon_0 \cdot \varepsilon_r \cdot \frac{A}{s}$$

$$= 8{,}85 \cdot 10^{-12}\,\frac{\text{As}}{\text{Vm}} \cdot 8 \cdot \frac{5 \cdot 10^{-4}\,\text{m}^2}{10^{-3}\,\text{m}}$$

$C = 35{,}4\,\text{pF}$

Parallelschaltung von Kondensatoren

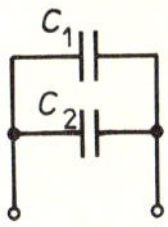

$$C = C_1 + C_2 + \ldots$$

C_1, C_2 Einzelkapazitäten
C Gesamtkapazität

Beispiel 1:

$C_1 = 20\,\text{nF}$; $C_2 = 70\,\text{nF}$
Parallelschaltung $C = ?\,\text{F}$

Lösung:

$C = C_1 + C_2 = 20\,\text{nF} + 70\,\text{nF} = 90\,\text{nF}$

Reihenschaltung von Kondensatoren

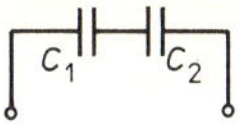

$$\frac{1}{C} = \frac{1}{C_1} + \frac{1}{C_2} + \ldots$$

für 2 Kondensatoren

$$C = \frac{C_1 \cdot C_2}{C_1 + C_2}$$

Beispiel 2:

$C_1 = 1\,\mu\text{F}$; $C_2 = 3\,\mu\text{F}$
Reihenschaltung $C = ?\,\text{F}$

$$C = \frac{C_1 \cdot C_2}{C_1 + C_2} = \frac{1\,\mu\text{F} \cdot 3\,\mu\text{F}}{1\,\mu\text{F} + 3\,\mu\text{F}} = 0{,}75\,\mu\text{F}$$

Temperaturkompensation mehrerer Widerstände

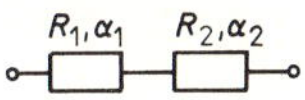

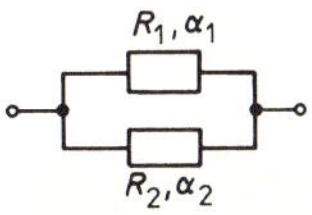

Reihenschaltung:

$$\alpha_R = \frac{\alpha_1 \cdot R_1 + \alpha_2 \cdot R_2}{R_1 + R_2}$$

Parallelschaltung:

$$\alpha_p = \left(\frac{\alpha_1 \cdot R_2 + \alpha_2 \cdot R_1}{R_1 + R_2}\right)$$

α_R Gesamttemperaturbeiwert der Reihenschaltung
α_1, α_2 Temperaturbeiwerte der Widerstände
R_1, R_2 Ohmsche Widerstände
α_p Gesamttemperaturbeiwert der Parallelschaltung

Temperaturabhängigkeit von Kondensatoren

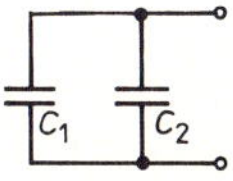

$$\alpha_p = \frac{C_1 \cdot \alpha_1 + C_2 \cdot \alpha_2}{C_1 + C_2}$$

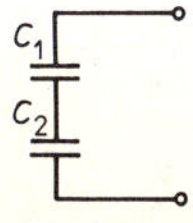

$$\alpha_s = \frac{C_1 \cdot \alpha_2 + C_2 \cdot \alpha_1}{C_1 + C_2}$$

α_p Temperaturkoeffizient der Parallelschaltung
α_1, α_2 Temperaturkoeffizienten der Kondensatoren C_1 und C_2
C_1, C_2 Kapazität
α_s Temperaturkoeffizient der Reihenschaltung

TK von Resonanzkreisen

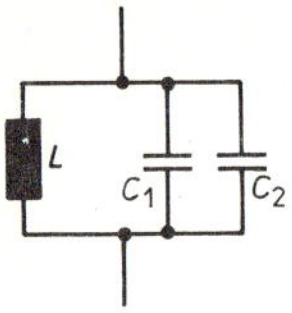

$$\alpha_K \approx -\frac{1}{2}(\alpha_C + \alpha_L)$$

α_k Temperaturkoeffizient des Kreises

Bei Ausgleich ist
$\alpha_C = \alpha_L$

$$\frac{C_2}{C_1} = \frac{\alpha_L + \alpha_1}{\alpha_L - \alpha_2}$$

oder

$$\frac{C_2}{C_1 + C_2} = \frac{\alpha_L + \alpha_1}{\alpha_1 - \alpha_2}$$

(α_L und α_1 gleiches Vorzeichen)

Beispiel:
$\alpha_1 = 30 \cdot 10^{-6}$
$\alpha_2 = -50 \cdot 10^{-6}$
$\alpha_L = 45 \cdot 10^{-6}$
$\frac{C_2}{C_1} = ?$

Lösung:

$$\frac{C_2}{C_1} = \frac{\alpha_L + \alpha_1}{\alpha_L - \alpha_2} = \frac{45 + 30}{45 - (-50)} \cdot 10^{-6} = 0{,}8$$

$C_2 = 0{,}8 \cdot C_1$

Drehkondensator

$$C = (n - 1)\varepsilon_0 \cdot \varepsilon_r \cdot \frac{A}{s}$$

n Anzahl der Platten

Kapazität eines Leiters gegen Masse

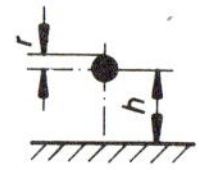

$$C = \frac{\varepsilon_0 \cdot \varepsilon_r \cdot 2\pi \cdot l}{\ln\left(\frac{2h}{r}\right)}$$

Kapazität einer Doppelleitung

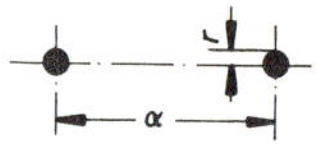

$$C = \frac{\varepsilon_0 \cdot \varepsilon_r \cdot \pi \cdot l}{\ln\left(\frac{a}{r}\right)}$$

Zeitkonstante einer Spule

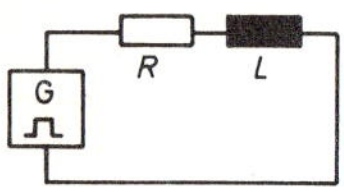

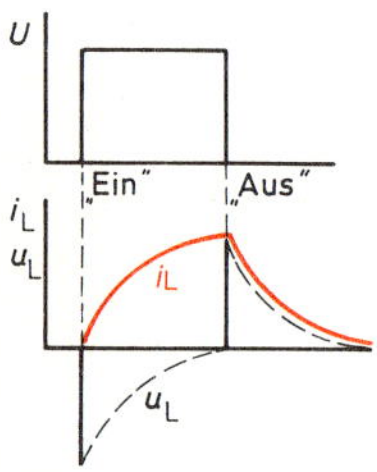

$$\tau = \frac{L}{R}$$

τ Zeitkonstante
L Induktivität der Spule
R Wirkwiderstand der Spule
U angelegte Spannung
i_L Augenblickswert des Spulenstromes
t Zeit nach Beginn des Einschaltens bzw. Ausschaltens

Einschalten:

$$i_L = \frac{U}{R}\left(1 - e^{-\frac{t}{\tau}}\right)$$

$$i_L = \frac{U}{R}\left(1 - e^{-\frac{R}{L}t}\right)$$

Beispiel:
$R = 200\ \Omega$; $L = 0{,}5\ H$; $U = 10\ V$
$\tau = ?$ s; i_L nach t = 4 ms des Einschaltens

Lösung:

$$\tau = \frac{L}{R} = \frac{0{,}5\ \text{H}}{200\ \Omega} = 2{,}5\ \text{ms}$$

$$i_L = \frac{U}{R}\left(1 - e^{-\frac{t}{\tau}}\right)$$

$$X = \frac{t}{\tau} = \frac{4\ \text{ms}}{2{,}5\ \text{ms}} = 1{,}6$$

siehe TR 67 u. 68

nach Tabelle $1 - e^{-x} = 0{,}7981$

$$i_L = \frac{10\ \text{V}}{200\ \Omega} \cdot 0{,}7981 = 0{,}04\ \text{A}$$

Ausschalten:

$$i_L = \frac{U}{R} \cdot e^{-\frac{t}{\tau}}$$

$$i_L = \frac{U}{R} \cdot e^{-\frac{R}{L} \cdot t}$$

Werte für e^{-x} können der Tabelle TR 67 und 68 entnommen werden

Zeitkonstante eines Kondensators

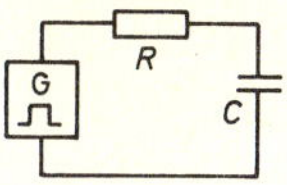

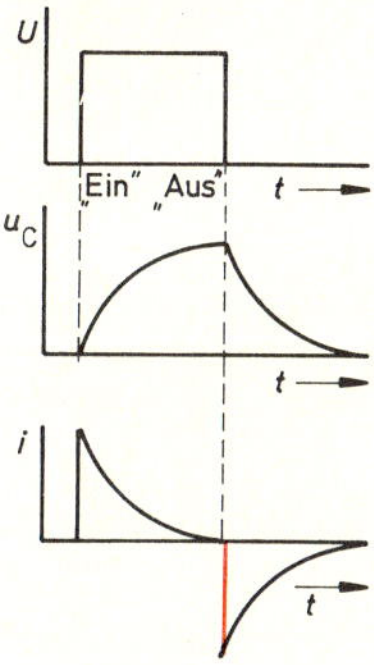

$$\tau = R \cdot C$$

Einschalten (Ladung):

$$u_C = U\left(1 - e^{-\frac{t}{\tau}}\right)$$

$$u_C = U\left(1 - e^{-\frac{t}{R \cdot C}}\right)$$

$$i_C = \frac{U}{R} \cdot e^{-\frac{t}{\tau}}$$

Ausschalten (Entladung)

$$u_C = U \cdot e^{-\frac{t}{\tau}}$$

$$u_C = U \cdot e^{-\frac{t}{R \cdot C}}$$

$$i_C = \frac{U}{R} \cdot e^{-\frac{t}{\tau}}$$

τ Zeitkonstante
R Widerstand
C Kapazität
u_C Augenblickswert der Kondensatorspannung
U angelegte Spannung
i_C Augenblickswert des Stromes

Beispiel:
$R = 10\ \text{k}\Omega$; $C = 1\ \mu\text{F}$; $U = 10\ \text{V}$
$\tau = ?\ \text{s}$; u_C nach $t = 5\ \text{ms}$ des Ausschaltens?

Lösung:

$$\tau = R \cdot C = 10^4\ \Omega \cdot 10^{-6} \frac{\text{s}}{\Omega} = 10^{-2}\ \text{s}$$

$$\tau = 10\ \text{ms}$$

$$u_C = U \cdot e^{-\frac{t}{\tau}}$$

$$\frac{t}{\tau} = \frac{5\ \text{ms}}{10\ \text{ms}} = 0{,}5 \mathrel{\hat{=}} X$$

nach Tabelle TR 67 $e^{-0{,}5} = 0{,}61$

$$u_C = 10\ \text{V} \cdot 0{,}61 = 6{,}1\ \text{V}$$

Energie im magnetischen Feld:

$$W_m = \frac{1}{2} L \cdot I^2$$

L Induktivität
I Strom

Energie im elektrischen Feld:

$$W_{el} = \frac{1}{2} C \cdot U^2$$

C Kapazität
U Spannung am Kondensator

Sinusförmiger Wechselstrom

Frequenz, Periodendauer und Drehzahl

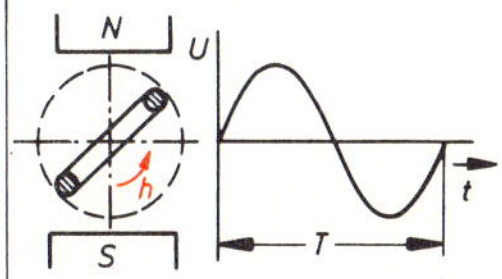

$$f = p \cdot n$$

$$f = \frac{1}{T} \qquad T = \frac{1}{f}$$

$$1\ \text{Hz} = \frac{1}{1\ \text{s}}$$

f Frequenz
p Polpaarzahl
n Umdrehungen der Leiterschleife im Magnetfeld
T Periodendauer
ω Kreisfrequenz

Kreisfrequenz

$$\omega = 2\pi \cdot f$$

Beispiel:

$n = 50\ \frac{1}{\text{s}}$; $p = 2$

$f = ?\ \text{Hz}$; $T = ?\ \text{s}$; $\omega = ?\ \frac{1}{\text{s}}$

Lösung:

$$f = p \cdot n = 2 \cdot 50 \frac{1}{\text{s}} = 100\ \text{Hz}$$

$$T = \frac{1}{f} = \frac{1}{100\ \text{Hz}} = 10\ \text{ms}$$

$$\omega = 2\pi \cdot f = 2\pi \cdot 100\ \text{Hz} = 628\ \frac{1}{\text{s}}$$

Augenblickswert, Scheitelwert, Spitze-Spitze-Wert, Effektivwert

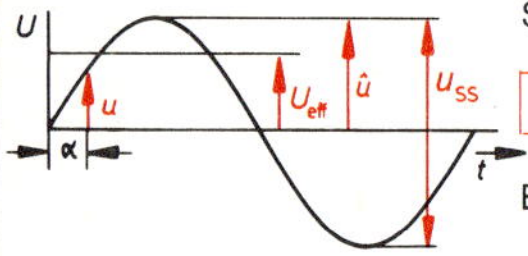

Augenblickswert:

$u = \hat{u} \sin \alpha$	$i = \hat{i} \sin \alpha$

Spitze-Spitze-Wert:

$u_{ss} = 2\,\hat{u}$	$i_{ss} = 2\,\hat{i}$

Effektivwert:

$U = \frac{\hat{u}}{\sqrt{2}}$	$I = \frac{\hat{i}}{\sqrt{2}}$

u, i Augenblickswerte
$\hat{u}, \hat{i}$ Scheitelwerte, Spitzenwerte
u_{ss}, i_{ss} Spitze-Spitze-Werte
U, I Effektivwerte

Beispiel:
$\hat{u} = 1\ \text{V};\ \alpha = 30°$
$u = ?\ \text{V};\ u_{ss} = ?\ \text{V};\ U = ?\ \text{V}$

Lösung:
$u = \hat{u} \sin \alpha = 1\ \text{V} \cdot \sin 30° = 1\ \text{V} \cdot 0{,}5$
$u = 0{,}5\ \text{V}$
$u_{ss} = 2\,\hat{u} = 2 \cdot 1\ \text{V} = 2\ \text{V}$
$U = \frac{\hat{u}}{\sqrt{2}} = \frac{1\ \text{V}}{\sqrt{2}} = 0{,}707\ \text{V}$

Scheinleistung, Wirkleistung, Blindleistung

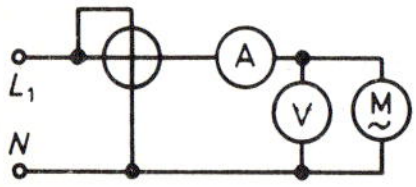

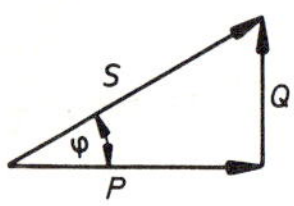

Scheinleistung:

$S = U \cdot I$

$S = \sqrt{P^2 + Q^2}$

Wirkleistung:

$P = U \cdot I \cos \varphi$

$P = \sqrt{S^2 - Q^2}$

Blindleistung:

$Q = U \cdot I \sin \varphi$

$Q = \sqrt{S^2 - P^2}$

Leistungsfaktor $\cos \varphi = \frac{P}{S}$

Blindfaktor $\sin \varphi = \frac{Q}{S}$

S Scheinleistung
U Spannung
I Strom
P Wirkleistung
Q Blindleistung
$\cos \varphi$ Leistungsfaktor
$\sin \varphi$ Blindfaktor

Beispiel:
$U = 220\ \text{V};\ I = 1\ \text{A};\ \cos \varphi = 0{,}8$
$S = ?\ \text{VA};\ P = ?\ \text{W};\ Q = ?\ \text{var}$

Lösung:
$S = U \cdot I = 220\ \text{V} \cdot 1\ \text{A} = 220\ \text{VA}$

$P = U \cdot I \cdot \cos \varphi = 220\ \text{VA} \cdot \mathbf{0{,}8} = 176\ \text{W}$

$\cos \varphi = 0{,}8 \rightarrow \sin \varphi = 0{,}6$

$Q = U \cdot I \sin \varphi = 220\ \text{VA} \cdot 0{,}6 = 132\ \text{var}$

Wellenlänge

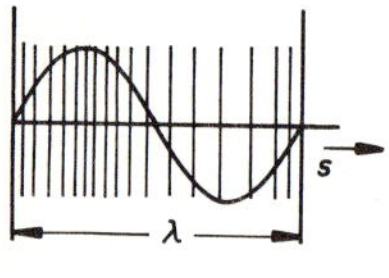

$\lambda = \frac{c}{f}$

$c_0 = 2{,}99792 \cdot 10^8\ \frac{\text{m}}{\text{s}}$
= Lichtgeschwindigkeit im Vakuum

$c_0 \approx 300\,000\ \frac{\text{km}}{\text{s}}$

λ Wellenlänge
c Ausbreitungsgeschwindigkeit
f Frequenz

Beispiel:
$f = 1\ \text{MHz};\ c = 300\,000\ \frac{\text{km}}{\text{s}}$
$\lambda = ?\ \text{m}$

Lösung:
$\lambda = \frac{c}{f} = \frac{3 \cdot 10^6\ \frac{\text{km}}{\text{s}}}{10^6\ \frac{1}{\text{s}}} = 3\ \text{km}$

Die Ausbreitungsgeschwindigkeit auf Leitungen ist von deren Leitungskonstanten und u. U. von der Übertragungsfrequenz abhängig. Näherungsformeln siehe TR 55.

Induktiver Blindwiderstand

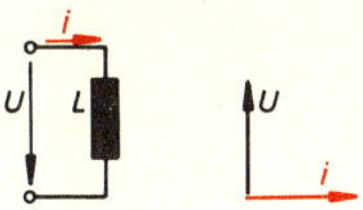

ideale Spule

$$X_L = \omega \cdot L$$

$$1\ \Omega = \frac{1}{1\ \text{s}} \cdot 1 \cdot \Omega \cdot \text{s}$$

$$X_L = \frac{U_L}{I_L}$$

X_L induktiver Blindwiderstand
ω Kreisfrequenz
L Induktivität
U_L Spannung an der Spule
I_L Strom durch die Spule

Beispiel:
$f = 10\ \text{kHz}$; $L = 5\ \text{mH}$
$X_L = ?\ \Omega$

Lösung:
$X_L = \omega \cdot L = 2\pi \cdot 10^4\ \text{Hz} \cdot 5 \cdot 10^{-3}\ \text{H}$
$X_L = 314\ \Omega$

Reihenschaltung von Wirkwiderstand und induktivem Widerstand

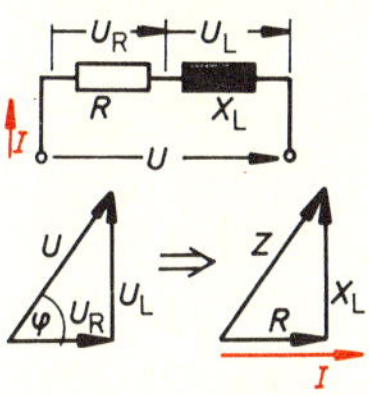

$$U = \sqrt{U_R^2 + U_L^2}$$

$$Z = \sqrt{R^2 + X_L^2}$$

$$I = \frac{U}{Z}$$

$$\cos\varphi = \frac{R}{Z} = \frac{U_R}{U}$$

U Gesamtspannung
U_R Wirkspannung
U_L induktive Blindspannung
Z Scheinwiderstand
R Wirkwiderstand
X_L induktiver Blindwiderstand
I Strom
φ Phasenverschiebungswinkel

Beispiel:
$R = 60\ \Omega$; $X_L = 100\ \Omega$
$Z = ?\ \Omega$; $\varphi = ?$

Lösung:
$Z = \sqrt{R^2 + X_L^2} = \sqrt{60^2\ \Omega^2 + 100^2\ \Omega^2} =$
$Z = 116{,}6\ \Omega$

$$\cos\varphi = \frac{R}{Z} = \frac{60\ \Omega}{100\ \Omega} = 0{,}6 \rightarrow \varphi = 53°$$

Parallelschaltung von Wirkwiderstand und induktivem Widerstand

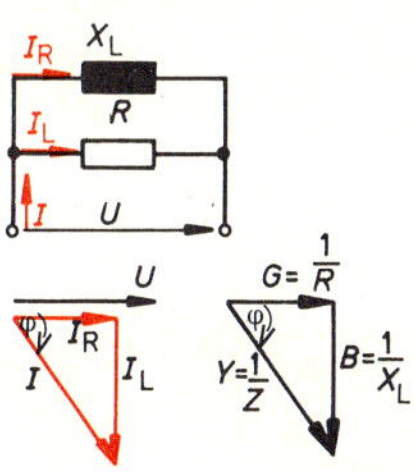

$$I = \sqrt{I_R^2 + I_L^2}$$

$$Z = \frac{U}{I}$$

$$Y = \sqrt{G^2 + B_L^2}$$

$$\frac{1}{Z} = \sqrt{\frac{1}{R^2} + \frac{1}{X_L^2}}$$

$$Z = \frac{R \cdot X_L}{\sqrt{R^2 + X_L^2}}$$

$$\cos\varphi = \frac{G}{Y} = \frac{Z}{R} = \frac{I_R}{I}$$

I Gesamtstrom
I_R Wirkstrom
I_L Blindstrom
Z Scheinwiderstand
U angelegte Spannung
Y Scheinleitwert
G Leitwert
B_L induktiver Blindleitwert
R Widerstand
X_L induktiver Blindwiderstand
φ Phasenverschiebungswinkel

Beispiel:
$R = 10\ \Omega$; $X_L = 20\ \Omega$; $U = 10\ \text{V}$
$Z = ?\ \Omega$

Lösung 1:

$$I_R = \frac{U}{R} = \frac{10\ \text{V}}{10\ \Omega} = 1\ \text{A};$$

$$I_L = \frac{10\ \text{V}}{20\ \Omega} = 0{,}5\ \text{A}$$

$$I = \sqrt{I_R^2 + I_L^2} = \sqrt{1^2 + 0{,}5^2}\ \text{A} = 1{,}12\ \text{A}$$

$$Z = \frac{U}{I} = \frac{10\ \text{V}}{1{,}12\ \text{A}} = 8{,}94\ \Omega$$

oder

$$\frac{1}{Z} = \sqrt{\frac{1}{R^2} + \frac{1}{X_L^2}} = \sqrt{\frac{1}{10^2} + \frac{1}{20^2}}\ \frac{1}{\Omega}$$

$$Z = \frac{1}{Y} = \frac{1}{0{,}112\ \text{S}} = 8{,}94\ \Omega$$

Kapazitiver Blindwiderstand

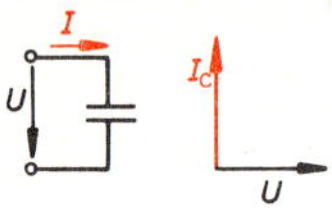

$$X_C = \frac{1}{\omega \cdot C}$$

$$1\ \Omega = \frac{1}{\frac{1}{s} \cdot 1\ \frac{s}{\Omega}}$$

$$X_C = \frac{U_C}{I_C}$$

X_C	kapazitiver Blindwiderstand
ω	Kreisfrequenz
C	Kapazität
U_C	Spannung am Kondensator
I_C	Strom durch den Kondensator

Beispiel:

$f = 10$ kHz; $C = 0{,}1\ \mu$F

$X_C = ?\ \Omega$

Lösung:

$$X_C = \frac{1}{\omega \cdot C} = \frac{1}{2\pi \cdot 10^4 \frac{1}{s} \cdot 10^{-7} \frac{s}{\Omega}}$$

$X_C = 159\ \Omega$

Reihenschaltung von Wirkwiderstand und kapazitivem Widerstand

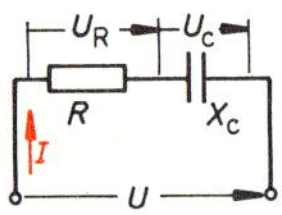

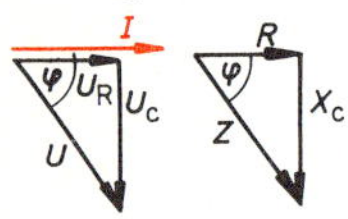

$$U = \sqrt{U_R^2 + U_C^2}$$

$$Z = \sqrt{R^2 + X_C^2}$$

$$I = \frac{U}{Z}$$

$$\cos\varphi = \frac{R}{Z} = \frac{U_R}{U}$$

U	Gesamtspannung
U_R	Wirkspannung
U_C	kapazitive Blindspannung
Z	Scheinwiderstand
R	Wirkwiderstand
X_C	kapazitiver Blindwiderstand
I	Strom
φ	Phasenverschiebungswinkel

Beispiel:

$R = 80\ \Omega$; $X_C = 120\ \Omega$

$Z = ?\ \Omega$; $\varphi = ?$

Lösung:

$$Z = \sqrt{R^2 + X_C^2} = \sqrt{80^2\ \Omega^2 + 120^2\ \Omega^2} = 144\ \Omega$$

$$\cos\varphi = \frac{R}{Z} = \frac{80\ \Omega}{144\ \Omega} = 0{,}56 \rightarrow \varphi = 56°$$

Parallelschaltung von Wirkwiderstand und kapazitivem Widerstand

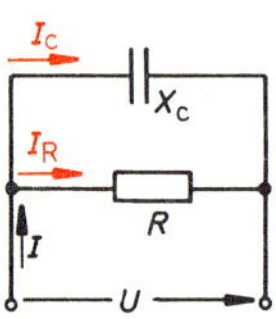

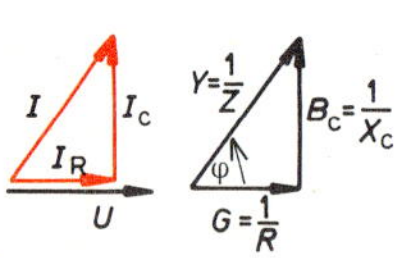

$$I = \sqrt{I_R^2 + I_C^2}$$

$$Z = \frac{U}{I}$$

$$Y = \sqrt{G^2 + B_C^2}$$

$$\frac{1}{Z} = \sqrt{\frac{1}{R^2} + \frac{1}{X_C^2}}$$

$$Z = \frac{R \cdot X_C}{\sqrt{R^2 + X_C^2}}$$

$$\cos\varphi = \frac{G}{Y} = \frac{Z}{R} = \frac{I_R}{I}$$

I	Gesamtstrom
I_R	Wirkstrom
I_L	Blindstrom
Z	Scheinwiderstand
U	angelegte Spannung
Y	Scheinleitwert
G	Leitwert
B_C	kapazitiver Blindleitwert
R	Widerstand
X_C	kapazitiver Blindwiderstand
φ	Phasenverschiebungswinkel

Beispiel 1:

$I_R = 0{,}5$ A; $I_C = 1{,}2$ A; $I = ?$ A

Lösung:

$$I = \sqrt{I_R^2 + I_C^2} = \sqrt{0{,}5^2 + 1{,}2^2}\ \text{A} = 1{,}3\ \text{A}$$

Beispiel 2:

$R = 50\ \Omega$; $X_C = 100\ \Omega$; $Z = ?\ \Omega$

Lösung:

$$Z = \frac{R \cdot X_C}{\sqrt{R^2 + X_C^2}} = \frac{50\ \Omega \cdot 100\ \Omega}{\sqrt{50^2 + 100^2}\ \Omega}$$

$Z = 44{,}7\ \Omega$

Kondensatorverlustfaktor

verlustbehafteter Kondensator

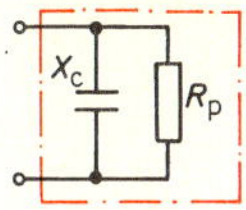

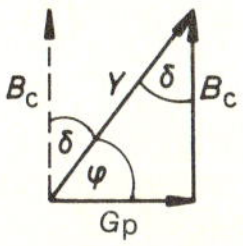

$$\tan\delta = \frac{G_p}{B_C}$$

$$\tan\delta = \frac{X_C}{R_p}$$

$$\tan\delta = \frac{1}{\omega \cdot C \cdot R_p}$$

$$\delta = 90° - \varphi$$

$$Q = \frac{1}{\tan\delta} = \frac{1}{d}$$

$\tan\delta$ Verlustfaktor
G_p Wirkleitwert
B_C kapazitiver Blindleitwert
R_p Wirkwiderstand
X_C kapazitiver Blindwiderstand
δ Verlustwinkel
φ Phasenverschiebungswinkel (U, I)
Q Güte

Beispiel:

$X_C = 500\ \Omega$; $R_p = 100\ \text{k}\Omega$
$\tan\delta = ?$ $Q = ?$

Lösung:

$$\tan\delta = \frac{X_C}{R_p} = \frac{500\ \Omega}{10^5\ \Omega} = 5 \cdot 10^{-3}$$

$$\sphericalangle\ \delta = 0{,}29°$$

$$Q = \frac{1}{\tan\delta} = \frac{1}{5 \cdot 10^{-3}} = 200$$

Spulenverlustfaktor

Ersatzschaltbild einer Spule

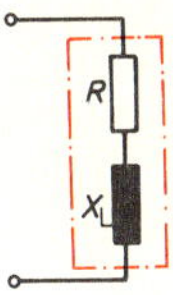

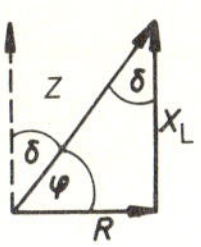

$$\tan\delta = \frac{R}{X_L} = d$$

$$\delta = 90° - \varphi$$

$$Q = \frac{1}{\tan\delta} = \frac{1}{d}$$

$\tan\delta$, d Verlustfaktor
R Wirkwiderstand
X_L induktiver Blindwiderstand
φ Phasenverschiebungswinkel zwischen U und I
δ Verlustwinkel
Q Güte

Beispiel:

$R = 2\ \Omega$; $X_L = 80\ \Omega$; $\tan\delta = ?$

Lösung:

$$\tan\delta = \frac{R}{X_L} = \frac{2\ \Omega}{80\ \Omega} = 0{,}025$$

$$\sphericalangle\ \delta = 1{,}43°$$

Reihenschaltung von Wirkwiderstand, induktivem und kapazitivem Widerstand

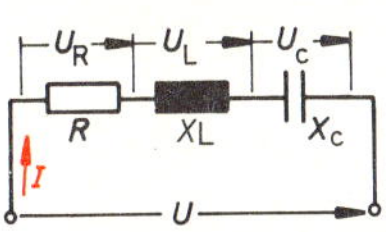

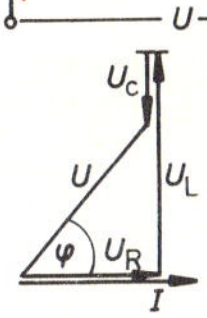

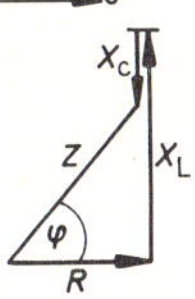

$$U = \sqrt{U_R^2 + (U_L - U_C)^2}$$

$$Z = \sqrt{R^2 + (X_L - X_C)^2}$$

$$Z = \sqrt{R^2 + X^2}$$

mit $X = X_L - X_C$

$$I = \frac{U}{Z}$$

$$\cos\varphi = \frac{R}{Z} = \frac{U_R}{U}$$

U Gesamtspannung
U_R Wirkspannung
U_L induktive Blindspannung
U_C kapazitive Blindspannung
Z Scheinwiderstand
R Wirkwiderstand
X_L induktiver Blindwiderstand
X_C kapazitiver Blindwiderstand
X Blindwiderstand
φ Phasenverschiebungswinkel

Beispiel:

$R = 100\ \Omega$; $X_L = 180\ \Omega$; $X_C = 40\ \Omega$
$Z = ?\ \Omega$

Lösung:

$$Z = \sqrt{R^2 + (X_L - X_C)^2}$$

$$\triangleq \sqrt{100^2 + (180 - 40)^2}\ \Omega$$

$$Z = 172\ \Omega$$

$$\cos\varphi = \frac{R}{Z} = 0{,}58 \rightarrow \varphi = 54{,}5°$$

Parallelschaltung von Wirkwiderstand, induktivem und kapazitivem Widerstand

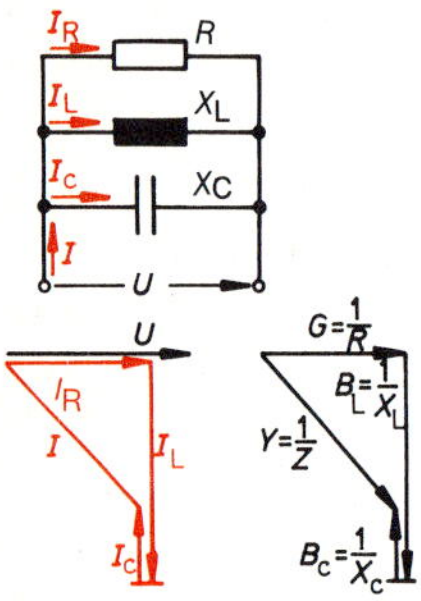

$$I = \sqrt{I_R^2 + (I_L - I_C)^2}$$

$$Z = \frac{U}{I}$$

$$Y = \sqrt{G^2 + (B_L - B_C)^2}$$

$$\frac{1}{Z} = \sqrt{\frac{1}{R^2} + \left(\frac{1}{X_L} - \frac{1}{X_C}\right)^2}$$

$$Z = \frac{R \cdot X}{\sqrt{R^2 + X^2}}$$

mit $X = \frac{X_L \cdot X_C}{X_L - X_C}$

$$\cos\varphi = \frac{G}{Y} = \frac{Z}{R} = \frac{I_R}{I}$$

I Gesamtstrom
I_R Wirkstrom
I_L induktiver Blindstrom
I_C kapazitiver Blindstrom
Y Scheinleitwert
G Leitwert
B_L induktiver Blindleitwert
B_C kapazitiver Blindleitwert
Z, U, R, X_L, X_C, X, φ siehe TR 35

Beispiel 1:
$I_R = 1$ A; $I_L = 2$ A; $I_C = 0{,}5$ A
$I = ?$ A

Lösung:

$I = \sqrt{I_R^2 + (I_L - I_C)^2}$

$= \sqrt{1^2 + (2 - 0{,}5)^2}$ A

$I = 1{,}8$ A

Beispiel 2:
$R = 300\ \Omega$; $X_L = 100\ \Omega$; $X_C = 200\ \Omega$
$Z = ?\ \Omega$

Lösung:

$\frac{1}{Z} = \sqrt{\frac{1}{R^2} + \left(\frac{1}{X_L} - \frac{1}{X_C}\right)^2}$

$\frac{1}{Z} = \sqrt{\frac{1}{300^2} + \left(\frac{1}{100} - \frac{1}{200}\right)^2}$ S

$\frac{1}{Z} = 0{,}006\ \text{S} \Rightarrow Z = 166{,}4\ \Omega$

Reihenschwingkreis

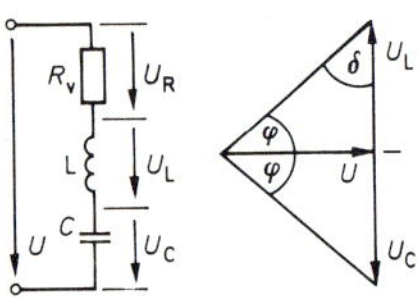

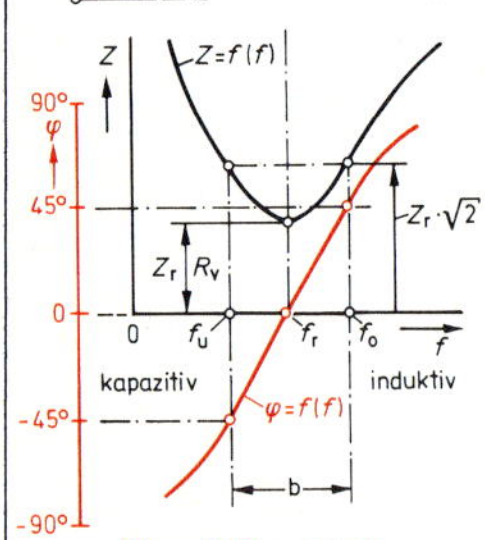

Strom I = Bezugswert
Der Bezugswert ist für den Phasenwinkel angegeben

$$Z = \sqrt{R_V^2 + (X_L - X_C)^2}$$

bei Resonanz ist

$$X_L = X_C$$

$$\omega_0 \cdot L = \frac{1}{\omega_0 \cdot C}$$

$$f_0 = \frac{1}{2\pi\sqrt{L \cdot C}}$$

$$Z_0 = R_V$$

$$Q = \frac{X_L}{R_V} = \frac{X_C}{R_V}$$

$$Q = \frac{1}{R_V} \cdot \sqrt{\frac{L}{C}}$$

$$Q = \frac{1}{d} = \frac{1}{\tan\delta}$$

Z Scheinwiderstand
R_V Verlustwiderstand der Spule
X_L induktiver Blindwiderstand
X_C kapazitiver Blindwiderstand
f_0 Resonanzfrequenz
L Induktivität
C Kapazität
Z_0 Resonanzwiderstand
Q Güte
$d = \tan\delta$ Dämpfung, Verlustfaktor
Δf Bandbreite
f_1 untere Grenzfrequenz
f_2 obere Grenzfrequenz

Beispiel:
$L = 0{,}1$ mH; $C = 10$ nF; $R_V = 10\ \Omega$
$f_0 = ?$ Hz; $Z = ?\ \Omega$; $\Delta f = ?$ Hz

Lösung:

$f_0 = \frac{1}{2\pi\sqrt{L \cdot C}}$

$= \frac{1}{6{,}28\sqrt{10^{-4}\ \Omega\text{s} \cdot 10^{-8}\ \frac{\text{s}}{\Omega}}}$

$f_0 = 159$ kHz

$Z = R_V = 10\ \Omega$

$$\Delta f = f_2 - f_1$$

$$\Delta f = \frac{f_0}{Q}$$

$Q = \frac{X_L}{R_V} = \frac{6{,}28 \cdot 1{,}59 \cdot 10^5 \frac{1}{s} \cdot 10^{-4}\ \Omega s}{10\ \Omega}$

$Q = 10$

$\Delta f = \frac{f_0}{Q} = \frac{159\ \text{kHz}}{10} = 15{,}9\ \text{kHz}$

Parallelschwingkreis

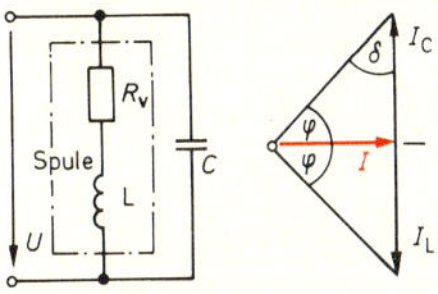

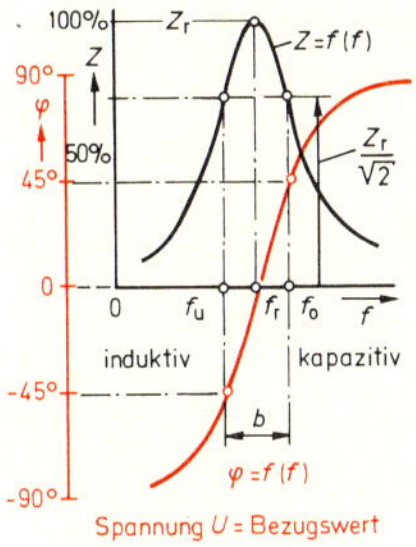

Der Bezugswert ist für den Phasenwinkel angegeben

$$Y = \sqrt{G^2 + (B_L - B_C)^2}$$

bei Resonanz ist

$$B_C = B_L$$

$$\omega_0 \cdot L = \frac{1}{\omega_0 \cdot C}$$

$$f_0 = \frac{1}{2\pi\sqrt{L \cdot C}}$$

$$Z_0 = R_p$$

$$Q = \frac{R_p}{X_L} = \frac{R_p}{X_C}$$

$$Q = R_p \cdot \sqrt{\frac{C}{L}}$$

$$d = \frac{1}{Q}$$

$$\Delta f = f_2 - f_1$$

$$\Delta f = \frac{f_0}{Q}$$

Y Scheinleitwert
G Leitwert
B_L induktiver Blindleitwert
B_C kapazitiver Blindleitwert
Z_0 Resonanzwiderstand
R_p Parallelwiderstand

Beispiel:
$L = 0{,}1\ \text{mH}; C = 10\ \text{nF}; R_p = 10\ \text{k}\Omega$
$f_0 = ?\ \text{Hz}; Z_0 = ?\ \Omega; Q = ?$

Lösung:

$f_0 = \frac{1}{2\pi\sqrt{L \cdot C}}$

$= \frac{1}{6{,}28\sqrt{10^{-4}\ \Omega s \cdot 10^{-8}\ \frac{s}{\Omega}}}$

$f_0 = 159\ \text{kHz}$

$Z_0 = R_p = 10\ \text{k}\Omega$

$Q = R_p \cdot \sqrt{\frac{C}{L}} = 10^4\ \Omega \sqrt{\frac{10^{-8}\ \frac{s}{\Omega}}{10^{-4}\ \Omega s}}$

$Q = 100$

Parallelschwingkreis mit Reihenverlustwiderstand

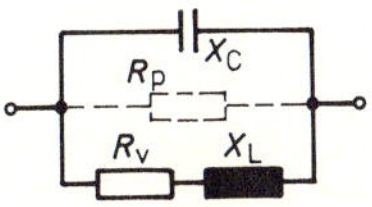

$$R_p \approx \frac{L}{C \cdot R_V} = \frac{X_L^2}{R_V} = \frac{X_C^2}{R_V}$$

$$R_p \approx Q^2 \cdot R_v$$

Beispiel:
$L = 0{,}1\ \text{mH}; C = 10\ \text{nF}; R_V = 10\ \Omega$
$R_p = ?\ \Omega$

Lösung:

$R_p \approx \frac{L}{C \cdot R_V} = \frac{10^{-4}\ \Omega s}{10^{-8}\ \frac{s}{\Omega} \cdot 10\ \Omega}$

$R_p = 1000\ \Omega$

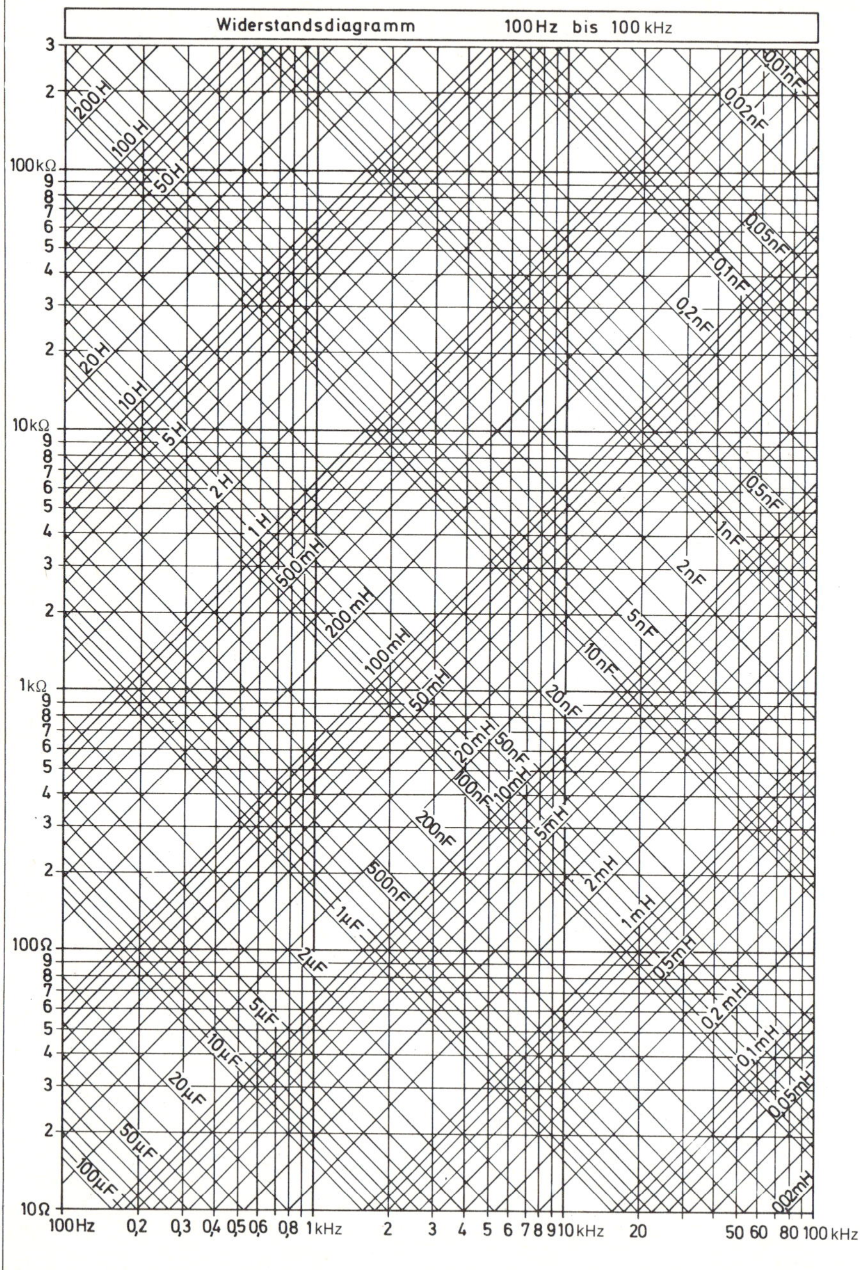
Widerstandsdiagramm 100 Hz bis 100 kHz
100 kΩ
10 kΩ
1 kΩ
100 Ω
10 Ω
100 Hz
1 kHz
10 kHz
100 kHz
200 H
100 H
50 H
20 H
10 H
5 H
2 H
1 H
500 mH
200 mH
100 mH
50 mH
20 mH
10 mH
5 mH
2 mH
1 mH
0,5 mH
0,2 mH
0,1 mH
0,05 mH
0,02 mH
0,01 nF
0,02 nF
0,05 nF
0,1 nF
0,2 nF
0,5 nF
1 nF
2 nF
5 nF
10 nF
20 nF
50 nF
100 nF
200 nF
500 nF
1 µF
2 µF
5 µF
10 µF
20 µF
50 µF
100 µF

Wechselstromwiderstand

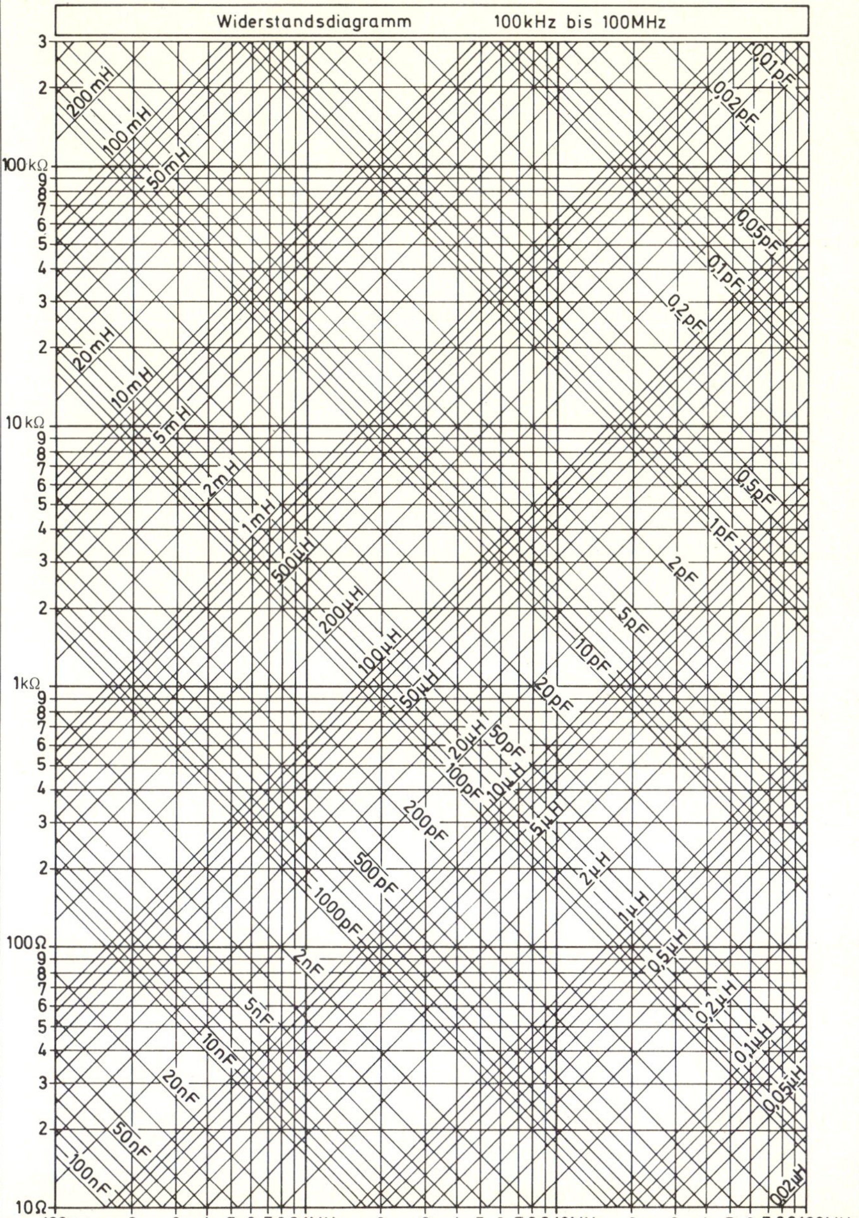

Resonanzfrequenzänderung mit dem Drehkondensator

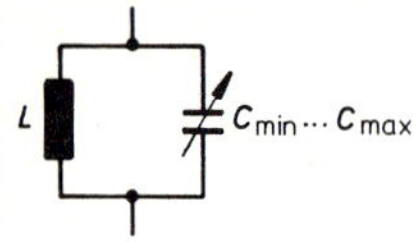

$$\frac{f_{0\max}}{f_{0\min}} = \sqrt{\frac{C_{\max}}{C_{\min}}}$$

mit zusätzlichem Parallelkondensator

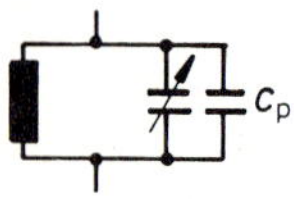

$$\frac{f_{0\max}}{f_{0\min}} = \sqrt{\frac{C_{\max} + C_p}{C_{\min} + C_p}}$$

mit zusätzlichem Serienkondensator (Padding)

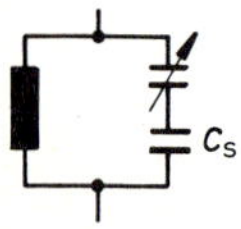

$$\frac{f_{0\max}}{f_{0\min}} = \sqrt{\frac{C_{\max}\,(C_{\min} + C_s)}{C_{\min}\,(C_{\max} + C_s)}}$$

$f_{0\max}$ größte einzustellende Frequenz
$f_{0\min}$ kleinste einzustellende Frequenz
$C_{\max}$ größte Kapazität
$C_{\min}$ kleinste Kapazität
C_p Parallelkapazität
C_s Serienkapazität

Beispiel:
$C_{\max} = 350$ pF; $C_{\min} = 50$ pF
$f_{0\max}:f_{0\min} = ?$

Lösung:

$$\frac{f_{0\max}}{f_{0\min}} = \sqrt{\frac{C_{\max}}{C_{\min}}} = \sqrt{\frac{350\,\text{pF}}{50\,\text{pF}}} = 2{,}7$$

Beispiel:
$C_{\max} = 350$ pF; $C_{\min} = 50$ pF
$C_p = 100$ pF; $f_{0\max}:f_{0\min} = ?$

Lösung:

$$\frac{f_{0\max}}{f_{0\min}} = \sqrt{\frac{C_{\max} + C_p}{C_{\min} + C_p}}$$

$$= \sqrt{\frac{350\,\text{pF} + 100\,\text{pF}}{50\,\text{pF} + 100\,\text{pF}}} = 1{,}73$$

RC-Tiefpass

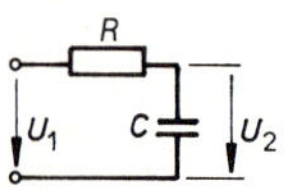

$$f_g = \frac{1}{2\pi R\cdot C}$$

$$\frac{U_2}{U_1} = \frac{1}{\sqrt{R^2\cdot\omega^2 C^2 + 1}}$$

$$\tan\varphi = R\cdot\omega C$$

RC-Hochpass

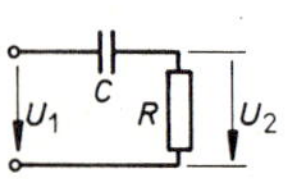

$$f_g = \frac{1}{2\pi R\cdot C}$$

$$\frac{U_2}{U_1} = \frac{1}{\sqrt{\frac{1}{R^2\omega^2C^2} + 1}}$$

$$\tan\varphi = \frac{1}{R\cdot\omega C}$$

RL-Tiefpass

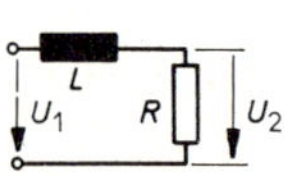

$$f_g = \frac{R}{2\pi\cdot L}$$

$$\frac{U_2}{U_1} = \frac{1}{\sqrt{\left(\frac{\omega\cdot L}{R}\right)^2 + 1}}$$

$$\tan\varphi = \frac{\omega L}{R}$$

f_g Grenzfrequenz
R Wirkwiderstand
C Kapazität
L Induktivität
U_2 Ausgangsspannung
U_1 Eingangsspannung
φ Phasenverschiebungswinkel zwischen U_1 u. U_2

Beispiel a):
Tiefpass $R = 1$ kΩ; $C = 0{,}1$ µF; $f_g = ?$ Hz

Lösung:

$$f_g = \frac{1}{2\pi R\cdot C} = \frac{1\qquad\Omega}{6{,}28\cdot 10^3\,\Omega\cdot 0{,}1\cdot 10^{-6}\,\text{s}}$$

$f_g = 1592$ Hz

b) $\frac{U_2}{U_1} = ?$; φ bei 1000 Hz

Lösung:

$\tan\varphi = R\cdot\omega\cdot C = 1\,\text{k}\Omega\cdot 6{,}28\cdot 1000\,\text{Hz}\cdot ...$
$...\cdot 0{,}1\,\mu\text{F}$
$= 0{,}63$

$\varphi = 32°$

$$\frac{U_2}{U_1} = \frac{1}{\sqrt{(R\cdot\omega\cdot C)^2 + 1}}$$

$$= \frac{1}{\sqrt{\left(10^3\,\Omega\cdot 6{,}28\cdot 10^3\,\frac{1}{\text{s}}\cdot 10^{-7}\,\frac{\text{s}}{\Omega}\right)^2 + 1}}$$

$$= \frac{1}{1{,}18} = 0{,}85$$

RL-Hochpass

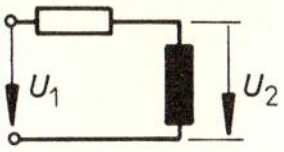

$$f_g = \frac{R}{2\pi \cdot L}$$

$$\frac{U_2}{U_1} = \frac{1}{\sqrt{\left(\frac{R}{\omega L}\right)^2 + 1}}$$

$$\tan \varphi = \frac{R}{\omega L}$$

LC-Tiefpässe

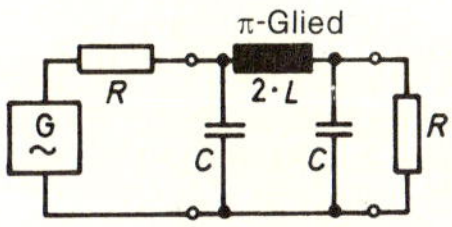

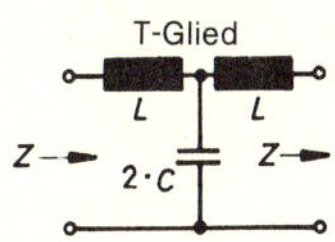

$$\omega_g = \frac{1}{\sqrt{L \cdot C}}$$

$$Z_0 = \sqrt{\frac{L}{C}}$$

für Dimensionierung:

$$L = \frac{Z_0}{\omega_g}$$

$$C = \frac{1}{\omega_g \cdot Z_0}$$

$$t \approx \frac{1}{2\, f_g}$$

LC-Hochpässe

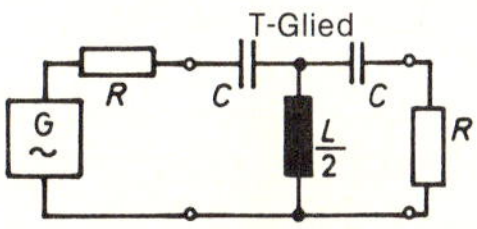

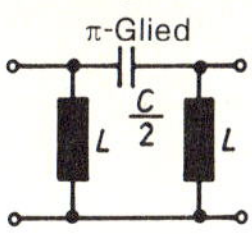

für π-Glied

$$R = 0{,}8\, Z_0$$

für T-Glied

$$R = 1{,}25 \cdot Z_0$$

vereinfacht auch $R \approx Z$

ω_g Kreisgrenzfrequenz
f_g Grenzfrequenz
L Induktivität eines Halbgliedes
C Kapazität eines Halbgliedes
Z Wellenwiderstand des π oder T-Gliedes
t Laufzeit im Durchlaßbereich
R Abschluß- oder Eingangswiderstand

Beispiel:
Tiefpass als π und T-Glied
$f_g = 2$ kHz; $R = 1$ kΩ
$L = ?$ H; $C = ?$ µF

Lösung:
π-Glied

$$Z_0 = \frac{R}{0{,}8} = \frac{1\,\text{k}\Omega}{0{,}8} = 1{,}25\,\text{k}\Omega$$

$$L = \frac{Z_0}{\omega_g} = \frac{1{,}25\,\text{k}\Omega}{2\pi \cdot 2\,\text{kHz}} = 100\,\text{mH}$$

$$C = \frac{1}{\omega_g \cdot Z_0} = \frac{1}{2\pi \cdot 2\,\text{kHz} \cdot 1{,}25\,\text{k}\Omega}$$

$$C = 0{,}06\,\mu\text{F}$$

T-Glied

$$Z_0 = \frac{R}{1{,}25} = \frac{1\,\text{k}\Omega}{1{,}25} = 800\,\Omega$$

$$L = \frac{Z_0}{\omega_g} = \frac{800\,\Omega}{2\pi \cdot 2\,\text{kHz}} = 64\,\text{mH}$$

$$C = \frac{1}{\omega_g \cdot Z_0} = \frac{1}{2\pi \cdot 2\,\text{kHz} \cdot 800\,\Omega}$$

$$C = 0{,}1\,\mu\text{F}$$

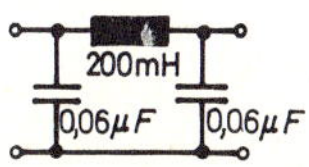

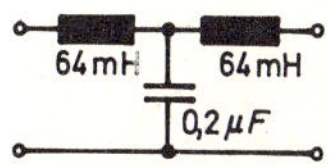

Nichtsinusförmige Wechselströme

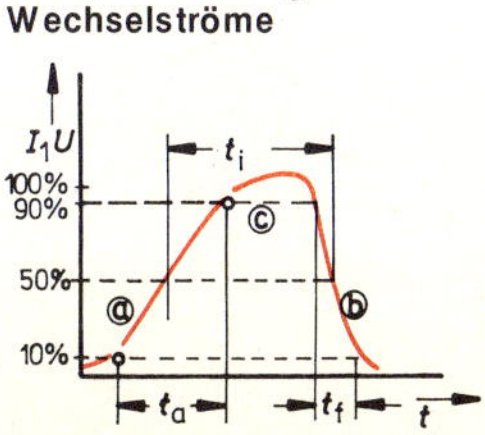

a Vorderflanke
b Rückflanke
c Dach
t_a Anstiegszeit 10% – 90%
t_f Abfallzeit 90% – 10%
t_i Impulsdauer 50% – 50%

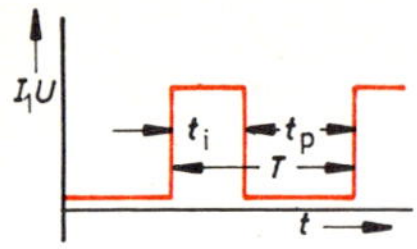

$$t_i + t_p = T$$

$$f = \frac{1}{T}$$

$$v = \frac{T}{t_i}$$

$$g = \frac{1}{v} = \frac{t_i}{T}$$

t_i Impulsdauer
t_p Impulspause
T Periodendauer
f Pulsfrequenz
v Tastverhältnis
g Tastgrad

Beispiel:
$t_i = 1$ ms; $t_p = 2$ ms; $f = ?$ Hz
$v = ?$; $g = ?$

Lösung:
$T = t_i + t_p = 1\text{ ms} + 2\text{ ms} = 3\text{ ms}$

$$f = \frac{1}{T} = \frac{1}{3\text{ ms}} = 333\text{ Hz}$$

$$v = \frac{T}{t_i} = \frac{3\text{ ms}}{1\text{ ms}} = 3$$

Halbleiterdioden

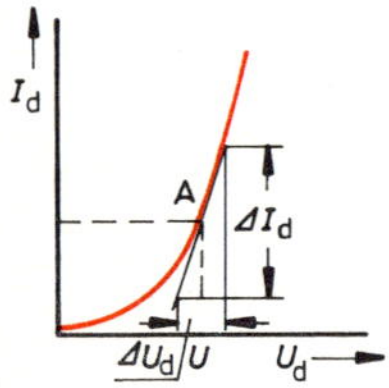

$$R = \frac{U_d}{I_d}$$

$$r = \frac{\Delta U_d}{\Delta I_d}$$

R Gleichstromwiderstand
U_d anliegende Gleichspannung
I_d fließender Diodenstrom
r Wechselstromwiderstand dynamischer Widerstand
ΔU_d Wechselspannungsänderung
ΔI_d Wechselstromänderung

Beispiel:
Arbeitspunkt:
$U_d = 0{,}8$ V; $I_d = 20$ mA
$\Delta U_d = 0{,}1$ V; $\Delta I_d = 10$ mA
$R = ?\ \Omega$; $r = ?\ \Omega$

Lösung:

$$R = \frac{U_d}{I_d} = \frac{0{,}8\text{ V}}{20\text{ mA}} = 40\ \Omega$$

$$r = \frac{\Delta U_d}{\Delta I_d} = \frac{0{,}1\text{ V}}{10\text{ mA}} = 10\ \Omega$$

Z-Dioden

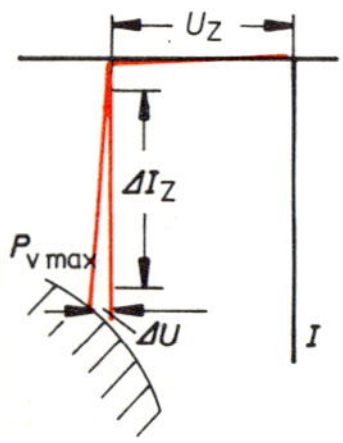

$$r_z = \frac{\Delta U_z}{\Delta I_z}$$

$$I_{zmax} = \frac{P_{vmax}}{U_z}$$

$$I_{zmin} \approx 0{,}1\ I_{zmax}$$

r_z Zenerwiderstand
ΔU_z Spannungsänderung
ΔI_z Stromänderung durch die Z-Diode
I_{zmax} max. Zenerstrom
P_{vmax} max. Verlustleistung
U_z Zenerspannung
I_{zmin} minimaler Zenerstrom

Beispiel:
$U_z = 6$ V; $P_{vmax} = 1$ W
$I_{zmax} = ?$; $I_{zmin} = ?$

Lösung:

$$I_{zmax} = \frac{P_{vmax}}{U_z} = \frac{1\text{ W}}{6\text{ V}} =$$

$I_{zmax} = 166$ mA

$I_{zmin} = 0{,}1 \cdot 166\text{ mA} = \underline{16{,}6\text{ mA}}$

Transistoren

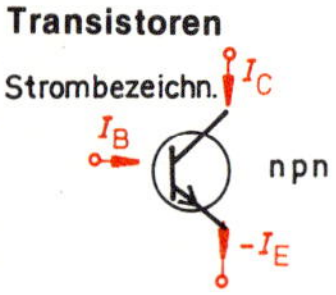

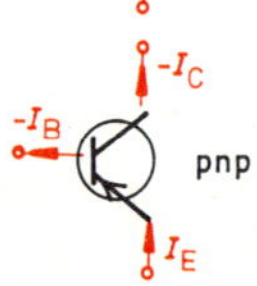

Strombezeichnungen:

Alle Ströme, die in den Transistor hineinfließen, erhalten ein positives Vorzeichen

$$I_E + I_C + I_B = 0$$

$$-I_E = +I_C + I_B$$

$$-I_C = I_E - I_B$$

I_E Emitterstrom
I_C Kollektorstrom
I_B Basisstrom

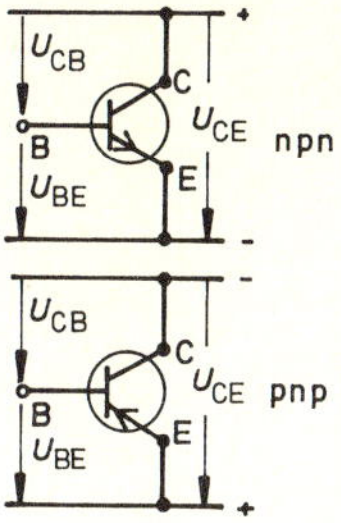

Spannungsbezeichnungen

Positive Spannungen werden dann angegeben, wenn die festgelegte Pfeilrichtung mit der tatsächlichen Spannungsrichtung übereinstimmt.
Der letztgenannte Buchstabe der Indizes gibt den Bezugspunkt für die Spannungsangabe an.
Stimmen Pfeilrichtung und Spannungsrichtung nicht überein, werden die Spannungen negativ angegeben.

$$U_{CE} = U_{BE} + U_{CB}$$

$$P_{-} = U_{CE} \cdot I_C$$

U_{CE} Kollektor-Emitter-Spg.
U_{BE} Basis-Emitter-Spannung
U_{CB} Kollektor-Basis-Spannung
P_{-} Gleichstromleistung

Beispiel:
$U_{BE} = 0{,}7$ V; $U_{CB} = 3{,}3$ V
$I_C = 20$ mA; $U_{CE} = ?$ V; $P_{-} = ?$ mW

Lösung:
$U_{CE} = U_{BE} + U_{CB}$
$= 0{,}7\text{ V} + 3{,}3\text{ V} = 4\text{ V}$
$P_{-} = U_{CE} \cdot I_C$
$= 4\text{ V} \cdot 20\text{ mA} = 80\text{ mW}$

Eingangskennlinie

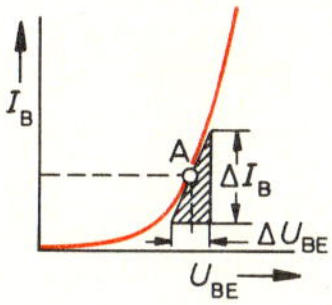

$$R_{-} = \frac{U_{BE-}}{I_{B-}}$$

$$r_{ee} = \frac{\Delta U_{BE}}{\Delta I_B}$$

R_{-} Gleichstromeingangswiderstand
U_{BE-} Gleichspannungswert im Arbeitspunkt
I_{B-} Basisgleichstrom im Arbeitspunkt
ΔU_{BE} Basiswechselspannung
ΔI_B Basiswechselstrom
r_{ee} Wechselstromeingangswiderstand

Beispiel:
Arbeitspunkt: $U_{BE} = 0{,}65$ V, $I_B = 0{,}5$ mA
$\Delta U_{BE_{ss}} = 20$ mV; $\Delta I_{B_{ss}} = 100$ µA

Lösung:

$$R_{-} = \frac{U_{BE-}}{I_B} = \frac{0{,}65\text{ V}}{0{,}5\text{ mA}} = 1300\ \Omega$$

$$r_{ee} = \frac{\Delta U_{BE_{SS}}}{\Delta I_{B_{SS}}} = \frac{20\text{ mV}}{100\ \mu\text{A}} = 200\ \Omega$$

Strom-Steuerkennlinie

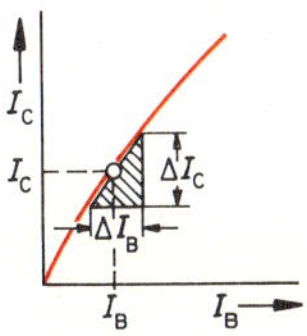

$$B = \frac{I_C}{I_B}$$

$$\beta = \frac{\Delta I_C}{\Delta I_B}$$

B Gleichstromverstärkungsfaktor
β Wechselstromverstärkungsfaktor
I_C, I_B Gleichstromgrößen
ΔI_C, ΔI_B Wechselstromgrößen

Beispiel:
Arbeitspunkt: $I_C = 50$ mA;
$I_B = 0{,}5$ mA; $\Delta I_C = 4{,}8$ mA;
$\Delta I_B = 55$ µA; $B = ?$; $\beta = ?$

Lösung:

$$B = \frac{I_C}{I_B} = \frac{50\text{ mA}}{0{,}5\text{ mA}} = 100$$

$$\beta = \frac{\Delta I_C}{\Delta I_B} = \frac{4{,}8\text{ mA}}{0{,}055\text{ mA}} = 87$$

Ausgangskennlinie

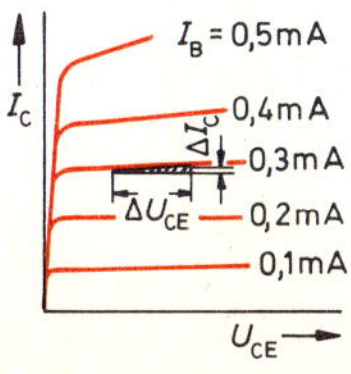

$$r_{ae} = \frac{\Delta U_{CE}}{\Delta I_C}$$

r_{ae} Wechselstromausgangswiderstand
ΔU_{CE} Ausgangswechselspannung
ΔI_C Ausgangswechselstrom

Vierpol-Parameter

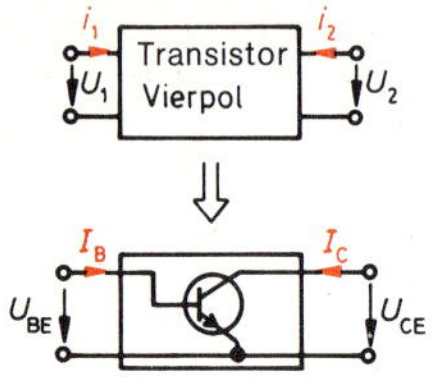

h-Parameter für die Emitterschaltung

$h_{11e} = \frac{\Delta U_{BE}}{\Delta I_B}$ bei U_{CE} = konst. Kurzschluß-Eingangswiderstand

$h_{12e} = \frac{\Delta U_{BE}}{\Delta U_{CE}}$ bei I_B = konst. Leerlauf-Spannungsrückwirkung

$h_{21e} = \frac{\Delta I_C}{\Delta I_B}$ bei U_{CE} = konst. Kurzschluß-Stromverstärkung

$h_{22e} = \frac{\Delta I_C}{\Delta U_{CE}}$ bei I_B = konst. Leerlauf-Ausgangsleitwert

Für die Praxis:

$$h_{11e} \approx r_{ee}$$

$$h_{21e} \approx \beta$$

$$h_{22e} = \frac{1}{r_{ae}}$$

r_{ee} Wechselstromeingangswiderstand
β Wechselstromverstärkung
r_{ae} Wechselstromausgangswiderstand

Ermittlung der h-Parameter aus dem Kennlinienfeld

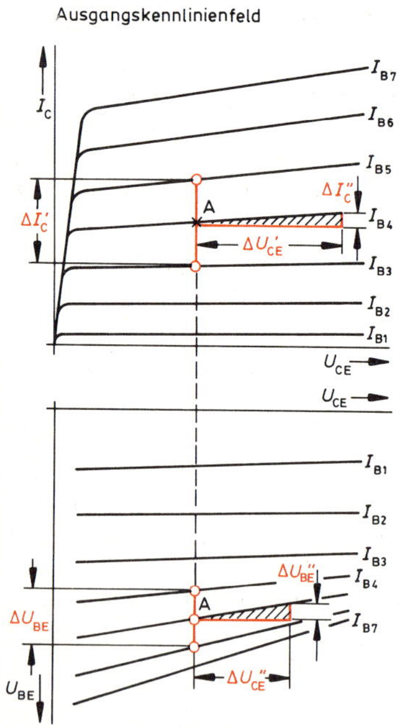

1. Festlegung des Arbeitspunktes
2. Senkrechte durch den Arbeitspunkt legen ($R_L = 0$)
3. Ermitteln von $\Delta I'_C$ mit zugehörigem $\Delta I'_B$
4. Berechnung von

$$h'_{21} = \frac{\Delta I'_C}{\Delta I'_B}$$

5. Aus unterem Kennlinienfeld $\Delta U'_{BE}$ und $\Delta I'_B$ ermitteln
6. Berechnung von

$$h'_{11} = \frac{\Delta U'_{BE}}{\Delta I'_B}$$

7. Steigungsdreiecke im Arbeitspunkt A einzeichnen
8. Ermitteln von $\Delta I''_C$ und $\Delta U'_{CE}$
9. Berechnug von

$$h'_{22} = \frac{\Delta I''_C}{\Delta U'_{CE}}$$

10. Ermitteln von $\Delta U''_{BE}$ *und* $\Delta U''_{CE}$
11. Berechnung von

$$h'_{12} = \frac{\Delta U''_{BE}}{\Delta U_{CE}}$$

Betriebsformeln – der beschaltete Vierpol – Emitterschaltung

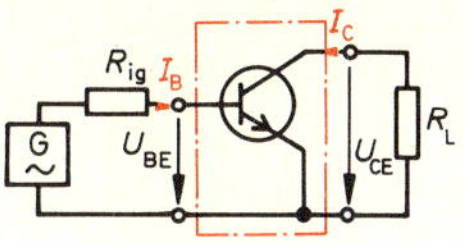

R_{ig} Generatorinnenwiderstand
R_L Lastwiderstand
Z_1 Eingangswiderstand
Z_2 Ausgangswiderstand
ΔI_1 Eingangs-Wechselstrom
ΔI_2 Ausgangs-Wechselstrom
ΔU_{BE} Eingangs-Wechselspannung
ΔU_{CE} Ausgangs-Wechselspannung
det Determinante

Größe	Formel	h-Parameter	y-Parameter
Eingangs-Widerstand	$Z_1 = \frac{\Delta U_{BE}}{\Delta I_B}$	$Z_1 = \frac{h_{11e} + \det h_e \cdot R_L}{1 + h_{22e} \cdot R_L}$	$Z_1 = \frac{1 + y_{22e} \cdot R_L}{y_{11e} + \det y \cdot R_L}$
Ausgangs-Widerstand	$Z_2 = \frac{\Delta U_{CE}}{\Delta I_C}$	$Z_2 = \frac{h_{11e} + R_{ig}}{\det h_e + h_{22e} \cdot R_{ig}}$	$Z_2 = \frac{1 + y_{11e} \cdot R_{ig}}{y_{22e} + \det y \cdot R_{ig}}$
Stromverstärkung	$V_i = \frac{\Delta I_C}{\Delta I_B}$	$V_i = \frac{h_{21e}}{1 + h_{22e} \cdot R_L}$	$V_i = \frac{y_{21e}}{y_{11e} + \det y_e \cdot R_L}$
Spannungsverstärkung	$V_u = \frac{\Delta U_{CE}}{\Delta U_{BE}}$	$V_u = \frac{-h_{21e} \cdot R_L}{h_{11e} + \det h_e \cdot R_L}$	$V_u = \frac{-y_{21e} \cdot R_L}{1 + y_{22e} \cdot R_L}$
Leistungsverstärkung	$V_p = V_i \cdot V_u$	$V_p = -\frac{(h_{21e})^2 \cdot R_L}{(1 + h_{22e} \cdot R_L)(h_{11e} + \det h_e \cdot R_L)}$	$V_p = \frac{(Y_{21e})^2 \cdot R_L}{(1 + y_{22e} \cdot R_L)(y_{11e} + \det y_e \cdot R_L)}$
Eingangs-Anpassung	$Z_1 = R_{ig}$	$Z_1 = R_{ig} = \sqrt{\frac{h_{11e} \cdot \det h_e}{h_{22e}}}$	$Z_1 = R_{ig} = \sqrt{\frac{y_{22e}}{y_{11e} \cdot \det y_e}}$
Leistungsverstärkung bei Eingangs-Anpassung	$V_p = V_i \cdot V_u$ für $Z_1 = R_{ig}$	$V_{p\,max} = \frac{4 \cdot (h_{21e})^2 \cdot R_{ig} \cdot R_L}{[(1 + h_{22e} \cdot R_L) \cdot R_{ig} + h_{11e} + \det h_e \cdot R_L]^2}$	$V_{p\,max} = \frac{4 \cdot (y_{21e})^2 \cdot R_{ig} \cdot R_L}{[(y_{11e} + \det y_e \cdot R_L) \cdot R_{ig} + 1 + y_{22e} \cdot R_L]^2}$
Ausgangs-Anpassung	$Z_2 = R_L$	$Z_2 = R_L = \sqrt{\frac{h_{11e}}{h_{22e} \cdot \det h_e}}$	$Z_2 = R_L = \sqrt{\frac{y_{11e}}{y_{22e} \cdot \det y_e}}$
Optimale Leistungsverstärkung bei angepaßtem Eingang und Ausgang	$V_p = V_i \cdot V_u$ für $Z_1 = R_{ig}$, $Z_2 = R_L$	$V_{p\,opt} = \left(\frac{h_{21e}}{\sqrt{\det h_e} + \sqrt{h_{11e} \cdot h_{22e}}}\right)^2$	$V_{p\,opt} = \left(\frac{y_{21e}}{\sqrt{\det y_e} + \sqrt{y_{11e} \cdot y_{22e}}}\right)^2$
Determinante		$\det h_e = h_{11e} \cdot h_{22e} - h_{12e} \cdot h_{21e}$	$\det y_e = y_{11e} \cdot y_{22e} - y_{12e} \cdot y_{21e}$

y-Parameter für die Emitterschaltung

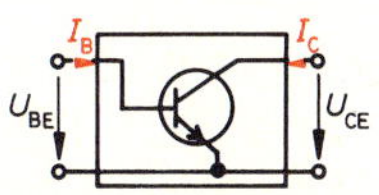

$y_{11e} = \frac{\Delta I_B}{\Delta U_{BE}}$ bei U_{CE} = konst. — Kurzschluß-Eingangsleitwert

$y_{12e} = \frac{\Delta I_B}{\Delta U_{CE}}$ bei U_{BE} = konst. — Rückwärtssteilheit

$y_{21e} = \frac{\Delta I_C}{\Delta U_{BE}}$ bei U_{CE} = konst. — Vorwärtssteilheit

$y_{22e} = \frac{\Delta I_C}{\Delta U_{CE}}$ bei U_{BE} = konst. — Kurzschluß-Ausgangsleitwert

h- und y-Parameter

Index b ≙ Basisschaltung; Index e ≙ Emitterschaltung; Index c ≙ Kollektorschaltung

Umrechnung der h-Kennwerte aus den verschiedenen Grundschaltungen

$$h_{11e} \approx \frac{h_{11b}}{1 + h_{21b}} \qquad h_{11b} \approx \frac{h_{11e}}{1 + h_{21e}} \qquad h_{11c} \approx h_{11e} \qquad h_{11c} \approx \frac{h_{11b}}{1 + h_{21b}}$$

$$h_{12e} \approx \frac{\det h_b - h_{12b}}{1 + h_{21b}} \qquad h_{12b} \approx \frac{\det h_e - h_{12e}}{1 + h_{21e}} \qquad h_{12c} \approx 1 \qquad h_{12c} \approx 1$$

$$h_{21e} \approx -\frac{h_{21b}}{1 + h_{21b}} \qquad h_{21b} \approx -\frac{h_{21e}}{1 + h_{21e}} \qquad h_{21c} \approx -(1 + h_{21e}) \qquad h_{21c} \approx -\frac{1}{1 + h_{21b}}$$

$$h_{22e} \approx \frac{h_{22b}}{1 + h_{21b}} \qquad h_{22b} \approx \frac{h_{22e}}{1 + h_{21e}} \qquad h_{22c} \approx h_{22e} \qquad h_{22c} \approx \frac{h_{22b}}{1 + h_{21b}}$$

$$\det h_e \approx \frac{\det h_b}{1 + h_{21b}} \qquad \det h_b \approx \frac{\det h_e}{1 + h_{21e}} \qquad \det h_c \approx 1 + h_{21e} \approx -h_{21c} \qquad \det h_c \approx \frac{1}{1 + h_{21b}} \approx -h_{21c}$$

Umrechnung der y-Kennwerte aus den verschiedenen Grundschaltungen

$y_{11e} = y_{11b} + y_{12b} + y_{21b} + y_{22b}$
$y_{12e} = -(y_{12b} + y_{22b})$
$y_{21e} = (y_{21b} + y_{22b})$
$y_{22e} = y_{22b}$
$\det y_e = y_{11b} \cdot y_{22b} - y_{12b} \cdot y_{21b}$

$y_{11b} = y_{11e} + y_{12e} + y_{21e} + y_{22e}$
$y_{12b} = -(y_{12e} + y_{22e})$
$y_{21b} = -(y_{21e} + y_{22e})$
$y_{22b} = y_{22e}$
$\det y_b = y_{11e} \cdot y_{22e} - y_{12e} \cdot y_{21e}$

$y_{11c} = y_{11e}$
$y_{12c} = -(y_{11e} + y_{12e})$
$y_{21c} = -(y_{11e} + y_{21e})$
$y_{22c} = y_{11e} + y_{12e} + y_{21e} + y_{22e}$
$\det y_c = y_{11e} \cdot y_{22e} - y_{12e} \cdot y_{21e}$

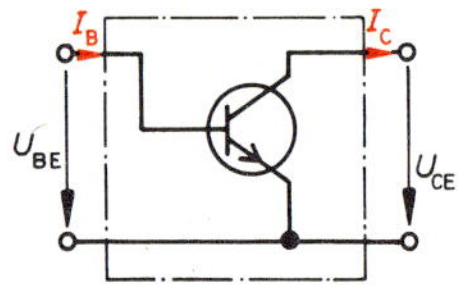

Emitterschaltung

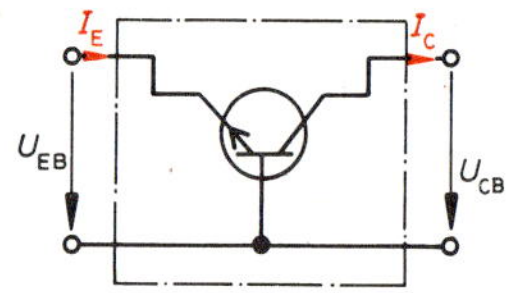

Basisschaltung

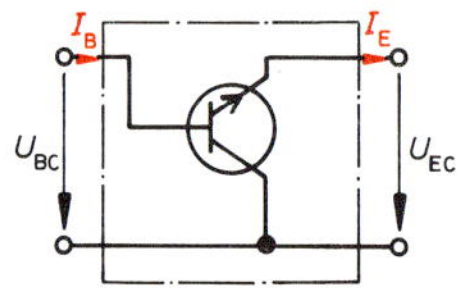

Kollektorschaltung

Beispiel:
Transistor BC 107 h-Parameter: $h_{11e} = 2{,}7\ \text{k}\Omega$; $h_{12e} = 1{,}5 \cdot 10^{-4}$; $h_{21e} = 220$; $h_{22e} = 18\ \mu\text{S}$
Ges. h-Parameter für Basis- und Kollektorschaltung

Lösung:
$\det h_e = h_{11e} \cdot h_{22e} - h_{12e} \cdot h_{21e} = 2{,}7\ \text{k}\Omega \cdot 18\ \mu\text{S} - 1{,}5 \cdot 10^{-4} \cdot 220 = 0{,}0816$

Basisschaltung:

$$h_{11b} = \frac{h_{11e}}{1 + h_{21e}} = \frac{2700\ \Omega}{1 + 220} = 12\ \Omega$$

$$h_{12b} = \frac{\det h_e - h_{12e}}{1 + h_{21e}} = \frac{0{,}0816 - 1{,}5 \cdot 10^{-4}}{1 + 220} = 3{,}7 \cdot 10^{-4}$$

$$h_{21b} = -\frac{h_{21e}}{1 + h_{21e}} = \frac{220}{1 + 220} = -0{,}995$$

$$h_{22b} = \frac{h_{22e}}{1 + h_{21e}} = \frac{18 \cdot 10^{-6}\ \text{S}}{1 + 220} = 8{,}18 \cdot 10^{-8}\ \text{S}$$

Kollektorschaltung:

$$h_{11c} = h_{11e} = 2{,}7\ \text{k}\Omega$$

$$h_{12c} = 1$$

$$h_{21c} = -(1 + h_{21e}) = -(1 + 220) = -221$$

$$h_{22c} = h_{22e} = 18\ \mu\text{S}$$

Arbeitspunkteinstellung

Basisvorwiderstand

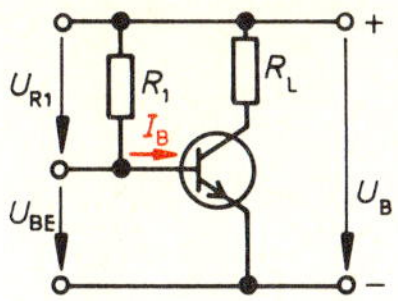

$$R_1 = \frac{U_{R1}}{I_B}$$

$$U_{R1} = U_B - U_{BE}$$

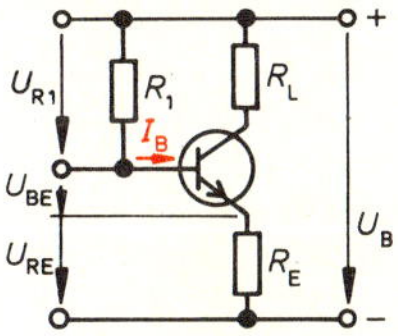

$$R_1 = \frac{U_{R1}}{I_B}$$

$$U_{R1} = U_B - U_{BE} - U_{RE}$$

R_1 Basisvorwiderstand
U_{R1} Spannung an R_1
I_B Basisstrom
U_B Betriebsspannung
U_{RE} Spannung am Emitterwiderstand
U_{BE} Basisemitterspannung

Beispiel:
$U_B = 6\ V$; $U_{BE} = 0{,}7\ V$, $I_B = 0{,}1\ mA$
$R_1 = ?\ \Omega$

Lösung:
$U_{R1} = U_B - U_{BE} = 6\ V - 0{,}7\ V = 5{,}3\ V$

$$R_1 = \frac{U_{R1}}{I_b} = \frac{5{,}3\ V}{0{,}1\ mA} = 53\ k\Omega$$

Spannungsteiler

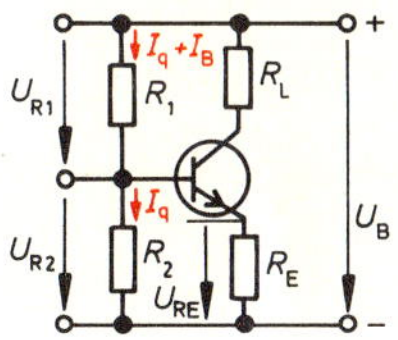

$$I_q = (2 \ldots 10) \cdot I_B$$

$$R_1 = \frac{U_{R1}}{I_q + I_B}$$

$$U_{R1} = U_B - U_{RE} - U_{BE}$$

$$R_2 = \frac{U_{R2}}{I_q}$$

$$U_{R2} = U_{RE} + U_{BE}$$

I_q Querstrom
I_B Basisstrom
R_1, R_2 Spannungsteilerwiderstände
U_{R1} Spannung an R_1
U_{R2} Spannung an R_2
U_{RL} Spannung am Lastwiderstand
I_C Kollektorstrom
R_E Emitterwiderstand
R_L Lastwiderstand, Kollektorwiderstand

Beispiel:
$U_B = 9\ V$; $U_{BE} = 0{,}7\ V$; $U_{RE} = 0{,}9\ V$
$I_B = 0{,}1\ mA$; $I_q = 5 \cdot I_B$, $I_C = 10\ mA$;
$U_{CE} = 4\ V$
R_1, R_2, R_L, $R_E = ?\ \Omega$

Lösung:
$U_{R1} = U_B - U_{RE} - U_{BE}$
$= 9\ V - 0{,}9\ V - 0{,}7\ V = 7{,}4\ V$

$I_q = 5 \cdot I_B = 5 \cdot 0{,}1\ mA = 0{,}5\ mA$

$$R_1 = \frac{U_{R1}}{I_q + I_B} = \frac{7{,}4\ V}{0{,}5\ mA + 0{,}1\ mA}$$

$R1 = 12{,}36\ k\Omega$

$$R_2 = \frac{U_{R2}}{I_q} = \frac{0{,}9\ V + 0{,}7\ V}{0{,}5\ mA} = 3{,}2\ k\Omega$$

Bestimmung des Lastwiderstandes
Schaltung siehe oben!

$$R_L = \frac{U_{RL}}{I_C}$$

$$U_{RL} = U_B - U_{CE} - U_{RE}$$

$U_{RL} = U_B - U_{CE} - U_{RE}$
$U_{RL} = 9\ V - 4\ V - 0{,}9\ V = 4{,}1\ V$

$$R_L = \frac{U_{RL}}{I_C} = \frac{4{,}1\ V}{10\ mA} = 410\ \Omega$$

Bestimmung des Emitterwiderstandes
Schaltung siehe oben!

$$R_E \approx \frac{U_{RE}}{I_C}$$

$$R_E = \frac{U_{RE}}{I_C} = \frac{0{,}9\ V}{10\ mA} = 90\ \Omega$$

in der Praxis

$$R_E \approx 0{,}1\ R_L$$

Arbeitsgerade für Gleich- und Wechselstrom

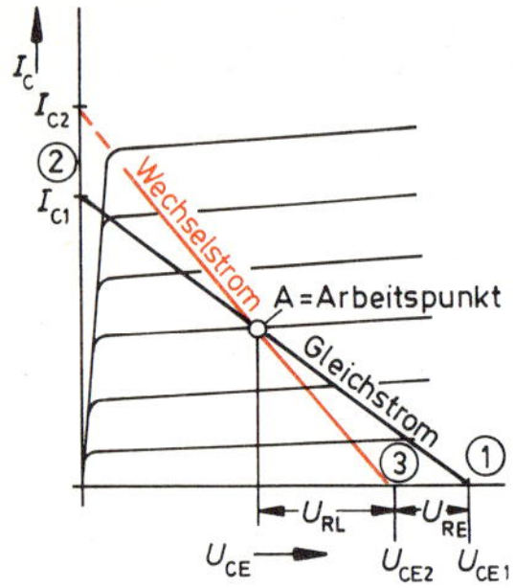

für Gleichstrom:

Punkt 1: $U_{CE1} = U_B$ da $I_C = 0$

Punkt 2: $I_{C1} = \frac{U_B}{R_L + R_E}$ da $U_{CE} = 0$

ohne R_E: $I_{C1} = \frac{U_B}{R_L}$

Für Wechselstrom mit ohmscher Belastung:

Punkt 3: $U_B - U_{RE} = U_{CE2}$

Verbindung mit A ergibt Wechselstromarbeitsgerade

oder $I_{C2} = \frac{U_{CE2}}{R_L}$

oder $I_C = \frac{U_{RL}}{R_L}$

Beispiel:
$U_B = 12$ V; $U_{RE} = 1$ V
$R_L = 1$ kΩ, $R_E = 200$ Ω
$U_{CE1} = ?$ V; $I_{C1} = ?$ mA
$U_{CE2} = ?$ V; $I_{C2} = ?$ mA

Lösung:

$U_{CE1} = 12$ V

$I_{C1} = \frac{U_B}{R_L + R_E} = \frac{12\text{ V}}{1\text{ k}\Omega + 0{,}2\text{ k}\Omega}$

$I_{C1} = 10$ mA

$U_{CE2} = U_B - U_{RE}$
$= 12\text{ V} - 1\text{ V} = 11$ V

$I_{C2} = \frac{U_{CE2}}{R_L} = \frac{11\text{ V}}{1\text{ k}\Omega} = 11$ mA

Kleinsignalverstärkung (Emitterschaltung)

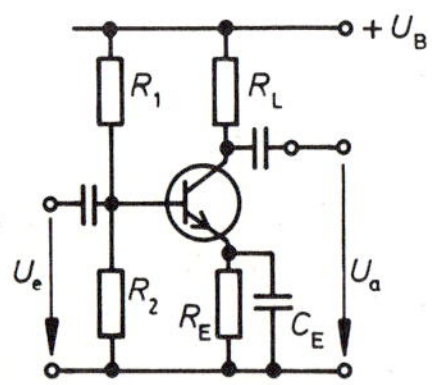

$v_i = \beta \cdot \frac{R_C}{R_C + R_L}$

$v_u = v_i \frac{R_L}{r_{ee}}$

$v_u = \frac{\beta}{ree} \cdot \frac{R_C \cdot R_L}{R_C + R_L}$

$v_p = v_i \cdot v_u$

v_i Stromverstärkung
$\beta \triangleq h_{21}$ Kurzschluß-Stromverstärkung

$R_C = \frac{1}{h_{22}}$ Leerlauf-Ausgangswiderstand

R_L Lastwiderstand
v_u Spannungsverstärkung
$r_{ee} = h_{11}$ Kurzschluß-Eingangswiderstand
v_p Leistungsverstärkung

Beispiel:
Transistor: $h_{11e} = 2{,}7$ kΩ; $h_{21} = 220$; $h_{22e} = 40$ µS, $R_L = 5$ kΩ
$v_i, v_u, v_p = ?$

Lösung:

$v_i = \beta \frac{R_C}{R_C + R_L} = 220 \frac{\frac{1}{40\,\mu S}}{\frac{1}{40\,\mu S} + 5\text{ k}\Omega}$

$v_i = 183$

$v_u = v_i \frac{R_L}{r_e} = 183 \cdot \frac{5\text{ k}\Omega}{2{,}7\text{ k}\Omega} = 340$

$v_p = v_u \cdot v_i = 183 \cdot 340 = 62130$

Kleinsignalverstärkung (Basisschaltung)

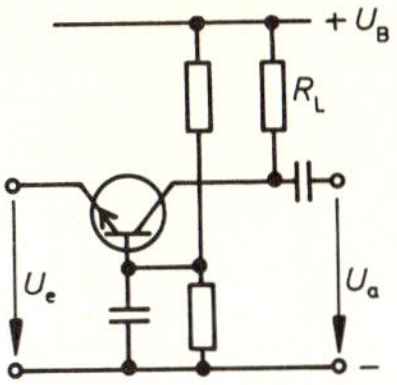

$$r_{eB} \approx \frac{r_{ee}}{\beta}$$

$$\alpha = \frac{\beta}{1+\beta} \approx 1 \approx v_{iB}$$

$$v_{uB} \approx \frac{R_L}{r_{eB}}$$

$$v_{pB} \approx \frac{R_L}{r_{eB}}$$

r_{eB} Eingangswiderstand in Basissch.
$r_{ee} = h_{11e}$ Kurzschlußeingangs-Widerstand in Emitterschaltung
α Stromverstärkung
v_{uB} Spannungsverstärkung in Basisschaltung
v_{pB} Leistungsverstärkung

Beispiel wie oben nur Basisschaltung
Daten siehe Emitterschaltung
Lösung:

$$r_{eB} = \frac{r_{ee}}{\beta} = \frac{h_{11e}}{h_{21e}} = \frac{2{,}7\ \text{k}\Omega}{220}$$

$$r_{eB} = 12{,}3\ \Omega$$

$$v_{uB} \approx \frac{R_L}{r_{eB}} = \frac{5\ \text{k}\Omega}{12{,}3\ \Omega} = 406{,}5$$

$$v_{iB} \approx 1$$

$$v_{pB} = v_{uB}$$

Kleinsignalverstärkung (Kollektorschaltung)

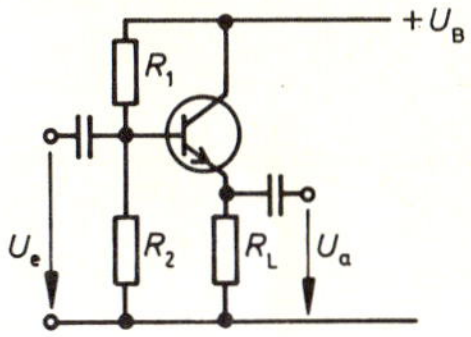

$$r_{ek} \approx \beta \cdot R_L$$

$$\frac{1}{r_{ein}} = \frac{1}{r_{ek}} + \frac{1}{R_1} + \frac{1}{R_2}$$

$$r_{ak} \approx \frac{R_G + r_{ee}}{\beta}$$

$$\gamma = \beta + 1 \approx v_{ik}$$

$$v_{uk} \approx 1$$

$$v_{pk} \approx \gamma$$

r_{ek} Eingangswiderstand in Kollektorschaltung des Transistors
r_{ak} Ausgangswiderstand
r_{ein} Gesamteingangswiderstand
γ Stromverstärkungsfaktor
v_{uk} Spannungsverstärkung
v_{pk} Leistungsverstärkung
R_G Generatorinnenwiderstand

Stromgegenkopplung Emitterschaltung mit Emitterwiderstand

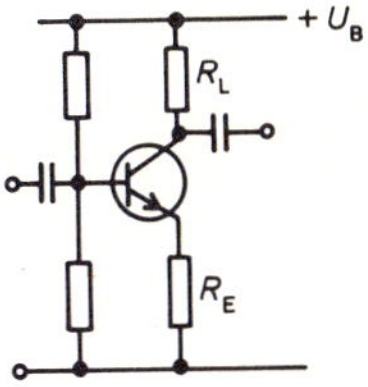

$$\alpha = \frac{U_{gk}}{U_{a\sim}}$$

$$\Rightarrow \alpha = \frac{U_{RE\sim}}{U_{a\sim}}$$

$$v'_u = \frac{v_u}{1 + \alpha \cdot v_u}$$

$$k' = \frac{k}{1 + \alpha \cdot v_u}$$

für die Praxis

$$v_u \approx \frac{R_L}{R_E}$$

α Bruchteil der rückgekoppelten Spannung
U_{gk} rückgekoppelte Spg.
$U_{a\sim}$ Ausgangswechselspg.
$U_{RE\sim}$ Emitterwechselspannung
v_u Spannungsverstärkung
v'_u Spannungsverstärkung bei Gegenkopplung
k Klirrfaktor
k' Klirrfaktor bei Gegenkoppl.
R_L Ausgangswiderstand
R_E Emitterwiderstand

Beispiel:
$U_{gk} = 0{,}2$ V; $U_{a\sim} = 5$ V, $v = 50$
$\alpha = ?$; $v'_u = ?$

Lösung:

$$\alpha = \frac{U_{gk}}{U_{a\sim}} = \frac{0{,}2\ \text{V}}{5\ \text{V}} = 0{,}04$$

$$v'_u = \frac{v_u}{1 + \alpha \cdot v_u} = \frac{50}{1 + 0{,}04 \cdot 50}$$

$$v'_u = 16{,}6$$

Spannungsgegenkopplung

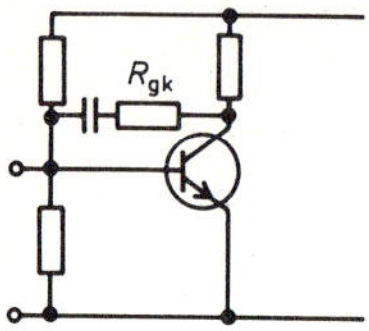

$$\alpha = \frac{U_{gk}}{U_{a\sim}}$$

$$v'_u = \frac{v_u}{1 + \alpha v_u}$$

$$k' = \frac{k}{1 + \alpha v_u}$$

- α Bruchteil der rückgekoppelten Spannung
- U_{gk} rückgekoppelte Spg.
- $U_{a\sim}$ Ausgangswechselspg.
- v_u Spannungsverstärkung
- v'_u Spannungsverstärkung bei Gegenkopplung
- k Klirrfaktor
- k' Klirrfaktor bei Gegenkoppl.

Oszillator; Mitkopplung

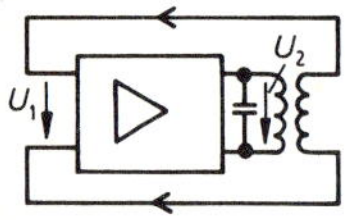

Amplitudenbedingung:

$$k \cdot v_u \geqq 1$$

Phasenbedingung:

$$\varphi_k = 0°$$

- k Bruchteil der rückgekoppelten Spannung
- v_u Spannungsverstärkung
- φ_k Gesamtphasenwinkel

Transistor als Schalter

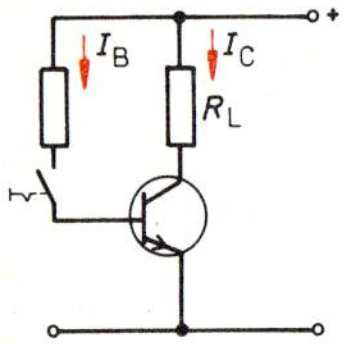

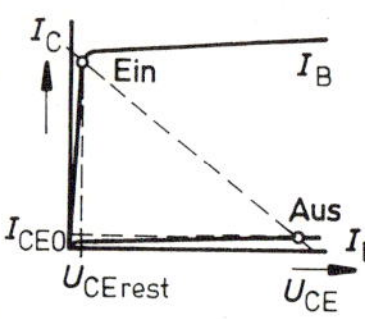

Schaltzustand „Ein“:

$$I_{Bsch} = 2 \ldots 5 \frac{I_C}{B}$$

$$P_v = I_C \cdot U_{CEsat}$$

$$R_{Tr} = \frac{U_{CEsat}}{I_C}$$

Schaltzustand „Aus“:

$$I_B = 0$$

$$P_v = I_{CE0} \cdot U_{CE0}$$

$$R_{Tr} = \frac{U_{CE0}}{I_{CE0}}$$

- I_{Bsch} Basisschaltstrom
- I_C Kollektorstrom
- B Stromverstärkung
- P_v Verlustleistung
- U_{CEsat} Kollektorsättigungsspannung
- R_{Tr} Transistorwiderstand
- I_{CE0} Kollektorreststrom
- U_{CE0} Kollektor-Emittersperrspannung bei offener Basis

Beispiel:

$I_C = 50$ mA; $U_{CEsat} = 0{,}15$ V
$I_{Bsch} = 3 \cdot I_B$; $B = 25$,
$P_v = ?$ W; $R_{Tv} = ?\ \Omega$; $I_{Bsch} = ?$ mA für „Ein“

Lösung:

$P_v = I_C \cdot U_{CEsat} = 50\ \text{mA} \cdot 0{,}15\ \text{V}$
$P_v = 7{,}5$ mW

$$R_{Tr} = \frac{U_{CEsat}}{I_C} = \frac{0{,}15\ \text{V}}{50\ \text{mA}} = 3\ \Omega$$

Monostabile Kippstufe

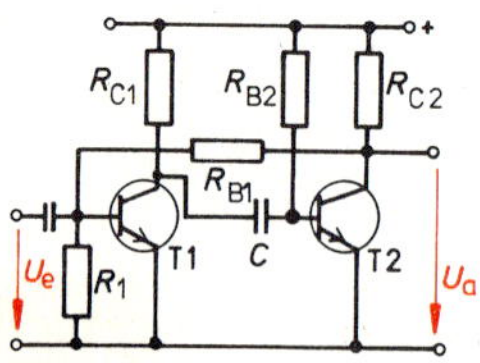

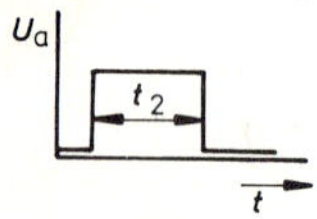

$$R_C \geqq \frac{U_B}{I_{Cmax}}$$

$$R_{B2} \leqq B_{min} \cdot R_{C2}$$

$$R_{B2} \approx 0{,}8\ B \cdot R_{C2}$$

$$R_{B1} \approx 0{,}6 \cdot B \cdot R_{C1}$$

$$C = \frac{t_2}{0{,}7 \cdot R_{B2}}$$

- R_C Kollektorwiderstand
- U_B Betriebsspannung
- I_{Cmax} max. Kollektorstrom
- R_{B1}, R_{B2} Basiswiderstände
- B Stromverstärkung
- C Koppelkondensator
- t_2 Sperrzeit des Transistors 2

Astabiler Multivibrator

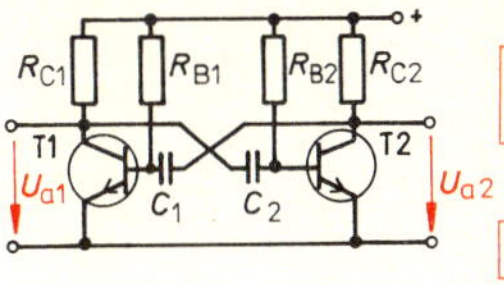

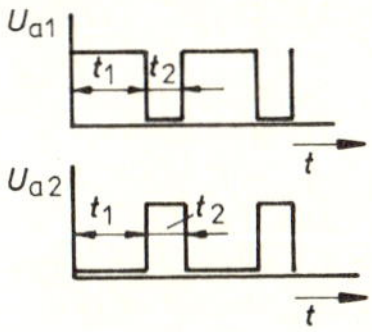

$$R_C \geqq \frac{U_B - U_{CEsat}}{I_{Cmax}}$$

$$R_C \approx \frac{U_B}{I_C}$$

$$R_B \leqq B_{min} \cdot R_C$$

$$R_B \approx 0{,}8 \cdot B \cdot R_C$$

$$C_1 = \frac{t_1}{0{,}7 \cdot R_{B1}}$$

$$C_2 = \frac{t_2}{0{,}7 \cdot R_{B2}}$$

$$T = t_1 + t_2$$

$$f = \frac{1}{T}$$

R_C Kollektorwiderstand
U_B Betriebsspannung
U_{CEsat} Kollektorsättigungsspannung
I_{Cmax} max. Kollektorstrom
R_B Basisvorwiderstand
B_{min} kleinste Stromverstärkung
B Stromverstärkung
C_1, C_2 Koppelkondensatoren
R_{B1}, R_{B2} Basisvorwiderstände
t_1 Sperrzeit des Transistors 1
t_2 Sperrzeit des Transistors 2
T Periodendauer
f Pulsfrequenz

Beispiel:

$I_C = 50$ mA; $U_B = 9$ V; $B_{min} = 20$
$t_1 = 2$ ms; $t_2 = 4$ ms
$Re = ?\ \Omega$; $RB1 = ?\ \Omega$; $C1 = ?$ F; $C2 = ?$ F

Lösung:

$$R_C = \frac{U_B}{I_C} = \frac{9\ \text{V}}{50\ \text{mA}} = 180\ \Omega$$

$$R_{B1} = R_{B2} = B_{min} \cdot R_C$$

$$RB1 = 20 \cdot 180\ \Omega = 3{,}6\ \text{k}\Omega$$

$$C_1 = \frac{t_1}{0{,}7\ R_{B1}} = \frac{2\ \text{ms}}{0{,}7 \cdot 3{,}6\ \text{k}\Omega}$$

$$C1 = 0{,}8\ \mu\text{F}$$

$$C_2 = \frac{t_2}{0{,}7\ R_{B2}} = \frac{4\ \text{ms}}{0{,}7 \cdot 3{,}6\ \text{k}\Omega}$$

$$C_2 = 1{,}6\ \mu\text{F}$$

Operationsverstärker

Differenzansteuerung

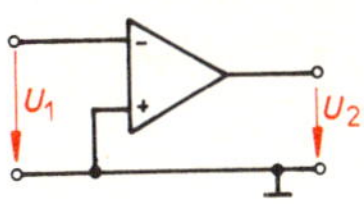

$$v_0 = \frac{U_2}{U_1}$$

$$v_0 = 20 \lg \frac{U_2}{U_1} \quad \text{in dB}$$

v_0 Leerlaufspannungsverstärkung
U_1 Eingangsspannung
U_2 Ausgangsspannung

Beispiel:

$U_2 = 10\ V_{ss}$; $U_1 = 1\ mV_{ss}$
v_0 in dB = ?

Lösung:

$$v_0 = 20 \lg \frac{U_2}{U_1} = 20 \cdot \lg \frac{10\ \text{V}}{10^{-3}\ \text{V}}$$

$$v_0 = 80\ \text{dB}$$

Gleichtaktansteuerung

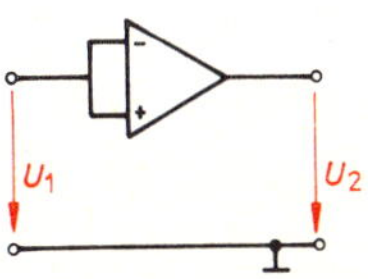

$$v_{CM} = \frac{U_2}{U_{1CM}}$$

$$v_{CM(dB)} = 20 \lg \frac{U_2}{U_{1CM}} \quad \text{in dB}$$

$$v_{CMRR} = \frac{v_0}{v_{CM}}$$

$$G = v_{CMRR} = v_0 - v_{CM} \quad \text{in dB}$$

v_{CM} Gleichtaktverstärkung
U_{1CM} Eingangsspannung bei gleicher Ansteuerung der Eingänge
$G = v_{CMRR}$ Gleichtaktunterdrückung

Beispiel:

$v_0 = 80$ dB, $G = 76$ dB
$v_{CM} = ?$

Lösung:

$$v_{CM} = v_0 - G = 80\ \text{dB} - 76\ \text{dB} = 4\ \text{dB}$$

invertierender Verstärker

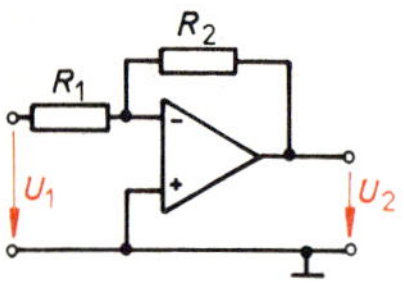

$$\frac{U_2}{U_1} = (-)\,\frac{R_2}{R_1}$$

$$v = \frac{U_2}{U_1}$$

$$v = -\frac{R_2}{R_1}$$

U_2 Ausgangspannung
U_1 Eingangsspannung
R_1 Eingangswiderstand
R_2 Rückkopplungswiderstand
v Verstärkung

Beispiel:
$R_2 = 10\ \text{k}\Omega$; $R_1 = 1\ \text{k}\Omega$
v = ? bei invertierendem und nicht invertierendem Verstärker

Lösung:

$$\text{a) } v = \frac{U_2}{U_1} = (-)\,\frac{R_2}{R_1} = \frac{10\ \text{k}\Omega}{1\ \text{k}\Omega} = 10$$

$$\text{b) } v = \frac{U_2}{U_1} = 1 + \frac{R_2}{R_1} = 1 + \frac{10\text{k}\Omega}{1\text{k}\Omega} = 11$$

nichtinvertierender Verstärker

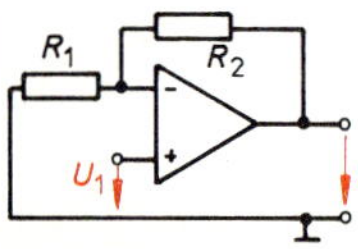

$$\frac{U_2}{U_1} = 1 + \frac{R_2}{R_1}$$

summierender Verstärker

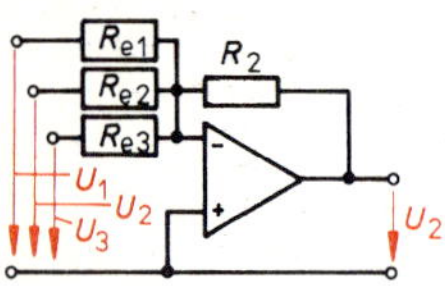

$$U_a = -R_2\left(\frac{U_{e1}}{R_{e1}} + \ldots \right.$$
$$\left.\ldots + \frac{U_{e2}}{R_{e2}} + \frac{U_{e3}}{R_{e3}}\right)$$

U_2 Ausgangsspannung
U_{e1}, U_{e2}, U_{e3} Eingangsspannungen
R_2 Rückkopplungswiderstand
R_{e1}, R_{e2}, R_{e3} Eingangswiderstände

Beispiel:
$U_{e1} = U_{e2} = U_{e3} = 1\ \text{V}$
$R_{e1} = R_{e2} = R_{e3} = 1\ \text{k}\Omega$
$R_2 = 1\ \text{k}\Omega$
U_a = ? V

Lösung:

$$U_a = (-)\,1\ \text{k}\Omega\left(\frac{1\ \text{V}}{1\ \text{k}\Omega} + \frac{1\ \text{V}}{1\ \text{k}\Omega} + \frac{1\ \text{V}}{1\ \text{k}\Omega}\right)$$

$$U_a = (-)\,3\ \text{V}$$

subtrahierender Verstärker (Differenzverstärker)

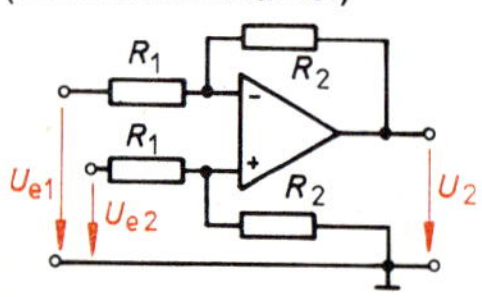

$$U_a = \frac{R_2}{R_1}\,(U_{e2} - U_{e1})$$

Statische Röhrenkennwerte Triode + Pentode

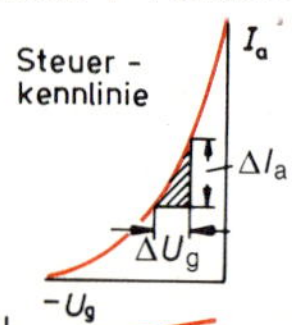

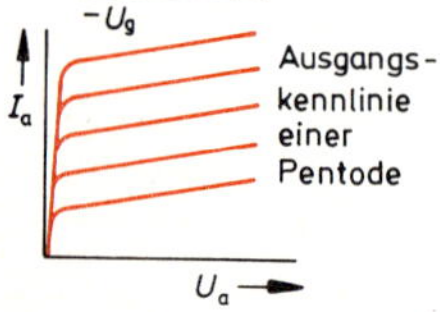

$$S = \frac{\Delta I_a}{\Delta U_g} \quad \text{bei } U_a = \text{konst.}$$

$$R_i = \frac{\Delta U_a}{\Delta I_a} \quad \text{bei } U_g = \text{konst.}$$

$$D = \frac{\Delta U_g}{\Delta U_a} \quad \text{bei } I_a = \text{konst.}$$

$$\mu = \frac{1}{D}$$

$$S \cdot D \cdot R_i = 1$$

S Steilheit
ΔI_a Anodenstromänderung
ΔU_g Gitterspannungs-änderung
R_i Innenwiderstand
ΔU_a Anodenspannungsänderung
D Durchgriff
μ Verstärkungsfaktor

Beispiel:
$S = 5\ \frac{\text{mA}}{\text{V}}$; $D = 0{,}004$; R_i = ? Ω

Lösung:

$$R_i = \frac{1}{S \cdot D} = \frac{1}{5\ \frac{\text{mA}}{\text{V}} \cdot 0{,}004}$$

$$R_i = 50\ \text{k}\Omega$$

Dynamische Röhrenkennwerte

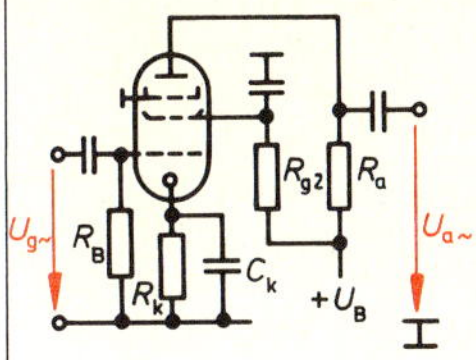

$$S_d = S \cdot \frac{R_i}{R_i + R_a}$$

$$v = \frac{U_{a\sim}}{U_{g\sim}}$$

$$v = S_d \cdot R_a$$

für Pentode $S_d \approx S$

$$v = \frac{1}{D} \cdot \frac{R_a}{R_i \cdot R_a}$$

$$I_{a\sim} = \frac{U_{a\sim}}{R_a}$$

$$C_k = \frac{1}{2\pi f_u \cdot 0{,}1\, R_k}$$

S_d dynamische Steilheit
R_a Außenwiderstand
v Verstärkung
C_k Kathodenkondensator
f_u untere Grenzfrequenz
R_k Kathodenwiderstand

Beispiel:

$R_i = 50\ \text{k}\Omega$; $S = 5\ \frac{\text{mA}}{\text{V}}$; $R_a = 10\ \text{k}\Omega$

$S_d = ?\ \frac{\text{mA}}{\text{V}}$; $v = ?$

Lösung:

$$S_d = S \cdot \frac{R_i}{R_i + R_a}$$

$$= 5\ \frac{\text{mA}}{\text{V}} \cdot \frac{50\ \text{k}\Omega}{50\ \text{k}\Omega + 10\ \text{k}\Omega}$$

$$S_d = 4{,}17\ \frac{\text{mA}}{\text{V}}$$

$$v = S_d \cdot R_a = 4{,}17\ \frac{\text{mA}}{\text{V}} \cdot 10\ \text{k}\Omega = 41{,}7$$

Unijunktionstransistor UJT

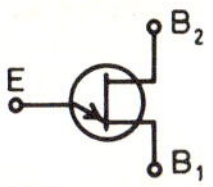

Ersatzschaltbild:

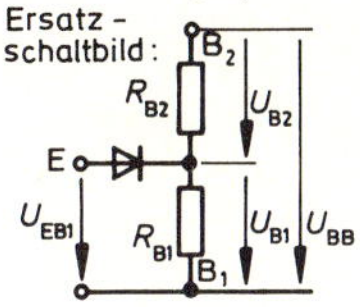

$$U_{B1} = \eta \cdot U_{BB}$$

$$\eta = \frac{R_{B1}}{R_{B1} + R_{B2}}$$

$$U_p = U_D + \eta \cdot U_{BB}$$

$$R_{BB} = R_{B1} + R_{B2}$$

U_{B1}, U_{B2} Spannungsabfälle an den inneren Widerständen
η Widerstandsteilungsfaktor
U_{BB} Interbasisspannung
U_p Höckerspannung
U_D Schleusenspannung
R_{BB} Interbasiswiderstand

Beispiel:

$\eta = 0{,}7$; $U_{BB} = 10\ \text{V}$, $U_D = 0{,}7\ \text{V}$
$U_{B1} = ?\ \text{V}$; $U_p = ?\ \text{V}$

Lösung:

$U_{B1} = \eta \cdot U_{BB} = 0{,}7 \cdot 10\ \text{V} = 7\ \text{V}$
$U_p = U_D + \eta \cdot U_{BB}$
$U_p = 0{,}7\ \text{V} + 0{,}7 \cdot 10\ \text{V} = 7{,}7\ \text{V}$

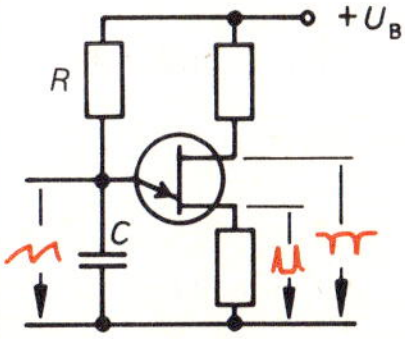

Anstiegszeit der Sägezahnspannung:

$$t \approx R \cdot C \cdot \ln \frac{1}{1 - \eta}$$

Kippfrequenz:

$$f \approx \frac{1}{t}$$

Beispiel:

$R = 100\ \text{k}\Omega$; $C = 0{,}1\ \mu\text{F}$
$\eta = 0{,}7$; $t = ?\ \text{s}$; $f = ?\ \text{Hz}$

Lösung:

$$t \approx R \cdot C \cdot \ln \frac{1}{1 - \eta}$$

$$t \approx 100\ \text{k}\Omega \cdot 0{,}1\ \mu\text{F} \ln \frac{1}{1 - 0{,}7}$$

$$t \approx 12\ \text{ms}$$

$$f = \frac{1}{t} = \frac{1}{12\ \text{ms}} = 83\ \text{Hz}$$

Feldeffekt-Transistor (FET)

Source-Schaltung

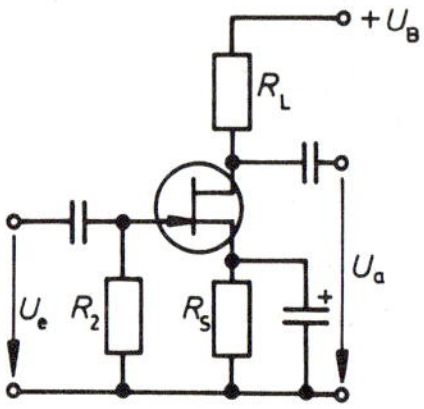

Arbeitspunkt:

$$R_S = \frac{-U_{GS}}{I_D}$$

$$R_L = \frac{U_B - U_{DS} + U_{GS}}{I_D}$$

$$v_S \approx S \cdot \frac{r_{DS} \cdot R_L}{r_{DS} + R_L}$$

$$v_S \approx S \cdot R_L$$

$$R_{es} \approx R_2$$

$$R_{as} \approx R_L$$

R_S	Sourcewiderstand
U_{GS}	Gate-Source-Spannung
I_D	Drain-Strom
R_L	Arbeitswiderstand
U_{DS}	Spannung Drain-Source
v_S	Spannungsverstärkung für Source-Schaltung
S	Vorwärtssteilheit $\frac{mA}{V}$
r_{DS}	Drain-Source-Widerstand
R_{es}	Eingangswiderstand der Source-Schaltung
R_{as}	Ausgangswiderstand der Source-Schaltung

Beispiel:

$U_{GS} = -2\ V$; $I_D = 5\ mA$; $U_B = 15\ V$

$U_{DS} = 5\ V$; $S = 10\ \frac{mA}{V}$

$R_S = ?\ \Omega$; $R_L = ?\ \Omega$

Lösung:

$$R_S = \frac{-U_{GS}}{I_D} = \frac{-(-2\ V)}{5\ mA} = 400\ \Omega$$

$$R_L = \frac{U_B - U_{DS} + U_{GS}}{I_D}$$

$$R_L = \frac{15\ V - 5\ V - 2\ V}{5\ mA} = 1{,}6\ k\Omega$$

$$v_S \approx S \cdot R_L = 10\ \frac{mA}{V} \cdot 1{,}6\ k\Omega = 16$$

Drain-Schaltung

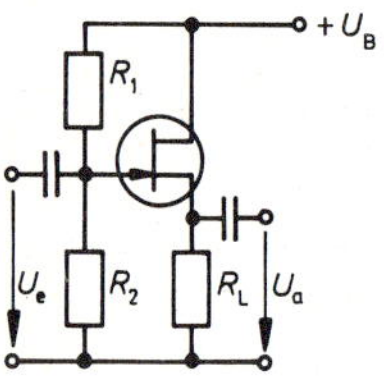

$$R_1 = \frac{U_B - U_{RL} - U_{GS}}{I_q}$$

$$R_2 = \frac{U_{RL} + U_{GS}}{I_q}$$

$$v_D \approx \frac{S \cdot R_L}{1 + S \cdot R_L}$$

$$R_{eD} = \frac{R_1 \cdot R_2}{R_1 + R_2}$$

$$R_{aD} \approx \frac{R_L}{1 + S \cdot R_L}$$

R_1, R_2	Spannungsteilerwiderstände
U_B	Batteriespannung
U_{RL}	Spannungsabfall am Lastwiderstand
I_q	Querstrom des Spannungsteilers
R_{eD}	Eingangswiderstand
R_{aD}	Ausgangswiderstand der Drain-Schaltung

Beispiel: Drainschaltung

Werte wie oben $U_{RL} = 7\ V$; $I_q = 10\ \mu A$

$v_D = ?$; $R_{aD} = ?\ \Omega$

Lösung:

$$v_D \approx \frac{S \cdot R_L}{1 + S \cdot R_L} = \frac{10\ \frac{mA}{V} \cdot 1{,}4\ k\Omega}{1 + 10\ \frac{mA}{V} \cdot 1{,}4\ k\Omega}$$

$$= 0{,}93$$

$$R_{aD} \approx \frac{R_L}{1 + S \cdot R_L} = \frac{1{,}4\ k\Omega}{1 + 10\ \frac{mA}{V} \cdot 1{,}4\ k\Omega}$$

$$R_{aD} = 93\ \Omega$$

Gate-Schaltung

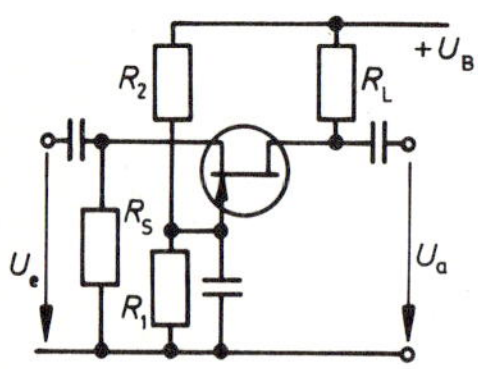

$$v_G \approx \frac{R_L \cdot S}{1 + R_S \cdot S}$$

$$R_{eG} \approx R_S + \frac{1}{S}$$

$$R_{aG} \approx R_L$$

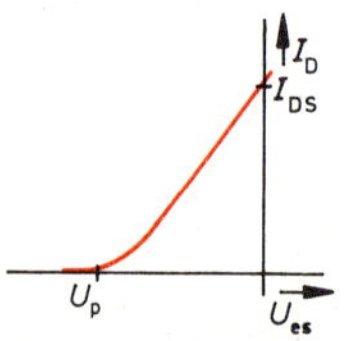

für alle Schaltungen:

$$S = -\frac{2}{U_p}\sqrt{I_D \cdot I_{DS}}$$

U_p	Abschnürspannung $I_D \approx 0$ (pinch-off-voltage)
I_{DS}	Drain-Strom bei $U_{GS} = 0\ V$

Wellenwiderstand allgemein

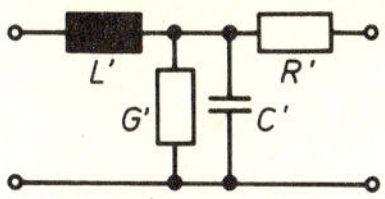

Für verlustfreie Leitungen:

$$Z = \sqrt{\frac{L'}{C'}}$$

für verlustbehaftete Leitungen:

$$Z = \sqrt{\frac{R' + j\omega L'}{G' + j\omega C'}}$$

Z Wellenwiderstand
L' Längsinduktivität pro km
C' Querkapazität pro km
R' Längswiderstand pro km
G' Querleitwert pro km
U Wellenspannung
I Wellenstrom
Z_L Wellenwiderstand bei offenem Ausgang
Z_k Wellenwiderstand bei kurzgeschlossenem Ausgang

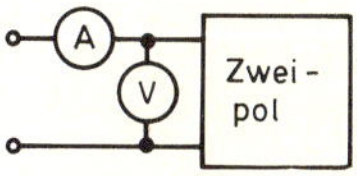

$$Z = \frac{U}{I}$$

$$Z = \sqrt{Z_L \cdot Z_k}$$

Beispiel:
Widerstand offen: 360 Ω
Widerstand bei Kurzschluß: 10 Ω
$Z = ?\ \Omega$

Lösung:

$$Z = \sqrt{360 \cdot 10}\ \Omega = \sqrt{3600}\ \Omega = 60\ \Omega$$

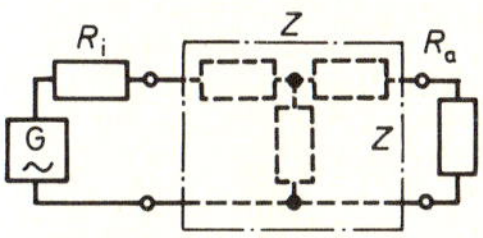

Anpassung und max Leistung bei $R_i = Z = R_a$

R_i Innenwiderstand der Spannungsquelle
R_a Belastungswiderstand der Leitung

Wellenwiderstand
Dämpfungskonstante
Ausbreitungsgeschwindigkeit für Kabel

für niedrige Frequenzen

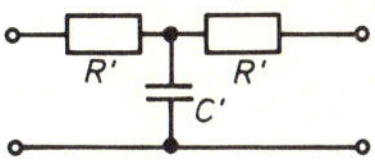

$$Z = \sqrt{\frac{R'}{\omega \cdot C'}}$$

$$\alpha = \sqrt{\frac{\omega \cdot R' \cdot C'}{2}}$$

$$v = \sqrt{\frac{2 \cdot \omega}{R' \cdot C'}}$$

ω zu übertragende Kreisfrequenz
α Dämpfungskonstante in Np/km
v Ausbreitungsgeschwindigkeit

Beispiel:

Kabel; $R' = 100\ \frac{\Omega}{\text{km}}$; $f = 1000$ Hz

$C = 32\ \frac{\text{nF}}{\text{km}}$; $Z = ?\ \Omega$; $\alpha = ?\ \frac{\text{Np}}{\text{km}}$

Lösung:

$$Z = \sqrt{\frac{R'}{\omega \cdot C'}} =$$

$$Z = \sqrt{\frac{100\ \Omega \cdot \Omega}{2\pi \cdot 1000\ \frac{1}{\text{s}} \cdot 32 \cdot 10^{-9}\ \text{s}}}$$

$$Z = 700\ \Omega$$

$$\alpha = \sqrt{\frac{\omega \cdot R' \cdot C'}{2}} =$$

$$\alpha = \sqrt{\frac{2\pi \cdot 1000\ \frac{1}{\text{s}} \cdot 100\ \frac{\Omega}{\text{km}} \cdot 32\ \frac{\text{nF}}{\text{km}}}{2}}$$

$$\alpha = 0{,}1\ \frac{\text{Np}}{\text{km}}$$

für Freileitung

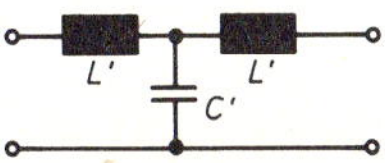

$$Z = \sqrt{\frac{L}{C}}$$

$$\alpha = \frac{R'}{2}\sqrt{\frac{C'}{L'}} + \ldots$$
$$\ldots + \frac{G'}{2}\sqrt{\frac{L'}{C'}}$$

$$v = \sqrt{\frac{1}{L' \cdot C'}}$$

für hochfrequente Leitungen und Kabel

$$Z = \sqrt{\frac{L}{C}}$$

L Leitungsinduktivität
C Leitungskapazität

Reflexionsfaktor r, Anpassungsfaktor m, Welligkeitsfaktor s, Rückflußdämpfung a_R.

r in %	m	s	a_R in Np	a_r in dB	r in %	m	s	a_R in Np	a_r in dB
$\frac{Z_1 - Z}{Z_1 + Z}$	$\frac{1-r}{1+r}$	$\frac{1+r}{1-r}$	$\ln \frac{1}{r}$	$20 \lg \frac{1}{r}$	$\frac{Z_1 - Z}{Z_1 + Z}$	$\frac{1-r}{1+r}$	$\frac{1+r}{1-r}$	$\ln \frac{1}{r}$	$20 \lg \frac{1}{r}$
0,2	0,996	1,004	6,215	53,979	10	0,818	1,222	2,303	20,000
0,4	0,992	1,008	5,52	47,959	11	0,802	1,247	2,207	19,172
0,6	0,988	1,012	5,116	44,437	12	0,786	1,273	2,120	18,416
0,8	0,984	1,016	4,828	41,938	13	0,770	1,299	2,040	17,721
1,0	0,980	1,020	4,605	40,000	14	0,754	1,326	1,966	17,077
1,2	0,976	1,024	4,423	38,416	15	0,739	1,353	1,897	16,478
1,4	0,972	1,028	4,269	37,077	16	0,724	1,381	1,833	15,918
1,6	0,968	1,032	4,135	35,918	17	0,709	1,410	1,772	15,391
1,8	0,965	1,037	4,017	34,895	18	0,695	1,439	1,715	14,891
2,0	0,961	1,041	3,912	33,979	19	0,681	1,469	1,661	14,425
2,5	0,951	1,051	3,688	32,041	20	0,666	1,500	1,609	13,979
3,0	0,942	1,062	3,506	30,458	21	0,653	1,532	1,561	13,556
3,5	0,932	1,073	3,352	29,119	22	0,639	1,564	1,514	13,152
4,0	0,923	1,083	3,219	27,959	23	0,626	1,597	1,470	12,765
4,5	0,914	1,094	3,101	26,936	24	0,613	1,632	1,427	12,396
5,0	0,905	1,105	2,996	26,021	25	0,600	1,666	1,386	12,041
5,5	0,895	1,116	2,900	25,193	26	0,587	1,703	1,347	11,701
6,0	0,887	1,128	2,813	24,437	27	0,575	1,740	1,309	11,373
6,5	0,877	1,139	2,733	23,742	28	0,563	1,777	1,273	11,057
7,0	0,869	1,151	2,659	23,098	29	0,550	1,817	1,238	10,752
7,5	0,860	1,162	2,590	22,499	30	0,538	1,857	1,204	10,458
8,0	0,852	1,173	2,526	21,938	31	0,527	1,899	1,171	10,173
8,5	0,843	1,186	2,465	21,412	32	0,515	1,941	1,139	9,897
9,0	0,834	1,198	2,408	20,915	33	0,504	1,98	1,109	9,630
9,5	0,826	1,210	2,354	20,446	34	0,493	2,028	1,079	9,370

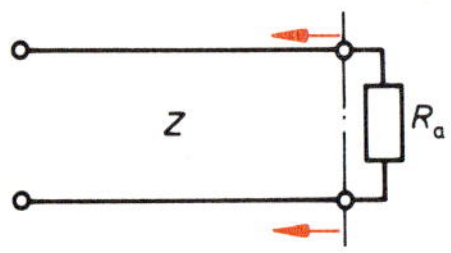

Reflexionsfaktor

$$r = \frac{R_a - Z}{R_a + Z}$$

Der *Reflexionsfaktor r* gibt das Verhältnis von rücklaufender zu hinlaufender Welle an

Rückflußdämpfung

$$a_r = 20 \lg \frac{1}{r}$$

Die *Rückflußdämpfung* ist ein Maß für die Stärke der Reflexionen an Leitungsschaltpunkten in dB

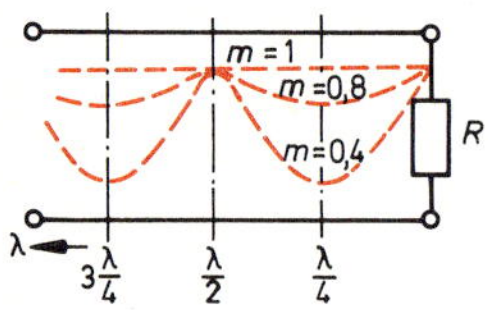

Verlauf von Spannung oder Strom bei verschiedenem m

Anpassungsfaktor

$$m = \frac{U_{min}}{U_{max}} = \frac{I_{min}}{I_{max}}$$

$$m = \frac{1 - r}{1 + r}$$

Der *Anpassungsfaktor* kennzeichnet das Verhältnis von Spannungs- oder Stromminimum zum Spannungs- oder Strommaximum

Welligkeitsfaktor

$$s = \frac{1}{m}$$

$$s = \frac{1 + r}{1 - r}$$

Der Welligkeitsfaktor ist der Kehrwert des Anpassungsfaktors

Dämpfungsglieder

T-Glieder

unsymmetrisch

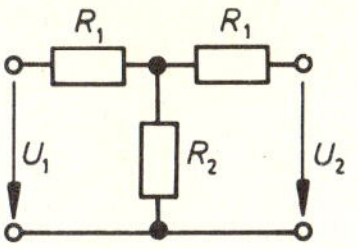

symmetrisch

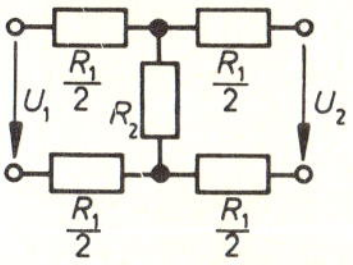

π-Glieder

unsymmetrisch

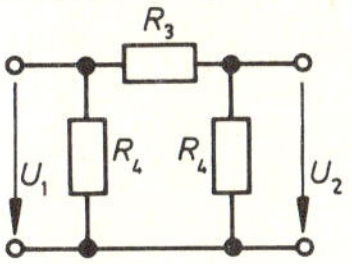

symmetrisch

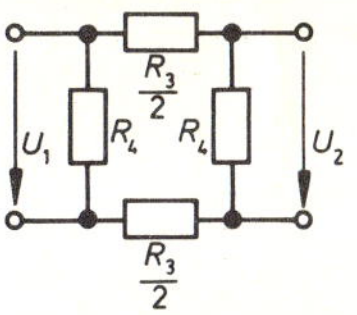

Bedingung:

$$Z_1 = Z_2 = Z$$

$$d = \frac{U_1}{U_2}$$

$$R_1 = Z \cdot \frac{d-1}{d+1}$$

$$R_2 = Z \cdot \frac{2\,d}{d^2-1}$$

$$R_3 = Z \cdot \frac{d^2-1}{2\,d}$$

$$R_4 = Z \cdot \frac{d+1}{d-1}$$

Z_1 Eingangswiderstand
Z_2 Ausgangswiderstand
Z Wellenwiderstand
d Dämpfungsfaktor
U_1 Eingangsspannung
U_2 Ausgangsspannung
R_1 Längswiderstand T-Glied
R_2 Querwiderstand T-Glied
R_3 Längswiderstand π-Glied
R_4 Querwiderstand π-Glied

Beispiel:

$U_1 = 1$ V; $U_2 = 0{,}1$ V, $Z = 150\ \Omega$
$R_1 = ?\ \Omega$; $R_2 = ?\ \Omega$ für T-Glieder;
$R_3 = ?\ \Omega$; $R_4 = ?\ \Omega$ für π-Glieder?

Lösung:

$$d = \frac{U_1}{U_2} = \frac{1\ \text{V}}{0{,}1\ \text{V}} = 10$$

$$R_1 = Z \cdot \frac{d-1}{d+1} = 150\ \Omega \cdot \frac{10-1}{10+1} =$$

$$R_1 = 123\ \Omega$$

$$R_2 = Z \cdot \frac{2\,d}{d^2-1} = 150\ \Omega\ \frac{2 \cdot 10}{10^2-1}$$

$$R_2 = 30\ \Omega$$

$$R_3 = Z \cdot \frac{d^2-1}{2\,d} = 150\ \Omega \cdot \frac{10^2-1}{2 \cdot 10}$$

$$R_3 = 743\ \Omega$$

$$R_4 = Z \cdot \frac{d+1}{d-1} = 150\ \Omega\ \frac{10+1}{10-1}$$

$$R_4 = 183\ \Omega$$

Wellenwiderstand aus dem Aufbau

a) Symmetrische Doppelleitung (Flachkabel)

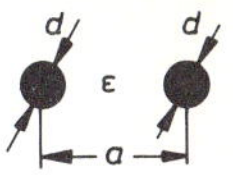

$$Z \approx \frac{120}{\sqrt{\varepsilon_r}} \cdot \ln \frac{2\,a}{d}$$

$$Z \approx \frac{276}{\sqrt{\varepsilon_r}} \cdot \lg \frac{2\,a}{d}$$

b) Koaxialkabel

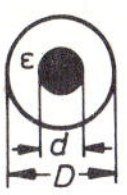

$$Z \approx \frac{60}{\sqrt{\varepsilon_r}} \cdot \ln \frac{D}{d}$$

$$Z \approx \frac{138}{\sqrt{\varepsilon_r}} \cdot \lg \frac{D}{d}$$

c) Symmetrisches Kabel

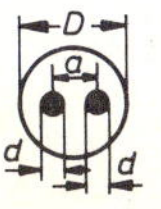

$$Z \approx \frac{120}{\sqrt{\varepsilon_r}} \ln \left\{ \frac{2\,a\,[1-(a/D)^2]}{d\,[1+(a/D)^2]} \right\}$$

$$Z \approx \frac{276}{\sqrt{\varepsilon_r}} \lg \left\{ \frac{2\,a\,[1-(a/D)^2]}{d\,[1+(a/D)^2]} \right\}$$

Z Wellenwiderstand

ε_r relative Dielektrizitätskonstante; für Luft ist $\varepsilon_r \approx 1{,}0$; Werte für ε_r siehe WK 14, WK 15 und WK 17.1

Dämpfung – Verstärkung

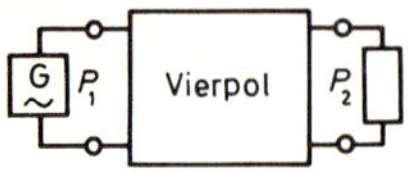

$$D = \frac{P_1}{P_2}$$

$$a = \lg \frac{P_1}{P_2} \quad \text{in Bel}$$

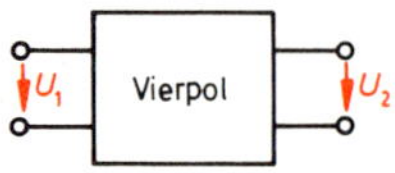

$$a = 10 \lg \frac{P_1}{P_2} \quad \text{in dB}$$

$$a = 20 \lg \frac{U_1}{U_2} \quad \text{in dB}$$

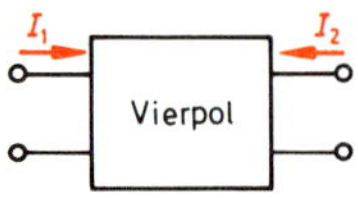

$$a = 20 \lg \frac{I_1}{I_2} \quad \text{in dB}$$

$$a = \ln \frac{U_1}{U_2} \quad \text{in Np}$$

$$a = -v$$

$$v = 10 \lg \frac{P_2}{P_1} \quad \text{in dB}$$

$$a = a_1 + a_2 + \dots$$

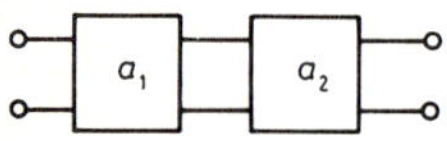

1 dB = 0,115 Np

1 Np = 8,686 dB

D Dämpfungsfaktor
P_1 Eingangsleistung
P_2 Ausgangsleistung
a Dämpfung in dB oder Np
U_1 Eingangsspannung
U_2 Ausgangsspannung
I_1 Eingangsstrom
I_2 Ausgangsstrom
v Verstärkung in dB oder Np
p_{rel} relativer Spannungspegel
p_u absoluter Spannungspegel
p absoluter Leistungspegel

Beispiel:
P_1 = 500 mW, P_2 = 25 mW
D = ?; a = ? dB

Lösung:

$$D = \frac{P_1}{P_2} = \frac{500\text{ mW}}{25\text{ mW}} = 20$$

$$a = \lg \frac{P_1}{P_2} = \lg \frac{500\text{ mW}}{25\text{ mW}} = 1{,}3\text{ Bel}$$

$$a = 10 \lg \frac{P_1}{P_2} = 10 \lg \frac{500\text{ mW}}{25\text{ mW}} = 13\text{ dB}$$

Beispiel:
U_1 = 1,2 V; U_2 = 0,3 V a = ? Np; a = ? dB

$$a = 20 \lg \frac{U_1}{U_2} = 20 \lg \frac{1{,}2\text{ V}}{0{,}3\text{ V}} = 12\text{ dB}$$

$$a = \ln \frac{U_1}{U_2} = \ln \frac{1{,}2\text{ V}}{0{,}3\text{ V}} = 1{,}39\text{ Np}$$

Umrechnung:

$$12\text{ dB} \cdot \frac{0{,}115\text{ Np}}{\text{dB}} = 1{,}39\text{ Np}$$

$$1{,}39\text{ Np} \cdot \frac{8{,}686\text{ dB}}{\text{Np}} = 12\text{ dB}$$

Relativer Pegel

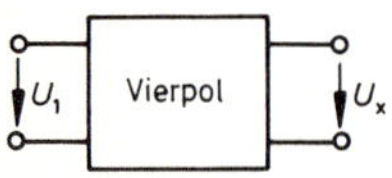

$$p_{rel} = 20 \lg \frac{U_x}{U_1}$$

$$p_{rel} = \ln \frac{U_x}{U_1}$$

Absoluter Pegel

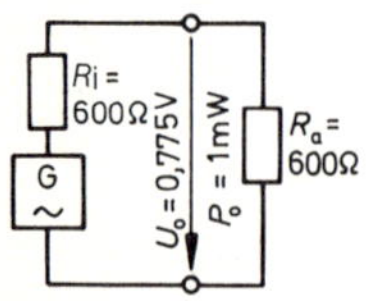

Bezugswerte:
U_0 = 0,775 V
P_0 = 1 mW

Spannungspegel

$$p_u = 20 \cdot \lg \frac{U_x}{U_0} = 20 \cdot \lg \frac{U_x}{0{,}775\text{ V}} \quad \text{in dB}$$

$$p_u = \ln \frac{U_x}{U_0} = \ln \frac{U_x}{0{,}775\text{ V}} \quad \text{in Np}$$

Leistungspegel

$$p = 10 \lg \frac{P_x}{P_0} = 10 \lg \frac{P_x}{1\text{ mW}} \quad \text{in dB}$$

$$p = \frac{1}{2} \cdot \ln \frac{P_x}{P_0} = \frac{1}{2} \ln \cdot \frac{P_x}{1\text{ mW}} \quad \text{in Np}$$

Absoluter Spannungspegel p_U, Strompegel p_i und Leistungspegel p_p — TR 59

Der absolute Pegel für Strom, Spannung und Leistung bezieht sich auf die elektrischen Daten des Normalgenerators oder Milliwatt-Senders (internationale Werte).

Es gilt:

Urspannung	E_0	= 1,55 V
Klemmenspannung	U_0	= 0,775 V
Innenwiderstand	R_i	= 600 Ω
Verbraucherwiderstand	R_a	= 600 Ω
Verbraucherstrom	I_0	= 1,29 A
Verbraucherleistung	P_0	= 1 mW

In den USA werden zwei Systeme für den absoluten Pegel verwendet.

USA-Werte		
E_0	2,0 V	3,464 V
U_0	1,0 V	1,732 V
R_i	600 Ω	500 Ω
R_a	600 Ω	500 Ω
I_0	1,67 mA	3,464 mA
P_0	1,67 mW	6 mW

Außerdem gilt:
1 Transmission Unit = 1 TU
1 TU = 1 dB

Tabellenwerte

dB	p_U/V	p_i/mA	p_p/W
+60	775	1290	1000,0
59	690,4	1149	794,3
58	615,3	1024	631,0
57	548,4	912,8	501,2
56	488,7	813,4	398,1
55	435,6	725,1	316,2
54	388,2	646,2	251,2
53	346,0	575,9	199,5
52	308,4	513,3	158,5
51	274,3	456,6	125,9
50	244,9	407,6	100,00
49	218,3	363,4	79,43
48	194,6	323,9	63,10
47	173,4	288,6	50,12
46	154,6	257,3	39,81
45	137,7	229,2	31,62
44	122,8	204,4	25,12
43	109,4	182,1	19,95
42	97,5	162,3	15,85
41	86,9	144,7	12,59
40	77,50	129,0	10,00
39	69,04	114,9	7,943
38	61,53	102,4	6,310
37	54,84	91,28	5,012
36	48,87	81,34	3,981
35	43,56	72,51	3,162
34	38,82	64,62	2,512
33	34,60	57,59	1,995
32	30,84	51,33	1,585
31	27,43	45,66	1,259
30	24,49	40,76	1,000
29	21,83	36,34	0,7943
28	19,46	32,39	0,6310
27	17,34	28,86	0,5012
26	15,46	25,73	0,3981
25	13,77	22,92	0,3162
24	12,28	20,44	0,2512
23	10,94	18,21	0,1995
22	9,75	16,23	0,1585
21	8,69	14,47	0,1259

dB	p_U/mV	p_i/mA	p_p/mW
+20	7750	12,90	100
19	6904	11,49	79,43
18	6153	10,24	63,10
17	5484	9,128	50,12
16	4887	8,134	39,81
15	4356	7,251	31,62
14	3882	6,462	25,12
13	3460	5,759	19,95
12	3084	5,133	15,85
11	2743	4,566	12,59
10	2449	4,076	10,00
9	2183	3,634	7,943
8	1946	3,239	6,310
7	1734	2,886	5,012
6	1546	2,573	3,981
5	1377	2,292	3,162
4	1228	2,044	2,512
3	1094	1,821	1,995
2	975,1	1,623	1,585
1	869,1	1,447	1,259
±0	775,0	1,290	1,000
−1	690,4	1,149	0,7943
−2	615,3	1,024	0,6310
−3	548,4	0,9128	0,5012
−4	488,7	0,8134	0,3981
−5	435,6	0,7251	0,3162
−6	388,2	0,6462	0,2512
−7	346,0	0,5759	0,1995
−8	308,4	0,5133	0,1585
−9	274,3	0,4566	0,1259
−10	244,9	0,4076	0,1000
−11	218,3	0,3634	0,07943
−12	194,6	0,3239	0,06310
−13	173,4	0,2886	0,05012
−14	154,6	0,2573	0,03981
−15	137,7	0,2292	0,03162
−16	122,8	0,2044	0,02512
−17	109,4	0,1821	0,01995
−18	97,51	0,1623	0,01585
−19	86,91	0,1447	0,01259

Beispiel:
Gesucht wird der absolute Spannungspegel p_U in Volt, wenn bei einer Messung ein Wert von +44 dB ermittelt wurde (Bezug auf Normalgenerator)?

Lösung: Für +44 dB kann aus der Tabelle p_U = 122,8 V abgelesen werden.

Beispiel:
Gesucht wird für Leistungsanpassung der absolute Leistungspegel für einen Meßwert von −10 dB.

Lösung: Für −10 dB kann aus der Tabelle p_p = 0,1 mW abgelesen werden.

Absoluter Spannungs-, Strom- und Leistungspegel (Tabellenwerte)	**TR 60**

dB	p_u/mV	p_i/µA	p_p/nW	dB	p_u/µV	p_i/nA	p_p/pW
−20	75,5	129,0	10000	−75	137,7	229,2	31,62
−21	69,04	114,9	7943	−76	122,8	204,4	25,12
−22	61,53	102,4	6310	−77	109,4	182,1	19,95
−23	54,84	91,28	5012	−78	97,51	162,3	15,85
−24	48,87	81,34	3981	−79	86,91	144,7	12,59
−25	43,56	72,51	3162	−80	77,50	129,0	10,00
−26	38,82	64,62	2512	−81	69,04	114,9	7,943
−27	34,60	57,59	1995	−82	61,53	102,4	6,310
−28	30,84	51,33	1585	−83	54,84	91,28	5,012
−29	27,43	45,66	1259	−84	48,87	81,34	3,981
−30	24,49	40,76	1000	−85	43,56	72,51	3,162
−31	21,83	36,34	794,3	−86	38,82	64,62	2,512
−32	19,46	32,39	631,0	−87	34,60	57,59	1,995
−33	17,34	28,86	501,2	−88	30,84	51,33	1,585
−34	15,46	25,73	398,1	−89	27,43	45,66	1,259
−35	13,37	22,92	316,2	−90	24,49	40,76	1,000
−36	12,28	20,44	251,2	−91	21,83	36,34	0,7943
−37	10,94	18,21	199,5	−92	19,46	32,39	0,6310
−38	9,751	16,23	158,5	−93	17,34	28,86	0,5012
−39	8,691	14,47	125,9	−94	15,46	25,73	0,3981
−40	7,750	12,90	100,0	−95	13,37	22,92	0,3162
−41	6,904	11,49	79,43	−96	12,28	20,44	0,2512
−42	6,153	10,24	63,10	−97	10,94	18,21	0,1995
−43	5,484	9,128	50,12	−98	9,751	16,23	0,1585
−44	4,887	8,134	39,81	−99	8,691	14,47	0,1259
−45	4,356	7,251	31,62	−100	7,750	12,90	0,1000
−46	3,882	6,462	25,12	−101	6,904	11,49	0,07943
−47	3,460	5,759	19,95	−102	6,153	10,24	0,06310
−48	3,084	5,133	15,85	−103	5,484	9,128	0,05012
−49	2,743	4,566	12,59	−104	4,887	8,134	0,03981
−50	2,449	4,076	10,00	−105	4,356	7,251	0,03162
−51	2,183	3,634	7,943	−106	3,882	6,462	0,02512
−52	1,946	3,239	6,310	−107	3,460	5,759	0,01995
−53	1,734	2,886	5,012	−108	3,084	5,133	0,01585
−54	1,546	2,573	3,981	−109	2,743	4,566	0,01259
−55	1,377	2,292	3,162	−110	2,449	4,076	0,01000
−56	1,228	2,044	2,512	−111	2,183	3,634	0,007943
−57	1,094	1,821	1,995	−112	1,946	3,239	0,006310
−58	0,975	1,623	1,585	−113	1,734	2,886	0,005012
−59	0,869	1,447	1,259	−114	1,546	2,573	0,003981
−60	0,775	1,290	1,000	−115	1,377	2,292	0,003162
−61	0,6904	1,149	0,7943	−116	1,228	2,044	0,002512
−62	0,6153	1,024	0,6310	−117	1,094	1,821	0,001995
−63	0,5484	0,9128	0,5012	−118	0,9751	1,623	0,001585
−64	0,4887	0,8134	0,3981	−119	0,8691	1,447	0,001259
−65	0,4356	0,7251	0,3162	−120	0,7750	1,290	0,001000
−66	0,3882	0,6462	0,2512	−121	0,6904	1,149	0,000794
−67	0,3460	0,5759	0,1995	−122	0,6153	1,024	0,000631
−68	0,3084	0,5133	0,1585	−123	0,5484	0,9128	0,000501
−69	0,2743	0,4566	0,1259	−124	0,4887	0,8134	0,000398
−70	0,2449	0,4076	0,1000	−125	0,4356	0,7251	0,000316
−71	0,2183	0,3634	0,07943	−126	0,3882	0,6462	0,000251
−72	0,1946	0,3239	0,06310	−127	0,3460	0,5759	0,000199
−73	0,1734	0,2886	0,05012	−128	0,3084	0,5133	0,000159
−74	0,1546	0,2573	0,03981	−129	0,2743	0,4566	0,000126

Beispiel:

In einer Nachrichtenübertragungsanlage wurde bei Anpassung U = 0,69 mV gemessen.
Wie groß ist der absolute Spannungspegel p_u in dB?

Lösung:

Für einen Spannungswert von U = 0,6904 mV kann aus der Tabelle ein Spannungspegel von −61 dB abgelesen werden.

Beispiel:

Wie groß ist die Stromstärke im absoluten Strompegel, wenn in einem angepaßten System ein Wert von −80 dB ermittelt wurde?

Lösung:

Aus der Tabelle ergibt sich ein absoluter Strompegel von p_i = 129 nA

Strom-, Spannungs- u. Leistungsverhältnisse in dB und Np — TR 61

dB	Np	$I_2:I_1$ bzw. $U_2:U_1$	$P_2:P_1$	dB	Np	$I_2:I_1$ bzw. $U_2:U_1$	$P_2:P_1$	dB	Np	$I_2:I_1$ bzw. $U_2:U_1$	$P_2:P_1$
0,0	0,000	1,000	1,000	5,0	0,576	1,778	3,16	10,0	1,151	3,16	10,0
0,1	0,0115	1,012	1,023	5,1	0,587	1,799	3,24	10,2	1,174	3,24	10,5
0,2	0,0230	1,023	1,047	5,2	0,599	1,820	3,31	10,4	1,197	3,31	11,0
0,3	0,0345	1,035	1,072	5,3	0,610	1,841	3,39	10,6	1,220	3,39	11,5
0,4	0,0161	1,047	1,096	5,4	0,622	1,862	3,47	10,8	1,243	3,47	12,0
0,5	0,0576	1,059	1,122	5,5	0,633	1,884	3,55	11,0	1,266	3,55	12,6
0,6	0,0691	1,072	1,148	5,6	0,645	1,905	3,63	11,2	1,289	3,63	13,2
0,7	0,0806	1,084	1,175	5,7	0,656	1,928	3,72	11,4	1,312	3,72	13,8
0,8	0,0921	1,096	1,202	5,8	0,668	1,950	3,80	11,6	1,335	3,80	14,5
0,9	0,104	1,109	1,230	5,9	0,679	1,972	3,89	11,8	1,359	3,89	15,1
1,0	0,115	1,122	1,259	6,0	0,691	1,995	3,98	12,0	1,382	3,98	15,8
1,1	0,127	1,135	1,288	6,1	0,702	2,018	4,07	12,2	1,405	4,07	16,6
1,2	0,138	1,148	1,318	6,2	0,714	2,042	4,17	12,4	1,428	4,17	17,4
1,3	0,150	1,161	1,349	6,3	0,725	2,065	4,27	12,6	1,451	4,27	18,2
1,4	0,161	1,175	1,380	6,4	0,737	2,089	4,37	12,8	1,474	4,37	19,1
1,5	0,173	1,188	1,413	6,5	0,748	2,114	4,47	13,0	1,497	4,47	20,0
1,6	0,184	1,202	1,445	6,6	0,760	2,138	4,57	13,2	1,520	4,57	20,9
1,7	0,196	1,216	1,479	6,7	0,771	2,163	4,68	13,4	1,543	4,68	21,9
1,8	0,207	1,230	1,514	6,8	0,783	2,188	4,79	13,6	1,566	4,79	22,9
1,9	0,219	1,245	1,549	6,9	0,794	2,213	4,90	13,8	1,589	4,90	24,0
2,0	0,230	1,259	1,585	7,0	0,806	2,239	5,01	14,0	1,612	5,01	25,1
2,1	0,242	1,274	1,622	7,1	0,817	2,265	5,13	14,2	1,635	5,13	26,3
2,2	0,253	1,288	1,660	7,2	0,829	2,291	5,25	14,4	1,658	5,25	27,5
2,3	0,265	1,303	1,698	7,3	0,840	2,317	5,37	14,6	1,681	5,37	28,8
2,4	0,276	1,318	1,738	7,4	0,852	2,344	5,50	14,8	1,704	5,50	30,2
2,5	0,288	1,334	1,778	7,5	0,863	2,371	5,62	15,0	1,727	5,62	31,6
2,6	0,299	1,349	1,820	7,6	0,875	2,399	5,75	15,2	1,750	5,75	33,1
2,7	0,311	1,365	1,862	7,7	0,886	2,427	5,89	15,4	1,773	5,89	34,7
2,8	0,322	1,380	1,905	7,8	0,898	2,455	6,03	15,6	1,796	6,03	36,3
2,9	0,334	1,396	1,950	7,9	0,910	2,483	6,17	15,8	1,819	6,17	38,0
3,0	0,345	1,413	1,995	8,0	0,921	2,512	6,31	16,0	1,842	6,31	39,8
3,1	0,357	1,429	2,042	8,1	0,933	2,541	6,46	16,2	1,865	6,46	41,7
3,2	0,368	1,445	2,089	8,2	0,944	2,570	6,61	16,4	1,888	6,61	43,7
3,3	0,380	1,462	2,138	8,3	0,956	2,600	6,76	16,6	1,911	6,76	45,7
3,4	0,391	1,479	2,188	8,4	0,967	2,630	6,92	16,8	1,934	6,92	47,9
3,5	0,403	1,496	2,239	8,5	0,979	2,661	7,08	17,0	1,957	7,08	50,1
3,6	0,414	1,514	2,291	8,6	0,990	2,692	7,24	17,2	1,980	7,24	52,5
3,7	0,426	1,531	2,344	8,7	1,002	2,723	7,41	17,4	2,003	7,41	55,0
3,8	0,437	1,549	2,399	8,8	1,013	2,754	7,59	17,6	2,026	7,59	57,5
3,9	0,449	1,567	2,455	8,96	1,025	2,786		17,8	2,049	7,76	60,3
4,0	0,461	1,585	2,512	9,0	1,036	2,818	7,94	18,0	2,072	7,94	63,1
4,1	0,472	1,603	2,570	9,1	1,048	2,851	8,13	18,2	2,095	8,13	66,1
4,2	0,484	1,622	2,630	9,2	1,059	2,884	8,32	18,4	2,118	8,32	69,2
4,3	0,495	1,641	2,692	9,3	1,071	2,917	8,51	18,6	2,141	8,51	72,4
4,4	0,507	1,660	2,754	9,4	1,082	2,951	8,71	18,8	2,164	8,71	75,9
4,5	0,518	1,679	2,818	9,5	1,094	2,986	8,91	19,0	2,187	8,91	79,4
4,6	0,530	1,698	2,884	9,6	1,105	3,020	9,12	19,2	2,210	9,12	83,2
4,7	0,541	1,718	2,951	9,7	1,117	3,055	9,33	19,4	2,234	9,33	87,1
4,8	0,553	1,738	3,020	9,8	1,128	3,090	9,55	19,6	2,257	9,55	91,2
4,9	0,564	1,758	3,090	9,9	1,140	3,126	9,77	19,8	2,280	9,77	95,5

Beispiel:
Welche Spannungsverstärkung in dB erreicht ein Verstärker, dessen Eingangsspannung U_e = 200 mV und dessen Ausgangsspannung U_a = 6,32 V beträgt?

Lösung:

$$V_u = \frac{U_a}{U_e} = \frac{6320\ \text{mV}}{200\ \text{mV}} = 31{,}6\text{-fach}$$

Aus der Tabelle $U_2:U_1$ kann für 31,6 eine Verstärkung von 30 dB ermittelt werden.

Beispiel:
Die Ausgangsleistung eines Systems hat nur noch 10% der Eingangsleistung.
Wie groß ist die Dämpfung?

Lösung:
Das Leistungsverhältnis $P_2:P_1$ = 10; das entspricht der Dämpfung von 10 dB.

Pegel- und Dämpfungsberechnung siehe TR 58.

Strom-, Spannungs- u. Leistungsverhältnisse in dB und Np

TR 62

dB	Np	$I_2:I_1$ bzw. $U_2:U_1$	$P_2:P_1$	dB	Np	$I_2:I_1$ bzw. $U_2:U_1$	$P_2:P_1$	dB	Np	$I_2:I_1$ bzw. $U_2:U_1$	$P_2:P_1$
20	2,30	10,0	100	40	4,61	100	$1 \cdot 10^4$	60	6,91	1000	$1 \cdot 10^6$
21	2,42	11,2	126	41	4,72	112	$1,26 \cdot 10^4$	62	7,14	1260	$1,6 \cdot 10^6$
22	2,53	12,6	158	42	4,84	126	$1,58 \cdot 10^4$	64	7,37	1580	$2,5 \cdot 10^6$
23	2,65	14,1	200	43	4,95	141	$1,99 \cdot 10^4$	66	7,60	2000	$4,0 \cdot 10^6$
24	2,76	15,8	251	44	5,07	158	$2,51 \cdot 10^4$	68	7,83	2510	$6,3 \cdot 10^6$
25	2,88	17,8	316	45	5,18	178	$3,16 \cdot 10^4$	70	8,06	3160	$1 \cdot 10^7$
26	2,99	20,0	398	46	5,30	200	$3,98 \cdot 10^4$	72	8,29	3980	$1,6 \cdot 10^7$
27	3,11	22,4	501	47	5,41	224	$5,01 \cdot 10^4$	74	8,52	5010	$2,5 \cdot 10^7$
28	3,22	25,1	631	48	5,53	251	$6,31 \cdot 10^4$	76	8,75	6310	$4,0 \cdot 10^7$
29	3,34	28,2	794	49	5,64	282	$7,94 \cdot 10^4$	78	8,98	7940	$6,3 \cdot 10^7$
30	3,45	31,6	1000	50	5,76	316	$1 \cdot 10^5$	80	9,21	10000	$1 \cdot 10^8$
31	3,57	35,5	1260	51	5,87	355	$1,26 \cdot 10^5$	82	9,44	12589	$1,6 \cdot 10^8$
32	3,68	39,8	1580	52	5,99	398	$1,58 \cdot 10^5$	84	9,67	15849	$2,5 \cdot 10^8$
33	3,80	44,7	2000	53	6,10	447	$1,99 \cdot 10^5$	86	9,90	19953	$4,0 \cdot 10^8$
34	3,91	50,1	2510	54	6,22	501	$2,51 \cdot 10^5$	88	10,13	25119	$6,3 \cdot 10^8$
35	4,03	56,2	3160	55	6,33	562	$3,16 \cdot 10^5$	90	10,36	31600	$1 \cdot 10^9$
36	4,14	63,1	3980	56	6,45	631	$3,98 \cdot 10^5$	92	10,59	39811	$1,6 \cdot 10^9$
37	4,26	70,8	5010	57	6,56	708	$5,01 \cdot 10^5$	94	10,82	50119	$2,5 \cdot 10^9$
38	4,37	79,4	6310	58	6,68	794	$6,31 \cdot 10^5$	96	11,05	63096	$4,0 \cdot 10^9$
39	4,49	89,1	7940	59	6,79	891	$7,94 \cdot 10^5$	100	11,51	$1 \cdot 10^5$	$1 \cdot 10^{10}$

$$p_r = 10 \lg \frac{P_2}{P_1} = 20 \lg \frac{U_2}{U_1} = 20 \cdot \lg \frac{I_2}{I_1}$$ in dB

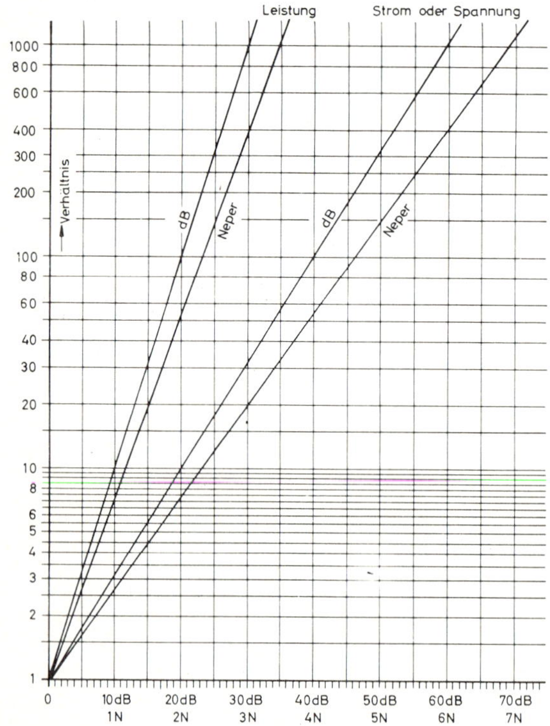

Leistungs-, Strom- und Spannungsverhältnisse in dB und Np

Beispiel:

Gesucht wird das Spannungs- und das Leistungsverhältnis für 7,2 dB.
Neben der Zahl 7,2 in der dB-Spalte kann in der $U_2:U_1$-Spalte $U_2:U_1 = 2{,}291$ und in der $P_2:P_1$-Spalte $P_2:P_1 = 5{,}25$ abgelesen werden.

Beispiel:

Auf dem Bildschirm eines Oszilloskops werden folgende Amplitudenwerte ermittelt:
$U_{SS2} = 5{,}0$ V
$U_{SS1} = 0{,}1$ V
Wie groß ist die Verstärkung?
Das Spannungsverhältnis 5,0/0,1 = 50 ergibt eine Verstärkung von 34 dB

Pegel- und Dämpfungsberechnung siehe TR 58, 63 u. 64

Umrechnung von dB in Np und umgekehrt.
Hierfür gelten folgende Beziehungen

1 dB ≙ 0,115 ... Np
1 Np ≙ 8,686 ... dB

Beispiel:

Gegeben: 5,2 dB
Gesucht: Pegelwert in Np

Lösung:

5,2 dB ≙ 5,2 · 0,115 Np
= 0,598 Np

Betriebsdämpfung

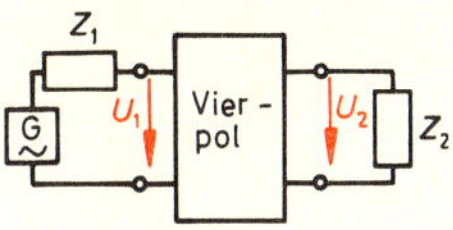

Der Vierpol kann sowohl eine Leitung als auch eine beliebige komplexe Schaltung sein.

$$a_B = 20 \lg \frac{U_1}{U_2} + 10 \lg \frac{Z_2}{Z_1}$$ in dB

Wellendämpfung

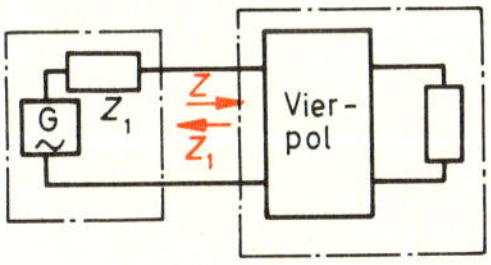

$$a_R = 20 \lg \frac{Z_1 + Z}{Z_1 - Z}$$

$$a_R = 20 \lg \frac{1}{r}$$ in dB

Die Wellendämpfung ist ein Maß für die Stärke der Reflexionen an Leitungsschaltpunkten.

r siehe TR 56

Nebensprechdämpfung

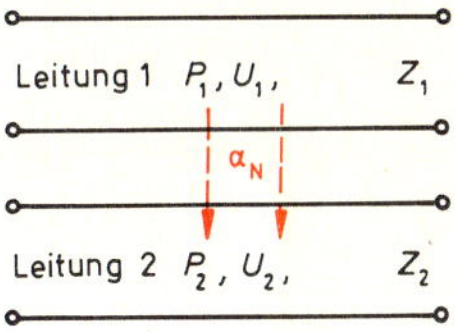

$$a_N = 10 \lg \frac{P_1}{P_2}$$

$$a_N = 20 \lg \frac{U_1}{U_2} + 10 \lg \frac{Z_2}{Z_1}$$ in dB

Die Nebensprechdämpfung ist das Verhältnis der Leistung P_1 zur Leistung P_2, die von Leitung 1 auf Leitung 2 eingekoppelt wird.

Fehlerdämpfung

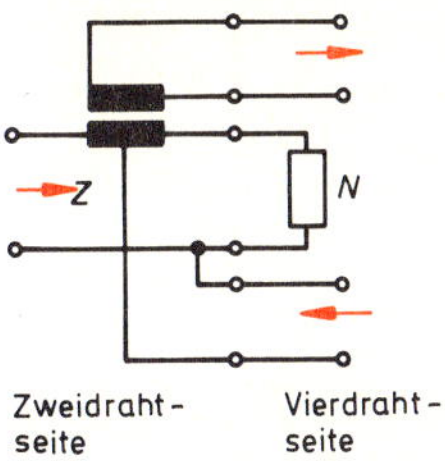

$$a_F = 20 \lg \frac{Z + N}{Z - N}$$

oder

$$a_F = 20 \lg \frac{Z + N}{N - Z}$$

Der Nenner sollte stets positiv sein

Die Fehlerdämpfung gibt an, mit welcher Genauigkeit der Scheinwiderstand *N* einer Nachbildung mit dem Eingangswiderstand *Z* des nachgebildeten Leitungsabschnittes übereinstimmt.

Gabeldämpfung

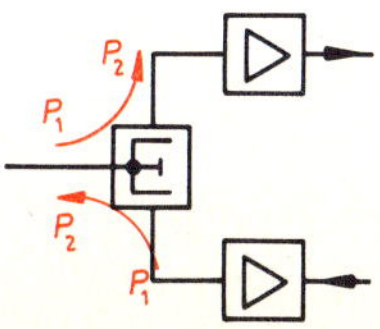

$$a_G = 10 \lg \frac{P_1}{P_2}$$

Die Gabeldämpfung gibt an, um wieviel die Leistungen abnehmen, wenn sie von der Zweidrahtseite auf die Vierdrahtseite, bzw. umgekehrt, übertragen werden.

Gabelübergangsdämpfung

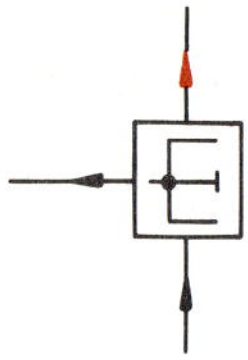

Die Gabelübergangsdämpfung gibt an, wie sehr in der Gabelschaltung die ankommende die abgehende Richtung beeinflußt.

$$a_{GU} = 2\,a_G + a_F \quad \text{in dB}$$

$$a_{GU} = 2 \cdot 10 \lg \frac{P_1}{P_2} + 20 \lg \frac{Z + N}{Z - N}$$

Gabelumlaufdämpfung
Pfeifsicherheit

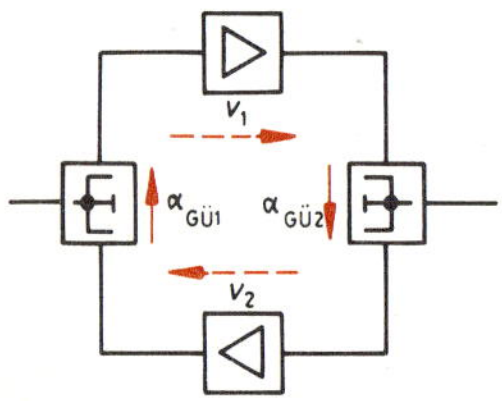

Gabelumlaufdämpfung

Die Gabelumlaufdämpfung gibt die Gesamtübergangsdämpfung einer Vierdrahtleitung an.

$$a_{Uml} = a_{GÜ1} + a_{GÜ2} \quad \text{in dB}$$

Pfeifsicherheit

Die Pfeifsicherheit gibt an, um wieviel die Gabelumlaufdämpfung größer ist, als die Summe der Verstärkungsfaktoren.

$$\Delta s = a_{Uml} - (v_1 + v_2) \quad \text{in dB}$$

Speisestromdämpfung

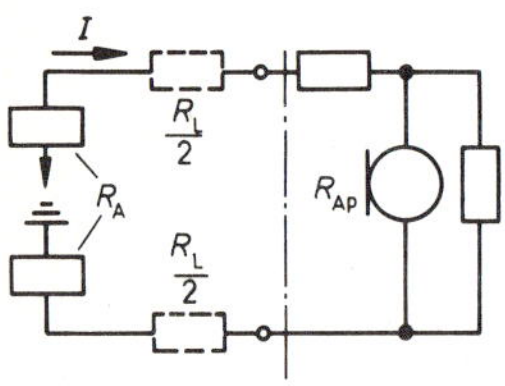

Die Speisestromdämpfung gibt an, um wieviel sich die Leitungsdämpfung einer Ortsanschlußleitung durch Einfluß des Leitungswiderstandes auf den Speisestrom erhöht.

$$a_{sp} = 20 \lg \left(1 + \frac{R_L}{R_A + R_{Ap}}\right)$$

Klirrfaktor

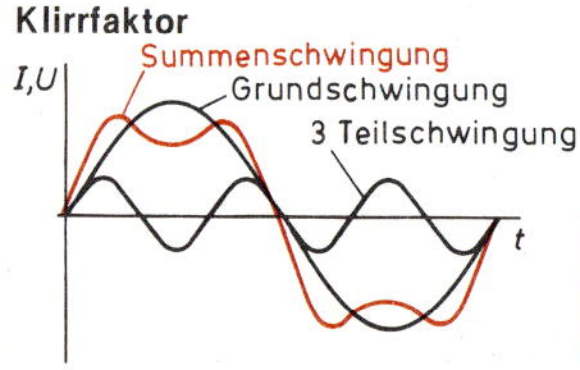

$$k = \sqrt{\frac{U_{2f}^2 + U_{3f}^2 + \ldots}{U_{1f}^2 + U_{2f}^2 + U_{3f}^2 + \ldots}}$$

$$k = \sqrt{\frac{I_{2f}^2 + I_{3f}^2 + \ldots}{I_{1f}^2 + I_{2f}^2 + I_{3f}^2 + \ldots}}$$

Der Klirrfaktor ist das Maß für nichtlineare Verzerrungen.

- k Klirrfaktor
- U_{1f} Spannung der Grundfrequenz
- U_{2f} Spannung der 2. Teilschwingung oder 1. Oberschwingung oder 2. Harmonische
- U_{3f} Spannung der 3. Teilschwingung
- I_{1f}, I_{2f}, I_{3f} Grund- und Teilschwingungen
- a_k Klirrdämpfung

Klirrdämpfung

$$a_k = 20 \lg \frac{1}{k} \quad \text{in dB}$$

Pegeldiagramm

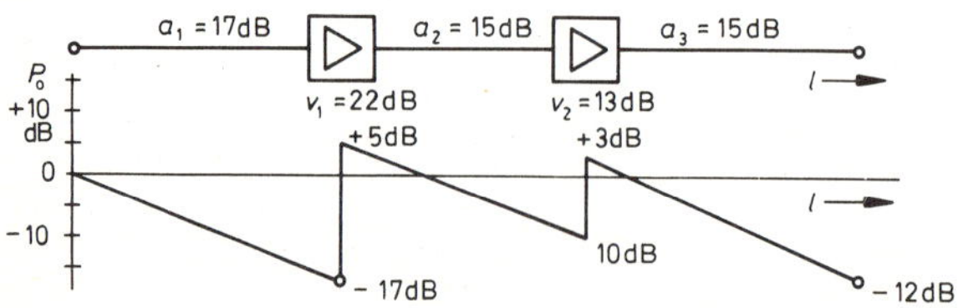

Beispiel:

$$a = a_1 + a_2 + a_3 = 17\text{ dB} + 15\text{ dB} + 15\text{ dB} = 47\text{ dB}$$

$$v = v_1 + v_2 = 22\text{ dB} + 13\text{ dB} = 35\text{ dB}$$

$$a_g = a - v = 47\text{ dB} - 35\text{ dB} = 12\text{ dB}$$

Rauschen

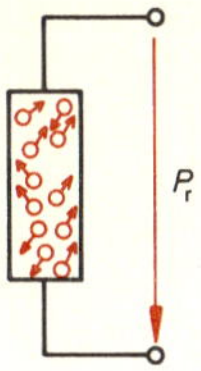

$$P_r = 4 \cdot k \cdot T \cdot \Delta f$$

$$k = 1{,}38 \cdot 10^{-23}\ \frac{\text{Ws}}{\text{K}}$$

bei Zimmertemperatur:

$$P_r = 1{,}6 \cdot 10^{-20}\ \frac{\text{W}}{\text{Hz}} \cdot \Delta f$$

$$P_r = F_A \cdot kT_0$$

$$1\,kT_0 = 4 \cdot 10^{-21}\ \frac{\text{W}}{\text{Hz}}$$

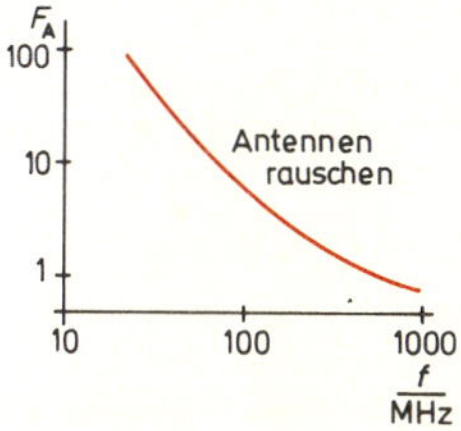

$$F = 1 + F_z$$

$$U_R = \sqrt{F \cdot kT_0 \cdot R \cdot \Delta f}$$

$$F_A = F + \frac{T_A - T_0}{T_0}$$

P_r Rauschleistung
k Boltzmannsche Konstante
T Temperatur in Kelvin
Δf Bandbreite
$1\,kT_0$ Bezugsrauschleistung
F Rauschzahl
F_z zusätzliche Rauschzahl
R Widerstand
F_A effektive Empfängerrauschzahl
T_A Antennenrauschtemperatur
T_0 300 Kelvin

Beispiel:

$F = 4$; $T_A = 1800$ K

$F_A = ?$ $P_r = ?\ \frac{\text{W}}{\text{Hz}}$

Lösung:

$$F_A = F + \frac{T_A - T_0}{T_0}$$

$$= 4 + \frac{1800\text{ K} - 300\text{ K}}{300\text{ K}} = 9$$

$$P_r = F_A \cdot kT_0 = 9 \cdot 4 \cdot 10^{-21}\ \frac{\text{W}}{\text{Hz}}$$

$$= 3{,}6 \cdot 10^{-20}\ \frac{\text{W}}{\text{Hz}}$$

Wärmewiderstand

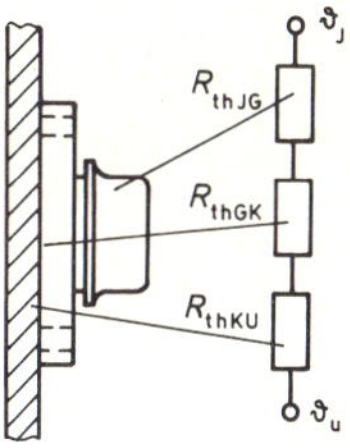

allgemein

$$R_{th} = \frac{\Delta\vartheta}{P_{tot}}$$

Halbleiter ohne Kühlblech

$$R_{thJU} = \frac{\vartheta_J - \vartheta_U}{P_{tot}}$$

mit Kühlblech

$$R_{thJU} = R_{thJG} + R_{thGK} + R_{thKU}$$

R_{th} Wärmewiderstand
R_{thJU} Wärmewiderstand zwischen Sperrschicht und der umgebenden Luft
R_{thJG} Wärmewiderstand zwischen Sperrschicht und Gehäuse
R_{thGK} Wärmewiderstand zwischen Gehäuse und Kühlkörper
R_{thKU} Wärmewiderstand zwischen Kühlkörper und der Luft
$\Delta\vartheta$ Temperaturzunahme
ϑ_J Sperrschichttemperatur
ϑ_U Umgebungstemperatur
P_{tot} Gesamtverlustleistung

Fourier-Reihen

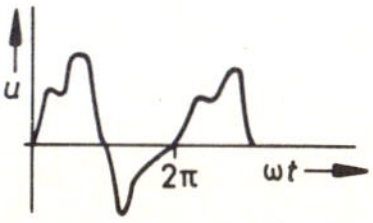

periodischer Verlauf sonst beliebig

$$f(t) = u_0 + u_1 \cos \omega t + u_2 \cos 2\,\omega t + \ldots$$
$$\ldots + u_3 \cdot \cos 3\,\omega t + \ldots$$
$$\ldots + u'_1 \sin \omega t + u'_2 \sin 2\,\omega t +$$
$$\ldots + u'_3 \sin 3\,\omega t + \ldots$$

Formeln zur Elektrotechnik (Fourier-Reihen) — TR 66

Spektrum: Absolutwerte der auftretenden Frequenzen

Rechteckspannung

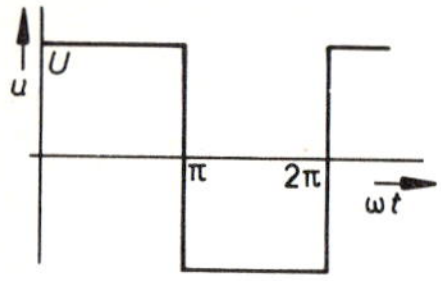

$$f(t) = \frac{4 \cdot U}{\pi}\left(\sin \omega \cdot t + \ldots\right.$$
$$\left.\ldots + \frac{1}{3}\sin 3\,\omega t + \frac{1}{5}\sin 5\,\omega t + \ldots\right)$$

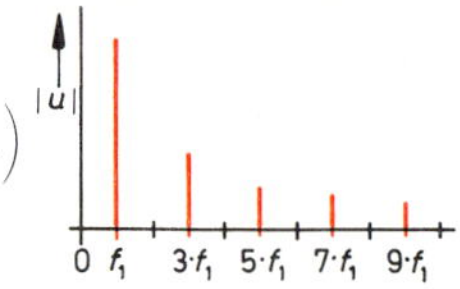

Dreieckspannung

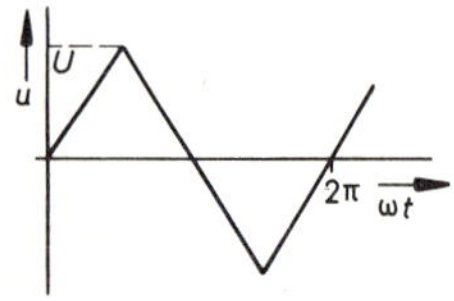

$$f(t) = \frac{8\,U}{\pi^2}\left(\sin \omega\, t - \ldots\right.$$
$$\left.\ldots + \frac{1}{3^2}\sin 3\,\omega t + \frac{1}{5^2}\sin 5\,\omega t - \ldots\right)$$

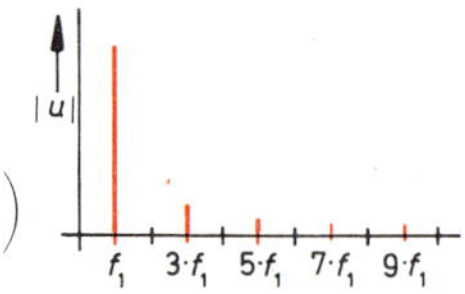

Sägezahnspannung

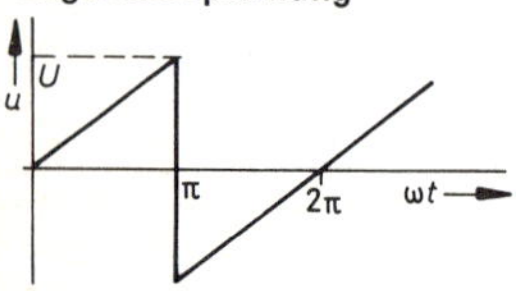

$$f(t) = \frac{2\,U}{\pi}\left(\sin \omega t - \frac{1}{2}\sin 2\,\omega t + \ldots\right.$$
$$\left.\ldots + \frac{1}{3}\sin 3\,\omega t - \ldots +\right)$$

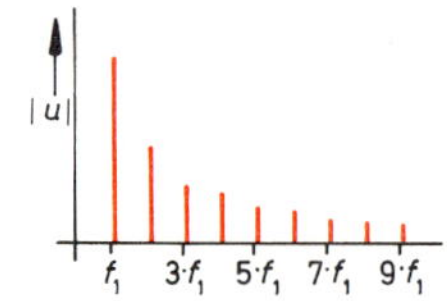

Trapezspannung

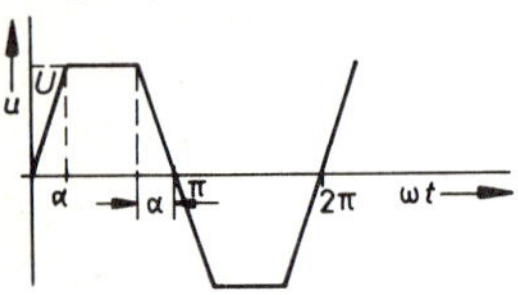

$$f(t) = \frac{4 \cdot U}{\pi \cdot \alpha}\left(\sin \alpha \cdot \sin \underset{\text{tot}}{\omega t} + \ldots\right.$$
$$\ldots + \frac{\sin 3\,\alpha}{3^2} \cdot \sin 3\,\omega t + \ldots$$
$$\left.\ldots + \frac{\sin 5\,\alpha}{5^2}\sin 5\,\omega t + \ldots\right)$$

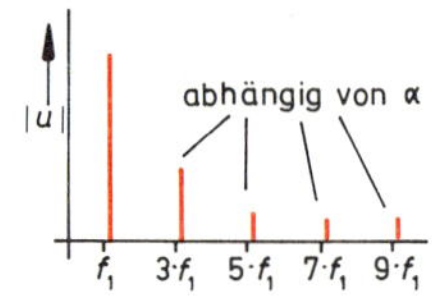

Doppelweg-Gleichrichtung

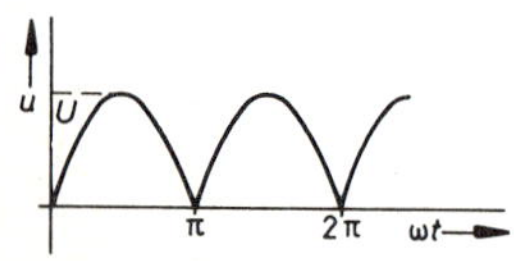

$$f(t) = \frac{4\,U}{\pi}\left(\frac{1}{2} - \frac{1}{1 \cdot 3}\cos 2\,\omega t - \ldots\right.$$
$$\ldots - \frac{1}{3 \cdot 5}\cos 4\,\omega t - \ldots$$
$$\left.\ldots - \frac{1}{5 \cdot 7}\cos 6\,\omega t - \ldots\right)$$

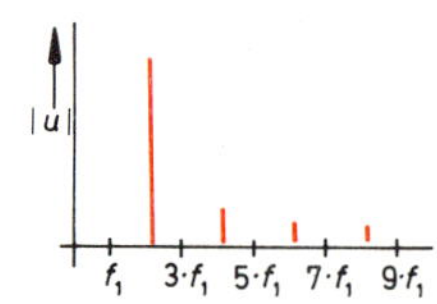

Rechteckspannung
Tastverhältnis > 2

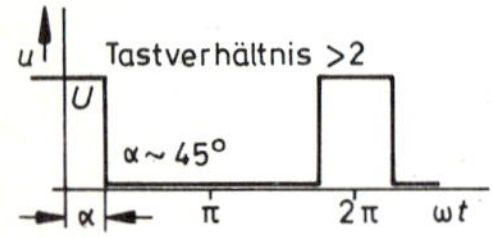

$$f(t) = \frac{2\,U}{\pi}\left(\frac{\alpha}{2} + \frac{\sin \alpha}{1}\cos \omega t + \ldots\right.$$
$$\ldots + \frac{\sin 2\,\alpha}{2}\cos 2\,\omega t + \ldots$$
$$\left.\ldots + \frac{\sin 3\,\alpha}{3}\cos 3\,\omega t + \ldots\right)$$

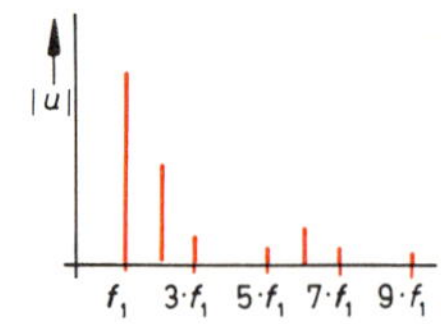

Nadelimpulse

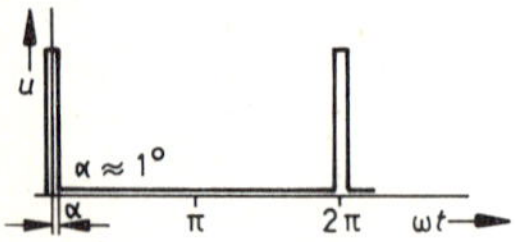

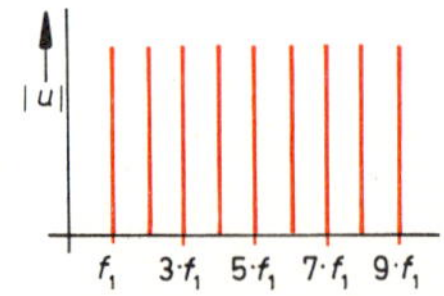

Funktionen e^x, e^{-x}, $1 - e^{-x}$ für $x = 0{,}0$ bis $1{,}94$

x	e^x	e^{-x}	$1 - e^{-x}$	x	e^x	e^{-x}	$1 - e^{-x}$	x	e^x	e^{-x}	$1 - e^{-x}$
0,00	1,0000	1,0000	0,0000	0,65	1,9155	0,5221	0,4779	1,30	3,6693	0,2725	0,7275
0,01	1,0101	0,9901	0,0099	0,66	1,9348	0,5169	0,4831	1,31	3,7062	0,2698	0,7302
0,02	1,0202	0,9802	0,0198	0,67	1,9542	0,5117	0,4883	1,32	3,7434	0,2671	0,7329
0,03	1,0305	0,9705	0,0295	0,68	1,9739	0,5066	0,4934	1,33	3,7810	0,2645	0,7355
0,04	1,0408	0,9608	0,0392	0,69	1,9937	0,5016	0,4984	1,34	3,8190	0,2619	0,7381
0,05	1,0513	0,9512	0,0488	0,70	2,0138	0,4966	0,5034	1,35	3,8574	0,2592	0,7408
0,06	1,0618	0,9418	0,0582	0,71	2,0340	0,4916	0,5084	1,36	3,8962	0,2567	0,7433
0,07	1,0725	0,9324	0,0676	0,72	2,0544	0,4868	0,5132	1,37	3,9354	0,2541	0,7459
0,08	1,0833	0,9231	0,0769	0,73	2,0751	0,4819	0,5181	1,38	3,9749	0,2516	0,7484
0,09	1,0942	0,9139	0,0861	0,74	2,0959	0,4771	0,5229	1,39	4,0148	0,2491	0,7509
0,10	1,1052	0,9048	0,0952	0,75	2,1170	0,4724	0,5276	1,40	4,0552	0,2466	0,7534
0,11	1,1163	0,8958	0,1042	0,76	2,1383	0,4677	0,5323	1,41	4,0960	0,2441	0,7559
0,12	1,1275	0,8869	0,1131	0,77	2,1598	0,4630	0,5370	1,42	4,1371	0,2417	0,7583
0,13	1,1388	0,8781	0,1219	0,78	2,1815	0,4584	0,5416	1,43	4,1787	0,2393	0,7607
0,14	1,1503	0,8694	0,1306	0,79	2,2034	0,4538	0,5462	1,44	4,2207	0,2369	0,7631
0,15	1,1618	0,8607	0,1393	0,80	2,2255	0,4493	0,5507	1,45	4,2631	0,2346	0,7654
0,16	1,1735	0,8521	0,1479	0,81	2,2479	0,4449	0,5551	1,46	4,3060	0,2322	0,7678
0,17	1,1853	0,8437	0,1563	0,82	2,2705	0,4404	0,5596	1,47	4,3492	0,2299	0,7701
0,18	1,1972	0,8353	0,1647	0,83	2,2933	0,4361	0,5639	1,48	4,3930	0,2276	0,7724
0,19	1,2092	0,8270	0,1730	0,84	2,3164	0,4317	0,5683	1,49	4,4371	0,2254	0,7746
0,20	1,2214	0,8187	0,1813	0,85	2,3396	0,4274	0,5726	1,50	4,4817	0,2231	0,7769
0,21	1,2337	0,8106	0,1894	0,86	2,3632	0,4232	0,5768	1,51	4,5267	0,2209	0,7791
0,22	1,2461	0,8025	0,1975	0,87	2,3869	0,4190	0,5810	1,52	4,5722	0,2187	0,7813
0,23	1,2586	0,7945	0,2055	0,88	2,4109	0,4148	0,5852	1,53	4,6182	0,2165	0,7835
0,24	1,2712	0,7866	0,2134	0,89	2,4351	0,4107	0,5893	1,54	4,6646	0,2144	0,7856
0,25	1,2840	0,7788	0,2212	0,90	2,4596	0,4066	0,5934	1,55	4,7115	0,2123	0,7877
0,26	1,2969	0,7711	0,2289	0,91	2,4843	0,4025	0,5975	1,56	4,7588	0,2101	0,7899
0,27	1,3100	0,7634	0,2366	0,92	2,5093	0,3985	0,6015	1,57	4,8066	0,2080	0,7920
0,28	1,3231	0,7558	0,2442	0,93	2,5345	0,3946	0,6054	1,58	4,8550	0,2060	0,7940
0,29	1,3364	0,7483	0,2517	0,94	2,5600	0,3906	0,6094	1,59	4,9038	0,2039	0,7961
0,30	1,3499	0,7408	0,2592	0,95	2,5857	0,3867	0,6133	1,60	4,9530	0,2019	0,7981
0,31	1,3634	0,7335	0,2665	0,96	2,6117	0,3829	0,6171	1,61	5,0028	0,1999	0,8001
0,32	1,3771	0,7262	0,2738	0,97	2,6379	0,3791	0,6209	1,62	5,0531	0,1979	0,8021
0,33	1,3910	0,7189	0,2811	0,98	2,6645	0,3753	0,6247	1,63	5,1039	0,1959	0,8041
0,34	1,4050	0,7118	0,2882	0,99	2,6912	0,3716	0,6284	1,64	5,1552	0,1940	0,8060
0,35	1,4191	0,7047	0,2953	1,00	2,7183	0,3679	0,6321	1,65	5,2070	0,1921	0,8079
0,36	1,4333	0,6977	0,3023	1,01	2,7456	0,3642	0,6358	1,66	5,2593	0,1901	0,8099
0,37	1,4477	0,6907	0,3093	1,02	2,7732	0,3606	0,6394	1,67	5,3122	0,1882	0,8118
0,38	1,4623	0,6839	0,3161	1,03	2,8011	0,3570	0,6430	1,68	5,3656	0,1864	0,8136
0,39	1,4770	0,6771	0,3229	1,04	2,8292	0,3535	0,6465	1,69	5,4195	0,1845	0,8155
0,40	1,4918	0,6703	0,3297	1,05	2,8576	0,3499	0,6501	1,70	5,4739	0,1827	0,8173
0,41	1,5068	0,6637	0,3363	1,06	2,8864	0,3465	0,6535	1,71	5,5290	0,1809	0,8191
0,42	1,5220	0,6571	0,3429	1,07	2,9154	0,3430	0,6570	1,72	5,5845	0,1791	0,8209
0,43	1,5373	0,6505	0,3495	1,08	2,9447	0,3396	0,6604	1,73	5,6406	0,1773	0,8227
0,44	1,5527	0,6440	0,3560	1,09	2,9743	0,3362	0,6638	1,74	5,6973	0,1755	0,8245
0,45	1,5683	0,6376	0,3624	1,10	3,0042	0,3329	0,6671	1,75	5,7546	0,1738	0,8262
0,46	1,5841	0,6313	0,3687	1,11	3,0344	0,3296	0,6704	1,76	5,8124	0,1720	0,8280
0,47	1,6000	0,6250	0,3750	1,12	3,0548	0,3263	0,6737	1,77	5,8708	0,1703	0,8297
0,48	1,6161	0,6188	0,3812	1,13	3,0957	0,3230	0,6770	1,78	5,9299	0,1686	0,8314
0,49	1,6323	0,6126	0,3874	1,14	3,1268	0,3198	0,6802	1,79	5,9894	0,1670	0,8330
0,50	1,6487	0,6065	0,3935	1,15	3,1582	0,3166	0,6834	1,80	6,0496	0,1653	0,8347
0,51	1,6653	0,6005	0,3995	1,16	3,1899	0,3135	0,6865	1,81	6,1104	0,1636	0,8364
0,52	1,6820	0,5945	0,4055	1,17	3,2220	0,3104	0,6896	1,82	6,1719	0,1620	0,8380
0,53	1,6989	0,5886	0,4114	1,18	3,2544	0,3073	0,6927	1,83	6,2339	0,1604	0,8396
0,54	1,7160	0,5828	0,4172	1,19	3,2871	0,3042	0,6958	1,84	6,2965	0,1588	0,8412
0,55	1,7332	0,5770	0,4230	1,20	3,3201	0,3012	0,6988	1,85	6,3598	0,1572	0,8428
0,56	1,7507	0,5712	0,4288	1,21	3,3535	0,2982	0,7018	1,86	6,4237	0,1557	0,8443
0,57	1,7683	0,5655	0,4345	1,22	3,3872	0,2952	0,7048	1,87	6,4883	0,1541	0,8459
0,58	1,7860	0,5599	0,4401	1,23	3,4212	0,2923	0,7077	1,88	6,5535	0,1526	0,8474
0,59	1,8040	0,5543	0,4457	1,24	3,4556	0,2894	0,7106	1,89	6,6194	0,1511	0,8489
0,60	1,8221	0,5488	0,4512	1,25	3,4903	0,2865	0,7135	1,90	6,6859	0,1496	0,8504
0,61	1,8404	0,5434	0,4566	1,26	3,5254	0,2837	0,7163	1,91	6,7531	0,1481	0,8519
0,62	1,8589	0,5379	0,4621	1,27	3,5608	0,2808	0,7192	1,92	6,8210	0,1466	0,8534
0,63	1,8776	0,5326	0,4674	1,28	3,5966	0,2780	0,7220	1,93	6,8895	0,1452	0,8548
0,64	1,8965	0,5273	0,4727	1,29	3,6328	0,2753	0,7247	1,94	6,9588	0,1437	0,8563

Funktionen e^x, e^{-x}, $1 - e^{-x}$ für $x = 1{,}95$ bis $9{,}80$ — TR 68

x	e^x	e^{-x}	$1 - e^{-x}$	x	e^x	e^{-x}	$1 - e^{-x}$	x	e^x	e^{-x}	$1 - e^{-x}$
1,95	7,0287	0,1423	0,8577	2,75	15,6426	0,06393	0,93607	4,50	90,017	0,01111	0,98889
1,96	7,0993	0,1409	0,8591	2,80	16,4446	0,06081	0,93919	4,60	99,484	0,01005	0,98995
1,97	7,1707	0,1395	0,8605	2,85	17,2878	0,05784	0,94216	4,70	109,947	0,009095	0,99090
1,98	7,2427	0,1381	0,8619	2,90	18,1742	0,05502	0,94498	4,80	121,510	0,008230	0,99177
1,99	7,3155	0,1367	0,8633	2,95	19,1060	0,05233	0,94767	4,90	134,290	0,007447	0,99255
2,00	7,3891	0,1353	0,8647	3,00	20,0855	0,04979	0,95021	5,00	148,413	0,006738	0,99326
2,02	7,5383	0,1327	0,8673	3,05	21,1153	0,04736	0,95264	5,10	164,022	0,006097	0,99390
2,04	7,7906	0,1300	0,8700	3,10	11,1980	0,04505	0,95495	5,20	181,272	0,005517	0,99448
2,06	7,8460	0,1274	0,8726	3,15	23,3361	0,04285	0,95715	5,30	200,337	0,004992	0,99501
2,08	8,0045	0,1249	0,8751	3,20	24,5325	0,04076	0,95924	5,40	221,406	0,004517	0,99548
2,10	8,1662	0,1225	0,8775	3,25	25,7903	0,03877	0,96123	5,50	244,692	0,004087	0,99591
2,12	8,3311	0,1200	0,8800	3,30	27,1126	0,03688	0,96312	5,60	270,426	0,003698	0,99630
2,14	8,4994	0,1176	0,8824	3,35	28,5027	0,03508	0,96492	5,70	298,867	0,003346	0,99665
2,16	8,6711	0,1153	0,8847	3,40	29,9641	0,03337	0,96663	5,80	330,300	0,003028	0,99697
2,18	8,8463	0,1130	0,8870	3,45	31,5004	0,03175	0,96825	5,90	365,038	0,002740	0,99726
2,20	9,0250	0,1108	0,8892	3,50	33,1154	0,03020	0,96980	6,00	403,429	0,002479	0,99752
2,22	9,2073	0,1086	0,8914	3,55	34,8133	0,02872	0,97128	6,20	492,749	0,002029	0,99797
2,24	9,3933	0,1065	0,8935	3,60	36,5982	0,02732	0,97268	6,40	601,845	0,001662	0,99834
2,26	9,5831	0,1044	0,8956	3,65	38,4747	0,02599	0,97401	6,60	735,095	0,001360	0,99864
2,28	9,7767	0,1023	0,8977	3,70	40,4473	0,02472	0,97528	6,80	897,847	0,001114	0,99889
2,30	9,9742	0,1003	0,8997	3,75	42,5211	0,02351	0,97649	7,00	1096,63	0,0009119	0,999088
2,32	10,1757	0,0982	0,9017	3,80	44,7012	0,02237	0,97763	7,20	1339,34	0,0007466	0,999253
2,34	10,3812	0,0963	0,9036	3,85	46,9931	0,02128	0,97872	7,40	1635,98	0,0006111	0,999389
2,36	10,5910	0,0944	0,9055	3,90	49,4024	0,02024	0,97976	7,60	1998,20	0,0005005	0,999500
2,38	10,8049	0,0925	0,9074	3,95	51,9354	0,01925	0,98075	7,80	2440,60	0,0004097	0,999590
2,40	11,0232	0,0907	0,9093	4,00	54,5982	0,01832	0,98168	8,00	2980,96	0,0003355	0,999664
2,42	11,2459	0,0889	0,9111	4,05	57,3975	0,01742	0,98258	8,20	3640,95	0,0002746	0,999725
2,44	11,4730	0,0871	0,9128	4,10	60,3403	0,01657	0,98343	8,40	4447,07	0,0002249	0,999775
2,46	11,7048	0,0854	0,9145	4,15	63,4340	0,01576	0,98424	8,60	5431,66	0,0001841	0,999816
2,48	11,9413	0,0837	0,9162	4,20	66,6863	0,01500	0,98500	8,80	6634,24	0,0001507	0,999849
2,50	12,1825	0,0820	0,9179	4,25	70,1054	0,01426	0,98574	9,00	8103,08	0,0001234	0,999877
2,55	12,8071	0,0780	0,9219	4,30	73,6998	0,01357	0,98643	9,20	9897,13	0,0001010	0,999899
2,60	13,4637	0,0742	0,9257	4,35	77,4785	0,01291	0,98707	9,40	12088,4	0,0000827	0,999917
2,65	14,1540	0,0706	0,9293	4,40	81,4509	0,01228	0,98772	9,60	14764,8	0,0000677	0,999932
2,70	14,8797	0,0672	0,9328	4,45	85,6269	0,01168	0,98832	9,80	18033,7	0,0000555	0,999945

1. Beispiel: Gesucht wird e^x für $x = 0{,}25$. Aus der Spalte e^x kann neben dem Wert $x = 0{,}25$ die Zahl 1,2840 entnommen werden. $e^{0{,}25} = 1{,}2840$.
2. Beispiel: Gesucht wird e^{-x} für $x = 1{,}42$. Aus der Spalte e^{-x} kann neben dem Wert $x = 1{,}42$ die Zahl 0,2417 entnommen werden. $e^{-1{,}42} = 0{,}2417$.

Optik — TR 69.1

Reflexion

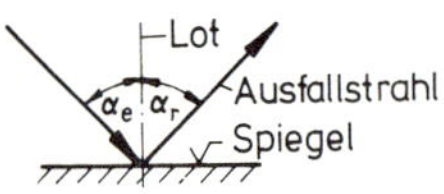

Einfallswinkel α_e ist gleich dem Ausfallswinkel oder Reflexionswinkel α_r

$$\alpha_e = \alpha_r$$

Dreht sich ein Planspiegel um den Winkel α, so wird der reflektierte Strahl um $2 \cdot \alpha$ abgelenkt.

Brechung des Lichtes

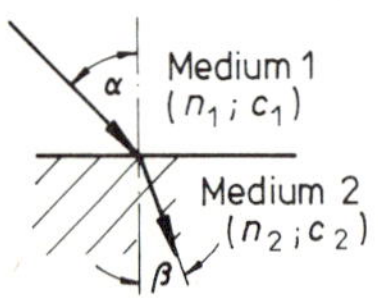

$$\frac{\sin \alpha}{\sin \beta} = \frac{c_1}{c_2} = \frac{n_2}{n_1}$$

$$n_{\text{Medium}} = \frac{\sin \alpha_{\text{Luft}}}{\sin \beta_{\text{Medium}}}$$

$$\sin \alpha_{gr} = \frac{1}{n}$$

n_1	Brechungsindex des Mediums 1
n_2	Brechungsindex des Mediums 2
c_1	Lichtgeschwindigkeit im Medium 1
c_2	Lichtgeschwindigkeit im Medium 2
α	Einfallswinkel
β	Brechungswinkel
α_{gr}	Grenzwinkel der Totalreflexion

Bei der Brechung des Lichtes oder der Brechung einer Strahlung allgemein wird der Strahl immer in Richtung des dichteren Mediums gebrochen.

Prisma

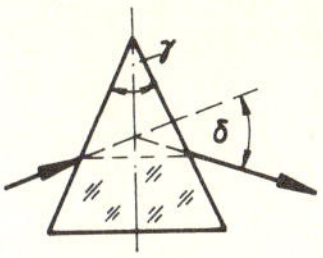

$$n = \frac{\sin \frac{(\gamma + \delta)}{2}}{\sin \frac{\gamma}{2}}$$

n Brechungsindex des Prismenwerkstoffs
γ Prismenwinkel
δ Ablenkwinkel

Konvexlinse

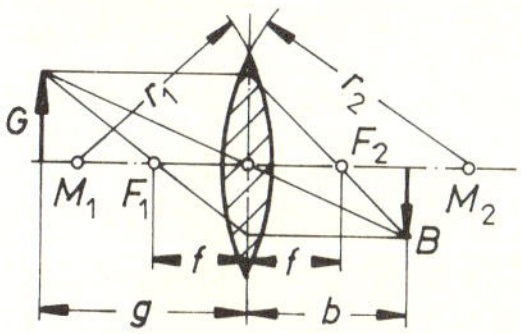

$$\frac{G}{B} = \frac{g}{b}$$

$$\frac{1}{f} = \frac{1}{g} + \frac{1}{b} = D$$

$$\frac{1}{f} = (n - 1) \cdot \left(\frac{1}{r_1} + \frac{1}{r_2}\right)$$

G Gegenstandsgröße
g Gegenstandsweite
B Bildgröße
b Bildweite
f Brennweite
r_1; r_2 Krümmungsradien
n Brechungsindex der Linse
F_1; F_2 Brennpunkt
M_1; M_2 Krümmungsmittelpunkte
D Brechwert (Einheit: Dioptrie)

Konkavlinse

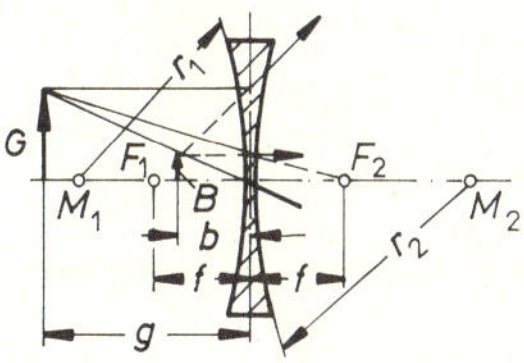

Beispiel:
G = 25 mm; g = 55 mm; f = 25 mm
b = ? mm; B = ? mm

$$\frac{1}{f} = \frac{1}{g} + \frac{1}{b}; \quad \frac{1}{b} = \frac{1}{25} - \frac{1}{55} = 0{,}02182; \quad b = 45{,}8 \text{ mm}$$

$$B = G \cdot \frac{b}{} = 25 \text{ mm} \cdot \frac{45{,}8 \text{ mm}}{55 \text{ mm}} = 20{,}8 \text{ mm}$$

Konkavspiegel

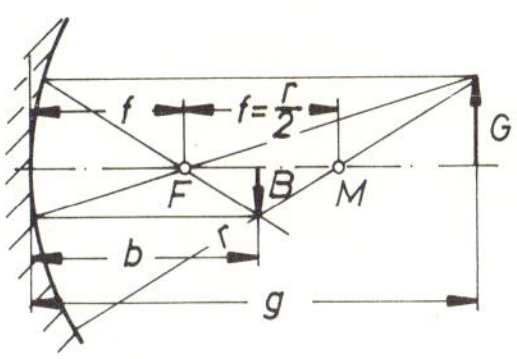

$$\frac{G}{B} = \frac{g}{b}$$

$$\frac{1}{f} = \frac{1}{g} + \frac{1}{b}$$

$$f = \frac{r}{2}$$

G Gegenstandsgröße
g Gegenstandsweite
B Bildgröße
b Bildweite
f Brennweite
r Krümmungsradius

Für den *Konvexspiegel* gelten die selben Gleichungen, es müssen lediglich die Größen für f und r negativ eingesetzt werden.

Vergrößerung allgemein

$$v = \frac{\beta_B}{\beta_G} \approx \frac{\tan \beta_B}{\tan \beta_G}$$

β_B Sehwinkel mit Instrument
β_G Sehwinkel ohne Instrument

Vergrößerung einer Lupe

$$v = \frac{s_0}{f}$$

s_0 25 cm (deutliche Sehweite)
f Brennweite

Wirksamer Durchmesser eines Objektivs

$$d = \frac{f}{Bl}$$

Bl Blendenzahl
f Brennweite

Fotometrie

Lichtstrom Φ — Einheit: Lumen (lm); ist die von einer Lichtquelle nach allen Richtungen abgestrahlte Lichtleistung

Die Strahlungsleistung 1 W von Licht der Wellenlänge 555 nm entspricht physiologisch dem Lichtstrom 682 lm = 1 Lichtwatt = Lichtgleichwert

Anglo-Amerikanische Lichttechnische Größen

Einheit	Kurzzeichen	sb	ft la	cd/sq ft	cd/sq in	lx
lambert	1 la	$1/\pi$	929	295,5	2,054	–
foot-lambert	1 ft la	$3{,}426 \cdot 10^{-4}$	1	$1/\pi$	$2{,}211 \cdot 10^{-3}$	–
Candela per square foot	$1 \frac{\text{cd}}{\text{sq ft}}$	$1{,}0764 \cdot 10^{-3}$	π	1	$6{,}944 \cdot 10^{-3}$	–
foot candle	1 ft cd	–	–	–	–	10,7639

Raumwinkel Ω — Einheit: Steradiant (sr); ist gleich einem Steradiant, wenn bei einem Kugelradius von 1 m die Kugelausschnittsfläche 1 m² beträgt.

Lichtstärke *I* — Einheit: Candela (cd); ist der auf den Raumwinkel bezogene Lichtstrom

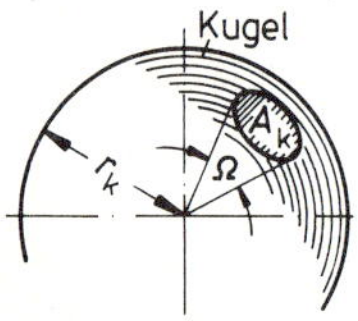

$$\Omega = \frac{A_k}{r_k^2}$$

$$\text{sr} = \frac{\text{m}^2}{\text{m}^2} = 1$$

$$I = \frac{\Phi}{\Omega}$$

$$\text{cd} = \frac{\text{lm}}{\text{sr}}$$

A_k Kugelausschnittsfläche
r_k Kugelradius
Ω Raumwinkel
I Lichtstärke bei senkrecht auftretendem Lichtstrom
Φ Lichtstrom

1 cd = 1,16 HK (Hefnerkerzen)

Strahlungsleistung P_s — Einheit: Watt (W); ist die in der Zeit t ausgestrahlte Strahlungsenergie bezogen auf die Zeit

$$P_s = \frac{W_s}{t}$$

$$\text{W} = \frac{\text{W} \cdot \text{s}}{\text{s}}$$

P_s Strahlungsleistung
W_s Strahlungsenergie
t Zeitdauer

Beleuchtungsstärke *E* — Einheit: Lux (lx); ist der auf die beleuchtete Fläche bezogene Lichtstrom bei senkrecht bestrahlter Fläche

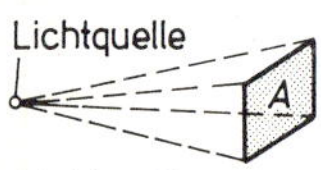

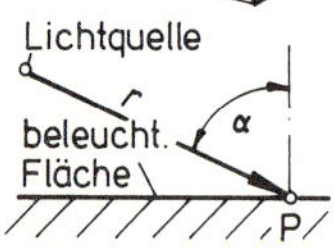

$$E = \frac{\Phi}{A}$$

$$\text{lx} = \frac{\text{lm}}{\text{m}^2}$$

$$E_p = \frac{I}{r^2} \cdot \cos \alpha$$

$$\text{lx} = \frac{\text{cd}}{\text{m}^2}$$

E Beleuchtungsstärke
A senkrecht beleuchtete Fläche

Bei der in Punkt P gegebenen Beleuchtungsstärke muß der Einfallswinkel berücksichtigt werden.

E_p Beleuchtungsstärke in Punkt P
I Lichtstärke bei senkrecht auftreffendem Lichtstrom
r Entfernung zwischen Lichtquelle und Punkt P

Leuchtdichte *L* — Einheit: Stilb (sb); ist die auf eine leuchtende Fläche bezogene Lichtstärke (in senkrechter Lichtung)

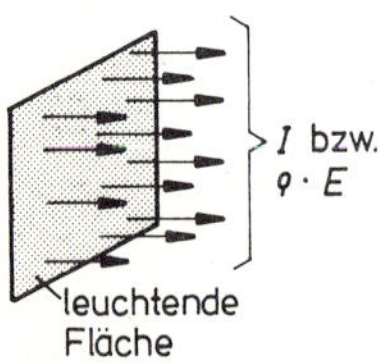

$$L = \frac{I}{a} \qquad \text{sb} = \frac{\text{cd}}{\text{cm}^2}$$

$$L_r = \frac{\rho \cdot E}{\pi} \cdot 10^{-4}$$

$$\text{asb} = \frac{1\ \text{cd}}{\pi \cdot \text{m}^2}$$

L Leuchtdichte
I Lichtstärke bei senkrecht auftreffendem Lichtstrom
a Leuchtende sichtbare Fläche

ρ Reflexionsgrad
E Beleuchtungsstärke

Bei einer beleuchteten diffus reflektierenden Fläche wird die Leuchtdichte B in Apostilb asb angegeben

Verkehrsmenge

Jede Inanspruchnahme einer Vermittlungseinrichtung ist eine Belegung

$$Y = T \sum t_i \cdot c_i$$

$$Y = t_m \cdot c \cdot T$$

c Anzahl der Belegungen je Zeiteinheit (1/h)
t_i Zeitdauer einer Belegung in h
t_m Mittlere Belegungsdauer in h
T Beobachtungsdauer in h
Y Verkehrsmenge in Erlh

Beispiele für t_m

$t_m \approx$ 1 min → Nebenstellenanlagen
$t_m \approx$ 1,5 ... 2,5 min → Ortsverkehr
$t_m \approx$ 2 ... 4 min → Fernverkehr

Verkehrswert

$$y = \frac{Y}{T} = \frac{T \cdot t_m \cdot c}{T}$$

Der Verkehrswert y ist die auf die Beobachtungsdauer T bezogene Verkehrsmenge Y.
Maßeinheit für y: Erl

Angebot

$$A = c_A \cdot t_m$$

Ohne Blockierung würde die Vermittlungseinrichtung alle angebotenen Belegungen c_A verarbeiten. Das Angebot A ist das Produkt aus der Anzahl der in einer Stunde angebotenen Belegungen und mittlerer Belegungsdauer t_m.
A Angebot in Erl

Belastung

$$y = c_y \cdot t_m$$

Der Teil des Angebots, den eine Vermittlungseinrichtung in irgend einem Zeitraum verarbeitet ist die Belastung y gemessen in Erl.
c_y Anzahl der im Mittel je Zeiteinheit verarbeiteten Belegungen (in 1/h) bei einem Verlustsystem.
y Belastung (in Erl); sie ist gleich der Leistung in einem Verlustsystem.

Restverkehr

$$R = A - y$$

Derjenige Anteil des Angebotes, der die Leistung einer Vermittlungseinrichtung mit Verlusten übersteigt, wird abgewiesen und wird als Restverkehr bezeichnet.
y Belastung = Leistung in Erl
R Restverkehr in Erl

Verlustwahrscheinlichkeit

$$V = \frac{R}{y} = \frac{c_v}{c_y}$$

$$B = \frac{R}{A} = \frac{c_v}{c_A}$$

$$V = \frac{B}{1 - B}$$

1. Verlust bezogen auf Leistung:
Der Verlust V ergibt sich aus der Anzahl der Verlustbelegungen c_v zur Anzahl der verarbeitenden Belegungen c_y.

2. Verlust bezogen auf Angebot:
Die Verlustwahrscheinlichkeit B ergibt sich aus der Anzahl der Verlustbelegungen c_v zur Anzahl der angebotenen Belegungen c_A.

$$B = \frac{V}{1 + V}$$

Die Angabe erfolgt meist in % d. h. die Dezimalwerte müssen mit 100% multipliziert werden.

Mischung

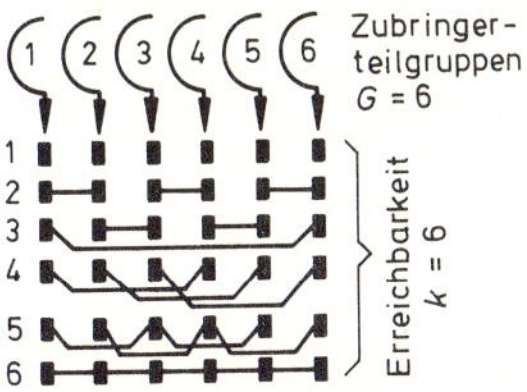

Das Mischungsverhältnis Q ergibt sich aus dem Verhältnis von Anzahl der Zubringerteilgruppen G (Einheit = 1) und Erreichbarkeit k (Einheit = 1) zur Anzahl der Abnehmerleitungen N (Einheit = 1). Im Bild ist N = 18.

$$Q = \frac{k \cdot G}{N}$$

Man strebt Mischungsverhältnisse ≥ 2,0 an.

Erreichbarkeit k
Sie entspricht der Anzahl, der Abnehmerleitungen, die von einem freien Eingang aus erreicht und auf ihren Belegungszustand geprüft werden kann.

Vollkommenes Bündel
Befindet sich hinter einer Koppelanordnung ein Abnehmerbündel mit voller Erreichbarkeit, so ist dies ein vollkommenes Bündel.

Unvollkommenes Bündel
Befindet sich hinter einer Koppelanordnung ein Abnehmerbündel mit begrenzter Erreichbarkeit, so ist dies ein unvollkommenes Bündel.

National verwendete Einheiten für Verkehrswerte

Verkehrseinheit:	1 VE = 1 Erl	Verkehrseinheit:	1 VE = 1 Erl
Traffic unit:	1 TU = 1 Erl	Equated busy hour call:	1 EBHC = 1/30 Erl
Unit call:	1 UC = 1/36 Erl	Appels réduits à l'heure chargée:	1 ARHC = 1/30 Erl
Cent call seconds:	1 CCS = 1/36 Erl		

Unvollkommene Bündel, $k = 10$

Anzahl der Schaltglieder oder Leitungen	Angebot A in Erl Verlustwert B 1%	2%	Anzahl der Schaltglieder oder Leitungen	Angebot A in Erl Verlustwert B 1%	2%	Anzahl der Schaltglieder oder Leitungen	Leistung y in Erl Verlustwert V 1%	Anzahl der Schaltglieder oder Leitungen	Leistung y in Erl Verlustwert V 1%
	–	–	61	35,0	38,2		–	61	34,5
2	0,190	0,262	62	35,7	38,9	2	0,188	62	35,1
3	0,500	0,650	63	36,2	39,5	3	0,495	63	35,7
4	0,92	1,14	64	36,8	40,2	4	0,91	64	36,3
5	1,43	1,72	65	37,4	40,9	5	1,42	65	36,9
6	1,97	2,35	66	38,0	41,5	6	1,94	66	37,5
7	2,57	3,00	67	38,6	42,2	7	2,52	67	38,1
8	3,21	3,71	68	39,2	42,8	8	3,17	68	38,7
9	3,87	4,42	69	39,8	43,5	9	3,82	69	39,3
10	4,57	5,16	70	40,4	44,1	10	4,51	70	39,9
11	5,2	5,8	71	41,0	44,8	11	5,1	71	40,5
12	5,8	6,4	72	41,6	45,4	12	5,7	72	41,1
13	6,4	7,1	73	42,2	46,1	13	6,3	73	41,7
14	7,0	7,7	74	42,8	46,7	14	6,9	74	42,3
15	7,5	8,3	75	43,5	47,4	15	7,4	75	42,9
16	8,1	9,0	76	44,1	48,0	16	8,0	76	43,5
17	8,6	9,7	77	44,7	48,7	17	8,5	77	44,1
18	9,2	10,3	78	45,3	49,4	18	9,1	78	44,7
19	9,8	10,9	79	45,9	50,0	19	9,7	79	45,3
20	10,4	11,6	80	46,5	50,7	20	10,2	80	45,9
21	11,0	12,3	81	47,1	51,3	21	10,8	81	46,5
22	11,6	12,9	82	47,8	52,0	22	11,4	82	47,1
23	12,2	13,5	83	48,4	52,6	23	12,0	83	47,7
24	12,7	14,1	84	49,0	53,3	24	12,5	84	48,3
25	13,3	14,8	85	49,6	53,9	25	13,1	85	48,9
26	14,0	15,5	86	50,2	54,6	26	13,7	86	49,5
27	14,6	16,1	87	50,8	55,2	27	14,3	87	50,1
28	15,2	16,7	88	51,3	55,9	28	14,9	88	50,7
29	15,8	17,4	89	51,9	56,5	29	15,5	89	51,3
30	16,4	18,0	90	52,6	57,2	30	16,1	90	51,9
31	17,0	18,6	91	53,2	57,9	31	16,7	91	52,5
32	17,6	19,3	92	53,8	58,5	32	17,2	92	53,1
33	18,2	20,0	93	54,4	59,2	33	17,8	93	53,7
34	18,8	20,6	94	55,0	59,8	34	18,4	94	54,3
35	19,4	21,3	95	55,6	60,5	35	19,0	95	54,9
36	20,0	22,0	96	56,2	61,1	36	19,6	96	55,5
37	20,6	22,6	97	56,8	61,8	37	20,2	97	56,1
38	21,2	23,2	98	57,4	62,4	38	20,8	98	56,7
39	21,8	23,9	99	58,1	63,1	39	21,4	99	57,3
40	22,4	24,5	100	58,7	63,7	40	22,0	100	58,0
41	23,0	25,2	101	59,3	64,4	41	22,6	101	58,6
42	23,6	25,8	102	59,9	65,0	42	23,2	102	59,2
43	24,2	26,5	103	60,5	65,7	43	23,8	103	59,8
44	24,8	27,1	104	61,1	66,4	44	24,4	104	60,4
45	25,3	27,8	105	61,7	67,0	45	24,9	105	61,0
46	25,9	28,4	106	62,3	67,7	46	25,5	106	61,6
47	26,5	29,1	107	62,9	68,3	47	26,1	107	62,2
48	27,1	29,7	108	63,5	69,0	48	26,7	108	62,8
49	27,8	30,4	109	64,2	69,6	49	27,4	109	63,4
50	28,4	31,0	110	64,8	70,3	50	28,0	110	64,0
51	29,0	31,7	111	65,4	70,9	51	28,5	111	64,6
52	29,6	32,3	112	66,0	71,6	52	29,1	112	65,2
53	30,2	33,0	113	66,6	72,2	53	29,7	113	65,8
54	30,8	33,7	114	67,2	72,9	54	30,3	114	66,4
55	31,4	34,3	115	67,8	73,6	55	31,0	115	67,0
56	32,1	35,0	116	68,4	74,2	56	31,6	116	67,6
57	32,7	35,6	117	69,0	74,9	57	32,2	117	68,2
58	33,2	36,3	118	69,6	75,5	58	32,7	118	68,8
59	33,8	36,9	119	70,2	76,2	59	33,3	119	69,4
60	34,4	37,6	120	70,8	76,8	60	33,9	120	70,0

Quadrat

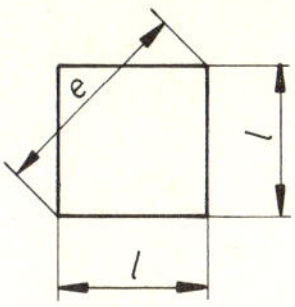

$A = l^2$

$U = 4 \cdot l$

$e = \sqrt{2} \cdot l \approx 1{,}41 \cdot l$

Rechteck

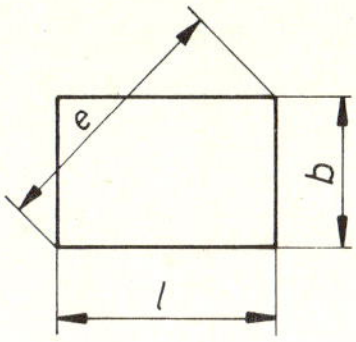

$A = l \cdot b$

$U = 2 \cdot (l + b)$

$e = \sqrt{l^2 + b^2}$

Raute (Rhombus)

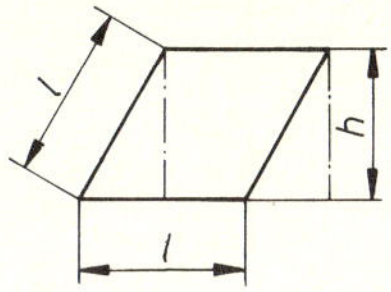

$A = l \cdot h$

$U = 4 \cdot l$

Parallelogramm (Rhomboid)

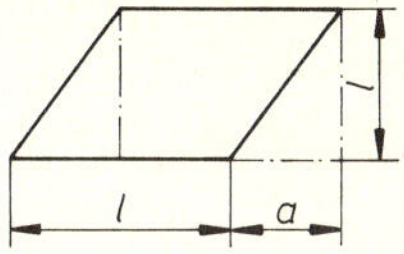

$A = l \cdot b$

U = Summe der Seiten

Dreieck

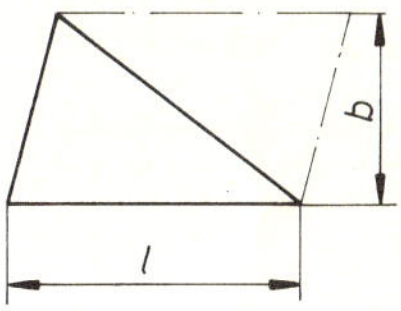

$A = \frac{l \cdot b}{2}$

U = Summe der Seiten

Trapez

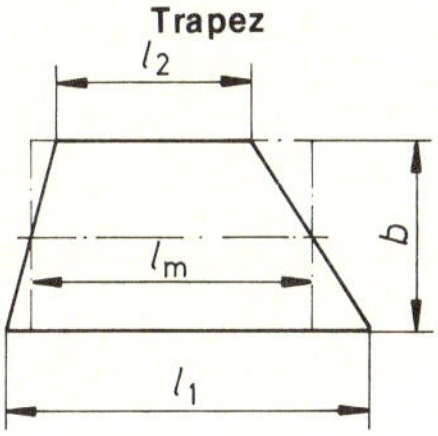

$A = l_m \cdot b$

$l_m = \frac{l_1 + l_2}{2}$

U = Summe der Seiten

Kreis

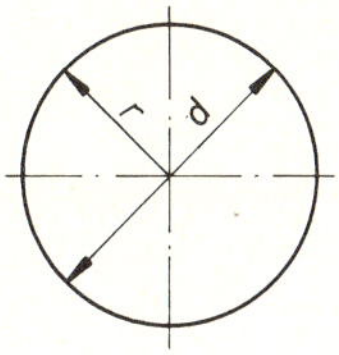

$U = \pi \cdot d$

$A = \frac{\pi \cdot d^2}{4}$

$A = 0{,}785 \cdot d^2$

$d = \sqrt{\frac{4 \cdot A}{\pi}}$

Kreisring

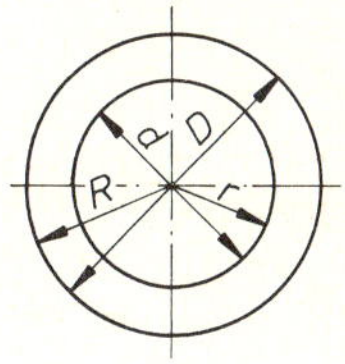

$A = \frac{\pi \cdot D^2}{4} - \frac{\pi \cdot d^2}{4}$

$A = \frac{\pi}{4} \cdot (D^2 - d^2)$

$A = 0{,}785 \cdot (D^2 - d^2)$

Drahtlänge von Rundspulen

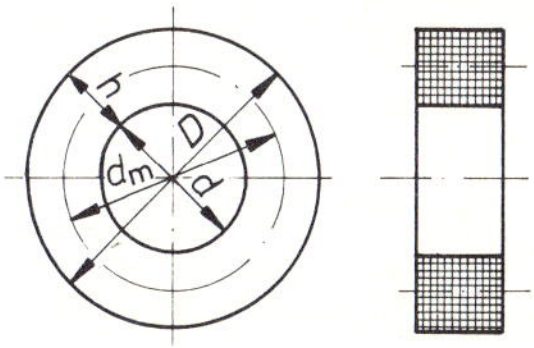

$l = \pi \cdot d_m \cdot N$

$d_m = \frac{D + d}{2}$

$h = \frac{D - d}{2}$

Rechtwinkliges Dreieck

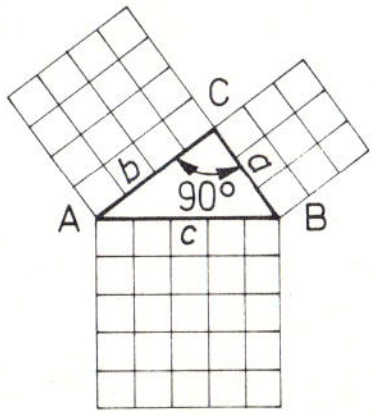

$c^2 = a^2 + b^2$

Lehrsatz des Pythagoras:

Das Quadrat über der Hypotenuse ist gleich der Summe der beiden Kathetenquadrate

Masse und Volumen von Körpern

TR 74

Masse m

Einheit kg

$m = V \cdot \rho$

m = Masse
V = Rauminhalt, Volumen
ρ = Dichte eines Stoffes

Volumen

Gleichdicke Körper

Volumen = Grundfläche × Höhe = $A_g \cdot h$

Würfel

$V = l^3$

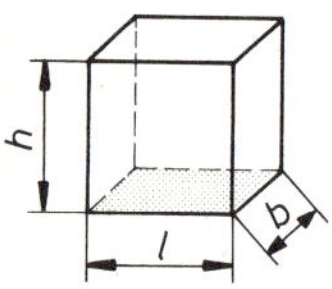

$l = \sqrt[3]{V}$

$A_0 = 6 \cdot l^2$

$l = b = h$

Prisma

$V = l \cdot b \cdot h$

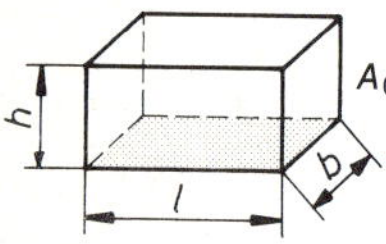

$A_0 = 2 \cdot (l \cdot b + l \cdot h + b \cdot h)$

Zylinder

$V = \frac{\pi \cdot d^2}{4} \cdot h$

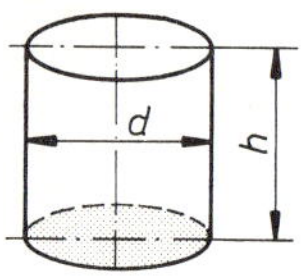

$A_M = \pi \cdot d \cdot h$

$A_0 = \pi \cdot d \cdot h + 2 \cdot \frac{\pi \cdot d^2}{4}$

Hohlzylinder

$V = \frac{\pi \cdot h}{4} \cdot (D^2 - d^2)$

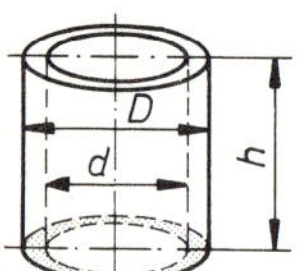

$V = 0{,}785 \cdot h \cdot (D^2 - d^2)$

$V = \pi \cdot h \cdot (R^2 - r^2)$

Kugel

$V = \frac{\pi}{6} \cdot d^3$

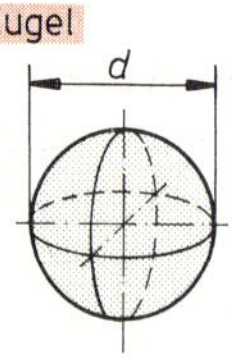

$V = \frac{4}{3} \cdot \pi \cdot r^3$

$A_0 = \pi \cdot d^2$

Spitze Körper

Volumen = $\frac{\text{Grundfläche} \times \text{Höhe}}{3} = \frac{Ag \cdot h}{3}$

Pyramide

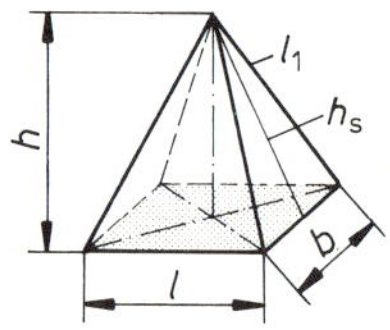

$V = \frac{A_g \cdot h}{3}$

im Beispiel

$V = \frac{b \cdot l \cdot h}{3}$

$h_s = \sqrt{h^2 + \frac{l^2}{4}}$

$l_1 = \sqrt{h_s^2 + \frac{b^2}{4}}$

Kegel

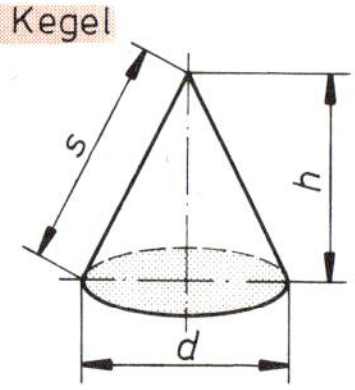

$V = \frac{\pi \cdot d^2 \cdot h}{12}$

$A_M = \pi \cdot r \cdot \sqrt{r^2 + h^2}$

$A_M = \frac{\pi \cdot d \cdot s}{2}$

$s = \sqrt{r^2 + h^2}$

Pyramidenstumpf

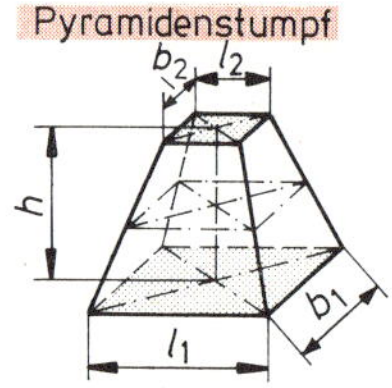

$V = \frac{h}{3} \cdot (l_1 \cdot b_1 + l_2 \cdot b_2 + \sqrt{l_1 \cdot l_2 \cdot b_1 \cdot b_2})$

Kegelstumpf

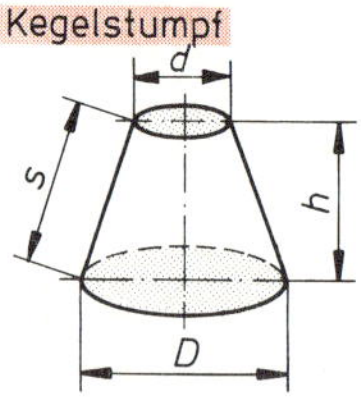

$V = \frac{\pi \cdot h}{12} \cdot (D^2 + d^2 + D \cdot d)$

$s = \sqrt{h^2 + (R - r)^2}$

$A_M = \frac{\pi \cdot s}{2} \cdot (D + d)$

Kugelabschnitt

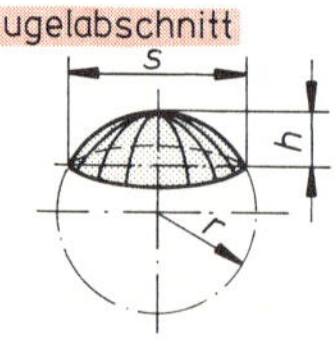

$V = \pi \cdot h^2 \cdot \left(r - \frac{h}{3}\right)$

$A_M = \pi \cdot 2 \cdot r \cdot h$

$A_M = \frac{\pi}{4} \cdot (s^2 + 4\,h^2)$

Masse m Einheit kg; t;

Beharrungsprinzip

Die Masse eines ruhenden Körpers ist unabhängig vom Ort, an dem sich der Körper befindet.
Ein Körper bleibt in Ruhe oder beharrt in seinem Bewegungszustand, wenn die Summe aller auf ihn einwirkenden Kräfte Null ist.

Kraft F Einheit Newton (N)

$$F = m \cdot a$$

$$1\ \text{N} = 1\ \text{kg} \cdot \frac{\text{m}}{\text{s}^2}$$

F Kraft
m Masse
a Beschleunigung

g $9{,}80665\ \frac{\text{m}}{\text{s}^2}$ = Erdbeschleunigung

G Gewichtskraft in N

Gewichtskraft $G = m \cdot g$

Kräfte Einheit N

Eine Kraft hat Größe und Richtung; sie kann maßstabsgetreu dargestellt werden (Vektor).

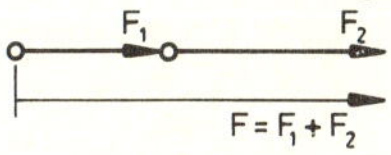

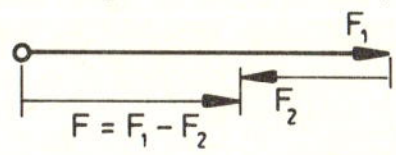

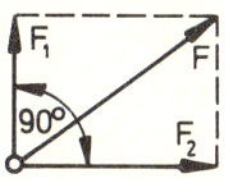

$$F = \sqrt{F_1^2 + F_2^2}$$

für rechtwinklig angreifende Kräfte

Beispiel: Kräfte unter einem rechten Winkel
$F_1 = 30\ \text{N};\ F_2 = 40\ \text{N};\ F = ?\ \text{N}$

$$F = \sqrt{F_1^2 + F_2^2} = \sqrt{(30\,\text{N})^2 + (40\,\text{N})^2} = 50\,\text{N}$$

Kräfte unter beliebigem Winkel

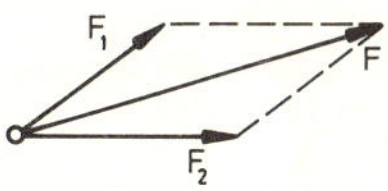

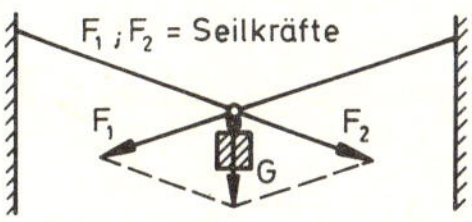

Kräfte werden maßstabsgerecht und in der Wirkungsrichtung dargestellt. Die geometrische Addition ergibt die Gesamtkraft F (Kräfteparallelogramm).

Kräfte an der schiefen Ebene (Reibung nicht berücksichtigt)

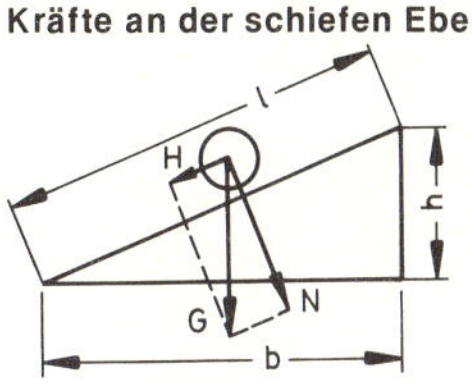

$$N = G \cdot \frac{b}{l}$$

$$H = G \cdot \frac{h}{l}$$

$$N = \sqrt{G^2 - H^2}$$

G Gewichtskraft
H Hangabtriebskraft
N Normalkraft (senkrecht zur Schrägen)
l Länge der Schrägen
b Basislänge der schiefen Ebene
h Höhe der schiefen Ebene

Hebel

Gesetz: Der Hebel ist im Gleichgewicht, wenn die Summe der rechtsdrehenden Momente gleich der Summe der linksdrehenden Momente ist.

Einseitiger Hebel

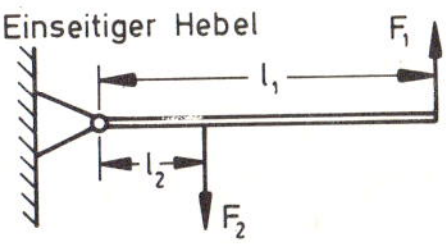

$$\sum M_{\text{rechts}} = \sum M_{\text{links}}$$

$$F_2 \cdot l_2 = F_1 \cdot l_1$$

$$M_{\text{rechts}} = F_2 \cdot l_2$$

$$M_{\text{links}} = F_1 \cdot l_1$$

M Drehmoment
$\sum$ Symbol für Summe
F Kraft
l Länge des Hebelarms

Zweiseitiger Hebel

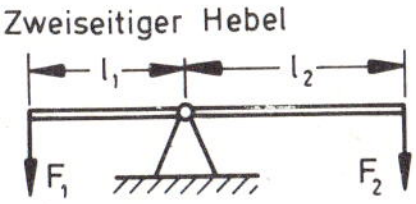

Winkelhebel

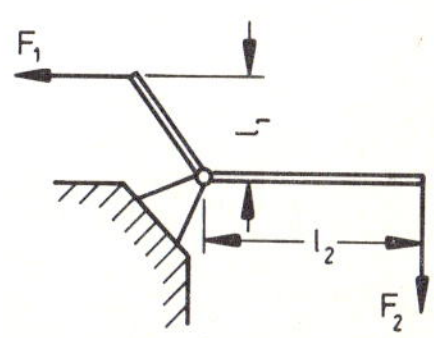

Drehmoment

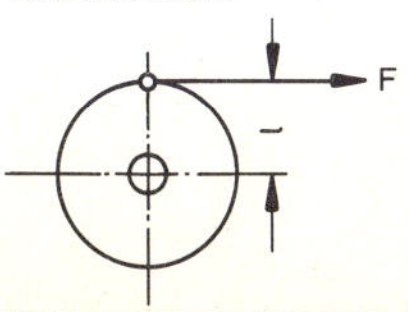

Drehmoment = Kraft x Länge des Hebelarmes

$$M = F \cdot l$$

M Drehmoment
F Kraft
l Länge des Hebelarmes

Bewegungslehre

TR 75.2

Gleichförmige Bewegung

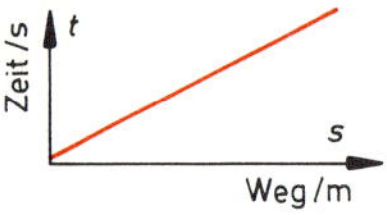

Geradlinige Bewegung

$v = \frac{s}{t}$

v = Geschwindigkeit
s = Weg in m
t = Zeit in s

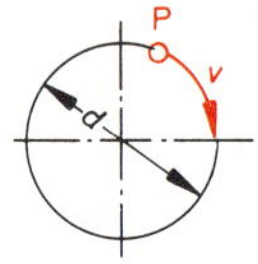

Kreisförmige Bewegung

$v = \pi \cdot d \cdot n$

d = Durchmesser
n = Drehfrequenz (Drehzahl)

Ungleichförmige Bewegung

Freier Fall

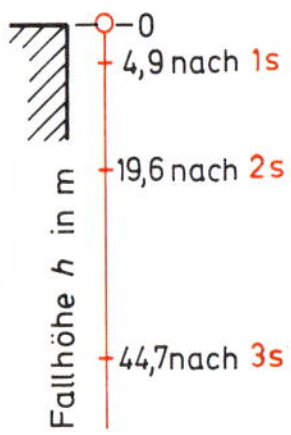

$h = \frac{g \cdot t^2}{2}$

$g = 9{,}81\,m/s^2$ (Mittelwert)

h = Fallhöhe in m
t = Zeit in s
g = Erdbeschleunigung

Gleichmäßige Beschleunigung

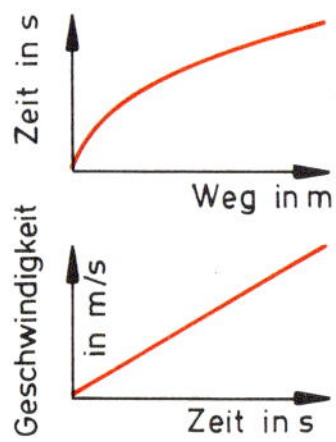

$s = \frac{a}{2} \cdot t^2$

$v = a \cdot t$

s = Weg in m
t = Zeit in s
a = Beschleunigung in m/s^2
v = Geschwindigkeit in m/s

Gleichmäßige Verzögerung

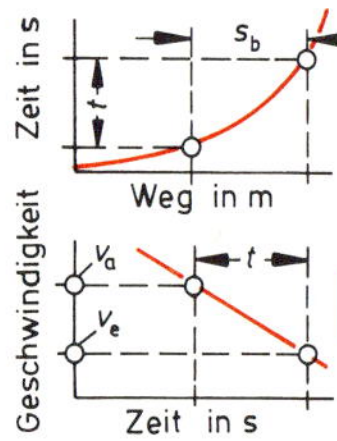

$s_b = \frac{v_a^2}{2a}$

$v_e = v_a - a \cdot t$

s_b = Bremsweg in m
a = Verzögerung in m/s^2
v_a = Anfangsgeschwindigkeit in m/s
v_e = Endgeschwindigkeit in m/s

Winkelgeschwindigkeit ω

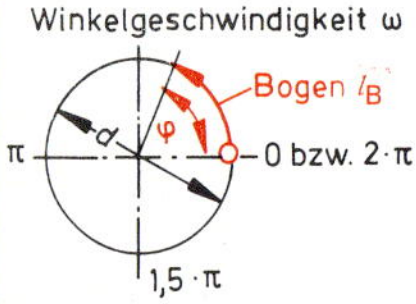

$\omega = 2 \cdot \pi \cdot n$

$v_u = \frac{\omega \cdot d}{2}$

ω = Winkelgeschwindigkeit in s^{-1} (ist der von einem Mittelpunktstrahl in einer Sekunde überstrichene Winkel im Bogenmaß)

n = Drehfrequenz (Drehzahl) in s^{-1}
v = Umfangsgeschwindigkeit in m/s
d = Durchmesser in m
l_B = Bogenlänge in m

$l_B = \frac{\pi \cdot d \cdot \alpha^\circ}{2 \cdot 180^\circ}$

Festigkeitslehre

TR 76

Zug- bzw. Druckbeanspruchung

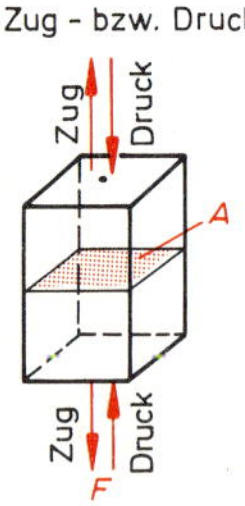

$\sigma = \frac{F}{A}$

$F_{zul} = \sigma_{zul} \cdot A$

$\sigma_{zul} = \frac{\sigma_B}{v}$

$v = \frac{\sigma_B}{\sigma_{zul}}$

σ = Zugspannung in N/mm^2
σ_{zul} = zulässige Zugspannung
σ_B = Zugfestigkeit in N/mm^2
F = Kraft in N
A = Querschnitt in mm^2
v = Sicherheitszahl

Pressung

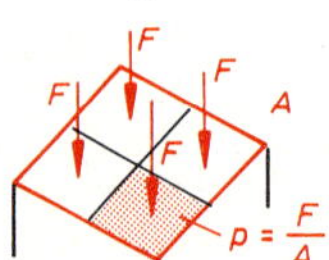

Pressung ist Druck je Flächeneinheit

$$\text{Pressung} = \frac{\text{Druckkraft}}{\text{Druckfläche}}$$

$1\,\text{Pa (Pascal)} = \frac{1\,N}{1\,m^2}$

Biegung

Biegemomente (Träger mit Einzellast F)

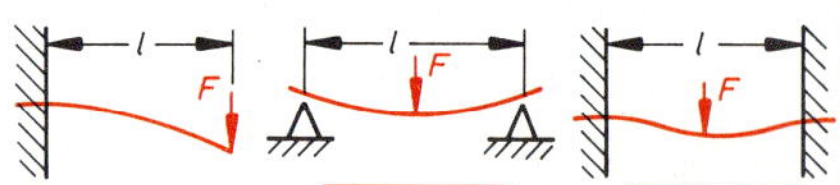

$M_b = F \cdot l$ | $M_b = \frac{F \cdot l}{4}$ | $M_b = \frac{F \cdot l}{8}$

Biegemomente (Träger gleichmäßig belastet)

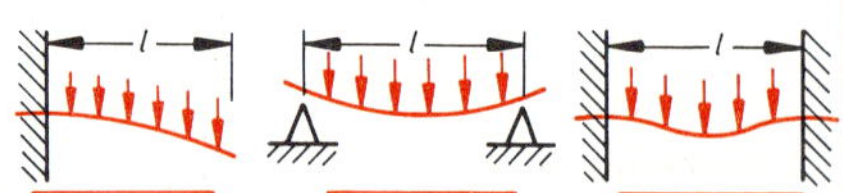

$M_b = \frac{F \cdot l}{2}$ | $M_b = \frac{F \cdot l}{8}$ | $M_b = \frac{F \cdot l}{12}$

Allgemein gilt: $M_b = \sigma_{zul} \cdot W_b$

M_b = Biegemoment in N·m
σ_{zul} = zul. Beanspruchung
W_b = Widerstandsmoment (querschnittsabhängig)

Übersetzungen

Riementrieb (Einfache Übersetzung)

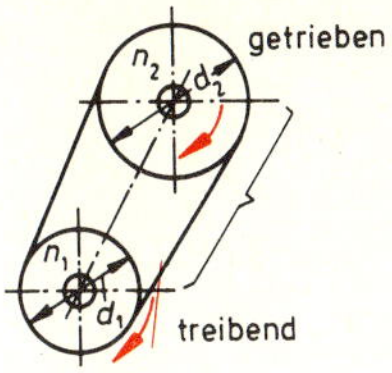

$$n_1 \cdot d_1 = n_2 \cdot d_2$$

$$i = \frac{n_1}{n_2}$$

$$i = \frac{d_2}{d_1}$$

n_1 Drehzahl der treibenden Scheibe
n_2 Drehzahl der getriebenen Scheibe
d_1 Durchmesser der treibenden Scheibe
d_2 Durchmesser der getriebenen Scheibe
i Übersetzungsverhältnis

Riementrieb (Doppelte Übersetzung)

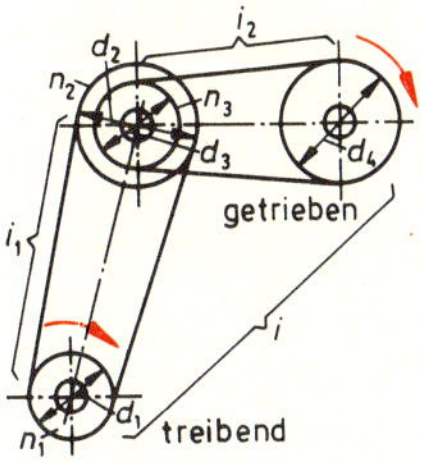

$$i = i_1 \cdot i_2$$

$$i = \frac{n_1}{n_4}$$

$$i = \frac{d_2 \cdot d_4}{d_1 \cdot d_3}$$

n_1 bis n_4 Drehzahlen
d_1 bis d_4 Durchmesser der Scheiben
i Übersetzungsverhältnis

Zahnradtrieb (Einfache Übersetzung)

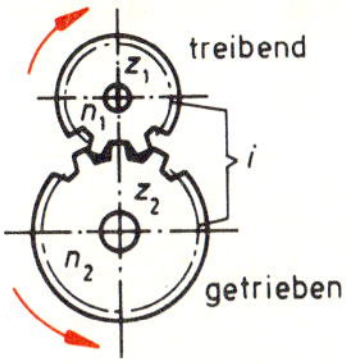

$$n_1 \cdot z_1 = n_2 \cdot z_2$$

$$i = \frac{n_1}{n_2}$$

$$i = \frac{z_2}{z_1}$$

z_1 Zähnezahl des treibenden Rades
z_2 Zähnezahl des getriebenen Rades
n_1 Drehzahl des treibenden Rades
n_2 Drehzahl des getriebenen Rades
i Übersetzungsverhältnis

Zahnradtrieb (Doppelte Übersetzung)

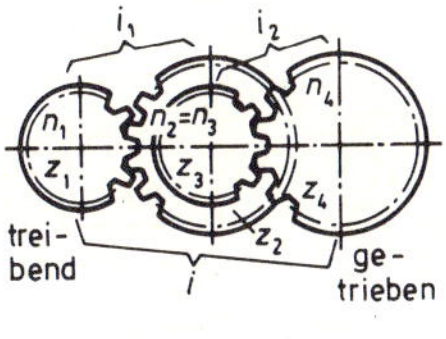

$$i = \frac{n_1}{n_4}$$

$$i = \frac{z_2 \cdot z_4}{z_1 \cdot z_3}$$

n_1 bis n_4 Drehzahlen
z_1 bis z_4 Zähnezahlen
i Übersetzungsverhältnis

Schneckentrieb

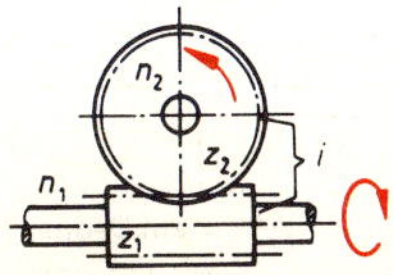

$$n_1 \cdot z_1 = n_2 \cdot z_2$$

$$i = \frac{n_1}{n_2}$$

$$i = \frac{z_2}{z_1}$$

n_1 Drehzahl der Schnecke
n_2 Drehzahl des Schneckenrades
z_1 Gängigkeit der Schnecke
z_2 Zähnezahl des Schneckenrades
i Übersetzungsverhältnis

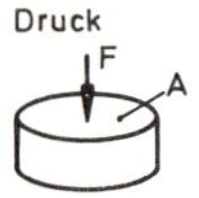

$$p = \frac{F}{A}$$

$$1\ \text{Pa} = \frac{1\ \text{N}}{1\ \text{m}^2}$$

p Druck
F Druckkraft
A Fläche
1 bar = 10^5 Pa
1 at = 0,980665 bar
1 Torr = $1{,}333224 \cdot 10^{-3}$ bar

Hydrostatischer Druck

$$p_H = g \cdot h_x \cdot \rho$$

Bodendruck

$$p_B = g \cdot h \cdot \rho$$

Seitendruck

$$p_s = g \cdot h_y \cdot \rho$$

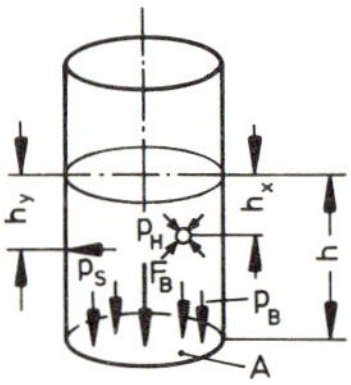

$$1\ \text{Pa} = 9{,}81\ \frac{\text{m}}{\text{s}^2} \cdot 1\ \text{m} \cdot 1\ \frac{\text{kg}}{\text{m}^3}$$

p_H hydrostatischer Druck
p_B Bodendruck
p_s Seitendruck
g Fallbeschleunigung
ρ Dichte
h Höhe der gesamten Flüssigkeitssäule
h_x Höhe der Flüssigkeitssäule (hydrostatischer Druck)
h_y Höhe der Flüssigkeitssäule (Seitendruck)
A Grundfläche

Beispiel: $g = 9{,}81$ m/s²; $h = 0{,}5$ m; $\rho = 1000$ kg/m³ $p_B = ?$ Pa

$$p_B = g \cdot h \cdot \rho = 9{,}81\ \frac{\text{m}}{\text{s}^2} \cdot 0{,}5\ \text{m} \cdot 1000\ \frac{\text{kg}}{\text{m}^3} = 4903{,}3\ \text{Pa}$$

Bodendruckkraft

$$F_B = g \cdot h \cdot A \cdot \rho$$

Druckumsetzung Die Drücke p_1 und p_2 verhalten sich umgekehrt wie die Kolbenflächen

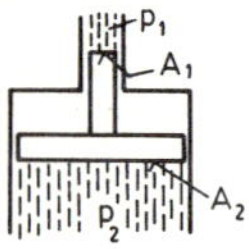

$$\frac{p_1}{p_2} = \frac{A_2}{A_1}$$

p_1 Druck im ersten Zylinder
p_2 Druck im zweiten Zylinder
A_1; A_2 Kolbenflächen

Beispiel: $p_1 = 60$ Pa; $A_1 = 0{,}005$ m²; $A_2 = 0{,}03$ m²
$p_2 = ?$ Pa

$$p_2 = p_1 \cdot \frac{A_1}{A_2} = 60\ \text{Pa} \cdot \frac{0{,}005\ \text{m}^2}{0{,}03\ \text{m}^2} = 10\ \text{Pa}$$

Druckfortpflanzung Die Druckfortpflanzung erfolgt in einer Flüssigkeit nach allen Seiten in gleicher Größe.

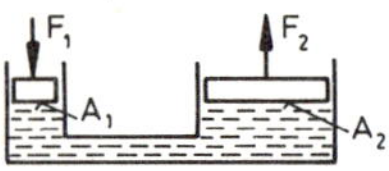

$$\frac{F_1}{F_2} = \frac{A_1}{A_2}$$

F_1 Kraftwirkung auf den 1. Kolben
F_2 Kraftwirkung des 2. Kolbens
A_1; A_2 Kolbenflächen

Beispiel: $F_1 = 600$ N; $A_1 = 0{,}005$ m²; $A_2 = 0{,}05$ m²
$F_2 = ?$ N

$$F_2 = F_1 \cdot \frac{A_2}{A_1} = 600\ \text{N}\ \frac{0{,}05\ \text{m}^2}{0{,}005\ \text{m}^2} = 6000\ \text{N}$$

Auftrieb in Flüssigkeiten Ein in eine Flüssigkeit tauchender Körper erfährt eine Auftriebskraft, deren Größe gleich ist mit der Gewichtskraft der verdrängten Flüssigkeit.

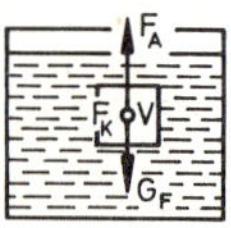

$$F_A = g \cdot V \cdot \rho_F$$

$$1\ \text{N} = 9{,}81\ \frac{\text{m}}{\text{s}^2} \cdot 1\ \text{m}^3 \cdot 1\ \frac{\text{kg}}{\text{m}^3}$$

$$G_F = F_K - F_A$$

F_K Gewichtskraft des Körpers
F_A Auftriebskraft
g Fallbeschleunigung = 9,81 m/s²
V Volumen der verdrängten Flüssigkeit
ρ_F Dichte der Flüssigkeit
G_F Gewichtskraft des Körpers in Flüssigkeit

Ausflußgesetz nach Torricelli

$$v = \sqrt{2 \cdot g \cdot h}$$

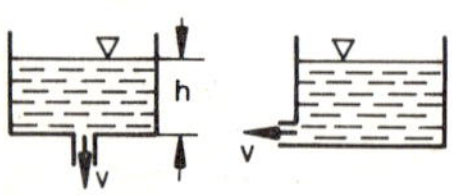

v Ausflußgeschwindigkeit
g Erdbeschleunigung = 9,81 m/s²
h Höhe des Flüssigkeitsspiegels über der Ausflußöffnung

Begriffe und Einheiten

	Formelzeichen	Einheit	Kurzzeichen
Wärme oder *Wärmemenge* ist die Energie untergeordneter Molekülbewegungen	Q	Joule	J
Temperatur ist ein Maß für die Schnelligkeit der Molekülbewegungen	T	Kelvin	K
Temperaturangaben erfolgen in „Grad Celcius" (°C)	t	Grad Celsius	°C
Temperaturdifferenzen in Kelvin (K)	$\Delta\vartheta$	Kelvin	K
0 K ≙ −273,15 °C			
Die *spezifische Wärmekapazität* ist die Wärmemenge, welche 1 kg eines Stoffes um 1 K erwärmt	c	$\frac{J}{kg \cdot K}$	
Spezifische Schmelzwärme ≙ *spezifische Erstarrungswärme* Wärmemenge, die bei Schmelztemperatur (Erstarrungstemperatur) für 1 kg eines festen Körpers benötigt wird, um ihn zu schmelzen, bzw. frei wird, wenn der Körper erstarrt	s	$\frac{J}{g} = \frac{kJ}{kg}$	
Spezifische Verdampfungswärme ≙ *spezifische Kondensationswärme* Wärmemenge, die bei Siedetemperatur (Kondensationstemperatur) für 1 kg eines flüssigen Körpers benötigt wird, um ihn zu verdampfen, bzw. frei wird, wenn der Körper kondensiert. Die Siedetemperatur ist druckabhängig	i	$\frac{J}{g} = \frac{kJ}{kg}$	

Temperaturmessung

Meßbereich	Bereich °C	Prinzip
Flüssigkeitsthermometer		
Quecksilberthermometer	−35... + 800	Ausdehnung der Flüssigkeit in einem engen Gefäß
Alkoholthermometer	−110... + 50	
Pentanthermometer	−190... + 20	
Elektrische Temperaturmeßgeräte		
Widerstandsthermometer	−200... + 1500	Widerstand steigt mit höherer Temperatur
Thermoelemente	−200... + 1600	Spannung an der erwärmten Verbindungsstelle zweier verschiedener Metalle
Strahlungspyrometer	bis 3500	
Helligkeitspyrometer		Helligkeitsvergleich
Gesamtstrahlungspyrometer		Wärmestrahlung wirkt auf Thermoelement (oder Fotoelement)
Farbpyrometer		Farbe-Maß für Temperatur
Segerkegel	bis 2000	Vergleich durch Schmelztemperatur
Temperaturmeßfarben	−40...1350	Farbänderung – Maß für Temperatur

Gebräuchliche Thermopaare nach DIN 43710

Plusschenkel		Minusschenkel	Temperaturbereich °C	Spannungsbereich mV
Kupfer	–	Konstantan	−200... + 600	−5,7 ... + 34,3
Eisen	–	Konstantan	−200... + 900	−8,15... + 53,15
NiCr	–	Ni	0... + 1200	9... + 49
PtRh	–	Pt	0... + 1600	0... + 16,76

Umrechnungswerte

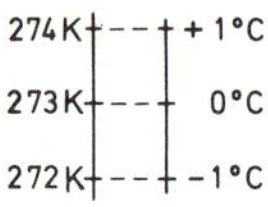

Celcius ↔ Kelvin

$$T \mathrel{\hat{=}} 273 + t$$

T Temperatur in K
t Temperatur in °C

Beispiel:
$t = 25\,°C$; $T = ?\,K$
Lösung:
$T = 273 + t = 273 + 25 = 298\,K$

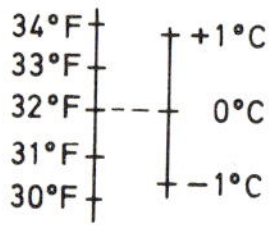

Fahrenheit ↔ Celcius

$$t \mathrel{\hat{=}} \frac{5}{9}(t_F - 32)$$

t Temperatur in °C
t_F Temperatur in °F

Beispiel:
$t_F = 120\,°F$; $t = ?\,°C$
Lösung:
$$t = \frac{5}{9}(t_F - 32)$$
$$= \frac{5}{9}(120 - 32) = 49\,°C$$

Längenausdehnung

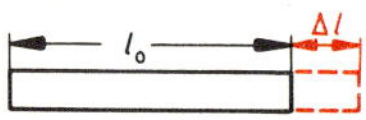

$$\Delta L = l_0 \cdot \Delta\vartheta \cdot \alpha$$

ΔL Längenzunahme
l_0 Länge im Kaltzustand
$\Delta\vartheta$ Temperaturzunahme
α Längen-Ausdehnungskoeffizient

Volumenausdehnung

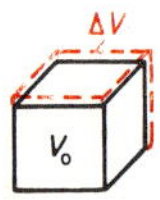

$$\Delta V = V_0 \cdot \Delta\vartheta \cdot \gamma$$

für feste Stoffe
gilt $\gamma \approx 3 \cdot \alpha$
für Gase
$$\gamma \approx \frac{1}{273\,K} = 0{,}0037\,\frac{1}{K}$$

ΔV Volumenzunahme
V_0 Volumen im kalten Zustand
γ Volumenausdehnungskoeffizient

Stoff	α $10^{-6}\,\frac{1}{K}$
Aluminium	24
Blei	29
Eisen	12
Kupfer	17

Beispiel:
$V_0 = 10\,cm^3$; $\Delta\vartheta = 50\,K$
$\alpha = 0{,}00002\,\frac{1}{K}$; $\Delta V = ?$
Lösung:
$$\gamma \approx 3\,\alpha = 3 \cdot 0{,}00002\,\frac{1}{K}$$
$$= 6 \cdot 10^{-5}\,\frac{1}{K}$$
$$\Delta V = 10\,cm^3 \cdot 50\,K \cdot 6 \cdot 10^{-5}\,\frac{1}{K}$$
$$\Delta V = 30\,mm^3$$

Wärmemenge

Keine Zustandsänderung
$$Q = m \cdot c \cdot \Delta\vartheta$$

mit Zustandsänderung
$$Q = m \cdot c \cdot \Delta\vartheta + m \cdot s + m \cdot j$$

Wasser
$$c = 4{,}187\,\frac{kJ}{kg \cdot K}$$
$$s = 332\,\frac{kJ}{kg}$$
$$j = 2257\,\frac{kJ}{kg}$$

Q Wärmemenge
m Masse
c spez. Wärmekapazität
$\Delta\vartheta$ Temperaturzunahme
s spez. Schmelzwärme
j spez. Verdampfungswärme

Beispiel:
$m = 1\,kg$; $t_1 = 0°$ (Eis); $t_2 = 100°$ (Wasserdampf); $Q = ?$
Lösung:
$$Q = m \cdot c \cdot \Delta\vartheta + m \cdot s + m \cdot j$$
$$= 1 \cdot 4{,}187\,\frac{kJ}{kg \cdot K} \cdot 100\,K + 332\,kJ + 2257\,kJ$$
$$= 3007\,kJ$$

Mischtemperatur von Flüssigkeiten

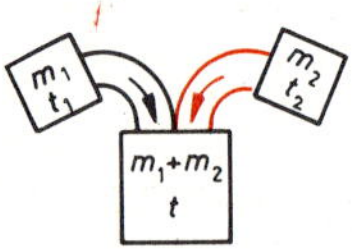

$$t = \frac{m_1 \cdot c_1 \cdot t_1 + m_2 \cdot c_2 \cdot t_2}{m_1 \cdot c_1 + m_2 \cdot c_2}$$

bei gleichen Stoffen
$$t = \frac{m_1 \cdot t_1 + m_2 \cdot t_2}{m_1 + m_2}$$

t Mischungstemperatur
m_1 Masse Stoff 1
m_2 Masse Stoff 2
c_1 spez. Wärmekapazität 1
c_2 spez. Wärmekapazität 2
t_1 Temperatur Stoff 1
t_2 Temperatur Stoff 2

Beispiel:
1 kg Wasser $t_1 = 5\,°C$
2 kg Wasser $t_2 = 70\,°C$
$$t = \frac{1\,kg \cdot 5\,°C + 2\,kg \cdot 70\,°C}{1\,kg + 2\,kg} = 48{,}3\,°C$$

Messung mit Zeigermeßgeräten

Begriffe zu einzelnen Meßverfahren

Messen – Tatsächliches Ermitteln der Meßgröße mit Hilfe geeichter (kalibrierter) Meßgeräte oder Meßeinrichtungen.
Prüfen – Feststellen der Funktionsfähigkeit einer Anlage mit Hilfe von Meßgeräten
Eichen (kalibrieren) – Anpassung eines Meßgerätes oder einer Meßeinrichtung an die tatsächlich zu messende Meßgröße.

Vorschriften

VDE 0410 – Regeln für elektrische Meßgeräte

VDE 0411 – Bestimmungen für elektrische Meßgeräte und Regler

VDE 0418 – Bestimmungen für Elektrizitätszähler

DIN 1319 – Grundbegriffe der Meßtechnik; Messen, Prüfen, Zählen

Skalenbeschriftung

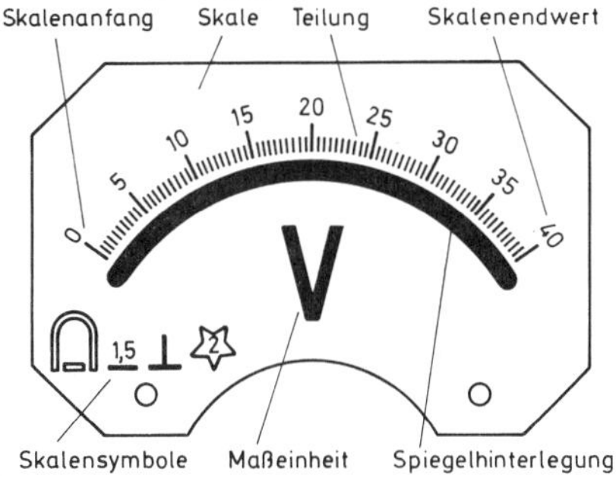

Skalenbeschriftung enthält

Sinnbilder für	und Angaben über
Stromart	Meßgeräteklasse
Meßwerk	Innenwiderstand
Gebrauchslage	Einheit der Meßgröße
Prüfspannung	Ursprung

Meßgeräteklassen

	Feinmeßgeräte			Betriebsmeßgeräte			
Klasse	0,1	0,2	0,5	1	1,5	2,5	5
Anzeigefehler ± %	0,1	0,2	0,5	1	1,5	2,5	5

Die Zahlenwerte geben den maximal zulässigen Fehler eines Zeigermeßgeräts bezogen auf den Skalenendwert an.

Skalensinnbilder

- — für Gleichstrom
- für Gleich- und Wechselstrom
- ~ für Wechselstrom
- für Drehstrom mit einem Meßwerk
- für Drehstrom mit zwei Meßwerken
- für Drehstrom mit drei Meßwerken
- 1,5 Klassenzeichen, bezogen auf Meßbereich-Endwert
- 1,5 Klassenzeichen, bezogen auf Skalenlänge bzw. Schreibbreite
- (1,5) Klassenzeichen, bezogen auf richtigen Wert
- ⊥ Senkrechte Nennlage
- Waagerechte Nennlage
- 60° Schräge Nennlage (mit Neigungswinkelangabe)
- 2 Prüfspannung
- Hinweis auf getrennten Nebenwiderstand
- Hinweis auf getrennten Vorwiderstand
- ○ Magnetischer Schirm (Eisenschirm)
- Elektrostatischer Schirm
- ast Astatisches Meßwerk
- ⚠ Achtung (Gebrauchsanleitung beachten)!
- Drehspulmeßwerk
- als Zusatz zu: Gleichrichter; Thermoumformer; isol. Thermoumformer
- Drehspul-Quotientenmeßwerk
- Drehmagnetmeßwerk
- Drehmagnet-Quotientenmeßwerk
- Dreheisenmeßwerk
- Dreheisen-Quotientenmeßwerk
- Elektrodynamisches Meßwerk (eisenlos)
- Elektrodynamisches Quotientenmeßwerk (eisenlos)
- Elektrodynamisches Meßwerk (eisengeschlossen)
- Elektrodynamisches Quotientenmeßwerk (eisengeschlossen)
- Induktionsmeßwerk
- Induktions-Quotientenmeßwerk
- Hitzdrahtmeßwerk
- Bimetallmeßwerk
- Elektrostatisches Meßwerk
- Vibrationsmeßwerk
- mit eingebautem Verstärker

Bei Meßgeräten mit mehreren Meßpfaden müssen die einzelnen Meßpfade gegeneinander und gegen Erde geprüft werden. Die Größe der Prüfspannung ist abhängig von der Größe der Nennspannung des Meßgerätes.

Nennspannung	bis 40 V	Prüfspannung 500 V	Stern, ohne Zahl
Nennspannung	40 V bis 650 V	Prüfspannung 2000 V	Stern, Zahl = 2
Nennspannung	650 V bis 1000 V	Prüfspannung 3000 V	Stern, Zahl = 3

Eigenverbrauch von Meßgeräten:

Meßgerät	Eigenverbrauch	gemessener Wert
Drehspulmeßgerät	kleiner als 3 mW	arithm. Mittelwert
Kreuzspulmeßgerät	kleiner als 5 mW	Quotient
Dreheisenmeßgerät	etwa 0,5 ... 5 VA	Effektivwert
Elektrostatische Meßgeräte	nahezu Null	Effektivwert
Bimetallmeßgeräte	etwa 4 VA	Effektivwert
Hitzdrahtmeßgeräte	größer als 40 mW	Effektivwert
Thermoumformer	etwa 4 ... 40 mW	Effektivwert
Verstärkerspannungsmesser	nahezu Null	meist Effektivwert
Vibrationsmeßgeräte	0,5 ... 10 VA	Frequenz
Schreiber	10 ... 30 mW bzw. 1,5 ... 12 VA	
Elektrodyn. Meßwerk	2,8 W bzw. 2,8 VA	Effektivwert

Innenwiderstand von Meßgeräten

Er ist abhängig von der Meßwerkart. Drehspulmeßgeräte: 333 Ω/V; 1 kΩ/V; 10 kΩ/V; ... 100 kΩ/V
Drehspulmeßgeräte mit eingebautem Verstärker: 1 ... 10 MΩ/V.

Abhängigkeit der Messung von der Kurvenform der Meßgröße

Bei direkten Effektivwertmessern fast keine. Drehspulmeßgeräte zeigen nur bei rein sinusförmigen Meßgrößen den Effektivwert.
Für andere Kurvenformen muß der angezeigte Wert mit einem Korrekturfaktor multipliziert werden.

Kurvenform	Korrekturfaktor	$\frac{\text{Effektivwert}}{\text{Spitzenwert}}$
Sinus	1	0,707
Rechteck	1,41	1,0
Dreieck	0,82	0,577
Parabelspitzen	0,64	0,45
Halbellipsen	1,16	0,82
Halbkreise	1,16	0,82

Mischströme und Mischspannungen werden getrennt nach Gleich-Wechselanteil gemessen und der Effektivwert berechnet.

$$U_{eff} = \sqrt{U_{gl}^2 + \frac{U_s^2}{2}}$$

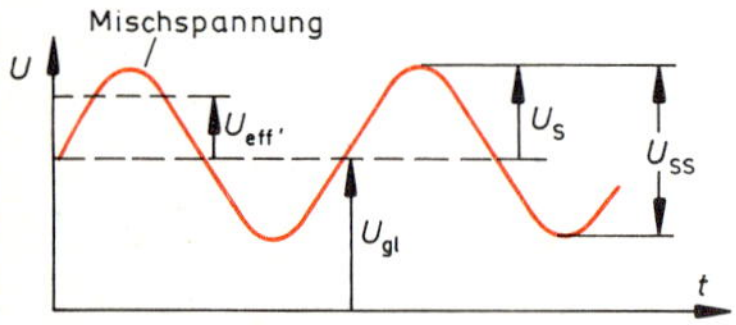

Messung des Effektivwertes bei Phasenanschnittsteuerungen

Effektivwertmeßgeräte zeigen die Meßgröße direkt an.
Anzeigen von Drehspulmeßgeräten mit Meßgleichrichter müssen korrigiert werden.

Korrekturkurve zur Ermittlung des Effektivwertes

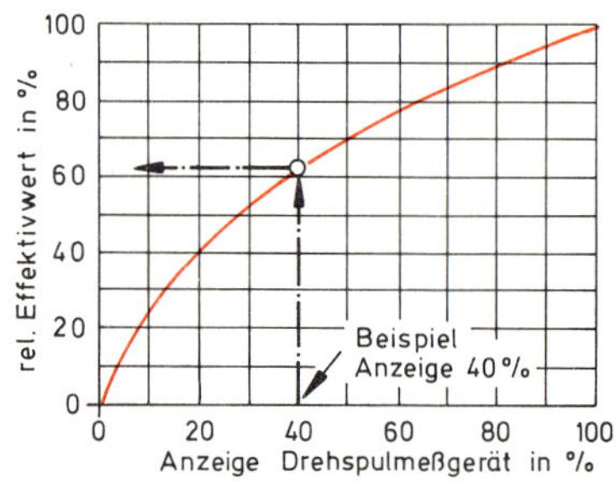

Beispiel:

Maximalstromstärke ergibt sich bei einem Stromflußwinkel von 180°. Der Stromflußwinkel einer Anschnittsteuerung wird soweit verändert, daß das Drehspulinstrument nur noch 40% der Maximalstromstärke anzeigt. Aus der Korrekturkurve ergibt sich hierfür ein relativer Effektivwert von 61% ≙ 0,61.
Tatsächlicher Effektivwert ist 0,61 · Maximalstromstärke.

Meßschaltungen mit Zeigermeßgeräten

Spannungsmessung

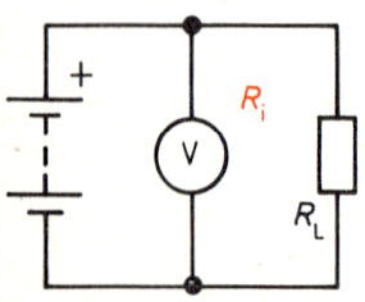

Spannungsmesser parallel zur Meßstelle (Verbraucher R_L oder Spannungsquelle) schalten.

R_i = möglichst groß

Strommessung

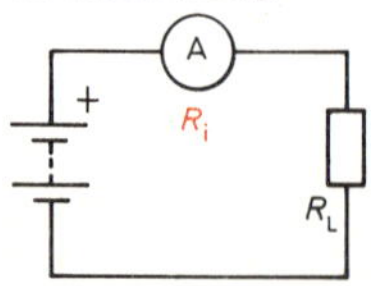

Strommesser in den Stromkreis (in Reihe zum Verbraucher R_L) schalten.

R_i = möglichst klein

Meßbereichswerweiterung bei Spannungsmessern

mit Vorwiderstand

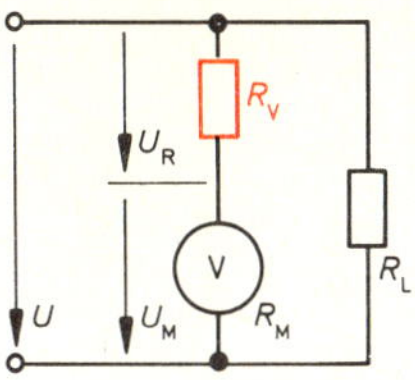

mit Spannungswandler

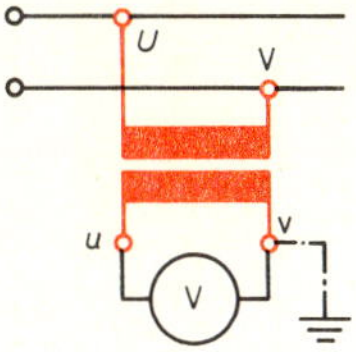

$$R_V = R_M \cdot \left(\frac{U}{U_{inst}} - 1\right)$$

- R_V Vorwiderstand in Ω
- R_M Innenwiderstand in Ω
- U geforderte Nennspannung in V
- U_{inst} Nennspannung des Instrumentes in V

Spannungswandler

Nennspannung, Nennleistung, Nennfrequenzbereich und Nennübersetzung beachten

Meßbereichserweiterung bei Strommessern

mit Nebenwiderstand

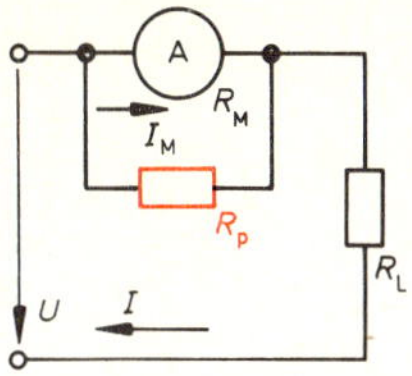

mit Stromwandler

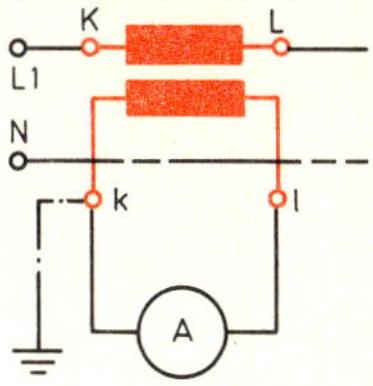

$$R_p = \frac{R_M \cdot I_{inst}}{I - I_{inst}}$$

- R_p Nebenwiderstand in Ω
- R_M Innenwiderstand in Ω
- I geforderter Nennstrom in A
- I_{inst} Nennstrom des Instrumentes in A

Stromwandler

Nennstrom, Nennbürde, Nennüberstromziffer, Nennfrequenzbereich und Nennübersetzung beachten

Leistungsmessung: Scheinleistung und Wirkleistung

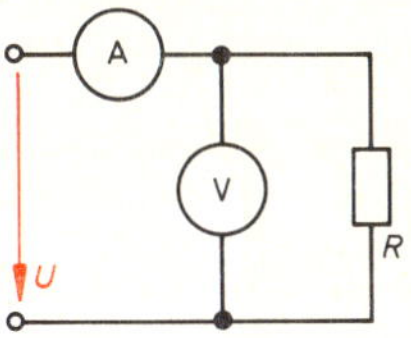

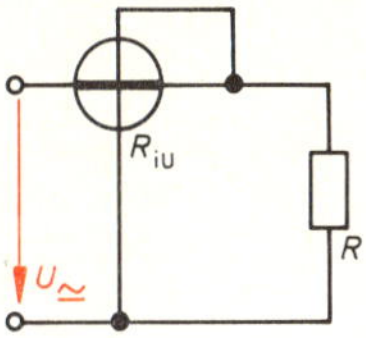

Stromfehlermethode **Bedingung:** $R_{iU} \gg R$

Messung der Scheinleistung bei Wechselstrom bzw. Wirkleistung bei Gleichstrom mittels Strom- und Spannungsmessung

$$S = U \cdot I - \frac{U^2}{R_{iU}}$$

$$P = U \cdot I - \frac{U^2}{R_{iU}}$$

- S Scheinleistung in VA
- U Spannung in V
- I Stromstärke in A
- R_{iU} Innenwiderstand des Spannungsmessers in Ω

Messung der Wirkleistung mit Leistungsmesser

Korrekturformel:

$$P = P_{Meß} - \frac{U^2}{R_{iU}}$$

- P tatsächliche Leistung im Lastwiderstand in W
- $P_{Meß}$ gemessene Leistung in W
- R_{iU} Innenwiderstand des Spannungspfades in Ω

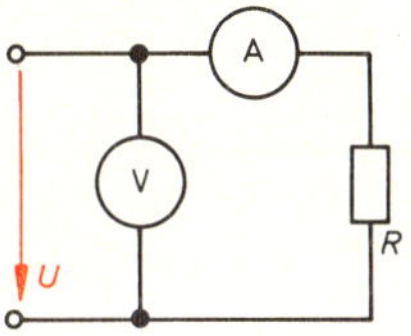

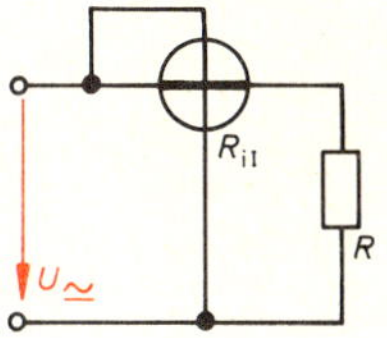

Spannungsfehlermethode **Bedingung:** $R_{iI} \ll R$

Messung der Scheinleistung bei Wechselstrom bzw. Wirkleistung bei Gleichstrom mittels Strom- und Spannungsmessung

$$S = U \cdot I - I^2 \cdot R_{iI}$$

$$P = U \cdot I - I^2 \cdot R_{iI}$$

- S Scheinleistung in VA
- U Spannung in V
- I *Strom in A*
- R_{iI} Innenwiderstand des Strommessers in Ω

Messung der Wirkleistung mit Leistungsmesser

Korrekturformel:

$$P = P_{Meß} - I^2 \cdot R_{iI}$$

- P tatsächliche Leistung in W
- $P_{Meß}$ gemessene Leistung in W
- R_{iI} Innenwiderstand des Strompfades

Leistungsmessung: Blindleistung

Es wird eine Wirkleistungsmessung und eine Scheinleistungsmessung vorgenommen. Aus beiden Messungen wird die Blindleistung errechnet.

$$Q = \sqrt{S^2 - P^2}$$

- Q Blindleistung in var
- S Scheinleistung in VA
- P Wirkleistung in W

$$Q = U \cdot I \cdot \cos(90° - \varphi) = U \cdot I \cdot \sin \varphi$$

Wird der Strom im Spannungspfad (Drehspule) eines Wirkleistungsmessers um 90° gegenüber der angelegten Spannung verschoben, dann entspricht die angezeigte Leistung der Blindleistung.

Messung mit Zeigermeßgeräten — ME 1.4

Widerstandsmessung

Stromfehlermethode

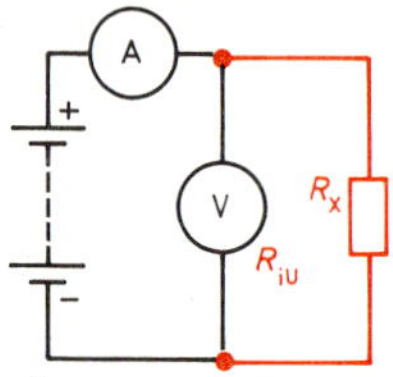

Bedingung:

$R_{iU} \gg R_X$

Korrekturformeln

$$R_X = \frac{U}{I - \frac{U}{R_{iU}}}$$

Spannungsfehlermethode

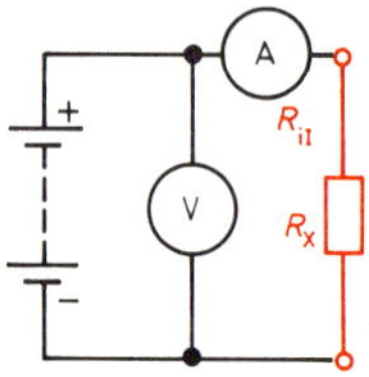

$R_{iI} \ll R_X$

$$R_X = \frac{U}{I} - R_{iI}$$

Direktanzeigende Widerstandsmesser

für hochohmige Widerstände

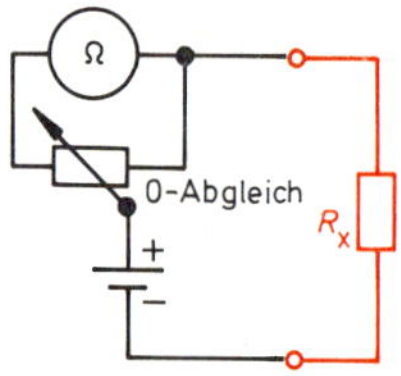

für niederohmige Widerstände

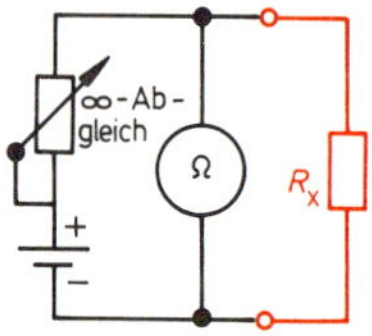

Direktanzeigende Widerstandsmesser für hochohmige Widerstände sind meistens Bestandteile handelsüblicher Vielfachmeßgeräte. Der Nullabgleich erfolgt bei $R_X = 0$. (Klemmen kurzgeschlossen). Die Skala ist hyperbolisch geteilt.

Widerstandsmeßbrücke nach Wheatstone ermöglicht genaue Messungen üblicher Widerstandswerte. Die bekannten Widerstände werden solange verändert, bis die Brücke abgeglichen ist ($I_D = 0$).

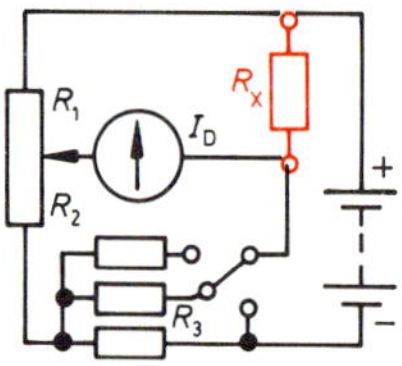

$$R_X = \frac{R_1 \cdot R_3}{R_2}$$

Widerstandsmesser nach Wheatstone

Widerstandsmesser mit Quotientenmeßwerk (Kreuzspulmeßwerk) werden hauptpsächlich für die direkte Messung hochohmiger Widerstände verwendet. Der Zeigerausschlag ergibt sich aus dem Quotienten zwischen den beiden Strömen. In der Praxis verändert man R_v so lange, bis das Instrument auf Null steht. In diesem Falle ist $R_v = R_X$.

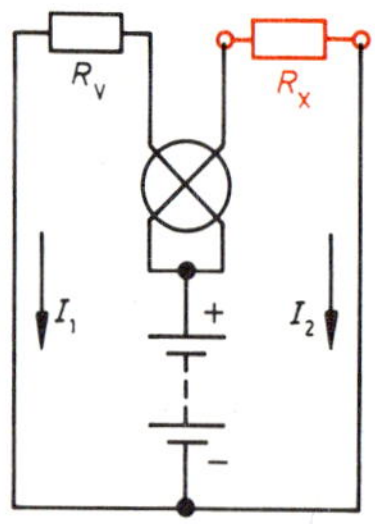

Widerstandsmesser mit Quotientenmeßwerk

Doppelmeßbrücke nach Thomson

Sie wird zur Messung kleiner Widerstände benutzt, da bei dieser Meßmethode die Zuleitungen zu R_X keinen Meßfehler verursachen. Meßbereich etwa $10^{-6} \ldots 1\ \Omega$. Für den Fall, daß $R_3/R_4 = R_1/R_2$ ist, gilt für den unbekannten Widerstand

$$R_X = \frac{R_N \cdot R_1}{R_2} = \frac{R_N \cdot R_3}{R_4}$$

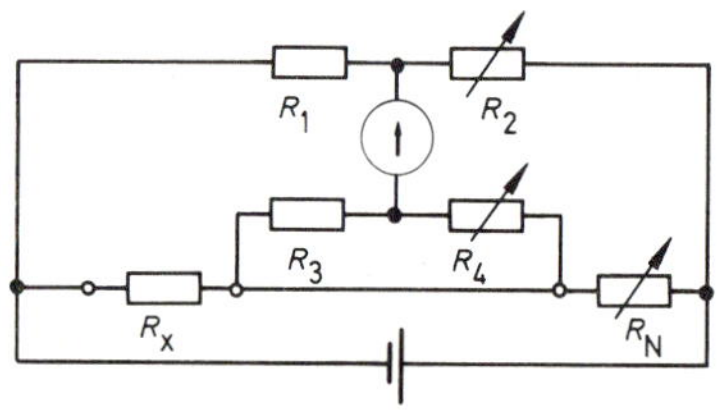

Widerstandsmeßbrücke nach Thomson

Induktivitätsmeßbrücke nach Maxwell-Wien

Sie wird zur Messung kleiner Induktivitäten ohne Gleichstromvormagnetisierung benutzt. Die Frequenz der Brückenspeisespannung hat keinen Einfluß auf die Genauigkeit der Messung. Die Brückenschaltung muß nach Betrag (mit C_2) und Phase (mit R_2) abgeglichen werden.

$$L_X = R_1 \cdot R_3 \cdot C_2$$

$$R_X = \frac{R_1 \cdot R_3}{R_X}$$

Für den Verlustfaktor gilt:

$$\tan \delta = \frac{1}{\omega \cdot R_2 \cdot C_2}$$

R_X = Verlustwiderstand der Induktivität

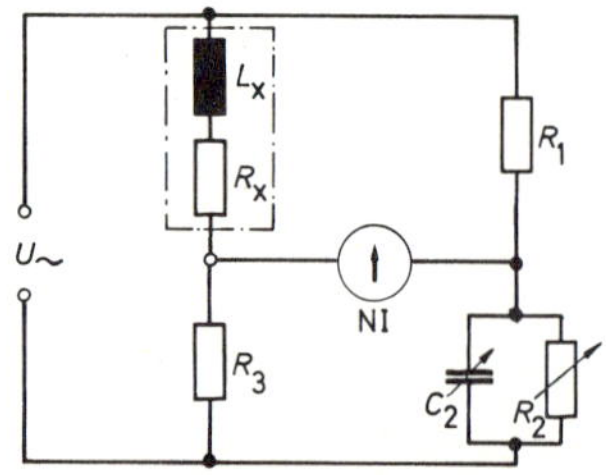

Induktivitätsmeßbrücke nach Maxwell

Kapazitätsmeßbrücke nach Schering

Sie dient der Messung verlustbehafteter Kondensatoren nach Kapazitätsbetrag und Verlustfaktor. Die Frequenz der Brückenspeisespannung hat keinen Einfluß auf die Genauigkeit der Messung. Während der Messung muß die Schaltung nach Betrag (mittels R_2) und Phase (mittels C_2) auf Null abgeglichen werden.

$$\frac{X_{CX}}{X_{C3}} = \frac{R_1}{R_2} \qquad \frac{C_3}{C_X} = \frac{R_1}{R_2}$$ Betragsabgleich

$$C_X = C_3 \cdot \frac{R_2}{R_1}$$ Kapazitätsbetrag

$$R_X = R_1 \cdot \frac{C_2}{C_3}$$ Verlustwiderstand

$$\tan\delta = \omega \cdot R_2 \cdot C_2$$

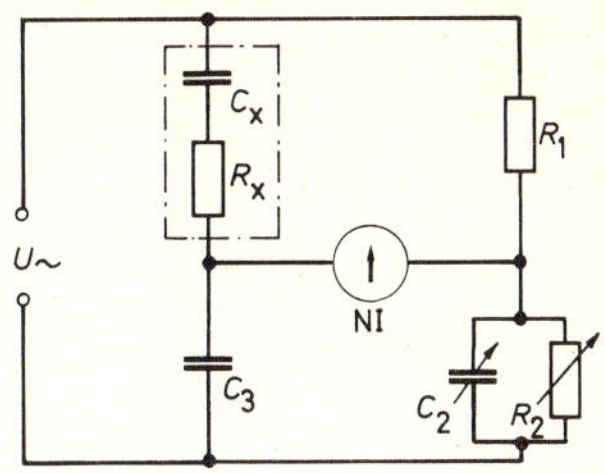

Kapazitätsmeßbrücke nach Schering

Kapazitätsmeßbrücke nach Wien

Für die auf Null abgeglichene Brücke ist $\delta_X = \delta_N$

$$\frac{C_X}{C_N} = \frac{R_4}{R_3}$$ Betragsabgleich

$$C_X = C_N \cdot \frac{R_4}{R_3}$$ Kapazitätsbetrag

$$\tan\delta = R_2 \cdot C_N \cdot \omega$$ Verlustfaktor

Der Verlustfaktor kann direkt abgelesen werden.

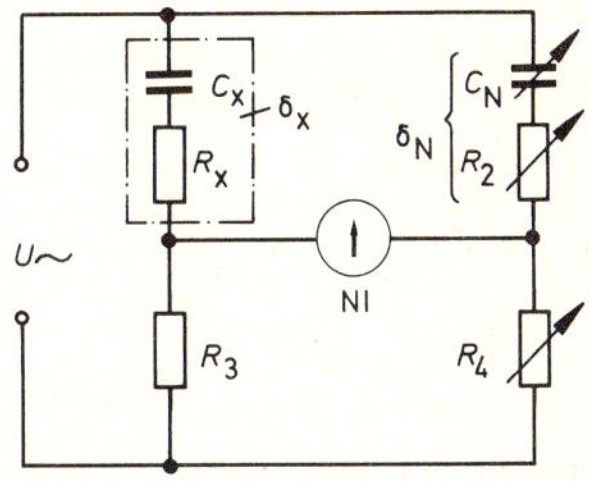

Kapazitätsmeßbrücke nach Wien

Frequenzmeßbrücke nach Wien-Robinson

Meßbereich etwa 10 Hz ... 1 MHz

Meßbedingungen: $R_3 = 2 \cdot R_4 \qquad C_1 = C_2 = C$
$R_1 = R_2 = R$

Für den Brückenabgleich gilt:

$$Z_1 \cdot Z_4 = Z_2 \cdot Z_3 \qquad \omega = \frac{1}{R \cdot C}$$

Meßfrequenz $$f_X = \frac{1}{2 \cdot \pi \cdot R \cdot C}$$

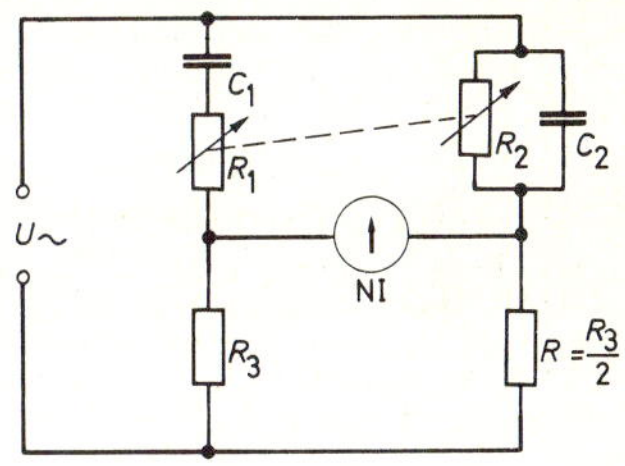

Frequenzmeßbrücke nach Wien-Robinson

Klirrfaktormeßbrücke

Klirrfaktor $$k = \frac{\text{Effektivwert des Oberwellengemisches}}{\text{Effektivwert des Gesamtsignals}}$$

$$k = \frac{\sqrt{U_2^2 + U_3^2 + U_4^2 + U_5^2 + \dots}}{\sqrt{U_1^2 + U_2^2 + U_3^2 + U_4^2 + U_5^2 + \dots}}$$

1. Messung: Schaltstellung „U" ergibt Effektivwert des Gesamtsignals.

2. Messung: Schalterstellung „U_0" ergibt Effektivwert des Oberwellengemisches.

Für den Klirrfaktor k gilt dann:

$$k = \frac{2 \cdot U_0}{U}$$

Die Klirrfaktormessung ist ein Eintonmeßverfahren!

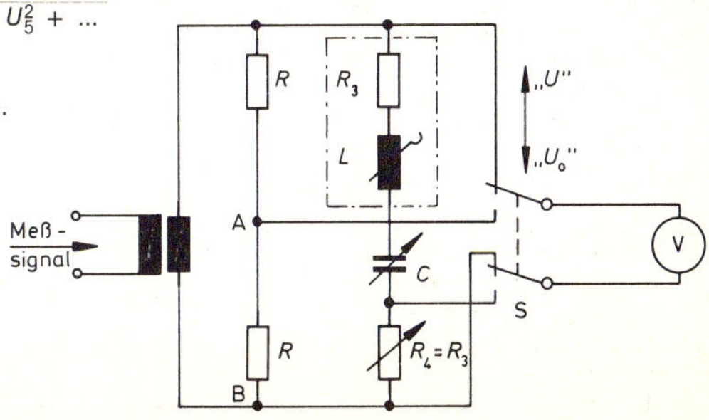

Prinzip einer Klirrfaktormeßbrücke

Kompensatoren benutzt man dann, wenn ein Meßobjekt durch das Meßgerät keinesfalls belastet werden darf. Dazu erhöht man eine bekannte Kompensationsspannung solange, bis sie gleich der Meßspannung ist. Dann ist die Differenz zwischen beiden und damit auch der Strom durch den Indikator Null. Bei **selbstabgleichenden Kompensatoren** ersetzt man den Indikator durch einen Differenzverstärker, dessen Ausgang einen Servomotor antreibt. Der Servomotor verstellt den Schleifer des Potentiometers und damit die Kompensationsspannung soweit, bis sie gleich der Meßspannung ist. In diesem Falle ist die Differenzspannung Null, und der Motor bleibt stehen.

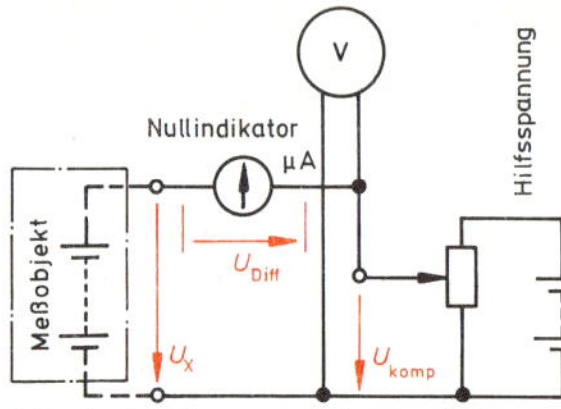

Prinzip des Kompensationsverfahrens

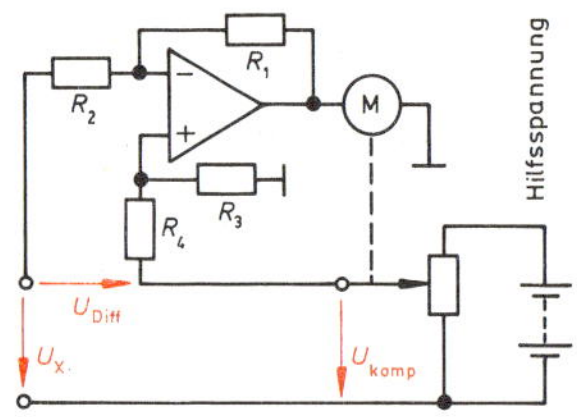

Selbstabgleichender Kompensator

Digital-Spannungsmesser benutzen auch das Kompensationsverfahren, um den Meßwert in Ziffernform anzeigen zu können. Mit einem elektronischen Zähler wird die Ausgangsspannung eines digital gesteuerten Kompensationsspannungserzeugers (Digital/Analog-Wandler) in kleinen Stufen soweit erhöht, bis sie gleich der Meßspannung ist. In diesem Falle werden die Ausgangsspannung des Vergleichers und das Ausgangssignal der Triggerschaltung Null und der Taktgeber über das UND-Gatter vom Zählereingang abgetrennt. Damit bleibt der Zähler in einer Stellung stehen, die dem Wert der Meßspannung entspricht.

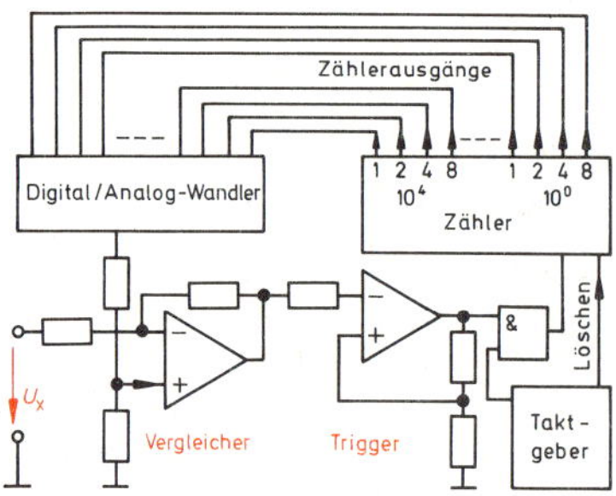

Digital-Spannungsmesser nach dem Kompensationsverfahren

Beim **Dual-Slope-Verfahren** (Doppelschleifenverfahren) lädt innerhalb einer genau definierten Zeit die Meßspannung den Kondensator eines Integrators auf. Sein Ladezustand verhält sich proportional zur Meßspannung. Anschließend legt ein Analogschalter eine Gegenspannung an den Eingang des Integrators, die den Kondensator zeitproportional entlädt. Während dieser Entladezeit gelangen Zählimpulse an den Eingang des in der Steuereinheit untergebrachten Zählers und werden solange gezählt, bis die Integratorausgangsspannung wieder Null ist. Die angezeigte Impulszahl entspricht der Meßspannung.

Digital-Spannungsmesser nach dem Dual-Slope-Verfahren

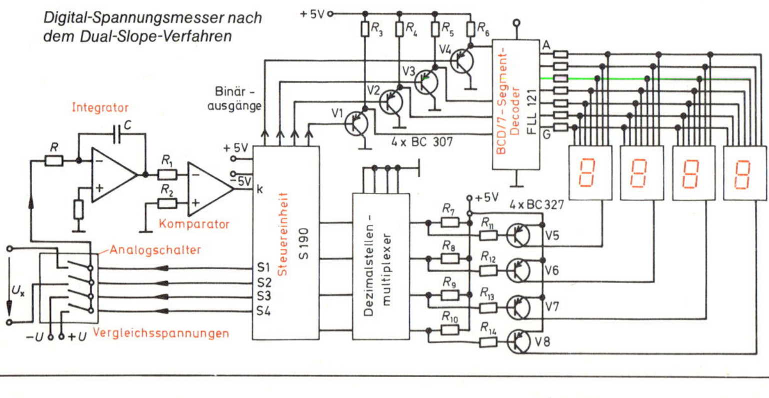

1. Spannungsmessung

1.1 Die Meßspannung wird zwischen Massebuchse und Meßbuchse (Y_1) angeschlossen. Sehr kleine Spannungen mißt man mit abgeschirmten Koaxialkabeln. Hier wird das Nullpotential über die äußere Kabelabschirmung geführt. Ein zusätzlicher Masseanschluß sollte dann vermieden werden (Gefahr von Störspannungsschleifen). Auf alle Fälle muß das Bezugspotential des Meßobjektes (Erde, Null oder Masse) unbedingt mit der Masse des Oszilloskopes in Verbindung stehen.

1.2 Meßbereichwähler so einstellen, daß der Strahl in vertikaler Richtung möglichst weit ausgelenkt wird, ohne die Schirmfläche zu verlassen.

1.3 Feinabschwächer in die geeichte Endstellung stellen!

1.4 Eingangskopplung (Stromart) in Stellung DC ≙ Gleich- oder Mischspannung stellen. Die Stellung AC ≙ Wechselspannung wird nur dann verwendet, wenn einer zu messenden reinen Wechselspannung ein störender Gleichspannungsanteil überlagert ist.

1.5 Vertikale Auslenkung *Y* des Strahles mit dem am Meßbereichswähler eingestellten Ablenkkoeffizienten A_{KY} multiplizieren. Damit erhält man den Spitzen/Spitzenwert der zu messenden Spannung.

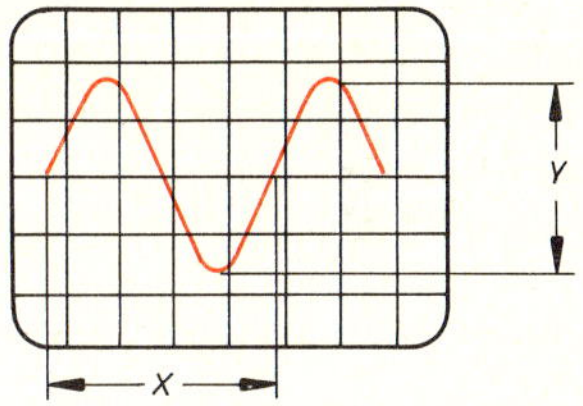

Ermittlung der vertikalen Strahlauslenkung

$$U_{SS} = Y \cdot A_{KY}$$

U_{SS} = Meßspannung in V
Y = Vertikale Ablenkung in Teilen bzw. cm
A_{KY} = Ablenkkoeffizient in V/Teil bzw. V/cm

Beispiel: A_{KY} = 5 V/cm
Y = 6,5 cm
Lösung: $U_{SS} = A_{KY} \cdot Y$ = 5 V/cm · 6,5 cm = **32,5 V**

2. Differenzspannungsmessung

Liegt keiner der beiden Meßpunkte, zwischen denen die Spannung gemessen werden muß, auf Nullpotential, so müssen die Differenzeingänge des Oszilloskops ausgenutzt werden.

Gegenüber obiger Einstellung sind dann folgende Änderungen nötig:

2.1 Die Spannung des ersten Meßpunktes *U* 1 zwischen Masse und Meßbuchse Y_1 anschließen.

2.2 Die Spannung des zweiten Meßpunktes *U* 2 zwischen Masse und Meßbuchse Y_2 anschließen.

2.3 Elektronischen Kanalumschalter außer Betrieb setzen.

2.4 Ersten Kanal invertieren.

2.5 Nullabgleich kontrollieren, indem an beide Vertikaleingänge die gleiche Spannung gelegt wird (gegen Masse). Gegebenenfalls einen der Feinabschwächer so nachstellen, daß der Ausschlag auf dem Schirm Null wird.

2.6 Nachdem wieder die beiden Meßspannungen an den Vertikaleingängen liegen, entspricht der Ausschlag auf dem Schirm deren Differenz.

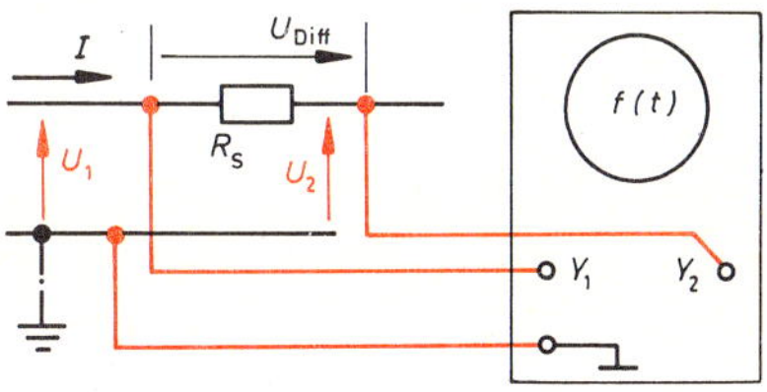

Prinzip der Differenzspannungsmessung

$$U_{Diff} = U_2 - U_1 = A_{KY} \cdot Y$$

3. X = Y-Darstellung

3.1 Spannung $U\,1$ zwischen Masse und Meßbuchse X anschließen

3.2 Spannung $U\,2$ zwischen Masse und Meßbuchse Y_1 anschließen

3.3 Schalter (Horizontalablenkung) auf X = Y bzw. Horizontal-Extern schalten

3.4 Die auf dem Schirm dargestellte Kurve entspricht der Abhängigkeit der Spannung $U\,2$ von der Spannung $U\,1$. Deshalb muß $U\,1$ die unabhängige Veränderliche (Variable) sein.

3.5 Ist die abhängige Veränderliche ein Strom, so gewinnt man die von ihm abhängige Spannung an einem Widerstand. Soll der Strom in Abhängigkeit von der Spannung auf dem Schirm dargestellt werden, so invertiert man einen der beiden Kanäle durch Umschalten des Schalters in Stellung „invers".

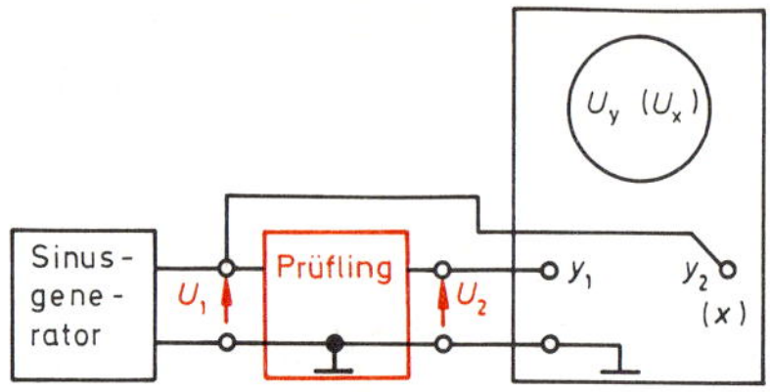

X = Y-Darstellung mit dem Oszilloskop

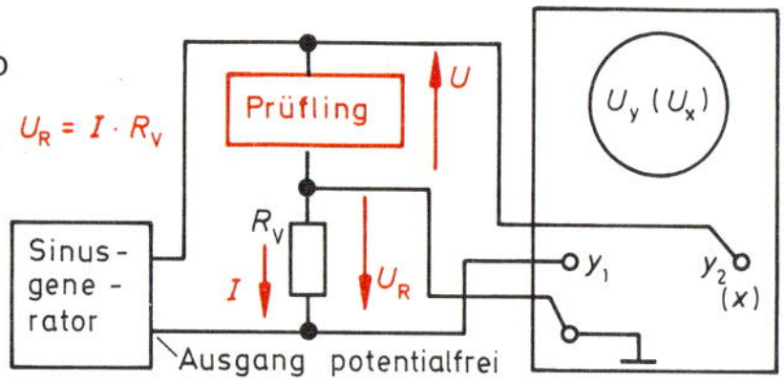

Darstellung des Stromes in Abhängigkeit von der Spannung zur Kennliniendarstellung von Bauelementen

4. Zeit- und Frequenzmessung

Hier muß das Zeitablenkgerät exakt vom Meßvorgang geführt (getriggert) werden. Um das zu erreichen, sind folgende Handgriffe erforderlich:

4.1 Schalter (Trigg.) in Stellung „intern", sofern am externen Triggereingang kein Auslösesignal liegt. DC-Auslösung bei langsamen Vorgängen, AC-Auslösung bei raschen Änderungen.

4.2 Kanalwähler auf den Kanal stellen, der zum Messen bzw. zum Auslösen benutzt werden soll. Praktisch benutzt man den Kanal mit der niederfrequenteren Spannung.

4.3 Pegeleinsteller in die Mitte seines Bereiches oder in Stellung „Automatik" stellen. Die Automatikstellung ist bei sehr niederfrequenten oder einmaligen Vorgängen unbrauchbar.

4.4 Mit Stabilitätseinsteller Zeitablenkgerät abstoppen. Kommt kein stillstehendes Oszillogramm zustande, so dreht man soweit, bis das Oszillogramm gerade verschwindet und stellt anschließend den Pegeleinsteller nach.

4.5 Zeitkoeffizent T_K mit Schalter so einstellen, daß der Abstand X zwischen zwei interessierenden Punkten möglichst groß wird. Zeitfeinsteller in die geeichte Endstellung bringen.

4.6 Eventuell vorhandene zusätzliche Zeitdehnung ausschalten.

4.7 Auslöserichtung mit Schalter (pos. bzw. neg.) in die zu erwartende Änderungsrichtung der ersten Flanke stellen. Bei periodischen Vorgängen kann sie dagegen beliebig sein.

4.8 Abstand X zwischen zwei interessierenden Meßpunkten auf dem Schirm ablesen. Die dazwischen liegende Zeit ist dann:

$$t_X = T_K \cdot X$$

T_K = Zeitkoeffizient in s/Teil, ms/Teil oder µs/Teil
X = horizontaler Abstand in Teilen (z. B. cm)
t_X = zu messende Zeit in s, ms oder µs

Beispiel: T_K = 0,2 ms/Teil
X = 8,5 Teile

Lösung: $t_X = T_K \cdot X$
= 0,2 ms/Teil · 8,5 Teile
= **1,7 ms**

4.9 Ist die gemessene Zeit t_X die Periodendauer T einer Schwingung, so ist deren Kehrwert die Frequenz

$$f = \frac{1}{T}$$

f = Frequenz in Hz
T = Periodendauer in s

Im obigen Beispiel wären das:

$$f = \frac{1}{T} = \frac{1}{1{,}7 \cdot 10^{-3}\,\text{s}} = \mathbf{588\ Hz}$$

Verfahren zur Bestimmung von Verstärker- und Vierpoleigenschaften

ME 4.1

Der Verstärkungsfaktor ist prinzipiell das Verhältnis zwischen Ausgangs- und Eingangsspannung eines Verstärkers.

$$V = \frac{U_A}{U_E}$$

Sofern nicht anders angegeben, wird mit einer Wechselspannung gemessen, deren Frequenz 1 kHz beträgt. Beachtet werden muß, daß die Kennlinie nur in ihrem linearen Teil ausgesteuert werden darf ($U_A \approx 0{,}2 \ldots 0{,}4\ U_b$).
Ein genauer Spannungsteiler zwischen Generator und Verstärker erleichtert die Messung bei hohen Verstärkungsfaktoren. Man mißt die Spannung U_E' vor dem Spannungsteiler und multipliziert sie mit dem Spannungsteilerverhältnis η.

$$V = \frac{U_A \cdot \eta}{U_E'}$$

Die Bandbreite ist der Abstand zwischen den Grenzfrequenzen. Die obere Grenzfrequenz wird durch die schädlichen Kapazitäten und den Innenwiderstand bestimmt. Die untere Grenzfrequenz tritt nur bei reinen Wechselspannungsverstärkern auf und wird hauptsächlich durch Eingangswiderstände und Koppelkapazitäten bestimmt. Gemessen werden die Grenzfrequenzen, indem man den Verstärkungsfaktor bei 1 kHz = 100 % setzt und anschließend die Frequenz soweit erhöht bzw. verringert, bis die Ausgangsspannung auf 70,7 % abgesunken ist.

Der Ausgangswiderstand ist der ausgangsseitige Innenwiderstand eines Verstärkers und wird dadurch bestimmt, daß man den Ausgang mit einem Widerstand R_L belastet. Dadurch sinkt die Ausgangsspannung vom Wert der Leerlaufspannung U_0 auf den Wert der Klemmenspannung U_{Kl} ab. Der Ausgangswiderstand ist dann

$$R_A = R_L \left(\frac{U_0}{U_{Kl}} - 1 \right)$$

Der Eingangswiderstand ist der eingangsseitige Innenwiderstand eines Verstärkers und wird dadurch bestimmt, daß man in Reihe zum Verstärkereingang einen Widerstand R_v schaltet. Dadurch geht die Eingangsspannung von U_{E1} auf U_{E2} und mit ihr die Ausgangsspannung von U_{A1} auf U_{A2} zurück. Daraus erhält man den Eingangswiderstand wie folgt:

$$R_E = R_v \frac{U_{A2}}{U_{A1} - U_{A2}}$$

Verwendet man einen variablen Widerstand, so ist $R_v = R_E$, wenn $U_{A2} = U_{A1} : 2$ ist.

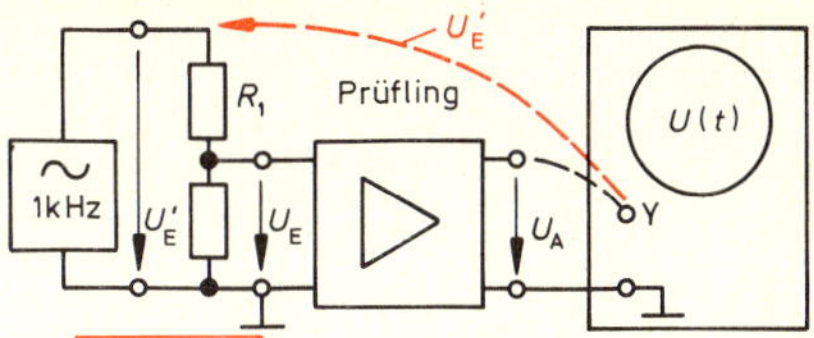

$$\eta = \frac{R_1 + R_2}{R_2} \approx 0{,}1 \ldots 10\text{V} \qquad U_E \approx 0{,}2 \ldots 0{,}4\,U_b$$

Beispiel: Gemessen $U_A = 3{,}8\text{V}$; $U_E' = 8\text{V}$;
Spannungsteiler: $R_1 = 10\text{k}\Omega$; $R_2 = 10\,\Omega$

$$\eta = \frac{R_1 + R_2}{R_2} \approx 1000 \qquad V = \frac{U_A \cdot \eta}{U_E'} = 475$$

Meßschaltung zur Bestimmung des Verstärkungsfaktors

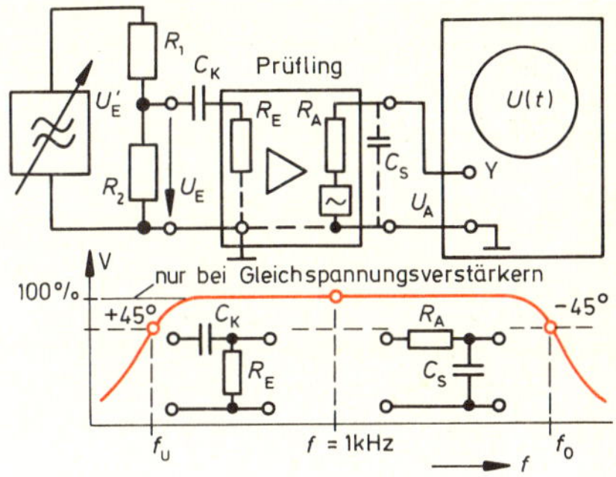

Meßschaltung zur Bestimmung der Bandbreite

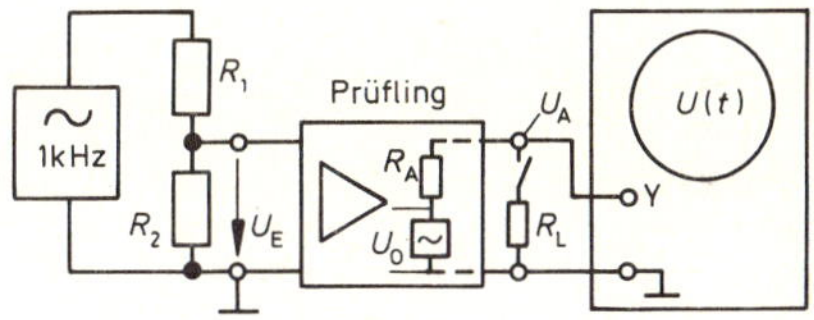

Beispiel: $U_0 = 8\text{V}$; $U_{Kl} = 7{,}2\text{V}$; $R_L = 10\text{k}\Omega$

$$R_A = R_L \left(\frac{U_0}{U_{Kl}} - 1 \right) = 1111\,\Omega$$

Meßschaltung zur Bestimmung des Ausgangswiderstandes

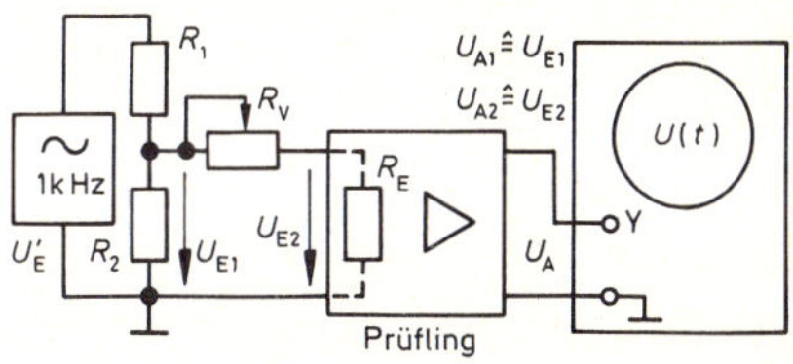

Beispiel: $R_V = 39\text{k}\Omega$; $U_{A1} = 6\text{V}$; $U_{A2} = 1{,}2\text{V}$;

$$R_E = R_V \cdot \frac{1}{\frac{U_{A1}}{U_{A2}} - 1} = 9{,}75\text{k}\Omega$$

Meßschaltung zur Bestimmung des Eingangswiderstandes

Phasenverschiebungen können sehr einfach mit Zweistrahloszilloskopen gemessen werden. Beide Meßgrößen werden gleichzeitig zeitabhängig auf dem Schirm dargestellt. Die Phasenverschiebung erhält man durch eine Verhältnisrechnung:

$$\varphi = \frac{X_0 \cdot 360°}{X}$$

Anstelle des zweiten Y-Einganges kann bei Benutzung von Einstrahloszilloskopen auch der externe Triggereingang verwendet werden. Die dort anliegende Spannung wird mit dem Y-Eingang betrachtet, ihr Verlauf gemerkt und anschließend damit die an den Y-Eingang gelegte zweite Spannung verglichen. Anstelle des zweiten Y-Einganges kann auch der X-Eingang verwendet werden. Dabei entstehen auf dem Schirm geometrische Figuren, aus denen man den Sinus des Phasenwinkels ermitteln kann. Verwendet wird die gleiche Meßschaltung wie bei der Messung der Linearitätsfehler.

Linearitätsfehler mißt man mit einem Oszilloskop in X = Y-Darstellung. Vor der Messung ist das Meßgerät auf Eigenfehler zu untersuchen. Bei der Messung liegt U_E' am X-Eingang und U_A am Y-Eingang. Aus der Abweichung vom richtigen Wert, den man mit einem Lineal ermittelt, läßt sich der relative Linearitätsfehler wie folgt ermitteln:

$$F = \frac{a}{U_y + a} \cdot 100\,\%$$

Der Klirrfaktor wird bei elektroakustischen Verstärkern anstelle des Linearitätsfehlers angegeben. Gemessen wird bei der Nennleistung und verschiedenen Frequenzen. Dazu bildet man die geometrische Summe aller auftretenden und herausgefilterten Oberwellen U_{f2}, U_{f3}, U_{f4} usw. und setzt sie zur Gesamtspannung U_{Ages} ins Verhältnis

$$k = \frac{\sqrt{U_{f2}^2 + U_{f3}^2 + U_{f4}^2 + \ldots}}{U_{Ages}} \cdot 100\,\%$$

Der Intermodulationsgrad ist ebenfalls ein Maß für die Kennlinienkrümmung elektroakustischer Verstärker und gibt an, in welchem Maße eine Spannung mit tiefer Frequenz eine gleichzeitig auf den Verstärkereingang gelangende Spannung hoher Frequenz in deren Amplitude verändert (moduliert). Er umfaßt die Amplitudenanteile aller auftretenden Summen- und Differenzfrequenzen.

$$m = \frac{U_{NF}}{U_{HF}} \cdot 100\,\%$$

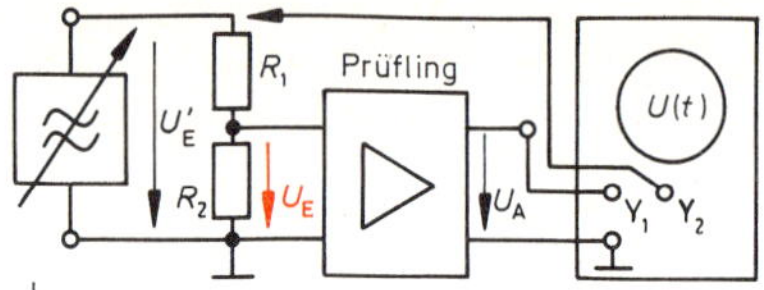

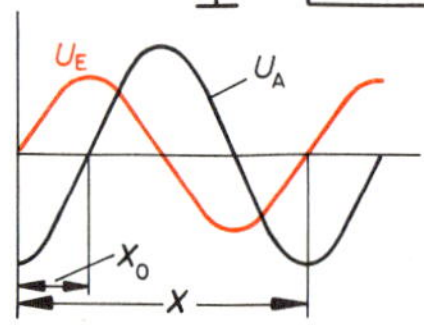

Beispiel:
$X = 10\,\text{cm}$
$X_0 = 1{,}5\,\text{cm}$
$\varphi = \frac{X_0 \cdot 360°}{X} = 54°$

Messung der Phasenverschiebung mit Zweistrahloszilloskop; Spannungsverlauf von U_E und U_A

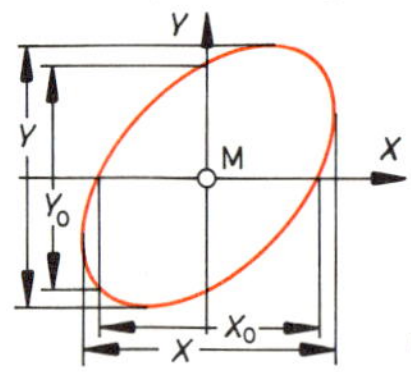

$$\sin\varphi = \frac{X_0}{X} = \frac{Y_0}{Y}$$

Beispiel: $X_0 = 2{,}5\,\text{cm}$
$X = 6\,\text{cm}$
$\sin\varphi = \frac{2{,}5\,\text{cm}}{6\,\text{cm}} = 0{,}417$
$\varphi = \text{arcus}\ \sin\varphi = 24{,}6°$

Kurvenform bei der Phasenmessung mit dem X-Y-Oszilloskop

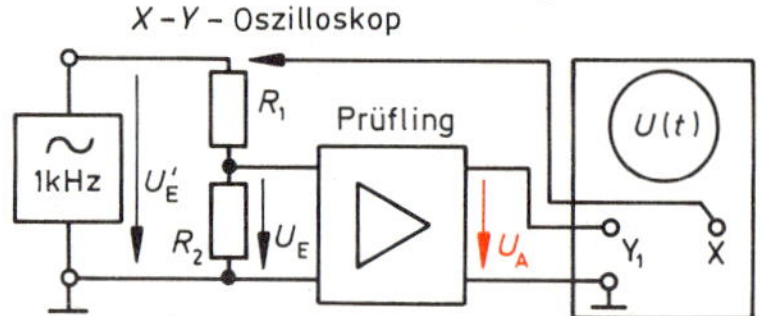

Beispiel: $U_Y = 8\,\text{V}$; $a = 0{,}1\,\text{V}$
$F = \frac{a}{U_Y + a} \cdot 100\,\%$
$F = 1{,}23\,\%$

Schaltung und Oszillogramm zur Ermittlung des Linearitätsfehlers

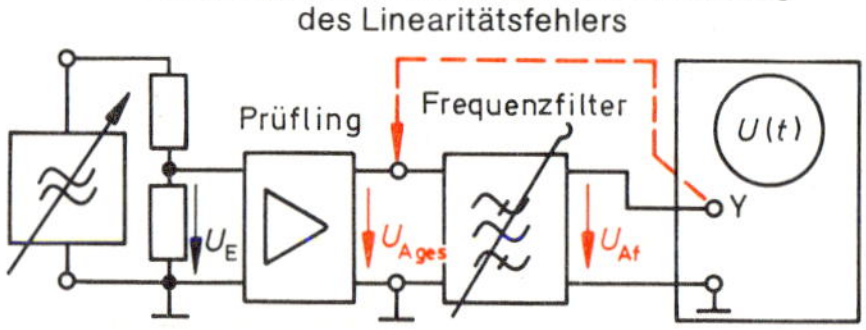

Schaltung zur Messung des Klirrfaktors

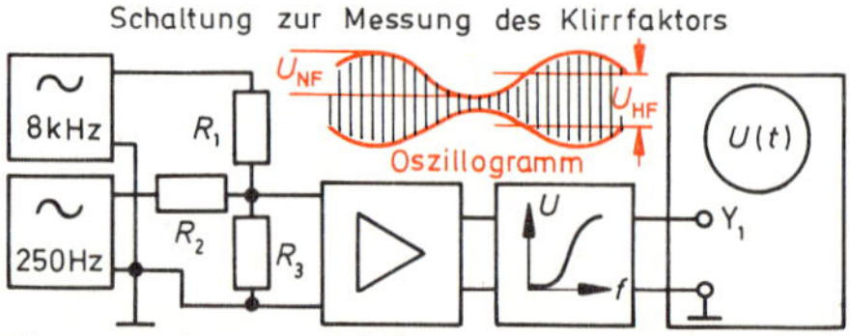

Sinusgeneratoren Prüfling Hochpass

Schaltung zur Messung des Intermodulationsgrades

Meßgrößenumformer wandeln nichtelektrische Meßgrößen in entsprechende elektrische Größen um und ermöglichen deren elektronische Messung. Andere Bezeichnungen sind Meßwertaufnehmer, Geber, Fühler und Pick up.

Aktive Meßgrößenumformer liefern von sich aus Spannungen oder Ströme. Dazu gehören:

Elektromagnetische Meßgrößenumformer
Wandlerprinzip: Änderung eines Luftspaltes im magnetischen Kreis und damit des magnetischen Flusses
Meßgröße: Schwinggeschwindigkeit

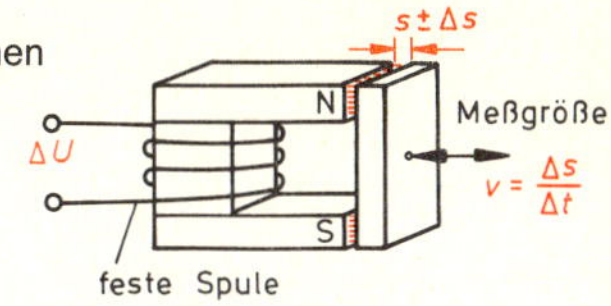

Prinzip elektromagnetischer Meßgrößenumformer

$$\Delta U = k \cdot \frac{\Delta s}{\Delta t}$$

ΔU = Ausgangsspannung
k = Aufnehmerkonstante in $\frac{V \cdot s}{m}$
Δs = Streckenänderung in m
Δt = Zeitabschnitt in s

Elektrodynamische Meßgrößenumformer
Wandlerprinzip: Bewegung einer Spule im Luftspalt eines magnetischen Kreises
Meßgröße: Schwinggeschwindigkeit

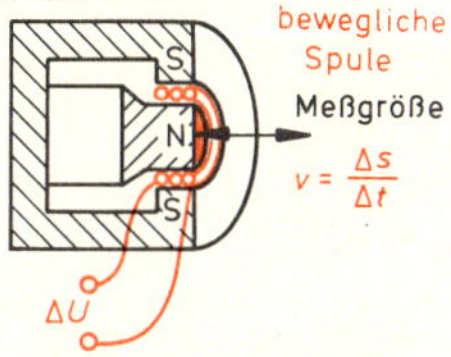

Prinzip elektrodynamischer Meßgrößenumformer

$$\Delta U = k \cdot \frac{\Delta s}{\Delta t}$$

Schwingwegabhängige Spannungen erhält man, indem man die geschwindigkeitsabhängige Spannung integriert.
Beschleunigungsabhängige Spannungen erhält man, indem man die geschwindigkeitsabhängige Spannung differenziert.
Ruckabhängige Spannungen (Ruck = Beschleunigungsänderung pro Zeitänderung) erhält man, indem man die geschwindigkeitsabhängige Spannung 2 x differenziert.

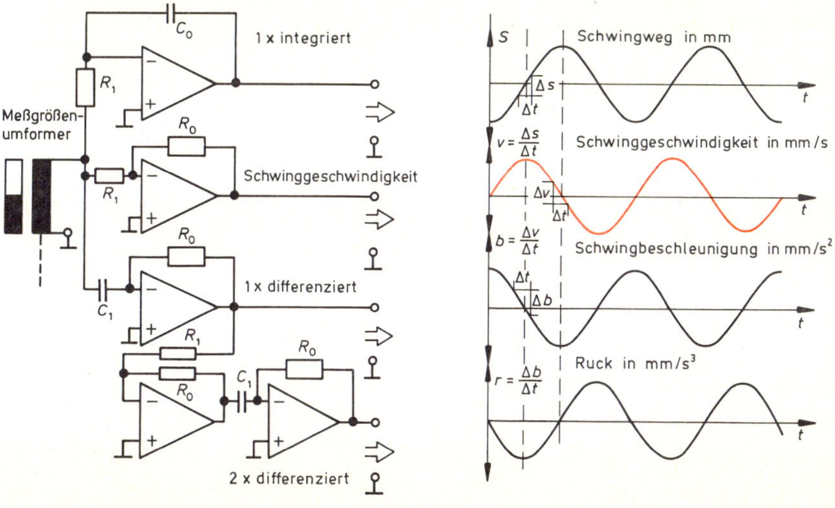

Umwandlungen verschiedener Schwingungsgrößen

Schwingungsmessungen werden auch mit anderen Meßgrößenumformern vorgenommen, die dann den Schwingweg, die Schwingbeschleunigung oder den Ruck direkt messen. Auch hier kann man durch ein- oder mehrmaliges Integrieren oder Differenzieren in eine Spannung umwandeln, die jeder gewünschten anderen Größe entspricht.

gesucht \ gemessen	Schwingweg	Schwinggeschwindigkeit	Schwingbeschleunigung	Ruck
Schwingweg	–	1 x integrieren	2 x integrieren	3 x integrieren
Schwinggeschwindigkeit	1 x differenzieren	–	1 x integrieren	2 x integrieren
Schwingbeschleunigung	2 x differenzieren	1 x differenzieren	–	1 x integrieren
Ruck	3 x differenzieren	2 x differenzieren	1 x differenzieren	–

Piezoelektrische Meßgrößenumformer

Wandlerprinzip: Direkter transversaler oder longitudinaler Piezoeffekt in Quarz (SiO_2).
Meßgröße: Kraft
Longitudinaler Piezoeffekt: Krafteinwirkung in X-Richtung, Ladungsabnahme in X-Richtung.

$$Q = d_{11} \cdot F_x \cdot n$$

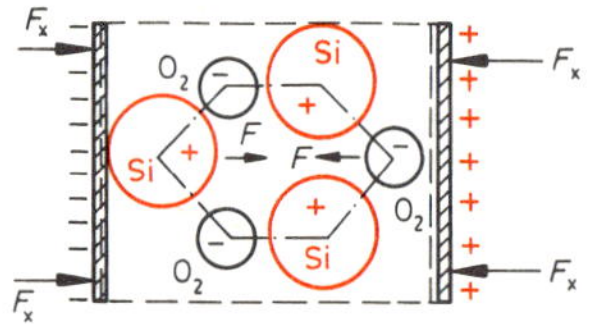

Direkter longitudinaler Piezoeffekt im Quarz

Q = Ladungsdifferenz in C
d_{11} = Piezoelektrischer Modul in C/N
F_x = Kraft in N
n = Anzahl der Quarzscheiben

Transversaler Piezoeffekt: Krafteinwirkung in Y-Richtung, Ladungsabnahme in X-Richtung.

$$Q = d_{12} \cdot F_y \cdot \frac{l}{b}$$

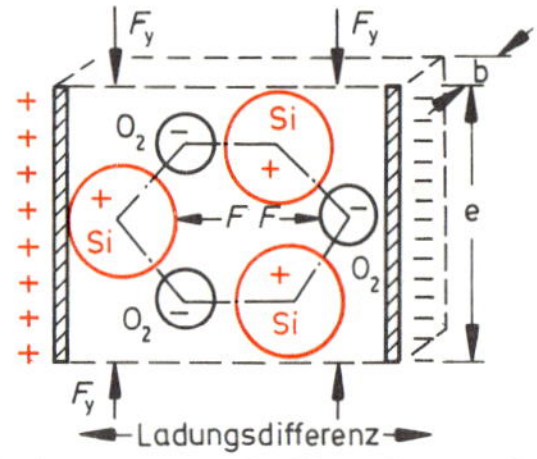

Direkter transversaler Piezoeffekt im Quarz

d_{12} = $-d_{11}$ in C/N
F_y = Kraft in N
l = Länge der Quarzscheibe in mm
b = Breite der Quarzscheibe in mm

Piezoelektrische Meßgrößenumformer für statische Messungen werden an Verstärker mit extrem hochohmigen Eingangswiderständen ($10^{14} \ldots 10^{16}\,\Omega$) angeschlossen (Elektrometer- oder Ladungsverstärker).
Die Eingangsspannung ist

$$U = \frac{Q}{C}$$

und kann mit dem Kondensator verändert werden.

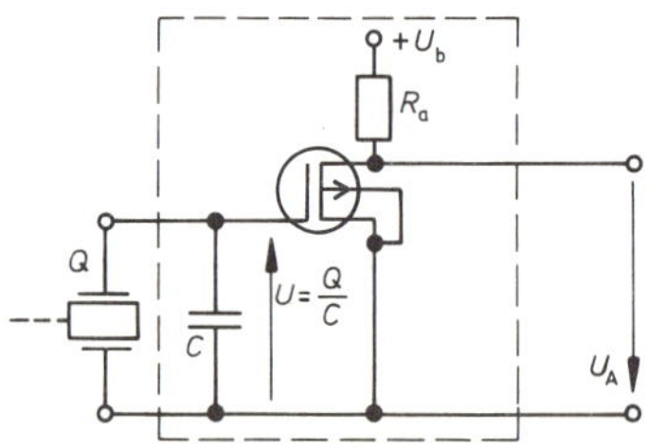

Eingangsschaltung eines Elektrometerverstärkers mit MOS-FET

Prinzipieller Aufbau von piezoelektrischen Meßgrößenumformern

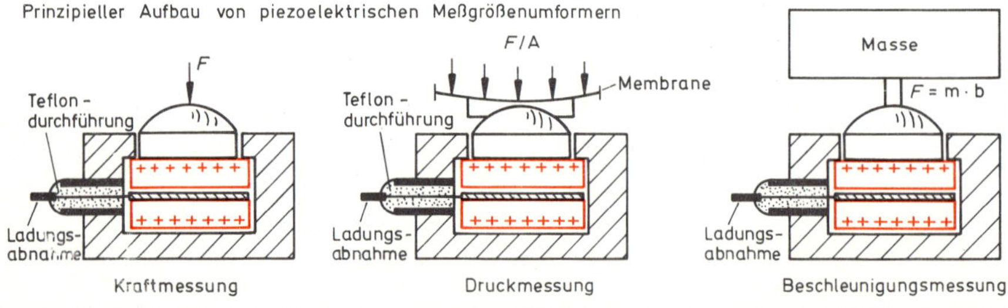

Thermoelektrische Meßgrößenumformer (Thermoelemente)
Wandlerprinzip: Thermoelektrischer Effekt (Seebeck-Effekt).

Meßgröße: Temperatur
Die Materialpaarung richtet sich nach der Maximal-Temperatur.

Thermopaar		ϑ max	Empfindlichkeit k
Kupfer-Konstantan	Cu-Konst	+ 600 °C	k_{Cu} = 0,05 mV/K
Eisen-Konstantan	Fe-Konst	+ 900 °C	k_{Fe} = 0,05 mV/K
Nickelchrom-Nickel	NiCr-Ni	+ 1300 °C	k_{NiCr} = 0,04 mV/K
Platinrhodium-Platin	PtRh-Pt	+ 1600 °C	k_{PtRh} = 0,01 mV/K
V2A-Platin	V2A-Pt	+ 800 °C	k_{V2A} = 0,004 mV/K
Nickeleisen-Nickel	NiFe-Ni	+ 1000 °C	k_{NiFe} = 0,024 mV/K

Für zuverlässige Temperaturmessung werden zwei Thermoelemente in Reihe geschaltet und das zweite auf einer genau bekannten Bezugstemperatur (z. B. 0 °C) gehalten. Die Meßspannung ist dann:

$U_1 = k \cdot \vartheta_1$
$U_2 = k \cdot \vartheta_2$

$$U_M = U_1 - U_2 = k\,(\vartheta_1 - \vartheta_2)$$

ϑ_1 = Temperatur der Meßstelle in °C
ϑ_2 = Bezugstemperatur in °C

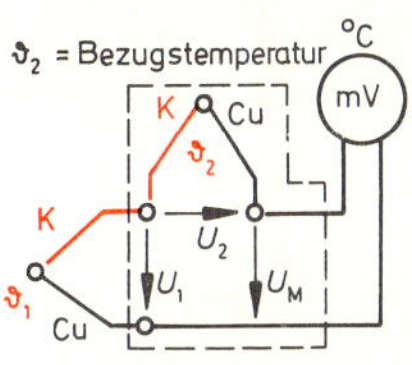

Schaltung von Thermoelementen

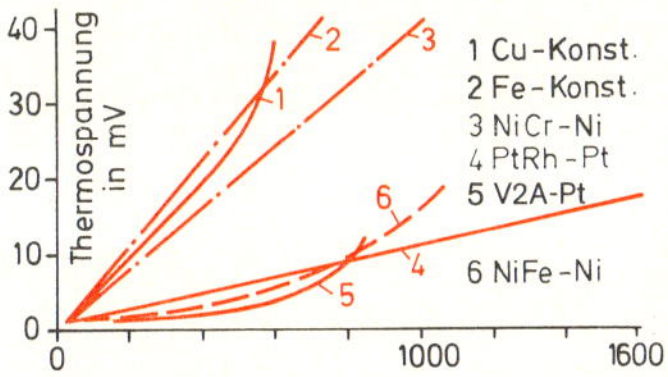

Korrekturkurven von Thermoelementen nach DIN 43710

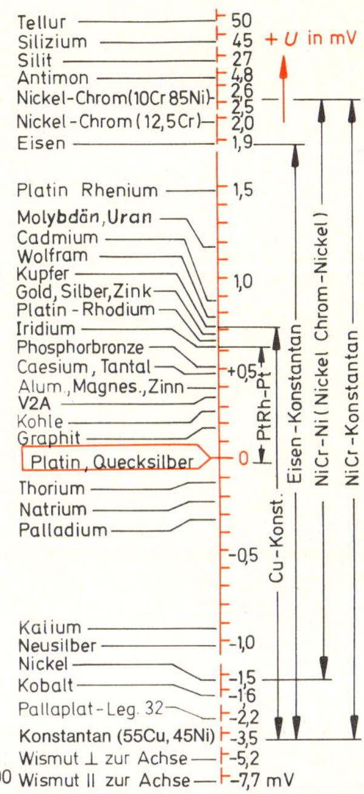

Thermospannungen verschiedener Werkstoffe bezogen auf Platin bei 100 °C

Optoelektronische Meßgrößenumformer auch Fotoelemente genannt, wandeln Lichtströme oder Beleuchtungsstärken in entsprechende elektrische Werte um und sind in STV 4.1 aufgeführt. Durch geeignet gestaltete mechanische Vorsätze können sie auch zur Messung von Wegen, Winkeln, Drehzahlen, Spaltbreiten, Oberflächenbeschaffenheiten usw. verwendet werden.

Passive Meßgrößenumformer benötigen eine Hilfsenergie. Die Meßgröße beeinflußt hier einen Widerstand (Widerstands-Meßgrößenumformer), eine Induktivität (induktive Meßgrößenumformer) oder eine Kapazität (kapazitive Meßgrößenumformer).

Widerstands-Meßgrößenumformer
Meßgröße: Relative Längenänderung $\varepsilon = \frac{\Delta l}{l}$
Der einfachste und universellste Widerstands-MGU ist der **Dehnungsmeßstreifen.** Ein dünner Leiter, eingebettet in Isolierfolie wird auf das Meßobjekt aufgeklebt und erfährt damit dessen relative Längenänderung ε. Sie wird in eine entsprechende relative Widerstandsänderung $\frac{\Delta R}{R}$ umgesetzt.

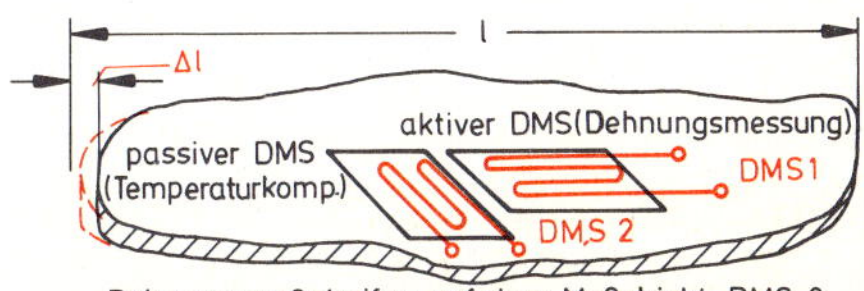

Dehnungsmeßstreifen auf dem Meßobjekt. DMS 2 wird von der Meßgröße nicht beeinflußt, er dient der Temperaturkompensation

$$\frac{\Delta R}{R} = k\,\frac{\Delta l}{l}$$ $k \approx 2$ (Empfindlichkeitskoeffizient)

Dehnungsmeßstreifen werden mit Meßgitterlängen zwischen 0,5 mm und ca. 150 mm hergestellt. Ihr Widerstand liegt zwischen 100 Ω und 1000 Ω und der Empfindlichkeitsfaktor $k \approx 2$. Die Temperatur des Meßobjektes darf normalerweise zwischen − 200 °C und + 100 °C liegen. Spezialstreifen gehen bis + 950 °C.

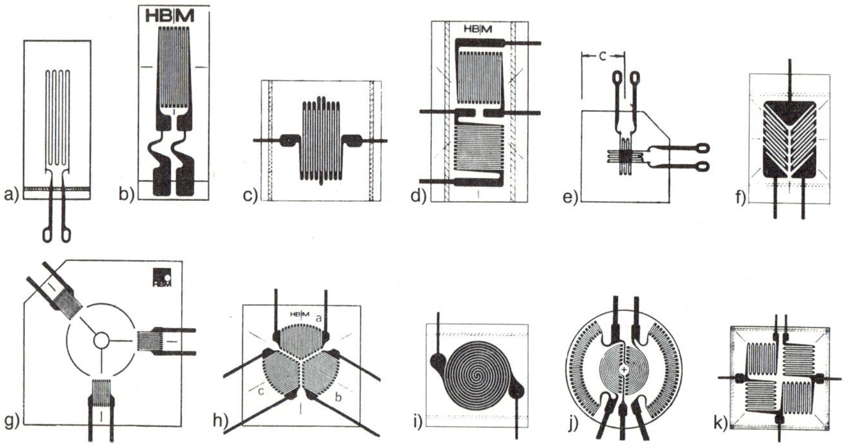

Dehnungsmeßstreifen verschiedener Bauformen
a) 1 Drahtmeßgitter, b) 1 Folienmeßgitter, c) 1 Folienmeßgitter, d) 2 Folienmeßgitter, e) 2 Drahtmeßgitter übereinander, f) 2 diagonale Folienmeßgitter, g) Bohrlochrosette zur Eigenspannungsmessung, h) Dreifachfolienmeßgitter für die Messung von Zentrifugalbeanspruchungen, i und j) spiralförmiger Streifen für Membranmessungen, k) vierteilige Membranrosette für Vollbrückenschaltung

Durch geeignete Konstruktionen ergeben sich Meßgrößenumformer, die die zu messende Größe (Kraft, Druck, Beschleunigung, Drehmoment, Drehschwingung usw.) in eine entsprechende Dehnung umsetzen. Das nebenstehende Bild zeigt den Schnitt durch ein solches Umformersystem. Die in Pfeilrichtung einwirkende Kraft kippt die Segmente so, daß die untere Wicklung gedehnt und die obere entlastet wird.

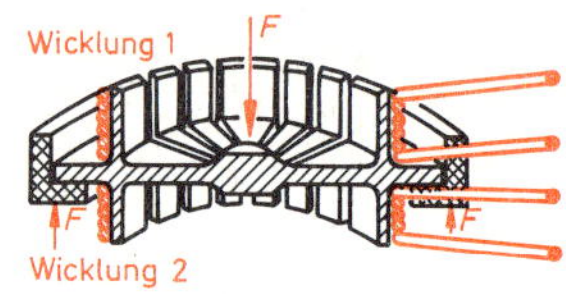

System eines Widerstands-Meßgrößenumformers

Widerstands-Meßgrößenumformer werden in Brückenschaltungen eingefügt, die man wahlweise mit Gleich- oder Wechselspannung speisen kann. Gleichspannungsgespeiste Brückenschaltungen haben den Vorteil, daß nur ein einziges Abgleichelement (R-Abgleich) erforderlich ist. Die Abgleichbedingung lautet:

$$\frac{R_1}{R_2} = \frac{R_3}{R_4}$$

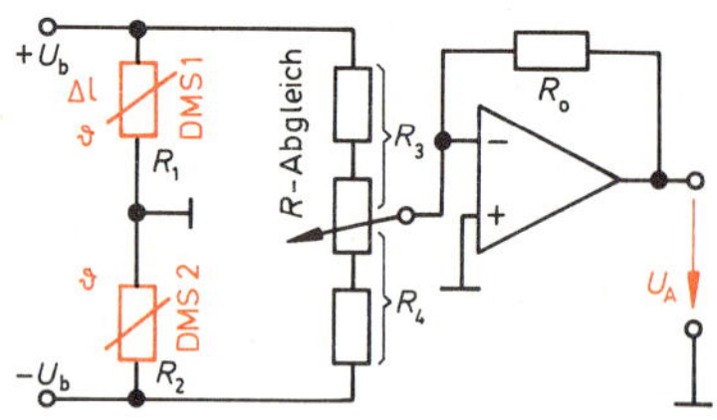

Widerstands-Meßgrößenumformer in einer gleichspannungsgespeisten Brückenschaltung

Weiterer Vorteil: Hohe Frequenzen der Meßgröße werden fehlerfrei wiedergegeben.
Nachteil: Nullpunktwanderungen des Verstärkers wirken sich als Meßfehler aus.

Wechselspannungsgespeiste Brückenschaltungen haben den Vorteil, daß der Verstärker ein reiner Wechselspannungsverstärker sein kann, dessen Nullpunktfehler keinen Einfluß auf die Meßgenauigkeit hat. Nachteilig ist, daß die Brücke auch durch Blindwiderstände (z. B. die Kabelkapazitäten der Zuleitungen) verstimmt wird. Es müssen demnach 4 Abgleichbedingungen erfüllt werden:

$$\frac{R_1}{R_2} = \frac{R_3}{R_4} \qquad \frac{Z_1}{Z_2} = \frac{Z_3}{Z_4}$$

$$\frac{X_1}{X_2} = \frac{X_3}{X_4} \qquad \frac{\varphi_1}{\varphi_2} = \frac{\varphi_3}{\varphi_4}$$

In der Praxis genügt es, zwei dieser Bedingungen zu erfüllen. In diesem Falle stimmen auch die übrigen beiden.
Die verstärkte Ausgangsspannung muß mit einem phasenrichtigen Demodulator wieder in eine Gleichspannung umgewandelt werden, deren Polarität der Richtung der Meßgröße entspricht.

Induktive Meßgrößenumformer bestehen aus einer Spule mit Mittelanzapfung, in der ein ferromagnetischer Kern durch die Meßgröße verschoben wird.
Meßgröße: Weg.
Induktive Meßgrößenumformer werden in wechselspannungsgespeiste Brückenschaltungen eingefügt, bei denen folgende Abgleichbedingungen erfüllt werden müssen:

$$\frac{R_1}{R_2} = \frac{R_3}{R_4} \qquad \frac{Z_1}{Z_2} = \frac{R_3}{R_4}$$

$$\frac{X_1}{X_2} = \frac{R_3}{R_4} \qquad \frac{\varphi_1}{\varphi_2} = 1$$

Auch hier brauchen nur zwei Bedingungen erfüllt zu werden, damit auch die übrigen stimmen.

Kapazitive Meßgrößenumformer nutzen die Kapazitätsänderung aus, die durch Ändern der Plattenfläche, des Plattenabstandes oder des Dielektrikums eines Kondensators auftritt.

Meßgröße: Kräfte oder Drücke (Änderung des Plattenabstandes)
Wege (Änderung der Plattenfläche)
Füllstand (Änderung des Dielektrikums).

Kapazitive Meßgrößenumformer werden genau wie Widerstandsumformer in wechselspannungsgespeiste Brückenschaltungen eingefügt und wie diese abgeglichen.

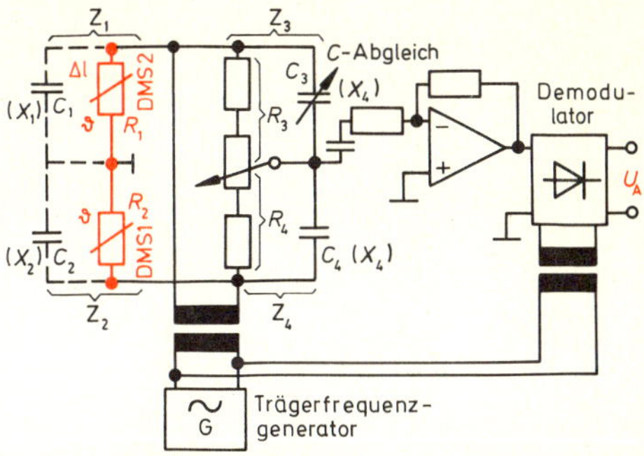

Wechselspannungsgespeiste Brückenschaltung mit R- und C-Abgleich und Demodulation der verstärkten Ausgangsspannung

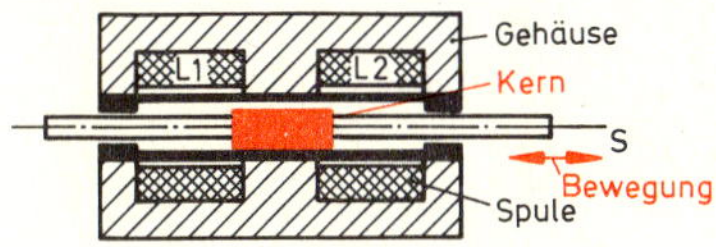

Induktiver Meßgrößenumformer

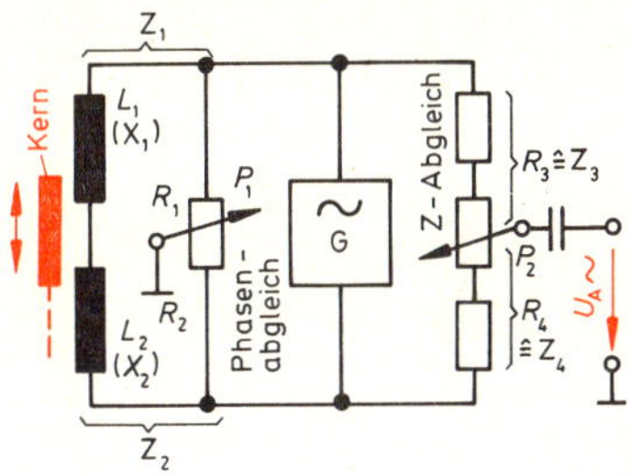

Induktiver Meßgrößenumformer in wechselspannungsgespeister Brückenschaltung

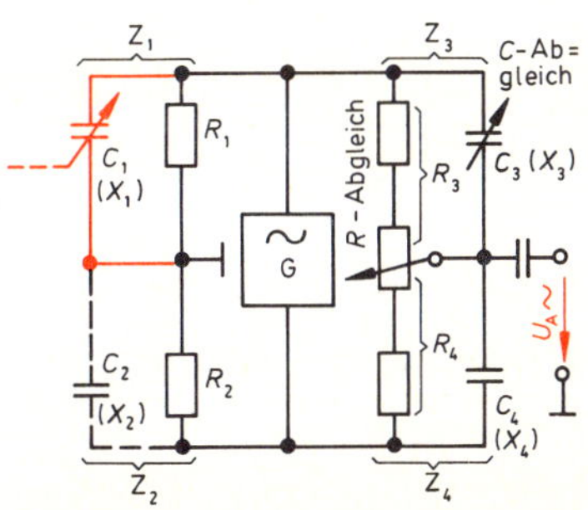

Kapazitiver Meßgrößenumformer in wechselspannungsgespeister Brückenschaltung

Grundverstärkerschaltungen mit Transistoren

Schaltung	Emitter-Schaltung	Kollektor-Schaltung	Basis-Schaltung	Emittergekoppelte Schaltung
Ersatzschaltung (gilt nur für die Betrachtung der Signalspannungen) Bezugselektrode →	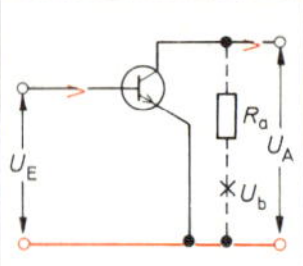	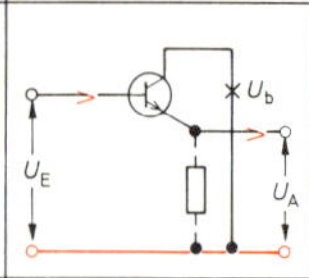	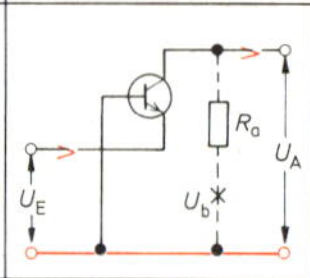	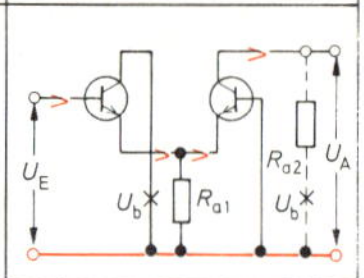
Spannungsverstärkung V_U	groß (ca. 250)	kleiner als 1	groß (ca. 250)	groß (ca. 150)
obere Grenzfrequenz	klein (ca. 50 kHz)	sehr groß (ca. 5 MHz, aussteuerungsabhängig)	groß (ca. 100 kHz)	groß (ca. 100 kHz)
Eingangswiderstand	klein (ca. 3 kΩ)	groß (ca. 500 kΩ)	sehr klein (ca. 100 Ω)	groß (ca. 50 kΩ)
Ausgangswiderstand	groß ≙ R_a (ca. 10...20 kΩ)	sehr klein (ca. 100 Ω)	groß ≙ R_a (ca. 10...20 kΩ)	groß (ca. 10...20 kΩ)
Richtungsverhältnis zwischen U_E und U_A	invers (≙ 180°)	nicht invers (≙ 0°)	nicht invers (≙ 0°)	nicht invers (≙ 0°)

Grundverstärkerschaltungen mit Feldeffekt-Transistoren

Schaltung	Source-Schaltung (≙ Katodenbasis-Schaltung)	Drain-Schaltung (≙ Anodenbasis-Schaltung)	Gate-Schaltung (≙ Gitterbasis-Schaltung)	Sourcegekoppelte Schaltung (Katodengekoppelte Schaltung)
Ersatzschaltung (gilt nur für die Betrachtung der Signalspannungen) Bezugselektrode →	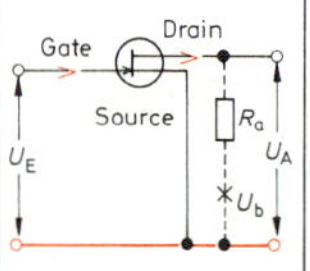	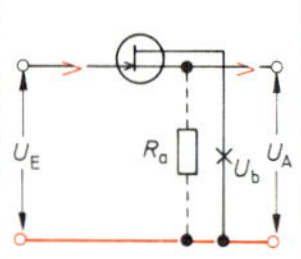	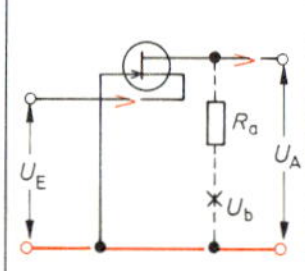	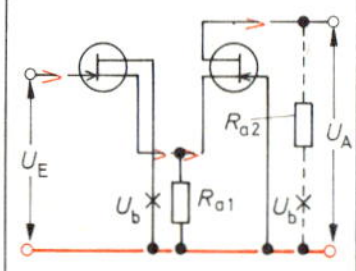
Spannungsverstärkung V_U	groß (ca. 20) $V \approx S \cdot R_a$	kleiner als 1	groß ($V \approx S \cdot R_a$)	groß (ca. 15)
obere Grenzfrequenz	klein (ca. 125 kHz)	groß (ca. 10 MHz)	mittel (ca. 140 kHz)	mittel (ca. 140 kHz)
Eingangswiderstand	groß (ca. 1 MΩ)	sehr groß (ca. 10 MΩ)	klein (ca. 1 kΩ) $R_E = \frac{1}{S}$	groß (ca. 20 kΩ)
Ausgangswiderstand	groß ≙ R_a (ca. 20 kΩ)	klein (ca. 1 kΩ) $R_A = \frac{1}{S}$	groß ≙ R_a (ca. 20 kΩ)	groß (ca. 20 kΩ)
Richtungsverhältnis zwischen U_E und U_A	invers (≙ 180°)	nicht invers (≙ 0°)	nicht invers (≙ 0°)	nicht invers (≙ 0°)

Grundverstärkerschaltungen mit Röhren

Schaltung	Katodenbasis-Schaltung	Anodenbasis-Schaltung	Gitterbasis-Schaltung	Katodengekoppelte-Schaltung	Kaskade-Schaltung
Ersatzschaltung (gilt nur für Be= trachtung der Signalspannung)	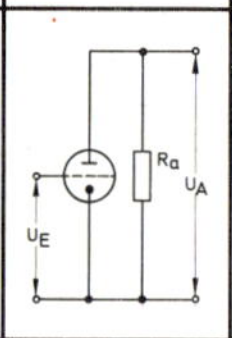	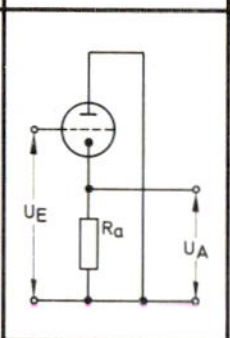	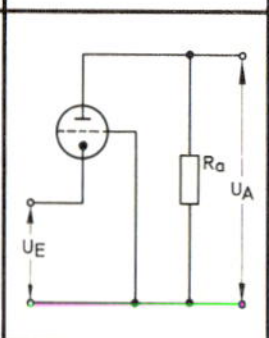	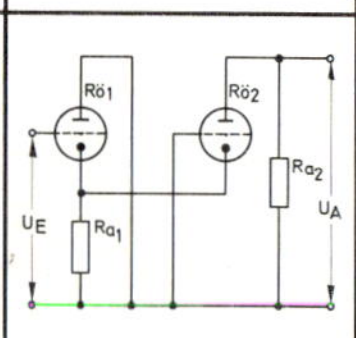	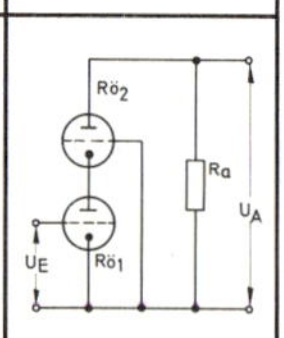
Verstärkung	groß ($V = \mu \cdot \frac{Ra}{Ri + Ra}$)	kleiner als 1	groß ($V = \mu \cdot \frac{Ra}{Ri + Ra}$)	groß	sehr groß ($\approx V_1 \cdot V_2$)
obere Grenzfrequenz	nieder (10...100 kHz)	sehr hoch (ca 10 MHz)	hoch (ca 10 MHz)	hoch	hoch
Eingangsimpedanz	groß (ca 0,5 MΩ)	sehr groß (ca 100 MΩ)	klein ($\approx \frac{1}{S}$)	sehr groß (100 MΩ)	groß (ca 0,5 MΩ)
Ausgangswiderstand	groß (≈ Ra)	klein ($\approx \frac{1}{S}$)	groß (≈ Ra)	groß	sehr groß (≈ Ra)
Phasenverschiebung zwischen U_E u. U_A	180°	0°	0°	0°	180°

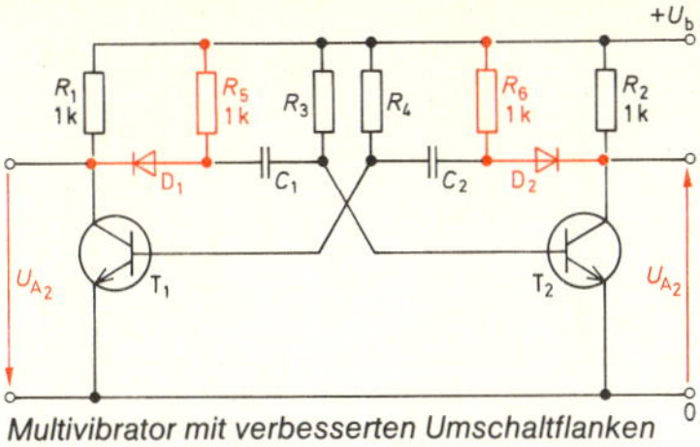

Multivibrator mit verbesserten Umschaltflanken

Von den Dioden ist nur die leitend, die zum jeweils leitenden Transistor gehört

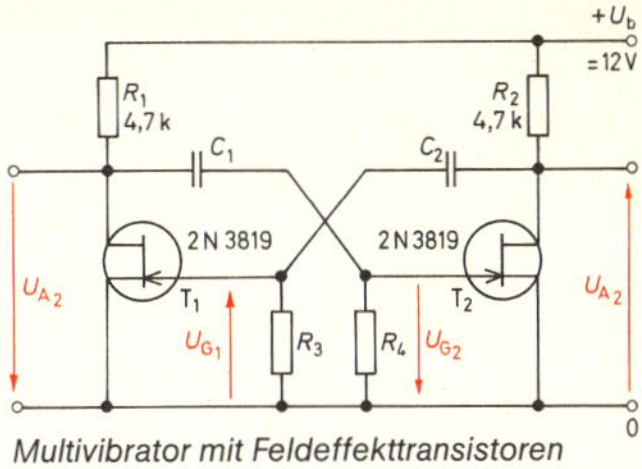

Multivibrator mit Feldeffekttransistoren

Besonders für tiefe Frequenzen geeignet.

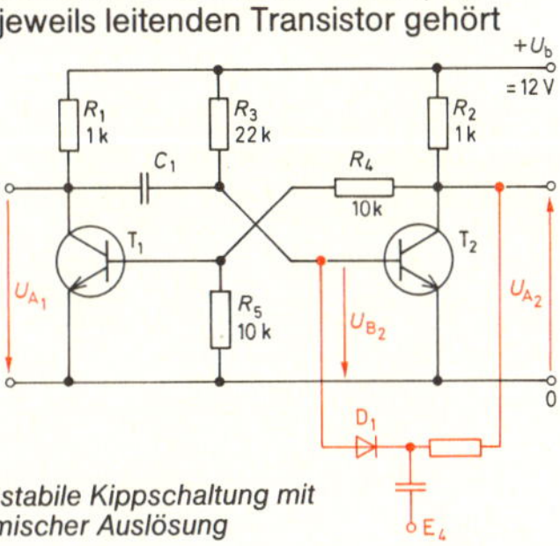

Monostabile Kippschaltung mit dynamischer Auslösung

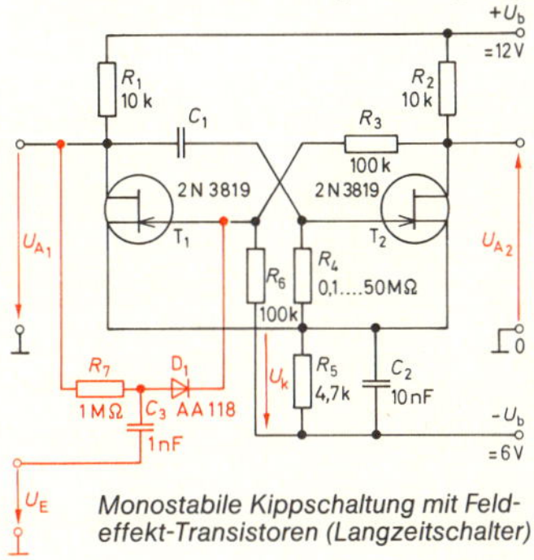

Monostabile Kippschaltung mit Feldeffekt-Transistoren (Langzeitschalter)

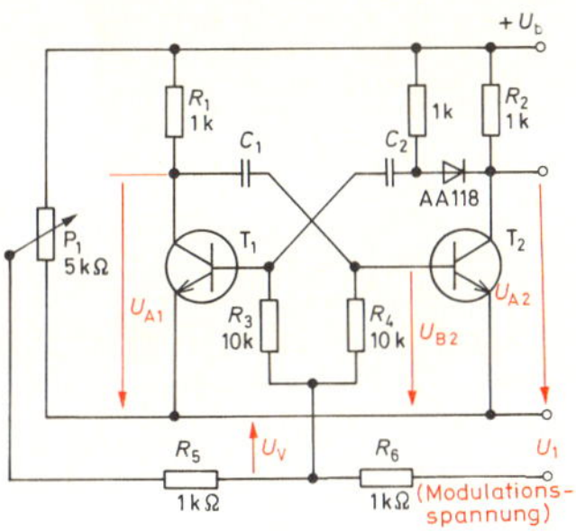

Multivibrator als Frequenzmodulator

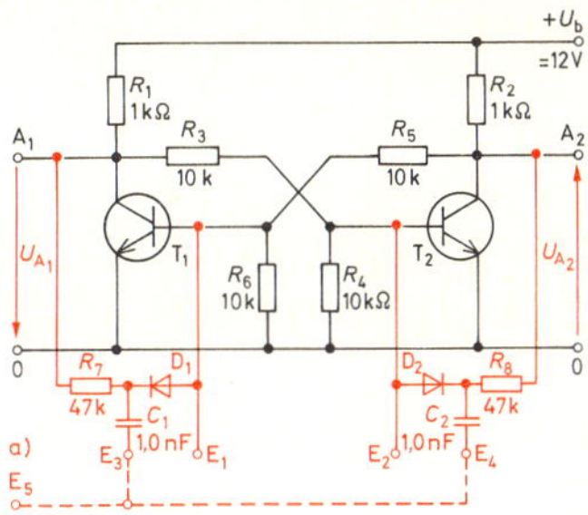

Bistabile Kippschaltung mit dynamischer Auslösung (Binärstufe)

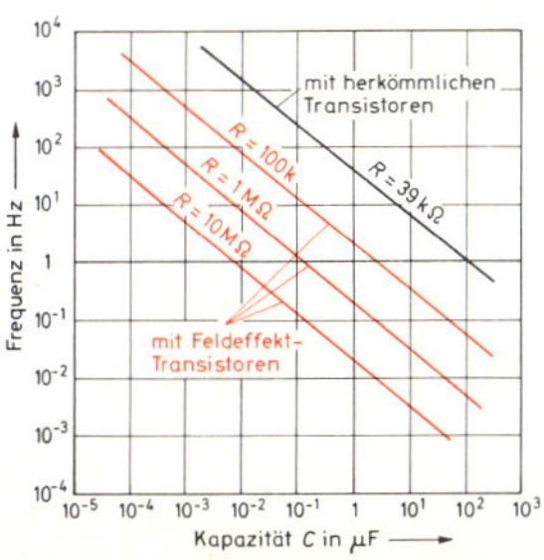

Frequenzabhängigkeit der Multivibratoren von der Zeitkonstante der RC-Glieder

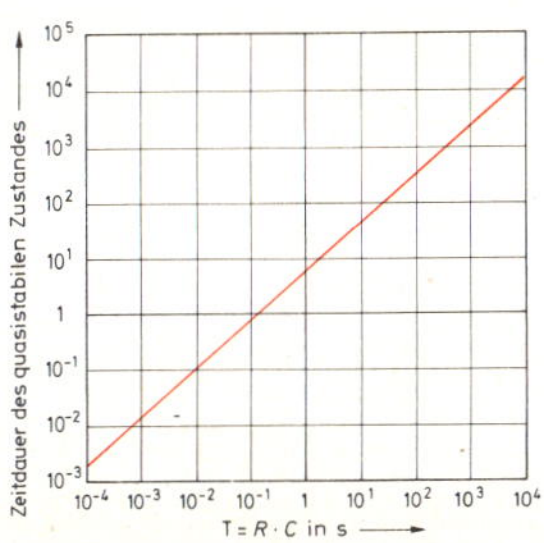

Abhängigkeit der quasistabilen Zeit von der Zeitkonstante bei monostabilen Kippschaltungen

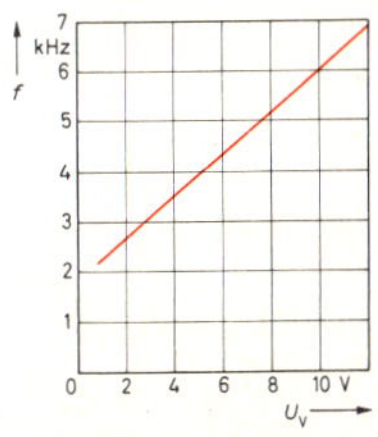

Abhängigkeit der Frequenz eines Multivibrators von der Modulationsspannung

Kippschaltungen und ihre Eigenschaften

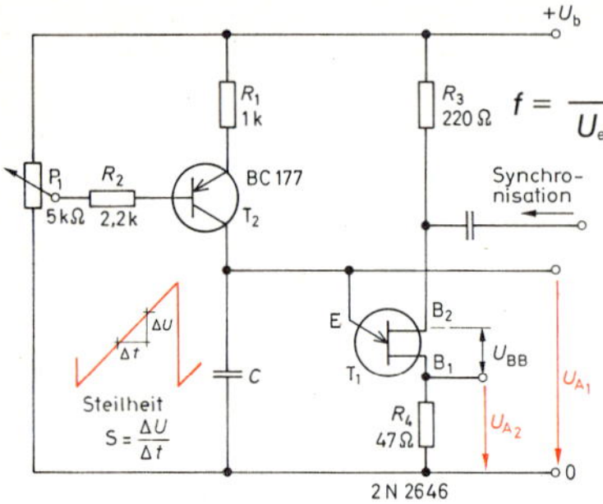

Sägezahngenerator mit Konstantstromaufladung über T 2

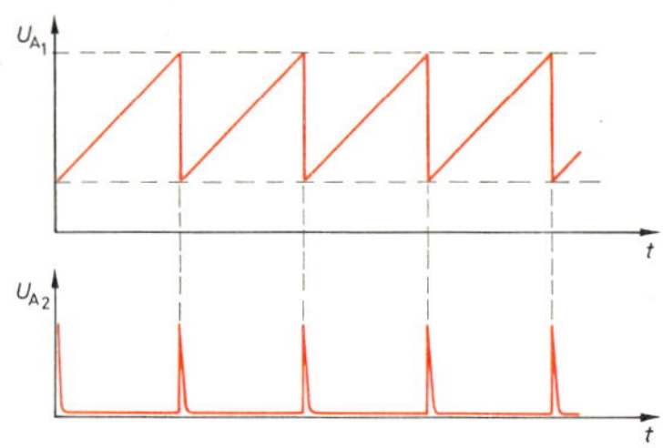

Ausgangsspannungen der Sägezahngeneratoren

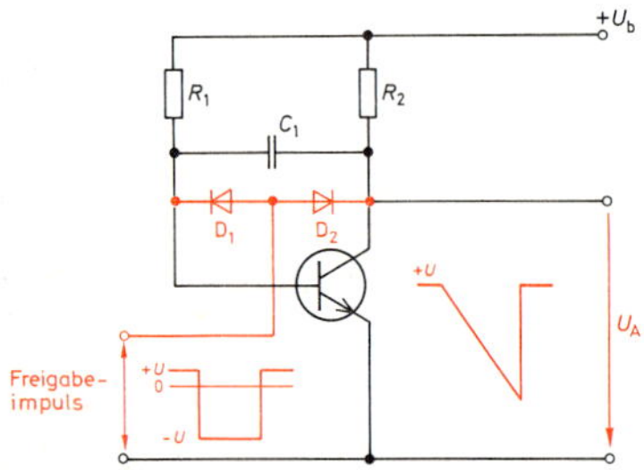

Sägezahngenerator mit Miller-Integrator für niedere Sägezahnsteilheiten

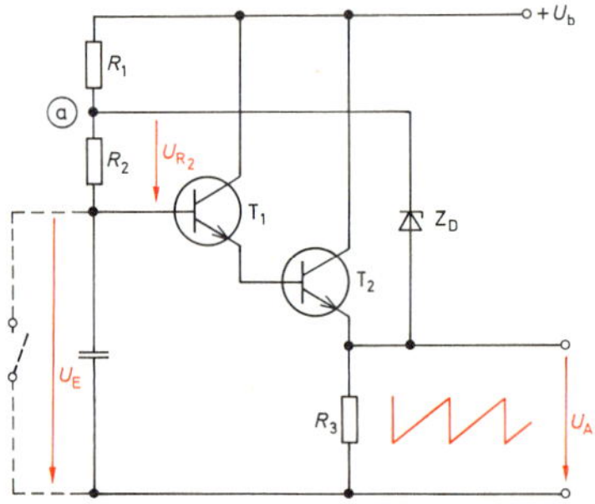

Bootstrapschaltung als Sägezahngenerator

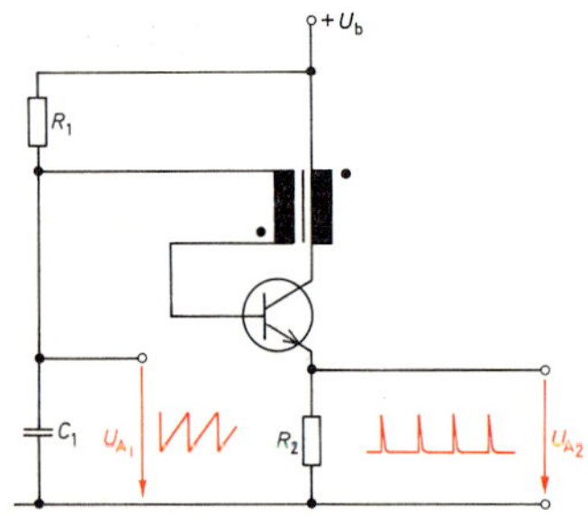

Sperrschwinger als Sägezahngenerator

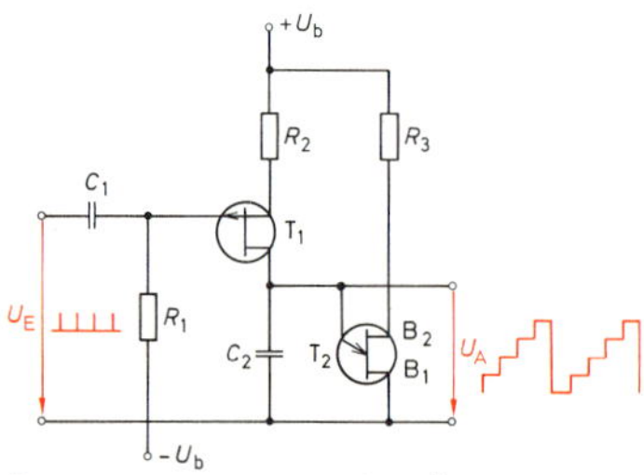

Treppenspannungsgenerator mit Konstantstromaufladung über T 1

Schutzmaßnahmen: Bei hohen Betriebsspannungen sind die Transistoren vor zu hohen Emitter/Basis-Sperrspannungen zu schützen. Das geschieht durch Dioden, die entweder in Reihe zur Basisleitung oder parallel zur Basis/Emitterstrecke geschaltet werden.

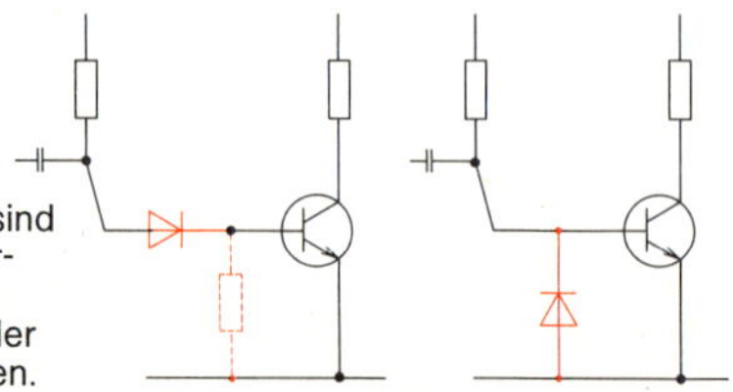

Kippschaltungen und ihre Eigenschaften

Bezeichnung	astabile Kippschaltung (Multivibrator)	monostabile Kippschaltung	bistabile Kippschaltung	spannungsabhängige Kippschaltung (Schmitt-Trigger)
Schaltung	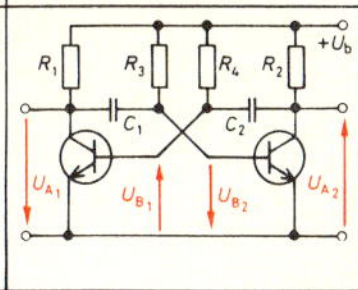	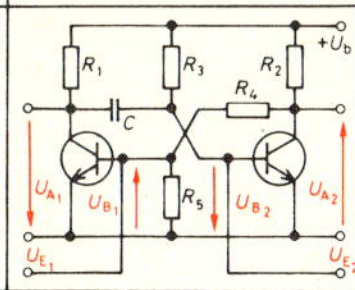	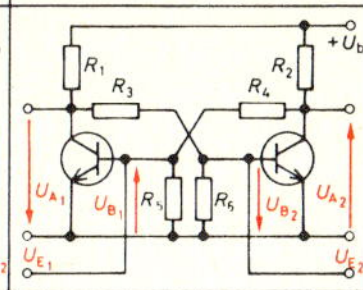	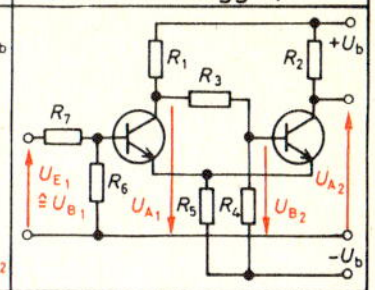
Eingangsspannung U_{E_1} Eingangsspannung U_{E_2} Ausgangsspannung U_{A_1} Ausgangsspannung U_{A_2} Basisspannung U_{B_1} Basisspannung U_{B_2}	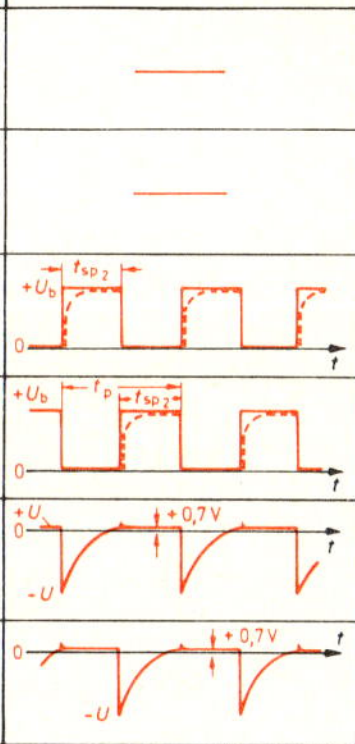	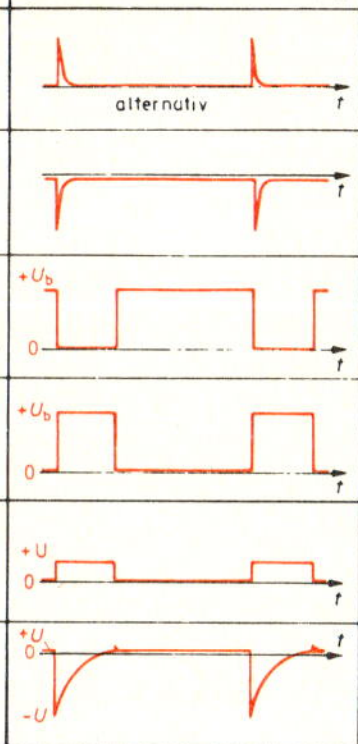	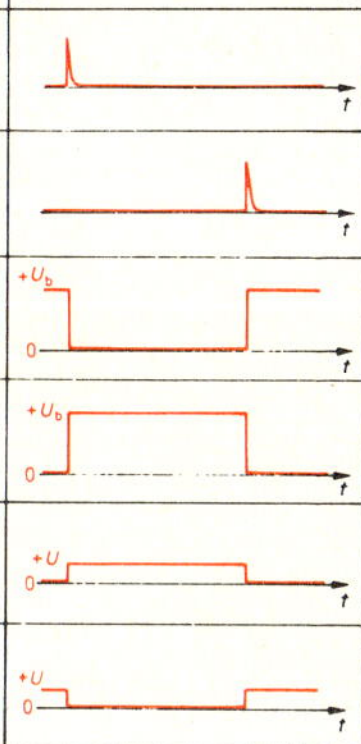	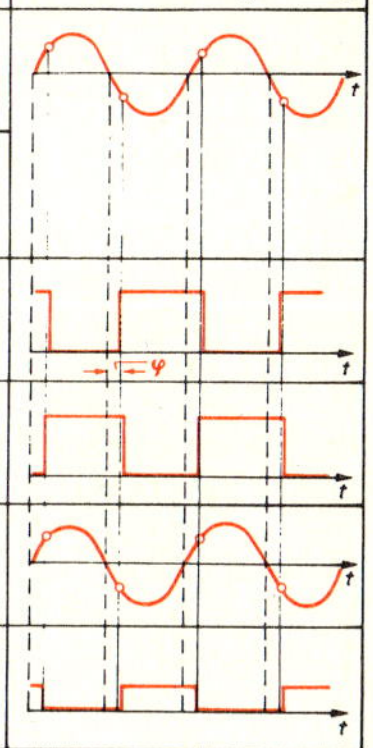
Dimensionierung (Beispiele)	$R_1 = R_2 \geqq \frac{U_b}{I_{Cmax}}$ (0,5 ... 10 kΩ) $R_3 \leqq 0{,}2...0{,}8 \cdot \beta \cdot R_2$ (10 kΩ ... 200 kΩ) $R_4 \leqq 0{,}2...0{,}8 \cdot \beta \cdot R_1$ (10 kΩ ... 200 kΩ) $t_{sp1} \approx 0{,}7 \cdot C_2 \cdot R_4$ $t_{sp2} \approx 0{,}7 \cdot C_1 \cdot R_3$ $f = \frac{1}{t_{sp1} + t_{sp2}}$	$R_1 = R_2 \geqq \frac{U_b}{I_{Cmax}}$ (0,5 ... 10 kΩ) $R_3 \leqq 0{,}2...0{,}8 \cdot \beta \cdot R_2$ (10 kΩ ... 200 kΩ) $R_4 \leqq 0{,}2...0{,}6 \cdot \beta \cdot R_1$ (10 kΩ ... 100 kΩ) $R_5 \approx$ 10 kΩ ... 20 kΩ) Die Sperrzeit des Transistors T 2 ist gleich der Impulsdauer t_e $t_e = 0{,}7 \cdot C \cdot R_3$	$R_1 \geqq R_2 = \frac{U_b}{I_{Cmax}}$ (0,5 ... 10 kΩ) $R_3 \leqq 0{,}2...0{,}6 \cdot \beta \cdot R_2$ (10 kΩ ... 100 kΩ) $R_4 \leqq 0{,}2...0{,}6 \cdot \beta \cdot R_1$ (10 kΩ ... 100 kΩ) $R_5 = R_6 \approx$ 10 kΩ ... ... 20 kΩ	R_1 = 4,7 ... 22 kΩ R_2 = 2,2 kΩ ... 10 kΩ $R_3 = 0{,}2...0{,}6 \cdot \beta \cdot R_2$ R_4 = 22 kΩ ... 47 kΩ $R_5 \approx \frac{R_2}{10}$ $R_6 \approx$ 47 kΩ ... 100 kΩ $R_7 \approx$ 10 kΩ $U_{EIN} = \left(\frac{[U_b - (-U_b)] \cdot R_5}{R_2 + R_5} + 0{,}6\,V\right) + (-U_b)$ $U_{AUS} = \left(\frac{[U_b - (-U_b)] \cdot R_5}{R_1 + R_5} + 0{,}6\,V\right) + (-U_b)$ $\Delta U_s = U_{ein} - U_{aus}$
Anwendung	Rechteckgenerator Prüfgenerator	Zeitschalter Verzögerungsschalter	Signalspeicher Frequenzteiler	Schwellwertschalter, Impulsformer

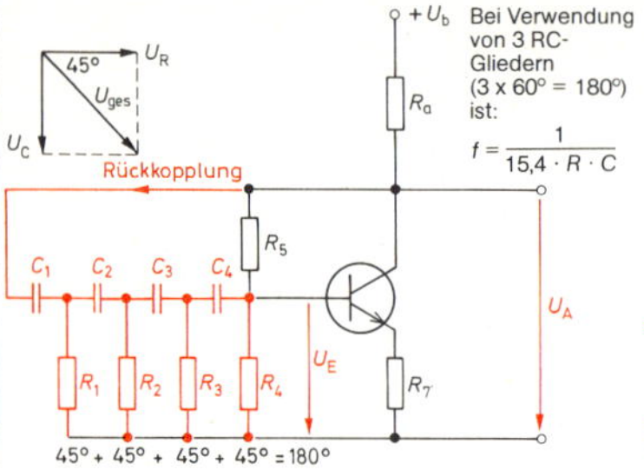

RC-Phasenschiebergenerator

$$f = \frac{1}{2\pi \cdot R \cdot C}$$

$R = R_1 = R_2 = R_3 = R_4$
$C = C_1 = C_2 = C_3 = C_4$

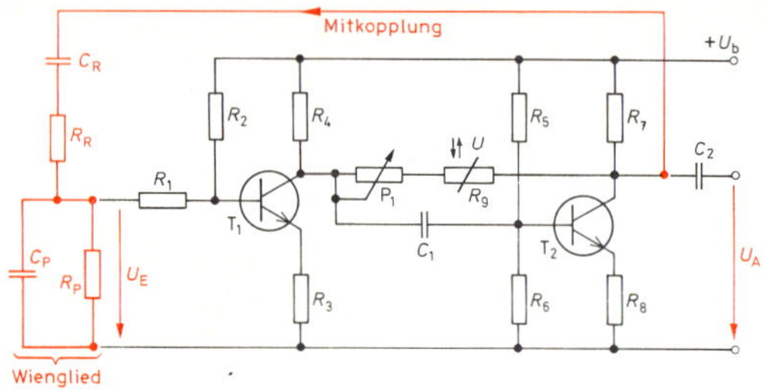

RC-Wienbrücken-Generator

$$f = \frac{1}{2\pi \cdot R \cdot C}$$

$R = R_R = R_P$
$C = C_R = C_P$

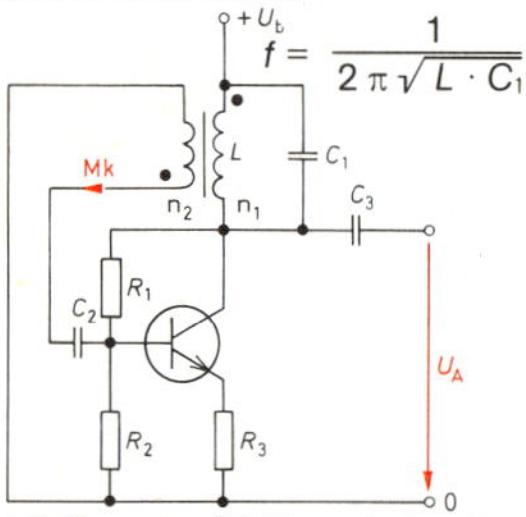

$$f = \frac{1}{2\pi\sqrt{L \cdot C_1}}$$

LC-Generator (Meißnerschaltung)
Emitterschaltung

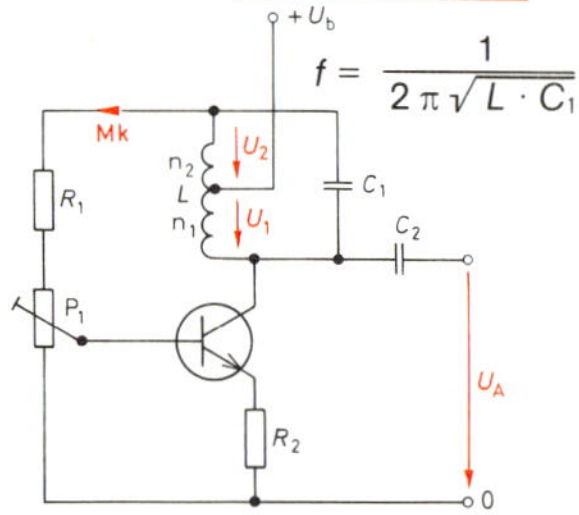

$$f = \frac{1}{2\pi\sqrt{L \cdot C_1}}$$

LC-Generator (Hartleyschaltung)
Emitterschaltung

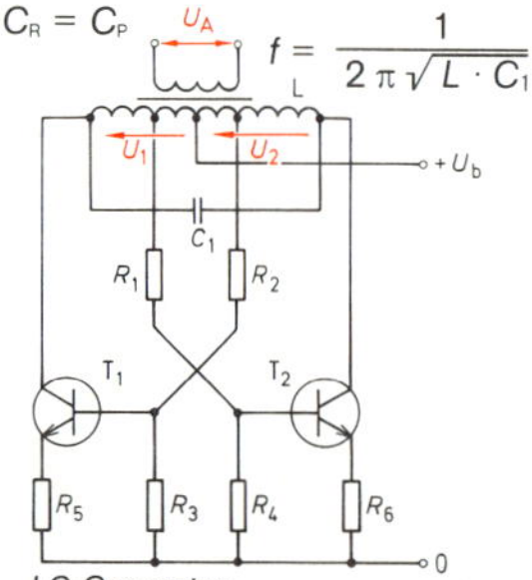

$$f = \frac{1}{2\pi\sqrt{L \cdot C_1}}$$

LC-Generator (Gegentakt-Hartleyschaltung)
Emitterschaltung

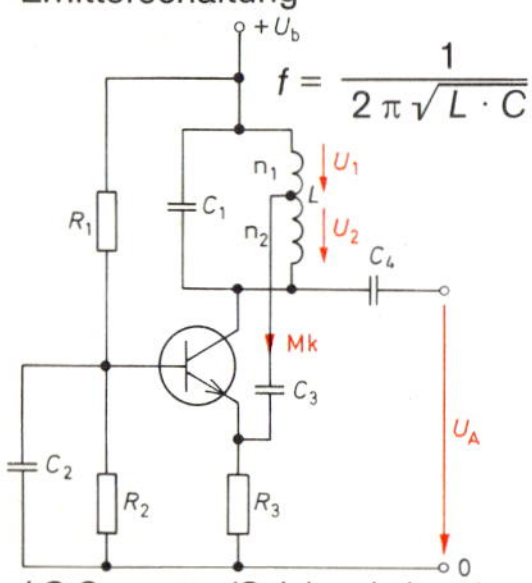

$$f = \frac{1}{2\pi\sqrt{L \cdot C}}$$

LC-Generator (Colpittsschaltung) mit aufgetrenntem L
Basisschaltung

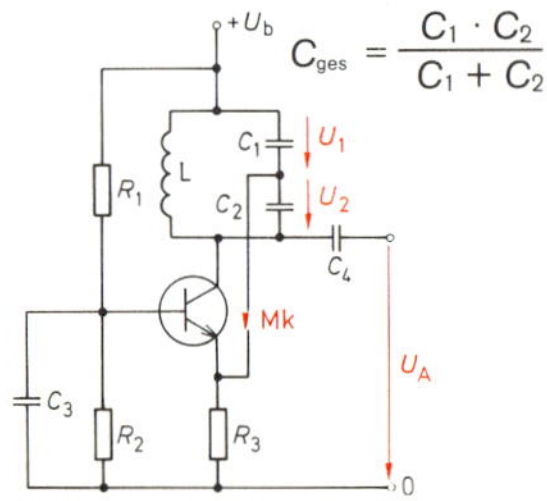

$$C_{ges} = \frac{C_1 \cdot C_2}{C_1 + C_2}$$

LC-Generator (Colpittsschaltung) mit aufgetrenntem C
Basisschaltung

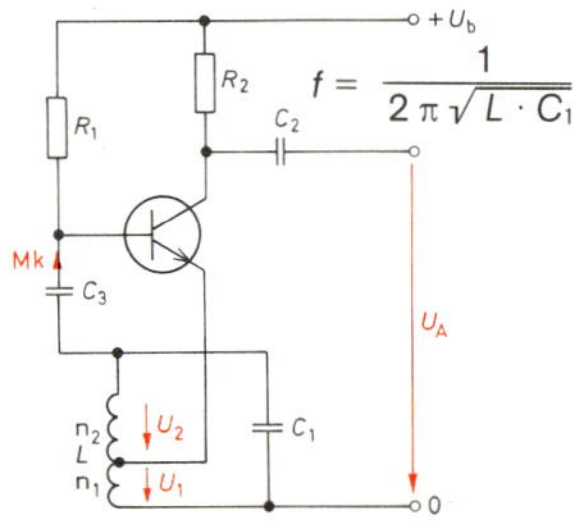

$$f = \frac{1}{2\pi\sqrt{L \cdot C_1}}$$

LC-Generator (ECO-Schaltung)
Kollektorschaltung

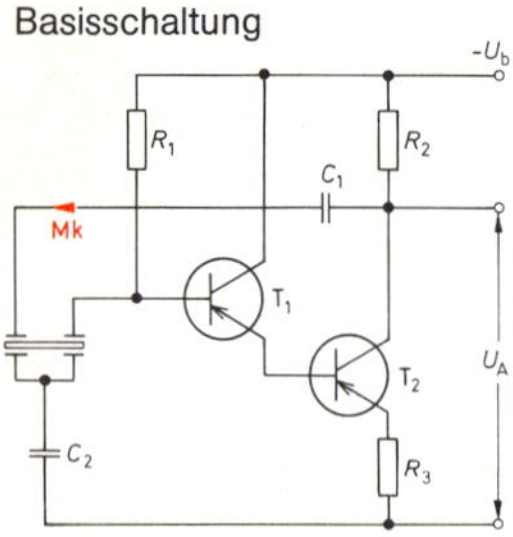

Quarzgenerator mit Biegeschwinger für niedere Frequenzen

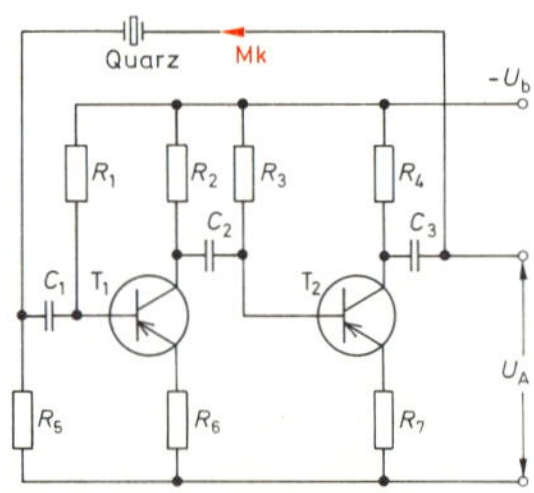

Quarzgenerator mit Dickenschwinger für hohe Frequenzen

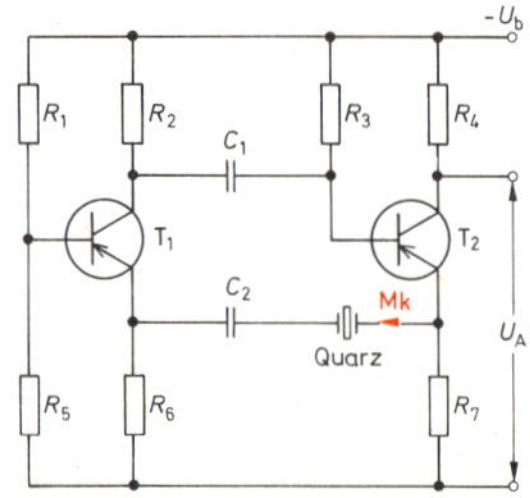

Quarzgenerator mit Dickenschwinger für sehr hohe Frequenzen

Standardgrundschaltungen mit Operationsverstärkern | GS 4.1

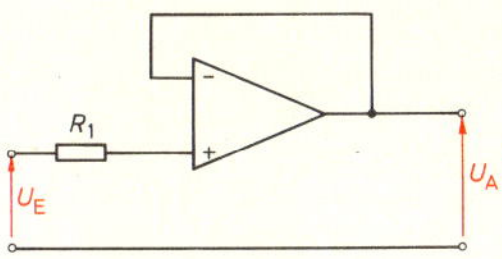

Impedanzwandler

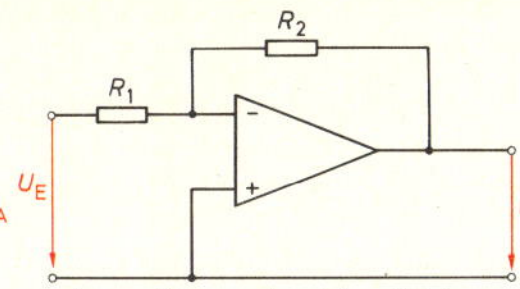

Invertierender Verstärker

$V = \frac{R_2}{R_1}$

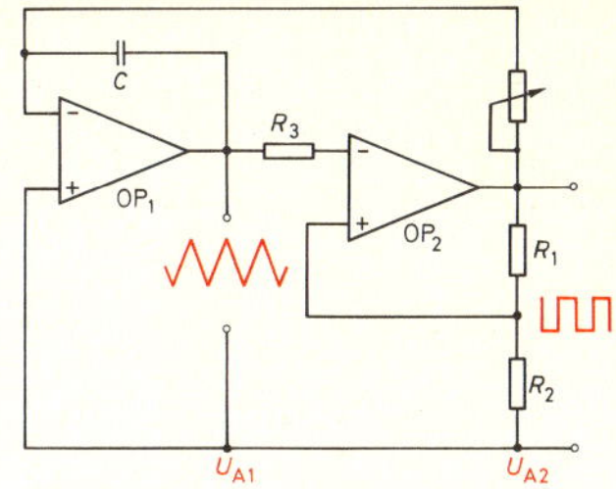

Dreieck/Rechteckgenerator (Funktionsgenerator)

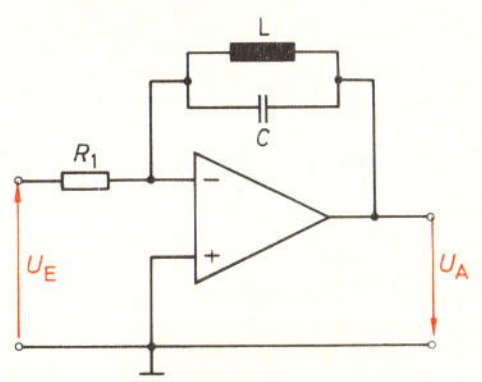

Resonanzverstärker Durchlaßfrequenz

$f_0 = \frac{1}{2 \cdot \pi \cdot \sqrt{L\,C}}$

Bandbreite $b = f_0 \cdot \tan \delta_L$

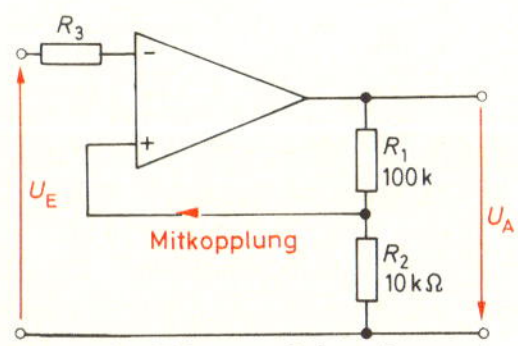

Schmitt-Trigger, invertierend

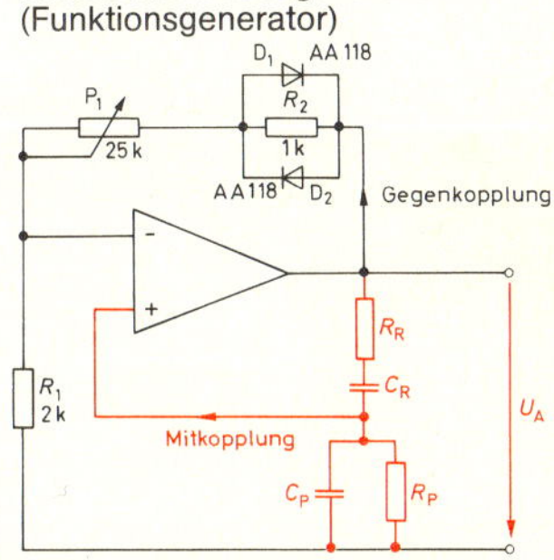

Sinusgenerator (Wienbrücken-generator)

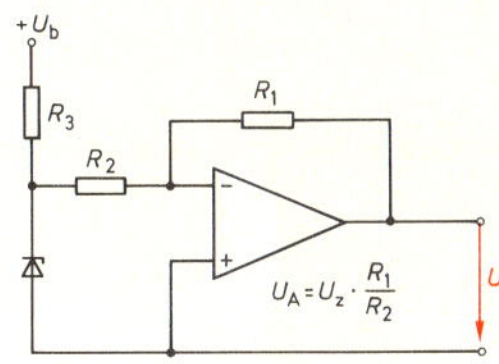

Konstantspannungsquelle

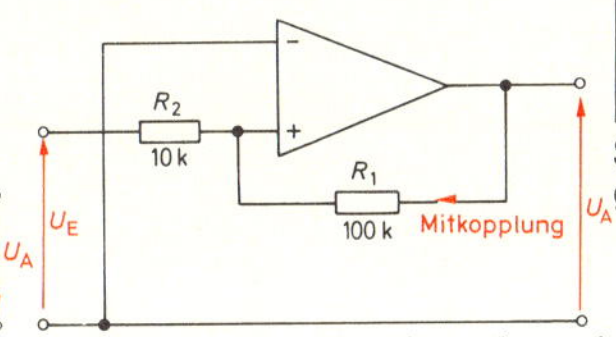

Schmitt-Trigger, nicht invertierend

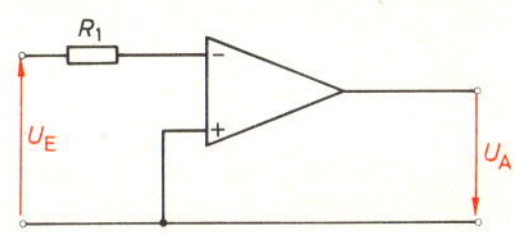

Komparator (Vergleicher)

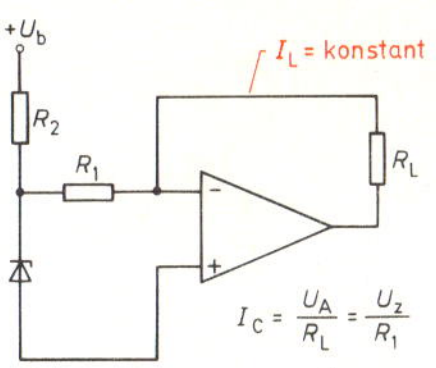

Konstantstromquelle

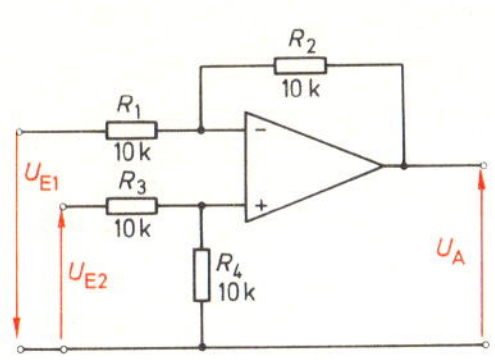

Differenzverstärker
E_1 = invert. E_2 = nicht invert.

$U_A = (U_{E2} - U_{E1}) \frac{R_2}{R_1}$

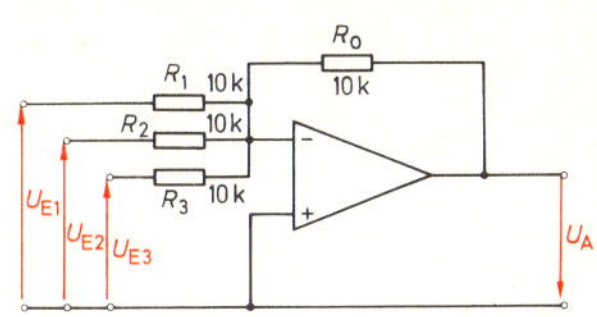

Summierer

$-U_A = U_{E1} \frac{R_0}{R_1} + U_{E2} \frac{R_0}{R_2} + U_{E3} \frac{R_0}{R_3}$

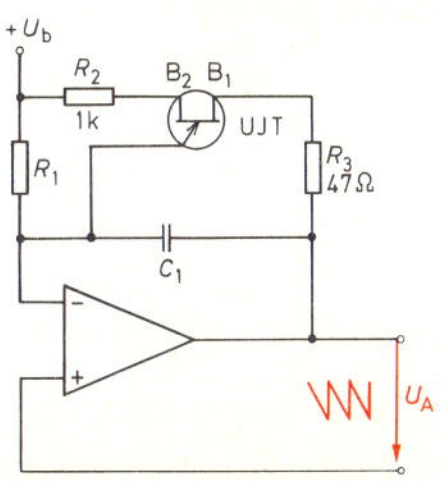

Sägezahngenerator

$f = \frac{U_b}{(U_b \cdot \eta + 0{,}7\ \mathrm{V}) \cdot R_1 \cdot C_1}$

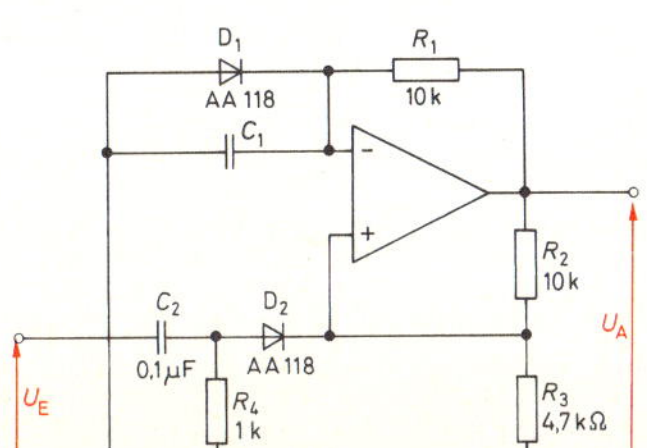

Monostabile Kippschaltung

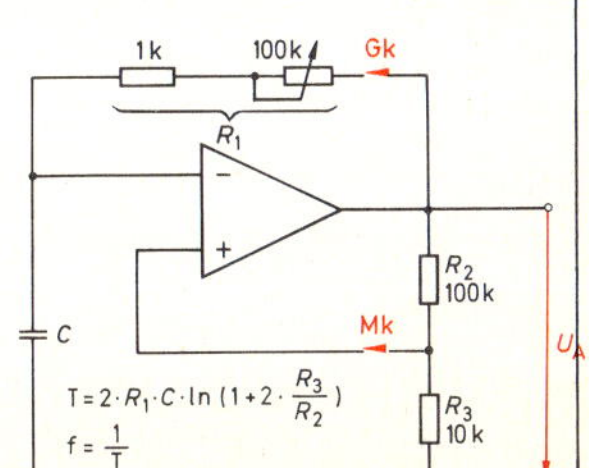

Astabile Kippschaltung

Thyristoren mit ihren Schaltereigenschaften können auch zum kontinuierlichen Verändern von Lastströmen verwendet werden, sofern man den Strom periodisch ein- und ausschaltet und das Verhältnis zwischen Ein- und Ausschaltzeit ändert. Dafür geeignete Verfahren sind die

Anschnittsteuerung, bei der man den Zündzeitpunkt (Zündwinkel) verändert und damit die leitende Zeit (Stromflußwinkel) bis zum nächsten Nulldurchgang der Betriebsspannung, bei dem der Thyristor von selbst verlöscht.
Vorteile: Frequenz des Laststromes gleich der Netzfrequenz
Nachteile: Abrupte Stromstöße im Netz , Funkempfangsstörungen, Fehlanzeige von Zählern und Vielfachmessern.

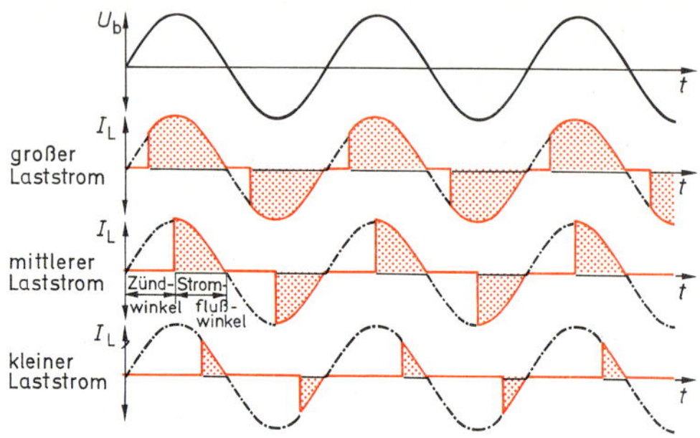

Anschnittsteuerung

Vollwellensteuerung, bei der man den Laststrom abwechselnd durch eine bestimmte Anzahl Netzvollwellen ein- und ausschaltet. Das Verhältnis zwischen den ein- und ausgeschalteten Vollwellen bestimmt den Effektivstrom.
Vorteile: Keine Laststromstöße im Netz, keine Funkempfangsstörungen
Nachteile: Stromänderung nur annähernd kontinuierlich, Frequenz des Laststromes viel kleiner als die Netzfrequenz.

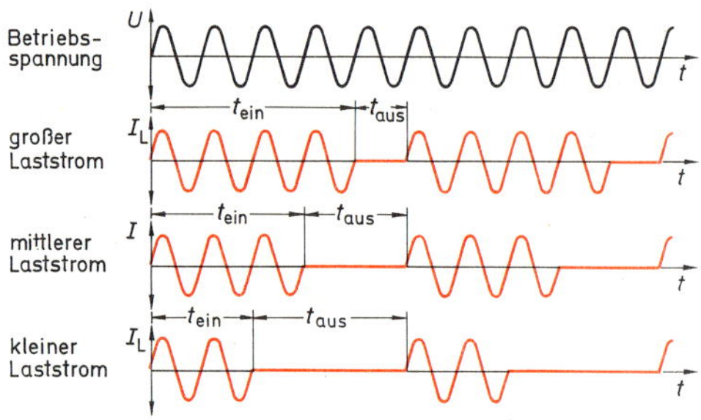

Vollwellensteuerung

Impulsbreitensteuerung benutzt man bei reiner Gleichspannungsspeisung. Der Laststrom wird periodisch mit einem Thyristor ein- und einem zweiten Thyristor ausgeschaltet. Durch Verändern der Zündzeitpunkte ändert sich der Laststrom.

Vorteile: Verlustfreie Stromänderung bei Gleichstrom.
Nachteile: Stoßartige Belastung der Stromquelle, Funkempfangsstörungen.

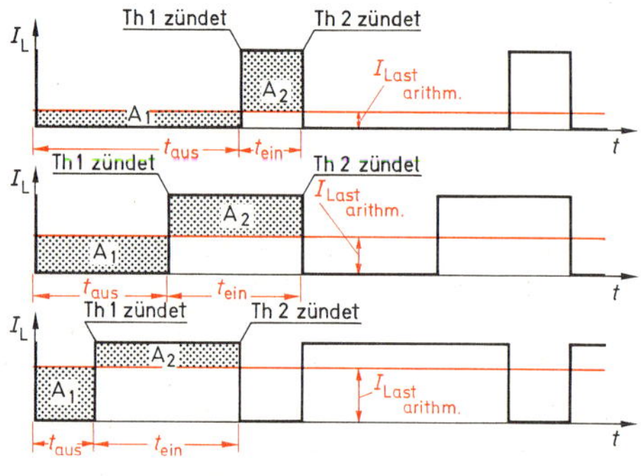

Impulsbreitensteuerung

Thyristorschaltungen ohne Gleichrichtereigenschaften können sowohl mit Einrichtungsthyristoren in Antiparallelschaltung als auch mit Zweirichtungsthyristoren bestückt werden. Anschnittsteuerungen mit Einrichtungsthyristoren lassen sich besonders vorteilhaft als Stellglieder in elektronischen Regeleinrichtungen verwenden, während Schaltungen mit dem Zweirichtungsthyristor als Steuerglieder (z. B. zum Einstellen eines bestimmten Stromes von Hand) wirtschaftliche Lösungen erlauben.

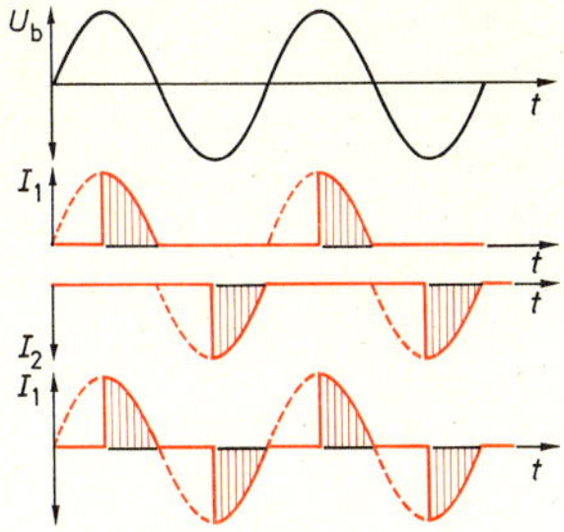

Teilströme und Gesamtstrom bei der Anschnittsteuerung ohne Gleichrichtereigenschaften

Antiparallelschaltung ist die Parallelschaltung zweier entgegengesetzt gepolter Thyristoren. Da sich die beiden Zündspannungen auf unterschiedliche Potentiale beziehen, benötigt man zur Potentialtrennung zwei kleine Zündtransformatoren Tr 1 und Tr 2.

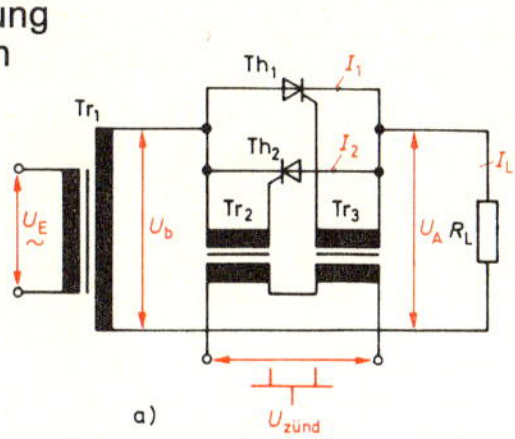

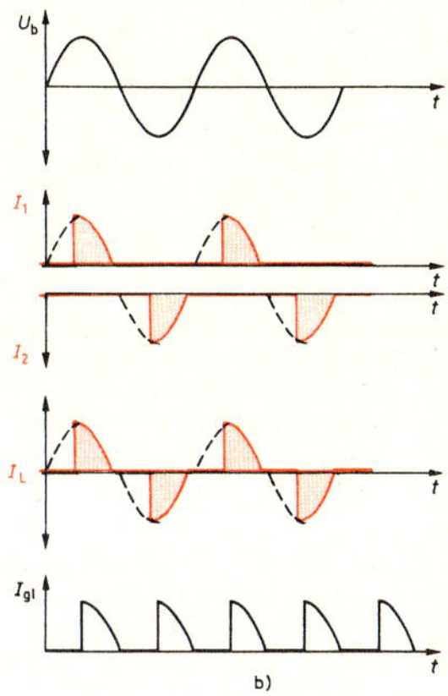

Antiparallelschaltung

Thyristorsteuerung mit phasendrehender Gleichrichterbrücke nennt man eine Schaltung, bei der trotz Verwendung eines Einrichtungsthyristors ein Wechselstrom durch den in der Eingangsleitung liegenden Lastwiderstand fließt.

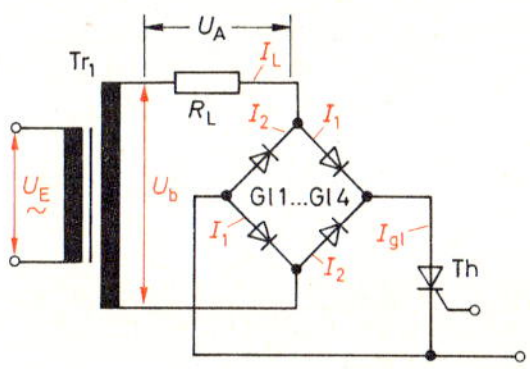

Thyristorschaltung mit phasendrehender Gleichrichterbrücke

Anschnittsteuerung mit Zweirichtungsthyristoren (Handelsbezeichnung: TRIAC und DIAC) können mit einer Spannung gezündet werden, die mit dem RC-Glied R 1, P 1, C 1 gegenüber der Betriebsspannung in der Phase verschoben wird. Damit verschiebt sich sowohl der Zündzeitpunkt von Th 1 als auch der Zündwinkel. Ein besonderes Zündgerät wird nicht benötigt. Das RC-Glied R 2, C 2 verringert die Hysterese zwischen Stromminderung und Stromerhöhung.

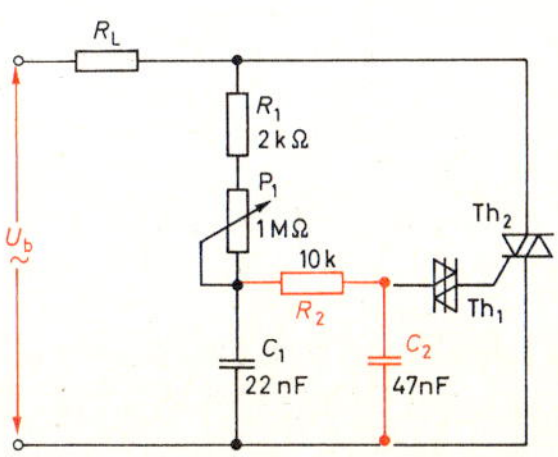

Anschnittsteuerung mit Zweirichtungsthyristoren

Thyristorschaltungen mit Gleichrichtereigenschaften

Die **Einwegschaltung** zeichnet sich durch geringen Schaltungsaufwand aus. Sie besitzt jedoch recht lange stromlose Zeiten und gewährleistet einen Maximalstrom, der höchstens 45 % des Effektivwertes bei direkter Speisung beträgt.

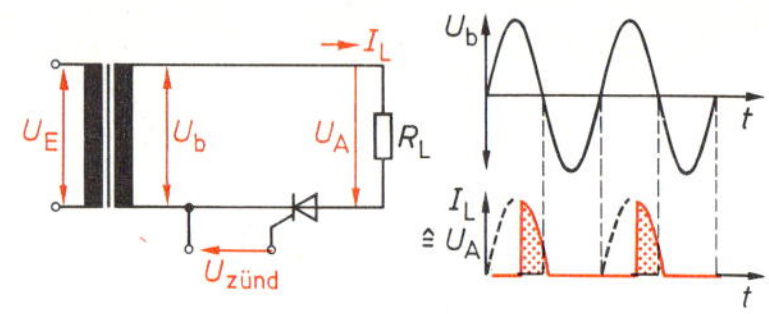

Einwegschaltung mit Thyristortriode

Die **Mittelpunkt- oder Zweiwegschaltung** vermeidet die langen stromlosen Zeiten und gewährleistet einen Maximalstrom, der etwa 90 % des Effektivwertes bei direkter Speisung beträgt. Nachteilig ist die erforderliche zweite Transformatorwicklung.

Die **Brückenschaltung** entspricht in ihren Eigenschaften der Zweiwegschaltung. Die zweite Transformatorwicklung ist hier aber durch zwei zusätzliche Gleichrichter ersetzt worden.

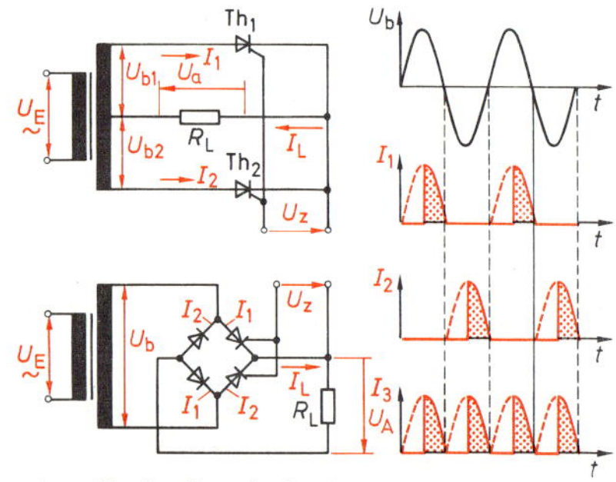

oben: Mittelpunkt- oder Zweiwegschaltung
unten: Brückenschaltung

Drehstromschaltungen benutzt man für große Leistungen. Vorteilhaft ist, daß sich der Gesamtstrom auf mehrere Thyristoren verteilt.

Die **Drehstromsternschaltung** hat den Nachteil, daß im Lastwiderstand stromlose Zeiten auftreten.

Die **Drehstrombrückenschaltung** hat diesen Nachteil nicht und herrscht deshalb vor. Gezündet wird mit drei getrennten Zündgeräten, die mit der zugehörigen Phase synchron laufen.

Zündfolge: Th 1 zusammen mit Th 6
Th 2 zusammen mit Th 4
Th 3 zusammen mit Th 5

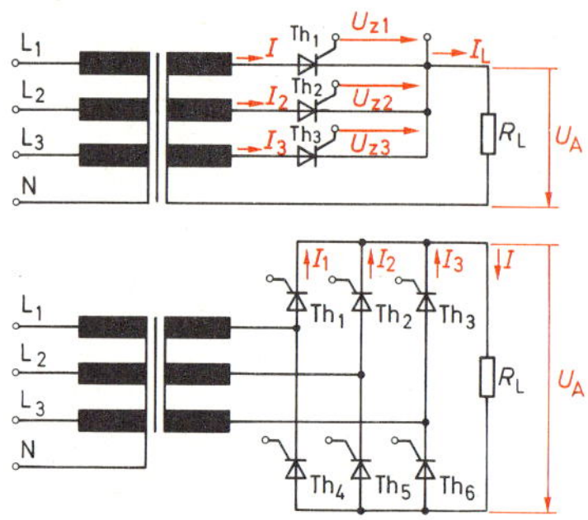

oben: Drehstromsternschaltung
unten: Drehstrombrückenschaltung

Weitere Drehstromschaltungen sind die **Zickzack-Schaltung,** die ähnliche Eigenschaften wie die Drehstrombrückenschaltung besitzt. Von Vorteil ist hier zusätzlich, daß man nur 3 Thyristoren benötigt, die auf einem gemeinsamen Kühlkörper sitzen können. Nachteilig sind die 6 erforderlichen Sekundärwicklungen des Transformators, seine große Bauart und die erhöhte Sperrspannungsbeanspruchung der Thyristoren. Die gleichen Eigenschaften weist die **Drehstrom-Doppelsternschaltung** (auch M-G-Schaltung genannt) auf. Beide sind gegenüber der Drehstrombrückenschaltung bedeutungslos.

Vor Überlastung schützt man Thyristoren durch hinreichend trägheitslose Schmelzsicherungen. Dafür geben die Hersteller das Grenzlastintegral $I^2 \cdot t$ an. Sein Wert ist ein Maß für die Kristallerwärmung während des Kurzschlusses und darf nicht überschritten werden. Man wählt das Grenzlastintegral der Sicherung gleich oder kleiner als das des Thyristors.

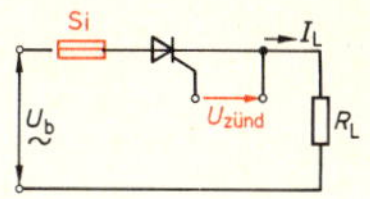

Schutz vor Überlastung

Vor hohen Stromanstiegsgeschwindigkeiten schützt man Thyristoren durch Reihenschaltung kleiner Induktivitäten oder Parallelschaltung von RC-Gliedern. Die Induktivität berechnet man wie folgt:

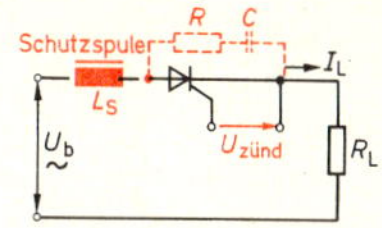

Schutz vor zu hohen Stromanstiegsgeschwindigkeiten

$$L_S = \frac{U_{bs}}{di/dt}$$

L_S = Induktivität in H
U_{bs} = Spitzenwert der Betriebsspannung in V
di/dt = zul. Stromanstiegsgeschwindigkeit in A/s

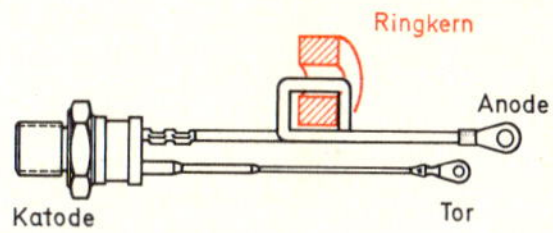

Praktische Ausführung einer Schutzinduktivität

Bei kleineren Leistungen schützt man mit RC-Gliedern wie folgt:

di/dt	C	R
0,5 ... 1 A/µs	0,5 µF	27 ... 100 Ω
1 ... 5 A/µs	2 µF	18 ... 33 Ω

Vor dem Trägerstaueffekt und seinen Folgen schützt man Thyristoren durch Parallelschalten von RC-Gliedern, die man auch nach obigen Kriterien auswählt. Sie halten die bei induktiven Lasten im Nulldurchgang der Betriebsspannung auftretende Selbstinduktionsspannung vom Thyristor fern. Die gleiche Aufgabe erfüllt eine parallel zum Lastwiderstand geschaltete Gleichrichterdiode.

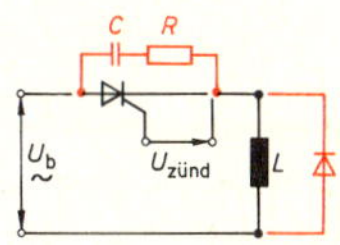

Schutz vor den Folgen des Trägerstaueffektes

Vor zu hohen Spannungsanstiegsgeschwindigkeiten schützt man Thyristoren durch Parallelschalten von RC-Gliedern. Sie können mit dem Diagramm dimensioniert werden. Ohne diese Beschaltung kann der Thyristor unerwünschterweise auch dann zünden, wenn im Einschaltmoment der Betriebsspannung die Torspannung Null ist.

Beispiel:
I_L = 10 A
di/dt = 10 A/µs
du/dt = 10 V/µs

Abgelesen:
R = 2,8 kΩ
C = 13 nF (gewählt 15 nF)

Besitzt der Thyristor schon eine RC-Beschaltung (z. B. zum Schutz vor den Folgen des Trägerstaueffektes), so ist er auch vor zu hohen Anstiegsgeschwindigkeiten der Spannung geschützt.

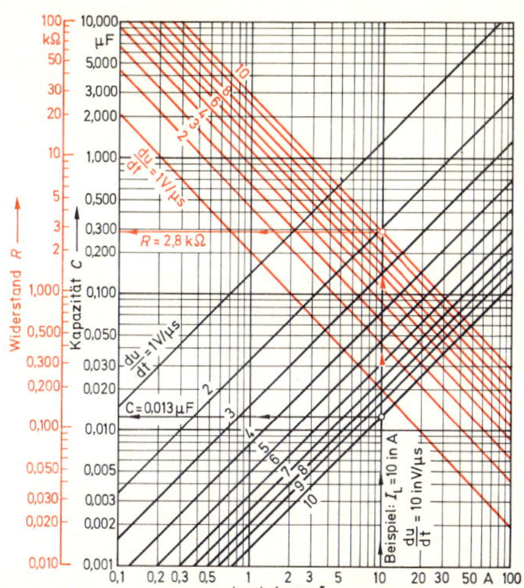

Dimensionierungshilfe für RC-Glieder zum Schutze vor zu hohen Spannungsanstiegsgeschwindigkeiten bei Thyristoren

Thyristorschaltungen (Zündgeräte) — GS 5.5

Thyristorzündgeräte haben die Aufgabe, zum gewünschten Zündzeitpunkt einen Zündimpuls an das Tor des jeweiligen Thyristors zu führen.
Gemeinsames Merkmal ist ein Kondensator, der über einen Widerstand oder ein anderes Bauteil mit Widerstandseigenschaften aufgeladen und nach Erreichen eines bestimmten Ladezustandes schnell über ein Bauelement mit Schaltereigenschaften entladen wird.

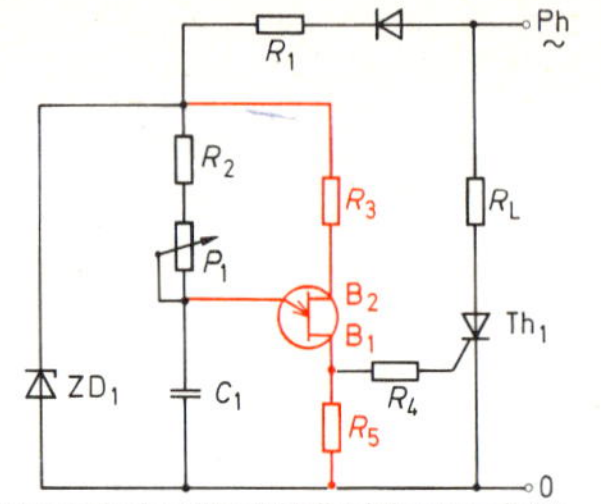

Thyristorzündgerät mit Unijunktiontransistor

Der Unijunktion-Transistor (UJT) wird in der Praxis sehr häufig zum Entladen verwendet. Der Zündzeitpunkt kann mit folgender Formel berechnet werden:

$$t_{\text{zünd}} = R \cdot C \cdot \ln \frac{1}{1 - \eta + \frac{Us}{Ub}}$$

$t_{\text{zünd}}$ = Zündzeitpunkt nach Nulldurchgang in s
R = Ladewiderstand (R 2, P 1) in Ω
C = Ladekondensator in F
η = Ein/Aus-Verhältnis des UJT
Us = Schleusenspannung der Emitterdiode (hier 0,7 V)
Ub = Betriebsspannung in V

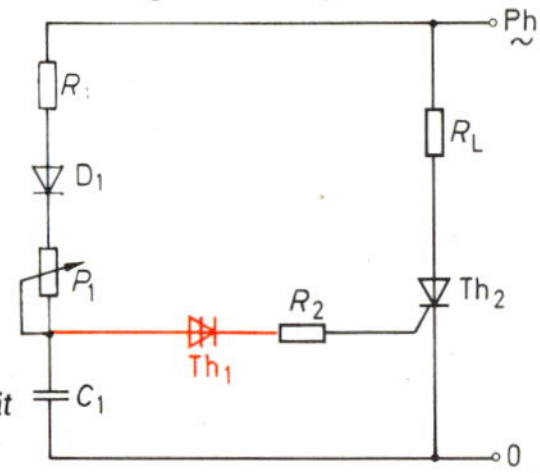

Thyristorzündgerät mit Thyristordiode

Thyristordioden (Vierschichtdioden, DIACs) erlauben die Aufladung des Kondensators bis zum Wert ihrer Abbruchspannung. Der Zündzeitpunkt ergibt sich hier wie folgt:

$$t_{\text{zünd}} = R \cdot C \cdot \ln \frac{Ub}{Ub - U_{\text{abbr}}}$$

U_{abbr} = Abbruchspannung der Thyristordiode in V (sonst wie beim UJT)

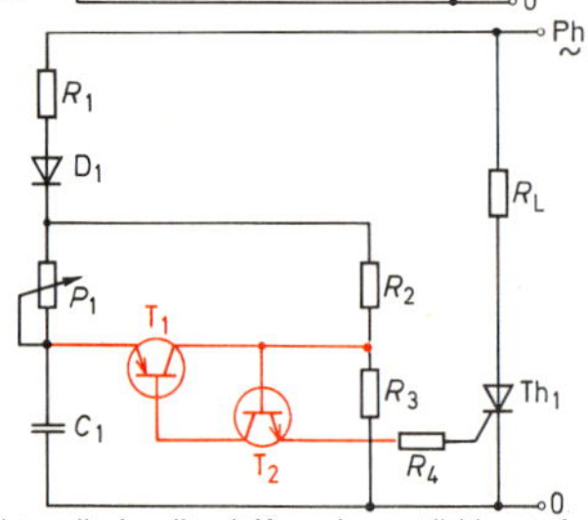

Thyristorzündgerät mit Komplementärkippstufe

Komplementärkippstufen können unmittelbar anstelle der Thyristordioden in die Schaltung eingesetzt werden. Zur Bestimmung des Zündzeitpunktes kann man die Gleichung des UJT verwenden, wenn für

$$\eta = \frac{R_3}{R_2 + R_3}$$

eingesetzt wird.

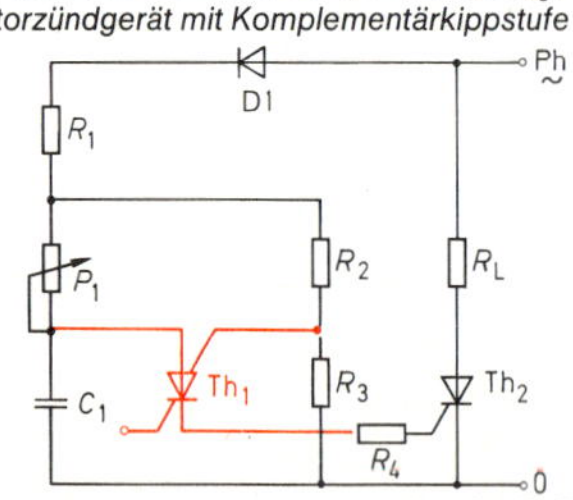

Thyristorzündgerät mit Thyristortetrode oder PUT

Thyristortetroden und n-gesteuerte Thyristortrioden (PUT) eignen sich ebenfalls zur Kondensatorentladung. Die Abbruchspannung kann mit den beiden Widerständen R 2 und R 3 gewählt werden. Der Zündzeitpunkt wird nach der gleichen Beziehung wie bei der Komplementärkippstufe berechnet.

Sperrschwinger verwenden zum Entladen des Kondensators eine induktiv mitgekoppelte Kippschaltung. Sie wird abrupt leitend, sobald die Kondensatorladespannung etwa die Schleusenspannung Us der Emitter/Basis-Diode des Transistors erreicht.

$$t_{\text{zünd}} = R \cdot C \cdot \ln \frac{1}{1 - \frac{Us}{Ub}}$$

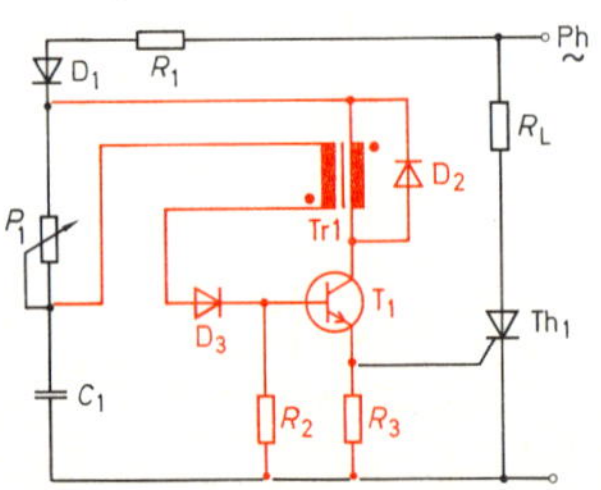

Thyristorzündgerät mit Sperrschwinger

Synchronisation von Zündgeräten ist nötig, damit der Zündzeitpunkt in jeder Halbwelle der Betriebsspannung der gleiche ist. Man erreicht das, indem man in jedem Nulldurchgang der Netzspannung den Kondensator ohne Rücksicht auf seinen Ladezustand auf Null entlädt. Bei der nebenstehenden Schaltung geschieht das durch Verwendung einer Speisespannung, die man mit einer Z-Diode begrenzt. Weitere Möglichkeiten bietet die Speisung des Zündgerätes von der Katoden/Anodenspannung des Thyristors, die nur bei ungezündetem Thyristor vorhanden ist.

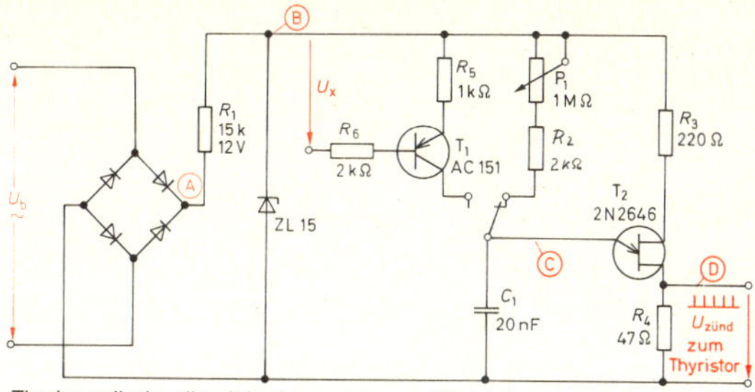

Thyristorzündgerät mit Ladetransistor und Betriebsspannungs-Synchronisation

Thyristorzündgerät für Stellglieder in Anschnittsteuerung mit Unijunktion-Transistor zum Entladen. Die Aufladung erfolgt wahlweise über P 1/R 2 oder den Innenwiderstand des Transistors T 1. Der Zündwinkel wird mit U_y verstellt. Innerhalb bestimmter Bereiche ändert er sich umgekehrt proportional mit U_y.

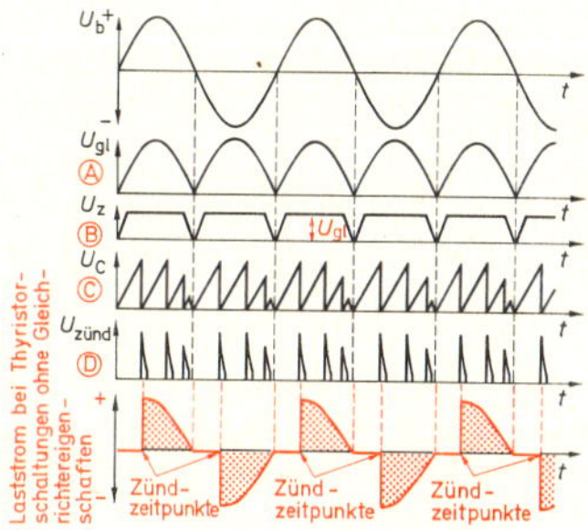

Spannungsverläufe in obiger Schaltung

Thyristoren in Vollwellensteuerung müssen im Nulldurchgang zu Beginn einer Netzperiode gezündet werden. Das wird mit dem **Nullspannungsschalter** erreicht.

Der Kondensator C 4 wird in der negativen Halbwelle aufgeladen und führt beim Übergang in die positive Halbwelle seine Ladung über die Diode D 6 dem Thyristor zu. Hat Th 1 gezündet, so wird C 5 aufgeladen und zündet in der negativen Halbwelle den Thyristor Th 2.

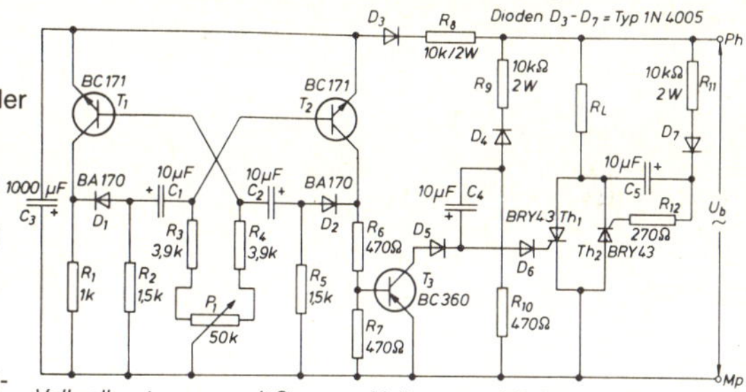

Vollwellensteuerung mit Steuermultivibrator und Nullspannungsschalter

Thyristor-Gleichstromsteller arbeiten in Impulsbreitensteuerung. Th 1 und Th 2 werden vom Multivibrator wechselweise gezündet und schalten den Strom periodisch ein und aus. Ändert man das Tastverhältnis, so ändert sich auch der Mittelwert des Laststromes wie folgt

$$I_L = \frac{I_{max} \cdot t_e}{t_e + t_a}$$

I_{max} = Maximalstrom bei überbrücktem Th 1
t_e = Einschaltzeit in s
t_a = Ausschaltzeit in s

$$C_5 \geqq \frac{I_{max} \cdot t_f}{U_b}$$

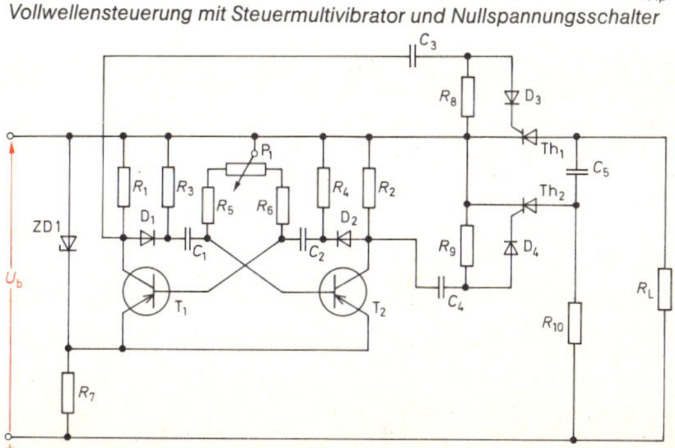

Impulsbreitensteuerung als Gleichstromsteller

Schallfeldgrößen

Schall – ist mechanische Energie, die in Form von Bewegung von einer Schallquelle an die Umgebung weitergegeben wird.

Schalldruck – ist die Kraft je Fläche, die der Schall auf Atome und Moleküle seiner Umgebung ausübt. Er wird in Mikrobar (μbar) gemessen

$$1\ \mu bar = 10^{-1}\ N/m^2 = 1\ \frac{g}{cm\ s^2} = 10^{-1}\ Pa$$

Schallwelle – ist die Molekularverschiebung, die eine Schallquelle auf das sie umgebende Medium bewirkt. Schallwellen breiten sich normalerweise kugelförmig aus.

Schallkennimpedanz – ist der Widerstand, den ein Medium der Schallwelle entgegensetzt. Sie ist

$$W_0 = c \cdot \rho$$

W_0 = Schallkennimpedanz in $\frac{g}{cm^2 \cdot s}$

c = Schallgeschwindigkeit in cm/s

ρ = Dichte in $\frac{g}{cm^3}$

Schallgeschwindigkeit – ist die Geschwindigkeit, mit der sich eine Schallwelle in einem Medium fortpflanzt

$$c = \sqrt{\frac{E}{\rho}}$$

c = Schallgeschwindigkeit in $\frac{cm}{s}$

E = Elastizitätsmodul in $\frac{g}{cm \cdot s^2}$

ρ = Dichte in $\frac{g}{cm^3}$

Schallschnelle – ist die Geschwindigkeit, mit der die Atome des Mediums unter der Einwirkung des Schalldruckes ihre Lage ändern. Sie ist

$$v = \omega \cdot s$$

v = Teilchengeschwindigkeit (Schallschnelle in cm/s)

ω = Kreisfrequenz ($\omega = 2\,\pi\,f$) in s^{-1}

s = Schwingweg der Schallquelle in cm

Sie ist ferner:

$$v = \frac{p}{W_0}$$

p = Schalldruck in μbar = $\frac{g}{cm \cdot s^2}$

W_0 = Schallkennimpedanz in $\frac{g}{cm^2 \cdot s}$

Schallintensität – ist das Produkt aus Schallschnelle und Schalldruck

$$J = v \cdot p = \frac{p^2}{W_0}$$

J = Schallintensität in $\frac{\mu bar \cdot cm}{s}$ [1])

p = Schalldruck in μbar = $\frac{g}{cm \cdot s^2}$

v = Schallschnelle in cm/s

Schalleistung – ist das Produkt aus Schallintensität und Fläche

$$P_{ak} = 0{,}1 \cdot J \cdot A$$

P_{ak} = Schalleistung in μW

J = Schallintensität in $\frac{\mu bar \cdot cm}{s}$

A = Fläche in cm^2

Werkstoff (Medium)	Schallgeschwindigkeit c in cm/s	Schallkennimpedanz W_0 in $\frac{g}{cm^2 \cdot s}$	Dichte ρ in $\frac{g}{cm^3}$
Aluminium	$5200 \cdot 10^2$	$1{,}40 \cdot 10^6$	2,70
Beton	$3100 \cdot 10^2$	$0{,}81 \cdot 10^6$	2,61
Blei	$1200 \cdot 10^2$	$1{,}36 \cdot 10^6$	11,34
Eichenholz	$4100 \cdot 10^2$	$0{,}29 \cdot 10^6$	0,71
Eisen	$5000 \cdot 10^2$	$3{,}93 \cdot 10^6$	7,86
Ferrite	$4880 \cdot 10^2$	$2{,}32 \cdot 10^6$	4,75
Glas	$5500 \cdot 10^2$	$1{,}38 \cdot 10^6$	2,50
Granit	$3950 \cdot 10^2$	$1{,}07 \cdot 10^6$	2,71
Gummi, weich	$70 \cdot 10^2$	$1{,}02 \cdot 10^4$	1,45
Gummi, hart	$1400 \cdot 10^2$	$0{,}15 \cdot 10^6$	1,07
Helium	$971 \cdot 10^2$	17,33	$17{,}85 \cdot 10^{-5}$
Iridium	$4900 \cdot 10^2$	$11{,}03 \cdot 10^6$	22,50
Kiefernholz	$3600 \cdot 10^2$	$0{,}20 \cdot 10^6$	0,56
Kork	$500 \cdot 10^2$	$0{,}012 \cdot 10^6$	0,24
Kupfer	$3500 \cdot 10^2$	$3{,}13 \cdot 10^6$	8,93
Luft	$340 \cdot 10^2$	40,80	$1{,}20 \cdot 10^{-3}$
Marmor	$3810 \cdot 10^2$	$1{,}11 \cdot 10^6$	2,90
Messing	$3400 \cdot 10^2$	$2{,}90 \cdot 10^6$	8,55
Nickel	$4973 \cdot 10^2$	$4{,}40 \cdot 10^6$	8,85
Polystyrol	$1800 \cdot 10^2$	$0{,}19 \cdot 10^6$	1,05
Polycarbonat	$1400 \cdot 10^2$	$0{,}17 \cdot 10^6$	1,20
PVC weich	ca. $80 \cdot 10^2$	$0{,}96 \cdot 10^4$	1,20
PVC hart	$1700 \cdot 10^2$	$0{,}22 \cdot 10^6$	1,38
Sauerstoff	$316 \cdot 10^2$	$4{,}52 \cdot 10^4$	$1{,}429 \cdot 10^{-3}$
Stickstoff	$338 \cdot 10^2$	$4{,}23 \cdot 10^4$	$1{,}25 \cdot 10^{-3}$
Stahl	$5050 \cdot 10^2$	$3{,}94 \cdot 10^6$	7,8
Tannenholz	$3320 \cdot 10^2$	$0{,}27 \cdot 10^6$	0,37...0,75
Wasser	$1480 \cdot 10^2$	$0{,}145 \cdot 10^6$	1,00
Wasserstoff	$1305 \cdot 10^2$	11,00	$8{,}50 \cdot 10^{-5}$
Ziegel	$3600 \cdot 10^2$	$0{,}65 \cdot 10^6$	1,80
Zink	$2680 \cdot 10^2$	$1{,}91 \cdot 10^6$	7,14
Zinn	$2490 \cdot 10^2$	$1{,}81 \cdot 10^6$	7,28

Schallfeldgrößen in Luft bei 20 °C

Schalldruck in μbar	Schallschnelle in cm/s	Schallintensität in $\frac{\mu W}{cm}$
0,001	$2{,}42 \cdot 10^{-5}$	$2{,}42 \cdot 10^{-9}$
0,005	$1{,}21 \cdot 10^{-4}$	$6{,}05 \cdot 10^{-8}$
0,01	$2{,}42 \cdot 10^{-4}$	$2{,}42 \cdot 10^{-7}$
0,05	$1{,}21 \cdot 10^{-3}$	$6{,}05 \cdot 10^{-6}$
0,1	$2{,}42 \cdot 10^{-3}$	$2{,}42 \cdot 10^{-5}$
0,5	$1{,}21 \cdot 10^{-2}$	$6{,}05 \cdot 10^{-4}$
1,0	$2{,}42 \cdot 10^{-2}$	$2{,}42 \cdot 10^{-3}$
5,0	$1{,}21 \cdot 10^{-1}$	$6{,}05 \cdot 10^{-2}$
10,0	$2{,}42 \cdot 10^{-1}$	$2{,}42 \cdot 10^{-1}$
50,0	$1{,}21 \cdot 10^{0}$	$6{,}05 \cdot 10^{0}$
100,0	$2{,}42 \cdot 10^{0}$	$2{,}42 \cdot 10^{1}$
500,0	$1{,}21 \cdot 10^{1}$	$6{,}05 \cdot 10^{2}$
1000,0	$2{,}42 \cdot 10^{1}$	$2{,}42 \cdot 10^{3}$

[1]) $1\ \frac{\mu bar \cdot cm}{s} = 0{,}1\ \frac{\mu W}{cm^2}$; $1\ \frac{\mu W}{cm^2} = 10\ \frac{\mu bar \cdot cm}{s}$

Akustische Größen

Schallpegel

$$L = 20 \cdot \lg \frac{p_1}{p_0}$$

L logarithmisches Verhältnis des tatsächlichen Schalldruckes p_1 zum Schalldruck der Hörschwelle $p_0 = 2 \cdot 10^{-4}\,\mu\text{bar} = 20\,\mu\text{Pa}$

L in dB

Gesamtlautstärke Λg mehrerer Schallquellen mit gleicher Lautstärke

$$\Lambda g = \Lambda + 10 \lg n$$

Λg in Phon; n = Anzahl der Schallquellen
Λ = Lautstärke der Einzelschallquelle in Phon

Elektroakustischer Übertragungsfaktor

a) für *Schallsender* (Fernhörer, Lautsprecher)

$$B_S = \frac{p}{U}$$

B_S Schalldruck von 1 Pa in 1 m Entfernung (Mittelachse) bei einer Speisewechselspannung von 1 V_{eff}
B_S in Pa/V
B_E in V/Pa

b) für *Schallempfänger* (Mikrofon)

$$B_E = \frac{U}{p}$$

B_E im Mikrofon erzeugte Wechselspannung bei Beschallung mit einem Schalldruck von 1 Pa in 1 m Entfernung (Mittelachse)

Elektroakustisches Übertragungsmaß in dB

a) für *Schallsender* (Fernhörer, Lautsprecher)

$$G_S = 20 \lg \frac{B_S}{B_{SO}}$$

B_S elektroakustischer Übertragungsfaktor in Pa/V
B_{SO} 1 Pa/V = absoluter el. Übertragungsfaktor

b) für *Schallempfänger (Mikrofon)*

$$G_E = 20 \lg \frac{B_E}{B_{EO}}$$

B_E elektroakustischer Übertragungsfaktor in V/Pa
B_{EO} 1 V/Pa = absoluter el. Übertragungsfaktor

Mikrofonempfindlichkeit

$$E_M = \frac{\sqrt{P}}{p}$$

E_M Mikrofonempfindlichkeit in $\sqrt{VA}$/Pa
P abgegebene elektrische Scheinleistung in VA
p Schalldruck in N/m² bzw. Pa

Lautsprecherempfindlichkeit

$$E_L = \frac{r}{r_0} \cdot B_S \cdot \sqrt{Z}$$

E_L Lautsprecherempfindlichkeit in Pa/$\sqrt{VA}$
B_S elektroakustischer Übertragungsfaktor (Mittelwert)
r Abstand Meßstelle → Lautsprecher in m
r_0 1 m

Reichweite von Lautsprechern in m

$$r_L = \frac{E_L}{B_S \cdot \sqrt{Z}} = \frac{E_L \cdot \sqrt{P}}{p}$$

p gewünschter Schalldruck in Pa
P aufgenommen el. Scheinleistung in VA
Z Scheinwiderstand des Lautsprechers in Ω

Silbenverständlichkeit

$$S_i = \frac{S_l}{S_0} \cdot 100\,\%$$

$$S = \frac{S_{IS}}{S_{OS}} \cdot 100\,\%$$

S_i Silbenverständlichkeit → sie entspricht dem Verhältnis der verstandenen Silben (Logatome) S_l zu den gesendeten Silben S_0. Angabe erfolgt in Prozent

Logatome: brin, pram, ver, fit, birr, sub, tet, spek, map, ...

S Satzverständlichkeit → sie entspricht dem Verhältnis der richtig verstandenen Sätze S_{IS} zu den gesendeten Sätzen S_{OS}. Angabe erfolgt in Prozent

Je höher die Silbenverständlichkeit, um so höher ist die Satzverständlichkeit

Silbenverständlichkeit in %	5	10	15	20	25	30	35	40	50	80	100
Satzverständlichkeit in %	20	40	60	73	82	88	92	94	96	99	100

Elektrische Leistung (Sprechleistung) – ist die Leistung, die der Verstärker an die Lautsprecher liefern muß. Sie hängt von der erforderlichen akustischen Leistung und vom Wirkungsgrad der Lautsprecher ab.

$$P_{el} = \frac{P_{ak}}{\eta}$$

P_{el} = erforderliche Ausgangsleistung des Verstärkers in W
P_{ak} = akustische Leistung in W
η = Wirkungsgrad
(η = 0,01 bei Konuslautsprechern
η = 0,12 . . . 0,25 bei Hornlautsprechern)

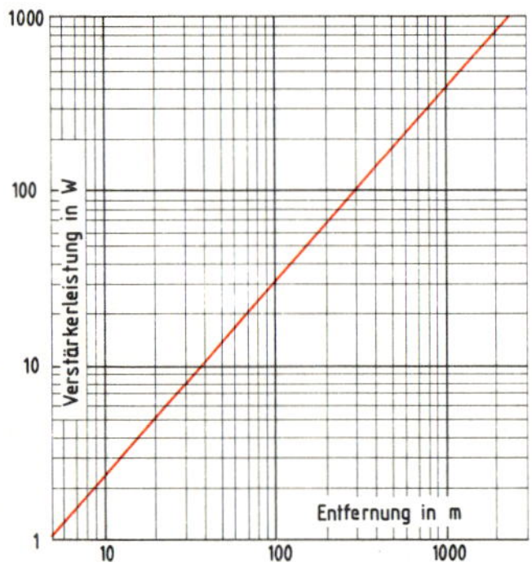

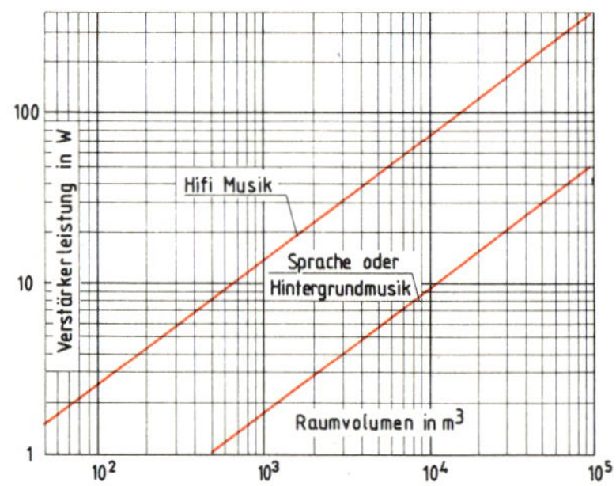

Erforderliche Verstärkerausgangsleistung in Abhängigkeit vom Raumvolumen (rechts) und von der Entfernung im freien Gelände (links) bei der Verwendung von Konuslautsprechern.

Lautstärke – ist der Logarithmus aus dem Verhältnis zwischen vorhandenem Schalldruck und demjenigen der Hörschwelle P_0.

$$L = 20 \cdot \lg \cdot \frac{P_1}{P_0}$$

L = Lautstärke in Phon
P_1 = vorhandener Schalldruck in µbar
P_0 = Schalldruck der Hörschwelle ($P_0 = 2 \cdot 10^{-4}$ µbar)
Schmerzschwelle p_s = 200 µbar

Die bei der Schallmessung üblichen Dezibelangaben sind gleichwertig mit der bei 1000 Hz angegebenen Lautstärke in Phon.

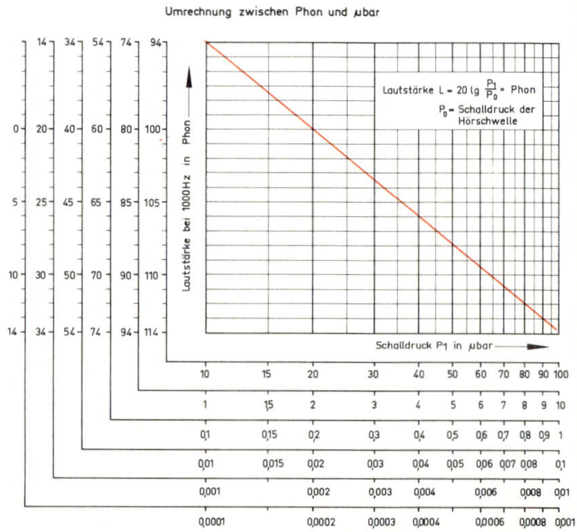

Frequenzabhängigkeit der Lautstärke – ist durch die Eigenschaften des menschlichen Ohres bestimmt, das Schalldrücke mit einer Frequenz zwischen 1000 und 2000 Hz wesentlich lauter empfindet als die gleichen Schalldrücke bei sehr tiefen oder sehr hohen Frequenzen. Diese Abhängigkeit geht aus der Ohrenempfindlichkeitskurve (rechts) hervor.

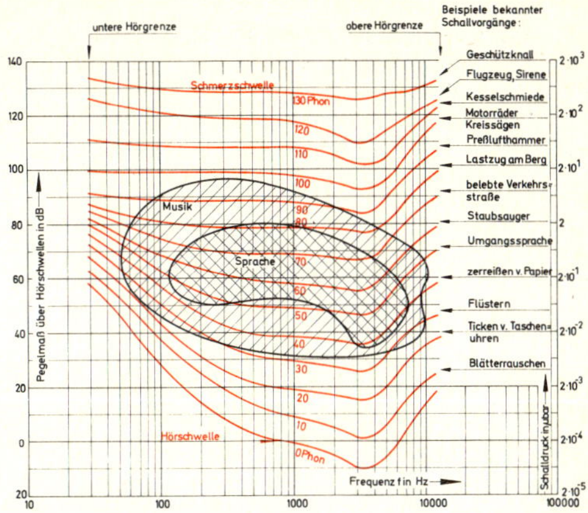

Störschall – ist Schall, der von der Umwelt unerwünscht aber unvermeidlich produziert wird. Er darf bestimmte genormte Werte nicht überschreiten.

Umgebung	Zulässige Störpegel nach DIN in Phon			
	Fenster geschlossen		Fenster offen	
Betriebsräume				
a) Tonfilm- und Rundfunkstudios	20		30	
b) Theater, Lichtspielhäuser, Konzertsäle, Büros, Leseräume, Hörsäle	30		40	
c) Großbüros, Geschäfts- und Kaufhäuser, Versammlungsräume, ruh. Gaststätten	35		45	
d) Großgaststätten, Maschinenschreibsäle	45		35	
Wohn-, Hotel- und Krankenzimmer	tags	nachts	tags	nachts
a) ruhige Wohngebiete (Land)	25	15	35	25
b) verkehrsreiche Lage (Stadt)	35	25	45	35
c) Industriegebiet	40	30	50	40

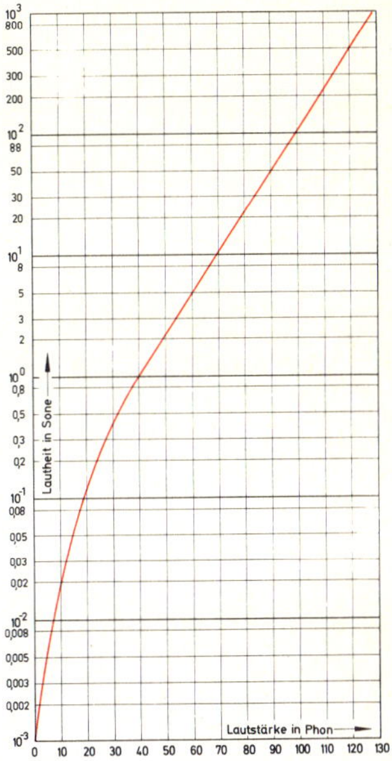

Zusammenhang zwischen Lautstärke und Lautheit.

Lautheit – ist das psychologische Empfinden des Menschen, das sich durch keine mathematischen Gesetzmäßigkeiten erfassen läßt. Die Lautheit weicht erheblich von der Lautstärke ab und wurde durch Versuche ermittelt. Die internationale Einheit der Lautstärke ist das Sone (im Ostblock das gro).

Die Umrechnung von Lautstärke in Lautheit erfolgt grafisch mit dem obigen Diagramm.

1 Sone ≈ 1 gro ≈ 40 Phon

Erforderlicher Schalldruck von Lautsprecheranlagen ist der Schalldruck, der aufgebracht werden muß, um den Nutzschall möglichst gut vom Störschall abzuheben. Die erforderlichen Werte lassen sich der Grafik entnehmen.
Der erforderliche Schalldruck hängt ferner davon ab, welche Originalschallquellen wiedergegeben werden sollen. Die Grafik zeigt dazu beispielsweise, daß zur Wiedergabe eines Orgelkonzertes 100 . . . 1000mal mehr Schalldruck als zur originalgetreuen Wiedergabe der menschlichen Stimme benötigt wird.

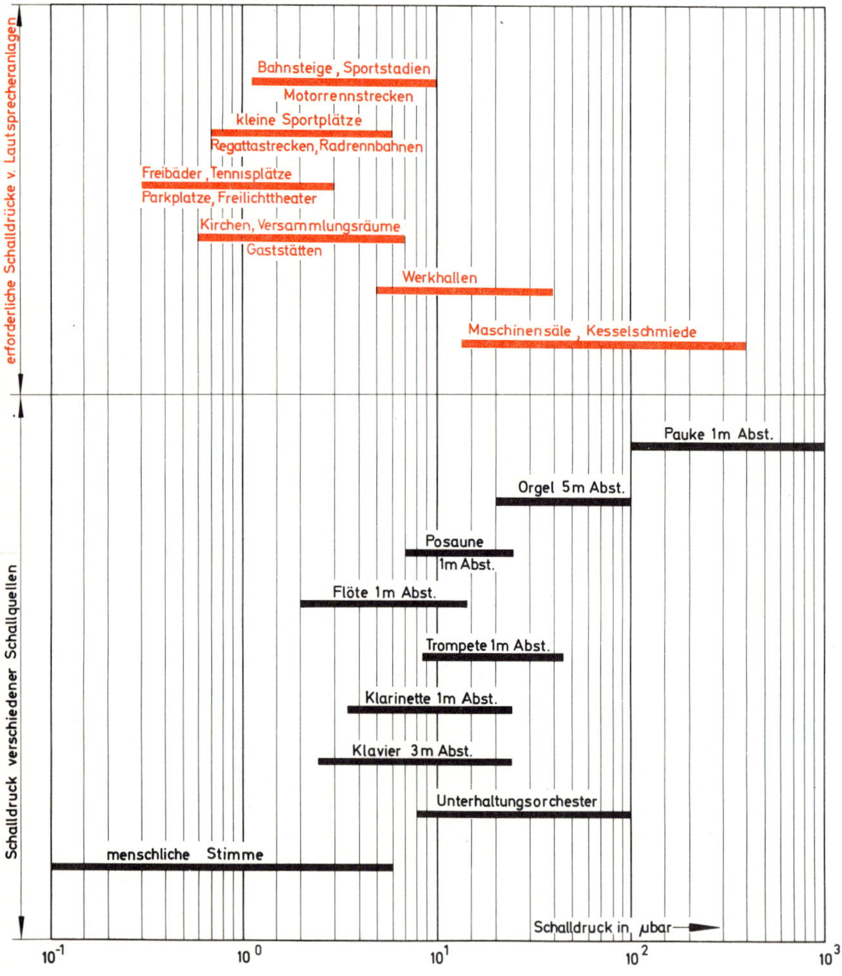

Abgegebene Schalldrücke verschiedener Schallquellen (schwarz) und erforderliche Schalldrücke von Lautsprecheranlagen (rot).

Frequenzbereiche üblicher Schallquellen

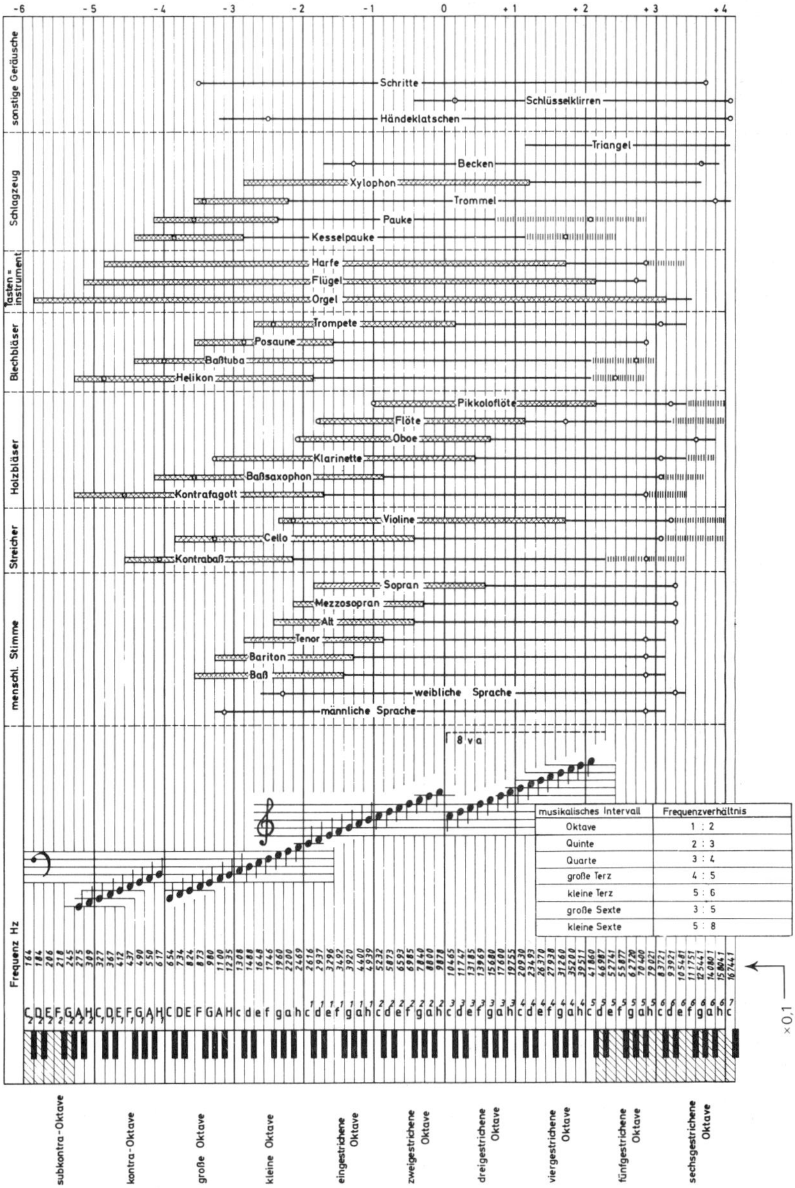

musikalisches Intervall	Frequenzverhältnis
Oktave	1 : 2
Quinte	2 : 3
Quarte	3 : 4
große Terz	4 : 5
kleine Terz	5 : 6
große Sexte	3 : 5
kleine Sexte	5 : 8

Bereich der Grundtöne

Bereich der Nebengeräusche (Anblasen; Anstreichen usw.)

Oberwellen

Nachhallzeit – ist die Zeit, die innerhalb eines Raumes vom Abschalten einer Schallquelle bis zu dem Augenblick vergeht, da der Schalldruck um 60 dB zurückgegangen ist. Sie ist der wichtigste raumakustische Kennwert

$$T = \frac{0{,}161 \cdot V}{A \cdot \alpha}$$

T = Nachhallzeit in s
A = schallabsorbierende Fläche in m^2
α = Schallabsorptionsgrad
V = Volumen des Raumes in m^3

Schallabsorptionsgrad – ist das Verhältnis zwischen nichtreflektierter und einfallender Schalleistung

$$\alpha = \frac{P_{ges} - P_{refl}}{P_{ges}}$$

α = Schallabsorptionsgrad
P_{ges} = einfallende Schalleistung in μW
P_{refl} = reflektierte Schalleistung in μW

Die Schallabsorption erhöht die erforderliche akustische Leistung. Sie verbessert andererseits die Silbenverständlichkeit in einem Raum, da sie die Nachhallzeit verringert.

Zu kurze Nachhallzeiten, wie sie durch große Schallabsorptionsgrade entstehen, schaffen akustisch „trockene" Räume, die sich psychologisch ungünstig auf Menschen auswirken.

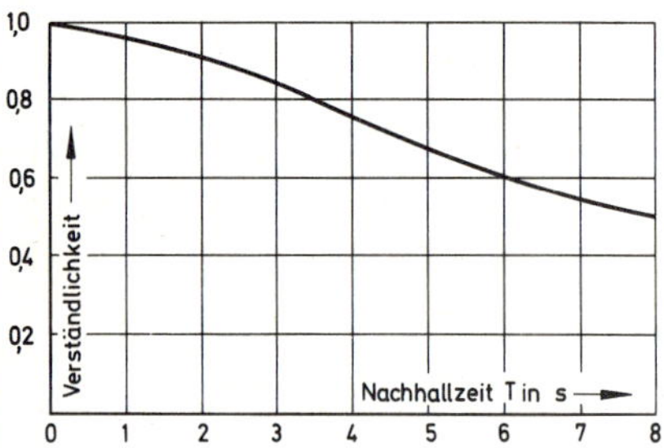

Silbenverständlichkeit in Abhängigkeit von der Nachhallzeit

Schallabsorptionsgrade

Material	Schallabsorptionsgrad α bei		
	125 Hz	500 Hz	2000 Hz
Steine und Putze			
Glättputz und Mauerwerk	0,02	0,02	0,03
Gewöhnlicher Kalkputz	0,03	0,03	0,04
Iporitputz (Leichtbeton, blasige Struktur)	0,07	0,22	0,10
Kunststein	0,02	0,05	0,07
Rauhputz	0,03	0,03	0,07
Glattputz	0,02	0,03	0,06
Stuck	0,03	0,04	0,07
Holzwolle-Leichtbauplatten			
Herakustikplatten, 2,5 cm dick, direkt auf der massiven Wand	0,15	0,23	0,73
mit 3 cm Abstand	0,25	0,73	0,74
Holz- und Holzfaserplatten			
Sperrholz, 3 mm, mit 5 cm Abstand von der massiven Wand	0,25	0,18	0,10
Holz, lackiert	0,05	0,03	0,03
Holztüren	0,14	0,06	0,10
Parkett	0,05	0,06	0,10
Holzverkleidung (Eigenton 300 Hz)	0,14	0,10	0,08
Holzboden (mittlerer Eigenton)	0,10	0,10	0,08
Sperrholz 3 mm, Abstand 2 cm	0,07	0,22	0,10
Sperrholz, 3 mm, Wandabstand 0	0,07	0,05	0,10
Holzpanel	0,25	0,25	0,08
Linoleum	0,04	0,03	0,04
Steinholz	0,06	0,08	0,10
Sonstige Materialien			
Boucléteppich, harte Qualität	0,02	0,05	0,18
Kokosläufer	0,02	0,05	0,27
Gummimatte, 0,5 cm dick	0,04	0,08	0,03
Dünner Läufer	0,08	0,17	0,40
Baumwollstoff, glatt aufliegend	0,04	0,13	0,32
Vorhang, dick und faltig	0,25	0,40	0,60
Glas, in größerem Abstand	0,28	0,10	0,02
Klappstühle aus Holz je Stuhl	0,02	0,02	0,04
Klappstühle mit Rückenpolster je Stuhl	0,13	0,22	0,31
Klappstühle, Kunstleder, Sitz- und Rückenpolster je Stuhl	0,13	0,15	0,07
Klappstühle, dickes Polster je Stuhl	0,28	0,28	0,34
Zuschauer auf Polstersesseln je Pers.	0,05	0,16	0,12
Zuschauer auf Holzstühlen je Pers.	0,31	0,42	0,42

Schallabsorptionsgrade verschiedener Raumausstattungen

Optimale Nachhallzeiten ergeben sich nach folgender Richtwerttabelle.

Es handelt sich dabei um Nachhallzeiten, bei denen die Silbenverständlichkeit noch nicht nennenswert gesunken ist, der Raumeindruck vom Menschen aber als wesentlich günstiger empfunden wird.

Raumvolumen	Opt. Nachhallzeiten bei 500 Hz		
	Tonfilm und Sprache	Oper, Schauspiel, Konzert, Kanzelrede	Choral- und Orgelmusik
m^3	s	s	s
200	0,9 ... 1,1	1,0 ... 1,25	1,25 ... 1,55
500	0,92 ... 1,12	1,02 ... 1,27	1,27 ... 1,58
700	0,95 ... 1,15	1,04 ... 1,29	1,19 ... 1,6
1000	0,97 ... 1,2	1,08 ... 1,34	1,34 ... 1,65
2000	1,05 ... 1,3	1,2 ... 1,5	1,5 ... 1,85
3000	1,15 ... 1,4	1,25 ... 1,55	1,55 ... 1,95
5000	1,26 ... 1,55	1,4 ... 1,7	1,7 ... 2,2
10000	1,45 ... 1,8	1,6 ... 2,0	2,0 ... 2,5
20000	1,7 ... 2,1	1,9 ... 2,4	2,4 ... 3,0

Verhältniswerte für andere Frequenzen

125 Hz	250 Hz	500 Hz	1000 Hz	2000 Hz	4000 Hz
1,4	1,16	1	0,9	0,9	0,9

Schallschluckende Flächen benutzt man, um zu lange Nachhallzeiten zu reduzieren. Die Größe der erforderlichen Fläche geht aus dem Diagramm hervor. Die beste Silbenverständlichkeit erhält man bei Lautstärken zwischen 60 und 80 Phon. In Räumen mit Störschall sind die optimalen Werte um die Störlautstärke zu erhöhen.

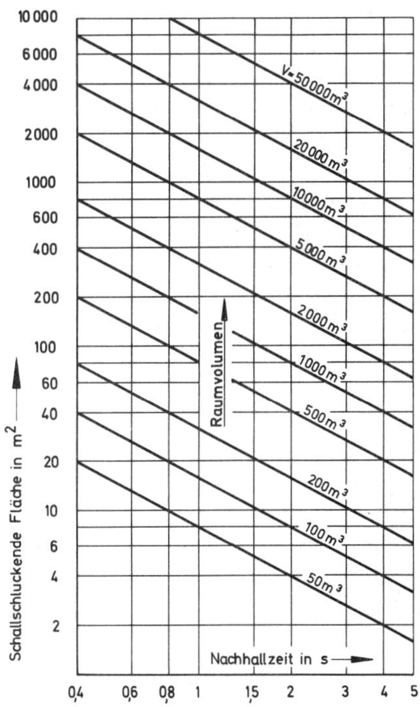

Erforderliche schallschluckende Flächen bei verschiedenen Raumvolumen

Kohlekörnermikrofone – werden hauptsächlich im Fernsprechwesen verwendet, da sie relativ billig in der Herstellung sind und recht große Spannungen liefern. Von Nachteil ist ihr großer Klirrfaktor, der eingeengte Frequenzbereich, starkes Eigenrauschen. Bei den Kohlekörnermikrofonen preßt der Schalldruck Kohlekörner zusammen und verändert den Widerstand zwischen ihnen.

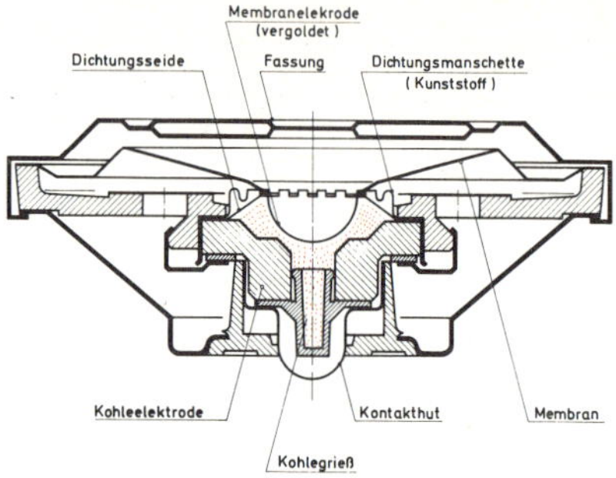

Schnitt durch ein Kohlekörnermikrofon

Kristallmikrofone – nutzen den piezoelektrischen Effekt aus, das heißt, sie geben unter Krafteinwirkung elektrische Ladung ab. Gegenüber dem Kohlekörnermikrofon besitzen sie einen größeren und ausgeglicheneren Frequenzbereich und sind damit für anspruchslose Amateuraufnahmen geeignet.

Von Nachteil sind der hohe Klirrfaktor, ihre Anfälligkeit gegen elektrostatische Einstreuungen sowie die Empfindlichkeit gegenüber Wärme und Luftfeuchtigkeit.

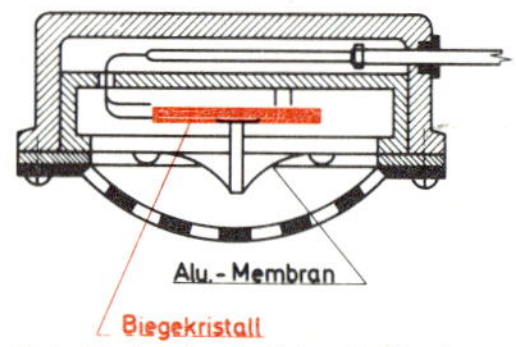

Schnitt durch ein Kristallmikrofon

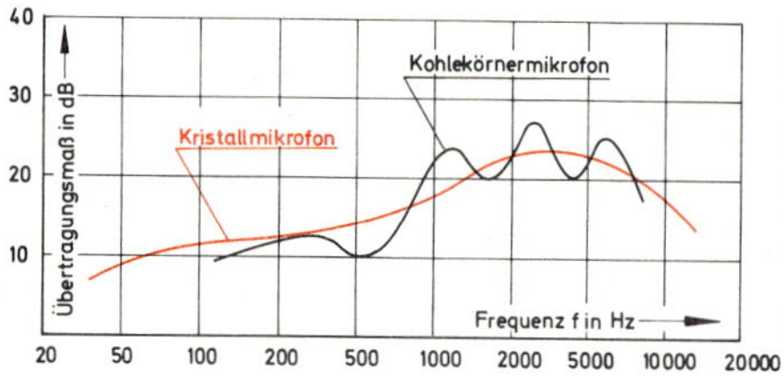

Empfindlichkeit in Abhängigkeit von der Frequenz beim Kohlekörner- und beim Kristallmikrofon

Bändchenmikrofone – nutzen das elektrodynamische Prinzip aus, d. h. ein leichtes Metallbändchen von 2 µm Dicke und 4 mm Breite wird durch den Schalldruck im Luftspalt eines Magneten bewegt. Dadurch wird im Bändchen eine Spannung induziert. Sie genügen höchsten Ansprüchen, besitzen einen großen Frequenzbereich, einen sehr geringen Klirrfaktor und sind sehr beständig. Bändchenmikrofone sind aber sehr schwer und stoßempfindlich und liefern nur geringe Spannungen.

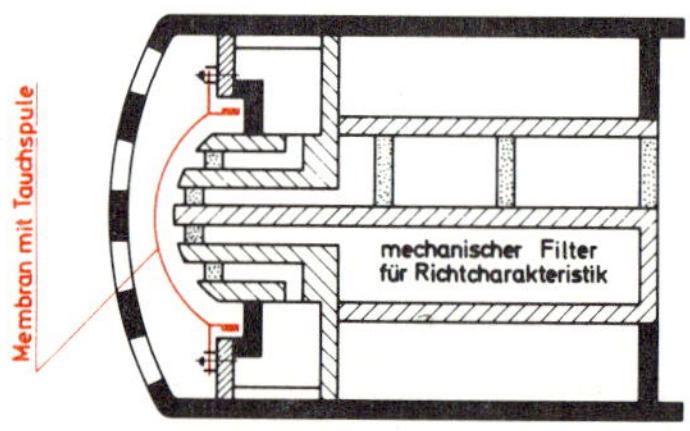

Schnitt durch ein Tauchspulmikrofon

Tauchspulmikrofone – nutzen ebenfalls das elektrodynamische Prinzip aus. Der Schall bewegt hier aber eine Spule im Luftspalt eines Topfmagneten. Sie geben mehr Spannung als das Bändchenmikrofon ab, haben ebenfalls einen geringen Klirrfaktor und einen breiten Frequenzbereich, der aber selten so ausgeglichen ist, wie derjenige des Bändchenmikrofons. Tauchspulmikrofone werden für Studioaufnahmen ebenso verwendet wie von anspruchsvollen Tonbandamateuren.

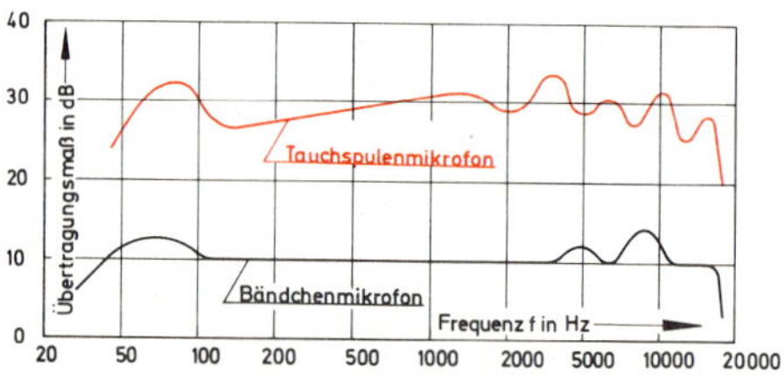

Empfindlichkeit in Abhängigkeit von der Frequenz beim Tauchspul- und beim Bändchenmikrofon

Elektromagnetische Mikrofone – werden für Diktiergeräte und zunehmend auch für Fernmeldezwecke verwendet. Bei diesen Mikrofonen ändert der Schalldruck über die Membrane den Luftspalt in einem magnetischen Kreis. Die dadurch entstehenden Flußänderungen induzieren in einer Spule elektrische Spannungen. Gegenüber den Kohlekörnermikrofonen besitzen sie kleinere Abmessungen, einen geringeren Klirr- und Rauschfaktor, größere klimatische Beständigkeit und einen breiten Frequenzbereich, ohne indessen höhere Ansprüche zu erfüllen.

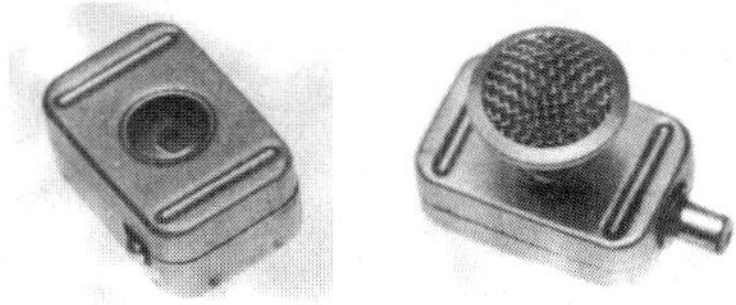

Praktische Ausführung magnetischer Mikrofone (Sennheiser)

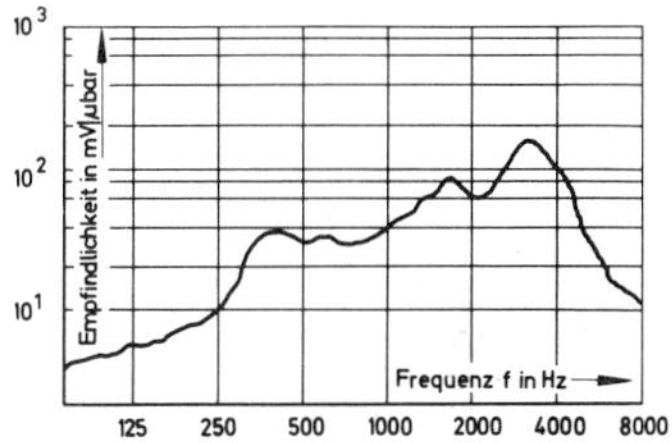

Empfindlichkeit eines elektromagnetischen Mikrofons in Abhängigkeit von der Frequenz

Kondensatormikrofone – sind die hochwertigsten Mikrofone. Bei ihnen ändert der Schalldruck den Abstand einer sehr leichten Membrane gegenüber einer Gegenelektrode und damit die dazwischen herrschende Kapazität.

Kondensatormikrofone besitzen einen sehr geringen Klirrfaktor und einen breiten ausgewogenen Frequenzbereich.

Von Nachteil ist, daß ihr Schaltungsaufwand für die erforderliche Stromversorgung und den Vorverstärker, der in die Mikrofonkapsel eingebaut werden muß, beträchtlich ist.

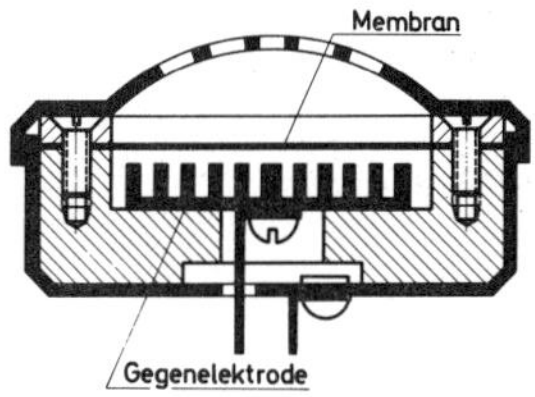

Schnitt durch eine Kondensatormikrofonkapsel

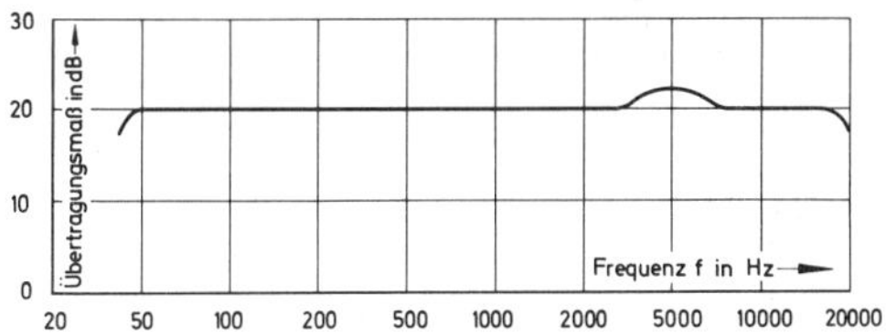

Empfindlichkeit in Abhängigkeit von der Frequenz bei Kondensatormikrofonen

Hochfrequenz-Kondensatormikrofone besitzen hinsichtlich des Stromversorgungsteiles einen geringeren Schaltungsaufwand. Hier ändert die Kapazitätsänderung der Membran die Resonanzfrequenz eines Generatorschwingkreises.

Elektret-Kondensatormikrofone – haben einen eingebauten elektrostatischen Spannungserzeuger und erlauben eine wirtschaftliche Verwendung der Kondensatormikrofone auch außerhalb von Studios.

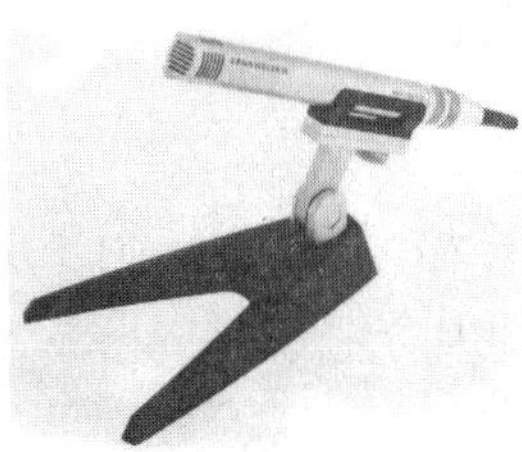

Häufig benutzte praktische Ausführung eines Kondensatormikrofones (Sennheiser)

Richtcharakteristik ist die Empfindlichkeit eines Mikrofones in Abhängigkeit vom Schalleinfallwinkel. Durch konstruktive Gestaltung erhält man Kugel-, Achter- und Nierencharakteristik.

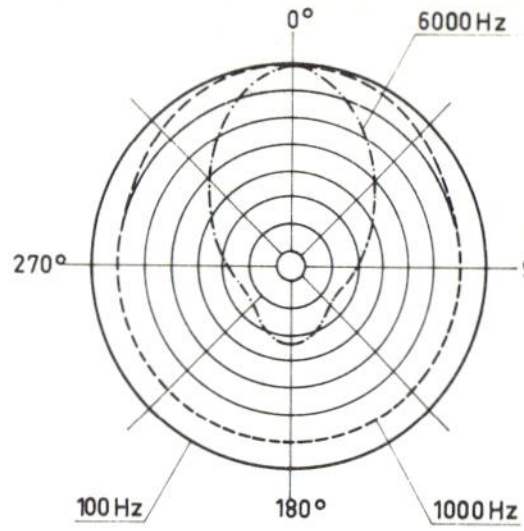

Kugelcharakteristik

Kugelcharakteristik haben die Mikrofone, deren Empfindlichkeit unabhängig von der Einwirkrichtung des Schalles ist. Bei ihnen ist der Raum hinter der Membran abgeschlossen und bildet ein Luftpolster. Der Schalldruck kann nur von außen auf die Membran einwirken und wird aus allen Richtungen nahezu gleich gut empfangen.

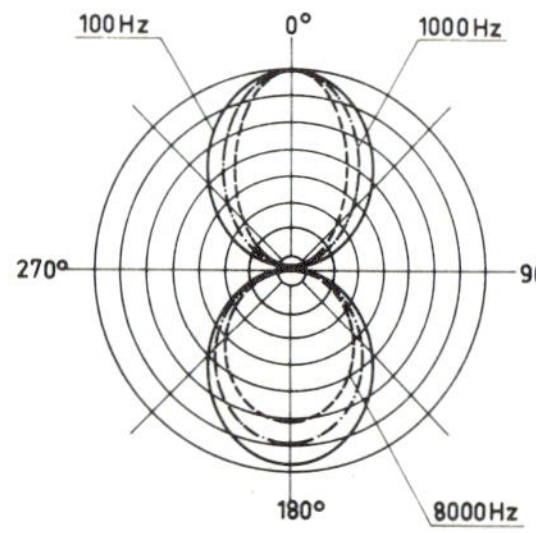

Achtercharakteristik

Achtercharakteristik besitzen die Mikrofone, die ihre größte Empfindlichkeit für Schallwellen besitzen, die senkrecht zur Membranfläche einwirken und zwar unabhängig ob von vorn oder von hinten. Bei ihnen ist der Raum hinter der Membran perforiert, so daß sie auf das Druckgefälle (Druckgradient) zwischen Membranvorder- und -rückseite ansprechen.

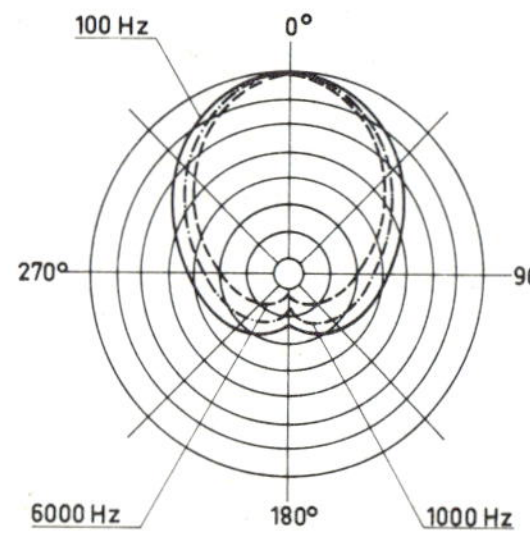

Nierencharakteristik

Nierencharakteristik besitzen solche Mikrofone, deren Empfindlichkeit für die Schallwellen am größten ist, die von vorn senkrecht auf die Membranfläche einwirken. Sie eignen sich besonders gut als Rednermikrofone und unterdrücken rückwärtigen Störschall. Nierencharakteristik erhält man durch Überlagerung von Kugel- und Achtercharakteristik.

Mikrofoneigenschaften

	Kohlekörner-mikrofon	Kristall-mikrofon	Bändchen-mikrofon	Tauchspul-mikrofon	El. magn. Mikrofon	Kondensator-mikrofon
Innen-widerstand	30 ... 500 Ω	2 ... 5 MΩ	0,1 Ω (200 Ω)[1])	200 Ω	2 kΩ	50 MΩ[3])
Empfindlichkeit	100 mV/µbar	1 mV/µbar	80 µV/µbar	0,2 mV/µbar	100 mV/µbar[2])	2 mV/µbar
Frequenz-bereich	800 Hz ... 4 kHz	30 Hz ... 10 kHz	50 Hz ... 18 kHz	50 Hz ... 14 kHz	300 Hz ... 6 kHz	20 Hz ... 20 kHz
Klirrfaktor	20 %	2 %	0,5 %	1 %	10 %	0,1 %
Dynamik		60 dB	50 dB	60 dB		75 dB

[1]) mit Transformator, [2]) mit Verstärker, [3]) reine Kapsel ohne Verstärker

Konuslautsprecher bewegen eine großflächige Membran, die ihrerseits die sie umgebende Luft zu Schallschwingungen anregt.

Kalottenlautsprecher bewegen eine kleinflächige, halbkugelförmige Membran und werden für hohe Frequenzen verwendet.

Hornlautsprecher sind Kalottenlautsprecher mit vorgesetztem Exponentialtrichter. Mit ihnen können hohe und mittlere Frequenzen bei gutem Wirkungsgrad abgestrahlt werden. Für tiefe Frequenzen müßte der Trichter einen zu großen Austrittsquerschnitt haben.

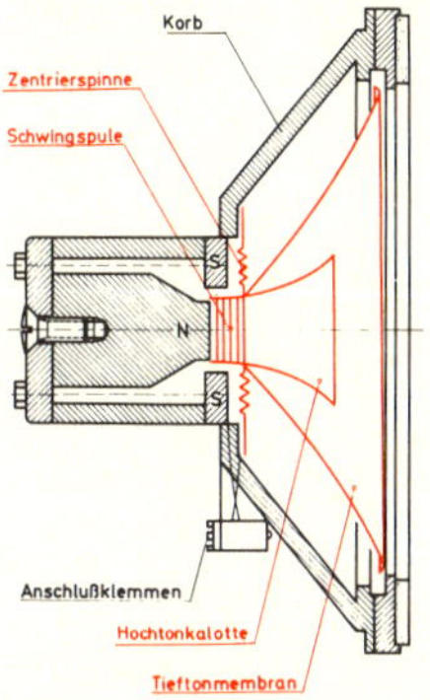

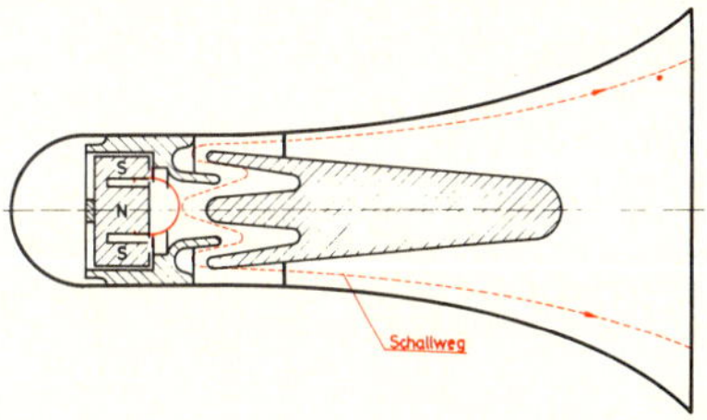

Links: Schnitt durch einen Konuslautsprecher mit permanentdynamischem Antriebssystem

Rechts: Schnitt durch einen Hornlautsprecher mit gefaltetem Trichter und permanentdynamischem Antrieb

Antriebssysteme der Lautsprecher setzen elektrische Energie in mechanische um und treiben die Membran an.

Elektromagnetische Systeme bewegen einen Anker im Luftspalt eines Dauermagneten. Sie werden heute nicht mehr verwendet.

Elektrodynamische Systeme bewegen eine Spule im Luftspalt eines topfförmigen Elektromagneten.

Permanentdynamische Systeme bewegen eine Spule im Luftspalt eines topfförmigen Dauermagneten. Sie herrschen in der Praxis vor.

Elektrostatische Systeme bewegen die Membran unter dem Einfluß einwirkender elektrischer Felder. Sie benötigen außer der Sprechwechselspannung eine gleich hohe überlagerte Gleichspannung und werden nur selten für tiefe Frequenzen verwendet.

Kristall-Systeme bewegen die Membran mit Hilfe des piezoelektrischen Effektes. Sie werden vorwiegend als Hochtonlautsprecher verwendet.

Eigenfrequenz ist die tiefste Frequenz, die der Lautsprecher abstrahlen kann. Sie liegt um so tiefer, je größer die Membranfläche und je größer die Membranamplitude ist.

Die Membranamplitude wird durch folgenden Zusammenhang bestimmt:

$$a = a_0 \cdot \sqrt{\frac{P_0}{P}}$$

a = Membranamplitude bei der Schalleistung P
a_0 = Membranamplitude bei 0,1 W Schalleistung
P = Schalleistung in W
P_0 = Bezugsschalleistung, hier 0,1 W

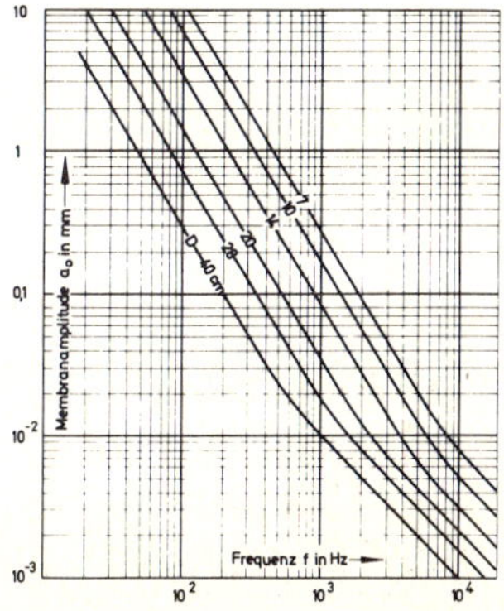

Erforderliche Membranamplitude bei 0,1 W Schalleistung und verschiedenen Membrandurchmessern

Richtcharakteristik kennzeichnet den Schalldruck eines Lautsprechers in Abhängigkeit von dem Winkel gegenüber der Hauptstrahlrichtung. Sie ist bei tiefen Frequenzen kugelförmig und nähert sich nach hohen Frequenzen zu einer Keule.

Schallwand wird bei Konuslautsprechern benötigt, um bei tiefen Frequenzen einen direkten Druckausgleich über den Membranrand hinweg zu vermeiden (akustischer Kurzschluß). Bei zentraler Montage des Lautsprechers erhält man die benötigte Fläche wie folgt:

$$A = \frac{\lambda^2 \cdot \pi}{64}$$

A = Erforderliche Fläche der Schallwand in m^2
λ = Wellenlänge der tiefsten abzustrahlenden Frequenz

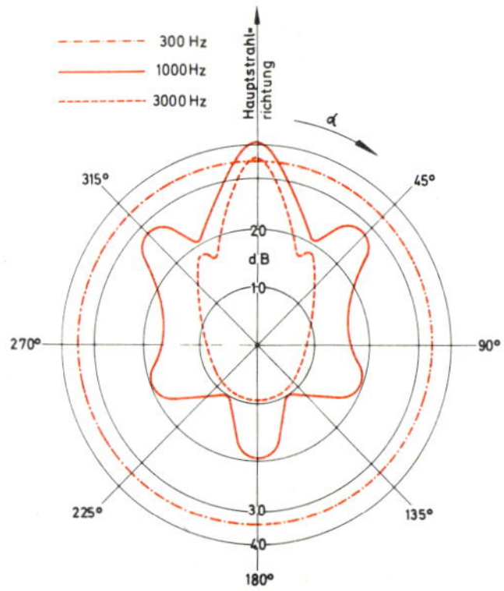

Richtcharakteristik eines Konuslautsprechers

Lautsprecherboxen sind geschlossene Gehäuse, die in ihrer Wirkung unendlich großen Schallwänden sehr nahe kommen und die Abstrahlung sehr tiefer Frequenzen ermöglichen. Da das Luftpolster einer solchen Box die Eigenfrequenz der eingebauten Lautsprecher herauf setzt, muß man sie tiefer als tatsächlich benötigt wählen. Das Diagramm ermöglicht die Auswahl geeigneter Lautsprecher für die Verwendung in Boxen.

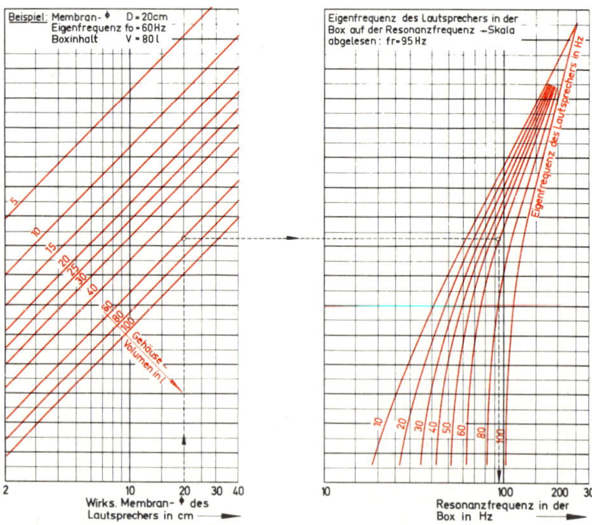

Zusammenhang zwischen Eigenfrequenz, Membrandurchmesser, Gehäusevolumen und Resonanzfrequenz geschlossener Boxen

Strahlergruppen (Tonsäulen) verwendet man zur Beschallung großer Räume oder Freigelände. Sie haben den Vorteil, daß der Schall gebündelt wird und daß die Hauptstrahlachse in den hinteren Teil der zu beschallenden Fläche gelegt werden kann. Damit ist der Lautheitseindruck über die gesamte Länge des Raumes konstant, die Reflexion an der Rückwand des Raumes gering und die Schalleistung direkt auf die zuhörenden Menschen konzentriert. In nächster Nähe der Strahlergruppe erhält man eine Lautstärkeabsenkung, so daß über die dort aufgestellten Mikrofone keine akustische Rückkopplung auftritt.
Die Bündelung der Schallkeule ist frequenzabhängig. Ihr Austrittswinkel kann folgendermaßen berechnet werden:

$$\sin \alpha = \frac{c}{l \cdot f}$$

c = Schallgeschwindigkeit in m/s
l = Länge der Strahlergruppe in m
f = Frequenz in Hz

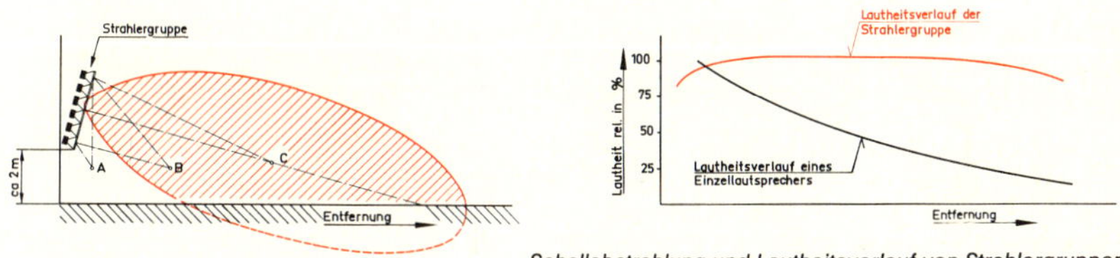

Schallabstrahlung und Lautheitsverlauf von Strahlergruppen

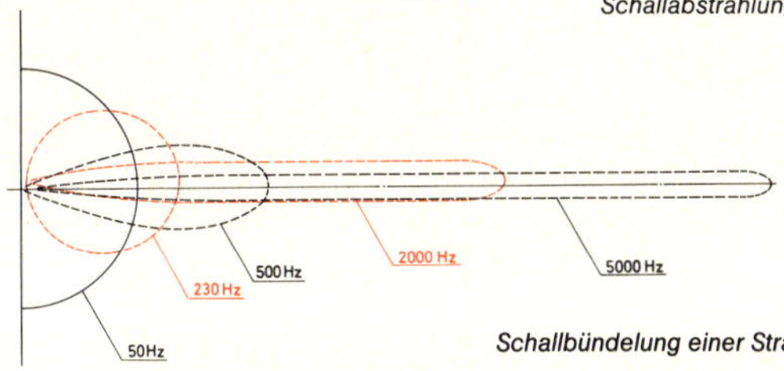

Schallbündelung einer Strahlergruppe bei verschiedenen Frequenzen

Lautsprecheranpassung ist nötig, um dem Lautsprecher von der verfügbaren Verstärkerausgangsleistung eine entsprechende Menge zuzuführen. Der Lautsprecher muß folgende Impedanz aufweisen

$$R_L = \frac{U^2}{P_L}$$

U = Ausgangsspannung des Verstärkers bei Nennbelastung in V
R_L = Lautsprecherimpedanz in Ω
P_L = Belastbarkeit des Lautsprechers in W

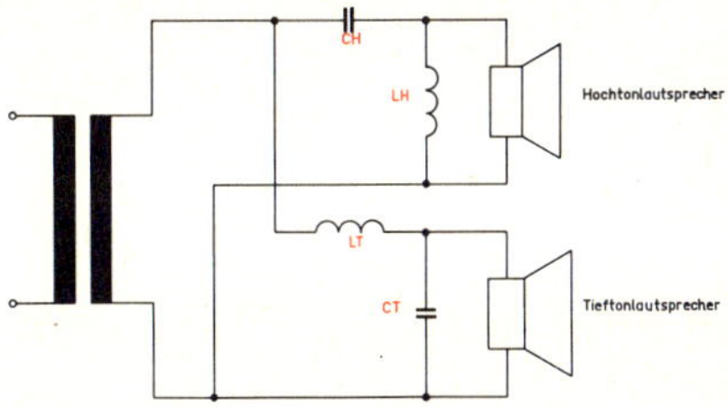

Anschlußmöglichkeit von Hoch- und Tieftonlautsprechern über Frequenzweichen

Lautsprecheranschluß über Frequenzweichen ist nötig, um vom Tieftonlautsprecher hohe Frequenzen und vom Hochtonlautsprecher tiefe Frequenzen fernzuhalten. Damit bleiben Intermodulationsverzerrungen gering.

Grenzfrequenz	Anpassungsimpedanz Z					
	4 Ω		8 Ω		15 Ω	
	L	C	L	C	L	C
300 Hz	3 mH	133 μF	6 mH	66,3 μF	11,3 mH	35,4 μF
500 Hz	1,27 mH	80 μF	2,55 mH	40 μF	4,78 mH	21 μF
800 Hz	1,13 mH	50 μF	2,25 mH	25 μF	4,23 mH	13,3 μF
1000 Hz	0,64 mH	40 μF	1,27 mH	20 μF	2,39 mH	10,6 μF
3000 Hz	0,25 mH	13 μF	0,5 mH	6,5 μF	0,8 mH	3,5 μF

Anschlüsse von Normbuchsen (auf Lötseite gesehen)

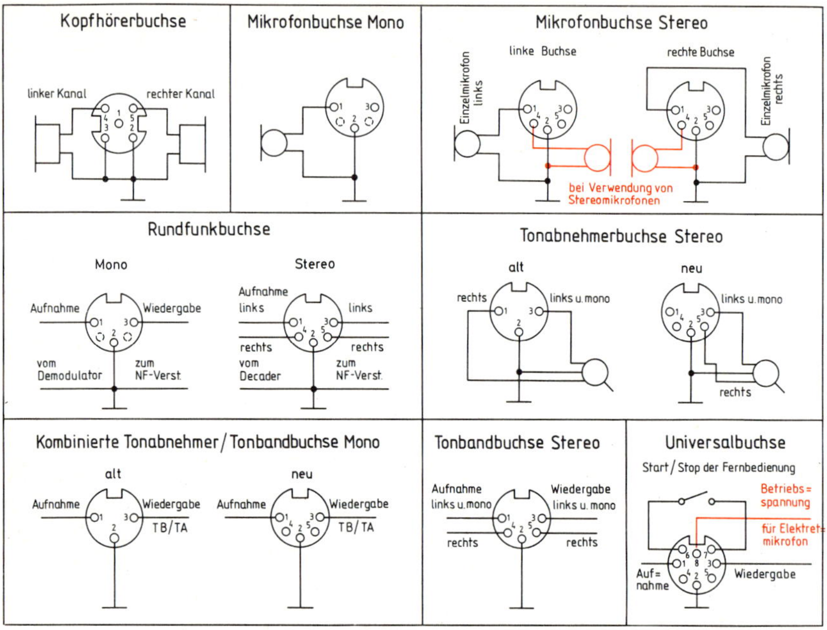

Tonbandbuchse für Fernsehgeräte muß vom übrigen Gerät mit einem Trenntransformator schutzisoliert werden. Die Ausgangsseite der Schaltung braucht gegenüber spannungsführenden Geräteteilen einen Sicherheitsabstand von 1 cm. Bei angeschraubter Rückwand darf von außen nur die Tonbandbuchse zugänglich sein. Die Massezuführung über die Abschirmung des NF-Kabels muß die einzige Verbindung zum Gerätechassis sein. Vor Benutzung ist mit einer Hochspannung von 2000 V zwischen Buchse und Fernsehgerät zu prüfen.

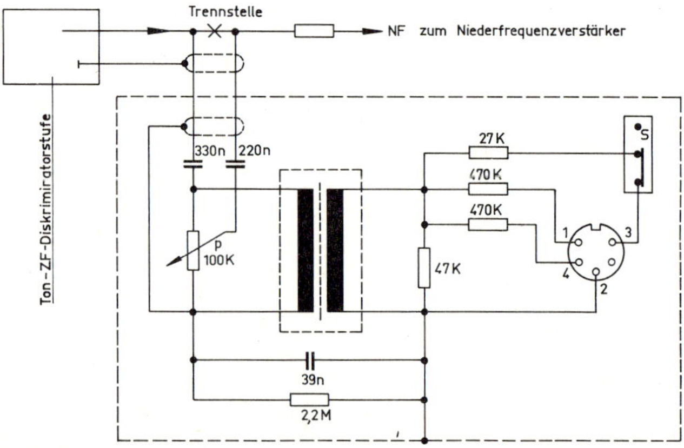

Schaltungsbeispiel für den nachträglichen Einbau von Tonbandbuchsen

Tonbänder, Eigenschaften und Laufzeiten — Ela 6.2

Dreifachspielband
Doppelspielband
Langspielband
Standardband

13
m/min

13 ← Spulengröße in cm
m ← Bandlänge in m
min ← Spielzeit pro Seite bei 9,5 cm/s

Rückseitenbeschichtet

		Standardband	Langspielband	Doppelspielband	Dreifachspielband	13	15	18	22	26	Rückseitenbeschichtet
Firma	Bezeichnung					m/min	m/min	m/min	m/min	m/min	
Agfa	PEM		x			270/47	360/63	540/94		1100/192	
				x		360/63	540/94	730/128		1450/254	
	PE		x			270/47	360/63	540/94		1100/192	
				x		360/63	540/94	730/128		1450/254	
Ampex	LNP	x						365/64			x
			x					548/96		1097/192	x
	PRT	x				182/31		365/64		731/128	
			x			247/48		548/96		1097/192	
BASF	LH Professionel		x					513/90		1083/190	x
				x				627/110	883/155	1254/220	x
	LH Super		x			256/45	342/60	513/90			
				x		342/60	513/90	648/120			
	LH		x			256/45	342/60	513/90			
				x		342/60	513/90	648/120			
					x	513/90	648/120	1026/180			
Maxell	UD		x					550/96		1100/192	x
	LNE		x					550/96			
		x								760/133	
Memorex	MRX 2	x								760/133	
			x					550/96		1100/192	
				x				730/128			
Philips	High Output		x			270/47	360/63	540/94			
				x		360/63	540/94	730/128		1800/315	
Sony	FeCr		x			275/48		550/96		1100/192	x
	SLH	x								740/129	
			x			275/48		550/96		1100/192	x
Scotch	LN Dynarange		x			256/45	342/60	513/90			
				x		342/60	513/90	648/120			
					x	513/90	648/120	1026/180			
	Classic	x						342/60		648/120	x
			x					513/90		1026/180	x
				x				648/120		1368/240	x
TDK	Audua	x						513/90		1026/180	
	LN	x						513/90		1026/180	

Normspurlagen von Tonbändern

Ela 6.3

Mono-Vollspur-Aufzeichnung bei Spulenbandgeräten.

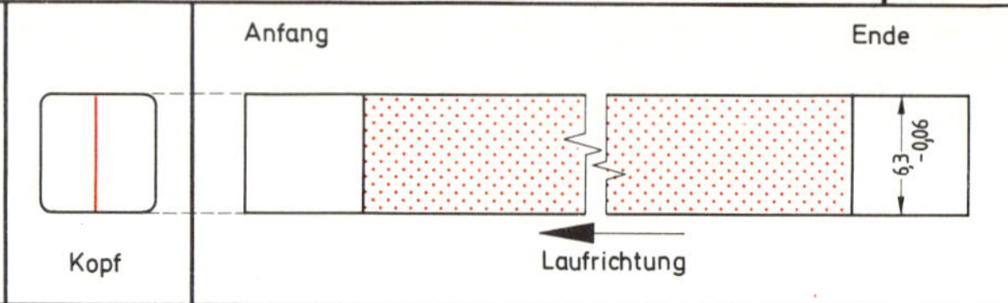

Mono-Zweispur-Aufzeichnung bei Spulenbandgeräten.

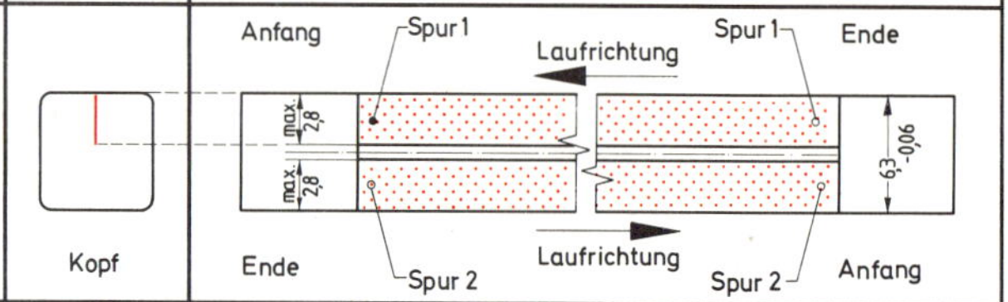

Stereo-Zweispur-Aufzeichnung bei Spulenbandgeräten.

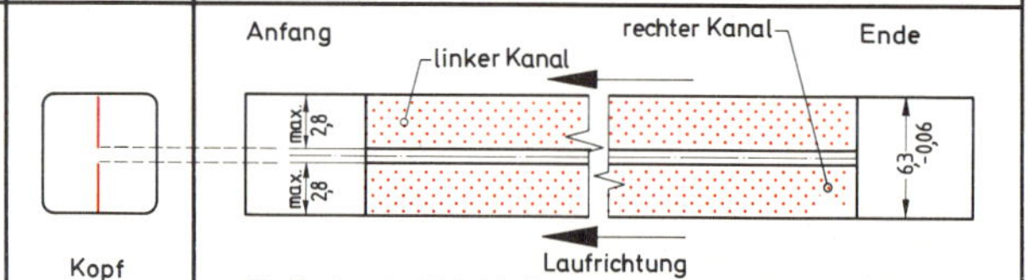

Die Kopfspalte für beide Spuren sind in Laufrichtung nicht versetzt.

Mono-Vierspur-Aufzeichnung bei Spulenbandgeräten.

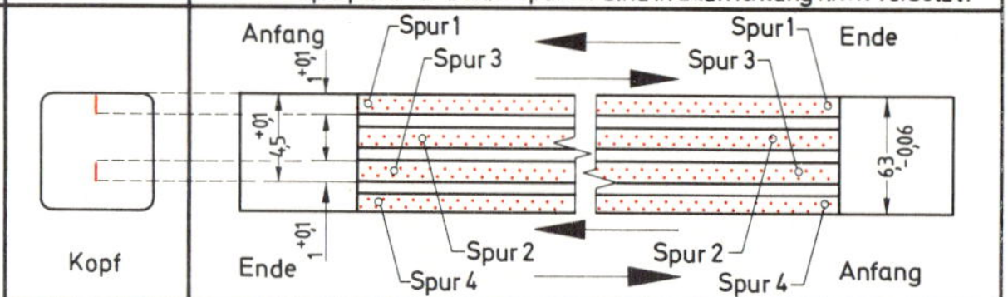

Stereo-Vierspur-Aufzeichnung bei Spulenbandgeräten.

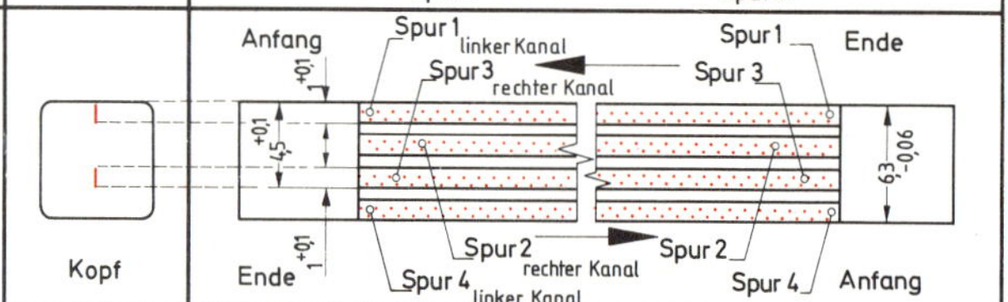

Stereo-Vierspur-Aufzeichnung bei Kassetten-Bandgeräten.

(Compact-Kassette)

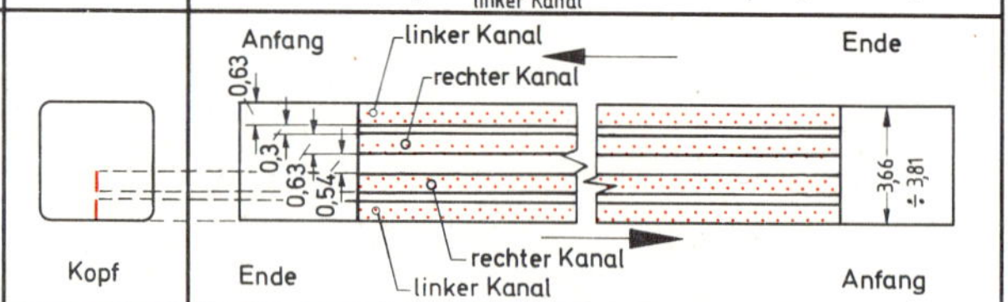

Mono-Zweispur-Aufzeichnung bei Kassetten-Bandgeräten.

(Compact-Kassette)

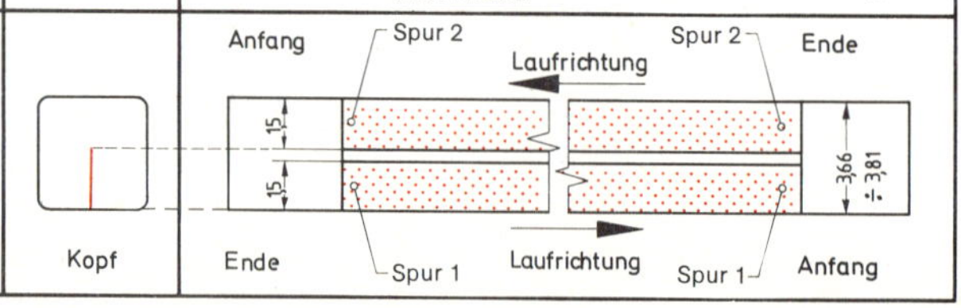

Frequenzen und Wellenlängen

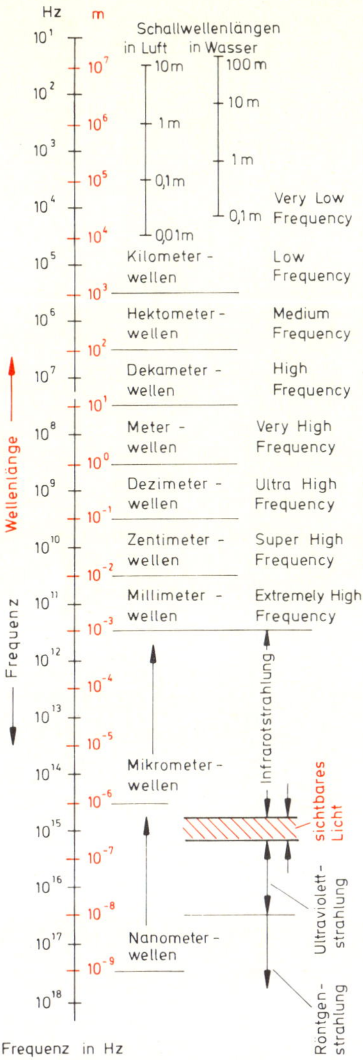

Frequenz			Anwendung
			unter 16 Hz Infraschall
			$16\frac{2}{3}$ – 300 Hz technischer Wechselstrom
			bis 25 Hz Telegraphie
			16 Hz – 20 kHz Schall, Tonfrequenz
			über 16 kHz Ultraschall
			10 Hz – 20 kHz Niederfrequenz
			300 Hz – 3,4 kHz Fernsprechen
Very Low Frequency	VLF		Verkehr zwischen Feststationen
Kilometerwellen	Low Frequency	LF	Rundfunk, Verkehr zwischen Feststationen
Hektometerwellen	Medium Frequency	MF	Rundfunk-, Schiffs-, Polizei-, Amateur-Funk
Dekameterwellen	High Frequency	HF	Rundfunk, Amateurfunk, Küstenfunk, Flugfunk, Elektromedizin
Meterwellen	Very High Frequency	VHF	Rundfunk, Fernsehen, Polizeifunk, Flugnavigation, Richtfunk, Küstenfunk, Elektromedizin
Dezimeterwellen	Ultra High Frequency	UHF	Fernsehen, Richtverbindungen, Flugnavigation
Zentimeterwellen	Super High Frequency	SHF	Radar, Navigationshilfe
Millimeterwellen	Extremely High Frequency	EHF	Richtfunk, Radar

	von nm	bis nm	(Wellenlänge λ)
infrarot	10^6	3000	weiter Bereich C
infrarot	3000	1400	mittlerer Bereich B
infrarot	1400	780	naher Bereich A
sichtbares Licht	780	620	rot
sichtbares Licht	700		spektralrot
sichtbares Licht	620	595	rötlich orange
sichtbares Licht	595	585	orange
sichtbares Licht	585	580	gelblich orange
sichtbares Licht	580	575	gelb
sichtbares Licht	575	570	grünlich gelb
sichtbares Licht	570	560	gelbgrün
sichtbares Licht	560	530	gelblich grün
sichtbares Licht	546,1		spektralgrün
sichtbares Licht	530	497	grün
sichtbares Licht	497	492	bläulich grün
sichtbares Licht	492	487	blaugrün (cyan)
sichtbares Licht	487	482	grünlich blau
sichtbares Licht	482	450	blau
sichtbares Licht	450	380	violett
sichtbares Licht	435,8		spektralblau
ultraviolett	380	315	naher Bereich A
ultraviolett	315	280	weiter Bereich B
ultraviolett	280	10	extrem weiter Bereich C

f Frequenz in Hz
λ Wellenlänge in m
c Ausbreitungsgeschwindigkeit in $\frac{m}{s}$

$$\lambda = \frac{c}{f}$$

λ für elektromagnetische Wellen: $300000\ \frac{km}{s}$

Beispiel: $f = 1625\ kHz$, $\lambda = ?$

Lösung: $\lambda = \frac{c}{f} = \frac{300000\ \frac{km}{s}}{1625\ kHz} = 185\ m$

Mischung

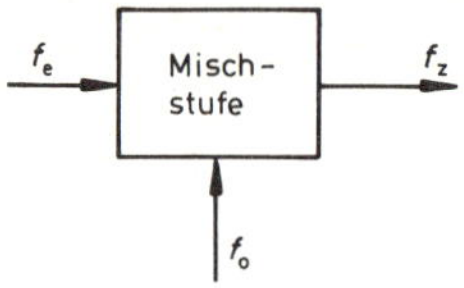

$$f_z = \pm m \cdot f_o \pm n \cdot f_e$$

ausgenutzt meist
$m = n = 1$

- f_e Eingangsfrequenz
- f_o Oszillatorfrequenz
- f_z Zwischenfrequenz
- I_z zwischenfrequenter Strom
- U_e hochfrequente Eingangsspannung
- R_a Außenwiderstand
- R_i Innenwiderstand der Mischstufe
- S_{max} maximale Steilheit der Mischstufe

Mischsteilheit $S_c = \frac{I_z}{U_e}$ bei $R_a \ll R_i$

$$S_c = \frac{1}{\pi} \cdot S_{max}$$

allgemein $S_c \approx 0{,}3 \cdot S_{max}$

Mischverstärkung

$$V_c = \frac{U_z}{U_e}$$

additive Mischung

Prinzip:

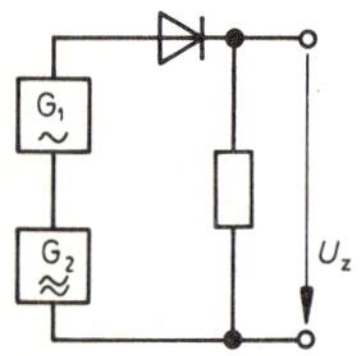

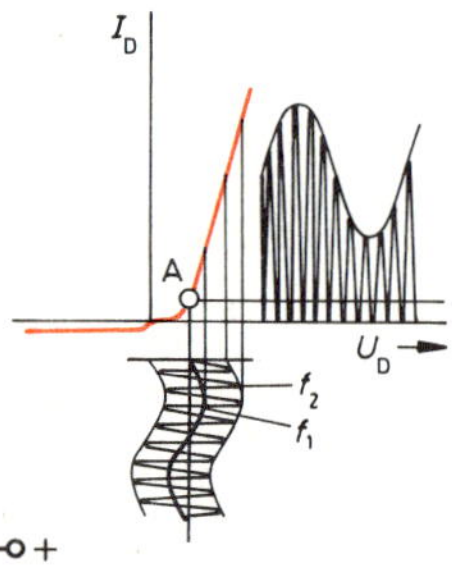

Schaltungen:

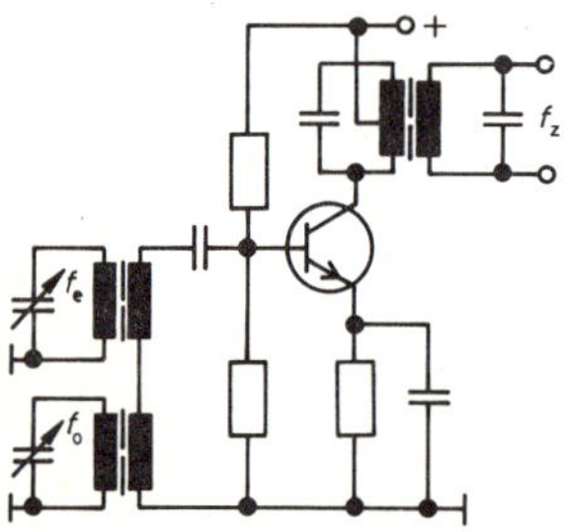

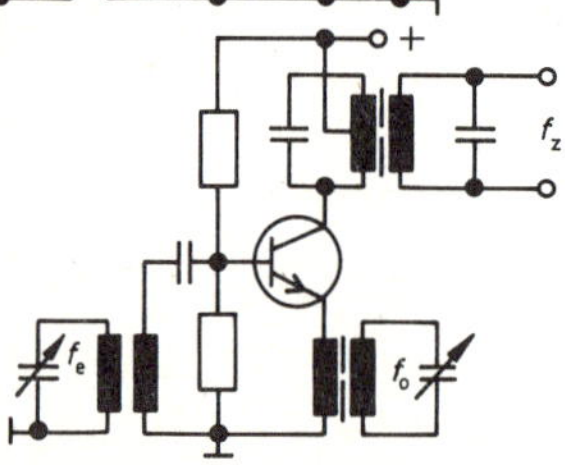

Vorteile: einfacher Schaltungsaufbau
geringeres Rauschen

multiplikative Mischung

Prinzip:

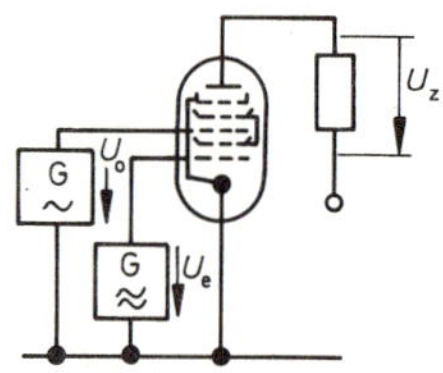

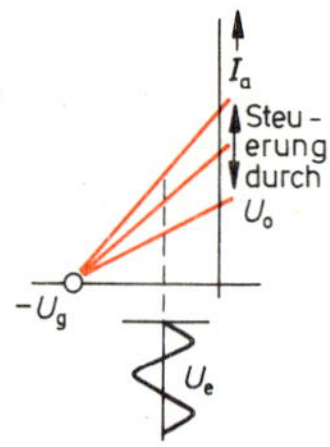

Schaltungen:

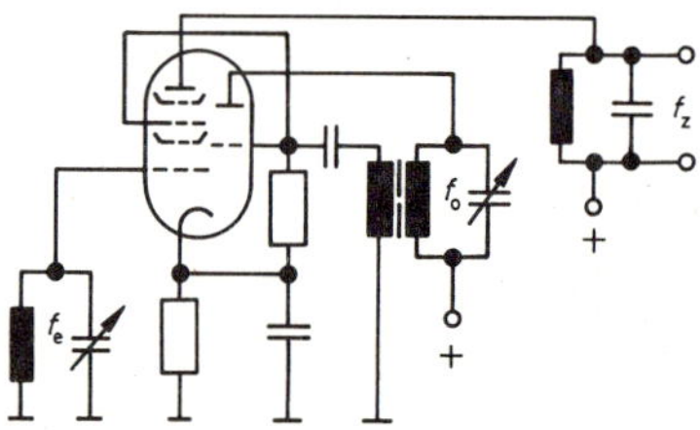

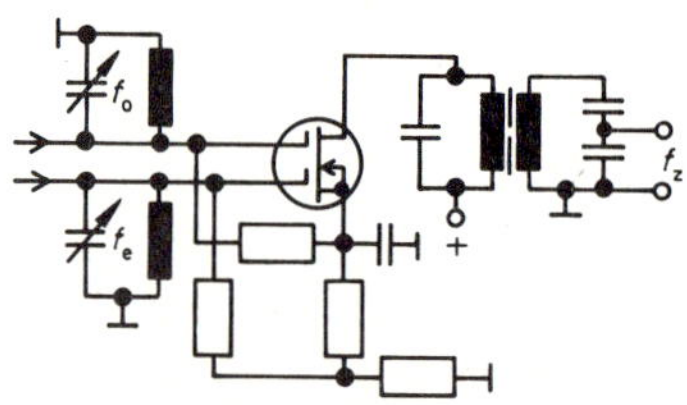

Vorteile: Verstärkungsregelung möglich
geringere Kreuzmodulation
geringere Oszillatorrückwirkung
geringere Oberschwingungen

1. Amplitudenmodulation

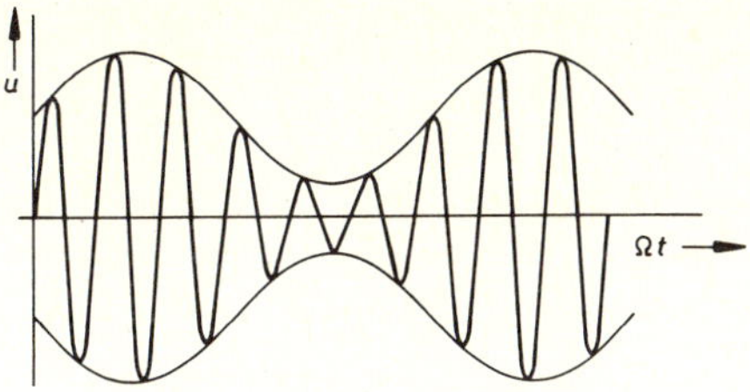

amplitudenmodulierte Schwingung

Zeitfunktion der AM:

$$u_{Tr} = \hat{u}_T\,(1 + m \sin \omega t)\,\sin \Omega t \qquad \text{mit} \qquad m = \frac{\hat{u}_i}{\hat{u}_T}$$

Frequenzspektrum der AM:

$$u_{Tr} = \hat{u}_T \sin \Omega t + \frac{\hat{u}_i}{2} \cos(\Omega - \omega)\,t - \frac{\hat{u}_i}{2}\,(\cos \Omega + \omega)\,t$$

u_{Tr}	Spannung der modulierten Schwingung
$\hat{u}_T$	Spannung der unmodul. Trägerschwingung
$\hat{u}_i$	Spannung der Informationsspannung (NF)
m	Modulationsgrad
Ω	Frequenz der Trägerschwingung
ω	Frequenz der Informationsspannung (NF)

Zeigerbild zur AM

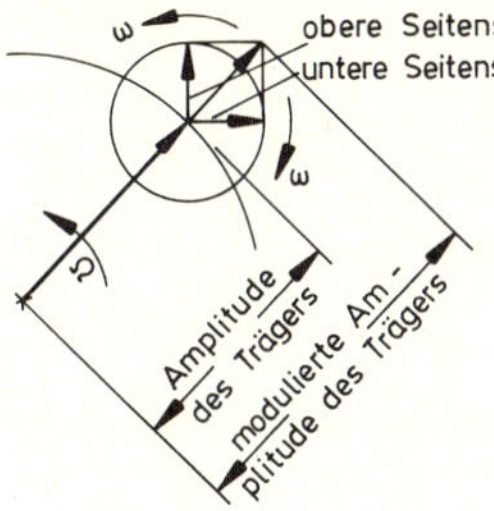

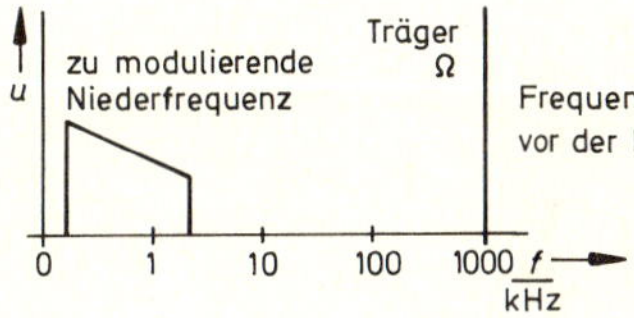

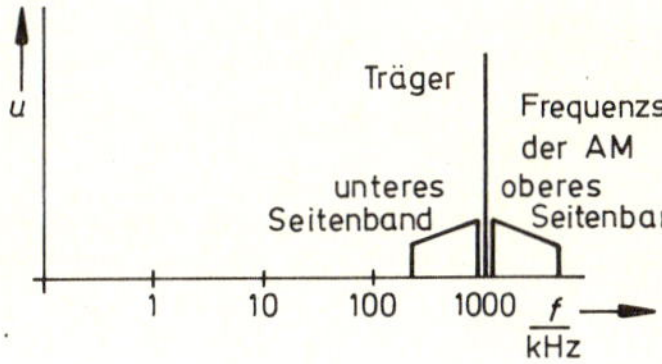

Schaltungen zur Modulation siehe bei Mischung

2. Frequenzmodulation

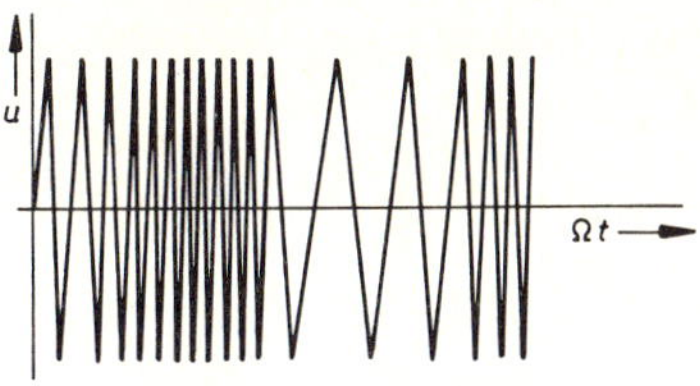

frequenzmodulierte Schwingung

Zeitfunktion der FM:

$$u_{Tr} = \hat{u}_T \sin\left(\Omega t + \frac{\Delta\Omega}{\omega} \sin \omega t\right) \qquad m = \frac{\Delta\Omega}{\omega}$$

Frequenzspektrum:

$$u_{Tr} = u \cdot \sum_{u=-\infty}^{u=+\infty} u_n(m) \sin(\Omega + n\omega)\,t$$

Bandbreite: $b \approx 2\,(\Delta f + f_i)$

u_{Tr}	frequenzmodulierte Spannung
$\hat{u}_T$	Amplitude der Trägerschwingung
Ω	Frequenz der Trägerschwingung
$(\Delta\Omega), \Delta f$	(Kreis)-Frequenzhub
$(\omega)\,f_i$	(Kreis)-Frequenz der Informationsspannung
m	Modulationsindex

Zeigerbild zur FM

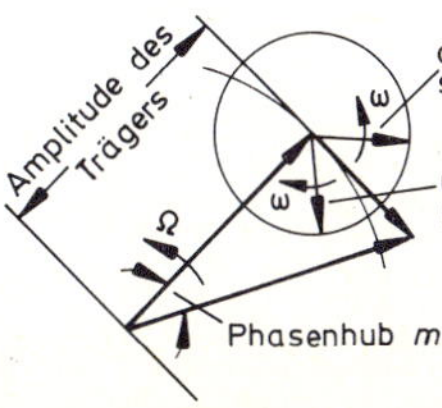

Frequenzspektren der FM

kleine Lautstärke

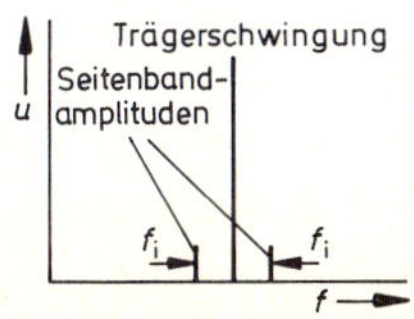

große Lautstärke

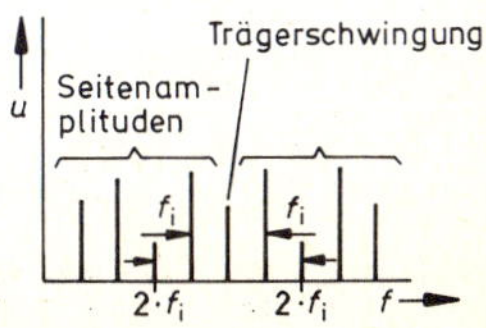

Frequenzmodulationsschaltungen

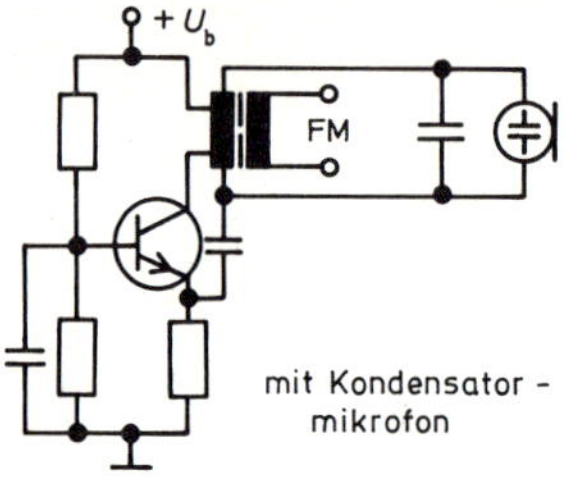

mit Kondensator-mikrofon

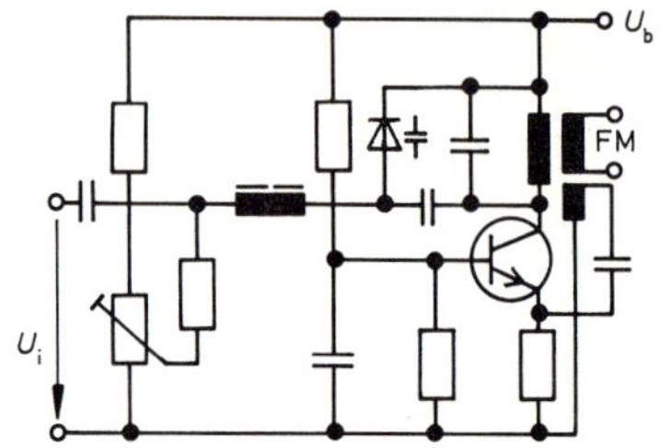

mit Kapazitätsdiode

3. Ringmodulator

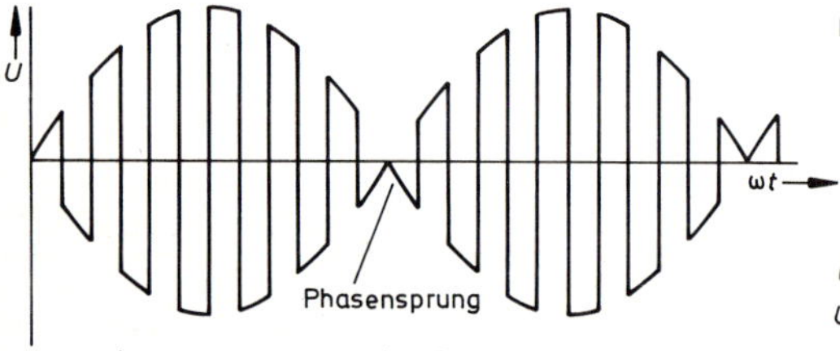

Ausgangsspannung des Ringmodulators

Frequenzspektrum des Ringmodulators

1. $\Omega + \omega$ 2. $\Omega - \omega$

3. $\Omega \pm 3\omega$

4. $3\Omega \pm \omega$

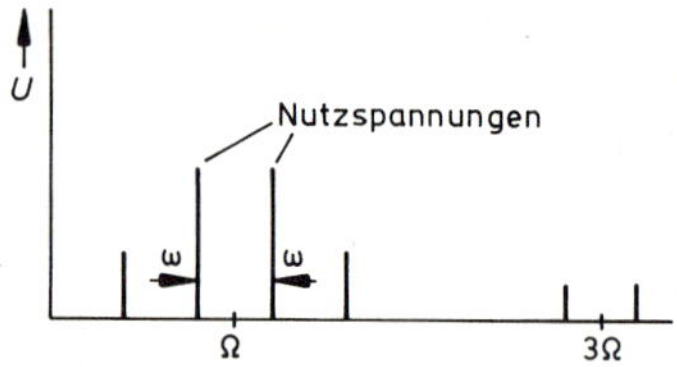

Schaltung

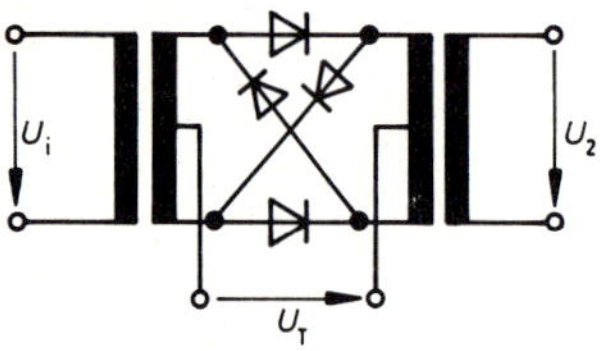

Signalspannung und Trägerspannung sind nicht mehr in der Ausgangsspannung des Ringmodulators enthalten

Anwendungsbeispiel:

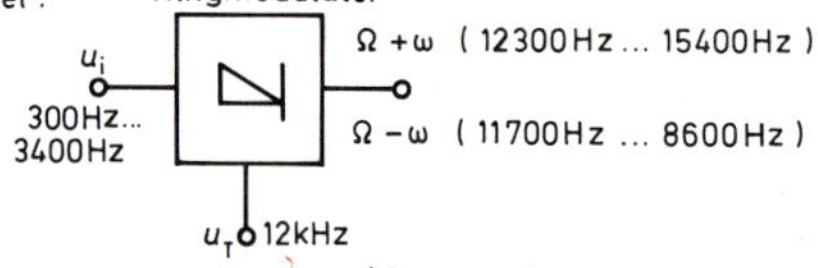

4. Pulsmodulation

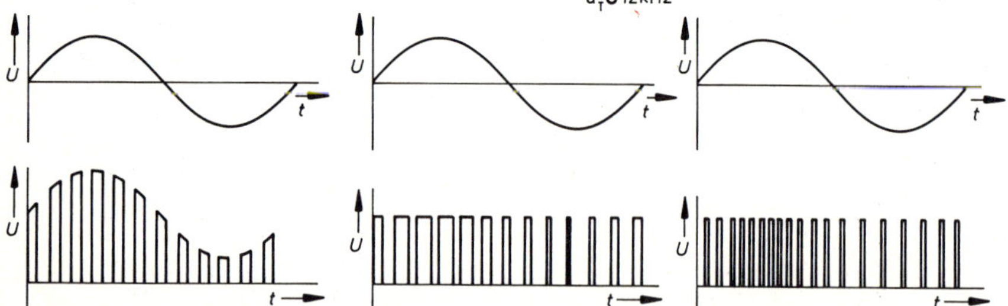

Pulsamplituden-Modulation PAM	Pulsdauer-Modulation PDM	Pulsfrequenz-Modulation PFM
Trägerpuls wird amplitudenmoduliert	Dauer der einzelnen Impulse beinhaltet Information	Pulsfrequenz beinhaltet Information

Ergänzung Pulsmodulation

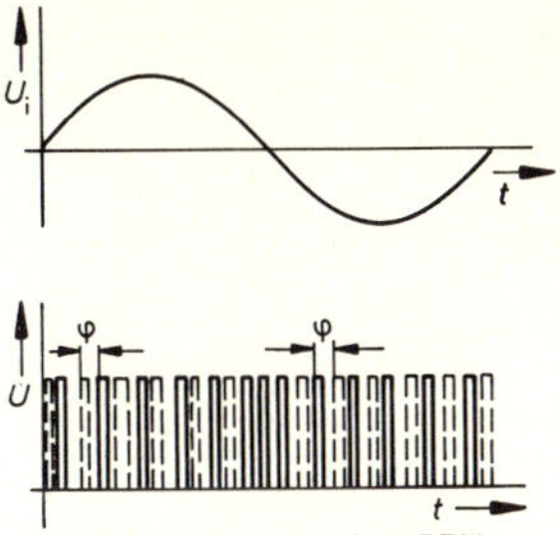

Pulsphasenmodulation PPM

Veränderung der Phase der Grundschwingung beinhaltet Information

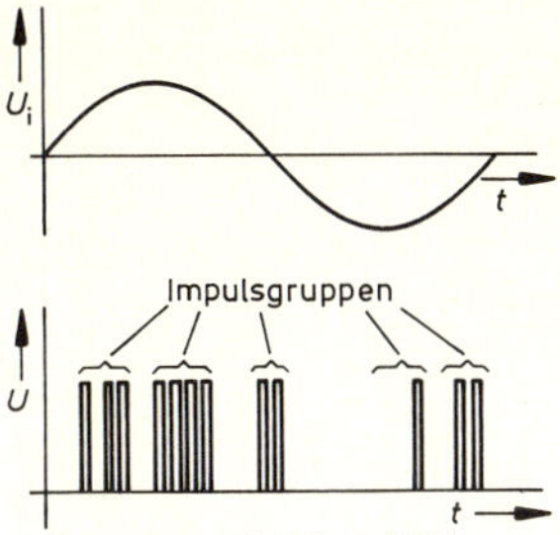

Pulscodemodulation PCM

Die codierten Impulsgruppen enthalten die Information

Übertragung mehrerer Gespräche durch PAM

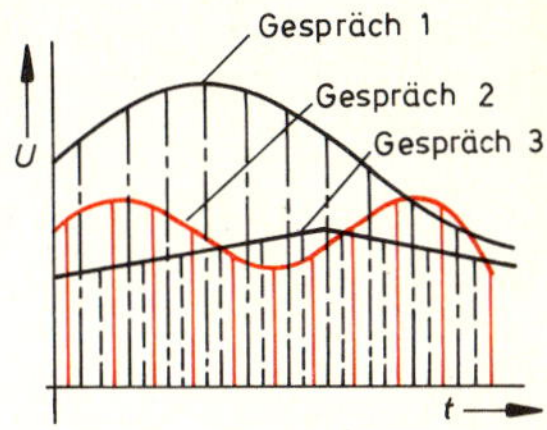

Im Funkdienst verwendete Sendearten:

Die vollständige Bezeichnung umfaßt 4 Punkte:

1. Bandbreite

umfaßt das Frequenzband, das 99% der insgesamt ausgestrahlten Leistung umfaßt und die Frequenzen, deren Leistung mindestens 0,25% der ausgestrahlten Gesamtleistung betragen

2. Modulationsart

Kennzeichen	Benennung
A	Amplitudenmodulation (AM)
F	Frequenz- (oder Phasen-)modulation (FM)
P	Pulsmodulation (PM)

3. Übertragungsart

Kennzeichen	Benennung
0	ohne Modlulation
1	Telegrafie ohne Modulation
2	Telegraphie durch Tasten der Modulationsfrequenzen
3	Fernsprechen
4	Bildfunk
5	Fernsehen
6	Vierfrequenz-Duplex-Telegrafie
7	Tonfrequente Mehrfachtelegrafie
9	gemischte Übertragungen und andere Fälle

4. Zusätzliche Merkmale

Kennzeichen	Benennung
ohne Kennzeich.	Zweiseitenband
A	Einseitenband mit vermindertem Träger
B	Zwei voneinander unabhängige Seitenbänder mit vermindertem Träger
C	Restseitenband
D	Pulsamplitudenmodulation (PAM)
E	Pulsdauermodulation (PDM)
F	Pulsphasenmodulation (PPM)
G	Pulscodemodulation (PCM)
H	Einseitenband mit vollem Träger
I	Einseitenband mit unterdrücktem Träger

Sendearten und Bandbreiten

Kennzeichen	Sendeart	Bandbreite
A 1	Telegrafie ohne Modulation	
	Verbindung ohne Fading	$'f = 3 \cdot B$
	Verbindung mit Fading	$'f = 5 \cdot B$
A 2	Telegrafie mit Tastung der Modulation	
	Verbindung ohne Fading	$'f = 3 \cdot B + 2\,M$
	Verbindung mit Fading	$'f = 5 \cdot B + 2\,M$
A 3	Telefonie, Rundfunk Zweidseitenbandübertragung	$'f = 2\,M$
A 3A	Einseitenbandübertragung	$'f = M$
A 4	Bildfunk	$'f = 1{,}5 \cdot \frac{N}{T} + 2\,M$
A 5	Fernsehen	$'f = 1{,}5\,\frac{N}{T}$
F 1	Telegrafie mit Frequenzumtastung	
	Verbindung ohne Fading	$'f = 3 \cdot B + D$
	Verbindung mit Fading	$'f = 5 \cdot B + D$
F 3	Telefonie, Tonrundfunk	$'f = 2\,M + (1 \ldots 2) \cdot D$
F 4	Bildfunk	$'f = 1{,}5\,\frac{N}{T} + 2\,M + D$
P 0	nicht modulierte Impulse	$'f = \frac{(2 \ldots 12)}{t}$

B Telegrafiergeschwindigkeit in Baud
1 Baud = 1 je Sekunde gesendetes kürzestes Elementarzeichen

M Höchste Modulationsfrequenz in Hz

t Impulsdauer in Sekunden

D Frequenzhub: Differenz zwischen dem Höchst- und dem Mindestwert der Augenblicksfrequenz

$\frac{N}{T}$ Höchstmögliche Anzahl schwarzer und weißer Bildelemente je Sekunde bei Bildfunk und Fernsehen

Demodulation

HF 6

1. AM - Demodulation

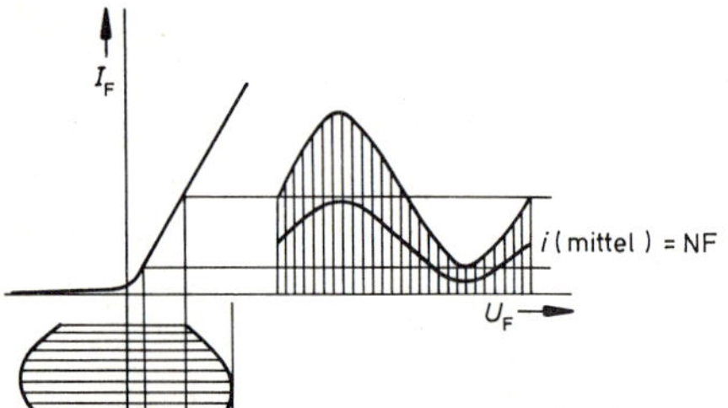

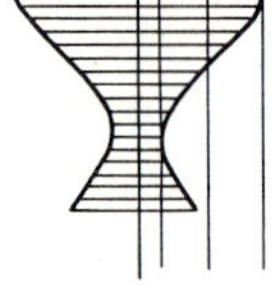

Schaltungsmöglichkeiten

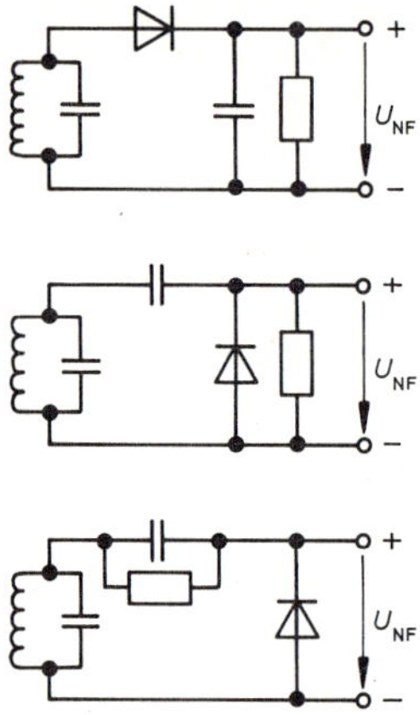

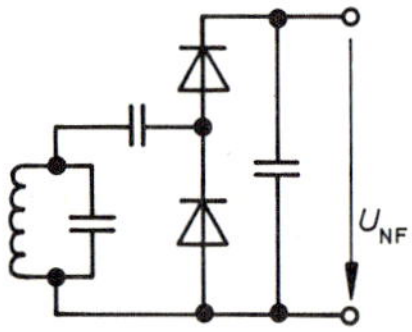

AM - Demodulator mit Spannungsverdopplung

2. FM-Demodulation

Prinzip :

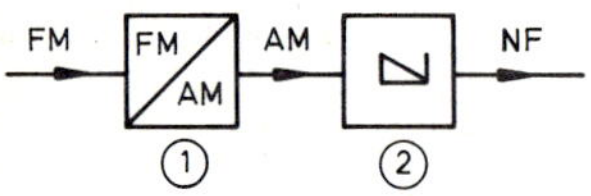

① Umwandlung der FM in AM

② AM-Demodulation

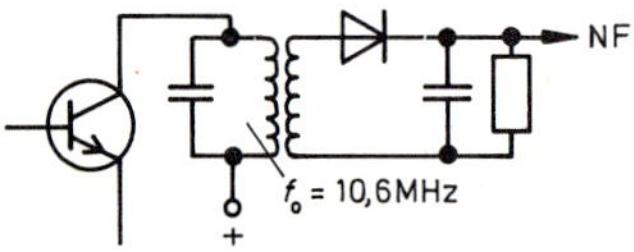

Flankendiskriminator

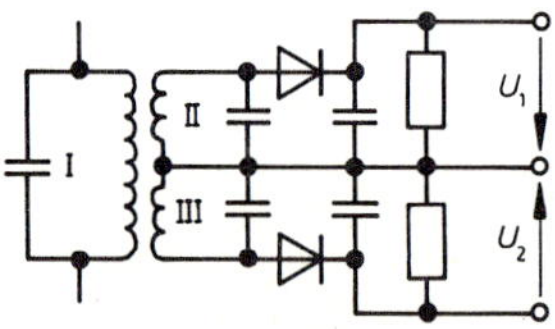

Kreis I : Mittenfrequenz
Kreis II : oberhalb der Mittenfrequenz
Kreis III : unterhalb der Mittenfrequenz

Differenzdiskriminator

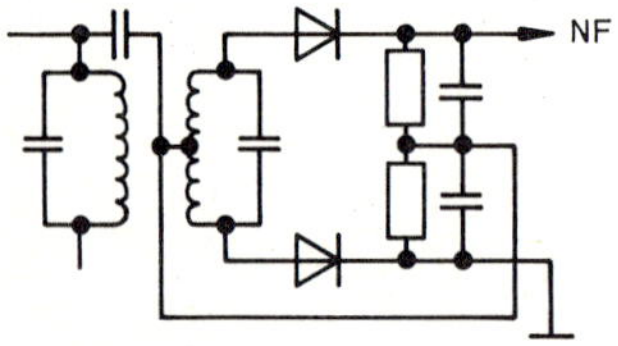

Phasendiskriminator

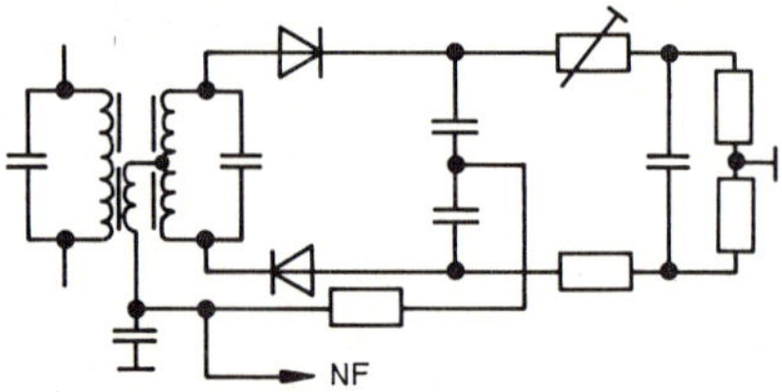

Verhältnisdiskriminator (Ratiodetektor)

Fernsehkanäle – verschiedene Fernsehnormen

Fernsehkanäle

Band	Kanal	Bildträger MHz	Tonträger MHz	Untergrenze MHz	Obergrenze MHz
I	2	48,25	53,75	47	54
	3	55,25	60,75	54	61
	4	62,25	67,75	61	68
III	5	175,25	180,75	174	181
	6	182,25	187,75	181	188
	7	189,25	194,75	188	195
	8	196,25	201,75	195	202
	9	203,25	208,75	202	209
	10	210,25	215,75	209	216
	11	217,25	222,75	216	223
	12	224,25	229,75	223	230
IV	21	471,25	466,75	470	477
	22	479,25	484,75	478	485
	23	487,25	492,75	486	493
	24	495,25	500,75	494	501
	25	503,25	508,75	502	509
	26	511,25	516,75	510	517
	27	519,25	524,75	518	525
	28	527,25	532,75	526	533
	29	535,25	540,75	534	541
	30	543,25	548,75	542	549
	31	551,25	556,75	550	557
	32	559,25	564,75	558	565
	33	567,25	572,75	566	573
	34	575,25	580,75	574	581
	35	583,25	588,75	582	589
	36		Radar		
	37	599,25	604,75	598	605

Band	Kanal	Bildträger MHz	Tonträger MHz	Untergrenze MHz	Obergrenze MHz
V	38		Radioastronomie		
	39	615,25	620,75	614	621
	40	623,25	628,75	622	629
	41	631,25	636,75	630	637
	42	639,25	644,75	638	645
	43	647,25	652,75	646	653
	44	655,25	660,75	654	661
	45	663,25	668,75	662	669
	46	671,25	676,75	670	677
	47	679,25	684,75	678	685
	48	687,25	692,75	686	693
	49	695,25	700,75	694	701
	50	703,25	708,75	702	709
	51	711,25	716,75	702	717
	52	719,25	724,75	718	725
	53	727,25	732,75	726	733
	54	735,25	740,75	734	741
	55	743,25	748,75	742	749
	56	751,25	756,75	750	757
	57	759,25	764,75	758	765
	58	767,25	772,75	766	773
	59	775,25	780,75	774	781
	60	783,25	788,75	782	789
	61	791,25	796,75	790	797
	62	799,25	804,75	798	805
	63	807,25	812,75	806	813
	64	815,25	820,75	814	821
	65	823,25	828,75	822	829
	66	831,25	836,75	830	837
	67	839,25	844,75	838	845
	68	847,25	852,75	846	853

Die verschiedenen Fernsehnormen

	Einheit	CCIR Europa Norm		Französische Norm		Englische Norm		USA	OIRT Osteuropa Norm
		VHF	UHF	VHF	UHF	VHF	UHF		
Kanalbreite	MHz	7	8	14	8	5	8	6	8
Bild/Ton Abstand	MHz	5,5		± 11,15	6,5	– 3,5	6	4,5	6,5
Videobandbreite	MHz	5		10	6	3	5,5	4	6
Restseitenband	MHz	0,75		2	1,25	0,75	1,25	0,75	0,75
Zeilenzahl pro Bild		625		819	625	405	625	525	625
Zeilenfrequenz	Hz	15625		20475	15625	10125	15625	15750	15625
Zeilendauer	µs	64		48,84	64	98,765	64	63,492	64
Bilder pro Sekunde	Hz	25		25	25	25	25	30	25
Vertikalfrequenz	Hz	50		50	50	50	50	60	50
Bildseitenverhältnis Breite:Höhe		4:3		4,12:3	4:3	4:3	4:3	4:3	4:3
Bildträgermodulation	–	AM		AM	AM	AM	AM	AM	AM
	–	neg		pos	pos	pos	neg	neg	neg
Synchronpegel	%	100		0 – 3	0 – 3	0 – 3	100	100	100
Austastpegel Schwarzwert	%	75		25	25	30	75	75	75
Weißpegel	%	10 – 12,5		100	100	100	10	13,5 – 15	10
Tonträgermodulation		FM		AM	AM	AM	FM	FM	FM
Farbnorm		PAL		–	Secam	–	PAL	NTSC	–
Farbhilfsträger	MHz	4,43		–	4,43	–	4,43	3,576	–
Leistungsverhältnis Bild:Ton		5:1		4:1	8:1	4:1	5:1	4:1	4:1

Rundfunk- und Fernsehbereiche – Nutzspannungen

HF 8

Frequenzbereich von	bis	Kurzzeichen	Bezeichnung	Band
150 kHz	300 kHz	LW	Langwellen	
525 kHz	1605 kHz	MW	Mittelwellen	
6MHz	23 MHz	KW	Kurzwellen	
41 MHz	68 MHz	VHF	Kanal 2 – 4	I
87,5 MHz	104 MHz	UKW	Ultrakurzwellen	II
174 MHz	223 MHz	VHF	Kanal 7 – 12	III
470 MHz	582 MHz	UHF	Kanal 21 – 37	IV
606 MHz	790 MHz	UHF	Kanal 38 – 68	V

UKW-Rundfunk-Kanäle (Band II)

Kanal	Frequenz f / MHz	Kanal	Frequenz f / MHz	Kanal	Frequenz f / MHz	Kanal	Frequenz f / MHz	Kanal	Frequenz f / MHz	Kanal	Frequenz f / MHz
		11 –	90,2	21 –	93,2	31 –	96,2	41 –	99,2	51 –	102,2
2 –	87,5	11°	90,3	21°	93,3	31°	96,3	41°	99,3	51°	102,3
2°	87,6	11 +	90,4	21 +	93,4	31 +	96,4	41 +	99,4	51 +	102,4
2 +	87,7	12 –	90,5	22 –	93,5	32 –	96,5	42 –	99,5	52 –	102,5
3 –	87,8	12°	90,6	22°	93,6	32°	96,6	42°	99,6	52°	102,6
3°	87,9	12 +	90,7	22 +	93,7	32 +	96,7	42 +	99,7	52 +	102,7
3 +	88,0	13 –	90,8	23 –	93,8	33 –	96,8	43 –	99,8	53 –	102,8
4 –	88,1	13°	90,9	23°	93,9	33°	96,9	43°	99,9	53°	102,9
4°	88,2	13 +	91,0	23 +	94,0	33 +	97,0	43 +	100,0	53 +	103,0
4 +	88,3	14 –	91,1	24 –	94,1	34 –	97,1	44 –	100,1	54 –	103,1
5 –	88,4	14°	91,2	24°	94,2	34°	97,2	44°	100,2	54°	103,2
5°	88,5	14 +	91,3	24 +	94,3	34 +	97,3	44 +	100,3	54 +	103,3
5 +	88,6	15 –	91,4	25 –	94,4	35 –	97,4	45 –	100,4	55 –	103,4
6 –	88,7	15°	91,5	25°	94,5	35°	97,5	45°	100,5	55°	103,5
6°	88,8	15 +	91,6	25 +	94,6	35 +	97,6	45 +	100,6	55 +	103,6
6 +	88,9	16 –	91,7	26 –	94,7	36 –	97,7	46 –	100,7	56 –	103,7
7 –	89,0	16°	91,8	26°	94,8	36°	97,8	46°	100,8	56°	103,8
7°	89,1	16 +	91,9	26 +	94,9	36 +	97,9	46 +	100,9	56 +	103,9
7 +	89,2	17 –	92,0	27 –	95,0	37 –	98,0	47 –	101,0	57 –	104,0
8 –	89,3	17°	92,1	27°	95,1	37°	98,1	47°	101,1		
8°	89,4	17 +	92,2	27 +	95,2	37 +	98,2	47 +	101,2		
8 +	89,5	18 –	92,3	28 –	95,3	38 –	98,3	48 –	101,3		
9 –	89,6	18°	92,4	28°	95,4	38°	98,4	48°	101,4		
9°	89,7	18 +	92,5	28 +	95,5	38 +	98,5	48 +	101,5		
9 +	89,8	19 –	92,6	29 –	95,6	39 –	98,6	49 –	101,6		
10 –	89,9	19°	92,7	29°	95,7	39°	98,7	49°	101,7		
10°	90,0	19 +	92,8	29 +	95,8	39 +	98,8	49 +	101,8		
10 +	90,1	20 –	92,9	30 –	95,9	40 –	98,9	50 –	101,9		
		20°	93,0	30°	96,0	40°	99,0	50°	102,0		
		20 +	93,1	30 +	96,1	40 +	99,1	50 +	102,1		

Nutzspannungen nach VDE 0855

Bereich	Mindestwerte: Spannung an 300 Ω	Spannung an 75 Ω*	Pegel bezogen auf 1 µV an 75 Ω	Höchstwerte: Spannung an 300 Ω	Spannung an 75 Ω*	Pegel bezogen auf 1 µV an 75 Ω
UKW	100 µV	50 µV	34 dBµV	100 mV	50 mV	94 dBµV
VHF	1 mV	500 µV	54 dBµV	50 mV	25 mV	88 dBµV
UHF	1,5 mV	750 µV	57,5 dBµV	50 mV	25 mV	88 dBµV

* Der Spannungsunterschied von 60Ω zu 75 Ω kann vernachlässigt werden.

Amplitudencharakteristik des Fernsehsenders

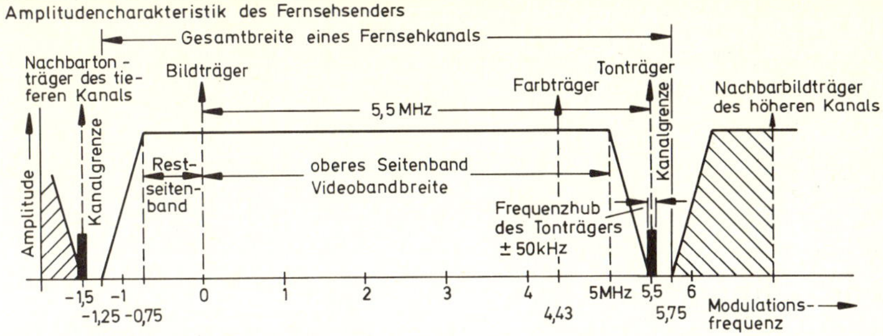

Durchlaßbereich des Empfängers - linearer Spannungsmaßstab

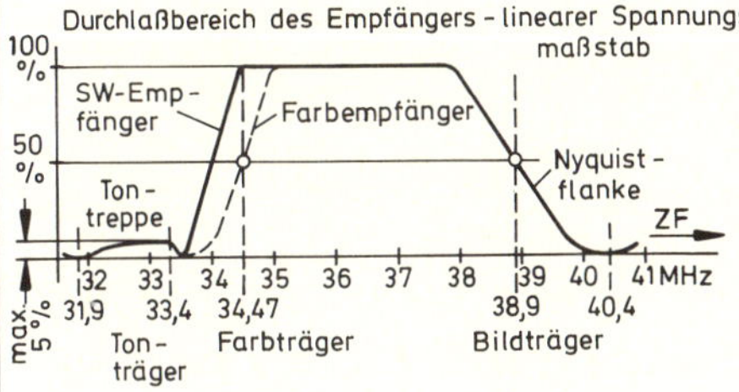

-logarithmischer Spannungsmaßstab

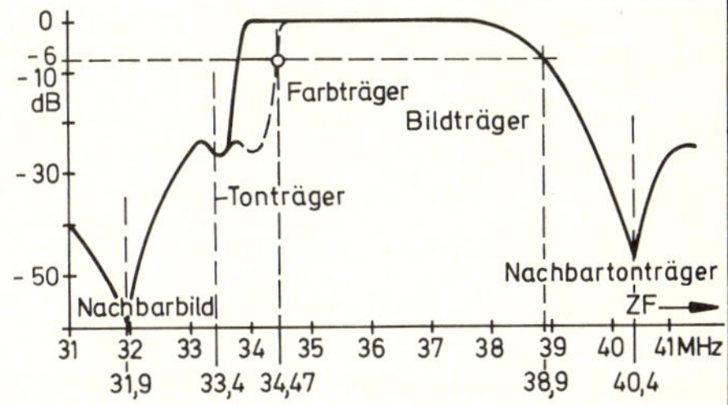

Horizontalsynchronisierung, Bildinhalt, Burst - Signal

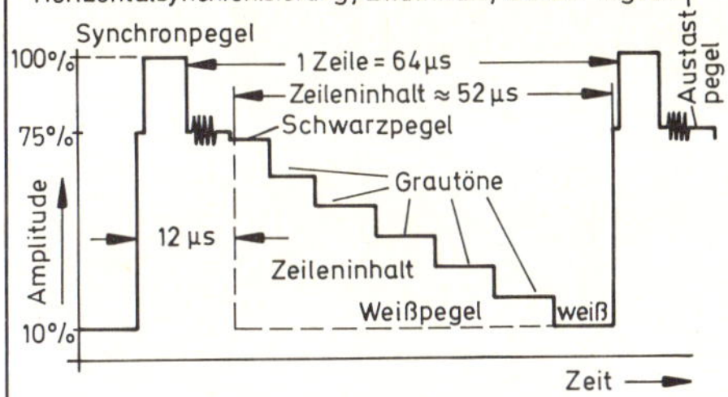

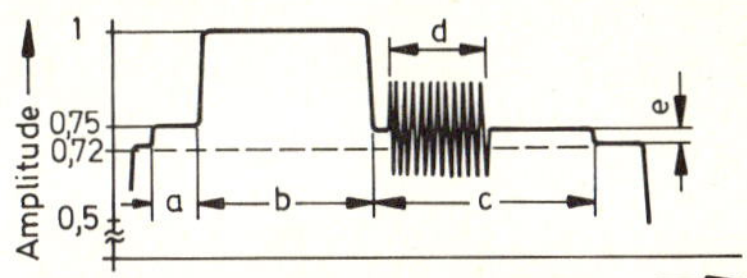

a vordere Schwarzschulter (1,3 - 1,8) µs
b Horizontal Synchronimpuls (4,5 - 4,9) µs
c hintere Schwarzschulter (5,1 - 6,5) µs
d Burst - Signal 12 - 14 Perioden von 4,43 MHz Amplitude ± 12,5 % der Trägeramplitude
e Schwarzabhebung 3 - 6 % der Trägeramplitude

Vertikalsynchronisierung erstes Halbbild

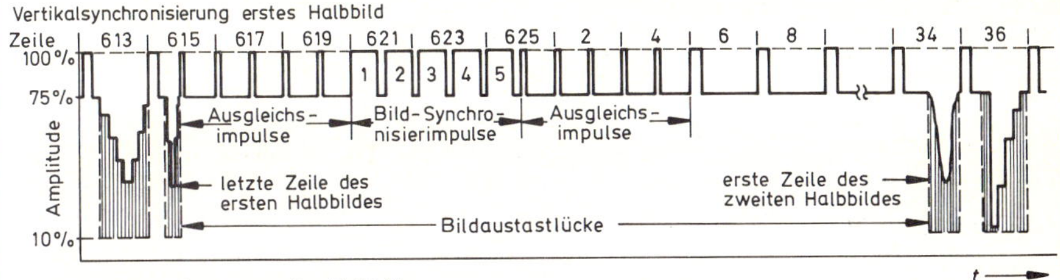

Vertikalsynchronisierung zweites Halbbild

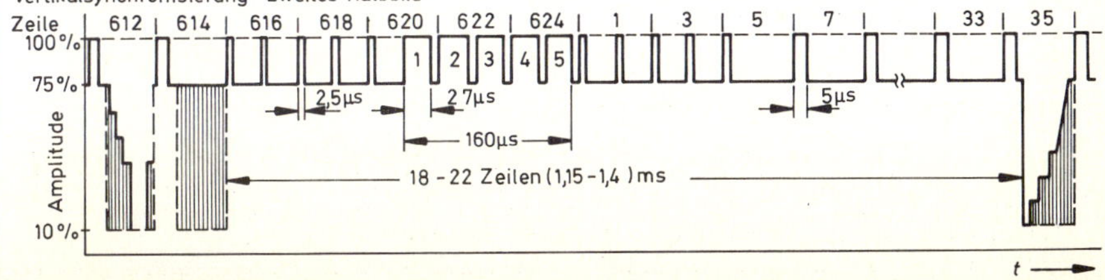

Ton- und Rundfunkempfänger — HF 10

1. Prinzip des Geradeausempfängers

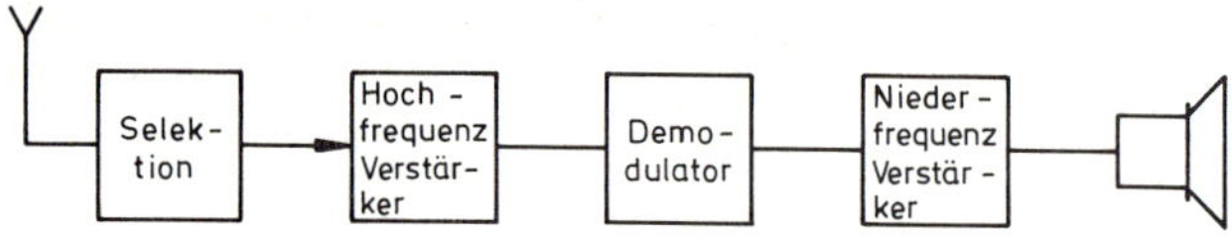

2. Prinzip des Überlagerungsempfängers (Superhet)

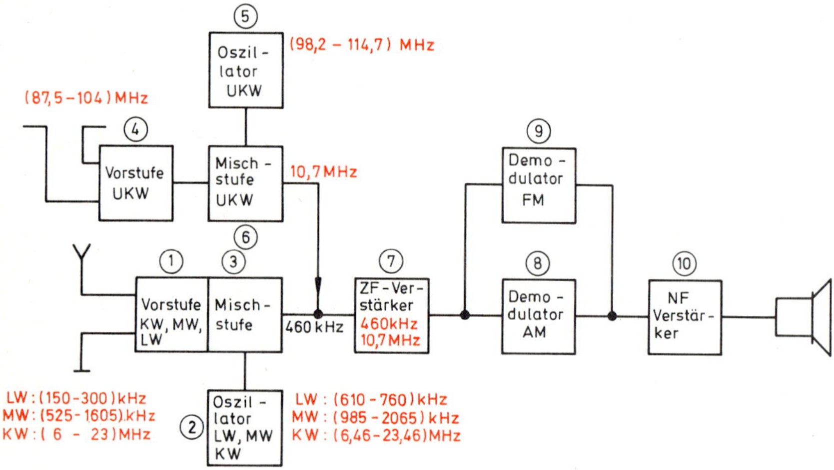

Baugruppen:

1. Vorstufe: Antennenkopplung, einstellbare und umschaltbare (L, M, K) Vorkreise, Selektion
2. Oszillator: Erzeugung der um 460 kHz über der Empfangsfrequenz liegenden Oszillatorfrequenz; Umschaltung für L, M, K
3. Mischstufe: durch additive bzw. multiplikative Mischung der Eingangsfrequenz und der Oszillatorfrequenz entsteht die Zwischenfrequenz 460 kHz
4. Vorstufe UKW: Antennenankopplung, einstellbarer Vorkreis und HF-Verstärkung
5. Oszillator UKW: Erzeugung der um 10,7 MHz über der Empfangsfrequenz liegenden Oszillatorfrequenz
6. Mischstufe UKW: durch additive Mischung der Eingangsfrequenz und der Oszillatorfrequenz entsteht die UKW-Zwischenfrequenz von 10,7 MHz
7. ZF-Verstärker: Zwei- bis dreistufiger gemeinsamer ZF-Verstärker; Bandfilter mit 460 kHz und 10,7 MHz Resonanzfrequenz; Bandbreite: 9 kHz für 460 kHz und 150 kHz für 10,7 MHz
8. AM-Demodulator: durch Spitzenwertgleichrichtung entsteht aus der amplitudenmodulierten Schwingung das NF-Signal
9. FM-Demodulator: das FM-Signal wird im Diskriminator in eine AM-Modulation umgewandelt und dann gleichgerichtet
10. NF-Verstärker: Verstärkung des demodulierten Signals auf die erwünschte Ausgangsleistung

Blockschaltbild eines Schwarzweiß-Fernsehempfängers	**HF 11**

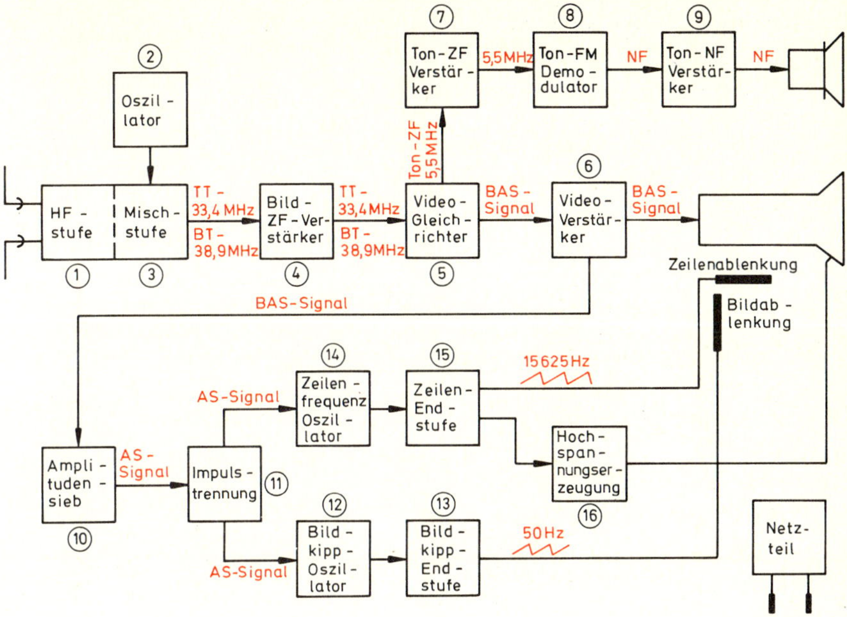

Baugruppen:

1. HF-Stufe
2. Oszillator } Allbereichstuner: Eingangssignal wird verstärkt, geregelt, mit der Oszillatorfrequenz gemischt und auf ZF-Frequenz umgesetzt
3. Mischstufe
4. Bild-ZF-Verstärker: Gemeinsamer Verstärker für Bild- und Tonträger nach der Umsetzung; Verstärkungsregelung; Selektion und Erzeugung der Normdurchlaßkurve
5. Video-Gleichrichter: Demodulation des ZF-Signals; Erzeugung des BAS-Signal (Bild-, Austast- und Synchronisier-Signal) und der Ton-ZF
6. Video-Verstärker: Breitbandiger (0 – 5 MHz) Verstärker für das Bild-Signal
7. Ton-ZF-Verstärker: Verstärkung der Ton-ZF (5,5 MHz)
8. Ton-FM-Demodulator: Demodulation des frequenzmodulierten Signals
9. Ton-NF-Verstärker und Lautsprecher
10. Amplitudensieb: Trennung der Synchronisiersignale vom BAS-Signal
11. Impulstrennung: Trennung und Erzeugung der Bild- und der Zeilensynchronimpulse
12. Bildkipp-Oszillator: Erzeugung der 50 Hz Bildkippfrequenz
13. Bildkipp-Endstufe: Erzeugung des sägezahnförmigen Stromes für die Bildablenkung
14. Zeilenfrequenz-Oszillator: Erzeugung der Zeilenfrequenz (15625 Hz)
15. Zeilenstufe: Impulsformung und Erzeugung des erforderlichen sägezahnförmigen Ablenkstromes für die Zeilenablenkung
16. Hochspannungserzeugung: Gewinnung der 16 – 18 kV Hochspannung für die Anode der Bildröhre
17. Bildröhre: Aus Bild-, Ablenksignalen und Hochspannung entsteht das Fernsehbild
18. Netzteil: Erzeugung der erforderlichen stabilisierten Gleichspannungen aus dem 220 V-Wechselspannungsnetz

Blockschaltbild eines Farbfernsehempfängers

HF 12

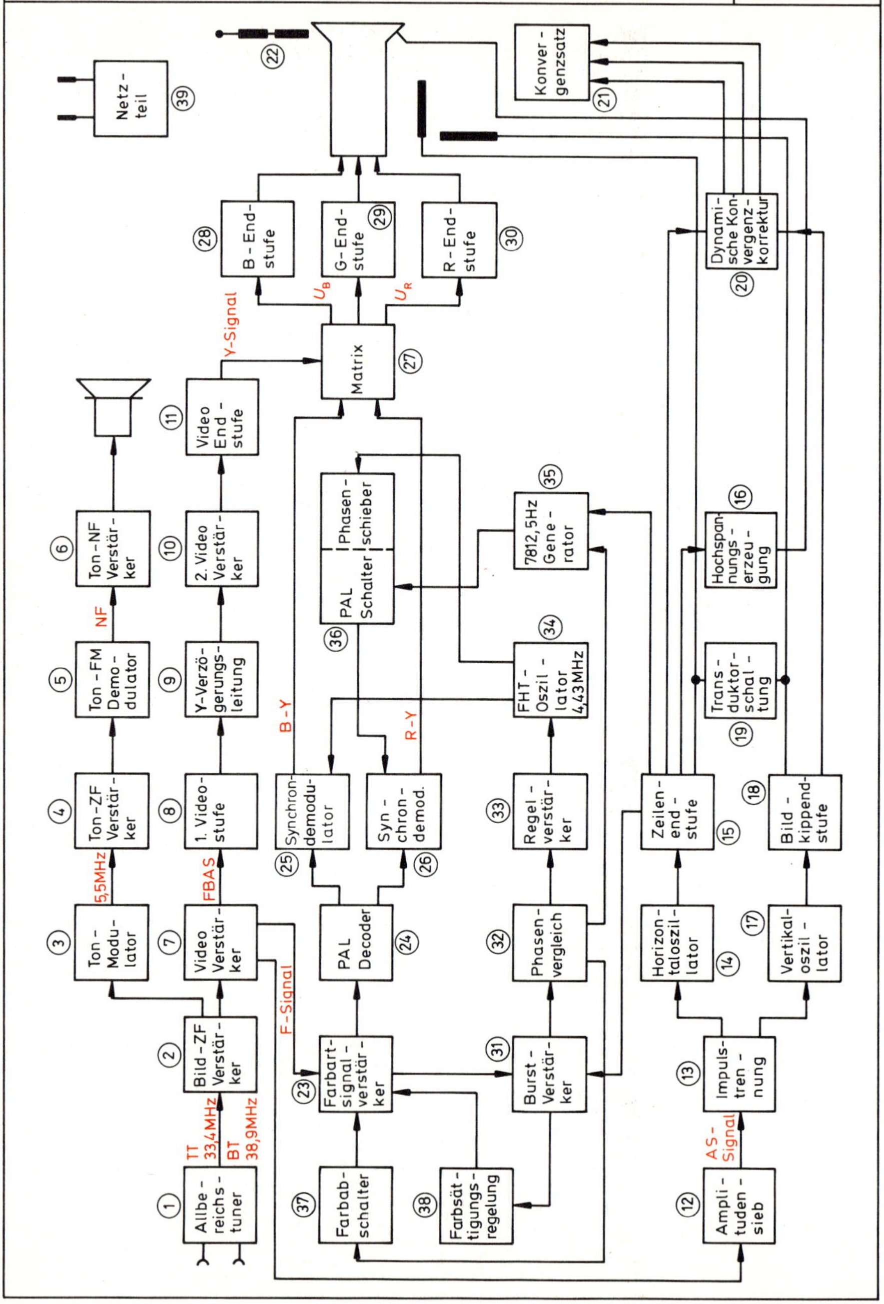

1. Allbereichstuner: Eingangssignal wird verstärkt, geregelt, mit der Oszillatorfrequenz gemischt und auf ZF-Frequenz umgesetzt
2. Bild-ZF-Verstärker: Gemeinsamer Verstärker für Bild-, Ton- und Farbträger nach der Umsetzung, Verstärkungsregelung; Selektion nach Normdurchlaßkurve
3. Ton-Modulator: Erzeugung der 5,5 MHz Ton-ZF
4. Ton ZF-Verstärker
5. Ton-FM-Demodulator: Demodulation des frequenzmodulierten Signals
6. Ton-NF-Verstärker und Lautsprecher
7. Video-Gleichrichter: Demodulation des ZF-Signals; Erzeugung des FBAS-Signals (Farb-, Bild-, Austast- und Synchronisier-Signals)
8. 10. 11. Video-Verstärker: Breitbandige Verstärker für das Video-Signal (Y-Signal)
9. Y-Verzögerungsleitung: Verzögerung des Y-Signal um 0,8 μs
12. Amplitudensieb: Trennung der Synchronisiersignale vom FBAS-Signal
13. Impulstrennung: Trennung der Bild- und der Zeilensynchronimpulse
14. Horizontaloszillator: Erzeugung der Zeilenfrequenz (15625 Hz)
15. Zeilenendstufe: Impulsformung und Erzeugung des erforderlichen sägezahnförmigen Ablenkstromes für die Zeilenablenkung
16. Hochspannungserzeugung: Gewinnung der 25 kV Anodenspannung für die Bildröhre
17. Vertikaloszillator: Erzeugung der 50 Hz Bildkippfrequenz
18. Bildkipp-Endstufe: Erzeugung des sägezahnförmigen Stromes für die Bildablenkung
19. Transduktor Schaltung: Erzeugung der Korrekturströme zur Behebung der Kissenverzeichnungen auf dem Bildschirm
20. Dynamische Konvergenz: Erzeugung der parabelförmigen Wechselströme zur Korrektur der dynamischen Konvergenzfehler
21. Konvergenzsatz: Erzeugung der magnetischen Korrekturen für die statische Konvergenz
22. Entmagnetisierungsspule: Beim Einschalten werden die ferromagnetischen Teile der Bildröhre entmagnetisiert
23. Farbartsignal-Verstärker: Farbartsignal (4,43 MHz) wird verstärkt
24. PAL-Decoder: besteht aus Laufzeitglied (64 μs) und der Addierstufe; Erzeugung der trägerfrequenten Signale: $U_{T(B-Y)}$ und $U_{T(R-Y)}$. Kompensation von Phasenfehlern
25. 26. Synchrondemodulatoren: Durch Hinzufügen der Farbhilfsträgerschwingung (FHT) in der jeweils richtigen Phasenlage werden die Farbsignale demoduliert in U_{B-Y} und U_{R-Y}
27. Matrix: Erzeugung der R – G – B-Signale aus den Y-Signalen und den Farbsignalen U_{B-Y} und U_{R-Y}
28. 29. 30. R – G – B-Endstufen: Verstärkung der einzelnen Signale auf ca. 100 V_{ss} zum Ansteuern der Bildröhre
31. Burstverstärker: Aus dem FBAS-Signal wird der Burst (4,43 MHz) herausgetastet
32. Phasenvergleich: Phasenvergleich zwischen Burst und FHT-Oszillator, Regelspannungserzeugung und Nachstimmung des FHT-Oszillators auf Soll-Frequenz
33. Regelverstärker
34. FHT-Oszillator: Hochwertiger Quarzgenerator zur Erzeugung der Farbhilfsträgerfrequenz. Soll-Frequenz: 4,43361875 MHz
35. Generator: Erzeugung der 7812,5 Hz Schaltsignale für den PAL-Schalter
36. PAL-Schalter; Phasenschieber: Phasenrichtige Zu- und Abschaltung des FHT-Oszillators zum Synchrondemodulator
37. Farbabschalter: Abschaltung des Farbsignalverstärkers bei fehlendem Burst (SW-Empfang)
38. Farbsättigungsregler: Erzeugung einer Regelspannung zur Regelung des Farbsignalverstärkers auf konstante Ausgangsspannung
39. Netzteil: Oftmals galvanisch getrennte und thyristorisierte Netzteile zur Erzeugung der erforderlichen Spannungen und Ströme. Stabilisierung; elektronische Sicherung

Zusatzbaugruppen:

I. Ultraschall- oder Infrarot-Fernbedienung: Als Träger für die Bedienungssignale werden Ultraschallfrequenzen (34 kHz – 44 kHz) oder Infrarotsignale verwendet
II. Fernsehtonübertragung über Ultraschall oder Infrarot: Ein Ultraschallsender oder eine Infrarotlichtquelle werden als Mittler für das Tonsignal verwendet
III. Bildschirmeinblendungen: Zusatzinformationen (Kanalziffer, Digitaluhr) können in das laufende Programm eingeblendet werden
IV. Sendersuchlauf

DIN-Norm	UKW-Empfangsteil 45500 Blatt 2	Vorverstärker 45500 Blatt 6	Verstärker, Kombinationen, Anlagen 45500 Blatt 6
Klirrfaktor	≦ 2% gemessen mit 100 Hz bei 40 kHz Gesamthub	≦ 1% zwischen 40 – 4000 Hz bei Vollausteuerung	≦ 1% ≦40 – ≧12500 Hz bei (0,01 – 0,1) · Ausgangsleistung
Übertragungsbereich	mindestens 40 – 12500 Hz; Abweichungen bezogen auf 1000 Hz: 40 – 50 Hz ± 3 dB über 50 – 6300 Hz ± 1,5 dB über 6300–12500 Hz ± 3 dB		mindestens 40 – 16000 Hz; Abweichungen bezogen auf 1000 Hz: für lineare Eingänge ± 1,5 dB für entzerrende Eingänge ± 2 dB bei 10 dB unter Mindest-Nennausgangsleistung
Zulässige Unterschiede im Übertragungsmaß der beiden Stereokanäle	zwischen 250 – 6300 Hz ≦ 3 dB		zwischen 250 – 8000 Hz ≦ 3 dB gemessen bei 10% der Mindest-Nennleistung
Übersprechdämpfungsmaß	von 250 – 6300 Hz ≧ 26 dB über 6300 – 12500 Hz ≧ 15 dB mit Verstärker: 1000 Hz ≧ 24 dB 250 – 6300 Hz ≧ 18 dB 6300 – 10000 Hz ≧ 14 dB		Stereokanäle bei 1000 Hz ≧ 40 dB 250 – 10000 Hz ≧ 40 dB zwischen verschiedenen Eingängen: bei 1000 Hz ≧ 50 dB 250 – 10000 Hz ≧ 30 dB
Ein- und Ausgangsspannungen	Ausgangsbelastungen 470 kΩ / 100 pF	–	Nenneingangsspannung ≦ 0,5 V bei Z_e ≧ 470 kΩ
Ein- und Belastungswiderstände	Ausgangsspannung 0,5 – 2 V Innenwiderstand des Ausgangs ≦ 47 kΩ Ausgang für Schallaufzeichnungsgeräte Belastung 1 – 50 kΩ Ausgangsspannung von $0{,}1\,\frac{mV}{k\Omega} - 2\,\frac{mV}{k\Omega}$		dyn. Eingang: U_e = 5 mV bei Z_e = 47 kΩ ± 20% Belastungsscheinwiderstände: 4, 8, 200, 400 Ω
Störabstände	Meßbereich 40 – 15000 Hz Fremdspannungsabstand ≧ 46 dB Geräuschspannungsabstand ≧ 54 dB Pilotton- und Hilfsträgerabstand bei 19 kHz ≧ 25 dB bei 38 kHz ≧ 31 dB mit Verstärker Fremdspannungsabstand ≧ 41 dB Geräuschspannungsabstand ≧ 50 dB Pilotton bei 19 kHz ≧ 19 dB; bei 38 kHz ≧ 29 dB	Meßbereich 40 – 15000 Hz Fremdspannungsabstand ≧ 50 dB	bis 20 W Gesamtleistung 40 – 15000 Hz Fremdspannungsabstand ≧ 50 dB

Weitere DIN-Normen:

DIN 45401 Normfrequenzen für akustische Messungen
DIN 45403 Messung von nichtlinearen Verzerrungen
DIN 45565/67 Verstärker
DIN 45510 Magnettontechnik
DIN 45511 Magnetbandgeräte
DIN 45512 Magnetbänder
DIN 45513 DIN-Bezugsbänder
DIN 45514 Magnetbandspulen
DIN 45519/21 Messungen an Magnetbandgeräten
DIN 45533/547 Schallplatten
DIN 15900 Video-Magnetband

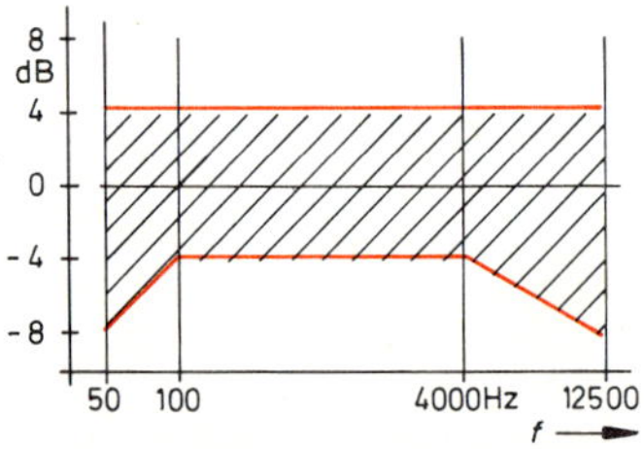

Toleranzfeld des Frequenzganges für Lautsprecher

DIN-Norm	Lautsprecher 45500 Blatt 7	Mikrofone 45500 Blatt 5	Magnetbandgeräte 45500 Blatt 4	Schallplatten-Abspielgeräte 45500 Blatt 3
Klirrfaktor	≦ 3% von 250 – 1000 Hz von 3% auf 1% stetig abfallend von 1000 – 2000 Hz ≦ 1% über 2000 Hz	≦ 1% zwischen 250 und 8000 Hz bis 10 Pa (≙ 100 μbar)	≦ 3% bei 333 Hz und Vollaus- steuerung	–
Übertragungs-bereich	mindest. 50 – 12500 Hz Toleranzfeld siehe Abbildung HF 14	mindest. 50 – 12500 Hz Sollkurve siehe Abbildung unten Abweichungen von der Sollkurve: 50 – 250 Hz ± 4 dB 250 – 8000 Hz ± 3 dB 8000 – 12500 Hz ± 4 dB	mindest. 40 – 12500 Hz Toleranzfeld siehe Abbildung unten	mindest. 40 – 12500 Hz Abweichungen bezogen auf 1000 Hz: 40 – 68 Hz ± 5 dB 63 – 8000 Hz ± 2 dB 8000 – 12500 Hz ± 5 dB
Zulässige Unter-schiede im Übertragungsmaß der beiden Stereokanäle	zwischen 250 – 8000 Hz ≦ 2 dB	zwischen 250 – 8000 Hz ≦ 3 dB		bei 1000 Hz ≦ 2 dB
Übersprechdämp-fungsmaß			bei gegensinniger Doppel- spuraufzeichnung bei 1000 Hz ≧ 60 dB 500 – 6300 Hz ≧ 45 dB bei Stereoaufzeichnungen: 500 – 6300 Hz ≧ 25 dB mit Verstärker: 1000 Hz ≧ 24 dB 250 – 10000 Hz ≧ 14 dB	bei 1000 Hz ≧ 20 dB von 500 – 6300 Hz ≧ 15 dB mit Verstärker: 1000 Hz ≧ 19 dB 500 – 6300 Hz ≧ 14 dB
Ein- und Aus-gangsspannung	Nennscheinwiderstände: 4 oder 8 Ω		Ausgangsspannung ≧ 500 mV	Ausgangsspannung bei v = $10 \frac{cm}{s}$ Schnelle und 1000 Hz Kristallsystem 470 kΩ: 0,5 – 1,5 V
Eingangs- und Bela-stungswiderstände			Innenwiderstand ≦ 50 kΩ und ≦ 250 pF Eingangsspannung 0,3 mV...2 mV/kΩ Eingangswiderstand Re ≦ 50 kΩ; $Ce = \frac{1}{2\pi \cdot fg \cdot Re}$	
Störabstände	–	mit Verstärker Meßbereich: 40 – 12500 Hz Fremdspannungs- abstand ≧ 41 dB	Meßbereich 40 – 12500 Hz Fremdspannungsabstand ≧ 43 dB Ruhegeräuschabstand ≧ 48 dB	Rumpel-Fremd- spannungsabstand bei v = $10 \frac{cm}{s}$ Schnelle bei 1000 Hz ≧ 35 dB Rumpel-Geräusch- spannungsabstand bei v = $10 \frac{cm}{s}$ Schnelle und 1000 Hz ≧ 55 dB

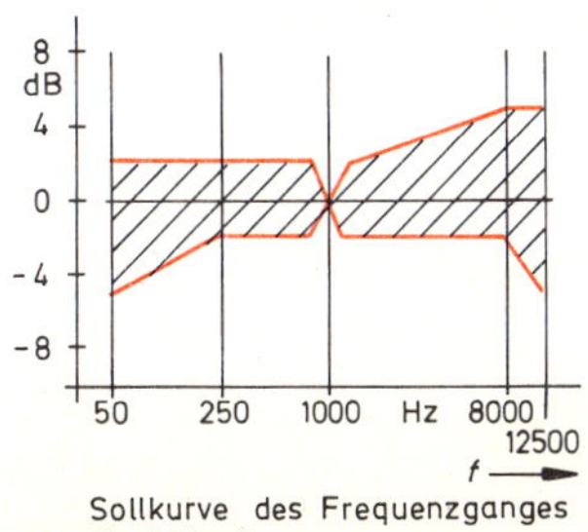

Sollkurve des Frequenzganges für Mikrofone

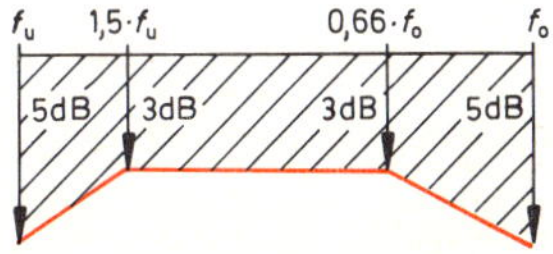

Toleranzfeld des Frequenzganges für Magnetbandgeräte

Rundfunk-Stereofonie

Stereo-Multiplexsignal

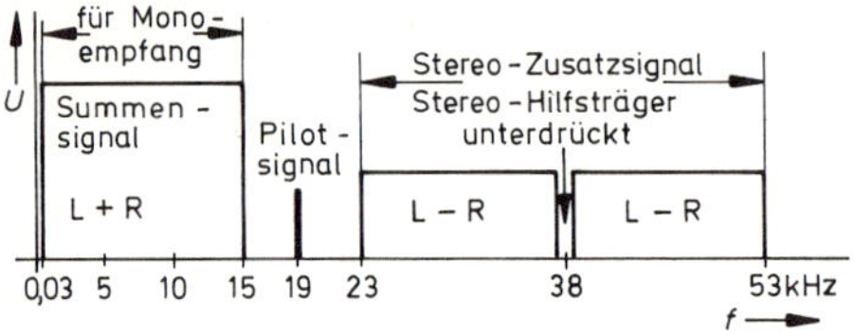

Stereo-Hauptsignal	30 Hz ... 15 kHz
Pilot-Signal	19 kHz
Stereo-Zusatz-Signal	23 kHz ... 53 kHz

Pilot-Signal 19 kHz ± 2 kHz, soll (8 – 10)% des gesamten Hubes betragen

Stereofonie-Sender (Prinzip)

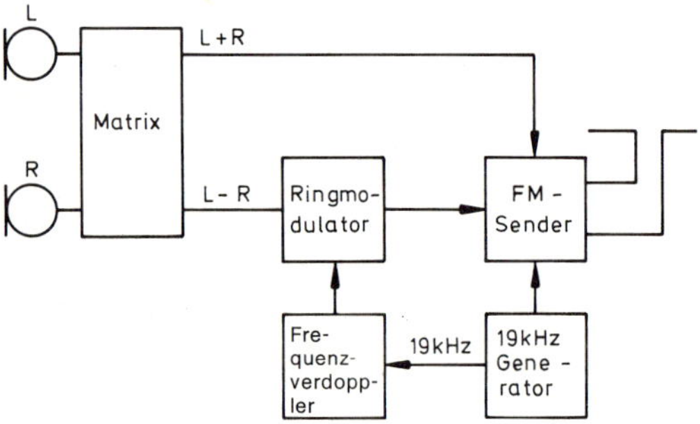

Signalweg:
Aus L- und R-Signal → Summensignal (L + R) und Differenzsignal (L – R); L – R-Signal wird im Ringmodulator in den Bereich 23 – 53 kHz umgesetzt. Der Träger (38 kHz) wird unterdrückt.
L + R-Signal, L – R-Signal und 19 kHz Pilot modulieren den Sender.

Summensignal L + R für monauralen Empfang

Summensignal und Differenzsignal für Stereoempfang:
L + R + (L – R) = 2 L
L + R – (L – R) = 2 R

Decoder

1. Matrixdecoder (Prinzip)

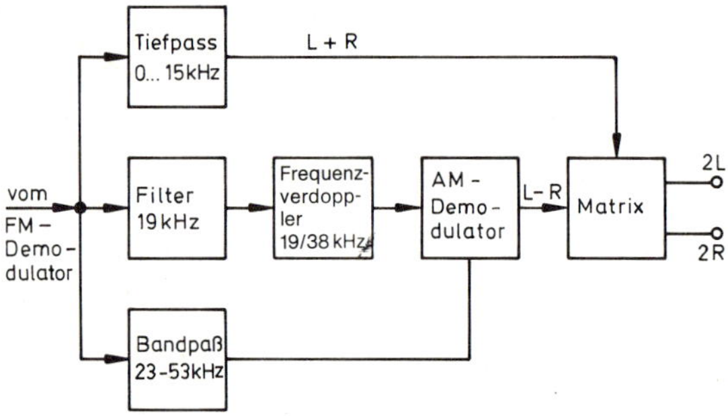

Funktion
FM-Demodulator liefert Stereo-Multiplexsignal.
Summensignal herausgefiltert (Tiefpass 0 ... 15 kHz)
Pilotton herausgefiltert (19 kHz)
Pilotton wird verdoppelt (38 kHz) → Hilfsträgerfrequenz
Stereo-Zusatzsignal herausgefiltert (23 – 53 kHz)
Hilfsträger und Stereo-Zusatzsignal demoduliert = Differenzsignal
L + R und L – R auf Matrix → 2 L und 2 R Ausgangssignal

2. Schaltdecoder (Prinzip)

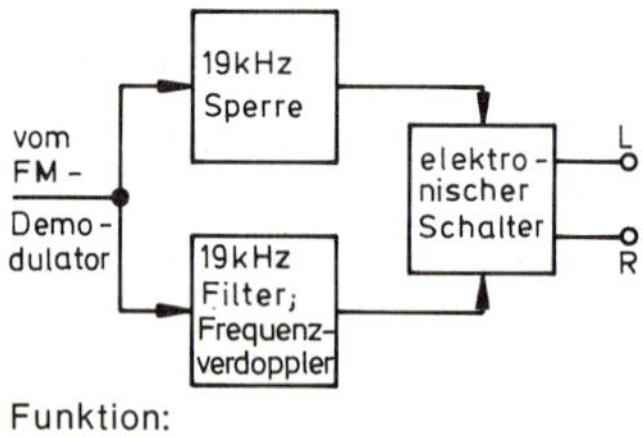

Funktion:
Das Multiplexsignal ohne Pilotton wird im Rhythmus der Hilfsträgerfrequenz auf den linken und rechten Kanal geschaltet

3. Hüllkurvendecoder (Prinzip)

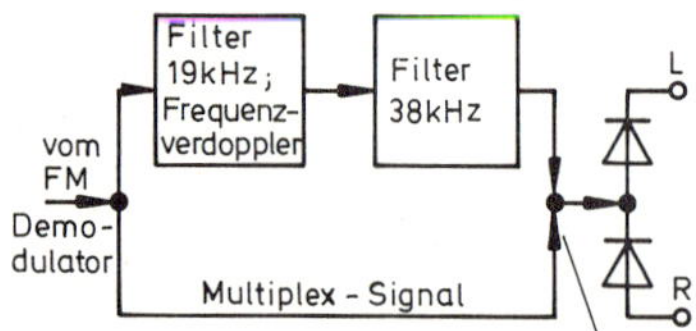

Funktion: Hilfsträger wird dem Multiplexsignal zugesetzt → Amplitudenmodulierte Schwingung mit zwei unterschiedlichen Hüllkurven. Durch Zweiweggleichrichtung L- und R-Signal

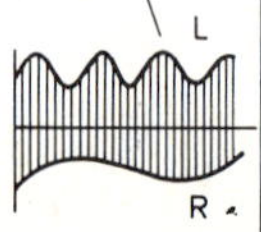

Nahfeld: Elektromagnetisches Feld hat am Entstehungsort und am Betrachtungsort etwa gleiche Phasenlage.
Fernfeld: Bei der Entfernung $x > \lambda/4$ vom Entstehungsort breitet sich das Fernfeld aus.

$$e_x = \hat{e} \cdot \cos\left(\omega \cdot t - \frac{\omega x}{c}\right)$$ = Feldstärke am Punkt x; c = 300000 km/s

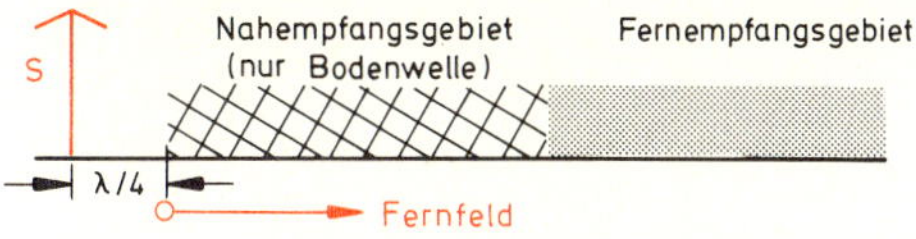

Empfangsbereiche elektromagnetischer Strahlung

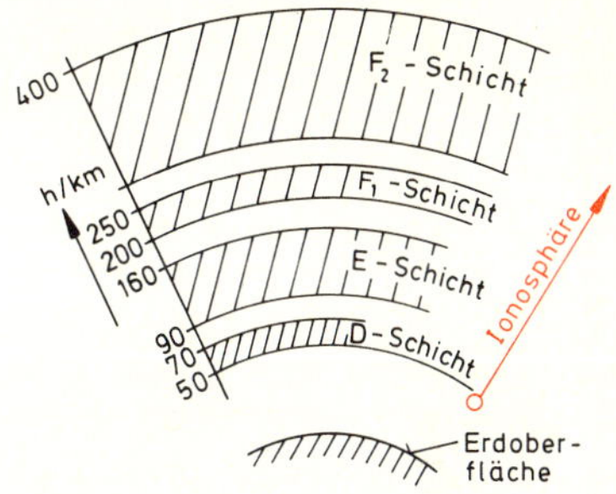

Höhenschichten in der Ionosphäre

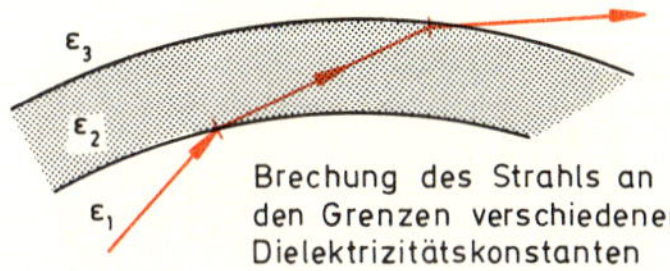

Brechung des Strahls an den Grenzen verschiedener Dielektrizitätskonstanten

Die von einem Sende, ausgestrahlte Energie breitet sich teils im Boden (Bodenwelle), teils im freien Raum über dem Boden (Raumwelle) aus.

Bodenwelle → vorwiegend bei längeren Wellen → niederen Frequenzen.
Raumwelle → vorwiegend bei kürzeren Wellen → höheren Frequenzen.

λ	f	Bezeichnung	Verwendung	Bodenwelle	Raumwelle
30 km ... 10 km	10 kHz ... 30 kHz	Längstwelle	Unterwasserfunk; ...	cà. 20000 km	
10 km ... 800 m	30 kHz ... 375 MHz	Langwelle	*Rf*; Überseefunk; ...	cà. 1500 km	100 ... 10000 km
800 m ... 200 m	375 kHz ... 1,5 MHz	Mittelwelle	*Rf*; Seefunk; ...	cà. 300 km	150 ... 5000 km
200 m ... 100 m	1,5 MHz ... 3 MHz	Übergangswelle	Telegr.; *Rf*; ...	cà. 100 km*)	150 ... 5000 km*)
100 m ... 10 m	3 MHz ... 30 MHz	Kurzwelle	Telegr.; *Rf*; ...	cà. 25 km*)	... > 20000 km*)
10 m ... 1 m	30 MHz ... 300 MHz	UKW; VHF	*Rf*; TV; Polizei; ...	einige m	100 ... 200 km
1 m ... 0,1 m	300 MHz ... 3 GHz	UHF	TV; Richtfunk	einige m	50 ... 100 km
0,1 m ... 1 cm	3 GHz ... 30 GHz	SHF	Richtfunk; Radar; ...	–	

*) Die Reichweite der Bodenwelle oder der Raumwelle hängt von der Tageszeit und der Jahreszeit ab.

Grenzwinkel → ist der Winkel, bei dem gerade noch eine Reflexion an der Ionosphäre möglich ist.

Sprungentfernung → Entfernung zwischen Sender und der äußeren Grenze der toten Zone (Skipdistanz)

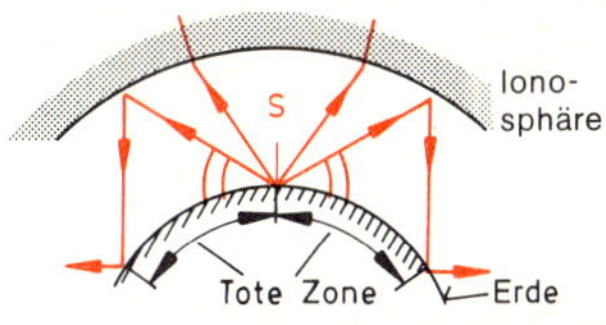

Interferenz → Bei der Überlagerung zweier Schwingungen gleicher Frequenz und gleicher Phasenlage addieren sich die Schwingungen; bei gegensätzlicher Phasenlage subtrahieren sie sich.

Fresnelzone → Die Strahlung eines punktförmigen Strahles breitet sich kugelförmig aus. Jeder Punkt der Kugel ist nach Huygens Ausgangspunkt weiterer Kugelwellen. Der Punkt E (Empfänger) erhält Strahlung von allen Punkten der Kugelfläche. Diese Strahlung interferiert wegen der verschiedenen Weglängen zwischen Kugel und E. Auf der Kugelfläche bilden sich Zonen aus, die $\lambda/2$ Gangunterschiede gegenüber r haben. Alle Fresnelzonen haben gleich großen Flächeninhalt. Lediglich die Strahlung der 1. Zone wird zur Hälfte nicht durch Interferenz ausgelöscht.

Radius der 1. Fresnelzone in Streckenmitte

$$b_1 = 0{,}5 \cdot \sqrt{r \cdot \lambda}$$

Bei optimaler Feldstärke in „E" muß die 1. Fresnelzone frei von Hindernissen sein.

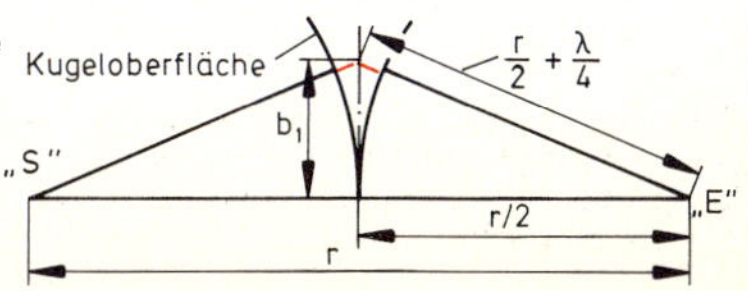

Funkfeld (Sendeantenne → Empfangsantenne) — Ant. 1

Erdüberhöhung in der Mitte eines Funkfeldes

$$h \approx \frac{r^2}{51}$$

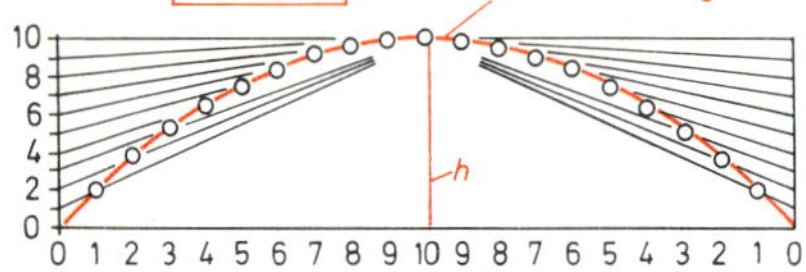

Konstruktion der Erdkrümmung

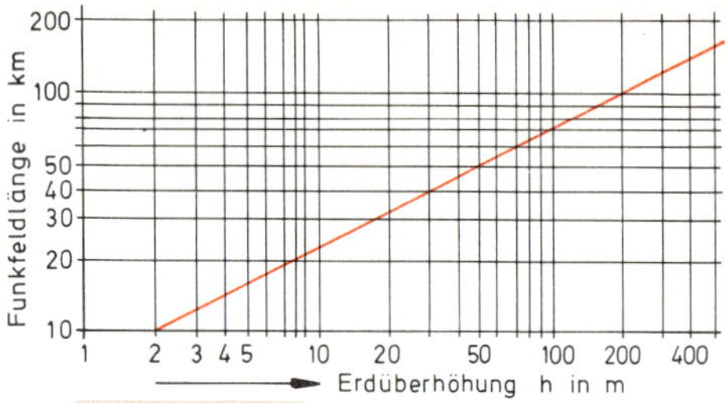

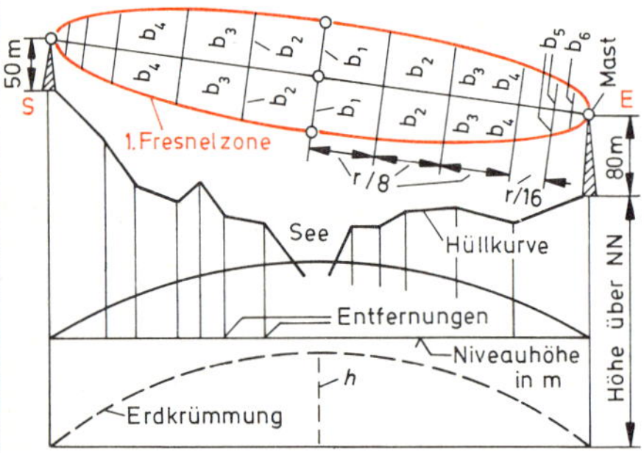

Geländeschnitt:

1. Entfernung Sender – Empfänger auftragen
2. Erdkrümmung konstruieren
3. Einzelhöhen nach topographischer Karte eintragen
4. Hüllkurve zeichnen
5. Masthöhen einzeichnen und Mastspitzen verbinden
6. Funkfeld von der Mitte beginnend einteilen in 6 Felder von $r/8$; in 2 Felder von $r/16$; in 4 Felder von $r/32$
7. Radien der Fresnelzone $b_1 \dots b_6$ ermitteln und eintragen.

$b_1 = 0{,}5 \cdot \sqrt{r \cdot \lambda}$ $\quad b_2 = 0{,}968 \cdot b_1$

$b_3 = 0{,}866 \cdot b_1$ $\quad b_4 = 0{,}662 \cdot b_1$

$b_5 = 0{,}484 \cdot b_1$ $\quad b_6 = 0{,}348 \cdot b_1$

Antennenformen und Eigenschaften — Ant 2.1

λ/4 - Stabantenne

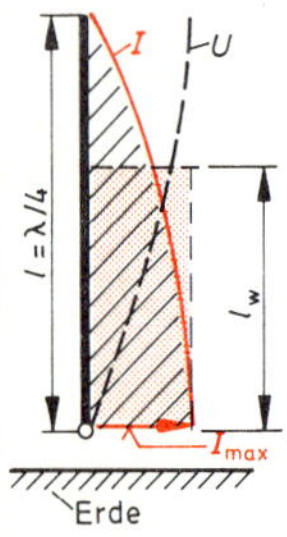

$l_w = 0{,}637 \cdot l$ (λ/4)

$l_w = 0{,}159 \cdot \lambda$ (λ/4)

$l_w = 0{,}318 \cdot \lambda$ (λ/2)

$R_S = 1578 \cdot \left(\frac{l_w}{\lambda}\right)^2$ (λ/4)

$P_S = R_S \cdot I_{max}^2$

$Z_A = 60 \ln \frac{l}{d} \cdot 1{,}15$ (Ω) $\quad R_A = \frac{Z_A^2}{R_S}$ in Ω

- l geometrische Antennenlänge in m
- l_w wirksame Antennenlänge in m
- λ Wellenlänge in m
- R_S Strahlungswiderstand in Ω
- P_S Strahlungsleistung in W
- d Antennendurchmesser in m
- R_A Fußpunktwiderstand der Antenne in Ω

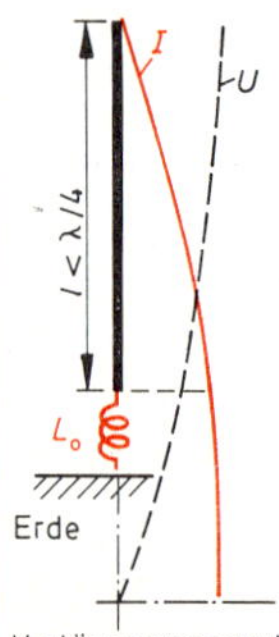

Verlängerungsspule

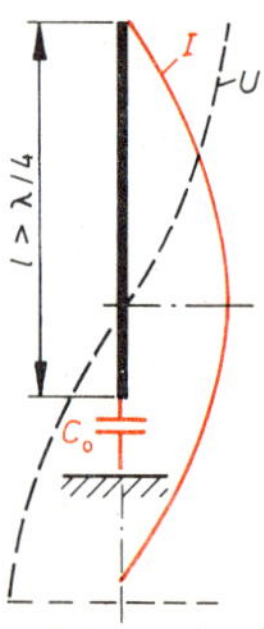

Verkürzungskondensator

$$b \approx R_S \cdot f_r \cdot \sqrt{\frac{C}{L}}$$

$$L_0 = \frac{Z_A}{\omega_r} \cot \frac{360 \cdot l}{\lambda}$$

$$C_0 = \frac{1}{\omega_r \cdot Z_A \cdot \cot \frac{360 \cdot l}{\lambda}}$$

- b Bandbreite in Hz
- L_0 Induktivität der Verlängerungsspule in H
- C_0 Kapazität des Verkürzungskondensators in F
- ω_r Resonanzkreisfrequenz

Großer Antennendurchmesser d ergibt große Kapazität C und kleine Induktivität L.
Breitbandige Antennen haben große Antennendurchmesser d. Bei Verwendung von Abstimmitteln (L_0 bzw. C_0) wird die wirksame Antennenlänge kleiner, da ein Teil der Stromkurve auf das Abstimmittel (L_0 bzw. C_0) entfällt.

Antennenformen und Eigenschaften

Antennenart	Stromverteilung bzw. Anordnung	Gewinn	Antennenwirkfläche	l_W in m	R_S in Ω	Feldstärke E in Hauptrichtung (dB über 1µV/m) r in km; P in W
Kugelstrahler	—	1	$\frac{\lambda^2}{4\pi}$	—	—	$74{,}8 + 10 \log P - 20 \log r$
λ/2 - Dipol	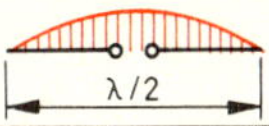	1,64	$1{,}64 \cdot \frac{\lambda^2}{4\pi}$	$\frac{\lambda}{\pi}$	73,2	$76{,}9 + 10 \log P - 20 \log r$
λ - Dipol	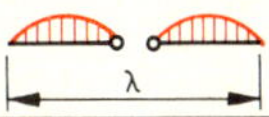	2,40	$2{,}4 \cdot \frac{\lambda^2}{4\pi}$			$78{,}6 + 10 \log P - 20 \log r$
Faltdipol	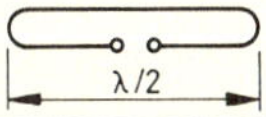	1,64	$1{,}64 \cdot \frac{\lambda^2}{4\pi}$	$\frac{2\lambda}{\pi}$	$4 \cdot 73{,}2$	$76{,}9 + 10 \log P - 20 \log r$
Schlitzantenne	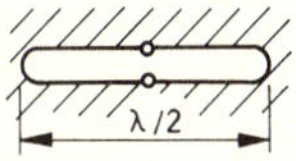	3,28	$3{,}28 \cdot \frac{\lambda^2}{4\pi}$	—	~500	$80 + 10 \log P - 20 \log r$
Kreuzdipol	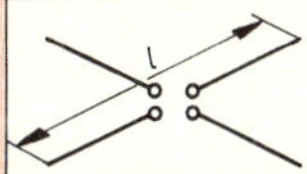	0,75	$0{,}75 \cdot \frac{\lambda^2}{4\pi}$	l	$40\pi^2\left(\frac{l}{\lambda}\right)^2$	$73{,}5 + 10 \log P - 20 \log r$

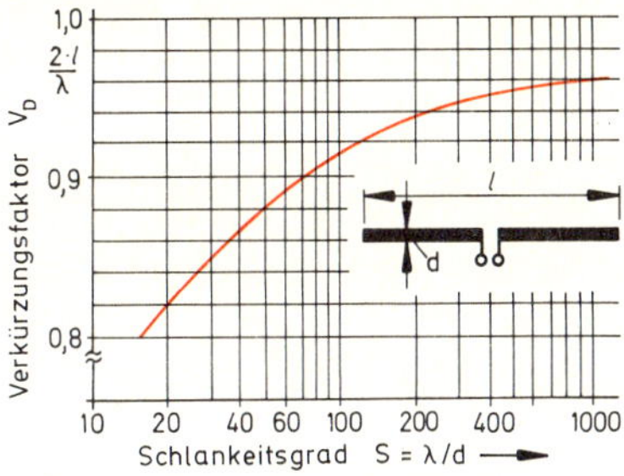

Reflektorlänge ca $l_R \approx 1{,}06 \cdot l$ — l in m

Länge des 1. Direktors $l_{D1} \approx 0{,}95 \cdot l$ — l_R; l_{D1} in m

Antennenleerlaufspannung

$U_L = E \cdot l_W$ — E in µV/m

Antennennutzspannung

$U_A = \frac{U_L}{2} = \frac{E \cdot l_W}{2}$ — bei Leistungsanpassung

Fußpunktwiderstand	≈ 600 Ω	≈ 300 Ω	≈ 75 Ω	≈ 30 Ω
Antennenart	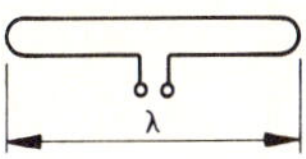	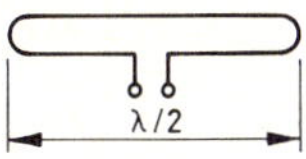	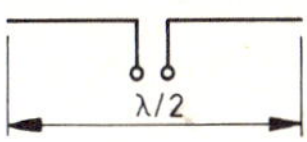	

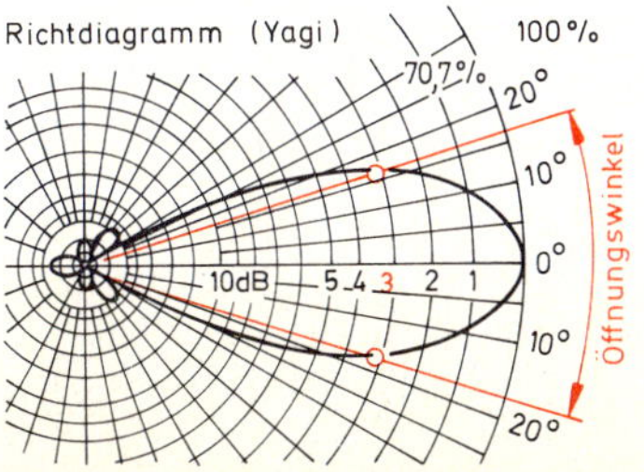

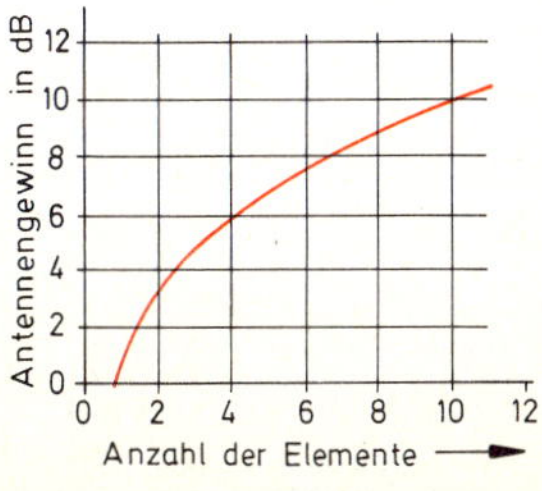

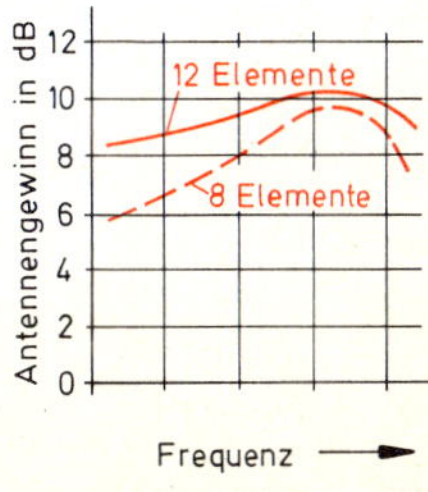

$$\text{Vor - Rück - Verhältnis} = \frac{\text{Empfangspegel von vorne}}{\text{Empfangspegel von rückwärts}}$$

Bei Yagi-Antennen je nach Elementzahl etwa 10 dB ... 35 dB

Polarisation – Angaben beziehen sich auf den elektrischen Feldvektor

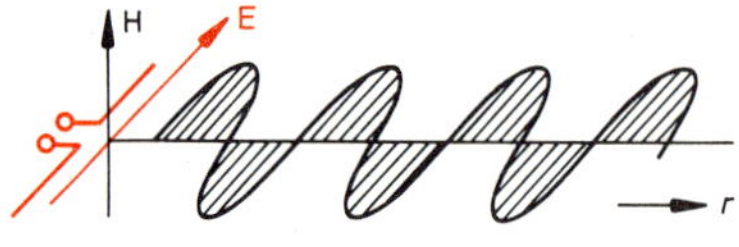

Horizontale Polarisation

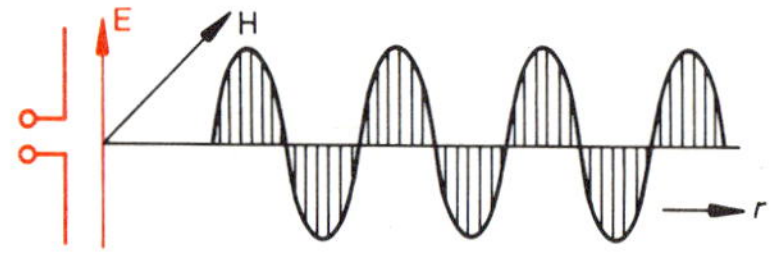

Vertikale Polarisation

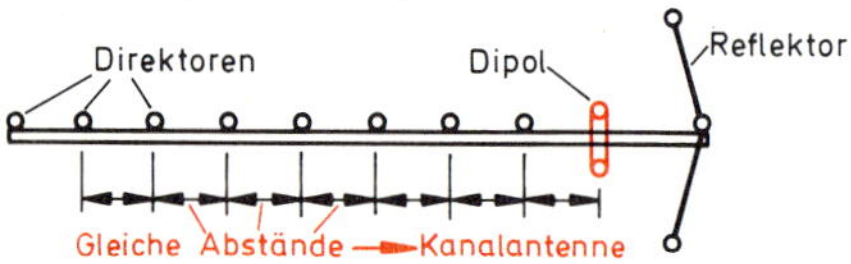

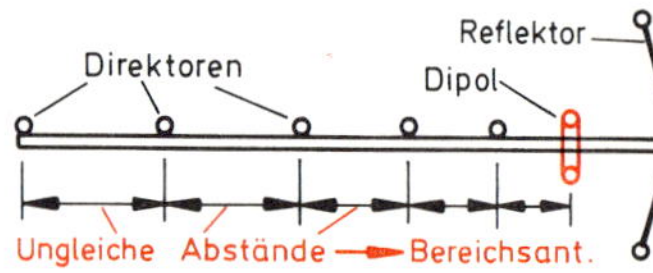

Schirmungsmaß = Betriebspegel – Störpegel (55 dB(µV))

Elektronische passive und aktive Bauteile dürfen maximal eine Störstrahlungsleistung von $4 \cdot 10^{-9}$ W oder 55 dB (µV) (an 75 Ω) abgeben.

Messung des Schirmungsmaßes

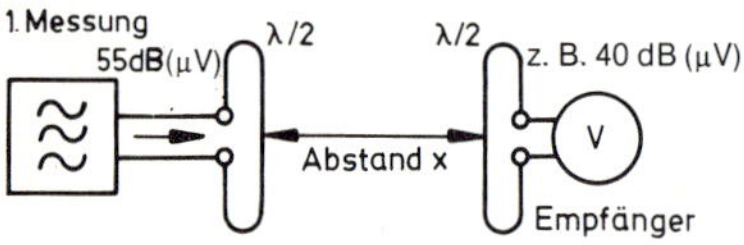

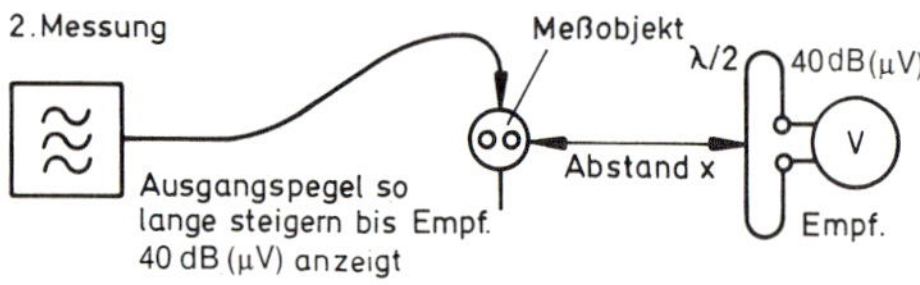

Zulässiger Betriebspegel eines Bauteils = Schirmungsmaß + 55 dB (µV)

55 dB (µV) ≙ $4 \cdot 10^{-9}$ W

Antennenkabel

Wellenwiderstand eines Koaxialkabels

$$Z = \sqrt{\frac{L'}{C'}}$$

L' = auf die Längeneinheit bezogene Induktivität

C' = auf die Längeneinheit bezogene Kapazität

Genormt ist Koaxialkabel für Gemeinschaftsantennenanlagen mit $Z = 75\,\Omega$

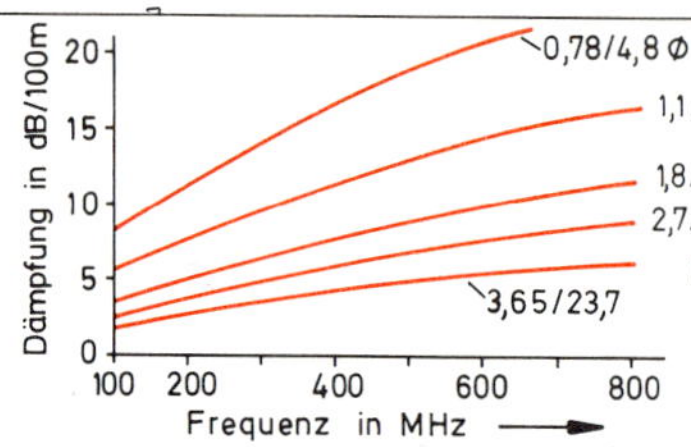

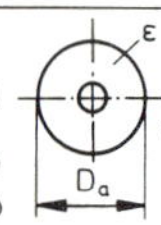

Durchmesser d_i / D_a in mm

Verteiler für Gemeinschaftsanlagen (GA)

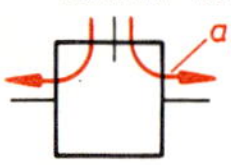

a_V = Verteildämpfung

$a_V \approx 4 \dots 13$ dB

Abzweiger für GAA

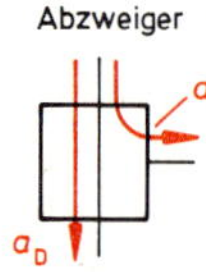

a_a = Abzweigdämpfung

a_D = Durchgangsdämpfung

$a_D \approx 0{,}5 \dots 2$ dB

$a_a \approx 10 \dots 50$ dB

Antennenweichen

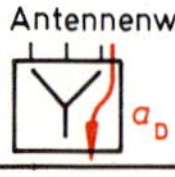

$a_D \approx$ 1dB Bereichsweichen

$a_D \approx$ 2dB Kanalweichen

Antennensteckdosen für Gemeinschafts- und Einzelanlagen

a) Durchgangsdosen

a_A = Anschluß-dämpfung

$a_A \approx 11 \dots 14$ dB

a_D = Durchgangsdämpfung

$a_D \approx 1 \dots 2$ dB

b) Enddosen

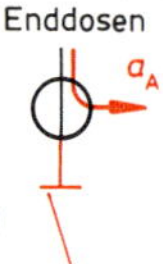

a_A = Anschluß-dämpfung

$a_A \approx$ 0 dB bei Einzelanlagen

$a_A \approx 11 \dots 14$ dB bei GAA

Pegelsteller für GA

zur Pegelanpassung

Bandpässe und Bandsperren

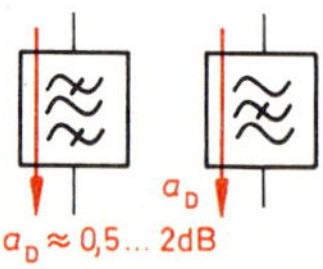

$a_D \approx 0{,}5 \dots 2$ dB

Sperrdämpfung

$a_{sp} \approx 15 \dots 28$ dB

Gemeinschaftsantennenanlagen GA

Vorschriften und Richtlinien zum Bau von Gemeinschafts-Antennenanlagen

1. VDE-Bestimmungen 0855/Teil 1.
   Bestimmungen für Antennen-Anlagen.
2. VDE-Bestimmungen 0855/Teil 2.
   Bestimmungen für die Betriebseignung von Empfangsanlagen.
3. Amtsblatt des Bundesministers für das Post- und Fernmeldewesen, Verfügung 719/1972, Technische Vorschriften für die in Rundfunk-Empfangsantennen-Anlagen verwendeten aktiven elektronischen Bauteile. Verfügung 754/1971, Technische Vorschriften für Rundfunk-Empfangsantennen-Anlagen.
4. Elektr. Anlagen im Wohnungsbau DIN-Blatt 18015 und 1053.
5. Richtlinien zur Planung, zum Aufbau, zur Übergabe, zur Wartung und zum Betrieb von Gemeinschafts-Antennenanlagen (RGA) vom Arbeitskreis Rundfunkantennen im ZVEI.
6. VDE-Bestimmungen 0100.
   Bestimmungen für das Errichten von Starkstromanlagen mit Nennspannung unter 1000 V.
7. Allgemeine Blitzschutzbestimmungen vom Ausschuß für Blitzableiterbau e.V. (ABB).
8. Sicherheitsbestimmungen siehe Abschnitt Si

Nutzpegel nach VDE 0855

Frequenzbereich	Pegel am Ausgang der Empfänger-Anschlußkabel in dB(μV) mindestens	höchstens
LW, MW	–	94
UKW	40	80
Für Stereo besonders ausgelegte Kanäle	50	80
F I	52	84
F III	54	84
F IV/V	57	84

Planungsempfehlung:
Mindestpegel +6 dB(μV)
Höchstpegel −4 dB(μV)

Störmöglichkeiten durch Grund- und Oberwellen von Oszillatoren

Kanal	könnte stören Kanäle	Kanal	könnte stören Kanal	Kanal	könnte stören Kanal
2	5, 27, 38, 49, 60	26	31	41	46
3	7, 21, 32, 44, 56	27	32	42	47
4	9, 25, 38, 50	28	33	43	48
5	10, 42	29	34	44	49
6	11, 45	30	35	45	50
7	12, 47	31	36	46	51
8	21, 50	32	37	47	52
9	22, 53	33	38	48	53
10	24, 55	34	39	49	54
11	26, 58	35	40	50	55
12	28, 60	36	41	51	56
21	26	37	42	52	57
22	27	38	43	53	58
23	28	39	44	54	59
24	29	40	45	55	60
25	30				

Antennenkombinationen (Beispiele)

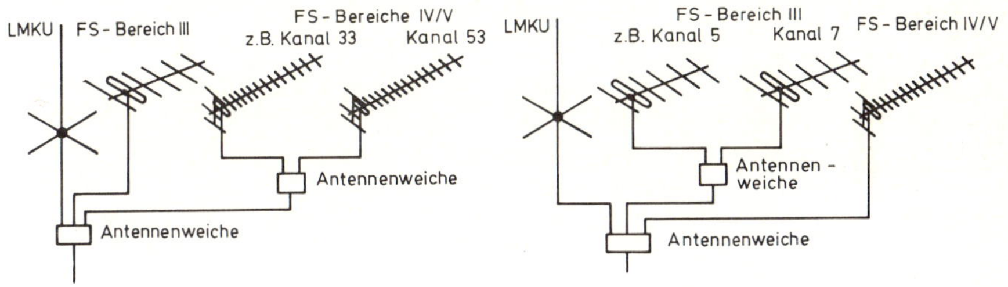

Aufbau von GA

a) Stammleitungssysteme

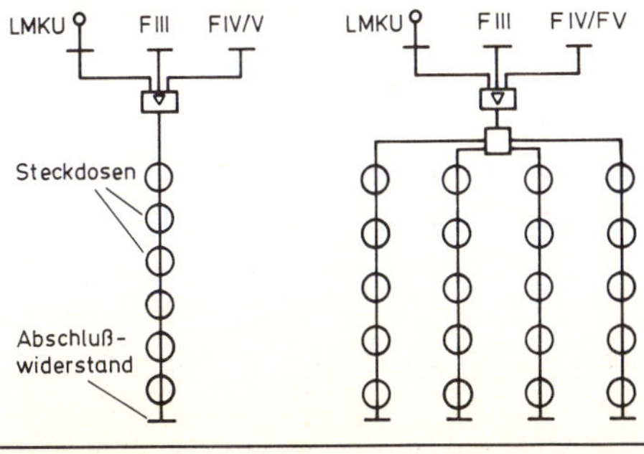

b) Stichleitungssystem

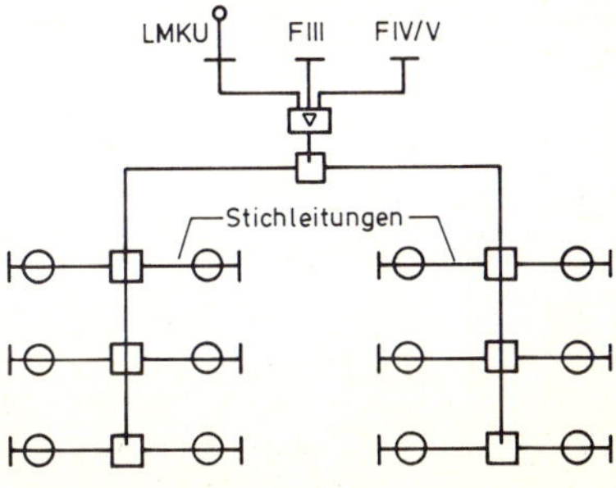

Sicherheitsbestimmungen für GA

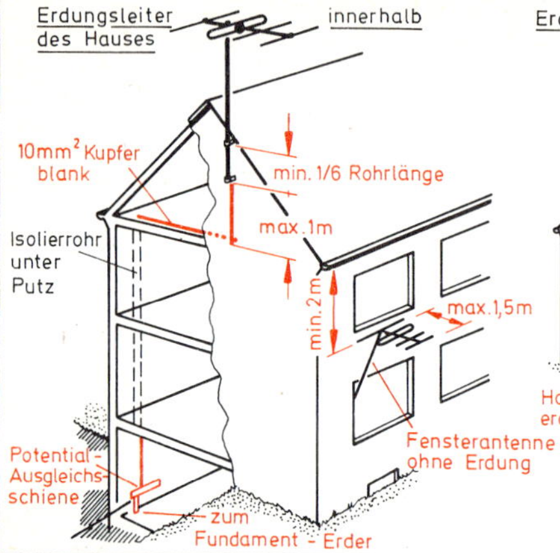

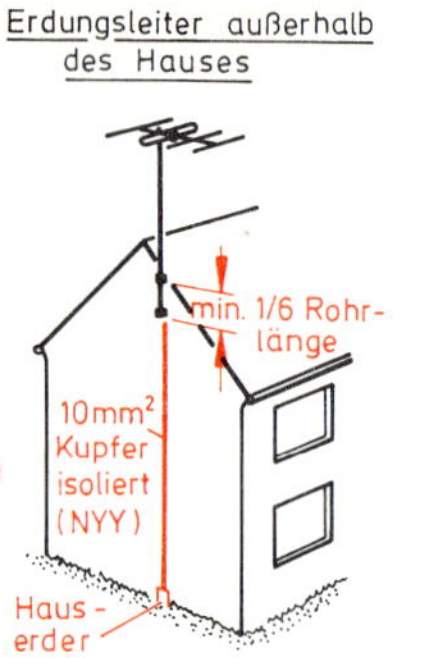

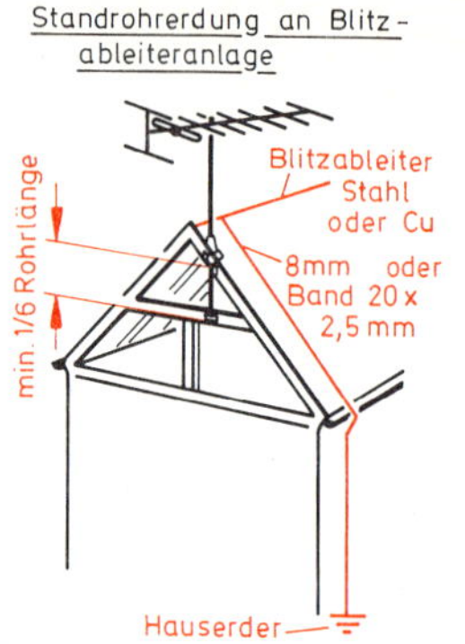

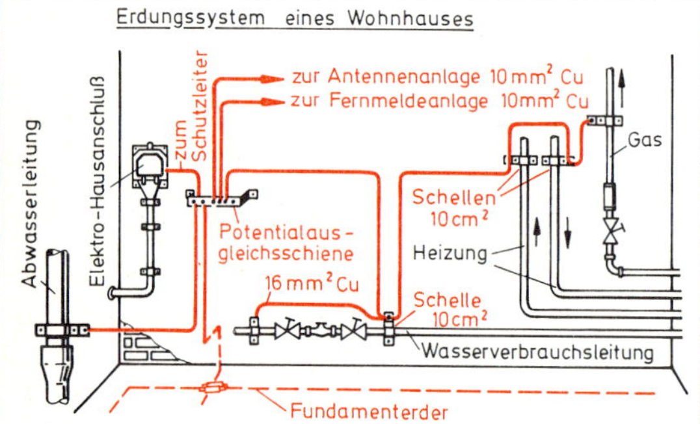

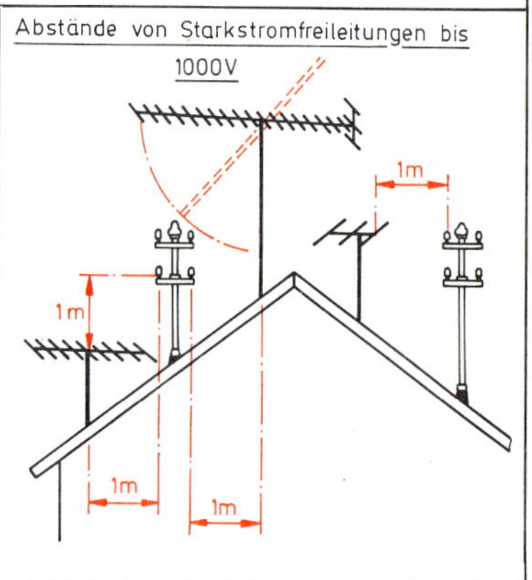

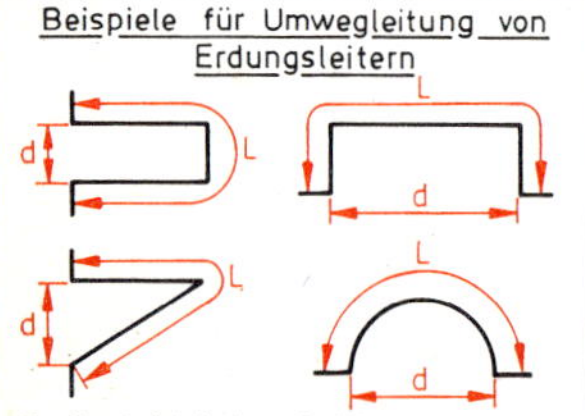

Es besteht keine Gefahr, wenn d größer ist als L/20

Erdungsleitungen für Antennenanlagen

Werkstoff	Verlegung innerhalb von Gebäuden*)	Verlegung außerhalb von Gebäuden
Kupfer	Volldraht blank 10 mm² (3,5 mm ∅)	Volldraht NYY 10 mm² (3,5 mm ∅)
Aluminium	Volldraht blank 16 mm² (4,5 mm ∅)	Volldraht NYY 16 mm² (4,5 mm ∅)
Stahl verzinkt	Volldraht 50 mm² (8 mm ∅)	Volldraht 50 mm² (8 mm ∅) oder Band 20 mm x 2,5 mm

*) Leiter für Innenverlegung dürfen bis zu einem Meter auch außerhalb eines Gebäudes bis an die Verbindungsstelle geführt werden.

Montagestelle → Mindestabstand 5 m für nebeneinander errichtete Antennenstandrohre.

Standrohr → rechnerische Beanspruchung darf 90% der Streckgrenze 0,2 (DIN 1080) nicht überschreiten ... Abspannseile dürfen bei der Berechnung nicht berücksichtigt werden.

Halterungen → mindestens zwei Halterungen bei der Einspannlänge von mindestens 1/6 der gesamten Rohrlänge. Schellen mit wenigstens zwei Schlüsselschrauben von mindestens 8 mm Durchmesser befestigen. Gips- und Kunststoffdübel sind nicht erlaubt.

Verdrehungssicherheit → Gesamte Antennenanordnung muß mindestens eine Verdrehungssicherung aufweisen

Tragende Bauteile → Statischer Nachweis ist erforderlich für Standrohre mit einer freien Länge größer als 6 m, wenn das Gesamtbiegemoment (ohne Befestigungsstelle) 1620 Nm übersteigt.

Unfall-VV → Berufsgenossenschaft der Feinmechanik und Elektronik; Langwartweg 103, 53 Bonn.

Standrohrberechnung

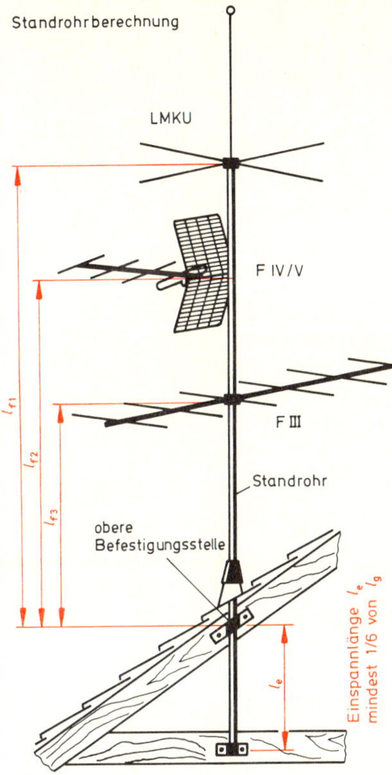

l_e = Einspannlänge in m $\geqq$ 1/6 von l_g

l_{f1}; l_{f2}; l_{f3} ... freie Länge zwischen oberer Befestigungsstelle und Antennen-Montageort

l_g = Gesamtlänge des Standrohres in m
$= l_{f1} + l_e$

W_a Windlast für Staudruck 800 N/m² (Katalog); gültig bis 20 m Gebäudehöhe; > 20 m Gebäudehöhe → Staudruck 1100 N/m². Umrechnungsfaktor 1,37

M_e Eigenmoment des Standrohres in Nm

$M_a = l_f \cdot W_a$ = Lastmoment einer Antenne in Nm

M_z nutzbares Lastmoment des Standrohres in Nm

$M_g = M_e + M_z$ zulässiges Gesamtmoment

$$M = M_{a1} + M_{a2} + M_{a3} + \ldots$$
$$= l_{f1} \cdot W_{a1} + l_{f2} \cdot W_{a2} + \ldots$$

Bedingung:

$$M_g \geqq M_e + M$$

Das Eigenmoment des Standrohres M_e und die Summe der Lastmomente $M = M_{a1} + M_{a2} + \ldots$ müssen kleiner sein als das zulässige Gesamtmoment M_g.
Der Abstand zwischen den Antennen am Standrohr muß so groß sein, daß sich die Antennenwirkflächen (siehe Ant 2.2) nicht überdecken.
Für λ/2-Dipole beträgt die Höhe der Antennenwirkfläche etwa λ/4.

Blitzschutz

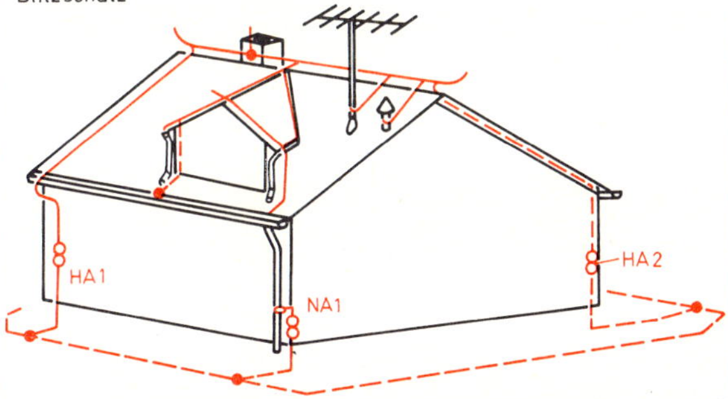

Leitungen oberirdisch
∅ 8 mm Rundstahl
stark verzinkt
20 mm x 2,5 mm Bandstahl
DIN 48801
∅ 10 mm Aluminium
∅ 8 mm Rundkupfer

Leitungen unterirdisch
∅ 10 mm Rundstahl
stark verzinkt
30 mm x 3,5 mm Bandstahl
stark verzinkt
nach DIN 48801

Auffangeinrichtungen

Gebäude		Ableitungen	
Länge m	Breite m	Steildach	Flachdach
bis 20	bis 12	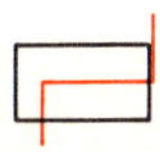	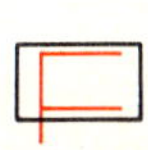
bis 20	12 - 20	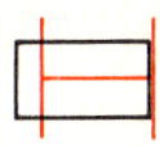	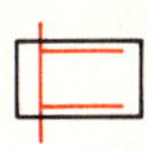
20 - 40	bis 12	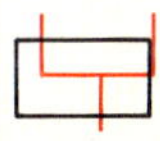	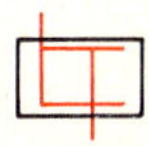
20 - 40	12 - 20	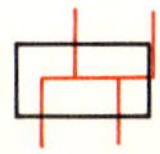	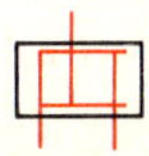
40 - 60	12 - 20	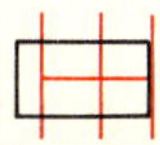	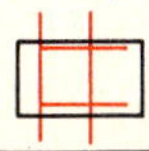

Codes oder Schlüssel verwendet man, um alphabetische oder numerische Zeichen durch Zeichen eines anderen Systems darzustellen.

Codewort ist eine Folge von Zeichen, die in einem bestimmten Zusammenhang als Einheit betrachtet wird.

Binärcodes sind solche, deren Codeworte aus Binärzeichen bestehen.

Binärzeichen sind solche aus einem Vorrat mit zwei möglichen Zeichen (z. B. 0 oder 1, H oder L, ein oder aus, ja oder nein, wahr oder falsch).

Bit ist die Kurzform eines Binärzeichens und damit die nicht mehr teilbare Grundgröße einer Informationsmenge allgemein. Die erforderliche Bit-Anzahl erhält man wie folgt:

$$n = 3{,}3219 \lg x$$

n = erforderliche Bitzahl
x = Anzahl benötigter Informationen

Tetrade ist ein Codewort, das aus vier Bit besteht. Damit lassen sich
$x = 2^4 = 16$
Informationen darstellen.

Byte ist ein Codewort, das aus 8 Bit = 2 Tetraden besteht. In vielen Datenverarbeitungsanlagen ordnet man dem Byte noch zusätzlich 1 Parity-Bit zur Fehlererkennung zu.

Redundanz ist die im Code enthaltene aber nicht benutzte Informationsmöglichkeit, sie ist

$$R = n' - n$$

n' = verfügbare Bitanzahl
n = genutzte Bitanzahl

siehe auch DV 2

Korrekturzahl ist die Anzahl redundanter Bits, die durch den Code bedingt nicht für die Information benötigt und damit übersprungen werden. Für reine Zahlendarstellungen benutzt man folgende BCD-Codes. (BCD = binär codierte Dezimalzahlen)

Zählimpuls	a) Korrektur beim Übergang von 7 auf 8 (1242-Code)	b) Korrektur beim Übergang von 9 auf 10 (1248-Code)	c) Korrektur beim Übergang von 4 auf 5 (Aiken-Code)	d) Stibitz- oder Dreiexzeßcode
0	0000	0000	0000	0011
1	0001	0001	0001	0100
2	0010	0010	0010	0101
3	0011	0011	0011	0110
4	0100	0100	0100	0111
5	0101	0101	1011	1000
6	0110	0110	1100	1001
7	0111	0111	1101	1010
8	1110	1000	1110	1011
9	1111	1001	1111	1100
10	0000	0000	0000	0011

Beim 1242-Code erfolgt die Korrektur beim Übergang von 7 auf 8. Er wird heute kaum noch verwendet.

Beim 1248-Code erfolgt die Korrektur beim Übergang von 9 auf 10. Er hat den Vorteil, daß die duale Wertigkeit der einzelnen Ziffern erhalten bleibt.

Beim Aiken-Code erfolgt die Korrektur beim Übergang von 4 auf 5. Er hat den Vorteil, daß die Korrektur beim Vor- und Rückwärtszählen nach der gleichen Zahl von Zählschritten erfolgt.

Beim Dreiexzeß- oder Stibitz-Code können niemals alle Binärstellen gleichzeitig 1 oder 0 sein. Er ermöglicht damit eine gewisse Fehlerselbsterkennung.

Für Winkel- oder Streckencodierer, wie sie in Maschinensteuerungen verwendet werden, benutzt man Codes, die beim Übergang von einer Information zur anderen nur ein einziges Bit von 0 nach 1 bzw. umgekehrt ändern. Diese Eigenschaften haben der **Gray-Code,** der **Petherick-Code** und der **Glixon-Code** (Einschrittige Codes).

Dezimalzahl	Gray-Code	Petherick-Code	Glixon-Code	Gray-Code mit Prüfbit
0	0000	0101	0000	1 0000
1	0001	0001	0001	0 0001
2	0011	0011	0011	1 0011
3	0010	0010	0010	0 0010
4	0110	0110	0110	1 0110
5	0111	1110	0111	0 0111
6	0101	1010	0101	1 0101
7	0100	1011	1101	0 0100
8	1100	1001	1100	1 1100
9	1101	1101	1000	0 1101

Fehlererkennende Codes erfordern zusätzliche Bits, die damit auch zu einer hohen Redundanz führen. Den 4-Bit-Codes kann durch ein zusätzliches Prüfbit auf einfache Weise eine gewisse Erkennbarkeit von Fehlern verliehen werden. Das Prüfbit sorgt dafür, daß stets eine bestimmte (z. B. ungerade) Bitanzahl auf 1 steht. Erfährt ein Informationsbit eine fehlerhafte Änderung, so wird die auf 1 stehende Anzahl von Bits gerade und gibt damit den Fehlerhinweis. Nicht erkannt werden Fehler, die gleichzeitig bei zwei Informationsbits auftreten. Eine sichere Fehlererkennung ohne Mehraufwand bietet der **2-aus-5-Code** und der **Walking-Code,** bei denen von fünf Bit jeweils nur zwei auf 1 stehen können. Beim **Hamming-Code** ändern beim Übergang von einer Information zur nächsten mindestens drei Bit ihren Zustand von 0 nach 1 oder umgekehrt **(Hamming-Distanz).**

Andere fehlererkennende Codes sind der **2-aus-7-Code,** der alphanumerische Informationen enthält und für die Lochstreifenabtastung bei numerisch gesteuerten Werkzeugmaschinen Verwendung findet, Sonderformen des 2-aus-7-Codes sind der **Biquinär-Code** und der **Quibinär-Code.** Ihr gemeinsames Merkmal ist, daß von 7 Bit jeweils nur zwei auf 1 stehen dürfen.

Dezimalzahl	2-aus-5-Code	Walking-Code	Hamming-Code	Biquinär-Code	Quibinär-Code
0	00011	00011	0000000	01 00001	00001 01
1	00101	00101	0000111	01 00010	00001 10
2	00110	00110	0011001	01 00100	00010 01
3	01001	01010	0011110	01 01000	00010 10
4	01010	01100	0101010	01 10000	00100 01
5	01100	10100	0101101	10 00001	00100 10
6	10001	11000	0110011	10 00010	01000 01
7	10010	01001	0110100	10 00100	01000 10
8	10100	10001	1001011	10 01000	10000 01
9	11000	10010	1001100	10 10000	10000 10

Alphanumerische Codes enthalten Informationen für Zahlen und Texte, also Ziffern und Buchstaben. Sie müssen 5,2 Bit aufweisen, um ohne Fehlerkontrolle alle Ziffern und Buchstaben darstellen zu können. Bei dem 5-Bit-Code des Internationalen Telegrafenalphabetes Nr. 2 werden Buchstaben und Ziffern durch gleiche Bitkombinationen dargestellt. Die Unterscheidung erfolgt durch eine vorab übertragene Bitkombination (11111 für Buchstaben und 11011 für Ziffern).

Information	Telegrafenalphabete			Lochkarten-Code
	Nr. 2	Nr. 3	Nr. 5[1])	
0	01101	1001010	011 0000	00 1000000000
1	11101	0001101	011 0001	00 0100000000
2	11001	0100101	011 0010	00 0010000000
3	10000	0111000	011 0011	00 0001000000
4	01010	1100100	011 0100	00 0000100000
5	00001	1000101	011 0101	00 0000010000
6	10101	0010101	011 0110	00 0000001000
7	11100	0110010	011 0111	00 0000000100
8	01100	1110000	011 1000	00 0000000010
9	00011	1000110	011 1001	00 0000000001
A	11000	0011010	100 0001	10 0100000000
B	10011	0011001	100 0010	10 0010000000
C	01110	1001100	100 0011	10 0001000000
D	10010	0011100	100 0100	10 0000100000
E	10000	0111000	100 0101	10 0000010000
F	10110	0010011	100 0110	10 0000001000
G	01011	1100001	100 0111	10 0000000100
H	00101	1010010	100 1000	10 0000000010
I	01100	1110000	100 1001	10 0000000001
J	11010	0100011	100 1010	01 0100000000
K	11110	0001011	100 1011	01 0010000000
L	01001	1100010	100 1100	01 0001000000
M	00111	1010001	100 1101	01 0000100000
N	00110	1010100	100 1110	01 0000010000
O	00011	1000110	100 1111	01 0000001000
P	01101	1001010	101 0000	01 0000000100
Q	11101	0001101	101 0001	01 0000000010
R	01010	1100100	101 0010	01 0000000001
S	10100	0101010	101 0011	00 1010000000
T	00001	1000101	101 0100	00 1001000000
U	11100	0110010	101 0101	00 1000100000
V	01111	1001001	101 0110	00 1000010000
W	11001	0100101	101 0111	00 1000001000
X	10111	0010110	101 1000	00 1000000100
Y	10101	0010101	101 1001	00 1000000010
Z	10001	0110001	101 1010	00 1000000001
Wagenrücklauf	00010	1000011	000 1101	–
Zeilensprung	01000	1011000	000 1010	–
A ... (Buchstaben)	11111	0001110	–	–
1 ... (Ziff. + Zeich.)	11011	0100110	–	–
Zwischenraum	00100	1101000	010 0000	–
–	11000	0011010	010 1101	01 0000000000
?	10011	0011001	011 1111	00 1000000110
:	01110	1001100	011 1010	00 0010000010
Rückfrage ✠	10010	0011100	000 0101	01 0001000010
Wecker	11010	0100011	000 0111	–
(	11110	0001011	010 1000	10 0000010010
)	01001	1100010	010 1001	01 0000010010
.	00111	1010001	010 1110	10 0001000010
,	00110	1010100	010 1100	00 1001000010
"	10100	0101010	010 0010	00 0000000110
=	01111	1001001	011 1101	00 0000001010
/	10111	0010110	010 1111	00 1100000000
+	10001	0110001	010 1011	10 0000001010

[1]) Bei Kleinbuchstaben a ... o haben die ersten drei Bit die Kombination 110 ... und bei p ... z die Kombination 111 ...

Alphanumerische Codes

Computercodes

Information	Baudot-Code	ASCII-Code	BCDIC-Code	EBCDIC-Code	Hexadezimal-Code
0	1 01101	0 011 0000	0 00 0000	1 1111 0000	0011 0000 ≙ 30
1	1 11101	1 011 0001	0 00 0001	0 1111 0001	0011 0001 ≙ 31
2	1 11001	1 011 0010	0 00 0010	0 1111 0010	0011 0010 ≙ 32
3	1 10000	0 011 0011	0 00 0011	1 1111 0011	0011 0011 ≙ 33
4	1 01010	1 011 0100	0 00 0100	0 1111 0100	0011 0100 ≙ 34
5	1 00001	0 011 0101	0 00 0101	1 1111 0101	0011 0101 ≙ 35
6	1 10101	0 011 0110	0 00 0110	1 1111 0110	0011 0110 ≙ 36
7	1 11100	1 011 0111	0 00 0111	0 1111 0111	0011 0111 ≙ 37
8	1 01100	1 011 1000	0 00 1000	0 1111 1000	0011 1000 ≙ 38
9	1 00011	0 011 1001	0 00 1001	1 1111 1001	0011 1001 ≙ 39
A	0 11000	0 100 0001	0 11 0001	0 1100 0001	0100 0001 ≙ 41
B	0 10011	0 100 0010	0 11 0010	0 1100 0010	0100 0010 ≙ 42
C	0 01110	1 100 0011	0 11 0011	1 1100 0011	0100 0011 ≙ 43
D	0 10010	0 100 0100	0 11 0100	0 1100 0100	0100 0100 ≙ 44
E	0 10000	1 100 0101	0 11 0101	1 1100 0101	0100 0101 ≙ 45
F	0 10110	1 100 0110	0 11 0110	1 1100 0110	0100 0110 ≙ 46
G	0 01011	0 100 0111	0 11 0111	0 1100 0111	0100 0111 ≙ 47
H	0 00101	0 100 1000	0 11 1000	0 1100 1000	0100 1000 ≙ 48
I	0 01100	1 100 1001	0 11 1001	1 1100 1001	0100 1001 ≙ 49
J	0 11010	1 100 1010	0 10 0001	1 1101 0001	0100 1010 ≙ 4A
K	0 11110	0 100 1011	0 10 0010	1 1101 0010	0100 1011 ≙ 4B
L	0 01001	1 100 1100	0 10 0011	0 1101 0011	0100 1100 ≙ 4C
M	0 00111	0 100 1101	0 10 0100	1 1101 0100	0100 1101 ≙ 4D
N	0 00110	0 100 1110	0 10 0101	0 1101 0101	0100 1110 ≙ 4E
O	0 00011	1 100 1111	0 10 0110	0 1101 0110	0100 1111 ≙ 4F
P	0 01101	0 101 0000	0 10 0111	1 1101 0111	0101 0000 ≙ 50
Q	0 11101	1 101 0001	0 10 1000	1 1101 1000	0101 0001 ≙ 51
R	0 01010	1 101 0010	0 10 1001	0 1101 1001	0101 0010 ≙ 52
S	0 10100	0 101 0011	0 01 0010	1 1110 0010	0101 0011 ≙ 53
T	0 00001	1 101 0100	0 01 0011	0 1110 0011	0101 0100 ≙ 54
U	0 11100	0 101 0101	0 01 0100	1 1110 0100	0101 0101 ≙ 55
V	0 01111	0 101 0110	0 01 0101	0 1110 0101	0101 0110 ≙ 56
W	0 11001	1 101 0111	0 01 0110	0 1110 0110	0101 0111 ≙ 57
X	0 10111	1 101 1000	0 01 0111	1 1110 0111	0101 1000 ≙ 58
Y	0 10101	0 101 1001	0 01 1000	1 1110 1000	0101 1001 ≙ 59
Z	0 10001	0 101 0101	0 01 1001	0 1110 1001	0101 1010 ≙ 5A
Wagenrücklauf	1 00010	1 000 1101	0 11 1111	1 0111 1101	0000 1101 – 0D
Zeilensprung	1 01000	0 000 1010	0 01 1010	0 1110 0000	0000 1010 – 0A
Zwischenraum	0 00100	1 010 0000	0 00 0000	0 0100 0000	0010 0000 – 20
Rückw.-Schritt	1 00101	0 101 1111	–	–	0101 1111 – 5F
Horiz.-Tabul.	–	0 000 1001	0 01 1101	–	0000 1001 – 09
Löschen	1 11111	1 111 1111	–	–	0111 1111 – 7F
Nichts (Füller)	1 00000	0 000 0000	0 00 1100	0 0111 1100	0000 0000 – 00
Wecker	1 10100	1 000 0111	–	–	0000 0111 – 07
?	1 10011	0 011 1111	0 11 1010	1 0110 1111	0011 1111 – 3F
:	1 01110	0 011 1010	0 00 1101	0 0111 1010	0011 1010 – 3A
(	1 11110	0 010 1000	0 01 1100	1 0100 1101	0010 1000 – 28
)	1 01001	1 010 1001	0 11 1100	0 0101 1101	0010 1001 – 29
.	1 00111	0 010 1110	0 11 1011	1 0100 1011	0010 1110 – 2E
,	1 00110	1 010 1100	0 01 1011	0 0110 1011	0010 1100 – 2C
"	1 10100	0 010 0010	–	0 0111 1111	0010 0010 – 22
/	1 10111	1 010 1111	0 01 0001	0 0110 0001	0010 1111 – 2F
+	1 10001	1 010 1011	0 11 0000	1 0100 1110	0010 1011 – 2B
–	1 11000	0 010 1101	0 10 0000	1 0110 0000	0010 1101 – 2D

ASCII-Code, erstes Bit: Prüfbit für gerade 1-Anzahl
EBCDIC-Code, erstes Bit: Prüfbit für ungerade 1-Anzahl

Baudot-Code entspricht mit seinen 5 letzten Bits dem internationalen Telegrafenalphabet Nr. 2. Das zusätzliche Bit am Anfang unterscheidet zwischen Ziffern, Buchstaben und Zeichen.

ASCII-Code = **A**merican **S**tandard **C**ode for **I**nformation **I**nterchange = Amerikanischer Standard-Code für den Informationsaustausch.

BCDIC-Code = **B**inary **C**oded **D**ecimal **I**nterchange **Code** = Binärcodierter Dezimalcode für den (Informations)Austausch.

EBCDIC-Code = **E**xtended **B**inary **C**oded **D**ecimal **I**nterchange **C**ode = Erweiterter binärcodierter Dezimalcode für den Informationsaustausch. Anstelle der Buchstaben-Bits 8 ... 5 kann auch die nächst höhere Stelle einer mehrstelligen Dezimalzahl dargestellt werden.

Hexadezimal-Code verwendet alle möglichen Bitkombinationen und stellt Zeichen mit 2 x 4 Bit dar. Bit-Kombinationen über 1001 werden in der Kurzschreibweise als Buchstaben A ... F geschrieben.

Zahlensysteme

DIG 2.1

Eine Zahl ist die Summe aus Produkten, von denen jedes aus einem Zeichen und einer Potenz gebildet wird. Eine Potenz ist das Produkt aus mehreren gleichen Basiszeichen. Die Hochzahl (Exponent) gibt die Anzahl der miteinander multiplizierten Basiszeichen (Ziffern) an.
Beispiel: Die in der Kurzform dargestellte Zahl 1978 heißt in der exakten Langform

$1 \cdot 10^3 + 9 \cdot 10^2 + 7 \cdot 10^1 + 8 \cdot 10^0$

Das im täglichen Leben vorwiegend benutzte dezimale Zahlensystem verwendet 10 Basiszeichen und Zehnerpotenzen. Andere Zahlensysteme arbeiten mit 2, 5, 8 oder 16 Basiszeichen. Innerhalb der einzelnen Zahlensysteme erhält man folgende Stellengewichte:

Zahlensystem	Dual-System	Pental-System	Oktal-System	Dezimal-System	Sedezimal- bzw. Hexadezimal-System
Basis	B = 2	B = 5	B = 8	B = 10	B = 16
Stellengewicht von B^3	8	125	512	1000	4096
Stellengewicht von B^2	4	25	64	100	256
Stellengewicht von B^1	2	5	8	10	16
Stellengewicht von B^0	1	1	1	1	1
Stellengewicht von B^{-1}	0,5	0,2	0,125	0,1	0,0625
Stellengewicht von B^{-2}	0,25	0,04	0,015625	0,01	0,00390625
Stellengewicht von B^{-3}	0,125	0,008	0,001953125	0,001	0,0002442406

Umwandlung von Dezimalzahlen in andere Zahlen-Systeme

Eine fortgesetzte Division der Dezimalzahl durch 2 und Aufschreiben des Restes ergibt die **Dualzahl.**

Beispiel: 115 : 2 = 57 Rest 1
57 : 2 = 28 Rest 1
28 : 2 = 14 Rest 0
14 : 2 = 7 Rest 0
7 : 2 = 3 Rest 1
3 : 2 = 1 Rest 1
1 : 2 = 0 Rest 1
Leserichtung ↑

Die Dualzahl lautet: $\underline{\underline{1110011}}_{(2)}$

Eine fortgesetzte Division der Dezimalzahl durch 8 und Aufschreiben des Restes ergibt die **Oktalzahl.**

Beispiel: 115 : 8 = 14 Rest 3
14 : 8 = 1 Rest 6
1 : 8 = 0 Rest 1
Leserichtung ↑

Die Oktalzahl lautet $\underline{\underline{163}}_{(8)}$

(gelesen: eins-sechs-drei)

Eine fortgesetzte Division der Dezimalzahl durch 16 und Aufschreiben des Restes ergibt die **Sedezimalzahl.**

Beispiel: 115 : 16 = 7 Rest 3
7 : 16 = 0 Rest 7
Leserichtung ↑

Die Sedezimalzahl lautet $\underline{\underline{73}}_{(16)}$

(gelesen: sieben-drei)

Anmerkung: Unabhängig vom Zahlensystem dividiert man solange weiter, bis der Quotient Null ist. Die Reste werden von unten nach oben gelesen.

Zweierpotenz	Dualzahl	Zusammensetzung	Dezimalzahl
2^{-8}	= 0,00000001	$= 1/2^8 = 1/256$	= 0,00390625
2^{-7}	= 0,0000001	$= 1/2^7 = 1/128$	= 0,0078125
2^{-6}	= 0,000001	$= 1/2^6 = 1/64$	= 0,015625
2^{-5}	= 0,00001	$= 1/2^5 = 1/32$	= 0,03125
2^{-4}	= 0,0001	$= 1/2^4 = 1/16$	= 0,0625
2^{-3}	= 0,001	$= 1/2^3 = 1/8$	= 0,125
2^{-2}	= 0,01	$= 1/2^2 = 1/4$	= 0,25
2^{-1}	= 0,1	$= 1/2^1 = 1/2$	= 0,5
2^0	= 1,0	$= 1/2^0 = 1/1 \quad = 1 \cdot 1$	= 1,0
2^1	= 10	$= 1 \cdot 2$	= 2
2^2	= 100	$= 2 \cdot 2$	= 4
2^3	= 1000	$= 2 \cdot 2 \cdot 2$	= 8
2^4	= 10000	$= 2 \cdot 2 \cdot 2 \cdot 2$	= 16
2^5	= 100000	$= 2 \cdot 2 \cdot 2 \cdot 2 \cdot 2$	= 32
2^6	= 1000000	$= 2 \cdot 2 \cdot 2 \cdot 2 \cdot 2 \cdot 2$	= 64
2^7	= 10000000	$= 2 \cdot 2 \cdot 2 \cdot 2 \cdot 2 \cdot 2 \cdot 2$	= 128
2^8	= 100000000	$= 2 \cdot 2 \cdot 2 \cdot 2 \cdot 2 \cdot 2 \cdot 2 \cdot 2$	= 256
2^9	= 1000000000	$= 2 \cdot 2 \cdot 2 \cdot 2 \cdot 2 \cdot 2 \cdot 2 \cdot 2 \cdot 2$	= 512
2^{10}	= 10000000000	$= 2 \cdot 2 \cdot 2 \cdot 2 \cdot 2 \cdot 2 \cdot 2 \cdot 2 \cdot 2 \cdot 2$	= 1024

Rechnen mit Dualzahlen — DIG 2.2

Bei der Addition werden die Zahlen a und b stellenrichtig untereinander geschrieben bzw. einander zugeordnet und dann, bei der niedrigsten Potenz beginnend, Stelle für Stelle addiert. Dabei gelten innerhalb der einzelnen Stellen folgende Regeln:

Augend plus Addend = Summe

a + b = S bzw. Ü
0 + 0 = 0
1 + 0 = 1
0 + 1 = 1
1 + 1 = 0 → 1

(→ 1: Übertrag zur nächst höheren Dualstelle)

Beispiel:
7 + 13 = 111 + 1101

	111
	+ 1101
Zweierübertrag	1111
Summe	= 10100 = 20

Beispiel:
29 + 17 = 11101 + 10001

	11101
	+ 10001
Zweierübertrag	1 1
Summe	= 101110 = 46

Bei der Subtraktion werden die Zahlen a und b ebenfalls stellenrichtig einander zugeordnet und, bei der niedrigsten Potenz beginnend, Stelle für Stelle subtrahiert. Innerhalb der einzelnen Stellen gelten folgende Regeln:

Minuend minus Subtrahend = Differenz

a − b = D bzw. Ü
0 − 0 = 0
1 − 0 = 1
1 − 1 = 0
0 − 1 = 1 → 1

(→ 1: Übertrag zur nächst höheren Dualstelle)

Beispiel:
58 − 29 = 111010 − 11101

	111010
	− 11101
Zweierübertrag	111 1
Differenz	= 11101 = 29

Beispiel:
85 − 42 = 1010101 − 101010

	1010101
	101010
Zweierübertrag	− 1 1 1
Differenz	= 101011 = 43

In der Praxis führt man die Subtraktion meistens auf eine Addition zurück. Dazu bildet man das B-Komplement zwischen nächst höherer Stelle des Minuenden und dem Subtrahenden. Man erhält es, indem man alle Stellen des Subtrahenden negiert (B-1-Komplement) und in der Einerstelle eine 1 hinzu addiert. Die Summe aus Minuenden und dem Komplement ergibt nach Entfernen der höchsten Stelle die Differenz zwischen den Zahlen.

Beispiel:
85 − 42 = 1010101 − 101010

Das Komplement von 101010 ist:

	0101010
	negiert ↓
(B−1)-Komplement:	1010101
	+ 1
B-Komplement	1010110

Durch Addition mit dem Minuenden erhält man

Minuend:	1010101
B-Komplement:	+ 1010110
	= 10101011
Nach Abtrennen der höchsten Dualstelle verbleiben	101011 = 43

Beispiel:
67 − 12 = 1000011 − 1100
Das Komplement von 1100 ist:

	0001100
	negiert ↓
(B−1)-Komplement:	1110011
	+ 1
B-Komplement	= 1110100

Wird das B-Komplement zum Minuenden hinzu addiert, so erhält man

	1000011
	+ 1110100
	= 10110111
Nach Abtrennen der höchsten Dualstelle verbleiben	110111 = 55

Die Komplemente werden unter Berücksichtigung ihrer geänderten Vorzeichen auch als Konegativ-Zahlen bezeichnet.

Bei der Multiplikation wird jede Stelle der Zahl a mit jeder Stelle der Zahl b multipliziert und die entstehenden Teilprodukte entsprechend ihrem Stellengewicht gegeneinander versetzt addiert. Dabei gelten innerhalb der einzelnen Stellen folgende Regeln:

Multiplikand mal Multiplikator = Produkt

a · b = P
0 · 0 = 0
1 · 0 = 0
0 · 1 = 0
1 · 1 = 1

Beispiel:

```
27 · 9 = 11011 · 1001

     11011
  +  00000
  +   00000
  +    11011
  = 11110011 = 243
```

Beispiel:

```
37 · 14 = 100101 · 1110

      100101
  +    100101
  +     100101
  +          0
  = 1000000110 = 518
```

Beispiel:

```
47 · 29 = 101111 · 11101

             101111
          +   101111
          +    1011110
          +      101111
            11111111
Überträge    11111
              1
           10101010011 = 1363
```

Kommas bei der Multiplikation werden dadurch berücksichtigt, daß man, zunächst ohne auf diese Rücksicht zu nehmen, multipliziert. Im Produkt setzt man das Komma neu, so daß hinter ihm ebenso viele Stellen stehen, wie insgesamt hinter den Kommas der Faktoren.

Beispiel:

```
   9,6875 ·   13,75
= 1001,1011 · 1101,11
      4 Stellen + 2 Stellen

10011011 · 110111
   10011011
 +  10011011
 +   00000000
 +    10011011
 +     10011011
 +      10011011
          111111111111
Überträge    111111
               1
   10000101001101
=10000101,001101      Komma 6 Stellen von hinten
= 133,203125
```

Anmerkung: Bei der Addition von mehr als zwei Dualzahlen, so wie sie hier auftreten kann, entstehen mehrere Überträge und zwar bei

1 + 1 = 0 (1 Übertrag)
1 + 1 + 1 = 1 (1 Übertrag)
1 + 1 + 1 + 1 = 0 (2 Überträge)
1 + 1 + 1 + 1 + 1 = 1 (2 Überträge)
1 + 1 + 1 + 1 + 1 + 1 = 0 (3 Überträge)

Bei der Division dividiert man soviel Stellen des Dividenden durch den Divisor, daß der entstehende Teilquotient 1 wird. Von der gewählten Stellenzahl des Dividenden subtrahiert man den Divisor und fügt zu der damit gewonnenen Differenz die nächst niedere Stelle des Dividenden hinzu und dividiert erneut durch den Divisor. Diesen Vorgang wiederholt man so oft, bis der Teildividend Null oder kleiner als der Divisor ist. Dabei gelten folgende Regeln:

Dividend durch Divisor = Quotient

a : b = Q
1 : 1 = 1
1 : 0 = ∞
0 : 1 = 0
0 : 0 = unbestimmt

Beispiel:

```
91 : 7 = 1011011 : 111 = 1101 = 13
        -111
         1000 : 111 = 1
        - 111
            11 : 111 = 0
           111 : 111 = 1
```

Beispiel:

```
325 : 12 = 101000101 : 1100 = 11011 R 1 = 27 Rest 1
          -1100
           10000 : 1100 = 1
          -1100
            1001 : 1100 = 0
            10010 : 1100 = 1
           -1100
              1101 : 1100 = 1
             -1100
                 1 (Rest)
```

Der Rest kann entweder stehen bleiben oder nach Setzen eines Kommas weiter gerechnet werden. Dazu hängt man ihm eine Null an und dividiert weiter durch den Divisor usw.

Die einzelnen Teildivisionen wiederholen sich oft periodisch bis ins Unendliche, so daß man einige Stellen hinter dem Komma meistens abbrechen oder runden kann.

Beispiel:

```
329 : 14 = 101001001 : 1110 = 10111,1 = 23,5
          -1110
            1101 : 1110 = 0
            11010 : 1110 = 1
          - 1110
             11000 : 1110 = 1
           - 1110
              10101 : 1110 = 1
            - 1110
                111 Komma
                1110 : 1110 = 1
              - 1110
                0000
```

Das Rechnen mit binärcodierten Dezimalzahlen (Tetraden) erfordert eine Korrektur der Resultate, sofern als Ergebnisse keine Echt-Tetraden, sondern Pseudo-Tetraden (das sind Bit-Kombinationen, die im verwendeten Code nicht enthalten sind) zustande kommen. Die Korrekturzahl wird zur Summe hinzu addiert (bzw. von der Differenz subtrahiert). Den gewonnenen 16er-Übertrag gibt man als Zehnerübertrag zur nächst höheren Dezimalstelle. Solche Korrekturzahlen sind:

Beispiel für BCD-1248-Code:

```
           54 + 39
  0101                 0100
+ 0011               + 1001
= 1000               = 1101
           Summe
            >9
           daher
         Korrektur
                     + 0110
           Zehner-   1 0011
+    1     übertrag
= 1001                 0011
9 Zehner             3 Einer
           Summe = 93
```

	Summe = Pseudo-Tetrade		Summe ist Echt-Tetrade	
	≦9	>9	≦9	>9
BCD-1248-Code	–	+ 0110	–	+ 0110
Aiken-Code	+ 0110	– 0110	–	–
Stibitz-Code	+ 1101	+ 0011	+ 1101	+ 0011

Binäre Verknüpfungen | DIG 3.1

Verknüpfungsglieder, auch Gates (Tore) oder Gatter genannt, haben die Aufgabe, binäre Signale (Schaltvariable) nach den Regeln der Bool'schen Algebra miteinander zu verknüpfen. Die Verknüpfung kann über elektromechanische Relaiskontakte, über hydraulische bzw. pneumatische Ventile oder über elektronische Schaltglieder erfolgen.

Bezeichnung (andere Bezeichnungen)	Elektromechanische Schaltung / Schaltsymbol / Schaltsymbol (IEC-Norm)	Funktionstabelle	Schaltalgebraische Verknüpfungsfunktion unnegiert	Schaltalgebraische Verknüpfungsfunktion negiert
UND-Glied (Konjunktion)	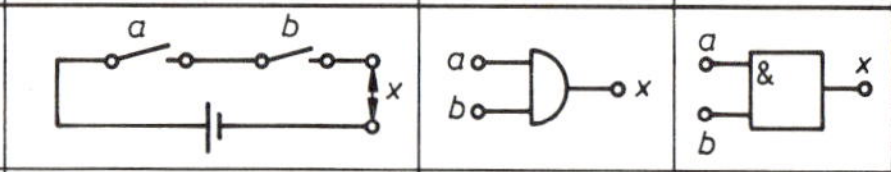	a b x 0 0 0 0 1 0 1 0 0 1 1 1	$x = a \cdot b$ $(x = a \wedge b$	$\bar{x} = \bar{a} + \bar{b}$ $\bar{x} = \bar{a} \vee \bar{b})$
ODER-Glied (Disjunktion)	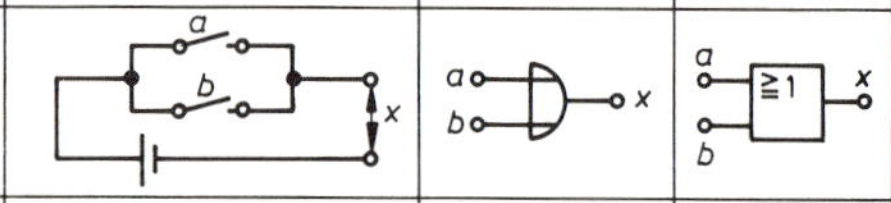	a b x 0 0 0 0 1 1 1 0 1 1 1 1	$x = a + b$ $(x = a \vee b$	$\bar{x} = \bar{a} \cdot \bar{b}$ $\bar{x} = \bar{a} \wedge \bar{b})$
NICHT-Glied (Negation, Invertierg.)	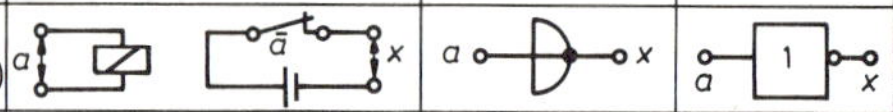	a x 0 1 1 0	$x = \bar{a}$	$\bar{x} = a$
NAND-Glied (negierte Konjunktion auch Sheffer-Funktion)	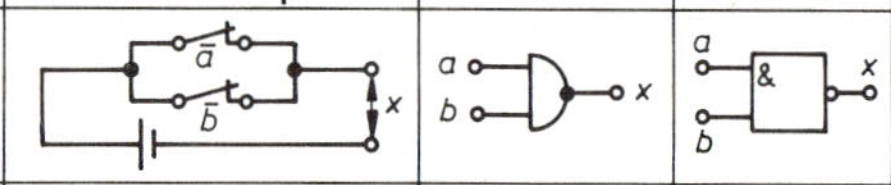	a b x 0 0 1 0 1 1 1 0 1 1 1 0	$x = \bar{a} + \bar{b}$ $(x = \bar{a} \vee \bar{b}$	$\bar{x} = a \cdot b$ $\bar{x} = a \wedge b)$
NOR-Glied (negierte Disjunktion auch Peirce-Funktion)	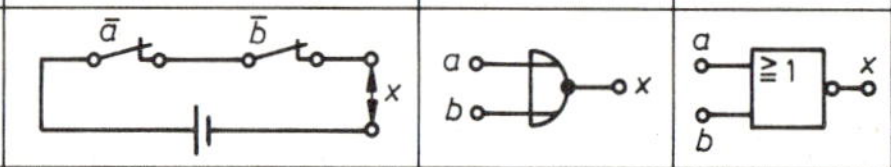	a b x 0 0 1 0 1 0 1 0 0 1 1 0	$x = \bar{a} \cdot \bar{b}$ $(x = \bar{a} \wedge \bar{b}$	$\bar{x} = a + b$ $\bar{x} = a \vee b)$
Blockier-Glied (Inhibition, Sperrgatter)	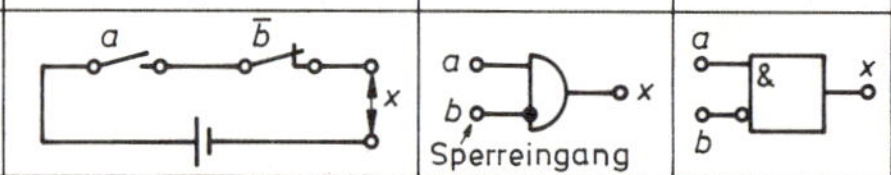	a b x 0 0 0 0 1 0 1 0 1 1 1 0	$x = a \cdot \bar{b}$ $(x = a \wedge \bar{b}$	$\bar{x} = \bar{a} + b$ $\bar{x} = \bar{a} \vee b)$
Exklusiv-ODER-Glied (Antivalenz, Disvalenz, XOR-Glied)	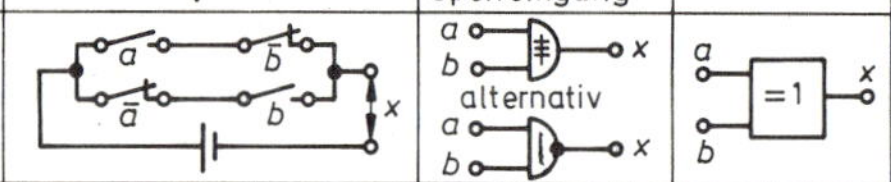	a b x 0 0 0 0 1 1 1 0 1 1 1 0	$x = \bar{a} \cdot b + a \cdot \bar{b}$ $(x = \bar{a} \wedge b \vee a \wedge \bar{b}$	$\bar{x} = \bar{a} \cdot \bar{b} + a \cdot b$ $\bar{x} = \bar{a} \wedge \bar{b} \vee a \wedge b)$
Exklusiv-NOR-Glied (Äquivalenz)	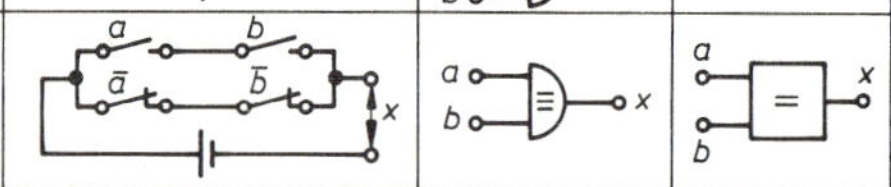	a b x 0 0 1 0 1 0 1 0 0 1 1 1	$x = \bar{a} \cdot \bar{b} + a \cdot b$ $(x = \bar{a} \wedge \bar{b} \vee a \wedge b$	$\bar{x} = \bar{a} \cdot b + a \cdot \bar{b}$ $\bar{x} = \bar{a} \wedge b \vee a \wedge \bar{b})$
Implikations-Glied	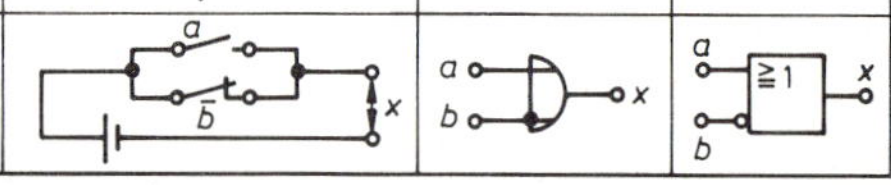	a b x 0 0 1 0 1 0 1 0 1 1 1 1	$x = a + \bar{b}$ $(x = a \vee \bar{b}$	$\bar{x} = \bar{a} \cdot b$ $\bar{x} = \bar{a} \wedge b)$

Ersatz binärer Grundverknüpfungen durch NAND- und NOR-Glieder

Verwendung der NAND-Glieder ($\bar{x} = a \cdot b$)

1) als UND-Glied

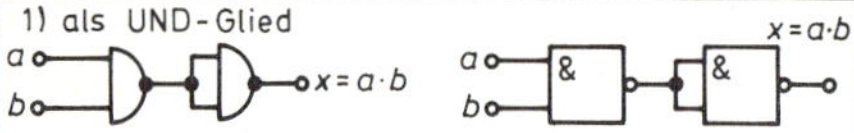

2) als ODER-Glied

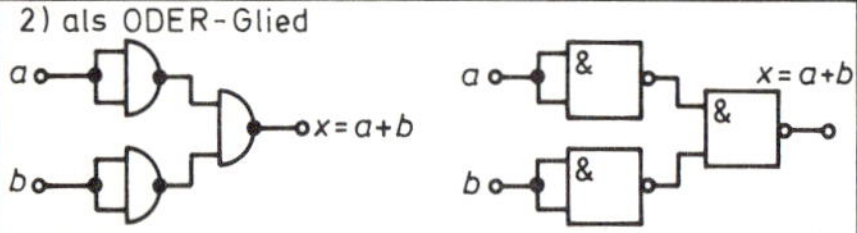

3) als NOR-Glied

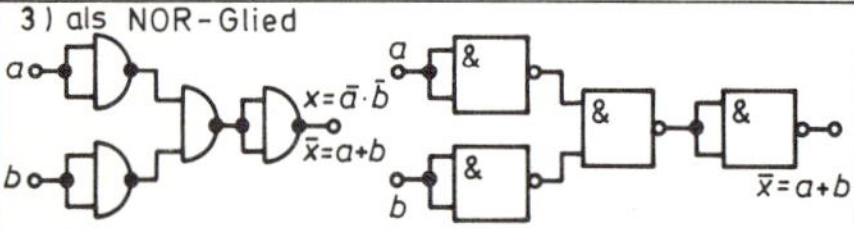

Verwendung der NOR-Glieder ($\bar{x} = a + b$)

4) als UND-Glied

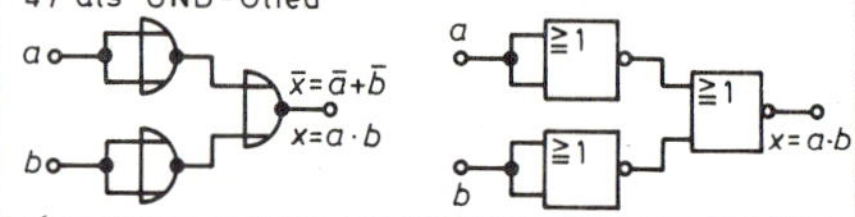

5) als ODER-Glied

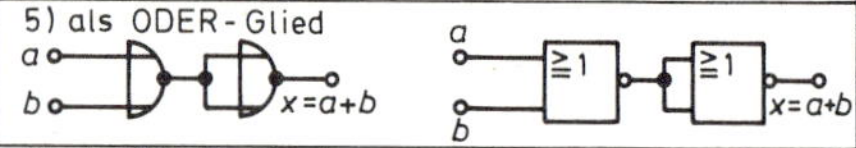

6) als NAND-Glied

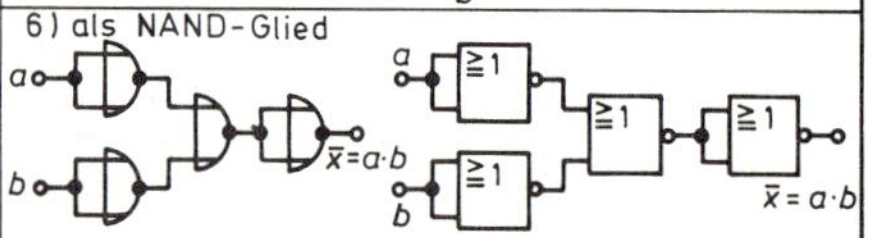

Regeln der Boolschen Algebra

Die Eigenschaften binärer Schaltglieder werden durch Gleichungen der Boolschen Algebra gekennzeichnet. Man nennt sie deshalb auch Schaltalgebra.

Eingangsvariable sind die veränderlichen Eingangsgrößen und werden mit kleinen Buchstaben gekennzeichnet.

Ausgangsvariable sind die abhängigen Ausgangsgrößen und werden mit großen Buchstaben gekennzeichnet.
Anstelle der Buchstaben können binäre Signale gesetzt werden.

Binäre Signale sind durch zwei mögliche Zustände gekennzeichnet, von denen sie jeweils einen einnehmen können. In binären Schaltgliedern ordnet man den Signalen 0 und 1 elektrische Potentialwerte zu, die man heute nur noch durch binäre Pegelangaben kennzeichnet.

H-Pegel = Hoher Pegel (Abk. von high = hoch) d. h. der H-Pegel ist immer positiver als der L-Pegel

L-Pegel = Niederer Pegel (Abk. von low = nieder). Achtung: Verwechslungsgefahr mit dem früher für Signal 1 benutzten Signal L!

Die Signalzuordnung zu Pegeln und Potentialwerten kann beliebig sein, ist aber systemgebunden. Dabei ergeben sich folgende vier Zuordnungsmöglichkeiten:

Möglichkeit	Potential	Signal	Pegelangabe
1.	0 V	0	L
	$+Ub$	1	H
2.	0 V	1	L
	$+Ub$	0	H
3.	0 V	0	H
	$-Ub$	1	L
4.	0 V	1	H
	$-Ub$	0	L

Eine Reihe von Regeln (Theoreme) erlauben ein sinnvolles Arbeiten mit der Schaltalgebra. Sie unterscheiden sich in einigen Punkten von den Regeln der arithmetischen Algebra.

1. Regel Man kann beide Seiten einer schaltalgebraischen Formel negieren, ohne daß sich deren Bedeutung ändert.

Beispiel: $X = a \cdot b$ oder $\overline{X} = \overline{a \cdot b}$

2. Regel Doppelte Negation ergibt wieder die ursprüngliche unnegierte Größe!

Beispiel: $\overline{\overline{X}} = X$

3. Regel Folgende Vorrangigkeit (Bindungsstärke) der Schaltfunktionen ist zu beachten:

UND-Funktion hat vor ODER-Funktion Vorrang
Klammern haben vor UND-Funktion Vorrang
Negationszeichen haben vor Klammern Vorrang

4. Regel Negationszeichen, die mehrere Buchstaben einer Formel überspannen, kann man nur dadurch auflösen, indem man die Funktionszeichen auswechselt. Aus · wird + und aus + wird ·!

Beispiel: $\overline{X} = a \cdot b$. Werden beide Seiten negiert, so erhält man

$\overline{\overline{X}} = \overline{a \cdot b}$. Die doppelte Negation über dem X kann entfallen, und man erhält

$X = \overline{a \cdot b}$. Will man nun die Negation der rechten Seite auflösen, so wird aus dem UND-Zeichen ein ODER-Zeichen: $X = \overline{a} + \overline{b}$.

5. Regel Klammern werden genauso wie in der übrigen Algebra aufgelöst!

Beispiele: $a \cdot (b \cdot c) = a \cdot b \cdot c$
$(a \cdot b) + (c \cdot d) = a \cdot b + c \cdot d$
$(a + b) \cdot (b + c) = b + a \cdot c$ (laut Theorem 15 nach DIG 3.3)

Diese Klammern löst man auf, indem man jedes Glied der einen Klammer mit jedem Glied der anderen Klammer „multipliziert"!

$a \cdot b + b \cdot b + a \cdot c + b \cdot c$

Regeln der Bool'schen Algebra			DIG 3.3
Regel	Formel	elektromechanische Schaltung	logische Schaltung
6	$a \cdot a = a$	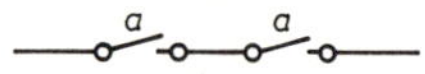	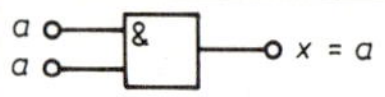
7	$a + a = a$	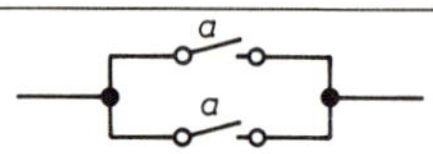	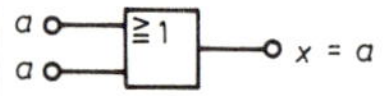
8	$a + 0 = a$	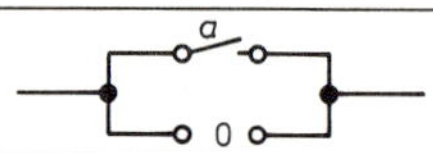	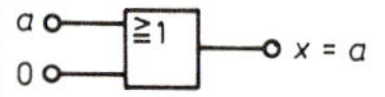
9	$a + 1 = 1$	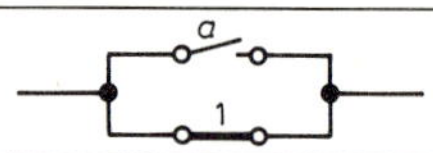	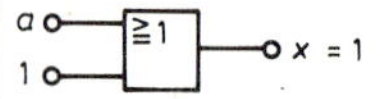
10	$a \cdot 0 = 0$	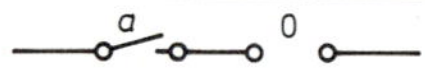	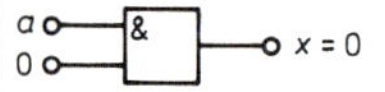
11	$a \cdot 1 = a$	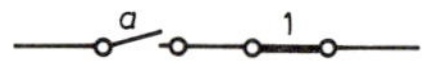	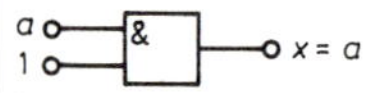
12	$a \cdot \bar{a} = 0$	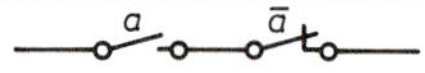	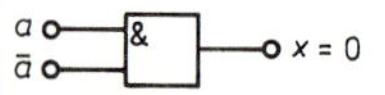
13	$a + \bar{a} = 1$	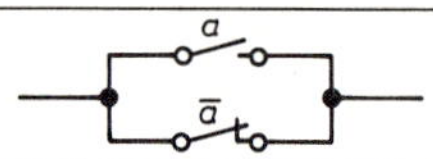	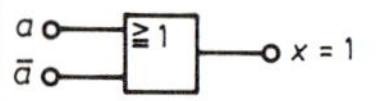
14	$a \cdot b + a \cdot c$ $= a\ (b + c)$	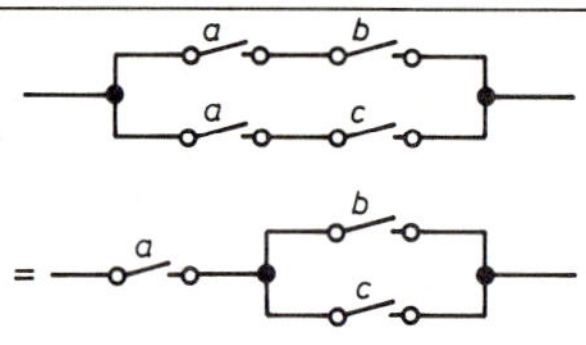	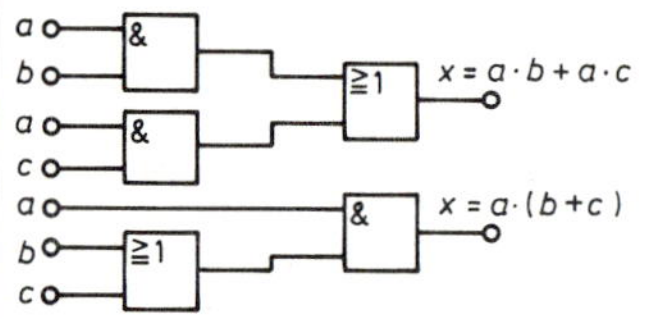
15	$(a + b) \cdot (a + c)$ $= a + b \cdot c$	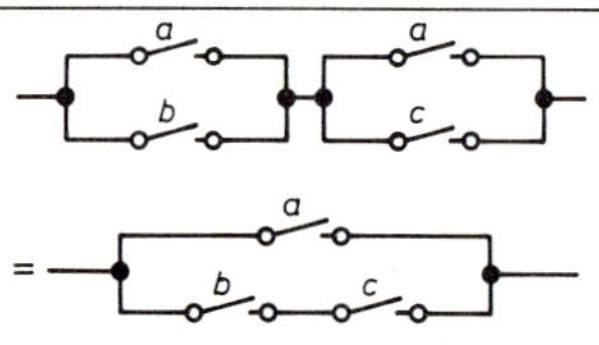	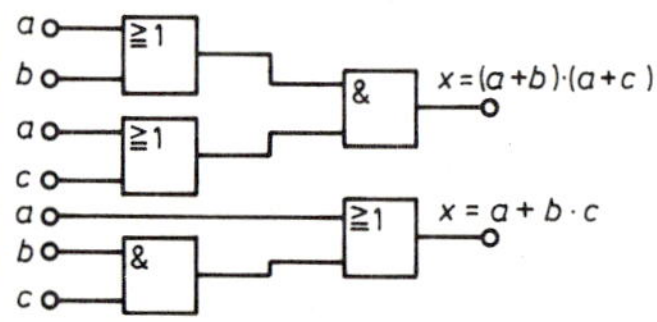
16	$a + a \cdot b$ $= a$	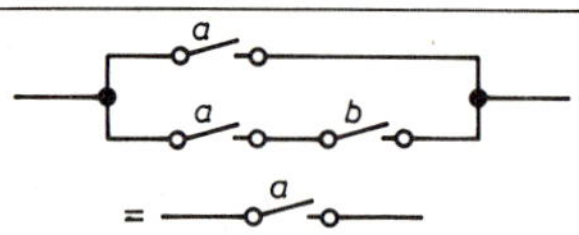	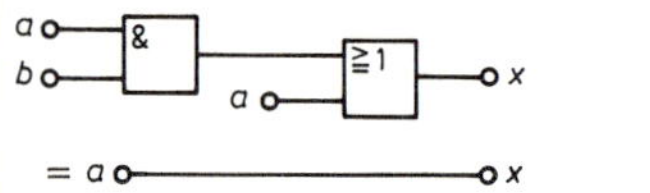
17	$a \cdot (a + b)$ $= a$	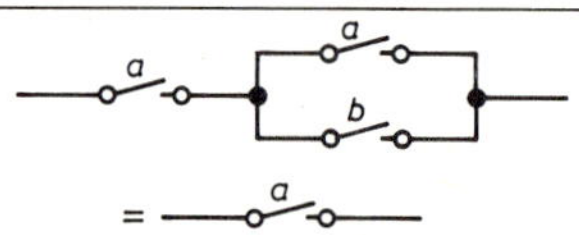	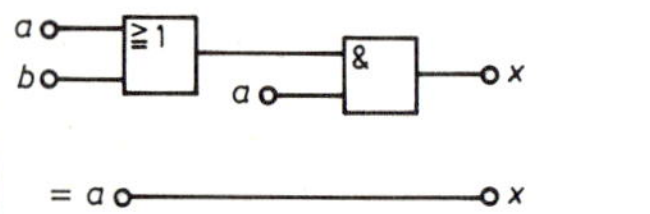
18	$a \cdot (\bar{a} + b)$ $= a \cdot b$	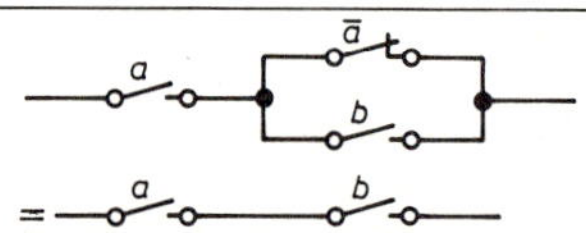	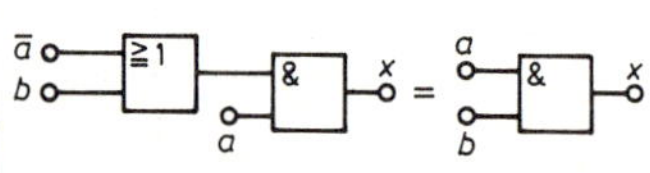

Regeln der Bool'schen Algebra

Regel	Formel	elektromechanische Schaltung	logische Schaltung
19	$a + \bar{a} \cdot b = a + b$	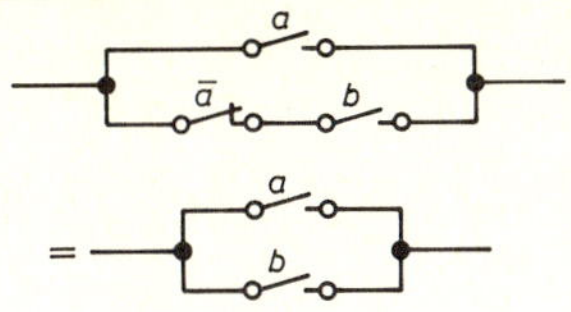	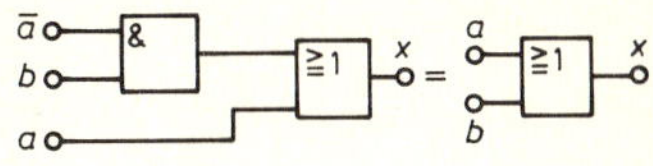
20	$a + \bar{a} \cdot \bar{b} = a + \bar{b}$	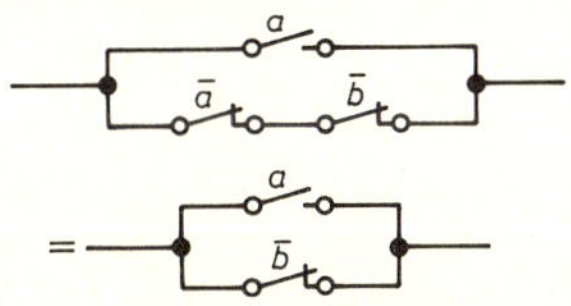	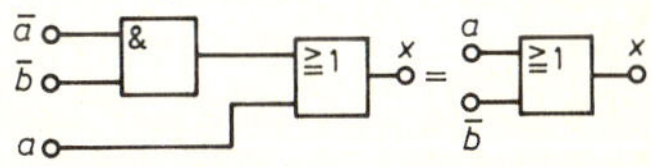
21	$\bar{a} + a \cdot b = \bar{a} + b$	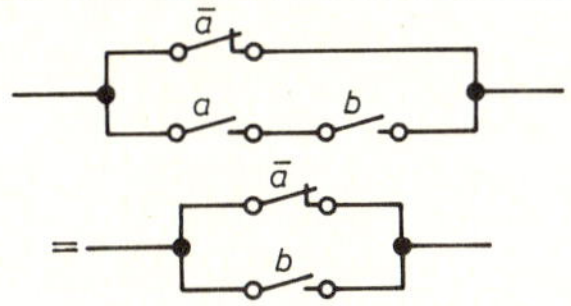	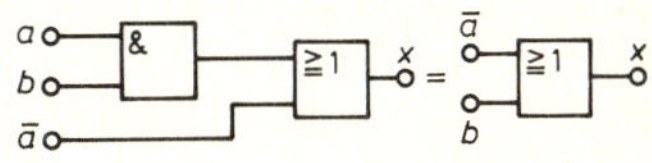
22	$\bar{a} + a \cdot \bar{b} = \bar{a} + \bar{b}$	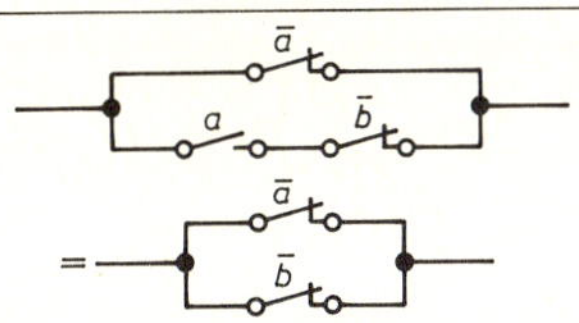	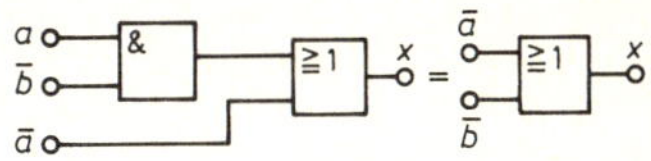
23	$(a + b) \cdot (\bar{a} + b) = b$	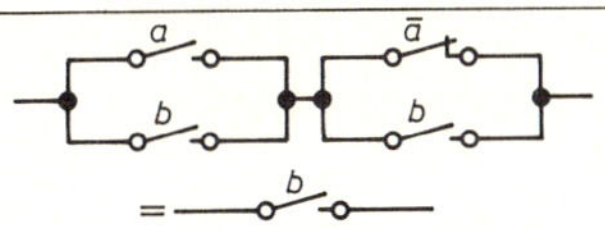	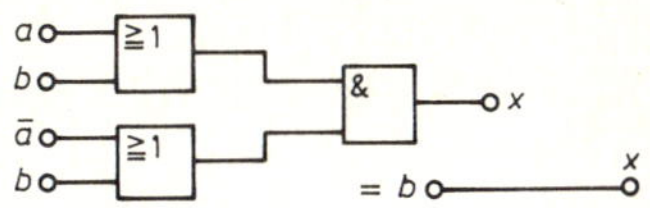
24	$a \cdot b + \bar{a} \cdot b = b$	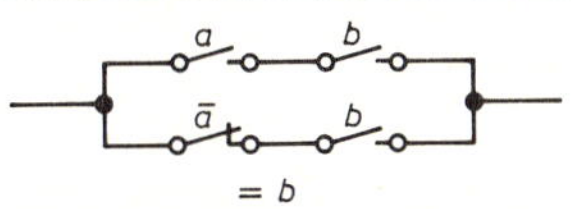	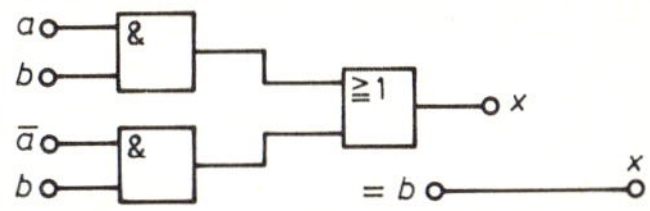
25	$(a + b) \cdot (\bar{a} + c) = a \cdot c + \bar{a} \cdot b$	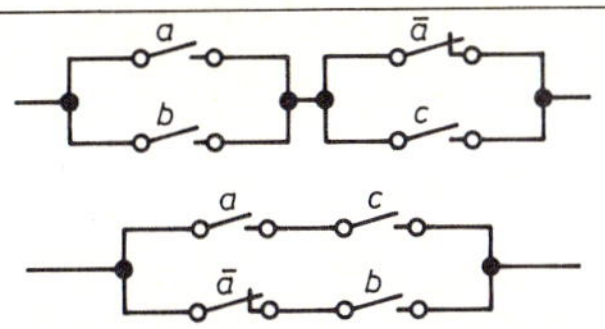	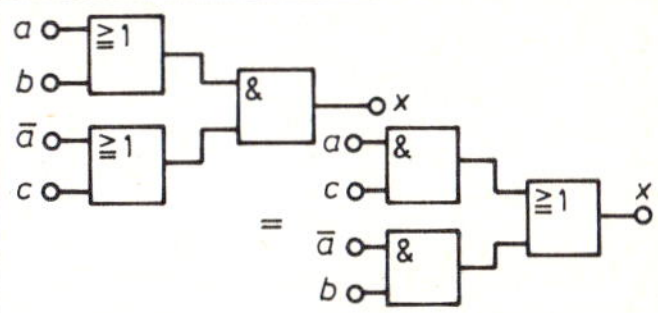
26	$(a + \bar{b}) \cdot (\bar{a} + \bar{c}) = a \cdot \bar{c} + \bar{a} \cdot \bar{b}$	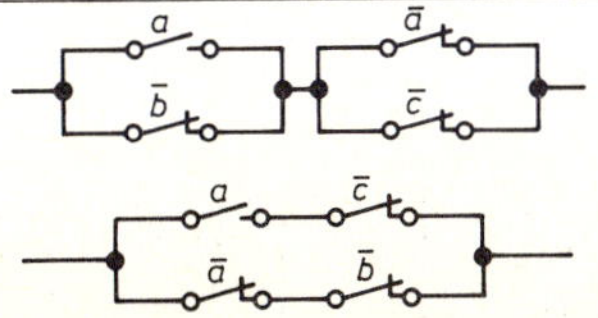	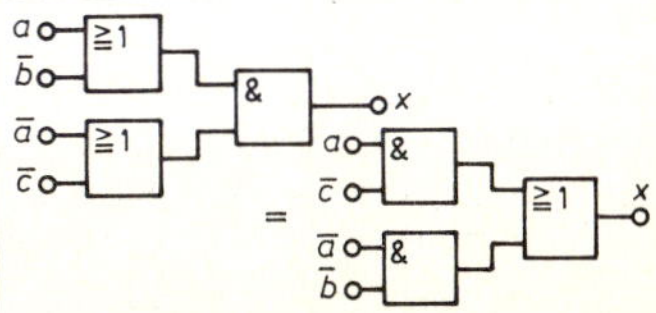

Schaltzeichen elektronischer Schaltglieder nach verschiedenen Normen

DIG 3.5

Norm	UND	ODER	NICHT	Negation am Eingang	Negation am Ausgang	NAND	NOR	Exklusiv NOR (Äquivalenz)	Exklusiv ODER (Antivalenz)

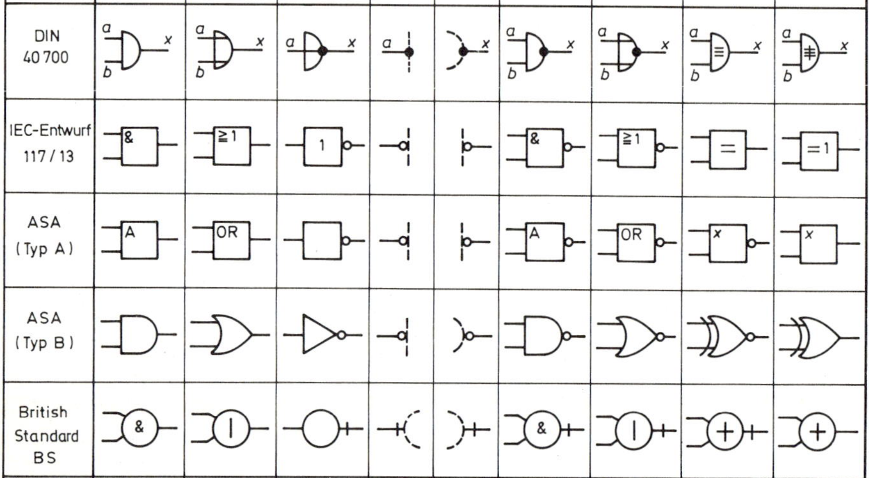

Norm	UND	ODER	NICHT	Negation am Eingang	Negation am Ausgang	NAND	NOR	Exklusiv NOR (Äquivalenz)	Exklusiv ODER (Antivalenz)
Funktion $a = 0\,1\,0\,1$ $b = 0\,0\,1\,1$	$x = 0\,0\,0\,1$	$x = 0\,1\,1\,1$	$x = 1\,0\,1\,0$			$x = 1\,1\,1\,0$	$x = 1\,0\,0\,0$	$x = 1\,0\,0\,1$	$x = 0\,1\,1\,0$
Gleichung	$x = a \cdot b$	$x = a + b$	$x = \bar{a}$			$x = \overline{a \cdot b}$	$x = \overline{a + b}$	$x = a \equiv b$	$x = a \not\equiv b$
(Schreibweise)	$x = a \wedge b$	$x = a \vee b$	$x = \neg a$			$x = \overline{a \wedge b}$	$x = \overline{a \vee b}$	$x = a \leftrightarrow b$	$x = a \nleftrightarrow b$

ASA = American Standards Association
BS = Britische Standardnorm
IEC = International Electrotechnical Commission
CENELEC = Comité Européen de Normalisation Electrotechnique
DIN = Deutsches Institut für Normung

Binärstufen

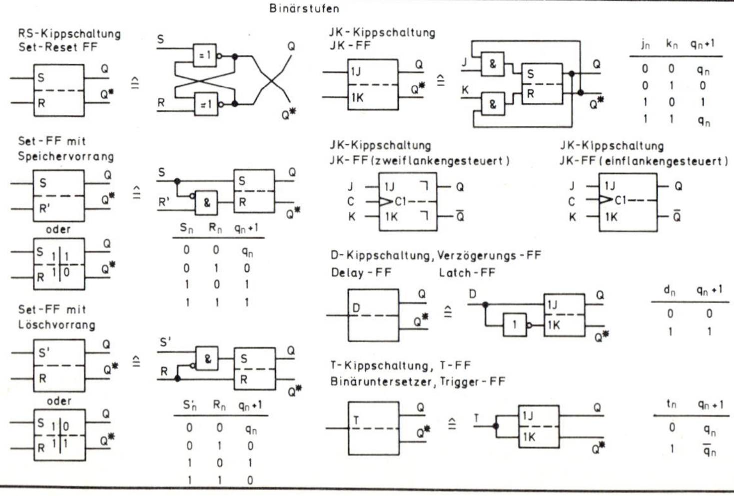

S_n	R_n	q_{n+1}
0	0	q_n
0	1	0
1	0	1
1	1	1

S'_n	R_n	q_{n+1}
0	0	q_n
0	1	0
1	0	1
1	1	0

j_n	k_n	q_{n+1}
0	0	q_n
0	1	0
1	0	1
1	1	q_n

d_n	q_{n+1}
0	0
1	1

t_n	q_{n+1}
0	q_n
1	$\overline{q}_n$

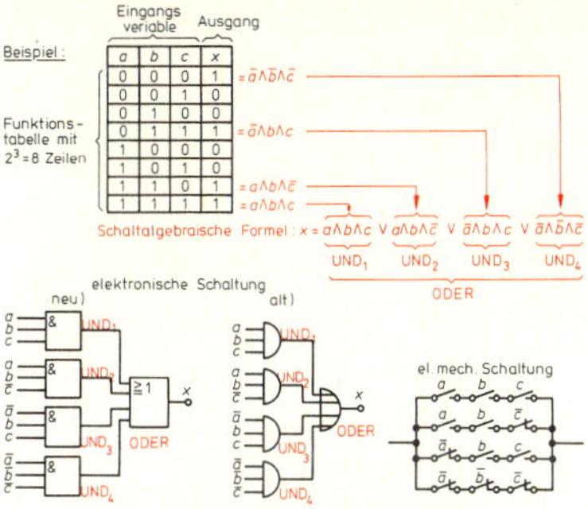

Schaltungsentwurf nach der disjunktiven Normalform

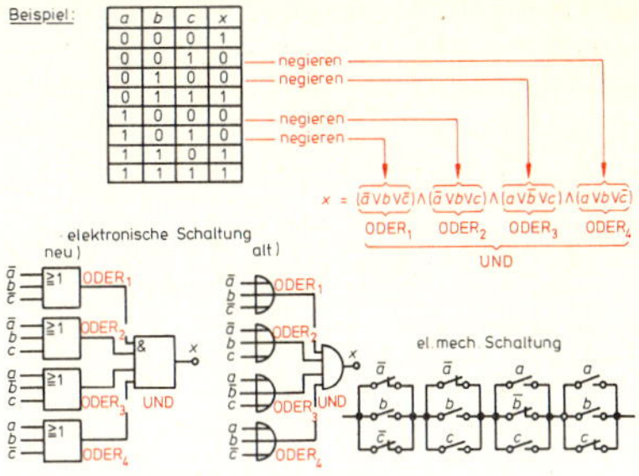

Schaltungsentwurf nach der konjunktiven Normalform

1. Aufstellen der Funktionstabelle
Sie benötigt soviele Spalten, wie Ein- und Ausgangsvariable vorhanden sind, sowie 2^n Zeilen, wobei *n* die Anzahl der *Eingangs*variablen ist.

2. Als schaltalgebraische Formel werden die Zeilen mit gleichem Ergebnis herausgezogen und miteinander verknüpft. Dabei kann man entweder die disjunktive Normalform oder die konjunktive Normalform wählen.

3. Die disjunktive Normalform verwendet die Zeilen, die als Zeilenergebnisse eine 1 haben und verknüpft sie über ODER-Glieder. Die Eingangsvariablen innerhalb der einzelnen Zeilen werden mit UND-Gliedern verknüpft.

4. Die konjunktive Normalform verwendet die Zeilen, die als Zeilenergebnis eine 0 haben und verknüpft sie über UND-Glieder. Die Eingangsvariablen innerhalb der einzelnen Zeilen werden negiert und über ODER-Glieder verknüpft.

5. Minimisierung mit der Schaltalgebra
Ziel ist es, die Funktionsgleichung so umzustellen, daß das Theorem (13) $a + \bar{a} = 1$ möglichst oft verwendet werden kann. Dafür eignet sich die disjunktive Normalform. Sie wird deshalb bevorzugt.

$X = a \cdot b \cdot c + a \cdot b \cdot \bar{c} + \bar{a} \cdot b \cdot c + \bar{a} \cdot \bar{b} \cdot \bar{c}$

$a \cdot b$ ausklammern:

$X = a \cdot b \cdot (c + \bar{c}) + \bar{a} \cdot \bar{b} \cdot \bar{c} + \bar{a} \cdot b \cdot c$

$c + \bar{c} = 1$ und kann entfallen

$X = a \cdot b + \bar{a} \cdot b \cdot c + \bar{a} \cdot \bar{b} \cdot \bar{c}$

durch Ausklammern von b erhält man

$X = b(a + \bar{a} \cdot c) + \bar{a} \cdot \bar{b} \cdot \bar{c}$

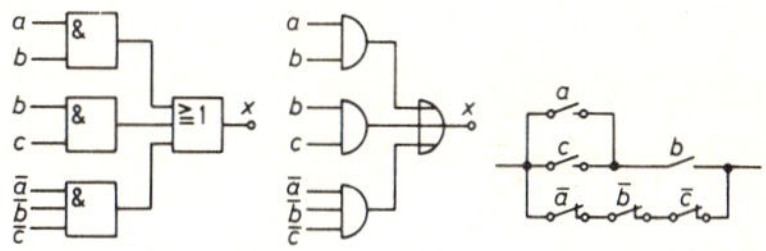

Lösung der Schaltfunktion in minimisierter Form

Der Klammerausdruck ist nach Theorem (19) $a + \bar{a} \cdot c = (a + c)$. Nach Auflösen der Klammer erhält man die minimierte Formel:

$X = a \cdot b + b \cdot c + \bar{a} \cdot \bar{b} \cdot \bar{c}$

6. Minimierung mit der KV-Tafel (Abkürzung von Karnaugh-Veitsch-Diagramm) ist ein grafisches Verfahren. Es besteht aus Feldern, von denen jedem eine Vollkonjunktion (Zeile) der Funktionstabelle zugeordnet ist. Es ist darauf zu achten, daß sich zwischen je zwei benachbarten Feldern nur eine Eingangsvariable ändert. Dabei ergeben sich folgende Möglichkeiten der Feldzuordnung:

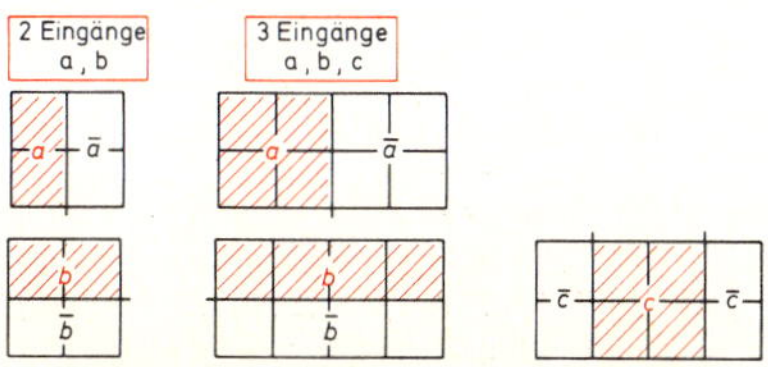

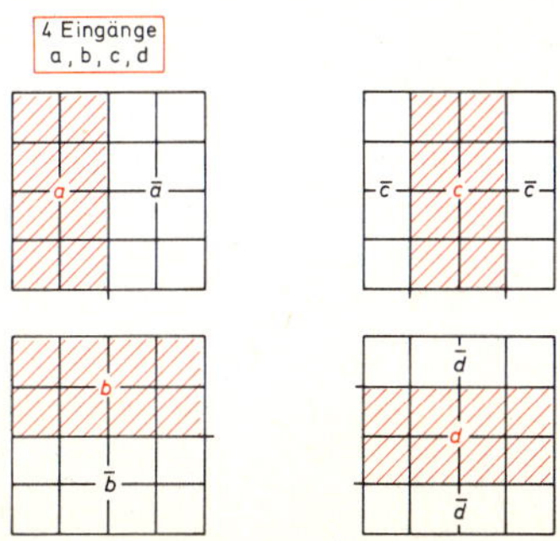

7. Übertrag der Schaltfunktion in die KV-Tafel erfolgt aus der Funktionstabelle. Man entnimmt ihr all jene Zeilen, die als Ergebnis eine 1 haben und setzt in das Feld der KV-Tafel eine 1, dem man die Vollkonjunktion der Zeile zugeordnet hat. Die Felder der KV-Tafel sind an den Rändern durch Anschreiben der Eingangsvariablen in negierter und unnegierter Form gekennzeichnet. Zur Minimierung werden benachbarte Felder, die eine 1 tragen, zu Blöcken zusammengefaßt. Die Eingangsvariablen, die sich innerhalb des Blockes nicht ändern, ergeben die minimisierte Gleichung. Die anderen Größen entfallen. Als benachbart gelten die waagrecht und senkrecht aneinander stoßenden, nicht aber die diagonal berührenden Felder. Als benachbart gelten ebenfalls die Felder am linken Rand mit den Feldern des rechten Randes. Benachbart sind ferner die Felder des unteren Randes mit den Feldern des oberen Randes sowie die vier Eckfelder zueinander. Dabei kann jedes mit einer 1 belegte Feld auch in mehrere Blöcke einbezogen werden. Für eine KV-Tafel mit vier Eingangsvariablen ergeben sich u.a. folgende Möglichkeiten:

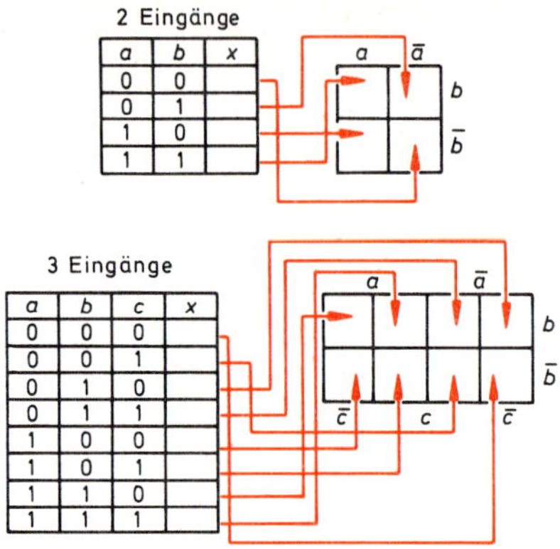

Zuordnung zwischen Funktionstabelle und KV-Tafel

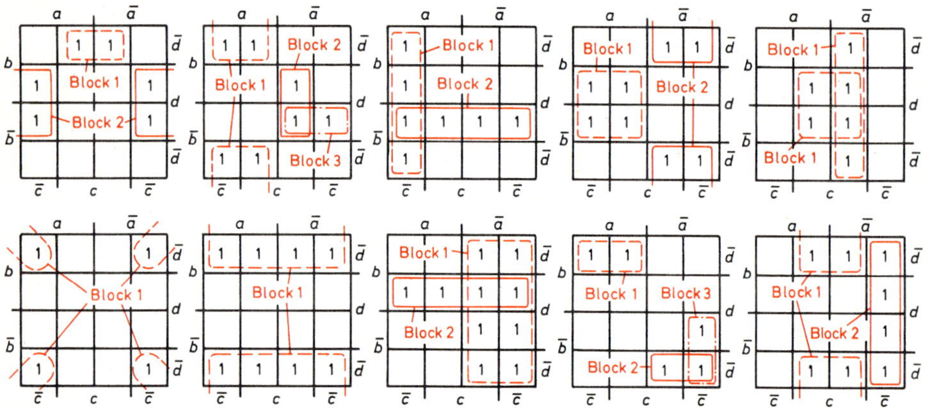

Don't care-Felder sind unbedenkliche Felder, die solche Verknüpfungen der Eingangsvariablen kennzeichnen, die aus irgendwelchen Gründen praktisch nicht vorkommen können (z. B. die Pseudotetraden bei binärcodierten Dezimalcodes). Sie können als X in die KV-Tafel eingetragen und bei Bedarf in die Blockbildung mit einbezogen werden.

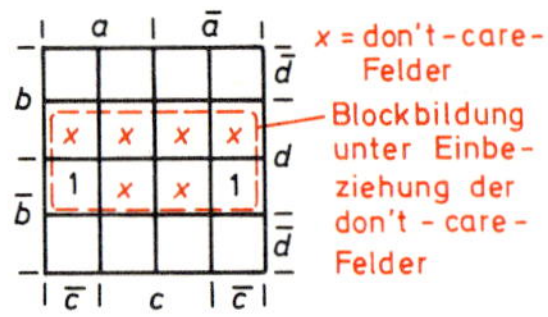

Wird die Funktionsgleichung aus DIG 3.6.1 in die KV-Tafel übertragen, so erhält man zwei Blöcke

Block 1 = $a \cdot c$
Block 2 = $b \cdot c$

sowie ein freistehendes Feld, das in keinen Block einbezogen werden kann und $\bar{a} \cdot \bar{b} \cdot \bar{c}$ enthält. Die minimisierte Gleichung ist dann $X = a \cdot c + b \cdot c + \bar{a} \cdot \bar{b} \cdot \bar{c}$.

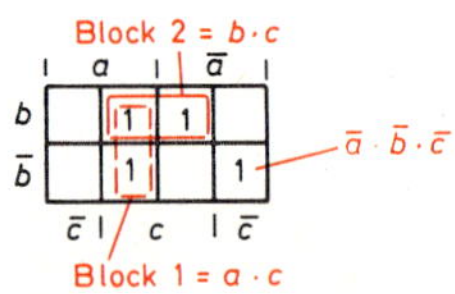

Integrierte Schaltglieder verlangen die gleiche Synthese und Analyse wie diejenigen mit diskreten Bauelementen. Sie unterscheiden sich durch die Eigenschaften der Technologie.

DTL-Schaltungen entsprechen den diskret aufgebauten Schaltgliedern aus Dioden und Transistoren. Ihre Herstellung ist kostspielig.

RTL-Schaltungen benötigen weniger Steuerleistung als DTL-Schaltungen, da deren Diodenfunktionen durch Widerstände ersetzt sind. Sie sind aber langsamer.

RCTL-Schaltungen sind RTL-Schaltungen, deren Widerständen Kondensatoren parallel liegen. Sie schalten damit schneller um.

DCTL-Schaltungen besitzen keine Widerstände in den Eingangsleitungen, sind damit schnell und billig. Nachteil: Sie können durch unbegrenzte Eingangssignale zerstört werden.

CTL-Schaltungen entsprechen den DCTL-Schaltungen, sind aber durch die Verwendung von Komplementärtransistoren viel schneller in ihrem Umschaltverhalten.

ECL-Schaltungen haben wegen der Emitterkopplung zwischen den Transistorsystemen sehr kurze Umschaltzeiten. Nachteil: sehr stark störanfällig.

TTL-Schaltungen sind mit Multi-Emittereingängen ausgerüstet, universell verwendbar und recht billig. Nachteilig ist ihre hohe Verlustleistung.

LSL-Schaltungen = langsame störsichere Logik sind hochohmige TTL-Schaltungen, mit geringer Leistungsaufnahme, langen Umschaltzeiten und Unempfindlichkeit gegen Störspannungen.

LPS-Schaltungen sind hochohmige Schaltglieder mit geringer Leistungsaufnahme, deren Umschaltzeiten durch eingefügte Schottky-Dioden stark verringert wurden.

MOS-Schaltungen nutzen den Feldeffekt mit quarzisolierten Eingängen aus. Sie haben geringe Leistungsaufnahme und ermöglichen hohe Packungsdichten. Nachteil: relativ langsam.

CMOS-Schaltungen sind Komplementär-MOS-Schaltungen, die billiger und schneller als einfache MOS-Schaltungen sind. Ihre Störsicherheit ist trotzdem hoch.

MTOS-Schaltungen sind eine besondere Form der MOS-Schaltglieder.

SOS-Schaltungen sind CMOS-Schaltungen auf einem Saphir-Substrat mit geringeren Sperrschichtkapazitäten, höherer Packungsdichte und kürzeren Umschaltzeiten. Nachteil: teuer.

I²L-Schaltungen vereinigen durch Konstantstromeinspeisung die Vorteile der MOS-Technologie mit denjenigen der TTL-Technologie.

Technologie	Bezeichnung	vorteilhafter Logiktyp	Rel. Kosten je Gatter	Laufzeit je Gatter	Verlustleistung je Gatter	max. Störspannung	typ. Eingangsbelastbarkeit	max. Ausgangsbelastbarkeit
Dioden-Transistor-Logik	DTL	NAND	hoch	25 ns	15 mW	0,7 V	8 mW	8 mW
Widerstands-Transistor-Logik	RTL	NOR	mittel	50 ns	10 mW	0,2 V	3 mW	4 mW
Widerstands-Kondensator-Transistor-Logik	RCTL	NOR	hoch	30 ns	10 mW	0,2 V	3 mW	4 mW
Direktgekoppelte Transistor-Logik	DCTL	NOR	niedrig	15 ns	10 mW	0,2 V	3 mW	3 mW
Komplementär-Transistor-Logik	CTL	UND/ ODER	hoch	5 ns	50 mW	0,4 V	5 mW	25 mW
Emittergekoppelte Logik	ECL	ODER/ NOR	hoch	1 – 5 ns	50 mW	0,4 V	5 mW	25 mW
Transistor-Transistor-Logik	TTL	NAND	mittel	10 ns	20 mW	1,0 V	8 mW	12 mW
Langsame störsichere Logik (High-Level-Logik)	LSL (HLL)	NAND	hoch	350 ns	30 mW	5 ... 8 V	20 mW	200 mW
Low-Power-Schottky-Logik (Klein-Leistungs-Schottky-Logik)	LPS	NAND	niedrig	7 ns	4 mW	1 V	2 mW	40 mW
Oxidisolierte Feldeffekt-Transistor-Logik	MOS	NOR	sehr niedrig	250 ns	<1 mW	2,5 V		5 mW
Oxidisolierte Komplementär-Feldeffekt-Transist.-Logik	CMOS	NOR NAND	niedrig	50 ns	10 mW	4,5 V	–	100 mW
Metal-Thick-Oxide-Silicon (Metal-Dickfilm-Sil.-Logik)	MTOS			wie MOS-Schaltungen				
Silicon-On-Saphire-Technik	SOS	NAND/ NOR	hoch	25 ns	10 nW	4,5 V	–	100 mW
Integrierte-Injektion-Logik	I²L	NOR/ NAND	sehr niedrig	5 ns	10 nW			

Integrierte Digitalschaltglieder

DIG 3.7.2

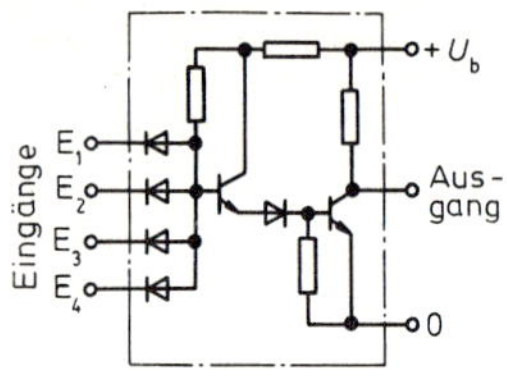

NAND-Glied in DTL-Ausführung

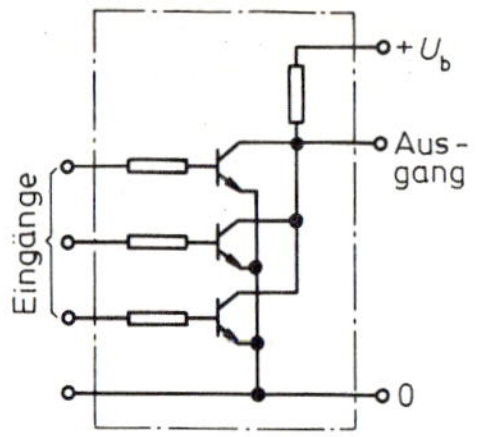

NOR-Glied in RTL-Ausführung

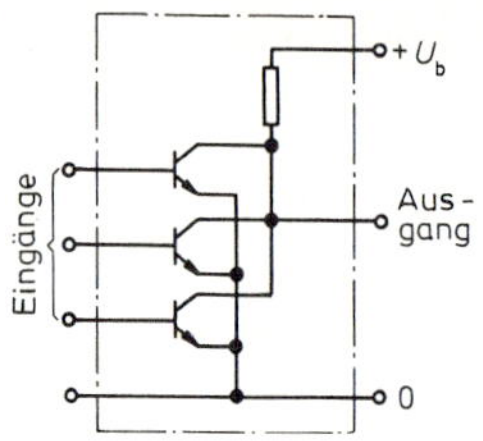

NOR-Glied in DCTL-Ausführung

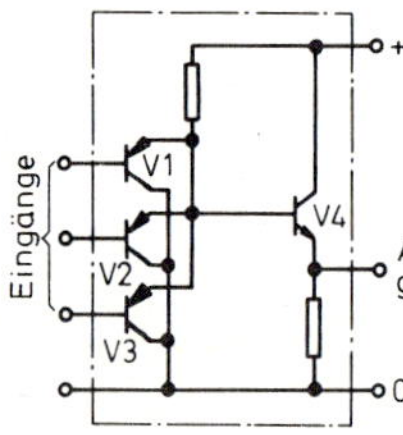

UND-Glied in CTL-Ausführung

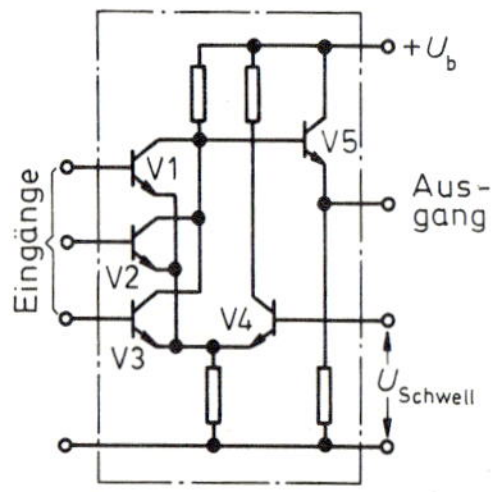

NOR-Glied in ECL-Ausführung

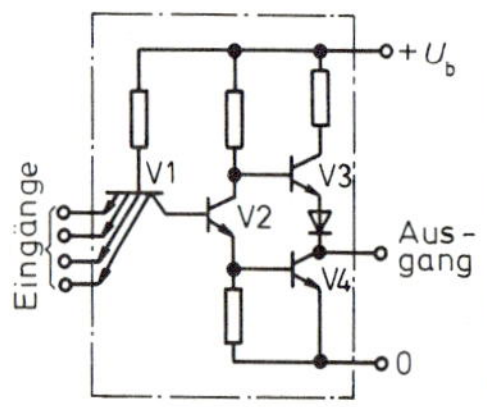

NAND-Glied in TTL-Ausführung

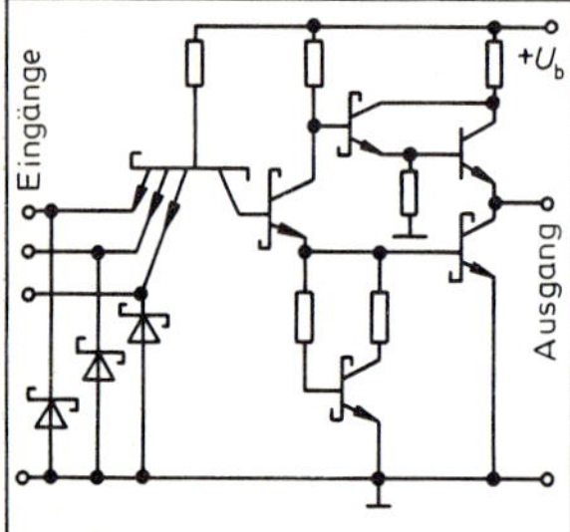

NAND-Glied in TTL-Schottky-Ausführung

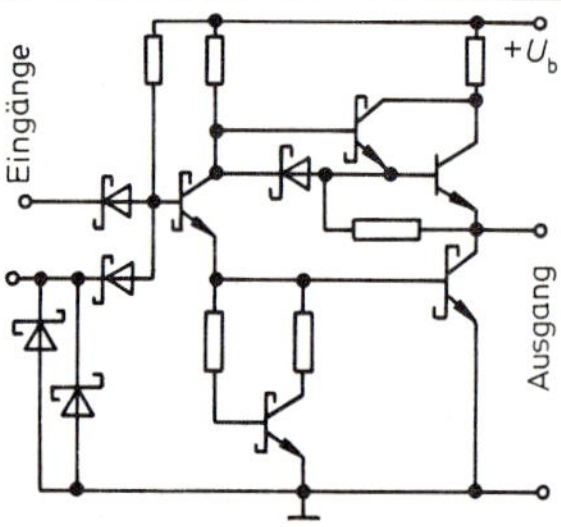

NAND-Glied in Low-Power-Schottky-Ausführung

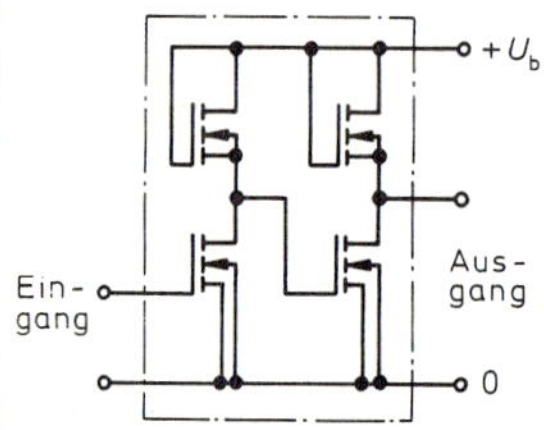

Konverter in MOS-Ausführung

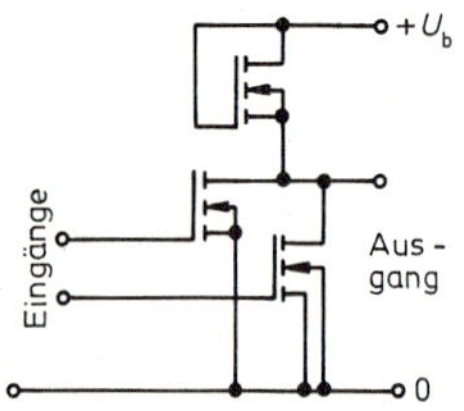

NOR-Gatter in MOS-Ausführung

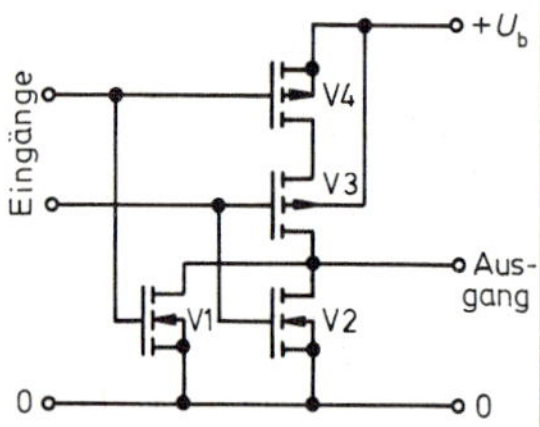

NOR-Glied in CMOS-Ausführung

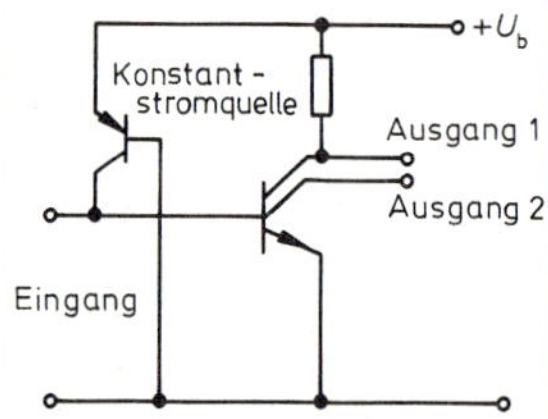

Inverter in $I^2 \cdot L$-Ausführung

Asynchronzähler, (seriengetaktete Zähler), geben ihr Übertragssignal unmittelbar an den Zähleingang der Stufe mit der nächst höheren Zweierpotenz. Diese ändert nur dann ihren Zustand, wenn die vorhergehende ihren Zustand in einer ganz bestimmten Richtung ändert (z. B. von 1 nach 0 schaltet). Damit besteht eine zeitliche Differenz zwischen dem Zählimpuls und der Verfügbarkeit des echten Zählergebnisses. Diese Zeit ist umso größer, je mehr Dualstellen ihren Schaltzustand ändern. Innerhalb dieser Zeit stehen im Zähler vorübergehend falsche Zählergebnisse.

Vorwärtszähler müssen den Schaltzustand ihrer Binärstufen dann ändern, wenn die vorhergehende Stufe von 1 nach 0 umschaltet.

Dezimalzahl (Zählimpuls)	Schaltzustände der Binärstufen				Dualzahl (Kurzschreibweise)				Dualzahlen in Potenzdarstellung	Zählschritte und Korrektursprünge beim			
	$2^3=8$	$2^2=4$	$2^1=2$	$2^0=1$	$2^3=8$	$2^2=4$	$2^1=2$	$2^0=1$		1242-Code	1248-Code	Aiken-Code	Stibitz-Code
0					0	0	0	0	0	0	0	0	tetraden
1					0	0	0	1	$2^0=1$	1	1	1	
2					0	0	1	0	$2^1=2$	2	2	2	
3					0	0	1	1	$2^1+2^0=2+1=3$	3	3	3	0
4					0	1	0	0	$2^2=4$	4	4	4	1
5					0	1	0	1	$2^2+2^0=4+1=5$	5	5	Pseudotetraden	2
6					0	1	1	0	$2^2+2^1=4+2=6$	6	6		3
7					0	1	1	1	$2^2+2^1+2^0=4+2+1=7$	7	7		4
8					1	0	0	0	$2^3=8$	Pseudotetraden	8		5
9					1	0	0	1	$2^3+2^0=8+1=9$		9		6
10					1	0	1	0	$2^3+2^1=8+2=10$		Pseudotetraden		7
11					1	0	1	1	$2^3+2^1+2^0=8+2+1=11$			5	8
12					1	1	0	0	$2^3+2^2=8+4=12$			6	9
13					1	1	0	1	$2^3+2^2+2^0=8+4+1=13$			7	Pseudo-
14					1	1	1	0	$2^3+2^2+2^1=8+4+2=14$	8		8	
15					1	1	1	1	$2^3+2^2+2^1+2^0=8+4+2+1=15$	9		9	
16					0	0	0	0	16 ≙ 0				

Rückwärtszähler müssen den Schaltzustand ihrer Binärstufen dann ändern, wenn die vorhergehende Stufe von 0 nach 1 umschaltet. Dazu negiert man die Übertragssignale.

Zählimpuls	Dezimalzahl	Schaltzustände der Binärstufen				Dualzahl (Kurzschreibweise)				Dualzahlen in Potenzdarstellung	Zählschritte und Korrektursprünge beim			
		$2^3=8$	$2^2=4$	$2^1=2$	$2^0=1$	$2^3=8$	$2^2=4$	$2^1=2$	$2^0=1$		1242-Code	1248-Code	Aiken-Code	Stibitz-Code
0	0 ≙ 16					0	0	0	0	0 ≙ 15 + 1 = 16	0	0	0	tetraden
-1	15					1	1	1	1	$2^3+2^2+2^1+2^0=8+4+2+1=15$	-1	Pseudotetraden	-1	
-2	14					1	1	1	0	$2^3+2^2+2^1=8+4+2=14$	-2		-2	
-3	13					1	1	0	1	$2^3+2^2+2^0=8+4+1=13$	Pseudotetraden		-3	
-4	12					1	1	0	0	$2^3+2^2=8+4=12$			-4	-1
-5	11					1	0	1	1	$2^3+2^1+2^0=8+2+1=11$			-5	-2
-6	10					1	0	1	0	$2^3+2^1=8+2=10$			Pseudotetraden	-3
-7	9					1	0	0	1	$2^3+2^0=8+1=9$		-1		-4
-8	8					1	0	0	0	$2^3=8$		-2		-5
-9	7					0	1	1	1	$2^2+2^1+2^0=4+2+1=7$	-3	-3		-6
-10	6					0	1	1	0	$2^2+2^1=4+2=6$	-4	-4		-7
-11	5					0	1	0	1	$2^2+2^0=4+1=5$	-5	-5		-8
-12	4					0	1	0	0	$2^2=4$	-6	-6	-6	-9
-13	3					0	0	1	1	$2^1+2^0=2+1=3$	-7	-7	-7	0 Pseudo-
-14	2					0	0	1	0	$2^1=2$	-8	-8	-8	
-15	1					0	0	0	1	$2^0=1$	-9	-9	-9	
-16	0					0	0	0	0	0	-10	-10	-10	

Zählschaltungen (Asynchronzähler) — DIG 4.2

Vorwärtszähler

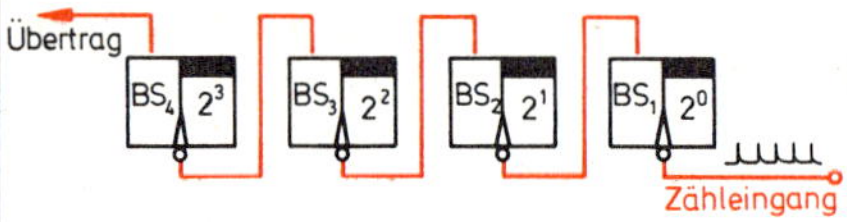

Unkorrigierter Dualzähler

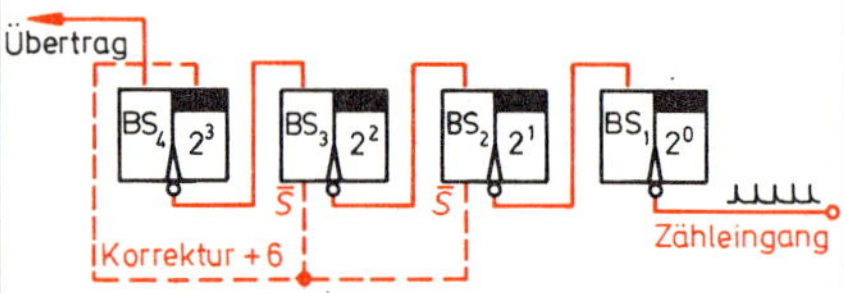

Korrigierter BCD-1242-Zähler

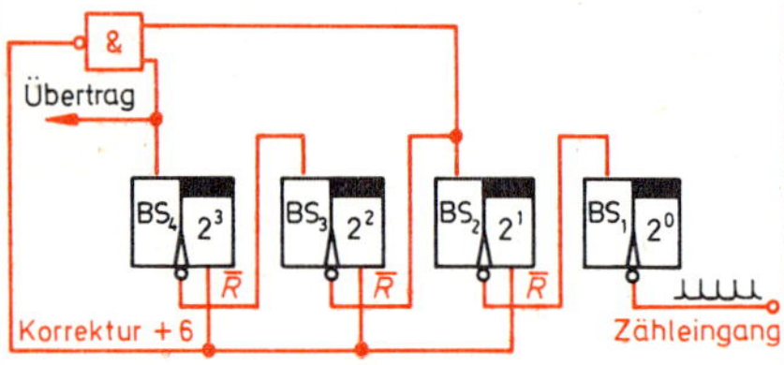

Korrigierter BCD-1248-Zähler

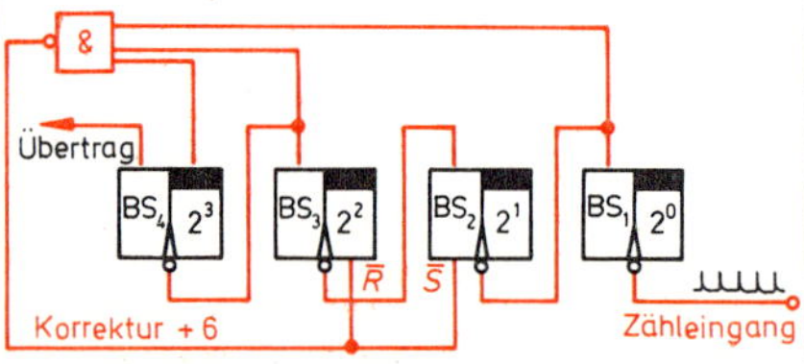

Korrigierter BCD-Zähler im Aiken-Code

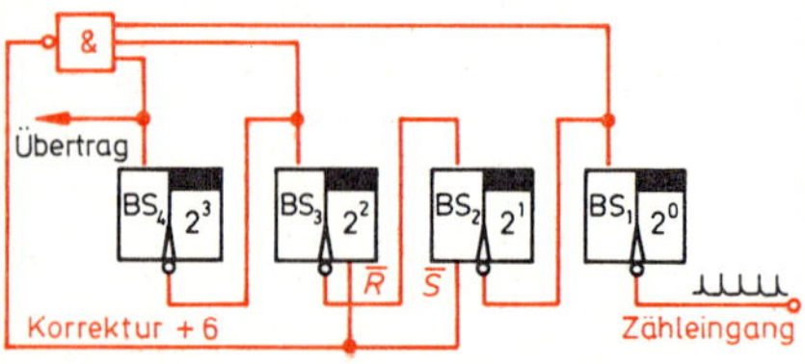

Korrigierter BCD-Zähler im Stibitz-Code

Rückwärtszähler

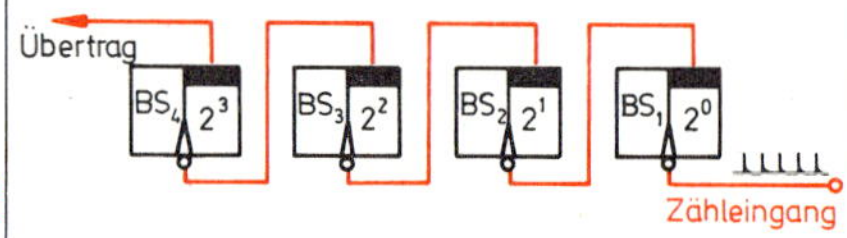

Unkorrigierter Dualzähler

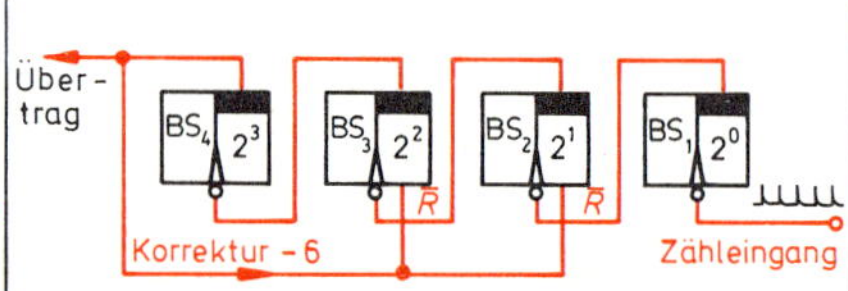

Korrigierter BCD-1242-Zähler

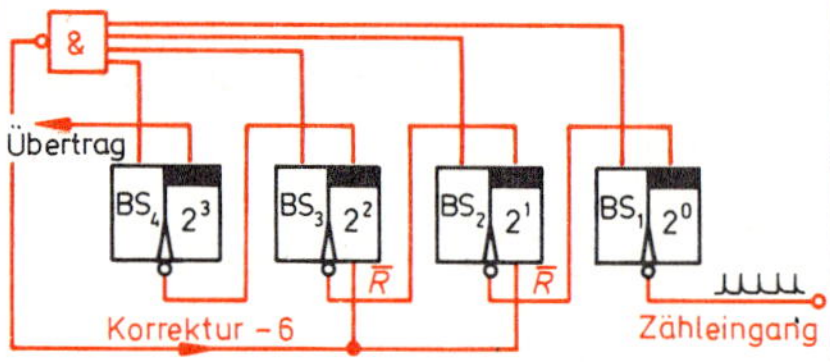

Korrigierter BCD-1248-Zähler

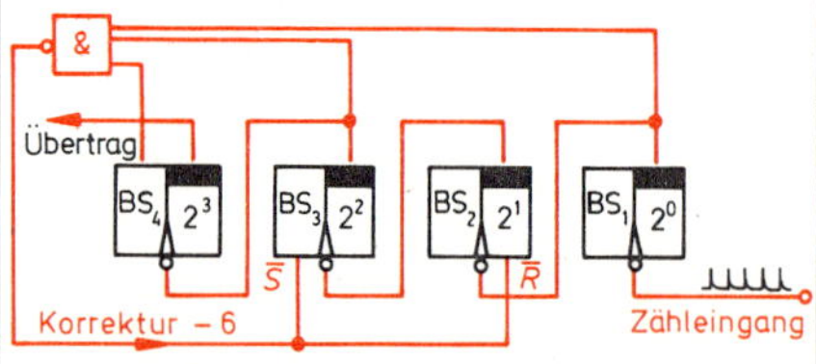

Korrigierter BCD-Zähler im Aiken-Code

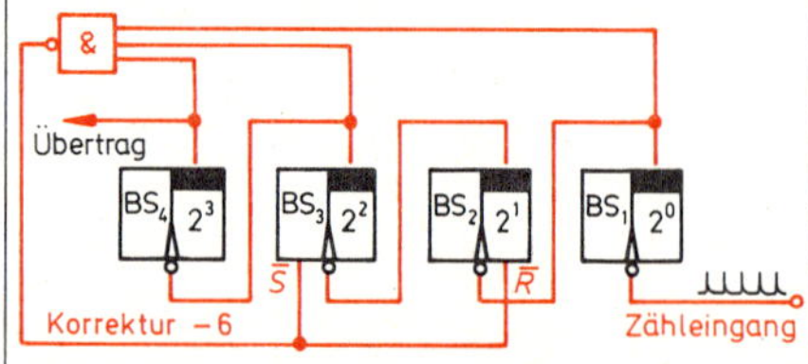

Korrigierter BCD-Zähler im Stibitz-Code

Synchronzähler, (parallelgetaktete Zähler), sind durch die zu einer Zählleitung zusammengeschalteten Zähleingänge gekennzeichnet. Die Änderung des Schaltzustandes der einzelnen Stufen ergibt sich aus der Verknüpfung der Ausgangssignale an den Vorbereitungseingängen *J* und *K* der einzelnen Stufen. Diese müssen folgenden Funktionsgleichungen entsprechen:

1248-Code		Aiken-Code		Stibitz-Code	
Vorwärts	Rückwärts	Vorwärts	Rückwärts	Vorwärts	Rückwärts
$J_B = a \cdot \bar{d}$ $K_B = a$	$J_B = \bar{a}(c + d)$ $K_B = \bar{a}$	$J_B = a + c \cdot \bar{d}$ $K_B = a$	$J_B = \bar{a}$ $K_B = \bar{a} + \bar{c} \cdot d$	$J_B = a + c \cdot d$ $K_B = a$	$J_B = \bar{a}$ $K_B = \bar{a} + \bar{c} \cdot \bar{d}$
$J_C = a \cdot b$ $K_C = a \cdot b$	$J_C = \bar{a} \cdot d$ $K_C = \bar{a} \cdot \bar{b}$	$J_C = a \cdot b$ $K_C = a \cdot b + \bar{d}$	$J_C = \bar{a} \cdot \bar{b} + d$ $K_C = \bar{a} \cdot \bar{b}$	$J_C = a \cdot b$ $K_C = a \cdot b + d$	$J_C = \bar{a} \cdot \bar{b} + \bar{d}$ $K_C = \bar{a} \cdot \bar{b}$
$J_D = a \cdot b \cdot c$ $K_D = a$	$J_D = \bar{a} \cdot \bar{b} \cdot \bar{c}$ $K_D = \bar{a}$	$J_D = c$ $K_D = a \cdot b \cdot c$	$J_D = \bar{a} \cdot \bar{b} \cdot \bar{c}$ $K_D = \bar{c}$	$J_D = a \cdot b \cdot c$ $K_D = c$	$J_D = \bar{c}$ $K_D = \bar{a} \cdot \bar{b} \cdot \bar{c}$

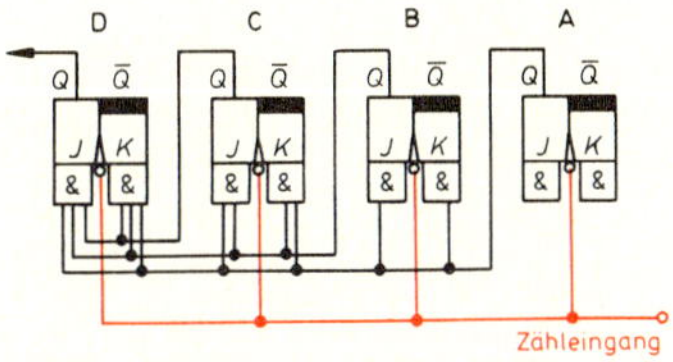

Synchroner Dual-Vorwärtszähler

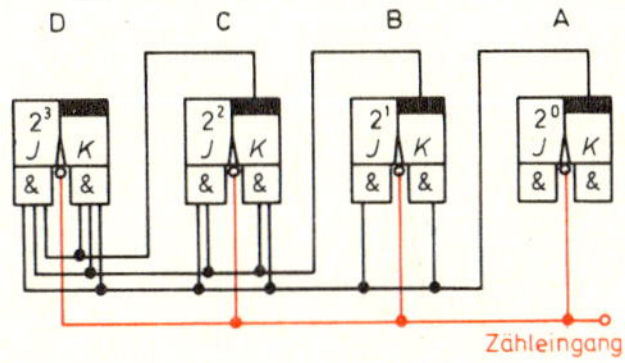

Synchroner Dual-Rückwärtszähler

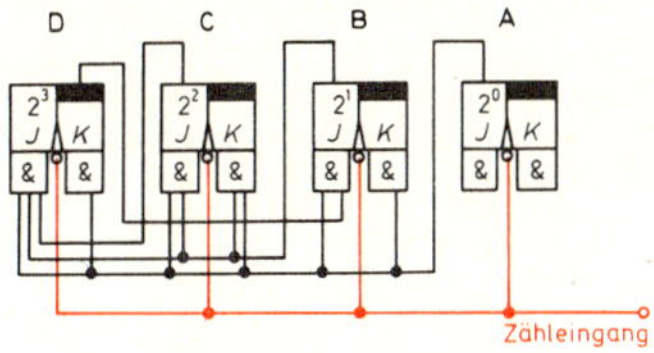

Synchroner BCD-1248-Vorwärtszähler

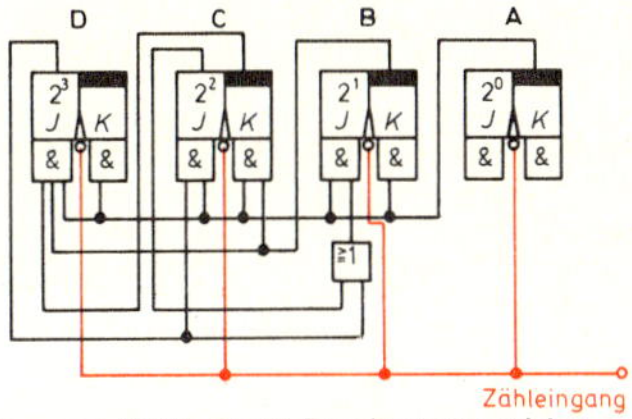

Synchroner BCD-1248-Rückwärtszähler

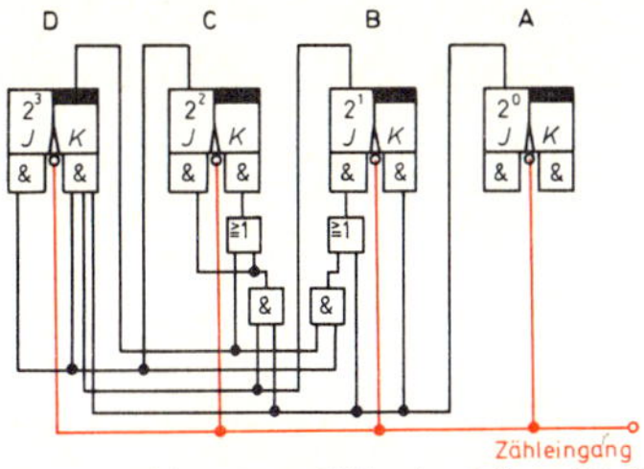

Synchroner Vorwärtszähler im Aiken-Code

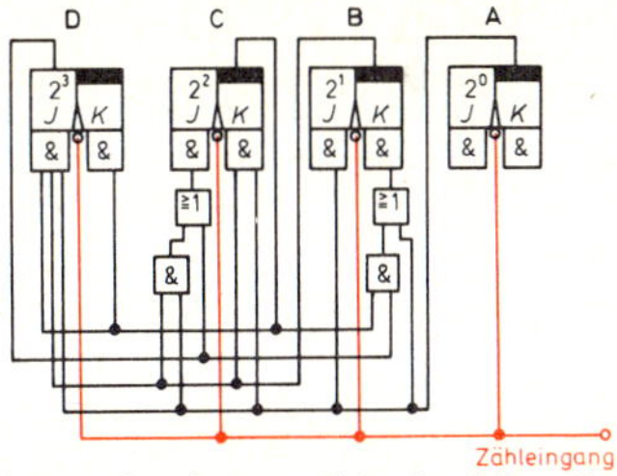

Synchroner Rückwärtszähler im Aiken-Code

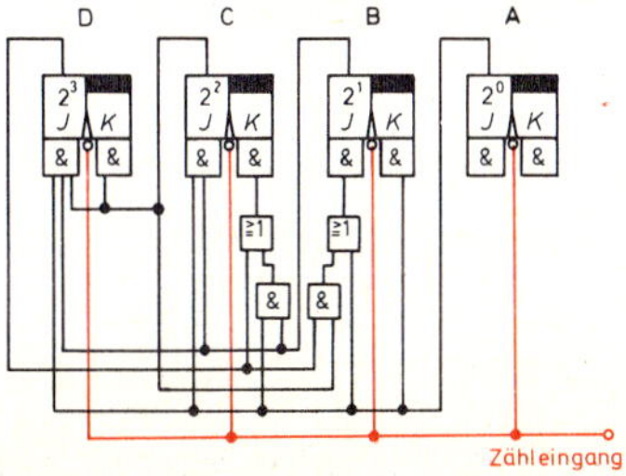

Synchroner Vorwärtszähler im Stibitz-Code

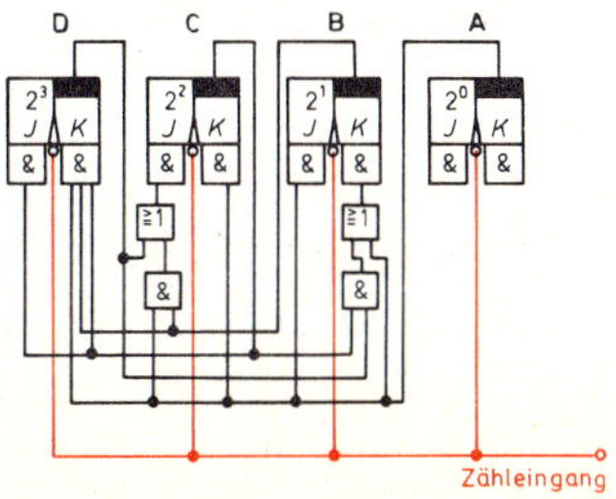

Synchroner Rückwärtszähler im Stibitz-Code

Schieberegister sind sequentielle Schaltungen mit einer $n \cdot 4$ Bit großen Anzahl Speicherstufen, deren Takteingänge über eine Schiebeleitung zusammengefaßt sind. Ein geeigneter Signalsprung schaltet die Stufen auf 1, die über die J-Eingänge mit einer 1 dazu vorbereitet sind. Es sind diejenigen, deren vorhergehende Stufen am Ausgang Q Signal 1 enthalten. Die anderen erhalten am Vorbereitungseingang K eine 1 und werden zum Ausschalten freigegeben. Dadurch lassen sich Binärinformationen mit jedem Schiebetakt um eine Stufe weiterschieben.

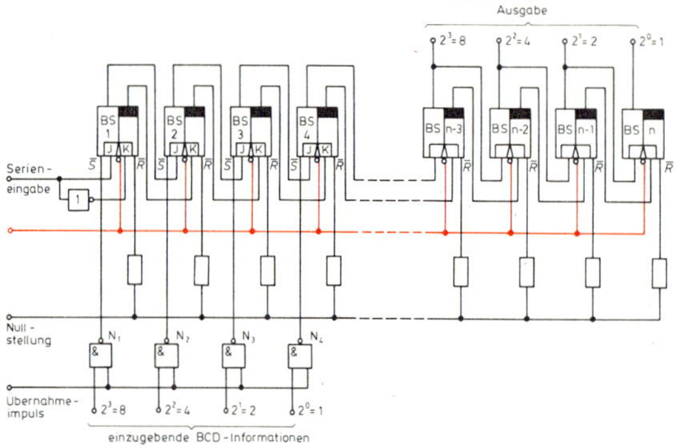

Prinzipielle Verknüpfung der Speicherstufen eines Schieberegisters

Bei der Paralleleingabe von binärcodierten Informationen werden über Schaltglieder die Stufen gleichzeitig eingeschaltet, denen die eingegebene Zahleninformation zugeordnet ist. Die Eingabe geschieht mit einem Übernahmeimpuls. Danach schieben vier Taktimpulse die Information in die folgenden vier Binärstufen, wodurch die ersten vier zur Aufnahme der nächsten binärcodierten Information frei sind. Bei der Eingabe der mehrstelligen Dezimalzahl 6791 erhält man zum Beispiel nach den einzelnen Taktimpulsen folgende Schaltzustände:

		BS1	BS2	BS3	BS4	BS5	BS6	BS7	BS8	BS9	BS10	BS11	BS12	BS13	BS14	BS15	BS16
Eingabe 1. Dezimalziffer					1												
1. Taktgruppe	1. Takt					→ 1											
	2. Takt						→ 1										
	3. Takt							→ 1									
	4. Takt								→ 1								
Eingabe 2. Dezimalziffer		1			1				1								
2. Taktgruppe	1. Takt		→ 1			→ 1				→ 1							
	2. Takt			→ 1			→ 1				→ 1						
	3. Takt				→ 1			→ 1				→ 1					
	4. Takt					→ 1			→ 1				→ 1				
Eingabe 3. Dezimalziffer			1	1	1	1			1				1				
3. Taktgruppe	1. Takt			→ 1	→ 1	→ 1	→ 1			→ 1				→ 1			
	2. Takt				→ 1	→ 1	→ 1	→ 1			→ 1				→ 1		
	3. Takt					→ 1	→ 1	→ 1	→ 1			→ 1				→ 1	
	4. Takt						→ 1	→ 1	→ 1	→ 1			→ 1				→ 1
Eingabe 4. Dezimalziffer			1	1			1	1	1	1			1				1
gespeicherte Dezimalzahl		6				7				9				1			

Bei der Serieneingabe binärcodierter Informationen sind nur die Vorbereitungseingänge der ersten Binärstufe zugänglich. Die dort nacheinander eingehenden Binärinformationen werden mit dem Schiebetakt in das Register übernommen.

Bei der Serien/Parallel-Umwandlung gelangen binäre Informationen als Einzelimpulse nacheinander über eine Einzelleitung in das Schieberegister und stehen an dessen Ausgängen als binärcodierte Dezimalzahlen zur Parallelabnahme zur Verfügung.

Bei der Parallel/Serien-Umwandlung werden die parallel eingegebenen binärcodierten Dezimalzahlen mit dem Schiebetakt an den Ausgang der letzten Speicherstufe geschoben. Sie stehen dort als Folge nacheinander auftretender Einzelimpulse zur Verfügung.

Pufferspeicher haben die Aufgabe, Binärinformationen bestimmter Geschwindigkeit in eine höhere oder niedere Geschwindigkeit umzusetzen (z. B. 10^3 Bit/s bei der Lochstreifenabtastung in 10^7 Bit/s bei elektronischen Rechenoperationen). Die Ursprungsinformation wird mit ihrer Geschwindigkeit in das Schieberegister parallel oder seriell eingegeben und anschließend mit der neuen Geschwindigkeit seriell abgefragt oder parallel herausgenommen.

Bereitstellungsspeicher halten innerhalb von Rechenanlagen die Rechenoperanten bereit. Sie nehmen ferner Zwischenergebnisse auf. Da sie mit der größten Potenz beginnend eingelesen werden, beim Rechnen aber mit der kleinsten Potenz begonnen werden muß, muß die Entnahme der BCD-Zahlen in umgekehrter Reihenfolge wie die Eingabe erfolgen. Das geschieht durch Umschalten der Schieberichtung.

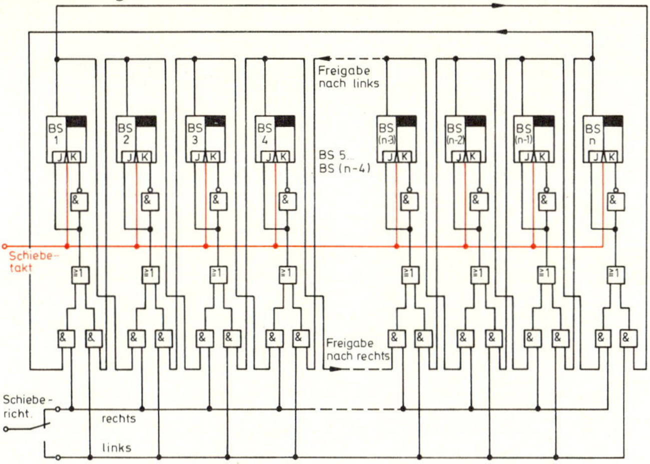

Schieberegister mit umschaltbarer Schieberichtung

Schieberegister mit Zwischenspeicherung kommen heute kaum noch vor, da die Speicherstufen durch den Schiebetakt nicht schneller von 1 auf 0 zurück geschaltet werden können, als das Umschalten von 0 nach 1 erfolgt. Ist das nicht garantiert, so muß man das Signal 1 einer Speicherstufe solange zwischenspeichern, bis die nachfolgende Stufe garantiert auf 1 steht.

Integrierte Schieberegister. Hier sind standardmäßig 4 Binärstufen und die zum Steuern erforderlichen Schaltglieder in einem Festkörperbaustein zusammengefaßt. Je nach Bedarf kann man beliebig viele solcher 4-Bit-Schieberegister zu umfangreichen Schieberegistern zusammenschalten. Integrierte Schieberegister mit höherer Speicherkapazität in einem Einzelbaustein eignen sich meistens nur für die serielle Ein- und Ausgabe.

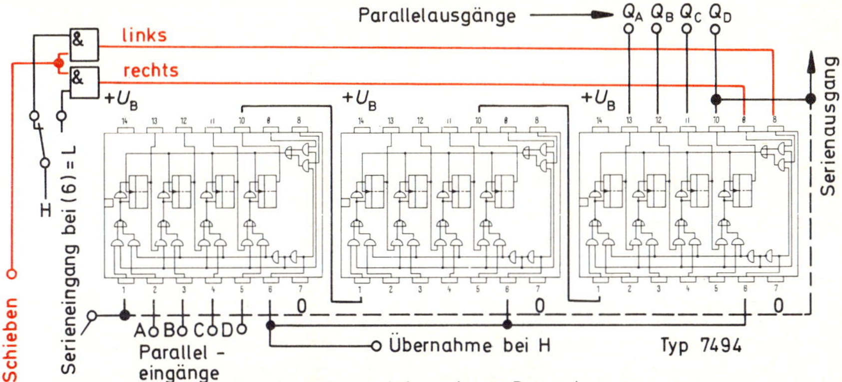

Schieberegister mit integrierten Bausteinen

Schieberegister als Dezimalzähler besitzen grundsätzlich 10 Binärstufen (z. B. 2 x 5 Bit). Die *J*- und *K*-Eingänge der ersten Stufe werden von den Ausgängen der letzten Stufe gesteuert, so daß ein geschlossener Ring entsteht (Ringzähler). Von den zehn Stufen steht jeweils nur eine auf 1. Die Nullstelleitung sorgt dafür, daß es diejenige ist, der man die dezimale Null zugeordnet hat.

Codewandler setzen einen Digitalcode in einen anderen um. Der Entwurf (Synthese) erfolgt dadurch, daß man die Funktionstabellen beider Codes nebeneinander stellt. Der Ursprungscode bestimmt dann die Eingangsvariablen und der Zielcode die abhängigen Ausgangsvariablen. Daraus werden über Bool'sche Verknüpfungsgleichungen und KV-Tafeln die endgültigen Funktionen für jeden Ausgang gewonnen. Die redundanten Bitkombinationen des Ursprungscodes (z. B. dessen Pseudotetraden) bestimmen dann die mit X bezeichneten Unbedenklichkeitsfelder.

Bewertung	Ursprungscode				Zielcode			
	Gray-Code				1248-Code			
	a	*b*	*c*	*d*	*A*	*B*	*C*	*D*
0	0	0	0	0	0	0	0	0
1	1	0	0	0	1	0	0	0
2	1	1	0	0	0	1	0	0
3	0	1	0	0	1	1	0	0
4	0	1	1	0	0	0	1	0
5	1	1	1	0	1	0	1	0
6	1	0	1	0	0	1	1	0
7	0	0	1	0	1	1	1	0
8	0	0	1	1	0	0	0	1
9	1	0	1	1	1	0	0	1
x	1	1	1	1				
x	0	1	1	1				
x	0	1	0	1				
x	1	1	0	1				
x	1	0	0	1				
x	0	0	0	1				

$D = \bar a \bar b c d + a \bar b c d$

$C = \bar a b c \bar d + a b c \bar d + a \bar b c \bar d + \bar a \bar b c \bar d$

$B = a b \bar c \bar d + \bar a b \bar c \bar d + a \bar b c \bar d + \bar a \bar b c \bar d$

$A = a \bar b \bar c \bar d + \bar a b \bar c \bar d + a b c \bar d + \bar a \bar b c \bar d + a \bar b c d$

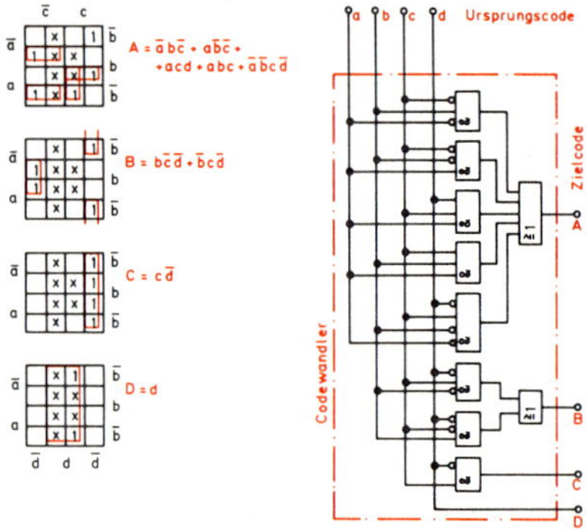

Planungsbeispiel für einen Gray/1248-Codewandler

BCD/Dezimalwandler setzen einen BCD-Code (z. B. Dualzahlen) in Dezimalzahlen um. Für die drei wichtigsten 4-Bit-Codes ergeben sich für die einzelnen Dezimalziffern folgende Funktionsgleichungen:

Dezimalzahl	BCD-Code	Aiken-Code	Stiebitz-Code
0	$\bar a \cdot \bar b \cdot \bar c \cdot \bar d$	$\bar a \cdot \bar b \cdot \bar c$	$\bar c \cdot \bar d$
1	$a \cdot \bar b \cdot \bar c \cdot \bar d$	$a \cdot \bar b \cdot \bar d$	$\bar a \cdot \bar b \cdot \bar d$
2	$\bar a \cdot b \cdot \bar c$	$\bar a \cdot b \cdot \bar d$	$a \cdot \bar b \cdot \bar d$
3	$a \cdot b \cdot \bar c$	$a \cdot b \cdot \bar d$	$\bar a \cdot b \cdot c$
4	$\bar a \cdot \bar b \cdot c$	$c \cdot \bar d$	$a \cdot b \cdot c$
5	$a \cdot \bar b \cdot c$	$\bar c \cdot d$	$\bar a \cdot \bar b \cdot \bar c$
6	$\bar a \cdot b \cdot c$	$\bar a \cdot \bar b \cdot d$	$a \cdot \bar b \cdot d$
7	$a \cdot b \cdot c$	$a \cdot \bar b \cdot d$	$\bar a \cdot b \cdot \bar c$
8	$\bar a \cdot d$	$\bar a \cdot b \cdot d$	$a \cdot b \cdot d$
9	$a \cdot d$	$a \cdot b \cdot c$	$c \cdot d$

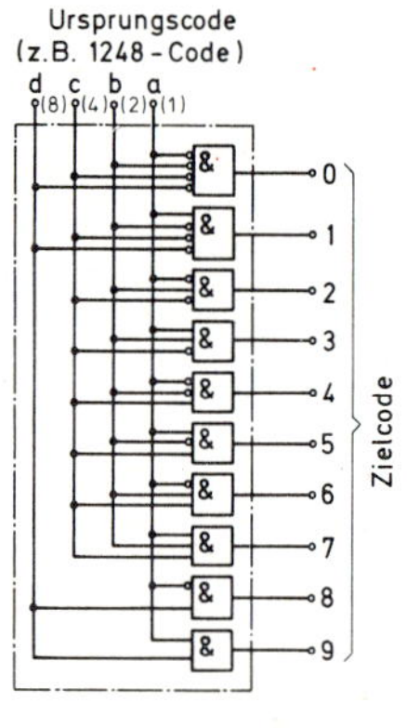

Prinzipschaltung eines BCD/Dezimalwandlers

Dezimal/BCD-Wandler setzen Dezimalzahlen in Dualzahlen eines beliebigen Codes um. Sie werden mit vier ODER-Gliedern bestückt und für die drei wichtigsten 4-Bit-Codes nach folgenden Funktionsgleichungen verknüpft:

Gatter	BCD-1248-Code	Aikencode	Stibitzcode
0_1	8+9	5+6+7+8+9	5+6+7+8+9
0_2	4+5+6+7	4+6+7+8+9	1+2+3+4+9
0_3	2+3+6+7	2+3+5+8+9	0+3+4+7+8
0_4	1+3+5+7+9	1+3+5+7+9	0+2+4+6+8

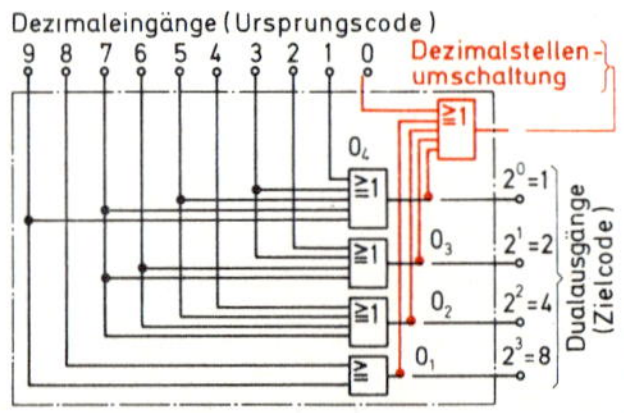

Prinzipschaltung eines Dezimal/Dualwandlers

BCD/Siebensegment-Wandler wandeln binäre Zähl- und Rechenergebnisse in einen speziellen Code um, der auf den Siebensegmentanzeigern Dezimalziffern darstellt. Ihre Planung erfolgt in jedem Falle nach dem gleichen Muster und soll hier an Hand des 1248-Codes gezeigt werden. Die Funktionstabelle braucht 4 Spalten für den Ursprungscode und 7 Spalten für den Zielcode.

Eingänge $d = 2^3$	$c = 2^2$	$b = 2^1$	$a = 2^0$	Ausgänge A	B	C	D	E	F	G	Dezim. Zahl
0	0	0	0	1	1	1	1	1	1	0	0
0	0	0	1	0	1	1	0	0	0	0	1
0	0	1	0	1	1	0	1	1	0	1	2
0	0	1	1	1	1	1	1	0	0	1	3
0	1	0	0	0	1	1	0	0	1	1	4
0	1	0	1	1	0	1	1	0	1	1	5
0	1	1	0	0	0	1	1	1	1	1	6
0	1	1	1	1	1	1	0	0	0	0	7
1	0	0	0	1	1	1	1	1	1	1	8
1	0	0	1	1	1	1	0	0	1	1	9
1	0	1	0	Pseudotetraden = Unbedenklichkeitsfelder							
1	0	1	1								
1	1	0	0								
1	1	0	1								
1	1	1	0								
1	1	1	1								

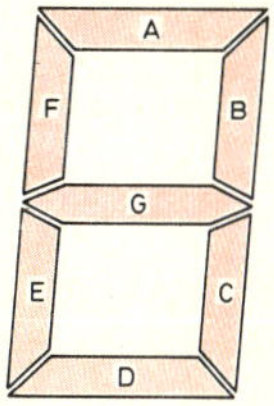

Bezeichnung der Segmente

Für jeden Ausgang wird die Funktionsgleichung aufgestellt, indem man die Zeilen, die eine 1 ergeben über ODER-Glieder verknüpft, die dazugehörigen Eingangsvariablen aber mit UND-Gliedern.

$$A = \bar{a}\bar{b}\bar{c}\bar{d} + \bar{a}b\bar{c}\bar{d} + ab\bar{c}\bar{d} + a\bar{b}c\bar{d} + abc\bar{d} + \bar{a}\bar{b}\bar{c}d + a\bar{b}\bar{c}d$$
$$B = \bar{a}\bar{b}\bar{c}\bar{d} + a\bar{b}\bar{c}\bar{d} + \bar{a}b\bar{c}\bar{d} + ab\bar{c}\bar{d} + \bar{a}\bar{b}c\bar{d} + abc\bar{d} + \bar{a}\bar{b}\bar{c}d + a\bar{b}\bar{c}d$$
$$C = \bar{a}\bar{b}\bar{c}\bar{d} + a\bar{b}\bar{c}\bar{d} + ab\bar{c}\bar{d} + \bar{a}\bar{b}c\bar{d} + a\bar{b}c\bar{d} + \bar{a}bc\bar{d} + abc\bar{d} + \bar{a}\bar{b}\bar{c}d + a\bar{b}\bar{c}d$$
$$D = \bar{a}\bar{b}\bar{c}\bar{d} + \bar{a}b\bar{c}\bar{d} + ab\bar{c}\bar{d} + a\bar{b}c\bar{d} + \bar{a}bc\bar{d} + \bar{a}\bar{b}\bar{c}d$$
$$E = \bar{a}\bar{b}\bar{c}\bar{d} + \bar{a}b\bar{c}\bar{d} + \bar{a}bc\bar{d} + \bar{a}\bar{b}\bar{c}d$$
$$F = \bar{a}\bar{b}\bar{c}\bar{d} + \bar{a}\bar{b}c\bar{d} + a\bar{b}c\bar{d} + \bar{a}bc\bar{d} + \bar{a}\bar{b}\bar{c}d + a\bar{b}\bar{c}d$$
$$G = \bar{a}b\bar{c}\bar{d} + ab\bar{c}\bar{d} + \bar{a}\bar{b}c\bar{d} + a\bar{b}c\bar{d} + \bar{a}bc\bar{d} + abc\bar{d} + a\bar{b}\bar{c}d$$

Jede der Funktionsgleichungen wird in eine eigene KV-Tafel übertragen, in der die Pseudotetraden als unbedenkliche Felder (don't care Felder) mit *X* bezeichnet sind.

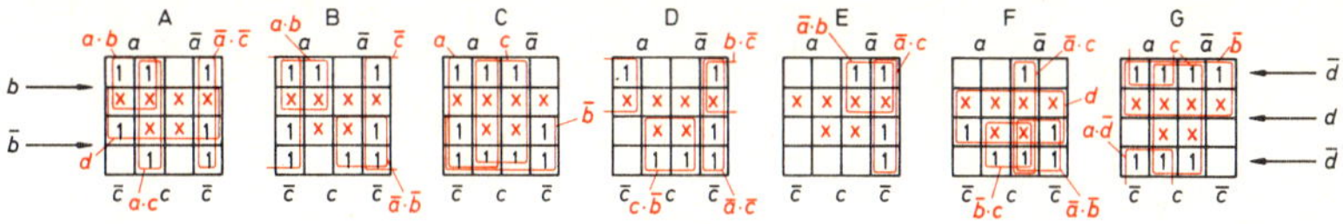

$$A = ab + ac + \bar{a}\bar{c} + d$$
$$B = ab + \bar{a}\bar{b} + \bar{c}$$
$$C = a + \bar{b} + c$$
$$D = \bar{a}\bar{c} + b\bar{c} + c\bar{b}$$
$$E = \bar{a}b + \bar{a}\bar{c}$$
$$F = \bar{a}\bar{b} + \bar{a}c + \bar{b}c + d$$
$$G = a\bar{d} + \bar{b} + c$$

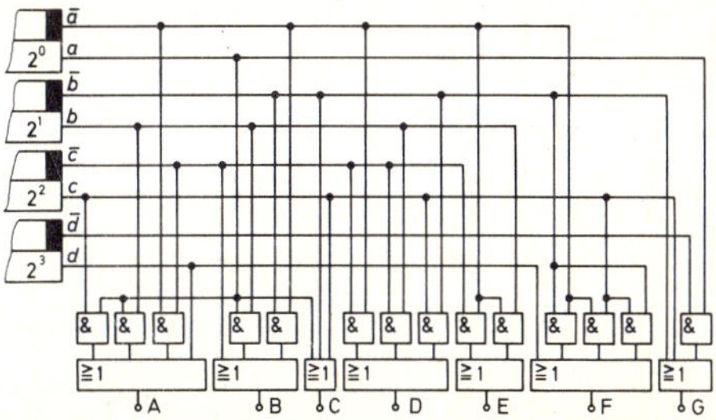

Schaltung des BCD/Siebensegment-Wandlers

Beim Kompensationsverfahren erhöht ein Zähler schrittweise eine Vergleichsspannung soweit, bis ihr Wert gleich der Meßgröße ist. Die Anzahl der gezählten Schritte verhält sich proportional zur Meßgröße und steht als Digitalwert zur Verfügung.

Beim Sägezahn-Vergleichsverfahren wird die Meßgröße mit dem zeitproportionalen Anstieg einer Sägezahnflanke verglichen. Die Zeit, die die Flanke von Null bis zum Erreichen der Meßspannung benötigt, wird mit einer Impulsspannung konstanter Frequenz verglichen. die Anzahl der Impulse innerhalb dieser Anstiegszeit ist ein Maß für den Wert der analogen Meßgröße.

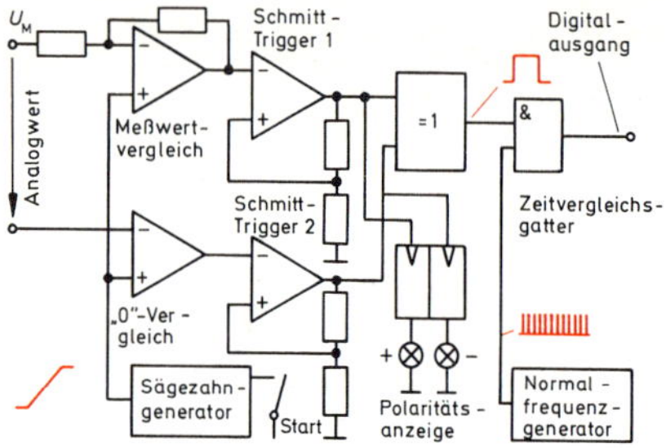

Prinzipschaltung eines A/D-Wandlers mit Sägezahnvergleich

$$n = \frac{U_m \cdot \Delta t_s \cdot f_N}{\Delta U_s}$$

n Impulsanzahl
U_M Meßspannung in V
f_N Normalfrequenz in Hz
$\frac{\Delta U_s}{\Delta t_s}$ Flankensteilheit in V/s

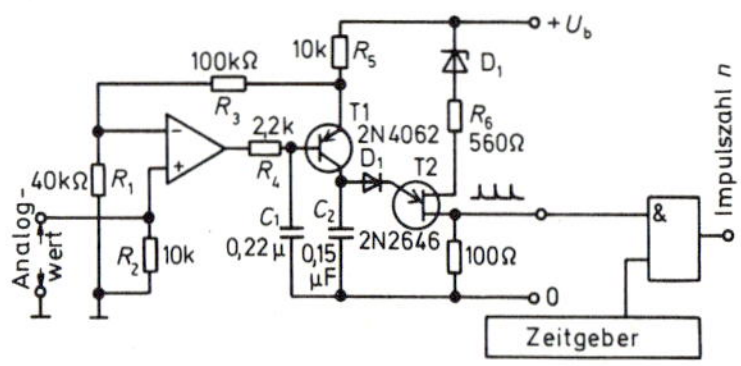

Prinzipschaltung eines A/D-Wandlers mit Frequenzmodulator

Beim Frequenzmodulations-Verfahren wird ein freischwingender Generator durch die analoge Meßgröße in seiner Frequenz verändert. Die Frequenz wird mit einer bekannten Zeit t_N verglichen. Das ergibt als Digitalgröße eine Impulsanzahl n:

$$n = f_X \cdot t_N$$

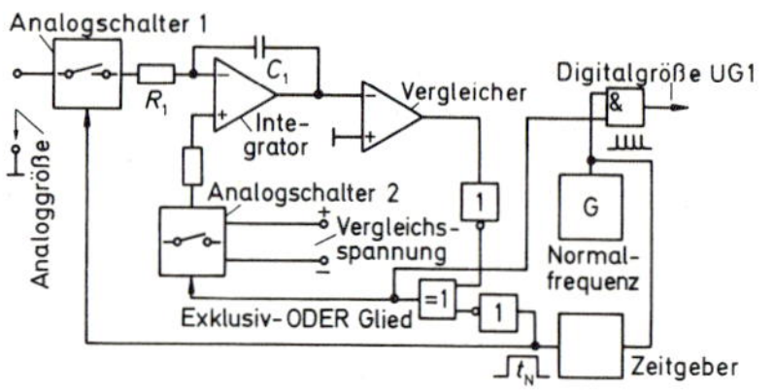

Prinzipschaltung eines A/D-Wandlers nach dem Dual/Slope-Verfahren

Vorausgesetzt, die Frequenz verhält sich proportional zur analogen Meßgröße, so besteht zwischen der Impulsanzahl und der Analoggröße ein linearer Zusammenhang.

Beim Dual-Slope-Verfahren (Doppelschleifenverfahren) lädt die Meßspannung den zeitbestimmenden Kondensator eines Integrators mit zeitproportionaler Geschwindigkeit auf. Nach Ablauf einer bestimmten Zeit t_N hat der Kondensator einen Ladezustand erreicht, der von dem Wert der Analoggröße abhängt.

Anschließend trennt der Zeitgeber die Analoggröße vom Integratoreingang ab und legt mit einem zweiten Analogschalter dort eine Vergleichsspannung an. Diese entlädt den Kondensator mit konstanter Geschwindigkeit. Der Vergleicher stellt fest, wenn die Ausgangsspannung des Integrators 0 geworden ist. In dem Moment trennt der Analogschalter die Vergleichsspannung ab und gleichzeitig wird das Vergleichstor UG 1, das vorher geöffnet war, wieder geschlossen. Durch das geöffnete Tor UG 1 gelangten Impulse an den Ausgang, deren Anzahl als Digitalgröße ein Maß für den Wert der Analoggröße ist.

Dual-Slope-A/D-Wandler nennt man auch integrierende A/D-Wandler. Sie haben gegenüber den anderen Verfahren den Vorteil, daß sie immun gegenüber Störspannungen sind.

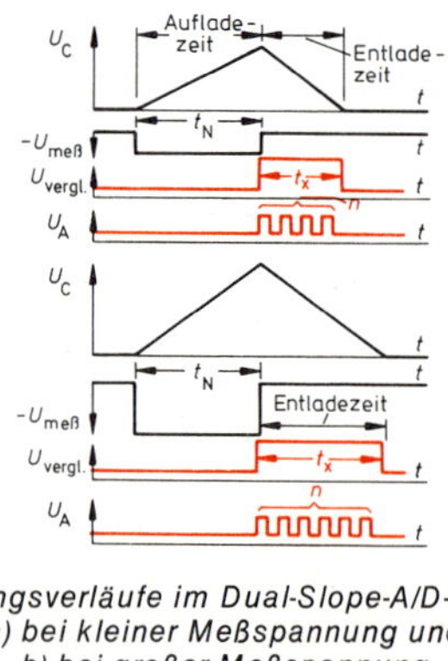

Spannungsverläufe im Dual-Slope-A/D-Wandler
a) bei kleiner Meßspannung und
b) bei großer Meßspannung

Digital/Analogwandler gewinnen aus einem digitalen Zähl- oder Rechenergebnis eine ihm entsprechende Gleichspannung.

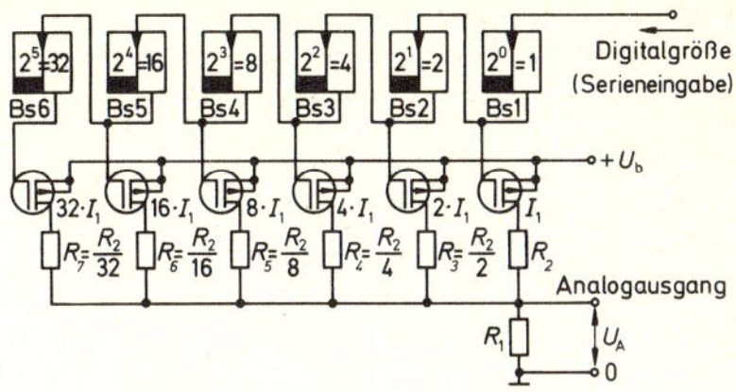

D/A-Wandler mit Serieneingabe und Stromleiternetzwerk

D/A-Wandler mit Serieneingabe besitzen einen Zähler als Speicher, in dem die Digitalgröße als Impulsfolge nacheinander eingegeben wird. Die Ausgänge der Binärstufen schalten über Schalttransistoren (z. B. MOS-Schalter) Ströme ein, die durch duale Staffelung der Begrenzungswiderstände ebenfalls dual gestaffelt sind und sich im gemeinsamen Widerstand R 1 addieren.
Damit steigt die Spannung an diesem Widerstand proportional mit der Impulszahl an und dient als analoge Ausgangsgröße.

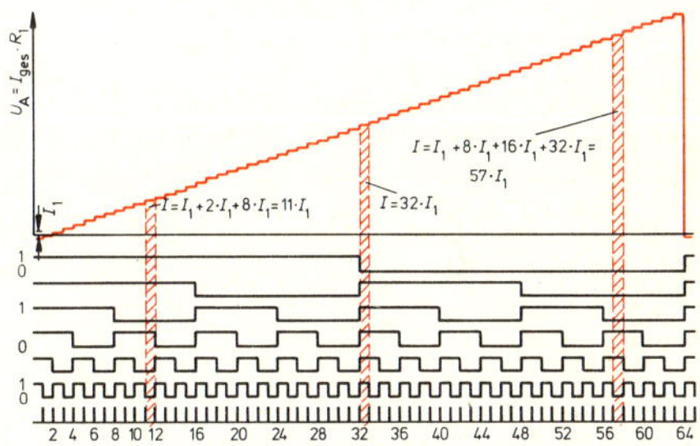

Abhängigkeit der Ausgangsspannung von der Digitalgröße

D/A-Wandler mit Paralleleingabe benötigen selten Speicher, weil die Digitalgröße als mehrstelliges Binärwort gleichzeitig zur Verfügung steht. In modernen Anlagen rüstet man sie mit CMOS-Schaltern und Kettenleiter-Netzwerken aus. Kettenleiternetzwerke haben gegenüber dem oben benutzten Stromleiter-Netzwerk den Vorteil, daß die strombestimmenden Widerstände in ihren Werten nur wenig voneinander abzuweichen brauchen. Jedes Glied des Kettenleiternetzwerkes weist ein Spannungsteilerverhältnis von 2 auf, so daß die Teilspannungen von Stufe zu Stufe entsprechend der dualen Wertigkeit geteilt sind.
Damit die Ausgangsspannung belastungsunabhängig wird, wird an den Ausgang ein Operationsverstärker als Impedanzwandler angeschlossen. Das Netzwerk darf dadurch hochohmig sein und erleichtert den genauen Abgleich der einzelnen Teilwiderstände.

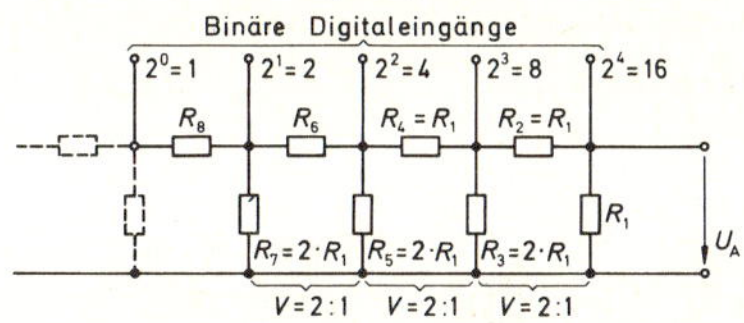

Kettenleiter-Netzwerk für D/A-Wandler

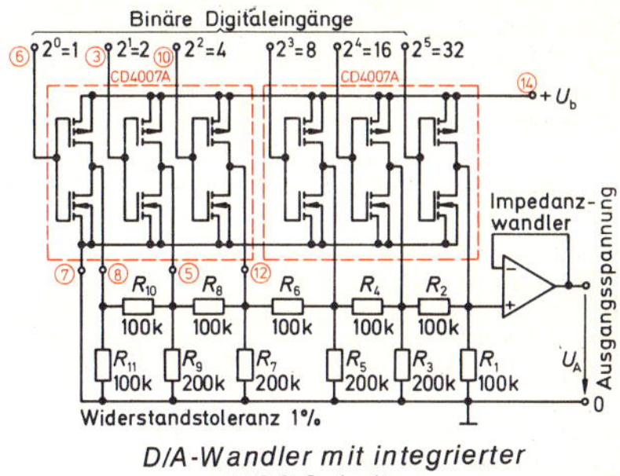

D/A-Wandler mit integrierter MOS-Schaltung

Dynamische D/A-Wandler wandeln zeitabhängige Digitalgrößen (z. B. Impulse pro Sekunden) in entsprechende Gleichspannungen um. Durch vorgeschaltete Torschaltungen kann der D/A-Wandler mit Serieneingabe dafür benutzt werden, sofern das Tor für eine genau definierte Zeit freigegeben wird.
Weniger aufwendig ist es, die Impulse der Digitalgröße in solche gleicher Zeitdauer umzuwandeln (z. B. mit einer monostabilen Kippschaltung) und sie mit einem RC-Glied zu integrieren. Die gewonnene Gleichspannung ist dann

$$U_{gl} = U_b \cdot t_e \cdot f$$

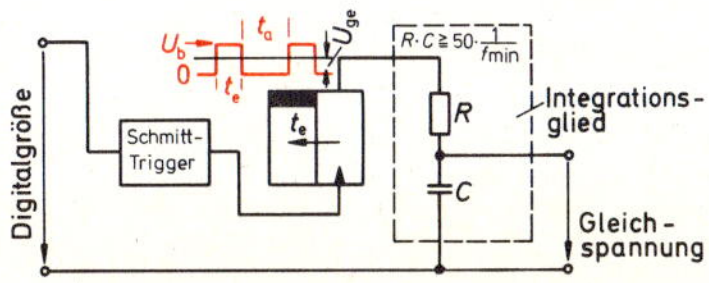

Dynamischer D/A-Wandler, auch als Frequenzdemodulator geeignet

Digitalstellglieder

Schrittmotoren entsprechen in Aufbau und Wirkungsweise den Synchronmotoren. Innerhalb eines Stators mit vier Spulen ist ein Permanentmagnet als Rotor drehbar gelagert. Die Drehbewegung kommt dadurch zustande, daß man den Statorwicklungen in geeigneter Reihenfolge Impulse (Digitalgrößen) zuführt. Das kann mit mechanischen Schaltern oder elektronischen Kippschaltungen geschehen. Sie müssen in folgender Reihenfolge geschaltet werden:

Drehrichtung im Uhrzeigersinn			Drehrichtung entgegengesetzt zum Uhrzeigersinn		
Schalterstellung		Rotorposition des Südpols	Schalterstellung		Rotorposition des Südpols
S_1	S_2		S_1	S_2	
N	N	1	N	N	1
S	N	2	N	S	4
S	S	3	S	S	3
N	S	4	S	N	2
N	N	1	N	N	1

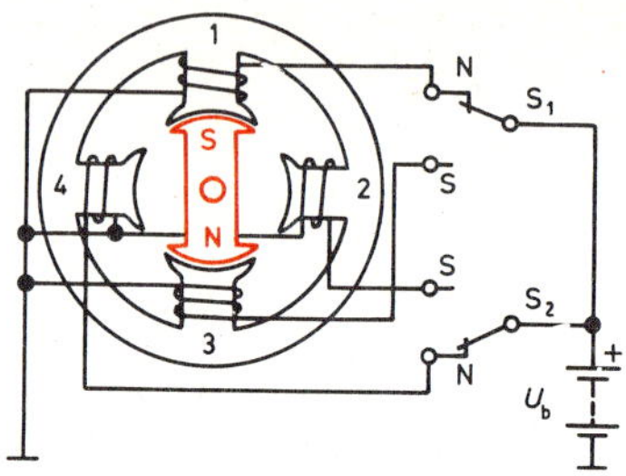

Prinzipieller Aufbau eines Schrittmotors

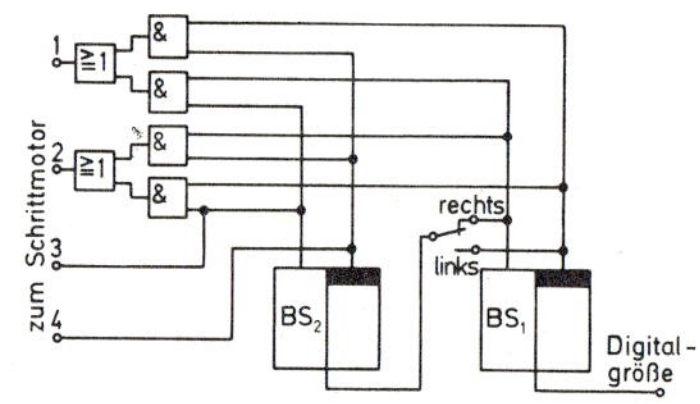

Elektronische Steuerung für Schrittmotoren mit Asynchronzähler

Die elektronische Steuerung wird mit einem zweistufigen Binärzähler durchgeführt, bei dem sich bei jedem Impuls nur eine Stufe ändert (ähnl. Gray-Code). Dazu eignen sich entweder normale Asynchronzähler mit nachgeschaltetem Codewandler oder ein entsprechend codierter Synchronzähler (S = 1, N = 0).
Die Leistungsaufnahme hängt vom Lastmoment ab (etwa 10 bis 20 W). Das erfordert zusätzliche Schalttransistoren zwischen Steuerung und Wicklung. Erzielbare Drehmomente: $3 \cdot 10^{-2}$ Nm bis 30 Nm. Zusätzliche Drehmomentverstärker auf hydraulischer Basis verstärken etwa 1:100.
Die Schrittfrequenz liegt zwischen 300 und 50000 Schritte pro Sekunde. Sie bestimmt weitgehend das Drehmoment.
Die Winkel pro Schritt hängen von der verwendeten Polpaarzahl ab und liegen normalerweise zwischen 5° und 15°, Spezialtypen 0,72°.

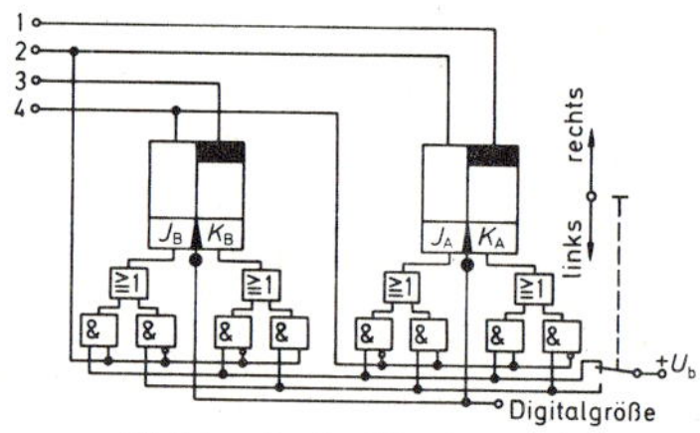

Elektronische Steuerung für Schrittmotoren mit Synchronzähler

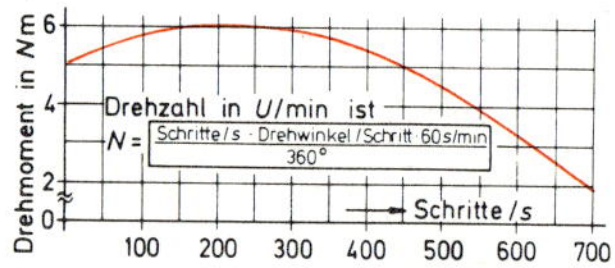

Abhängigkeit des Drehmomentes von der Schrittfrequenz

Die inkrementalen Digitalantriebe arbeiten mit kollektorlosen Gleichstrommotoren. Mit Hilfe einer elektronischen Positionsabtastung erhält der Motor nur dann Strom, wenn er aus seiner vorgegebenen Sollposition abweicht. Die Sollposition wird aus einer binären Zählschaltung geliefert. Positionsänderungen werden über die auf der Läuferwelle befestigte Codescheibe dem Lichtempfänger übermittelt. Damit erhält man am Ausgang des Lagereglers eine Stellspannung, die dem Motor Energie zuführt und die Läuferposition soweit verschiebt, bis sie der neuen Sollposition entspricht.

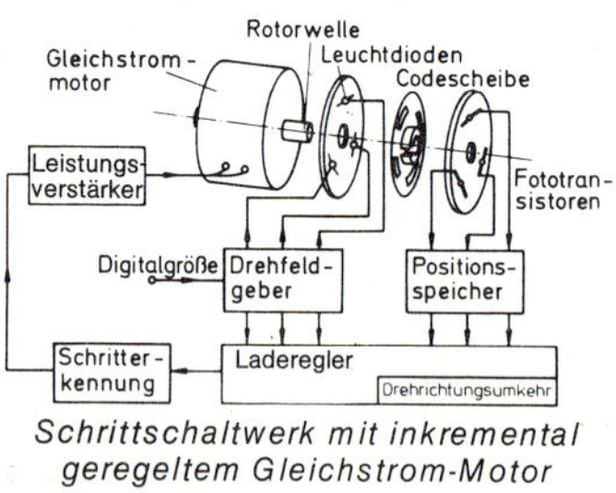

Schrittschaltwerk mit inkremental geregeltem Gleichstrom-Motor

Binäre Grundverknüpfungen (m. S. = mit Schmitt-Trigger), (L = Leistungsglied), (e im Symbol = Exklusiv – Oder), (0_S = Masse).

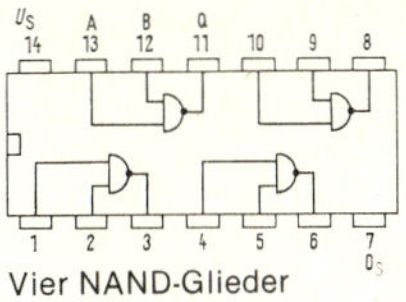

Vier NAND-Glieder mit je 2 Eingängen Typennummern: 7400, 7403, 7426, 7437, 7438, 74132 (m. S.), 74135 (m. S.)

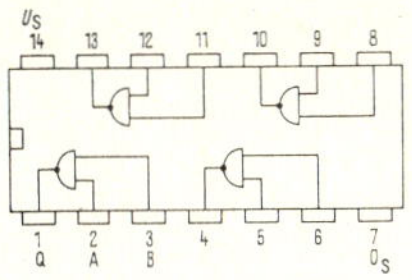

Vier NAND-Glieder mit je 2 Eingängen 7401

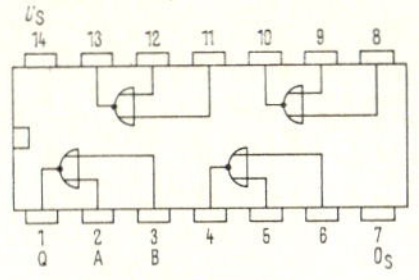

Vier NOR-Glieder mit je 2 Eingängen 7402, 7428, 7433, 74128

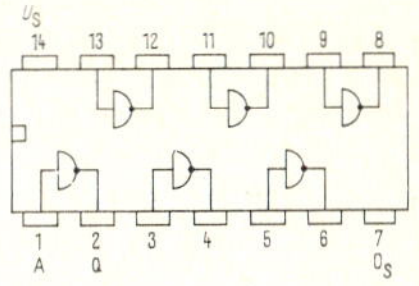

Sechs Inverter 7404, 7405, 7406, 74137 (m. S.), 7414, 7416

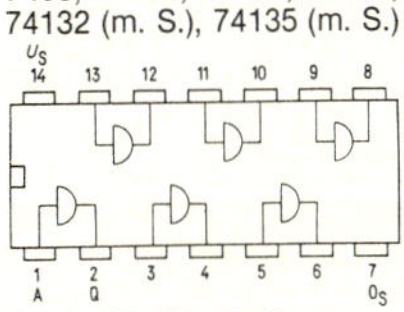

Sechs Treiberstufen 7407, 7417

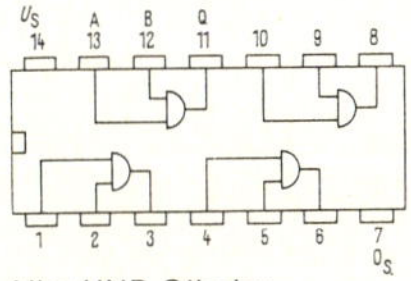

Vier UND-Glieder mit je zwei Eingängen 7808, 7409, 74131

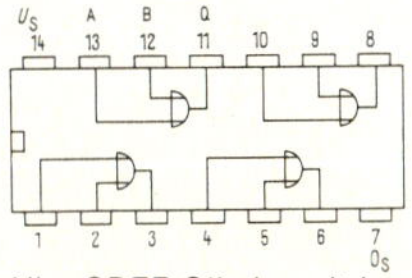

Vier ODER-Glieder mit je 2 Eingängen 7432, 74130, 74138 (L), 74139 (L)

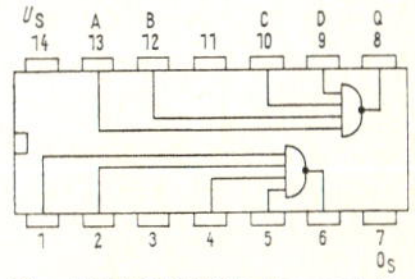

Zwei NAND-Glieder mit je 4 Eingängen 7422, 7420, 7413 (m. S.), 7440

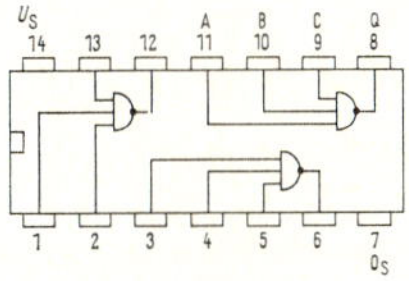

Drei NAND-Glieder mit je 3 Eingängen 7410, 7412

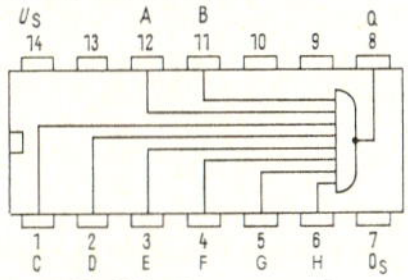

NAND-Glied mit 8 Eingängen 7430

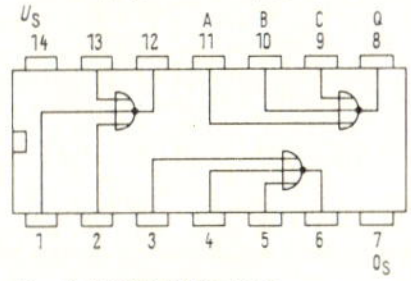

Drei NOR-Glieder mit je 3 Eingängen 7427

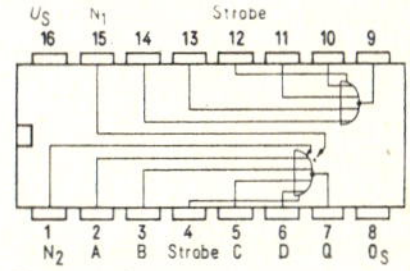

Zwei NOR-Glieder mit je 4 Eingängen, Erweiterungseingängen und Strobe[1]) 7423

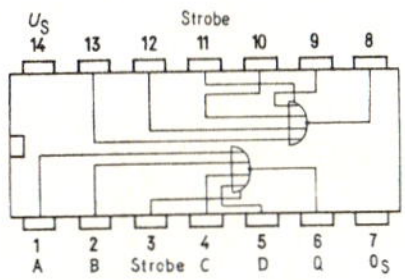

Zwei NOR-Glieder mit je 4 Eingängen und Strobe 7425

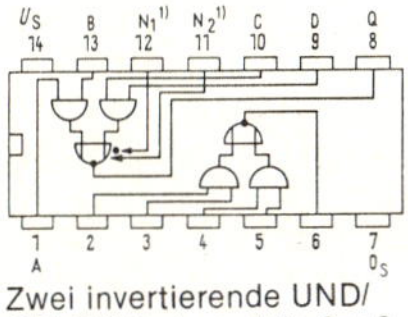

Zwei invertierende UND/ODER-Glieder mit je 2 x 2 Eingäng. u. Erweiter. 7450 7451 ohne N_1 und N_2

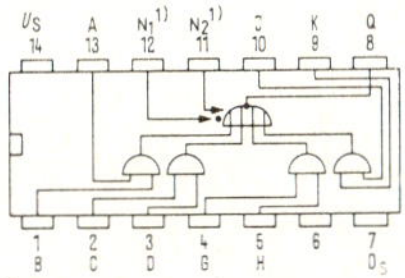

Invertierendes UND/ODER-Glied mit 4x2 Eingängen u. Erweiterungseing. 7453, 7454 ohne N_1 u. N_2

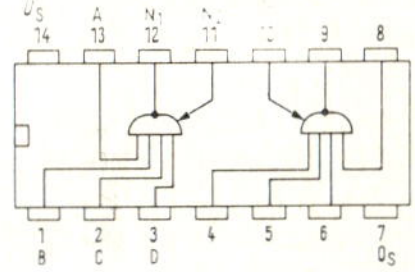

Zwei Erweiterungsglieder mit je 4 Eingängen 7460

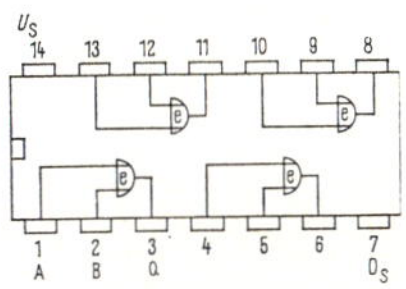

Vier Exklusiv-ODER-Glieder mit je 2 Eingängen 7486

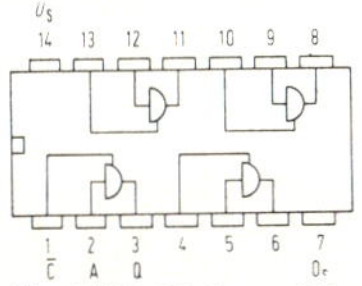

Vier UND-Stufen mit je 1 Eingang und Kontrolleingang 74125, 74126

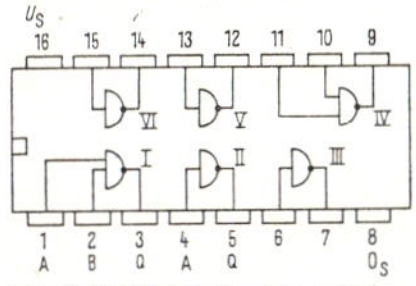

Zwei NAND-Glieder mit je 2 Eingängen und 4 Inverter 4929

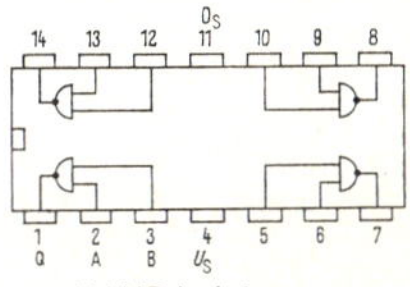

Vier NAND-Leistungsglieder mit je 2 Eingängen 4930

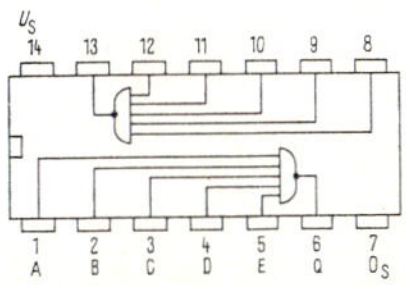

Zwei NAND-Glieder mit je 5 Eingängen 4931

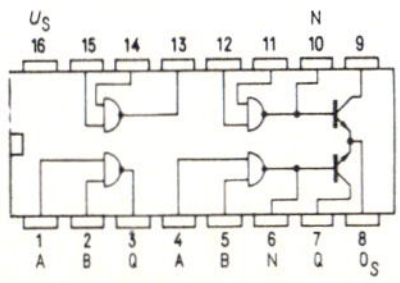

Zwei UND-Leistungstreiber für 400 mA und 30 V bzw. 65 V und zwei NAND-Glieder mit je 2 Eingängen 49700

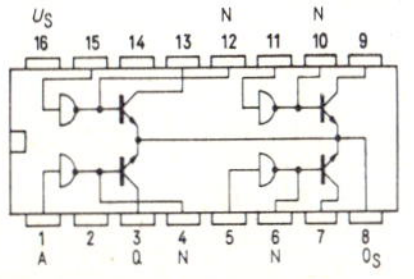

Vier Leistungstreiber für 130 mA und 30 V bzw. 65 V 49701

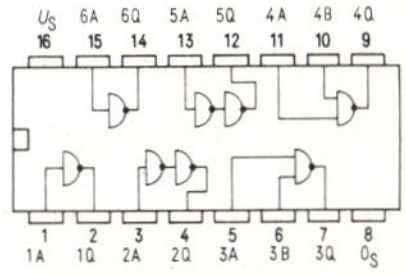

Verzögerungsglied 49703

[1]) Abtasteingang

Zähl- und Speicherstufen

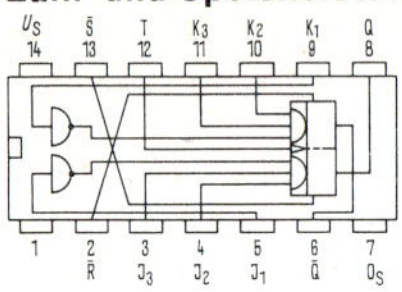

JK-Flipflop
mit 2 x 3 Eingängen
7470

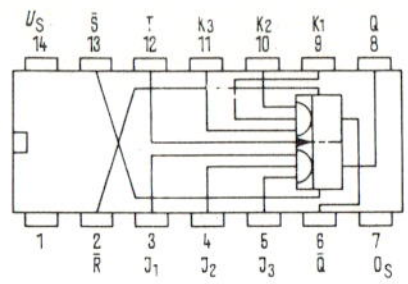

JK-Master-Slave-Flipflop
mit 2 x 3 Eingängen
7472, 74110

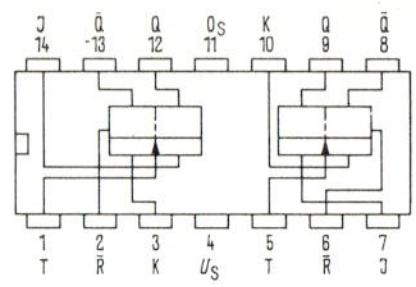

Zwei JK-Master-Slave-
Flipflop
7473

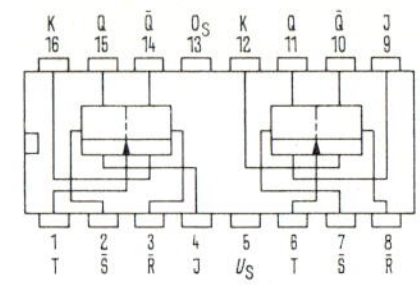

Zwei JK-Master-Slave-
Flipflop mit Stell-
und Rückstelleingang
7476

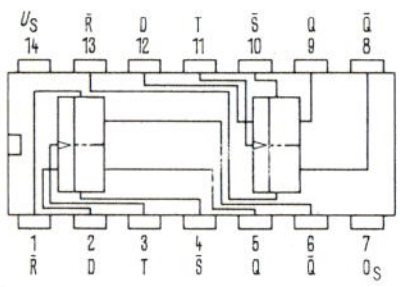

Zwei D-Flipflop
7474

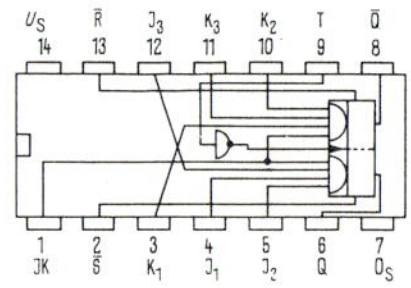

JK-Master-Slave-
Flipflop mit JK-Eingang
74104

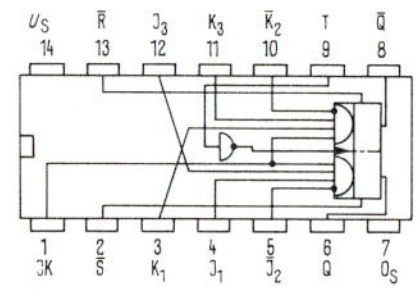

JK-Master-Slave-
Flipflop
mit $\bar{J}$-, $\bar{K}$- und JK-Eingang
74105

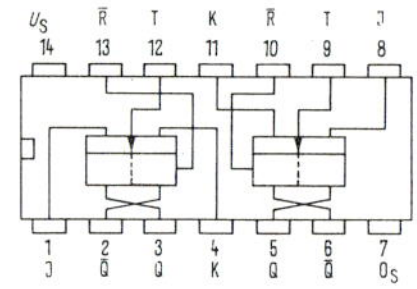

Zwei JK-Master-Slave-
Flipflop mit
Rückstelleingang
74107

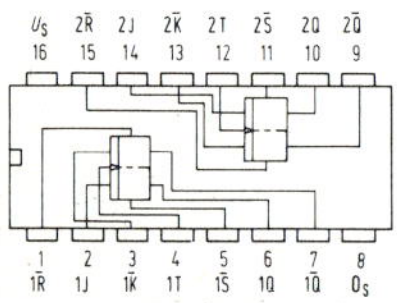

Zwei JK-Flipflop mit Stell-
und Rückstelleingängen
74109

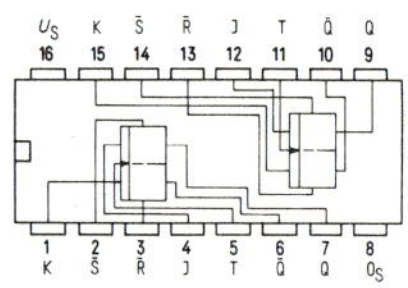

Zwei JK-Master-Slave-
Flipflop mit Eingangs-
sperre, mit Stell- und
Rückstelleingang 7-

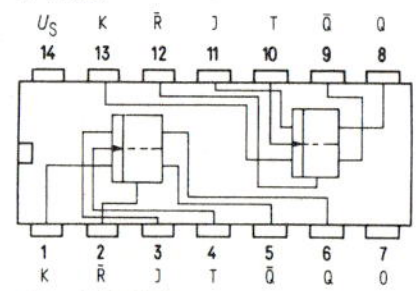

Zwei JK-Master-Slave-
Flipflop mit
Rückstelleingang
74115

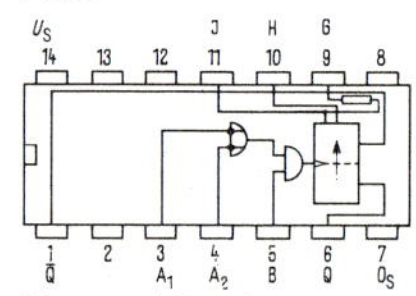

Monostabile Kippstufe
74121

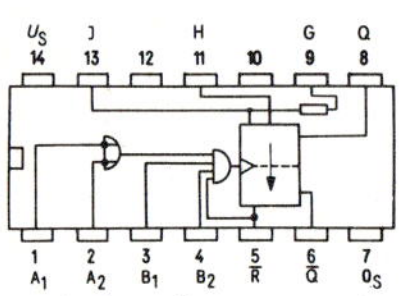

Nachtriggerbare monosta-
bile Kippstufe mit Rück-
stelleingang 74122

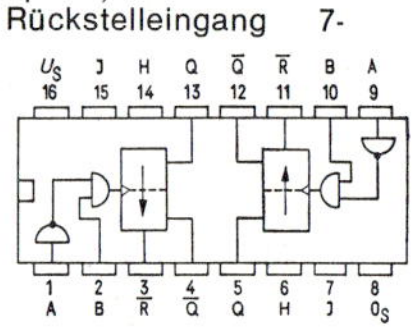

Zwei nachtriggerbare mo-
nostabile Kippstufen mit
Rückstelleingang 74123

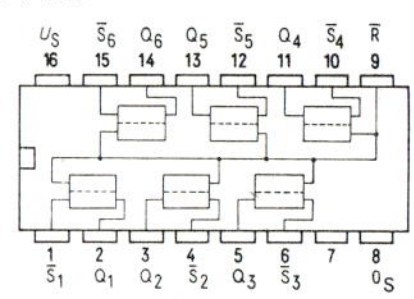

Sechs RS-Flipflop mit ge-
meinsamem Rückstellein-
gang 74118

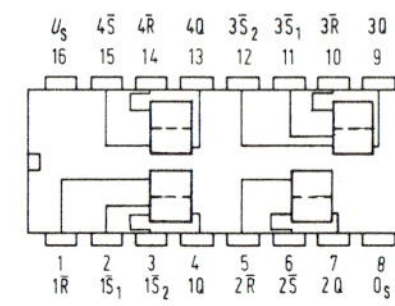

Vier RS-Flipflop mit ge-
trenntem Rückstellein-
gang 74279

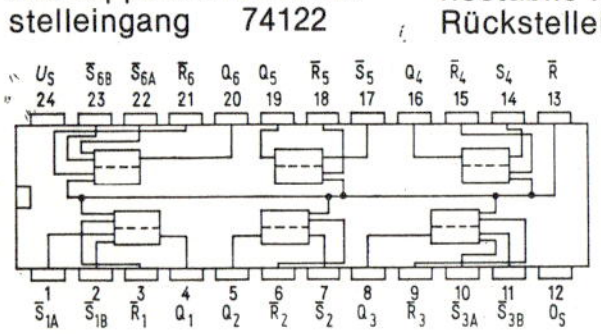

Sechs RS-Flipflop mit Stell- und
Rückstelleingängen 74119

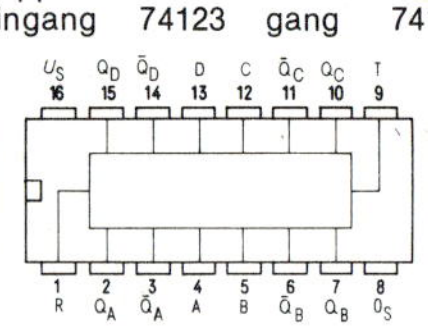

Sechs D-Flipflop mit Rück-
stelleingang 74174

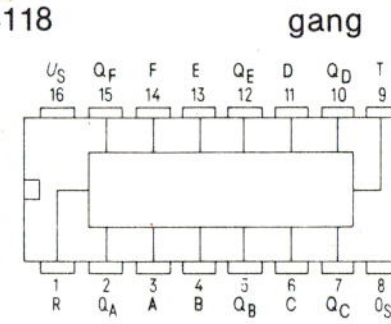

Vier D-Flipflop mit Rück-
stelleingang 74175

D = Informationseingang
Q, $\bar{Q}$ = Ausgänge
$\bar{R}$ = Rückstelleingang
$\bar{S}$ = Stelleingang
T = Takteingang
J- und K-Eingänge

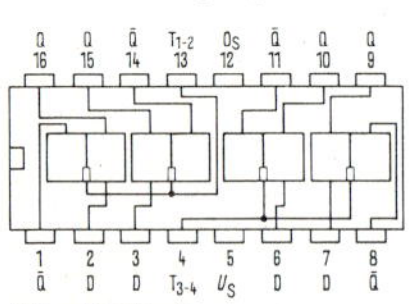

Vier D-Flipflop
7475

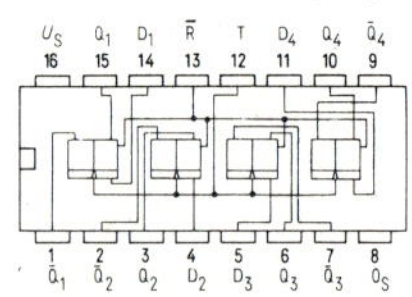

Vier D-Flipflop
mit gemeinsamem
Rückstelleingang
49702, 49802

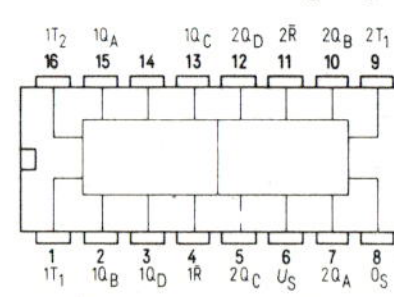

Dezimalzähler BCD-Code
pro Zähler ($1Q_A$ mit T_2
verbunden)
49704

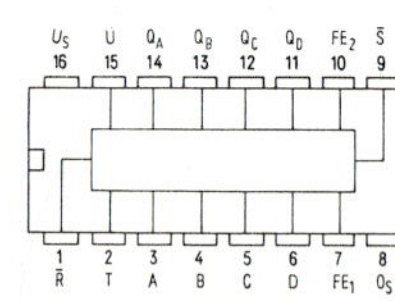

Synchroner Dezimalzähler
mit Stelleingängen und
taktunabhängigem Rück-
stelleingang
74160, 74161, 74162

Zähler, Frequenzteiler und Codewandler

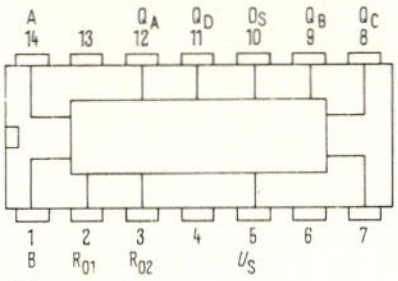

Binärzähler
7493

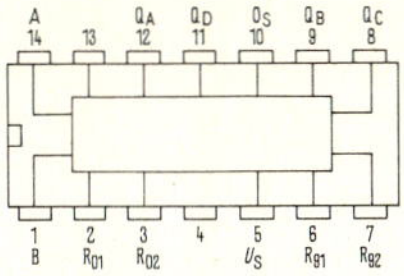

Dezimalzähler
7490

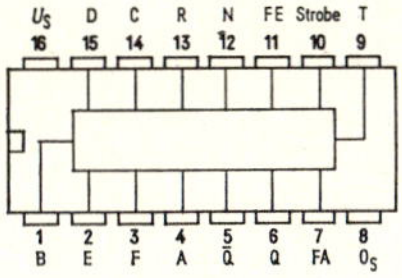

Synchroner programmierbarer 6-Bit-Binärfrequenzteiler
7497

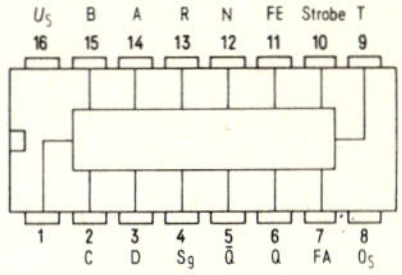

Programmierbarer Dezimalfrequenzteiler
74167

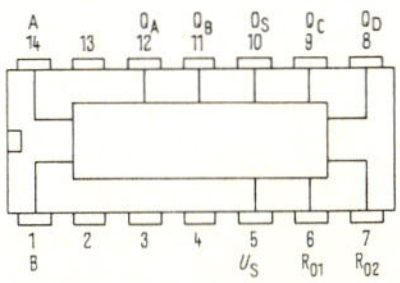

Teiler durch zwölf
7492

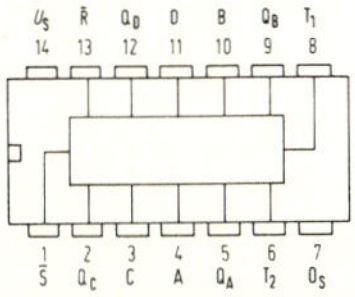

Dezimalzähler für 35 MHz
74176, 74177

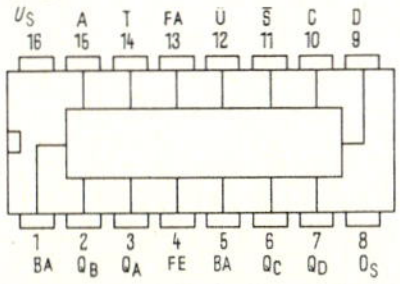

Dezimaler Umkehrzähler für synchrone Zählketten
74190

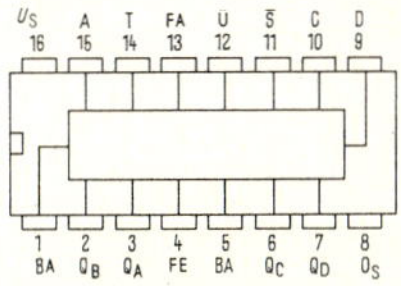

Binärer Umkehrzähler für synchrone Zählketten
74191

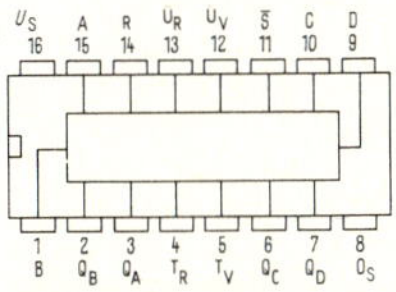

Dezimaler Umkehrzähler mit Vorwärts- und Rückwärtstakteingängen
74192

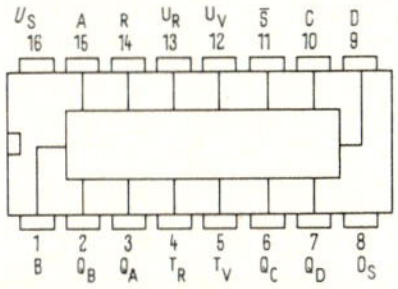

Binärer Umkehrzähler mit Vorwärts- und Rückwärtstakteingängen
74193

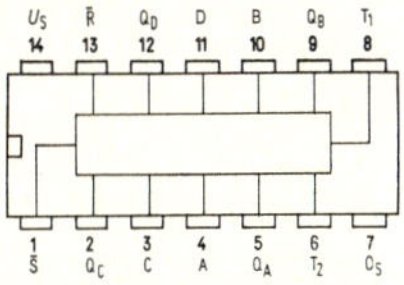

50-MHz-Dezimalzähler (Binär-) mit Stell- und Rückstelleingängen
74196, 74197

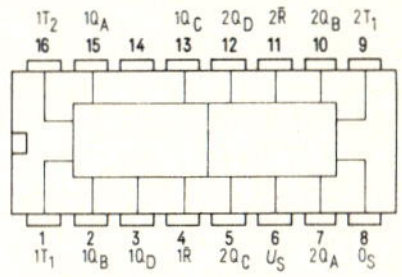

Zwei 50-MHz-Dezimalzähler bzw. zwei 50-MHz-Binärzähler
49704, 49705

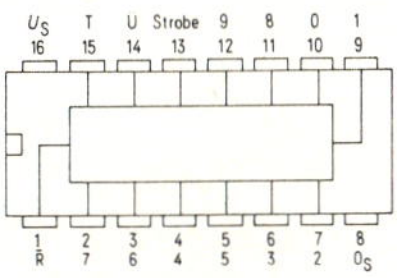

Dezimalzähler, Speicher, Dekoder und Treiber für Anzeigeröhren
74142

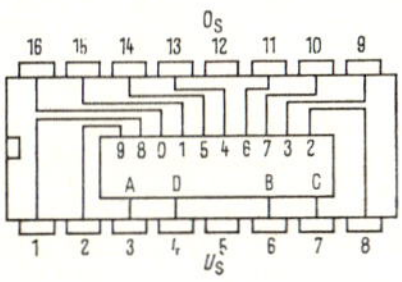

BCD-Dezimal-Dekoder-Treiber für Ziffernanzeigeröhren
74141

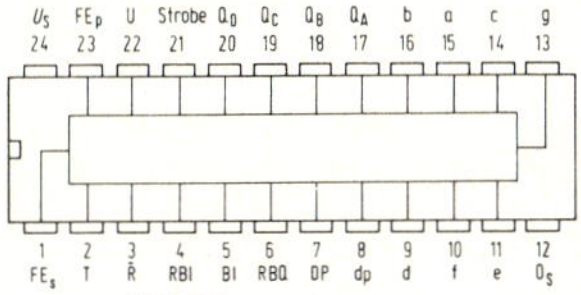

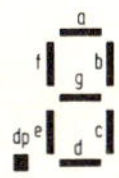

4-Bit-Binärzähler, Speicher, 7-Segment-Dekoder und Treiber
74143, 74144

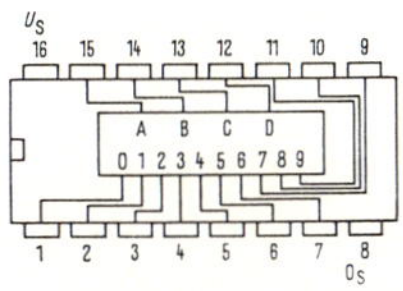

BCD-Dezimal-Decoder und Treiber mit offenem Kollektorausgang für 80 mA und 30 V bzw. 15 V
74145

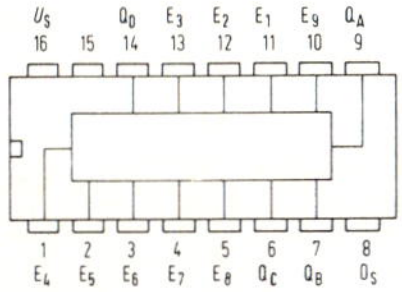

4-Bit-Dezimal-BCD-Umsetzer
74147

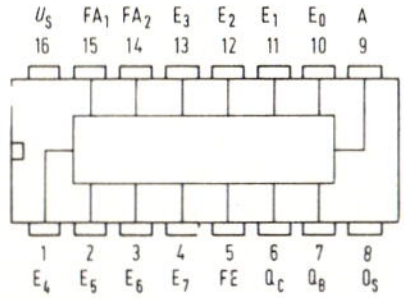

3-Bit-Dezimal-BCD-Umsetzer
74148

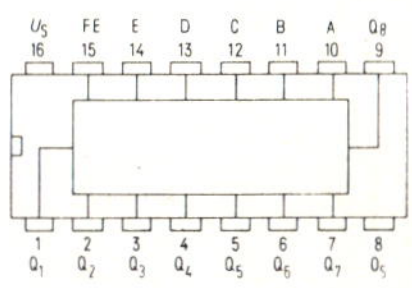

6-Bit-BCD-Binär-Umsetzer bzw.
6-Bit-Binär-BCD-Umsetzer
74184, 74185

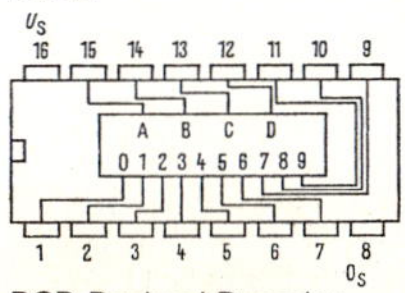

BCD Dezimal-Decoder
7442, 7445

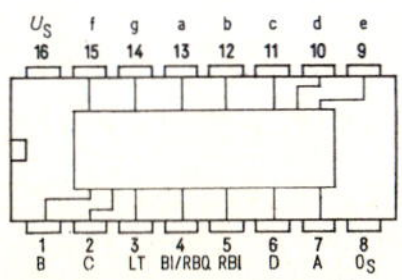

BCD 7-Segment-Decoder
7446, 7447, 7448

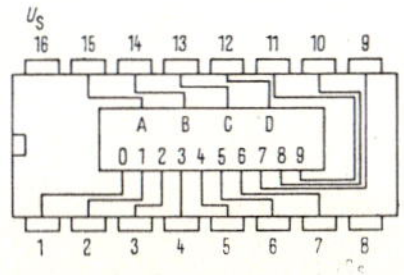

Excess-3-Dezimal-Decoder
7443

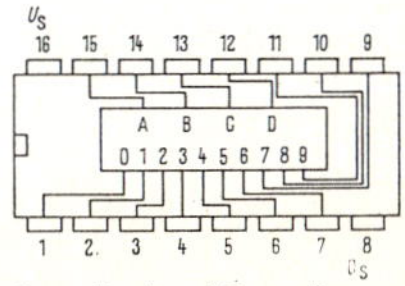

Gray Dezimal-Decoder
7444

Schieberegister und Speicher

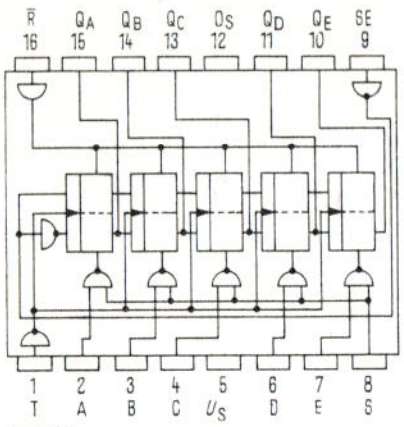

5-Bit-Parallelschieberegister 7496

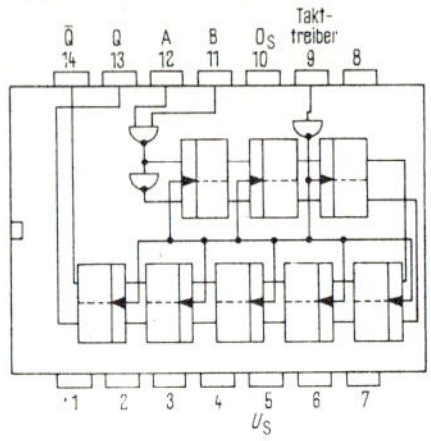

8-Bit-Serienschieberegister 7491

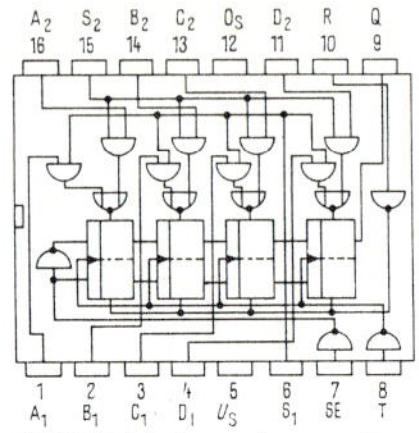

4-Bit-Schieberegister mit Paralleleingabe 7494

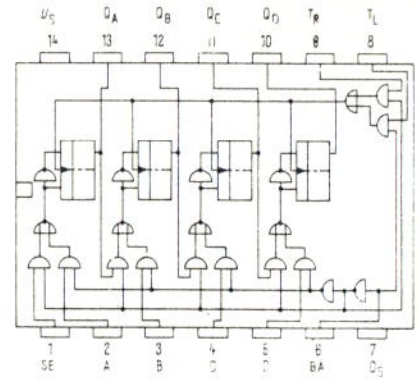

4-Bit-Umkehrschieberegister mit Paralleleingabe und -ausgabe 7495

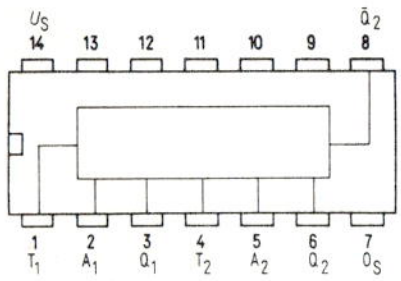

Zwei 8-Bit-Serienschieberegister 4932

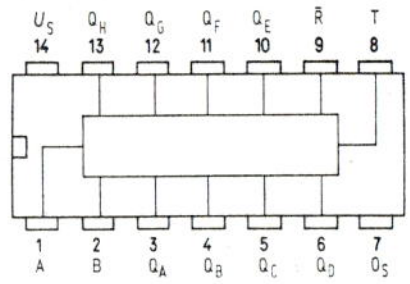

8-Bit-Schieberegister mit Parallelausgabe 74164

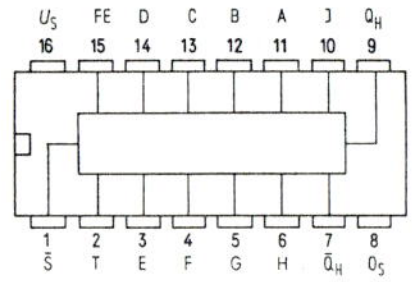

8-Bit-Schieberegister mit Paralleleingabe 74165

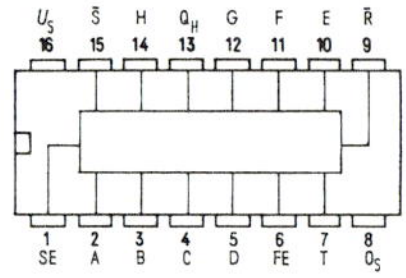

Synchrones 8-Bit-Schieberegister mit Paralleleingabe 74166

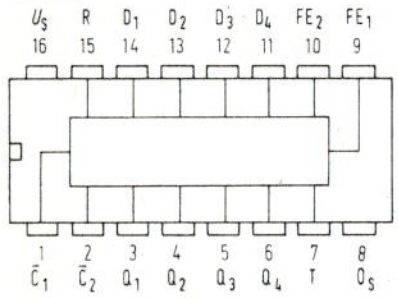

4-Bit-Schieberegister mit 3 Ausgangszuständen 74173

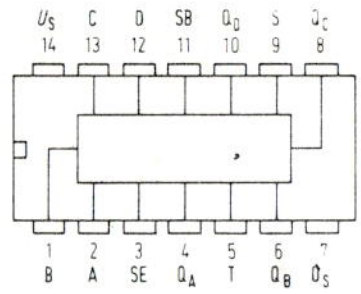

4-Bit-Schieberegister mit paralleler Ein- und Ausgabe 74178

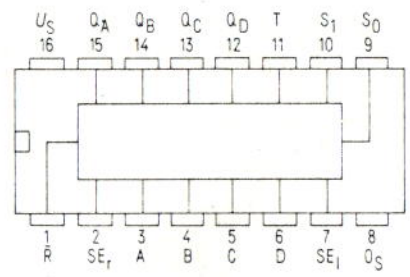

Synchrones 4-Bit-Parallelschieberegister rechts/links 74194

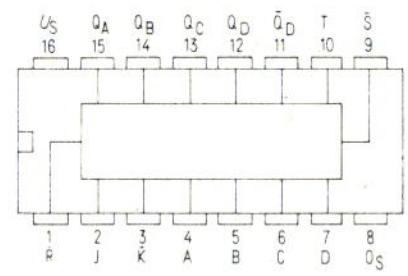

Synchrones 4-Bit-Parallelschieberegister mit J-K̄-Eingängen 74195

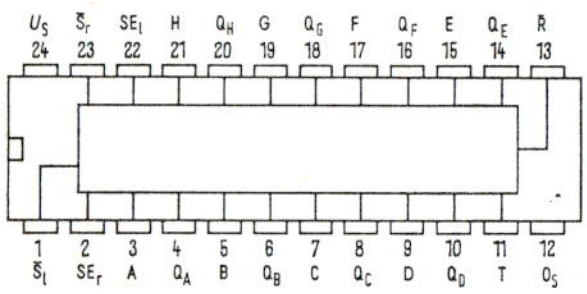

Synchrones 8-Bit-Umkehrschieberegister mit Paralleleingabe und -ausgabe 74198

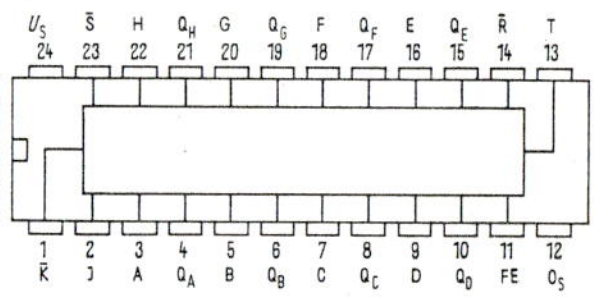

Synchrones 8-Bit-Parallelschieberegister mit J-K̄-Eingängen 74199

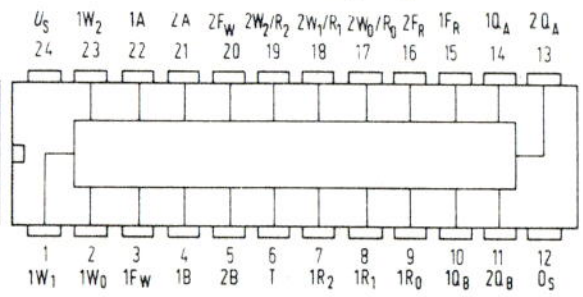

16-Bit-Schreib-Lese-Speicher mit mehrfacher Ein- und Ausgabe und 3 Ausgangszuständen 74172

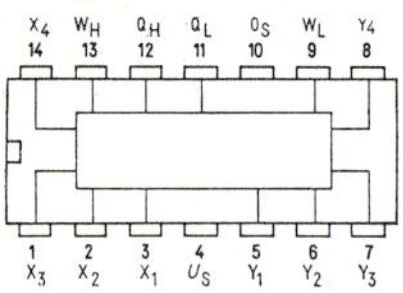

16-Bit-Schreib/Lese-Speicher 7481

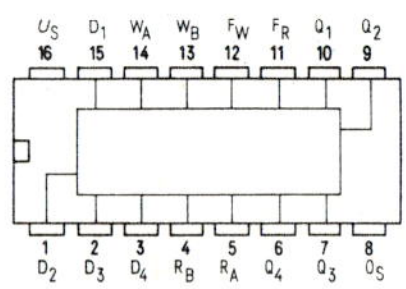

16-Bit-Schreib/Lese-Speicher mit Wörtern zu je 4 Bit 74170

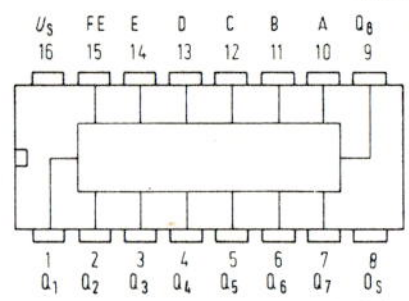

Programmierbarer 256-Bit-Festwertspeicher 74188

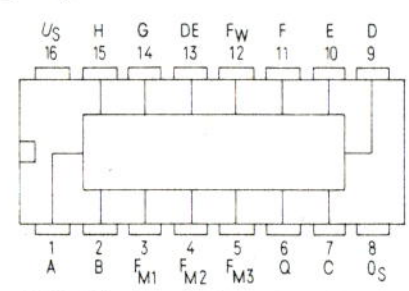

256-Bit-Speicher (RAM) 74200

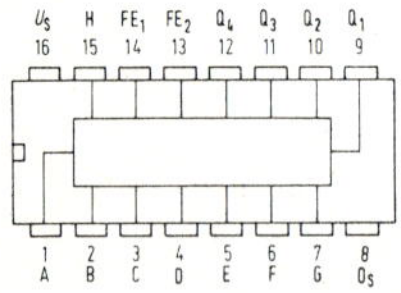

1024-Bit-Festwertspeicher 74187

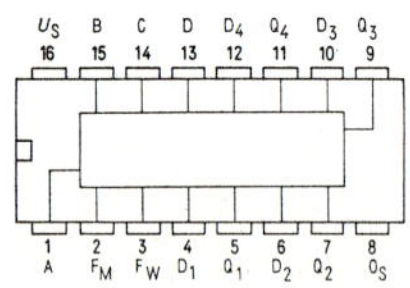

64-Bit-Schreib/Lese-Speicher mit offenen Kollektorausgängen 7489

Rechenschaltungen

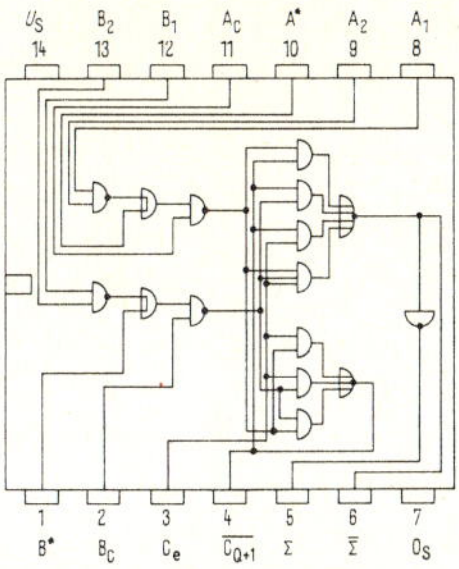

1-Bit-Volladdierer
7480

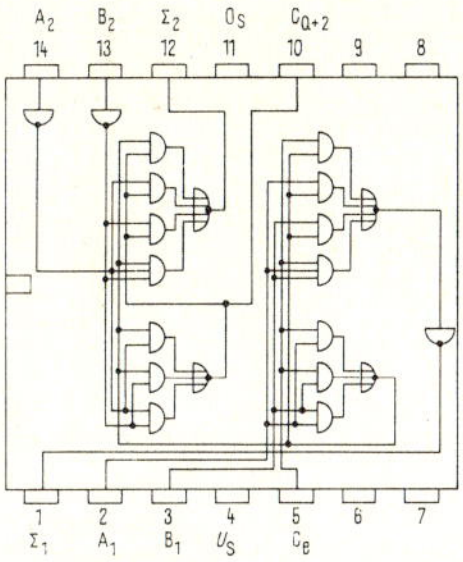

2-Bit-Volladdierer
7482

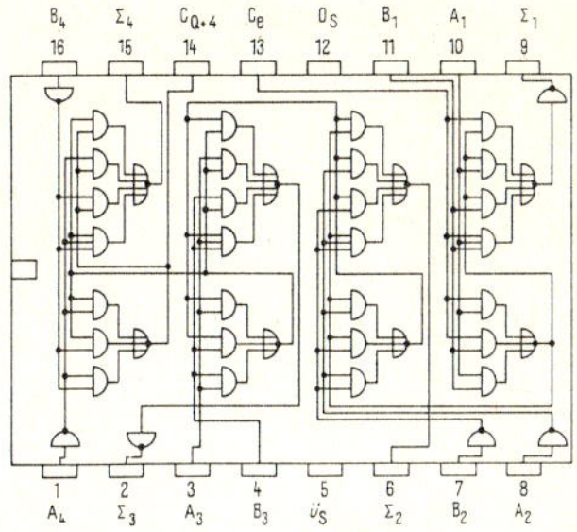

4-Bit-Volladdierer
7483

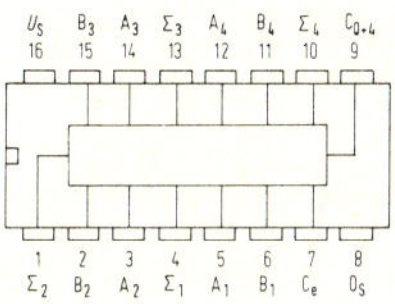

4-Bit-Volladdierer
74283

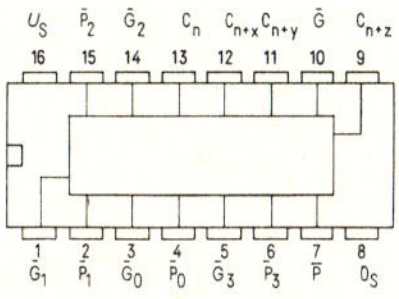

Übertragungseinheit für Rechenelement
74182

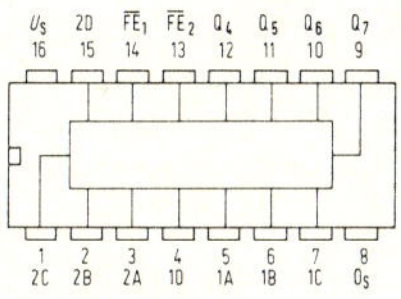

Zweifach 4-Bit-Multiplizierer
74284

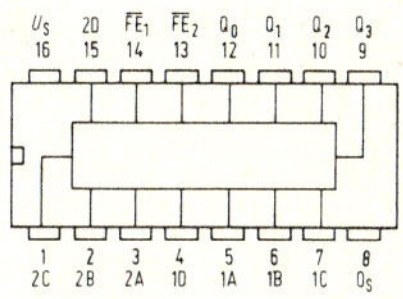

Zweifach 4-Bit-Multiplizierer
74285

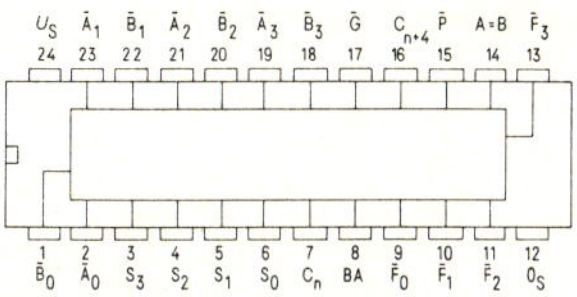

4-Bit-Arithmetische Logikeinheit (Rechenelement) 74181

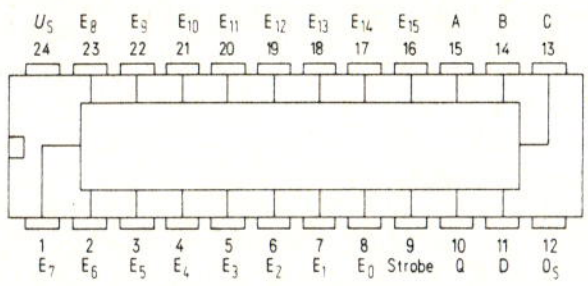

16-Bit-Datenselektor/Multiplexer
74150

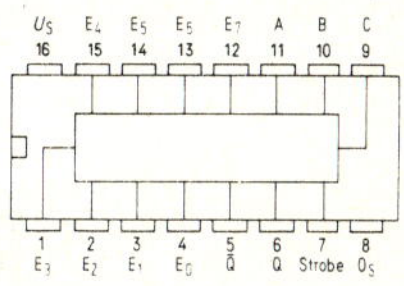

8-Bit-Datenselektor/Multiplexer
74151

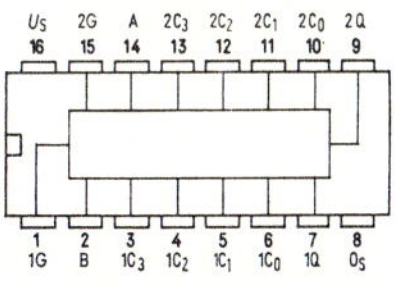

Zweifach 4-Bit-Datenselektor/Multiplexer
74153

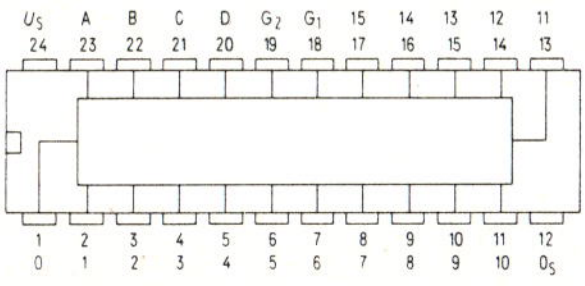

4-Bit-Binärcoder/Demultiplexer
74154

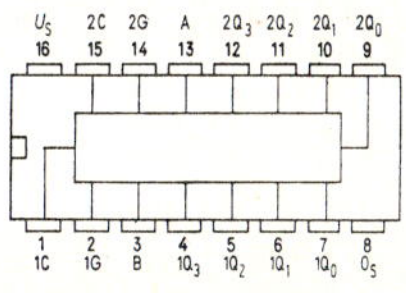

Zwei 2-Bit-Binärdecoder/Demultiplexer
74155, 74156

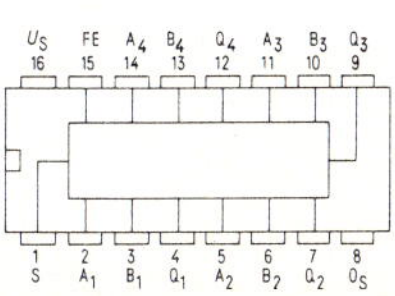

Vierfach 2-Bit-Datenselektor/Multiplexer
74157

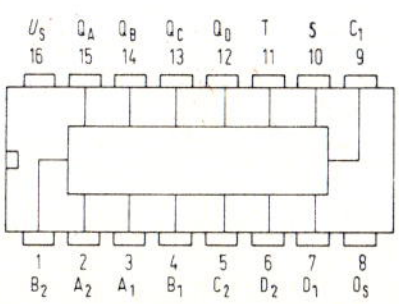

Vierfach 2-Bit-Datenselektor mit Speicher 74298

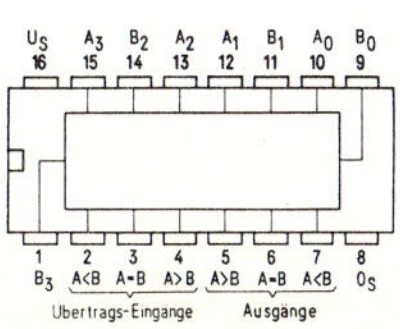

4-Bit-Komparator
7485

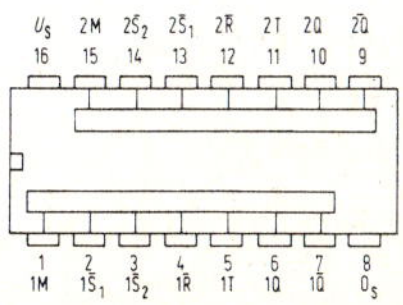

Zwei Impuls-Synchronisierer
74120

Logische Schaltungen der Pneumatik

DIG 10

Schaltzeichen DIN 40 700/IEC	Pneumatiksinnbild DIN 24 300	Schaltzeichen DIN 40 700/IEC	Pneumatiksinnbild DIN 24 300

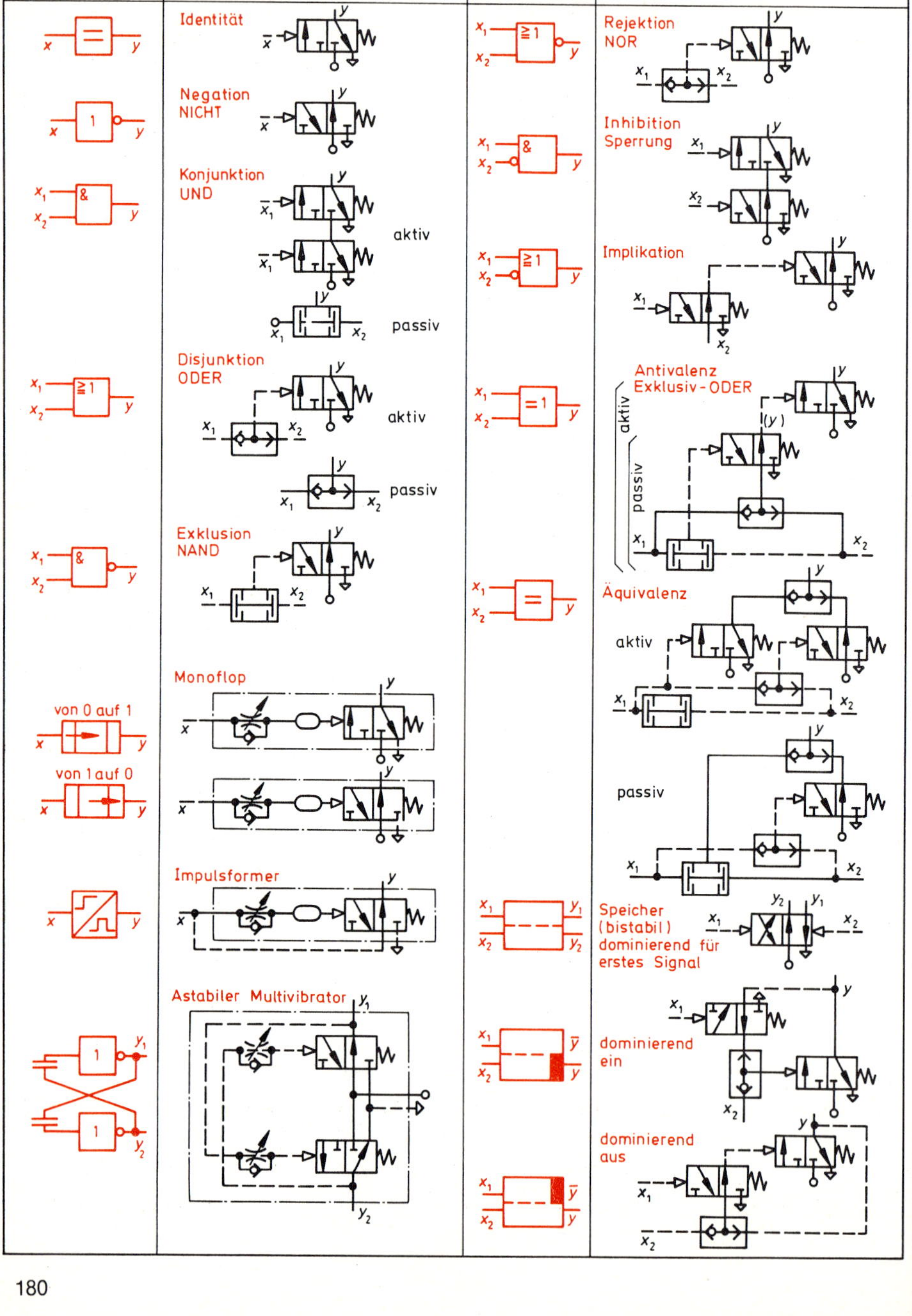

Begriffe Informationsverarbeitung DIN 44300 (Auszug)

DV 1.1

Benennung	**Bedeutung**
Alphabet	Ein (in vereinbarter Reihenfolge) geordneter Zeichenvorrat
alphanumerisch	mindestens aus Dezimalziffern und den Buchstaben des gewöhnlichen Alphabets bestehende Bezeichnung
analoge Daten	Daten, die nur aus kontinuierlichen Funktionen bestehen
Adresse	ein bestimmtes Wort zur Kennzeichnung eines Speicherplatzes, eines zusammenhängenden Speicherbereiches oder einer Funktionseinheit
Adreßteil	Bestandteil eines Operandenteils, der für Adressen von Befehlswörtern vorgesehen ist
Assemblierer	ein Übersetzer, der in einer maschinenorientierten Programmiersprache abgefaßte Quellenanweisungen in Zielanweisungen der zugehörigen Maschinensprache umwandelt
Ausgabeeinheit	eine Funktionseinheit, mit der das System Daten nach außen hin abgibt
Akkumulator	Speicherelement, das für Rechenoperationen benutzt wird
binär	zweier Werte fähig sein
Binärzeichen (binary digit)	jedes der Zeichen aus einem Zeichenvorrat von zwei Zeichen
Binärcode	ein Code, bei dem jedes Zeichen der Bildmenge ein Wort aus Binärzeichen ist
Bit	1. Kurzform für Binärzeichen (das Bit, die Bits) 2. Sondereinheit für die Anzahl der Binärentscheidungen (Kurzzeichen bit)
Binärsignal	ein Signal, dessen Signalparameter eine Nachricht darstellt, die nur aus Binärzeichen besteht
Befehl (instruction)	eine Anweisung, die sich in der benutzten Sprache nicht in Teile zerlegen läßt, die selbst Anweisungen sind
Befehlswort	ein Wort, das von einer digitalen Rechenanlage als ein Befehl interpretiert wird
Befehlsliste	die Darstellung eines Befehlsvorrats mit Beschreibung der zugehörigen Funktionen und mit Angaben über die Operandenteile
Befehlszähler	ein Speicherelement, aus dem die Adresse des nächsten auszuführenden Befehls gewonnen wird
Befehlsregister	Speicherelement, aus dem der gerade auszuführende Befehl gewonnen wird
Code	eine Vorschrift für die eindeutige Zuordnung (Codierung) der Zeichen eines Zeichenvorrats zu denjenigen eines anderen Zeichenvorrats
Daten (data)	Zeichen, die zum Zweck der Verarbeitung Information auf Grund bekannter oder unterstellter Abmachungen darstellt
Datenträger	ein Mittel, auf dem Daten aufbewahrt werden können
Datenfluß	die Folge zusammengehöriger Vorgänge an Daten und Datenträgern
Datenflußplan	die Darstellung des Datenflusses, die im wesentlichen aus Sinnbildern mit zugehörigem Text und orientierten Verbindungslinien besteht
Emulator	eine Funktionseinheit, die Eigenschaften einer Rechenanlage A auf einer Rechenanlage B derart nachbildet, daß Programme für A auf B laufen (emuliert werden) können, wobei die Daten für A von B akzeptiert werden und die gleichen Ergebnisse wie auf A erzielt werden
Eingabeeinheit	eine Funktionseinheit, mit der das System Daten von außen her aufnimmt
EA-Werk	eine Funktionseinheit, welche die Funktionen von Eingabewerk und Ausgabewerk in sich vereinigt. Ein Prozessor, der als EA-Werk dient, wird EA-Prozessor genannt
Fehlererkennungscode (error detecting code)	ein Code, bei dem die Zeichen nach solchen Gesetzen gebildet werden, die es ermöglichen, durch Störungen verursachte Abweichungen von diesen Gesetzen zu erkennen
Fehlerkorrekturcode	ein Fehlererkennungscode, bei dem ein Teil der gestörten Zeichen auf Grund der Bildungsgesetze korrigiert werden kann
Flipflop	ein Speicherglied mit zwei stabilen Zuständen
Generator	ein Programm, das in einer bestimmten Programmiersprache abgefaßte Anweisungen oder andere Daten erzeugt
Hamming-Abstand	bei zwei Wörtern gleicher Länge die Anzahl der Stellen unterschiedlichen Inhalts

Begriffe Informationsverarbeitung DIN 44300 (Auszug)

DV 1.2

Benennung	Bedeutung
Hauptspeicher	der Teil des Zentralspeichers, dessen einzelne Speicherzellen durch Maschinenadressen aufgerufen werden können
Festspeicher	ein Speicher, dessen Inhalt betriebsmäßig nur gelesen werden kann
Indexregister	ein Speicherelement, das vorwiegend zum Modifizieren von Adressen, zum Durchführen von Zähloperationen an Adressen und zum Einleiten einer Verzweigung dient
Interpretierer (interpreter)	ein Programm, das es ermöglicht, auf einer bestimmten digitalen Rechenanlage Anweisungen, die in einer von der Maschinensprache dieser Anlage verschiedenen Sprache abgefaßt sind, ausführen zu lassen
Leitwerk	eine Funktionseinheit, die die Reihenfolge steuert, in der die Befehle eines Programms ausgeführt werden
Maschinensprache	eine maschinenorientierte Programmiersprache, die zum Abfassen von Arbeitsvorschriften nur Befehle zuläßt, und zwar solche, die Befehlswörter einer bestimmten digitalen Rechenanlage sind
Maschinenadresse	eine Adresse zur Kennzeichnung einer Speicherzelle
Merker	ein Speicherglied, das durch seinen Zustand den späteren Programmablauf an Verzweigungen und Aufspaltungen zu beeinflussen ermöglicht
Multiplexer	Funktionseinheit, die Nachrichten von Nachrichtenkanälen einer Anzahl an Nachrichtenkanäle anderer Anzahl übergibt
Multiplexbetrieb	eine Funktionseinheit bearbeitet mehrere Aufgaben abwechselnd in Zeitabschnitten verzahnt
numerisch	Zeichenvorrat, der aus Ziffern und Sonderzeichen zur Darstellung von Zahlen besteht
Operationsteil	der Teil eines Befehlswortes, der die auszuführende Operation angibt
Parallelbetrieb	mehrere Funktionseinheiten eines Rechensystems arbeiten gleichzeitig an mehreren unabhängigen Aufgaben oder Teilaufgaben derselben Aufgabe
Programm	eine zur Lösung einer Aufgabe vollständige Anweisung zusammen mit allen erforderlichen Vereinbarungen
Programmiersprache	eine zum Abfassen von Programmen geschaffene Sprache
Programmablauf	die zeitlichen Beziehungen zwischen den Teilvorgängen, aus denen sich die folgerichtige Ausführung eines Programms zusammensetzt
Prozessor	eine Funktionseinheit, die Rechenwerk und Leitwerk umfaßt
periphere Einheit	eine Funktionseinheit, die nicht zur Zentraleinheit gehört
Parallel-Serien-Umsetzer	ein Umsetzer, in dem parallel dargestellte digitale Daten in zeitlich sequentiell dargestellte digitale Daten umgewandelt werden
Puffer	ein Speicher, der Daten vorübergehend aufnimmt,die von einer Funktionseinheit zu einer anderen übertragen werden
Signal	die physikalische Darstellung von Nachrichten oder Daten
Serien-Parallel-Umsetzer	ein Umsetzer, in dem zeitlich sequentiell dargestellte digitale Daten in parallel dargestellte Daten umgewandelt werden
Strecke	eine Folge von Anweisungen, die dann und nur dann in der Reihenfolge der Niederschrift ausgeführt werden, wenn die erste Anweisung angesprochen wird
Umsetzer (converter)	eine Funktionseinheit zum Ändern der Darstellung von Daten
Weg	eine Folge von Strecken
Zeichen	ein Element aus einer zur Darstellung von Informationen vereinbarten endlichen Menge von verschiedenen Elementen
Ziffer (digit)	ein Zeichen aus einem Zeichenvorrat von N Zeichen, denen als Zahlenwerte die ganzen Zahlen 0, 1, 2,..., N-1 umkehrbar eindeutig zugeordnet sind
Zugriffszeit	bei einer Funktionseinheit die Zeitspanne zwischen dem Zeitpunkt, zu dem von einem Leitwerk die Übertragung bestimmter Daten nach oder von der Funktionseinheit gefordert wird, und dem Zeitpunkt, zu dem die Übertragung beendet ist
Zweig	ein Teil eines Programmablaufplans, bestehend aus allen Wegen, die mit genau einer Strecke beginnen, oder aus allen Wegen, die in genau einer Strecke enden
Zykluszeit	die Zeitspanne zwischen dem Beginn zweier aufeinanderfolgender gleichartiger, zyklisch wiederkehrender Vorgänge

Begriffe Informationsverarbeitung DIN 44301 (Auszug)

Benennung	Bedeutung
Entscheidungsgehalt	der Entscheidungsgehalt H_0 einer Menge von n einander ausschließenden Ereignissen ist gegeben durch $H_0 = \log n$
Informationsgehalt	Der Informationsgehalt I_i eines Ereignisses x_i ist der Logarithmus des Kehrwertes der Wahrscheinlichkeit $p(x_i)$ für sein Eintreten $I_i = \log \frac{1}{p(x_i)}$
Kanalkapazität	maximal möglicher Wert des mittleren Informationsflusses bei gegebenem Nachrichtenkanal
Mittlerer Informationsgehalt (Entropie)	Der mittlere Informationsgehalt H einer Menge von n Ereignissen $x_1 \ldots x_n$ mit den Wahrscheinlichkeiten $p(x_i)$ ist der Erwartungswert des Informationsgehaltes der einzelnen Ereignisse $H = \sum_{i=1}^{n} p(x_i) \log \frac{1}{p(x_i)}$
Nachrichtenkanal	eine Anordnung, die an ihrem Eingang Nachrichten aufnehmen und an ihrem Ausgang entsprechende Nachrichten abgeben kann
Nachrichtenquelle	Teil eines Nachrichtensystems, dem man die Entstehung der Nachricht zuschreibt
Redundanz	die Differenz von Entscheidungsgehalt und Entropie $R = H_0 - H = \mathrm{ld}\, s - \mathrm{ld}\, a$
Relative Redundanz	die auf den Entscheidungsgehalt bezogene Redundanz $r = \frac{R}{H_0} = \frac{H_0 - H}{H_0}$
Redundanzfaktor	$R' = \frac{\mathrm{ld}\, s}{\mathrm{ld}\, a}$ s = mögliche Zeichen, a = ausgenützte Zeichen
Zahl der minmal erforderlichen Nachrichteneinheiten	$N = \mathrm{ld}$ Elementvorrat
Mittlerer Informationsbelag	bedeutet H_m den mittleren Informationsgehalt der Menge aller Folgen von m Zeichen einer diskreten Nachrichtenquelle, so ist der mittlere Informationsbelag der Nachrichtenquelle, gegeben durch $H' = \lim_{m \to \infty} \left(\frac{1}{m} \cdot H_m\right)$

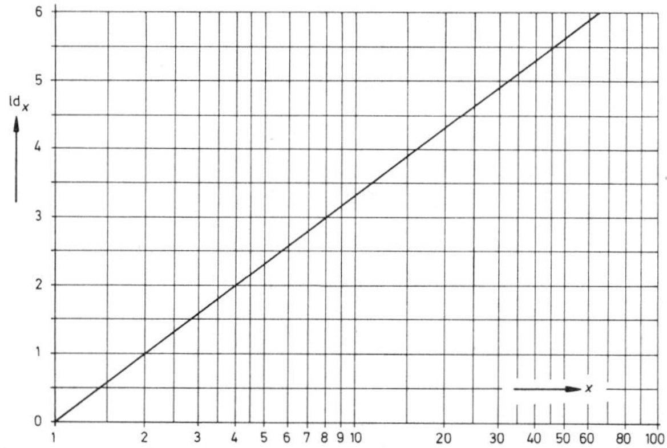

Zweierlogarithmus oder Logarithmus Dualis von x

Lochstreifen 5-Kanal (IBM-Kode)

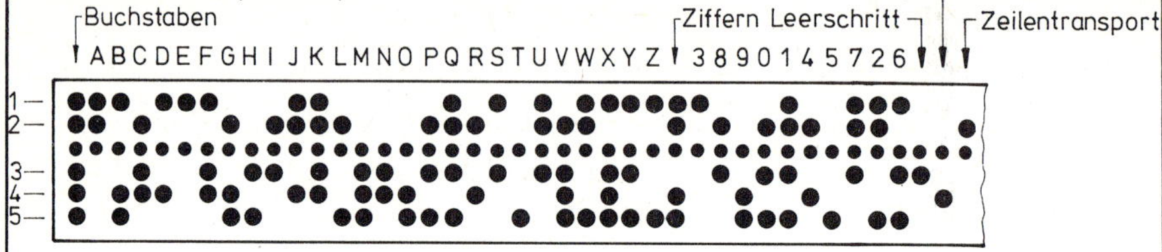

Norm-Maße für den 8-Kanal Lochstreifen

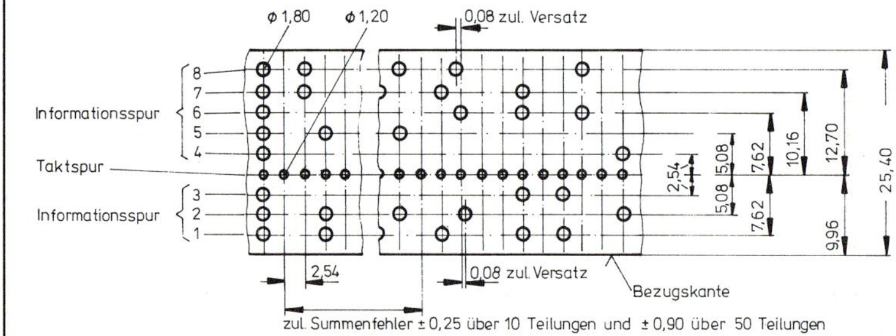

7-Kanal (IBM-Kode)

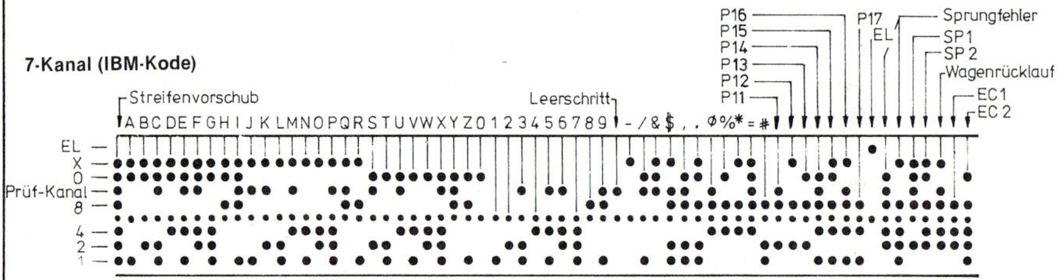

8-Kanal mit 7-Bit-Kode für Datenaustausch (DIN 66004, Blatt 1)

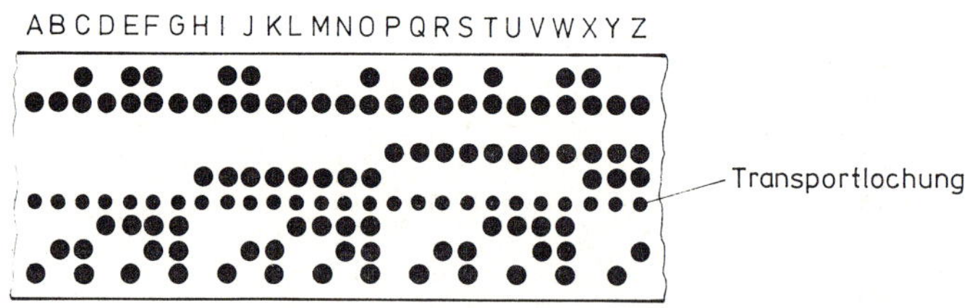

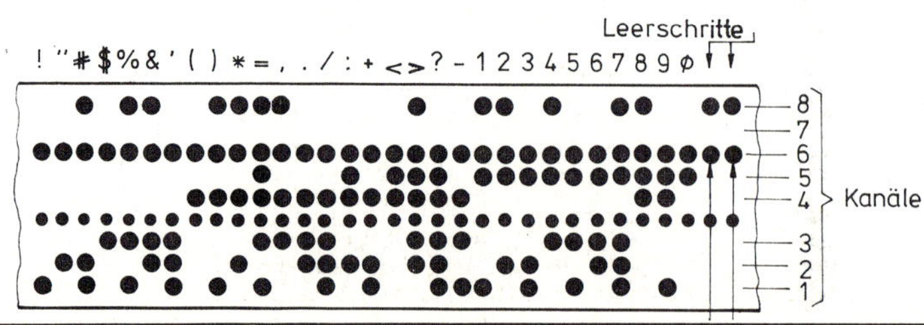

7-Spur-Magnetband mit alphanumerischem 6-Bit-Code nach DIN 66010, 66013

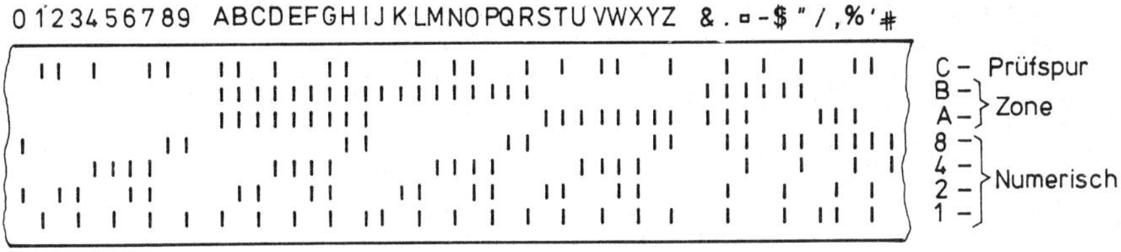

9-Spur-Magnetband (DIN 66014, Blatt 1 und 2)

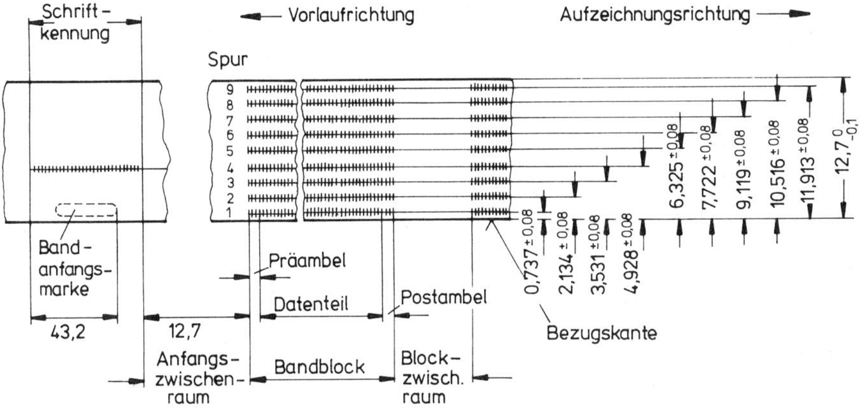

Blockeinteilung digitaler Daten auf Magnetbändern

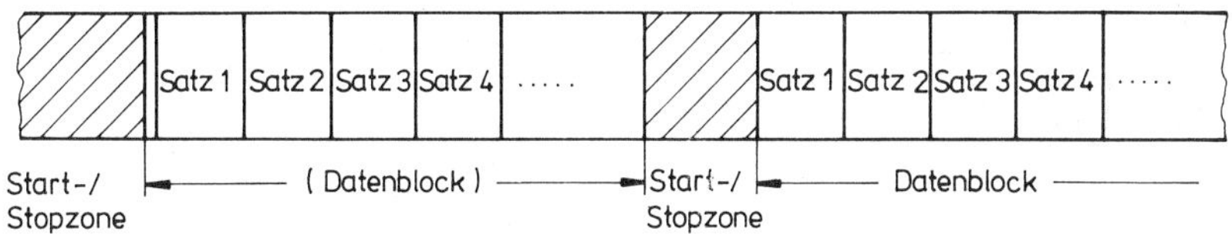

Technische Daten der wichtigsten Datenträger (Kostenindex bezogen auf 12-Platten-Stapel)

Datenträger	Speicherkapazität Byte	Speicherkapazität Bit	Zugriffs- Art	Zugriffs- Zeit (Mittel)	Übertragungsgeschwindigkeiten Schreiben	Übertragungsgeschwindigkeiten Lesen	Kosten-index
Lochstreifen	120000	960000	sequentiell	Sek./Min.	200 Byte/s	2000 Byte/s	44000
Lochkarte	80	(240)	sequentiell	Sek./Min.	18000 Karten/h	120000 Kart./h	360000
Magnetband 12	20 M	160 M	sequentiell	$5./10^2$ s	320000 Byte/s	320000 Byte/s	3,75
Magnetband-Kassette	(500000)	4 M	sequentiell	$15./10^3$ s	6000 Bit/s	6000 Bit/s	6,25
Einzelplatte	3 M	24 M	direkt	30 ms	10^6 Bit/s	10^6 Bit/s	10,5
6-Platten-Stapel	7,5 M	60 M	direkt	30 ms	10^6 Bit/s	10^6 Bit/s	12
11-Platten-Stapel	15 M	120 M	direkt	25 ms	10^6 Bit/s	10^6 Bit/s	9,6
12-Platten-Stapel	200 M	1600 M	direkt	20 ms	$5 \cdot 10^6$ Bit/s	$5 \cdot 10^6$ Bit/s	1
Flexible Disk	200000	1,6 M	direkt	100 ms	250000 Bit/s	250000 Bit/s	30

Morse- und Fernschreibkodes — DV 4

Buchstaben	Morsealphabet	Zeichen	Morsezeichen	Schrittfolgen für Fernschreibübertragung: Internation. Telegraphenalphabet Nr. 2	Schrittfolgen für Fernschreibübertragung: 7er-Kode Nr. 3 für Funkfernschreiben
A	·—	–	—····—	● ●○ ○○	○ ○●● ○●○
B	—···	?	··——··	● ○○ ●●	○ ○●● ○○●
C	—·—·	:	———···	○ ●● ●○	● ○○● ●○○
D	—··	◆		● ○○ ●○	○ ○●● ●○○
E	·	3	···——	● ○○ ○○	○ ●●● ○○○
F	··—·	◥		● ○● ●○	○ ○●○ ○●●
G	——·	◥		○ ●○ ●●	● ●○○ ○○●
H	····	◥		○ ○● ○●	● ○●○ ○●○
I	··	8	———··	○ ●● ○○	● ●●○ ○○○
J	·———	KL		● ●○ ●○	○ ●○○ ○●●
K	—·—	(	—·——·	● ●● ●○	○ ○○● ○●●
L	·—··	)	—·——·—	○ ●○ ○●	● ●○○ ○●○
M	——	.	·—·—·—	○ ○● ●●	● ○●○ ○○●
N	—·	,	——··——	○ ○● ●○	● ○●○ ●○○
O	———	9	————·	○ ○○ ●●	● ○○○ ●●○
P	·——·	0	—————	○ ●● ○●	● ○○● ○●○

Buchstaben	Morsealphabet	Zeichen	Morsezeichen	Schrittfolgen für Fernschreibübertragung: Internation. Telegraphenalphabet Nr. 2	Schrittfolgen für Fernschreibübertragung: 7er-Kode Nr. 3 für Funkfernschreiben
Q	——·—	1	·————	● ●● ○●	○ ○○● ●○●
R	·—·	4	····—	○ ●○ ●○	● ●○○ ●○○
S	···	'	·————·	● ○● ○○	○ ●○● ○●○
T	—	5	·····	○ ○○ ○●	● ○○○ ●○●
U	··—	7	——···	● ●● ○○	○ ●●○ ○●○
V	···—	=	—···—	○ ●● ●●	● ○○● ○○●
W	·——	2	··———	● ●○ ○●	○ ●○○ ●○●
X	—··—	/	—··—·	● ○● ●●	○ ○●○ ●●○
Y	—·——	6	—····	● ○● ○●	○ ○●○ ●○●
Z	——··	+	·—·—·	● ○○ ○●	○ ●●○ ○○●
<		<		○ ○○ ●○	● ○○○ ○●●
≡		≡		○ ●○ ○○	● ○●● ○○○
Bu		Bu		● ●● ●●	○ ○○● ●●○
Zi		Zi		● ●○ ●●	○ ●○○ ●●○
Zw		Zw		○ ○● ○○	● ●○● ○○○
◥		◥		○ ○○ ○○	○ ○○○ ●●●

○ Pause

● Stromschrift

Bu Buchstabenumschalt.

Zi Ziffernumschaltung

Zw Zwischenraum

KL Klingel

WR < Wagenrücklauf

ZL ≡ Zeilenvorschub

◆ Wer da?

◥ Frei für internen Betrieb

○	●	○	●	○	○	●	α
○	●	○	●	●	○	○	β
○	●	●	○	●	○	○	Signal

Zusätzliche Morsezeichen

·—·—	ä	·······	Irrung	·——·—	á
———·	ö	···—·	Verstanden	··—··	é
··——	ü	···—·—	Schlußzeichen	——·——	ñ
————	ch				

Lochkarte nach DIN 66018 — DV 5

Die Darstellung der Symbole entspricht DIN 66006

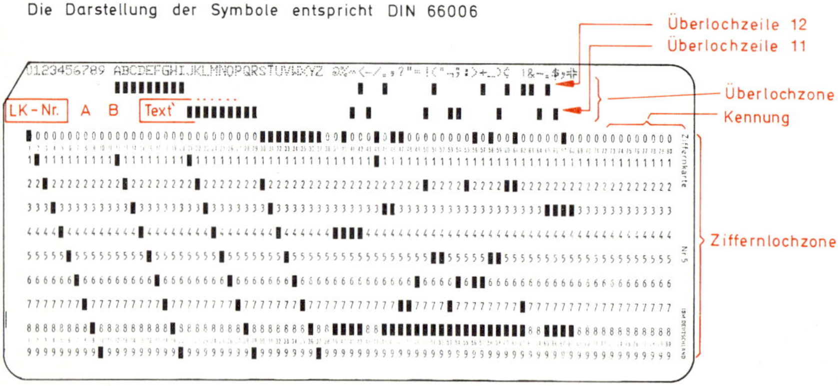

Sinnbilder für Datenflußpläne nach DIN 66001	DV 6

- **Bearbeiten,** allgemein (*Process*)
- **Ausführen einer Hilfsfunktion** (*Auxiliary Operation*)
- **Eingreifen von Hand** (*Manual Operation*)
- **Eingeben von Hand** (*Manual Input*)
- **Datenträger,** vom Leitwerk der EDVA gesteuert (*Online Storage*)
- **Datenträger,** nicht gesteuert (*Offline Storage*)
- **Matrixspeicher** (*Core Storage*), auch für Halbleiterspeicher
- **Flußlinie** (*Flow Line*)
- **Mischen** (*Merge*)
- **Trennen** (*Extract*)
- **Datenträger** (*Input/Output*)
- **Schriftstück** (*Document*)
- **Lochkarte** (*Punched Card*)
- **Lochstreifen** (*Punched Tape*)
- **Anzeige** (*Display*)
- **Transport** der Datenträger
- **Mischen und Trennen gleichzeitig** (*Collate*)
- **Sortieren** (*Sort*)
- **Magnetband** (*Magnetic Tape*)
- **Trommelspeicher** (*Magnetic Drum*)
- **Plattenspeicher** (*Magnetic Disk Pack*)
- **Datenübertragung** (*Communication Link*)
- **Übergangsstelle** (*Connector*)
- **Bemerkung** (*Comment*)

Sinnbilder für Programmabläufe nach DIN 66001	DV 7

- **Operation,** allgemein (*Process*)
- **Verzweigung** (*Decision*)
- **Unterprogramm** (*Predefined Process*)
- **Programmodifikation** (*Preparation*)
- **Operation von Hand** (*Manual Operation*) z. B. Plattenwechsel
- **Übergangsstelle** (*Connector*)
- **Grenzstelle** (*Terminal, Interrupt*)
- **Bemerkung** (*Comment*)
- **Eingabe, Ausgabe** (*Input/Output* = I/0)
- **Ablauflinie** (*Flow Line*)
- **Zusammenführung** (*Junction*) Ausgang mit Pfeil

Programmablauf:
Es soll die größte von 3 Einheiten *x*, *y*, und *z* ermittelt werden und im Speicher *K* eingespeichert werden.

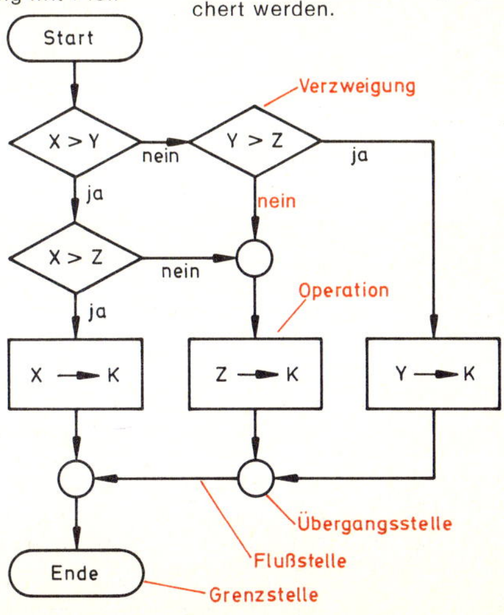

CMC7-Schrift für magnetische Zeichenerkennung nach DIN 66007

Buchstaben

A B C D E F G H I J K L M

N O P Q R S T U V W X Y Z

Ziffern

0 1 2 3 4

5 6 7 8 9

Hilfszeichen

SI SII SIII SIV SV

Zeichengestalt

Die CMC7-Schrift für magnetische Zeichenerkennung enthält Zeichen bestehend aus jeweils sieben durchgehenden oder unterbrochenen vertikalen Linien, deren Linienzwischenräume zwei verschiedene Breiten haben. Die Codierung liegt in den verschiedenen Breiten der Linienzwischenräume. Die Strich- oder Linienelemente der Zeichen sind so angeordnet, daß auch eine visuelle Erkennung möglich ist.

Zeichenvorrat

Er umfaßt ingsgesamt 41 verschiedene Schriftzeichen:

10 Dezimalziffern von 0 bis 9,
26 Großbuchstaben von A bis Z,
5 Hilfszeichen S I, S II, S III, S IV, S V.

Das Zeichen S IV wird ausschließlich für die Eröffnung rein alphabetischer Felder und die Eröffnung der alphanumerischen Felder verwendet.

Schrift A für die maschinelle optische Zeichenerkennung nach DIN 66008

Die Schrift A für maschinelle optische Zeichenerkennung enthält Schriftzeichen, die sowohl maschinell als auch visuell erkennbar sind.

Der Zeichenvorrat nach DIN 66008 umfaßt 47 Zeichen.

a) 10 Dezimalziffern 0 bis 9,
b) 4 Hilfszeichen H1, H2, H3, H4,
c) 26 Großbuchstaben
d) 7 Sonderzeichen wie Punkt, Komma, Gleichheitszeichen, Pluszeichen, Minuszeichen (Bindestrich), Schrägstrich und Stern.

Neben den in DIN 66008 festgelegten Zeichen enthält der ISO-Entwurf Nr. 996 für den internationalen Verkehr einen zusätzlichen Zeichenvorrat von 19 Zeichen:

a) Nationale Sonderbuchstaben
b) Sonderzeichen wie Doppelpunkt, Semikolon, Fragezeichen, Ausführungszeichen, Apostroph, Klammer auf, Klammer zu, Prozent, kommerzielles Und.
c) Währungszeichen wie Dollar, Pound, Yen

Buchstaben (DIN 66008 und ISO-Empfehlung Nr. 996)

ABCDEFGHIJKLMNOPQRSTUVWXYZ

Dezimalziffern (ISO und DIN)

0123456789

Hilfszeichen (ISO und DIN 66008)

Sonderzeichen (DIN 66008)

. , = + – / *

Sonderzeichen (ISO-Entwurf Nr. 996)

: ; ? " ' { } % &

Nationale Sonderbuchstaben (keine DIN-Norm)

Å Ä Æ Ñ Ø Ö Ü

Währungszeichen (keine DIN-Norm) Dollar, Pound, Yen

$ £ ¥

Begriffe Mikroprozessor	DV 9

Benennung	Bedeutung
ALU	(engl. Arithmetic-Logik-Unit = arithmetische logische Einheit), kann sowohl arithmetische Verknüpfungen als auch logische ausführen
Arbeitsspeicher	besteht aus Programmspeicher und Datenspeicher
Assembler	ist ein Übersetzungsprogramm; es übersetzt die in Assemblersprache geschriebenen Programme in den Maschinencode
Busse	sind „Sammelschienen", mehradrige Leitungen, auf denen alle Daten, Speicheradressen und Steuersignale zwischen sämtlichen Bausteinen eines Mikrocomputers verkehren Die Verwendung getrennter Busse für Daten und Adressen erhöht die Arbeitsgeschwindigkeit
CPU	Central Processing Unit; siehe Zentralprozessor
Carry	(engl. = Übertrag, Überlauf) siehe Flag
Compiler	Übersetzer zum Übersetzen aus „höheren", anwendungsorientierten Programmiersprachen
Debugprogramme	(debug = „entwanzen") dienen dem Austesten von erstellten Programmen
Eingabe-/Ausgabe-Bausteine	bilden die Schnittstellen für den Datenaustausch zwischen dem Zentralprozessor und den externen Geräten
EPROMs und REPROMs	(Erasable bzw. Reprogramable PROMs) können einige Male „en Bloc" gelöscht und neu programmiert werden
Flag	(engl. = Flagge, Signal, ...); Flags sind Flip-Flops zur Anzeige von Überträgen (C) – carry; Null (Z) – zero; Parität (P) – parity; Vorzeichen (S) – sign und Hilfsüberträgen (AC) – auxiliary-carry
Hardware	technische Bausteine eines Computers oder Prozessors
Lader	hiermit wird das bereits in den binären Maschinencode übersetzte Programm vom Datenträger in den Mikrocomputerspeicher eingelesen
Periphere Eingabe/Ausgabe-Geräte	auf der Eingabeseite vorwiegend Drucktasten und elektronische Fühler, auf der Ausgabeseite Signallampen, akustische Signalgeräte, Zahlen-oder alphanumerische Anzeigen, elektronische Steuerschaltungen
Programm Counter	(engl. = Programmzähler), enthält die Speicheradressen der einzelnen Programmbefehle
PROM: Programmierbarer Festspeicher	(Programable ROM) kann vom Anwender selbst unveränderbar programmiert werden
RAM: Schreib-Lese-Speicher	(Random-Access-Memory) jede Speicherstelle ist einzeln adressierbar und beliebig oft zu ändern
ROM: Festspeicher	(Read-Only-Memory) der Inhalt wird vom Hersteller fest eingegeben; er kann bei Stromausfall nicht verloren gehen
Rechenwerk	führt alle Rechengänge und logischen Operationen aus
Simulator	die Funktionen des Mikroprozessors und der Eingabe-/Ausgabe-Bausteine werden auf einem Rechner simuliert
Stack	(engl. = Stapel, Stoß, Magazin), besteht aus einer Anzahl von Registern zur Zwischenspeicherung von Daten ect. Bei jedem neuen Datenwort, das eingespeichert wird, werden die im Stack befindlichen Daten um jeweils eine Position weitergeschoben. Beim Auslesen wird das zuletzt eingeschriebene Wort zuerst ausgelesen und die anderen Wörter rücken nach
Stack Pointer	(engl. = Stapelzeiger), er enthält die Adresse der nächsten Stapelstelle im Stack
Steuerwerk	sorgt für die Ausführung der Befehle aus dem Programm
Software	ist der Sammelbegriff aller aufgabenspezifischen und aufgabenunabhängigen Programme für einen Computer
Tri-State	(engl. = Three-State). Bezeichnung für Gegentaktausgang; der drei Schaltzustände annehmen kann a) H-Signal, b) L-Signal, c) hochohmig (beide Ausgangstransistoren sind gesperrt, so daß das Ausgangssignal floatet, d. h. sich dem jeweiligen Signalzustand des Busses anpaßt)
Zentralprozessor	(Central Processing Unit: CPU) enthält das Steuer- und Rechenwerk
Text-Editor	Hilfsprogramm für das einfache Erstellen, Korrigieren und Erweitern von Anwenderprogrammen am Programmierplatz
Betriebssystem	enthält alle Programmteile, die die Abläufe steuern und das Programmieren und Testen der Anwenderprogramme erleichtern. (Hilfsprogramme wie Assembler, Compiler, Editor, Simulator, Monitor)

Mikroprozessor – Blockschaltbild
DV 10

Prinzipieller Aufbau eines Mikroprozessorsystems (Mikrocomputer)

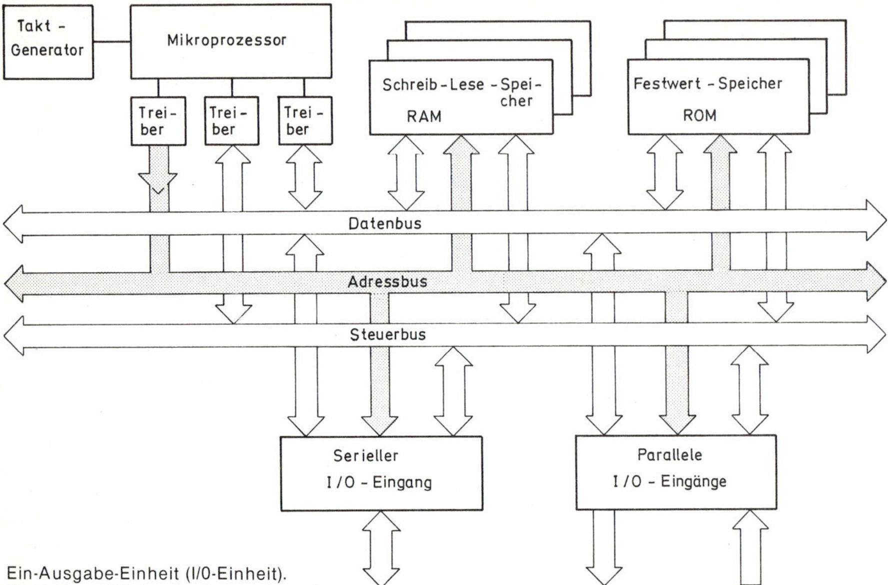

Ein-Ausgabe-Einheit (I/0-Einheit).
Es sind zwei Dateneingänge angegeben.

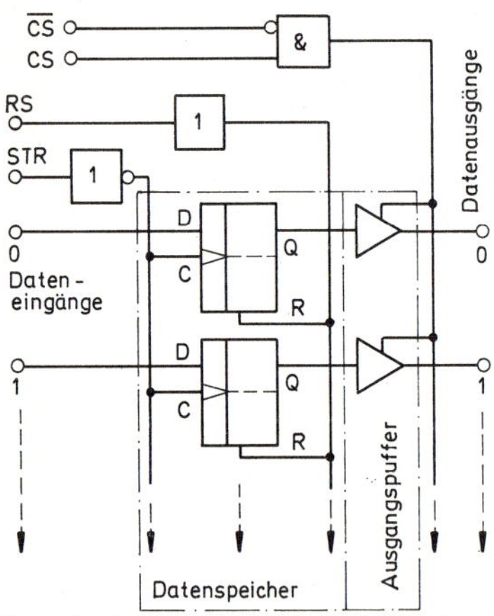

Tri-State-Treiberschaltung für bidirektionalen Betrieb.

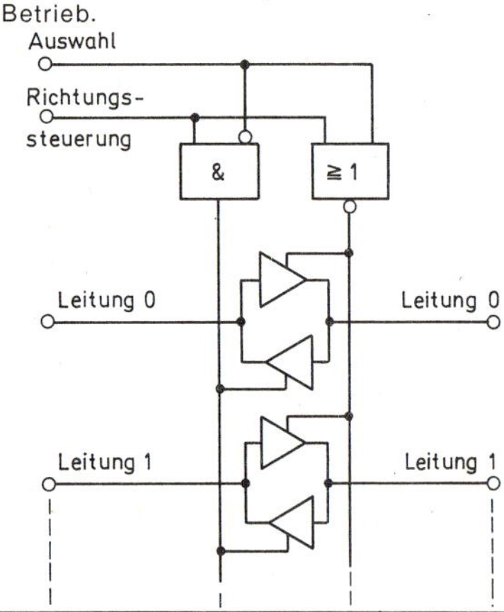

Schnittstellen für bipolare Datensignale (Ersatzschaltbild)
DV 11.1

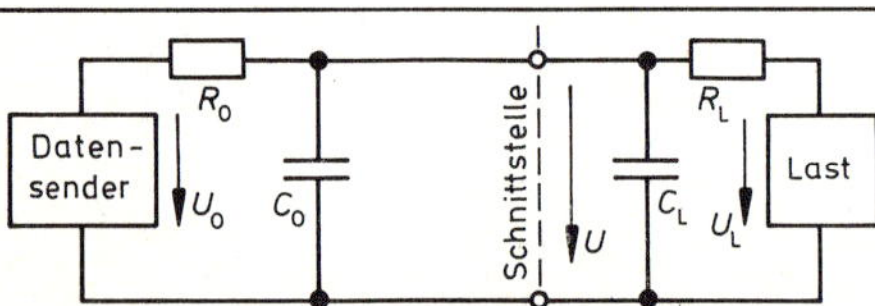

Leerlaufspannung der Quelle $U_0 = \pm 25V$
Betriebsspannung $+5\ V \leqq U \leqq +15\ V$
Schnittstelle
Quellenwiderstand $R_0 \geqq 300\ \Omega$
Lastwiderstand $R_L = 3\ k\Omega \dots 7\ k\Omega$
Leerlaufspannung der Last $U_L = \pm 2\ V$ max.
Lastkapazität $C_L \leqq 2500\ pF$
Quellenkapazität C_0
(nicht festgelegt)

Schnittstellenleitungen DIN 66020

Datenend-Einrichtung — Übergabestelle — Zusatzeinrichtung (Fehlerschutzeinheit, Synchronisiereinheit) — Leitungen für Übergabe von Datensignalen — Datenübertragungs-Einrichtung

Schnittstellenleitung	Stift-Nr.
E2 – Betriebserde	7
D1 – Sendedaten	2
D2 – Empfangsdaten	3
S1.1 – Übertragungsleitung anschalten S1.2 – DE-Einrichtung betriebsbereit	20
S2 – Sendeteil einschalten	4
S3 – Alle Frequenzgruppen verwenden	–
S4 – Hohe Übertragungsgeschwindigkeit einschalten	23
S5 – Hohe Sendefrequenzlage einschalten	11
S6 – Niedrige Empfangsfrequenzlage einschalten	–
S7 – Empfangsdaten abrufen	
S8 – Ersatzbetrieb einschalten	–
S9 – Bestätigungston senden	–
S10 – Neuer Empfangssignalpegel	–
S11 – Empfangsteil einschalten	–
S12 – Datenbetrieb ablösen	–
M1 – Betriebsbereitschaft	6
M2 – Sendebereitschaft	5
M3 – Ankommender Ruf	22
M4 – Hohe Übertragungsgeschwindigkeit	–
M5 – Empfangssignalpegel	8
M6 – Empfangsgüte	–
M7 – Empfangsdaten-Kennzeichnung	
M8 – Ersatzbetrieb	–
HD1 – Hilfskanal Sendedaten	14
HD2 – Hilfskanal Empfangsdaten	16
HS 2 – Hilfskanal Sendeteil einschalten	19
HM2 – Hilfskanal Sendebereitschaft	13
HM5 – Hilfskanal Empfangssignalpegel	12
HM6 – Hilfskanal Empfangsgüte	–
T1 – Sendeschrittakt zur DÜ-Einrichtung	24
T2 – Sendeschrittakt von der DÜ-Einrichtung	15
T3 – Empfangsschrittakt zur DÜ-Einrichtung	–
T4 – Empfangsschrittakt von der DÜ-Einrichtung	17
T5 – Empfangsseitige Abtastmarkierung	–
A1 – Gesendete Sprachantwort	
A2 – Empfangene Sprachantwort	
PS2 – Ferne Prüfschleife/Prüfbetrieb einschalten	21
PS3 – Nahe Prüfschleife schalten	18
PM1 – Prüfzustand	25

AWD — Leitungen für automatische Wahl

Schnittstellenleitung	Stift-Nr.
E22 – Betriebserde	7
W21 – Wählbit 1	14
W22 – Wählbit 2	15
W23 – Wählbit 3	16
W24 – Wählbit 4	17
S21 – Übertragungsleitung belegen	4
S22 – Wählzeichen übernehmen	2
M21 – Übertragungsleitung belegt	22
M22 – Wählzeichen-Übernahmebereitschaft	5
M23 – Wahl erfolglos	3
M24 – Gerufene Station angeschaltet	13
M25 – Funktionsbereitschaft	6

Schrittgeschwindigkeit

$$v_s = \frac{1}{T_0}$$

T_0 Dauer des kürzesten, unverzerrten Einheitsschrittes
v_s Anzahl der Impulse (Einheitsschritte) je Sekunde
Maßeinheit: Baud (Bd)

Datenübertragungsgeschwindigkeit (Bitrate) allgemein

$$v_D = v_s \cdot Z_t$$

Z_t Anzahl der je Schrittdauer übertragenen Binärentscheidungen
v_D Datenübertragungsgeschwindigkeit Bit/s

Serienübertragung

$$v_{DS} = v_s \cdot \mathrm{ld}\, n$$

n Anzahl der Binärentscheidungen (Kennzustände)

Parallelübertragung

$$v_{DP} = m \cdot v_s \cdot \mathrm{ld}\, n$$

m Anzahl der parallelen Datenkanäle
ld Zweierlogarithmus (Log. Dualis)

Zeichengeschwindigkeit allgemein

$$v_Z = \frac{1}{\text{Zeichenlänge}}$$

Maßeinheit: Zeichen je Sekunde

Start-Stop-Zeichen

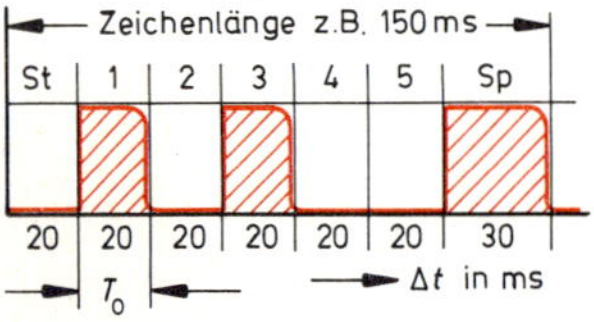

$$v_Z = \frac{1}{A \cdot T_0 + St + Sp}$$

A Anzahl der Schritte je Zeichen
St Zeit für Startschritt in s
Sp Zeit für Stopschritt in s

Isochron-Zeichen

$$v_Z = \frac{1}{A \cdot T_0}$$

Start-Stop-Verzerrungsgrad

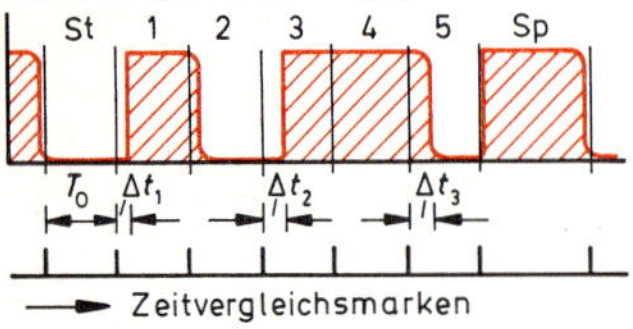

$$\delta_{St} = \frac{\Delta t_{max}}{T_0} \cdot 100\,\%$$

δ_{St} Start-Stop-Verzerrungsgrad → ist das Verhältnis der maximalen Abweichung Δt_{max} von der Sollmarke zu der Dauer des unverzerrten Einheitsschrittes. Angabe in Prozent.
T_0 Zeitdauer des unverzerrten Einheitsschrittes in s
Δt_1; Δt_2; Δt_3 Abweichungen vom Sollwert

Bitfehlerhäufigkeit (bit error rate) → ist gleich dem Verhältnis der Anzahl der falsch empfangenen Binärentscheidungen zur Anzahl der gesendeten Bits.

Zeichenfehlerhäufigkeit (character error rate) → alle Zeichen, die mindestens ein falsches Bit enthalten, werden gezählt und auf die Anzahl der gesendeten Zeichen bezogen.

Blockfehlerhäufigkeit (block error rate) → ist das Verhältnis von Anzahl der gestörten Blöcke zur Anzahl der gesendeten Blöcke.

Isochronverzerrungsgrad (bei Synchronbetrieb) → ist die algebraische Differenz zwischen dem größten und dem kleinsten Wert der individuellen Verzerrung der Kennzeitpunkte einer isochronen Modulation.

Messung der Fehlerhäufigkeit nach CCITT

In den Empfehlungen V 51 bis V 53 sind Meßpunkte und Schnittstellenbedingungen festgelegt.
Der nach CCITT festgelegte Prüftext (pseudo-random-text) wird aus einer scheinbar zufälligen Folge von 511 Binärschritten gebildet.
Vor Beginn der Fehlerzählung wird die Synchronisierung des Vergleichstextes am Empfangsort und die Einphasung des Textes auf den richtigen Kombinationsschritt vorgenommen.
Am Empfangsort wird der Vergleichstext mit dem über den Übertragungsweg ankommenden Prüftext Bit für Bit verglichen. Meßzeit = 15 min.

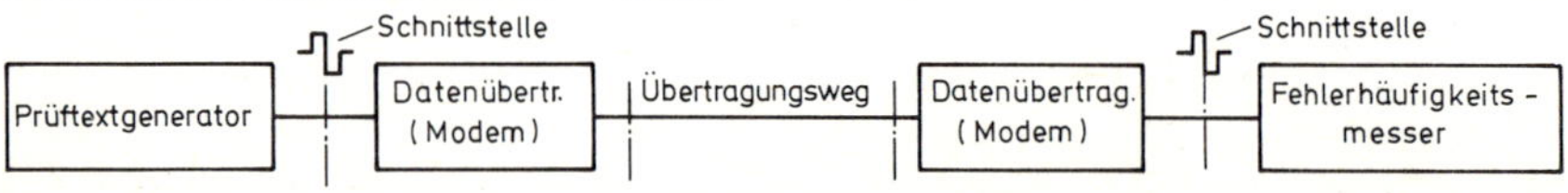

Steuerungen und Regelungen haben die Aufgabe, einer physikalischen Größe einen bestimmten gewünschten Wert zu verleihen. Gemeinsames Merkmal ist das Stellglied, das die Energiezufuhr zur physikalischen Größe und damit diese Größe selbst verändert.

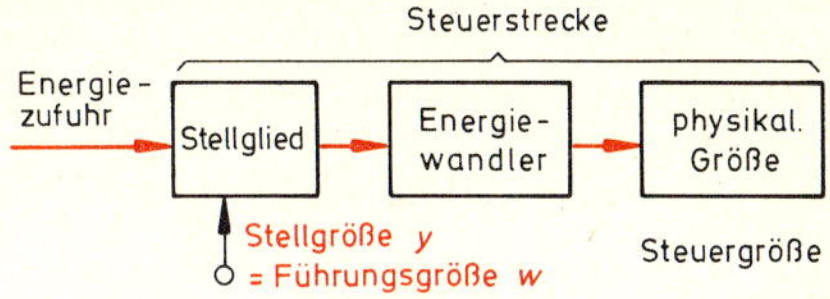

Energieflußplan einer Steuerungsstrecke

Eine Steuerung liegt vor, wenn man mit einer Stellgröße unmittelbar das Stellglied und damit den Istwert der physikalischen Größe verändert. (Ändern der Lautstärke eines Funkempfängers mit dem Lautstärkesteller.) Der Istwert kann sich durch zusätzliche äußere Einflüsse unerwünschterweise ändern.

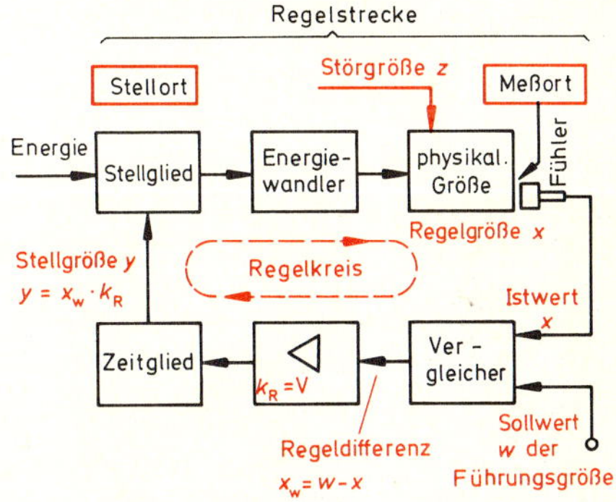

Energieflußplan eines Regelkreises

Eine Regelung ist nach DIN 19226 dann vorhanden, wenn der Istwert der physikalischen Größe (Regelgröße x) fortlaufend mit dem Sollwert einer Führungsgröße w verglichen und bei Abweichung so beeinflußt wird, daß er sich dem Sollwert möglichst vollständig nähert. Insofern setzt eine Regelung praktisch immer eine Steuerung voraus. Wesentlicher Unterschied ist der Regler, in dem der Sollwert/Istwert-Vergleich erfolgt.

Da der Signalfluß innerhalb eines in sich geschlossenen Kreises stattfindet, spricht man von einem Regelkreis.

Alle Komponenten eines Regelkreises werden als Regelkreisglieder bezeichnet. Dabei müssen die Regelkreisglieder der Regeleinrichtung an die Eigenschaften der Glieder in der Regelstrecke angepaßt werden.

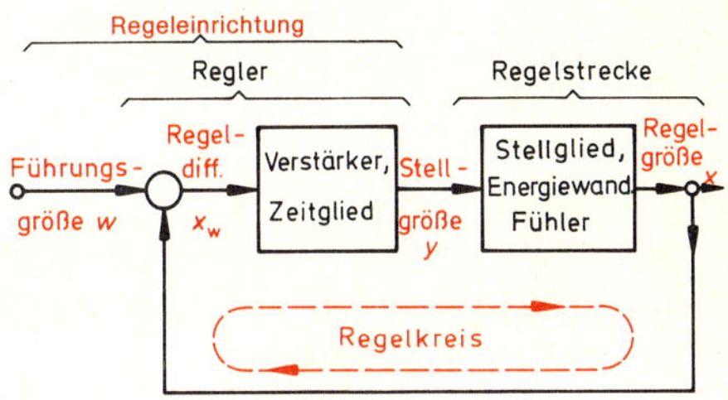

Signalflußplan eines Regelkreises

Regelgröße ist die physikalische Größe, deren Istwert durch die Regeleinrichtung konstant gehalten werden soll.

Führungsgröße ist die physikalische Größe, deren Sollwert den gewünschten Istwert der Regelgröße bestimmt.

Stellgröße ist die Ausgangsgröße der Regeleinrichtung und beeinflußt unmittelbar den Eingang des Stellgliedes.

Regeldifferenz ist die Differenz zwischen Sollwert und Istwert.

Regelabweichung ist eine andere Bezeichnung für die Regeldifferenz.

Stellglied ist eine Einrichtung, mit der die Energiezufuhr zur Regelgröße geändert wird. In elektronischen Regelkreisen sind das Transistoren, Thyristoren und Transduktoren.

Meßgrößenumformer (Fühler) sind Einrichtungen, mit denen der nichtelektrische Istwert der Regelgröße in einen entsprechenden elektrischen umgewandelt wird.

Regelstrecke ist das Zusammenwirken von Regelgröße, Stellglied und Meßgrößenumformer.

Vergleicher ist ein Differenzbildner zum Bestimmen der Regeldifferenz.

Regler ist die Verbindung aus dem Vergleicher und einem Verstärker sowie evtl. erforderlicher Zeitglieder.

Regeleinrichtung andere Bezeichnung für Regler, meistens noch im Zusammenhang mit dem Sollwertgeber benutzt.

Regelstrecken werden im Signalflußplan wie Übertragungsglieder (z. B. Verstärker) betrachtet, die mit der Stellgröße y gesteuert werden und die Regelgröße x liefern. Ihre dynamischen Eigenschaften kennzeichnet man durch den zeitlichen Verlauf der Regelgröße x als Antwort auf eine sprunghafte Änderung der Stellgröße y (Sprungantwort).

Regelstrecke als Übertragungsglied im Signalflußplan

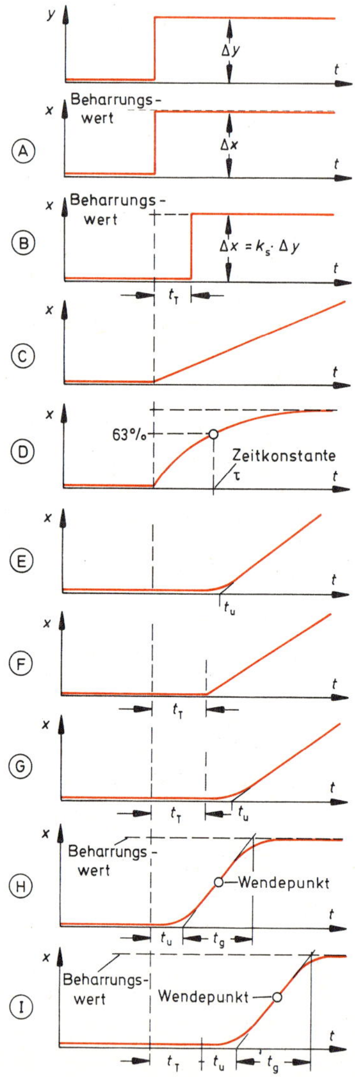

Sprung der Stellgröße

(A) Sprungantwort einer Regelstrecke mit Proportionalverhalten. Die Regelgröße folgt der Stellgröße ohne zeitliche Verzögerung.
$\Delta x = k_s \cdot \Delta y$

(B) Sprungantwort einer Regelstrecke mit Proportionalverhalten und Totzeit t_T.
$\Delta x = k_s \cdot \Delta y$

(C) Sprungantwort einer Regelstrecke 1. Ordnung ohne Ausgleich. Sie hat die Eigenschaft eines Integrators, die z. B. bei der Füllstandsregelung vorkommt.

(D) Sprungantwort einer Regelstrecke 1. Ordnung mit Ausgleich und Verzögerung
$x = X_{max} \cdot (1 - e^{-\frac{t}{\tau}})$

(E) Sprungantwort einer Regelstrecke 1. Ordnung ohne Ausgleich mit Anlauf- oder Verzugszeit t_u.

(F) Sprungantwort einer Regelstrecke 1. Ordnung ohne Ausgleich mit Totzeit t_T.

(G) Sprungantwort einer Regelstrecke 1. Ordnung ohne Ausgleich mit Totzeit t_T und Verzugszeit t_u.

(H) Sprungantwort einer Regelstrecke höherer Ordnung mit Verzugszeit t_u und Ausgleichszeit t_g.

(I) Sprungantwort einer Regelstrecke höherer Ordnung mit Totzeit t_T, Verzugszeit t_u und Ausgleichszeit t_g.

Der Übertragungsbeiwert k_s einer Regelstrecke ist deren Verstärkungsfaktor, nämlich das Verhältnis zwischen der Ausgangsgrößenänderung Δx und der Eingangsgrößenänderung Δy.

$$k_s = \frac{\Delta x}{\Delta y}$$

Der Ausgleichswert Q einer Regelstrecke ist der Kehrwert des Übertragungsbeiwertes.

$$Q = \frac{1}{k_s}$$

Die Anlaufzeit t_A ist die Zeit, die eine Regelstrecke nach Eintreffen eines Sollwertsprunges benötigt, um den Sollwert einzustellen.

$$t_A = w \cdot \frac{\Delta t}{\Delta x} = w \cdot A$$

Der Anlaufwert A ist der Kehrwert der maximalen Änderungsgeschwindigkeit der Regelgröße $\Delta x/\Delta t$.

$$A = \frac{1}{\frac{\Delta x}{\Delta t}}$$

Änderungsgeschwindigkeit (maximale) der Regelgröße.

$$v = \frac{\Delta x}{\Delta t}$$

Der Schwierigkeitsgrad s_0 ist ein Maß für die Regelbarkeit einer Regelstrecke. Er ist das Verhältnis zwischen der Verzugszeit t_u und der Anlaufzeit t_A.
$s_0 = 0 \ldots 0{,}4$ = gut bis sehr gut regelbar
$s_0 = 0{,}4 \ldots 1$ = schlecht oder nicht mehr regelbar

$$s_0 = \frac{t_u}{t_A} = \frac{t_u}{A \cdot w}$$

Die Regeldifferenz x_w ist die Differenz zwischen dem Sollwert der Führungsgröße w und dem Istwert der Regelgröße x.

$$x_w = w - x$$

Die Stellgröße y eines Reglers ist das Produkt aus Regeldifferenz x_w und dem Übertragungsbeiwert des Reglers k_R.

$$y = x_w \cdot k_R$$

Der Übertragungsbeiwert k_R des Reglers ist dessen Verstärkungsfaktor, nämlich das Verhältnis zwischen der Ausgangsgrößenänderung Δy und der Eingangsgrößenänderung Δx bzw. Δw. Er gilt nur für den Proportionalanteil und heißt auch oft k_P.

$$k_R = \frac{\Delta y}{\Delta x} = \frac{\Delta y}{\Delta w}$$

Der Integrationsanteil wird durch einen eigenen Übertragungsbeiwert k_I gekennzeichnet. Er ist der Kehrwert der Integrationszeitkonstante.

$$k_I = \frac{1}{R_2 \cdot C_1}$$

Die obere Grenzfrequenz des Reglers wird durch den Integrationsanteil bestimmt und ist

$$f_g = \frac{1}{k_I}$$

Der Differenzieranteil wird durch den Übertragungsbeiwert k_D gekennzeichnet. Er ist gleich der Differenzierzeitkonstante.

$$k_D = R_1 \cdot C_2$$

Die untere Grenzfrequenz ist ohne praktische Bedeutung, weil der Differenzieranteil nie ohne einen Proportionalanteil vorkommt. Die untere Grenzfrequenz des Proportionalreglers ist aber Null.

Beim Proportional-Regler wirkt die Stellgröße einer sprunghaft auftretenden Störgröße sofort sprunghaft entgegen.

Beim Integral-Regler wirkt die Stellgröße einer sprunghaft auftretenden Störgröße zeitproportional entgegen.

Beim Differential-Regler wirkt die Stellgröße einer sprunghaft auftretenden Störgröße sofort sprunghaft entgegen, um dann sofort wieder auf Null abzusinken.

Beim Proportional-Integral-Regler wirkt die Stellgröße einer sprunghaft auftretenden Störgröße zunächst mit dem sprunghaften P-Anteil entgegen, der dann in den I-Anteil übergeht.

Beim Proportional-Differential-Regler wirkt die Stellgröße einer sprunghaft auftretenden Störgröße sofort mit dem D-Anteil entgegen, der dann auf den P-Anteil zurückgeht.

Beim Proportional-Integral-Differential-Regler wirkt die Stellgröße einer sprunghaft auftretenden Störgröße zunächst mit dem D-Anteil entgegen, geht dann vorübergehend auf den P-Anteil zurück, um anschließend in den zeitproportionalen Anstieg des I-Anteiles überzugehen.

Zweipunktregler eignen sich für einfache Regelungsaufgaben, sofern die Regelstrecke Verzögerungen oder Integrationsverhalten besitzt. Sie schalten die Energiezufuhr zur Regelgröße ab, sobald deren Istwert den Sollwert erreicht oder überschreitet.

Dreipunktregler ähneln den Zweipunktreglern. Sie schalten die Energiezufuhr solange ein,bis der Istwert gleich dem Sollwert ist. Überschreitet der Istwert den Sollwert, so schaltet der Regler auf Energieentzug (z. B. von Heizen auf Kühlen) um.

Operationsverstärker als Regler herrschen heute in der Elektronik vor. Ihr Differenzeingang macht sie für den Sollwert/Istwert-Vergleich besonders geeignet. Durch äußere Beschaltung können sie I-, D-, PI-, PD- oder PID-Verhalten annehmen.
Sollen die drei Grundeigenschaften eines PID-Reglers getrennt voneinander eingestellt werden, so ist es sinnvoll, sie mit getrennten Verstärkern zu schaffen und mit einem Summierer zusammenzufassen.

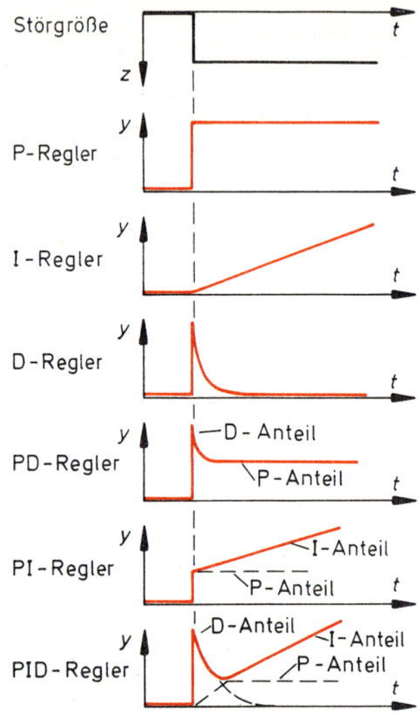

Sprungantworten verschiedener Reglertypen

Reglertypen

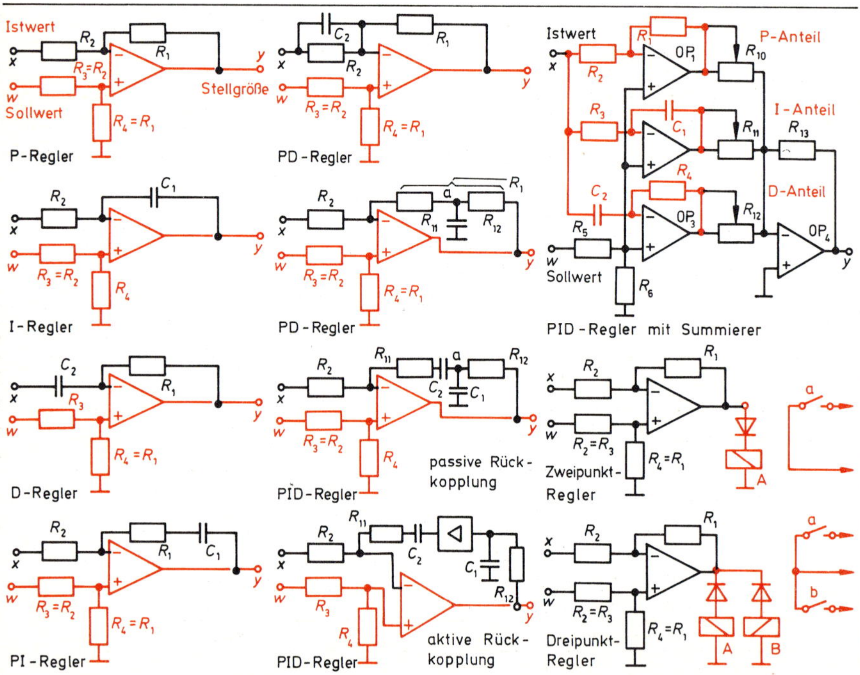

Regelkreis nennt man das Zusammenwirken von Regelstrecke und Regler. Bisweilen spricht man auch vom „geschlossenen" Regelkreis, im Unterschied zum „offenen" Regelkreis, der bei getrennter Betrachtung von Regler und Regelstrecke nötig ist.

Kreisverstärkung v_0 ist das Produkt der beiden Übertragungsbeiwerte k_s der Regelstrecke und k_R des Reglers.

$$v_0 = k_s \cdot k_R$$

Je größer die Kreisverstärkung ist, um so kleiner ist die beim P-Regler verbleibende Regeldifferenz. Bei Regelstrecken mit Tot- oder Verzugszeiten darf v_0 höchstens 1 werden.

Regelschwingungen treten bei zeitabhängigen Regelstrecken in Verbindung mit Proportionalreglern auf, sofern die Kreisverstärkung v_0 zu groß ist.

Der Regelfaktor R gibt das Verhältnis zwischen der Abweichung einer Regelgröße x mit Regler (bleibende Regeldifferenz) zur Abweichung ohne Regler bei gleicher Störgröße an.

$$R = \frac{X_z}{X_0}$$

X_z = bleibende Regelabweichung mit P-Regler
X_0 = bleibende Regelabweichung ohne Regler
Zwischen der Kreisverstärkung und dem Regelfaktor besteht folgender Zusammenhang:

$$R = \frac{1}{1 + v_0}$$

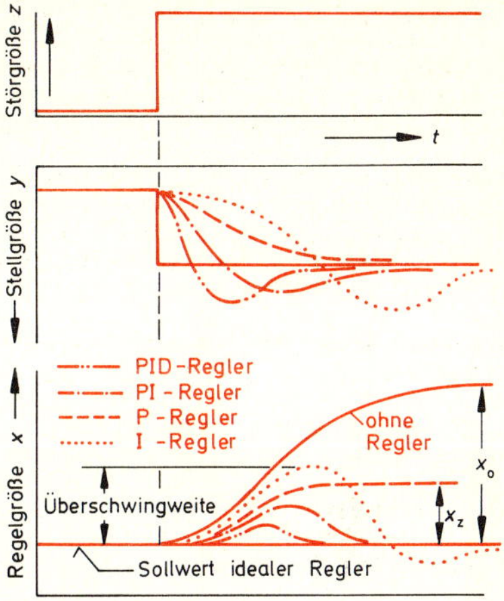

Einfluß eines Störgrößensprunges auf Stell- und Regelgröße bei verschiedenen Reglertypen

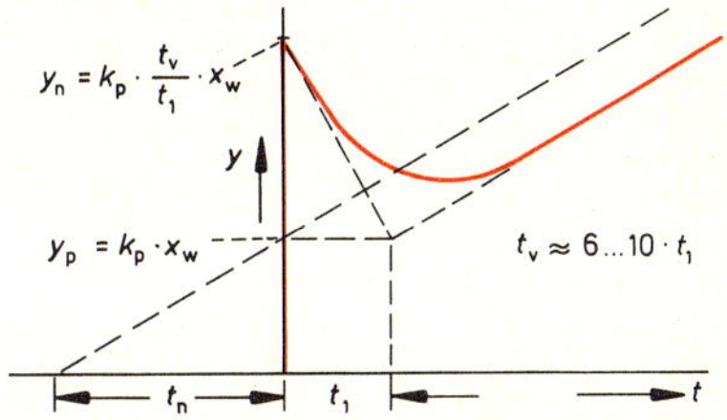

Bestimmung der Vorhaltezeit t_v und der Nachstellzeit t_N bei einem PID-Regler

Eignung von Reglern

Für die meisten zeitbehafteten Regelstrecken 1. und höherer Ordnung eignet sich der PID-Regler besonders. Die Eignung anderer Reglertypen bei verschiedenen Eigenschaften der Regelstrecken geht aus folgender Aufstellung hervor:

Regelstrecke	Beispiele	geeigneter Reglertyp			
		P	PD	PI	PID
A	Elektronische Spannungsregler	sehr gut	–	–	–
B	Fördermenge	–	–	sehr gut	–
C	Füllstand	gut	gut	–	–
D	Drehzahl, Gasdruck	gut	gut	gut	gut
E	Stellmotor	gut	gut	–	–
F	Füllstand	–	–	sehr gut	gut
G	Kurs von Fahrzeugen	–	–	gut	–
H	Heizungsanlagen	–	–	gut	sehr gut
I	Heizungsanlagen	–	–	sehr gut	sehr gut

Die Optimierung von Regelkreisen soll erreichen, daß die Regelstrecke zusammen mit dem Regler die Regelgröße nach Eintreffen eines Störgrößensprunges so schnell wie möglich, so genau wie möglich und so schwingungsfrei wie möglich auf ihren ursprünglichen Wert zurückführt. Damit wird gleichzeitig erreicht, daß sich bei Sollwertänderungen die Regelgröße ebenfalls schnell, genau und schwingungsfrei auf den neuen Wert einstellt.

Optimierungsvorschriften werden oft mit Gleichungen der höheren Mathematik angegeben. Für den praktischen Gebrauch sind sie selten zu gebrauchen. Hier arbeitet man mit Erfahrungsrichtwerten.
Sind die Eigenschaften der Regelstrecke bekannt, so können folgende Richtwerte verwendet werden:

Regler-Typ	Regelstrecke	Übertragungsbeiwert k_P des P-Anteils	Vorhaltzeit t_V	Nachstellzeit t_N	Proportionalbereich X_P
P	mit Ausgleich	$k_P = \frac{1}{k_s} \cdot \frac{t_g}{t_u}$	–	–	$X_P = 1 \cdot k_s \cdot \frac{t_u}{t_g} \cdot \frac{y_h}{x_h}$
	ohne Ausgleich	$k_P = 0{,}5 \cdot \frac{1}{k_I \cdot t_u}$	–	–	$X_P = 2 \cdot k_I \cdot t_u \cdot \frac{y_h}{x_h}$
PD	mit Ausgleich	$k_P = 1{,}2 \cdot \frac{1}{k_s} \cdot \frac{t_g}{t_u}$	$0{,}25 \ldots 0{,}5 \cdot t_u$	–	$X_P = 0{,}83 \cdot k_s \cdot \frac{t_u}{t_g} \cdot \frac{y_h}{x_h}$
	ohne Ausgleich	$k_P = 0{,}5 \cdot \frac{1}{k_I \cdot t_u}$	$0{,}5 \cdot t_u$	–	$X_P = 2 \cdot k_I \cdot t_u \cdot \frac{y_h}{x_h}$
PI	mit Ausgleich	$k_P = 0{,}8 \cdot \frac{1}{k_s} \cdot \frac{t_g}{t_u}$	–	$3 \cdot t_u$	$X_P = 1{,}25 \cdot k_s \cdot \frac{t_u}{t_g} \cdot \frac{y_h}{x_h}$
	ohne Ausgleich	$k_P = 0{,}42 \cdot \frac{1}{k_I \cdot t_u}$	–	$5{,}8 \cdot t_u$	$X_P = 2{,}4 \cdot k_I \cdot t_u \cdot \frac{y_h}{x_h}$
PID	mit Ausgleich	$k_P = 1{,}2 \cdot \frac{1}{k_s} \cdot \frac{t_g}{t_u}$	$0{,}42 \cdot t_u$	$2 \cdot t_u$	$X_P = 0{,}83 \cdot k_s \cdot \frac{t_u}{t_g} \cdot \frac{y_h}{x_h}$
	ohne Ausgleich	$k_P = 0{,}4 \cdot \frac{1}{k_I \cdot t_u}$	$0{,}8 \cdot t_u$	$3{,}2 \cdot t_u$	$X_P = 2{,}5 \cdot k_I \cdot t_u \cdot \frac{y_h}{x_h}$

Darin sind:

y_h = Stellbereich des Reglers
x_h = Regelbereich der Regelstrecke
t_u = Verzugszeit der Regelstrecke (einschließlich der Totzeit)
t_g = Ausgleichszeit der Regelstrecke
t_N = Nachstellzeit vom I-Anteil des Reglers
t_V = Vorhaltzeit vom D-Anteil des Reglers

Sind die Eigenschaften der Regelstrecke nicht bekannt, so betreibt man sie zunächst mit einem reinen P-Regler, dessen Übertragungsbeiwert man soweit erhöht, bis die Regelstrecke in Schwingungen gerät. Aus dem eingestellten kritischen Übertragungsbeiwert k_{Pk} des Reglers, der Periodendauer t_k und der Amplitude X_{Pk} der entstehenden Schwingung kann der Regler optimal eingestellt werden. Man bedient sich dazu der von *Ziegler* und *Nichols* ermittelten Werte aus nebenstehender Tabelle.

Reglertyp	Vorhaltzeit t_V	Nachstellzeit t_N	Proportionalbereich X_P	Übertragungsbeiwert k_P
P	–	–	$X_P = 2 \cdot X_{Pk}$	$k_P = 0{,}5 \cdot k_{Pk}$
PD	$t_V = 0{,}12 \cdot t_k$	–	$X_P = 1{,}25 \cdot X_{Pk}$	$k_P = 0{,}8 \cdot k_{Pk}$
PI	–	$t_N = 0{,}85 \cdot t_k$	$X_P = 2{,}2 \cdot X_{Pk}$	$k_P = 0{,}45 \cdot k_{Pk}$
PID	$t_V = 0{,}12 \cdot t_k$	$t_N = 0{,}5 \cdot t_k$	$X_P = 1{,}66 \cdot X_{Pk}$	$k_P = 0{,}6 \cdot k_{Pk}$

Steuerstrecken sind wirkungsmäßig mit den Regelstrecken identisch. Sie arbeiten aber nicht mit einer Regeleinrichtung zusammen (Sollwert/Istwert-Vergleich), sondern werden unmittelbar durch die Führungsgröße beeinflußt. Insofern ist bei Steuerstrecken die Stellgröße gleich der Führungsgröße.

Steuerketten sind im Signalflußplan die Teile einer Steuerung, die die Stell- bzw. Führungsgröße liefern. Sie enthalten meistens das Steuergerät und einen Programmspeicher, deren Zusammenwirken als Steuereinrichtung bezeichnet werden.

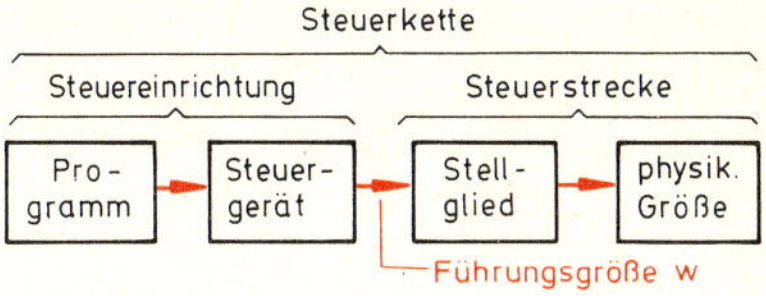

Signalflußplan einer Steuerung

Als Führungssteuerung bezeichnet man diejenige, bei der ein direkter Zusammenhang zwischen Führungsgröße und Steuergröße besteht (z. B. Steuerung der Bildhelligkeit eines Oszilloskopes durch den Helligkeitssteller).

Die Haltegliedsteuerung setzt Speichereigenschaften voraus. Nach Abschalten der Führungsgröße bleibt der gewünschte Wert der Steuergröße solange bestehen, bis die Führungsgröße erneut entgegengesetzt wirkend eintrifft (z. B. Selbsthalteschaltung eines Elektroantriebes).

Die Programmsteuerung liefert eine Führungsgröße, die in einem Programm gesteuert ist. Dabei unterscheidet man die

Zeitplansteuerung, bei der die Führungsgröße von einem zeitabhängigen Programm geliefert wird.

Wegplansteuerung, bei der die Führungsgröße des Programms vom zurückgelegten Weg der Steuergröße geliefert wird.

Ablaufsteuerung, bei der die Zeitplan- und die Wegplansteuerung kombiniert sind.

Numerische Steuerungen sind Programmsteuerungen mit digitaler Führungsgröße. Bei ihnen unterscheidet man die

Punktsteuerung, die einen definierten Zielpunkt, der durch zwei Koordinaten bestimmt ist, möglichst schnell und direkt ansteuert.

Streckensteuerung, die eine Reihe von Zielpunkten mit definierter Geschwindigkeit und geradliniger Bewegung nacheinander ansteuert.

Bahnsteuerung, die eine Reihe von Zielpunkten mit definierter Geschwindigkeit auf beliebigen Bahnen (z. B. Kreis-, Hyperbel- oder Ellipsenbahnen) ansteuert.

Absolutwert-Steuerung ist eine Wegplan- oder Ablaufsteuerung, bei der sich alle Werte des zurückgelegten Weges auf einen bestimmten Ausgangspunkt beziehen. Der Absolutwert des zurückgelegten Weges wird mit einem Codelineal bestimmt. Es ist meistens nach dem Gray-Code unterteilt.

Inkremental-Steuerung (Inkrement = Zuwachs) ist eine Wegplansteuerung, bei der sich jeder Wert der Führungsgröße als digitale Abweichung zu einem vorher betrachteten Wert ergibt. Die Wegänderung wird durch Abtasten einer Strichscheibe bestimmt. Durch Unterteilung in zwei gegeneinander versetzte Strichreihen kann die Richtung der Änderung festgestellt werden.

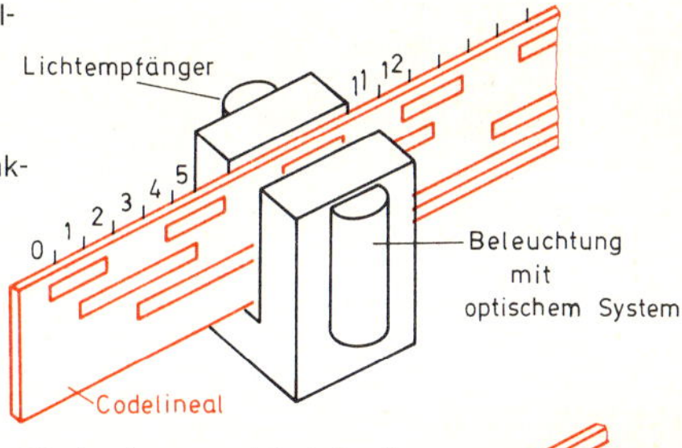

Wegbestimmung mit Codelineal

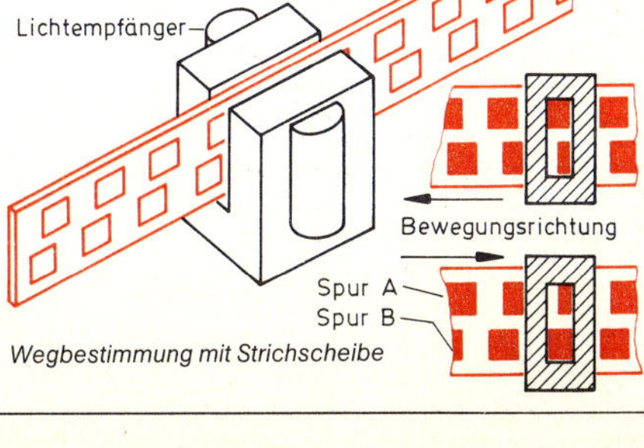

Wegbestimmung mit Strichscheibe

Das Programm numerisch gesteuerter Maschinen (NC-Maschinen) enthält alle wichtigen Bearbeitungsdaten und wurde nach DIN 66025 genormt. Es ist in Sätze unterteilt, jeder Satz enthält in digitaler Form Weg- und Schaltinformationen. Er besteht aus einer Reihe von Wörtern, die durch Speicheradressen gekennzeichnet sind. Diese werden durch Buchstaben gekennzeichnet und sind in nebenstehender Reihenfolge anzuordnen.

Folge	Adresse	Bedeutung
a)	N	Satz-Nummer
b)	P	Bewegung in X-Richtung
	Q	Bewegung in Y-Richtung
	R	Bewegung in Z-Richtung
	G	Wegbedingungen
c)	I, J, K	Koordinaten
d)	D, E, F	Wörter für den Vorschub
e)	S	Spindeldrehzahl
f)	T	Werkzeug
g)	M	Zusatzfunktionen

Die Programmliste wird vom Programmierer handschriftlich erstellt, wobei jede zweite Zeile frei bleibt.
In die freigelassenen Zeilen schreibt man den Text nochmal mit Maschine. Dabei wird das Programm gleichzeitig in den mitlaufenden Lochstreifen übertragen und gespeichert. Im nebenstehenden Beispiel wird unter Satznummer N 062 folgende Anweisung gegeben:
1. Wort: Satznummer
2. Wort: P+258300 = Bewegungsachse X in Richtung + auf 258,300 mm
3. Wort: Q−163250 = Bewegungsachse Y in Richtung − auf 163,250 mm
4. Wort: F 14 = Vorschubgeschwindigkeit 14
5. Wort: S 74 = Spindeldrehzahl 74

Satz-Nr.	Weg X	Weg Y	Vorschub-geschwindigkeit	Spindel-drehzahl
N 060	P-650000	Q+050000	F 35	S 79
N 060	P-650000	Q+050000	F 35	S 79
N 061	P-243500	Q+475500	F 20	S 68
N 061	P-243500	Q+475500	F 20	S 68
N 062	P+258300	Q-163250	F 14	S 74
N 062	P+258300	Q-163250	F 14	S 74

Auszug aus einer Programmliste

Die Angaben der Vorschubgeschwindigkeit und der Spindeldrehzahl erfolgt ebenfalls in genormten Schlüsselzahlen. Die dazugehörigen Zahlenwerte sind in folgender Tabelle in Umdrehungen/min bzw. in mm/min angegeben. (DIN 66025)

Schlüsselzahl	Zahlenwert	Schlüsselzahl	Zahlenwert	Schlüsselzahl	Zahlenwert	Schlüsselzahl	Zahlenwert	Schlüsselzahl	Zahlenwert
00	0 (Halt)	20	1	40	10	60	100	80	1000
01	0,112	21	1,12	41	11,2	61	112	81	1120
02	0,125	22	1,25	42	12,5	62	125	82	1250
03	0,14	23	1,4	43	14	63	140	83	1400
04	0,16	24	1,6	44	16	64	160	84	1600
05	0,18	25	1,8	45	18	65	180	85	1800
06	0,2	26	2	46	20	66	200	86	2000
07	0,224	27	2,24	47	22,4	67	224	87	2240
08	0,25	28	2,5	48	25	68	250	88	2500
09	0,28	29	2,8	49	28	69	280	89	2800
10	0,315	30	3,15	50	31,5	70	315	90	3150
11	0,355	31	3,55	51	35,5	71	355	91	3550
12	0,4	32	4	52	40	72	400	92	4000
13	0,45	33	4,5	53	45	73	450	93	4500
14	0,5	34	5	54	50	74	500	94	5000
15	0,56	35	5,6	55	56	75	560	95	5600
16	0,63	36	6,3	56	63	76	630	96	6300
17	0,71	37	7,1	57	71	77	710	97	7100
18	0,8	38	8	58	80	78	800	98	8000
19	0,9	39	9	59	90	79	900	99	Eilgang

Im obigen Beispiel gehört zu F 14 eine Vorschubgeschwindigkeit von 0,5 mm/min und zu S 74 eine Drehzahl von 500 1/min.

Lochstreifen speichern das Programm numerisch gesteuerter Werkzeugmaschinen nach einem Binärcode. Dabei herrscht wegen der Fehlerselbsterkennung der 8-Spur-Code nach DIN 66024 international vor. Für die Information benutzt man 7 Spuren, die 8. Spur trägt das Prüfbit und sorgt stets für eine gerade Anzahl von Löchern. Eine Taktspur dient dem Streifentransport.

Code für 8-Spur-Lochstreifen

	Bit-Nr (P = Prüfbit)	P	7	6	5	4		3	2	1		Bit-Nr (P = Prüfbit)	P	7	6	5	4		3	2	1
	Spur-Nr (T = Taktspur)	8	7	6	5	4	T	3	2	1		Spur-Nr (T = Taktspur)	8	7	6	5	4	T	3	2	1
Nr	Zeichen	Lochkombination									Nr	Zeichen	Lochkombination								
1	NUL = nichts						•				26	C	●	●				•		●	●
2	RS = Rückwärtsschr.	●				●	•				27	D		●				•	●		
3	HT = Horiz. Tabulator					●	•			●	28	E	●	●				•	●		●
4	[1]LF = Zeilenvorschub					●	•		●		29	F	●	●				•	●	●	
5	CR = Wagenrücklauf	●				●	•	●		●	30	G		●				•	●	●	●
6	SP = Zwischenraum	●		●			•				31	H		●			●	•			
7	(			●		●	•				32	I	●	●			●	•			●
8	)	●		●		●	•			●	33	J	●	●			●	•		●	
9	%	●		●			•	●		●	34	K		●			●	•		●	●
10	:			●	●	●	•		●		35	L	●	●			●	•	●		
11	/	●		●		●	•	●	●	●	36	M		●			●	•	●		●
12	+			●		●	•		●	●	37	N		●			●	•	●	●	
13	–			●		●	•	●		●	38	O	●	●			●	•	●	●	●
14	0			●	●		•				39	P		●		●		•			
15	1	●		●	●		•			●	40	Q	●	●		●		•			●
16	2	●		●	●		•		●		41	R	●	●		●		•		●	
17	3			●	●		•		●	●	42	S		●		●		•		●	●
18	4	●		●	●		•	●			43	T	●	●		●		•	●		
19	5			●	●		•	●		●	44	U		●		●		•	●		●
20	6			●	●		•	●	●		45	V		●		●		•	●	●	
21	7	●		●	●		•	●	●	●	46	W	●	●		●		•	●	●	●
22	8	●		●	●	●	•				47	X	●	●		●	●	•			
23	9			●	●	●	•			●	48	Y		●		●	●	•			●
24	A		●				•			●	49	Z		●		●	●	•		●	
25	B		●				•		●		50	DEL = Löschen	●	●	●	●	●	•	●	●	●

1) Satzende = Zeilenvorschub

Das gewählte Beispiel aus der Programmliste mit der Satznummer N 062 bewirkt im 8-Bit-Lochstreifen die folgende Lochung:

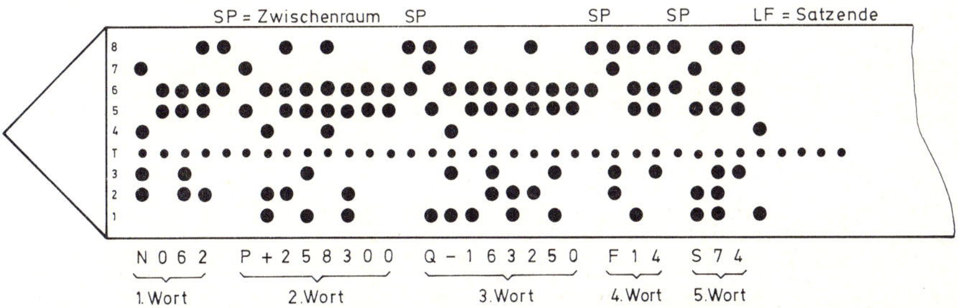

Der weniger bedeutende 5-Spur-Code hat noch seine Berechtigung, weil er die Verwendung weit verbreiteter Fernschreibeinrichtungen erlaubt. Bei ihm werden Ziffern mit drei Bit, Buchstaben mit zwei oder vier Bit und Sonderzeichen mit einem oder fünf Bit dargestellt (siehe DV 4).

Netztransformatoren

Kernquerschnitte der Transformatoren werden durch die geforderte Ausgangsleistung bestimmt. Der wirksame Querschnitt ist 5...10% kleiner als der gemessene.

Berechnung an Hand nebenstehender Tabelle.

Berechnungsbeispiel (vereinfacht)
Primärspannung: 220 V, 50 Hz
Sekundärspannung: 2 × 18 V, 0,5 A

Sekundärleistung:
$P_2 = U_2 \cdot I_2 = 2 \cdot 18\ \text{V} \cdot 0{,}5\ \text{A} = 18\ \text{VA}$

Kernauswahl:
Laut Tabelle: M 65

Primärleistung:

$$P_1 = \frac{P_2}{\eta} = \frac{18\ \text{VA}}{0{,}77} = 23{,}4\ \text{VA}$$

Primärwindungszahl:
N_1 = 1550 Wdg (aus Tabelle)

Sekundärwindungszahl:

$$N_{21} = U_{21} \cdot k_N = 18\ \text{V}\ \frac{52\ \text{Wdg}}{6{,}3\ \text{V}} = 149\ \text{Wdg}$$

$$N_{22} = U_{22} \cdot k_N = 18\ \text{V}\ \frac{52\ \text{Wdg}}{6{,}3\ \text{V}} = 149\ \text{Wdg}$$

Darin ist k_N der Wicklungskoeffizient in Wdg/V

Stromstärke der Primärwicklung:

$$I_1 = \frac{P_1}{U_1} = \frac{23{,}4\ \text{VA}}{220\ \text{V}} = 0{,}11\ \text{A}$$

Stromdichte der Primärwicklung:
Laut Tabelle $S_1 = 3{,}3\ \text{A/mm}^2$,
da innere Wicklung

Drahtquerschnitt der Primärwicklung:

$$A = \frac{I_1}{S_1} = \frac{0{,}11\ \text{A}}{3{,}3\ \text{A/mm}^2} = 0{,}033\ \text{mm}^2$$

Drahtdurchmesser der Primärwicklung:

$$d = \sqrt{\frac{4 \cdot A}{\pi}} = \sqrt{\frac{4 \cdot 0{,}033\ \text{mm}^2}{3{,}14}} = 0{,}205\ \text{mm}$$

gewählt: d = 0,22 mm

Stromdichte der Sekundärwicklung:
Laut Tabelle $S_2 = 3{,}6\ \text{A/mm}^2$
da äußere Wicklung

Drahtquerschnitt der Sekundärwicklung:

$$A = \frac{I_2}{S_2} = \frac{0{,}5\ \text{A}}{3{,}6\ \text{A/mm}^2} = 0{,}14\ \text{mm}^2$$

Drahtdurchmesser der Sekundärwicklung:

$$d = \sqrt{\frac{4 \cdot A}{\pi}} = \sqrt{\frac{4 \cdot 0{,}14\ \text{mm}^2}{3{,}14}} = 0{,}422\ \text{mm}$$

gewählt: d = 0,45 mm

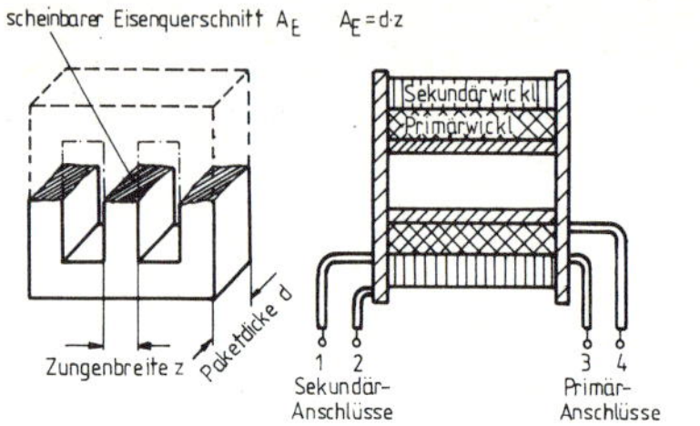

Kern und Wicklung eines Netztransformators

Normkern		M 42	M 55	M 65	M 74	M 85
Höchstlast (Wicklung nicht unterteilt)	VA	4,5	12	26	48	62
Höchstlast (Wicklung unterteilt)	VA	3	9	21	40	52
Spannung je Windung (unbelastet)	mV/w	44,6	84,4	134	183	230
Windungen je 220 V (unbelastet)	w/220 V	4940	2610	1650	1200	956
Prim.-Wdg. je 220 V (unter Höchstlast)	w/220 V	4300	2400	1550	1150	920
Sek.-Wdg. je 6,3 V (unter Höchstlast)	w/6,3 V	190	87	52	37	29
Eisenverluste	W	0,8	1,9	3,5	3,8	5,6
Wirkungsgrad	%	60	70	77	83	84
Stromdichte, innen	A/mm²	4,5	3,8	3,3	3,0	2,9
Stromdichte, außen	A/mm²	5,2	4,3	3,6	3,3	3,3
Kupferverluste Höchstlast, (Durchschnitt)	W	2	3	4	5	6
Kernbreite	mm	12	17	20	23	29
Pakethöhe	mm	15	20	27	32	32
Eisenquerschnitt (brutto)	cm²	1,8	3,4	5,4	7,4	9,3
Fensterquerschnitt	cm²	2,7	4,0	5,6	7,1	7,5
Windungslänge innere Hälfte	cm	7,3	9,6	12,1	14,2	15,1
Windungslänge äußere Hälfte	cm	9,8	12,4	15,2	17,9	18,6

Berechnungsunterlagen für Netztransformatoren bei 1,2 T und 50 Hz; siehe auch Bau 23.1

Kern: M65 | Werkst: Dyn.Bl. IV | Dicke: 0,35 | Luftspalt –
Felddichte: 1,2 T | Blechanzahl: ca.100 | geschachtelt: wechselsinnig

Wickeldaten

Wicklungs-nummer	Wicklungs-bezeichnung	Drahtwd.-messer in mm	Windungszahl	Farbe Anfang	Farbe Ende	Anschluß-nummer Anfang	Anschluß-nummer Ende	Isolation
I	N1	0,22 CuL	1550	schw./gelb	schw./gelb	30 cm frei		Auf.+Deck: 2×0,1 LP Lage 1×0,03 LP
II	N2	0,45 CuL	149	grün	grün	8	9	Lage 1×0,03 LP Deck 2×0,1 LP
III	N3	0,45 CuL	149	blau	blau	13	14	Lage 1×0,03 LP Deck 5×0,1 LP
								LP - Lackpapier mit gefiedertem Rand

Berechnet: Geprüft

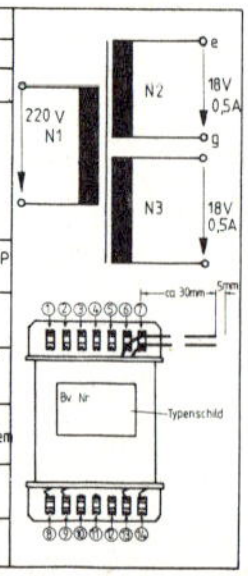

Bauvorschrift für Transformatoren

Gleichrichterschaltungen ohne Vervielfacherwirkung

Prinzipschaltung

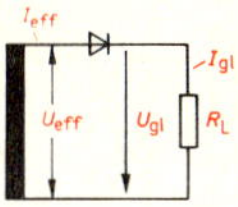

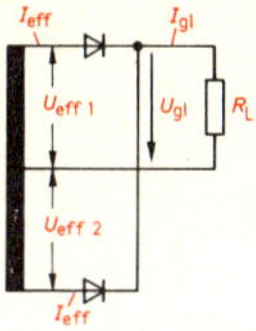

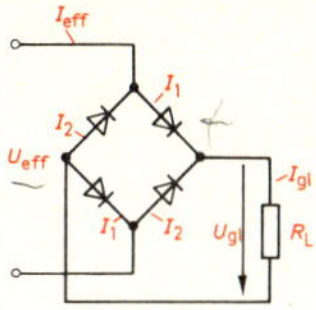

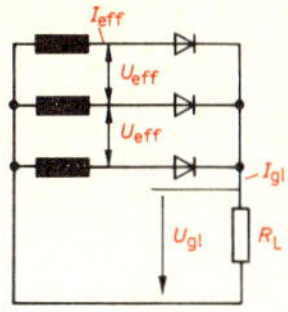

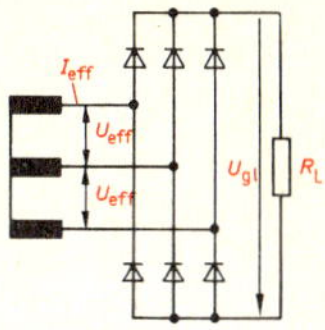

	Einwegschaltung	Zweiwegschaltung	Brückenschaltung	Drehstrom-Sternschaltung	Drehstrom-Brückenschaltung
Frequenz der Welligkeit bei f = 50 Hz	50 Hz	100 Hz	100 Hz	150 Hz	300 Hz
Bei Widerstands- und induktiver Belastung					
Verhältnis zwischen Wechsel- und Gleichspannung	$\frac{U_{eff}}{U_{gl}} = 2.22$	$\frac{U_{eff}}{U_{gl}} = 1{,}11$	$\frac{U_{eff}}{U_{gl}} = 1{,}11$	$\frac{U_{eff}}{U_{gl}} = 1{,}48$	$\frac{U_{eff}}{U_{gl}} = 0{,}77$
Effektiv-Welligkeit	$w = \frac{U_W}{U_{gl}} \wedge 121\%$	$w \wedge 48{,}5\%$	$w \wedge 48{,}5\%$	$w \wedge 18{,}7\%$	$w \wedge 4{,}2\%$
Verhältnis zwischen Wechsel- und Gleichstrom	$\frac{I_{eff}}{I_{gl}} = 1{,}57$	$\frac{I_{eff}}{I_{gl}} = 0{,}71$	$\frac{I_{eff}}{I_{gl}} = 1{,}0$	$\frac{I_{eff}}{I_{gl}} = 0{,}58$	$\frac{I_{eff}}{I_{gl}} = 0{,}82$
Bei kapazitiver Belastung (mit Ladekondensator)					
Verhältnis zwischen Wechsel- und Gleichspannung	$\frac{U_{eff}}{U_{gl}} = 0{,}85$	$\frac{U_{eff}}{U_{gl}} = 0{,}79$	$\frac{U_{eff}}{U_{gl}} = 0{,}79$	$\frac{U_{eff}}{U_{gl}} = 1{,}34$	$\frac{U_{eff}}{U_{gl}} = 0{,}707$
Welligkeit	$w \approx 5\%$	$w \approx 5\%$	$w \approx 5\%$	$w \approx 5\%$	$w \approx 0{,}5\%$
Verhältnis zwischen Wechsel- und Gleichstrom	$\frac{I_{eff}}{I_{gl}} = 2{,}1$	$\frac{I_{eff}}{I_{gl}} = 1{,}1$	$\frac{I_{eff}}{I_{gl}} = 1{,}57$	$\frac{I_{eff}}{I_{gl}} = 0{,}75$	$\frac{I_{eff}}{I_{gl}} = 0{,}82$
Zeitkonstante $\tau = C_L \cdot R_L$	100 ms	50 ms	50 ms	6,6 ms	3,3 ms
Schaltungskonstante k (Halbleiter)	4,8 ms	1,8 ms	1,8 ms	0,75 ms	0,18 ms
Schaltungskonstante k (Röhren)	4,0 ms	1,5 ms	1,5 ms	–	–
Vorteile	geringer Aufwand	für höhere Leistung geeignet	wie Zweiwegsch. zweite Transformat.-wickl. entfällt	für hohe Leistung geeignet	für sehr hohe Leistung geeignet
Nachteile	nur für kleine Leistung	zwei Transformatorwicklungen	–	–	höherer Schaltungsaufwand. U_{gl} bezieht sich auf kein festes Potential

Beispiel: Am Eingang einer Brückenschaltung liegen $U_{eff} = 10$ V. Der Ausgangsgleichstrom ist 2 A. Aus der Tabelle entnimmt man $\tau = 50$ ms, $k = 1{,}8$ ms
Gesucht sind C_L, U_W und W

Lösung:

$$U_{gl} = \frac{U_{eff}}{0{,}79} = \frac{10\ \text{V}}{0{,}79} = 12{,}66\ \text{V}$$

$$C_L = \frac{I_L \cdot \tau}{U_{gl}} = \frac{2\ \text{A} \cdot 50 \cdot 10^{-3}\ \text{s}}{12{,}66\ \text{V}}$$

$$= 7898\ \mu\text{F (gewählt: 10 mF)}$$

$$U_W = \frac{k \cdot I_L}{C_L} = \frac{1{,}8 \cdot 10^{-3}\ \text{s} \cdot 2\ \text{A}}{10^{-2}\ \text{F}} = 0{,}36\ \text{V}$$

$$EW = \frac{U_W}{U_{gl}} = \frac{0{,}36\ \text{V}}{12{,}66\ \text{V}} = 0{,}028$$

$$W \approx 2 \cdot \sqrt{2}\ EW \approx 2{,}83 \cdot 0{,}028 \approx 0{,}079$$

Anmerkung: Die Effektivwelligkeit *EW* benutzt man dort, wo die Energie der Welligkeit stört, z. B. bei der Gleichstromheizung von Röhren. Sonst nur Welligkeitsangabe.

Gleichrichterschaltungen mit Vervielfacherwirkung

Spannungsverdoppler nach Delon/Greinacher	Spannungsverdoppler nach Villard (Kaskadenschaltung)	Spannungsverdreifacher nach Witka	Spannungsversechsfacher in Kaskadenschaltung
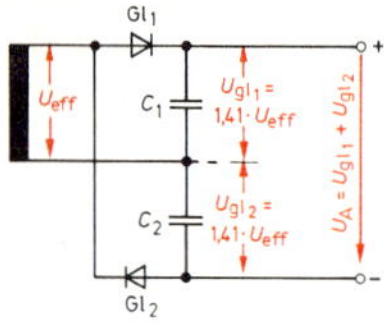	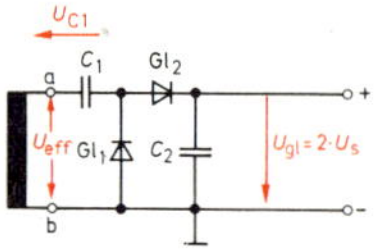	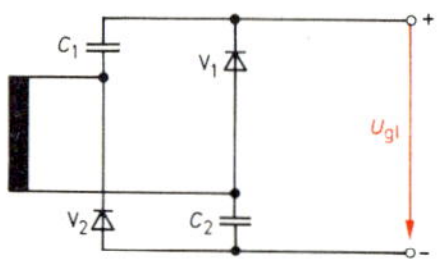	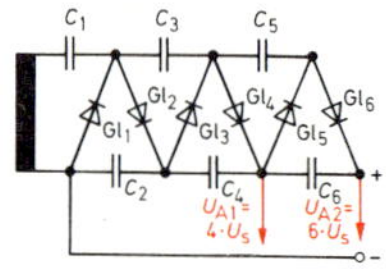
$U_{gl} \approx 2 \cdot \sqrt{2} \cdot U_{eff}$	$U_{gl} \approx 2 \cdot \sqrt{2} \cdot U_{eff}$	$U_{gl} \approx 3 \cdot \sqrt{2} \cdot U_{eff}$	$U_{gl} \approx 6 \cdot \sqrt{2} \cdot U_{eff}$
k = 3,2 (Halbltr.)	k = 4,5 (Halbltr.)	k = 3,5 (Halbltr.)	–
k = 2,8 (Röhren)	k = 4,0 (Röhren)	–	–
Vorteile: wenig lastabhängig	ein Pol auf Nullpotential	wenig lastabhängig	ein Pol auf Nullpotential
Nachteile: kein Pol auf Nullpotential, daher Siebung nur wenig wirksam	–	kein Pol auf Nullpotential, daher Siebung nur wenig wirksam	sehr stark lastabhängig

Gleichrichterschaltungen mit kapazitiver Last (Ladekondensator)

Ihre Eigenschaften werden hier bei der Einwegschaltung dargestellt, gelten aber mit den dazugehörigen Schaltungskonstanten auch für andere Gleichrichterschaltungen.

Ladekondensator:

$$C_L = \frac{I_L \cdot \tau}{U_{gl}}$$

I_L Laststrom in A
U_{gl} Gleichspannung in V
τ Zeitkonstante in s (siehe Tabelle)

Welligkeitsspannung (Effektivwert)

$$U_w = \frac{k \cdot I_L}{C_L}$$

k Schaltungskonstante (siehe Tabelle)
U_w effektive Welligkeitsspannung in V

Effektivwelligkeit

$$EW = \frac{U_w}{U_{gl}}$$

EW effektive Welligkeit

Welligkeit

$$W = \frac{\Delta U}{U_{gl}} \approx 2\sqrt{2} \cdot EW$$

W Welligkeit

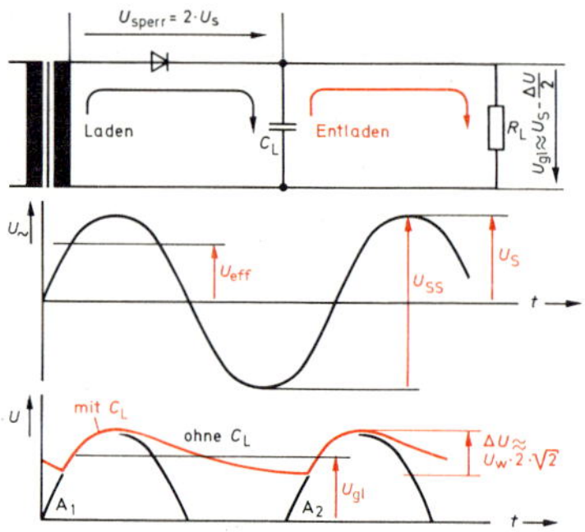

Spannungsverlauf in einer Gleichrichterschaltung mit C_L

Glättungsmittel Aufgabe: Unterdrückung der am Ladekondensator vorhandenen Restwelligkeit möglichst ohne Gleichspannungsbeeinflussung

RC-Tiefpässe	LC-Tiefpässe	Stabilisierungsschaltungen
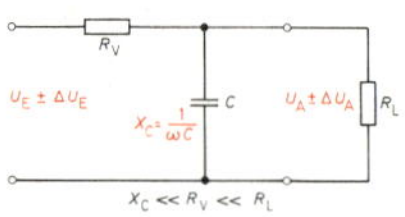	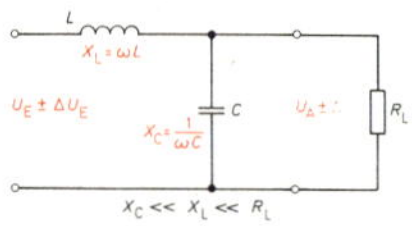	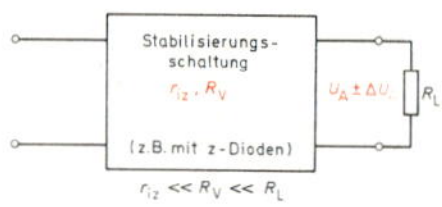
Glättungsfaktor: $G = \frac{\Delta U_E}{\Delta U_A} = \frac{\sqrt{R^2 + X_C^2}}{X_C} \approx \omega \cdot R \cdot C$	Glättungsfaktor: $G = \frac{\Delta U_E}{\Delta U_A} = \frac{X_L + X_C}{X_C} \approx \omega^2 \cdot L \cdot C$	Glättungsfaktor: $G = \frac{\Delta U_E}{\Delta U_A} = \frac{R_V}{r_{iz}} + 1$

Siebfaktor: $S = G \cdot \frac{U_A}{U_E} = \frac{\Delta U_E \cdot U_A}{\Delta U_A \cdot U_E} = \frac{W_E}{W_A}$, $W_E = \frac{\Delta U_E}{U_E}$, $W_A = \frac{\Delta U_A}{U_A}$

Stabilisierungsschaltungen

Stabilisierende Bauelemente sind Z-Dioden oder Glimmstreckenstabilisatoren. Beide schaltet man in Reihe zu einem **Vorwiderstand** mit folgendem Wert:

$$R_v = \frac{U_E - U_A}{I_{ges}}$$

Bei der Z-Diode ist:

$$I_{ges} = I_Z + I_L$$

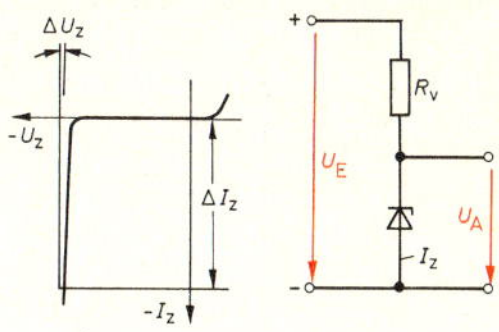

Schaltung und Kennlinie einer Z-Diode

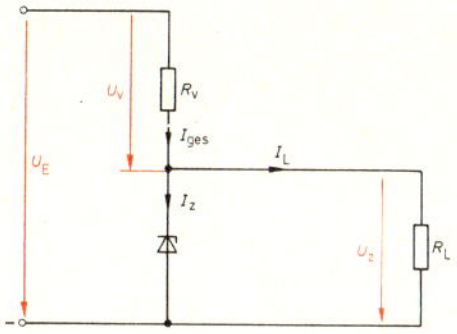

Stabilisierungsschaltung unter Belastung

Die **Belastbarkeit des Vorwiderstandes** ist:

$$P_R = I_{ges}^2 \cdot R_v$$

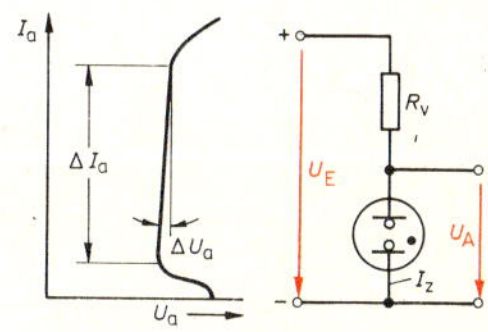

Schaltung und Kennlinie eines Glimmstreckenstabilisators

Die **Belastbarkeit der Z-Diode** ist:

$$P_v = I_{Zmax} \cdot U_Z$$

Typ	I_Z in V bei I_Z = 5 mA	diff. Widerstand r_{iZ} in Ω bei I_Z = 5 mA	Temp.-Koeff. von U_Z $\alpha \cdot 10^{-4}$/K bei I_Z = 5 mA	I_{Zmax} bei ϑ_U = 25°C in mA
ZG 1	0,65...0,75	6,5 (<8)	−26... −23	320
ZG 2,7	2,4...3,1	70 (<100)	−9... −5	109
ZG 3,3	2,9...3,7	75 (<100)	−9... −4	86
ZG 3,9	3,5...4,3	75 (<100)	−7... −3	75
ZG 4,7	4,1...5,2	65 (<90)	−6...0	63
ZG 5,6	5,0...6,3	35 (<75)	−3... +4	55
ZG 6,8	6,1...7,5	4 (<8)	−1... +7	47
ZG 8,2	7,3...9,2	4 (<7)	+2... +7	38
ZG 10	8,8...11	7 (<15)	+5... +8	31
ZG 12	10,7...13,4	14 (<30)	+6... +9	25
ZG 15	13,0...16,5	20 (<55)	+7... +9	21
ZG 18	16,0...20,0	20 (<55)	+8... +9,5	17
ZG 22	19,6...24,4	20 (<55)	+8... +10	14
ZG 27	24,1...30,0	30 (<100)	+8... +10	10,5
ZG 33	29,6...36,5	30 (<100)	+8... +10	8,5

Der **differentielle Innenwiderstand** der Z-Diode entspricht deren Kennlinienneigung. Sie wird vom Hersteller angegeben (siehe Tabelle)

$$r_{iz} = \frac{\Delta U_Z}{\Delta I_Z}$$

Glättungsfaktor:

$$G = \frac{R_v}{r_{iz}} + 1$$

Der **Stabilisierungsfaktor** ist gleich dem **Siebfaktor**

$$S = G \cdot \frac{U_A}{U_E} = \frac{\Delta U_E \cdot U_A}{\Delta U_A \cdot U_E}$$

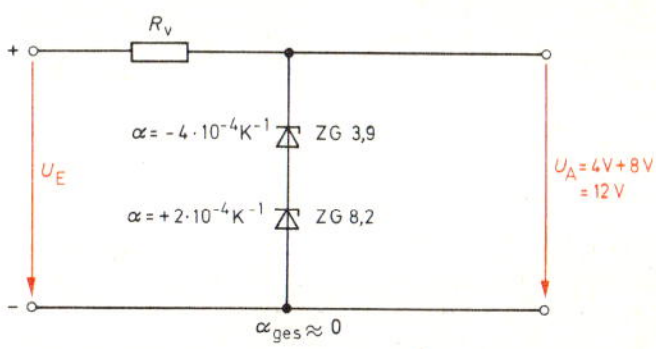

Kompensation des Temp.-Koeff. durch Reihenschaltung verschiedener Z-Dioden

In der Praxis wählt man möglichst Z-Dioden mit Spannungen zwischen 5 und 7 V, weil hier r_{iz} und α sehr klein sind.
Höhere Spannungen werden mit Glimmstreckenstabilisatoren stabilisiert. Ihre stabile Brennspannung liegt zwischen 75 und 150 V, die nötige Zündspannung zwischen 170 und 250 V.
Kleine Temperaturkoeffizienten erhält man, wenn man Z-Dioden mit positiven und negativen Temp.-Koeff. in Reihe schaltet oder wenn Z-Dioden mit positivem Temp.-Koeff. und Si-Gleichrichter mit negativem Temp.-Koeff. in Reihe geschaltet werden.

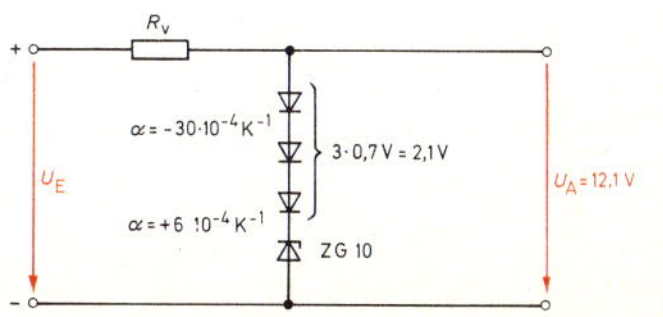

Kompensation des Temp.-Koeff. durch Reihenschaltung von Gleichrichtern

Stabilisierende Regelverstärker:

Standard-Regelschaltungen zur Spannungsstabilisierung enthalten einen Stelltransistor V1 und einen Regeltransistor V2, bei dem zwischen Emitter und Basis der Sollwert/Istwert-Vergleich stattfindet. Der Stelltransistor liegt in Reihe zum Lastwiderstand.
Die Höhe der Ausgangsspannung wird mit dem Potentiometer P1 eingestellt. Kleinste Ausgangsspannung: $U_Z + 1$ V, größte Ausgangsspannung: $U_E - 2$ V.

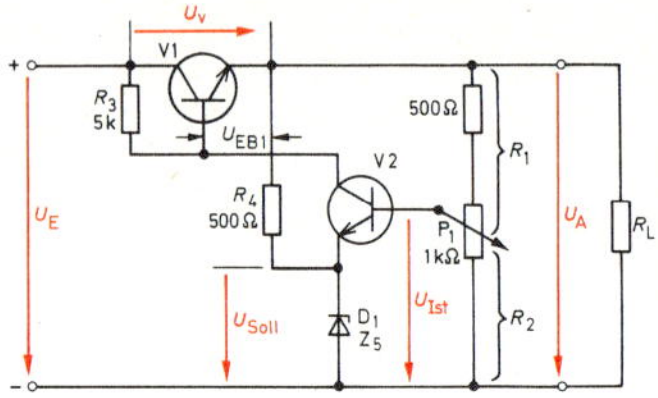

Standardregelschaltung zur Spannungsstabilisierung

Die Belastbarkeit der Standard-Regelschaltung wird durch den Stell-Transistor bestimmt. Hochbelastbare Transistoren erfordern wegen ihres hohen Basisstromes vorgeschaltete Transistoren V3 und V4 in Kollektorschaltung. Bei Bedarf können auch mehrere Stelltransistoren parallel geschaltet werden, müssen aber mit Emitterwiderständen auf gleiche Emitterströme gebracht werden.
Gesamtbelastbarkeit:

$$P_{max} = (U_{Emax} - U_{Amin}) \cdot I_{Lmax}$$

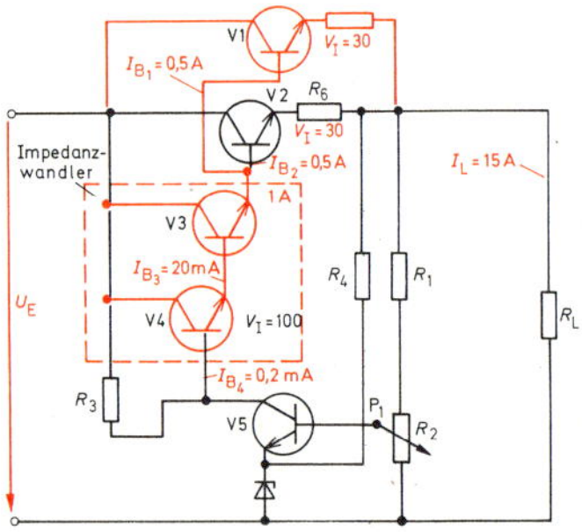

Erhöhung der Ausgangsbelastbarkeit durch Parallelschaltung mehrerer Stelltransistoren

Eine Erhöhung des Stabilisierungsfaktors erhält man
1. durch Überlagerung der Ausgangsspannung mit einem genau bemessenen Anteil der schwankenden Eingangsspannung (Störgrößenaufschaltung). Er wird hier über R5 und P1 der Istspannung hinzu addiert. P2 stellt man so ein, daß die Welligkeit am Ausgang ein Minimum annimmt.
2. Wenn der Arbeitswiderstand des Regeltransistors durch einen Stromstabilisator V3 ersetzt wird. Sein differentieller Innenwiderstand ist sehr groß und mit ihm der Verstärkungsfaktor des Regeltransistors. Der hohe Stabilisierungsfaktor bleibt hier auch dann erhalten, wenn die Ausgangsspannung in weiten Bereichen verändert wird.
3. Durch Hintereinanderschalten mehrerer Stabilisierungsschaltungen. Der Gesamtstabilisierungsfaktor S_{ges} ist dann das Produkt der einzelnen Teilstabilisierungsfaktoren.

$$S_{ges} = S_1 \cdot S_2 \ldots$$

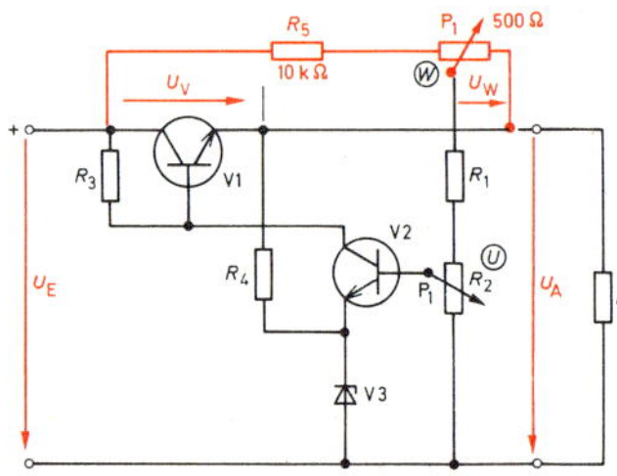

Erhöhung des Stabilisierungsfaktors durch zusätzlichen überlagerten Störspannungsanteil

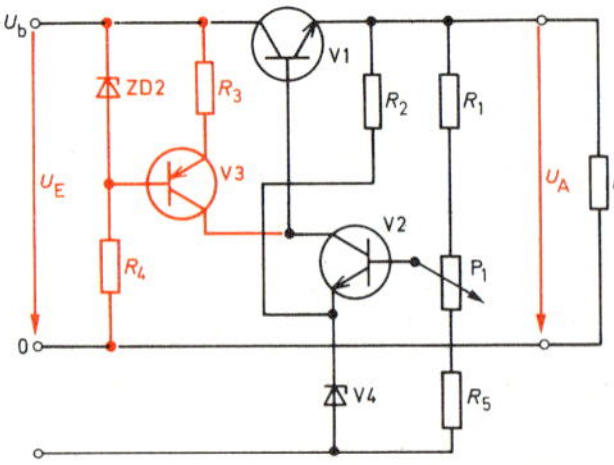

Erhöhung des Stabilisierungsfaktors durch Stromstabilisator als Arbeitswiderstand im Regeltransistor

Der Innenwiderstand von Stabilisierungsschaltungen ist sehr gering. Zur weiteren Verringerung des R_i wird der Istspannung ein zusätzlicher Störgrößenanteil, der vom Laststrom abhängt, überlagert. Durch ihn steigt die Ausgangsspannung unter Last an. Durch genaue Einstellung mit P 4 kann dieser Anstieg so gewählt werden, daß er den lastbedingten Spannungsrückgang durch den Innenwiderstand kompensiert.

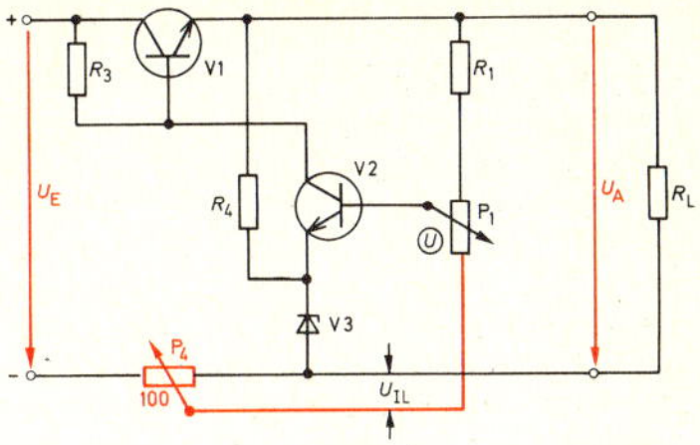

Verringerung des Innenwiderstandes durch zusätzliche stromabhängige Istspannung

Schutz vor Überlastung kann durch stromgesteuerte Kippschaltungen (elektronische Sicherung) oder durch Stromstabilisierungsschaltungen erzielt werden.

Bei Kippschaltungen wird dem Stellglied die Stellspannung entzogen, sobald der Strom und damit die Spannung an P 2 groß genug ist, um V 4 durchzuschalten. Der dann gesperrte Transistor V 3 erhält diesen Zustand aufrecht, bis die Überlast beseitigt und die Kippschaltung wieder in die Ursprungslage zurück gesetzt wurde.

Die Notwendigkeit der Rückstellung kann nachteilig sein.

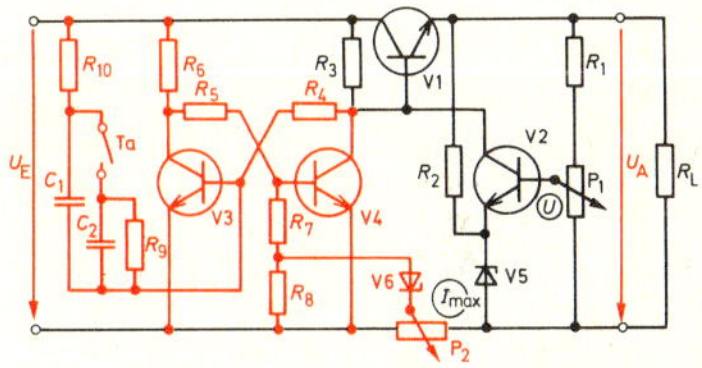

Schutz vor Überlastung durch stromgesteuerte Kippschaltung

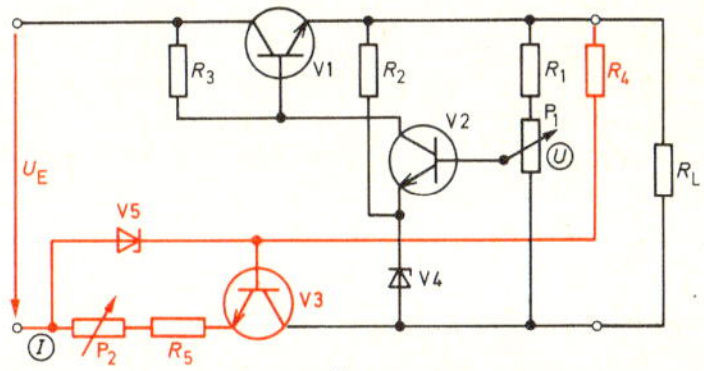

Schutz vor Überlastung durch Konstantstromquelle

Stromstabilisierungsschaltungen. Im einfachsten Falle wird in Reihe zum Spannungsstabilisator eine Konstantstromquelle geschaltet. Sie wird wirksam, sobald der Lastwiderstand einen bestimmten Wert unterschreitet. Der Wert des Kurzschlußstromes kann mit dem Potentiometer P 2 eingestellt werden. Nachteilig ist, daß der Transistor V 3 die gleiche Belastbarkeit wie der Stelltransistor V 1 aufweisen muß. Deshalb wird meist ein zweiter Regeltransistor verwendet, der eine stromabhängige Istspannung mit einer Sollspannung vergleicht und die Ausgangsspannung reduziert, sobald der Istwert größer als der Sollwert wird.

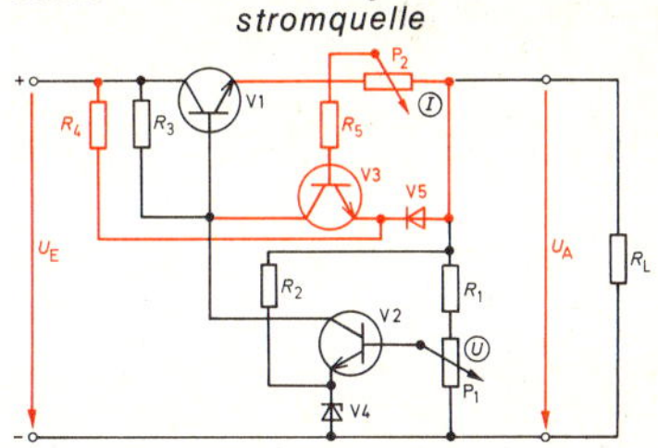

Schutz vor Überlastung durch zusätzlichen Strom-Regeltransistor

Parallelstellglieder (Quertransistor) sind gegen Überlastungen weitgehend unempfindlich. Die Emitter/Kollektor-Strecke des Transistors bildet mit dem Vorwiderstand einen Spannungsteiler, dessen Teilerverhältnis sich bei Laststromänderungen und Eingangsspannungsschwankungen so ändert, daß die Ausgangsspannung weitgehend konstant bleibt.

Im Falle eines Kurzschlusses wird der Transistor völlig entlastet. Die Belastbarkeit von R und P 1 muß für diesen Fall bemessen sein.

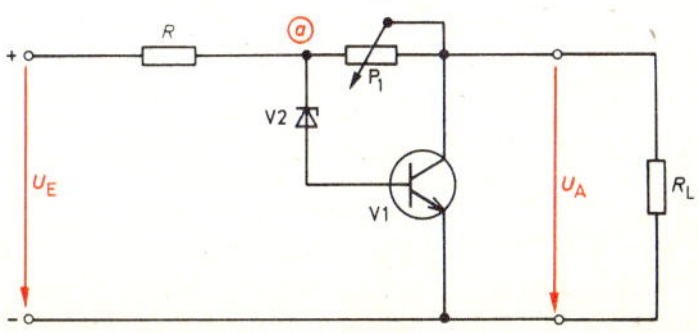

Belastungsunempfindliche Stabilisierungsschaltung mit Quertransistor

Operationsverstärker als Spannungsregler. Der invertierende Eingang erhält die Istspannung, der nicht invertierende Eingang die Sollspannung. Der Ausgang liefert die Stellspannung zum Steuern des Stellgliedes.

Mit einem zweiten Operationsverstärker kann eine Stromstabilisierung eingefügt werden. In der Praxis werden spezielle integrierte Spannungsregler verwendet, die alle nötigen Schaltungsbestandteile enthalten.

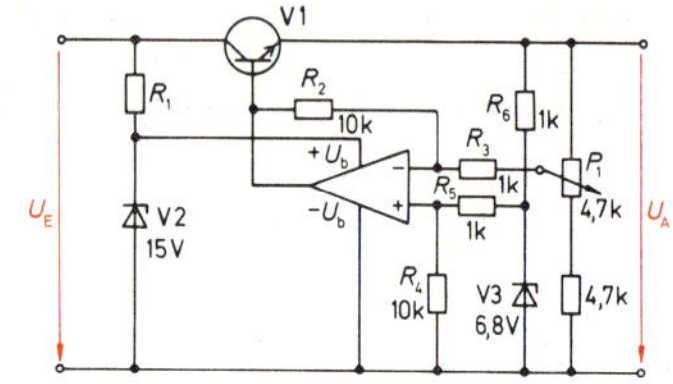

Operationsverstärker als Spannungsregler

Integrierte Spannungsregler. Ihr maximaler Ausgangsstrom liegt zwischen 100 und 150 mA.
Werden höhere Lastströme verlangt, dann wird eine Leistungsstufe nachgeschaltet. Da deren Steuerleistung nicht unerheb.ich ist, wird ein Transistor in Kollektorschaltung als Impedanzwandler oder eine Darlington-Schaltung vor die Leistungsstufe geschaltet. Die Ausgangsspannung kann mit P 2 zwischen 1 V und 30 V verändert werden. Der Ausgangs-Kurzschlußstrom läßt sich mit P 1 zwischen 1 mA und 2 A einstellen.

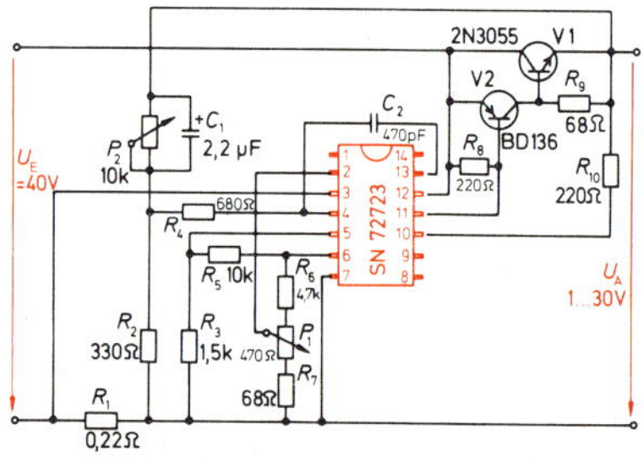

Stabilisierungsschaltung mit integriertem Spannungsregler

Schaltnetzteile Vorteil: Höherer Wirkungsgrad als amplitudenregelnde Stabilisierungsschaltungen; außerdem Möglichkeiten einer galvanischen Trennung zwischen Ein- und Ausgangsseite.

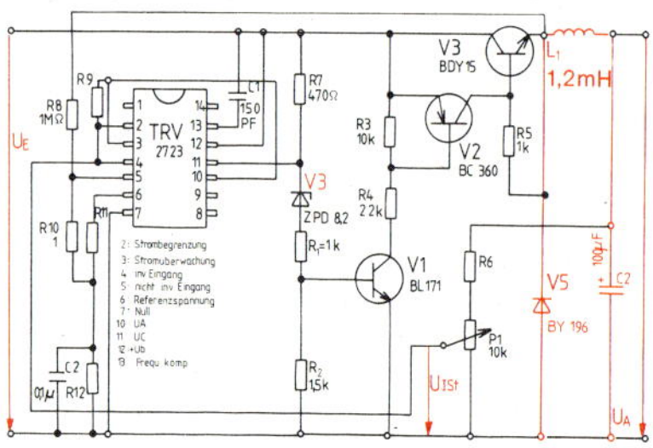

Schaltnetzteil mit integriertem Zeitgeber

Grundsätzlich wird die gleichgerichtete Netzspannung mit einem Zeitgeberschaltkreis periodisch unterbrochen. Mit einer Stellspannung läßt sich das Verhältnis zwischen Ein- und Ausschaltzeit des Zeitgebers verändern. Die periodische Pulsspannung liefert nach Integration eine Gleichspannung, deren Höhe vom Verhältnis zwischen Ein- und Ausschaltzeit abhängt. Für die Dimensionierung des Integrationsgliedes gilt

$$L_1 = \frac{U_E - U_A}{\Delta I_L \cdot f} \cdot \frac{U_A}{U_E}$$

$$C_2 = \frac{\Delta I_L \cdot t_e}{\Delta U_E}$$

U_E	Eingangsspannung in V
U_A	Ausgangsspannung in V
f	Schaltfrequenz in Hz (15 ... 16 kHz)
t_e	Einschaltzeit in s
ΔI_L	Laststromänderung in A
ΔU_E	Eingangsspannungsänderung in V
L	Induktivität in H
C	Kapazität in F

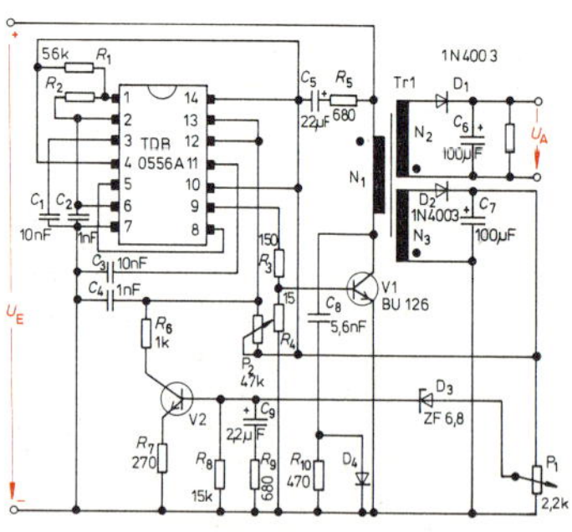

Schaltnetzteil mit galvanisch getrennter Ausgangsspannung

Wird über den Schalttransistor der Strom durch die Primärwicklung eines Transformators periodisch ein- und ausgeschaltet, so kann an der Sekundärwicklung eine Spannung gewonnen, gleichgerichtet und geglättet werden, die vom der übrigen Schaltung galvanisch getrennt ist.

Wechselrichter unterbrechen eine Betriebsgleichspannung periodisch und transformieren die dabei entstehenden Wechselanteile herauf oder herunter.
Zum Unterbrechen benutzt man bei kleinen Leistungen Schalttransistoren, die sich über eine zusätzliche Mitkopplungswicklung gegenseitig sperren und durchschalten (Eigenführung).
Vorteilhaft ist der geringe Schaltungsaufwand. Nachteilig ist die Ungenauigkeit der Schaltfrequenz. Fremdgeführte Wechselrichter werden mit einem Impulsgenerator (z. B. Multivibrator) gesteuert. Für hohe Leistungen werden Thyristoren als Unterbrecher verwendet. Dioden V3 und V4 sind Freilaufdioden und verhindern ein Rückzünden der Thyristoren über die Anoden/Katodenstrecke.
Induktivität der Kommutierungsspule:

$$L = \frac{U_b\,(t_f - t_d)}{I_{Th}}$$

L Induktivität in H
t_f Freiwerdezeit in s
t_d Durchschaltzeit in s

Kapazität des Löschkondensators:

$$C_1 = \frac{I_{Th} \cdot t_f}{U_b}$$

C Kapazität in F
I_{Th} Strom im leitenden Thyristor in A

Die Frequenz der Wechselrichter soll der Netzfrequenz entsprechen.

$$f = \frac{1}{1{,}4 \cdot R \cdot C}$$

$R = R_5 = R_6$ in Ω
$C = C_2 = C_3$ in F
f = Frequenz in Hz

Gleichspannungswandler sind Wechselrichter mit Gleichrichter und Glättungseinrichtung. Schaltfrequenz ca. 1 kHz.
Beim **Eintakt-Durchflußwandler** entnimmt man die Halbwelle, die bei leitendem Transistor induziert wird.
Ausgangsspannung:

$$U_A = \eta \cdot U_b \cdot \frac{N_3}{N_1}$$

Vorteil: U_A weitgehend lastunabhängig.

Beim **Eintakt-Sperrwandler** entnimmt man die Halbwelle, die bei gesperrtem Transistor induziert wird.

Vorteil: Sehr hohe Ausgangsspannungen möglich.
Nachteil: Eingangsleistung unabhängig von der Belastung, U_A sehr stark lastabhängig.

Gegentakt-Gleichspannungswandler besitzen gleiche Eigenschaften wie Durchflußwandler. Sie eignen sich für höhere Leistungen. Die Ausgangsspannung kann mit Spannungsvervielfachern erhöht werden. Sie ist

$$U_A = U_b \cdot v \cdot \frac{N_3}{N_1} \cdot \eta$$

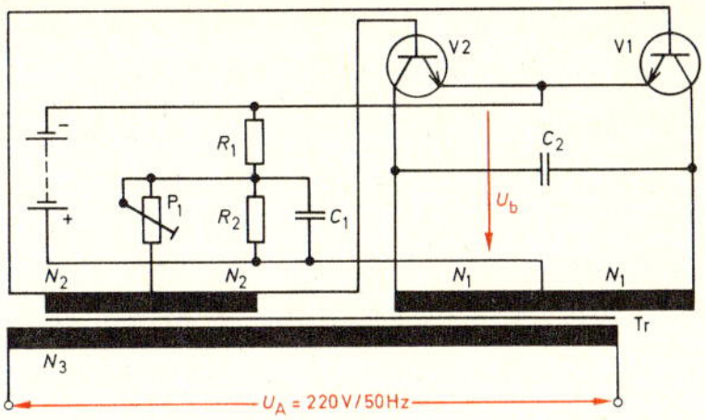

Selbstgeführter Wechselrichter für kleine Leistungen

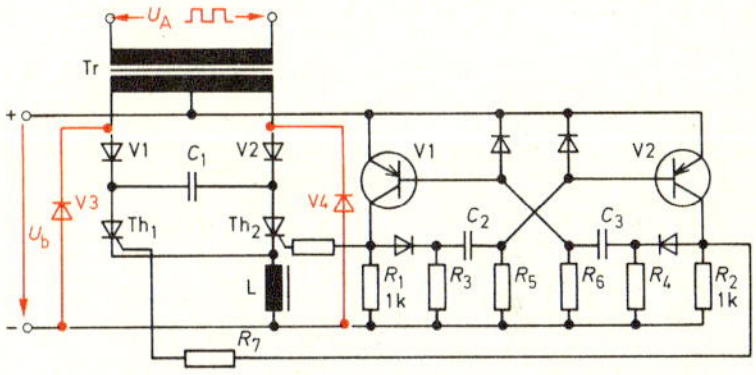

Fremdgeführter Wechselrichter für große Leistungen

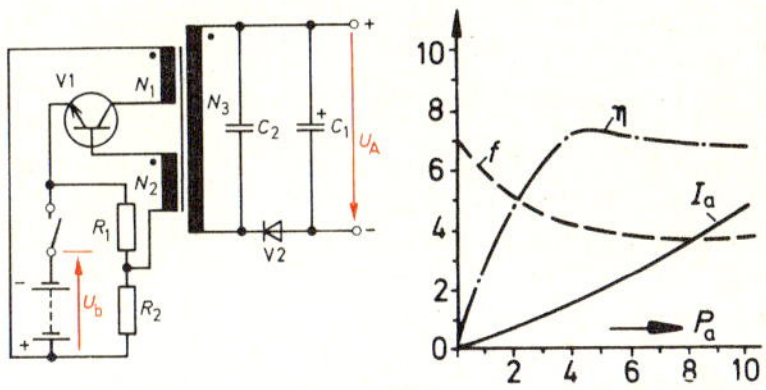

Eintakt-Durchflußwandler und seine Eigenschaften

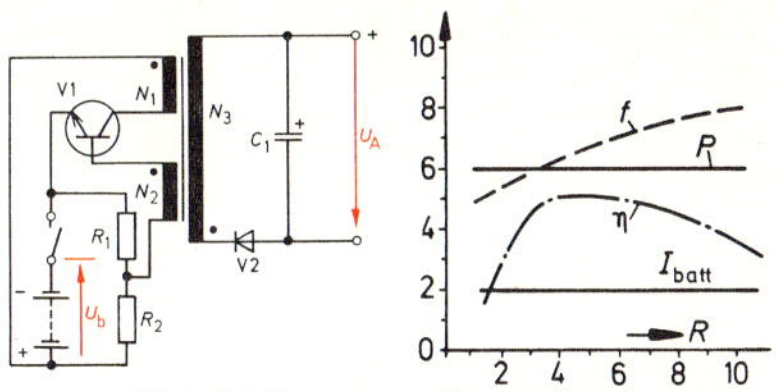

Eintakt-Sperrwandler und seine Eigenschaften

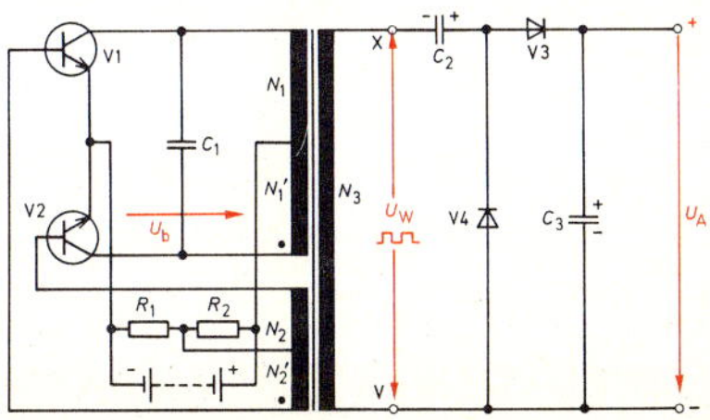

Gegentakt-Durchflußwandler mit Spannungsverdoppler

Akkumulatoren und Batterien

Akkumulatoren bestehen aus Sekundärelementen, die die zugeführte elektrische Energie durch elektrochemische Umwandlung speichern.

	Bleiakkumulatoren	Nickel/Cadmium-Akkumulatoren	Nickel/Eisen-Akkumulatoren
positive Platte	Bleiplatte mit Überzug aus Bleidioxid PbO_2	Nickelhydroxid $Ni(OH)_3$	Nickelhydroxid $Ni(OH)_3$
negative Platte	Bleiplatte mit Überzug aus Bleisulfat $PbSO_4$	Kadmium	Eisen
Elektrolyt	Verdünnte Schwefelsäure Dichte: 1.12...1.14 g/cm³	Verdünnte Kalilauge KOH der Dichte 1.17...1.19 g/cm³	
Zellenspannung	1,9...2,2 V je nach Dichte	1,5...1,8 V während Ladung 1,5...1,3 V während Entladung	1,3...1,6 V während Ladung 1,3...1,1 V während Entladung
Ladestrom Normal	10 h mit Q/10 Ampere		
Ladestrom Schnell	1 h mit Q Ampere	Q/5 Ampere	Q/5 Ampere
Ladestrom Erhaltung	dauernd mit Q/500 Ampere		
Wirkungsgrad	83...90%	72%	72%
Lebensdauer	350...1500 Entladungen	2000...4000 Entladungen	2000...4000 Entladungen
Kapazität je kg	4...16 Ah/kg	14...25 Ah/kg	14...25 Ah/kg
Kapazität je dm³	10...46 Ah/dm³	30...60 Ah/dm³	30...60 Ah/dm³
Innenwiderstand	0,1...0,3 Ω Ah	0,22...0,36 Ω Ah	0,22...0,36 Ω Ah
Selbstentladung	1% der Nennkapaz./Tag	1,4% der Nennkapaz./Tag	1% der Nennkapaz./Tag
Gasentwicklung	stark bei Überladung	keine	gering
Vorteile	günstiger Preis höherer Wirkungsgrad	unempfindlich gegen starke Ent- oder Überladung	

Trockenbatterien bestehen aus Primärelementen, die durch chemische Reaktion bestimmter Elemente in Elektrolyten elektrische Energie liefern.

	Zink-Salmiak-Braunstein-Zelle	Zinkchlorid-Zelle	Zink-Luftsauerstoff-Zelle	Alkalische Braunstein-Zelle
negative Elektrode (Anode)	Zink	Zink	Zink	Zinkflitter
positive Elektrode (Katode)	Mangan-Dioxid MnO_2 (Braunstein) + Kohle	Mangandioxid	Polyisobutylen unter Graphitzusatz (Aktivkohle)	Mangandioxid
Elektrolyt	Salmiak	Zinkchlorid $ZnCl_2$	Manganchloridlösung	Kalilauge
Spannung	1,4...1,6 V	1,4...1,6 V	1,45...1,47 V	0,7...1,4 V
Vorteile	billige Herstellungskosten	Auslaufsicherer Elektrolyt	gute Lagerfähigkeit lange Lebensdauer bei geringer Stromentnahme	Über längere Zeit hohe Belastbarkeit möglich
Nachteile	–	–	Innenwiderstandsanstieg während der Entladung	Bei normaler Belastung zu teuer
spez. Kapazität	25...70 Ah/kg (50...150 Ah/dm³)	25...10 Ah/kg (50...200 Ah/dm³)	130...170 Ah/kg (150...200 Ah/dm³)	50...150 Ah/kg (100...300 Ah/dm³)
Entladedauer	50...100 h (bei 4...8 h/Tag)	50...100 h (bei 4...8 h/Tag)	3000...4000 h (bei 8...24 h/Tag)	100...200 h (bei 4...8 h/Tag)

	Magnesium-chlorid-Zelle	Magnesium-Trockenbatterie	Quecksilberoxid-Zelle	Silberoxid/Zink-Zelle	Lithium-Zelle
negative Elektrode (Anode)	Zink	Magnesiumlegierung mit 3% Al, 1% Zn 0,2% Mn, 0,15% Ca	Zinkamalgam	Zink	Lithium
positive Elektrode (Katode)	Kohle	Mangandioxid und Kohle mit Bariumchromat	Quecksilberoxid	Silberoxid Ag_2O	Silberchromat
Elektrolyt	Magnesiumchlorid	Magnesiumbromid mit Lithiumchromat	Kaliumhydroxidlösung	Kalilauge	Salzschmelze
Spannung	1,4...1,6 V	1 V (mit Verzögerung)	1,18...1,35 V	1,4...1,85 V	3...3,5 V
Vorteile	gute Lagerfähigkeit	geringes Gewicht geringes Volumen	kleine Abmessungen	hohe Kapazität bei geringem Gewicht, hohe Spannung	
Nachteile	geringer Kurzschlußstrom	nicht lagerfähig schwierige Fertigung			hohe Herstellungskosten
spez. Kapazität	25...70 Ah/kg (50...150 Ah/dm³)	75...210 Ah/kg (150...450 Ah/dm³)	50...65 Ah/kg (300...400 Ah/dm³)	ca. 100 Ah/kg (300 Ah/dm³)	100 Ah/kg (300 Ah/dm³)
Entladedauer	3000...4000 h (bei 8...24 h/Tag)	50...100 h (bei 4...8 h/Tag)	50...100 h (bei 8...24 h/Tag)	50...100 h (bei 8...24 h/Tag)	50...100 h (bei 8...24 h/Tag)

Fotoelemente (Solarzellen)

Fotoelemente sind Halbleiterbauelemente mit einem großflächigen PN-Übergang. Die Energie der einfallenden Strahlung setzt Ladungsträger frei und verschiebt damit das elektrische Gleichgewicht zwischen P- und N-Schicht.

Die **Fotospannung** erreicht bei einer Beleuchtungsstärke von einigen tausend Lux einen Maximalwert von ca. 500 mV. Der Kurzschlußstrom steigt proportional mit der Beleuchtungsstärke an. Als Halbleiterwerkstoffe dienen vorwiegend Silizium und Selen.

Durch Reihenschaltung von Fotoelementen wird eine Spannungserhöhung erzielt, durch Parallelschaltung eine höhere Belastbarkeit.

Der tatsächlich fließende Strom kann aus dem I_p/U_p-Kennlinienfeld für verschiedene Beleuchtungsstärken ermittelt werden, wenn man den Arbeitswiderstand als Gerade einzeichnet.

Das Maximum der Spektralempfindlichkeit liegt zwischen 400 und 1100 nm und entspricht etwa der Spektralverteilung des Sonnenlichtes.

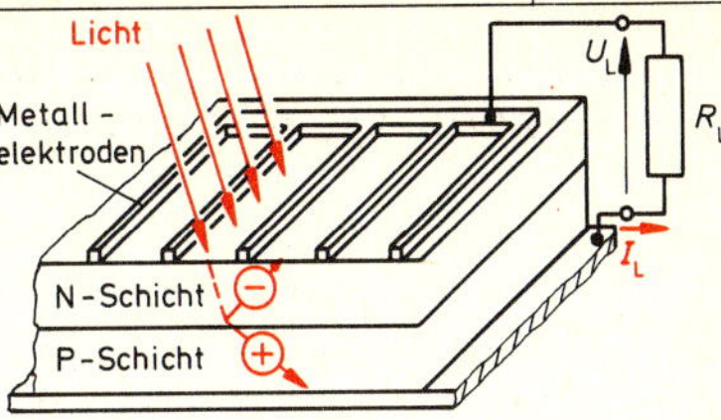

Schnitt durch ein Fotoelement

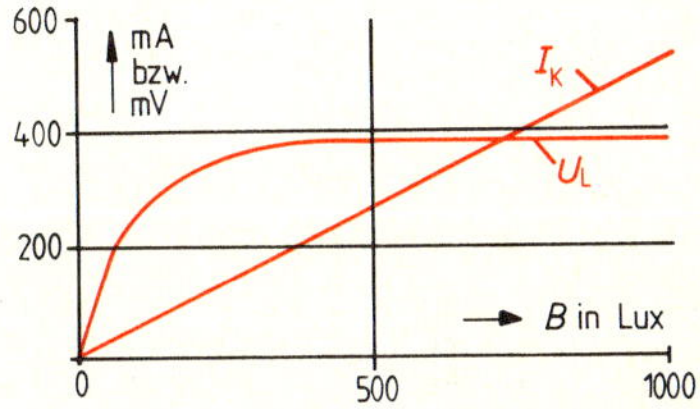

Ausgangsspannung und Kurzschlußstrom eines Silizium-Fotoelements

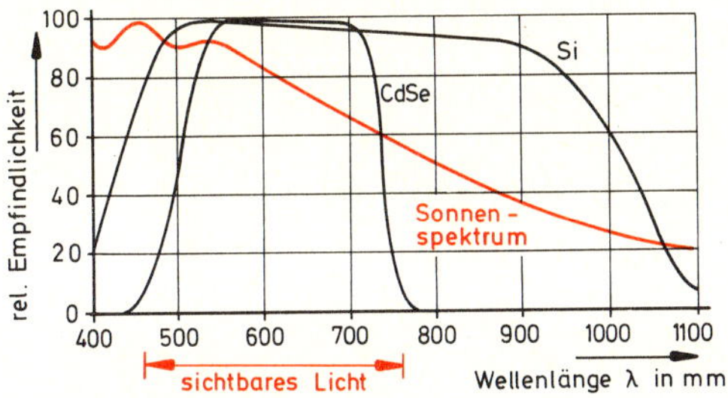

Spektralempfindlichkeit von Fotoelementen

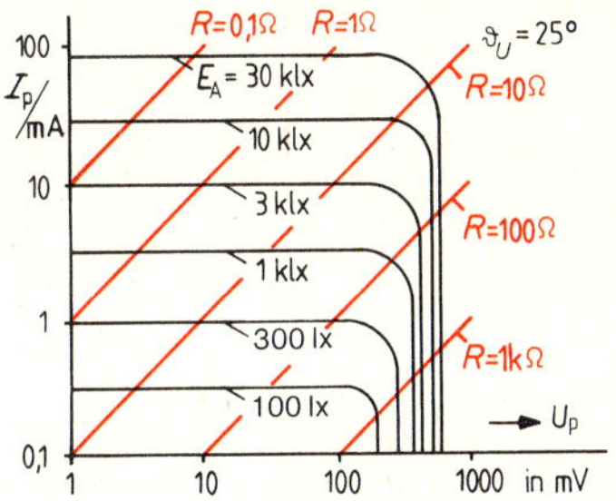

Einfluß des Arbeitswiderstandes auf Fotostrom und Fotospannung

Hersteller	Electrocell	Bruno Lange		Siemens		Telefunken		Valvo
Type	Selen/ Typ N normal	Selen	Silizium Si 01 … Si 30	Silizium TP 60 und TP 61	Silizium BP 100 u. BPY 11	Silizium PBW 35	Silizium PBW 70	Silizium BPX 47 A
Abmessungen in nm	10 … 102 Durchmes. 10 × 16 bis 50 … 110 rechteck.	12 … 145 ∅ 11 … 24 Dicke	8 … 60 ∅ rund bzw. 2 × 10 … 25 × 25 rechteck.	16 ∅ rund 1,25 … 1,5 Dicke	2,2 × 4,8 rechteck. 0,9 Dicke	10 × 10 rechteck. 0,26 Dicke	20 × 20 rechteck.	356 × 456 (34 runde Elemente zw. rechteck. Glasplatten)
lichtempfindliche Fläche in cm^2	rund: 0,2 … 71 rechteck. 1,2 … 45,7	0,3 … 141	6,3 rund 0,2 … 4 rechteck.	1,5 rund	0,07 rechteck.	0,94	3,6	867
Betriebstemperatur	60 °C		– 60 °C … + 175 °C	80 … 100 °C	150 °C	120 °C	120 °C	120 °C
Trägheit bzw. Kapazität	10 nF/cm^2		f_0 = 100 kHz	100 nF	f_0 = 30 kHz 5 nF	–	f_0 = 30 … 70 kHz	–
max. Spektralempfindlichkeit in nm	560 … 800	560 … 800	800 … 1200	850 … 1100	850 … 1100	600	1000	600
Leerlaufspannung	0,36 V bei 10^4 lx	0,5 V bei 10^4 lx	60 mV bei 100 lx	140 mV bei 100 lx 440 mV bei 1000 lx	200 mV bei 100 lx 300 mV bei 1000 lx	380 mV bei 1000 lx	400 mV bei 1000 lx	18 … 20 V
Kurzschlußstrom	100 μA/cm^2 bei 1000 lx	30 μA … 3,6 mA bei 1000 lx	800 μA/cm^2 bei 1000 lx	1 mA bei 1000 lx	40 μA bei 1000 lx	300 μA bei 1000 lx	3 mA bei 1000 lx	7,2 mA bei 1000 lx

Die Lebensvorgänge im menschlichen Körper werden größtenteils elektrisch gesteuert. Sie werden aber durch äußere elektrische Einflüsse so empfindlich gestört, daß diese zu gesundheitlichen Schäden oder zum Tode führen.

Die VDE-Bestimmungen:

VDE 0100 Bestimmungen für das Errichten von Starkstromanlagen mit Nennspannungen bis 1000 V
VDE 0116 Bestimmungen für Elektrische Ausrüstungen von Feuerungsanlagen
VDE 0410 Bestimmungen für elektrische Meßgeräte
VDE 0411 Bestimmungen für elektronische Meßgeräte und Regler
VDE 0412 Bestimmungen für elektronische Meßgeräte zur Messung ionisierender Strahlung
VDE 0760 Bestimmungen für elektronische Stromkreise in Haushaltsgeräten
VDE 0800 Bestimmung für Errichtung und Betrieb von Fernmeldeanlagen
VDE 0855 Bestimmung für Antennenanlagen
VDE 0860 Bestimmungen für netzbetriebene Rundfunk- und verwandte elektronische Geräte

Schutzmaßnahmen werden erforderlich, sobald Berührungsspannungen von über 50 V auftreten können.

Schutzklasse I: Schutzerdung
Schutzklasse II: Schutzisolierung
Schutzklasse III: Verwendung von Schutzkleinspannungen.

Weitere Maßnahmen: Z-Dioden, Fehlerspannungs-Schutzschalter (FU-Schutzschalter), Fehlerstrom-Schutzschalter (FI-Schutzschalter).

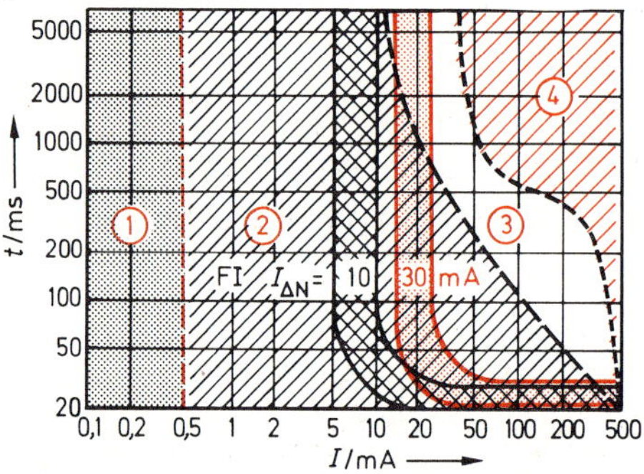

Stromverträglichkeitskurven nach IEC TC (Sec.) 309 und Auslösestreubänder der FI-Schutzschalter für $I_{\Delta N}$ = 30 mA und 10 mA: ① In der Regel keine Einwirkung wahrnehmbar; ② normalerweise keine schädlichen physiologischen Einwirkungen; ③ normalerweise keine Gefahr des Herzkammerflimmerns; ④ Herzkammerflimmern wahrscheinlich.

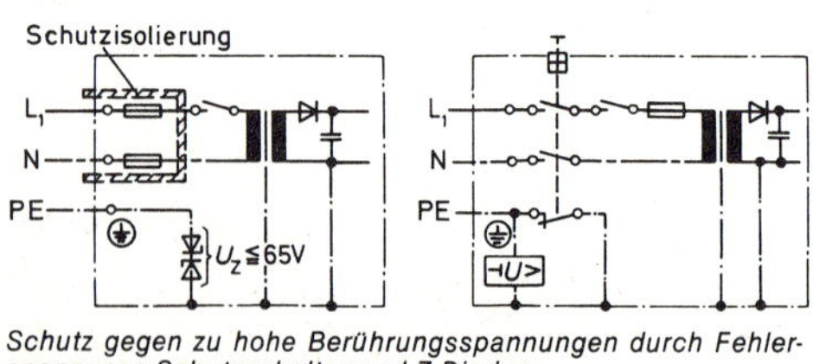

Schutz gegen zu hohe Berührungsspannungen durch Fehlerspannungs-Schutzschalter und Z-Dioden.

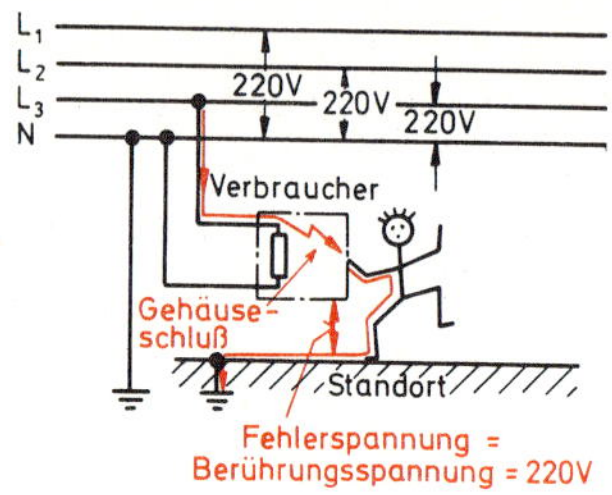

Bei geerdetem Standort ist die Fehlerspannung gleich der Berührungsspannung.

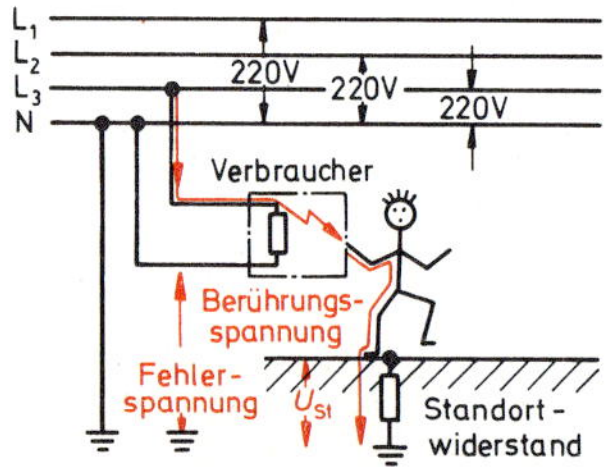

Wirkt ein Widerstand zwischen Standort und Erde, so ist die Berührungsspannung um den Wert der dort abfallenden Spannung kleiner als die Fehlerspannung.

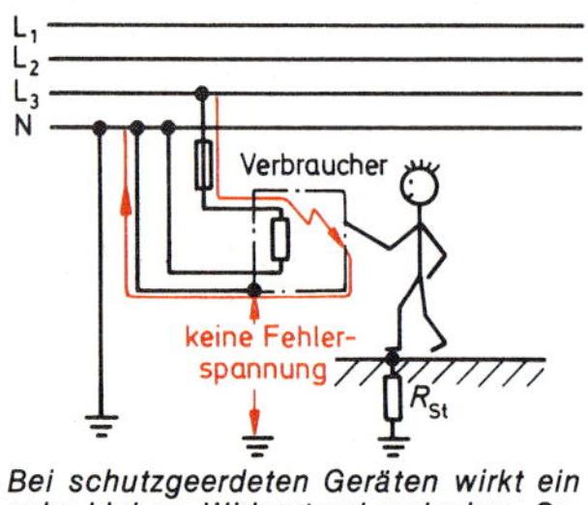

Bei schutzgeerdeten Geräten wirkt ein sehr kleiner Widerstand zwischen Gehäuse und Erde und verhindert das Auftreten von Berührungsspannungen.

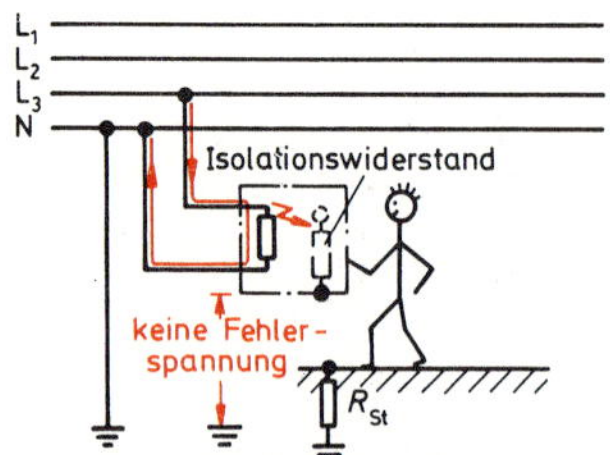

Bei schutzisolierten Geräten wirkt in Reihe zum Benutzer der sehr hohe Isolationswiderstand. An ihm fällt bei einer Störung die gesamte Spannung ab, so daß die Berührungsspannung Null wird.

Fehlerstrom-Schutzschalter besitzen einen Wandler mit z. B. zwei Eingangswicklungen, die von dem in die Verbraucher hineinfließenden und zurückfließenden Strom durchflossen werden. Die Ausgangsspannung der Wicklung N 3 ist Null, solange beide Ströme gleich sind. Weichen sie dagegen durch eine Störung voneinander ab, so unterbricht die induzierte Ausgangsspannung über eine Schalteinrichtung die Betriebsspannung.

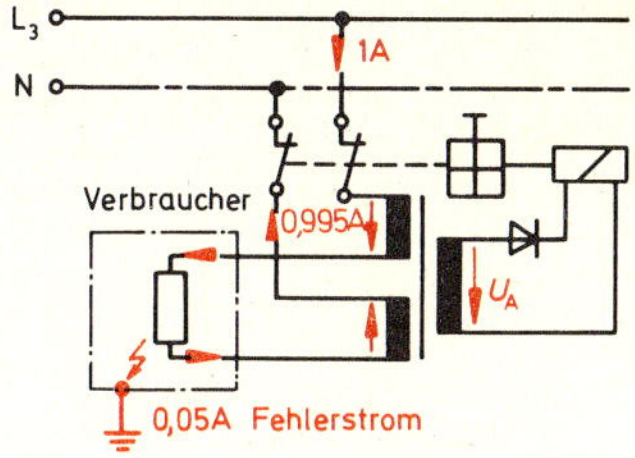

Prinzip eines Fehlerstrom-Schutzschalters

Erdschleifen entstehen durch Mehrfacherdung elektronischer Meß-, Steuer- und Regelstrecken oder -ketten. Deshalb dürfen deren Komponenten nicht schutzgeerdet werden.

VDE 0411 bzw. IEC 348, Klasse II gibt die Möglichkeit einer geräteinternen Schutzisolierung an, in der alle netzspannungsführenden Anschlüsse zusammengefaßt sind. Der Schutzleiter steht nur mit der Schutzwicklung des Netztransformators in Verbindung und ist vom übrigen Gerät isoliert. Einen zusätzlichen Schutz bietet eine zweite Schutzwicklung, die mit der Masse des Gerätes verbunden wird, aber nicht zwingend vorgeschrieben ist.

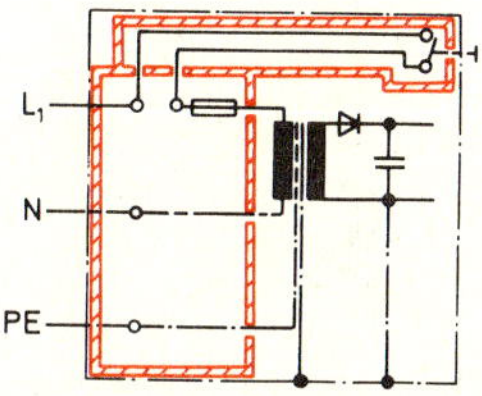

Schutz gegen Berührungsspannungen durch Schutzisolierung des Netzstromkreises

Verschiedene Schutzmaßnahmen dürfen angewendet werden, sofern sich deren Wirkungen nicht gegenseitig aufheben. In der folgenden Aufstellung sind 1 die Netzspannungsanschlüsse, 2 die Schutzerde, 3 die Meßspannungsanschlüsse, 4 Erde der Meßspannungskreise, 5 der Masseanschluß

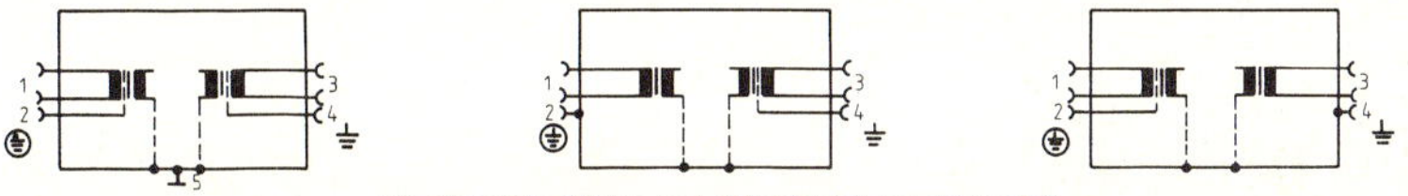

Meßgeräte für reine Wechselspannungen

a) Netzstromkreis schutzisoliert *b) Gehäuse an Schutzerde* *c) Gehäuse an Meßerde*

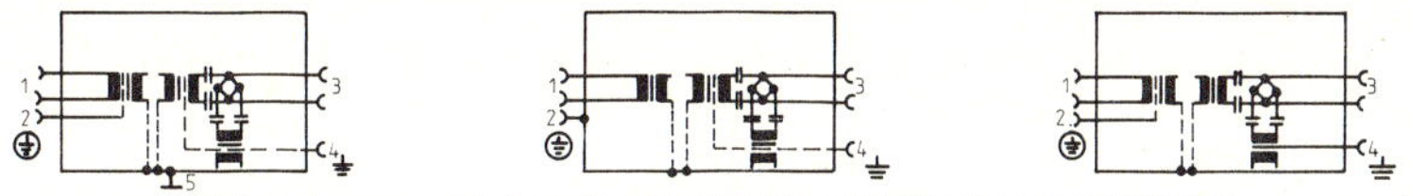

Trägerfrequenz-Meßgeräte für Gleich- und Wechselspannungen

a) Netzstromkreis schutzisoliert *b) Gehäuse an Schutzerde* *c) Gehäuse an Meßerde*

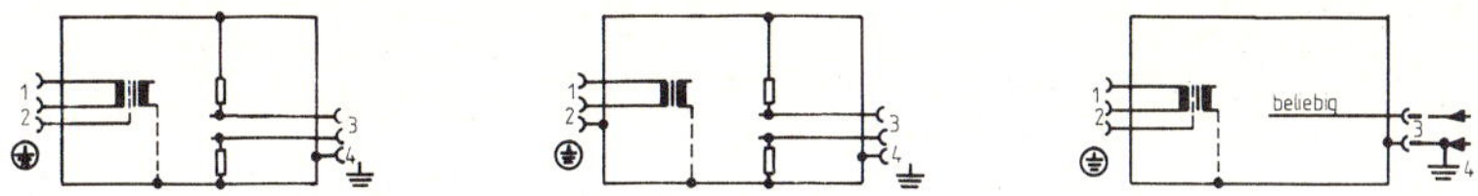

Galvanisch gekoppelte Meßgeräte für Gleich- und Wechselspannung

a) Netzstromkreis schutzisoliert *b) Gehäuse an Schutzerde* *c) Meßstromkreis geerdet*

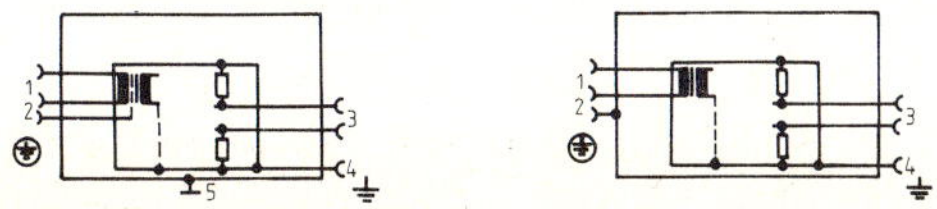

a) Netzstromkreis schutzisoliert *b) Äußeres Gehäuse schutzgeerdet*

Links: Galvanisch gekoppelte Meßgeräte für Gleich- und Wechselspannung und doppeltes Gehäuse. Inneres Gehäuse an Meßerde.

Funkstörgrade nach VDE 0875/6.77 (Auszug) | HF 5

Der Funkstörgrad ist eine frequenzabhängige Grenze für Funkstörungen (Dauer- und Knackstörungen). Er gilt für die Störspannung, die Störleistung und die Störfeldstärke sowie für die Dämpfung von Leuchten für Leuchtstofflampen. Bezeichnet wird er mit den großen Buchstaben G, N oder K.

Nach VDE 0875 unterscheidet man 3 Funkstörgrade: G für Fabrikgelände, N für Wohngebiete, K für besonders hohe Anforderungen

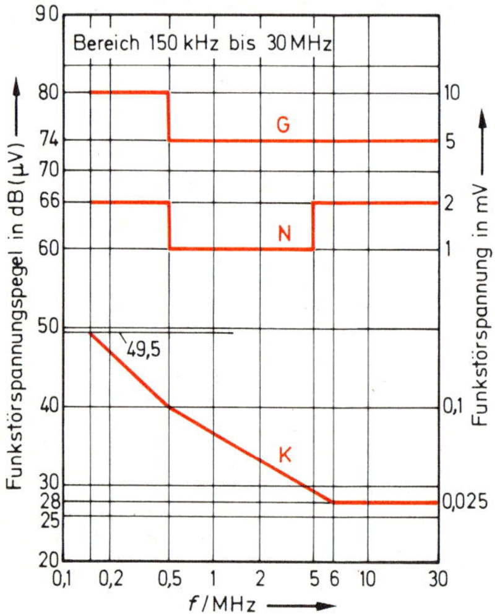

Grenzen der Funkstörspannung für Dauerstörungen von Elektro-Haushaltgeräten, Elektrowerkzeugen und ähnlichen elektrischen Geräten, wie z. B. Büromaschinen, Film- oder Diaprojektoren, elektrische Plattenspieler, Melkmaschinen, elektromedizinische Geräte mit motorischem Antrieb, Halbleiter-Stellglieder mit einem Nennstrom bis 16 A, Elektrozaungeräte, Münzautomaten und automatische Spielgeräte.

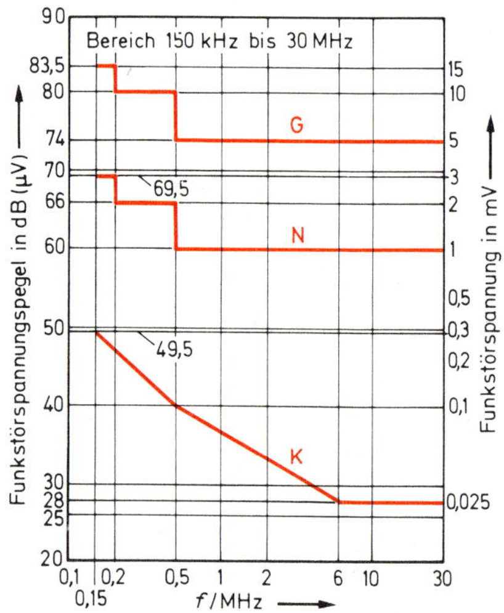

Grenzen der Funkstörspannung für Dauerstörungen für die übrigen elektrischen Betriebsmittel und für Anlagen wie z. B. Halbleiter-Stellglieder mit Nennströmen größer als 16 A.

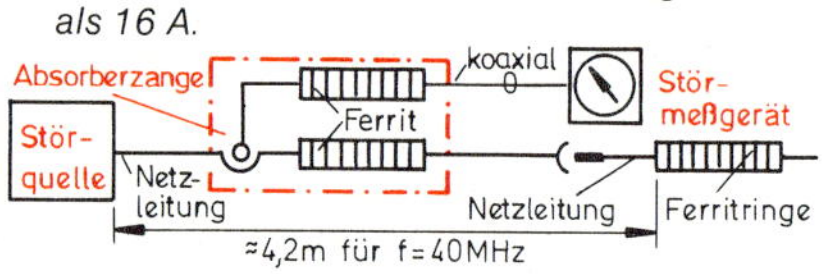

Grundsätzlicher Aufbau zum Messen der Störleistung

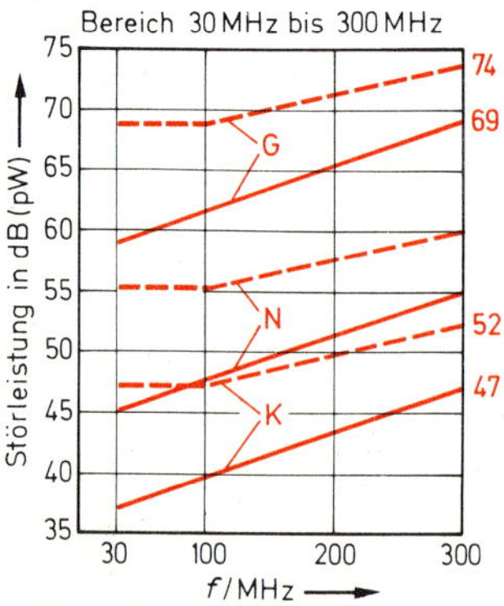

Grenzen der Störleistung für Dauerstörungen für die Funkstörgrade N, G = N + 14 dB und K = N − 8 dB, für Haushaltgeräte etc. gelten die Vollinien; die Strichlinien gelten für die übrigen elektrischen Betriebsmittel.

Im Bereich 30 bis 300 MHz gelten für die Störfeldstärke in 10 m Entfernung folgende Grenzwerte:

Funkstörgrad G:
500 µV/m entsprechend 54 dB (µV/m)
Funkstörgrad N:
100 µV/m entsprechend 40 dB (µV/m)
Funkstörgrad K:
40 µV/m entsprechend 32 dB (µV/m)
Die Angaben in dB (µV/m) sind bezogen auf 0 dB (µV/m) entsprechend 1 µV/m.

Knackstörungen nach VDE 0875/6.77 (Auszug) — HF 6

Knackgeräusche im Lautsprecher werden nach ihrer Dauer und ihrer Häufigkeit bewertet. Die Einstufung der Störungen erfolgt:

bis 200 ms Dauer → sind dies Knackstörungen;
von 200 ms . . . 400 ms Dauer → sind dies 2 Knackstörungen;
Störung mit mehr als 400 ms Dauer → sind Dauerstörungen.

Für Knackstörungen gelten erhöhte Grenzwerte anstelle der Grenzwerte G, N bzw. K für Dauerstörungen, wenn nicht mehr als 2 Knackstörungen innerhalb von 2 s auftreten und wenn weniger als 30 Knackstörungen innerhalb einer Minute auftreten.

$$L_Q = L \cdot \frac{30/\text{min}}{Q}$$

$$L_Q = L + 20 \lg \frac{30/\text{min}}{Q} \quad \text{in dB}$$

L_q = erhöhter Grenzwert gegenüber G, N, K
L Grenzwert nach Diagramm für G, N, K
Q Anzahl der Knackstörungen je Minute

Beispiel:
Q = 6 Knackstörungen je Minute.
Nach Diagramm kann ein Faktor von 5 für $\frac{30/\text{min}}{Q}$ ermittelt werden

$$L_q = L + 20 \lg 5 = L + 14\,\text{dB}$$

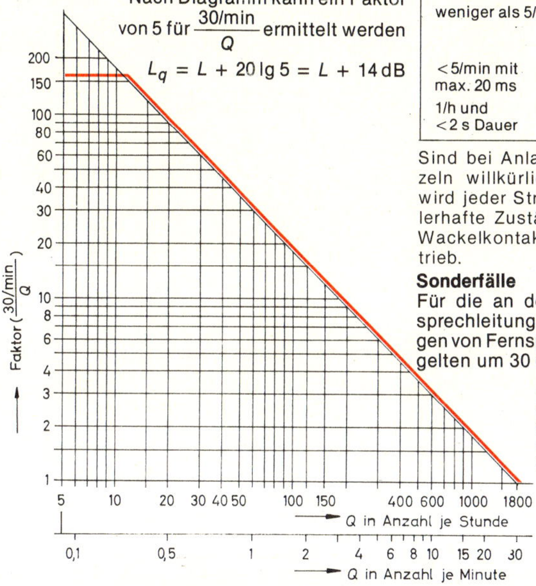

10 Knackstörungen von max. 20 ms Dauer innerhalb einer Minute erzeugt, ergeben einen um den Faktor 5 größeren Grenzwert gegenüber einer Dauerstörung.

Diagramm zur Ermittlung des Faktors $\frac{30/\text{min}}{Q}$ in Abhängigkeit der Knackrate Q

Anzahl der Knackstörungen	gelten nach Funkstörgrad . . . entstört	Beispiel
weniger als 5/h	N	Glimmstarter handbetätigter Schalter
< 5/min mit max. 20 ms	N	Temperaturregler
1/h und < 2 s Dauer	N	Temperaturregler

Sind bei Anlagen bzw. Geräten mehrere einzeln willkürlich schaltbare Stromkreise, so wird jeder Stromkreis für sich bewertet. Fehlerhafte Zustände wie Unterbrechungen und Wackelkontakte gelten nicht als normaler Betrieb.

Sonderfälle

Für die an den Anschlußpunkten von Fernsprechleitungen auftretenden Störspannungen von Fernsprechvermittlungseinrichtungen gelten um 30 dB höhere Grenzwerte.

Art der Störung	Häufigkeit der Störung (Knackrate)	Dauer der einzelnen Störung maximal
Knackstörungen allgemein	> 30/min oder > 2/2 s	
Knackstörungen allgemein	≦ 30/min und ≦ 2/2 s	200 ms
Knackstörungen allgemein	≦ 1/5 min	200 ms
Schalteinrichtungen in Heizkreisen	> 30/min	

Art der Störung	Häufigkeit der Störung (Knackrate)	Dauer der einzelnen Störung maximal
Schalteinrichtungen in Heizkreisen	≦ 30/min und ≦ 2/2 s	200 ms
Schalteinrichtungen in Heizkreisen	≦ 1,5/min	10 ms
Bügeleisen usw.	≦ 5/min	10 ms
Dreiphasige Schalter	≦ 1/15 min	10 ms je Kontakt

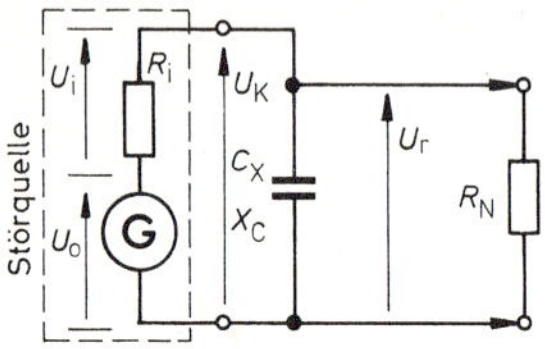

Funkentstörung mit Hilfe eines Funkentstörkondensators.
R_N = Netznachbildungswiderstand

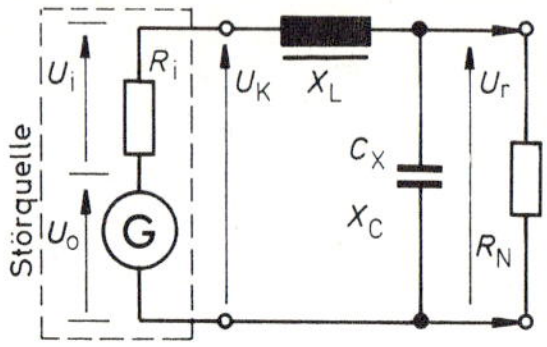

Funkentstörung mit Hilfe einer Längsdrossel und einer symmetrischen Querkapazität C_X; nur bei $R_i \ll R_N$ = 150 Ω

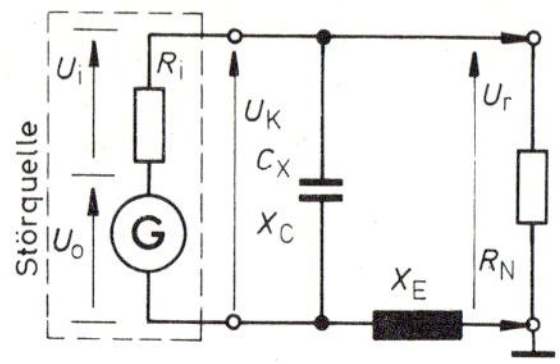

Funkentstörung mit Hilfe einer Erdungsdrossel und einer Querkapazität C_X; nur bei $R_i < R_N$ = 150 Ω

Längsdrossel X_L

$$\frac{U_r}{U_K} \approx \frac{R_N}{2 \cdot \omega \cdot L}$$

Querkapazität C_X

$$\frac{U_r}{U_K} \approx \frac{1}{\omega \cdot C \cdot R_N}$$

U_r = Reststörspannung in μV
U_K = Störklemmenspannung in μV
R_N = Netznachbildungswiderstand (150 Ω)
ω = Kreisfrequenz des Störers
L = Induktivität der Drossel in H
C = Kapazität des Kondensators C_X in F

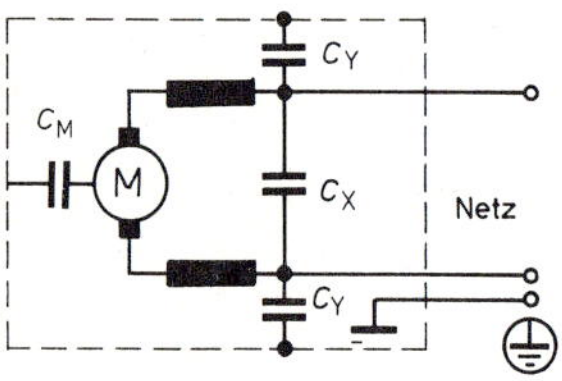

1. Ortsfeste Geräte mit Schutzleiter (Schutzklasse I)
   Der Ableitstrom über die Kapazitäten C_Y darf maximal 3,5 mA betragen.
   Für C_Y ergibt sich damit ein Wert von C_Y = 35000 pF.
2. Ortsveränderliche Geräte mit Schutzleiter (Schutzklasse I).
   Der Ableitstrom darf hierbei maximal nur 0,5 mA betragen.
   Für C_Y ergibt sich damit ein Wert von C_Y = 2500 pF.

Funkentstörung bei ortsveränderlichen Verbrauchern der Schutzklasse I

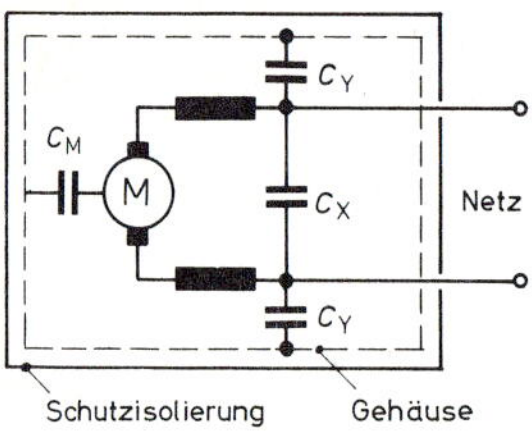

Funkentstörung bei Verbrauchern der Schutzklasse II;
$C_{Y\,max}$ = 35000 pF

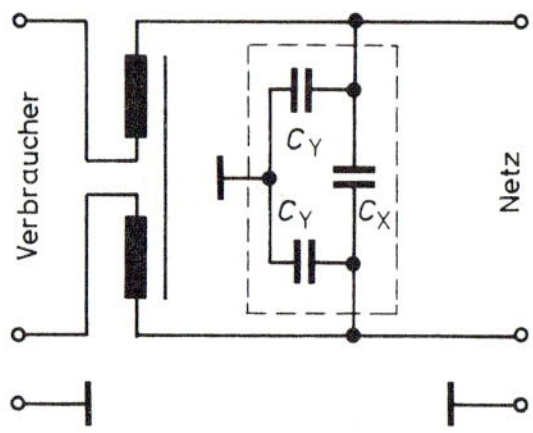

Funkentstörgerät für Zweileiterbetrieb von elektrischen Geräten mit Schutzleiter

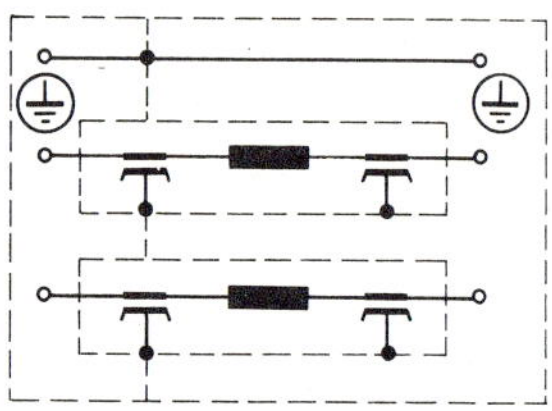

Funkentstörgerät bestehend aus zwei HF-dichten (geschirmten) Breitband-Durchführungsfiltern. Filterwirkung kann durch Kettenschaltung der Filter erhöht werden.

Kfz-Nahentstörung

Die Entstörung erfolgt in 2 Abschnitten

a) Entstörung der Niederspannungsanlage wie Regler, Lichtmaschine, Scheibenwischermotor, Blinker usw.
b) Entstörung der Hochspannungs-Zündanlage wie Verteiler, Verteilerläufer, Unterbrecher, Zündkerzen durch Einbau von Widerständen

Wichtige Punkte einer guten Entstörung

1. Entstörmittel möglichst nahe an den störenden Aggregaten anbringen.
2. Gesamtwert der Entstörwiderstände einer Kerzenstrecke max. 20 kΩ (sonst Anlaßschwierigkeiten)
3. Möglichst teilabgeschirmte Entstörzündkerzenstecker verwenden.
4. Gute Masseverbindung aller Fahrzeugteile untereinander (auch Bedienungshebel, Bowdenzüge, Lichtmaschine, ...). Massebezugspunkt = Motorblock

Entstörmaßnahmen: Drehstrom-Lichtmaschine

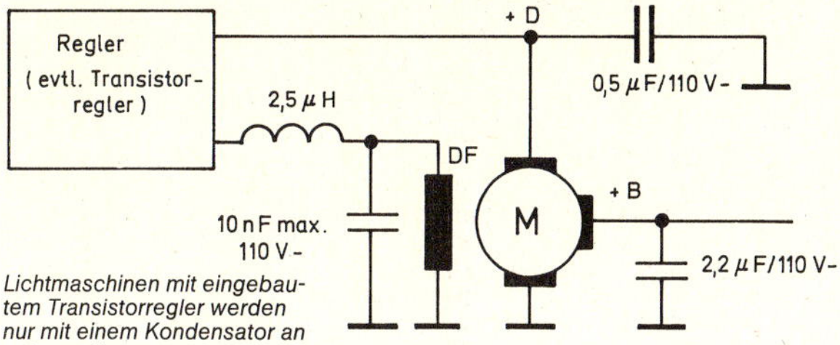

Lichtmaschinen mit eingebautem Transistorregler werden nur mit einem Kondensator an +B entstört

Klemmenbezeichnungen

	DIN (Bosch)	Lucas	Marelli	Ducellier	Delco-Remy
Lichtm.	D+	D	D	Dyn	A
Regler	D+ (61)	D	51	Dyn	GEN
	B+ (51)	B	30	BAT	BAT
	DF	F	67	Exc	F
Zündsp.	15	SW	+B	BAT	+

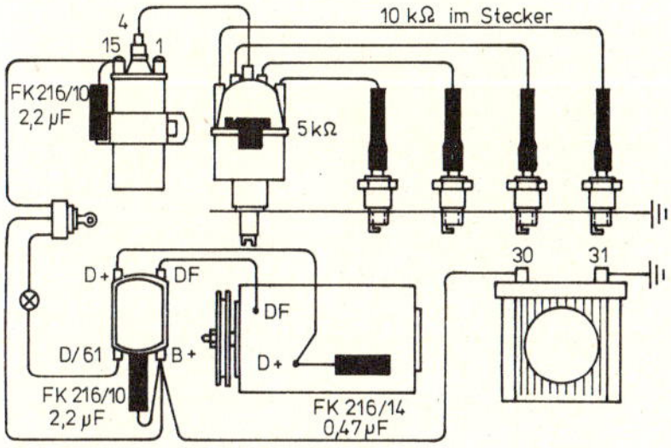

Gleichstrom-Lichtmaschine

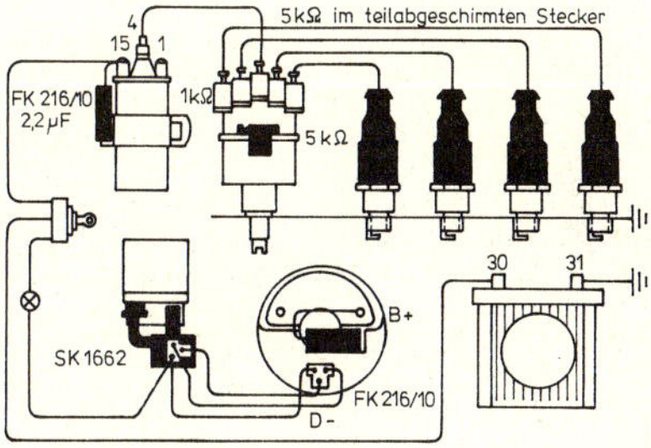

Drehstrom-Lichtmaschine

Funkenlöschung an Kontakten

Kontaktwerkstoffe – Anwendungsbereiche

Gold (Au)
Für Ströme von einigen µA ... ca. 250 mA und Spannungen bis etwa 60 V. Unempfindlich gegen schwefelhaltige Luft.

Platin A (Pt/A)
Für Ströme von 20 mA ... 50 mA und Spannungen von 50 V ... 80 V.

Palladium-Silber (Pd-Ag)
Zeigt geringere Werkstoffwanderung, ist abbrandfester und nicht so schwefelempfindlich wie reines Silber.

Silber (Ag)
Aufgrund der Schwefelempfindlichkeit (Oxidation) ist Silber nicht für kleine Ströme und Spannungen bei kleinen Kontaktkräften geeignet. Dagegen ist es möglich, relativ hohe Ströme zu schalten, ohne daß dabei die Kontakte kleben bleiben.

Kupfer (Cu)
Für mittlere bis große Ströme aber nicht für kleine Spannungen geeignet. Meist in der Starkstromtechnik für einfache Kontakte verwendet.

Wolfram (W)
Dieser Werkstoff hat eine hohe Lichtbogenfestigkeit bei geringem Kontaktabbrand. Wolframkontakte eignen sich für hohe Schaltleistungen. Für tropische Klimabedingungen eignet sich Wolfram nicht (Oxidbildung).

Funkenlöschung – Maßnahmen

a) parallel zum Schaltkontakt geschaltete *RC*-Glieder,
b) parallel zur Induktivität geschaltete Dioden oder Zenerdioden,
c) parallel zur Induktivität geschaltete Varistoren.

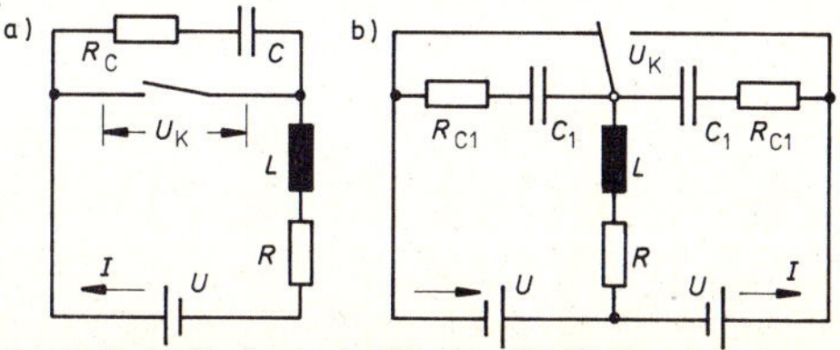

Prinzip der Funkenlöschung mit Hilfe eines RC-Gliedes
a) bei einem einfachen Schaltkontakt; b) bei einem Umschaltkontakt

Funkenlöschung mit RC-Glied

Es sollen folgende Bedingungen eingehalten werden:

$$\frac{R_C}{R} \leqq 1{,}0 \leqq \frac{U_B}{U}$$

$$U_K \leqq U_B$$

$$U_{Kmax} \leqq U$$

R_C = Widerstand des RC-Gliedes in Ω
R = Gesamtwirkwiderstand im induktiven Schaltkreis
U = Spannung der Spannungsquelle
U_B = Lichtbogengrenzspannung in V (siehe Diagramm)
U_K = Spannung am Kontakt während des Abschaltens
U_{Kmax} = max. zulässige Spannung am Kontakt während des Abschaltens
k = Korrekturfaktor (siehe Diagramm)
L = Induktivität der Spule in H
C = Kapazität des Kondensators in F

Bemessung von

$$R_C = R$$

Bemessung von C

$$C \geqq k \frac{L}{(R + R_C)^2}$$

Das eingeschaltete RC-Glied wirkt abfallverzögernd auf das Relais.
Für die Zeitkonstante gilt:

$$\tau = \frac{L}{R_{ges}} = (R + R_C) \cdot C$$

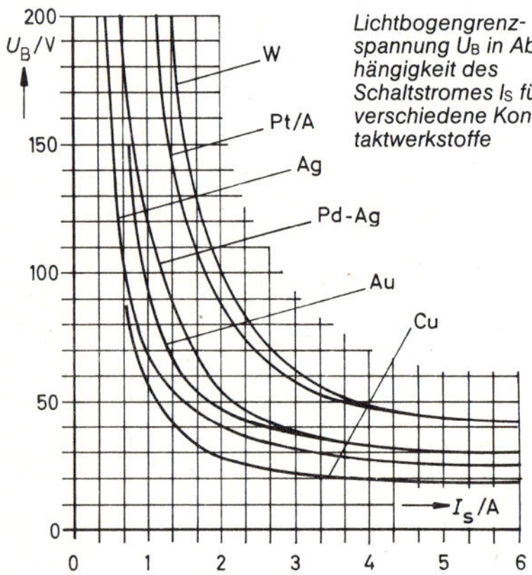

Lichtbogengrenzspannung U_B in Abhängigkeit des Schaltstromes I_S für verschiedene Kontaktwerkstoffe

Beispiel: Für ein Relaiskontakt soll eine Schutzbeschaltung ermittelt werden.

U = 60 V,
I_S = 16 mA,
U_{Kmax} = 60 V,
$U_B > 200$ V (siehe Diagramm)
$U_B/U > 1{,}0$ d. h. $R_C < R$ gewählt 1,5 kΩ
U_{Kmax}/U = 1,0 d. h. k = 4,0 (Diagramm)
Kontaktwerkstoff Pd-Ag,
L = 1,2 H,
R = 1,8 kΩ,

$$C \geqq k \cdot \frac{L}{(R + R_C)^2} = 4{,}0 \cdot \frac{1{,}2\ \text{H}}{(1800\ \Omega + 1500\ \Omega)^2}$$

$$= 0{,}441\ \mu\text{F}$$

Gewählt wird ein Kondensator von C = 0,47 μF.

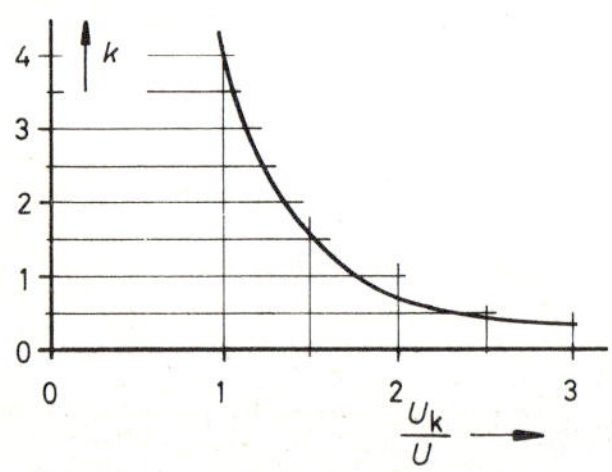

Korrekturfaktor k in Abhängigkeit des Spannungsverhältnisses U_K/U zur Ermittlung der Kapazität eines RC-Funkenlöschgliedes

RC-Funkenlöschketten (Bemessung) Stromkreis	R/Ω	C/μF
Kraftmagnet 48 V	5	1
Kraftmagnet 60 V	50	2
Nummernschalter	100	1
Polwechsler	5	1
Relais 800 Ω an 48 V	100	0,2
Relais 1 kΩ an 60	100	0,2

Funkenlöschung mit Diode bzw. VDR

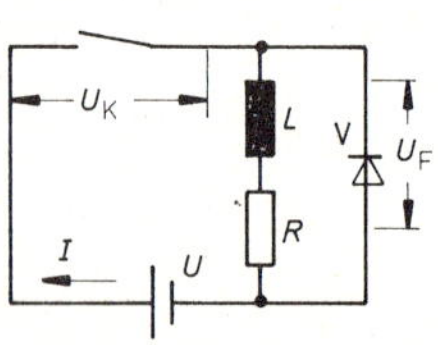

Funkenlöschung mit Hilfe der Freilaufdiode V

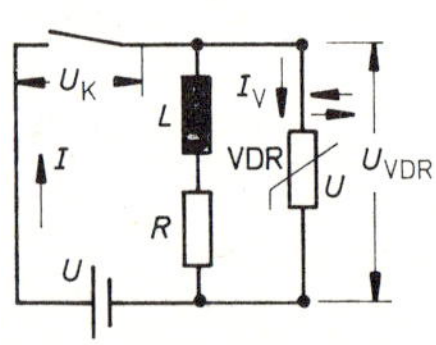

Funkenlöschung an Schaltkontakten mit Hilfe eines VDR-Widerstandes

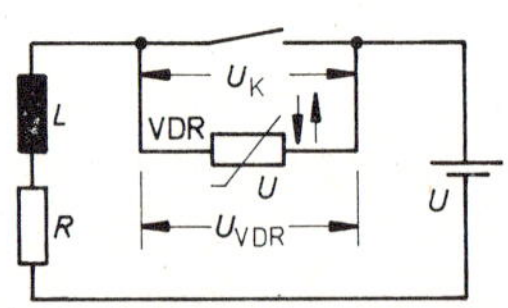

Funkenlöschung an Schaltkontakten für Spannungen von U_V = 100 . . . 170 V mit Hilfe eines VDR-Widerstandes

Anwendungsklassen von Bauelementen DIN 40040.2.73 Bau 1

Die Kennzeichnung erfolgt durch Kennbuchstaben.

Untere Grenztemperatur ϑ_{min} (1. Kennbuchstabe) ist die niedrigste im Betrieb zulässige Temperatur des Bauelementes (ohne Einfluß von Eigen- und Fremderwärmung, z. B. im Einschaltmoment).

Obere Grenztemperatur ϑ_{max} (2. Kennbuchstabe) ist die höchstzulässige Temperatur, die an der wärmsten Stelle der Oberfläche des Bauelementes (einschließlich des Einflusses von Eigen- und Fremderwärmung) auftreten darf.

1. Kennbuchstabe	Untere Grenztemperatur	2. Kennbuchstabe	Obere Grenztemperatur	2. Kennbuchstabe	Obere Grenztemperatur	2. Kennbuchstabe	Obere Grenztemperatur
F	−55 °C	B	+350 °C	G	+170 °C	M	+100 °C
G	−40 °C	C	+300 °C	H	+155 °C	N	+ 90 °C
H	−25 °C	D	+250 °C	J	+140 °C	P	+ 85 °C
J	−10 °C	E	+200 °C	K	+125 °C	Q	+ 80 °C
K	0	F	+180 °C	L	+110 °C	R	+ 75 °C

Feuchtebeanspruchung (3. Kennbuchstabe)

Die Angaben beziehen sich auf das Bauelemente-Umgebungsklima.

3. Kennbuchstabe	relative Luftfeuchtigkeit Jahresmittel	relative Luftfeuchtigkeit Höchstwert	Betauung	3. Kennbuchstabe	relative Luftfeuchtigkeit Jahresmittel	relative Luftfeuchtigkeit Höchstwert	Betauung
A u. B	freigehalten			E	≦75%	95%	selten
R	≦90%	100%	ja	F	≦75%	95%	nein
C	>80%	100%	ja	G	≦65%	85%	nein
D	≦80%	100%	ja	I	≦50%	≦50%	nein

Betriebszuverlässigkeit (4. Kennbuchstabe)

4. Buchstabe	mittl. Ausfallrate	Zeitdauer in Stunden	4. Buchstabe	mittl. Ausfallrate	Zeitdauer in Stunden	4. Buchstabe	mittl. Ausfallrate	Zeitdauer in Stunden
A	freigehalten		H	$3 \cdot 10^{-2}$	3000	R	$3 \cdot 10^{-2}$	30000
B	10^{-5}	300	J	10^{-4}	10000	S	10^{-1}	30000
C	10^{-3}	300	K	10^{-3}	10000	T	10^{-4}	100000
D	10^{-2}	1000	L	10^{-2}	10000	U	10^{-3}	100000
E	10^{-1}	1000	M	$3 \cdot 10^{-2}$	10000	V	10^{-2}	100000
F	10^{-3}	3000	N	$3 \cdot 10^{-4}$	30000	W	$3 \cdot 10^{-2}$	100000
G	10^{-2}	3000	P	$3 \cdot 10^{-3}$	30000	X	10^{-1}	100000
			Q	10^{-2}	30000	Y	$3 \cdot 10^{-1}$	100000

Mechanische Beanspruchung (5. Kennbuchstabe)

5. Buchstabe	Mechanische Beanspruchung Transport- oder Einbauart	Elektrische Betriebsart
A ... E	freigehalten	
F	An Verbrennungsmotoren und Gasturbinen	betrieben
G	In tragbaren Geräten	betrieben
H	In tragbaren Geräten	nicht betrieben
K	In Flugzeugen (in der Zelle) eingebaut	betrieben
M	In ortsfesten, nicht erschütterungsfreien Geräten oder in Fahrzeugen (außer Motor) oder in Schiffen eingebaut	betrieben
N	In erschütterungsfreien Geräten und Anlagen	betrieben
	Transport	nicht betrieben

Klimatische Sonderbeanspruchung (6. Kennbuchstabe)

6. Buchstabe	Beanspruchung	Schutzart
A	Spritzwasser (Regen, Schnee, Vereisung)	P. 2
B	Schwallwasser	P. 3
C	Strahlwasser	P. 4
D	Druckwasser	P. 5

6. Buchstabe	Beanspruchung
E	Meeresluft
F	Industrieluft
G	Isolierstoffausdünstung in abgeschlossenen Räumen
H	Staub, chemisch nicht wirksam
I	Staub, chemisch wirksam

Normwerte – Internationale Reihe — Be 4.1

Reihe E 6 ±20%			Reihe E 12 ±10%			Reihe E 24 ±5%			Reihe für Nennwerte mit enger Stufung							
–20%	Nennwert	+20%	–10%	Nennwert	+10%	–5%	Nennwert	+5%	E 48	E 96	E 48	E 96	E 48	E 96	E 48	E 96
0,80	1,0	1,20	0,90	1,0	1,10	0,950	1,0	1,050	100	100	178	178	316	316	562	562
						1,045	1,1	1,155		102		182		324		576
			1,08	1,2	1,32	1,140	1,2	1,260	105	105	187	187	332	332	590	590
						1,235	1,3	1,365		107		191		340		604
1,20	1,5	1,80	1,35	1,5	1,65	1,425	1,5	1,575	110	110	196	196	348	348	619	619
						1,520	1,6	1,680		113		200		357		634
			1,62	1,8	1,98	1,710	1,8	1,890	115	115	205	205	365	365	649	649
						1,900	2,0	2,100		118		210		374		665
1,76	2,2	2,64	1,98	2,2	2,42	2,090	2,2	2,310	121	121	215	215	383	383	681	681
						2,280	2,4	2,520		124		221		392		698
			2,43	2,7	2,97	2,665	2,7	2,835	127	127	226	226	402	402	715	715
						2,850	3,0	3,150		130		232		412		732
2,64	3,3	3,96	2,97	3,3	3,63	3,135	3,3	3,465	133	133	237	237	422	422	750	750
						3,420	3,6	3,780		137		243		432		768
			3,51	3,9	4,29	3,705	3,9	4,095	140	140	249	249	442	442	787	787
						4,085	4,3	4,515		143		255		453		806
3,76	4,7	5,64	4,23	4,7	5,17	4,465	4,7	4,935	147	147	261	261	464	464	825	825
						4,845	5,1	5,355		150		267		475		845
			5,04	5,6	6,16	5,320	5,6	5,880	154	154	274	274	487	487	866	866
						5,890	6,2	6,510		158		280		499		887
5,44	6,8	8,16	6,12	6,8	7,48	6,460	6,8	7,140	162	162	287	287	511	511	909	909
						7,125	7,5	7,875		165		294		523		931
			7,38	8,2	9,02	7,790	8,2	8,610	169	169	301	301	536	536	953	953
						8,645	9,1	9,555		174		309		549		976

Die Grundwerte von Bauelementen (wie z. B. Widerstände und Kondensatoren) sind identisch mit den Nennwerten der Reihe.

Farbkennzeichnung von Widerständen (DIN 41 429) und Kondensatoren — Be 4.2

Farbe der Punkte oder Ringe	1. Ring	2. Ring	3. Ring	4. Ring	5. Ring Temperaturbeiwert bei Widerständen	Betriebsspannung bei Kondensatoren
schwarz	0	0	keine Ziffer	–	–	–
braun	1	1	0	± 1%	$\pm 100 \cdot 10^{-6}$/K	100 V
rot	2	2	00	± 2%	$\pm 50 \cdot 10^{-6}$/K	200 V
orange	3	3	000	–	–	300 V
gelb	4	4	0000	–	$\pm 25 \cdot 10^{-6}$/K	400 V
grün	5	5	00000	–	–	500 V
blau	6	6	000000	–	–	600 V
violett	7	7	–	–	–	700 V
grau	8	8	–	–	–	800 V
weiß	9	9	–	–	–	900 V
gold	–	–	–	± 5%	–	1000 V
silber	–	–	–	± 10%	–	2000 V
ohne Farbe	–	–	–	± 20%	–	500 V

Die Farbangabe erfolgt in Form von Ringen oder Farbpunkten. Bei Farbpunkten wird die 1. Ziffer durch einen größeren Punkt gekennzeichnet. Bei Farbpunkten in einem Pfeil ist die 1. Ziffer am Pfeilschaftanfang. Die Farbringe bei Kondensatoren für stehenden Einbau werden in Richtung der Anschlüsse gezählt. Siehe auch Be 4.6

1.Ring ≙ 1.Ziffer des Widerstandwertes
2.Ring ≙ 2.Ziffer des Widerstandwertes
3.Ring ≙ Multiplikator
4.Ring ≙ Toleranzangabe
5.Ring ≙ Temperaturbeiwert

Temperaturbelastbarkeit von Widerständen — Be 4.3

Widerstand	Temperaturbelastbarkeit	Temperaturkoeffizient
Drahtwiderstand blank	bis 300 °C	$+70 \ldots +200 \cdot 10^{-6}$/K
Drahtwiderstand zementiert	bis 200 °C	$-10 \ldots +120 \cdot 10^{-6}$/K
Drahtwiderstand glasiert	bis 300 °C	$+90 \ldots +100 \cdot 10^{-6}$/K
Drahtwiderstand lackiert	100 ... 300 °C	$-10 \ldots +120 \cdot 10^{-6}$/K

Temperaturbeiwerte von Widerständen — Be 4.4

Kohleschichtwiderstände

Temperaturbeiwert

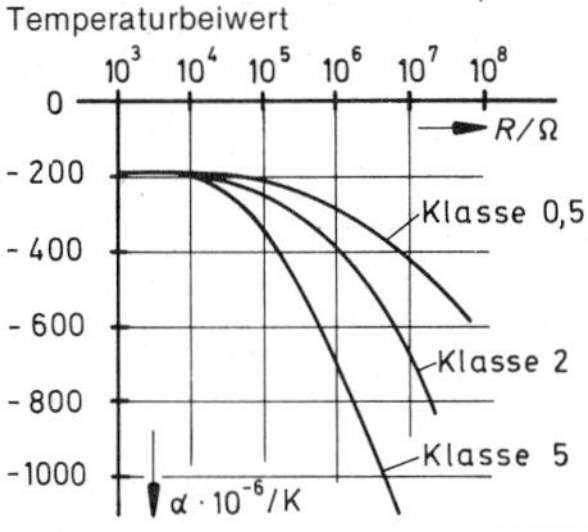

Metallschichtwiderstände

Toleranz (MIL)	Temperaturbeiwert
B = ±0,1%	–
C = ±0,25%	$\alpha = \pm\ 50 \cdot 10^{-6}/K$
D = ±0,5%	$\alpha = \pm 100 \cdot 10^{-6}/K$
E = ±0,75%	$\alpha = \pm\ 25 \cdot 10^{-6}/K$
F = ±1,0%	–
G = ±2,0%	–
I = ±5%	
K = ±10%	
M = ±20%	

Glasierte Drahtwiderstände DIN 41 430 (5.64)
Temperaturbeiwert $\alpha \leq 0{,}5 \cdot 10^{-3}/K$ für den Temperaturbereich von 20 °C bis 300 °C

Abmessungen u. Belastbarkeit von Widerständen (Auszug) — Be 4.5

		DIN 44050 (neu) Belastbarkeit in W			DIN 41 400 (alt)	
Code-Nr.	Abmessungen in mm	gewöhnliche Anforderungen ϑ_0 = 155 °C ϑ_u = 70 °C	erhöhte Anforderungen ϑ_0 = 125 °C ϑ_u = 40 °C	höchste Anforderungen ϑ_0 = 85 °C ϑ_u = 40 °C	Abmessungen in mm	Belastbarkeit in W
0207	2,6 x 7,5	0,25				
0309	3,2 x 9,5	0,33	0,33	0,18	3,0 x 9	0,05
0414	4,0 x 13,5	0,5	0,5	0,27	3,6 x 13,5	0,1
0617	5,8 x 16,9	0,7	0,7	0,37	6,5 x 18,0	0,25
0922	9,0 x 23,0	0,84	–	–	6,5 x 28,0	0,5
0933	8,8 x 33,0	1,1	1,1	0,6	8,5 x 32,0	1,0
0952	9,5 x 52,2	2,0	–	1,05		

ϑ_0 = max. Oberflächentemperatur ϑ_u = max. Umgebungstemperatur

Stellwiderstände

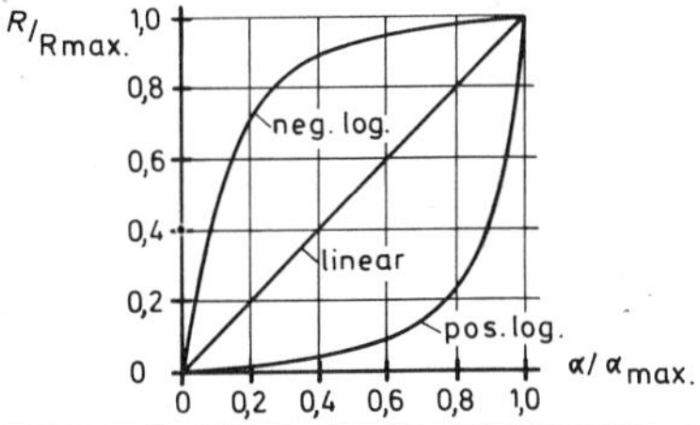

Kurvenform	Anfangs-springwert R_A	End-springwert R_E
linear	$\leq \sqrt{R_g}$	$\leq \sqrt{R_g}$
positiv-logarithmisch	$\leq 0{,}25 \sqrt{R_g}$	$\leq 0{,}02 \sqrt{R_g}$
negativ-logarithmisch	$\leq 0{,}02 \sqrt{R_g}$	$\leq 0{,}25 \cdot \sqrt{R_g}$

R_g = Gesamtwiderstandswert

Rastermaße von Trimmerwiderständen (Auszug)

stehende Bauform

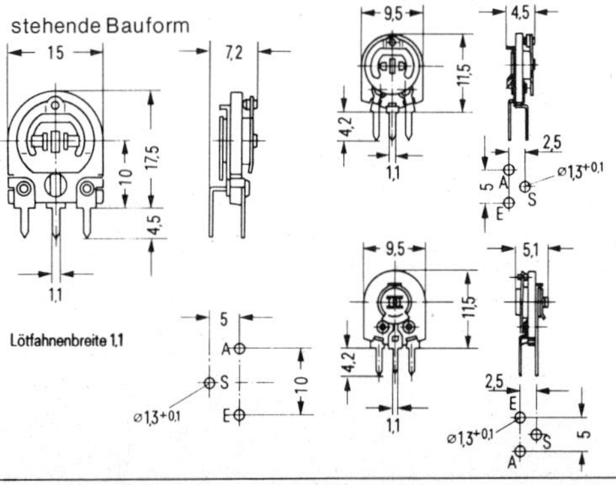

liegende Bauform

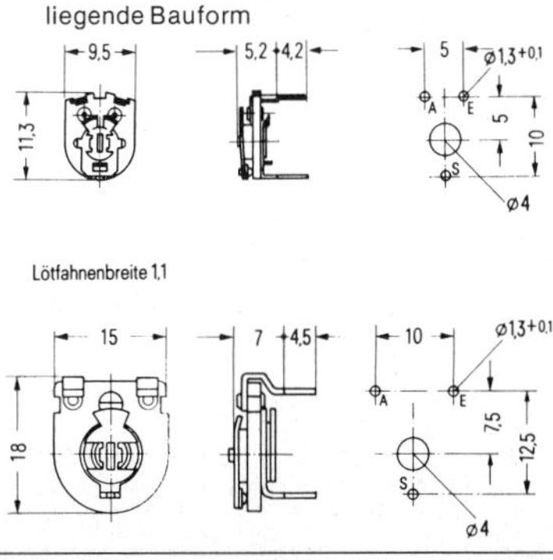

Allgemeiner Bezeichnungsschlüssel für Keramikkondensatoren | Bau 4

Nennkapazität	Ein- bis dreistellige Zahl gibt den Kapazitätswert in pF an. Zusatz „n“ bedeutet nF
Kapazitätstoleranz	Erster Großbuchstabe nach der Zahl
Nennspannung	Zweiter Buchstabe (Kleinbuchstabe) nach der Zahl
Temperaturkoeffizient TK_C	Letzte beide Großbuchstaben

Kapazitätstoleranz

Kennbuchstabe	B	C	D	F	G	H	J	K	M	P	R	S	T	
$C \leqq 10$ pF	± 0,1	± 0,25	± 0,5	± 1	± 2	–	–	–	–	–				in pF
$C > 10$ pF	–	–	± 0,5	± 1	± 2	± 2,5	± 5	± 10 −0	± 20	+ 100 −20	+ 30 −20	+ 50 −20	+ 100	in %

Nennspannung

Kennbuchstabe	a	b	c	d	f	g	h	u	v	w	
Gleichspannung	50	125	160	250	500	700	1000	–	–	–	in Volt
Wechselspannung	–	–	–	–	–	–	–	250	350	500	in Volt

Temperaturkoeffizient TK_C

Kennbuchstaben $C < 20$ pF	AB	BB	CB	HB	DB	LB	MB	PB	RB	SD	TO	UR
$TK_C \cdot 10^{-6}/°C$	+ 100	+ 33	0	− 33	− 47	− 75	− 110	− 150	− 220	− 330	− 470	− 750
TK_C-Toleranz $\cdot 10^{-6}/°C$	± 20	± 20	± 20	± 20	± 20	± 20	± 20	± 20	± 20	± 35	± 50	± 80

Kennbuchstaben $C > 20$ pF	AF	BF	CF	HF	DF	LF	MF	PF	RF	SC	TD	UH
$TK_C \cdot 10^{-6}/°C$	+ 100	+ 33	0	− 33	− 47	− 75	− 110	− 150	− 220	− 330	− 470	− 750
TK_C-Toleranz $\cdot 10^{-6}/°C$	± 15	± 15	± 15	± 15	± 15	± 15	± 15	± 15	± 25	± 35	± 60	

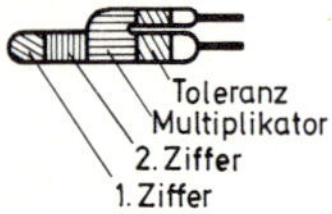

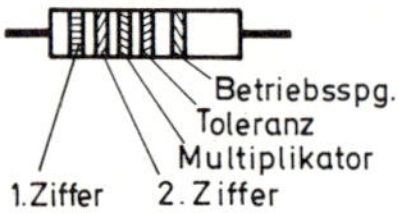

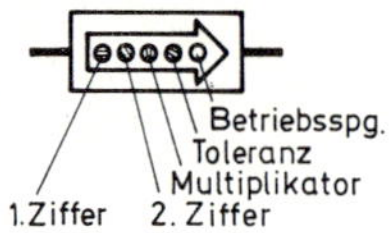

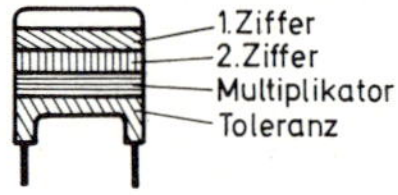

Kennwerte keramischer Kleinkondensatoren

Bezeichnung	P 100	P 033	NP 0	N 033	N 047	N 075	N 110	N 150	N 220	N 330	N 470	N 750	N 1500
Erster oder beide erste Farbpunkte für TK_C	rot violett	grün-blau oder dkl.-grau	schwarz	braun	blau-braun oder dkl.-rot	rot	hell-grün	orange	gelb	grün	blau	violett	orange-orange oder dkl.-blau
Körperfarbe	hell-grau	≙	≙	≙	≙	≙	≙	≙	≙	≙	≙	≙	hell-grau
TK_C-Mittelwert $\cdot 10^{-6}/°C$	+ 100	+ 33	± 0	− 33	− 47	− 75	− 110	− 150	− 220	− 330	− 470	− 750	− 1500
TK_C-Toleranz $\cdot 10^{-6}/°C$ I a	± 15	± 15	± 15	± 15	± 15	± 15	± 15	± 15	± 15	b ± 25	± 35	± 60	–
I b	± 30	± 30	± 30	± 30	± 30	± 30	± 30	± 30	± 30	± 50	± 70	± 120	± 250
$\tan \delta \cdot 10^{-3}$ bei $f = 1$ MHz	0,3	0,3	0,4	0,4	0,4	0,4	0,4	0,4	0,5	0,5	0,5	0,4	0,6
Isolationswiderstand	$10^{10}\ \Omega$ bis $10^{12}\ \Omega$												
Dielektrizitätskonstante	15	20	25	30	35	40	40	42	48	54	60	80	150

Farbkennzeichnung von Tantalkondensatoren (nach Angaben der Firma SEL)

Kapazitätswert

Farbe	1. Ziffer	2. Ziffer	Multiplikator	Farbe	1. Ziffer	2. Ziffer	Multiplikator
braun	1	1	· 10 µF	blau	6	6	–
rot	2	2	–	violett	7	7	–
orange	3	3	–	grau	8	8	· 0,01 µF
gelb	4	4	–	weiß	9	9	· 0,1 µF
grün	5	3	–	schwarz	–	5	· 1 µF

Nennspannung in Volt

Spannung	3 V	6 V	10	15	20	25	35
Farbe	weiß	gelb	schwarz	grün	blau	grau	orange

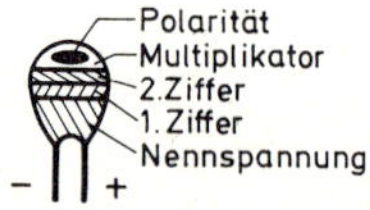

Absicherung und Leitungen von Leitungen nach VDE 0100	Bau 5.1

Sicherung gegen Überlastung isolierter Leitungen bei Umgebungstemperaturen bis 30 °C (VDE 0100)

Nennquerschnitt mm²	Gruppe 1 A	Gruppe 2 A	Gruppe 3 A
	Nennstrom der Sicherung		
0,75	–	6	10
1	6	10	10
1,5	10	10 (16)	20
2,5	16	20	25
4	20	25	35
6	25	35	50
10	35	50	63
16	50	63	80
25	63	80	100
35	80	100	125
50	100	125	160
70	125	160	200
95	160	200	250
120	200	250	315
150	–	250	315
185	–	315	400
240	–	400	400

Bei Verwendung von Al-Leitungen ist der Nennstrom der Sicherung eine Stufe niedriger zu wählen.

Zulässige Dauerbelastung isolierter Leitungen bei Umgebungstemperaturen bis 30 °C (VDE 0100)

Nennquerschnitt mm²	Gruppe 1 Cu A	Gruppe 1 Al A	Gruppe 2 Cu A	Gruppe 2 Al A	Gruppe 3 Cu A	Gruppe 3 Al A
0,75	–	–	12	–	15	–
1	11	–	15	–	19	–
1,5	15	–	18	–	24	–
2,5	20	15	26	20	32	26
4	25	20	34	27	42	33
6	33	26	44	35	54	42
10	45	36	61	48	73	57
16	61	48	82	64	98	77
25	83	65	108	85	129	103
35	103	81	135	105	158	124
50	132	103	168	132	198	155
70	165	–	207	163	245	193
95	197	–	250	197	292	230
120	235	–	292	230	344	268
150	–	–	335	263	391	310
185	–	–	382	301	448	353
240	–	–	453	357	528	414
300	–	–	504	409	608	479
400	–	–	–	–	726	569
500	–	–	–	–	830	649

Gruppe 1: Eine oder mehrere in Rohr verlegte einadrige Leitungen.
Gruppe 2: Mehraderleitungen; z. B. Mantelleitungen, Stegleitungen, bewegliche Leitungen, Rohrdrähte.
Gruppe 3: Einadrige, frei in Luft verlegte Leitungen bzw. einadrige Verdrahtungen in Schalt- und Verteilungsanlagen.

Mindestquerschnitte für elektrische Leiter (VDE 0100, T. 8 Auszug)

Bewegliche Leitungen zum Anschluß von leichten Handgeräten bis 1 A und 2 m Leitungslänge A_{Cu} = 0,1 mm².
Bewegliche Leitungen für Geräte bis 2 A und 2 m Leitungslänge A_{Cu} = 0,5 mm².
Bewegliche Leitungen für Geräte, Gerätesteck- u. Kupplungsdosen bis 10 A. A_{Cu} = 0,75 mm².
Bewegliche Leitungen für Geräte über 10 A, Mehrfachsteckdosen bis 16 A. A_{Cu} = 1 mm².
Fassungsadern A_{Cu} = 0,75 mm².
Leitungen für feste geschützte Verlegung A_{Cu} = 1,5 mm²; A_{Al} = 2,5 mm².
Leitungen für offene Verlegung auf Isolatoren (Abstand bis 20 m) A_{Cu} = 4 mm²; A_{Al} = 16 mm².
Leitungen für offene Verlegung auf Isolatoren (Abstand 20 ... 45 m) A_{Cu} = 6 mm².

Kennfarben von Leitungsschutzsicherungen mit geschlossenem Schmelzeinsatz 500 V (VDE 0635)

Nennstrom in A	4	6	10	16	20	25	35	50	63	80	100	125	160	200
Kennfarbe von Paßeinsatz und Kennmelder	br	gn	rt	gr	bl	ge	sw	ws	ku	si	rt	ge	ku	bl

Kurzschluß-Schnellauslösung bei Leitungsschutzschaltern

LS-Automat Typ	Ansprechgrenze bei Wechselstrom	Ansprechgrenze bei Gleichstrom
L-Automat (LS)	4 ... 6 · I_N	8 · I_N
H-Automat (HLS)	2 ... 3 · I_N	4,5 · I_N
G- oder K-Automat	8 ... 10 · I_N	14 · I_N

Empfohlene Vorsicherung bei LS-Schaltern Typ L und H

	Nennstrom in A	6	10	16	20	25
Vorsicherung	flink (mindestens)	20	25	35	50	63
Vorsicherung	träg (mindestens)	15	20	25	35	50

HLS für Haushaltstromkreise; G- (Geräte-) oder K- (Kraft-) Automat für hohe Anlaufstromstöße.

Geräteschutz-Schmelzeinsätze (Feinsicherungen) bis 250 V DIN 41571

Nennstrom in A 0,032 0,05 0,063 0,08 0,1 0,125 0,16 0,2 0,25 0,315 0,4 0,5 0,63 0,8 1 1,25 1,6 2 2,5 4 6,3

Lieferform: flink ab 0,1 A; mittelträge ab 0,032 A; träge ab 0,08 A.

Fernmeldeschutzschalter, Sicherungen — Bau 5.2

Fernmeldeschutzschalter

Nennstrom I_N in A	Auslösestrom thermisch I_{th} in A	Auslösestrom magnetisch I_{ma} in A	Innerer Widerstand R_{max} in Ω
0,1	0,2	1,1	42,5
0,16	0,3	1,76	18,9
0,3	0,6	3,3	4,7
0,4	0,8	4,4	2,66
0,5	1,0	5,5	1,7
0,8	1,6	8,8	0,755
1,0	2,0	11,0	0,425
1,6	3,2	17,6	0,189
2,0	4,0	22,0	0,106
3,0	6,0	33,0	0,047

Nennstrom I_N in A	Auslösestrom magnetisch I_{ma} in A	innerer Widerstand R_{max} in Ω
0,1	0,15	42,5
0,2	0,3	10,6
0,4	0,6	2,66
0,8	1,2	0,66
2,0	3,0	0,106
4,0	6,0	0,0266

Die magnetische Auslösung schaltet nach cà 6 ms beim 11-fachen Nennstrom den Stromkreis ab.

Die thermische Auslösung spricht beim doppelten Nennstrom nach 40 ms an.

Rücklötsicherungen

Nennstrom I_N in A	Auslösestrom I_A in A	Rücklötstrom I_R in A	Widerstand der Heizwicklung in Ω bei 20 °C
0,08	0,15	0,25	45,0 – 55,0
0,10	0,20	0,30	25,5 – 28,5
0,3	0,5	0,8	4,5 – 5,5
0,4	0,75	1,0	2,4 – 2,7
0,45	0,9	1,2	1,7 – 1,88
0,5	1,0	1,35	1,4 – 1,52
0,7	1,2	1,8	0,7 – 0,85
0,8	1,5	2,0	0,45 – 0,55
1,0	2,0	3,0	0,29 – 0,35
2,0	3,0	4,0	0,1 – 0,14
4,0	6,0	7,5	0,04 ± 0,004

Auslösezeit bei Auslösestromstärke cà 40 ms. Rücklöten in Rücklötvorrichtung 51.

Feinsicherungen 49 (Umkehrauslöser) — nach DIN 41566

Nennstrom I_N in A	Auslösestrom in A	Auslösezeit in s	Überstrom I_{max} in A	Prüfstrom I_p in A	Spulenwiderstand in Ω bei 20 °C	Kennfarbe
0,1	0,20	50 – 100	0,6	0,15	27 ± 1,5	hellrot
0,16	0,30	27 – 80	0,85	0,20	15 ± 1,5	schwarz
0,25	0,50	32 – 100	1,5	0,34	5 ± 0,5	braun
0,4	0,75	24 – 58	2,0	0,49	2,55 ± 0,15	gelb
0,5	1,00	26 – 53	2,65	0,65	1,45 + 0,07, – 0,05	weiß
0,7	1,20	43 – 155	3,6	0,87	0,78 + 0,07, – 0,08	hellblau
0,8	1,50	40 – 155	4,5	1,09	0,50 ± 0,05	rot
1,0	2,00	30 – 90	5,6	1,36	0,32 ± 0,03	grau
1,6	3,00	40 – 240	9,2	2,16	0,12 ± 0,02	grün

Lampen — Bau 5.3

Signallampen

Farbe	Bedeutung des Signals
klar (farblos)	Belegungsanzeige
blau	Hauptalarm, Hauptsicherung hat ausgelöst
rot	Einzelalarm, Einzelsicherung hat ausgelöst
grün	Wählerkontrolle, Wählermagnet wird vom Dauerstrom durchflossen
gelb	unnötige Belegung oder Anschluß blockiert, Teilnehmer wählt nicht bzw. legt den Handapparat nicht auf

Fernsprechkleinlampen

Nennspannung in V	Nennstrom mA	Widerstand des Glühfadens in Ω kalt	Widerstand des Glühfadens in Ω warm
24	50	50 – 65	480 ± 10 v.H.
24	80	32 – 33	300 ± 10 v.H.
60	20		3000 ± 10 v.H.

Widerstandslampen

Widerstand des Glühfadens in Ω	Stromstärke durch den Glühfaden in mA
100	20
200	50
300	85
400	160

Harmonisierte Leitungen

Harmonisierte kunststoffisolierte Leitungen

Bezeichnung nach VDE 0281	Typenkurzzeichen	Nennspannung U_0/U in V	Aderzahl	Nennquerschnitt mm²
Leichte Zwillingsleitungen	*H03VH – Y*	300/300	2	~0,1
Zwillingsleitungen	*H03VH – H*	300/300	2	0,5 und 0,75
Leichte PVC-Schlauchleitungen				
– runde Ausführung	*H03VV – F*	300/300	2 und 3	0,5 und 0,75
– flache Ausführung	*H03VVH2 – F*		2	0,75
Mittlere PVC-Schlauchleitungen	*H05VV – F*	300/500	2 bis 5	1 bis 2,5
PVC-Verdrahtungsleitungen mit				
eindrähtigem Leiter	*H05V – U*	300/500	1	0,5 bis 1
feindrähtigem Leiter	*H05V – K*			
PVC-Aderleitungen mit				
eindrähtigem Leiter	*H07V – U*	450/750	1	1,5 bis 16
mehrdrähtigem Leiter	*H07V – R*		1	6 bis 400
feindrähtigem Leiter	*H07V – K*		1	1,5 bis 240

Harmonisierte gummiisolierte Leitungen

Bezeichnung nach VDE 0282	Typenkurzzeichen	Nennspannung U_0/U in V	Aderzahl	Nennquerschnitt mm²
wärmebeständige Silikon-Gummiaderleitungen	*H05SJ – K*	300/500	1	0,5 bis 16
Gummiaderschnüre	*H03RT – F*	300/300	2 und 3	0,75 bis 1,5
Leichte Gummischlauchleitungen	*H05RR – F*	300/500	2 bis 5	0,75 bis 2,5
Schwere Gummischlauchleitungen	*H07RN – F*	450/750	1	1,5 bis 400
			1 bis 25	
			3 und 4	1 bis 95

Typenkurzzeichen-Schlüssel

Kennzeichen der Bestimmung	
Harmonisierte Bestimmung	*H*
Anerkannter nationaler Typ	*A*
Nennspannung U_0/U	
300/300 V	*03*
300/500 V	*05*
450/750 V	*07*
Isolierwerkstoff	
PVC	*V*
Natur- und/oder Styrol-Butadienkautschuk	*R*
Silikon-Kautschuk	*S*
Mantelwerkstoff	
PVC	*V*
Natur und/oder Styrol-Butadienkautschuk	*R*
Polychloroprenkautschuk	*N*
Glasfasergeflecht	*J*
Textilgeflecht	*T*
Besonderheiten im Aufbau	
flache, aufteilbare Leitung	*H*
flache, nicht aufteilbare Leitung	*H2*
Leiterart	
eindrähtig	*– U*
mehrdrähtig	*– R*
feindrähtig bei Leitungen für feste Verlegung	*– K*
feindrähtig bei flexiblen Leitungen	*– F*
feinstdrähtig bei flexiblen Leitungen	*– H*
Lahnlitze	*– Y*
Aderzahl	...
Schutzleiter	
ohne Schutzleiter	*X*
mit Schutzleiter	*G*
Nennquerschnitt des Leiters	...

Das neue harmonisierte Typenkurzzeichen wird in allen EG-Ländern zunächst nur für harmonisierte Leitungen und in der Bundesrepublik Deutschland für Leitungen anerkannter nationaler Typen verwendet.

Farbkurzzeichen für Drähte

DIN 47002

ws	= weiß	rs	= rosa	wsge	= weißgelb	brbl	= braunblau
br	= braun	bl	= blau	wsbl	= weißblau	gnrt	= grünrot
gn	= grün	rt	= rot	blrt	= blaurot	gnsw	= grünschwarz
ge	= gelb	sw	= schwarz	brgn	= braungrün	gert	= gelbrot
gr	= grau	wsgn	= weißgrün	brge	= braungelb	rtsw	= rotschwarz

Verseilungsarten

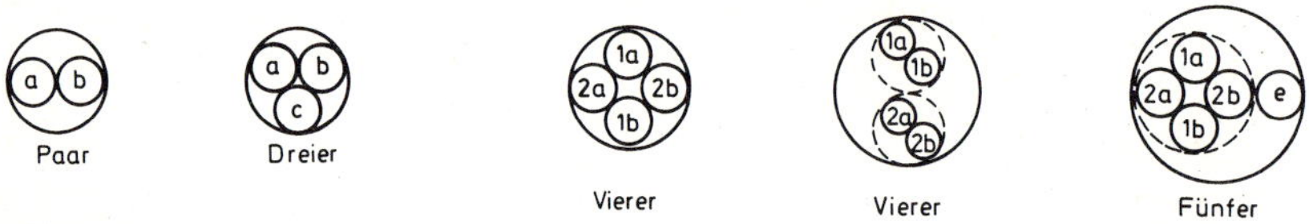

Bündelverseilung

Zählelement ist das Stern-Viererseil (VS) mit der roten Grundfarbe.

Stern-VS1: Grundfarbe rot
Stern-VS2: Grundfarbe grün
Stern-VS3: Grundfarbe grau

Stern-VS4: Grundfarbe gelb
Stern-VS5: Grundfarbe weiß

Adernkennzeichnung

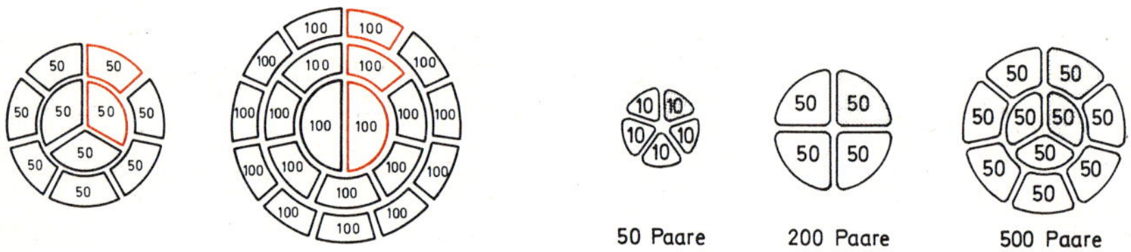

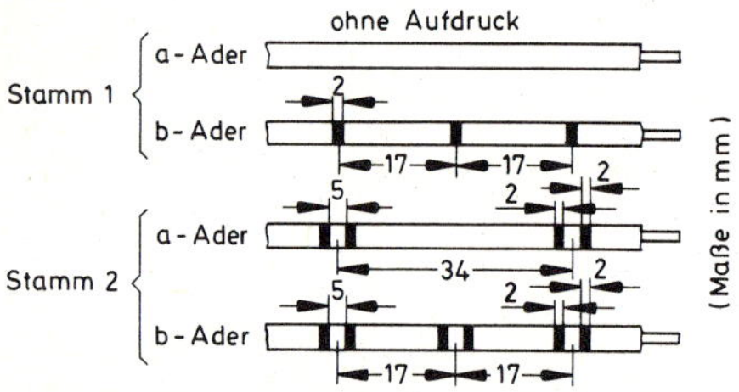

Verseilung der Grundbündel (Kabel < 100 DA)

Anzahl der DA	Anzahl Grundbündel in Lage 1	in Lage 2
10	1	–
20	2	–
30	3	–
40	4	–
50	–	5
70	1	6
100	3	7

Verseilung der Hauptbündel (Kabel > 100 DA)

DA	Bündel-art	Anzahl Grundbündel Lage 1	Lage 2
150	Hauptbündel mit 50 DA	3	–
200		4	–
250		0	5
300		1	5
350		1	6
400		2	6
500		3	7

DA	Bündel-art	Anzahl Grundbündel Lage 1	Lage 2	Lage 3
600	Hauptbündel mit 100 DA	1	5	–
700		1	6	–
800		2	6	–
1000		3	7	–
1200		4	8	–
1500		1	5	9
2000		2	7	11

Schnüre für Fernmeldeanlagen nach VDE 0814

Querschnitt mm^2	Drahtzahl x ∅ mm	max. Leiterwiderstand Ω/m bei 20 °C
Drahtlitzenleiter		
0,08	10 x 0,1	0,3
0,14	18 x 0,1	0,2

Querschnitt mm^2	Drahtzahl x ∅ mm	max. Leiterwiderstand Ω/m bei 20 °C
Lahnlitzenleiter		
0,05	9 x (0,3 x 0,02)	0,7
0,12	21 x (0,3 x 0,02)	0,3

Elektrische Werte von Kabeln (800 Hz)

Fernsprechhauptanschlußleitungen

Kabelart	Gleichstromschleifenwiderstand (Ohm/km), Durchmesser in mm			Wellendämpfung (dB/km) Durchmesser in mm			Wellenwiderstand (Ω), Durchmesser in mm		
	0,4	0,6	0,8	0,4	0,6	0,8	0,4	0,6	0,8
St III, papierisoliert, bündelverseilt	270	119	–	1,39	0,90	–	1180	600	–
lagenverseilt	270	119	–	1,31	0,90	0,67	1260	810	600
St III, voll-PE-isoliert und J-2Y (Z) Y	270	119	–	1,49	1,00	–	1100	720	–
St III, zell-PE-isoliert J-2Y (St) (Zg) 2Y. und A-2Y2Y-T	–	119	67	–	0,91	0,68	–	800	600
PVC-AtOk	270	119	–	1,80	1,22	–	910	885	–

Ortsverbindungskabel

Kabelart	Gleichstromschleifenwiderstand (Ohm/km), Durchmesser in mm				Wellendämpfung (dB/km), Durchmesser in mm				Wellenwiderstand (Ω), Durchmesser in mm				Bespulung
	0,6	0,8	0,9	1,2	0,6	0,8	0,9	1,2	0,6	0,8	0,9	1,2	
St I, papierisoliert, lagenverseilt	–	–	52	29	–	–	0,58	0,42	–	–	550	420	unbespult
	–	–	56	33	–	–	0,22	0,13	–	–	1200	1200	bespult
St I, zell-PE-isoliert, bündelverseilt	–	–	52	29	–	–	0,57	0,42	–	–	550	420	unbespult
	–	–	56	33	–	–	0,22	0,13	–	–	1200	1200	bespult
St III, zell-PE-isoliert bündelverseilt	119	67	–	–	0,91	0,68	–	–	800	600	–	–	unbespult
St III, papierisoliert, lagen- o. bündelverseilt	123	71	–	–	0,50	0,29	–	–	1200	1160	–	–	bespult

Bespulte Kabel (Auszug); Angaben für 800 Hz

∅ mm	Stammleitung (St) oder Viererkreis (V)	R $\frac{\Omega}{km}$	C $\frac{nF}{km}$	L $\frac{mH}{km}$	Bespulung: Spuleninduktivität mH	Bespulung: Wirkwiderstand d. Spule Ω	Bespulung: Spulenabstand km	Dämpfungskonstan. α $\frac{dB}{km}$	Wellenwiderstand Ω	Grenzfrequenz Hz	Art der Bespulung	Bemerkungen
1,2	St	29,2	35	0,7	200	12		0,113	1780	2680		
	V	14,6	56	0,4	70	6		0,113	820	3570		
1,4	St	21,3	36	0,7	190	8	2,0	0,087	1710	2710	schwer	DM
	V	10,7	58	0,4	70	4		0,087	800	3510		
1,4	St	21,3	36	0,7	100	9		0,130	1010	3030		
	V	10,7	58	0,4	70	5		0,095	670	2850		
1,5	St	18,6	36	0,7	100	9	3,0	0,113	1010	3030	mittel-	
	V	9,3	58	0,4	70	5		0,087	670	2850	schwer	
1,2	St	29,2	35	0,7	20	5	1,7	0,260	630	8970		
	V	14,6	56	0,4	10	3	1,7	0,225	350	9910		
1,4	St	21,3	36	0,7	20	5	1,7	0,199	610	8850	leicht	DM
					23	6	2,0	0,199	600	7630		
	V	10,7	58	0,4	10	3	1,7	0,182	340	9740		
					11	3	2,0	0,182	330	8590		

Aufteilungsortkabel (AtOk)

Für Abschluß von	Anzahl der Paare	Leiterdurchmesser in mm	Außendurchmesser des AtOk in mm
OAsk	100	0,4	etwa 19
OAsk	200	0,4	26
OAsk/OVk	100	0,6	24
OAsk/OVk	150	0,6	28
OAsk/OVk	200	0,6	32

Bezeichnungsschlüssel für Fernmeldekabel

Kabel- oder Leitungsart

A – = Außenkabel oder Adernleitung
AB – = Außenkabel mit Blitzschutzforderungen
AJ – = Außenkabel mit Induktionsschutzforderungen
G – = Grubenkabel
H = Handapparateleitung
J = Installationskabel
LH = Leichte Handapparateleitung
S = Schaltkabel

Mantelhülle

B = Bespinnung mit Baum- oder Zellwolle
G = Gummihülle
K = Textilbeflechtung
L = Aluminiummantel – glatt
LD = Aluminium-Wellmantel
(L)2Y = Schichtenmantel (Aluminiumband mit PE-Mantel verschweißt)
M = Bleimantel
Mz = Bleimantel mit Erhärtungszusatz
RAr = Rohrdrahtmantel aus Aluminiumband gerillt
RFer = Rohrdrahtmantel aus rostgeschütztem Stahlband gerillt
RZ = Rohrdrahtmantel aus Zinkband ungerillt
RZr = Rohrdrahtmantel aus Zinkband gerillt
W = Stahlwellmantel
Yv = Verstärkte Schutzhülle aus PVC
2Yv = Verstärkte Schutzhülle aus PE

Schutzhülle

b = Bewehrung
bF = Bewehrung aus Flachdraht
bR = Bewehrung aus Runddraht
b2B = Bewehrung aus 2 Lagen Bandeisen
C = Schirmgeflecht
c = Schutzhülle aus Jute und zähflüssiger Masse (compoundiert)
E = Masseschicht mit eingebettetem Kunststoffband
ib = Stahlbewehrung als Induktionsschutz
L = Lackisolierung
O = Ohne Kunststoffband zwischen Adern und Schirm
P = Trockene Papierisolierung
Pi = Getränkte Papierisolierung
(St) = Statischer Schirm aus Metallband oder kunststoffkasch. Metallband
Y = Isolierhülle aus Polyvinylchlorid
2Y = Isolierhülle aus Polyäthylen
3Y = Isolierhülle aus Polystyrol, Styroflex
02Y = Isolierhülle aus Zellpolyäthylen
ö = ölfeste Ausführung
T = Tragorgan aus Stahl, Textil oder Kunststoff
u = flammwidrig
U = Umflechtung aus Kunstseide, Baum- oder Zellwolle

Verseilart

Bd = Bündelverseilung
DM = Dieselhorst-Martin-Verseilung
KxP = Koaxialpaar
Lg = Lagenverseilung
P = Paarverseilung
PiMF = Paar in Metallfolie
St = Sternverseilung
F = Sternviererverseilung mit Phantomausnutzung
St III = Sternverseilung ohne Phantomausnutzung
TF = Trägerfrequenzkabel oder -vierer

Zusätzliche Bearbeitung

h = Hochspannungssicher
i = Tränkung der Kabelseele
– K = Zusätzlicher Korrosionsschutz
(K) = Kupferschirm
– Kfl = Zusätzlicher Korrosionsschutz mit flammerstickenden Zusätzen
– Kw = Zusätzlicher Korrosionsschutz, wärmebeständig
– R = Rostschutzanstrich
T = mit Traglitze
u = Flammwidrig
v = Ader verzinnt
(Z) = Zugentlastung aus Stahl-Flachdrahtgeflecht
(Zg) = Zugentlastung aus Glasgarnen

Form

D = Drillingsausführung
e = Eindrähtig
F = Feindrähtig
fl = Flach
Li = Litzenleiter aus verseilten oder verwürgten Drähten
m = Mehrdrähtig
rd = Rund
s = Sektorförmiger Leiter
Z = Zwillingsausführung

Kennzeichnung der Aderisolierung

F = Folienisolierung
2G = Siliconkautschuk
3G = Butylkautschuk oder APTK
4G = Äthylen-Vinylazetat-Kautschuk (AVK)
L = Lacküberzug des Leiters oder der Isolierung
2L = Doppellackisolierung
P = Papierhohlraumisolierung/Bespinnung mit Papier
Pi = getränkte Papierisolierung
Y = Isolierung aus Polyvinylchlorid (PVC)
2Y = Isolierung aus Polyäthylen (PE)
2Yn Isolierung aus Niederdruck-Polyäthylen
02Y = Isolierung aus Zellpolyäthylen
3Y Isolierung aus Styroflex (Polystyrol)
4Y = Isolierung aus Polyamid (z. B. Nylon, Perlon)
5Y = Isolierung aus Polytetrafluoräthylen (z. B. Teflon)
6Y = Isolierung aus Polytrifluorchloräthylen (z. B. Hostaflon C)

Hochfrequenzleitung	Bau 6.5

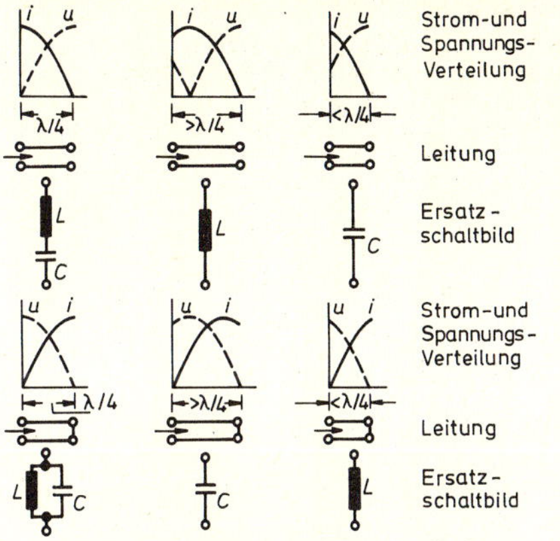

Elektrisches Verhalten einer am Ende offenen und einer am Ende kurzgeschlossenen λ/4-Leitung

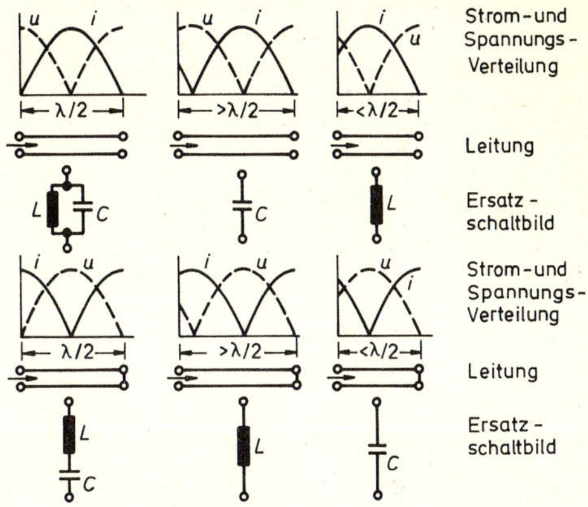

Elektrisches Verhalten einer am Ende offenen und einer am Ende kurzgeschlossenen λ/2-Leitung

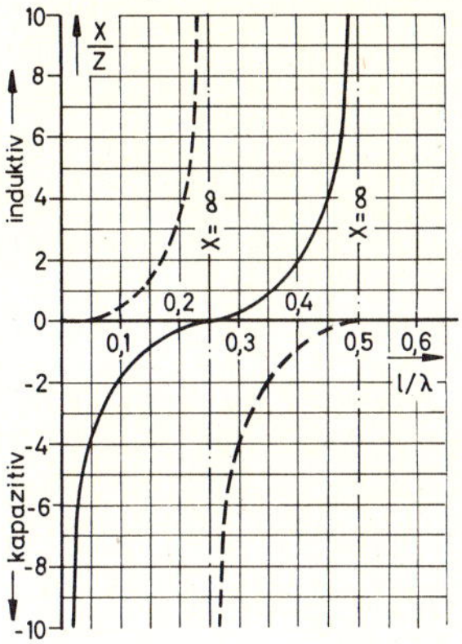

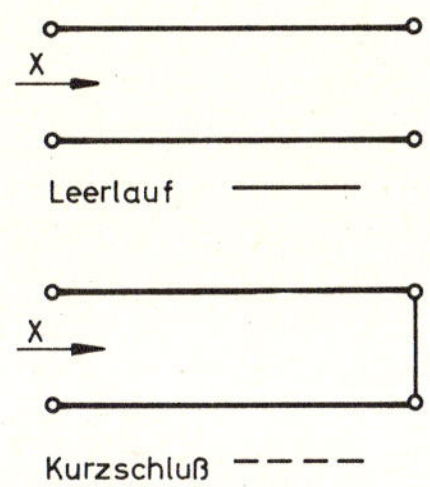

Eingangsblindwiderstand für eine am Ende offene und eine am Ende kurzgeschlossene Leitung in Abhängigkeit des Verhältnisses l/λ.

Elektromagnetische Wellensignale laufen in Leitungen langsamer als im freien Raum. Die geometrischen Leitungslängen sind daher um den Verkürzungsfaktor v_k kleiner als die elektrische Wellenlängenangabe.

$$\lambda_L = \lambda \cdot v_k$$

λ_L geometrische Leitungslänge
λ elektrische Wellenlänge
v_k Verkürzungsfaktor

Der Verkürzungsfaktor ist von der Leitungsart abhängig.

$$v_k = \frac{1}{\sqrt{\varepsilon}}$$

ε = Dielektrizitätskonstante für das Dielektrikum der Hochfrequenzleitung

Laufzeitglieder – Laufzeitkette	Bau 6.6

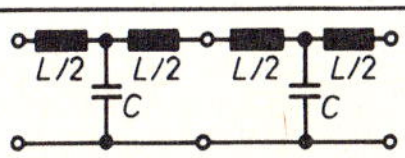

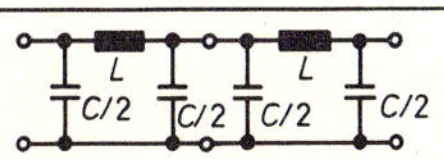

Tiefpaßfilter als Laufzeitketten in T-Schaltung (links) und in π-Schaltung (rechts)

$$\omega_g = \frac{2}{\sqrt{L \cdot C}}$$

$$t = \sqrt{L \cdot C}$$

$$t' = 2 \cdot n \cdot \sqrt{L \cdot C}$$

ω_g Grenzkreisfrequenz
L Induktivität in Henry
C Kapazität in Farad
t Signallaufzeit in einer Richtung je Glied in s
t' Laufzeit für Hin- und Rücklauf bei n Laufzeitgliedern in s
L Induktivität je Glied in H
C Kapazität je Glied in F

Laufzeitketten bestehen praktisch aus Tiefpaß-Filternetzwerken in T-Schaltung oder in π-Schaltung oder speziellen Laufzeitkabeln deren Induktivität durch konstruktive Maßnahmen gesteigert wurde.
Aufgrund der Filterwirkung läßt sich eine Laufzeitkette nur bis zur Grenzfrequenz ω_g ausnutzen.
Am Ende kurzgeschlossene oder offene Laufzeitketten reflektieren das Eingangssignal; mit dem Wellenwiderstand abgeschlossene nicht.

a) kurzgeschlossene Laufzeitkette: Das Signal wird mit entgegengesetzter Polarität reflektiert
b) offene Laufzeitkette: Das Signal wird mit gleicher Polarität reflektiert.

$$Z = \sqrt{\frac{L}{C}}$$ Wellenwiderstand in Ω

Gedruckte Leitungen

Flächenwiderstand R_A

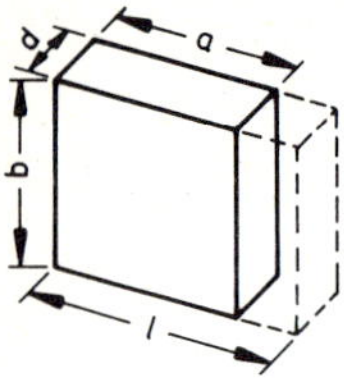

$$R_A = \frac{1}{\kappa \cdot d} = \frac{\rho}{d}$$

$$R = R_A \cdot \frac{l}{b}$$

$$R = \frac{l}{\kappa \cdot d \cdot b} = \frac{\rho \cdot l}{d \cdot b}$$

R_A = Widerstand einer quadratischen Leiterschicht; er ist nur von der spezifischen Leitfähigkeit und der Dicke d der Leiterschicht abhängig.
Zur Ermittlung des Leiterbahnwiderstandes wird der Flächenwiderstand mit dem Verhältnis von Länge l zu Breite b multipliziert.

R_A in µΩ/□	Cu d in µm
500	35
250	70
166	105

Ohmscher Leiterbahnwiderstand (Cu)

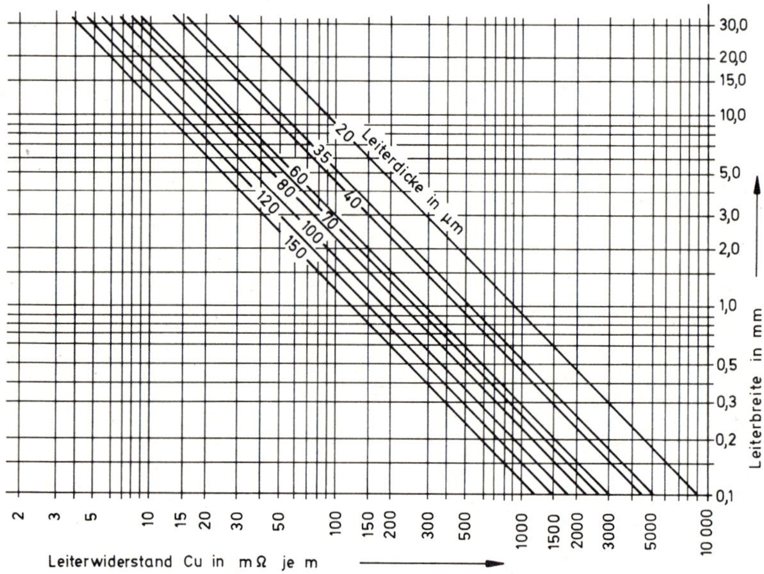

Leiterbahnwiderstände R_X für andere Werkstoffe

$$R_X = R_{Cu} \cdot k_X$$

R_{Cu} → siehe Diagramm
k_X → siehe Tabelle.

Werkstoff	k_X	Werkstoff	k_X
Aluminium	1,69	Nickel	5,6
Blei	11,6	Palladium	5,71
Chrom	8,3	Platin	5,66
Eisen	7,3	Rhodium	2,41
Germanium	$5 \cdot 10^4$	Silber	0,90
Gold	1,28	Tantal	8,39
Isabelin	28	Zink	3,52
Kadmium	3,81	Zinn	6,15
Konstantan	28	NiCr 6015	63,64
Manganin	24,1	NiCr 8020	62,92

Bei der Benutzung der Gleichung geht man vom Widerstand eines Kupferleiters aus und vervielfacht den Wert mit dem Korrekturfaktor k_x

Plattenstärke (Isolierstoff) nach DIN 40605:
S = 0,5; 0,6; 0,8; 1,0; 1,5; 2; 2,5; 3 mm

Kaschierungsstärke (Vorzugswerte) DIN 40801
d_{Cu} = 35 µm; 70 µm; 105 µm;

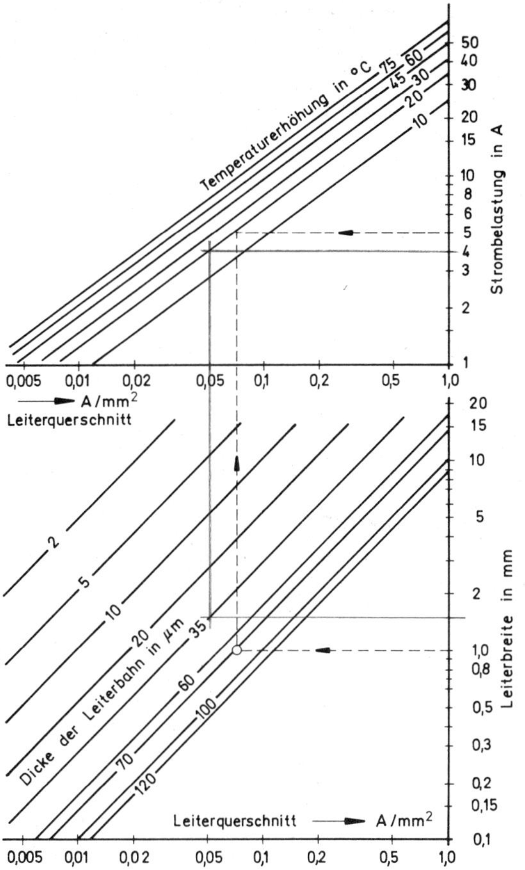

Beispiel:
Bei einer Leiterbreite von 1 mm ergibt sich bei der Leiterdicke d = 70 µm ein Leiterquerschnitt von A = 0,07 mm².
Für eine Strombelastung dieser Leiterbahn mit I = 5 A stellt sich bei senkrechtem Einbau der Platine und normaler Konvektionskühlung eine Temperaturerhöhung von 20 °C ein.

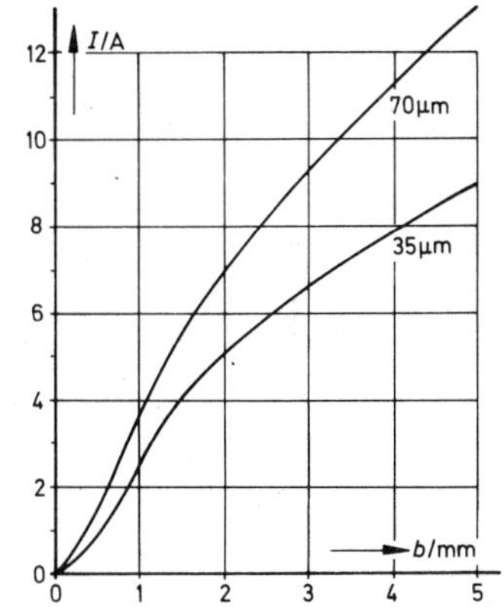

Empirisch ermittelte Werte der Strombelastbarkeit von gedruckten Leiterbahnen in Abhängigkeit der Leiterbreite für Leiterdicken von d = 0,35 µm und d = 70 µm bei Grenztemperaturen von T < 60 °C.
Das Diagramm entspricht Durchschnittsmessungen.

Trägerwerkstoffeigenschaften (Isolierstoff)

Kunststoff	Füllstoff	DIN-Bezeichnung	Relative Dielektrizitätskonstante ε_r bei 1 MHz	Dielektr. Verlustfaktor tan $\delta \cdot 10^{-3}$ 800 Hz	1 MHz
Phenolharz	Papier	Hp 2063	4,2	30	40
Epoxydharz	Papier	–	4,2	15	38
Epoxydharz	Glasgewebe	Hgw 2372	4,9	10	20
Melaminharz	Glasgewebe	Hgw 2272	6,8	30	40
Siliconharz	Glasgewebe	Hgw 2572	3,8	3	3
Polyester	Glasmatte	Hm 2471	4,3	35	15
Polyester	Glasmatte	Hm 2472			
Polytetrafluoräthylen (TFE, Handelsnamen Teflon, Hostaflon)	ohne	–	2,1	0,2 ... 0,5	
Polyäthylen-Propylen (FEP, Teflonart)	ohne	–	2,3	0,7	
Polyester-Folien	ohne	–	2,5	0,2	
Polyäthylen-Folien	ohne	–	2,3	0,5 ... 1	
Keramik (Al_2O_3)	ohne	–	8,9		0,75
Glas-Keramik	ohne	–	5,6		34
Glas (Corning 7059)	ohne	–	5,0		13

Kapazität gedruckter bzw. geätzter Leiterbahnen | Bau 9.1

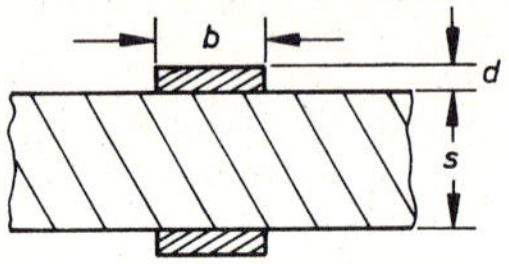

$$C = \varepsilon_0 \cdot \varepsilon_r \cdot \frac{A}{s}$$

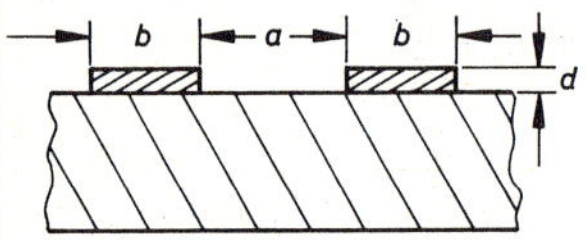

$$C \approx \varepsilon_0 \cdot \varepsilon_r \cdot 0{,}75 \cdot \frac{d \cdot l}{a}$$

C	Kapazität in pF
s	Isolierstoffdicke in cm
ε_0	$0{,}0854\ \frac{\text{pF}}{\text{cm}}$
ε_r	relative Dielektrizitätskonstante siehe Bau 8
A	Leiterfläche in cm^2
d	Leiterdicke in cm
l	Leiterlänge in cm
a	gleichmäßiger Leiterabstand in cm

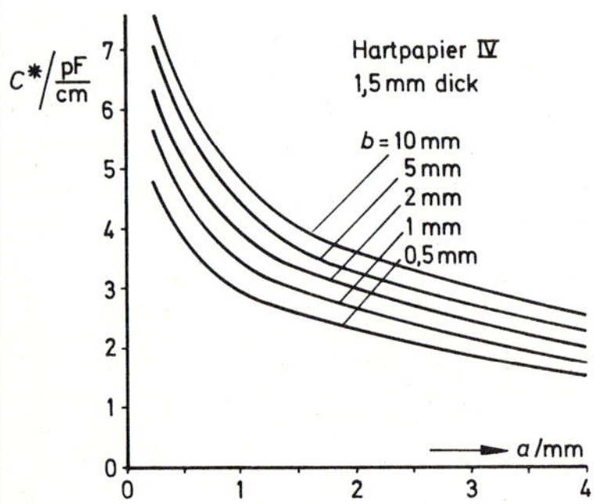

Bei einem Leiterabstand von a = 0,8 mm darf der Potentialunterschied maximal U = 150 V betragen.

Kapazität je cm Leiterlänge (einseitig geführte Leiter) von gedruckten Schaltungen in Abhängigkeit des Leiterabstandes a für verschiedene Leiterbreiten b. Basiswerkstoff ist Hartpapier IV (Hp 2063). Für andere Basiswerkstoffe gleicher Dicke gilt:

$$C = \frac{\varepsilon_r \text{ Basiswerkstoff}}{4{,}2} \cdot C^*$$

C^* siehe Diagramm

ε_r Basiswerkstoff = siehe Tabelle Bau 8

Kammartige geätzte Kondensatoren | Bau 9.2

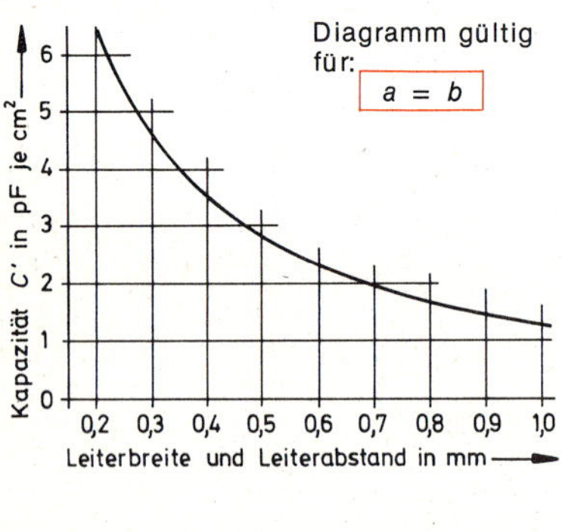

Diagramm gültig für: $a = b$

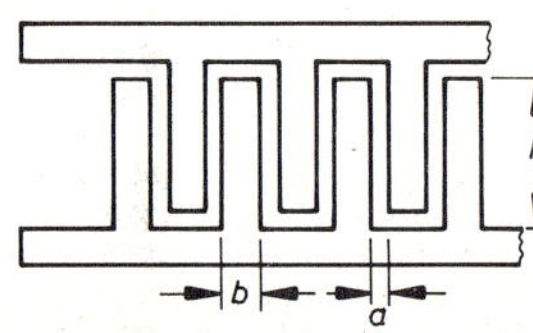

Kapazität in pF je cm^2 Fläche der Kapazitätsanordnung für eine Leiterbahndicke von d = 35 μm; Basiswerkstoff Hp 2063.
Für andere Basiswerkstoffe gilt:

$$C = \frac{\varepsilon_r \text{ Basiswerkstoff}}{4{,}2} \cdot C'$$

Minderung der kapazitiven Kopplung durch Mittelleiter (b_K)

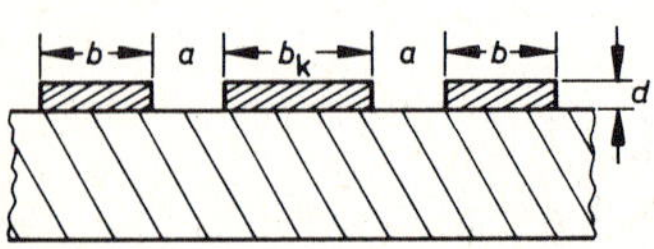

Die prozentuale Restkopplung C_r ist um so kleiner, je breiter der mit Masse verbundene Entkopplungsleiter und je schmaler die wirksamen Außenleiter sind. Für Leiterabstände a < 10 mm ist keine Verminderung von C_r zu erreichen.

## Prozentuale Restkopplung	**Bau 9.3**

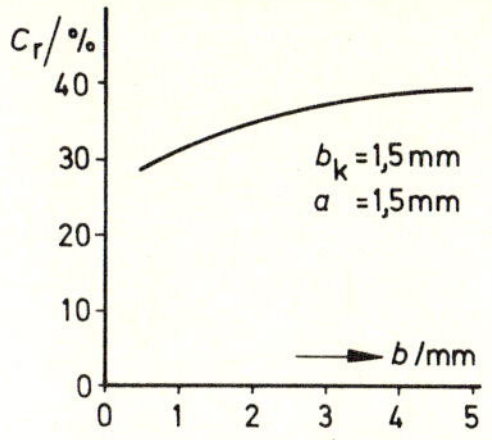

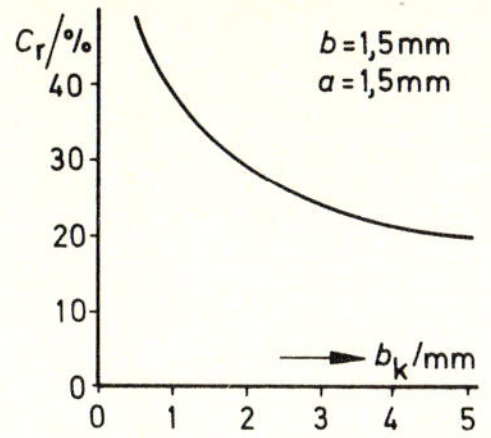

Die Restkopplung ist die noch wirksame Kapazität nach der Entkopplung im Verhältnis zur kapazitiven Kopplung ohne Entkopplungsleiter.

$$\frac{C_r}{\%} = \frac{C_r}{C} \cdot 100\,\%$$

## Induktivität gedruckter bzw. geätzter Leiterbahnen	**Bau 10.1**

Gerade Bandleiter Leiterbreite b ≫ d (Leiterdicke)

$$L \approx 9 \cdot l$$ *für Leiterbreiten 1 ... 5 mm*

L Induktivität in nH
l Länge der Bandleiter in cm

Kreis aus flacher Leiterbahn

$$L(\mu H) = 4 \cdot \pi \cdot R \left(\ln \frac{8R}{b} - 0{,}5\right) \cdot 10^{-9}$$

Alle Maße in mm
R = äußerer Radius

Parallele Bandleiter

$$L \approx \frac{l \cdot s}{83\,(b + d)}$$

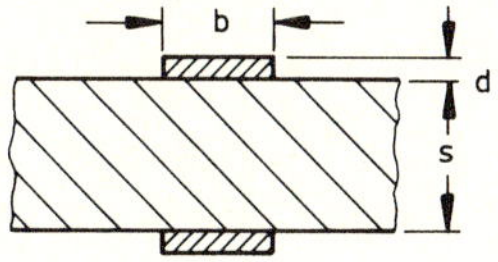

Gedruckte bzw. geätzte Spulen

$$b_s = R - r$$

$$r_m = \frac{R - r}{2}$$

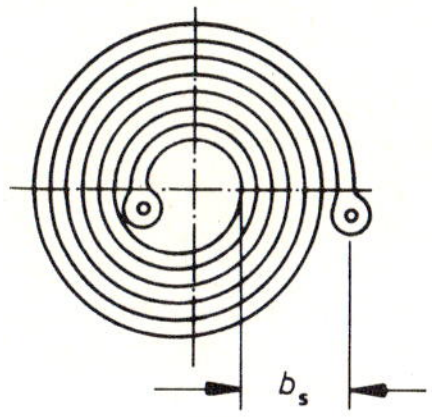

b_s Breite in mm
r_m mittl. Radius
R Außenradius
r Innenradius
N Windungszahl

Diagrammanwendung:
Gesucht: *N* = Windungen
1. Wahl von b_s und r_m
2. r_m/b_s errechnen
3. Linie von r_m/b_s über Linie „*L*" zur Hilfslinie
4. Linie von r_m zum Schnittpunkt an der Hilfslinie
5. Windungszahl bei Linie „*N*" ablesen

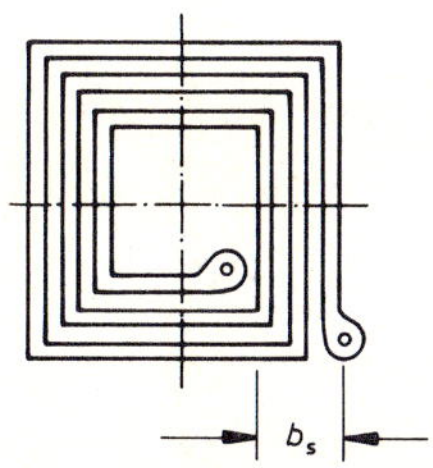

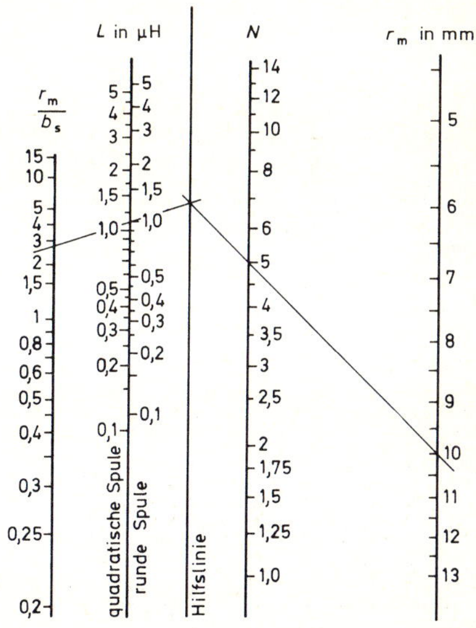

Für den Fall, daß die Leiterbahnbreite *b* genau so groß sein soll wie der Leiterbahnabstand *a*, gilt:

$$b = a = \frac{b_s}{2N - 1}$$

b Leiterbahnbreite in mm
a Leiterbahnabstand in mm
N Windungszahl

Wellenwiderstand von Streifenleitungen (Strip-line)

Für Luft $\varepsilon_r = 1$ gilt: bei $b/s < 1{,}0$

$$\frac{Z_0}{\Omega} = 60 \ln\left(\frac{8\,s}{b} + \frac{b}{4\,s}\right)$$

bei $b/s > 1{,}0$

$$\frac{Z_0}{\Omega} \approx \frac{377}{\frac{b}{s} + 1{,}4 + 0{,}66 \ln\left(\frac{b}{s} + 1{,}45\right)}$$

$$\varepsilon^* = \frac{\varepsilon_r + 1}{2} + \frac{K(\varepsilon_r - 1)}{2}$$

$$K = \frac{1}{\sqrt{1 + \frac{12\,s}{b}}}$$

Leitungswellenwiderstand Z_L von Streifenleitern

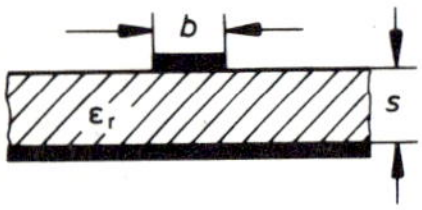

$$Z_L = \frac{Z_0}{\sqrt{\varepsilon^*}}$$

Alle Maße in mm

Diagramme zum Leitungswellenwiderstand Z_L von Strip-line

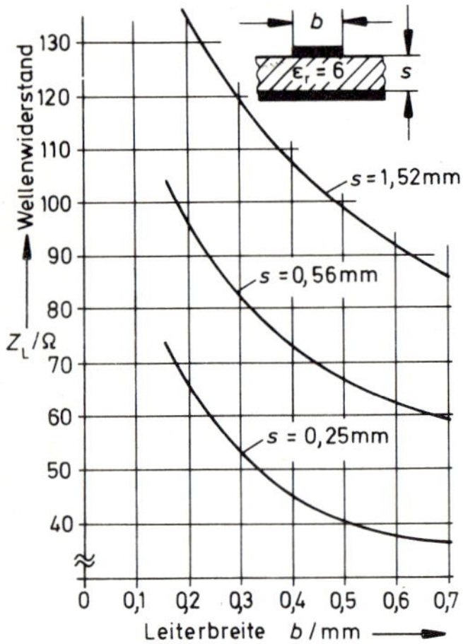

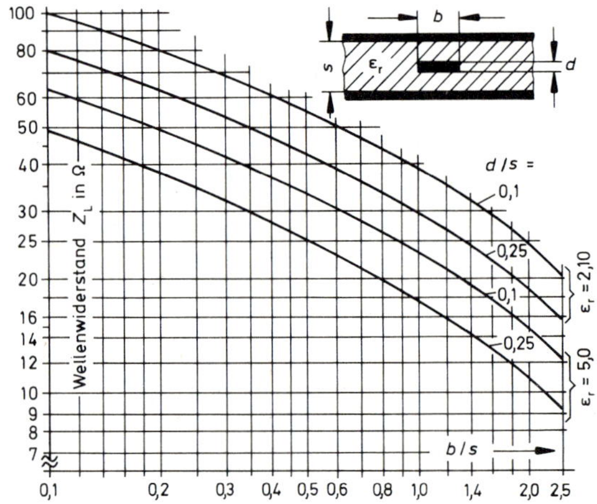

Leitungswellenwiderstand Z_L für verschiedene Dielektrika

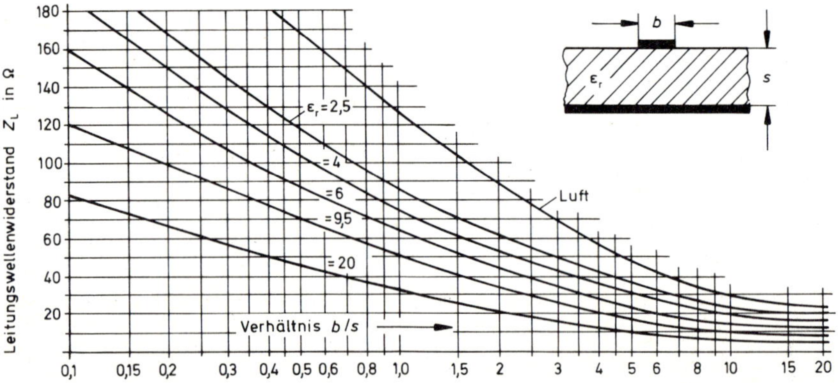

Bezeichnungsschema für Halbleiterbauelemente

Bau 12.1

Der 1. Buchstabe gibt den Halbleiterwerkstoff an z. B.

A ... Germanium (Energiebandabstand 0,6 – 1,0 eV)
B ... Silicium (Energiebandabstand 1,0 – 1,3 eV)
C ... III-V-Werkstoff z. B. GaAs (Energiebandabstand > 1,3 eV)
D ... Werkstoff z. B. InSb (Energiebandabstand < 0,6 eV)
R ... Fotoelektrische Bauelemente und Hallgeneratoren

Der 2. Buchstabe gibt das wichtigste Anwendungsgebiet an z. B.

A ... Diode
B ... Diode mit veränderbarer Sperrschichtkapazität
C ... NF-Transistor (R_{thjG} < 15 K/W)
E ... Tunneldiode
F ... HF-Transistor (R_{thjG} > 15 K/W)
H ... Hall-Feldsonde
K ... Hallgenerator im magnetisch offenen Kreis
L ... HF-Leistungstransistor (R_{thjG} < 15 K/W)
M ... Hallgenerator im magnetisch geschlossenen Kreis
P ... Strahlungsempfindliches Bauelement
Q ... Strahlungserzeugendes Bauelement
R ... Halbleiter mit Durchbruchskennlinie für Schalt- und Steuerzwecke
S ... Schalttransistor
T ... Leistungshalbleiter mit Durchbruchskennlinie für Schalt- und Steuerzwecke
U ... Leistungstransistor für Schaltanwendung (R_{thjG} < 15 K/W)
X ... Vervielfacher-Diode
Y ... Leistungsdiode
Z ... Bezugs- oder Spannungsregeldiode (Z-Diode)

Der 3. Buchstabe kennzeichnet die kommerziellen Typen, daran ist eine zweistellige Zahl angehängt.
Bei den Standardtypen sind nur zwei Buchstaben mit einer dreistelligen Zahl vorhanden.

Wärmewiderstand für ungeschwärzte quadratische Kühlbleche in Abhängigkeit der Blechkantenlänge S

Bau 12.2

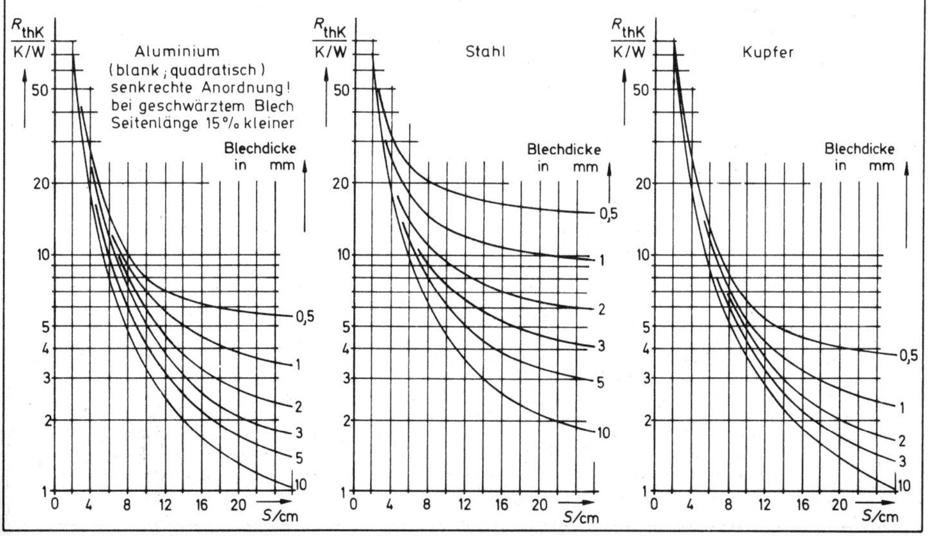

Einbauweise für Halbleiterbauelemente

1. Plastik-Steckgehäuse

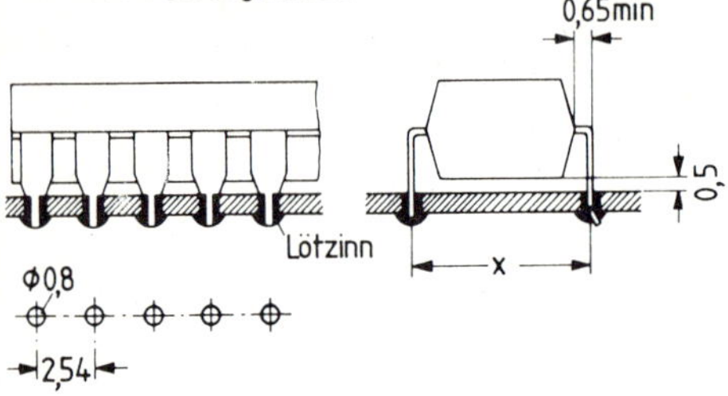

2. Keramik-Steckgehäuse

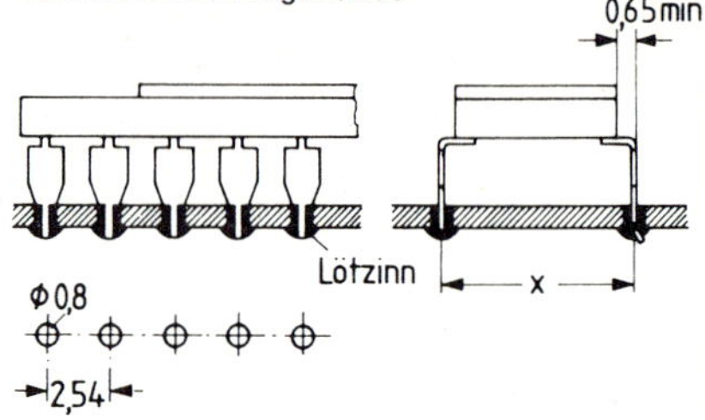

Maximal zulässige Lötzeit beträgt bei Tauchlötung mit 240 °C t_{max} = 10 s
Kolbenlötung mit 265 °C t_{max} = 4 s

3. Gehäuse 5H8 DIN 41873 und ähnliche Gehäuse mit 8, 10 und 12 ausgeführten Anschlußenden.

Biegeradien 0,5 mm

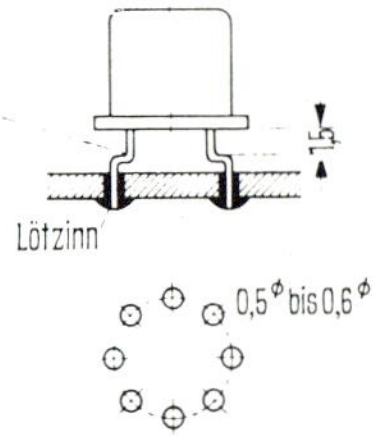

max. Lötzeit beträgt
bei Tauchlötung
mit 250 °C Badtemperatur t_{max} = 5 s
mit 300 °C Badtemperatur t_{max} = 4 s

bei Kolbenlötung
mit 250 °C Kolbentemperatur t_{max} = 15 s
mit 300 °C Kolbentemperatur t_{max} = 12 s
mit 350 °C Kolbentemperatur t_{max} = 8 s

4. Flachgehäuse

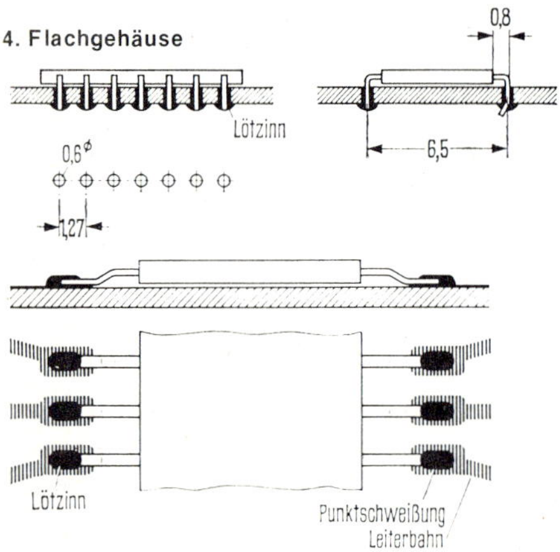

Biegeradien 0,1 mm

max. Lötzeit beträgt
bei Tauchlötung
mit 250 °C Badtemperatur t_{max} = 5 s
mit 300 °C Badtemperatur t_{max} = 2 s

max. Lötzeit beträgt
bei Kolbenlötung
mit 250 °C Kolbentemperatur t_{max} = 15 s
mit 300 °C Kolbentemperatur t_{max} = 12 s
mit 350 °C Kolbentemperatur t_{max} = 7 s

Bei MOS-Bauteilen wird empfohlen, die zu lötenden Anschlüsse und das Lötbad bzw. den Lötkolben an Masse zu legen.
Beim Vorbereiten und Einsetzen in die Platine sollen die MOS-Schaltungen von statischer Aufladung geschützt werden. Auf keinen Fall dürfen die MOS-Bauteile bei eingeschalteter Betriebsspannung aus der Schaltung entnommen werden bzw. in die Schaltung eingefügt werden.
In Fertigungsräumen soll eine relative Luftfeuchte von ca. 70% als zusätzliche Schutzmaßnahme zur Reduzierung statischer Aufladungen bestehen.
Maschinen und Werkzeuge, die mit MOS-Bauteilen in Berührung kommen, müssen auf gleichem Potential sein. Die Arbeitsplatte und Personen, die mit MOS-Bauteilen hantieren, sollen sich auf diesem Potential befinden.
Bei automatischem „Handling“ ist zur Verhinderung statischer Aufladungen ein Luftionisator vorzusehen.

Belastbarkeit von Halbleiterdioden

Bau 14

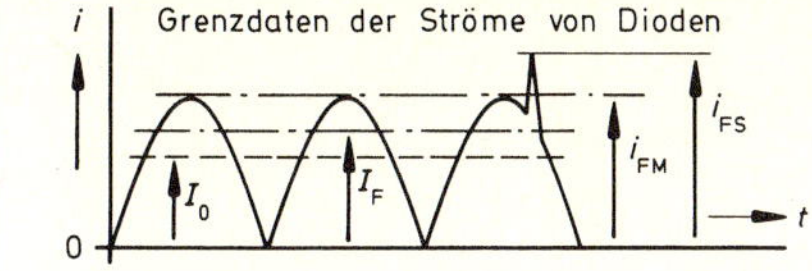

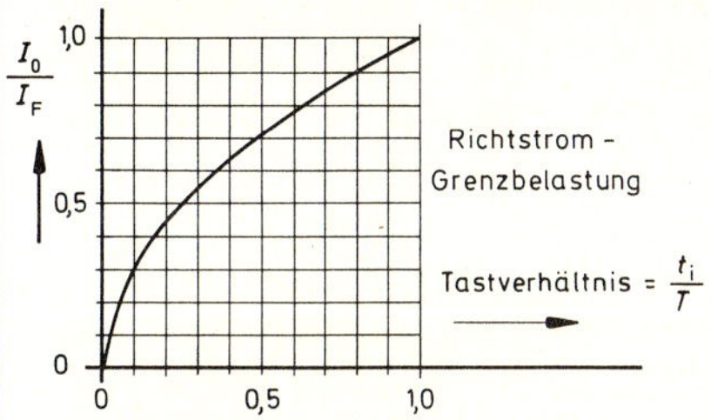

Max. zulässige Verlustleistung

$$P_{max} = \frac{\vartheta_{jmax} - \vartheta_U}{R_{thU}} \text{ ohne Kühlkörper}$$

mit Kühlkörper

$$P_{max} = \frac{\vartheta_{jmax} - \vartheta_U}{R_{thG} + R_{thI} + R_{thK}}$$

$$P_{max} = \frac{P_{tot} \cdot R_{thG}}{R_{thG} + R_{thI} + R_{thK}}$$

U_R	maximale Gleichspannung in Sperrichtung
U_{RM}	maximale Spitzensperrspannung (Betriebsfrequenz > 20 Hz)
i_{FM}	maximaler Spitzendurchlaßstrom (Betriebsfrequenz > 20 Hz)
i_{FS}	maximaler Spitzendurchlaßstrom, der höchstens 1 s lang fließen darf
I_0	Richtstrom = arithmetischer Mittelwert des Durchlaßstromes; bei impulsförmiger Belastung in Abhängigkeit des Tastverhältnisses kann die Diode höher belastet werden
I_F	maximaler Durchlaßstrom (Gleichstrom oder Effektivwert)
t_{av}	Integrationszeit; es ist die Zeit, innerhalb der der arithmetrische Mittelwert von Strom und Spannung nicht überschritten werden darf. Gleichzeitig dürfen die zulässigen Scheitelwerte nicht überschritten werden.
ϑ_{jM}	T_{jM} = maximale Sperrschichttemperatur (für Germanium ca. 75...100 °C, für Silicium ca. 120...200 °C)
R_{thU}	Wärmewiderstand zwischen Sperrschicht und umgebender Luft °C/W bzw. K/W
P_{tot}	$I_F \cdot U_F$ = Verlustleistung bei unendlich guter Wärmeableitung
ϑ_U	Umgebungstemperatur
R_{thG}	Wärmewiderstand zwischen Sperrschicht und Gehäuse in °C/W bzw. K/W
R_{thI}	Wärmewiderstand der Isolatoren zwischen Gehäuse und Kühlkörper (°C/W)
R_{thK}	Wärmewiderstand zwischen Kühlkörper und umgebender Luft (°C/W)

Belastbarkeit von Transistoren

Bau 15.1

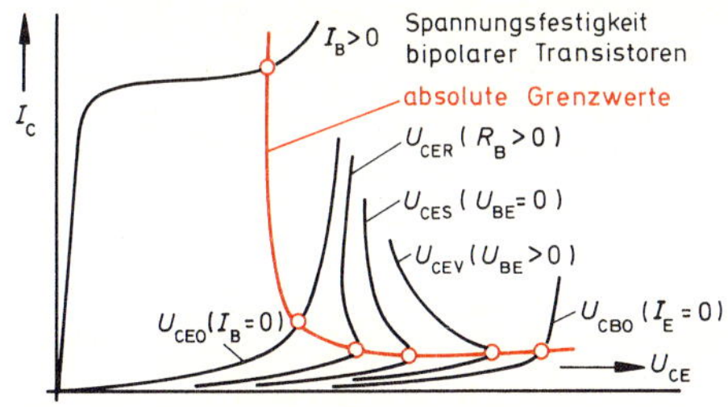

Zulässiger Betriebsbereich „Soar" (Safe operating area – engl.)

a) Die Achsen des Koordinatensystems sind stets logarithmisch geteilt.

b) 4 Grenzlinien geben Betriebsbereich an:
   1. max. Kollektorstrom I_{CAVmax},
   2. max. Kollektor-Emitterspannung U_{CEmax} (meist U_{CEOmax}),
   3. max. Verlustleistung P_{totmax},
   4. Grenzlinie für den zweiten Durchbruch.

c) Die Grenzlinien geben absolute Grenzwerte an, die nicht überschritten werden dürfen.

d) Für Impulsbetrieb dürfen die Grenzen erweitert werden.

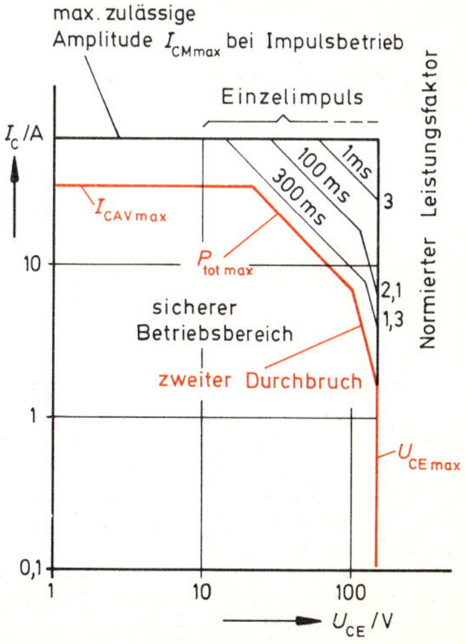

Soar-Diagramm

Grenzfrequenzen bei Transistoren

Bau 15.2

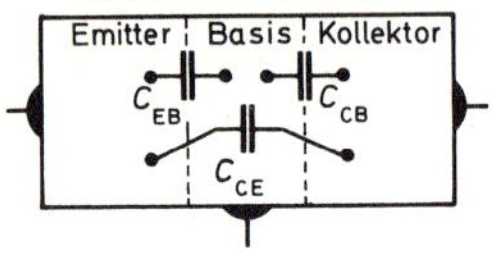

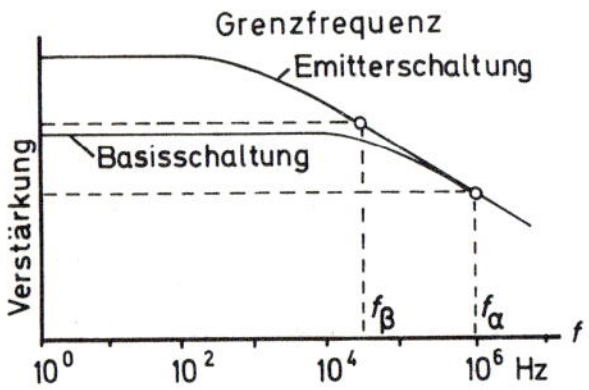

a) Bei der Beta-Grenzfrequenz f_β (Emitterschaltung) sinkt die Kurzschlußstromverstärkung auf das 0,707-fache des Wertes gegenüber der Frequenz 1 kHz ab.

b) Beta-Eins-Grenzfrequenz $f_{\beta 1}$ (für Emitterschaltung). Bei dieser Frequenz ist die Kurzschlußstromverstärkung auf den Wert 1,0 abgefallen.

c) Alpha-Grenzfrequenz f_α (für Basisschaltung). Hierbei sinkt der Stromverstärkungsfaktor auf den 0,707-fachen Wert gegenüber tiefen Frequenzen ab.

d) Schwingungsfrequenz f_{max}. Sie ist die Frequenz, bei der die Leistungsverstärkung eines Transistors bei Leistungsanpassung (am Eingang und am Ausgang) den Wert 1,0 annimmt.

e) Transitfrequenz f_T ist gleichbedeutend mit $f_{\beta 1}$

$$f_T = f_\beta \cdot \beta = f_{hfe} \cdot h_{fe}$$

β bzw. h_{fe} = Kurzschlußstromverstärkung

Daten von Thyristoren

Bau 16.1

Sperr- und Durchlaßkennlinien | **Eingangskennlinien**

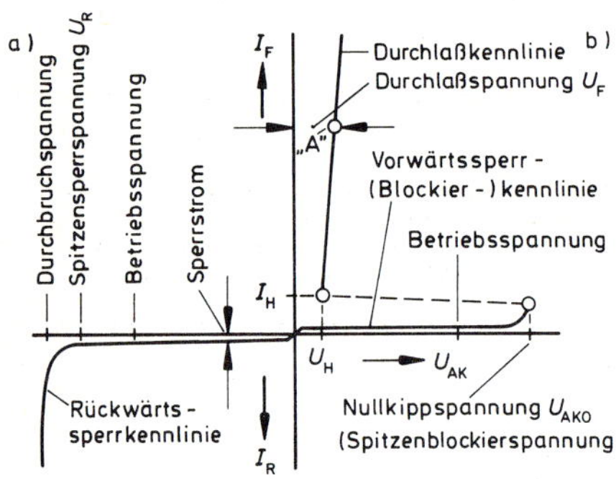

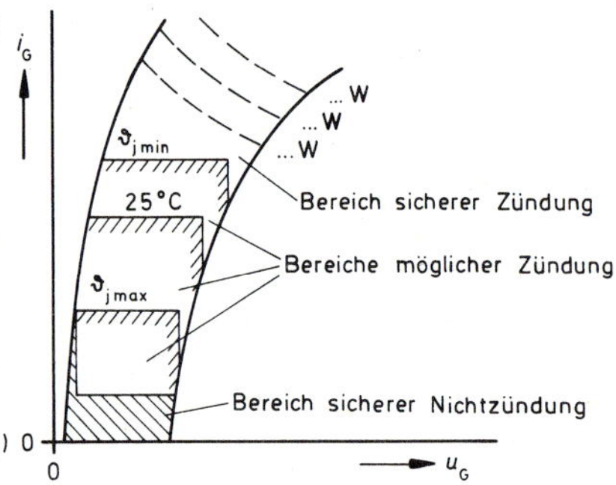

Spannungssicherheitsfaktor (für Sperrichtung) $= \dfrac{\text{höchste periodische Spitzenspannung}}{\text{Maximalwert der Betriebsspannung}} =$

$$f_s = \frac{U_R}{U_{max}} \geqq 1{,}5 \ldots 3$$

Spitzenblockierspannung (für Durchlaßrichtung) U_{AKO} → siehe Kennlinie oder Datenblatt

Die Betriebsspannung U sollte etwa um den Spannungssicherheitsfaktor unter dem Spannungswert U_{AKO} liegen

Durchlaßstrom
$$I_F = \frac{U - U_F}{R} \approx \frac{U}{R}$$

U = Betriebsspannung
U_F = Durchlaßspannung (ca. 1,0 ... 1,5 V)
R = Verbraucherwiderstand

Dauergrenzstrom $I_{TAV(I)}$
Höchstzulässiger arithmetischer Mittelwert ($0{,}637 \cdot U_{os}$) des sinusförmigen Durchlaßstromes bei einer im Datenblatt angegebenen Gehäusetemperatur und einem Stromflußwinkel von 180°

Stoßstromgrenzwert $I_{TSM(I)}$
Höchstzulässiger Scheitelwert einer sinusförmigen Halbperiode von 10 ms Länge. Er darf nur selten erreicht werden.

Thyristordaten – Begriffe

Bau 16.2

Grenzlastintegral $\int i^2 dt$
Wird zur Bemessung von Schutzeinrichtungen verwendet.

Oberer Haltestrom I_H
Kleinster Durchlaßstrom, bei dem ein Thyristor gerade noch im Durchlaßzustand bleibt.

Einraststrom I_{LAT}
Kleinster Durchlaßstrom, bei dem ein Thyristor nach Abklingen des Zündimpulses noch im Durchlaßzustand bleibt.

Zündverzug t_{gd}
Zeit, die vom Beginn eines Steuerstromimpulses bis zum Abklingen der Durchlaßspannung auf 90% ihres ursprünglichen Wertes vergeht.

Zündzeit
Zeit, die vom Beginn eines Steuerstromimpulses bis zum Abklingen der Durchlaßspannung auf 10% ihres ursprünglichen Wertes vergeht.

Freiwerdezeit t_q
Mindestzeit, die vergehen muß zwischen Löschzeitpunkt des Durchlaßstromes und erneuter Wiederkehr der Durchlaßspannung.

Kritische Stromsteilheit $(di/dt)_{cr}$
Größte Stromanstiegsgeschwindigkeit, die ein Thyristor verträgt, ohne daß dabei seine Eigenschaften beeinträchtigt werden.

Kritische Spannungssteilheit $(du/dt)_{cr}$
Größte Spannungsanstiegsgeschwindigkeit, bei der ein Thyristor ohne Steuerstromimpuls noch nicht vom Sperrzustand in den Durchlaßzustand umschaltet.

Überstromschutz
Für Kurzschlußschutz verwendet man superflinke Sicherungen, deren Gesamt-$I^2 \cdot t$-Wert kleiner ist als der Wert des Grenzlastintegrals.

Überspannungsschutz
Überspannungen durch Zu- und Abschalten von Induktivitäten oder Kapazitäten und periodische Überspannungen bedingt durch den Trägerstaueffekt (TSE) nach dem Nulldurchgang des Durchlaßstromes können Thyristoren zerstören, sofern die im Datenblatt angegebenen Grenzwerte überschritten werden. Mit Hilfe von RC-Gliedern parallel zu den Thyristoren werden Überspannungen abgebaut.

Kaltleiter – PTC

Bau 17.1

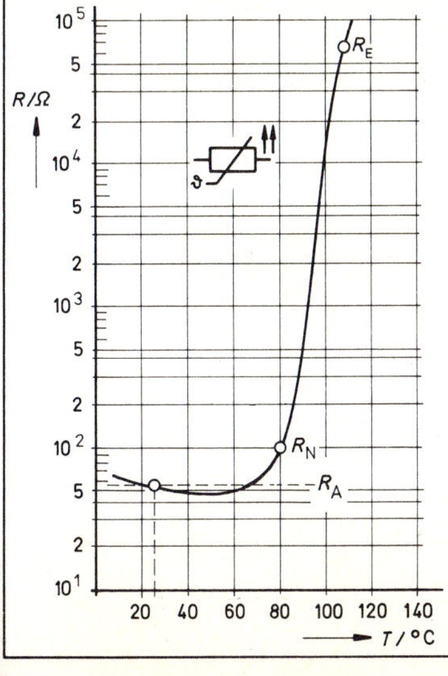

R_A = Anfangswiderstand bei T_A (meist 25 °C)
R_N = Nennwiderstand bei T_N (Umschlagtemperatur)
T_N = Umschlagtemperatur
α = Temperaturbeiwert oberhalb T_N
R_E = Endwiderstand bei T_E

$$R_N = 2 \cdot R_A$$

$$\alpha_R = \frac{\ln (R_1/R_2)}{T_2 - T_1}$$

R_1; R_2 = Widerstandswerte bei T_1 bzw. T_2 oberhalb T_N

$$R_2 \approx R_1 \cdot e^{\alpha_R (T_2 - T_1)}$$

$$t_a \approx \frac{c \cdot \delta \cdot V\,(T_N - T_O)}{p}$$

c = spez. Wärme
δ = Dichte in g/cm³
t_a Schaltzeit in s
p = Anfangsheizleist.

T_O = Kaltleitertemperatur vor dem Einschalten

Heißleiter – NTC

Bau 17.2

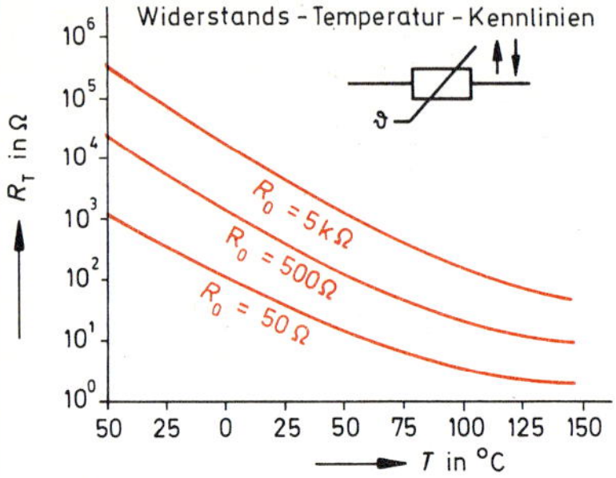

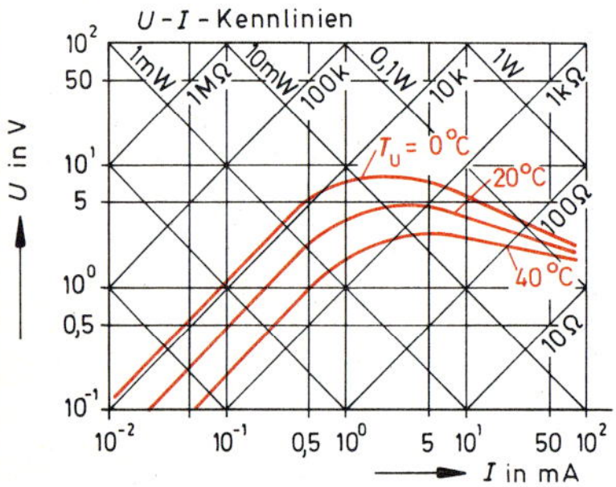

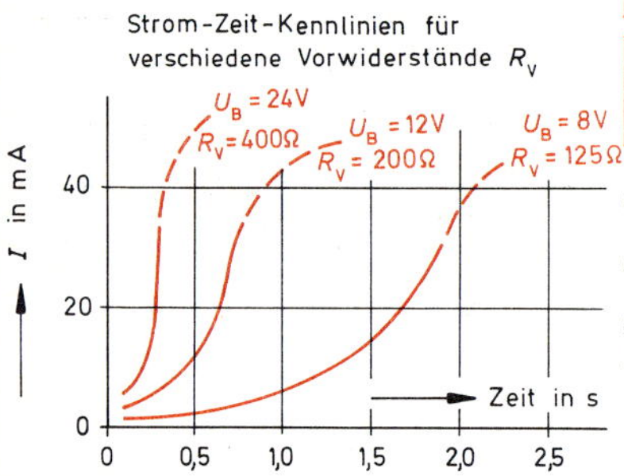

$$\Delta T = T_W - T_k$$

$$T_\tau = T_k + \frac{\Delta T}{e}$$

$$R_T = A \cdot e^{B/T} = R_{T_0} \cdot e^{B \cdot \left(\frac{1}{T} - \frac{1}{T_0}\right)}$$

$$R_\tau \approx \sqrt{R_W \cdot R_k}$$

$$\alpha_T = -\frac{B}{T^2}$$

R_T	Widerstand in Ω bei der Temperatur T in K
R_{T_0}	Widerstand in Ω bei $T = 298$ K (25 °C)
T	Temperatur in K
A	Bauartkonstante in Ω
B	Werkstoffkonstante in K → 2000...6000
α_T	temperaturabhängiger Temperaturbeiwert
R_τ	Widerstand in Ω bei τ Sekunden nach Abschalten
R_W	Widerstand in Ω im Betriebszustand
R_k	Widerstand in Ω in kaltem Zustand
ΔT	Übertemperatur in K
T_τ	Übertemperatur bei τ Sekunden nach Abschalten
e	2,7183

$$U_{max} = \sqrt{G \cdot R_T \cdot \Delta T_{max}}$$

$$I_{max} = \sqrt{\frac{G \cdot \Delta T_{max}}{R_T}}$$

U_{max}	zulässige Spannung in V für Meß- und Kompensations-NTC
I_{max}	zulässige Stromstärke in A für Meß- und Kompensations-NTC
G	Wärmeableitungskonstante in W/grd
ΔT_{max}	zulässige Eigenwärme in K

Spektrale Empfindlichkeit von fotoelektrischen Bauelementen

Bau 18.1

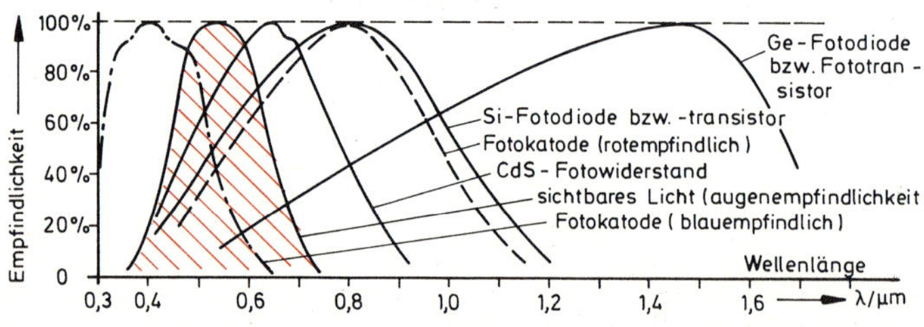

Silizium-Fotoelemente

Bau 18.2

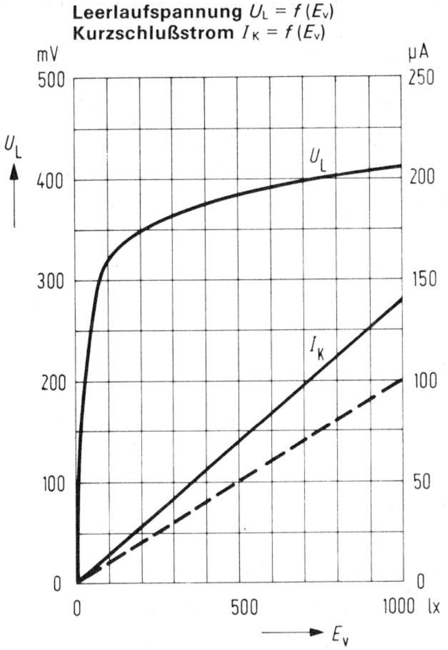

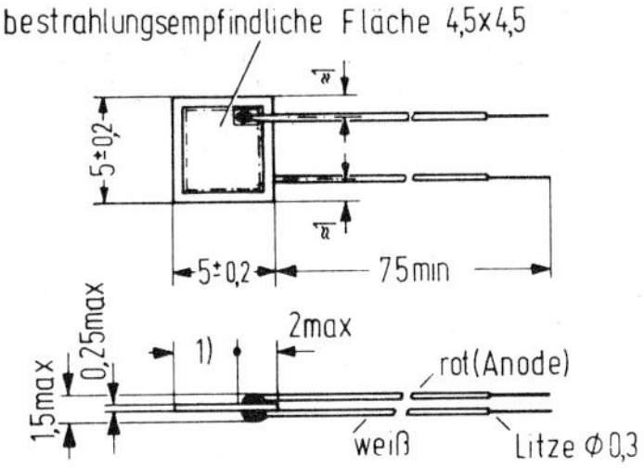

Grenzdaten *)
Sperrspannung U_R = 1 V
Betriebstemperatur T_U = − 55 bis + 100°C

Kenndaten (T_U = 25°C)*)
Fotoempfindlichkeit S = 25 nA/lx...430 nA/lx
sie ist von der Größe der strahlungsempfindlichen Fläche abhängig. Große Fläche = große Fotoempfindlichkeit.
Leerlaufspannung (E_v = 100 lx) U_L = 170 mV...350 mV
Leerlaufspannung (E_v = 1000 lx) U_L = 300 mV...410 mV
Temperaturkoeffizient der Leerlaufspannung
TK = − 2,6 mV/K
Temperaturkoeffizient des Kurzschlußstromes
TK = 0,2%/K...0,12%/K

Silizium-Fotodioden

Bau 18.3

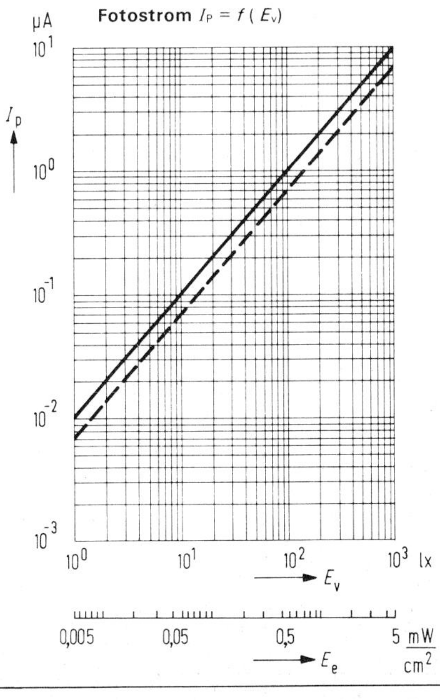

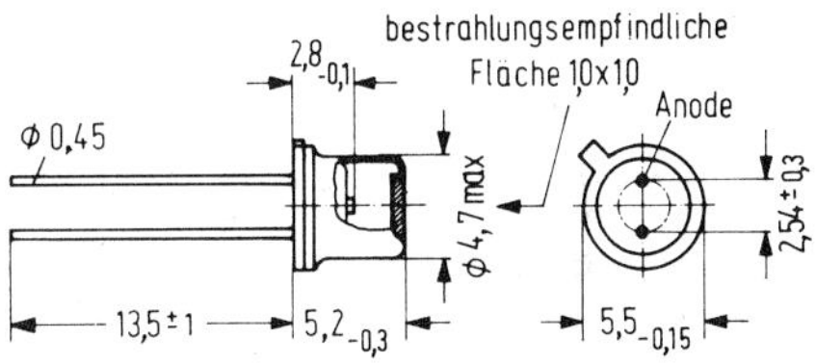

Grenzdaten *)
Sperrspannung U_R = 7...50 V
Sperrschichttemperatur T_j = 125°C
Verlustleistung P_{tot} = 100 mW...300 mW

Kenndaten (T_U = 25°C)*)
Bestrahlungsempfindliche Fläche A = 1 mm²...8 mm²
Fotoempfindlichkeit = 10...70 nA/lx
Dunkelstrom = 0,005...7 nA
Grenzfrequenz = 1 MHz...500 MHz
Temperaturkoeffizient von I_K ≈ 0,1...0,2%/K
Temperaturkoeffizient von U_L ≈ − 2,6 mV/K
Wellenlänge bei maximaler Empfindlichkeit ≈ 800...850 nm

*) Mittelwerte bzw. Datenbereiche üblicher Bauelemente.

Foto-Transistoren

Ausgangskennlinien $I_c = f(U_{CE})$
I_B = Parameter

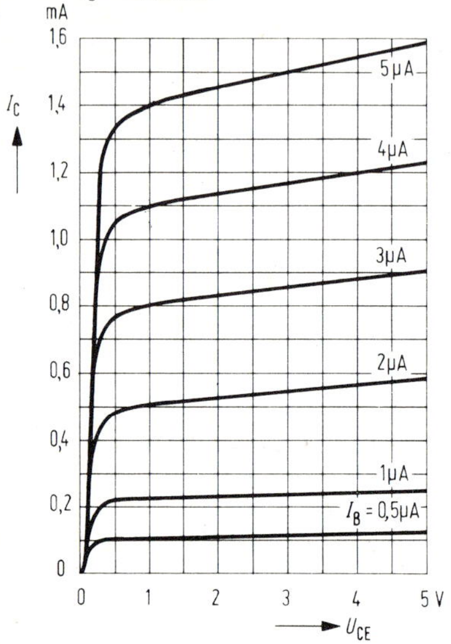

Fotostrom in Abhängigkeit von E_v bzw. E_e; $I_P = f(E_v)$

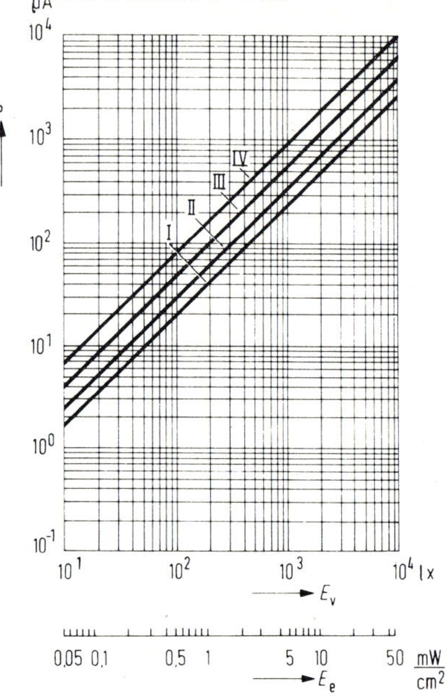

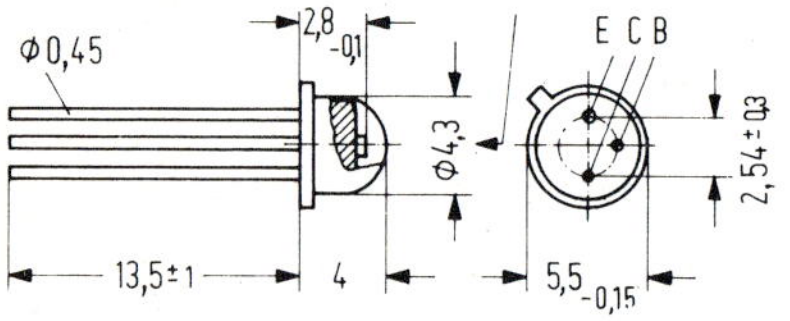

bestrahlungsempfindliche Fläche 0,38 x 0,38

Grenzdaten

Kollektor-Ermitter-Spannung	U_{CEO}	≈	32...100 V
Ermitter-Basis-Spannung	U_{EBO}	≈	5 V
Kollektorstrom	I_C	≈	50...100 mA
Kollektor-Spitzenstrom ($t \leq 10$ ₀s)	I_{CM}	≈	200 mA
Sperrschichttemperatur	T_j	≈	125 °C
Verlustleistung (T_U = 25 °C)	P_{tot}	≈	100...300 mW
Wärmewiderstand			
Kollektorsperrschicht-Luft	R_{thJU}	≈	400...1000 K/W
Kollektorsperrschicht-Gehäuse	R_{thJG}	≈	150...300 K/W

Kenndaten (T_U = 25 °C)

Kollektor-Ermitter-Reststrom (U_{CE} = 30 V; E = 0)	I_{CEO}	≈	5...25 nA
Kollektor-Ermitter-Sättigungsspannung (I_C = 500 μA; I_B = 25 μA; E = 0)	U_{CEsat}	≈	0,15...0,35 V
Fotoempfindlichkeit der Kollektor-Basis-Fotodiode	S	≈	1,1...2,6 nA/lx
Bestrahlungsempfindliche Fläche	A	≈	0,12...0,6 mm²
Anstiegszeit/Abfallzeit (R_L = 1 kΩ)	t_r; t_f	≈	5 (≤ 10) μS
Kapazität			
(U_{CE} = 0V; f = 1 MHz; E = 0)	C_{CE}	≈	6...23 pF
(U_{CB} = 0V; f = 1 MHz; E = 0)	C_{CB}	≈	10...40 pF
(U_{EB} = 0V; f = 1 MHz; E = 0)	C_{EB}	≈	8...45 pF
Wellenlänge der maximalen Fotoempfindlichkeit	λ_{Smax}	≈	800...870 nm

Foto-Transistoren werden nach ihrer Fotoempfindlichkeit gruppiert (römische Kennziffern). Die Gruppierung erfolgt bei einer Beleuchtungsstärke von E_V = 1000 lx.
Die angegebenen Beleuchtungsstärken beziehen sich auf die ungefilterte Strahlung einer Wolfram-Fadenlampe mit einer Farbtemperatur von 2856 K (Normlicht A nach DIN 5033 und IEC 306-1). Bestrahlungsstärke E_e gemessen mit hp-Radiant Flux Meter 8334 A mit Option 013.

Die Betriebskapazitätswerte ändern sich mit der Größe der einfallenden Strahlung.

Lumineszenzdioden	Bau 18.5

Abstrahlungscharakteristik
$I_{rel} = f(\varphi)$

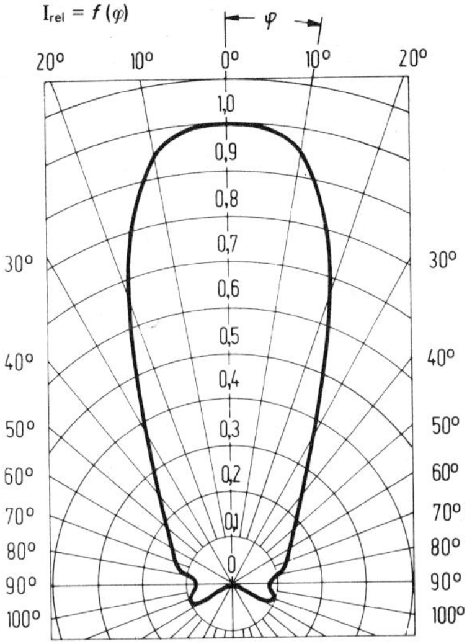

Grenzdaten

Sperrspannung	U_R	≈	3...5 V
Durchlaßstrom	I_F	≈	30...230 mA
Stoßstrom (t < 10 μs)	i_{FS}	≈	1...4 A
Sperrschichttemperatur	T_j	≈	125 °C
Verlustleistung	P_{tot}	≈	100...300 mW

Kenndaten

Max. der abgestrahlten Wellenlängen

infrarot $\lambda \approx$ 950 nm; rot $\lambda \approx$ 665 nm;

gelb $\lambda \approx$ 575 nm; grün $\lambda \approx$ 560 nm

Durchlaßspannung (I_F = 20 mA)
$U_F \approx$ 1,2 V (infrarot) $U_F \approx$ 1,6 V (rot)
$U_F \approx$ 2,4 V (gelb bzw. grün)
Durchbruchspannung (I_R = 100 μA)
$U_{BR} \approx$ 30 (≧ 4) V für infrarot
Temperaturkoeffizient (I_e) $TK \approx$ – 0,55 %/K
Sperrstrom (U_R = 3 V) $I_R \approx$ 10 nA
Schaltzeiten t_r; t_t ≈ 5 ns (rot)
≈ 50 ns (gelb und grün) ≈ ...1,7 ns (infrarot)

Fotowiderstände	Bau 18.6

Hellwiderstand als Funktion der Beleuchtungsstärke $R_H = f(E_v)$
(Streubereich)

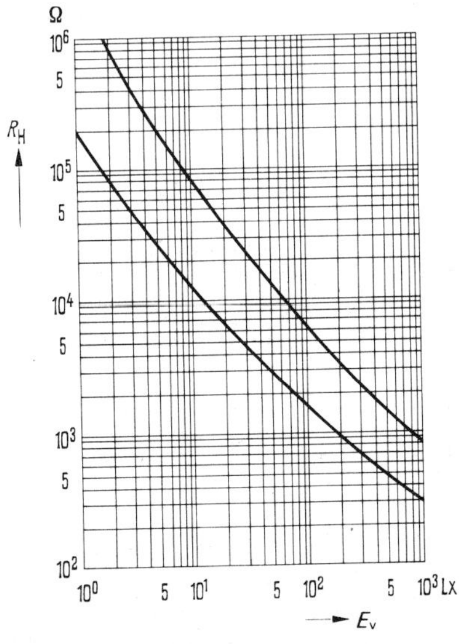

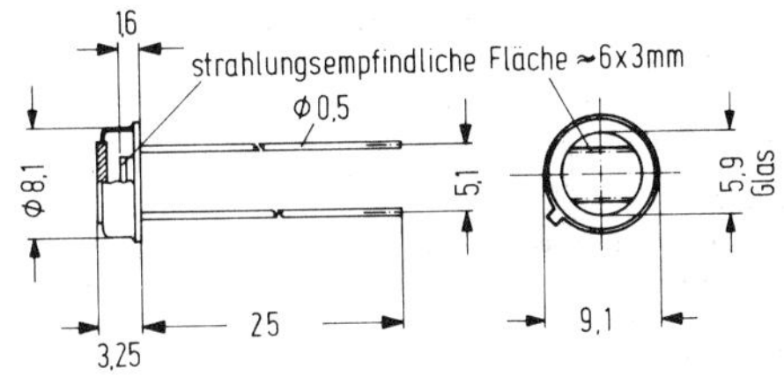

Grenzdaten

Verlustleistung	P_{tot}	=	50 mW
Arbeitsspannung	U_a	≈	50...150 V
Umgebungstemperatur	T_U	≈	– 30... + 70 °C

Kenndaten (T_U = 25 °C)

Dunkelwiderstand	R_0	≈	1...100 MΩ
Hellwiderstand (E_v = 1 klx)	R_{1000}	≈	0,3...3,5 kΩ
Wellenlänge der max. Fotoempfindlichkeit	λ_s	≈	500...700 nm

Ansprechzeit für den Abfall des Widerstandes von R_0 auf 65% von R_{1000}; $t_r \approx$ 1...50 ms
Temperaturkoeffizient
(E_v = 1000 lx; T_U = – 25... + 70 °C) $TK \approx$ 0,4...1 %/K
Werkstoffe: Cadmiumsulfid; Cadmiumselenid; Cadmiumsulfoselenid

Optokoppler	Stromübertragungsverhältnis	obere Grenzfrequenz
LED-Fotodiode	$V_i \sim 0{,}01 \triangleq 1\%$	< 8MHz
LED-Fototransistor	$V_i \sim 1{,}0 \triangleq 100\%$	< 250 kHz
LED-Foto-Darlingtonpaar	$V_i \sim 5{,}0 \triangleq 500\%$	< 200 kHz

Spannungsisolation zwischen Eingang und Ausgang $U_I \approx 1 \ldots 6$ kV.
Isolationswiderstand zwischen Eingang und Ausgang $R_I \approx 10^{10} \ldots 10^{14}$ Ω.
Koppelkapazität $C_K \approx 0{,}3 \ldots 10$ pF.

Optokoppler: LED-Fototransistor

Grenzdaten

Sender (GaAs-Lumineszenzdiode)
Sperrspannung $U_R = 3$ V
Durchlaßstrom $I_F = 60$ mA
Verlustleistung $P_{tot} = 100$ mW

Empfänger (Si-Fototransistor)
Kollektor-Emitter-Spannung $U_{CEO} = 70$ V
Emitter-Basis-Spannung $U_{EBO} = 7$ V
Kollektorstrom $I_C = 100$ mA
Verlustleistung $P_{tot} = 150$ mA

Kenndaten ($T_U = 25\,°C$)

Sender (GaAs-Lumineszenzdiode)
Durchlaßspannung ($I_F = 60$ mA) $U_F = 1{,}25$ V
Durchbruchspannung ($I_R = 100$ µA) $U_{BR} = 30$ V
Sperrstrom ($U_R = 3$ V) $I_R = 0{,}01$ µA

Empfänger (Si-Fototransistor)
Kapazität ($U_{CE} = 0$ V);
$C_{CE} = 10$ pF; $C_{CB} = 15$ pF;
$C_{EB} = 16$ pF

Koppelelement
Kollektor-Ermitter-Sättigungsspannung ($I_F = 10$ mA; $I_C = 2{,}5$ mA) $U_{CEsat} = 0{,}3$ V
Koppelkapazität $C_{CEsat} = 0{,}3 \ldots 10$ pF
Die Koppelelemente werden nach dem Stromübertragungsverhältnis I_C/I_F bei $I_E = 10$ mA und $U_{CE} = 5$ V gruppiert und mit römischen Ziffern gekennzeichnet.

Gruppe III	I_C/I_F	150%
	Stromverstärkung B ($T_C = 10$ mA; $U_{CE} = 5$ V)	500
	Kollektor-Emitter-Reststrom ($U_{CE} = 10$ V) I_{CEO}	5 nA

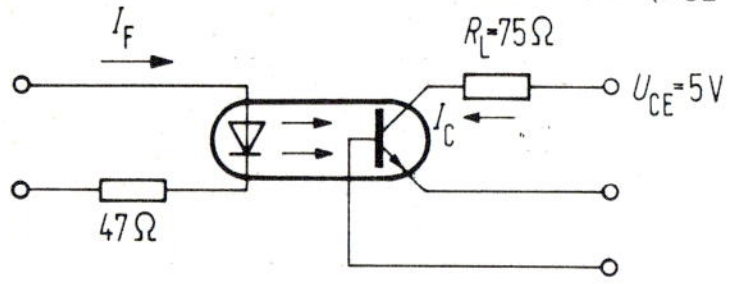

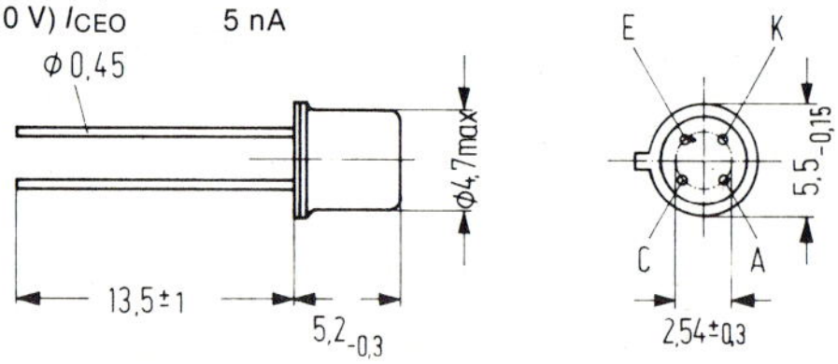

Ausgangskennlinien $I_C = f(U_{CE})$

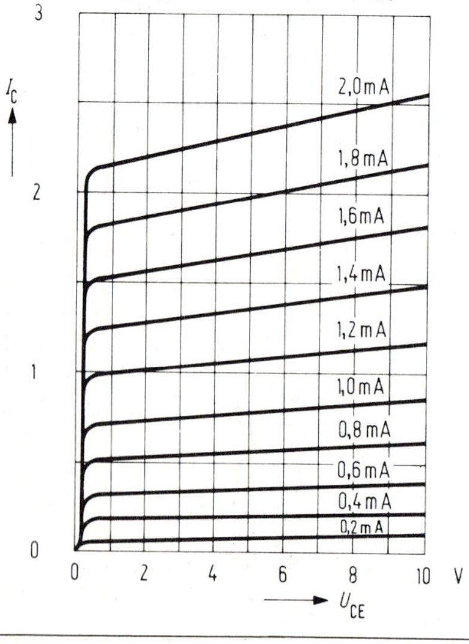

Stromverstärkung $B = f(I_C)$ $U_{CE} = 5$ V

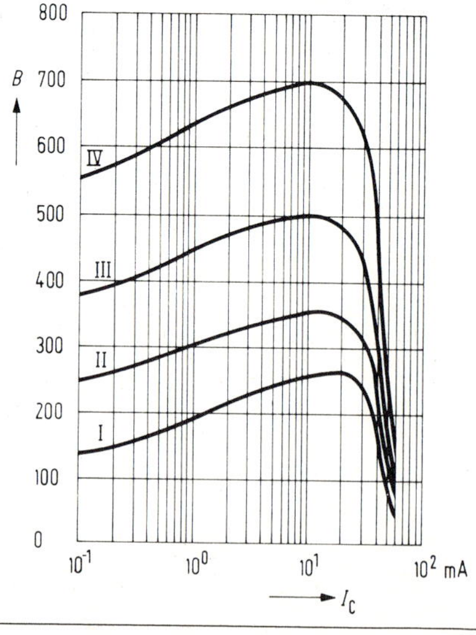

Spannungsabhängige Widerstände – VDR | Bau 19

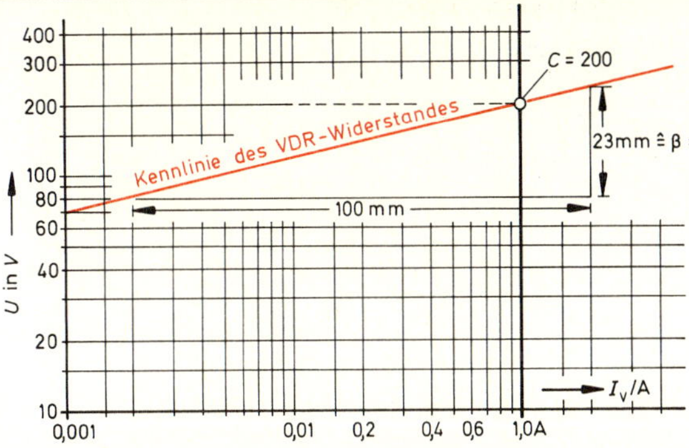

Kennlinienverlauf

$$U = C \cdot I^{\beta}$$

U = Spannung am VDR
I = Strom durch den VDR
β = Werkstoffkonstante
C = Bauartkonstante gibt die Spannung bei I = 1 A an (Werte von 15...1000)

Konstruktion der Kennlinie des VDR aus C (= 200) und β (= 0,23)

$$\beta = \frac{\Delta U}{\Delta I}$$

β hat Werte von 0.14...0,5

$$R = \frac{C}{I^{(1-\beta)}}$$

$$P_V = U \cdot I = C \cdot I^{(\beta+1)}$$

P_V = Verlustleistung in W (Werte 0,1...4 W)

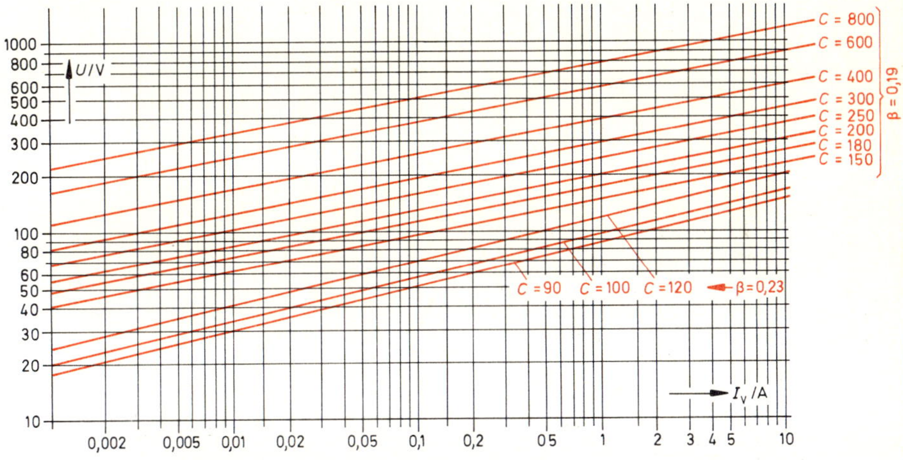

Diagramm zur Ermittlung der elektr. Daten von VDR (β = 0,19)

Gasabhängige Halbleiterwiderstände TGS (Taguchi Gas Sensor) | Bau 20

Heiz-spannung in V	Betriebs-spannung in V	Last-widerstand in kΩ
0,8	120	8,0
0,9	110	6,0
1,0	100	4,0
1,1	80	3,3
1,2	25	3,0

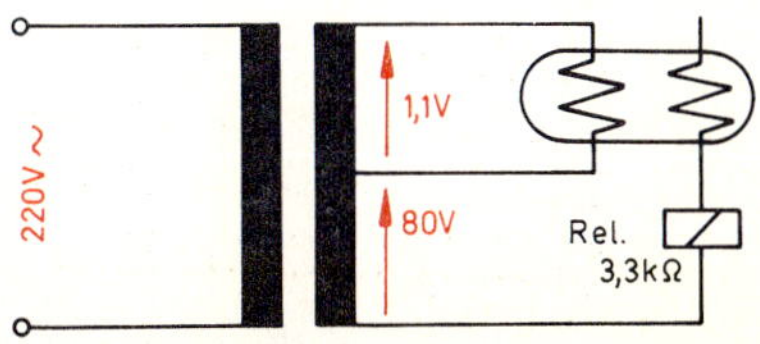

Grundschaltung eines TGS mit einem Relais als Lastwiderstand

Statische Daten von integrierten Digitalschaltkreisen

Bau 21

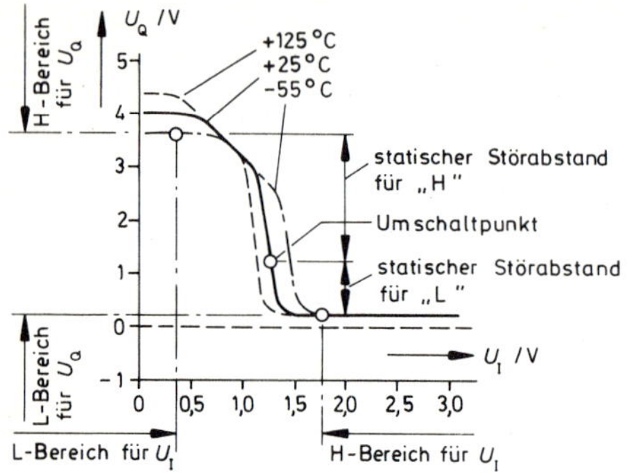

Übertragungskennlinie einer Nandschaltung $U_Q = f(U_I)$

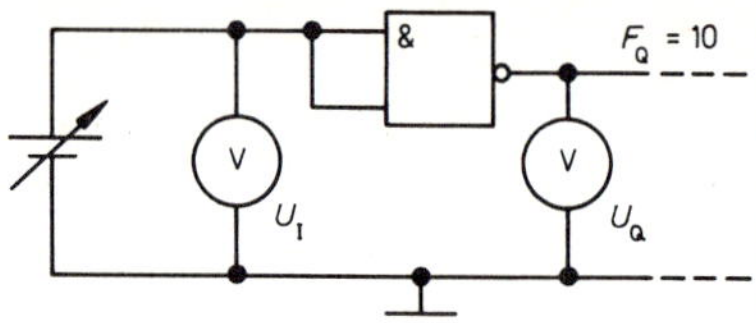

Meßschaltung zur Ermittlung der Übertragungskennlinie einer Nandschaltung

U_Q = Ausgangssignalpegel in V

U_I = Eingangssignalpegel in V

Beim Umschaltpunkt ist $U_Q = U_I$

F_Q = Ausgangslastfaktor (fan out)

$$F_Q = \frac{\text{max. zulässiger Ausgangsstrom}}{\text{Eingangsstrom (nachgeschaltetes Gatter)}}$$

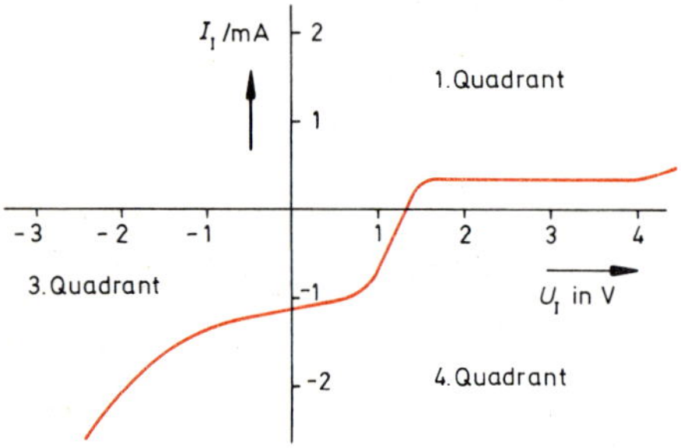

Eingangskennlinie eines Schaltglied-Einganges $I_I = f(U_I)$

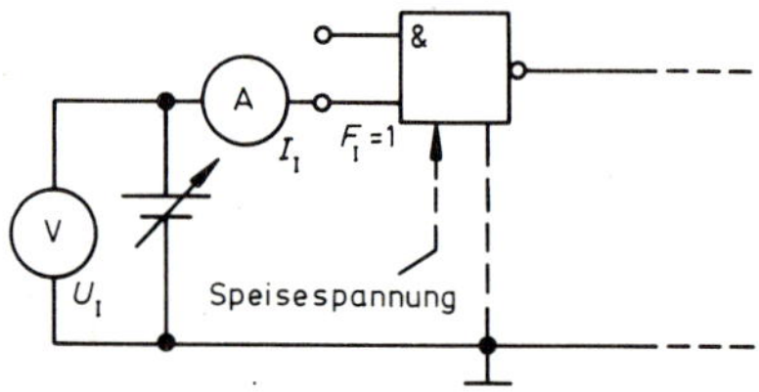

Meßschaltung zur Ermittlung der Eingangskennlinie eines Schaltglied-Einganges

F_I = Eingangslastfaktor (fan in)

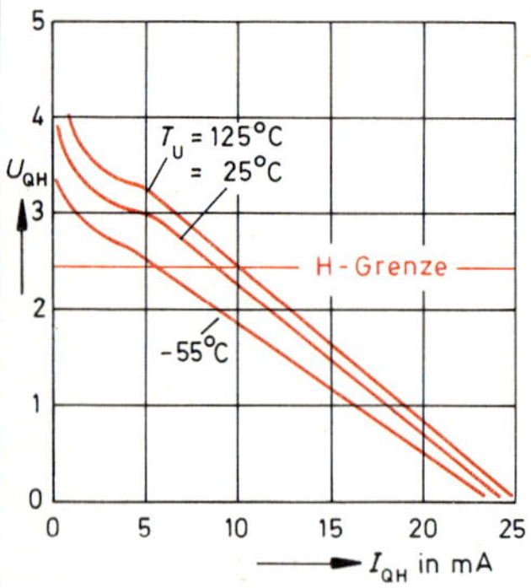

Ausgangskennlinien des H-Zustandes eines Schaltgliedes $U_{QH} = f(I_{QH})$

bei 5V Speisespannung und U_I = 0,4V Eingangspegel

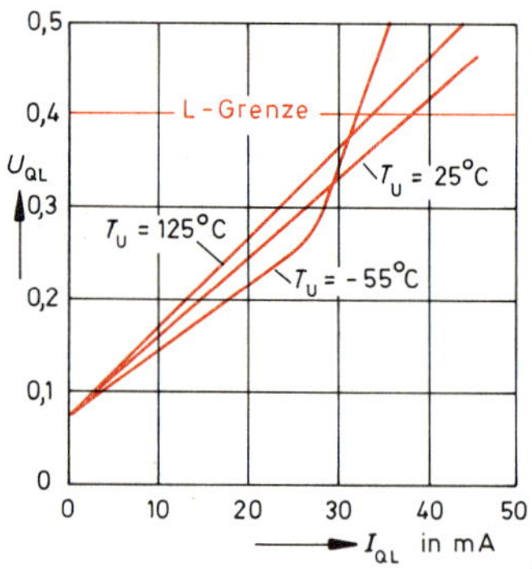

Ausgangskennlinien des L-Zustandes eines Schaltgliedes $U_{QL} = f(I_{QL})$

bei 5V Speisespannung und U_I = 2,4V Eingangspegel

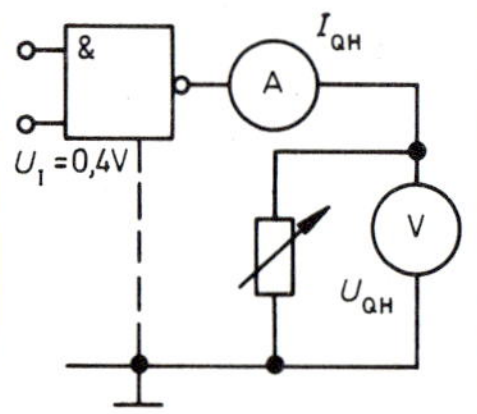

Meßschaltung für H-Zustand

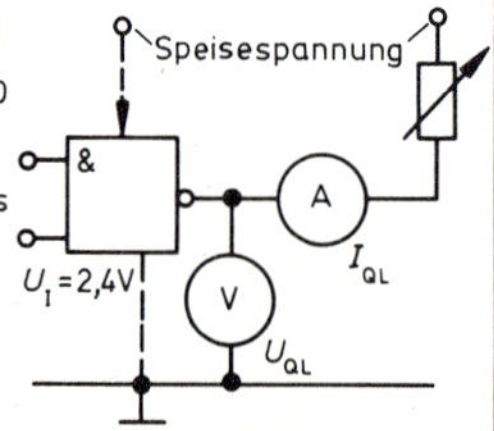

Alle Kennlinien sind für TTL-Schaltungen angegeben

Meßschaltung für L-Zustand

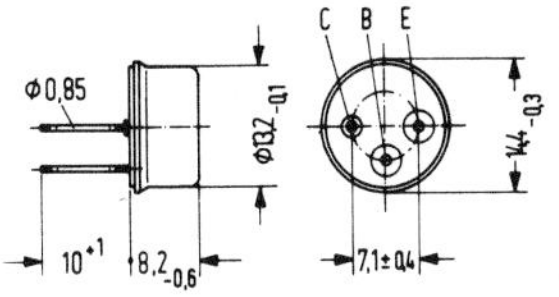

8A3 DIN 41878
(TO-8)

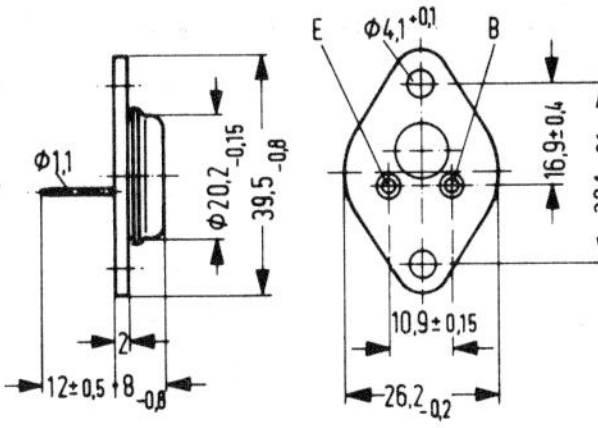

3A2 DIN 41472
(TO-3)

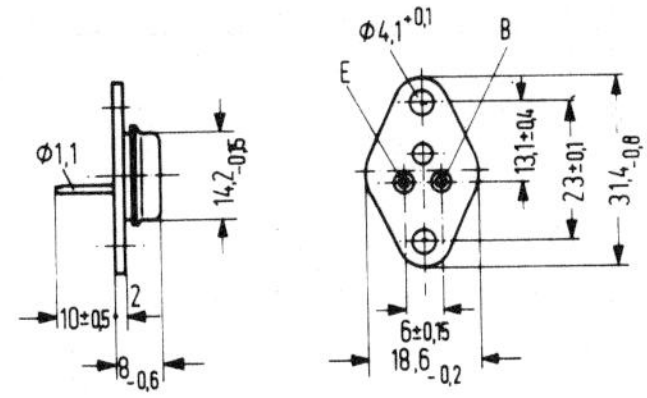

SOT-9

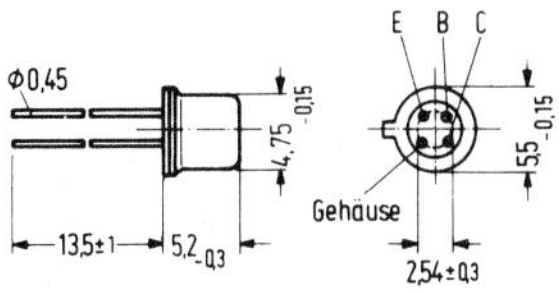

18B4 DIN 41876
(TO-72)

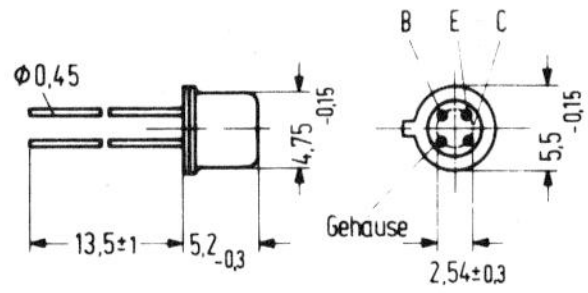

18B4 DIN 41876
(TO-72)

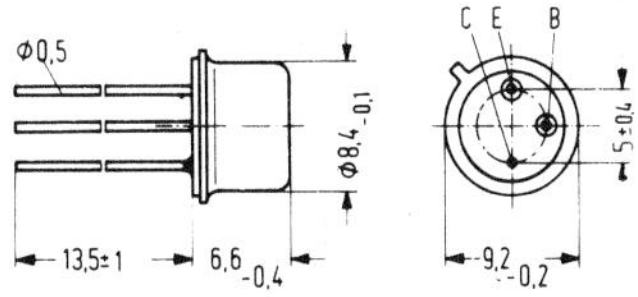

5C3 DIN 41873
(TO-39)

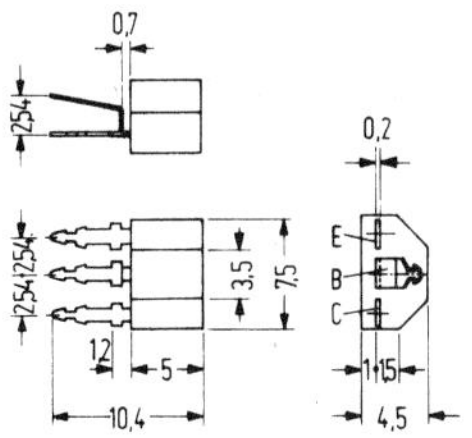

SOT-25

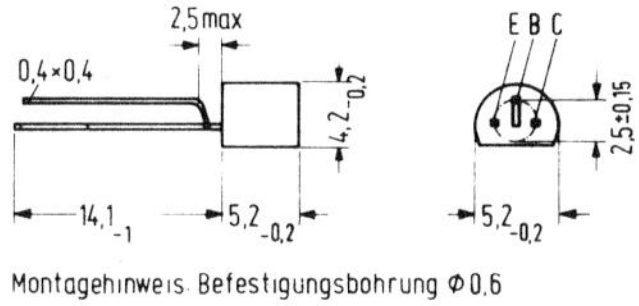

10A3 DIN 41868
(TO-92)

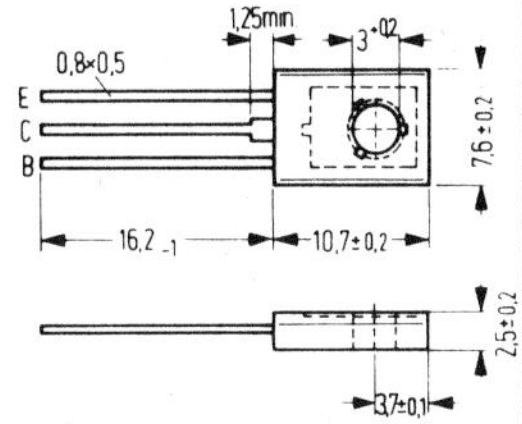

12A3 DIN 41869
(TO-126)

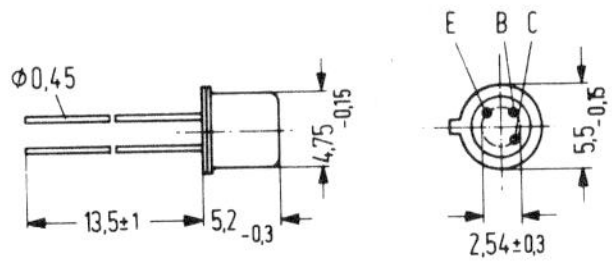

18A3 DIN 41876
(TO-18)

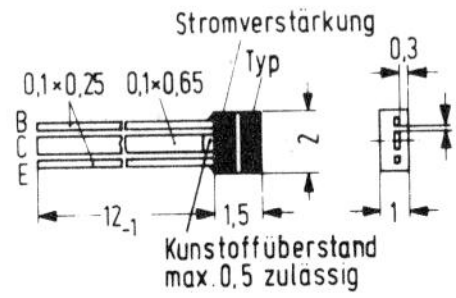

U-32

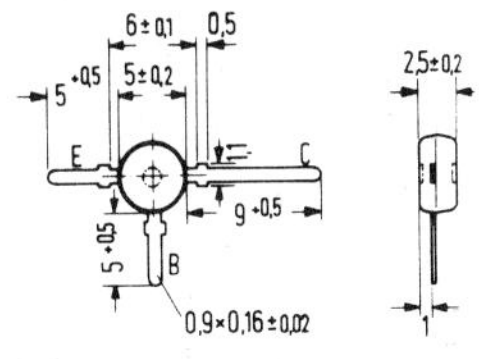

50B3 DIN 41867
(TO-50)

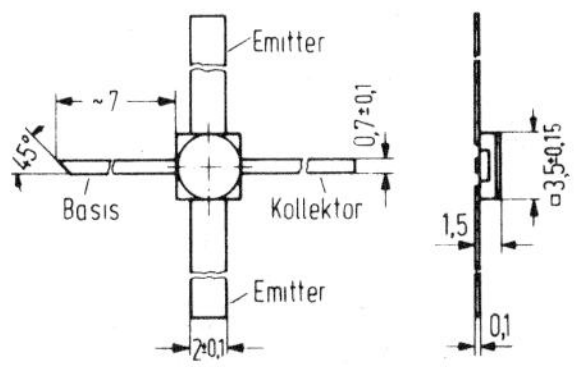

Keramik-
Bandleitungsgehäuse

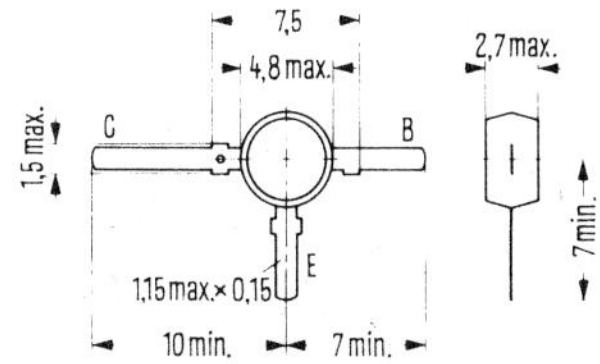

Keramik-
Bandleitungsgehäuse

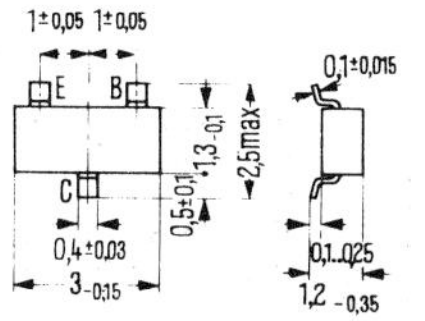

23A3 DIN 41869
(TO-236)

Gehäusebauformen (die Anschlußanordnungsbilder zeigen die Ansicht von oben)

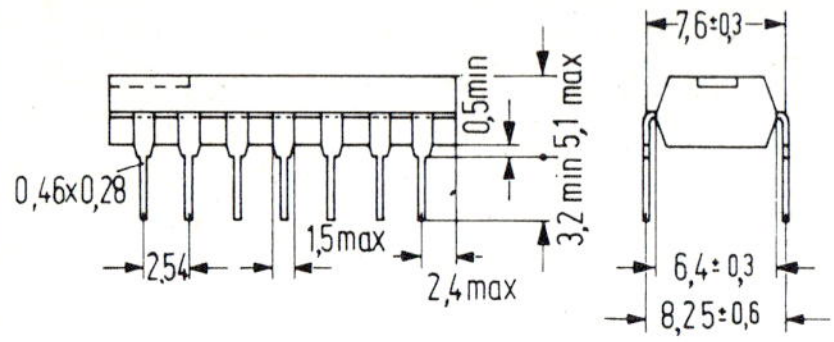

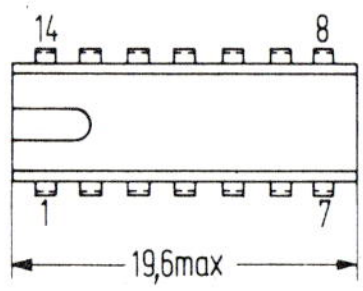

Kunststoff-Steckgehäuse
ähnl. 20 A 14 DIN 41 866
14 Anschlüsse
Gewicht etwa 1,1 g

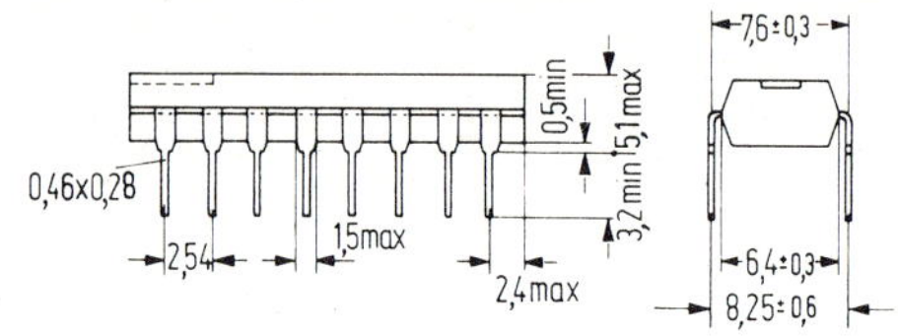

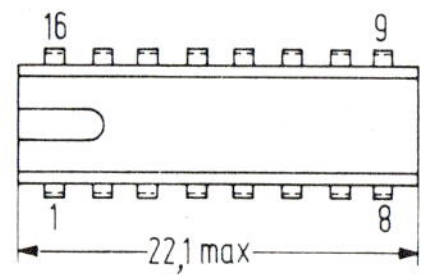

Kunststoff-Steckgehäuse
ähnl. 20 A 16 DIN 41 866
16 Anschlüsse
Gewicht etwa 1,2 g

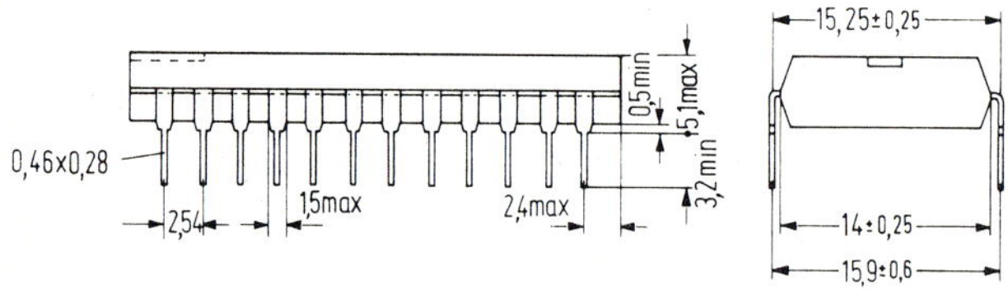

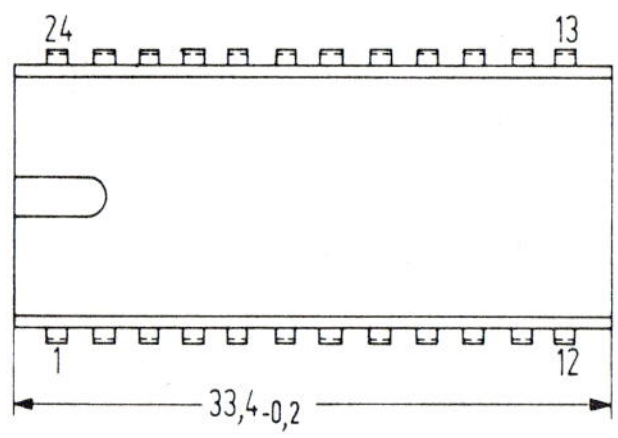

Kunststoff-Steckgehäuse
ähnl. 20 A 24 DIN 41 866
24 Anschlüsse
Gewicht etwa 3 g

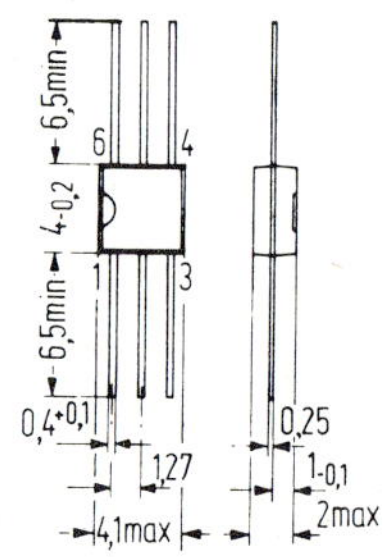

Kunststoff-Miniaturgehäuse
Gewicht etwa 0,1 g

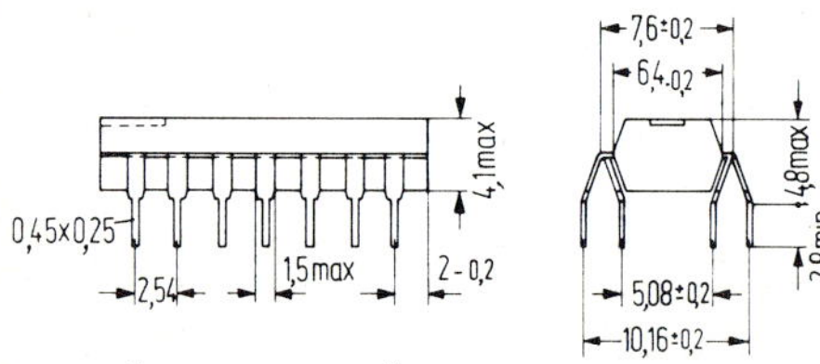

Die Rastermaße für die Steckfederleisten sind identisch mit den Maßen der Steckgehäuse

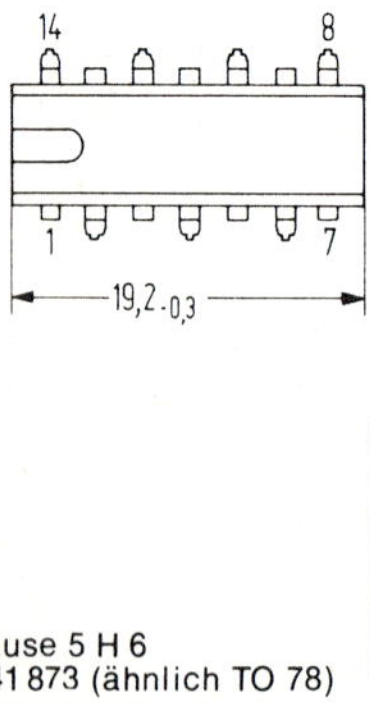

Kunststoff-Steckgehäuse
ähnl. 20 A 14 DIN 41 866
14 Anschlüsse (QIL)

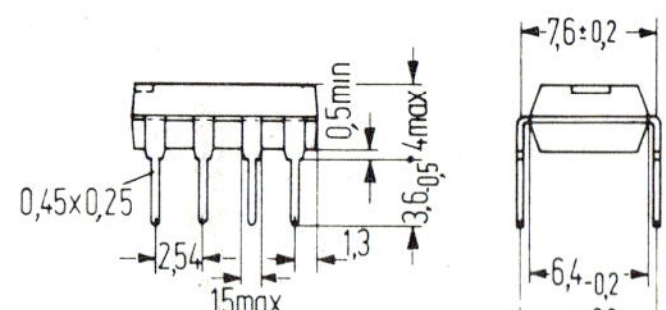

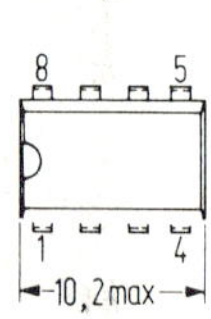

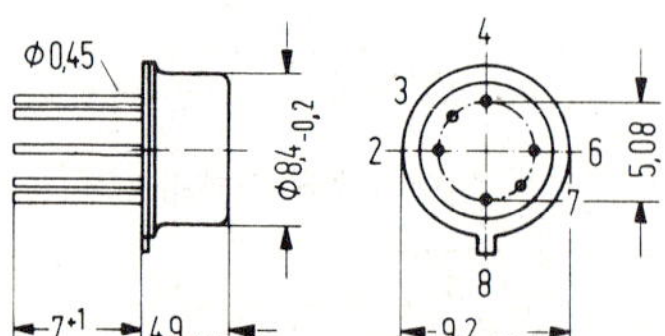

Gehäuse 5 H 6
DIN 41 873 (ähnlich TO 78)

Kunststoff-Steckgehäuse
20 A 8 DIN 41 866
8 Anschlüsse
Gewicht etwa 1 g

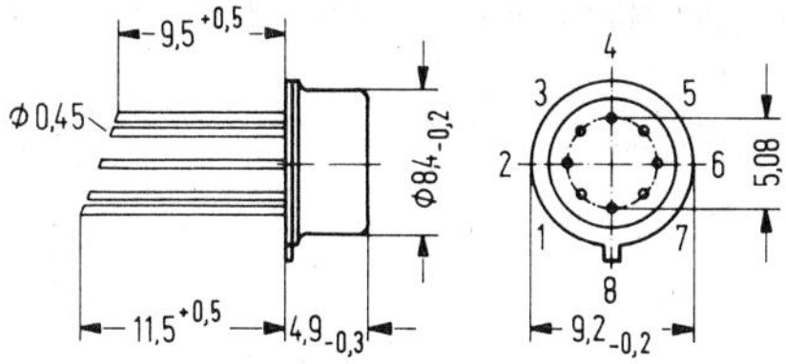

Gehäuse 5 G 8
DIN 41 783 (ähnlich TO-78)

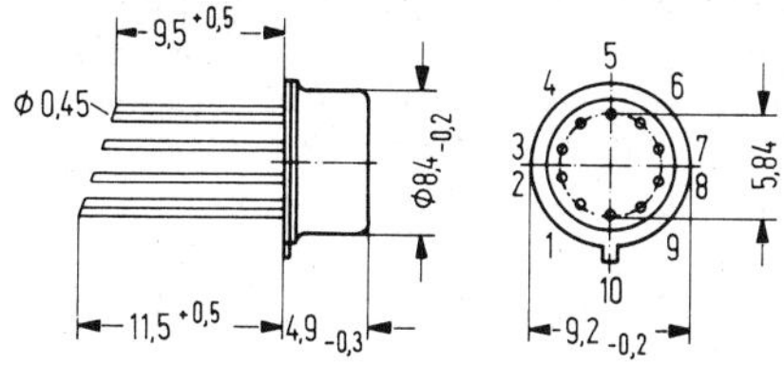

Gehäuse 5 J 10 DIN 41 873
(ähnlich TO-100) Gewicht 1,1 g

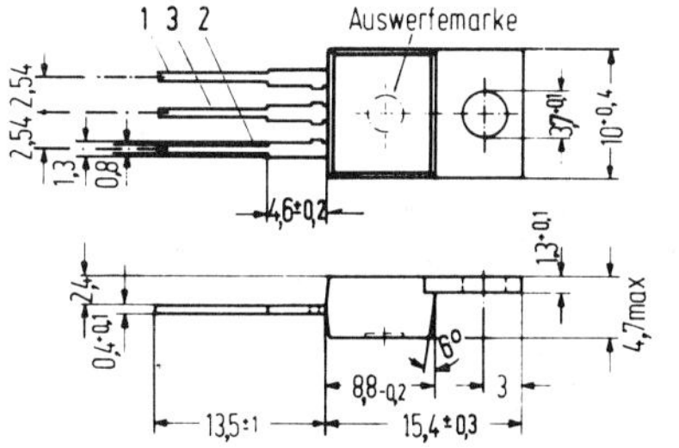

TO-220 A B (TOP-66)

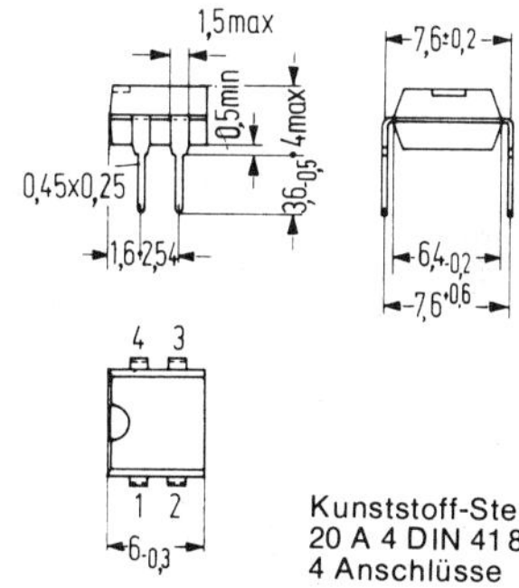

Kunststoff-Steckgehäuse
20 A 4 DIN 41 866
4 Anschlüsse

Optoelektronische Anzeige-Elemente

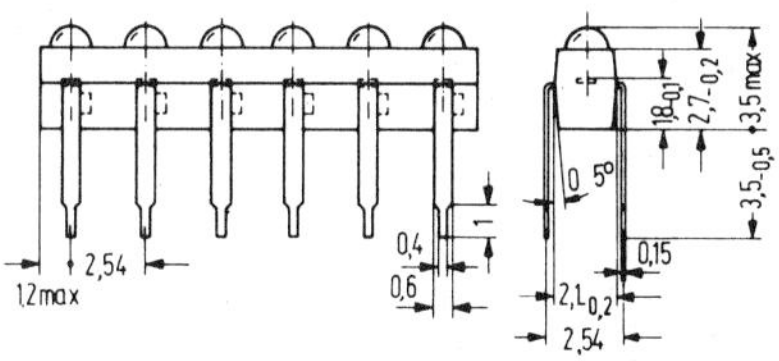

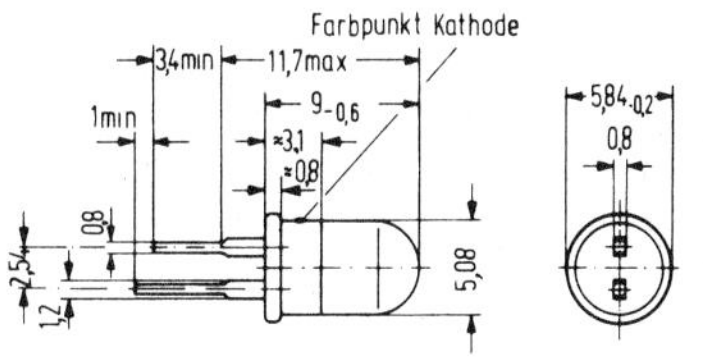

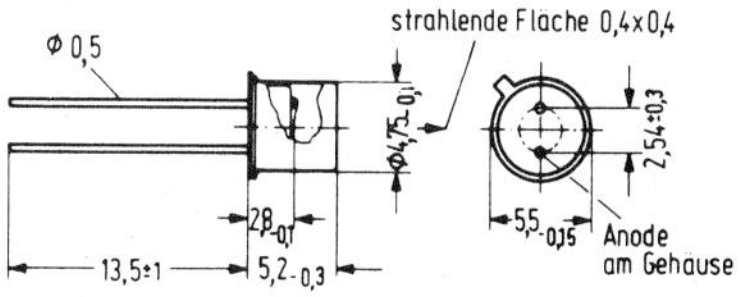

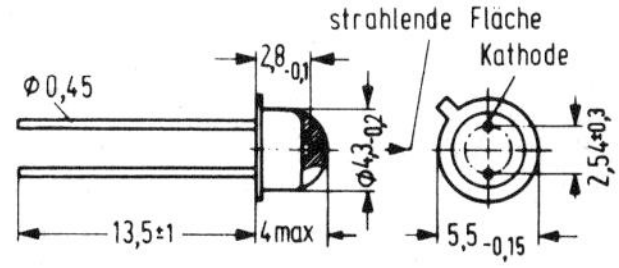

LED-Anzeigen

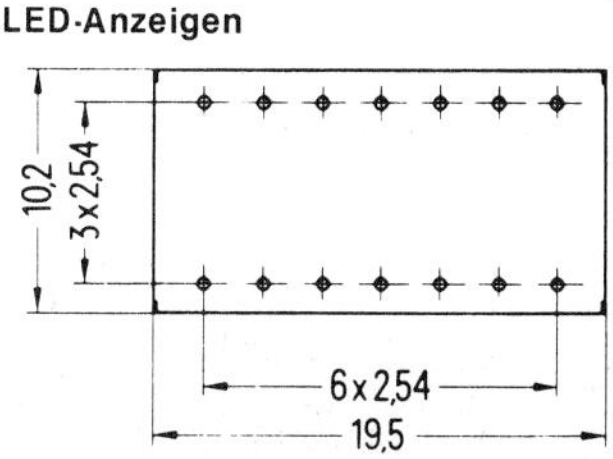

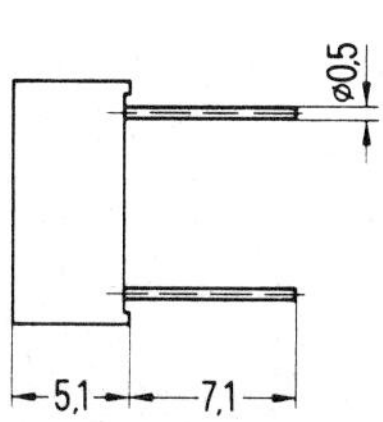

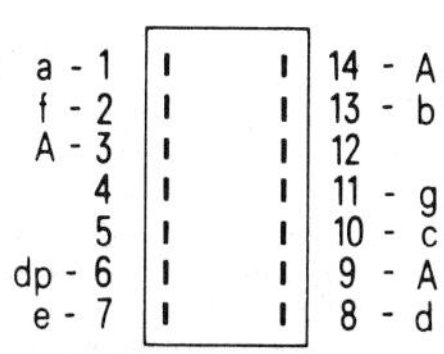

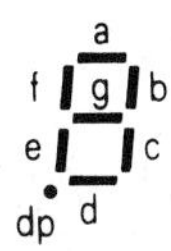

A = gemeinsame Anode

Daten von Transformatorenblechen (nach DIN 46400)

Gruppe	Sorte	Ummagnetis.-verluste W/kg V_{10}	V_{15}	Magnetische Flußdichte B in Tesla bei Feldstärke H in A/cm, B_H B 5	B 10	B 25	B 50	B 100	B 300	Dichte ρ kg/dm³	Blech-dicke in mm
I	3,6	3,6	8,6	–	–	1,53	1,63	1,73	1,98	7,85	0,5
II	3,0	3,0	7,2	–	–	1,50	1,60	1,71	1,95	7,80	0,5
III	2,6	2,6	6,3	–	–	1,49	1,58	1,70	1,94	7,7	0,5
III	2,3	2,3	5,6	–	–	1,47	1,57	1,60	1,93	7,7	0,5
III	2,0	2,0	4,9	–	–	1,45	1,55	1,67	1,90	7,7	0,5
IV	1,7	1,7	4,0	1,2	1,32	1,43	1,55	1,65	1,85	7,6	0,5
IV	1,45	1,45	3,6	1,2	1,32	1,43	1,55	1,65	1,85	7,6	0,35
IV	1,5	1,5	3,7	1,23	1,34	1,43	1,55	1,65	1,85	7,6	0,5
IV	1,3	1,3	3,3	1,23	1,34	1,43	1,55	1,65	1,85	7,6	0,35
IV	1,35	1,35	3,3	1,25	1,35	1,43	1,55	1,65	1,85	7,55	0,5
IV	1,1	1,1	2,7	1,25	1,35	1,43	1,55	1,65	1,85	7,55	0,35
IV	1,0	1,0	2,5	1,29	1,37	1,43	1,55	1,65	1,85	7,55	0,35

Die Ummagnetisierungsverluste V_{10} und V_{15} geben die bei Wechselfeldmagnetisierung mit f = 50 Hz auftretenden Verluste für Scheitelwerte der magnetischen Flußdichte B von 1,0 T und 1,5 T an.

Die bei B 5/B 10/B 25/B 50/B 100/B 300 angegebenen Flußdichten erzeugen H = 5/10/25/100/300 A/cm magn. Feldstärke 1 Tesla = 1 V · s · m^{-2}

Abmessung von Kernblechen

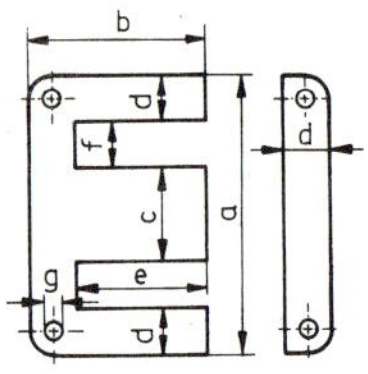

EI-Schnitt

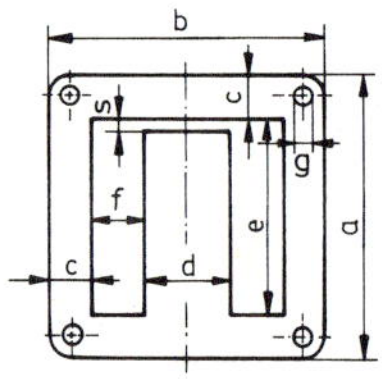

M-Schnitt

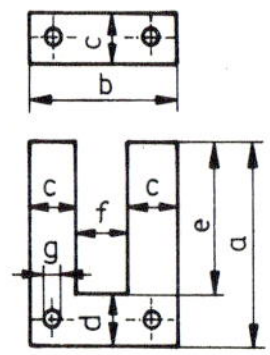

UI-Schnitt

Kurz-zeichen	a	b	c	d	e	f	g	Kurz-zeichen	a	b	c	d	e	f	g
EI 30	30	20	10	5	15	5	–	M 20	20	20	3,5	5	13	4	2,8
EI 38	38,4	25,6	12,8	6,4	19,2	6,4	–	M 30	30	30	5	7	20	6,5	3
EI 42	42	28	14	7	21	7	3,5	M 42	42	42	6	12	30	9	3,5
EI 48	48	32	16	8	24	8	3,5	M 55	55	55	8,5	27	38	10,5	3,5
EI 54	54	36	18	9	27	9	3,5	M 65	65	65	10	20	45	12,5	4,5
EI 60	60	40	20	10	30	10	3,5	M 74	74	74	11,5	23	51	14	4,5
EI 66	66	44	22	11	33	11	4,5	M 85	85	85	14,5	29	56	13,5	4,5
EI 78	78	52	26	13	39	13	4,5	M 102	102	102	17	34	68	17	5,5
EI 84	84	56	28	14	42	14	4,5	UI 30	40	30	10	10	30	10	3,5
EI 92	92	62,5	23	11,5	51	23	4,5	UI 39	52	39	13	13	39	13	3,5
EI 106	106	70,5	29	14,5	56	24	5,5	UI 48	64	48	16	16	48	16	4,5
EI 130	130	87,5	35	17,5	70	30	6,8	UI 60	80	60	20	20	60	20	4,5
EI 150	150	100	40	20	80	35	7,8	UI 75	100	75	25	25	75	25	5,5
EI 170	170	117,5	45	22,5	95	40	8	UI 90	120	90	30	30	90	30	7,8
EI 195	195	152,5	55	27,5	125	42,5	11	UI 102	136	102	34	34	102	34	7,8
EI 231	231	176,5	65	32,5	144	50,5	13	UI 114	152	114	38	38	114	38	11,0

(Maße in mm)

Daten von Blechpaketen für Transformatoren — Bau 23.2

Daten von Blechpaketen für Transformatoren und Drosseln mit M-Schnitt

Blechschnitt Type	Blechdicke in mm	Kernquerschnitt A_{Fe} cm²	effektiv. Eisenquerschnitt A_{Fe} cm²	Paketstärke in mm	Belastbarkeit S_{IIg} VA	Wirkungsgrad η in %	Eisenmenge G_{Fe} kg	Eisenweglänge l_m cm	Fensterquerschnitt A_F cm²	effekt. Wickelhöhe h_W mm	effekt. Wickelstärke s_W mm	effekt. Wickelquerschnitt A_W mm²	mittl. Windungslänge l_m cm	kühlende Oberfläche O_T cm²
M 20	0,35	0,25	0,24	5	0,1	40	0,012	4,70	0,52	10	2,5	25	3,8	15
M 30	0,35	0,49	0,48	7	0,3	50	0,035	7,15	1,30	15	3,5	52,5	5,0	32
M 42	0,5	1,80	1,53	15	2,3	60	0,144	10,2	2,70	24	6,6	158	9,2	80
M 55	0,5	3,40	2,89	20	8,5	70	0,350	13,1	3,99	30	7,5	225	12,0	140
M 65	0,5	5,40	4,59	27	21	77	0,657	15,5	5,63	35	9,2	322	14,4	200
M 74	0,5	7,36	6,26	32	40	83	1,02	17,6	7,15	43	10,4	447	16,5	270
M 85	0,5	9,28	7,89	32	62	84	1,44	19,7	7,56	46	9,3	428	17,0	335
M 102	0,5	11,9	10,1	35	100	87,5	2,22	23,8	11,56	58	12,2	708	19,8	455
M 102	0,5	17,7	15,0	52	180	88,5	3,29	23,8	11,56	58	12,2	708	23,2	570

Daten von Blechpaketen für Transformatoren und Drosseln mit EI-Schnitt

Blechschnitt Type	Blechdicke in mm	Kernquerschnitt A_{Fe} cm²	effektiv. Eisenquerschnitt A_{Fe} cm²	Paketstärke in mm	Belastbarkeit S_{IIg} VA	Wirkungsgrad η in %	Eisenmenge G_{Fe} kg	Eisenweglänge l_m cm	Fensterquerschnitt A_F cm²	effekt. Wickelhöhe h_W mm	effekt. Wickelstärke s_W mm	effekt. Wickelquerschnitt A_W mm²	mittl. Windungslänge l_m cm	kühlende Oberfläche O_T cm²
EI 42	0,5	1,96	1,67	14	2,8	60	0,129	8,50	1,47	16,5	4,5	74,3	8,0	64
EI 48	0,5	2,56	2,18	16	4,7	65	0,193	9,71	1,92	19,0	5,5	105	9,1	82
EI 54	0,5	3,24	2,75	18	7,5	70	0,274	10,9	2.43	21,5	6,5	140	10,5	104
EI 60	0,5	4,00	3,40	20	12	73	0,377	12,1	3,00	24,0	7,5	180	11,4	125
EI 66	0,5	4,84	4,11	22	17	75	0,502	13,4	3,63	26,0	8,6	224	12,5	155
EI 78	0,5	6,76	5,75	26	33	80	0,828	15,8	5,07	31,5	10,2	321	15,0	218
EI 84	0,5	7,84	6,66	28	45	85	1,03	17,0	5,88	35,0	11,0	385	16,2	253
EI 92	0,5	5,75	4,89	25	34	78	0,876	19,6	11,73	42	17,0	714	17,1	264
EI 92	0,5	8,05	6,84	35	65	85	1,23	19,6	11,73	42	17,0	714	19,1	320
EI 106	0,5	8,70	7,40	30	80	87	1,49	22,0	13,44	48	19,5	936	19,9	370
EI 106	0,5	13,1	11,1	45	170	89	2,23	22,0	13,44	48	19,5	936	22,9	464
EI 130	0,5	12,3	10,5	35	160	90	2,60	27,2	21,00	61	24,0	1464	26,5	560
EI 130	0,5	15,8	13,4	45	250	90,5	3,34	27,2	21,00	61	24,0	1464	28,5	640
EI 150	0,5	16,0	13,6	40	260	92	3,89	31,3	28	68	28	1904	31,4	800
EI 150	0,5	20,0	17,0	50	400	93	4,87	31,3	28	68	28	1904	33,4	940
EI 170	0,5	20,3	17,3	45	420	93,5	5,72	36,3	38	80	32	2560	35,2	1070
EI 170	0,5	27,0	23,0	60	750	94	7,63	36,3	38	80	32	2560	38,2	1210

Daten von Blechpaketen für Transformatoren und Drosseln mit UI-Schnitt

Blechschnitt Type	Blechdicke in mm	Kernquerschnitt A_{Fe} cm²	effektiv. Eisenquerschnitt A_{Fe} cm²	Paketstärke in mm	Belastbarkeit S_{IIg} VA	Wirkungsgrad η in %	Eisenmenge G_{Fe} kg	Eisenweglänge l_m cm	Fensterquerschnitt A_F cm²	effekt. Wickelhöhe h_W mm	effekt. Wickelstärke s_W mm	effekt. Wickelquerschnitt A_W mm²	mittl. Windungslänge l_m cm	kühlende Oberfläche O_T cm²
UI 30	0,35	1,00	0,97	10	0,66	50	0,091	11,1	3,00	26	7	182	7,40	90
UI 30	0,35	1,60	1,55	16	1,7	55	0,146	11,1	3,00	26	7	182	8,65	98
UI 39	0,5	1,69	1,44	13	1,4	55	0,176	14,5	5,07	33	10	330	9,60	153
UI 39	0,5	2,60	2,21	20	3,4	60	0,271	14,5	5,07	33	10	330	11,0	166
UI 48	0,5	2,56	2,18	16	3,3	60	0,329	17,8	7,68	40	12	480	11,9	230
UI 48	0,5	4,00	3,40	25	8,1	70	0,512	17,8	7,68	40	12	480	13,7	250
UI 60	0,5	4,00	3,40	20	8,1	70	0,641	22,3	12,00	50	15	750	14,6	360
UI 60	0,5	6,00	5,10	30	18	75	0,961	22,3	12,00	50	15	750	15,8	385
UI 75	0,5	6,25	5,31	25	22	75	1,25	27,9	18,75	63	19	1200	18,4	565
UI 75	0,5	10,0	8,50	40	55	80	2,00	27,9	18,75	63	19	1200	21,5	608
UI 90	0,5	9,0	7,65	30	55	80	2,16	33,4	27,0	74	23,5	1740	22,1	810
UI 90	0,5	15,0	12,8	50	150	85	3,62	33,4	27,0	74	23,5	1740	26,1	885
UI 102	0,5	11,6	9,86	34	100	87	3,14	37,9	34,7	84	27	2270	25,1	1050
UI 102	0,5	18,7	15,9	55	250	90	5,07	37,9	34,7	84	27	2270	29,3	1135
UI 114	0,5	14,4	12,2	38	150	90	4,37	42,3	43,3	94	30	2820	28,0	1300

Abmessungen von Schnittbandkernen des SM-Typs, des SE-Typs, des S3U-Typs und des SG-Typs nach DIN 41309 (Maße in mm)

Kerntyp Kurz-zeichen	Maße a	Maße b	Maße c	Maße e	Maße g	Kerndicke f Typ a	Kerndicke f Typ b	Kerndicke f Typ c	Rundung r	Spalt s	Blech-dicke	Spulen-körper
SM 30	28,6	14,3	3,5	21,0	7,0	7,0	11,0	–	1,0	0,4	0,1	M 30
SM 42	43,6	21,8	6,0	31,0	9,5	15,2	–	–	1,5	0,4	0,35	M 42
SM 55	56,3	28,4	8,5	38,5	11,0	20,8	–	–	1,5	0,4	0,35	M 55
SM 65	65,6	33,2	9,9	45	13,0	27,0	–	–	1,5	0,6	0,35	M 65
SM 74	74,6	37,7	11,4	51	14,5	32,5	–	–	1,5	0,6	0,35	M 74
SM 85	85,6	43,2	14,4	56	14,0	32,5	45,5	–	2,0	0,6	0,35	M 85
SM 102	103,0	51,9	16,9	68	17,5	35,5	52,5	–	2,0	0,6	0,35	M 102
SE 130	108,8	65,3	17,4	73	30,0	37,2	47,2	–	2	0,6	0,35	EI 130
SE 150	123,8	75,2	19,8	83	35,0	41,2	51,2	61,2	2	0,6	0,35	EI 150
SE 170	145,8	85,0	22,1	100	40,0	56	66	76	3	0,7	0,35	EI 170
SE 195	186,8	98,2	27,3	130	42,5	57	70	85	3	1,0	0,35	EI 195
SE 231	216,0	116,1	32,1	149	50,5	63	79	98	3	1,2	0,35	EI 231
SG 27/6	29,3	21,0	7,1	14,3	6,4	7,2	–	–	1,0	0,4	0,1	SG 27/6
SG 33/7	35,7	25,8	8,7	17,5	8,0	8,7	–	–	1,0	0,4	0,1	SG 33/7
SG 41/9	43,7	30,6	10,3	22,3	9,6	10,3	–	–	1,0	0,4	0,35	SG 41/9
SG 48/9	50,0	32,2	10,3	28,6	11,2	10,3	–	–	1,0	0,4	0,35	SG 48/9
SG 54	56,3	30,5	9,7	38,1	12,7	13,5	19,8	26,2	1,5	0,4	0,35	SG 54
SG 70	73,0	36,9	10,3	50,8	15,9	13,5	19,8	26,2	1,5	0,4	0,35	SG 70
SG 76	79,4	40,1	10,3	57,2	19,1	19,8	26,2	32,5	3	0,4	0,35	SG 76
SG 89	92,1	49,6	13,5	63,5	22,2	23,0	29,4	38,9	3	0,6	0,35	SG 89
SG 108	111,1	62,2	16,6	76,3	28,6	19,8	29,4	38,9	3	0,6	0,35	SG 108
SG 127	130,2	75,0	19,8	89,0	35,0	26,2	38,9	51,6	3	0,6	0,35	SG 127
SG 165	169,8	97,3	26,2	114,3	44,5	32,5	51,6	–	3	1,0	0,35	SG 165
S3U 30	53,7	50,9	9,9	32,5	10	10,1	16,1	–	1,5	0,3	–	UI 30
S3U 39	70,9	66,0	12,9	41,5	13	13,4	20,4	–	1,5	0,3	–	UI 39
S3U 48	83,9	80,8	15,8	50,5	16	16,6	25,6	–	1,5	0,4	0,3	UI 48
S3U 60	104,6	100,9	19,8	63,0	20	20,6	30,6	–	2	0,4	bzw.	UI 60
S3U 75	129,7	125,7	24,7	78,0	25	26,1	41,1	–	2	0,4	0,1	UI 75
S3U 90	156,8	150,6	29,6	95,0	30	30,9	50,9	–	3	0,5	–	UI 90
S3U 102	176,4	171,1	33,7	106,0	34	35,4	56,4	–	3	0,5	–	UI 102
S3U 114	196,2	191,0	37,6	118	38	39,2	63,2	–	3	0,6	–	UI 114
S3U 132	226,4	220,5	43,4	136	44	45,2	71,2	–	3	0,6	0,3	UI 132
S3U 150	255,6	249,6	49,4	154	50	51,2	76,2	–	3	0,6	bzw.	UI 150
S3U 168	286.0	279,6	55,3	172	56	57,0	91,0	–	3	0,6	0,1	UI 168
S3U 180	307,2	301,0	59,7	184	60	62,0	77,0	92,5	3	0,6	–	UI 180
S3U 210	357,2	350,8	69,6	214	70	71,7	101,7	131,7	3	0,6	–	UI 210

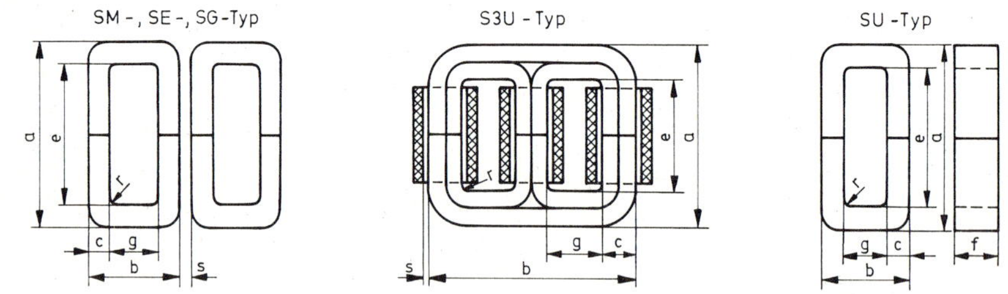

Erforderlicher Kernquerschnitt

$$A_{Fe} \approx \sqrt{\frac{S_{IIg} \cdot \frac{m_{Cu}}{m_{Fe}} \cdot 10^2}{f_u \cdot \bar{B} \cdot S}}$$

$$\frac{m_{Cu}}{m_{Fe}} \approx 0{,}3 \ldots 1.2$$

A_{Fe} Eisenkernquerschnitt in cm^2
S_{IIg} Gesamte Ausgangsleistung
m_{Cu} Kupfermenge in kg
m_{Fe} Eisenmenge in kg
$\bar{B}$ Flußdichte in T (bis 1,75)
S Stromdichte in A/mm^2
f_u tiefste Übertragungsfrequenz

Abmessungen von Schnittbandkernen des SU-Typs nach DIN 41309 (Maße in mm)

Bau 23.3a

Kurzzeichen	Maße a	b	c	e	g	Kerndicke f Typ a	Typ b	Typ c	Rundung r	Spalt s	Blechdicke	Spulenkörper
SU 15	28,7	15,0	4,9	18,5	5	5,4	8,4	–	1,5	0,2	0,2	–
SU 24	42,7	24,0	7,9	26,5	8	8,5	13,5	–	1,5	0,2	0,35	–
SU 30	52,7	30,0	9,9	32,5	10	10,1	16,1	–	1,5	0,2	0,35	UI 30
SU 39	67,9	39,1	12,9	41,5	13	13,4	20,4	–	1,5	0,3	0,35	UI 39
SU 48	82,9	48,0	15,8	50,5	16	16,5	25,5	–	1,5	0,3	0,35	UI 48
SU 60	103,6	60,1	19,8	63	20	20,6	30,6	–	2	0,3	0,35	UI 60
SU 75	128,6	75,0	24,7	78	25	26,1	41,1	–	2	0,3	0,35	UI 75
SU 90	155,8	90,0	29,6	95	30	30,9	50,9	–	3	0,5	0,35	UI 90
SU 102	175,4	102,4	33,7	106	34	35,4	56,4	–	3	0,5	0,35	UI 102
SU 114	195,6	114,4	37,6	118	38	39,2	63,2	–	3	0,6	0,35	UI 114
SU 132	225,4	132,1	43,4	136	44	45,2	71,2	–	3	0,6	0,35	UI 132
SU 150	255,6	150,2	49,4	154	50	51,2	76,2	–	3	0,6	0,35	UI 150
SU 168	286,0	168,3	55,3	172	56	57,0	91,0	–	3	0,6	0,35	UI 168

Elektrische Daten von Schnittbandkernen für eine Betriebsflußdichte von B = 1,7 T

Kerntyp Kurzzeichen	Eisenmenge m_{Fe} in kg	Eisenweglänge in cm	Kernquerschnitt in cm²	V_u W	S_{llg} VA	U/N V/Wdg
SU 30 a	0,0715	11,4	0,82	0,16	1,83	0,031
b	0,117	11,4	1,34	0,26	3,00	0,051
SU 39 a	0,163	14,8	1,44	0,36	3,71	0,054
b	0,254	14,8	2,24	0,57	5,80	0,085
SU 48 a	0,303	18,1	2,19	0,67	6,37	0,083
b	0,480	18,1	3,47	1,05	10,1	0,13
SU 60 a	0,605	22,6	3,50	1,33	11,7	0,13
b	0,916	22,6	5,30	2,03	17,9	0,20
SU 75 a	1,215	28,2	5,63	2,67	22,1	0,21
b	1,944	28,2	9,01	4,27	35,4	0,43
SU 90 a	2,078	34,0	7,99	4,57	36,5	0,30
b	3,485	34,0	13,4	7,67	61,2	0,51
SU 102 a	3,084	38,4	10,5	6,79	52,0	0,40
b	4,994	38,4	17,0	10,9	84,1	0,64
SU 114 a	4,234	42,8	12,9	9,31	69,8	0,49
b	6,958	42,8	21,2	15,3	114	0,80
SU 132 a	6,589	49,5	17,4	14,5	106	0,66
b	10,489	49,5	27,7	23,0	169	1,05
SU 150 a	9,673	56,2	22,5	21,3	152	0,85
b	14,575	56,2	33,9	32,1	229	1,28
SU 168 a	13,543	63,0	28,1	29,8	209	1,06
b	21,881	63,0	45,4	48,2	338	1,72
SU 180 a	17,066	67,6	33,0	37,6	260	1,25
b	21,358	67,6	41,3	47,0	326	1,50
c	25,598	67,6	49,5	56,3	391	1,87
SU 210 a	26,851	78,7	44,6	59,1	402	1,68
b	38,471	78,7	63,9	84,6	576	2,41
c	50,091	78,7	83,2	109	743	3,12
SE 130 a	1,117	25,9	5,64	2,46	20,7	0,21
b	1,429	25,9	7,21	3,14	26,6	0,27
SE 150 a	1,631	29,7	7,18	3,59	29,2	0,27
b	2,040	29,7	8,98	4,49	36,5	0,34
c	2,454	29,7	10,8	5,40	43,8	0,41
SE 170 a	2,920	34,7	11,0	6,42	50,2	0,41
b	3,424	34,7	12,9	7,53	59,0	0,49
c	3,955	34,7	14,9	8,70	68,0	0,56
SE 195 a	4,529	42,9	13,8	10,0	74,5	0,52
b	5,579	42,9	17,0	12,3	91,8	0,64
c	6,826	42,9	20,8	15,0	112,2	0,79
SE 231 a	6,871	42,9	18,0	15,1	109,8	0,68
b	8,665	42,9	22,7	19,1	138,8	0,86
c	10,765	42,9	28,2	23,7	172,0	1,07

Kerntyp Kurzzeichen	Eisenmenge m_{Fe} in kg	Eisenweglänge in cm	Kernquerschnitt in cm²	V_u W	S_{llg} VA	U/N V/Wdg
SG 27/6	0,0180	6,32	0,372	0,039	0,64	0,014
33/7	0,0347	7,77	0,582	0,075	1,06	0,022
41/9	0,0630	9,53	0,862	0,14	1,8	0,0326
48/9	0,0735	11,13	0,862	0,16	1,9	0,0326
SG 54/13	0,0940		0,96	0,21	2,3	0,0363
54/19	0,141	12,78	1,44	0,31	3,4	0,0544
54/25	0,187		1,92	0,41	4,5	0,0726
54/38	0,281		2,88	0,62	6,8	0,109
SG 70/13	0,145		1,15	0,32	3,1	0,0435
70/19	0,218	16,54	1,72	0,48	4,7	0,0650
70/25	0,291		2,30	0,64	6,3	0,0870
70/32	0,363		2,87	0,79	7,9	0,108
SG 76/19	0,239		1,72	0,53	5,0	0,065
76/25	0,319	18,14	2,30	0,71	6,7	0,087
76/32	0,398		2,87	0,87	8,3	0,108
76/36	0,478		3,45	1,05	10,0	0,130
SG 89/22	0,432		2,68	0,95	8,6	0,101
89/29	0,553	21,06	3,45	1,22	11,0	0,130
89/38	0,739		4,60	1,63	14,7	0,174
89/51	0,989		6,13	2,18	19,6	0,232
SG 108/25	0,567		2,87	1,24	10,5	0,108
108/38	0,898	25,86	4,54	1,87	16,7	0,172
108/51	1,138		5,75	2,49	21,1	0,217
108/70	1,515		7,66	3,33	28,2	0,290
SG 127/25	1,079		4,60	2,36	19,1	0,174
127/38	1,619	30,68	6,90	3,56	28,7	0,260
127/51	2,163		9,23	4,74	38,4	0,349
127/70	2,966		12,65	6,54	52,7	0,478
SG 165/32	2,363	40,23	7,68	5,13	39,4	0,290
165/51	3,773		12,26	8,22	62,8	0,463
SM 30 a	0,009 1	6,6	0,18	0,020	0,36	0,007
b	0,014 7	6,6	0,29	0,033	0,58	0,011
42	0,054 1	9,8	0,72	0,12	1,44	0,027
55	0,138	12,4	1,46	0,31	3,40	0,055
65	0,250	14,6	2,24	0,55	5,72	0,085
SM 74	0,396	16,5	3,14	0,87	8,62	0,12
85 a	0,561	18,3	4,01	1,23	11,7	0,15
b	0,792	18,3	5,66	1,75	16,6	0,21
102 a	0,885	22,2	5,21	1,95	17,3	0,19
b	1,321	22,2	7,78	2,91	25,8	0,29

Fernsprechübertrager

Bau 23.4

	Windungszahlen			Widerstandswert in Ω		
	Primär		Sekundär	Primär		Sekundär
	1–2	2–4	5–8	1–2	2–4	5–8
Übertrager 48	1500	800	1100	35	95	33
Übertrager 61	850	850	850	50	200	60

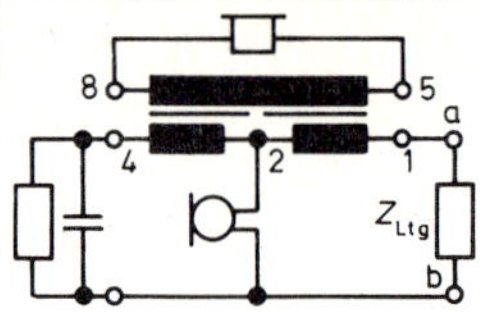

NF-Fernleitungsübertrager (NFIÜ)

Bau 23.5

Type	günstigstes Anpassungsverhältnis $Z_1:Z_1$ in Ω	Anpassungsbereich $Z_1:Z_2$ in Ω	Widerstandsübersetzungsverhältnis $ü_Z$
NFIÜ 321	800: 800	600: 600 bis 1600:1600	1:1
NFIÜ 322	800:1600	600:1200 bis 800:1600	1:2
NFIÜ 323	800: 400	600: 300 bis 800: 400	2:1
NFIÜ 325	Hiermit lassen sich die NFIÜ 321 ... 323 nachbilden		
DIÜ	600: 150	–	4:1

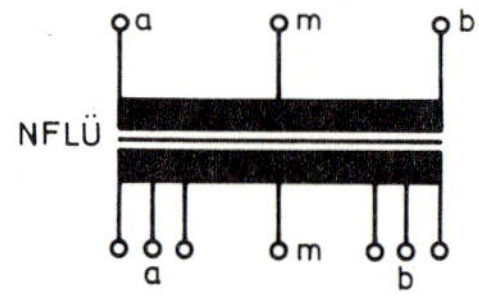

Betriebsdämpfung: a_B = 0,26 ... 0,39 dB

Symmetriedämpfung: a > .86 dB

Induktivität: $L \approx$ 6 H

Relais (Auszug)

Bau 23.6

I_{an} Ansprechstrom = geringster Strom zum Anzug
I_b Betriebsstrom = I_{an} + 0,5 ... 1,0 · I_{an}
I_f Fehlstrom = höchster Strom aber kein Ansprechen
I_h Haltestrom = geringster Strom, bei dem das Relais sicher hält
I_{ab} Abfallstrom = höchster Strom bei sicherem Abfall

Flachrelais

Maximale Schaltleistung 60 VA.

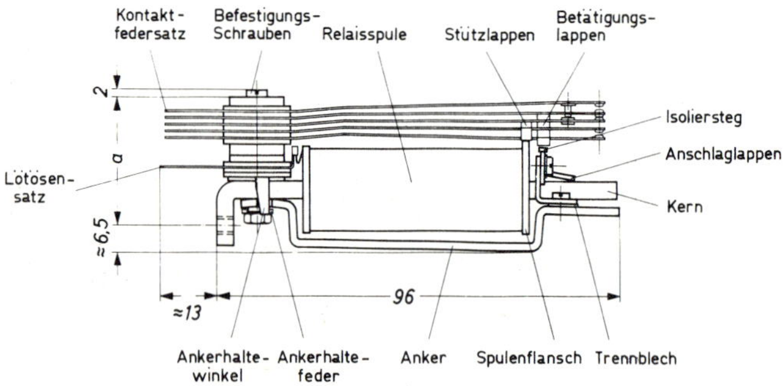

Relaisrückseite	
Federsätze	Lötstifte
I	1
	2
II	3
	4
III	5
	6

Anzug AW 50...100 Kleinrelais
100...200 Flachrelais
200...400 Rundrelais mit normalem Kontaktaufbau
400...600 Rundrelais mit schwerem Kontaktaufbau

Schutzkontaktrelais (Schließer Umschalter)

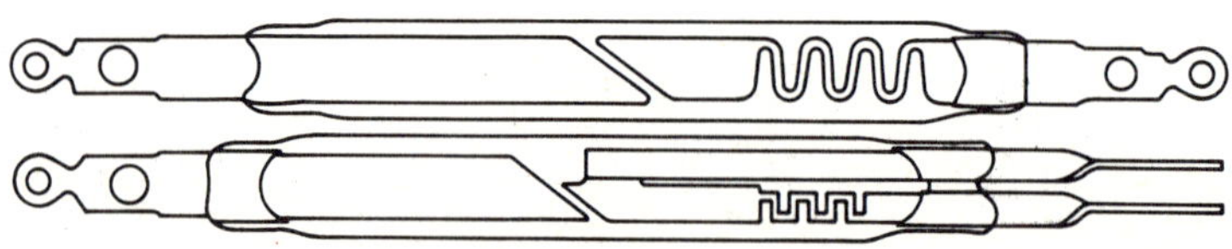

Relais

Bau 23.7

ESK-Relaisstreifen

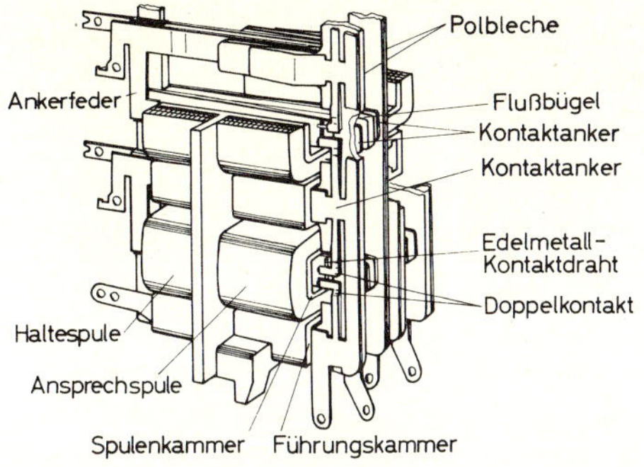

Kugelankerkontakt

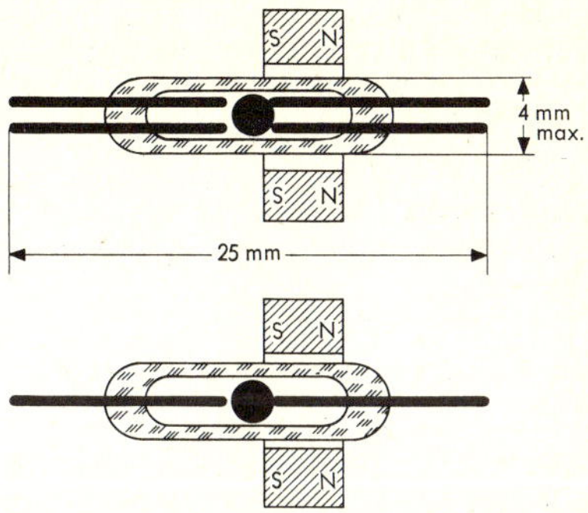

TIP-Kontakt (Tiny and Protected)

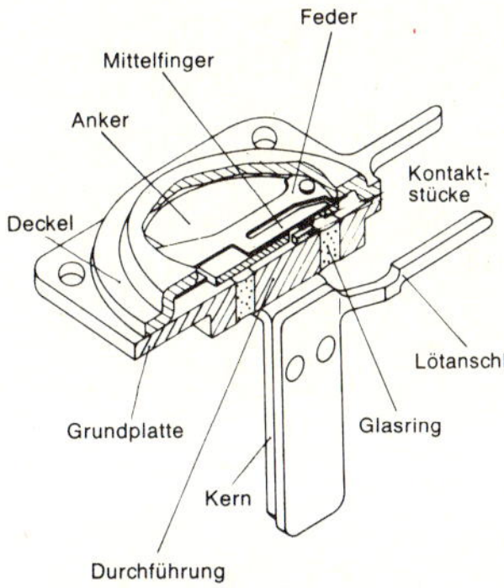

TIP-Relais ohne Erregung

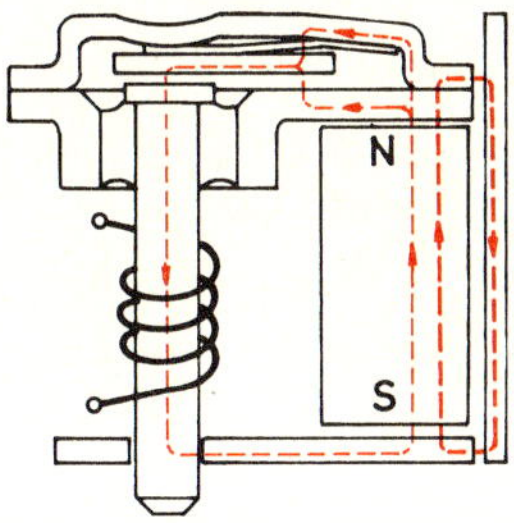

TIP-Relais mit Erregung

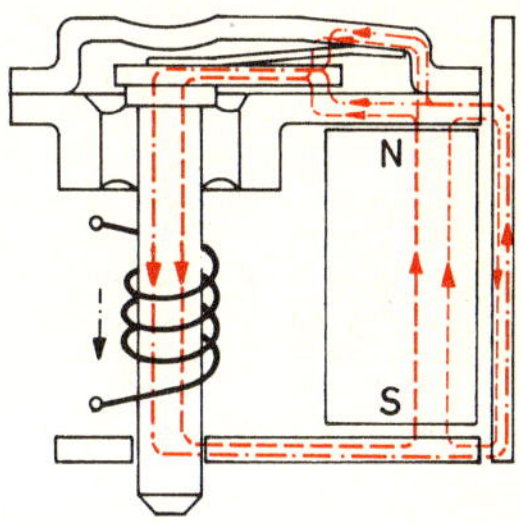

TIP-Koppelelement

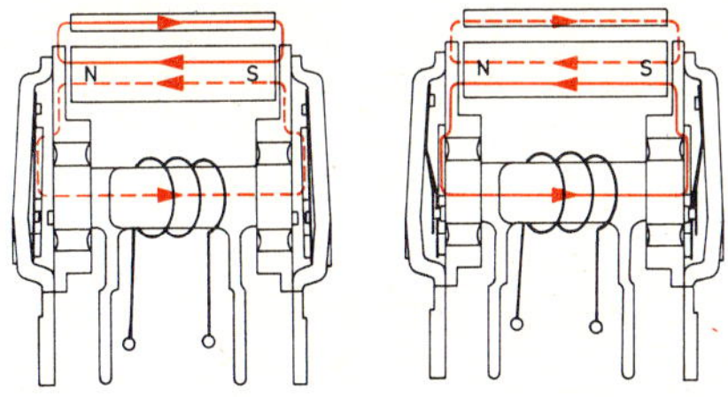

Thermorelais

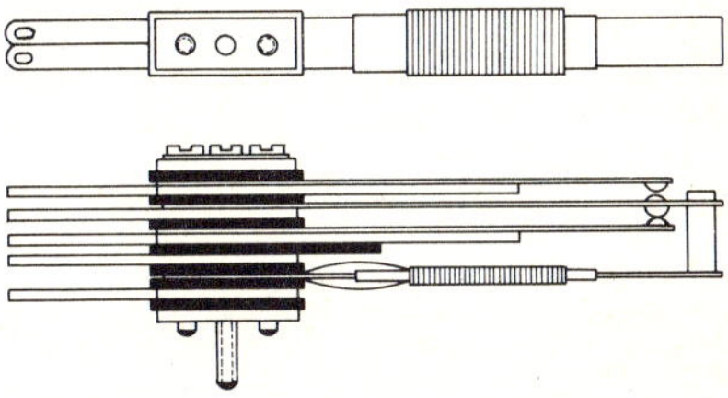

Relaisdaten

Bau 23.8

Spulenzettel (Beispiel)

Ordnungs-zahl	Löt-stifte	Widerstand in Ohm		Windungs-zahl		Draht-durchmesser	Drahtart u. Isolation
		2 Lagen 0,5 Cu bl					
I	(12)	500	–	8000	–	0,13	CuL
II	(34)	220	–	1545	–	0,10	CuL
III	(56)	1500	–	bif	–	0,10	WdSS

Kontaktzählweise

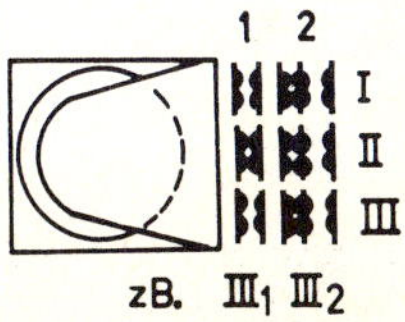

Relaisdaten

Justiervorschrift (Beispiel)

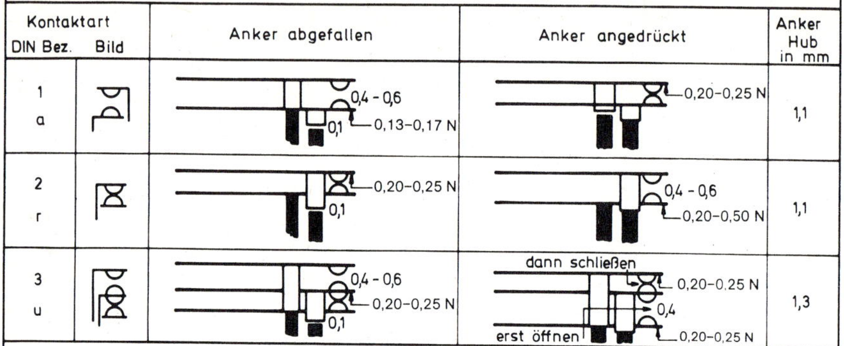

Rundrelais (Wicklungsbestückung)

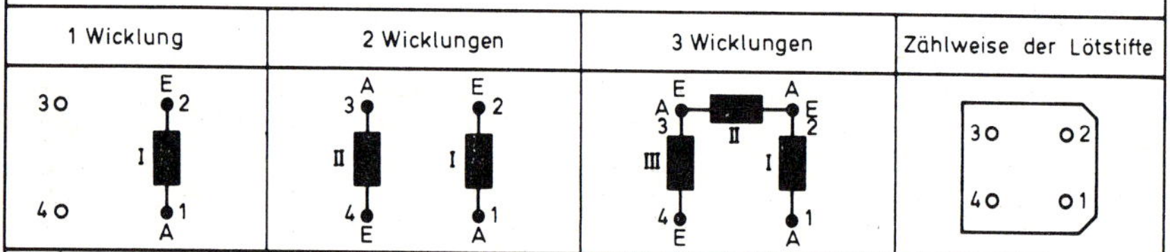

Schneidankerrelais (Wicklungsbestückung)

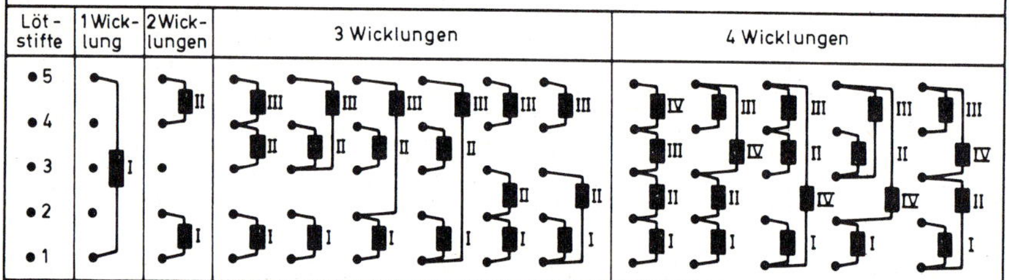

Flachrelais (Wicklungsbestückung)

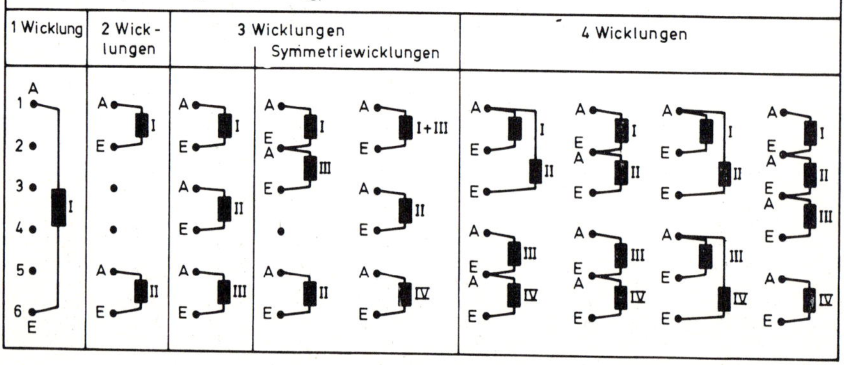

Kupferdraht für Wicklungen (DIN 46435)

Bau 24.1

Draht ⌀ blank d/mm	Draht-querschnitt A/mm²	Wider-stand pro 1000 m Ω/km	Masse pro m (blank) g/m	Zulässige Stromstärke in A bei einer Stromdichte von					
				1,5 A/mm²	2 A/mm²	2,5 A/mm²	3 A/mm²	3,5 A/mm²	4 A/mm²
0,02	0,000314	54,880	0,0013	0,00047	0,00063	0,00079	0,00094	0,00110	0,00126
0,03	0,000707	24,390	0,0063	0,00106	0,00141	0,00177	0,00221	0,00247	0,00283
0,04	0,001257	13,720	0,0112	0,00189	0,00251	0,00314	0,00377	0,00440	0,00503
0,05	0,001964	8,781	0,0175	0,00295	0,00393	0,00491	0,00589	0,00687	0,00786
0,06	0,002827	6,098	0,0252	0,00424	0,00565	0,00707	0,00848	0,00990	0,0113
0,071	0,003959	4,355	0,0349	0,00594	0,00792	0,00990	0,0119	0,0139	0,0158
0,08	0,005027	3,430	0,0447	0,00754	0,0101	0,0126	0,0151	0,0176	0,0201
0,09	0,006362	2,710	0,0566	0,00954	0,0127	0,0159	0,0191	0,0223	0,0254
0,1	0,007854	2,195	0,0699	0,0118	0,0157	0,0196	0,0236	0,0275	0,0314
0,112	0,009852	1,750	0,0876	0,0148	0,0197	0,0246	0,0296	0,0345	0,0394
0,125	0,01227	1,405	0,1087	0,0184	0,0245	0,0307	0,0368	0,0429	0,0491
0,14	0,01539	1,120	0,1370	0,0231	0,0308	0,0385	0,0462	0,0539	0,0616
0,15	0,01767	975,7	0,1573	0,0265	0,0353	0,0442	0,0530	0,0618	0,0707
0,16	0,02011	857,5	0,1790	0,0302	0,0402	0,0503	0,0603	0,0704	0,0804
0,17	0,02270	759,6	0,2020	0,0341	0,0454	0,0568	0,0681	0,0795	0,0908
0,18	0,02545	677,5	0,2265	0,0382	0,0509	0,0636	0,0764	0,0891	0,102
0,19	0,02836	608,1	0,2523	0,0425	0,0567	0,0709	0,0851	0,0993	0,113
0,2	0,03142	548,8	0,2796	0,0471	0,0628	0,0786	0,0943	0,110	0,126
0,212	0,03530	488,4	0,3102	0,0530	0,0706	0,0883	0,106	0,124	0,141
0,224	0,03941	437,5	0,3503	0,0592	0,0788	0,0985	0,118	0,138	0,158
0,236	0,04372	394,1	0,4005	0,0656	0,0874	0,109	0,131	0,153	0,175
0,25	0,04909	351,2	0,4369	0,0736	0,0982	0,123	0,147	0,172	0,196
0,265	0,05517	312,6	0,4910	0,0828	0,110	0,138	0,166	0,193	0,221
0,28	0,06158	280,0	0,5481	0,0924	0,123	0,154	0,185	0,216	0,246
0,3	0,07069	243,9	0,6291	0,106	0,141	0,177	0,212	0,247	0,283
0,315	0,07793	221,2	0,6938	0,117	0,156	0,195	0,234	0,273	0,312
0,335	0,08815	195,6	0,7852	0,132	0,176	0,220	0,264	0,309	0,353
0,355	0,09898	174,2	0,8813	0,148	0,198	0,247	0,297	0,346	0,396
0,375	0,11046	156,1	0,9794	0,166	0,221	0,276	0,331	0,387	0,442
0,4	0,1257	137,2	1,119	0,189	0,251	0,314	0,377	0,440	0,503
0,425	0,1419	121,5	1,263	0,213	0,284	0,355	0,426	0,497	0,568
0,45	0,1590	108,4	1,415	0,239	0,318	0,398	0,477	0,557	0,636
0,475	0,1772	97,30	1,577	0,266	0,354	0,443	0,532	0,620	0,709
0,5	0,1964	87,81	1,748	0,295	0,393	0,491	0,589	0,687	0,786
0,56	0,2463	70,00	2,196	0,369	0,493	0,616	0,739	0,862	0,985
0,6	0,2827	60,98	2,516	0,424	0,565	0,707	0,848	0,989	1,131
0,71	0,3959	43,55	3,435	0,594	0,792	0,990	1,19	1,39	1,58
0,75	0,4418	39,03	3,932	0,663	0,884	1,10	1,33	1,55	1,77
0,8	0,5027	34,30	4,474	0,754	1,01	1,26	1,51	1,76	2,01
0,85	0,5675	30,38	5,050	0,851	1,14	1,42	1,70	1,97	2,27
0,9	0,6362	27,10	5,662	0,954	1,27	1,59	1,91	2,23	2,54
0,95	0,7088	24,32	6,309	1,06	1,42	1,77	2,13	2,48	2,84
1	0,7854	21,95	6,990	1,18	1,57	1,96	2,36	2,75	3,14
1,12	0,9852	17,50	8,808	1,48	1,97	2,46	2,96	3,45	3,94
1,25	1,227	14,05	10,960	1,84	2,45	3,07	3,68	4,29	4,91
1,32	1,369	12,60	12,163	2,05	2,74	3,42	4,11	4,79	5,48
1,4	1,539	11,20	13,70	2,31	3,08	3,85	4,62	5,39	6,16
1,5	1,767	9,757	15,73	2,65	3,53	4,42	5,30	6,18	7,07
1,6	2,011	8,575	17,90	3,02	4,02	5,03	6,03	7,04	8,04
1,7	2,270	7,596	20,20	3,41	4,54	5,68	6,81	7,95	9,08
1,8	2,545	6,775	22,65	3,82	5,09	6,36	7,64	8,91	10,18
1,9	2,836	6,081	25,23	4,25	5,67	7,09	8,51	9,93	11,34
2	3,142	5,488	27,96	4,71	6,28	7,86	9,43	11,00	12,57
2,12	3,530	4,884	31,02	5,30	7,06	8,83	10,59	12,36	14,12
2,24	3,941	4,375	35,03	5,91	7,88	9,85	11,82	13,79	15,76
2,36	4,375	3,941	40,05	6,56	8,75	10,94	13,12	15,31	17,50
2,5	4,909	3,512	43,69	7,36	9,82	12,27	14,73	17,18	19,64
2,65	5,516	3,126	49,10	8,27	11,03	13,79	16,55	19,31	22,06
2,8	6,158	2,800	54,81	9,24	12,32	15,40	18,47	21,55	24,63
3	7,069	2,439	62,91	10,60	14,14	17,67	21,21	24,74	28,28

Runddrähte aus Kupfer, lackisoliert, nach DIN 46435 (4.77) — Bau 24.2

Kl = Kleinstmaß, Gr = Größtmaß; Lackisolierung: L = lackisoliert Grad 1, 2L = lackisoliert Grad 2

Durchmesser mm	Außendurchmesser L Kl mm	L Gr mm	2L Kl mm	2L Gr mm	Durchmesser mm	Außendurchmesser L Kl mm	L Gr mm	2L Kl mm	2L Gr mm
0,02	0,023	0,025	0,025	0,027	0,375	0,398	0,416	0,413	0,435
0,025	0,028	0,031	0,032	0,034	0,4	0,424	0,442	0,438	0,462
0,03	0,034	0,038	0,039	0,041	0,425	0,450	0,468	0,465	0,489
0,032	0,036	0,040	0,041	0,043	0,45	0,475	0,495	0,490	0,516
0,036	0,040	0,045	0,045	0,049	0,475	0,500	0,522	0,517	0,543
0,04	0,044	0,050	0,050	0,054	0,5	0,526	0,548	0,543	0,569
0,045	0,050	0,056	0,055	0,061	0,53	0,556	0,580	0,575	0,601
0,05	0,056	0,062	0,062	0,068	0,56	0,587	0,611	0,606	0,632
0,056	0,062	0,069	0,068	0,076	0,6	0,626	0,654	0,648	0,674
0,06	0,066	0,074	0,073	0,081	0,63	0,658	0,684	0,678	0,708
0,063	0,068	0,078	0,077	0,085	0,67	0,698	0,726	0,720	0,748
0,071	00,76	0,088	0,087	0,095	0,71	0,739	0,767	0,762	0,790
0,08	0,088	0,098	0,099	0,105	0,75	0,779	0,809	0,802	0,832
0,09	0,098	0,110	0,109	0,117	0,8	0,829	0,861	0,853	0,885
0,1	0,109	0,121	0,121	0,129	0,85	0,879	0,913	0,905	0,937
0,106	0,115	0,127	0,128	0,136	0,9	0,929	0,965	0,956	0,990
0,112	0,122	0,134	0,135	0,143	0,95	0,979	1,017	1,007	1,041
0,118	0,128	0,142	0,142	0,150	1	1,030	1,068	1,059	1,093
0,125	0,135	0,149	0,147	0,159	1,06	1,090	1,130	1,123	1,155
0,132	0,143	0,157	0,157	0,167	1,12	1,150	1,192	1,181	1,217
0,14	0,152	0,166	0,164	0,176	1,18	1,210	1,254	1,241	1,279
0,15	0,163	0,177	0,174	0,187	1,25	1,281	1,325	1,313	1,351
0,16	0,173	0,187	0,185	0,199	1,32	1,351	1,397	1,385	1,423
0,17	0,184	0,198	0,196	0,210	1,4	1,433	1,479	1,466	1,506
0,18	0,195	0,209	0,206	0,222	1,5	1,533	1,581	1,568	1,608
0,19	0,204	0,220	0,217	0,233	1,6	1,633	1,683	1,669	1,711
0,2	0,216	0,230	0,227	0,245	1,7	1,733	1,785	1,771	1,813
0,212	0,229	0,243	0,240	0,258	1,8	1,832	1,888	1,870	1,916
0,224	0,242	0,256	0,252	0,272	1,9	1,932	1,990	1,972	2,018
0,236	0,254	0,268	0,266	0,286	2	2,032	2,092	2,074	2,120
0,25	0,268	0,284	0,279	0,301	2,12	2,154	2,214	2,195	2,243
0,265	0,285	0,299	0,295	0,317	2,24	2,274	2,336	2,316	2,366
0,28	0,301	0,315	0,310	0,334	2,36	2,393	2,459	2,436	2,488
0,3	0,322	0,336	0,333	0,355	2,5	2,533	2,601	2,577	2,631
0,315	0,336	0,352	0,349	0,371	2,65	2,682	2,754	2,728	2,784
0,335	0,358	0,374	0,370	0,392	2,8	2,831	2,907	2,878	2,938
0,355	0,377	0,395	0,392	0,414	3	3,030	3,110	3,078	3,142

Hochfrequenzlitzen nach DIN 46447, Blatt 1 — Bau 25

Litzenaufbau	Nenndurchmesser des Kupferlackdrahtes in mm	Größter Außendurchmesser der isolierten Litze: ohne Umspinnung in mm	Umspinnung 1 × Naturseide in mm	Umspinnung 2 × Naturseide in mm	Gleichstromwiderstand (bei 20 °C) in Ω/m
1 × 12 × 0,04	0,04	0,208	0,243	0,278	1,190
1 × 15 × 0,04		0,228	0,268	0,298	0,950
1 × 20 × 0,04		0,260	0,300	0,330	0,710
1 × 30 × 0,04		0,321	0,361	0,391	0,475
1 × 45 × 0,04		0,400	0,440	0,470	0,316
1 × 10 × 0,05	0,05	0.226	0,266	0,296	0,910
1 × 15 × 0,05		0,282	0,322	0,352	0,610
1 × 20 × 0,05		0,322	0,362	0,392	0,456
1 × 30 × 0,05		0,398	0,438	0,468	0,304
1 × 45 × 0,05		0,496	0,536	0,566	0,203
3 × 20 × 0,07	0,07	0,807	0,847	0,887	0,078
3 × 30 × 0,07		1,005	1,055	1,105	0,0517
3 × 45 × 0,07		1,250	1,300	1,350	0,0344
1 × 3 × 0,07	0,07	0,184	0,219	0,254	1,550
1 × 6 × 0,07		0,255	0,295	0,325	0,780
1 × 10 × 0,07		0,310	0,350	0,380	0,465
1 × 15 × 0,07		0,387	0,427	0,457	0,310
1 × 20 × 0,07		0,442	0,482	0,512	0,232
1 × 30 × 0,07		0,546	0,586	0,626	0,155
1 × 45 × 0,07		0,680	0,720	0,760	0,103
3 × 20 × 0,04	0,04	0,475	0,515	0,545	0,237
3 × 30 × 0,04		0,590	0,630	0,670	0,158
3 × 45 × 0,04		0,735	0,775	0,815	0,105
3 × 20 × 0,05	0,05	0,588	0,628	0,668	0,152
3 × 30 × 0,05		0,732	0,772	0,812	0,101
3 × 40 × 0,05		0,856	0,906	0,956	0,076

Wickelraumbelegung

Bau 26

Drahtdurchmesser in mm	Drahtquerschnitt in mm²	Windungszahl je cm² Wickelraumfläche Cu L	Cu LS	Cu S	Cu SS	Cu B	Viskoseseide
0,03	0,00071	40000	13000	18000	8200	–	–
0,04	0,00126	26000	10000	15000	7000	–	–
0,05	0,00196	20000	7800	12000	5900	–	–
0,06	0,00283	15000	6300	10000	5000	–	–
0,071	0,00395	11000	5100	8000	4200	–	–
0,08	0,00503	9000	4300	6800	3700	–	–
0,09	0,00636	7000	3800	5800	3100	–	–
0,1	0,00785	6000	3200	5000	2800	2000	2300
0,112	0,00985	5000	2700	4500	2550	1850	2100
0,125	0,01227	4400	2400	4000	2200	1700	1900
0,13	0,1327	3600	2200	3500	2000	1550	1700
0,14	0,01539	3200	2000	3050	1800	1450	1500
0,15	0,01767	2800	1900	2700	1650	1370	1400
0,16	0,02011	2500	1700	2500	1500	1300	1300
0,18	0,02545	2000	1300	2000	1300	1100	1200
0,2	0,03142	1650	1150	1600	1100	930	970
0,224	0,03941	1400	1000	1300	980	800	840
0,25	0,04909	1100	800	1100	800	700	700
0,28	0,06158	870	680	850	680	590	580
0,3	0,07069	770	590	750	590	510	520
0,32	0,08042	690	500	680	500	450	430
0,35	0,09621	580	420	550	420	400	375
0,38	0,1134	500	400	500	400	350	330
0,4	0,1257	450	360	430	360	310	306
0,425	0,1419	410	300	390	300	270	270
0,45	0,1590	370	280	360	280	260	248
0,475	0,1772	320	260	320	260	240	225
0,5	0,1964	300	250	300	250	230	209
0,56	0,2463	250	200	250	200	180	178
0,6	0,2827	210	180	210	180	165	152
0,65	0,3318	180	160	180	160	140	134
0,71	0,3959	160	135	160	135	120	118
0,75	0,4418	140	120	140	120	110	104
0,8	0,5027	120	110	120	110	98	93
0,85	0,5675	110	95	110	95	90	81
0,9	0,6362	100	88	100	88	82	75
0,95	0,7088	90	80	90	80	75	67
1	0,7854	83	73	83	73	70	61
1,12	0,9852	61	53	61	53	50	42
1,25	1,227	53	46	53	46	44	40
1,32	1,369	47	41	47	41	40	35
1,40	1,540	42	37	42	37	35	32
1,50	1,770	37	32	37	31	31	28
1,60	2,015	31	27	31	27	27	25
1,70	2,275	29	25	29	25	24	23
1,80	2,545	26	23	26	23	22	20
1,90	2,840	23	20	23	20	19	18
2,0	3,142	21	18	21	18	18	16
2,24	3,941	16	13	16	13	13	12
2,5	4,91	14	11	14	11	11	11
2,8	6,158	11	9	11	9	9	8
3,0	7,069	10	8	10	8	8	7

μ_e = *effektive Permeabilität* bei Ringkern oder Schalenkern mit Luftspalt (gescherte Permeab.)

$$\mu_e = \alpha_e \cdot \frac{\mu_i}{\alpha}$$

Durch einen Luftspalt ist der *Verlustfaktor* tan δ in der Spule nur noch im Verhältnis μ_e/μ_i gegeben. In der Tabelle ist nur der auf μ_i bezogene Verlustfaktor $\tan \delta/\mu_i$ angegeben. Siehe Bau 27.2.

$$\tan \delta_e = \frac{\tan \delta}{\mu_i} \cdot \mu_e$$ = effektiver Verlustfaktor für Kerne mit Luftspalt

Bemessung von Spulen (Beispiel)
Gefordert: L = 25 µH; Q = 500; f = 1,0 MHz; $\alpha_e \approx 80 \cdot 10^{-6}$/K

Bemessung: *Werkstoff* nach Tabelle Bau 27.2 → K 12 für 1,0 MHz mit $\frac{\alpha}{\mu_i} = 7 \cdot 10^{-6}$/K

$$\mu_e = \alpha_e \cdot \frac{\mu_i}{\alpha} = \frac{80 \cdot 10^{-6}}{\text{K}} \cdot \frac{\text{K}}{7 \cdot 10^{-6}} = 11{,}42$$

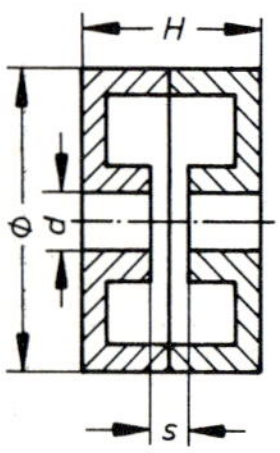

Nach Tabelle Bau 27.2 kann mit μ_e = 11,42 ≈ 12 ein Schalenkern Ø 18 x 11 eingesetzt werden. D. h. A_L = 25 nH; l_N = 35,6 mm nach Bau 27.2

Windungszahl

$$N = \sqrt{\frac{L}{A_L}} = \sqrt{\frac{25000\ \text{nH}}{25\ \text{nH}}} \approx 32\ \text{Wdg}$$

Wickeldraht → für 1,0 MHz eignet sich HF-Litze 3 x 20 x 0,05 mit Ø = 0,63 mm (siehe Bau 25 unten) mit ρ = 0,152 Ω/m

Gleichstromwiderstand

$$R_{Cu} = l_N \cdot N \cdot \rho = 0{,}0356\ \text{m} \cdot 32 \cdot 0{,}152\ \Omega/\text{m} = 0{,}173\ \Omega$$

Güte

$$Q = \frac{\omega \cdot L}{R_{Cu}} = \frac{2 \cdot \pi \cdot f \cdot L}{R_{Cu}} = \frac{2 \cdot \pi \cdot 10^7\ \text{Hz} \cdot 25 \cdot 10^{-6}\ \text{H}}{0{,}173\ \Omega} \approx 900$$

Bauformen von Schalenkernen

Ø x Höhe in mm
3,3 x 2,6
4,6 x 3,1
5,8 x 3,3
7 x 4
9 x 5 (genormt)
9 x 7
11 x 7 (genormt)
14 x 8 (genormt)
18 x 11 (genormt)
18 x 14
22 x 13 (genormt)
23 x 18

Schalenkern-Bauform für geätzte Schaltung

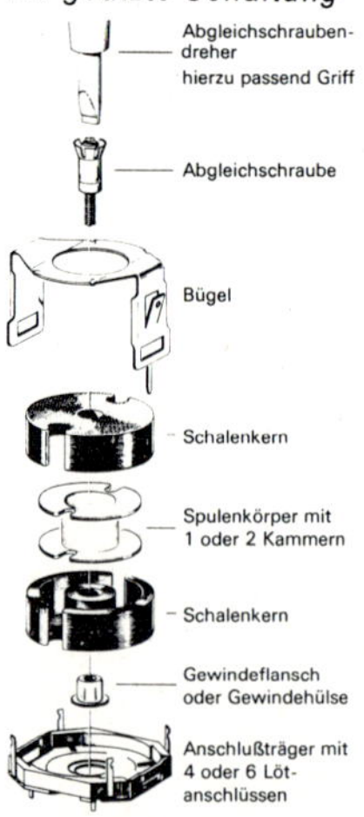

Ø x Höhe in mm
26 x 16 (genormt)
30 x 19 (genormt)
36 x 22 (genormt)
41 x 25
47 x 28
50 x 30
59 x 36
62 x 38
70 x 42
14 x 8 (4-schlitz)
18 x 11 (4-schlitz)
22 x 13 (4-schlitz)

Schalenkern-Bauform für Chassismontage

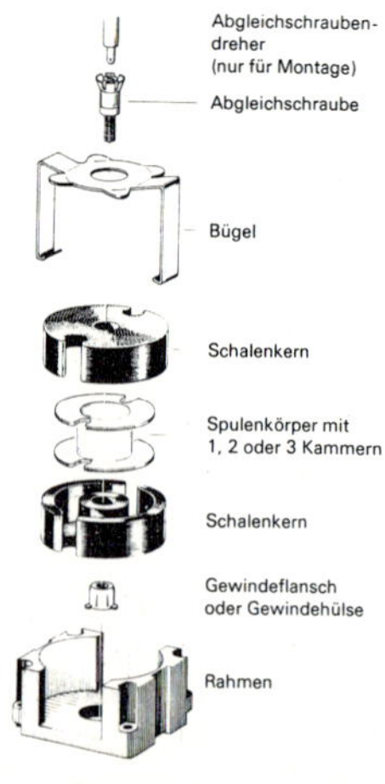

Werkstoff-Kennwerte für Schalenkerne

Werkstoff		U 60	K 12	M 25	N 48	N 27	T 35
Anfangspermeabilität μ_i		8 ± 20%	24 ± 20%	650 ± 20%	2000 ± 20%	2000 ± 20%	6000 ± 20%
günstiges Frequenzgebiet f_{min}	MHz	100	3	0,2	0,001	–	–
f_{max}	MHz	1000	40	1,6	0,1		
bezogener Verlustfaktor $\tan \delta/\mu_i$ bei f_{min}	10^{-6}	<2000	<150	<12	<0,5	–	–
bei f_{max}	10^{-6}		<600	<60	<2,5		
Curietemperatur	°C	>250	>400	>200	<150	>200	<130
Koerzitivfeldstärke	A/m	1000	1200	80	20	20	6
Induktion $\hat{B}$ Bei $\hat{H}$ = 3000 A/m	mT	110	145	400	390	460	380
spezifischer Gleichstromwiderstand	Ωm	10^5	10^5	5	1	1	0,2
Hysteresebeiwert η_B(IEC) bei f = 10 kHz bei $\hat{B}$ = 1,5 und 3 mT	$\frac{10^{-6}}{mT}$	–	>45	>1,8	>0,4	–	>0,9
bezogener mittlerer Temperaturbeiwert α/μ_i	10^{-6}/K	150	7	2	0,7	3	0,7
Dichte	kg/m³	4800	4200	4600	4700	4800	4900
Kernformen		Zylinder Rohr Gewinde	Zylinder Rohr Gewinde Schalen	Zylinder Rohr Gewinde Antennenstäbe	Schalen RM	U und E Schalen für Leist.-Übertr.	Schalen RM, EP Quader Ring

Schalenkerne nach DIN 41293 bzw. IEC Publikation 133 (Auszug)

A_L-Wert nH	SIFERRIT-Werkstoff	Gesamtluftspalt s in mm ≈	effektive Permeabilität μ_e	Anzahl der Kammern	Wickelquerschnitt A_N einer Kammer mm²	Wickelquerschnitt A_N insgesamt mm²	mittlere Windungslänge l_N mm	A_R-Wert μΩ
∅ 9 x 5 mit Luftspalt								
16	K 12	0,8	16	1	2,8	2,8	18,5	220
40	M 33	0,37	40	2	1,25	2,5	18,5	250
63	M 33	0,2	63					
100	N 28	0,1	99,5					
160	N 28	0,06	159					
250	N 28	0,03	249					
∅ 11 x 7 mit Luftspalt								
16	K 12	1,0	12,2	1	4,2	4,2	22	180
40	M 33	0,64	30	2	1,9	3,8	22	180
63	M 33	0,38	48					
100	N 28	0,2	75					
160	N 28	0,1	120					
250	N 28	0,06	188					
∅ 18 x 11 mit Luftspalt								
25	K 12	2,35	12	1	16	16	35,6	87
250	N 28	0,2	120	2	6,5	13	35,6	94
315	N 28	0,15	151	3	4,0	12	35,6	101
400	N 28	0,1	192					
500	N 28	0,07	238					
250	N 48	0,2	120					
315	N 48	0,15	151					
400	N 48	0,1	192					
∅ 22 x 13 mit Luftspalt								
40	K 1	2,4	15,9	1	23,4	23,4	44	67
63	K 1	1,3	25	2	11,0	22,0	44	69
100	N 22	1,0	39,8	3	6,7	20,0	44	76
160	N 22	0,5	63,5					
250	N 22	0,26	99,5					
400	N 22	0,14	159					
630	N 28	0,1	250					
1250	T 26	0,05	497					

∅ 9 x 5: Die Angaben für den Spulenkörper gelten für alle Werkstoffe DIN 41294

∅ 11 x 7: DIN 41924
Werkstoff des Spulenkörpers
11-Polyamid GV

∅ 18 x 11: $R_{Cu} = A_R \cdot N^2$

Der A_R-Wert ist in der Tabelle für den Kupferfüllfaktor 0,5 angegeben

∅ 22 x 13: $R_{Cu} = A_R \cdot N^2$
Der A_R-Wert ist in der Tabelle für den Kupferfüllfaktor 0,5 angegeben

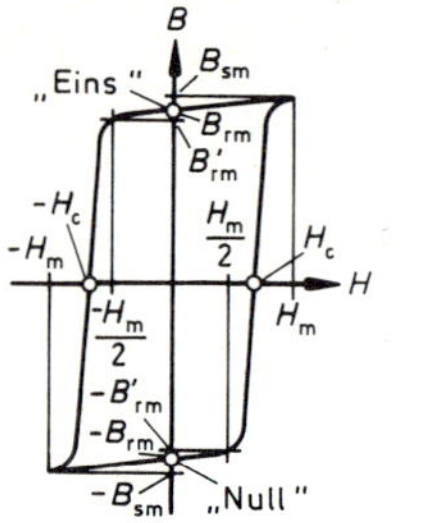

Hystereseschleife eines Ferrit-Ringkernes

$$R_s = \frac{B'_{rm}}{B_{sm}}$$ Rechteckigkeitsverhältnis

B_{sm} maximale Sättigungsinduktion bei H_m
B_{rm} maximale Remanenzinduktion nach vorausgegangener B_{sm}
B'_{rm} Remanenzinduktion bei $H_m/2$
H_m maximale Feldstärke bei 100% Steuerstrom = I_m
$H_m/2$ Feldstärke bei 50% Steuerstrom = 0,5 I_m
H_C Koerzitivfeldstärke

Beim „Lesen" geht die Information verloren. Schaltzeiten etwa 190 ... 270 ns

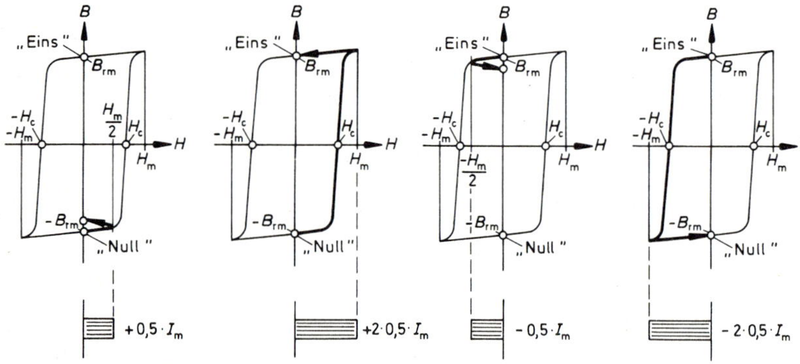

Ein- und Ausspeicherungsvorgang an der Hysteresisschleife eines Speicherkerns

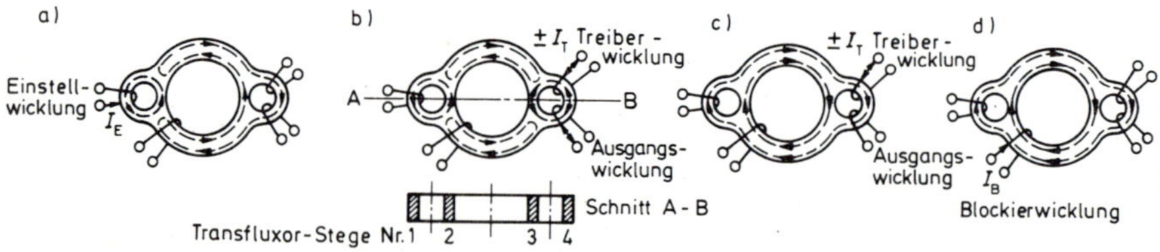

Transfluxor a) Einschreibvorgang, b) Abfragen im Zustand „1", c) Abfragen im Zustand „0", d) Blockiervorgang

Anwendung in Digital- bzw. in Analogschaltungen als Speicherelemente, Schaltelemente (Schieberegister), Kontaktfreie Schalter in Steuer- und Regelkreisen, Variometer, Magnetverstärker, Integrierverstärker, ...

Transfluxor-Kenndaten

$I_b \cdot n_b$ = Blockier-Durchflutung
$I_e \cdot n_e$ = Einstell-Durchflutung
$\hat{I}_t \cdot n_t = \hat{I}_{t1} \cdot n_{t1} = \hat{I}_{t2} \cdot n_{t2}$ = Spitzenwert der Treiber-Durchflutung
$I_{e60} \cdot n_e$ = „Anstiegsdurchflutung".

$\frac{\hat{U}_{ae}}{n_a}$ = Spitzenwert der Ausgangsspannung U_a je Windung bei voll eingestelltem Transfluxor

$\frac{\hat{U}_{ab}}{n_a}$ = Spitzenwert der Ausgangsspannung U_a je Windung bei blockiertem Transfluxor

$D = \frac{\hat{U}_{ae}}{\hat{U}_{ab}}$ = „Sperrverhältnis" des Transfluxors (discrimination ration)

Widerstandsdrähte, Querschnitt, Widerstand

Nenndurchmesser d mm	Nennquerschnitt A mm²	Elektrischer Widerstand je Meter in Ohm bei 20 °C — Widerstandslegierungen: WM 13 ρ = 0,13	WM 30 ρ = 0,30	WM 50 ρ = 0,50	WM 100 ρ = 1,00	Heizleiterlegierungen: NiCr 80 20 ρ = 1,12	NiCr 60 15 ρ = 1,13	NiCr 30 20 ρ = 1,04	CrNi 25 20 ρ = 0,95	CrAl 25 5 ρ = 1,44	CrAl 20 5 ρ = 1,37
0,10	0,00785	16,6	38,2	63,7	127	143	144	132	121	184	175
0,11	0,00950	13,7	31,6	52,6	105	118	119	109	100	152	144
0,12	0,0113	11,5	26,5	44,2	88,5	99,1	100	92,0	84,0	127	121
0,13	0,0133	9,77	22,6	37,6	75,2	84,2	85,0	78,4	71,6	108	103
0,14	0,0154	8,44	19,5	32,5	64,9	72,7	73,4	67,6	61,7	93,5	88,9
0,15	0,0177	7,34	16,9	28,2	56,5	63,3	63,8	58,8	53,8	81,4	77,5
0,16	0,0201	6,47	14,9	24,9	49,8	55,7	56,2	51,7	47,3	71,6	68,2
0,18	0,0254	5,12	11,8	19,7	39,4	44,1	44,5	40,9	37,3	56,7	53,8
0,20	0,0314	4,14	9,55	15,9	31,8	35,7	36,0	33,1	30,3	45,9	43,6
0,22	0,0380	3,42	7,89	13,2	26,3	29,5	29,7	27,4	25,0	37,9	36,1
0,25	0,0491	2,65	6,11	10,2	20,4	22,8	23,0	21,2	19,3	29,3	27,9
0,28	0,0616	2,11	4,87	8,12	16,2	18,2	18,3	16,9	15,4	23,4	22,2
0,30	0,0707	1,84	4,24	7,07	14,1	15,8	16,0	14,7	13,4	20,4	19,4
0,32	0,0804	1,62	3,73	6,22	12,4	13,9	14,1	12,9	11,8	17,9	17,0
0,35	0,0962	1,35	3,12	5,20	10,4	11,6	11,7	10,8	9,87	15,0	14,2
0,40	0,126	1,03	2,38	3,97	7,94	8,89	8,97	8,27	7,56	11,4	10,9
0,45	0,159	0,818	1,89	3,14	6,29	7,04	7,11	6,54	5,97	9,06	8,62
0,50	0,196	0,663	1,53	2,55	5,10	5,71	5,76	5,30	4,84	7,35	6,98
0,55	0,238	0,546	1,26	2,10	4,20	4,71	4,75	4,37	3,99	6,05	5,76
0,60	0,283	0,459	1,06	1,77	3,53	3,96	3,99	3,68	3,36	5,09	4,85
0,65	0,332	0,392	0,904	1,51	3,01	3,37	3,40	3,13	2,86	4,34	4,13
0,70	0,385	0,338	0,779	1,30	2,60	2,91	2,94	2,70	2,47	3,74	3,56
0,75	0,442	0,294	0,679	1,13	2,26	2,53	2,56	2,35	2,15	3,26	3,10
0,80	0,503	0,258	0,596	0,994	1,99	2,23	2,25	2,07	1,89	2,86	2,93
0,90	0,636	0,204	0,472	0,786	1,57	1,76	1,78	1,64	1,49	2,26	2,15
1,0	0,785	0,166	0,382	0,637	1,27	1,43	1,44	1,32	1,21	1,83	1,75
1,1	0,950	0,137	0,316	0,526	1,05	1,18	1,19	1,09	1,00	1,52	1,44
1,2	1,13	0,115	0,265	0,442	0,885	0,991	1,00	0,920	0,840	1,27	1,21
1,3	1,33	0,098	0,226	0,376	0,752	0,842	0,850	0,784	0,716	1,08	1,03
1,4	1,54	0,084	0,195	0,325	0,649	0,727	0,734	0,676	0,617	0,935	0,889
1,5	1,77	0,073	0,169	0,282	0,565	0,633	0,638	0,588	0,538	0,814	0,775
1,6	2,01	0,065	0,149	0,249	0,498	0,557	0,562	0,517	0,473	0,716	0,682
1,8	2,54	0,051	0,118	0,197	0,394	0,441	0,445	0,409	0,373	0,567	0,538
2,0	3,14	0,041	0,096	0,159	0,318	0,357	0,360	0,331	0,303	0,459	0,436
2,2	3,80	0,034	0,079	0,132	0,263	0,295	0,297	0,274	0,250	0,379	0,361
2,5	4,91	0,026	0,061	0,102	0,204	0,228	0,230	0,212	0,193	0,293	0,279
2,8	6,16	0,021	0,049	0,081	0,162	0,182	0,183	0,169	0,154	0,234	0,222
3,0	7,07	0,018	0,042	0,071	0,141	0,158	0,160	0,147	0,134	0,204	0,194
3,2	8,04	0,016	0,037	0,062	0,124	0,139	0,141	0,129	0,118	0,179	0,170
3,5	9,62	0,014	0,031	0,052	0,104	0,116	0,117	0,108	0,099	0,150	0,142
3,8	11,3	0,012	0,027	0,044	0,088	0,099	0,100	0,092	0,084	0,127	0,121
4,0	12,6	0,010	0,024	0,040	0,079	0,089	0,090	0,083	0,075	0,114	0,109
4,2	13,8	0,0094	0,022	0,036	0,072	0,081	0,082	0,075	0,069	0,104	0,099
4,5	15,9	0,0082	0,019	0,031	0,063	0,070	0,071	0,065	0,060	0,091	0,086
4,8	18,1	0,0072	0,017	0,028	0,055	0,062	0,062	0,057	0,052	0,080	0,076
5,0	19,6	0,0066	0,015	0,026	0,051	0,057	0,058	0,053	0,048	0,073	0,070
5,2	21,2	0,0061	0,014	0,024	0,047	0,053	0,053	0,049	0,045	0,068	0,065
5,5	23,8	0,0055	0,013	0,021	0,042	0,047	0,047	0,044	0,040	0,061	0,058
6,0	28,3	0,0046	0,011	0,018	0,035	0,040	0,040	0,037	0,034	0,051	0,048
6,5	33,2	0,0039	0,0090	0,015	0,030	0,034	0,034	0,031	0,029	0,043	0,041

Leiteroberfläche je m Leiterlänge in cm²

d/mm	O/cm²	d/mm	O/cm²	d/mm	O/cm²	d/mm	O/cm²	d/mm	O/cm²
0,1	3,14	0,20	6,28	0,45	14,1	0,9	28,3	1,8	56,6
0,11	3,46	0,22	6,91	0,50	15,7	1,0	31,4	2,0	62,8
0,12	3,77	0,25	7,85	0,55	17,3	1,1	34,6	2,2	69,1
0,13	4,08	0,28	8,80	0,60	18,8	1,2	37,7	2,5	78,5
0,14	4,40	0,30	9,42	0,65	20,4	1,3	40,8	3,0	94,2
0,15	4,71	0,32	10,10	0,70	22,0	1,4	44,0	3,5	110
0,16	5,03	0,35	11,00	0,75	23,6	1,5	47,1	4,0	126
0,18	5,66	0,40	12,60	0,80	25,1	1,6	50,3	4,5	141

Stiftsteckverbinder für gedruckte Schaltungen

VB 1.1

Maße

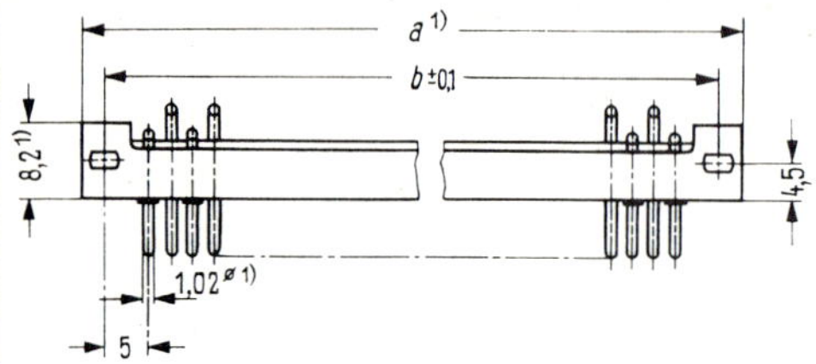

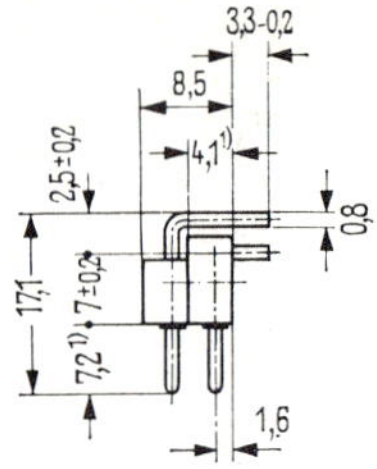

Montage

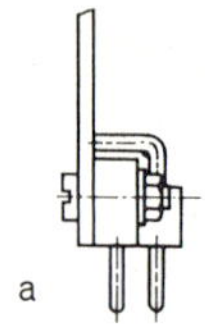

Stiftleisten für gedruckte Schaltungen

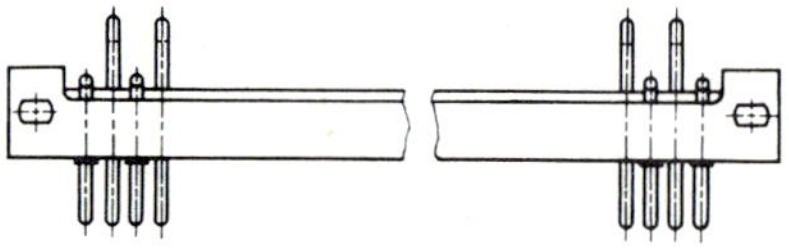

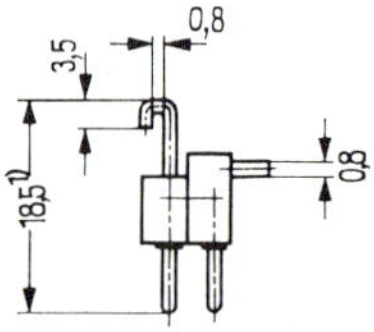

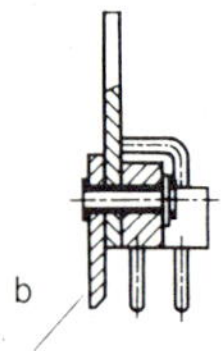

Stiftleisten für gedruckte Schaltungen und teilweise freie Verdrahtung

Stiftschutz

Montagebohrungen

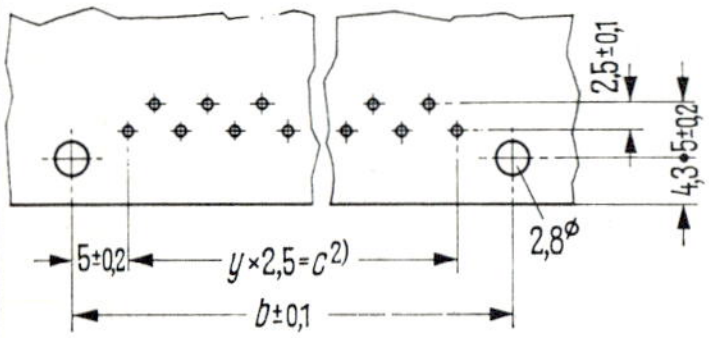

Pol-zahl	y	Maße in mm a	b	c
Stiftleisten für gedruckte Schaltungen nach DIN 41617				
13	12	45,6	40	30
21	20	65,6	60	50
25	24	75,6	70	60
31	30	90,6	85	75

Nicht vermaßte Bohrungen **1,3 + 0,1 mm⌀**

Verdrahtungsfeld von Federleisten (DIN 41612)

VB 1.2

Blick auf die Anschlüsse

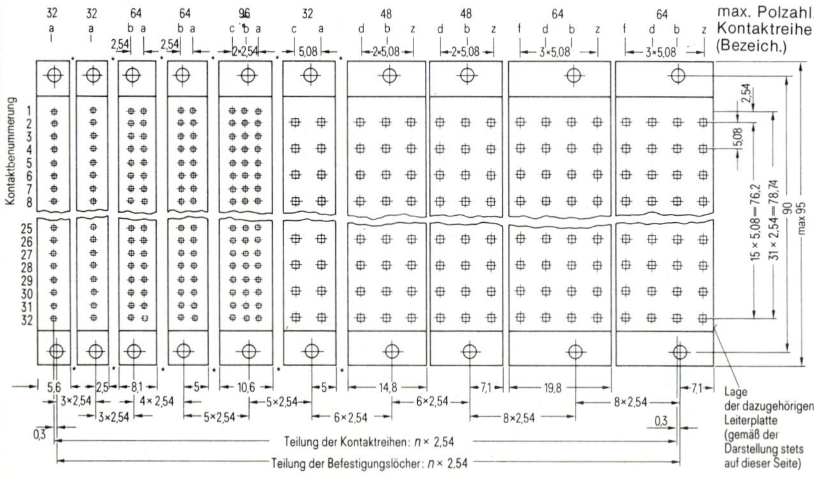

Koaxiale Steckverbinder (DIN 47295, Auszug) 1,6/5,6 (75 Ω) ...	VB 2.1

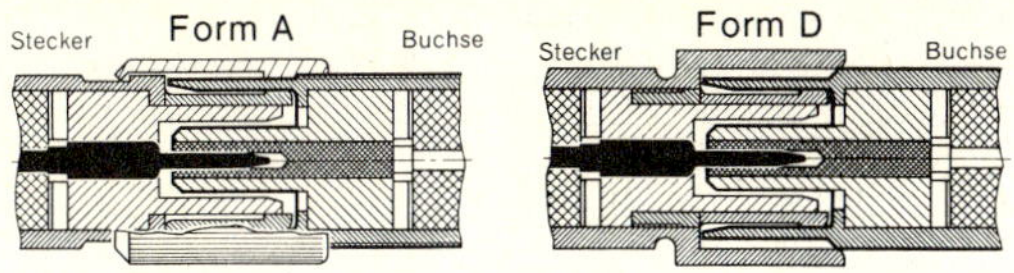

Koaxiale Steckverbinder 1,6/5,6 (75 Ω) und 1,8/5,6 (50 Ω)

Steckrastverbindung DIN 47295

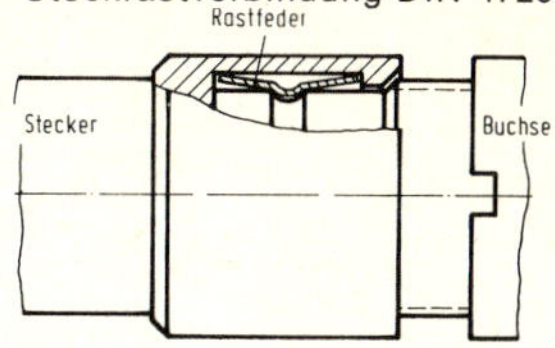

Form B

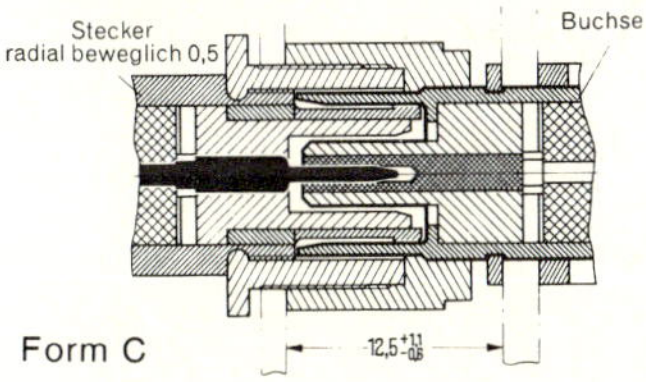

Form C

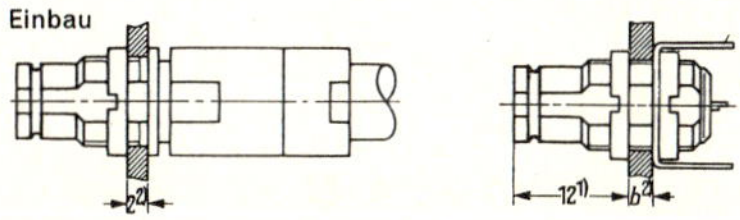

Starrer Einbau von Buchsen in Normalausführung

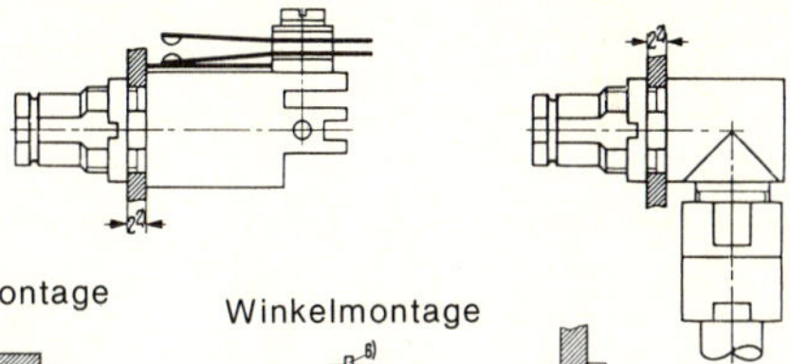

Rastermaße

Montagelochung

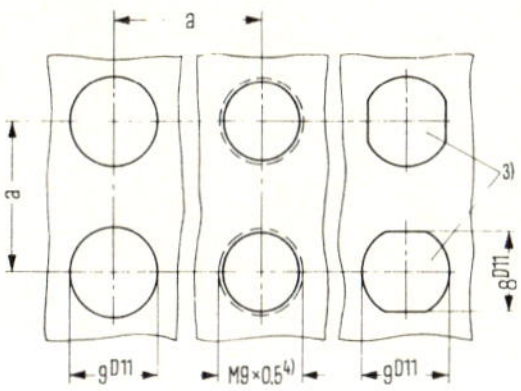

Nietmontage

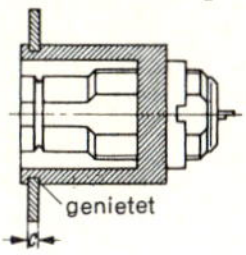

Winkelmontage

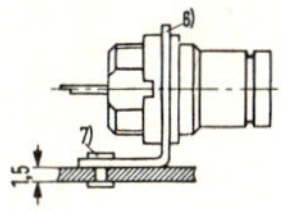

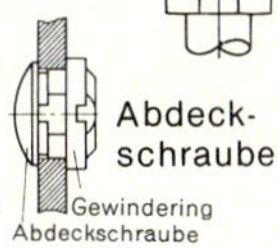

Wire-Wrap-Verbindung	VB 2.2

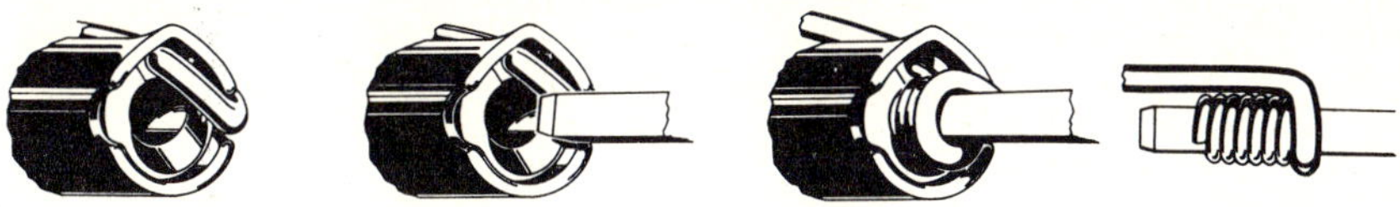

Einfädeln (Draht) | Einführen (Stift) | Wickeln | Wicklung

Wickeldrahtdurchmesser AWG	mm	Windungs-zahl	Abzugskraft in N
30	0,25	8	15
28	0,32	7	20
26	0,4	6	25
24	0,5	5	30
22	0,65	5	35
20	0,8	4	40

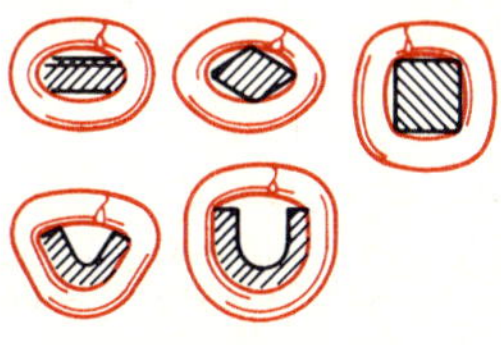

Stiftformen

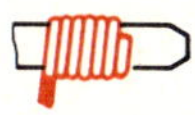

Wicklung (standard)

Wicklung (modifiziert)

Blei- und Zinnlote nach DIN 1707 (2.81 Auszug) — VB 3

Benennung*)	Kurzzeichen	Sn	Sb	Fe	Cu + As + Ni	Pb	Temperatur in °C	Anwendungsbeispiele
		Zusammensetzung in %						
(Bleilot 98,5)	L-Pb 98,5	–	–	–	–	>98,5	320	Stahl, Kupfer, Zinkwerkstoffe
(Zinnlot 25)	L-PbSn 25 Sb	25	1,7	0,05	0,10	Rest	257	Stahl, Kupfer, Zink; nur zur Flammenlötung
(Zinnlot 30)	L-PbSn 30 Sb	30	2,0	0,06	0,12	Rest	249	Bau- und grobe Klempnerarbeiten
(Zinnlot 33)	L-PbSn 33 Sb	33	2,2	0,07	0,14	Rest	242	Stahl, Kupfer, Zink, Schmierlötungen
(Zinnlot 35)	L-PbSn 35 Sb	35	2,3	0,07	0,15	Rest	237	Stahl, Kupfer, Zink. Lötungen hoher mechan. Beanspruchungen
(Zinnlot 40)	L-PbSn 40 Sb	40	2,7	0,08	0,16	Rest	223	Stahl, Kupfer, Messing und Weißbleche, Feinlötungen
(Zinnlot 50)	L-Sn 50 PbSb	50	3,3	0,09	0,18	Rest	200	nur für feinere Arbeiten, Fernmeldetechnik
(Zinnlot 60)	L-Sn 60 PbSb	60	3,2	0,10	0,20	Rest	185	Stahl, Kupfer und Kupferlegierungen, Feinlötungen in der Elektroindustrie
(Zinnlot 90)	L-Sn 90 PbSb	90	1,3	0,10	0,20	Rest	219	Stahl, Kupfer, für Lebensmittelgeräte zugelassen

Schnellote

Bezeichnung		Zinn	Blei	sonstige Bestandteile	Temperatur in °C mindestens
		Zusammensetzung in %			
Wismutlot	A	45	45	Bi 10	160
	B	50	35	Bi 15	155
	C	40	40	Bi 20	145
	D	35	35	Bi 30	125
	F	25	22	Bi 53	113
	G	15	32	Bi 53	96
Roses-Lötmetall	A	50	25	Cd 25	150
	B	20	20	Bi 60	121
	C	25	25	Bi 50	94
	D	15	33	Bi 52	96
Woods-Lötmetall		12,5	25	Bi 50, Cd 12,5	60
Lipowitz-Lötmetall		13	27	Bi 50, Cd 10	70

Aluminium-Zinklote für Leichtmetall-Weichlötungen nach DIN 1732 (2.81 Auszug)

Benennung*)	Kurzzeichen	Sn	Zn	Sonstige Bestandteile	Temperatur in °C mindestens	Anwendungsbeispiele
		Zusammensetzung in %				
(Alumin.-Zinklot 85)	L-ZnAl 15	–	≧84	Al ≧ 14	430	Reinaluminium, Aluminiumgußlegierungen, Kabel, Aluminiumguß
(Alumin.-Zinklot 60)	L-ZnSn 40	Rest	≧60	–	320	Reinaluminium, Kabel
(Alumin.-Zinklot 56)	L-ZnCd 40 (Al)	–	≧56	Al bis 4 Cd Rest	320	Leichtmetallguß
(Alumin.-Zinnlot)	L-SnZn 40	≧59	≧39	–	260	Reinaluminium; feine Drähte bis 0,2 mm Dmr. und Folien

Kupferlote (Hartlote) nach DIN 8513 (Auszug) — VB 4.1

Benennung*)	Kurzzeichen	Cu	Zn	Sonstige Bestandteile	Temp. in °C mindest.	Anwendungsbeispiele
		Zusammensetzung in %				
(Messinglot 85)	L-CuZn 15	84 ... 86	≧13	Si 0,2 ... 0,4	1020	Kupferwerkstoffe, Stahl und Gußeisen
(Messinglot 63)	L-CuZn 37	62 ... 64	≧35	Si 0,2 ... 0,4	910	Kupferwerkstoffe, Stahl und Gußeisen, Rohrleitungen, Fahrzeugbau
(Messinglot 60)	L-CuZn 40	59 ... 61	≧38	Si 0,2 ... 0,4	900	
(Messinglot 54)	L-CuZn 46	53 ... 55	≧44	Si 0,2 ... 0,4	890	Kupferwerkstoffe, Stahl und Gußeisen
(Messinglot 48)	L-ZnCu 48	47 ... 49	≧50	–	870	Geräte, Kupferwerkstoffe
(Messinglot 42)	L-ZnCu 42	41 ... 43	≧56	–	845	Nickel- und Kupferwerkstoffe

*) frühere Bezeichnung

Hartlote — VB 4.2

Silberlote für Schwermetalle und Eisenwerkstoffe nach DIN 8513 T. 2/1.76 (Auszug)

Benennung*)	Kurzzeichen	Zusammensetzung in % Ag	Cu bis	Sonstige Bestandteile	Temperatur in °C mindestens	
Silberlot 15	L-Ag 15 Cd	14 ... 16	49	Cd 8 – 12 Zn Rest	770	Eisen und Stahl, Kupfer und Kupferlegierungen, mitteldicke Teile
Silberlot 25	L-Ag 25 Zn	24 ... 26	43	Zn Rest	780	Eisen und Stahl, dünne Bleche, Drähte und Rohre, für Optik, Feinmechanik. Kupfer und Kupferlegierungen
Silberlot 25 Cd	L-Ag 25 Cd	24 ... 26	42	Cd 12 – 16 Zn Rest	730	Kupfer und Kupferlegierungen, kleine Lötungen an mitteldicken und dünnen Teilen
Silberlot 30 Cd 12	L-Ag 30 Cd	29 ... 31	36	Cd 10 – 14 Zn Rest	700	Kupfer und Kupferlegierungen, kleine Lötungen an dünnen Blechen, Drähten, Rohren; Zweitlot nach LAg 15 u.ä.
Silberlot 45	L-Ag 45	44 ... 46	19	Cd 18 – 22 Zn Rest	620	Chemisch beständige Stähle, Kupfer und Kupferlegierungen, kleine Lötungen, wenn das Werkstück erhitzungs- oder spannungsempfindlich ist; Drittlot

Silberlote zum Hartlöten von Edelmetallen nach DIN 8513 (Auszug)

Benennung*) Kurzzeichen	Temperatur in °C	Anwendungsbeispiele
Silberlot 45 L-Ag 45	620	Silber, Gold, Platinmetalle, Auflöten von Edelmetallkontakten, Lötungen an Gold und Doublé
Silberlot 50 Cd L-Ag 50 Cd	650	Silber, Lötungen von dünnen und dünnsten Blechen und Drähten aus Feinsilber und Silberlegierungen, z. B. Kontaktnetze, Messerhefte
Silberlot 60 L-Ag 60	710	Silber, Erstlot für Gegenstände aus Silber-Kupfer-Legierungen
Silberlot 60 Cd L-Ag 60 Cd	680	Silber, Zweitlot für Gegenstände aus Silber-Kupfer-Legierungen
Silberlot 67 L-Ag 67	730	Silber, Erstlot für Gegenstände aus Silber-Kupfer-Legierungen
Silberlot 67 Cd L-Ag 67 CD	710	Silber, Zweitlot für Gegenstände aus Silber-Kupfer-Legierungen
Silberlot 75 L-Ag 75	770	Silber, Löten von Gegenständen aus Silber-Kupfer-Legierungen, die nachträglich emailliert werden
Silberlot 83 L-Ag 83	830	Silber, Lötungen an Feinsilberapparaturen und an der Silberschicht von silberplattierten Metallen

Flußmittel zum Hartlöten von Schwermetallen nach DIN 8511 (Auszug)

F-SH1	– Flußmittel ... Borverbindungen, Fluoride;	für Arbeitstemperaturen von 550 ... 800 °C
F-SH2	– Flußmittel ... Borverbindungen;	für Arbeitstemperaturen von über 800 °C
F-SH3	– Flußmittel ... Borverbindungen, Phosphate;	für Arbeitstemperaturen von über 1050 °C
F-SH4	– Flußmittel ... enthalten keine Borverbindungen;	für Arbeitstemperaturen von 600 ... 1000 °C

Borverbindungen enthalten Borsäure, welche die Metalloxide auflösen, aber auch Metalle angreifen. Flußmittelrückstände nach dem Löten sorgfältig entfernen!

Kleben von Metallen — VB 5.1

Vorbereiten der Klebeverbindung durch Anätzen, Aufrauhen, Beflammen, Beizen, Bondern, Entfetten, Sandstrahlen, ...

Sicherheitsmaßnahmen während des Klebens
Absaugen der Dämpfe am Arbeitsplatz, Be- und Entlüften der Räume, Beachten der zulässigen MAK-Werte (siehe WK 5 u. 6), Tragen von Schutzkleidung, Schutzbrillen, Atemschutzmasken während der Arbeit, absolutes Rauchverbot, nach getaner Arbeit Hände gründlich reinigen.

*) frühere Bezeichnung

Kleben von Metallen — VB 5.2

Chemische Basis	Handelsnamen	Eigenschaften des Klebstoffs
Epoxid	Araldid, Metalon, Uhu-plus	bei Raumtemperatur und höherer Temperatur abbindend
Epoxid-Nylon	FM 1000, ...	Klebefilme binden bei erhöhter Temperatur ab
Epoxid-Phenol	Ardux, Hidux, VP 9	bei erhöhten Temperaturen abbindend
Epoxid-Polyaminoamid	Versamid	kalt abbindend
Methacrylat	Agomet, Mc 3	rasch härtend, kalt abbindend
Polyimid	Primer BR 34, FM 34	warm abbindend

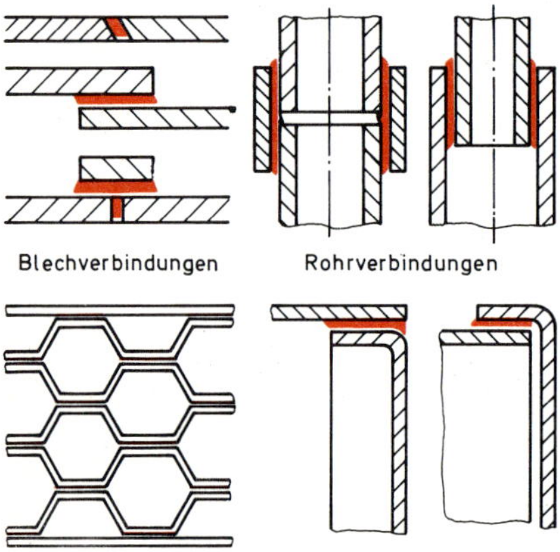

Blechverbindungen — Rohrverbindungen

Wabenverbindung — Behälterverbindungen

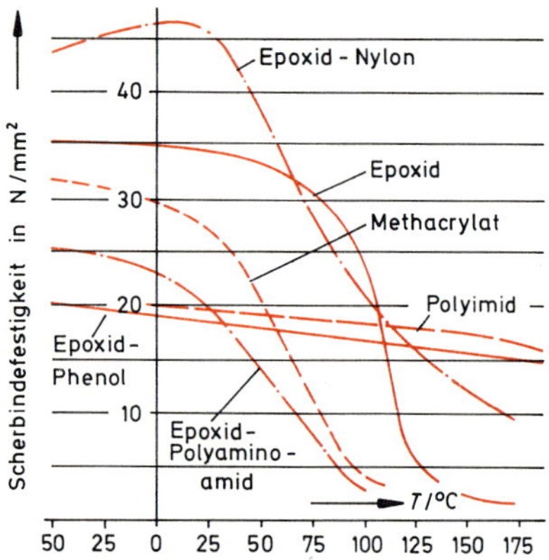

Scherbindefestigkeit (Überlappungsklebung)

Schweißen von Kunststoffen — VB 5.3

Kunststoff/Handelsnamen	Schweiß-temperatur °C	Schweißverfahren
Acrylglas: Plexiglas, Plexigum, Resartglas	90	thermisch schweißbar, HF-Schweißen
Polyamid: Durethan, Nylon, Ultramid, ...	275	HF-Schweißen schwierig
Polyäthylen: Daylon, Hostalen, Lupolen, ...	80	thermisch schweißbar, nicht HF-Schweißen
Polypropylen: Hostalen PPH, Hostalen PPN	150	thermisch schweißbar
Polystyrol: Luran, Mostyren, Trolitul, ...	100	thermisch schweißbar, nicht HF-Schweißen
Hart-PVC: Hostalit, Vestalit	200	Warmgasschweißen
Weich-PVC	175	thermisch schweißbar, HF-Schweißen

Anwendung der Schweißverfahren

Verfahren	Art der Erwärmung	Anwendung
direktes Heizelement	elektrische Heizelemente	ohne Zusatzwerkstoff für Formstücke, Platten, Profile
HF-Schweißen	hochfrequentes Wechselfeld	mit und ohne Zusatzwerkstoff für Formstücke, Platten, ...
Reibschweißen	Reibung auf Drehmaschinen erzeugt	Hart-PE, PP, Profile, Rohre
Ultraschall	Schwingungen größer 20 kHz	mit und ohne Zusatzwerkstoff
Warmgasschweißen	Warmgasgebläse (elektr., gasbeheitzt)	mit und ohne Zusatzwerkstoff für Formstücke, Platten, ...

Mechanische Verbindungen mit Form- oder Kraftschluß

Schraubverbindungen ohne und mit Sicherung

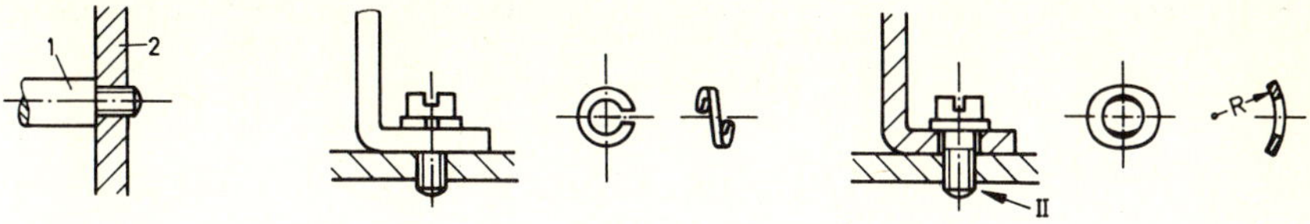

Lappenverbindungen

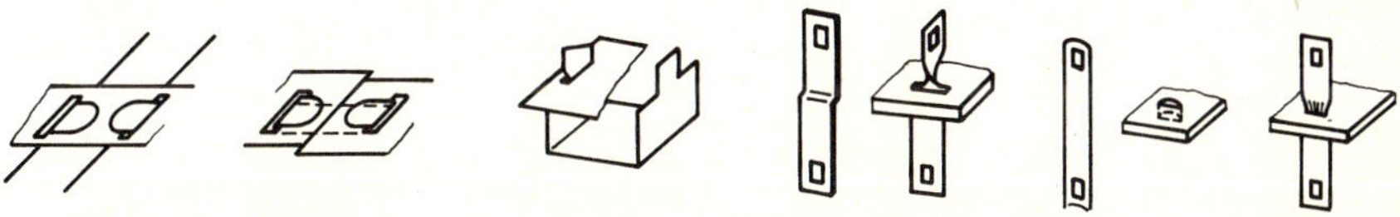

Bördelverbindungen

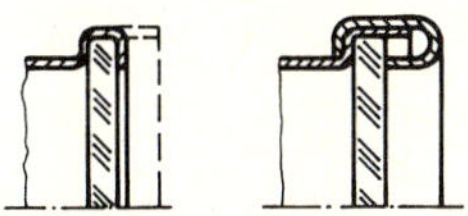

Falzverbindungen

Einpressungen

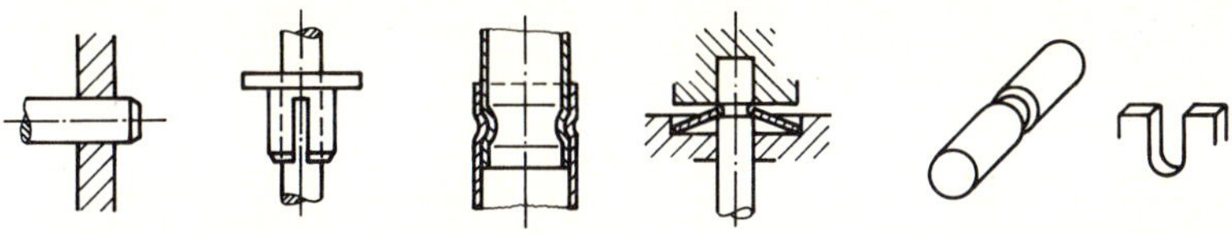

Federverbindungen

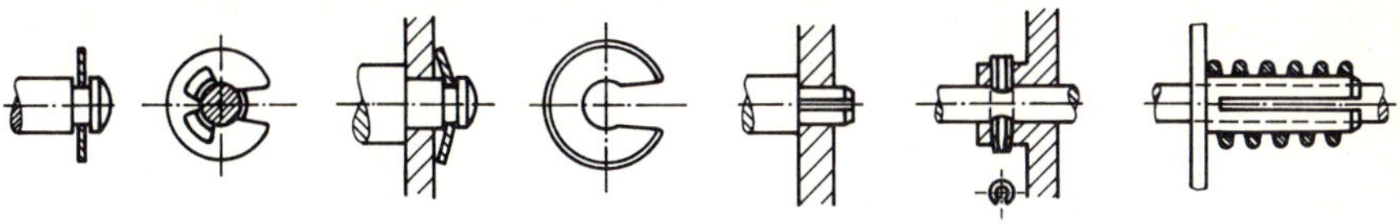

Keilverbindungen

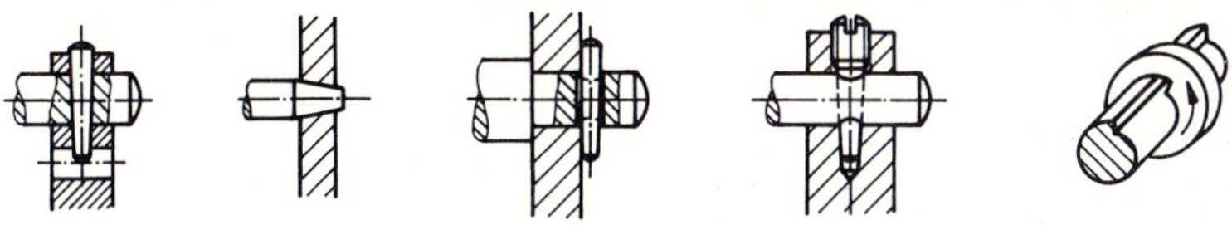

Nietverbindungen

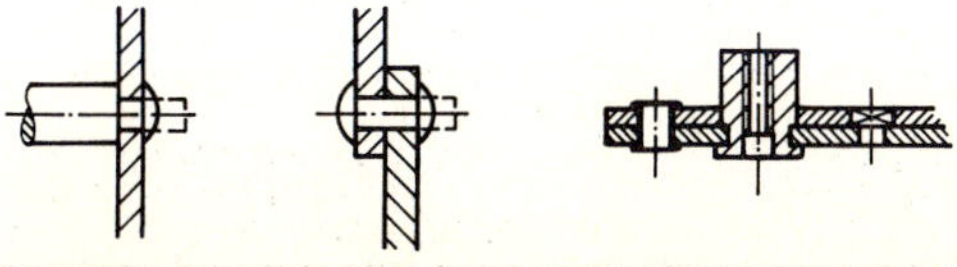

Renkverbindungen

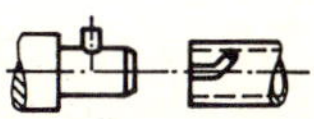

Einbettung

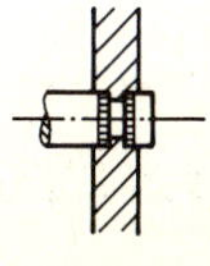

Chemische Begriffe — WK 1

Absorption	z. B. Auflösung eines Gases in einer Flüssigkeit
Aggregatzustand	ist die Zustandsform, in der sich ein Stoff befindet, z. B. fest, flüssig, gasförmig
Alkalimetalle	besitzen in ihrer Elektronenaußenschale nur ein Elektron
Analyse	Feststellen der Zusammensetzung einer chemischen Verbindung
Anion	negativ geladenes Ion
Atom	ist das kleinste chemisch nicht mehr weiter zerlegbare Teilchen eines Stoffes; besteht aus Kern und Elektronenhülle
Atomgewicht	ist eine Zahl, die angibt, um wieviel Male schwerer ein Atom ist, als der zwölfte Gewichtsteil des Kohlenstoffatoms
Basen	sind Stoffe, die in Wasser Wasserstoffionen aufnehmen bzw. freie Hydroxidionen liefern
Chemie	ist die Lehre von den Stoffen, ihrem Aufbau, ihren Eigenschaften und Veränderungen
chemische Gleichung	Sie besteht aus einer linken Seite (Symbole vor der chemischen Reaktion), einem Reaktionspfeil und einer rechten Seite (Symbole nach der chemischen Reaktion). In einer chemischen Gleichung muß die Summe der einzelnen chemischen Symbole beiderseits des Reaktionspfeiles gleich sein.
chemische Symbole	sind Kurzzeichen (Buchstaben und Buchstabenkombinationen) zur Kennzeichnung chemischer Elemente
chemische Verbindungen	bestehen aus verschiedenartigen Atomen
Diffusion	ist die gegenseitige Durchdringung aneinander angrenzender Stoffe infolge der Molekularbewegung
Dissoziation	Trennung von Ionen in Wasser. Hierbei zerfallen Elektrolyte in frei bewegliche Ionen
Elektrolyt	chemische Verbindung, die in Wasser den Strom leitet
Elemente (Grundstoffe)	bestehen aus gleichartigen Atomen
Gemenge oder Gemisch	ist ein aus chemischen Elementen oder Verbindungen im beliebigen Mischungsverhältnis zusammengesetzter Stoff
Grundstoff (chemisches Element)	Stoff, der sich chemisch nicht mehr weiter zerlegen läßt
Halogene	sind Stoffe, deren Atome sieben Außenelektronen besitzen
Härtegrad (°DH)	deutscher Härtegrad gibt die Menge der im Wasser gelösten Kaliumsalze an. Bei 1 °DH ist ein Gramm CaO in 100 l Wasser gelöst.
Ion	ist ein Atom, das gegenüber der positiven Kernladungszahl ein oder mehrere Elektronen zuviel besitzt (negatives Ion) oder ein oder mehrere Elektronen zuwenig besitzt (positives Ion)
Isotope	sind Atome gleicher Protonenzahl, aber verschiedener Neutronenzahl desselben Grundstoffes
Kation	positiv geladenes Ion
Lauge	ist die Lösung einer Base in Wasser
Legierung	ist die Mischung von Metallen oder Metallverbindungen in einer Schmelze
Lösung	ist eine Flüssigkeit, in der sich Moleküle oder Ionen eines oder mehrerer Stoffe befinden
Mol (Grammolekül)	ist die Menge eines Stoffes, die $6{,}022 \cdot 10^{23}$ Teilchen enthält; sie ist außerdem die der Molekularmasse zahlenmäßig entsprechende Grammenge eines Stoffes
Molekül	ist die kleinste Einheit einer chemischen Verbindung (auch einer Atomgruppe); aufgebaut aus Atomen
Molekulargewicht	ist gleich der Summe der Atomgewichte der Atome eines Moleküls

Chemische Begriffe

Neutralisation	Hierbei verbinden sich Oxoniumionen (H^+-Ionen) und Hydroxidionen (OH^--Ionen) zu Wasser
Osmose	ist die Diffusion durch eine halbdurchlässige Membrane
Oxidation	ist ein chemischer Vorgang, bei dem sich ein Stoff mit Sauerstoff verbindet
Periodisches System der Elemente	ist eine Anordnung der chemischen Elemente nach dem Aufbau ihrer Atomhüllen
pH-Wert (potentia hydrogenii)	ist der negative Logarithmus, der Oxoniumionenkonzentration (H^+-Ionen) in einer Lösung
Reaktion	chemischer Vorgang
Reduktion	Abspaltung von Sauerstoff bei einem Oxid
Salz	ist eine Verbindung, die Metallionen oder NH_4-Ionen und Säurerestionen enthält
Säuren	sind chemische Verbindungen, die Wasserstoffionen an Wasser abgeben können
Stöchiometrie	ist die Berechnung der chemischen Stoffumsetzung
Synthese	Herstellung einer chemischen Verbindung
Wertigkeit	Zahl, die angibt, wieviele Atome Wasserstoff ein bestimmtes anderes Atom binden oder ersetzen kann
Radioaktivität	ist die Fähigkeit eines Elementes, selbsttätig Strahlung auszusenden

Periodisches System der Elemente

	a I b	a II b	a III b	a IV b	a V b	a VI b	a VII b		a	VIII	b
1	1 H 1,00797									2 He 4,00260	
2	3 Li 6,941	4 Be 9,01218	5 B 10,811	6 C 12,01115	7 N 14,0067	8 O 15,9994	9 F 18,9984			10 Ne 20,179	
3	11 Na 22,9898	12 Mg 24,305	13 Al 26,9815	14 Si 28,086	15 P 30,9738	16 S 32,064	17 Cl 35,453			18 Ar 39,948	
4	19 K 39,102	20 Ca 40,08	21 Sc 44,9559	22 Ti 47,90	23 V 50,9414	24 Cr 51,996	25 Mn 54,9380	26 Fe 55,849	27 Co 58,9332	28 Ni 58,71	
	29 Cu 63,546	30 Zn 65,37	31 Ga 69,72	32 Ge 72,59	33 As 74,9216	34 Se 78,96	35 Br 79,904				36 Kr 83,80
5	37 Rb 85,4678	38 Sr 87,62	39 Y 88,9059	40 Zr 91,22	41 Nb 92,9064	42 Mo 95,94	43 Tc 98,9062	44 Ru 101,07	45 Rh 102,9055	46 Pd 106,4	
	47 Ag 107,868	48 Cd 112,40	49 In 114,82	50 Sn 118,69	51 Sb 121,75	52 Te 127,60	53 J 126,9045				54 Xe 131,30
6	55 Cs 132,9055	56 Ba 137,34	57 La 58 – 71 138,9055	72 Hf 178,49	73 Ta 180,9479	74 W 183,85	75 Re 186,2	76 Os 190,2	77 Ir 192,22	78 Pt 195,09	
	79 Au 196,9665	80 Hg 200,59	81 Tl 204,37	82 Pb 207,19	83 Bi 208,9806	84 Po 210	85 At 210				86 Rn 222
7	87 Fr 223	88 Ra 226,0254	89 Ac 90 – 103 227	104 Ku 261	105 Ha 261						

6	58 Ce 140,12	59 Pr 140,9077	60 Nd 144,24	61 Pm 145	62 Sm 150,35	63 Eu 151,96	64 Gd 157,25	65 Tb 158,9254	66 Dy 162,50	67 Ho 164,9303	68 Er 167,26	69 Tm 168,9342	70 Yb 173,04	71 Lu 174,97
7	90 Th 232,0391	91 Pa 231,0359	92 U 238,029	93 Np 237,0482	94 Pu 244	95 Am 243	96 Cm 247	97 Bk 247	98 Cf 251	99 Es 254	100 Fm 257	101 Md 257	102 No 255	103 Lr 256

Chemische Grundstoffe (Elemente), Wertigkeit und relative Atommasse (bezogen auf ^{12}C)
A_r relative Atommasse; Z Ordnungszahl; Klammerwerte kennzeichnen das jeweils langlebigste Isotop

Element		Wertigkeit	A_r	Z
Actinium	Ac	3	(227)	89
Aluminium	Al	3	26,9815	13
Americum	Am	3	(243)	95
Antimon	Sb	3,5	121,75	51
Argon	Ar	0	39,948	18
Arsen	As	3,5	74,9216	33
Astat	At	7	(210)	85
Barium	Ba	2	137,34	56
Berkelium	Bk	3,4	(247)	97
Beryllium	Be	2	9,01218	4
Blei	Pb	2,4	207,19	82
Bor	B	3	10,811	5
Brom	Br	1,5	79,904	35
Cadmium	Cd	2	112,40	48
Calcium	Ca	2	40,08	20
Californium	Cf	3	(251)	98
Cäsium	Cs	1	132,9055	55
Cer	Ce	3,4	140,12	58
Chlor	Cl	1,5,7	35,453	17
Chrom	Cr	2,3,6	51,996	24
Curium	Cm	3	(247)	96
Dysprosium	Dy	3	162,50	66
Einsteinium	Es	3	(254)	99
Eisen	Fe	2,3,6	55,847	26
Erbium	Er	3	167,26	68
Europium	Eu	3	151,96	63
Fermium	Fm	3	(257)	100
Fluor	F	1,7	18,9984	9
Francium	Fr	1	(223)	87
Gadolinium	Gd	3	157,25	64
Gallium	Ga	3	69,72	31
Germanium	Ge	4	72,59	32
Gold	Au	1,3	196,9665	79
Hafnium	Hf	4	178,49	72
Hahnium	Ha	5	(261)	105
Helium	He	0	4,00260	2
Holmium	Ho	3	164,9303	67
Indium	In	3	114,82	49
Iridium	Ir	3,4,6	192,22	77
Jod	J	1,3,5,7	126,9045	53
Kalium	K	1	39,102	19
Kobalt	Co	2,3	58,9332	27
Kohlenstoff	C	2,4	12,01115	6
Krypton	Kr	0	83,80	36
Kupfer	Cu	1,2	63,546	29
Kurtschatowium	Ku	4	(261)	104
Lanthan	La	3	138,9055	57
Lawrencium	Lr	3	(256)	103
Lithium	Li	1	6,941	3
Lutetium	Lu	3	174,97	71
Magnesium	Mg	2	24,305	12
Mangan	Mn	2,3,4,6,7	54,9380	25
Mendelevium	Md	3	(258)	101
Molybdän	Mo	3,4,6	95,94	42
Natrium	Na	1	22,9898	11
Neodym	Nd	3	144,24	60
Neon	Ne	0	20,179	10
Neptunium	Np	3,4,5,6	237,0482	93
Nickel	Ni	2,3	58,71	28
Niob	Nb	5,3	92,9064	41
Nobelium	No	3	(255)	102
Osmium	Os	2,3,4,8	190,2	76
Palladium	Pd	2,4	106,4	46
Phosphor	P	3,5	30,9738	15
Platin	Pt	2,4	195,09	78
Plutonium	Pu	3,4,5,6	(244)	94
Polonium	Po	2,6	(210)	84
Praseodym	Pr	3	140,9077	59
Promethium	Pm	3	(145)	61
Protactinium	Pa	3	231,0359	91
Quecksilber	Hg	1,2	200,59	80
Radium	Ra	2	226,0254	88
Radon	Rn	0	(222)	86
Rhenium	Re	7,1,4	186,2	75
Rhodium	Rh	8	102,9055	45
Rubidium	Rb	1	85,4678	37
Ruthenium	Ru	8,3,4,6	101,07	44
Samarium	Sm	3	150,35	62
Sauerstoff	O	2	15,9994	8
Scandium	Sc	3	44,9559	21
Schwefel	S	2,4,6	32,064	16
Selen	Se	2,4,6	78,96	34
Silber	Ag	1,2	107,868	47
Silicium	Si	4	28,086	14
Stickstoff	N	2,3,5	14,0067	7
Strontium	Sr	2	87,62	38
Tantal	Ta	5	180,9479	73
Technetium	Tc	7	98,9062	43
Tellur	Te	2,6,4	127,60	52
Terbium	Tb	3	158,9254	65
Thallium	Tl	3,1	204,37	81
Thorium	Th	4	232,0381	90
Thulium	Tm	3	168,9342	69
Titan	Ti	2,3,4	47,90	22
Uran	U	3,4,5,6	238,029	92
Vanadium	V	2,3,4,5	50,9414	23
Wasserstoff	H	1	1,00797	1
Wismut	Bi	3,5	208,9806	83
Wolfram	W	2,3,4,5,6	183,85	74
Xenon	Xe	0	131,30	54
Ytterbium	Yb	3,2	173,04	70
Yttrium	Y	3	88,9059	39
Zink	Zn	2	65,37	30
Zinn	Sn	2,4	118,69	50
Zirkon	Zr	4	91,22	40

Bausteine der Materie

Elektron	Ladung	e	$= 1{,}602 \cdot 10^{-19}$ As
	Masse	m	$= 9{,}109 \cdot 10^{-28}$ g
Positron	Ladung	e	= } siehe Elektron
	Masse	m	= } siehe Elektron
Proton	Ladung	e	$= 1{,}602 \cdot 10^{-19}$ As
	Masse	m	$= 1{,}672 \cdot 10^{-24}$ g
Neutron	Masse	m	$= 1{,}675 \cdot 10^{-24}$ g

Ionisationsspannung des nicht angeregten Atoms

Ionisationsspannung des nicht angeregten Atoms

Metall	eV	Metall	eV	Metall	eV
Li	5,37	Al	5,94	Ag	7,58
Na	5,09	Mo	7,2	Au	9,20
K	4,32	Fe	7,83	Zn	9,37
Rb	4,19	Ni	7,6	Hg	8,94
Cs	3,86	Rh	7,7	Pb	7,37
Ca	6,25	Pd	8,30	Bi	7,25
Sr	5,68	Pt	8,8	Sb	9,23
Ba	5,21	Cu	7,67	Te	8,89

Elektronenaustrittsgeschwindigkeit

$$V = 593{,}5 \cdot \sqrt{U_0}$$

U_0 = Elektronenaustrittspotential in V
V = Elektronenaustrittsgeschwindigkeit in km/s

Elektronenaustrittspotentiale für
1. Metalle und Verbindungen

Werkstoff	U_0/V	Werkstoff	U_0/V	Werkstoff	U_0/V
Platin	5,44 ··· 6,37	Aluminium	4,25	Cäsium	1,93
Nickel	4,98 ··· 5,03	Tantal	4,14	CuO	5,34
Gold	4,76	Kalzium	2,96	Cu_2O	5,15
Silber	4,73	Barium	2,55	AgBr	3,7 ··· 5,14
Quecksilber	4,53	Strontium	2,25	Ag_2S	3.0 ··· 4,68
Wolfram	4,56	Natrium	2,33	BaO	1,00
Molybdän	4,19 ··· 4,29	Kalium	2,26		
Kupfer	4,29	Rubidium	2,13		

2. Schichten auf Trägermaterialien

Schicht-substanz	Träger-material	U_0/V	Schicht-substanz	Träger-material	U_0/V
Natrium	Wolfram	2,10	Barium	Ba	1,66
Natrium	Platin	2,10	Barium	W	1,1
Kalium	Platin	1,62	BaO aktiviert	oxyd. Wolfram	1,0 ··· 1,1
Rubidium	Platin	1,57	BaO/SrO aktiviert	PtIr	1,03
Cäsium	Wolfram	1,36	BaO/IrO aktiviert	PtNi	1,00
Cäsium	oxyd. Ag	0,75	Thorium	W	2,62
Cäsium	oxyd. Wolfram	0,71	Thorium	Mo	2,58
CaO aktiviert	PtIr	1,77	W-Oxyd	W	9,22
SrO aktiviert	PtIr	1,27	Molybdän	W	2,84

pH-Wert-Messung

Der pH-Wert einer Lösung ist der mit (−1) multiplizierte dekadische Logarithmus der Wasserstoffionenaktivität $a_{H_3O^\cdot}$, für den man bei sehr verdünnten Lösungen auch den Wert der Wasserstoffionenkonzentration $c_{H_3O^\cdot}$ bzw. c_{H^+} (in Grammäquivalent je Liter) setzen kann:

$$pH \equiv -\log c_{H_3O^\cdot},$$

Neutrale, saure oder alkalische Lösungen werden mit Hilfe ihres pH-Wertes gekennzeichnet.

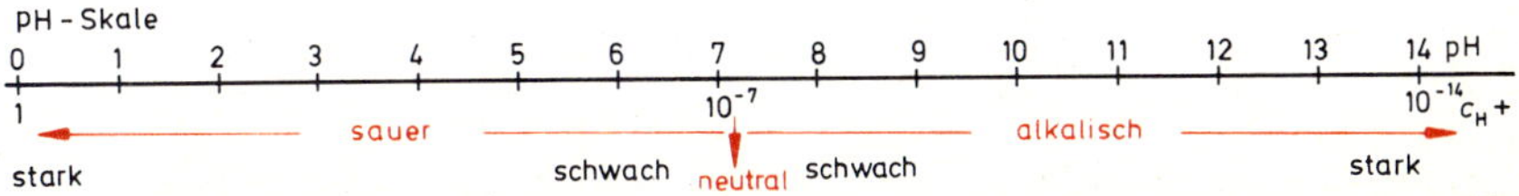

Die pH-Wert-Messung beruht auf der Messung der Zellenspannung einer galvanischen Zelle, die aus einer Meßelektrode und einer elektrolytisch mit ihr verbundenen Bezugselektrode besteht. Die an der Bezugselektrode entstehende Galvanispannung ist unabhängig vom pH-Wert der Meßlösung. Die an der Meßelektrode entstehende Spannung hängt vom pH-Wert ab. Die Zellenspannung ändert sich linear mit dem pH-Wert.

Auswahl gebräuchlicher Chemikalien — WK 5

Gewerbliche Benennung	Chemische Benennung	Chemische Formel	MAK-Wert mg/m³*)	Anmerkungen	Löslich in
Aceton	Aceton, Propanon	$(CH_3)_2CO$	2400	brennbar	H_2O; Alkohol, Äther
Acetylen	Acetylen, Äthin	C_2H_2	–	explosiv	Aceton, wenig in H_2O
Alkohol	Äthylalkohol *(Äthanol)*	C_2H_5OH	1900	brennbar	H_2O; Äther, Chloroform
Ameisensäure	Ameisensäure	$HCOOH$	9	ätzend	Wasser, Äther, Benzol
Arsenik	Arsentrioxid	As_2O_3	–	giftig	Natronlauge
Anilin	Aminobenzol	$C_6H_5NH_2$	19	Blutgift	Alkohol, Äther
Äther	Äthyläther	$(C_2H_5)_2O$	–	brennbar	Alkohol
Äthylchlorid	Monochloräthan	CH_3CH_2Cl	2600	anästhesierend	Alkohol
Ätzkali	Kaliumhydroxid	KOH	–	ätzend	Wasser
Ätzkalk	Calciumoxid	CAO	–	ätzend	Säuren
Ätznatron	Natriumhydroxid	$NaOH$	–	ätzend	Wasser
Benzol	Benzol	C_6H_6	32	Haut resorbiert	Alkohol, Äther, Aceton
Bittersalz	Magnesiumsulfat	$MgSO_4 \cdot 7\,H_2O$	–	–	Wasser
Blaugel	Kieselgel	SiO_2	–	–	Flußsäure
Blausäure	Zyanwasserstoff	HCN	–	s. giftig	
Bleiglätte	Bleioxid	PbO	–	giftig	Salpetersäure
Bleimennige	Blei(II,IV)oxid	Pb_3O_4	–	giftig	Salpetersäure
Bleiweiß	bas. Bleicarbonat	$Pb_3(OH)_2(CO_3)_2$	–	giftig	Salpetersäure
Blutlaugensalz, gelb	Kaliumeisen(II)-zyanid	$K_4Fe(CN)_6 \cdot 3H_2O$	–	giftig	Wasser
Blutlaugensalz, rot	Kaliumeisen-(III)zyanid	$K_3Fe(CN)_6$	–	giftig	Wasser
Borax	Natriumtetraborat	$Na_2B_4O_7 \cdot 10H_2O$	–	–	Wasser
Braunstein	Mangan(IV)oxid	MnO_2	–	–	Salzsäure
Bromsilber	Silberbromid	$AgBr$	–	–	Fixierbad
Carborundum	Siliziumkarbid	SiC	–	–	–
Calciumkarbid	Calciumkarbid	CaC_2	–	Geruch	mit $H_2O \rightarrow$ Acetylen
Chlorcalcium	Calciumchlorid	$CaCl_2$	–	–	Wasser
Chlorkalk	Chlorkalk	$CaCl(OCl)$	–	giftig	schlecht in Wasser
Eisenchlorid	Eisen(III)chlorid	$FeCl_3$	–	hygroskopisch	mit $H_2O \rightarrow$ Ätzflüssigk.
Eisessig	Essigsäure, rein	CH_3COOH	65	giftig	Wasser
Essig	Essigsäure, verdünnt	$CH_3COOH + H_2O$	–	–	–
Formaldehyd	Methanal	$HCHO$	6	stechend	Wasser, Alkohol
Fixiersalz	Natriumthiosulfat	$Na_2S_2O_3 \cdot 5H_2O$	–	–	Wasser
Flußsäure	Fluorwasserstoff, gelöst	$H_2F_2 + H_2O$	–	s. giftig	Wasser
Gips	Calciumsulfat	$CaSO_4 \cdot 2H_2O$	–	–	–
Glyzerin	Glyzerin	$C_3H_5(OH)_3$	–	hygroskopisch	H_2O, Alkohol
Grubengas	Methan	CH_4	–	brennbar	Alkohol, Äther
Höllenstein	Silbernitrat	$AgNO_3$	–	giftig	Wasser
Holzessig	Äthansäure	CH_3COOH	–	–	Wasser
Holzgeist	Methylalkohol (Methanol)	CH_3OH	260	s. giftig	H_2O, Alkohol, Äther
Kalilauge	Kaliumhydroxid, gelöst	$KOH + H_2O$	–	giftig	Wasser
Kalk, gebrannter	Calciumoxid	CaO	–	ätzend	–
Kalk, gelöschter	Calciumhydroxid	$Ca(OH)_2$	–	ätzend	–
Kalkstein	Calciumkarbonat	$CaCO_3$	–	–	Salzsäure
Karbid	Calciumkarbid	CaC_2	–	Geruch	mit $H_2O \rightarrow$ Acetylen
Kieselsäure	Siliziumdioxid	SiO_2	–	als Staub giftig	Flußsäure
Kleesalz	Oxalsäure	$(CO_2H)_2 \cdot 2H_2O$	–	giftig	Wasser
Kochsalz	Natriumchlorid	$NaCl$	–	–	Wasser
Kohlenoxid	Kohlenmonoxid	CO	55	s. giftig	–
Kohlensäure	Kohlendioxid	CO_2	–	erstickend	–
Korund	Aluminiumoxid	Al_2O_3	–	s. hart	–
Kreide	Calciumcarbonat	$CaCO_3$	–	–	–
Kupfervitriol	Kupfersulfat	$CuSO_4 \cdot 5H_2O$	–	giftig	Wasser

*) Siehe folgende Seite.

Auswahl gebräuchlicher Chemikalien — WK 6

Gewerbliche Benennung	Chemische Benennung	Chemische Formel	MAK-Wert mg/m³*)	Anmerkungen	Löslich in
Lötwasser	Zinkchlorid, gelöst	$ZnCl_2 + H_2O$	–	giftig	–
Mennige	Blei(II,IV)oxid	Pb_3O_4	–	giftig	Salpetersäure
Methangas	Methan	CH_4	–	brennbar	Alkohol, Äther
Methylalkohol	Methylalkohol (Methanol)	CH_3OH	260	sehr giftig	Wasser, Alkohol, Äther
Naphthalin	Naphthalin	$C_{10}H_8$	50	giftig	Benzol, Äther
Natron, doppeltkohlensaures	Natriumhydrogencarbonat	$NaHCO_3$	–	–	Wasser
Natronlauge	Natriumhydroxid, gelöst	$NaOH + H_2O$	–	giftig	Wasser
Natronsalpeter	Natriumnitrat	$NaNO_3$	–	–	–
Nitroglycerin	Propantrioltrinitrat	$C_3H_5(NO_3)_3$	1,5	explosiv	Chloroform
Phenol	Phenol	C_6H_5OH	19	Haut resorb.	Alkohol, Äther, Wasser
Pottasche	Kaliumcarbonat	K_2CO_3	–	–	Wasser
Propangas	Propan	C_3H_8	1800	schw. Geruch	Äther, etwas in Alkohol
Quarz	Siliziumdioxid	SiO_2	–	–	Flußsäure
Ruß	Kohlenstoff	C	–	–	–
Salmiak	Ammoniumchlorid	NH_4Cl	–	ätzend	Wasser
Salmiakgeist	Ammoniak, gelöst	NH_3	–	st. Geruch	Wasser, Alkohol
Salpeter, Kali-	Kaliumnitrat	KNO_3	–	–	Wasser
Salpetersäure	Salpetersäure	HNO_3	–	st. ätzend	Wasser, mischbar
Salzsäure	Chlorwasserstoffsäure	HCl	–	st. ätzend	Wasser, mischbar
Scheidewasser	Salpetersäure	HNO_3	–	st. ätzend	Wasser, mischbar
Schmirgel	Aluminiumoxid	Al_2O_3	–	sehr hart	–
Schwefelkies	Pyrit	FeS_2	–	goldfarben	–
Schefelsäure	Schwefelsäure	H_2SO_4	–	st. ätzend	Wasser, mischbar
Schwefelwasserstoff	Schwefelwasserstoff	H_2S	–	giftig	–
Schweflige Säure	Schweflige Säure	H_2SO_3	–	ätzend	Wasser
Schwerspat	Bariumsulfat	$BaSO_4$	–	–	–
Silbernitrat	Silbernitrat	$AgNO_3$	–	giftig	Wasser
Siliziumdioxid	Siliziumdioxid	SiO_2	–	Staub, giftig	Flußsäure
Siliziumkarbid	Siliziumkarbid	SiC	–	hart	–
Soda, kalziniert	Natriumcarbonat wasserfrei	Na_2CO_3	–	–	Wasser
Soda kristallin	Natriumcarbonatdecahydrat	$Na_2CO_3 \cdot 10H_2O$	–	–	Wasser
Speckstein	Magnesiumsilikat	$Mg_3H_2(SiO_3)_4$	–	–	–
Spiritus	Äthylalkohol, vergällt	C_2H_5OH	1900	brennbar	Wasser, Äther
Styrol	Vinylbenzol	$C_6H_5CHCH_2$	420	polymens.	Alkohol, Äther
Talkum	Magnesiumsilikat	$Mg_3H_2(SiO_3)_4$	–	–	–
Tetra	Tetrachlorkohlenstoff	CCl_4	65	Hautgift	Alkohol, Äther
Toluol	Methylbenzol	$C_6H_5CH_3$	750	brennbar	Alkohol, Äther, Benzol
Tonerde	Aluminiumoxid	Al_2O_3	–	–	–
Tri	Trichloräthylen	C_2HCl_3	520	narkosit.	Alkohol, Äther
Vinylchlorid	Vinylchlorid	–	1300	giftig	wenig in Wasser
Vitriol, blauer	Kupfersulfat	$CuSO_4 \cdot 5H_2O$	–	giftig	Wasser
Vitriol, grüner	Eisen(II)sulfat	$FeSO_4 \cdot 7H_2O$	–	–	Wasser
Wasserglas	Natriumsilikat	Na_2SiO_3 (auch K_2SiO_3)	–	klebend	Wasser
Wasserstoffsuperoxid	Wasserstoffperoxid	H_2O_2	–	giftig	Wasser
Weingeist	Äthylalkohol (Äthanol)	C_2H_5OH	1900	brennbar	H_2O, Äther, Chloroform
Zellulose	Dextrin	$C_6H_{10}O_5$	–	–	–
Zitronensäure	Zitronensäure	$C_6H_8O_7$	–	–	Wasser

*) MAK = Maximale Arbeitsplatz-Konzentration, die bei achtstündiger täglicher Einwirkung keine Gesundheitsschäden hervorruft.

Elektrochemische Stoffwerte

WK 7.1

Werkstoff	Wertigkeit W	relative Atommasse A_r	Grammäquivalent $h = A_r/W$	Elektrochemisches Äquivalent c in mg/As	Elektrochemisches Äquivalent c in g/Ah
Aluminum	3	26,98	8,99	0,0932	0,335
Antimon	3	121,75	40,58	0,4206	1,514
Arsen	3	74,92	24,97	0,2588	0,932
Barium	2	137,34	68,67	0,7117	2,562
Beryllium	2	9,012	4,506	0,0467	0,168
Blei	2	207,19	103,59	1,0736	3,865
Chrom	3	52,00	17,33	0,1796	0,647
Chrom	6	52,00	8,67	0,0899	0,323
Eisen	2	55,85	27,92	0,2894	1,042
Eisen	3	55,85	18,62	0,1930	0,695
Gold	1	196,97	196,97	2,0414	7,349
Gold	3	196,97	65,66	0,6805	2,450
Kadmium	2	112,40	56,20	0,5824	2,097
Kalium	1	39,10	39,10	0,4052	1,459
Kalzium	2	40,08	20,04	0,2077	0,748
Kobalt	2	58,93	29,46	0,3053	1,099
Kupfer	1	63,54	63,54	0,6585	2,370
Kupfer	2	63,54	31,77	0,3293	1,185
Lithium	1	6,939	6,939	0,0719	0,259
Magnesium	2	24,31	12,16	0,1260	0,454
Mangan	2	54,94	27,47	0,2847	1,025
Natrium	1	23,00	23,00	0,2384	0,858
Nickel	2	58,71	29,36	0,3043	1,095
Nickel	3	58,71	19,57	0,2028	0,730
Platin	2	195,1	97,55	1,011	3,640
Platin	4	195,1	48,78	0,5055	1,820
Silber	1	107,87	107,87	1,1179	4,025
Strontium	2	87,62	43,81	0,4540	1,635
Wasser-stoff	1	1,008	1,008	0,01045	0,0376
Wolfram	2	183,85	91,92	0,9526	3,429
Zink	2	65,37	32,68	0,3387	1,219
Zinn	2	118,69	59,34	0,6150	2,214
Zinn	4	118,69	29,67	0,3075	1,107

Werkstoff	chem. Gleichung	Wertigkeit W	Molekulargewicht M	Grammäquivalent $h = M/W$	Elektrochemisches Äquivalent c in mg/As	Elektrochemisches Äquivalent c in g/Ah
Azetat	CH_3COO	1	59,02	59,02	0,6117	2,202
Bleidioxid	PbO_2	2	239,19	119,6	1,2395	4,462
Bromat	BrO_3	1	127,91	127,9	1,3256	4,772
Bromid	Br	1	79,91	79,91	0,8282	2,981
Chlorat	ClO_3	1	83,45	83,45	0,8649	3,113
Chlorid	Cl	1	35,45	35,45	0,3674	1,323
Chromat	CrO_4	2	116,00	58,00	0,6011	2,164
Cyanid	CN	1	26,01	26,01	0,2696	0,970
Fluorid	F	1	19,00	19,00	0,1969	0,709
Hydroxyl	OH	1	17,01	17,01	0,1763	0,635
Jodat	JO_3	1	174,90	174,9	1,8126	6,525
Jodid	J	1	126,90	126,9	1,3152	4,735
Karbonat	CO_3	2	60,00	30,00	0,3109	1,119
Manganat	MnO_4	2	118,94	59,47	0,6163	2,219
Metasilikat	SiO_3	2	76,09	38,04	0,3942	1,419
Nitrit	NO_2	1	46,01	46,01	0,4768	1,716
Nitrat	NO_3	1	62,01	62,01	0,6427	2,314
Perchlorat	ClO_4	1	99,45	99,45	1,0307	3,710
Permanganat	MnO_4	1	118,94	118,94	1,2327	4,438
Phosphat	PO_4	3	94,97	31,66	0,3281	1,181
Sauerstoff	O	2	16,00	8,00	0,0829	0,298
Sulfat	SO_4	2	96,06	48,03	0,4978	1,792
Sulfid	S	2	32,06	16,03	0,1661	0,598
Sulfit	SO_3	2	80,06	40,03	0,4149	1,494

$$\text{Elektrochem. Äquivalent} = \frac{\text{Grammäquivalent}}{96484{,}6\ \text{As}}$$

$$\text{Faraday'sche Konstante} = 96484{,}6\ \text{As}$$

Elektrochemische Spannungsreihe gegen die „Wasserstoffelektrode“ gemessen

WK 7.2

Werkstoff	Wertigkeit	Potential in Volt	Werkstoff	Wertigkeit	Potential in Volt	Werkstoff	Wertigkeit	Potential in Volt
Fluor	1	+ 2,00	Zinn	4	+ 0,05	Uran	3	– 1,40
Gold	1	+ 1,50	Wasserstoff	1	± 0,00	Magnesium	2	– 1,55
Chlor	1	+ 1,40	Eisen	3	– 0,04	Beryllium	2	– 1.69
Gold	3	+ 1,38	Blei	2	– 0,13	Natrium	1	– 2,71
Brom	1	+ 1,06	Zinn	2	– 0,14	Kalzium	2	– 2,87
Platin	4	+ 0,87	Nickel	2	– 0,25	Strontium	2	– 2,90
Quecksilber	2	+ 0,86	Kobalt	2	– 0,26	Barium	2	– 2,90
Silber	1	+ 0,80	Indium	3	– 0,34	Kalium	1	– 2,92
Graphit	2	+ 0,75	Kadmium	2	– 0,40	Rubidium	1	– 2,92
Jod	1	+ 0,53	Eisen	2	– 0,44	Lithium	1	– 2,96
Kupfer	1	+ 0,51	Schwefel	2	– 0,50	Verzinkter		
Polonium	2	+ 0,40	Gallium	3	– 0,52	Stahl		– 0,53 ··· – 0,72
Sauerstoff	2	+ 0,39	Chrom	2	– 0,56	Flußstahl		– 0,21 ··· – 0,48
Kupfer	2	+ 0,35	Zink	2	– 0,77	Gußeisen		– 0,18 ··· – 0,42
Arsen	3	+ 0,30	Tellur	2	– 0,83	Messing		+ 0,26 ··· + 0,05
Wismut	3	+ 0,23	Mangan	2	– 1,1	Bronze		+ 0,36 ··· + 0,03
Antimon	3	+ 0,20	Aluminium	3	– 1,28	Chromnickel		+ 0,75 ··· – 0,05

Ätzlösungen für verschiedene Werkstoffe	WK 8

1 M = 1 Mol je Liter; 1 N = 1 Mol je Liter; 1 Vt = 1 Volumenteil

Werkstoff	Ätzlösung		Anmerkungen
Aluminium	Eisen(III)chlorid 1 M ≈ 162 g	2,3 ··· 3,5 M	Gold, Platin, Tantal und Titan werden nicht geätzt Stahl wird geätzt
Aluminium	Natronlauge	2 ··· 3 N	siehe zuvor
Aluminium	konz. Salzsäure konz. Salpetersäure konz. Flußsäure Wasser (60 °C)	45 Vt 15 Vt 15 Vt 25 Vt	vorwiegend zur Oberflächenätzung
Aluminium	Methanol Äthylenglykol Perchlorsäure (70%) dest. Wasser (20%)	19,5 Vt 17,5 Vt 1,8 Vt 1,2 Vt	elektrolytische Ätzung Ätztemperatur 20 °C
Chrom	Salzsäure	6 N	
Chrom	Eisen(III)chlorid konz. Salzsäure	2 Vt 1 Vt	Gold, Platin, Tantal und Titan werden nicht geätzt
Chrom/Nickel	konz. Salzsäure dest. Wasser	4 Vt 1 Vt	Gold, Platin, Tantal und Titan werden nicht geätzt Stahl wird geätzt
Gold	konz. Salpetersäure konz. Salzsäure	1 Vt 3 Vt	Tantal und Titan werden nicht geätzt
Gold/Palladium	konz. Flußsäure konz. Salpetersäure dest. Wasser	2 Vt 1 Vt 3 Vt	bei längerer Einwirkung werden Glas und organische Lacke angegriffen
Konstantan	Eisen(III)chlorid	3 M	Gold, Platin, Tantal und Titan werden nicht geätzt
Kupfer	Eisen(III)chlorid	2,5 ··· 3 M	siehe zuvor
Kupfer	Ammoniumpersulfat	1 M	1 M ≈ 230 g/l
Molybdän	konz. Schwefelsäure konz. Salpetersäure dest. Wasser	1 Vt 1 Vt 3 Vt	
Nickel	konz. Salzsäure dest. Wasser	4 Vt 1 Vt	Tantal und Titan werden nicht geätzt
Palladium	konz. Salpetersäure konz. Salzsäure	1 Vt 3 Vt	Tantal und Titan werden nicht geätzt
Palladium	konz. Salpetersäure konz. Salzsäure dest. Wasser	1 Vt 1 Vt 2 Vt	siehe zuvor
Platin	siehe	Palladium	siehe Palladium
Silizium	Eisen(III)chlorid konz. Flußsäure konz. Salpetersäure	4 Vt 1 Vt 4 Vt	dient meist der Oberflächenbehandlung von Siliziumscheiben
Quarz; SiO_2	Flußsäure		Vorsicht ist sehr aggressiv; gesundheitsschädlich
Quarz; SiO_2	Ammoniumfluoridlösung		Abtrag etwa 0,1 µm je Minute
Silber	Eisennitrat		
Silber	verdünnte Salpetersäure		
Tantal	konz. Flußsäure konz. Salpetersäure dest. Wasser	1 Vt 1 Vt 2 Vt	bei längerer Einwirkung wird Glas geätzt; Gold wird nicht geätzt
Tellur	Salpetersäure	6 N	
Tellur	Ammoniumpersulfat	1 M	
Titan	konz. Flußsäure dest. Wasser	1 Vt 20 Vt	Chrom/Nickel, Gold und Tantal werden nicht geätzt
Zinnoxid	Kupferchlorid 2 M in Salzsäure 4 N		
Zinn-Bleileg.	Chromsäureanhydrid Natriumsulfat Schwefelsäure	250 g/l 20 g/l 1,5%	Zinn-Blei-Auflage auf Kupferkaschierung wird geätzt ebenso Lötzinn

Die Ätzdauer für eine bestimmte Ätztiefe hängt von der Ätzmittel-Temperatur ab. In der Regel nimmt die Ätzdauer mit zunehmenden Erwärmungen ab. Fotolack und Asphaltlack werden von den Ätzmitteln nicht angegriffen.
1 Mol ist die dem Molekulargewicht entsprechende Gramm-Menge.

Physikalische Stoffwerte; reine Metalle								WK 9
Werkstoff	Kurzzeichen	Dichte ρ in kg/dm^3	Schmelzpunkt °C	Spezif. Widerstand ρ in $\Omega \cdot mm^2/m$	Spezif. Leitwert κ in $m/\Omega\, mm^2$	Temperaturbeiwert $\alpha \cdot 10^{-3}$ 1/K	Spezifische Wärme in kJ/kg · K	Wärmeleitfähigkeit λ in W/m · K
Aluminium	Al	2,70	660	0,0303	33,0	3,77	0,896	231
Antimon	Sb	6,69	630	0,42	2,4	5,1	0,21	231
Barium	Ba	3,60	726	0,4	2,5	9,0	0,277	–
Beryllium	Be	1,86	1285	0,075	13,3	6,7	1,99	159
Blei	Pb	11,34	327	0,21	4,8	4,2	0,128	35,3
Cer	Ce	6,8	804	0,78	1,28	–	0,188	–
Chrom	Cr	6,9	1903	0,15	6,7	5,9	0,44	67,2
Eisen	Fe	7,86	1539	0,13	7,7	4,6	0,465	72,3
Germanium	Ge	5,35	934	≈890	0,0011	1,4	0,306	–
Gold	Au	19,3	1063	0,023	43,5	4,1	0,133	310
Indium	In	7,31	156					
Iridium	Ir	22,42	2454	0,053	18,9	4,1	0,134	58,5
Kadmium	Cd	8,64	321	0,068	14,7	4,2	–	92,4
Kalium	K	0,86	63,5	0,07	14,3	5,7	0,72	96,2
Kalzium	Ca	1,54	845	0,047	21,3	4,2	–	–
Kobalt	Co	8,83	1492	0,057	17,5	6,6	0,428	68,6
Kupfer	Cu	8,92	1083	0,0178	56,0	3,9	0,386	395
Magnesium	Mg	1,74	650	0,045	22,2	3,8	0,102	143
Mangan	Mn	7,21	1244	0,046	22,0	5,3	0,486	50
Molybdän	Mo	10,2	2650	0,053	18,9	4,7	0,247	142
Natrium	Na	0,97	97,8	0,043	23,2	5,4	1,165	138
Niob	Nb	8,4	2470	0,217	4,6	3,4	0,272	–
Nickel	Ni	8,9	1453	0,10	10,0	6,0	–	92,2
Osmium	Os	22,48	2700	0,095	10,5	4,45	0,131	–
Palladium	Pd	12,0	1554	0,102	9,8	3,3	0,247	70,3
Platin	Pt	21,45	1769	0,11	9,9	3,8	0,134	71,2
Quecksilber	Hg	13,6	−38,84	0,958	10,44	0,9	0,139	8,05
Radium	Ra	5,5	700					
Rhenium	Re	21,03	3180	0,198	5,05	3,1	0,137	–
Rhodium	Rh	12,5	1966	0,043	23,2	4,4	0,247	87,3
Rubidium	Rb	1,52	39,0					
Ruthenium	Ru	12,3	2500	0,144	6,95	4,6	0,241	–
Selen (metall.)	Se	4,8	220	≈1000	0,001	–	0,377	–
Silber	Ag	10,50	961	0,0161	62,0	3,8	0,234	410
Silizium	Si	2,33	1423	≈1000	0,001	–	0,71	–
Strontium	Sr	2,63	771	0,308	3,25	3,8	–	–
Tantal	Ta	16,69	2990	0,15	6,67	3,4	0,138	54,5
Titan	Ti	4,5	1668	0,50	2,0	4,2	0,616	–
Uran	U	18,9	1132	0,32	3,13	2,1	0,106	25,67
Vanadium	V	5,98	1890	0,20	5,0	3,5	0,487	–
Wismut	Bi	9,8	271	1,2	0,83	4,4	0,125	8,3
Wolfram	W	19,3	3410	0,055	18,2	4,7	0,135	162
Zäsium	Cs	1,87	28,5	0,20	5,0	5,0	–	–
Zink	Zn	7,13	420	0,063	15,8	3,9	0,388	113
Zinn	Sn	7,28	232	0,11	9,1	4,4	0,227	66
Zirkonium	Zr	6,52	1855	0,41	2,44	4,4	0,489	–
Sonstige Werkst.								
Bogenlampenkohle	–	1.9		60	0,017	−0,45	–	–
Graphit	–	1,8 ··· 2,3		≈10	0,1	−0,45	–	105 ··· 160
Kohlenstoff	C	3,5		35	0,029	−0,45	–	–
Retortenkohle	–	1,8 ··· 1,9		100	0,01	−0,45	–	–
Siliziumkarbid	SiC			≈5000	0,0002	–	–	–

Physikalische Stoffwerte (spez. Widerstand ρ, spez. Leitfähigkeit κ, und Temperaturbeiwert α

WK 10

Legierungen und Gußwerkstoffe

Werkstoff	Kurzzeichen	ρ in $\frac{\Omega \cdot mm^2}{m}$	κ in $\frac{m}{\Omega \cdot mm^2}$	$\alpha \cdot 10^{-3}$ $\frac{1}{grd}$	Werkstoff	Kurzzeichen	ρ in $\frac{\Omega \cdot mm^2}{m}$	κ in $\frac{m}{\Omega \cdot mm^2}$	$\alpha \cdot 10^{-3}$ $\frac{1}{grd}$
Aluminiumbronze	G-AlBz 9	0,13	7,7	3,2	Messing	MS 60	0,067	15,0	4,0
Bronze	Bz	0,18	5,56	0,5	Messing	MS 63Pb	0,063	15,9	1,6
Cekas		1,00	1,00	0,26	Neusilber	WM 30	0,30	3,33	0,35
Chromaluminium	CrAl 255	1,44	0,69	0,01	Neusilber	NS	0,36	2,78	0,32
Chromnickel	WM 100	1.00	1.00	0,03	Nickel	Ni	0,10	10,0	6,0
Grauguß	GG 14	1,00	1,00	1,9	Nickelchrom	NiCr 3020	1,04	0,96	0,24
Gußbronze	GBz 20	0,22	4,5	–	Nickelchrom	NiCr 6015	1,13	0,88	0,13
Gußbronze	GBz 10	0,14	7,0	–	Nickelchrom	NiCr 8020	1,12	0,89	0,04
Invar		0,81	1,23	2,5	Nickelin	WM 43	0,43	2,32	0,23
Isabellin		0,50	2,00	– 0,02	Platiniridium	PtIr 7030	0,35	2,86	0,6
Kanthal		1,45	0,69	0,06	Platinrhodium	PtRh 9010	0,20	5,0	1,7
Konstantan	WM 50	0,50	2,00	0,01	Rotguß	Rg 5	0,091	11	–
Manganin	WM 43	0,43	2,32	0,01	Tombak	MS 80	0,05	20	–
Megapyr		1,40	0,71	0,03					

Halbleitende Werkstoffe

Werkstoff	Gruppe im Periodensystem	Schmelzpunkt °C	Dichte g/cm³	Werte bei Raumtemperatur (20 °C) Beweglichk. der Elektronen cm²/Vs	Löcher cm²/Vs	Dielektrizitätszahl ε_r	Bandabstand eV
Ge	IV	937	5,32	3640	3040	16,3	0,66
Si		1417	2,33	1400	380	11,7	1,107
SiC		2830	3,22	4690	–	–	2,8
Se	VI	217	4,79	2	17	–	1,8
Te		450	6,24	2200	1000	–	0,32
ZnS	II – VI	1850	4,09	120	–	5,13	3,58
ZnSe		1515	5,26	530	16	8,4	2,67
ZnTe		1238	5,70	530	900	≈ 9	2,26
CdS		1750	4,84	340	18	5,38	2,59
CdSe		1350	5,74	600	–	–	1,7
CdTe		1098	5,86	700	65	≈ 11	1,50
HgSe		800	8,26	18500	–	5,8	0,6
HgTe		670	8,20	22000	160	–	0,025
BN	III – V	3000	2,25	–	–	–	4,6
BP		> 2000	2,97	–	300	11,6	6,0
AlP		> 1500	2,38	3500	–	11,6	3,0
AlAs		> 1600	3,79	1200	200	–	2,16
AlSb		1050	4,26	900	400	10,1	1,6
GaP		1465	4,13	300	150	8,5	2,25
GaAs		1237	5,32	8600	250	11,1	1,47
GaSb		712	5,60	5000	1000	14,0	0,68
InP		1070	4,78	5300	650	10,7	1,27
InAs		942	5,66	33000	450	11,7	0,36
InSb		525	5,77	80000	700	15,7	0,17
PbS	IV – VI	1077	7,50	600	200	–	0,37
PbSe		1062	8,15	1400	1400	–	0,26
PbTe		904	8,16	6000	4000	–	0,29

Supraleiter
sind Werkstoffe, die bei der sogenannten Sprungtemperatur ein plötzliches Absinken des elektrischen Widerstandes zeigen.

Substanz	Übergangstemperatur T_c K	Kritische magnetische Flußdichte B_c T	
Pb	7,2	0,055	
Nb	9,2	0,29	
NbTi 50	9,7	11	Mittelwerte (schwanken je nach Verunreinigung und Verformungsgrad)
NbZr 25	11	7	
$Nb(C_{0,35}N_{0,65})$	17,8	15	
V_3Ga	14,5	20	
Nb_3Sn	18,3	22	

Elektrische Leitfähigkeit und spezifischer Widerstand von Flüssigkeiten

WK 11

Mittelwerte gelten bei ϑ = 20 °C; Temperaturbeiwert $\alpha \approx$ 0,02/K

Flüssigkeit	Chem. Kurzzeichen	Konzentration %	Leitfähigkeit κ $\frac{S \cdot cm}{cm^2}$	Spezifischer Widerstand $\frac{\Omega \cdot cm^2}{cm}$
Ammoniak, gelöst (Salmiakgeist)	NH_3	1,5	$0{,}833 \cdot 10^{-3}$	1200
		4,0	$1{,}111 \cdot 10^{3}$	900
		10,0	$0{,}909 \cdot 10^{-3}$	1100
		15,0	$0{,}645 \cdot 10^{-3}$	1550
Ammoniumchlorid (Salmiak)	NH_4Cl	5	0,0918	10,90
		10	0,178	5,63
		15	0,258	3,87
		20	0,336	2,98
		25	0,400	2,50
Eisen(III)chlorid	$FeCl_3$	5	0,052	19,4
		10	0,103	9,7
		15	0,138	7,24
		20	0,098	10,2
		25	0,062	16,2
Eisen(II)sulfat	$FeSO_4$	5	0,0198	50,5
		10	0,0317	31,5
		15	0,0408	24,5
		20	0,0472	21,2
Kadmiumsulfat	$CdSO_4$	5	0,0146	68,5
		10	0,0247	40,5
		15	0,0312	32,0
		25	0,0430	23,26
		35	0,0424	23,6
Kalilauge	KOH	5	0,172	5,81
		10	0,314	3,18
		15	0,426	2,35
		20	0,500	2,00
		25	0,528	1,89
Kaliumchlorid	KCl	5	0,069	14,5
		10	0,136	7,35
		15	0,202	4,95
		20	0,268	3,73
		25	0,308	3,25
Kupferchlorid	$CuCl_2$	5	0,048	21
		10	0,075	13,3
		15	0,090	11,1
		25	0,091	11
Kupfersulfat (Kupfervitriol)	$CuSO_4$	2,5	0,0109	91,7
		5	0,0189	52,9
		10	0,0320	31,3
		15	0,0420	23,8
Natriumchlorid (Kochsalzlösung)	NaCl	5	0,067	14,9
		10	0,120	8,3
		15	0,164	6,1
		20	0,196	5,1
		25	0,213	4,7

Flüssigkeit	Chem. Kurzzeichen	Konzentration %	Leitfähigkeit κ $\frac{S \cdot cm}{cm^2}$	Spezifischer Widerstand $\frac{\Omega \cdot cm^2}{cm}$
Natriumkarbonat	Na_2CO_3	5	0,0450	22,2
		10	0,0704	14,2
		15	0,0833	12,0
Natronlauge	NaOH	5	0,196	5,1
		10	0,312	3,2
		15	0,345	2,9
		20	0,323	3,1
		25	0,256	3,9
		40	0,116	8,6
Salpetersäure	HNO_3	5	0,258	3,88
		10	0,461	2,17
		15	0,613	1,63
		20	0,709	1,41
		25	0,769	1,30
		30	0,787	1,27
		40	0,735	1,36
		50	0,629	1,59
		80	0,267	3,75
		100	0,015	67
Salzsäure	HCl	5	0,395	2,53
		10	0,629	1,59
		15	0,746	1,34
		20	0,766	1,30
		25	0,752	1,33
		30	0,662	1,51
		40	0,515	1,94
Schwefelsäure	H_2SO_4	5	0,201	4,97
		10	0,392	2,55
		15	0,543	1,84
		20	0,654	1,53
		25	0,714	1,40
		30	0,741	1,35
		40	0,680	1,47
		50	0,541	1,85
		80	0,111	9,00
		100	0,011	90
Zinkchlorid	$ZnCl_2$	5	0,0483	20,7
		10	0,0725	13,8
		15	0,0847	11,8
		20	0,0909	11,0
		30	0,0926	10,8
		40	0,847	11,8
		50	0,0698	16,4
Zinksulfat	$ZnSO_4$	5	0,0191	52,4
		10	0,0321	31,2
		15	0,0415	24,1
		20	0,0469	21,3
		25	0,0478	20,9
		30	0,0441	22,7

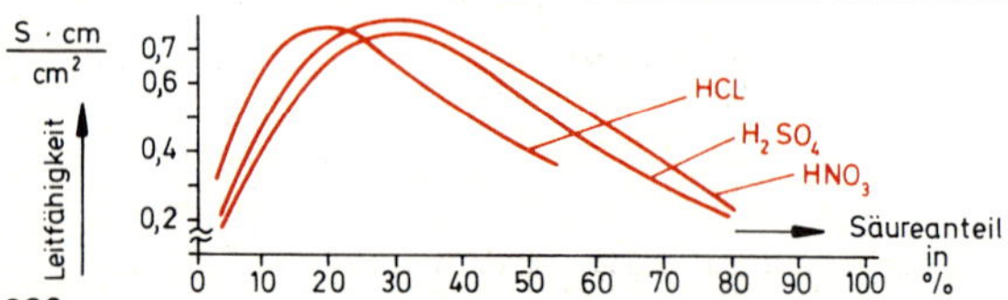

Leitfähigkeit von verdünnten Säuren in Abhängigkeit des Säureanteils

Thermoelektrische Spannungsreihe in mV je 100 Grad Temperaturdifferenz bezogen auf die Werkstoffe Platin und Kupfer

WK 12

Werkstoff	Kurzzeichen	mV/100 grd bezogen auf Platin	mV/100 grd bezogen auf Kupfer
Tellur	Te	+ 50	+ 49
Silizium	Si	+ 44,8	+ 44
Antimon	Sb	+ 4,75	+ 4,0
Chromnickel	CrNi	+ 2,2	+ 1,45
Eisen	Fe	+ 1,88	+ 1,08
Molybdän	Mo	+ 1,2	− 0,45
Messing	Ms	+ 1,1	+ 0,35
Kadmium	Cd	+ 0,9	+ 0,15
Wolfram	W	+ 0,8	+ 0,05
V2A-Stahl	StV2A	+ 0,8	+ 0,05
Kupfer	Cu	+ 0,75	± 0
Silber	Ag	+ 0,73	− 0,02
Gold	Au	+ 0,7	− 0,05
Zink	Zn	+ 0,7	− 0,05
Manganin	–	+ 0,7	− 0,05
Iridium	Ir	+ 0,66	− 0,09
Rhodium	Rh	+ 0,65	− 0,10
Blei	Pb	+ 0,44	− 0,31
Zinn	Sn	+ 0,42	− 0,33
Magnesium	Mg	+ 0,42	− 0,33
Tantal	Ta	+ 0,41	− 0,34
Aluminium	Al	+ 0,39	− 0,36
Kohle	–	+ 0,3	− 0,45
Graphit	C	+ 0,22	− 0,53
Quecksilber	Hg	± 0	− 0,75
Platin	Pt	± 0	− 0,75
Thorium	Th	− 0,1	− 0,85
Natrium	Na	− 0,2	− 0,95
Palladium	Pd	− 0,5	− 1,25
Nickel	Ni	− 1,5	− 2,25
Kobalt	Co	− 1,7	− 2,45
Konstantan	–	− 3,3	− 4,05
Wismut	Bi	− 6,5	− 7,25

Thermospannungen der gebräuchlichsten Thermopaare bei Bezugstemperatur 0 °C (bzw. 273,16 K) nach DIN 43710

Plusschenkel → / Minusschenkel →	NiCr-Konstantan	Cu-Konstantan	Fe-Konstantan	NiCr-Ni	PtRh-Pt
Meßtemperatur in °C	Thermospannung in mV				
− 200	− 9	− 5,70 ± 0,5	− 8,15 ± 0,5		
− 100	− 6	− 3,40 ± 0,3	− 4,60 ± 0,4		
0	− 0,2	0	0	0	0
100	5,5	4,25 ± 0,3	5,37 ± 0,4	4,04 ± 0,3	0,64 ± 0,05
200	12,5	9,20 ± 0,3	10,95 ± 0,4	8,14 ± 0,3	1,44 ± 0,05
300	20	14,89 ± 0,4	16,55 ± 0,4	12,24 ± 0,3	2,32 ± 0,05
400	27	20,99 ± 0,4	22,15 ± 0,4	16,38 ± 0,3	3,26 ± 0,05
500	36	27,40 ± 0,4	27,84 ± 0,4	20,64 ± 0,3	4,22 ± 0,05
600	44	34,30 ± 0,6	33,66 ± 0,4	24,94 ± 0,4	5,23 ± 0,05
700	52	–	39,72 ± 0,8	29,15 ± 0,4	6,27 ± 0,05
800	60		46,23 ± 0,8	33,27 ± 0,4	7,34 ± 0,05
900	68		53,15 ± 0,8	37,32 ± 0,4	8,45 ± 0,05
1000	–		–	41,32 ± 0,4	9,6 ± 0,05
1100				45,22 ± 0,6	10,77 ± 0,05
1200				49,02 ± 0,6	11,97 ± 0,05
1300					13,17 ± 0,05
1400					14,38 ± 0,05
1500					15,58 ± 0,05
1600					16,76 ± 0,05

Nach DIN 43710 sind folgende Thermopaare genormt

Cu-Konstantan	für Temperaturen von − 200 °C bis 600 °C	(73 K ... 873 K)
Fe-Konstantan	für Temperaturen von − 200 °C bis 800 °C	(73 K ... 1073 K)
NiCr-Ni	für Temperaturen von 0 °C bis 1200 °C	(273 K ... 1473 K)
PtRh-Pt	für Temperaturen von 0 °C bis 1600 °C	(273 K ... 1873 K)

Beständigkeit gegen chemische Einflüsse

	Eisen-Konstanten	Nickelchrom-Nickel	Platinrhodium-Platin
reduzierende Atmosphäre	gute Beständigkeit	genügend	nicht genügend
oxidierende Atmosphäre	nicht genügend	genügend	gute Beständigkeit
chemisch empfindlich gegen	Sauerstoff	Schwefel	Metalldämpfe Phosphor Silizium Germanium Kohlenstoff

Kunststoffe

Thermoplaste (Plastomere), Duroplaste

Werkstoffbezeichnung	Kurzzeichen DIN 7728	Handelsnamen (Beispiele)
Polyamid	PA	Degamid, Durethan, Ultramid, Vestamid, Trogamid, Rilsan
Polycarbonat	PC	Makrolon, Sustonat
Polyäthylen	PE	Baylon, Hostalen, Lupolen, Trolen H, Vestolen
Polyester, linear	PETP	Diolen, Hostadur, Sustodur, Trevira
Polypropylen	PP	Hostalen PP, Novolen, Vestolen P, Trolen P, Sustylen P
Polystyrol	PS	Hostyren, Styroflex, Trolitul, Vestyron
Polystyrol, schlagfest	ABS	Novodur, Terluran
Polystyrol, schlagfest	SAN	Luran 368 R
Polystyrol, schlagfest	SB	Typ 475
Polystyrol, schlagfest	ASA	Luran S
Polyoxymethylen	POM	Delrin, Hostaform, Acetalharz, Dynal, Sustain
Polymethylmethacrylat	PMMA	Deglas, Plexiglas, Resarit
Polytetrafluoräthylen	PTFE	Teflon, Hostaflon, Fluon
Polytetrafluorchloräthylen	PCTFE	
Polyvinylchlorid, hart	PVC	Hostalit, Trosiplast, Trovidur, Vinoflex, Vestolit
Polyvinylchlorid, weich	PVC	Mipolam, Vinifol
Polyvinylchlorid, schlagfest	PVC	Astralon, Hostalt Z
Polyphenylensulfid	PPS	Ryton
Polyimid	SP	Vespel
Polyurethan (linear)	PUR	Derethan U, Perlon U
Celluloseacetat	CA	Cellon, Trolit, Cellidor A
Celluloseacetobutyrat	CAB	
Cellulosepropionat	CP	
Phenolharz	PF	
Melaminharz	MF	
Polyesterharz	UP	
Epoxidharz	EP	
Silikone	SI	
Polyisobutylen	PIB	

Erkennungsmerkmale von Kunststoffen (Brennprobe)

Kunststoffart	Entflammbarkeit	Geruch nach	Art und Farbe der Flamme	während der Brennprobe
Anilinharz	leicht, brennt weiter	Anilin u. Formaldehyd	gelb, Funken, rußend	erweicht, schwillt
Benzylcellulose	leicht, brennt weiter	Bittermandel und verbranntem Papier	leuchtend, rußend	schmilzt, tropft
Phenolharz-Preßstoff	schwer, erlischt	Carbolsäure, Ammoniak	gelb	schwillt an, reißt
Phenolharz-Hartpapier	mäßig, brennt weiter	Carbolsäure, Papier	gelb, rußig	schwillt an, reißt
Harnstoff-Preßstoff	schwierig, erlischt	Harnstoff und Ammoniak	gelb mit grünblauem Rand, weiße Asche	schwillt an, reißt
Melaminharz-Preßstoff	schwierig, erlischt	ähnlich Harnstoff	hellgelb	schwillt an, reißt
Polyesterharz	leicht, brennt weiter	Styrol und verbranntem Fett	gelbrot, stark rußend	erweicht, reißt
Hartgummi	leicht, brennt weiter	verbranntem Gummi	rotgelb, stark rußend, Funkenbildung	schwillt, verkohlt, sondert Öl ab
Kunsthorn	schwierig, erlischt	verbranntem Horn	gelbgrauer Rauch	schwillt, verkohlt
Polyamid	schwierig, erlischt	ähnlich verbranntem Horn	blau mit gelber Spitze, knisternd	schmilzt, tropft blasig, fadenziehend
Polyurethan	schwierig, brennt weiter	typisch unangenehm stechend (Isocyanat)	bläulich, gelber Rand (leuchtend)	tropft blasig, schäumt
Cellulosenitrat	sehr leicht, brennt heftig	Rauch geruchlos	gelb	verbrennt vollständig
Celluloseacetat	mäßig, brennt weiter	Essig	dunkelgelb, etwas Rauch mit Funken	schmilzt, Tropfen brennen weiter
Celluloseacetobutyrat	mäßig, brennt weiter	Buttersäure und verbranntem Papier	gelb, leuchtend	tropft
Polyäthylen	leicht, brennt weiter	Paraffin	unten blau, oben gelb	erweicht und tropft
Polystyrol	leicht, brennt weiter	Styrol	gelbrot, dicht in Flocken rußend	erweicht
Polyvinylchlorid	sehr schwer, erlischt	Salzsäure, typischer Beigeruch	gelb, mit Kupferdraht grün	erweicht
Polyvinylacetat	leicht, brennt weiter	Essig und Styrol	dunkelgelb, Funken in Flocken rußend	erweicht
Polyvinylcarbazol	leicht, brennt weiter	aromatisch eigenartig	gelb, stark rußend	erweicht
Polyacrylester	leicht, brennt weiter	scharf aromatisch	gelb mit blauem Rand, schwarzer Rauch, Funken	erweicht, tropft nicht, verbrennt restlos
Polytetrafluoräthylen	entflammt nicht	geruchlos	–	erweicht kaum
Silicon	sehr schwer, erlischt	schwach	gelb, wenig Rauch	erweicht, weiße Asche
Vulkanfiber	schwer, brennt weiter	brennendem Heu	gelb mit roten Rändern	schwillt, spaltet in Schichten
Polycarbonat	brennt in der Flamme	schwach, Phenol	leuchtend, rußend	blasig, verkohlt

Kunststoffe – Mittelwerte ihrer elektrischen (VDE 0303) und physikalischen Eigenschaften

WK 14

Duroplaste

Werkstoffe			Typ	Spezifischer Widerstand Ω cm	Dielektrizitätskonstante ε_r bei 50 Hz	Dielektrizitätskonstante ε_r bei 800 Hz	Dielektrische Verluste bei 50 Hz 10^{-3} tan δ	Dielektrische Verluste bei 800 Hz 10^{-3} tan δ	Durchschlagfestigkeit kV/mm	Dichte kg/dm³	Ausdehn.-Koeffiz. $\cdot 10^{-6}$/K	Wasseraufnahme nach 7 Tagen mg/dm³	Veränderungen durch Sonnenlicht
Phenoplaste	Phenolformaldehyd	reines Gießharz		$10^9 \cdots 10^{14}$	–	8	–	75	10	1,27···1,35	23···96	135	Verfärbung
		reines Preßharz		10^{13}	–	4,3	–	47	8	1,27···1,35	–	50	Verfärbung
		Gesteinsmehl	11	$10^9 \cdots 10^{11}$	–	10	–	100	5···10	1,7···2,1	15···30	50	–
		Asbestfaser	12	$10^9 \cdots 10^{11}$	12	6···20	–	30···300	5···15	1,7···2,1	15···30	50	–
		Asbestschnur	16	$10^9 \cdots 10^{11}$	–	–	–	–	–	1,7···2,1	15···30	60	–
		Holzmehl	30	$10^{10} \cdots 10^{13}$	–	–	–	–	–	1,3···1,4	30···60	200	dunkelt nach
		Holzmehl	31	$10^{10} \cdots 10^{12}$	–	9	–	70	15···20	1,3···1,4	30···50	200	–
		Papierschnitzel	54	$10^9 \cdots 10^{12}$	–	6···10	–	40···100	8···15	1,4	10···30	600	–
		Gewebeschnitzel	74	$10^9 \cdots 10^{13}$	–	6···10	–	40···100	8···15	1,36···1,4	10···40	500	Oberflächenfest.
		Papierbahnen	Hp 2061	10^{19}	–	6	–	100	1,5···5,2	1,35···1,42	10···25	1600	leidet
		Gewebebahnen	Hgw2081,5	10^9	5···7	–	50···600	100	–	1,35···1,42	10···25	440	–
		Holzfurnierbahnen	PSCH KLA	10^{10}	–	–	–	–	–	1,35···1,42	–	4000	–
	Phenolfurfurol	Mineralien		$10^9 \cdots 10^{11}$	–	4,8	–	40···150	1,6···2,4	1,6···2,0	20	–	dunkelt
		Holzmehl		$10^{10} \cdots 10^{12}$	–	4,5···80	–	100···150	1···2	1,3···1,4	30	–	wenig
		Gewebeschnitzel		$10^9 \cdots 10^{11}$	–	4,5···6	–	80···200	1···2	1,3···1,4	25	–	nach
Aminoplaste	Harnstoff	Holzmehl	131,5	$10^{13} \cdots 10^{14}$	6,6	–	20···34	20···30	2,8···2,9	1,45···1,5	15···50	140	keine
	Melamin	Holzmehl	150	–	–	–	–	–		1,45···1,55	–	200···250	geringe Farbänderung
	Melamin	Cellulosefaser	152	$10^{12} \cdots 10^{14}$	6,2···7,6	6,2···7,5	32···60	13···100	10	1,55	50···80	200···300	
	Melamin	Asbestfaser	156	10^{11}	6,4···10,2	9	70···117	70	–	1,7···2,0	20···45	50···60	
	Anilin	reines Preßharz		10^{12}	3···4	–	10···20	–	1	1,2···1,25	45	17···24	–
Ungesättigte Polyesterharze		Glasstränge	–		–	–	–	–	–	1,9	7	–	Oberfl. beschlägt
		Glasgewebe	–		–	–	–	–	12	1,7···1,9	10	–	–
Siliconharze		Glasgewebe	–		–	–	20	10	1,7	–	–	kaum	

Thermoplaste

Werkstoffe		Typ	Spezifischer Widerstand Ω cm	Dielektrizitätskonstante ε_r bei 1 MHz	Dielektrizitätskonstante ε_r bei 800 Hz	Dielektrische Verluste bei 1 MHz 10^{-3} tan δ	Dielektrische Verluste bei 800 Hz 10^{-3} tan δ	Durchschlagfestigkeit kV/mm	Dichte kg/dm³	Ausdehn.-Koeffiz. $\cdot 10^{-6}$/K	Wasseraufnahme nach 7 Tagen mg/dm³	Veränderungen durch Sonnenlicht
Cellulose-Derivate	Cellulose A weich		10^{15}	–	5,5	–	21	17	1,32	92	700	gering
	Celluloseacetat A mittel		10^{15}	–	5,4	–	23	17	1,33	86	1000	gering
	Celluloseacetat A hart		10^{15}	–	5,3	–	22	18	1,34	76	1100	gering
	Celluloseacetat A höher verestert	S	10^{16}	–	4,3	–	20	19	1,29	97	720	gering
	Celluloseacetobutyrat	B	10^{16}	–	3,5	–	10	21	1,20	104	300	gering
	Cellulosenitrat		$10^{12} \cdots 10^{13}$	–	7···9	–	10	30	1,38	100···160	200	gering
	Äthylcellulose		$10^{13} \cdots 10^{14}$	–	2,5···3,5	–	5···25	60···100	1,14	100···160	–	–
	Benzylcellulose		10^{14}	–	3,5	–	50	40	1,22	100	32	–

Kunststoffe – Mittelwerte ihrer elektrischen (VDE 0303) und physikalischen Eigenschaften

WK 15

Thermoplaste			Elektrische Eigenschaften						physikalische Eigenschaften			
Werkstoffe		Typ	Spezifischer Widerstand Ω cm	Dielektrizitätskonstante ε_r bei 50 Hz	Dielektrizitätskonstante ε_r bei 800 Hz	Dielektrische Verluste bei 50 Hz $10^{-3}\tan\delta$	Dielektrische Verluste bei 800 Hz $10^{-3}\tan\delta$	Durchschlagfestigkeit kV/mm	Dichte kg/dm³	Ausdehn.-Koeffiz. $\cdot 10^{-6}$/K	Wasseraufnahme nach 7 Tagen mg/dm³	Veränderungen durch Sonnenlicht
Äthylen-Derivate	Polyäthylen (Hochdruckpolyäthylen)		10^{16}	2,3	2,3	0,4	0,4	60	0,92	200	0	Haarrisse
	Polyäthylen (Niederdruckpolyäthylen)		10^{16}	–	2,3	–	0,5···1	60	0,94	103	0	Haarrisse
	Polypropylen (Isotaktisches)		10^{13}	–	2,3	–	0,5	70	0,90···0,91	180···210	0	
	Polystyrol	III	10^{17}	–	2,5	–	0,2	55	1,05	60···80	550	vergilbt etwas
	Polystyrol	VI	10^{17}	–	2,5	–	0,3	50	1,05	60···80	1000	
	Polystyrol	EF	10^{16}	–	2,5	–	0,7	50	1,05	60···80	1000	–
	Polystyrol (Styrol/Butadien-Mischpolymerisat)	441	10^{14}	–	2,8	–	4	40	1,06	80···100	6600	
	Polystyrol	EH	10^{15}	–	3	–	10	40	1,09	60···80	10500	
	Polystyrol (Styrol/Acrylnitril)	51	10^{14}	–	3	–	10	40	1,08	60···80	3500	–
	Polymethacrylsäureester		10^{15}	3,5···4,5	3···3,5	40···60	30···50	40	1,18	70	125	sehr gering
	Polyacrylsäureester		10^{15}	–	3,5	–	40	15	1,18	85	125···140	
	Polyvinylcarbazol		10^{13}	–	–	–	0,4···1	50	1,19	40···57	10	–
	Polyvinylchlorid	PVC	10^{14}	4	3,4	20···40	20···40	50	1,38	60···80	20	dunkelt nach
	Polyvinylchlorid	MP	10^{15}	–	3,5	15	15	20···60	1,34	80	30	
	Polymethylenoxyd		10^{15}	–	3,7	–	4	18	1,425	81	12	leichte Trübung
	Polycarbonat		10^{15}	3,8	3,2	0,5	1,5	100[3)]	1,2	60	3600	–
Proteine	Polyurethan	Ug	10^{14}	4	3,3	10	10	–	1,21	110···130	100	–
	Polyurethan	U30	10^{14}	–	4,1	–	37	–	1,21	190	150	–
	Kunsthorn		10^{5}	–	6	–	140	1···5	1,35	80	600	kann leicht verfärben
	Polyamid 6 (Ultramid B)		10^{12}	–	6	300	20	1,14	95	300		
	Polyamid 6 + GV		10^{12}	–	6,8	–	220	25	1,35	95	300	
	Polyamid 66 (Ultramid A)		10^{12}	–	5,5	–	200	28	1,15	90···100	350	geringe Farbänderungen
	Polyamid 66 + GV		10^{12}	–	5,6	–	160	28	1,35	90···100	400	
	Polyamid 11 (Rilsan)		10^{14}	3,7	3,7	50	50	20	1,04	90···100	350	
	Polyamid 11 + GV		10^{15}	3,8	3,8	30	30	20	1,26	90···100	250	
	Polyamid 12 (Vestamid)		10^{13}	4,2	4,2	90	90	31	1,02	90···100	290	
	Polyamid 12 + GV		10^{12}	4,2	4,2	120	120	31	1,21	90···100	220	
Fluorcarbone	Polytrifluormonochloräthylen		10^{16}	2,3	2,8	15	24	20···30	2,1···2,2	55···70	–	keine
	Polytetrafluoräthylen		10^{15}	2	2	0,2···0,5	0,2···0,5	20···60	2,2	55···100	–	–
Silikone	Silikonharz		10^{15}	3	3	0,5···1	–	20···70	1,65	–	–	–
	Silikonkautschuk		10^{14}	2,5	2,5	20	–	20···30	1,2···2,3	–	–	–
Elastomere – Werkstoffe												
	Polychlorbutadien (Neopren)		10^{5}	–	7,5	–	19	14	1,24	–	–	–
	Butadien/Styrol-Mischpolymerisat (Buna S)		10^{3}	–	4···5	–	5	25	1,2	–	–	–
	Butadien/Acrylnitril-Mischpolymer. (Perbunan)		10^{3}	–	18	–	17	–	1,2	–	–	–
Modifizierte Naturstoffe – Werkstoffe												
	Vulkanfiber		10^{8}	4	4	80	80	6	1,1···1,45	–	14000	–
	Preßspan		–	–	–	–	–	>6	1,2···1,4	–	–	–
	Hartgummi (DIN 7711)	Hgi	10^{12}	2,8···5	2,8···5	50	50	3	1,2···1,7	–	–	–

Beständigkeit von Kunststoffen

Chemische Beständigkeit

0 = unbeständig
1 = bedingt beständig bis unbeständig
2 = bedingt beständig
3 = beständig bis bedingt beständig
4 = beständig

Kunststoff		Lösungsmittel												Säuren			Laugen		
		Fette, Öle	Mineralöl	Kraftstoffe	aromatische Verbindungen	org. Säuren	Amine	Aldehyde	Ester	Äther	Alkohole	Halogene	anorg. Salze	stark	schwach	Flußsäure	stark	schwach	Wasser
Polyäthylen, niedr. d_R	PE weich	3	2	1	0	4	–	–	2	0	2	0	4	4	4	4	4	4	4
Polyäthylen, mittl. d_R	PE	3	3	3	3	4	4	3	3	2	4	0	4	4	4	4	4	4	4
Polyäthylen, hohe d_R	PE hart	4	3	3	3	4	–	–	4	2	4	0	4	4	4	4	4	4	4
Polyäthylen, sulfochl.	PE	2	3	2	1	3	4	1	0	2	4	2	4	4	4	–	4	4	4
Äthylen-Vinyl-Acetat	EVA	3	2	2	–	3	3	4	1	1	3	0	4	1	4	–	4	4	–
Polyisobutylen	PIB	–	0	0	0	4	4	1	0	0	4	2	4	4	4	4	4	4	–
Polyisobutylen, gefüllt	PIB	0	2	1	1	3	4	1	0	0	4	0	4	4	4	4	4	2	4
Polypropylen	PP	4	4	3	1	3	4	4	3	2	4	1	4	3	4	3	4	4	4
Polymethylpenten	PMP	4	3	2	1	3	–	4	1	0	3	0	4	4	4	–	4	4	4
Polystyrol, rein	PS	4	2	1	1	3	4	1	0	1	4	0	4	3	4	3	4	3	4
Polystyrol, modifiziert	PS	4	4	1	1	3	4	1	0	1	4	0	3	3	4	3	4	3	4
Polystyrol-Butadien	SB	4	2	1	0	–	–	–	0	0	3	0	–	2	4	2	4	4	4
Polystyrol-Acrylnitril	SAN	4	4	3	0	3	4	1	0	0	3	0	4	3	4	4	4	4	4
ABS-Copolymere	ABS	4	4	4	0	4	4	1	0	0	3	0	4	3	4	4	4	4	4
Polyvinylchlorid, hart	PVC hart	4	4	1	1	3	3	1	0	1	4	2	4	4	4	4	4	3	4
Polyvinylchlorid, 13% VA	PVC/VA-C	4	–	4	0	3	4	4	0	–	4	–	4	2	4	–	–	4	–
Polyvinylchlorid + DOP	PVC weich	2	2	0	0	3	4	4	0	1	1	2	4	3	4	–	2	4	4
Polyvinylchlorid + TKP	PVC weich	2	2	0	0	3	4	4	0	1	1	2	4	3	3	–	2	3	4
Polytetrafluoräthylen	PTFE	4	4	4	4	4	4	4	4	4	4	4	4	4	4	4	4	4	4
Polytrifluorchloräthylen	PCTFE	4	4	4	3	3	–	4	1	0	4	3	4	4	4	4	4	4	4
Polymethylmethacrylat	PMMA	4	4	3	1	1	4	4	0	3	2	2	4	1	3	2	4	4	4
Acrylnitril-Methylmethacrylat	AMMA	4	4	4	3	–	–	–	4	4	4	2	–	4	4	2	–	3	4
Polyäther, chloriert	–	4	4	4	4	–	–	–	4	4	4	4	–	4	4	4	–	4	4
Polyoxymethylen	POM	4	4	4	3	3	–	3	3	4	4	0	4	0	3	–	4	4	4
Polyphenylenoxid	PPO	–	–	–	–	4	–	–	–	–	–	–	4	4	4	–	4	4	4
Celluloseacetat	CA	4	4	3	3	1	1	2	0	4	2	0	4	0	4	0	4	2	4
Celluloseacetat höher verestert	CA	4	4	3	3	1	3	4	0	4	2	0	4	0	3	0	4	2	4
Celluloseacetobutyrat	CAB	4	4	4	0	3	3	4	0	1	1	0	4	0	4	0	4	3	4
Cellulosepropionat	CP	4	4	4	0	3	3	4	0	0	0	0	4	0	2	0	4	0	4
Polycarbonat	PC	4	4	3	0	1	0	0	1	0	3	4	3	1	4	3	3	0	4
Polyäthylenterephthalat	PETP	4	4	4	4	4	–	–	4	4	3	–	4	3	4	–	4	3	–
Polybuthylenterephthalat	PBTP	4	4	4	3	3	–	–	2	4	4	–	4	1	2	–	4	4	–
Polyamid 6	PA 6	4	4	4	3	3	4	3	4	4	3	0	4	0	0	0	4	3	4
Polyamid 12	PA 12	4	4	4	3	3	4	2	4	4	3	0	4	0	0	0	4	3	4
Polyamid 6.6	PA 6.6	4	4	4	3	3	4	3	4	4	3	0	4	0	0	0	4	3	4
Polyamid 6.10	PA 6.10	4	4	4	3	3	4	3	4	4	3	0	4	0	0	0	4	3	4
Polyamid aromatisch	PA arom.	4	4	4	3	3	4	3	4	4	3	0	4	0	0	0	4	3	4
Polysulfon	–	–	–	–	0	–	–	–	–	–	4	–	4	4	4	–	4	2	3
Phenolharz-Preßstoffe	PF	4	4	3	3	–	–	–	3	3	3	–	–	0	2	–	–	2	4
Harnstoffharz-Preßstoffe	UF	4	4	3	3	–	–	–	3	4	3	–	–	0	1	–	–	3	4
Melaminharz-Preßstoffe	MF	4	4	3	3	–	–	–	3	3	4	–	–	0	2	–	–	3	4
unges. Polyester	UP	4	4	4	1	1	3	1	1	1	3	1	4	2	3	0	4	3	4
unges. Polyester elastisch	UP	4	4	4	1	1	3	1	1	1	3	1	4	0	3	0	4	3	4
unges. Polyester alkalibest.	UP	4	4	4	1	1	3	1	1	1	4	1	4	2	4	0	4	3	4
Epoxidharze	EP	4	4	4	1	4	3	1	1	4	4	4	4	–	3	4	4	3	4
Polyurethan-Elastomer	PUR	4	4	4	3	2	4	4	3	3	3	0	4	2	3	0	4	4	4
Urethan-Kautschuk	–	3	3	2	1	1	–	–	0	2	1	4	4	1	4	–	4	4	4

Beständigkeit gegen energiereiche Strahlung

Kunststoffgruppe	Strahlenbeständigkeit Kurzzeit	Strahlenbeständigkeit Langzeit	Kunststoffgruppe	Strahlenbeständigkeit Kurzzeit	Strahlenbeständigkeit Langzeit
Polyäthylen	$<10^7$ J/kg	$<10^5$ J/kg	Polyamid	$<10^6$ J/kg	$<10^5$ J/kg
Polypropylen	$<10^5$ J/kg	$<10^4$ J/kg	Polyacetal	$<10^5$ J/kg	$<10^5$ J/kg
Polystyrol	10^7 J/kg	–	Polycarbonat	$<10^6$ J/kg	–
PVC	$<10^7$ J/kg	$<10^6$ J/kg	Phenolharz	10^7 J/kg	–
Polytetrafluoräth.	$<10^5$ J/kg	$<10^4$ J/kg	Polyesterharz	10^7 J/kg	–
PMMA	$<10^6$ J/kg	–	Epoxidharz	10^7 J/kg	–

Keramische Isolierstoffe (DIN 40685, Auszug) — WK 17.1

Kondensator-Keramik

DIN-Nr.	Durchschlagfestigkeit bei 50 Hz kV/cm	relative Dielektrizitätskonstante ε_r	Temperaturbeiwert T_{K_ε} in 10^{-6}/K	Verlustfaktor tan δ in 10^{-3} bei 800 Hz 20 °C	1···10 MHz 20 °C	1···10 MHz 60 °C	1···10 MHz 80 °C	Dichte ρ g/cm³	Handelsname
310	100···200	60···100	– 630··· – 870	0,3···1,0	0,3···0,8	0,3···0,8	0,3···0,8	3,5···3,9	
311	100···200	40···60	– 280··· – 620	0,3···6,5	0,3···2,0	0,3···2,0	0,3···2,0	3,5···3,9	Kondensa
320	100···200	12···25	+ 90··· – 30	0,3···2,0	0,05···0,3	0,1···0,3	0,1···0,3	3,1···3,2	Tempa S
330	100···200	30···50	+ 40··· – 150	0,2···2,0	0,05···0,3	0,1···0,3	0,2···0,4	4,0···5,0	Tempa T
331	100···200	30···60	– 120··· – 500	2,5···7,0	0,1···0,4	0,1···0,4	0,2···0,5	4,8···5,3	
340	50···100	180···350	– 1200··· – 3500	–	0,3···5,0	0,3···0,5	0,3···0,5	≈ 4	
					bei 100 kHz				
350	30···50	350···3000	nicht	–	2,5···25	2···20	2···20	4···6	Epsilan
351	30···50	> 3000	linear	–	2,5···25	2···20	2···20	4···6	Epsilan

Isolier-Keramik (DIN 40685, Auszug)

DIN-Nr.	Durchschlagfestigkeit kV/cm (50 Hz)	Dielektr. Konstante ε_r	Temp.-beiwert T_{K_ε} 10^{-6}/K	Spezifischer Durchgangs-Widerstand $\rho_{min.}$ in Ω·cm bei 20 °C	bei 200 °C	bei 400 °C	bei 600 °C	Dichte ρ kg/dm³	Aufbau	Verwendung Anmerkung
110	300	6	+ 600	10^{11}	10^{7}	10^{5}	10^{4}	2,2···2,6	dichte Masse	Hartporzellan-Isolatoren
111	–	–	–	–	10^{7}	10^{5}	10^{4}	2,3···2,5	dichte Masse	Niederspannungs-Isolat.
120	–	–	–	–	10^{8}	10^{6}	10^{5}	2,5	dichte Masse	Niederspannungs-Isolat.
210	–	–	–	–	10^{9}	10^{7}	10^{5}	2,8	dichte Masse	Niedersp.-Isolierteile
220	200	6	+ 160	10^{11}	10^{10}	10^{7}	10^{5}	2,6···2,8	dichte Masse	Steatit, Hochsp.-Isoliert.
221	300	6	+ 160	10^{12}	10^{11}	10^{9}	10^{7}	2,6···2,8	dichte Masse	Sonder-Steatit; Kondens.
240	–	4,5	–	–	–	10^{8}	10^{7}	1,9···2,1	poröse Masse	für Einbau in
250	300	6	–	–	10^{11}	10^{9}	10^{7}	2,8···2,9	dichte Masse	Vakuumgefäße
410	100	5	600	10^{11}	10^{8}	10^{6}	10^{4}	2,1···2,2	dichte Masse	temperaturwechselbest.
510	–	–	–	–	–	10^{6}	10^{5}	1,9···2,1	feinporös	weiß bis 1000 °C
511	–	–	–	–	–	10^{6}	10^{5}	1,9···2,1	feinporös	braun bis 1000 °C
512	–	–	–	–	–	10^{6}	10^{5}	1,8···1,9	grobporös	braun bis 1000 °C
520	–	–	–	–	–	10^{7}	10^{5}	2,0	feinporös	weiß···braun bis 1200 °C
530	–	–	–	–	–	10^{7}	10^{6}	2,0···2,1	feinporös	weiß···braun bis 1300 °C
610	250	–	–	–	10^{9}	10^{6}	10^{5}	2,6···3,3	dichte Masse	50···80% Al_2O_3 Thermoelemente
706	180	8···9	–	–	–	10^{9}	10^{7}	3,3···3,6	dichte Masse	80···90% Al_2O_3
708	200	9	–	–	–	10^{10}	10^{8}	3,5···3,8	dichte Masse	90···99% Al_2O_3
710	250	9···10	–	–	10^{13}	10^{12}	10^{9}	3,7···3,9	dichte Masse	> 99% Al_2O_3 Zündkerzen
720	–	10	–	–	–	–	–	2,5	poröse Masse	98% Magnesiumoxid
730	–	24	–	–	–	–	–	5,4	dichte Masse	97% Zirkonoxid, Vakuumt.

Glimmer und Glimmererzeugnisse — WK 17.2

Werkstoff	Durchschlagfestigkeit kV/mm	relative Dielektrizitätskonstante ε_r	Verlustfaktor tan δ in 10^{-3} bei 50 Hz	1 MHz	spez. Durchgangs-Widerstand ρ in Ω cm	Dichte ρ kg/dm³
Naturglimmer	30···70	6···8	0,2···1,5	0,1···0,3	10^{17}	2,5···3,2
Mikafolium	30···32	4	20···40	–	$10^{8}···10^{12}$	2
Mikanit	20···30	5	10	–	$10^{8}···10^{12}$	2···2,6
Mikalex	15	8	≈ 1	1···1,8	10^{10}	2,8···3,3

Isolierstoffgruppen (Übersicht) — WK 17.3

Werkstoff	Durchschlagsfestigkeit kV/min	relative Dielektrizitätskonstante ε_r	Verlustfaktor tan δ	verwendbar bis
Steatit	20	6	$1···3 \cdot 10^{-3}$	1500 °C
Speckstein	6	4	$2···4 \cdot 10^{-3}$	1450 °C
Rutil	10	ca. 100	$5 \cdot 10^{-4}$	1250 °C

Werkstoffnormung — Werkstoffnummern (DIN 17007)

Werkstoffnummern setzen sich zusammen aus:

□.□□□□.□

Werkstoff-Hauptgruppe | Werkstoffsorte (Sortennummer) | Werkstoffzustand (Anhängezahl)

Kennzahlen für Hauptgruppen

0	Roheisen u. Ferrolegierungen	3	Leichtmetalle
1	Stahl	4···8	Nichtmetallische Werkstoffe
2	Schwermetalle außer Eisen	9	frei für interne Benutzung

Sortennummern

Die beiden ersten Ziffern kennzeichnen den Werkstoff nach chem. Zusammensetzung und Verwendung. Die letzten Ziffern dienen der Unterscheidung innerhalb der Sorte.

Sortennummern für Stahl (erste beide Ziffern)
Massen- u. Qualitäts-Stähle

00	Handels- u. Grundgüten	08···09	Legierte Qualitätsstähle
01···02	allgemeine Baustähle	90	Handels- u. Grundg. Sondersorten
03···07	unlegierte Qualitätsstähle	91···99	andere Sorten (Sondersorten)

Unlegierte Stähle

10	Stähle mit besonderen physikalischen Eigenschaften	15···18	Werkzeugstähle gestuft nach I. (15); II. (16); III. Güte (17); für Sonderzwecke (18)
11···12	Baustähle		

Legierte Edelstähle

20···28	Werkzeugstähle	40···45	nichtrostende Stähle	50···54; 56···60;	
32···33	Schnellarbeitsstähle	47···48	hitzebeständige Stähle	62···63; 65···73;	
34	Verschleißfeste Stähle	49	Hochtemperaturwerkstoffe	75···77; 79···82;	
35	Wälzlagerstähle	85	Nitrierstähle	84	Baustähle
36···39	St. besond. phys. Eigensch.	88	Hartlegierung		

Anhängezahlen für Stahl

Die 1. Anhängezahl kennzeichnet das Stahlherstellungsverfahren

0: unbestimmt oder ohne Bedeutung
1: unberuhigter Thomasstahl
2: Beruhigter Thomasstahl
3: sonstiger unberuhigter Stahl
4: sonstiger beruhigter Stahl
5: unberuhigter Siemens-Martin-Stahl
6: beruhigter Siemens-Martin-Stahl
7: unberuhigter Sauerstoffaufblas-Stahl
8: beruhigter Sauerstoffaufblas-Stahl
9: Elektrostahl

Die 2. Anhängezahl kennzeichnet den Behandlungszustand des Stahls

0: keine oder beliebige Behandlung
1: normalgeglüht
2: weichgeglüht
3: wärmebehandelt auf gute Zerspaltbarkeit
4: zähvergütet
5: vergütet
6: hartvergütet
7: kaltverformt
8: ferderhat kaltverformt
9: behandelt nach besonderen Angaben

Sortennummern für Schwermetalle (Hauptgruppe 2)

00···17 Cu	18···19 Reserve	20···24 Zn, Cd	25···29 Reserve
30···34 Pb	35···39 Sn	40···49 Co, Ni	50···59 Edelmetalle
60···69 Hochschmelzende Metalle			70···99 Reserve

Sortennummern für Leichtmetalle (Hauptgruppe 3)

00···49 Al | 50···59 Mg | 60···69 Reserve | 70···79 Ti | 80···99 Reserve

Anhängezahlen für die Hauptgruppen 2 und 3

Die 1. Anhängezahl kennzeichnet die Zustandsgruppe

0: unbehandelt
1: weich
2: kaltverfestigt (Zwischenhärten)
3: kaltverfestigt („hart" und darüber)
4: lösungsgeglüht, ohne mech. Nacharbeit
5: lösungsgeglüht, kaltnachbearbeitet
6: warmausgehärtet, ohne mech. Nacharbeit
7: warmausgehärtet, kaltnachbearbeitet
8: entspannt, ohne vorherige Kaltverfestig.
9: Sonderbehandlungen (z. B. Stabilisierungsglühung)

Die 2. Anhängezahl kennzeichnet den Zustand nach dem Herstellungsverfahren.

Norm-Bezeichnungen für die Stahlnormung

DIN 1691	Gußeisen mit Lamellengraphit	DIN 17200	Vergütungsstähle, Gütevorschriften
DIN 1692	Temperguß; Begriff; Eigensch.	Euronorm	83 – 70
DIN 1693	Gußeisen mit Kugelgraphit	DIN 17210	Einsatzstähle, Gütevorschriften
DIN 17006	Stahlnormung	Euronorm	84 – 70
DIN 17100	Allgemeine Baustähle Gütevorschr.	DIN 17014	Warmbehandlung von Eisen u. Stahl
Euronorm	25 – 72	Euronorm	52 – 67

Stahlnormung — DIN 17006 — WK 19

Herstellungs- oder Rohteil

Gußartenzeichen

G-	Guß allgemein
GG-	Gußeisen
GH-	Hartguß
GS-	Stahlguß
GS-E	Elektrostahlguß
GT-	Temperguß
GTS-	Schwarzer Temperguß
GTW-	Weißer Temperguß
GGL-	Austenitisches Gußeisen mit Lamellengraphit
GGG-	Gußeisen mit Kugelgraphit
GK-	Kokillenguß
GZ-	Schleuderguß

Erschmelzungsart

B	Bessemerstahl
···B	Basisch, z. B. MB
E	Elektrostahl (E-Stahl)
M	Siemens-Martin-Stahl
T	Thomasstahl
Y	Sauerstoffblasstahl
···Y	Sauer, z. B. MY
W	Windgefrischt

Vergießungsart

U	Unberuhigt vergossen
R	Beruhigt vergossen
RR	Besonders beruhigt vergossen

Besondere Eigenschaften

A	Alterungsbeständig
Q, q	Kaltstauchbar (quetschbar)
X	Hochlegiert
Z	Ziehbar

Zusammensetzungs- oder Mittelteil

k	Kleiner Schwefel- und/oder Phosphorgehalt
m	Gewährleistete Spanne des S-Gehalts bei unlegiertem Stahl
S	Gewährleistete Spanne des S-Gehalts bei legiertem Stahl

Chemische Zeichen		Multiplikator*)
Al	Aluminium	10
B	Bor	10
Be	Beryllium	10
C	Kohlenstoff	100
Ce	Cer	100
Co	Kobalt	4
Cr	Chrom	4
Cu	Kupfer	10
Fe	Eisen	–
Mg	Magnesium	–
Mn	Mangan	4
Mo	Molybdän	10
N	Stickstoff	100
Nb	Niob	10
Ni	Nickel	4
P	Phosphor	100
Pb	Blei	10
S	Schwefel	100
Si	Silicium	4
Sn	Zinn	–
Ta	Tantal	10
Ti	Titan	10
V	Vanadium	10
W	Wolfram	4
Zn	Zink	–
Zr	Zirkon	10

Verarbeitungs- oder Behandlungsteil

Behandlungszustand

A	Angelassen
B	Beste Bearbeitbarkeit
BF	Wärmebehandelt auf bestimmte Festigkeit
E	Einsatzgehärtet
G	Weichgeglüht
H	Gehärtet
K	Kaltverformt
KBK	Blankgezogen
N	Normalgeglüht
NT	Nitriert
S	Spannungsfrei geglüht
U	Unbehandelt
V	Vergütet

Kennziffer für den Gewährleistungsumfang

.1	Streckgrenze
.2	Falt- oder Stauchversuch
.3	Kerbschlagzähigkeit
.4	.1 + .2
.5	.2 + .3
.6	.1 + .3
.7	.1 + .3
.8	Warmfestigkeit
.9	Elektrische oder magnetische Eigenschaften

*) Der prozentuale Legierungsanteil ist mit 4,10 oder 100 vervielfacht. Die in der Kurzbeschreibung angegebene Zahl muß durch den Multiplikator geteilt werden, um den Prozentwert zu erhalten. Ein X vor der Kurzbezeichnung gibt an, daß alle Legierungsbestandteile (außer C) in vollen Prozentwerten angegeben sind.

Weitere Normen für Eisen u. Stahl siehe DIN-Taschenbuch 4 und Euronormen 25 – 72, 83 – 70, 84 – 70, 52 – 67, 88 – 71, 106 – 71, 27 – 74;

Allgemeine Baustähle — DIN 17100

Gütegruppen 1 allg. Anforderungen Kurzname	2 höhere Anforderungen Kurzname	3 Sonderanforderungen Kurzname	Zugfestigkeit σ_B N/mm²	Streckgrenze σ_S N/mm²	Dehnung δ_5 in %	Verwendung: Allgemeine Baustähle nach DIN 17100 sind nicht für Wärmebehandlung bestimmt		
St 33-1	St 33-2	–	330···500	190	18	Für untergeordn. Teile	–	
St 34-1	St 34-2	–	340···420	210	28			
St 37-1	St 37-2	St 37-3	370···450	240	25	Für einfache Bauteile Schmiedestücke, Wellen, Bolzen, ...	schmelzschweißbar	widerstandsstumpfschweißbar und punktschweißbar
St 42-1	St 42-2	St 42-3	420···500	260	22			
–	St 46-2	St 46-3	440···540	290	22			
–	–	St 52-3	520···620	360	22	Für höhere Festigkeit		
St 50-1	St 50-2	–	500···600	300	20	Zahnräder, Keile, Stifte, ...	–	
St 60-1	St 60-2	–	600···720	340	15		–	
–	St 70-2	–	700···850	370	10	Hochbeanspr. Teile,...	–	

Magnetische Werkstoffe: Legierungen und Ferrite

Hartmagnetische Werkstoffe

Werkstoff	Bezeichnung	Zusammensetzung (Rest Fe und sonstige Elemente) %	Maximale Anwendungstemp. °C	Remanenz in T	Koerzitivfeldstärke H_C kA/m	Max. Energiedichte $(BH)_{max}$ mWs/cm³	Revers. reman. Permeabilität μ_{rev}	Dichte in kg/dm³
Legierungen, gegossen oder gesintert 1)	AlNiCo 160	Al 10, Ni 20, Co 13	425	0,68	50	12,7	4,6	7,0
	AlNiCo 200	Al 10, Ni 19, Co 20	425	0,8	75	16,7	3,0	7,2
	AlNiCo 350	Al 8, Ni 15, Co 30	450	0,85	81,5	27,8	3,5	7,2
	AlNiCo 450	Al 8, Ni 14, Co 38	450	0,86	110	33,5	3,5	7,2
	AlNiCo 400	Al 9, Ni 13, Co 23	450	1,1	48	33,5	4,0	7,2
	AlNiCo 600	Al 8, Ni 14, Co 24	400	1,26	53	47,0	3,0	7,4
	AlNiCo 800	Al 8, Ni 13, Co 24	400	1,3	68	>59,0	1,1	7,6
FeCoV-Legierungen (Draht, Bänder) 1)	MAGNETOFLEX 35	Co 52, V 13	400	0,8	24	12,5	7	8,1
	MAGNETOFLEX 40	Co 52, V 8	400	1,2	10,5	9,5	9	8,1
Ferrite	SIFERRIT DB 1	BaO 15, Fe_2O_3 85	–	0,2 – 0,23	120 – 150	6,4 – 8,8	1,2	5
	SIFERRIT DS 1 3)	SrO 16, Fe_2O_3 84	–	0,36 – 0,4	175 – 230	26,5 – 31,0	1,2	4,6
	SIFERRIT DS 2 3)	SrO 16, Fe_2O_3 84	–	0,32 – 0,36	240 – 290	21,0 – 26,5	1,2	4,4

1) Daten der Vacuumschmelze GmbH 2) Daten der Siemens AG 3) Mit magnetischer Vorzugsrichtung

Weichmagnetische Werkstoffe: Ferrite

Werkstoff und Anwendung	Frequenz MHz	Bezeichnung SIFERRIT 1)	Zus.-setzung: Oxide von Fe und	Curietemperatur °C	Anfangspermeabilit. μ_{iA}	Sättigungsflußdichte T	Koerzitivfeldstärke A/m	Bezogener Hysteresebeiwert bei niedr. Frequenz h/μ_i^2 10^{-3} cm/kA	Verlustfaktor $\tan \delta/\mu_{rA}$ 10^{-6} x	Dichte g/cm³
Hexagonaler Ferrit für UKW	<1000	U 60	Ba, Co	>250	8	0,25	1000	–	3200	4,8
Perminvar-Ferrit für UKW	<220	U 17	Ni, Mn, Co	>500	10	0,3	1500 2)	10	<100	4,1
KW-Ferrit	<40	K 12	Ni, Zn	>400	24	0,23	1200	<50	<150	4,2
	<12	K 1	Ni, Zn	>350	80	0,4	500	<40	<40	4,4
MW-Ferrit	<2	M 11	Ni, Zn	>170	250	0,4	150	<4	<25	4,6
	<1,6	M 33	Mn, Zn	<200	600	0,46	100	<2	<12	4,5
NF-Ferrit	<0,2	N 22	Mn, Zn	>145	1500	0,43	30	<1,5	<2	4,8
	<0,1	N 28	Mn, Zn	>150	2200	0,45	20	<1	<1	4,7
Übertrager-Ferrite		T 26	Mn, Zn	>150	2200	0,45	20	<2	–	4,8
		N 30	Mn, Zn	>150	4300	0,45	15	<1,5	–	4,8
		T 38	Mn, Zn	>130	10000	0,45	4	<1	–	4,9
Rechteck-Ferrite Speicher-F.		R 473	verschiedene	600	0.2 µs 3)	0,16 4)	480	–	–	–
Schalt-F.		R 461		370	–	0,28 4)	32	–	–	–
Transfluxor-F.		R 402		210	–	0,19 4)	32	–	–	–

1) Daten der SIFFERIT-Werkstoffe der Siemens AG 2) Öffnungsfeldstärke; bei höherer Feldstärke tritt irreversible Güteänderung ein
3) Schaltzeit t_S 4) Remanente Flußdichte B_R

Magnetischer Fluß 1 Wb = 1 Vs = 1 Tm² = 10^8 Maxwell
Magnetische Flußdichte 1 T = 1 Vs/m² = 10^{-4} Vs/cm² = 10^4 G
Magnetische Feldstärke 1 A/m = 1,256 · 10^{-2} Oe (Oersted)

Hysteresebeiwert eines Werkstoffes nach IEC

$$\eta_B = \frac{1}{2 \cdot \pi \cdot \sqrt{2} \cdot \mu_0} \cdot \frac{h}{\mu_i^2} = \frac{R_H}{\omega \cdot L \cdot \mu_i \cdot \hat{B}} \quad \text{in 1/mT}$$

Effektive Permeabilität

$$\mu_e = \frac{A_L \cdot \Sigma l/A}{\mu_0}$$

μ_i = Anfangspermeabilität

$$\mu_0 = 1{,}256 \cdot 10^{-6} \frac{\text{Vs}}{\text{Am}}$$

Weichmagnetische Werkstoffe: Legierungen

Werkstoff	Bezeichnung	Anteil d. Nichteisenmetalls etwa %	Curietemperatur °C	Permeabilität: Anfang[3] μ_{iA} 10^3 x	Permeabilität: maximal $\mu_{r\,max}$ 10^3 x	Sättigungsflußdichte in T	Koerzitivfeldstärke in A/m	Bezog. Hysteresebeiwert h/μ_i^2 in cm/kA	Ummagnetisierungsverlust (50 Hz): B / T	Ummagnetisierungsverlust (50 Hz): in W/kg	Spez. elekt. Widerstand μΩcm	Dichte in kg/dm³
Reineisen	–	–	770	0,6 – 2	10 – 40	2,15	6,4 – 32	–	1	1 – 5[4]	12	7,85
Elektrobleche SiFe-Legierungen	Sorte[1] 360 – 50 A	1	763	–	B_{25} = 1,58T	2,1	≈100	–	1	3,6	28	7,80
	200 – 50 A	2	757	–	B_{25} = 1,52T	2,05	≈60	–	1	2,0	40	7,70
	130 – 35 B	3	750	–	B_{25} = 1,47T	2,0	≈36	–	1	1,3	52	7,60
	5)	3	750	–	B_{10} = 1,85T	2,3	≈10	–	1,5	0,97	40	7,65
	Dyn-bl. I	0,5	750	0,2	B_{25} = 1,06T	2,11	≈61	–	1	3,6	29	7,85
	Dyn-bl. II	1,4	755	0,23	B_{25} = 0,97T	1,98	≈67	–	1	3,0	36	7,80
	Dyn-bl. III	4,7	750	0,39	B_{25} = 0,98T	1,95	≈37	–	1	2,6	55	7,7
	Dyn-bl. IV	4,3	750	0,6	B_{25} = 3T	2,0	≈16	–	1	1,7	50	7,6
	(1,7) Dyn-bl. IV	4,3	750	0,8	B_{25} = 2,5T	2,0	≈15	–	1	1,5	50	7,6
NiFe-Legierungen[2]	PERMENORM® 3601 K 1,2	36	250	2 – 3	8 – 20	1,3	16 – 40	$1{,}2 \cdot 10^{-3}$ $3 \cdot 10^{-3}$	1	0,5 – 1,1	75	8,15
	PERMENORM® 5000 H 2,3	50	470	6 – 12	60 – 80	1,5 – 1,6	4	$\approx 50 \cdot 10^{-3}$	1	0,25	45	8,25
	ULTRAPERM® 10	70 – 80	400	130	300	0,78	0,4	$0{,}07 \cdot 10^{-3}$	0,5	0,01	60	8,7
NiFe-Leg. mit Rechteckschleife[2]	PERMENORM® 5000 Z	50	470	–	50	1,55	12	= 0,97	1,5	0,8	45	8,25
	PERMAZ® Z	65	520	–	250	1,25	2	$\frac{B_r}{B_m}$ = 0,94	1	0,07	60	8,5
	ULTRAPERM® Z	70 – 80	410	–	250	0,8	0,8	6) = 0,91	0,5	0,015	55	8,7
CoFe-Leg.,	VACOFLUX® 50	50	950	1	12	2,35	110	5	1	2,0	35	8,15
dgl. m. Rechteckschleife[2]	VACOFLUX® Z	50	950	–	40	2,35	20	$\frac{B_r}{B_m}$ = 0,97	1	0,8	35	8,15
NiFe-Leg. mit flacher Hyst.-schleife	PERMAX® F	50 – 65	520	3	–	12,5	4	= 0,17 $\frac{B_r}{B_m}$	1	0,2	60	8,5
	ULTRAPERM® F	75 – 80	410	20	–	8	1,2	= 0,10	0,5	0,012	55	8,7

1) Nach DIN 46400 Entw. 9.71
2) Daten der Vacuumschmelze GmbH
3) Gemessen bei 4 mA/cm
4) Bei Blech 0,5 mm dick
5) Bei Magnetisierung in Walzrichtung
6) Remanenzverhältnis; B_m optimale Aussteuerung; B_r remanente Flußdichte bei B_m
B_{25} → Die hierbei angegebene Flußdichte bezieht sich auf eine Feldstärke von H = 25 A/cm

Effektiver Verlustfaktor

$$\tan \delta_e = \frac{\tan \delta}{\mu_{iA}} \cdot \mu_e$$

Restverlustwiderstand

$$R_r = \omega \cdot L \cdot \tan \delta_e$$

Permeabilität weichmagnetischer Werkstoffe — WK 22.1

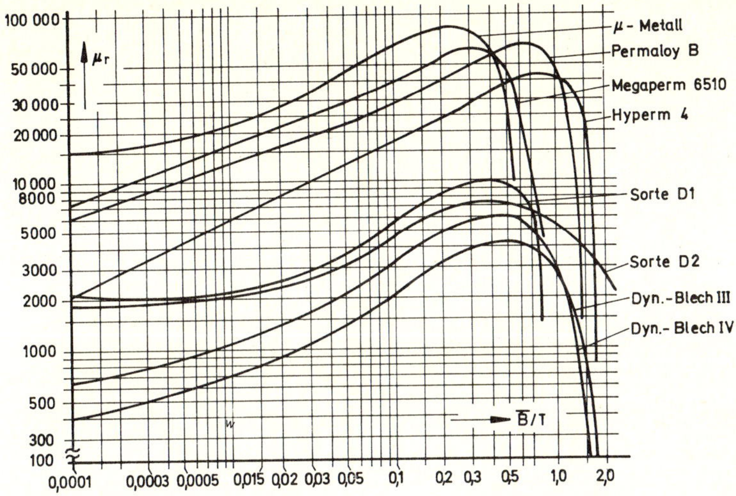

Hysteresekernkonstante

$$\eta_i = \eta_B \cdot \sqrt{\frac{\mu_0 \cdot \mu_e^3}{V_e}} = \frac{R_h}{I \cdot \omega \cdot L^{3/2}}$$

L Induktivität in H
I max. Stromstärke
V_e magnet. Volumen
R_h Hystereseverlustwiderstand

Eigenschaften von Thermobimetallen DIN 1715 (Auszug) — WK 22.2

Kurzzeichen	Linearitätsbereich °C	Anwendungsgrenze °C	Dichte ρ kg/dm3	Spezif. therm. Ausbieg. 10^{-6} / K	Spezif. elektr. Widerstand ρ in Ω·mm²/m bei 20°C	100°C	200°C	300°C	Spezif. Wärmekapazität bei 20°C Ws / g·K	Wärmeleitzahl W / cm·K	Zuläss. Biegespng. bei 20°C 10 N / mm²
TB 1577	–20 bis +200	400	8,1	15,5	0,77	0,85	0,93	1,02	0,46	0,13	20
TB 1477	–20 bis +250	400	8,1	14,0	0,77	0,84	0,92	1,00	0,46	0,13	20
TB 1170	–20 bis +380	450	8,1	11,7	0,70	0,79	0,87	0,92	0,46	0,13	20
TB 916	–20 bis +220	350	8,5	9,7	0,16	0,22	0,28	0,36	0,44	0,43	15
TB 1435	–20 bis +200	400	8,2	14,8	0,35	0,43	0,52	0,63	0,46	0,18	20
TB 1411	–20 bis +200	250	8,3	14,5	0,11	0,14	0,16	–	0,44	0,62	15

Heizleiterlegierungen, Zusammensetzung und Eigenschaften (nach DIN 17470) — WK 22.3

Kurzzeichen	Spezifischer elektrischer Widerstand ρ in Ω·mm²/m bei °C: 20	100	200	300	Dichte kg/dm3	Zuläss. Temp. in Luft °C	Spezif. Wärme Ws/g·grd bei °C: 20	0 bis 1000	Wärmeausdehn. Koeff. 10^{-6}·grd zwischen 20°C und 400	800	1000
Ni Cr 80 20	1,12	1,13	1,13	1,14	8,3	1200	1,76	2,09	15	16	17
Ni Cr 60 15	1,13	1,14	1,16	1,18	8,2	1150	1,92	2,09	15	16	17
Ni Cr 30 20	1,04	1,07	1,11	1,14	7,9	1100	2,09	2,26	16	18	19
Cr Ni 25 20	0,95	0,99	1,03	1,07	7,8	1050	2,09	2,26	17	18	19
Cr Al 25 5	1,44	1,44	1,44	1,44	7,1	1300	1,96	2,64	12	14	15
Cr Al 20 5	1,37	1,37	1,38	1,38	7,2	1200	1,96	2,64	12	14	15

Nichteisenmetalle (NE-Metalle) — WK 23

Normbezeichnungen für NE-Metalle — nach DIN 1700

Die Normbezeichnung besteht aus Kennbuchstaben für Herstellung oder Verwendung,
aus Kennbuchstaben und Kennzahlen (Prozentwerte), für die Zusammensetzung und
aus Kurzzeichen für besondere Eigenschaften.

Kennbuchstaben für Herstellung oder Verwendung

- G Guß (allgemein)
- GD Druckguß
- GK Kokillenguß
- GZ Schleuderguß Zentrifugalguß
- GC Strangguß
- Gl Gleitmetall
- Lg Lagermetall
- L Lot

Kennzeichen für Zusammensetzung

a) Chemische Symbole

- Al Aluminium
- Cu Kupfer
- Ni Nickel
- Pb Blei
- Zn Zink

b) Kennzahlen in %

- Mg 3 3% Magnesium
- Sn 25 25% Zinn
- Si 12 12% Silicium

Kurzzeichen für besondere Eigenschaften

a) Behandlungszustand
g = geglüht u. abgeschreckt; wa = warmausgehärtet; ka = kaltausgehärtet; ta = teilausgehärtet

b) Mindestwert der Festigkeit
F 17 = Mindestzugfestigkeit 170 N/mm^2

c) Härtezustand
p = gepreßt; w = weich; h = hart; zh = ziehart.
Diese Buchstaben werden häufig an Stelle von Festigkeitsangaben gesetzt. (Halbhart = 1,2fache, hart = 1,4fache, federhart = 1,8fache Zugfestigkeit des weichen Zustandes)

Stoffwerte für reine Schwermetalle siehe WK 9

Kupfer-Gußlegierungen

Kurzzeichen	Zugfestigkeit σ_B in N/mm^2	Bruchdehnung δ_b in %	Kurzzeichen	Zugfestigkeit σ_B in N/mm^2	Bruchdehnung δ_b in %
G-CuZn33Pb	180	12	G-CuSn12	260	12
GK-CuZn38Al	380	20	G-CuSn10Zn	260	15
GD-CuZn15Si4	550	8	G-CuSn5ZnPb	240	18
G-CuZn25Al5	750	8	G-CuAl9Ni F50	500	20
			GK-CuAl9	450	15
			G-CuPb15Sn	200	10

Kupfer-Knetlegierungen

CuZn40Pb3	390···670	35··· 0	CuSn6	350···750	55··· 5
CuZn40 F42	420···480	23···12	CuSn8	380···700	60··· 5
CuZn37	300···620	50··· 0	CuSn6Zn	620···770	15··· 3
CuZn30	280···530	50··· 0	CuAl8Fe F45	450···600	25···10
CuZn10	240···360	42··· 9	CuAl10Ni	650···750	10···10
CuZn40Al2	550···650	18···10			
CuZn39Sn p	–	–			
CuNi12Zn24	350···650	40··· 4	CuNi10Fe	280···360	35··· 5
CuNi18Zn19Pb	440···530	25··· 6	CuNi25	–	–

Lote

Kurzzeichen	Zusammensetzung in % ≈	Arb.-temp. in °C	Verwendung
Weichlote			nach DIN 1707
L-PbSn2	98 Pb, 2 Sn	325	Bleilötungen
L-PbSn25Sb	74 Pb, 25 Sn, 1 Sb	260	Kühlerbau
L-PbSn40	60 Pb, 40 Sn	235	Feinbleche
L-Sn60Pb	60 Sn, 40 Pb	183	Verzinnen
L-Sn50PbCu	50 Sn, 49 Pb, 1 Cu	190	Elektrogeräte
L-Sn60PbAg	60 Sn, 36 Pb, 4 Ag	180	Elektronik
Hartlote			nach DIN 8513
L-CuP8	92 Cu, 8 P	710	Kupfer
L-Ms60	50 Cu, 40 Zn	900	Kupf. u. Stahl
L-Ms42	42 Cu, 58 Zn	845	Cu-Ni-Zn-Leg.
L-Ag75	75 Ag, 22 Cu, 3 Zn	770	Edelmetalle
L-Ag30Cd	30 Ag, 28 Cu, 22 Cd, 20 Zn	680	Stahl, Temperguß

Nickelknetlegierungen

Kurzzeichen	Zusammensetzung in % ≈
NiMn2	98 Ni, 2 Mn
NiMo16Cr	57 Ni, 16 Mo, 16 Cr, 6 Fe
NiCu30Fe	68 Ni, 30 Cu, 2 Fe
NiFe16CuMo	76 Ni, 16 Fe, 5 Cu, 3 Mo
Blei-Zinnlegierungen	
Lg-PbSb 15	83 Pb, 15 Sb, 1,5 As, 1 Sn, 0,5 Cu
Lg-PbSn 9 Cd	74 Pb, 9 Sn, 0,5 Cd, 15 Sb, 1 Cu, 0,5 As
Lg-Sn 90	90 Sn, 7 Sb, 3 Cu
Zink-Gußlegierungen	
G-ZnAl 6 Cu 1	93 Zn, 6 Al, 1 Cu
GD-ZnAl4	96 Zn, 4 Al
GD-ZnAl 4 Cu 1	95 Zn, 4 Al, 1 Cu
GK-ZnAl 4 Cu 3	93 Zn, 4 Al, 3 Cu
GK-ZnAl 6 Cu 1	93 Zn, 6 Al, 1 Cu

Leichtmetalle

Knetlegierungen

Kurzzeichen	Lieferzustand	Zugfestigk. σB N/mm²	Streckgrenze σS N/mm²	Dehnung δ5 in %	Kurzzeichen	Lieferzustand	Zugfestigk. σB N/mm²	Streckgrenze σS N/mm²	Dehnung δ5 in %
Al Mg 2 F 15	weich	150	60	19	Al Mg Si 1 w	weich	≦140	–	18
Al Mg 2 F 18	halbhart	180	110	9	Al Mg Si 1 F 14	gepreßt	140	–	18
Al Mg 2 F 21	hart	210	160	4	Al Mg Si 1 F 32	wa	320	250	9···10

Kurzzeichen	Dichte ρ kg/dm³	Zugfestigk. σB N/mm²	Streckgrenze σS N/mm²	Dehnung δ5 in %
Al-Knetlegierungen nicht aushärtbar				**DIN 1725**
Al Mn	2,73	100···160	40···130	22···4
A. Mg 1	2,69	100···160	40···140	20···4
Al Mg 2	2,68	150···210	60···160	19···4
Al Mg 3	2,66	180···260	80···180	17···4
Al Mg 5	2,64	240···320	110···240	17···4
Al Mg 5 dek		Wie Al Mg 5		
Al Mg Mn	2,71	180···250	80···180	17···4
Al-Gußlegierungen				DIN 1725
G-AlSi12	2,65	160···210	70···100	5···10
GAlMg3	2,7	140···190	70···100	3···8
G-AlSi10Mg	2,65	170···220	80···110	2···6
G-AlMg10ho	2,6	220···300	140···170	6···9
G-AlSi6Cu4	2,75	160···200	100···150	1···3
G-AlCu4Tita	2,75	280···380	180···230	5···10
GD-AlSi12	2,65	220···280	140···180	1···3 (δ10)
GD-AlSi6Cu4	2,8	160···200	100···150	1···3
GD-AlMg9	2,6	200···300	140···220	1···5 (δ10)
GK-AlMg3(Cu)	2,7	140···200	90···110	3···8

Kurzzeichen	Dichte ρ kg/dm³	Zugfestigk. σB N/mm²	Streckgrenze σS N/mm²	Dehnung δ5 in %
Al-Knetlegierungen aushärtbar				**DIN 1725**
AlMgSi0,5dek	2,7	140	80	15
Al Mg Si 1	2,7	140···320	100···320	18···9
Al Cu Mg 1	2,8	210···390	240···260	16···14
Al Cu Mg 2	2,77	250···440	240···290	14···9
Al Cu Mg 1 pl		Wie Al Cu Mg 1 und Al Cu Mg 2		
AlZnMgCu0,5	2,78	460	380	8
AlZnMgCu1,5	2,8	280···520	···440	12···7
Magnesium-Knetlegierungen				DIN 1729
MgMn2	1,8	20···23	–	
MgAl6Zn	1,8	26···28	–	–
MgAl8Zn	1,8	28···32	–	–
Magnesium-Gußlegierungen				DIN 1729
G-MgAl6Zn3	1,8	160···200	90···200	3···6
G-MgAl8Zn1	1,8	160···280	90···160	1···12
G-MgAl9Zn1	1,8	160···280	110···170	0,5···10
G-MgAl9Zn2	1,8	160···250	90···170	0,5···5

Geeignete Kühl- und Schmiermittel für die Aluminiumbearbeitung siehe WK 25.

Schnittgeschwindigkeiten in m/min

Al 99,8	400 ▽	800 ▽▽	SS-Stahl
Al Mg 3	300 ▽	500 ▽▽	SS-Stahl
Al Cu Mg	100 ▽	150 ▽▽	SS-Stahl

Späne von Magnesium-Legierungen brennen sehr leicht. Bei Magnesiumbränden nur mit Sand oder Gußeisenspänen löschen; niemals mit Wasser. Während der Verarbeitung keine wasserhaltigen Kühlmittel verwenden (Brandgefahr!).

Normbezeichnungen

Al 99 H	99% Al, Hüttenaluminium
Al 99,5	99,5% Al, Reinaluminium
Al 99,99 R	99,99% Al, Reinstaluminium

Aluminium-Normen

DIN 1712	Blatt 1 ... Aluminium, Reinstaluminium, Hüttenaluminium
	Blatt 3 ... Aluminium, Reinstaluminium, Halbzeug
DIN 40501	Aluminium für die Elektrotechnik, Halbzeug, techn. Lieferbeding.
DIN 43670	Stromschienen aus Aluminium
DIN 48202	Drähte und Seile für Leitungen

Bearbeitung von Hartgewebe u. Hartpapier	WK 25

Bearbeitungsart	Dicke mm	Schnitt-geschwindig-keit m/min	Vorschub mm	Schnitt-fläche	Bemerkungen
Bohren Schnellstahlbohrer Bohrer mit Hartmetallschneide	beliebig	40···50 90···100	0,2···0,4 je Umdr.	sauber	Bohrvorrichtung, Unterlage aus Hartpapier oder Hartholz
Gewindeschneiden Schnelldrehstahl Gewindebohrer	beliebig	30···50 von Hand	0,3···0,8 –	sauber	Schmiermittel Fett oder Öl
Hobeln Schnellstahl	beliebig	10···20	0,2···0,8	sauber	Auslaufkante Holzplatte gegenspannen
Drehen Schnelldrehstahl Drehstahl mit Hartmetallschneide	beliebig	40···50 180···200	0,3···0,8 je Umdr.	sauber	Drehbank auch für Gewinde
Fräsen Abwälzfräser	beliebig	35···50	0,5···0,8 je Umdr.	sauber	an Auslaufkante Holzplatte gegenspannen
Sägen Kreissäge, Blatt hohlgeschliffen Kreissäge, Zähne geschränkt Bandsäge, Zähne geschränkt	bis 15 3···40 5···200	3000···3500 3000···3500 2000···2500	von Hand	sauber rauh riefig	Nachbehandlung: keine mit Fräser oder Hobel
Stanzen Kaltstanzen Warmstanzen	bis 1,2 1,2···4	16···20 Stck./min	von Hand	glatt	Vorwärmen auf 90···130°C
Schneiden Schlagschere	bis 1,0	–	–	sauber	Schere mit Niederhalter

Bearbeitung von Metallen (Kühl- und Schmiermittel)

Werkstoff	Bohren	Gewinde-schneiden	Drehen	Fräsen	Hobeln	Reiben	Sägen
Rein-aluminium	Bohr-wasser 5···10%, Bohröl,	Bohr-wasser 5···10%, Seifen-spiritus, Petroleum	trocken, Petroleum	trocken	trocken, Bohr-wasser 5···10%, Petroleum	Bohröl, Seifen-spiritus, Terpentin, Petroleum	trocken, Bohröl, Petroleum
AlCuMg-Leg. u. ähnliche Legierungen	Bohr-wasser 5···10%, Schneidöl, Petroleum	Schneidöl	trocken oder Petroleum	Schneidöl	trocken oder Petroleum	Schneidöl	Schneidöl
Kupfer	Bohr-wasser 5···10%, Schneidöl	trocken, Schneidöl	trocken	Bohr-wasser 5···10%,	trocken	Bohr-wasser 5···10%	Bohr-wasser 5···10%
Bronze, Messing	trocken, Bohr-wasser 5···10%, Schneidöl	trocken, Schneidöl	trocken	trocken	trocken	trocken, Schneidöl	trocken, Bohröl
Unlegierte Stähle	Bohr-wasser 5···20%	Bohr-wasser 5···20%, Gewinde-schneidöl	Bohr-wasser 5···20%, Schneidöl, Petroleum	Bohr-wasser 5···15%	trocken, Bohröl, Bohr-wasser 5···20%	Schneidöl	Bohr-wasser 5···20%, Schneidöl
Legierte Stähle	Bohr-wasser 10···20%, Schneidöl, Benzol	Bohr-wasser 10···20%, Schneidöl	Bohr-wasser 10···20%, Schneidöl	Bohr-wasser 10···20%, Schneidöl	trocken, Bohröl, Bohr-wasser 5···10%	Schneidöl	Bohr-wasser 10···20%, Schneidöl
Gußeisen Hartguß	trocken, Bohr-wasser 10···15% bei Hartguß Petroleum	trocken, Petroleum	trocken, bei Hartguß Petroleum	trocken	trocken, bei Hartguß Petroleum	trocken, Schneidöl	trocken, Bohr-wasser 5···10%

Papierformate — Fz 1.1

Kurzzeichen	Abmessungen mm	Kurzzeichen	Abmessungen mm	Kurzzeichen	Abmessungen mm
4 A0	1682 x 2378	A2	420 x 594	A6	105 x 148
2 A0	1189 x 1682	A3	297 x 420	A7	74 x 105
A0	841 x 1189	A4	210 x 297	A8	52 x 74
A1	594 x 841	A5	148 x 210	A9	37 x 52

Linien (Reihe 1) — DIN 15 — Fz 1.2

Linienarten (DIN 15)	*Linienbreiten, Liniengruppen*					*Anwendung*
	0,25	*0,35*	*0,5*	*0,7*	*1,0*	
Breite Vollinie	*0,25*	*0,35*	*0,5*	*0,7*	*1,0*	sichtbare Körperkanten; Umrisse; Gewindebegrenzung
Breite Strichpunktlinie	*0,25*	*0,35*	*0,5*	*0,7*	*1,0*	Schnittverlauf; Kennzeichnung begrenzter Oberflächenbehandlung
Strichlinie	*0,18*	*0,25*	*0,35*	*0,5*	*0,7*	nicht sichtbare Kanten; Fußkreis bei Zahnrädern
Schmale Vollinie	*0,13*	*0,18*	*0,25*	*0,35*	*0,5*	Maß- und Maßhilfslinien; Kerndurchmesser bei Bolzengewinde; Außendurchmesser bei Muttergewinde; Schraffur von Schnittflächen; Oberflächenzeichen
Schmale Strichpunktlinie	*0,13*	*0,18*	*0,25*	*0,35*	*0,5*	Mittellinien; Teilkreise bei Zahnrädern; Lochkreise
Freihandlinie	*0,13*	*0,18*	*0,25*	*0,35*	*0,5*	Bruchlinien bei Metallen, Isolierstoffen

Maßstäbe — DIN 823 — Fz 1.3

Natürliche Größe	*Vergrößerungen*	*Verkleinerungen*
M 1:1	M 2:1 M 5:1 M 10:1	M 1:2 M 1:5 M 1:10 M 1:20 M 1:50 M 1:100 M 1:200 M 1:500

Schräge Normschrift (Mittelschrift) — DIN 16 — Fz 1.4

Bei gleichzeitiger Verwendung von Groß- und Kleinbuchstaben muß die Mindestschrifthöhe nach DIN 6776 „h" = 3,5 mm betragen.
Schriftgrößen: 2,5 mm, 3,5 mm, 5 mm, 7 mm, 10 mm, 14 mm, 20 mm

10/10 *ÄBCDEFGHIJKLMNÖPQRSTÜVW*

XYZI1234567890 7/10 *äbcdefghijklm*

nöpqrstüvwxyzß Φ [(&·?!:;",;÷=+±x%)]

Senkrechte ISO-Normschrift (Schriftform B) — DIN 6776 — Fz 1.5

ÄBCDEFGHIJKLMNÖPQRSTÜVWXYZ

1234567890IVX äbcdefghijklmnö

pqrstüvwxyz[(!?:;" - = + x :√ % □ &)]Ø

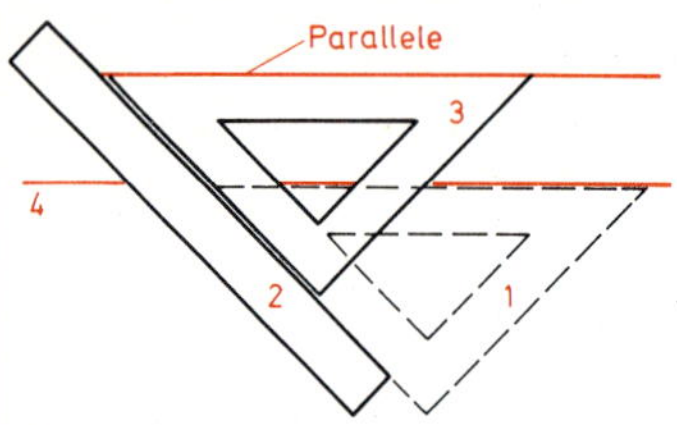

Ziehen einer Parallelen

1. Zeichendreieck mit der längsten Kante an die Gerade 4 anlegen.
2. Lineal an das Zeichendreieck anlegen und Lineal festhalten.
3. Zeichendreieck am Lineal entlang gleiten lassen bis zum gewünschten Abstand der Parallelen zur Geraden 4.
4. Parallele ziehen.

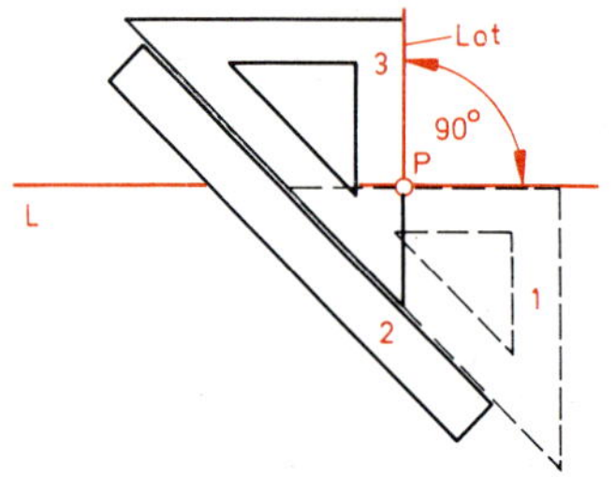

Errichten eines Lotes (Senkrechten) am Punk P

1. Zeichendreieck mit einer kurzen Kante an die Gerade L anlegen.
2. Lineal an das Zeichendreieck anlegen und Lineal festhalten.
3. Zeichendreieck am Lineal entlang gleiten lassen bis die senkrechte Seite des Zeichendreiecks am Punkt P liegt.
4. An der senkrechten Seite des Zeichendreiecks das Lot fällen.

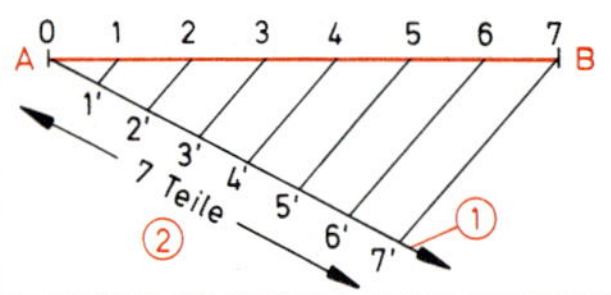

Teilen einer Strecke in gleiche Teile

1. Vom Punkt A ausgehend einen Strahl unter beliebigem Winkel ziehen.
2. Strahl in die gewünschte Anzahl gleicher Teile teilen.
3. Letzten Teilpunkt auf dem Strahl (z. B. 7') mit dem Endpunkt B der Strecke $\overline{AB}$ verbinden.
4. Parallelen zu dieser Verbindungslinie ziehen.

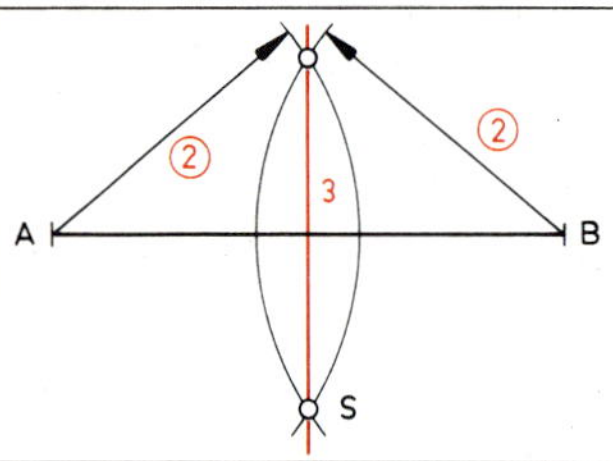

Errichten einer Mittelsenkrechten

1. Von den Punkten A und B mit dem gleichen Radius Kreisbögen schlagen, so daß zwei Schnittpunkte entstehen.
2. Schnittpunkte miteinander verbinden. Die Verbindungslinie ist die gesuchte Mittelsenkrechte der Strecke $\overline{AB}$.

Anmerkung: Die Mittelsenkrechte halbiert die Strecke $\overline{AB}$.

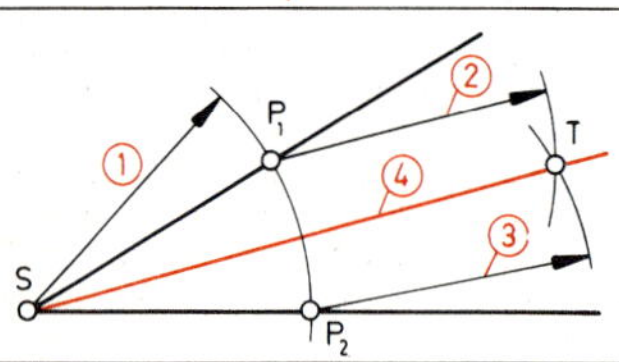

Halbieren eines Winkels

1. Um den Schnittpunkt S des Winkels Kreisbogen mit beliebigem Radius r schlagen, ergibt die Punkte P_1, P_2.
2. Um die Punkte P_1 und P_2 Kreisbögen schlagen (beliebiger aber gleicher Radius), ergibt den Teilpunkt T.
3. Gerade von S nach T ziehen. Sie teilt den Winkel in zwei gleich große Hälften.

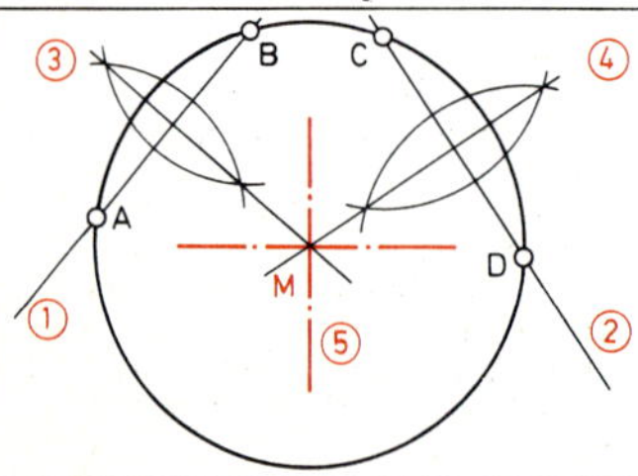

Ermitteln des Kreismittelpunktes M

1. Zwei beliebige Sehnen am Kreis ziehen, ergibt die Schnittpunkte A, B, C, D.
2. A mit B und C mit D durch Geraden verbinden.
3. Um A und B bzw. C und D Kreisbögen schlagen, um Mittelsenkrechte auf den Geraden zu errichten.
4. Mittelsenkrechte führen zum Kreismittelpunkt M.

Anmerkung: Sehnen unter einem Winkel von etwa 90° ziehen.

Geometrische Konstruktionen

Bu 2.2

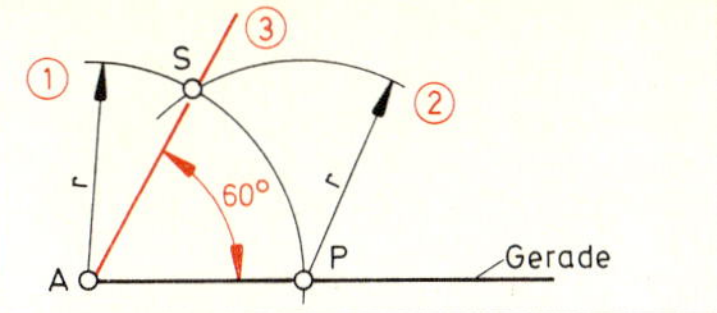

Konstruktion eines Winkels von 60°

1. Um den Punkt A einen Kreisbogen mit r als Radius schlagen, ergibt P.
2. Um Punkt P mit gleichem Radius r Kreisbogen schlagen; ergibt Schnittpunkt S.
3. Zwischen A und S eine Gerade legen, ergibt ∢ von 60°.

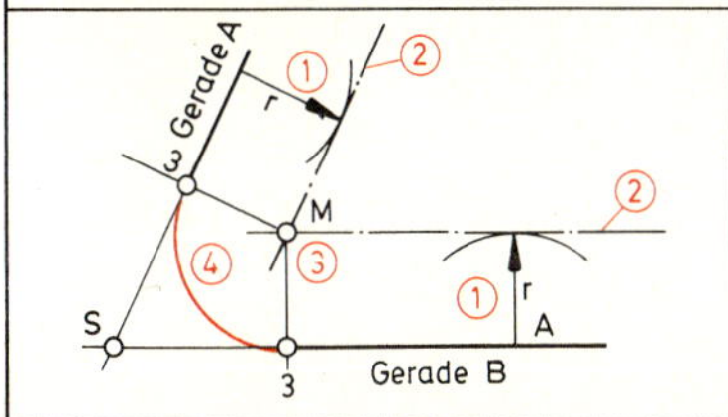

Rundung an einer Ecke

1. Parallele zu den Geraden A und B im Abstand des Rundungsradius r ziehen ergibt M.
2. Von M ausgehend Senkrechte auf den Geraden A und B errichten ergibt die Punkte 3.
3. Um M Kreisbogen mit dem Rundungsradius r zwischen den Punkten 3 schlagen.

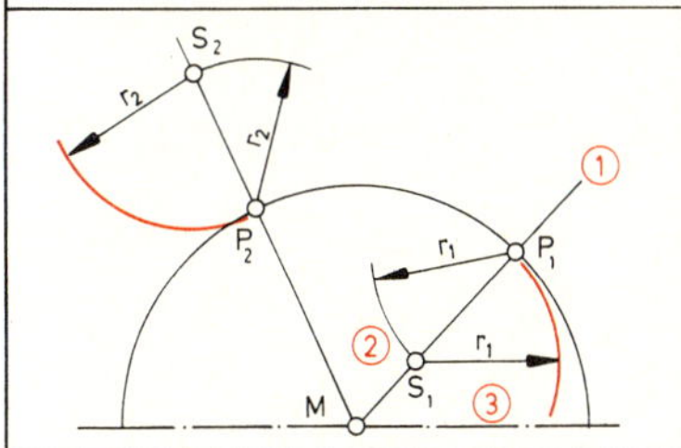

Rundungen am Kreis

1. Von M ausgehend Gerade zu P_1 legen.
2. Um Punkt P_1 mit dem Rundungsradius r_1 Kreisbogen schlagen, ergibt Schnittpunkt S_1.
3. Um S_1 mit dem Rundungsradius von P_1 aus Kreisbogen der Rundung schlagen.
4. Von M ausgehend Gerade zu P_2 legen.
5. Um P_2 Kreisbogen mit Rundungsradius r_2 schlagen.
6. Um S_2 Kreisbogen mit Rundungsradius r_2 von P_2 ausgehend schlagen.

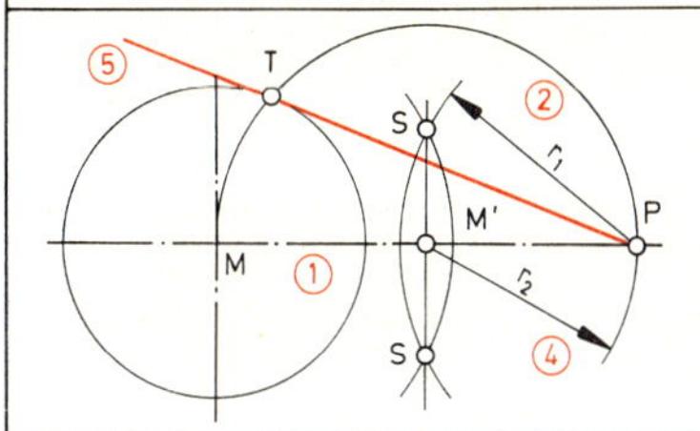

Tangente am Kreis von Punkt P ausgehend

1. Gerade ziehen zwischen M und P.
2. Kreisbögen mit r_1 um M und P ergeben Schnittpunkte S.
3. Schnittpunkte verbinden; ergibt M'.
4. Um M' Kreisbogen schlagen; ergibt Tangentenpunkt T.
5. Von Punkt P aus über den Tangentenpunkt T die Tangente auftragen.

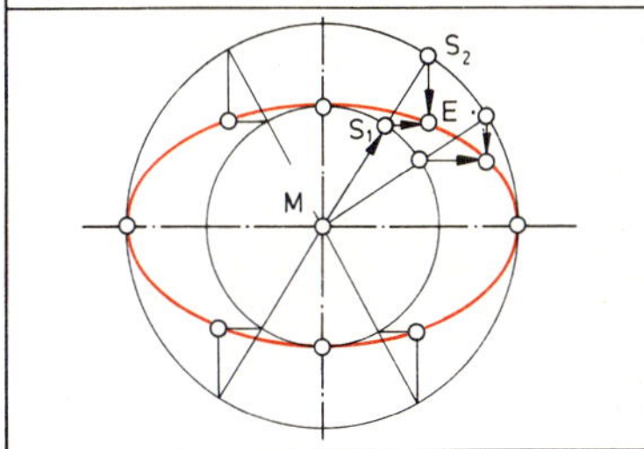

Ellipsenkonstruktion mit Hilfe konzentrischer Kreise

1. Um den Mittelpunkt M zwei Kreise schlagen, deren Radien den halben Achsen der Ellipse entsprechen.
2. Durch M mehrere Gerade strahlenförmig bis zum großen Kreis ziehen.
3. Von den Schnittpunkten S_1 eine Waagerechte und S_2 eine Senkrechte ziehen, ergibt den Ellipsenpunkt E.
4. Nach gleicher Methode fortfahren, bis genügend Ellipsenpunkte vorhanden sind und diese miteinander zur Ellipse verbinden.

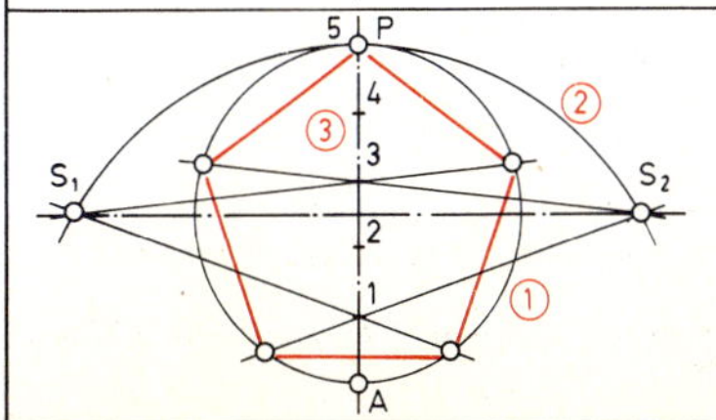

Regelmäßiges Vieleck (z. B. Fünfeck)

1. Kreisbogen mit dem Radius schlagen, in dem das Vieleck eingeschlossen sein soll.
2. Kreisbogen um den Ausgangspunkt A mit Radius $\overline{AP}$ schlagen; ergibt Schnittpunkte S_1 und S_2.
3. Strecke $\overline{AP}$ in so viele Teile teilen, wie das Vieleck Ecken haben soll (im Beispiel 5 Teile ≙ 5 Ecken).
4. Von S_1 und S_2 Geraden über die Teilungspunkte 1 u. 3 zum kleinen Kreis ziehen und die Kreisschnittpunkte verbinden.

Darstellung von Körpern nach DIN	Fz 3.1

Ansichten (nach DIN 6)

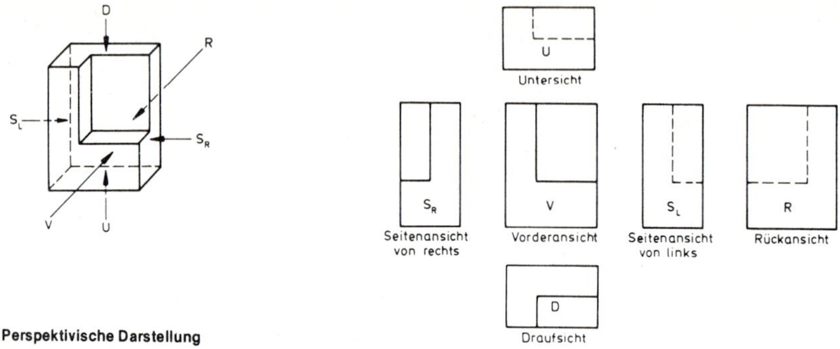

Perspektivische Darstellung

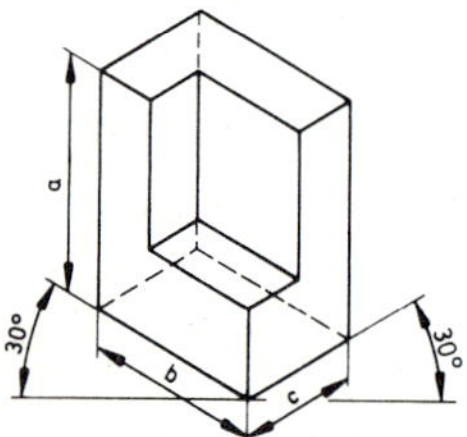

a : b : c = 1 : 1 : 1

Isometrische Projektion

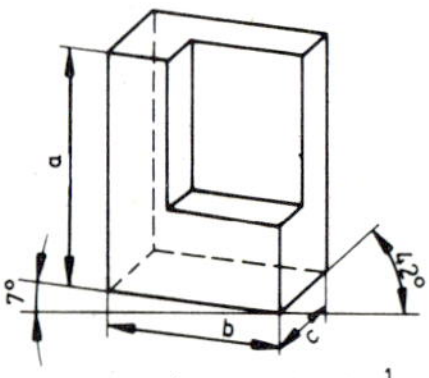

a : b : c = 1 : 1 : $\frac{1}{2}$

Dimetrische Projektion

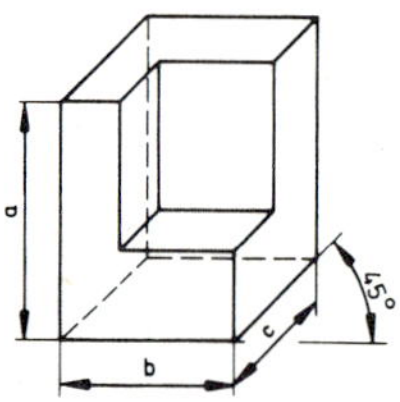

Rechtwinklige Parallelprojektion

bei isometrischer Darstellung:
a : b : c = 1 : 1 : 1

bei dimetrischer Darstellung:
a : b : c = 1 : 1 : $\frac{1}{2}$

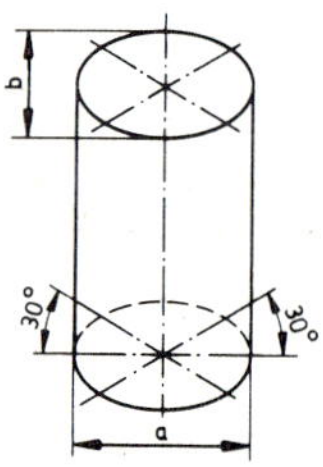

a : b = 1,7 : 1

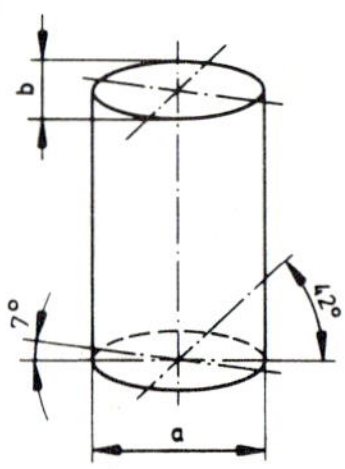

a : b = 3 : 1

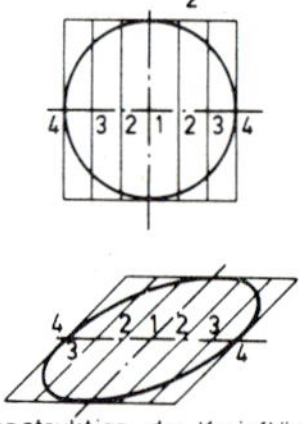

Konstruktion der Kreisfläche bei rechtwinkliger Parallelprojektion (isometrisch)

Darstellung von Gewinden
nach ISO

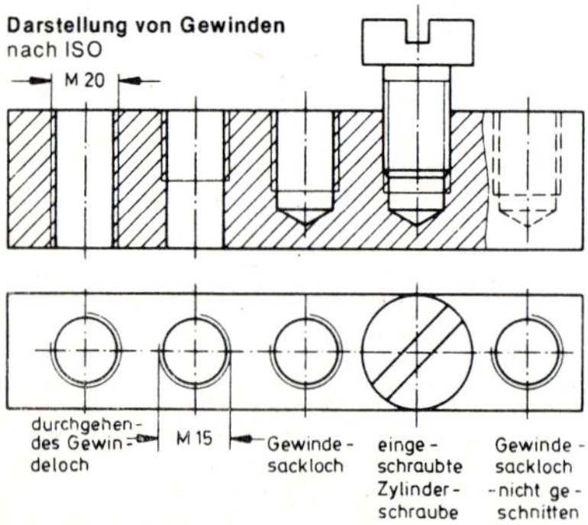

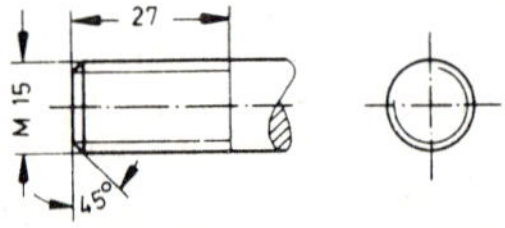

Darstellung von Körpern nach DIN

Fz 3.2

Körperschnitte

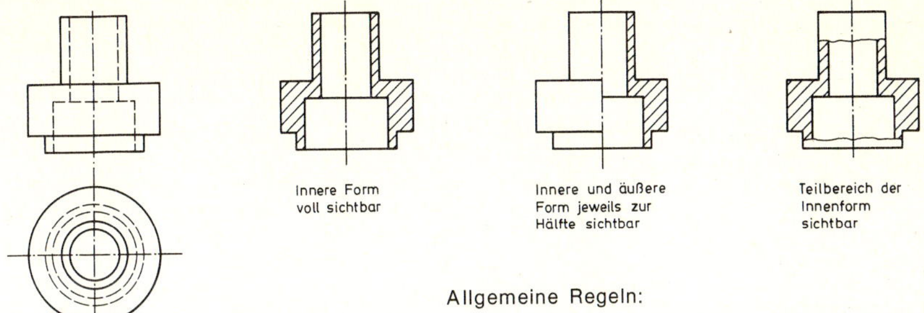

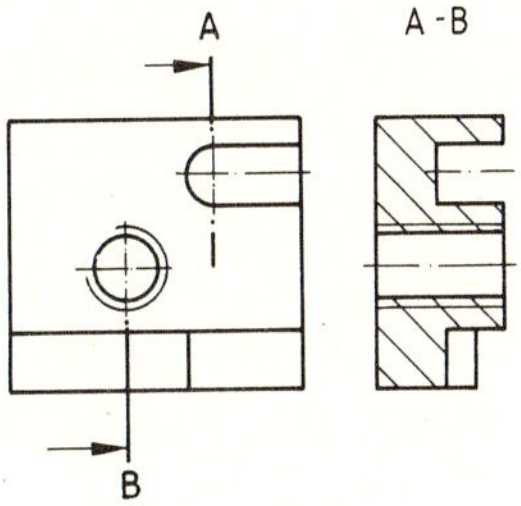

Allgemeine Regeln:

1. Schnittflächen werden unter 45° zur Achse oder Hauptumrissen schraffiert.
2. Schraffurlinienabstand richtet sich nach der Schnittflächengröße.
3. Sichtbar gewordene Kanten werden eingezeichnet.
4. Unsichtbare Kanten werden üblicherweise nicht gezeichnet.
5. Bei kompliziertem Schnittverlauf, wird er durch dicke Strichpunktlinien gekennzeichnet. Die Blickrichtung wird durch Pfeile angegeben.
6. Einfache Vollkörper werden in Längsrichtung nicht geschnitten, wie zum Beispiel: Stifte, Nieten, Wellen, Achsen, Bolzen, Schrauben, Muttern, Splinte, Keile, Federn, Rippen, Unterlegscheiben.

DIN ISO 1302	(Werte bezogen auf Glättungslinie)			DIN 3141		DIN 140
arithmet. Mittenrauheit $R_a \leq$ [µm]	Angabe in Zeichnungen Beispiele spanlos	spanend	spanlos od. spanend	Reihe	gemittelte Rauhtiefe $R_z \leq$ [µm] ($\hat{=} R_t$)	Oberflächenzeichen alte Norm
25	12,5 √	12,5 √	12,5 √	1	160	▽
12,5				2	100	
6,3				3	63	
3,2				4	25	
6,3	√	√	√	1	40	▽▽
3,2				2	25	
1,6				3	16	
0,8				4	10	
1,6	√	√	√	1	16	▽▽▽
0,8				2	6,3	
0,4				3	4	
0,2				4	2,5	
—	√	√	√	1	—	▽▽▽▽
0,1				2	1	
0,1				3	1	
0,025				4	0,4	

Rauhtiefe R_t

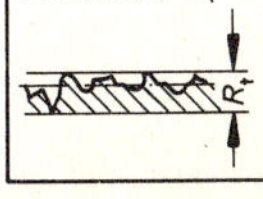

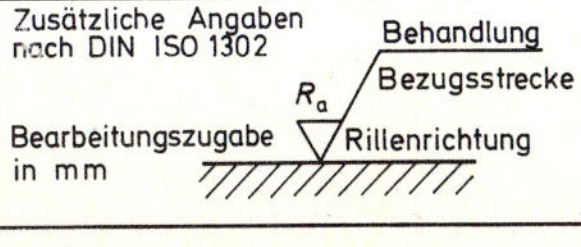

Beispiel:

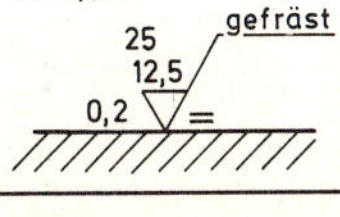

Symbole für Rillenrichtung
- = parallel zur Ansicht
- ⊥ senkrecht zur Ansicht
- X gekreuzt
- C zentrisch
- R radial
- M verschiedene Richtungen

Bemaßungsregeln nach DIN 406 — Fz 4

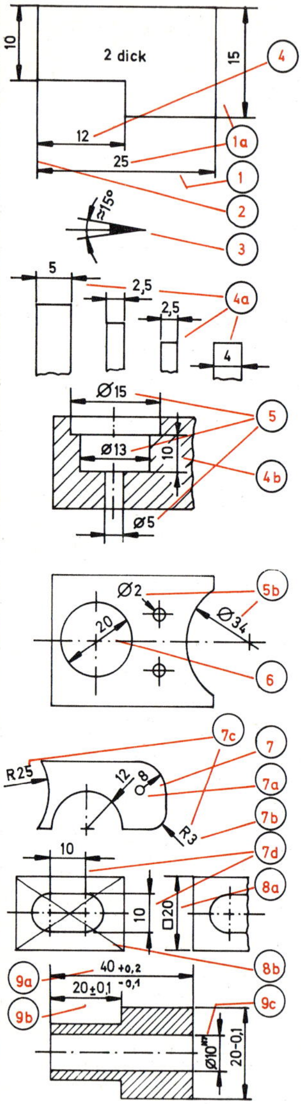

1 *Maßlinien* (dünne Vollinie) verlaufen parallel zu den zu bemaßenden Körperkanten.

1a Zwischenraum: Körperkante/Maßlinie mindestens 8 mm, Maßlinie – Maßlinie 5 mm.

1b Mittellinien und Körperkanten dürfen nicht als Maßlinie verwendet werden.

2 *Maßhilfslinie* (dünne Vollinie) ragen etwa 2 mm über die Maßpfeile hinaus.

2b Mittellinien können als Maßhilfslinien verwendet werden.

3 *Maßpfeile* sind voll geschwärzt; schließen einen Winkel von 15° ein; Länge ca. 5 x Körperkantendicke. Sie dürfen nicht an Eckpunkte der Darstellung auftreffen.

4 *Maßzahlen* in Normschrift, gleiche Größe in einer Zeichnung. Sie sollen von unten und von rechts lesbar sein. Sie stehen in der Regel in der Mitte über der Maßlinie.

4a Ist der Platz für die Maßzahl zu klein, so können sie zwischen den Pfeilen oder rechts auf den Außenpfeil gesetzt werden.

4b Steht die Maßzahl innerhalb schraffierter Flächen, so wird die Schraffur unterbrochen.

5 Bei nicht ersichtlicher Kreisform wird vor die Maßzahl ein *Durchmesserzeichen* gesetzt (unter 75° durchstrichener kleiner Kreis).

5b Durchmesserzeichen auch bei Kreisbogen mit einem Maßpfeil und Maßzahlen, die mit einer Bezugslinie an den Kreis gesetzt werden (sehr kleine Kreise).

6 Bemaßung ohne Durchmesserzeichen, wenn das Maß im oder an der Kreislinie anliegt.

7 *Halbmesser* (Radien) erhalten nur einen Maßpfeil. Er sollte möglichst von innen an den Kreis gezeichnet werden.

7a Der Mittelpunkt kann auch durch ein Mittellinienkreuz, einen kleinen Kreis oder Punkt, festgelegt werden.

7b Bei Platzmangel kann der Maßpfeil auch von außen angezeichnet werden.

7c Bei kleinen und sehr großen Radien darf der Mittelpunkt fehlen. Der Maßzahl wird dann der Buchstabe R vorangestellt.

7d *Langlöcher* werden durch den Abstand der parallellaufenden Mittellinien und durch die Breite bemaßt.

8a Nicht aus der Ansicht erkennbare *quadratische Körper* erhalten ein Quadratzeichen vor der Maßzahl.

8b *Ebene vierseitige Flächen* werden durch ein Diagonalkreuz gekennzeichnet.

9 *Maße mit Toleranz* können durch zahlenmäßige Toleranz oder durch Kurzzeichen (ISO-Toleranzfeld) angegeben werden.

9a Oberes Toleranzmaß oberhalb, unteres Toleranzmaß unterhalb der Maßlinie.

9b Gleiche Toleranzen mit ± eintragen.

9c Kurzzeichen: Bohrungen: Große Buchstaben hochgestellt.
Wellen: Kleine Buchstaben tiefgestellt.

Allgemeine Regeln:

I. Maße übersichtlich und fertigungsgerecht einzeichnen.
II. Hauptabmessungen (Länge, Breite, Höhe) eines Werkstückes sollen unmittelbar abgelesen werden können.
III. Doppelbemaßung vermeiden.
IV. Kettenmaße wenn möglich vermeiden, geschlossene Maßketten sind nicht erlaubt.
V. Unsichtbare Kanten dürfen nicht bemaßt werden.

Schaltpläne nach DIN

Fz 5

In den Schaltplänen werden elektrische Einrichtungen durch Schaltzeichen, durch Abbildungen oder durch vereinfachte Konstruktionszeichnungen zeichnerisch dargestellt. Man erkennt aus dem Schaltplan die Zuordnung und die Verbindung der einzelnen Betriebsmittel zueinander.

Der *Installationsplan* zeigt die lagerichtige Darstellung von Geräten und die Leitungsverlegung einer Licht-, Kraft- oder Fernmeldeanlage in einer Bauzeichnung.
Einpolige Darstellung mit Schaltkurzzeichen.

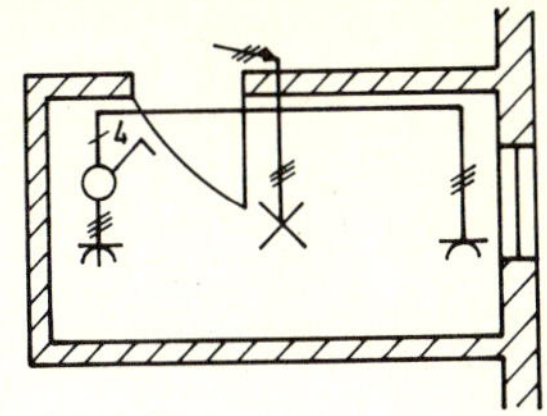

Der *Wirkschaltplan* ist eine Darstellung mit allen Einzelheiten. Teile eines Gerätes müssen zusammenhängend gezeichnet werden. Die räumliche Lage der Geräte zueinander bleibt unberücksichtigt. Genormte Schaltzeichen, u. U. auch Schaltkurzzeichen.

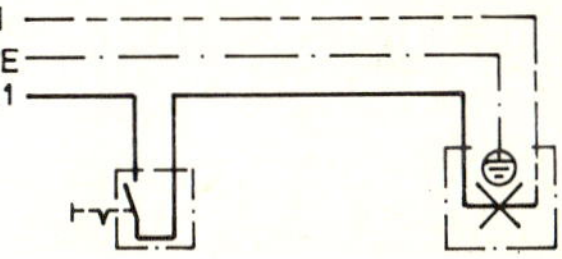

Der *Übersichtsschaltplan* ist eine vereinfachte Darstellung. Die räumliche Lage der Schaltung bleibt unberücksichtigt. Meist einpolig mit Schaltkurzzeichen.

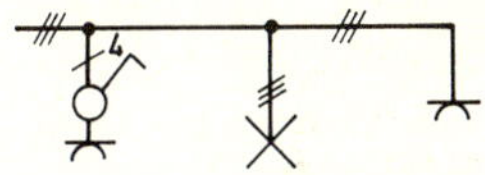

Der *Stromlaufplan* ist die Darstellung einer Schaltung, aufgelöst nach Stromwegen. Alle Teile und Leitungen werden eingezeichnet. Die räumliche Lage der Geräte oder Geräteteile bleibt unberücksichtigt. Die Stromwege sind möglichst senkrecht bzw. waagerecht zu zeichnen.

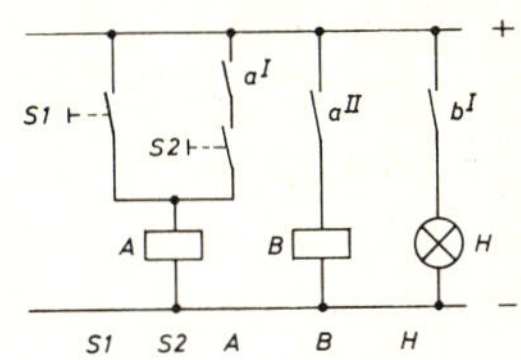

Zur Erklärung umfangreicher Stromlaufpläne (Fernmeldetechnik) verwendet man das *Schaltfolgediagramm*. Es läßt sich der zeitliche Ablauf der Schaltvorgänge ablesen und die Art und Anzahl der gleichzeitig betätigten und unbetätigten Relais bei bestimmten Schaltzuständen.
Zeitlicher Ablauf bei einem Relais: Von oben nach unten.
Zeitlicher Ablauf der Schaltung: Von links nach rechts.

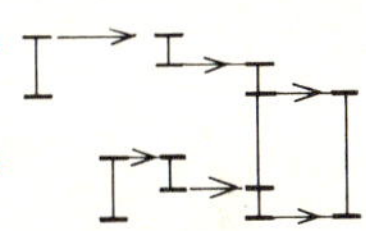

Richtlinien für Relaisdiagramme:

Kennzeichen	Bedeutung DIN 40719 T. 11)
keine Linie	Wicklung stromlos
┆	Fehlstromerregung Relais in Ruhelage
│	Relais in Arbeitslage. Erregerstrom bringt das Relais zum Anziehen oder hält es
⊤	Beginn eines Schaltvorganges
⊥	Ende eines Schaltvorganges
→│ ─┬	Veränderung des Schaltzustandes. Die Linien werden an Kreuzungen unterbrochen
→┬ (verzögert)	Anzugszeit verzögert
→┴ (verzögert)	Abfallzeit verzögert

Die *Relaistabelle* dient zur Ergänzung der Stromlaufpläne

Daten über:
Wicklungswerte
Drahtdurchmesser
Bauvorschrift
Trennblechdicke
Anzugs- bzw.
Abfallstromstärke

Beispiel:

Relais	A	
Wicklungen	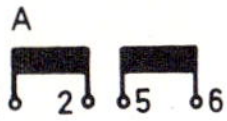 1 2	5 6
Widerstand	80 Ω	500 Ω
Windungszahl	2600	2800
Draht	0,2CuL	0,08CuL
Trennblech	0,4 mm	
Anzugstrom	30 mA	
Abfallstrom	20 mA	

Der *Bauschaltplan* enthält die lagerichtige Darstellung der Bauteile, Klemmen und Leitungen. Nicht maßstäblich, keine Schaltzeichen, nur vereinfachte Ansichten der Bauteile.

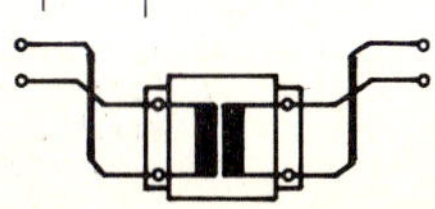

Koordinatensystem (Achsenkreuz)

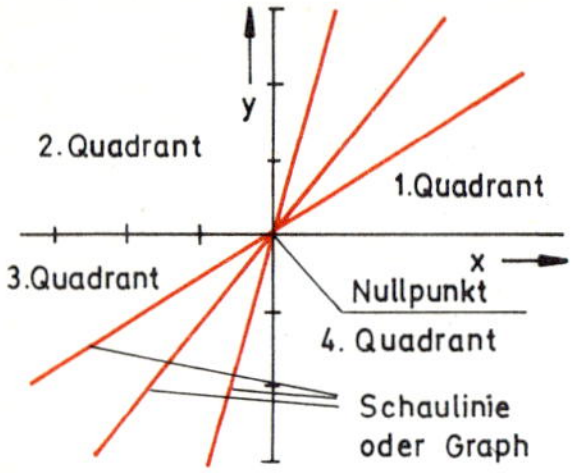

Waagerechte Achse (x-Achse) oder Abszisse:
meist die unabhängige Größe bzw. eingestellte Größe

Senkrechte Achse (y-Achse) oder Ordinate:
die abhängige Größe z. B.: $y = f(x)$

Bei Darstellung von 3 Größen in einem Koordinatensystem hält man eine Größe als *Parameter* konstant. Mehrere Graphen mit verschiedenen Parametern bilden eine Kurvenschar.

Wertetafel:							
U in V	0	2	3	4	5	6	8
I in mA	0	4	8	14	25	40	95

Beispiel: Darstellung einer Messung

a) mit Netzlinien

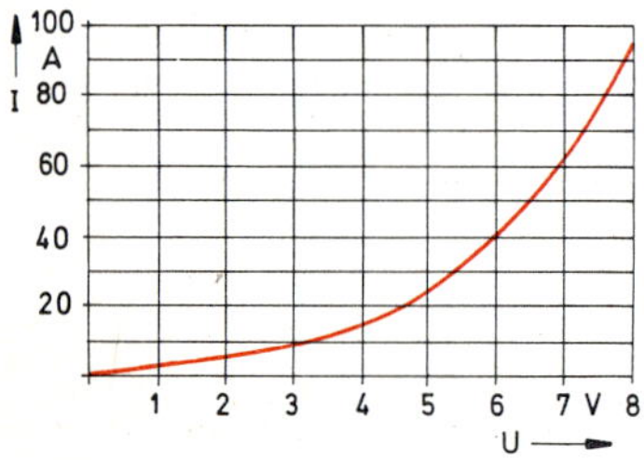

b) ohne

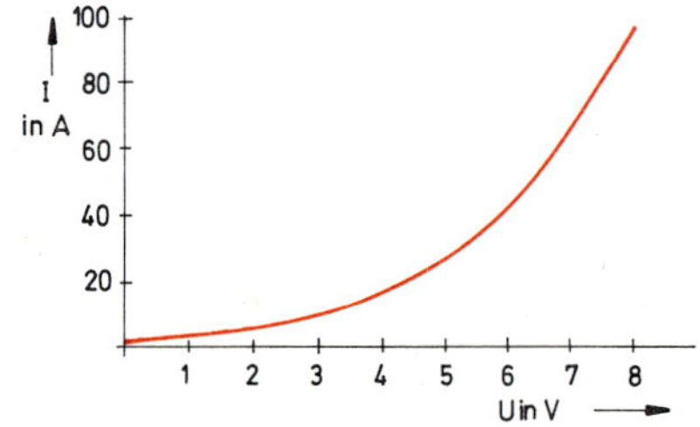

Logarithmische Darstellung:

Dekadeneinteilung

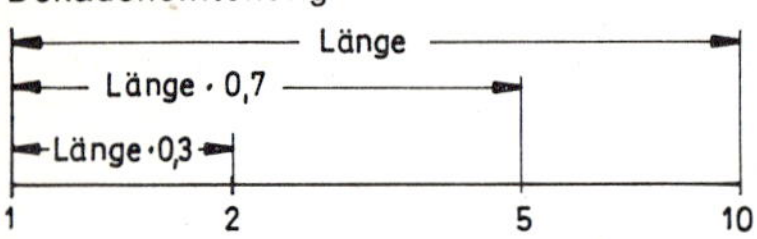

Beispiel:

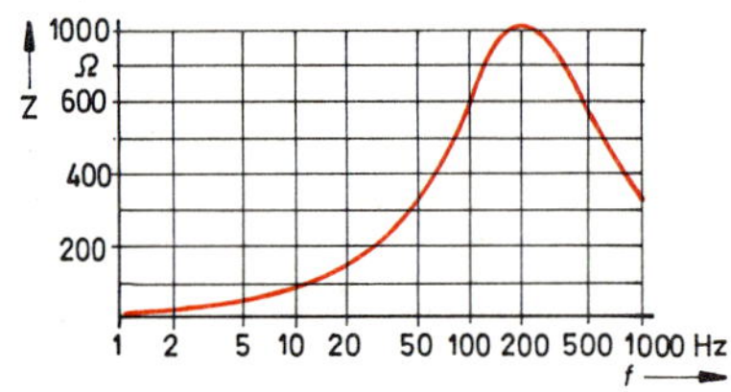

Polarkoordinaten:

Die Abhängigkeit einer Größe vom Winkel wird mit Polarkoordinaten dargestellt.

Beispiele: Richtcharakteristiken von Mikrofonen, Lautsprechern, Antennen, Lumineszenzdioden

Der Punkt auf dem Graph ist durch Größe und Richtung (Winkel) festgelegt.

Beispiel: Abstrahlcharakter eines Lautsprechers

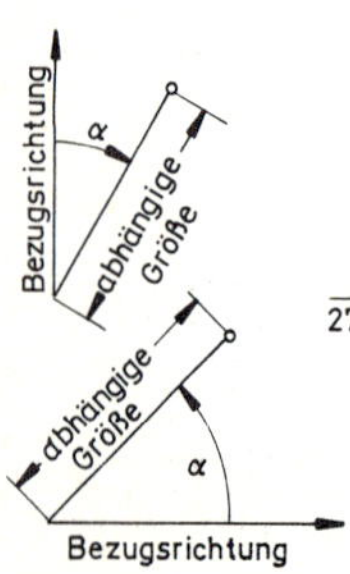

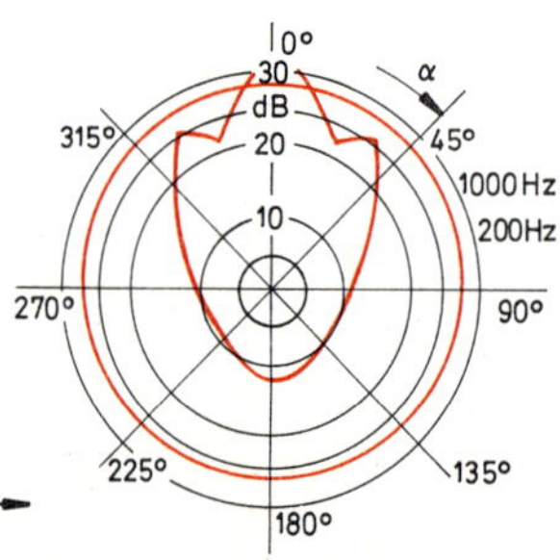

Nomogramme:

Sie dienen zur Lösung von einfachen Formeln.

z. B. $f = \dfrac{300000 \ \frac{\text{km}}{\text{s}}}{\lambda}$

Leitertafeln

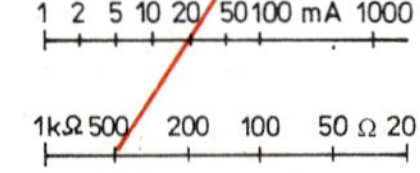

Beispiel:
U = 10 V R = 500 Ω
Lösung: I = 20 mA

Netztafeln

Beispiel:
U = 20 V, P = 200 mW
Lösung:
I = 10 mA

Fernsprechapparat 611

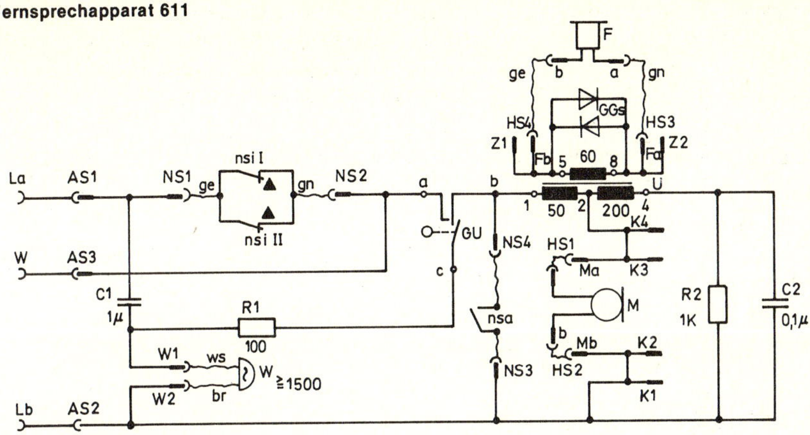

Z1 – Z2 für 2. Fernhörer
K1 – K4 für Transistorverstärker

Impulsdiagramm

nsa Nummernschalterabschaltekontakt (Schließer): schließt beim Betätigen des Nummernschalters den Fernsprechapparat kurz. Knackgeräusche im eigenen Fernhörer und Impulsverzerrungen durch unsichere Übergangswiderstände werden verhindet.

nsi I Nummernschalterimpulskontakt (Öffner): öffnet bevor der nsi-II-Kontakt kommt, und schließt, nachdem der nsi-II geschlossen hat. Er schaltet somit nur im stromlosen Zustand. Der Kontaktwerkstoff ist weich und hat nur einen geringen Übergangswiderstand.

nsi II Nummernschalterimpulskontakt (Öffner): öffnet und schließt die Amtsschleife. Der Kontaktwerkstoff ist hart und abbrandsicher.

Ablaufdiagramm: Wahl der Ziffer 3

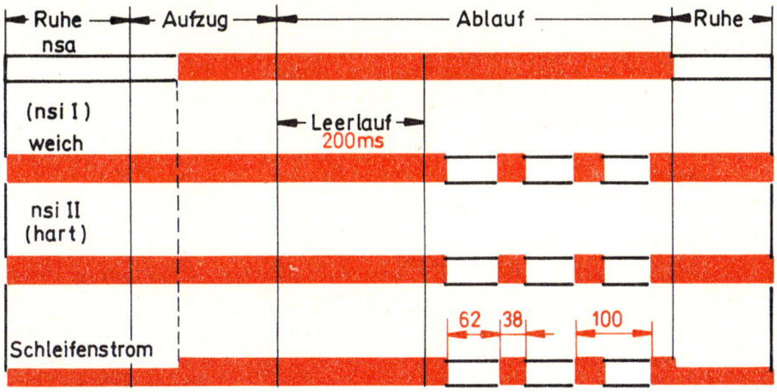

Impulsdauer	Min	Soll	Max
Stromstoß-verhältnis	1,3 : 1 1,9 : 1	1,6 : 1	1,3 : 1 1,9 : 1
Stromstoß-dauer in ms	51 59	62	62 72
Gesamte Impulsdauer in ms	90	100	110

Dämpfungsplan 55

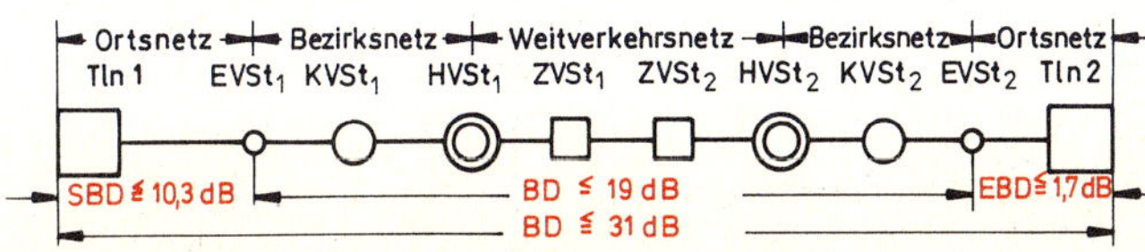

Erklärung:

SBD	Sendebezugsdämpfung
EBD	Empfangsbezugsdämpfung
BD	Bezugsdämpfungswert

Schaltzeichen nach DIN

Fz 8.1

Schaltzeichen	Benennung

- stetige Veränderbarkeit, allgemein
- Einstellbarkeit, allgemein
- Lineare Veränderbarkeit durch eine physikalische Größe
- nicht lineare Veränderbarkeit durch eine physikalische Größe

Zusatzzeichen

- stetig
- stufig
- Einflußgröße und Änderungsrichtung gleichsinnig
- Einflußgröße und Änderungsrichtung gegensinnig

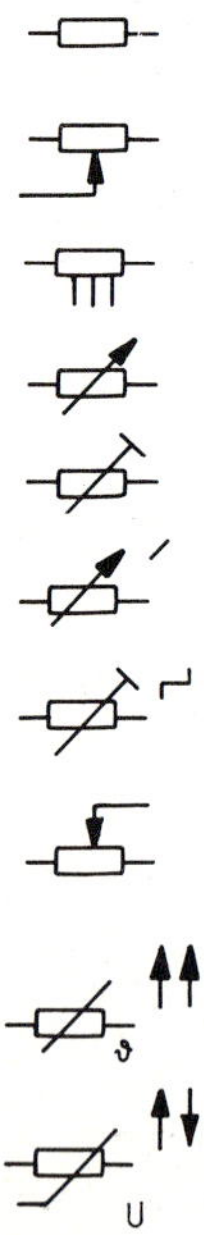

- Widerstand, allgemein
- mit Schleifkontakt
- mit Anzapfungen
- veränderbar
- einstellbar
- stetig veränderbar
- stufig einstellbar
- stetig veränderbar mit Schleifkontakt
- temperaturabhängig (gleichsinnige Änderungsrichtungen)
- spannungsabhängig (gegensinnige Änderungsrichtungen)

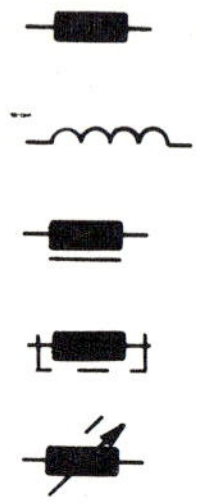

- Induktivität, allgemein
- andere Darstellungsweise
- mit Eisenkern
- geschirmt
- stetig veränderbar

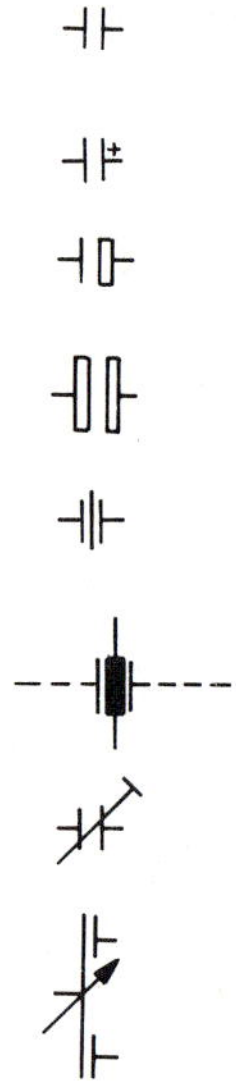

- Kondensator, allgemein
- gepolt
- Elektrolytkondensator, gepolt
- Elektrolytkondensator ungepolt
- Kondensator mit Anzapfung
- koaxialer Durchführungskondensator
- einstellbar
- Differential-Kondensator

- Dauermagnet
- andere Darstellung
- Batterie, Akkumulator
- Umrahmung
- Abschirmung
- Erde, allgemein
- Schutzleiteranschluß

- Masse, allgemein

Meßgeräte

- Meßinstrument allgemein, anzeigend
- allgemein, registrierend
- integrierend (Zähler)

- Anzeige, allgemein
- mit beiderseitigem Ausschlag
- durch Vibration
- digital

- Meßwerk mit Spannungspfad
- mit Strompfad
- zur Produktbildung
- zur Quotientenbildung
- Meßinstrument, ohne Kennzeichnung der Meßgröße
- mit beiderseitigem Ausschlag
- Strommesser

Schaltzeichen nach DIN

Schaltzeichen	Benennung
	Spannungsmesser
	Mehrfach-Instrument
	Spannungsmesser für Gleich- und Wechselspannung
	Nullindikator Wechselstrom
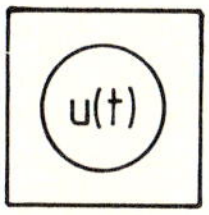	Oszilloskop Meßgerät zur Kurvenbildanzeige
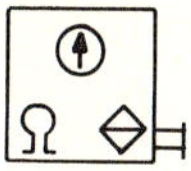	Widerstandsmeßbrücke
	Kreuzzeigerinstrument
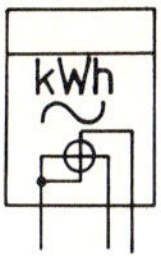	Einphasen-Wechselstromzähler
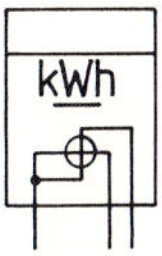	Gleichstromzähler
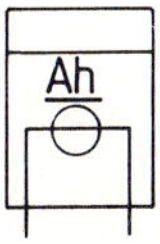	Gleichstrom-Amperestundenzähler
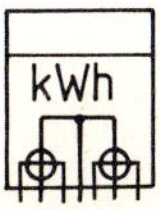	Dreileiter-Drehstromzähler

Schaltzeichen	Benennung
Halbleiterbauelemente	
	Gleichrichterdiode
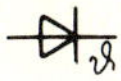	Diode, temperaturabhängig
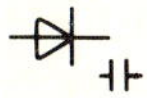	Kapazitäts-Diode
	Zener-Diode
	Z-Dioden, gegeneinandergeschaltet
	Tunnel-Diode
	Foto-Diode
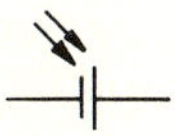	Foto-Element
	Lumineszenz-Diode
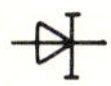	Backward-Diode
	PNP-Transistor
	NPN-Transistor
	PNP-Fototransistor (kann auch ohne Basisanschluß sein)
	UJT-Transistor (Unijunction) N-Basis
	UJT-Transistor P-Basis

Schaltzeichen	Benennung
	Sperrschicht-FET (JFET) mit N-Kanal
	Sperrschicht FET (JFET) mit P-Kanal
	Anreicherungs-IG-FET mit P-Kanal
	Anreicherungs-IG-FET mit N-Kanal
	Anreicherungs-IG-FET mit P-Kanal und Subtratanschluß
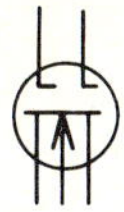	IG-FET mit Dual-Gate mit N-Kanal und Substratanschluß
	Verarmungs-IG-FET mit P-Kanal
	Verarmungs-IG-FET mit N-Kanal
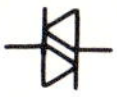	Zweirichtungsdiode (Diac)
	Thyristor, allgemein
	P-Gate-Thyristor
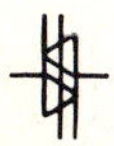	Zweirichtungs-Thyristordiode (Fünfschichtdiode)

Schaltzeichen nach DIN

Fz 8.3

Schaltzeichen	Benennung
Fortsetzung Halbleiter	
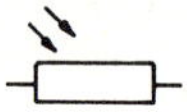	Fotowiderstand
	Peltier-Element
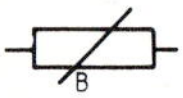	Magnetfeldabhängiger Widerstand
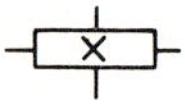	Hallgenerator
Elektronenröhren	
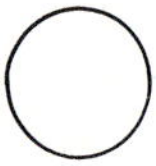	Röhrenkolben
	Röhrenkolben, gasgefüllt
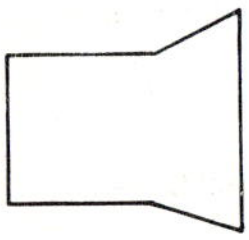	Kolben für Kathodenstrahlröhre
	Anode
	Katode
	Kalte Katode
	indirekt geheizte Kathode
	Steuergitter
	Schirmgitter
	Bremsgitter
	Diode

Schaltzeichen	Benennung
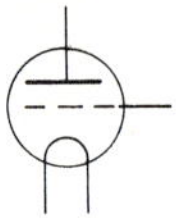	Triode
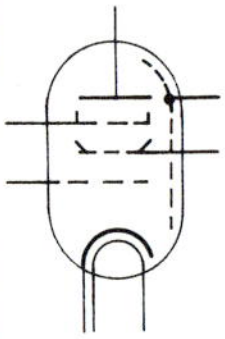	Pentode, allgemein
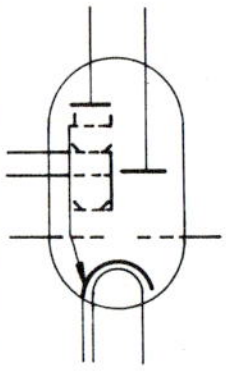	Heptode-Triode
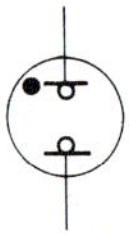	Glimmlampe
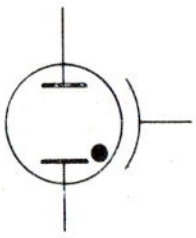	Blitzlichtlampe
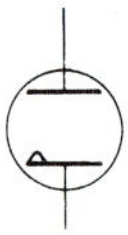	Vakuum-Photozelle
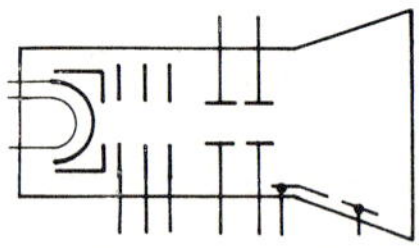	Beispiel einer Oszilloskopröhre
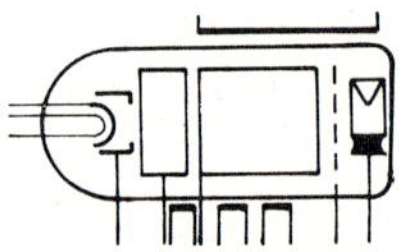	Bildaufnahmeröhre Vidikon

Schaltzeichen	Benennung
Schaltgeräte	
Darstellung I II	
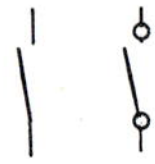	Schließer Einschaltglied
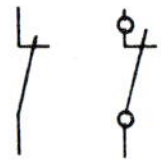	Öffner Ausschaltglied
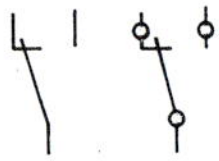	Wechsler Umschaltglied
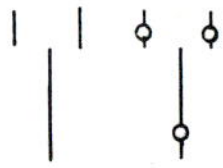	Zweiwegschließer mit drei Schaltstellungen
	Zwillingsschließer
	Zwillingsöffner
	Folgeumschaltglied
	Folgeumschaltglied
	Handantrieb
	allgemein
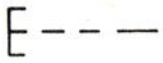	durch Drücken
	durch Ziehen
	durch Drehen
	durch Kippen
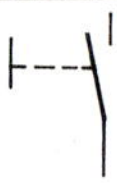	Tastschalter, handbetätigt
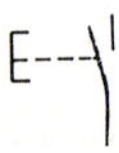	handbetätigter Tastschalter mit Schließer durch Drücken

Schaltzeichen nach DIN

Schaltzeichen	Benennung
	Fortsetzung Schaltgeräte
I II	
	Steckerstift und Steckerbuchse als Steckverbinder
	Steckverbinder mit Schutzleiteranschluß
	Klinkenfeder
	Klinkenhülse
	Sicherung, allgemein
	Sicherung mit Kennzeichnung der Netzseite
	Überspannungsableiter
	Funkenstrecke
	Antriebe
	allgemein, z. B. Relais, Schütz
	mit besonderen Eigenschaften
I II	*I, II wahlweise Darstellung*
	Antrieb, 1 Wicklung
	2 gleichsinning wirkende Wicklungen
	2 gegensinnig wirkende Wicklungen
	wattmetrisch wirkend
500	mit Angabe des Gleichstromwiderstandes

Schaltzeichen	Benennung
I >	Angabe der Einflußgröße
20Hz	Eigenresonanz (20 Hz)
	Thermorelais
A A	2 gleichsinnig wirkende Wicklungen
	zwei Schaltstellungen
	zwei Schaltstellungen
	erregt
	mit Abfallverzögerung
	mit Anzugsverzögerung
	mit Anzugs- und Abfallverzögerung
	gepoltes Relais
	Stützrelais
	Remanenzrelais
	Wechselstromrelais
	gepoltes Relais mit Kennzeichnung der Schaltstellung in Abhängigkeit von der Stromrichtung
	Remanenzrelais mit Wechsler

Schaltzeichen	Benennung
	Meldegeräte
	Leuchtmelder
	allgemein, Glühlampe
	blinkend
	Glimmlampe
	mit selbsttätigem Rückgang, z. B. Schauzeichen
	ohne selbsttätigen Rückgang, z. B. Fallklappe
	Zählwerk
	Gesprächszähler
	Hörmelder
	Wecker, allgemein
	Gleichstromwecker
	Wechselstromwecker
	Einschlagwecker
	Wecker mit Ablaufwerk
	Wecker mit Sichtmelder
	Schnarre
	Summer
	Gleichstromhupe
	Wechselstrom hupe
	Gleichstromsirene
	Wechselstromsirene
140	mit Tonhöhenangabe (140 Hz)

Schaltzeichen nach DIN

Fz 8.5

Schaltzeichen	Benennung

Strom- und Spannungsart

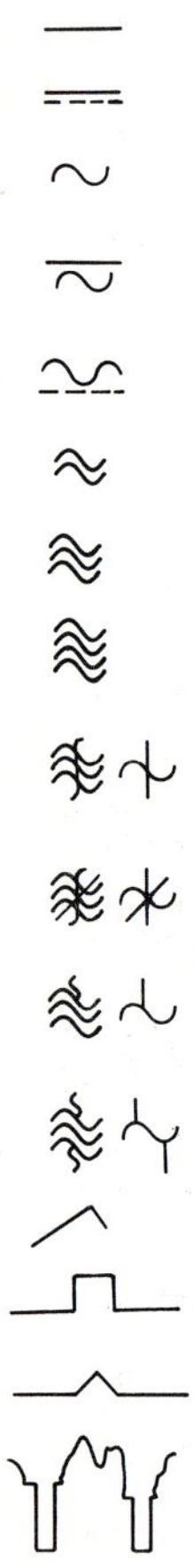

- Gleichstrom
- Gleichstrom
- Wechselstrom
- Gleich- oder Wechselstrom (Allstrom)
- Mischstrom
- Tonfrequenz-Wechselstrom
- Hochfrequenz-Wechselstrom
- Höchstfrequenz-Wechselstrom
- Modulierter Wechselstrom allgemein
- Mit unterdrücktem Träger
- Träger mit oberem Seitenband
- Träger mit getrennt modulierten Seitenbändern
- Kippstrom
- Rechteckimpuls
- Dreieckimpuls
- Synchronisierungsspannung

Antennen

- Antenne, allgemein
- Empfangsantenne
- Senderantenne

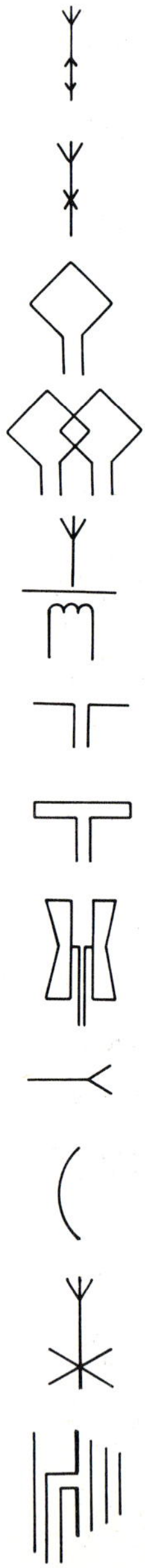

- abwechselndes Senden und Empfangen
- gleichzeitiges Senden und Empfangen
- Rahmenantenne
- Kreuzantenne
- Ferritantenne
- Dipolantenne
- Schleifen-Dipol
- Schmetterlingsantenne
- Hornstrahler
- Parabolantenne
- Peilantenne
- Dipol mit Reflektor und drei Direktorstäben

Magnetköpfe

- Magnetkopf allgemein
- Magnetkopf allgemein
- Sprechkopf (Aufnahmekopf)
- Hörkopf (Wiedergabekopf)
- Löschkopf
- Aufnahme Wiedergabekopf
- Sprech-Hör-Löschkopf

Elektroakustische Geräte

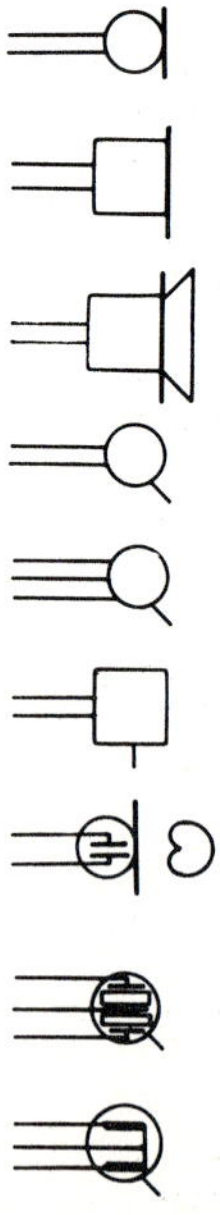

- Mikrofon, allgemein
- Fernhörer, allgemein
- Lautsprecher, allgemein
- Tonabnehmer
- Stereotonabnehmer
- Tonschreiber, allgemein
- Kondensatormikrofon mit Nierencharakteristik
- Stereo-Kristall-Tonabnehmer
- Stereo-Tonabnehmer, dynamisch

Schaltzeichen nach DIN

Schaltzeichen für Übersichtsschaltpläne

Schaltzeichen	Benennung
	Schaltungsglieder
	Umsetzer, allgemein
	Speicher, allgemein
	Umsetzer von Gleich- in Wechselstrom
	Stromversorgungsgerät Wechselstrom in Gleich- und Wechselstrom
	Gleichrichter, allgemein
U const	Spannungskonstanthalter
	Verstärker, allgemein
	Gegentaktverstärker
	Vierdrahtverstärker
	Zweidrahtverstärker
	Empfänger, allgemein
	Sender, allgemein
f_1 / f_2	Frequenzumsetzer, allgemein
	Modulator, Demodulator

Schaltzeichen	Benennung
	Filter, Paß Siebglied
	Tiefpaß
	Hochpaß
	Bandpaß
	Bandsperre
G	Generator, allgemein
G 4kHz	Generator mit Frequenzangabe
G	Kippgenerator
	Entzerrer, allgemein
	Gabel
	Gabel mit Nachbildung
	Dämpfungsglied in T-Schaltung
	Fernsprecher, allgemein
	mit Nummernschalter
	Mehrfach-Fernsprecher
	Münzfernsprecher
	Wählerzentrale

Schaltzeichen	Benennung
	Fernschreiber, allgemein
	Blattschreiber
	Lochstreifensender
	Lochstreifenempfänger

Gefahrenmeldeeinrichtungen

Schaltzeichen	Benennung
	Polizeimelder
	Brandmelder
	Brandmelder, selbsttätig
	Bimetall-Temperaturmelder
	Polizeimelder mit Sperrung und Fernmelder

Wähler, Unterbrecher

Schaltzeichen	Benennung
	Wähler, allgemein
	Wähler mit zwei Einstellvorgängen
M	Motorwähler für zwei Einstellvorgänge
	Relaiswähler
	Nummernschalter allgemein
	Periodischer Unterbrecher
	Relaisunterbrecher

Stichwortverzeichnis

Wir danken allen denen, die das Werk durch Anregungen und Hinweise förderten. Erwähnt seien hier besonders die Firmen AEG-Telefunken, BBC, Fuba, Goertz, Grundig, Hartmann u. Braun, Hirschmann, Kathrein, Loewe Opta, Metrawatt, Nord Mende, Saba, SEL-Standard Elektrik Lorenz, Siemens, T&N-Telefonbau und Normalzeit, Texas Instruments, Wisi sowie die Deutsche Bundespost.